国家出版基金项目
NATIONAL PUBLICATION FOUNDATION

现代农业高新技术成果丛书

农业灾害与减灾对策

Agricultural Disasters and Reduction Countermeasures

郑大玮　李茂松　霍治国　主编

中国农业大学出版社
·北京·

内 容 简 介

《农业灾害与减灾对策》由中国农业大学、中国农业科学院、中国气象局等单位和全国各地的著名农业减灾专家编写，作者群具有一定的权威性。本书共分 6 篇 34 章。第 1 篇阐述了灾害的基本概念和农业灾害学基本原理；第 2 篇分灾类说明了我国主要农业自然灾害的发生概况与基本规律；第 3 篇分技术类别介绍了各种农业减灾技术；第 4 篇阐述了农业各产业的减灾对策与技术；第 5 篇根据全国农业综合区划，介绍了各大区域的农业减灾对策与技术；第 6 篇阐述了农业减灾管理的基本原理和做法。本书的附录提供了农业减灾的相关信息。与过去已出版的农业减灾著作比较，本书更加全面和系统地阐述了中国农业自然灾害的发生规律和农业减灾的基本原理，初步构筑了分灾种、分产业、分区域的农业减灾技术体系。本书适合从事农业和农村减灾工作的干部、农业技术人员阅读，也可供从事减灾技术研究的农业科研工作者参考。

图书在版编目(CIP)数据

农业灾害与减灾对策/郑大玮，李茂松，霍治国主编. —北京：中国农业大学出版社，2013.4
ISBN 978-7-5655-0637-6

Ⅰ.①农… Ⅱ.①郑… ②李…③霍… Ⅲ.①农业－自然灾害－灾害－防治－文集
Ⅳ.①S42-53

中国版本图书馆 CIP 数据核字(2012)第 285326 号

书　　名　农业灾害与减灾对策
作　　者　郑大玮　李茂松　霍治国　主编

策划编辑　丛晓红　董夫才　　**责任编辑**　王艳欣
封面设计　郑　川　　**责任校对**　王晓凤　陈　莹
出版发行　中国农业大学出版社
社　　址　北京市海淀区圆明园西路 2 号　　**邮政编码**　100193
电　　话　发行部 010-62818525,8625　　读者服务部 010-62732336
　　　　　编辑部 010-62732617,2618　　出　版　部 010-62733440
网　　址　http://www.cau.edu.cn/caup　　**e-mail** cbsszs @ cau.edu.cn
经　　销　新华书店
印　　刷　涿州市星河印刷有限公司
版　　次　2013 年 4 月第 1 版　　2013 年 4 月第 1 次印刷
规　　格　787×1 092　16 开本　56.5 印张　1 390 千字　彩插 4
定　　价　220.00 元

现代农业高新技术成果丛书
编审指导委员会

编 写 人 员

主　编　郑大玮　李茂松　霍治国

副主编　王道龙　潘学标　王春艳

编　者　（按姓氏拼音排序）

卜风贤　程备久　董宛麟　杜尧东　樊廷录
冯利平　胡　军　黄彬香　黄占斌　霍治国
蒋跃林　李春强　李嘉竹　李茂松　李尚中
李　有　李　卓　刘布春　刘定辉　刘荣花
刘兴朋　龙步菊　吕　新　马树庆　潘学标
潘志华　陶忠良　王春林　王春艳　王道龙
王海江　王　靖　王　丽　王明田　王苏珂
王向辉　颜亮东　杨柏松　杨晓光　姚　森
张国胜　张继权　张　蕾　张立祯　郑大玮
周晓刚

出版说明

瞄准世界农业科技前沿，围绕我国农业发展需求，努力突破关键核心技术，提升我国农业科研实力，加快现代农业发展，是胡锦涛总书记在2009年五四青年节视察中国农业大学时向广大农业科技工作者提出的要求。党和国家一贯高度重视农业领域科技创新和基础理论研究，特别是863计划和973计划实施以来，农业科技投入大幅增长。国家科技支撑计划、863计划和973计划等主体科技计划向农业领域倾斜，极大地促进了农业科技创新发展和现代农业科技进步。

中国农业大学出版社以973计划、863计划和科技支撑计划中农业领域重大研究项目成果为主体，以服务我国农业产业提升的重大需求为目标，在“国家重大出版工程”项目基础上，筛选确定了农业生物技术、良种培育、丰产栽培、疫病防治、防灾减灾、农业资源利用和农业信息化等领域50个重大科技创新成果，作为“现代农业高新技术成果丛书”项目申报了2009年度国家出版基金项目，经国家出版基金管理委员会审批立项。

国家出版基金是我国继自然科学基金、哲学社会科学基金之后设立的第三大基金项目。国家出版基金由国家设立、国家主导，资助体现国家意志、传承中华文明、促进文化繁荣、提高文化软实力的国家级重大项目；受助项目应能够发挥示范引导作用，为国家、为当代、为子孙后代创造先进文化；受助项目应能够成为站在时代前沿、弘扬民族文化、体现国家水准、传之久远的国家级精品力作。

为确保“现代农业高新技术成果丛书”编写出版质量，在教育部、农业部和中国农业大学的指导和支持下，成立了以石元春院士为主任的编审指导委员会；出版社成立了以社长为组长的项目协调组并专门设立了项目运行管理办公室。

“现代农业高新技术成果丛书”始于“十一五”，跨入“十二五”，是中国农业大学出版社“十二五”开局的献礼之作，她的立项和出版标志着我社学术出版进入了一个新的高度，各项工作迈上了新的台阶。出版社将以此为新的起点，为我国现代农业的发展，为出版文化事业的繁荣作出新的更大贡献。

中国农业大学出版社

2010年12月

序 一

在全球气候变化的背景下，我国自然灾害风险进一步加剧，灾害形成机制、发生规律、时空特征、损失程度、影响深度和广度都出现了新变化和新特点，给防灾减灾工作带来了新的问题和挑战。我国是有着十多亿人口的发展中大国，又是世界上自然灾害比较严重的国家，粮食安全是头等大事。气候变化与自然灾害是对我国农业生产的重大威胁。从历年的农业产量与气候资料的分析不难看出，气候条件是否有利和当年自然灾害的轻重是造成农业产量波动的主要原因。为此，必须加强农业灾害与减灾对策的研究，努力减轻自然灾害所造成的损失，为全面建成小康社会提供有力的科技支撑与保障。

我国具有五千年的文明史，自古以来，劳动人民在生产中积累了与自然灾害斗争的丰富经验。新中国成立以来，广大农业科技工作者对多种作物与动物的常见自然灾害进行了研究，研发了许多减灾技术，取得显著效益。但长期以来都是分散的研究，没有形成系统的农业减灾理论与技术体系。《农业灾害与减灾对策》编委会由目前我国农业减灾领域的学术带头人和技术骨干组成，该书的出版初步构建了农业减灾领域的理论与技术体系，我作为长期从事气候变化与减灾的一名老科技工作者，感到十分欣慰。

与其他领域的灾害相比，农业灾害具有特殊的复杂性。这是由于农业生产以生物为对象，生物与环境之间存在复杂的相互作用。农业减灾又是一项复杂的系统工程，各类农业环境因子的相互作用和灾害发生、演变规律涉及多门自然科学，减灾技术与管理又涉及诸多技术学科和社会科学，必须开展多学科的综合研究。1990—2000 年开展的国际减灾十年活动和进入 21 世纪以来的国际减灾战略行动，极大促进了各国的减灾事业。为加强减灾工作，我国于 2005 年将“中国国际减灾委员会”改为“国家减灾委员会”，并于 2007 年成立了国家减灾委专家委员会。农业是我国减灾的重点领域之一，作为专家委员会主任，我将继续支持农业减灾科技工作，并将促进农业减灾领域与其他减灾领域的合作，针对我国的重大农业灾害开展多学科的协同攻关。

值得注意的是，随着全球气候变化的影响日益凸显，我国农业灾害呈现一些新的特点，发生规律和危害机制更加复杂。如近年来在全球和全国大部地区总体变暖的同时，2008 年发生了南方大范围低温雨雪冰冻灾害和 2013 年的东北极寒；在华北持续干旱与水资源日益短缺的同时，局地暴雨洪涝灾害频繁发生；南方在台风暴雨洪涝频繁发生的同时，西南冬春干旱和长江流域伏旱等季节性干旱有加重趋势；作物病虫害也整体北扩蔓延，危害期延长，冬季变暖还使得害虫越冬基数提高。虽然气候变化也带来了二氧化碳浓度增高的施肥效应和热量增加有利于高寒地区的增产，但仍不足以完全抵消气候变化的不利影响，特别是极端天气气候事件的危害。本书在区域减灾篇中分区初步概述了气候变化的区域特点与农业减灾对策，但仍显单薄，有待深入。未来随着全球气候的进一步变化，农业自然灾害还会出现新的特点，需要加强对于农业灾害风险预估和适应对策的研究。希望全国有志于农业减灾事业的科技工作者与我们共同努力，坚持以人为本，科学防灾减灾，为实现中华民族伟大复兴的中国梦做出贡献。

中国科学院院士
国家减灾委专家委员会主任 秦大河

2013 年 5 月 12 日

序　二

《农业灾害与减灾对策》一书即将出版，我作为老一代的科技工作者感到十分欣慰。

农业对于人类生存、发展的意义和在国民经济中的地位毋庸置疑，但农业又是自然风险很高的产业。我国是世界上自然灾害最严重的国家之一，每年都有数亿亩农田受灾，仅粮食生产的损失就以数百亿千克计。农业科学不能只研究如何增产增收，也需要研究怎样减轻灾害损失。负负得正，减灾同样具有巨大的经济效益。由于灾害对农业生态环境造成巨大的破坏，减灾还具有重大的生态效益。

与其他领域的灾害相比，农业灾害更加复杂。这是因为农业生产主要是在自然环境下进行，并且以生物为对象，随时面临各种气象灾害和生物灾害的威胁，有时还发生一些地质灾害与环境灾害。农业生物包括植物、动物和微生物，种类繁多。农业生产周期又很长，像中国这样人多地少的国家，农时稍有延误或资源不匹配都有可能造成灾难性的后果。

中国古代就已经积累了不少农业减灾的经验与技术，近几十年来也获得了不少农业灾害研究的理论与技术成果，但与传统的农业学科相比，农业减灾研究仍然是一个比较新的领域，尚未形成农业灾害规律完整的理论与减灾技术体系，以致现代科学技术突飞猛进的今天，仍然经常发生对于农业灾害的误判，或错失时机使损失加重，或盲目抗灾而造成资源浪费。本书作者在长期农业生产与科学研究的实践中，探索了各种农业灾害的发生演变规律，研究了不同产业和区域的减灾对策与技术，对现有农业减灾研究成果进行了提炼，初步构建了农业灾害学的理论体系与农业减灾技术体系的框架，对于推进中国的农业减灾事业和保障中国现代农业的可持续发展是很有意义的。

与其他农业科学领域相比，农业减灾研究更加具有交叉性和综合性，兼有自然科学、技术科学与社会科学的特征。由于长期以来对农业减灾研究支持的力度不够，加上全球变化带来的农业自然灾害新特点，要全面掌握农业灾害发生演变规律，形成完整的农业减灾技术体系，实现科学减灾，还有很长的路要走。需要在科学发展观和系统科学思想的指导下，吸收当代最新科技成果，凝练国内外成功的农业减灾实践，组织相关的多学科协同攻关。

胡锦涛同志指出："自然灾害是人类社会面临的共同挑战。""必须把防灾减灾工作作为关系经济社会发展全局的一项重大工作进一步抓紧抓好。"近 20 多年来，通过联合国国际减灾十年和国际减灾战略活动的开展，尤其是国务院开展应对突发事件的“三制一案”工作，我国的减灾管理与科技水平有了很大提高，全国各地成立了不少减灾科研机构，许多高校开办了减灾专业，培养了大批减灾管理与科研人才。农业部门在落实责任、健全防灾减灾机制、加强科技指导、增加减灾投入、加大宣传力度等方面也做了很大努力。但是目前农业生产上，一方面有大量的农业灾害问题有待研究和解决；另一方面，无论是农业减灾管理、农业灾害保险，还是农业减灾技术指导都面临人才奇缺的窘境。这种状况需要尽快改变。为适应农业减灾的需要，在国家和大区层面上建立专门的农业减灾研究机构和重点实验室，在重点农业高校开办农业减灾与农业保险专业，应该提到日程上来了。农业减灾是关系国民经济，关系亿万农民民生的大事，希望政府予以更大关注。

自然灾害的频繁和严重发生，对于中国现代农业的可持续发展是严峻的挑战，同时也是农业科学技术发展的极大机遇。恩格斯曾经指出：“经济上的需要曾经是，而且愈来愈是对自然界的认识进展的主要动力。”“社会一旦有技术上的需要，这种需要就会比十所大学更能把科学推向前进。”我希望本书的作者和全国有志于农业减灾的科技工作者继续努力，勇于探索，勇于创新，勇于实践，争取在不太长的时期内，创建出具有中国特色、在国际上比较先进的农业灾害学理论与农业减灾技术体系。

中国科学院院士
中国工程院院士
第三世界科学院院士

2013年3月

前　言

我国是世界上自然灾害最为严重的国家之一。由于以生物为生产对象和主要在露天生产，农业是受自然灾害影响最大的产业，全球变化使得农业生产对于环境更加敏感，面临的灾害形势更加严峻，加强农业灾害规律和减灾技术的研究势在必行。

中国古代先民在长期的农业生产实践中积累了与自然灾害斗争的丰富经验，古农书中记载了不少具体的减灾农艺技术，都江堰等许多古代水利工程至今仍发挥着重大的经济和生态效益。新中国成立以来，在党和政府的坚强领导下，科技工作者分别从农业、气象、水利、地质、植保、动物医学等学科的角度，开展了旱、涝、冷、冻、台风、干热风、植物病虫害、动物疫病等许多单项农业灾害防控与减灾技术的研究，取得了大量成果和显著的减灾经济效益，多次战胜重大自然灾害，保障了我国农业的稳定发展，保障了十几亿人民对农产品的基本需求。但总的来看，农业灾害损失仍很严重，与农业增产理论与技术的研究相比较，对于农业减灾理论与技术的研究仍重视不够，尤其是缺乏综合性、整体性的研究，远不能适应现代农业发展的需要。

全球变化使自然灾害加剧的严峻形势迫切需要加强对灾害规律和减灾技术的研究，现代工业和科学技术的发展则为人类提供了认识灾害现象和与灾害斗争的强大武器，到 20 世纪 70 年代，灾害学作为一门独立的交叉科学应运而生，联合国在 20 世纪 90 年代开展的国际减灾十年活动和从 21 世纪初开始实施的国际减灾战略，极大推动了全球和我国减灾事业的发展。20 世纪 80 年代灾害学研究在我国全面兴起，1989 年中国国际减灾十年委员会成立(2005 年改名国家减灾委员会)，尤其是国务院从 2003 年起在全国范围内开展的“三制一案”(应对突发事件的体制、机制、法制和预案编制)工作，开创了中国减灾事业的新局面，使我国的减灾管理水平与科技水平有了极大提高，发生同等强度与规模自然灾害时的经济损失比过去有显著下降。与此同时，成立了一系列减灾科研机构，出版了大量减灾研究论文与著作，国内外减灾科技交流空前活跃，减灾教育与培训深入课堂、社区与田间，全民的安全减灾意识得到很大加强。农业部也十分重视加强农业防灾减灾工作，要求农业部门毫不松懈地做好农业防灾减灾各项工作，努力保持农业和粮食生产稳定发展的好势头。2011 年还成立了农业部防灾减灾专家指导组。

农业作为受自然灾害影响最大的产业，虽然在历史上最早积累了减灾的经验与技术，但在开展农业灾害规律与减灾技术研究方面与其他领域和学科相比却相对滞后。20 世纪 90 年代，中国农业大学和西北农林科技大学相继编写出版了《农业灾害学》专著与教材，初步提出了农业灾害学的理论框架。中国农业大学与全国许多农业院校先后开设了农业灾害学课程，并作为研究生培养的一个重要研究方向。科技部先后多次立项开展重大农业自然灾害减灾技术研究，取得了新的进展。农业生产形势的发展迫切需要摆脱各学科单项研究的局限，对现有农业减灾理论与技术研究的成果进行汇总和提炼，为此，中国农业大学会同中国农业科学院、中国气象局等单位，并邀请各地著名农业减灾专家，经过两年多的努力，编写了《农业灾害与减灾对策》一书，试图初步构筑起中国农业灾害学理论与减灾技术体系的框架，以适应当前农业减灾管理与技术指导的需要。

本书共分 6 篇 34 章。第 1 篇论述了农业灾害学的基本原理，第 2 篇分灾类介绍了我国主要农业自然灾害的发生概况与基本规律，第 3～5 篇分别按照不同技术门类、农业各产业和不同区域，全面、系统阐述了农业减灾的对策与技术，第 6 篇阐述了农业减灾管理的基本原理和做法。本书的附录提供了农业减灾的相关信息。本书可供从事农业和农村减灾工作的干部、农业科技人员和农业院校的师生参考，希望能对促进我国农业减灾事业的发展有所贡献。

实事求是地说，农业减灾领域的研究与农学、土壤、气象、水文、农业生物学等许多经典的农业学科相比，还很不成熟，研究基础相对薄弱。但农业减灾内容极其广泛，涉及大量的生物灾害与非生物灾害及不同农业产业，且具有极强的区域性；减灾研究跨越自然科学、技术科学与社会科学，其复杂性、综合性、交叉性、前沿性却比之传统农业学科有过之无不及，要构筑完整的现代农业减灾理论与技术体系，还需要经过长期的艰苦努力。限于作者知识与技术的局限，本书还存在许多不足，欢迎广大读者给予批评和帮助。希望全国有志于农业减灾的科技工作者与我们一道，共同完成这一艰巨任务，为推进中国农业减灾事业的发展，为保障中国现代农业的可持续发展做出新的贡献。

郑大玮　李茂松　霍治国

2013 年 4 月

目　录

第1篇　农业灾害概论

第2篇　农业灾害各论

第3篇 农业减灾技术各论

第5篇　农业区域减灾技术

第 6 篇 农业减灾管理

第 1 篇

农业灾害概论

第1章

灾害与减灾

1.1 灾害与人类

1.1.1 灾害及其属性

1.1.1.1 什么是灾害

灾害(disaster)泛指危害人类生命财产和生存条件的各类事件[1]。

联合国减灾战略(The United Nations International Strategy for Disaster Reduction, UNISDR)提出的灾害定义是:一个社区或社会功能被严重打击,涉及广泛的人员、房屋、经济或环境的损失和影响,并超出受影响社区或社会动用自身可用资源去应对的能力[2]。

灾害按其表现形式分成自然灾害和人为灾害。前者以自然变异为主因并表现为自然现象,俗称"天灾",如地震、旱涝、冰雹等。后者以人为因素为主因并主要表现为社会现象,俗称"人祸"。但在实际生活中,自然因素与人为因素往往交织在一起,需要按照主导因素来判定属于自然灾害还是人为灾害。如森林火灾可能是烧荒或违规操作引起,也可能是落叶自燃或雷击引起,前者属人为灾害,后者为自然灾害。

灾害成因与表现形态有时并不一致,以自然原因为主引起但表现为人为态的可称为自然人为灾害,如太阳活动异常年的传染病流行。由人为影响产生却表现为自然态的可称为人为自然灾害,如滥垦过牧造成的水土流失、矿山采空塌陷等。

各种人为灾害中,有些是故意造成的,如各类刑事犯罪、战争与恐怖袭击等;有些虽是人为因素引起但非故意,主要是技术灾害和环境灾害,如失火、交通事故、环境污染等。

1.1.1.2 灾害系统与灾害事件

灾害系统由孕灾环境(environment of disaster inducing)、灾害源(disaster source)、灾害

载体(disaster carrier)和承灾体(disaster suffering body)等要素组成(图 1.1)。

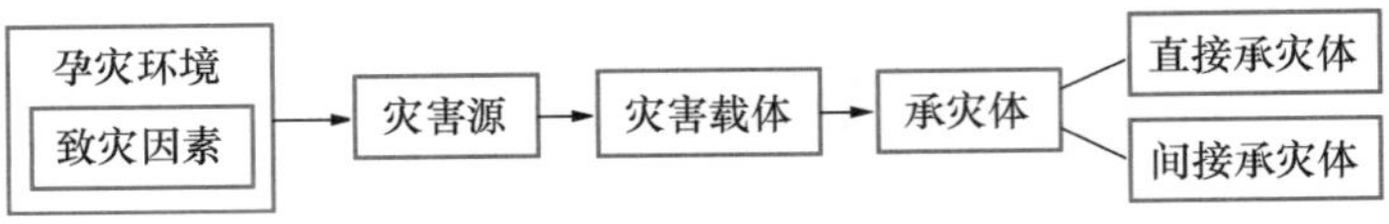

图 1.1　自然灾害系统

灾害酝酿和形成的环境条件称为孕灾环境,如中国的气象灾害与大陆性季风气候有关,地震与地球各板块的相对运动有关。孕灾环境中包含着若干致灾因素(hazard factor),即一种危险的现象、物质、人的活动或局面,它们可能造成人员伤亡,或对健康产生影响,造成财产损失、生计和服务设施丧失,社会和经济被搞乱,或环境损坏[2]。导致灾害发生的自然或社会经济原因称为灾害源,如风灾的灾害源是强气流,植物病害由细菌、真菌或病毒引起。灾害过程中具有破坏作用的事物称为灾害载体,即破坏性物质与能量的载体,如作物病毒病大多通过蚜虫和灰飞虱吸食叶汁传播,掺混石块的泥浆构成山区泥石流灾害的载体。

任何灾害都以人员伤亡、财产损失或生存条件受损为标志。有时直接受损害的并非人类本身,而是与人类有密切经济关系的设施、农作物、畜禽、野生动植物或生存环境,但最终受害的还是人类。直接受损的灾害作用对象称直接承灾体,人类是间接承灾体。发生在无人区且未对人类生存环境产生严重后果的剧烈破坏,通常称为灾变或灾异,不看作灾害。

一个灾害事件(disaster incident)包括五个要素:时间、地点或范围、性质、强度、灾害损失。其中灾害损失又分为直接损失与间接损失。前者指灾害发生当时能够直接计算的经济损失与人员伤亡;间接损失包括通过产业链传递对下游企业或对灾后生产造成的不利影响和生态环境恶化后果,救灾、恢复生产及重建所付出的代价,人员伤亡对亲属及其他人员的心理伤害等。其中有些社会影响和生态后果很难用经济价值衡量。

灾害损失的大小与后果的轻重不仅与致灾因子的强度、范围及持续时间有关,更与承灾体的暴露性(exposure)和脆弱性(vulnerability)有关。所谓暴露性是指人员、财物、系统或其他东西处在危险地区,因此可能受到损害。所谓脆弱性是指一个社区、系统或资产的特点和处境使其易于受到某种致灾因子的损害。[2]

1.1.1.3　灾害的基本属性

灾害是社会与自然综合作用的产物,具有自然属性与社会属性的双重性。

灾害的自然属性,对于自然灾害表现为灾害孕育和致灾均源于自然变异,灾害发展、扩散和衰退取决于自然物质与能量的演变;对于人为灾害则表现为灾害发生发展受到自然条件的影响、干扰,并受到承灾体自然属性的影响。

灾害的社会属性,对于自然灾害表现为人类社会对于自然灾害的响应,灾害后果不仅取决于灾害的强度和规模,而且取决于承灾体的脆弱性、暴露性与减灾能力;对于人为灾害,则既表现为灾害起因于各种社会矛盾或人与自然的矛盾,也表现为人类社会对于灾害的响应,包括脆弱性、暴露性和对于人为灾害的防控能力。

许多自然灾害的发生具有一定的准周期性和群发性,并存在某种灾害链现象。有些灾害是突发型,有些则是缓变或累积型。灾害发生的准周期性主要源于天体或地球运动的周期性,如长江流域的洪涝具有 22 年左右的周期,与太阳黑子的 22 年周期大体一致。有些生物灾害的周期性则与有害生物的生命周期有关。群发性即“祸不单行”，通常发生巨灾的年份有多种重大自然灾害同时或先后发生，如 1976 年中国先后发生了河北、四川和云南等地的 6 次 7 级以上地震、黄河特大洪涝、东北冷害和吉林特大陨石等灾害或灾异，2008 年发生了汶川地震和南方低温冰雪两大巨灾，2010 年发生了玉树地震、舟曲特大泥石流和全国多处严重山洪。

人为灾害通常都是突发性的，具有很大的随机性和不可预测性。

1.1.2 灾害的分类

1.1.2.1 灾害分类的意义

分类指按照事物的等级、种类和性质分别归类，是人类认识世界的重要方法。同一类的事物具有某些共同的特征，分类有助于人们对事物的正确识别和利月。

灾害分类是将具有相同特征的灾害归为一类，以便研究不同灾害的发生、演变规律和致灾过程，探索灾害预测、监测方法；针对不同灾害的危害特点，制订防灾减灾的对策。

灾害分类是正确识别灾害与科学减灾的基础。历史上由于对灾害类型判断错误导致损失扩大或减灾资源浪费的例子很多。如近几年中国北方在发生小麦冬旱时，不少地方把干旱与冻害、气象干旱与农业干旱混淆，把局部受旱夸大为全局，一些并未受旱的农田因隆冬浇水不当而发生死苗或生长不良[3]。还有一些生产事故是技术失误甚至自然原因造成，但误判为人为破坏而造成冤假错案，在过去的历次政治运动中曾多次发生。

1.1.2.2 灾害分类的原则

灾害分类必须遵循以下原则[4]：

1. 科学性原则

灾害归类必须具有严密的科学基础和明确的分类标志。如有人把气象因素引发的植物病虫害称为“生物气象灾害”，其实气象条件只是一种诱发因素，而植物病虫害的发生从根本上是由生物之间的相互作用所决定的，应属生物灾害。同理，虽然暴雨是滑坡、泥石流等地质灾害最常见的诱发因素，但不能称之为“地质气象灾害”。

2. 层次性与同质性原则

灾害系统具有复杂的层次性，大致可分为灾类、灾种、灾型、灾害等级等四个层次。

按照自然灾害的形成机制划分灾类，发生在大气圈并由大气运动异常所产生的自然灾害归为气象灾害；发生在岩石圈并由地质运动异常所产生的自然灾害属地质灾害；发生在海洋的自然灾害统称海洋灾害；发生在生物圈并由物种之间的相互作用产生的灾害称生物灾害。

在气象灾害中，又可划分为由水分因子异常而发生的旱涝，因温度因子异常而发生的热害与低温灾害，因光照因子异常而发生的阴害与灼伤，因气流因子异常而发生的大风、雷电、冰雹等灾种。每个灾种还可按照不同发生机制进一步划分出不同的灾型，如干旱可分为大气干旱、土壤干旱等。按照灾情程度划分出轻重不同的等级。同一灾类、灾种或灾型的灾害之间必须具有相同的特性，即同质性。

3. 概括性与唯一性原则

灾害分类有多种方法，各有其应用价值，但在每一种分类方法中，每个灾类应能概括所有可能的灾种，每个灾种应涵盖所有可能的灾型。同一个灾种只能在一个灾类中出现而不能跨其他灾类。同一个灾型也只能在一个灾种中出现。

4. 沿袭性与时效性

灾害分类方法应照顾传统的灾害分类方法以利灾害研究与减灾应用，有些已约定俗成的名称不要轻易改变。如有人提出干旱、洪涝等都是自然现象，作为灾害应分别取名为旱灾、洪灾或涝灾，虽不无道理，但目前人们已普遍接受这些灾害名称，就不必再改变了。至于该名词出现时是作为自然现象还是灾害，通过前后文比较不难鉴别。

随着人类对灾害认识的不断深化与社会经济的发展，对于灾害类型的划分也会有新的认识。因此，在确定灾害类型划分方案时，也要具有适当的前瞻性，使灾害分类能够适用较长的时期。如由于光照不足对农作物产生的损害称为阴害，尽管这种灾害名称出现的时间不长，在大面积生产上阴害的危害还不很突出，但随着生产水平的不断提高，光照不足在高产条件下的影响会日益突出，在农业灾害类别中就应包括这一灾种。

5. 规范化原则

目前我国在灾害分类和识别方面还存在一些混乱，如许多人将农业生产中的冷害、寒害、冻害、霜冻等四种低温灾害混淆，将气象干旱与农业干旱混淆。为此，灾害管理部门必须制定全国统一的灾害分类体系，使灾害分类具有实用性与可操作性。

1.1.2.3 灾害的分类方法

按照灾害的成因、性质、强度、规模等，可以有不同的分类方法。在实际工作中要根据减灾的需要选择适合的分类方法。

1. 按照灾害的成因和灾害现象

按照灾害发生的原因，可将各类灾害分为自然灾害(natural disaster)、人为灾害(man-made disaster)、自然人为灾害(natural man-made disaster)、人为自然灾害(man-made natural disaster)四大类，其中自然灾害的成因为自然因素并表现为自然现象，如地震、台风、干旱、洪涝、动物疫病等；人为灾害的成因为人为因素，表现为社会现象，如战争、恐怖袭击、交通事故等；人为自然灾害的成因为人为因素，但表现为自然现象，如因施工质量不好导致的水库垮坝、废弃矿坑的坍塌、滥伐滥垦造成的水土流失等；自然人为灾害的成因为自然因素，但表现为社会现象，如恶劣天气导致交通事故增加。还有一些灾害，既有人为因素，又有自然因素，要根据具体情况确定其主因。如火灾的发生，有人为纵火、用火不当失控、自燃起火、雷击起火等原因，前两种属人为灾害，后两种属自然灾害。在实际生活中，由于90%以上的火灾是由人为因素引起，通常在灾害管理中总体上把火灾列为人为灾害；其中的森林火灾或草原火灾虽然大多数也是由人为因素引起，但起火、火势发展与扑救受到自然条件的很大影响，又往往与其他自然灾害一起进行管理。

2. 按照灾害源

可将自然灾害分为地质灾害、气象水文灾害、海洋灾害、生物灾害、宇宙灾害，分别源于岩石圈、大气圈、水圈、生物圈或宇宙天体的异常运动。通常将人为灾害分为社会经济公共事件、生产与交通安全事件、卫生事件等大类。

3. 按照灾害链关系

可将彼此相互关联的灾害按照其因果关系和发生先后分为原生灾害(primary disaster)、

次生灾害(secondary disaster)和衍生灾害(derived disaster)。原生灾害指最初发生的主灾，次生灾害指由原生灾害直接引发的灾害，衍生灾害指在原生灾害衰退或削弱之后，由原生灾害或次生灾害所逐渐诱发的灾害。

4. 按照灾害的发生特征

可分为突发型灾害(sudden disaster)和累积型(或缓变型)灾害(accumulated disaster)。前者的破坏力在短时间内集中暴发，通常难以预测，减灾的关键在于做好预防和应急处置，如地震、冰雹、滑坡、泥石流以及蝗虫等迁飞性害虫；后者是致灾因素长期作用累积下形成的严重后果，灾害孕育、发生、演变直至衰退的时间较长，较易监测和预报，但初期的征兆不明显，容易被人忽略，减灾的关键是在初期采取防控措施，如干旱、冷害、地面下沉、水土流失和绝大多数植物病虫害。

5. 按照灾害发生的地貌

可分为平原灾害、海洋灾害、山地灾害、高原灾害等。

6. 按照灾害发生地区的人类聚落

可分为城市灾害和农村灾害。

7. 按照灾害危害产业或行业

可分为工业灾害、矿业灾害、农业灾害、牧业灾害、林业灾害、渔业灾害、商业灾害、交通灾害等。

8. 按照灾害发生地理范围的大小

可分为全球性灾害(global disaster)(如地震、火山、荒漠化、太阳活动异常、海平面上升等)、区域性灾害(regional disaster)(如水土流失、土地盐碱化、台风等)、局地性灾害(local disaster)(如滑坡、地面塌陷、冰雹等)。所谓全球性灾害除海平面上升和太阳活动异常外，一般也不是在全球同时发生，而是指这些灾害的发生是由地球物理因素而非区域或局地因素引起的。有些灾害有可能是区域性的，也有可能是局地性的，如流域性洪涝应属区域性灾害，但个别支流泛滥或小水库溃决造成的洪涝则属局地性灾害。

9. 按照灾害强度或损失程度

可分为巨灾、大灾、中灾、小灾、微灾等。

10. 其他分类方法

按照灾害发生时间分为历史灾害、现今灾害和未来灾害，但在人类社会形成之前的自然变异一般不在灾害学研究范围之内。按照是否可防分为可避免性灾害和不可避免性灾害，按照是否可预测分为可预测性灾害和不可预测性灾害。

1.1.3 灾害对人类的危害

灾害对人类的危害主要包括人员伤亡，经济和财产损失，生存环境受损，心理创伤和社会恐慌等四个方面。

1.1.3.1 人员伤亡

历史上主要由干旱引发的饥荒曾经是造成死亡人数最多的自然灾害，如1875—1879年席卷中国北方数省的特大干旱以及所引起的饥荒和瘟疫，仅山西、河南、山东、河北四省因灾死亡就达1 300万人，史称“丁戊奇荒”[5]。中世纪一度在欧洲流行的鼠疫又称黑死病，死亡人口竟达当时欧洲的 1/3 约 2 500 万人。当代世界由于社会进步和经济发展，除极少数最不发达国家外，大规模的饥荒死亡已很少见，地震和热带风暴成为死亡人数最多的自然灾害。20 世纪全球地震死亡人口约 120 万人，其中中国就占到一半。

人为灾害造成的死亡以战争为最烈，第二次世界大战中军人和平民死亡人数达 6 000 多万人[6]。和平时期则以交通事故死亡人数最多，中国近年来每年死于各类交通事故和生产事故的人数达数万人。

1.1.3.2 经济和财产损失

自然灾害给人类造成巨大的经济和财产损失，尤其是地震、洪涝和干旱等巨灾。如 2010 年中国全年各类自然灾害的直接经济损失高达 5 340 亿元，其中玉树地震和舟曲特大泥石流中灾区居民绝大部分房屋摧毁，家庭财产损毁殆尽。当年各类安全生产事故死亡 79 552 人，按照亿元国内生产总值死亡 0.201 人计，产值损失共计 39 578 亿元[7]。

1.1.3.3 生存环境受损

重大自然灾害常常对灾区甚至周边地区的生态环境造成巨大破坏，从而严重影响人类的生存环境。如中国北方由于频繁的干旱，各地大量超采地下水，华北平原已形成数万平方千米的漏斗，海河各大支流几乎全部断流，北京西山的泉水几乎全部干涸，沿海城市普遍发生局部地面下沉，海水入侵也相当严重。西北地区有些河流的上游层层拦截径流，导致中下游河床干涸和荒漠化加剧。人类大量排放温室气体和破坏臭氧层物质，使得到达地面的紫外辐射增强，对高海拔地区的人体健康和动植物形成巨大威胁。1986 年苏联切尔诺贝利核电站与 2011 年日本福岛核电站的重大核泄漏事故使周边地区严重污染，所造成的健康损失与经济损失更是以千亿美元计。

1.1.3.4 心理创伤和社会恐慌

重大灾害对灾民和救援人员都会造成巨大的心理创伤，特别是伤亡惨重的地震与洪水，痛失亲人的心理阴影甚至能维持几十年。有些灾害事件还能造成社会恐慌，如 2003 年“非典”(SARS)流行期间曾发生北京要封城的谣传，2011 年 3 月 11 日的日本东北部近海特大地震与海啸引发福岛核电站泄漏事故后，世界多国一度发生抢购碘盐风潮。

1.1.4 人类社会在与灾害的斗争中发展

人类社会自形成以来就一直伴随着灾害，一部人类发展史也是人类与各种灾害斗争的历史。任何事物都具有双重性，灾害或灾变一方面给生物和人类带来了巨大的损害，但同时也促进了生物的进化与社会的进步。如重大灾变会造成某些生物的灭绝，但这种生态危机又促使生物进化以适应灾变后的新环境。正是由于冰期来临使恐龙灭绝，而哺乳类和鸟类等恒温动物能够生存繁衍渐居优势，地球才变得今天这样丰富多彩。灾变打破了旧的生态平衡，又建立起新的生态平衡，生物就是在新旧交替的过程中实现进化的。人类的进化也离不开灾变。200 万年前第四纪冰期使类人猿走出森林到洞穴中居住，并学会在恶劣气候下觅食和生存，直立行走和群居集体劳动，使类人猿逐步进化为现代人类。

灾害在造成巨大灾难的同时，也给人类创造了某种机会，所谓“祸兮福所倚，福兮祸所伏”。洪水泛滥冲积与火山灰形成了肥沃土壤。大风可以摧枯拉朽，但牧民可利用风力发电照明、看电视和烧水做饭。

灾害往往是社会变动的触发因素。明朝末年发生连年大旱和饥荒，社会矛盾激化，终于爆发农民大起义，推翻了腐朽的明王朝。康熙、雍正和乾隆之所以能采取一些扶持生产发展的措施，与他们吸取了明王朝覆灭的经验教训不无关系。

灾害还促进了科技进步。自坦泰尼克邮轮冰海沉船之后，人们改进了船体结构和船舱设计，加上雷达与卫星遥感的普遍应用，近几十年未再发生与冰山相撞的悲剧。20 世纪 70 年代末以后中国北方的持续干旱促进工农业和城市节水技术的迅速推广。

人类对自然界的改造虽然取得一些成就，建立了高度发达的物质文明和精神文明，但大自然也以灾害的形式对人类的掠夺性开发给予多次惩罚。环境污染和生态破坏迫使人类反思，认识到自然是人类不可缺少的生存环境，必须对人类活动自觉加以限制，把对自然资源的利用和对自然环境的改造限制在一定范围，争取人类社会与自然界的和谐与可持续发展。

1.2 灾害研究与灾害学

1.2.1 灾害学产生的背景

灾害学(catastrophology)是一门以灾害为研究对象，研究灾害发生和演变规律，寻求有效防灾减灾途径的新兴学科。与许多其他学科先有主导学科、后有分支学科的情况不同，在灾害学领域，分灾种的灾害规律和减灾对策研究首先出现在气象学、水利学、地质学、海洋学等的应用研究领域及公共安全学、社会学、经济学等学科领域，然后才逐步提炼出各类灾害与减灾的共性规律，形成灾害学的学科体系。

自古以来自然灾害就不断发生，对人类生活和社会发展造成了巨大损失。随着社会生产力水平的提高，特别是现代科技的迅猛发展，人类对灾害的认识和防灾减灾能力有了极大提高，因灾死亡人数大大减少。但另一方面，人口增长与资源、环境的矛盾也日益尖锐，导致全球范围自然灾害的经济损失迅速增大，与此同时，各种人为灾害也频繁发生，严重制约着社会经济的可持续发展。在这一背景下，20 世纪后期世界各国的广大科技工作者从不同的专业角度，共同研究灾害的规律和如何减轻自然灾害的损失，促进了现代灾害学的创立。

灾害学是在人类抗灾救灾活动实践中逐渐发展起来的。中国古代“女娲补天”和“大禹治水”的传说，西方基督教圣经“诺亚方舟”的故事都体现了人类与大自然搏斗的勇气。古代人类就已开始进行对自然灾害的观测、描述和哲理化思考。20 世纪现代工业和科学技术的发展，为人类提供了认识灾害现象和与自然灾害斗争的强大武器。70 和 80 年代，世界上发生了一系列重大灾害，进一步促使人们研究灾害发生规律和减灾的途径，其中损失特别惨重的有：1970 年 11 月孟加拉国特大风暴潮和洪水泛滥导致 30 万人死亡，数百万人无家可归；1976 年 7 月 28 日中国唐山大地震死亡 24.2 万人，整个城市化为废墟；20 世纪 80 年代前中期，非洲撒哈拉沙漠以南有 24 个国家连续多年遭受严重干旱，灾民 2 亿多，饥荒造成 500 多万人死亡。与此同时，环境污染、荒漠化、气候变化和生物多样性锐减等对人类的生存与发展也带来了严重的威胁。

现代灾害的特点是灾害种类越来越多，分布范围越来越广，发生频度越来越高。据美国海外灾害救援局统计，从 20 世纪 60 年代到 80 年代全世界大的洪涝灾害由年均 15.1 件增至 24.3 件，大的干旱事件由 5.2 件增加至 6 件。灾害群发与后果日趋严重，产生放大效应，潜在危险特别巨大[8]，促使各国科技工作者对灾害问题进行深刻反思并探求有效的防灾减灾途径，为灾害学的产生创造了良好的社会条件和学术气氛。

1.2.2 灾害学的产生与发展

1976 年美国创办了《自然灾害观察者》杂志，后又创办《自然灾害科学·国际海啸学会杂志》和《科学事件快报网通报》。1977 年英国《灾害管理、灾害研究和实践》杂志创刊，1980 年日本《自然灾害科学杂志》创刊。1986 年 1 月 27—30 日第一届自然灾害学国际会议在古巴召开，就灾害预报及其预防等方面的最新科技进展进行了交流，标志着灾害学研究已在世界范围全面兴起。墨西哥《一加一》报曾报道："灾害造成的后果是严重的，因此就必须防灾和救灾，于是在世界上出现了一门新的学科，专门研究灾害的'灾害学'"。

在中国，1983 年起我国学者开始倡议建立综合研究自然灾害的学科——自然灾害学，并对其内涵作了初步分析。1984 年陈玉琼、高建国对"灾害学"一词进行了初步阐述[9]。1986 年灾害学研究形成了全面兴起态势：1986 年 1 月中国国土经济学研究会发出首届灾害经济学学术研讨会征文通知；1986 年 8 月全国第一家专门研究和报道灾害问题的学术刊物《灾害学》杂志在西安创办；1986 年 9 月 6 日在哈尔滨召开了中国灾害防御协会筹备会；1986 年 11 月 11—16 日在北京召开了第二届天地生相互关系学术讨论会，特别就灾害学综合研究进行了广泛讨论；1986 年高建国论述了灾害学的研究内容、性质、历史踪迹、分支学科及综合研究等问题，初步勾画出灾害学的学科框架[10]。

1.2.3 灾害学的学科体系

与其他学科相比，灾害学更具有系统性、综合性、实用性和研究方法的多样性。灾害学的综合性主要表现为以灾害总体为研究对象，具有自然科学与社会科学的双重性质；灾害学研究方法的多样性表现在分类研究与系统研究相结合，定性与定量研究相结合，随机方法与模糊方法相结合，并充分借鉴相关学科的研究方法。

灾害学是一大类学科的总称，目前对于灾害科学的体系尚无统一认识，根据不同学者的意见，初步归纳应包括以下层次[11]：

1.2.3.1 理论灾害学

研究灾害形成机理、规律、特点，包括灾害发生学、灾害历史学、灾害运动学、巨灾学等。

1.2.3.2 基础灾害学

根据理论灾害学的研究成果并与其他学科相结合，为研究和揭示灾害特点与规律而建立的基础性新学科，分为灾害自然科学研究和灾害社会科学研究两大类。前者包括灾害物理学、灾害化学、灾害医学、灾害地学、灾害生态学、灾害环境学、灾害天文学、灾害信息学等，后者包括灾害社会学、灾害经济学、灾害心理学、灾害管理学、灾害法学等。

1.2.3.3 应用灾害学

在理论灾害学和基础灾害学指导下，根据减灾需要发展起来的学科，如灾害预测学、灾害评估学、灾害区划学、减灾工程学、减灾系统工程、灾害保险学等。

1.2.3.4 分类灾害学

指按照灾害类型划分的分灾类或分灾种的灾害学研究。

1. 根据所研究的灾害类型

可分为气象灾害学、海洋灾害学、水文灾害学、地质灾害学、生物灾害学、环境灾害学、天文灾害学、火灾学、职业灾害和安全学等。按照具体灾种又可进一步细分，如气象灾害学可分为洪涝学、干旱学、低温灾害学等。

2. 根据灾害涉及产业部门

可分为农业灾害学、工业灾害学、建筑灾害学、交通运输灾害学、军事灾害学、商业灾害学、旅游灾害学等。

3. 根据灾害区域特征

可分为城市灾害学、农村灾害学、草地灾害学、海岸灾害学、山地灾害学、森林灾害学、高原灾害学等。

1.3 减灾行动

1.3.1 减灾的内容

减灾(disaster reduction)指减少灾害的发生和减轻灾害的破坏和损失。

减灾的根本目的是保护人民生命财产安全，保障人民的正常生活和社会经济活动的正常进行，保护资源与环境，保持社会的稳定与国家安全。

减灾的途径包括灾前的备灾与预防，灾中的抢险抗灾、应急处置与紧急救援，灾后的恢复、重建与总结，涵盖了灾害孕育、发生、发展和消退的全过程。

减灾的基本原则：①以预防为主，加强灾害预测预报，制定减灾规划和应急预案，实施各种防治工程等。②实行综合减灾，防灾、抗灾、救灾相结合，工程减灾与非工程减灾相结合，行政手段与法律手段、经济手段相结合，减灾与环境治理相结合，减灾与社会经济发展相结合。③实现社会化减灾，政府、企业、社会团体、民众共同参与，集中全社会的力量，形成广泛的社会减灾体系。

1.3.2 国际社会的减灾行动

1.3.2.1 国际减灾十年活动

1984年美国国家科学院院长弗兰克·普雷斯(Frank Press)博士在第八届世界地震工程

会议上提出要在世界范围酝酿开展从 1990 年到 2000 年的“国际减轻自然灾害十年”活动计划，很快得到各国政府、学术团体和联合国有关机构的重视和支持。1987 年第 42 届联合国大会讨论了美国、日本等几十个国家的联合提案，通过了第 169 号决议，决定把从 1990 年到 2000 年的 20 世纪最后 10 年定为“国际减轻自然灾害十年”(International Decade for Natural Disaster Reduction，IDNDR)(以下简称“国际减灾十年”)，由联合国救灾署负责，救灾委员会下设董事会和项目委员会。1989 年第 44 届联合国大会规定每年 10 月的第二个星期三为“国际减灾日”，目的是提高防御灾害所必需的公众意识。

1991 年 12 月 19 日第 46 届联合国大会做出第 182 号决议，要求全面加强灾害管理，开展提高全球性防灾意识的活动。1994 年 5 月 23—27 日由联合国主持的首次世界减灾大会在日本横滨召开，通过了《横滨声明》和《减灾行动计划》，指出世界已进入日益相互依存的时代，各国应该在新的伙伴关系下对自然灾害采取行动，为了人类的共同利益建立起更安全的生存环境。

1.3.2.2 国际减灾战略活动

1999 年，联合国大会通过决议，在国际减灾十年活动结束之后，继续开展“国际减灾战略活动”(International Strategies for Disaster Reduction，ISDR)，并建立了相应的常设机构。2005 年在日本召开的世界减灾大会通过了《2005—2015 年兵库行动框架》，确定了 2005—2015 年的世界减灾战略目标和行动重点，强调应使减灾观念纳入到今后的可持续发展行动中，加强减灾体系建设，建立应对灾害的早期预警系统，提高减灾能力，降低灾后重建阶段的风险[12]。2015 年还将在日本举办第三次世界减灾大会。

1.3.3 中国的减灾努力与成效

中国是世界上自然灾害最严重的国家之一，由于处在社会经济转型和工业化中期，安全事故的发生也比较频繁。多年来，中国政府和各界都十分重视减灾，做出了巨大的努力[13]。

1.3.3.1 减灾法制建设

自 20 世纪 80 年代以来，颁布了《中华人民共和国突发事件应对法》和一系列减灾法律、法规，同时坚持把减灾纳入国家和地方可持续发展战略，1998 年 4 月颁布了《中华人民共和国减灾规划(1998—2010 年)》，并结合每个国民经济与社会发展五年规划专门编制综合减灾规划。

1.3.3.2 减灾体制建设

中国实行政府统一领导，部门分工负责，灾害分级管理，属地管理为主的减灾救灾领导体制，设立了国家减灾委员会、国家防汛抗旱总指挥部、国务院抗震救灾指挥部、国家森林防火指挥部和全国抗灾救灾综合协调办公室等中央级减灾管理机构，各级地方政府也成立了职能相近的机构，注重发挥军队、人民团体、社会组织及志愿者的作用。

1.3.3.3 减灾机制建设

在长期的减灾救灾实践中建立了符合国情、具有中国特色的减灾救灾工作机制，包括灾害应急响应机制、灾害信息发布机制、救灾应急物资储备机制、灾情预警会商和信息共享机制、重大灾害抢险救灾联动协调机制和灾害应急社会动员机制等。在国务院组织指导下，针对各类重大自然灾害和突发事件，中央和地方编制了一系列应急预案，使减灾行动更加高效有序，大大减轻了灾害事故的损失。

1.3.3.4 减灾能力建设

实施了大规模的水利建设、危房改造、水土保持、防沙治沙等减灾工程；构建起比较完整的灾害立体监测体系，提高了监测预警预报能力；以应急救援队伍、应急响应机制和应急资金拨付机制为主要内容的救灾应急体系初步建立，应急处置能力大大增强；制定了专门的防灾减灾科技发展规划，建立了科技应急机制，防灾减灾的科技水平不断提高；将防灾减灾人才队伍建设纳入国家人才队伍建设发展规划，减灾国民教育体系和培训平台逐步建立；社区减灾能力建设工作全面展开，基层社区抵御灾害风险的能力和水平逐步提高；积极支持和推动社会力量参与减灾事业，提高了全社会防灾减灾的意识和能力；减灾领域的国际合作也得到了广泛开展。

从 2003 年起，国务院大力推进全国范围突发事件的“三制一案”(体制、机制、法制和预案编制)建设，使中国的减灾管理提高到一个新的水平。发生同等强度和规模的灾害时，伤亡人数大大减少。除发生汶川地震的特大灾年外，每年因灾死亡人数从 20 世纪 80 年代末 90 年代初的平均 7 000 多人减少到近几年的 2 000 多人(图 1.2)，直接经济损失占 GDP 的比例自开展国际减灾十年活动以来也有明显的下降趋势(图 1.3)。

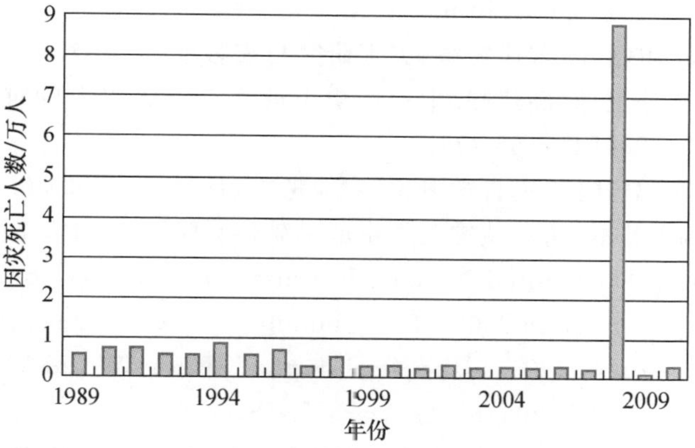

图 1.2 1989—2010 年全国因灾死亡人数

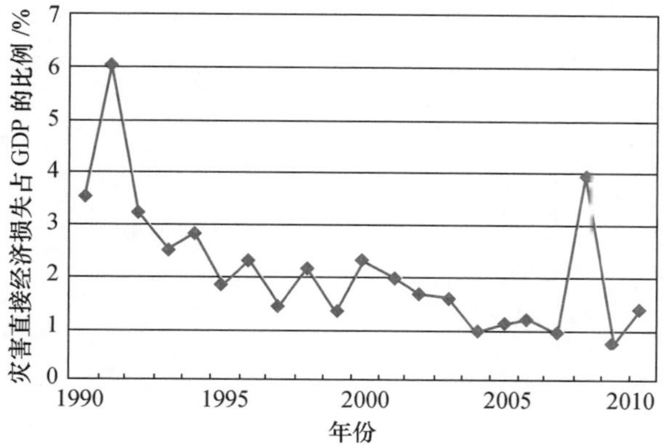

图 1.3 1990—2010 年全国自然灾害直接经济损失占当年 GDP 的比例

(郑大玮)

参考文献

[1] 全国重大自然灾害调研组.自然灾害与减灾600问答.北京:地震出版社,1990:3-4.

[2] The United Nations International Strategy for Disaster Reduction. Terminology on disaster risk reduction. Geneva:UNISDR,2009.

[3] 郑大玮.论科学抗旱——以2009年的抗旱保麦为例.灾害学,2010,25(1):7-12.

[4] 李树刚.灾害学.北京:煤炭工业出版社,2008:12-17.

[5] 陈玉琼.近500年华北地区最严重的干旱及其影响.气象,1991(3):23-28.

[6] 第二次世界大战中各国死亡人数.公安月刊,1995(Z1):76.

[7] 中华人民共和国国家统计局.中华人民共和国2010年国民经济和社会发展统计公报.北京:新华网,2011-02-28[2011-03-01]. http://news.xinhuanet.com/politics/2011-03/01/c_121132026.htm.

[8] 申曙光.现代灾害、灾害研究与灾害学.灾害学,1994(3):17-23.

[9] 陈玉琼,高建国.中国历史上死亡一万人以上的重大气候灾害的时间特征.大自然探索,1984(4):165-174.

[10] 高建国.灾害学概说.农业考古,1986(1):289-305.

[11] 孙枢.防灾减灾工作中的基础性科学研究.中国减灾,1996(2):3-8.

[12] The United Nations International Strategy for Disaster Reduction. Hyogo framework for action 2005—2015:building the Resilience of Nations and Communities to Disasters: extract from the final report of the World Conference on Disaster Reduction (A/CONF. 206/6). Geneva:UNISDR,2005.

[13] 中华人民共和国国务院新闻办公室.中国的减灾行动.北京:中央政府门户网站,2009-05-11[2009-05-11]. http//www.gov.cn/zwgk/2009-05/11/content_1310227.htm.

第2章

中国的农业自然灾害

中国自古以来就是灾害频发的国家，有“饥荒之国度”之称。农业灾害种类多，灾害后果严重，旱涝风雹，饥馑荐臻。农业灾害同农业生产的历史一样久远，自从有了农业生产活动，也就有了农业灾害的破坏。从公元前18世纪至今，4 000年间灾害发生接连不断，灾荒记载充盈史册，其中以邓云特的统计值最具影响力。灾害的发生始终是农业发展的主要制约性因素，《中国救荒史》中对历史上发生的各种灾害统一按年次计算，自公元前1766—公元1937年的3 700多年间，发生水灾1 058次，旱灾1 074次，蝗灾482次，雹灾550次，风灾518次，此外还有疫灾、地震、霜雪、歉饥等总计5 258次。

2.1 中国农业自然灾害的历史演变

农业生产是在与农业灾害的不断斗争中发展起来的。在农业生产的发展过程中，农业灾害也由自然的异常现象转变为社会经济的危害因素。前者即农业灾害的自然属性，后者是它的社会属性。凡直接危及大农业部门动植物生命活动和农业生产环境，从而危害人类生存的自然或人为的异常现象，称为农业灾害。[1]由于农业灾害包括自然异常现象和人为异常现象两个方面，因此也就有“农业自然灾害”和“农业社会灾害”之称谓。[1]中国的农业历经原始农业、传统农业和现代农业三种形态的演替变化，与之相伴随的农业灾害，也经历了灾种由少到多，灾发频率由低到高，灾区分布由小到大，灾害损失由轻到重的历史演变。在中国农业灾害漫长的历史演变过程中呈现出两条趋势性的规律：一是随着农业生产的发展农业灾害的发生有增加的趋势，农业生产的发展非但没有使农业灾害的发生减少或降低，反而日渐增多并加剧；其二是中国农业灾害的高发区与中国的主要经济区基本一致，经济发达地区灾害发生的频度往往较高。我们可把前者称之为农业灾害时间分布的趋势性规律，后者称之为农业灾害地域分布的趋势性规律。

中国农业史是农业生产不断发展的过程，在一定阶段农业生产水平和农业灾害威胁的程度成正相关关系。自秦汉、隋唐直至明清，虽然各个时期农业生产发展的程度不同，但同样是在发展，并没有出现停滞衰落，而且明清时期的农业生产水平已处于传统农业的巅峰。农业灾害的发生演变与农业生产的发展相一致，以时间为轴线不断加剧。据《中国救荒史》统计，[2]殷商时期发生水灾 5 次，旱灾 8 次；两周时期发生灾害 89 次；秦汉时期发生灾害 375 次；魏晋南北朝时期发生灾害 619 次；隋唐五代时期发生灾害 566 次；宋元时期发生灾害 991 次；明清时期发生灾害 2 132 次。自然灾害发生频次由秦汉时的每年不足 1 次上升到明清时的每年 4 次。

我国历史上水灾、旱灾和蝗虫被称为“三大灾害”，它们对农业生产的破坏最为剧烈。洪水横流，尽成水乡泽国；旱魃肆虐，则赤地千里，草木枯萎；蝗虫四起，收获在望的庄稼荡然无存，整个灾区田园荒芜，十室九空，一片悲惨凄凉的景象。此外，风灾、霜灾、雪灾、雹灾、酷热、冷害、冻害、病虫害、草兽害、水土流失、土壤沙化等灾害也时常发生，危害农业生产。政治清明，国家稳定，尚可救灾图存；如吏治败坏，战乱四起，广大劳动人民便身处水深火热之中。

2.1.1 农业自然灾害的历史演变过程

2.1.1.1 远古时期的农业灾害

远古时期的农业生产相当于原始农业阶段，黄河流域的粟作农业和长江流域的稻作农业是原始农业的两种主要类型。当时种植的作物有菽、麻、麦、稻、薏苡、瓠等，原始畜牧业在农业生产中也占有一定地位，一般以养猪为主，还有马、牛、羊、鸡、犬等畜禽。这些农用动植物成为灾害侵袭的主要对象。这一时期的农业灾害因无明确的文字记载而难以详考，仅从远古神话传说和古人类遗址考古中推见其大概。

旱灾是远古时期的一大农业灾害。旱灾的形成主要是降水量少或水分供应不足。原始农业时代种植的作物虽以耐旱的黍稷为主，但在完全依靠天然降水满足作物水分需要的条件下，降雨量的减少，特别是作物生育期降雨量的减少对农业生产无疑是一种灾难。原始农业时代距今约 10 000～4 000 年，这一时期发生了多次气候变化，出现了三次新冰期和三次新高温期，降雨量与气温有较大变化，在公元前 8000 多年前至公元前 4000 年期间，气温升降达 5～6℃[3]，使农业生产处于不利的环境条件之下，旱灾发生在所难免。流传至今的后羿射日的传说，可以看作是中国古代大旱灾的一种生动描述。远古水灾的严重性并不亚于旱灾，有名的治水英雄大禹经过 13 年的艰苦奋战才平治水土，人民择丘陵而处。

2.1.1.2 夏商周时期的农业灾害

夏商周时期处于原始农业向传统农业的过渡阶段，传统农业开始起步并获得初步发展。农业的开发拓宽了人们生活的地域空间，改变了长期遵从的生产生活方式。黄河中下游地区以其优越的自然条件成为当时的主要农区，其中心地带就是司马迁所说的三河（河内、河东、河南）地区[4]。三代时关于灾荒的材料较以前丰富得多，其中有口碑传说，有文字记载；信史有之，演义亦有之。旱、涝、风、雨、霜雪、低温、冷冻害、雹、蝗、虫、沙尘暴、水土流失等灾害都有发生，危害农业生产，涉及农业气象灾害、农业生物灾害和农业环境灾害三大类、若干个灾种。

旱灾是本时期危害性最大的农业灾害，不但发生频繁，灾害后果也十分严重。成汤时期七年大旱，洛坼川竭，煎沙烂石，成汤不得不亲自斋戒沐浴，剪发断爪，素车白马，著布衣，插白茅，以“敬恭神明，宜无悔怨”。殷商时期的另一次大旱是文丁三年，因旱而洹水断流。甲骨卜辞中还有许多求雨祈年的记载，从另一个侧面反映了干旱对农牧业的危害。西周时旱灾的记载多而周详，灾情有的极凶。厉王时曾连续六年大旱（约公元前 858—公元前 853 年），宣王末年（约公元前 803 年）到幽王初年（约公元前 780 年）的大旱促使西周统治灭亡。平王东迁以后，旱灾发生有增无减，《春秋》等书中载有“不雨”、“大雩”等旱灾年份者达三十一年之多。[5]

水灾的发生仅次于旱灾。水灾有多种情况，有因河决而酿致的洪水泛滥灾害，有连阴雨灾害，有大雨普降宣泄不畅而导致的水灾等。相传商自成汤至盘庚曾五度因水迁都：汤自南亳迁西亳，仲丁迁隞，河亶甲居相，祖乙居耿，盘庚渡河，南居西亳。当时水患成灾，威胁到国都的安定和国家安全，可见为害是十分剧烈的。

蝗灾和虫害对农业生产的危害并不亚于水灾，特别是春秋时期，蝗灾记载更多，蝗虫的成灾常和旱灾相伴随。史料中关于蝗灾的最早记录可上推到公元前 707 年，《春秋》载，“桓公五年，螽”。虫害则主要有螟、蜮、蝝、蜚等。至迟从春秋时代起，旱灾、水灾和蝗灾就成为中国古代农业灾害的主要灾种，发生次数多，灾情严重，这种情况一直持续了数千年。

风、雹、雪、霜、低温冻害、鼠兽鸟害、沙尘暴、水土流失等灾种对农业生产的危害性虽不及水、旱、蝗灾和虫害，但也对农业生产构成了一定的威胁。单纯从灾种结构上看，后世所见灾种本时期基本都有发生。

2.1.1.3 秦汉魏晋南北朝时期的农业灾害

秦汉时期中国社会开始进入大一统阶段，农业生产也处于传统农业的大发展时期，至魏晋南北朝时中国的传统农业达到了一个新的高度，以耕耙耱为中心的旱地耕作技术体系已臻成熟。农具的改进，农业技术的提高，间、混、套作的发展，农田水利工程的兴修，标志着农业生产力水平处于一个新的历史高度。农业生产自身的抗逆能力增强，可以通过人工的调控和努力来减缓一些不利自然变异对农业生产的破坏。

这一时期农业灾害在灾种结构上发生了较大变化，水灾对农业生产的威胁性大大增加，在发生频次上与旱灾不相上下，而在为害后果上水灾灾情之重远甚于旱灾。据邓云特统计，秦汉时水灾 76 次、旱灾 81 次，魏晋南北朝时水灾 133 次、旱灾 137 次。这和《中国农业自然灾害史料集》反映的情况相类似。水灾有大霖雨、江河溃决、大雨—洪水灾害链、海水内侵、山洪暴发、暴雨、霪雨连绵等多种情况。频繁发生的水灾，给灾区人民带来了沉重的灾难，农业生产遭到毁灭性打击，水灾发生时，往往杀灭人畜，漂没财物；百姓饥馑，流移于道路。两汉时期的河决之患，破坏尤烈。黄河因善淤善决而被称之为“害河”，瓠子河决即为有名的黄河水灾灾例。直至汉明帝永平十二年（公元 69 年）王景治河，凿山阜，破砥碛，直截沟涧，防遏冲要，疏决壅积，十里立一水门，令更相洄注，无复溃漏之患，黄河才处于长期安流状态。黄河之外，雒水、泗水、淯水、汉水、伊水、济水、颍水、沁水等河流也多有泛溢，伤禾害稼。

旱灾的威胁性已有所降低，这不能不归因于劳动人民兴修水利工程和抗旱除害的伟大举措。秦汉时期中央集权的统一封建帝国的建立，为进行大规模农田水利建设创造了有利条件。秦初建灵渠，西南地区农业得到灌溉之利。西汉时在关中地区和西北边疆大兴民力建设了一批水利渠系工程，有六辅渠、白渠、龙首渠、灵轵渠等大型水利工程，小渠、支流也得到利用，在新疆等地区配合屯垦也进行了水利工程建设。这些工程对改变西北干旱气候制约农业生产的状况发挥了积极作用。人们通过灌溉为作物生长发育提供水分，即使天旱少雨也能做到旱而不灾。

雹灾、风灾、蝗灾是仅次于水旱灾害的灾种。雹灾灾区较小，危害性大；风灾虽不像水旱灾害一样导致饥荒发生，但灾区范围宽广，有多达三四十郡国者；而蝗灾往往带来毁灭性打击，灾区人民谈蝗色变。

霜灾、雪灾、低温灾、虫灾、畜疫、鸟兽害、沙尘暴、水土流失等灾种发生次数相对较少。霜灾、虫害等也易引发饥荒。沙尘暴古籍多记载为"尘霾"、"昼晦"、"大风扬沙"等，它是土地沙漠化和农业环境恶化过程中所引发的环境灾害，对农业生产的破坏以渐进的方式发生作用。水土流失多表现为"河浊"、"水赤"等异常状态，它是过度的农田垦辟、森林采伐和草场退化所致，多发生于黄河、淮河、长江中下游、钱塘江等大江大河流域。

灾害后果比较严重的是多灾并发和链发。常见的灾害并发是水旱并发、水旱蝗并发、风雹并发、霜雹并发、霜蝗并发、霜旱并发、蝗灾虫灾并发、虫水灾并发。灾害链发主要有旱—蝗灾链、雨—洪水灾链。在同一时间、同一地区出现多灾并发和链发的情况，往往造成农作物严重减产乃至绝收，民饥流亡。

2.1.1.4 隋唐时期的农业灾害

隋唐时期，农业生产处于一个大发展时期，也处于大转变时期。南方水田农业发展迅速并超过了北方，同时，唐代还出现了稻麦复种一年两熟制。

水旱灾害是这一时期主要的农业灾害。有隋一代，水灾多在河南、河北地区。入唐之后，水灾遍及大江南北，洛水、谷水、沣水、瀍水决溢次数较多，海水内侵，秋雨害稼。暴雨、洪水等也很严重。淮水、黄河多次溢决泛滥。公元693年以后，河水入石门，分流过盛，下游水缓，海口阻滞，致使河决棣州。至此，黄河长期安流的局面被打破。旱灾以夏旱为主，跨季连旱较多，旱区广大，一般达数十州，江南地区干旱成灾的情况也比以前严重、普遍，饥荒多有发生，灾区粮价上涨，封建政府不得不拿出大量米谷钱粮赈济灾民。唐代，中国经济重心南移，江南农业发展迅速，重灾区也由河南、关中、河北一带向南方转移。

次于水旱灾害的是风灾、雹灾、雪灾、霜灾和蝗灾。风灾的发生常与暴雨、海潮、洪水等灾害共生或链发，灾区范围多在一县至数县之间。雹灾灾区小，影响也不大，新旧《唐书》明确记载因雹灾而施赈者只有一次。《旧唐书·中宗本纪》载：(神龙元年，公元705年)(四月)"同官县大雨雹，燕雀多死，漂溺居人四百家，遣使赈济。"雪灾损毁禾稼稻谷，造成人畜伤亡，灾区由北而南直达江淮流域，大雪纷飞，积雪数尺之深。霜灾侵害秋收作物较多，禾、菽、桑均有受灾记载，灾区可多达数十州，严重者导致饥荒发生。蝗灾虽是重灾，但发生次数不多。影响比较轻微的灾害是虫灾、低温类灾害、鼠兽鸟害、沙尘暴和水土流失。

2.1.1.5 宋元时期的农业灾害

宋元时期，南方农业迅速发展，形成稻麦二熟制和以耕耙耖耘耥为中心的稻田耕作技术。园艺、桑麻、畜牧、水产养殖各业也有了新的发展：蔬菜种类增多，面积扩大，杭嘉湖地区成为我国东南最庞大的蚕桑基地，畜牧业生产规模扩大，水产养殖业也从淡水养鱼发展到海域养殖。

农业生产发生的这些变化直接影响到农业灾害的灾情状况。

水灾是这时期影响最大的农业灾害。水灾有江河及支流的河溢泛滥、海水内侵、暴雨洪水、连阴雨等多种情况,灾区面积有大有小,有小至一县者,也有达数十州者。水灾主要集中在黄河中下游、淮河流域及江南地区,江南地区的水灾占主要部分。

旱灾的发生次于水灾。旱灾既受气候变迁的影响,也与农田水利工程建设有很大关系。雹灾、蝗灾也很严重。蝗灾多发生在夏秋两季,宋元时蝗区遍及河北、山东、陕西、辽宁、西京、河东、江淮、两浙、福建等地。总体来看,小面积的蝗灾发生次数多,而蝗区过十州的大蝗灾则较少。雹灾常与大风、暴雨等灾害相伴生,也有与雪、雾伴生者。

比较重要的农业灾害还有雪灾、风灾、霜灾、虫灾、沙尘暴等。本时期虫灾和沙尘暴的发生骤然增加,虫灾以蚜蚄(即黏虫)、螟虫、蠓虫、蟓虫等为主,除农作物受到危害外,蚕桑业受虫害侵害也很严重。沙尘暴则使大面积的作物、蚕桑和畜牧业受害。

2.1.1.6 明清时期的农业灾害

明清是传统农业持续发展,传统农艺达到巅峰的阶段,北方旱地农业和南方水田农业都有很大发展。农业开发范围进一步扩大,随之而来的是农业灾害的危害日益加剧。

水旱灾害仍然是最主要的农业灾害,河南地区成为历史上有名的"黄泛区",杭嘉湖地区水灾也很严重。明清时期水灾发生的突出特点是水灾的散布和迁移现象十分明显。水灾的散布是同一时间几个在空间上不相连的地区发生水灾,水灾的迁移是指随着时间的延伸,水灾由甲地迁至乙地,由乙地再至丙地。这是农区拓展后的一种必然结果。

明清旱灾多有发生。明代的旱灾,灾情严重,灾区往往达数省之大,形成跨州连省的大灾区。更为严重的是连年大旱的发生,不但摧毁了农业生产,还可动摇国家的根本。明崇祯年间的大旱灾是历史上特大灾害之一,1637—1641 年连续五年大旱,江西、山东、河南、陕西、山西、湖广、京都等地备受干旱之苦,饥民流亡,田野荒芜,诱发了一系列社会矛盾。清代的旱灾,灾区一般不大,有时一个灾年仅记一州或一县受旱,总体呈零星分布状。到清代后期,这种现象更为明显。

明清时期雹灾的危害大增,雹灾所至,杀麦伤稼。1440 年 6 月,山东行都司及蔚州连日雨雹,深达一尺多;同年 8 月,保定又发生一次大雹灾,深尺余,雹体大如鹅卵。1495 年,沂州雹灾,大者如盘,小者如碗,人畜多被击死。清代时,雹灾的散布迁移现象也很突出,雹灾在多处地方发生,危害性大增,极易导致饥荒发生。

蝗灾发生次数虽然不多,但灾区一般很大,河南、山东、河北一带成为历史上灾情严重的蝗灾区。此外,风灾、霜灾、沙尘暴等影响也较大。风灾多伴有雨灾、水灾,并导致海水内侵、冲毁堤堰,为害一方。沙尘暴较以前更为严重,发生地点增多,灾情加重,持续时间也长。

综观各历史时期农业灾害的发生情况,不难看出一定时期的农业灾害在灾种组成方面有鲜明的特征。远古时期的旱灾和水灾,夏商周时期的旱灾、水灾、蝗灾和虫害,秦汉魏晋南北朝时期的水灾、旱灾、雹灾、风灾和蝗灾,隋唐时期的水灾、旱灾、风灾、雹灾、雪灾、霜灾和蝗灾,宋元时期的水灾、旱灾、雪灾、风灾、霜灾、虫灾和沙尘暴灾害,明清时期的水灾、旱灾、雹灾、蝗灾等,构成了各时期农业灾害的主体。在农业发展的漫长历程中,农业灾害的发生不断加剧,危害性也日益增加,威胁农业生产并导致灾害发生的自然因素由远古时期的水、旱等少数几种，增加到隋唐宋元明清期的水、旱、风、虫、雹、霜、雪、蝗、水土流失、沙尘暴等数种，而风、霜、雹、雪等灾害的危害性到近世大增，非古时所能比拟。农业生产是向前发展的，灾害也是在不断演进的，古时候没有出现的灾种后来有可能出现，甚至成为危害性很大的灾害，古时候的一些次要灾害也可能成为后世的主要灾害，而古时的主要灾害则在一定时间内有减缓的可能。但从总体上看，农业灾害的发生则向多灾化方向发展，愈到后来，灾害种类愈多。

农业灾害的发生次数不断上升，这在一定程度上同历史文献的记载有相当大的关系，但也应当看到，决定这一现象的根本因素是灾害—农业生产—人类社会这三者之间的对抗冲突的性质。农业生产要发展，必然在开发的广度和深度上进一步加强。围湖造田、垦荒拓地等加剧人与自然矛盾关系的活动不断发生，技术的改进和农业生产水平的提高对农业生产环境条件提出了更为严格的要求。尤其是随着复种指数的提高，对农时的要求更加严格，使得低温冷冻灾害也变得更加突出。而对农业这样一个开放性很强的系统而言，环境因素常常制约、影响着农业生产的发展，这二者之间的矛盾使得农业生产对自然变异的敏感性增强。社会的发展，人类活动领域的扩大，使人为性因素对灾害发生的影响越来越大，一次小的自然变异也可能因社会条件的恶化而酿致大的灾害。正是这种连锁反馈作用造成了农业灾害发生次数的不断上升。自隋唐以后，灾害发生频次大增，特别是明清时期，大小灾害比年皆是，一年之内多次成灾。

2.1.2　农业自然灾害重灾区演变规律

随着人地矛盾的日益突出，农业灾害的灾情不断加重，农业灾害发生后引发饥荒的事例愈到后世愈普遍，有时小区域发生灾荒，但更多的是灾区连片成带，大面积受灾成荒。从另一个侧面显示灾害历史演进过程中社会危害性随社会经济发展而增加的趋势。

历史自然灾害研究中，定量分析是主要的研究方法之一，特别是在灾害发生的频率和时空分布研究中更是必不可少的研究手段。历史农业重灾区也是农业自然灾害的高发区，历史时期的自然灾害除了存在时间分布特点之外，还存在明显的地域性差别。

卜风贤按照周秦两汉时期区域社会经济和农业发展的特点，结合现代灾害区划把全国划分为 9 个大的灾害区，即塞北灾害区(长城以北的广大畜牧区)、东北灾害区(大兴安岭以东的地区)、山东灾害区(黄淮海地区)、山西灾害区(秦岭以北、太行山以西、长城以南、贺兰山—龙门山以东的地区)、西北边疆灾害区(贺兰山—龙门山以西、昆仑山以北的地区)、西南边疆灾害区(昆仑山以南、横断山脉以西的地区)、巴蜀灾害区(秦岭以南、横断山脉以东、武陵山以西的地区)、江南灾害区(武陵山以东、淮河以南、南岭以北的地区)、岭南灾害区(南岭以南的两广地区)。[6]

通过研究发现(表 2.1)：周秦两汉农业灾害在区域分布方面存在严重的不平衡性。就统计资料来看，山东、山西、江南、西北、巴蜀灾害区都有灾害发生，塞北、东北、岭南、西南灾害区则没有量化数据。山东、山西地区是周秦两汉时期的重要农业区，灾害记录较为丰富全面，山东灾害区计有各种灾害 143 次，山西灾害区 113 次，江南灾害区 15 次，西北灾害区 6 次，巴蜀灾害区 4 次。山东、山西地区是周秦两汉时期的农业重灾区。

表 2.1 周秦汉晋时期农业灾害区域分布情况

次

灾种	山东	山西	西北	巴蜀	江南	西南	塞北	东北	岭南	合计
水灾	31	19	0	4	3	0	0	0	0	57
河决	10	0	0	0	0	0	0	0	0	10
雨灾	4	12	1	0	3	0	0	0	0	20
旱灾	40	31	0	0	2	0	0	0	0	73
风灾	16	11	0	0	3	0	0	0	0	30
雹灾	5	9	2	0	2	0	0	0	0	18
雪灾	3	0	0	0	1	0	0	0	0	4
霜灾	2	0	0	0	0	0	0	0	0	2
低温	0	2	0	0	0	0	0	0	0	2
冻害	2	0	0	0	0	0	0	0	0	2
蝗灾	19	19	3	0	1	0	0	0	0	42
虫灾	5	3	0	0	0	0	0	0	0	8
疫病	2	2	0	0	0	0	0	0	0	4
鼠害	3	0	0	0	0	0	0	0	0	3
兽害	1	0	0	0	0	0	0	0	0	1
沙尘暴	0	0	0	0	0	0	0	0	0	0
水土流失	0	5	0	0	0	0	0	0	0	5
合计	143	113	6	4	15	0	0	0	0	281

三国两晋南北朝时期，随着南北农区的扩展，农业灾害也在更广泛的地域内发生发展。首先，农业灾害的发生更为频繁。魏晋南北朝农业灾害的发生频次远远超出此前的历史灾害频次水平，农业灾害不但在年际间多次发生，在同一年内的不同月份，也是此起彼伏，经常出现一年发生数起乃至数十余起的灾害事件。其次，农业灾害造成的灾情非常严重，大灾和特大农业灾害屡屡发生，南北农区大面积受灾成灾。第三，农业灾害还呈现出向周边农区进一步扩展的趋势。除在主要农业区山东、山西、江南灾害大发生外，塞北的牧区和岭南地区也有多次灾害记录，它标志着农业灾害的破坏性开始向边远地区延伸。第四，农业灾害的灾种结构也发生了明显的变化，一些灾种的危害性减轻，另一些灾种的危害性则加大，风灾、雹灾以及与江南农业发展规律相一致的水灾、水稻螟虫等灾害种类发生频次迅速上升。

通过对三国两晋南北朝时期的灾害区域分布研究发现：江南、山西、山东成为三大农业重灾区。在此时期，江南地区是农业灾害频繁发生的重灾区。在魏晋南北朝 200 多年时间中，江南地区发生的农业灾害主要有：水灾 91 次，雨灾 29 次，旱灾 77 次，风灾 63 次，雹灾 33 次，雪灾 27 次，霜灾 15 次，沙尘暴 18 次，水灾、旱灾、风灾发生频次高，是本地区农业生产中面临的主要灾害(表 2.2)。蝗灾等灾种发生频次很低。总计各种灾害发生 372 次，平均每年发生一次灾情严重的农业灾害。江南地区农业灾害发生频次占各个农区灾害发生总次数的36%，是灾害发生频次最高的地区。

表 2.2 魏晋南北朝时期农业灾害区域分布情况 次

灾种	山东	山西	西北	巴蜀	江南	塞北	东北	岭南	西南	合计
水灾	59	46	1	3	91	5	0	0	2	207
河决	1	1	0	0	0	1	0	0	0	3
雨灾	14	17	0	1	29	0	0	0	1	62
旱灾	62	83	9	0	77	8	0	0	1	240
风灾	30	45	1	1	63	2	0	0	2	144
雹灾	27	20	1	2	33	0	0	0	0	83
雪灾	14	3	1	1	27	1	0	0	0	47
霜灾	25	31	3	0	15	4	0	0	1	79
低温	0	0	0	0	3	0	0	0	0	3
冻害	2	1	0	0	4	1	0	0	0	8
蝗灾	17	13	4	0	7	1	1	0	0	43
虫灾	14	6	3	2	1	0	0	0	0	26
疫病	6	11	0	0	3	2	0	0	1	23
鼠害	0	0	0	0	0	0	0	0	0	0
兽害	0	0	0	0	0	0	0	0	0	0
沙尘暴	11	13	3	0	18	0	0	0	0	45
水土流失	2	2	0	0	1	0	0	0	0	5
合计	284	292	26	10	372	25	1	0	8	1 018

山东、山西农业区不再是农业受灾、成灾最为严重的地区。在各种农业灾害中，旱灾、水灾是两种危害性最大的农业灾害，与江南地区不同之处是旱灾的发生频次高于水灾。风灾、雹灾、霜灾、雨灾、蝗灾也经常发生，其他各种灾害的发生频次则相对较低。山东地区总计发生各种农业灾害284次，占各个农区灾害发生总次数的28%；山西地区发生292次，占各个农区灾害发生总次数的29%。山东、山西农业区与江南农业区一起成为魏晋南北朝时期农业灾害频繁发生、危害严重的农业重灾区，形成了农业灾害区域分布的新格局。

农业发展的历史是人类征服自然的能力不断提高的过程，农业区域的逐步扩大，既养育了更多的人口，也使灾害损失逐步加剧。大旱之年，动辄赤地千里，饿殍载道；洪水过处，千万人口葬身水中，财物漂没无算，出现了成片成带的大灾区。竺可桢先生根据《古今图书集成》和《九朝东华录》分析了中国历史上的气候变迁，统计了各省水旱灾害分布的状况(表2.3)[7]。

表 2.3 中国历代水旱灾害分省统计表 次

地区	公元前		公元 1—200 年		201—600 年		601—1900 年	
	旱灾	水灾	旱灾	水灾	旱灾	水灾	旱灾	水灾
直隶、山东、山西、河南	26	0	21	18	12	18	426	432
江西、安徽、浙江、福建、湖北、湖南、江苏	0	0	1	6	11	22	522	512
陕西、甘肃	0	0	0	2	8	3	28	14
四川	0	0	0	0	2	1	28	14
广东、广西	0	0	0	0	0	0	39	29
云南、贵州	0	0	0	0	0	0	21	30
奉天、吉林、黑龙江	0	0	0	0	0	0	12	37

如果以灾害高发区为标准分析的话，公元前旱灾高发区在直隶、山东、山西、河南四省。东汉时期直隶、山东、山西、河南四省仍是水旱灾害的高发区，此即冀朝鼎先生指出的“基本经济区”，而长江流域七省是水旱灾害的一个低发区域，陕西、甘肃两省是水灾的低发区域。三国两晋南北朝时期，由于中国经济重心的逐步南移，长江流域农业开发加快，与之相对应的，灾害演变出现了两个灾害高发区，一个是黄河中下游地区的四省市，一个是长江流域的七省。隋唐以降南方经济超过北方，成为中国政治经济中心，长江流域七省灾发次数跃居全国榜首，山东等四省灾发次数相对减少，其他各区灾发次数大致相当，形成了五个灾害低发区。

可见历史灾害高发区和基本经济区存在着大致的对应关系，可以说明中国农业灾害的演变与中国经济的发展具有一定的联系。一个地区经济兴盛时期，往往是灾害记录较多的时期，或者说造成重大经济损失的灾害，较多地发生在经济发达地区。

2.2 中国农业自然灾害的孕灾环境和成灾背景

农业自然灾害形成的原因复杂多样，既有特殊气候背景条件下所产生的水旱等气象灾害，也有与特定地域密切相关的地震、滑坡、泥石流等地质灾害，还有灾害成因较为复杂的病害、虫害等生物灾害和水土流失等环境灾害。农业自然灾害可能是单纯某一种因素诱发产生的，也可能是多种原因综合作用的结果，这些影响并决定农业灾害发生发展的因素共同构成了农业灾害的孕灾环境。总的来看，我们可以从自然和社会两个维度来探寻这些原因。

2.2.1 自然因素构成的孕灾环境

人类赖以生存的地球表层，包括岩石圈、水圈、大气圈和生物圈，不仅受地球自身运动和变化的影响，而且也直接受太阳和其他天体的作用和影响。实际上，人类就是在不断取之于自然又受制于自然的条件下生存和发展起来的。但是，自然是在不断变化的，太阳对地球辐射能的变化，地球运动状态的改变，地球各圈层物质的运动和变异，以及人类和生物的活动等，时常能破坏人类的和谐生存条件，导致自然灾害发生。我国幅员辽阔，环境条件复杂，所以致灾因素和灾种较多。

2.2.1.1 地形环境

1. 地形复杂多样

我国大陆地处中纬度，东濒太平洋，西为世界地势最高的青藏高原，海陆大气系统形成复杂的反馈关系。在中国辽阔的大地上，雄伟的高原、起伏的山岭、广阔的平原、低缓的丘陵，还有四周群山环抱、中间低的盆地等五种基本地形均有分布，这为中国农业发展提供了多种多样条件。而地形的多样性，又是农业灾害发生的自然条件。平原地区是大江大河的下游地区，一旦洪水发生，毫无遮挡，受灾将极为严重；山区则是孕育地质灾害的温床。我国是环太平洋构造带与地中海-喜马拉雅构造带交汇的部位，地壳活动剧烈，地形变化复杂，所以这里是世界上地震与地质灾害最严重的地区之一。

2. 山区面积广大

中国的山区面积约占全国总面积的2/3，这是中国地形的又一显著特征。山区面积广大，给交通运输业和农业的发展带来一定困难；另一方面，山区又为地质灾害的发生提供了诱因。因此，我国是地质灾害多发国家。

3. 地势西高东低

中国地势西高东低，大致呈阶梯状分布。地势的第一级阶梯是青藏高原，平均海拔在4 000 m以上。其北部与东部边缘分布有昆仑山脉、祁连山脉、横断山脉，是地势一、二级阶梯的分界线。地势的第二级阶梯上分布大型盆地和高原，平均海拔在1 000～2 000 m之间，其东面的大兴安岭、太行山脉、巫山、雪峰山是地势二、三级阶梯的分界线。地势的第三级阶梯上分布着广阔的平原，间有丘陵和低山，海拔多在500 m以下。这种地势特点形成我国大多数河流自西向东汇入大海，并且只有几条主干河流。在降水集中的雨季，河流往往难堪重负，极易形成洪涝灾害；如果降水偏少，主干河流灌溉范围有限，又容易造成旱灾。来自东南沿海的夏季风由于没有大山阻隔，可以长驱直入，其强降水的影响范围很大；而来自印度洋的季风则被横断山脉所阻挡，无法带来农业生产所需的充足降水，但在高空，我国东部的水汽仍主要来自印度洋的孟加拉湾。

4. 生态环境多样

我国生态环境的多样化对于发展多样性的农业生产提供了良好的自然条件，但多样化的生态环境同时又是多种病、虫、鼠、草害滋生和繁衍的“温床”。地球大气圈、岩石圈、水圈与生物圈是相互作用、相互影响的系统，任何一个系统的变化都会导致其他系统原有平衡的破坏，引发自然灾害。在生态系统内部，生态环境的多样性使动植物的食物链延长，如果食物链的一环遭到重大破坏，与之对应的其他物种就会失去原有平衡，引起种类的增加或减少。例如，农业鼠害就是由于环境恶化使得鼠的天敌——蛇的大量减少所致。近几年，植物入侵导致原有物种失衡，从而引起农业草害的现象时有发生。

2.2.1.2 气候因素

中国幅员辽阔，经、纬度跨度较大，距海的距离差异较大，加之地势高低不同，地形类型及山脉走向多样，因而气温降水的组合多种多样，形成多种气候类型。大气中极地高压与副热带高压的消长，季风的影响，太平洋环流和海温巨变导致“厄尔尼诺”和“拉尼娜”现象对大气环流和风暴源的作用都极大影响着我国的大气形势。此外，我国内陆区地势多变而起伏剧烈，植被覆盖率低，加之地壳活动放热的影响，造成我国气象与海洋灾害众多。从气候类型上看，我国东部属季风气候（又可分为亚热带季风气候、温带季风气候和热带季风气候），西北部属温带大陆性气候，青藏高原属高寒气候；从温度带划分看，我国可分为热带、亚热带、暖温带、中温带、寒温带和青藏高原区；从干湿地区划分看，我国可分为湿润地区、半湿润地区、半干旱地区、干旱地区。而且在同一个温度带内，可含有不同的干湿地区；在同一个干湿地区中，又含有不同的温度带。因此，在相同的气候类型中，也会有热量与干湿程度的差异。气候的多样性，决定我国农业自然灾害的多样性与广泛性。

2.2.2 中国农业自然灾害成灾的社会背景

自然环境本身在一定程度上会出现一些变异，这是正常现象。假如人类采取的措施得当，就能应对自如，并不会成为灾害，或者即使成灾，危害程度也能限制在我们能够承受的范围内。相反，如果人类采取的措施不得当，就会加重灾害的损失程度。

2.2.2.1 土地利用变化

土地利用变化对农业自然灾害灾情的影响主要表现在其对农业自然致灾因子抵御能力的影响上，即相对改变农业承灾体的脆弱性水平。[8]农业生产系统对农业致灾因子的抵御能力有明显的增强趋势，其突出表现就是粮食单产水平的提高大大削减了灾害对粮食生产的影响程度。与此同时，气候的干燥化趋向和旱涝灾害对我国湿润地区的粮食生产构成明显的影响。提高抗旱防洪能力是我国湿润地区生态建设和农业基础设施改造的重要任务。增加单产高、抗旱能力强的作物的种植比例，特别是增大地下可利用生物量高的作物种类的种植比例，有利于在干旱半干旱地区提高粮食生产系统抵御自然灾害的能力。建立在生态环境安全条件下促进粮食生产在波动中增加的土地利用结构，是我国北方半干旱农牧交错地区增强农业生产系统减灾能力的有效途径。

2.2.2.2 温室效应

由于二氧化碳等温室气体增加而导致的全球环境变化，以及近年来气候变暖趋势的增强是人类活动加剧干旱灾害的重要方面。另外，按照联合国有关方面的估算，在半干旱地区，每平方千米土地的人口承载力大概在10～20人之间。然而，我国北方大部地区都大大突破了这个界限，从而造成了人口的超载。在牧区，人们为了生存必然要养更多的牲畜，许多地方牲畜头数大大超过草场的承受能力。在农区，人们为得到足够的口粮，不得不把更多的荒地开垦成为农田，造成农业环境的极大破坏，加剧了干旱危害程度。

2.2.2.3 人口过多

我国是世界上人口最多的国家。人口的过速增长会带来诸多问题：人类必须向自然索取更多的自然资源，对自然进行过度开发以满足当前的生存之需；人类在消费大量能源的同时，也不断地向自然排放废弃物质，加剧了对本已脆弱的生态环境的污染。同时，我国人口和经济密度区在地理分布上又很不平衡，全国70%以上的大城市、一半以上的人口和55%的国民经济收入分布在气象灾害、海洋灾害、洪水灾害、地震和平原地质灾害严重的沿海地区和平原地区，所以灾害的损失程度就较大。

2.2.2.4 承灾和抗灾能力脆弱

我国是一个农业大国，又是发展中国家，农业本身的承灾能力就弱，加上经济发展水平不高，对灾害的防御能力和承受能力均较低，灾后重建恢复速度也较慢。以防洪能力为例，改革开放以来，我国的防洪能力与以前相比有了较大提高，但总的来看，主要江河现有防洪标准还很低，还不能控制特大洪水。每逢特大洪灾暴发之年，造成的损失巨大。

随着生产的发展，人类生活需求的增加，耕地复种指数的提高，农作物品种的调整和产量的提高，使农业用水量大幅度增加，水资源供需矛盾更趋紧张，干旱问题更趋严重。目前中国每年农业用水量为3 800亿～4 000亿 m^3，农业用水占全国用水总量的68%左右。2030年中国人口将达到16亿，为满足粮食生产需求，农业用水将有巨大缺口，水资源紧缺问题将会成为21世纪中国粮食安全的瓶颈。同时，中国农业用水的利用率较低，灌溉水利用率只有45%，而发达国家为70%左右。据测算，中国每生产1 kg粮食需要消耗1 300 kg水，而发达国家的这一指标在1 000 kg以下。1949年全国平均每亩（1 hm^2＝15亩）耕地粮食产量只有86 kg。“十五”期间，粮食亩产年平均为296.6 kg，比“九五”时期提高1.7 kg。2004年亩产达到308 kg，比上年提高19.2 kg，增长幅度为6.7%，粮食单产创历史最高水平。2011年全国粮食亩产为344.4 kg，再创历史新高，比“十五”平均增加47.8 kg，提高了16.1%。若按每生产1 kg粮食所需水量核算，现每亩耕地作物所需水量比新中国成立初期增加好几倍。这也是新中国成立后大力发展水利灌溉事业几十年，但平均每年受旱面积还是有增无减的原因之一。另外，人们盲目地扩大其他方面的用水量，有的毁林开荒，破坏自然植被或陡坡垦殖，造成水土流失；有的大量施用化肥，不愿用农家有机肥料，使土壤结构恶化、蓄水保墒能力衰退，也加重旱灾的发生。

2.3 中国农业自然灾害的基本特点

中国是世界上自然灾害最严重的少数国家之一。由于我国地质环境多样，气候条件复杂，导致农业自然灾害种类多、发生频率高，分布地域广，造成损失严重。随着社会经济的发展和人类活动能力的增强，常年平均每年因灾死亡人数减少到数千人，直接经济损失占GDP和国家财政收入的比例也下降到百分之几，但自然灾害的直接经济损失绝对值仍呈增长趋势。

2.3.1 类型众多，旱涝灾害为主

我国处在全球季风气候显著、自然灾害发生频繁的区域，农业是受自然灾害危害程度最大的产业。具体而言，影响我国农业的灾害类型几乎涉及绝大部分灾种，包括水灾、旱灾、台风、风暴潮、雷暴、冰雹、雪暴、低温冷害、沙尘暴、崩塌、滑坡、泥石流、水土流失、森林草地病虫害、

鼠害以及恶性杂草等。可以毫不夸张地说，在我国有农业生产的地方，几乎都会受到不同灾害的不同程度的影响。

我国农业灾害的灾种虽然众多，但主要为旱涝灾害。据统计，1950—2004 年水旱灾害的受灾面积占总受灾面积的 83.93%，成灾面积占总成灾面积的 85.23%。其中，旱灾受灾面积平均为 2 233.4 万 hm^2，占总受灾面积的 56.10%，成灾面积平均为 965.7 万 hm^2，占总成灾面积的 51.82%，高居各灾种之首；水灾受灾面积平均为 986.5 万 hm^2，占总受灾面积的 27.83%，成灾面积平均为 557.8 万 hm^2，占总成灾面积的 33.41%，紧随旱灾，居次位。水旱灾害是影响农业的最主要灾种，集中性十分明显。

2.3.2 发生频繁，周期明显

由于人类不合理活动的加剧和生态环境的持续恶化，导致了近千年来灾害的发生频率呈现出逐渐增大的趋势。根据研究，我国每年水旱灾害的发生频率隋代为 0.6 次，唐代为 1.6 次，两宋为 1.8 次，元代为 3.2 次，明代为 3.7 次，清代为 3.8 次，而近几十年来，平均每年出现水灾 5.8 次，旱灾 7.5 次。从这组数据的变化中，不难发现灾害的发生频率在逐渐变大。进入 20 世纪以后，我国灾害的频率逐渐加大，据有关部门统计，20 世纪 50 年代我国自然灾害发生的频率是 19.56 次，60 年代为 26.20 次，80 年代高达 28.18 次。此外，“灾害周期”也比较明显，1953—1966 年期间出现 4 次周期，平均每次周期长度为 3.5 年；1971—1991 年期间出现 7 次周期，平均每次周期长度为 3 年。自然灾害的频繁发生也对我国农业产生了巨大的影响，自新中国成立以来大致每隔 3 年出现一次严重自然灾害，与历史上的“三岁一饥”之说基本相符。

2.3.3 影响面广，危害严重

影响我国农业的自然灾害不仅类型多，发生频繁，而且所影响地域十分广阔。根据《中国 1∶100 万土地资源图》，我国实有耕地面积约为 1.33 亿 hm^2，其中水分得到控制的灌溉耕地面积仅约 0.48 亿 hm^2，只占耕地总面积的 36%，而约有 0.53 亿 hm^2 的耕地（主要是旱地）基本上处于自然状态，没有灌溉保证，不仅是“靠天吃饭”，而且粮食产量低，极易受到水旱等各种灾害的侵扰[9]。我国后备耕地资源面积约为 0.34 亿 hm^2，虽然是现有实际耕地面积的 1/4，但 97%以上都受到水旱等各种灾害的限制和影响。鉴于这种大的生产背景，我国农业每年都不可避免地受到各种灾害的影响，并由此对我国农业的持续稳定发展造成了严重的危害。据朱晓华等统计，新中国成立以来，自然灾害平均每 10 年造成的农业受灾面积与成灾面积分别达到 4 000 多万 hm^2 和 2 000 多万 hm^2（表 2.4）[10]。

表 2.4 1950—2009 年灾害平均每年造成的农业受灾面积与成灾面积 万 hm^2

时　段	受灾面积	成灾面积	时　段	受灾面积	成灾面积
1950—1959 年	2 225	926	1980—1989 年	4 155	2 038
1960—1969 年	3 760	1 773	1990—1999 年	4 950	2 500
1970—1979 年	3 767	1 158	2000—2009 年	4 616	2 553

农业灾害严重影响我国的粮食生产。王道龙等分析，在1996—2003年间除1996年粮食损失仅为200亿kg外，8年中有4年粮食损失超过500亿kg，2000年竟高达779亿kg，造成的直接经济损失均达1 000亿元左右(表2.5)。[11]

表2.5 全国气象灾害造成的粮食和农业经济损失情况

年份	灾害发生面积/万 hm^2			粮食损失/亿kg	经济损失/亿元
	受灾面积	成灾面积	绝收面积		
1996	4 698.9	2 123.3	535.8	200	
1997	5 342.9	3 030.9	642.9	744	980
1998	5 014.5	2 518.1	761.4	300	1 400
1999	4 998.1	2 673.1	679.7	350	
2000	5 469.0	3 437.0	1 015	779	1 000
2001	5 221.5	3 179.3	821.7	703	1 000
2002	4 711.9	2 731.9	655.9	458	930
2003	5 466.3	3 267.6	854	540	1 320

在影响我国的自然灾害中，旱灾是对农业生产危害最大的灾种，每年因旱灾损失的粮食占气象灾害损失粮食总数的一半以上，水旱灾害造成的损失达85%(表2.6)。[11]1997、2000和2001年属特大干旱年，旱灾造成的粮食损失分别占到粮食总产量的9.6%、13%、11.8%。

表2.6 1999—2003年不同灾种的发生面积与造成的粮食损失情况

灾种	灾害发生面积/万 hm^2			粮食损失/亿kg	占损失粮食总数的比例/%
	受灾面积	成灾面积	绝收面积		
干旱	3 124.5	1 896.2	478.1	288.7	57
洪涝	1 083.3	655.3	206.8	141.8	28
风雹灾	544.4	305.1	77.3	45.6	9
低温冻害	422	198	43.1	30.4	6
合计	5 174.3	3 054.7	805.3	506.5	100

我国各种灾害的频繁发生不仅给农业造成了巨大的损失，还直接影响到我国粮食产量的产出波动和其增长幅度，并间接地影响到我国国民生产总值的增长幅度。在未来几年内，随着生态环境整体上的进一步恶化，我国还将面临农业灾害高发、灾情加重的严峻形势。所以，频发的灾害已经成为我国农业持续稳定发展的重要障碍性因素，因而发展减灾农业，开展农业减灾就成为实施我国农业可持续发展战略中的一项紧迫任务。

2.3.4 灾情季节性强，地域性突出

在我国农业自然灾害中，旱涝自然灾害平均每年发生一次，其中北方以旱灾居多，南方则旱涝灾害均有发生。在夏秋季节，我国东南沿海常常遭受热带风暴—台风(热带风暴发展

到特别强烈时称为台风)的侵袭。台风以每年6—9月最为频繁。我国大部分国土属于季风气候,影响我国农业最大的水旱灾害大多由季风异常引起,因而一般发生在6—9月。1954年大气环流异常,雨带长期徘徊在江淮流域,梅雨期比常年延长了1个月,6—7月发生大范围暴雨达9次,造成了长江中下游、淮河流域发生百年罕有的特大洪水。长江中下游地区的湘、鄂、赣、皖、苏5省有123个县市受灾,农田受淹317万 hm^2,受灾人口达1 888万人,死亡3万余人,京广铁路100多天不能正常通车。与此同时,淮河流域也发生了特大洪水,7月淮河流域出现6次大暴雨,淮北大堤失守,堤防普遍溃决,淮河平原大片被淹。全流域农田成灾面积达408.2万 hm^2。安徽、江苏两省死亡1 930人。海河流域也未幸免,6—8月降雨量超过常年同期1倍以上,造成大面积内涝,农田受涝面积292.7万 hm^2。在中国的秋冬季节来自蒙古、西伯利亚的冷空气不断南下,冷空气特别强烈时,气温骤降,出现寒潮。寒潮可造成低温、大风、沙暴、霜冻等灾害。

2.3.5 灾害的群发性和伴发性明显

我国的自然灾害具有群发性和伴发性是由于复杂多样的自然生态条件和农业自然生态环境脆弱所致。我国东部属季风区域,占全国国土面积的46%,季风的进退强度、时限和反常使我国发生大面积旱涝灾害,水资源长期短缺;西北部干旱、半干旱区和青藏高寒区占了全国陆地面积的55%,这里气候寒冷,雨量稀少,土壤沙化,冻土广布;北部受季风影响,雨量分布极不均匀,夏季暴雨集中,洪水泥沙俱下,泛溢成灾;南部高山丘陵多,降水不均,时常引起旱灾。此外,我国的沙漠、荒漠、寒漠、戈壁、岩骨裸露山地、永久积雪区和冰川等完全不能农牧的土地面积达2亿 hm^2,占全国土地面积的22%。

一种原发性自然灾害的发生往往会导致多种诱发性自然灾害的集中出现。在中国的各类自然灾害中,地震、旱灾、洪涝、台风属于原发性自然灾害,它们的孕育和发生过程主要受全球多圈层相互作用的影响,而地质灾害、农业病虫害、森林病虫害、森林火灾等灾害则属于诱发性自然灾害,如地震与洪涝可以引发滑坡和泥石流,旱灾可以引发各种病虫害和森林火灾。台风是我国东南沿海地区每年都会遭受的自然灾害。台风来临,在山区半山区易暴发山洪,引发山体滑坡、泥石流等地质灾害。夹带沙石、泥土的洪水威力大、破坏性强,往往损坏堤防,漫堤,决堤,堵塞涵洞,冲毁道路和桥梁,填埋农田,毁坏村庄,严重危及人民群众生命财产安全。大风还引发风暴增长,使沿海沿江潮水水位抬高,出现大波大浪,导致海水江水倒灌,危及大堤和堤内人员及设施的安全。如果出现天文大潮、台风、暴雨三碰头,则破坏性更大,上游洪水来势猛,下游潮水顶托,致使行洪不畅,风大、潮高、波涌、浪凶,极易引起船只相互碰撞受损,甚至沉没,严重时风浪可能弄断缆绳,致使船只随波逐流,撞毁桥梁、码头、海堤、江堤,造成恶性事故。

2.3.6 极端农业灾害发生逐步增多

新中国成立以来,中国部分年份气候异常,降雨严重不均,极端天气事件频繁,多灾并发,点多面广,部分地区重复、连年受灾,局部地区雨情、汛情、旱情、灾情超过历史纪录。极端气候导致农业气象灾害频发,增加了农业生产的不稳性和风险性。在农业气象灾害中,旱灾排在首位占53%,洪涝灾害位列第二占28%,风雹8%,冷冻7%,台风4%。统计显示,1950—1990

年的 41 年间，我国有 11 年发生了特大干旱，发生频率为 26.8%。而 1991—2008 年的 18 年间，我国则有 7 年发生了特大干旱，发生频率提高到 38.9%，尤其 21 世纪以来，几乎我国每年都有极端干旱天气出现(表 2.7)。以往旱灾高发区域主要分布在相对干旱的北方的干旱和半干旱地区。近 10 年来，我国南方东部和西部湿润半湿润地区的干旱频率也在加大，同样值得关注。

表 2.7 中国近 10 年特大干旱发生情况

发生年份	发生区域	旱灾类型
2000—2001	全国	严重旱灾
2003	长江中下游和东南沿海地区	严重的夏伏旱
2004—2005	云南、广西	严重春旱
2006	重庆和四川东部	特大夏伏旱
2007	东北大部、内蒙古东部、江南、华南等地	较为严重的夏旱
	黑龙江三江平原	严重夏伏旱
2009	辽宁西部、内蒙古东部	严重夏秋旱
2009—2010	西南地区(云南、川西、贵州中部、广西西部)	严重夏秋、冬春连旱

从水灾发生的频次上来看，我国是一个多水灾国家。据不完全统计，新中国成立以前的 2 000 多年中，我国曾发生的大范围较严重的水灾有 1 000 多次，平均每 2 年发生一次。1951—1990 年平均每年遭受水灾 5.9 次，最多年份达 10 次，最少年份也有 3 次。以四川省为例，20 世纪 50 年代共发生水灾 4 次，70 年代为 8 次，而 80 年代基本上年年发生水灾。不仅如此，大水灾和特大水灾的发生频率也逐渐加大，1300—1950 年，长江流域大水灾和特大水灾的频次为 14 年 1 次；而近 40 多年来不到 3 年就发生 1 次，进入 90 年代以来仅长江中下游地区就连续发生了 4 次大规模的水灾，平均 2 年 1 次。此外，东部沿海地区平均每年约有 7 个热带气旋登陆，给当地的农业生产和正常的社会生活带来巨大危害。

2.4 中国农业自然灾害的时空分布基本特征

2.4.1 我国农业自然灾害分布的总体特征

我国自然灾害的空间分布、地域组合与自然和社会经济环境的区域差异密切相关。我国的自然灾害或点状、带状集中突发，或面状(或流域)迅速蔓延，在空间上横贯东西，纵横南北，呈现出集聚性和不平衡性，形成了以地域分布为依托的东西分区、南北分带、亚带成网的特点。

我国从西向东，大体以“贺兰山—龙门山—横断山”和“大兴安岭—太行山—武夷山—十万大山”为界分为三大区。西区是高原山地，地壳变动强烈，地震、冻融、雪灾、冻害、雹灾、泥石流、沙漠化、旱灾、森林灾害较为严重；中区是高原、平原的过渡带，以山地地质灾害、水土流失、旱灾、洪水、雹灾和森林灾害为主；东区则是海洋与海岸带，以海洋灾害、平原地质灾害、旱灾、涝灾、洪水、农作物病虫害最为严重，其中某些地带也是强震易发生地带。从北向南，阴山—天山、秦岭—昆仑山、南岭—喜马拉雅山等巨大山系横贯我国大陆。沿这些山系，地质灾害、水土流失、森林灾害发生严重。我国幅员辽阔，纵贯寒带、温带和热带，气象条件复杂，山系两侧及大江大河流域气象灾害严重，所以这些地带是我国旱灾、涝灾、平原地质灾害、土壤沙化和农作物病虫害最为严重的地带，由于我国东部地壳的南北差异较大，所以地震活动差别也很大，华北和东南沿海是强震区。在以上区域和地带中，各种自然灾害的分布均可进一步分出若干亚区或亚带。由于它们的空间分布直接或间接地受气候带、地质构造、山系、水系方向的控制，所以常具有一定的方向性，主要为东西向、南北向、北东向、北西向。这些区域和地带有时还交织一起形成网状分布。

2.4.2 我国主要农业自然灾害的时空分布特征

2.4.2.1 旱灾的时空分布特征

旱灾是指因久晴无雨或少雨、土壤缺水、空气干燥而造成的农作物枯死、人畜饮水不足等灾害现象。旱灾从古至今都是人类面临的主要自然灾害。新中国成立以来随着人口逐渐增多，水资源短缺现象日趋严重，这直接导致了旱灾地区面积的扩大与干旱程度的加重。干旱已成为全球关注的焦点问题。我国地处亚洲季风气候区，降水不仅具有明显的季节性和地域性，而且年际变化很大，由此引起的旱灾除具有普遍性外，还具有明显的季节性和地域性。

1. 出现几率高

全国各地皆以冬春旱或春旱发生的机会最多，持续时间最长。旱灾出现几率在40%以上，华南和西南地区出现几率达50%～60%。最严重的是冬春连旱的情况。

2. 具有明显的地域性

东北地区由于降水比较稳定，旱灾出现较少；黄淮海地区的降水变化大，旱灾出现几率全年各季均较多；华南地区旱灾主要集中在冬春和秋季两个时段，西南地区则主要集中在冬春和夏季两个时段。正是由于我国气候、地理等自然因素的影响，决定了我国不同地区干旱的特点：

(1)秦岭、淮河以北春旱突出，俗称“十年九春旱”。春季正是冬麦生长和早春作物播种的关键时期，常需采取灌溉或其他抗旱措施，以保证作物对水分的需要。这一地区有时还会发生春夏连旱或春夏秋连旱。

(2)长江中下游地区主要是伏旱或伏秋连旱。

(3)西南地区多发生冬春旱，因此以冬春连旱为主。

(4)华南地区秋、冬、春季常有旱情。

(5)西北地区和东北地区的西部常有旱情。特别是西北地区西部干旱地区，没有灌溉就没有农业，主要依靠山区融雪或上游来水，如果来水少或积雪薄，以及因气温偏低导致融雪量少，灌溉水就会不足，对农作物正常生长造成很大威胁。

3. 具有持续性

在我国历史上，旱灾连年出现是经常的，例如北京地区1470—1949年间发生旱灾170次，其中有115次是连年发生的。1637—1643和1939—1945年旱灾竟持续7年之久。1949年以后，旱灾仍有连年发生的现象，如长江中下游地区 1958—1961 年连续 4 年旱灾，农业减产；1966—1968 年连续 3 年旱灾。旱灾的连续性往往使旱情加剧，灾害严重。1991 年 7 月至 12 月中旬，河南遭受重旱，受灾面积 493.33 万 hm^2，干旱持续时间之长，范围之广，程度之重为新中国成立以来所罕见。豫北地区的共产主义渠、卫河、天然文岩渠等河渠发生断流。旱情最严重的豫西地区绝大部分饮水工程（水窖、屋顶接水）没有蓄上水，洛阳、三门峡、焦作、郑州的山丘地区有 204 万人、57 万头大牲畜饮水困难。

2.4.2.2 洪涝灾害的时空分布特征

全国重大自然灾害综合研究组对洪涝下了定义："平常所说的水灾一般是指河流泛滥而淹没土地、农田所引起的灾害；涝灾则是指因长期大雨或暴雨而产生大量的积水和径流，淹没了低洼的土地所造成的渍水或内涝灾害。由于水灾和涝灾往往同时发生，有时难以区别，所以常统称为洪涝。由于洪涝通常与异常大量的降水密不可分，常常由于降雨过多导致，故又常称为雨涝。"[12]洪涝可分为河流洪水、湖泊洪水和风暴洪水等。受气候地理条件和社会经济因素的影响，我国的洪涝灾害具有范围广、发生频繁、突发性强、损失大的特点。

1. 范围广

除沙漠、极端干旱地区和高寒地区外，我国大约 2/3 的国土面积都存在着不同程度和不同类型的洪涝灾害。年降水量较多且 60%～80%集中在汛期（6—9 月）的东部地区，常常发生暴雨洪水；约占国土面积 70%的山地、丘陵和高原地区常因暴雨而发生山洪、泥石流等自然灾害；沿海的省、自治区、直辖市每年都有部分地区遭受风暴潮引起的洪水的袭击；我国北方的黄河、松花江等河流有时还会因冰凌引起洪水；西部地区的新疆、青海、西藏等地时有融雪性洪水发生；水库垮坝和人为堤坝决口造成的洪水也时有发生。

2. 发生频繁

据《明史》和《清史稿》资料统计，明清两代（1368—1911 年）的 543 年中，跨州县的水灾共有 424 次，平均每 4 年发生 3 次；其中范围超过 30 个州县的共有 190 次，平均每 3 年 1 次。新中国成立以来，洪涝灾害年年都有发生，只是规模有所不同而已。特别是 20 世纪 50 年代，10 年中就发生大洪水 11 次。

3. 突发性强

我国东部地区常常发生强度大、范围广的暴雨，而江河防洪能力又较低，因此洪涝灾害的突发性强。1963 年，海河流域南系 7 月底还大面积干旱，8 月 2—8 日，突发一场特大暴雨，使这一地区发生罕见的洪涝灾害。山区泥石流突发性更强，一旦发生，人民群众往往来不及撤退，造成重大伤亡和经济损失。1991 年，四川华蓥山一次洪涝造成的泥石流导致 200 多人死亡；1991 年，云南昭通的一次泥石流中死亡 200 多人。

4. 损失大

如 1931 年江淮大水，洪灾涉及河南、山东、江苏、湖北、湖南、江西、安徽、浙江 8 省，淹没农田 973.3 万 hm^2，受灾人口达 5 127 万人，占当时这 8 个省总人口的 25%，死亡 40 万人。1991 年，我国淮河、太湖、松花江等部分江河发生了较大的洪水，尽管在党中央和国务院的领导下，各族人民进行了卓有成效的抗洪斗争，尽可能地减轻了灾害损失，全国洪涝受灾面积仍达 2 453.3 万 hm^2，直接经济损失高达 779 亿元。其中，安徽省的直接经济损失达 249 亿元，约占全年工农业总产值的 23%，受灾人口 4 400 万人，占全省总人口的 76%。1998 年特大洪水造成的受灾面积高达 2 229.2 万 hm^2，占当年总受灾面积的 44.46%；成灾面积达 1 378.5 万 hm^2，占当年总成灾面积的 54.74%，造成的经济损失达 2 500 亿元之多。

2.4.2.3 冰雹灾害的时空分布特征

风暴及冰雹合称为风雹灾害，是我国主要的气象灾害之一。1970—1990 年对我国风雹灾害的统计数据表明，我国风雹灾害的年平均受灾面积为 421.21 万 hm^2，占各类自然灾害受灾面积的 10.77%。1983 年我国遭受严重的风雹灾害，受灾面积占各类自然灾害总受灾面积的 16.51%。其中相当大面积为冰雹灾害或风雹交加。以下我们介绍冰雹灾害的时空分布。

1. 地理分布

冰雹活动不仅与天气系统有关，而且受地形、地貌的影响也很大。我国地域辽阔，地形复杂，地貌差异也很大，而且我国有世界上最大的高原，使大气环流也变得复杂了。因此，我国冰雹天气波及范围大，受灾地域广。

根据资料分析，我国青藏高原是雹日最多的地区，四川省的理塘和松潘以西，大部分地区年平均降雹日数在 8 d 以上，其中还有两个多雹日中心：一个是唐古拉山地区，年平均雹日在 20 d 以上；一个是西藏的黑河，年平均雹日是 35 d。

南方多雹日带从云贵高原向东出武陵山经幕阜山到天目山断续分布。这个多雹日带年平均有雹日 1～3 d。这支多雹日带的多雹灾地区主要分布在海拔 1 000～2 000 m 的云贵高原，并向东延伸到湖南西部山地和四川、湖北两省交界处山地。

北方多雹日带从青藏高原东北部出祁连山经黄土高原到蒙古高原，包括河北省北部和辽宁、吉林、黑龙江的一些地区。这是我国最宽、最长的一个多雹日带，年平均雹日是 1～7 d。北方还有天山、秦岭、大巴山、长白山以及沂蒙山区等年降雹日数较多。此外，平原地区、大沙漠、大盆地降雹较少。

2. 时间分布

资料表明，我国大部地区的降雹时间 70%集中在地方时 13:00—19:00 之间，以 14:00—16:00 之间最多。湖南西部、四川盆地、湖北西部一带降雹多在夜间，青藏高原上的一些地方多在中午降雹。此外，我国各地降雹有明显的月份变化，其变化和大气环流月变化及季风气候特点相一致，降雹区随着南支西风急流的北移而北移。一般说来，淮河以南地区 2—5 月多风雹天气；黄淮地区 5—6 月多风雹天气；东北、华北地区 6—10 月为多风雹天气；青藏高原和其他高山地区 6—9 月为多冰雹月。由于降雹有非常强的局地性，所以各个地区以至全国的年际变化都很大。从降雹范围看，用降雹县(市)次来表示，1980—1989 年 10 年间，1987 年风雹波及全国 2 150 个县(市)次，是最多年；1980、1981、1984、1988 年为 900 个县(市)次，是最少年。可见，最多年的降雹次数是最少年的 2 倍多。

2.4.2.4 低温冷冻灾害的时空分布特征

中国地域辽阔，地形复杂，气候类型多样。地区间的农、林、牧、渔分布和多种经营的农业布局类型各异。热量条件不足或异常变化造成的低温霜雪冻危害常因不同地区、不同季节、不同作物等而有差异。低温冷冻灾害主要包括低温冷害、霜冻害、冻害三种。

1. 低温冷害的时空分布

农作物生长期内，因温度偏低，影响正常生长，或者使农作物生殖生长过程发生障碍而导致减产的灾害，通常称为低温冷害。不同地区的低温冷害有较大差异。

东北地区是中国重要的商品粮生产基地之一。但因其纬度较高，农作物生长期短且农作物生长期内热量条件不稳定，年际变化大，致使高温年增产、低温年常会歉收。所以，夏季低温就成为东北地区粮豆生产的主要气象灾害。自新中国成立以来，冷害较重年集中在1951—1960和1968—1977年这两段时间。东北地区冷害频繁，大约每4年有一次，而较大范围的低温冷害大约6年一次。黑龙江省冷害出现的频率最大，辽宁省最小。

我国南方双季早稻产区的早春季节，天气多变，南下冷空气强度虽然明显减弱，但冷空气侵袭时，气温急剧下降，出现低温冷天气；有时南下冷空气与暖湿空气结合，就会出现低温阴雨寡照天气。这两类天气，常给双季早稻播种育秧带来很大困难，特别是低温连阴雨天气，是南方早稻播种育秧期间的主要灾害性天气，是造成早稻烂秧的主要原因。新中国成立以来，南方大部地区双季早稻播种育秧期低温冷害较重的年份有1951、1969、1970、1985和1988年(其中1970年仅长江中下游地区损失的稻种就在4亿kg以上)，其次是1952、1954、1956、1967、1976和1978年。而秋季低温冷害对长江中下游地区和华南地区的水稻种植影响较大。据统计，长江中下游粳稻秋季低温初日一般集中在9月下旬，籼稻一般在9月上中旬。华南地区的寒露风初日，偏北地区集中在10月上旬，沿海地区在10月下旬。无论是粳稻或是籼稻，出现重度或中度秋季低温冷害(寒露风)的年份，均为三四年一遇；各年代秋季低温出现的情况变化很大：20世纪50年代较少，仅1957年危害较重；60—70年代较重，1951—1989年间低温冷害重的年份中，有60%以上出现在60和70年代，其中80%以上出现在1965年以后，尤其是华南地区；最重的秋季低温冷害集中在70年代，9个危害重的年份中，70年代就占了6个。

2. 霜冻害的时空分布

在农作物、果树、林木生长季节，当地面温度降到0℃以下，植株就会因体内水分发生冻结而受害，这就是霜冻害。根据霜冻发生的季节不同，霜冻害可分为春霜冻(晚霜冻)、秋霜冻(早霜冻)两种。1953年以来，长江中下游以北及西北地区东部，初霜冻发生时间正常的年份约占50%，偏早、偏晚的年份约占35%，特早、特晚的年份约占15%。华南中部和北部以及西南等地区，由于地形复杂，历年初霜冻出现日期变动很大，正常、偏早、偏晚年份的总和占50%～60%，而特早、特晚年份占40%～50%。华南、西北及西南大部初霜冻日正常的年份约占35%，偏早、偏晚的年份共占25%，特早、特晚的年份约占40%。长江以北的大部分地区终霜冻日正常的年份约占50%，偏早、偏晚的年份约占30%，特早与特晚的年份约占20%。

根据统计分析，我国有两个霜冻害多发地带。其中一个霜冻害多发地带是“东北中部—华北北部—西北中部”一带，包括黑龙江中部、吉林和辽宁两省西部、河北和山西两省北部、内蒙古东南部、甘肃的河西走廊和陇东地区、宁夏大部及陕西中北部，这些地区一般2～3年发生一次程度不同的冻害。另一个霜冻害多发地带位于长江中下游和南岭地区，包括湖北南部、广西北部和安徽、江苏、湖南、江西、福建等省的大部地区，一般3年左右发生一次冻害。从发生的季节上看，3月霜冻多发生在江淮一带，4月多发生在冬小麦主要产区的苏皖北部、山东南部、河南中部、山西南部、陕西关中及陇东一带，5月多发生在华北北部、东北、西北地区；9月的初霜冻主要危害北方的偏北地区，10月位于海河到淮河流域，11月扩展长江以南，冬季主要影响江南、华南、西南地区。

3. 冻害的时空分布特征

冬作物在越冬期间遇到0℃以下强烈低温甚至−20℃的极端低温或因剧烈变温，引起植株体冰冻或丧失生理活力，造成植株死亡或部分死亡的现象，称为冻害。

冻害在我国北方冬小麦产区发生比较常见。1976年12月下旬至1977年2月中旬，北方冷空气势力强盛、活动频繁并不断南下，全国大部地区气温持续偏低，出现40多年来罕见的严寒天气，全国冬小麦冻害死苗面积达333万多hm^2。陕西渭北的一些地区麦苗叶干率达80%，不得不大面积翻种、重种。冬小麦冻害的类型有以下三种：一是入冬剧烈降温型。这是一种在麦苗停止生长前后，因气温骤然大幅度下降而发生的冻害。二是冬季严寒型。冬季严寒型冻害是指当冬季有2个月以上平均气温比常年同期偏低2℃以上，最低气温有时在−20℃以下，小麦发生根、全株及分蘖节受冻死亡的现象。三是早春融冻型。早春回暖解冻，麦苗开始萌动，由于抗寒力下降，如遇较强冷空气，麦苗就会受害。

据分析研究，冬小麦发生严重冻害的区域有以下几个：第一，以准噶尔盆地为中心的北疆冻害区。该区常年冬小麦受冻面积占全疆播种面积的6%～8%，严重冻害年死苗面积占播种面积的20%以上，而且主要发生在无积雪、积雪晚或融雪早的年份。1961—1983年的23年中，较重冻害发生6次，平均4年一次；严重冻害年有1968和1982年，死苗毁种面积在20%以上。此外，1957年也发生过严重冻害死苗。第二，以陇东、陕北及晋中为中心的黄土高原冻害区。陇东近30年来发生较大面积越冬死亡的有11次，平均3年一次；陕北、晋中和渭北等地冻害较轻。第三，晋北、燕山山区及辽宁南部一带的冻害区。该区为20世纪70年代以来新扩种的冬麦区，经过1976—1977、1979—1980、1983—1984年3次大冻害后，种植面积已大大缩小。第四，以京、津、冀及山东北部为中心的华北平原冻害区。1949年以来，北京有5年因小麦遭受冻害而明显减产，河北唐山地区发生较重冻害9次，1980年河北省因冬小麦冻害死苗减产25亿kg，沧州、衡水两地区大部分麦田死苗减产高达50%。第五，以河南、苏北、皖北及鲁南为中心的黄淮平原冻害区。该区往往在强寒潮南下时发生冻害，尤以早播过旺小麦在秋暖年的冻害为严重。

（卜风贤　王向辉）

参考文献

[1] 张波，洪斌，冯风，等. 农业灾害学刍论. 西北农业大学学报，1993(2)：1-6.
[2] 邓云特. 中国救荒史. 北京：三联书店，1958：40-41.
[3] 徐馨，沈志达. 全新世环境. 贵阳：贵州人民出版社，1990：15.
[4] 傅筑夫. 中国经济史资料：先秦编. 北京：中国社会科学出版社，1990：136.
[5] 张波，冯风，张纶，等. 中国农业自然灾害史料集. 西安：陕西科学技术出版社，1994.
[6] 卜风贤. 周秦两汉时期农业灾害时空分布研究. 地理科学，2002，22(4)：80-84.
[7] 竺可桢. 竺可桢文集. 北京：科学出版社，1979：65-66.
[8] 史培军，苏筠，周武光. 土地利用变化对农业自然灾害灾情的影响机理(一)：基于实地调查

与统计资料的分析.自然灾害学报,1999(1):22-29.
[9] 石玉林.《中国 1∶100 万土地资源图》土地资源数据集.北京:中国人民大学出版社,1991.
[10] 朱晓华,杨秀春.我国农业减灾与农业可持续发展.防灾技术高等专科学校学报,2002,4(1):3-7.
[11] 王道龙,钟秀丽,李茂松,等.20 世纪 90 年代以来主要气象灾害对我国粮食生产的影响与减灾对策.灾害学,2006,21(1):18-22.
[12] 国家科委全国重大自然灾害综合研究组.中国重大自然灾害及减灾对策:分论.北京:科学出版社,1993:120-121.

第3章

农业灾害学原理

3.1 农业灾害

3.1.1 农业灾害与农业灾害系统

3.1.1.1 农业灾害

农业灾害(agricultural disaster)是以农业系统为承灾体的灾害类型,农业系统包括农业生物、农业设施和农业生产环境。凡直接危害农业生物、农业设施和农业生产环境,影响农业生产的正常进行,并进而影响人类生存或经济利益的灾害,都称为农业灾害。这里的农业是指包括种植业、畜牧养殖业、林业和渔业在内的大农业,所涉及农业生物包括作物、林木、牧草等栽培植物,畜、禽、鱼、虫等饲养动物,人工培养的微生物以及对人类有用的野生动植物及有害生物的天敌等。农业设施包括农田、草地等农用土地、水利工程设施、农业机械、温室、畜舍、仓库、加工厂等。有时,农业生物虽未直接受害,但农业生产所依赖的自然资源和环境条件恶化,对农业生产造成严重影响;有时虽经努力没有减产,但付出极大代价,经济上仍然蒙受很大损失,都可以算作农业灾害。

在农业生产过程中经常会发生各种不利环境条件造成的胁迫(stress),但发生某种胁迫不一定都能造成严重损失,有时轻度的胁迫还能起到抗逆锻炼的作用,反而有利于增产,如许多作物苗期的"蹲苗"有利于提高后期植株的抗旱和抗倒伏能力,小麦冬前的抗寒锻炼有助于增强对越冬冻害的抵抗力。只有在胁迫的强度过大或持续时间过久,并造成较大的经济损失时,才构成农业灾害。

3.1.1.2 农业灾害系统

灾种是具有相同特征的灾害组成的集合体。灾害系统指以不同灾种为单元所组成的一个复杂系统。灾害系统的结构体现在不同灾种之间存在复杂的相互关系，有些灾种具有相互促进关系，如干旱与高温；有些灾种则具有相互抑制作用，如干旱与洪涝。有些灾种之间具有单向的促进作用，如干旱有利于蝗虫的繁衍和迁飞；有些灾种则具有单向的抑制作用，如降雨有助于扑灭森林火灾，台风带来的充沛降雨有助于减轻南方夏季的伏旱。不同灾种之间的相互关系具有明显的地区性，构成区域灾害系统。有些灾种的相互转化有利有弊，如2011年5月下旬长江中下游的旱涝急转，既缓解了干旱缺水，又带来了新的灾害。

农业灾害系统是灾害系统的子系统，是以农业系统为承灾体的一大类灾害系统。在农业减灾实践中，不但需要研究各个具体的农业灾害，还需要研究农业灾害系统，根据不同农业灾害之间的相互关系因势利导趋利避害，实现科学高效的减灾[1]。

农业灾害系统及其构成要素如图3.1所示，包括灾害源、灾害载体和承灾体等三要素，其中承灾体指农业社会-经济-生态系统，灾害源包括地球各圈层的异常运动和不合理的人类活动，灾害载体包括含有灾害破坏性能量的相关物体。不同的灾害源、灾害载体与承灾体的组合，构成了不同类型的农业自然灾害或农业人为灾害。

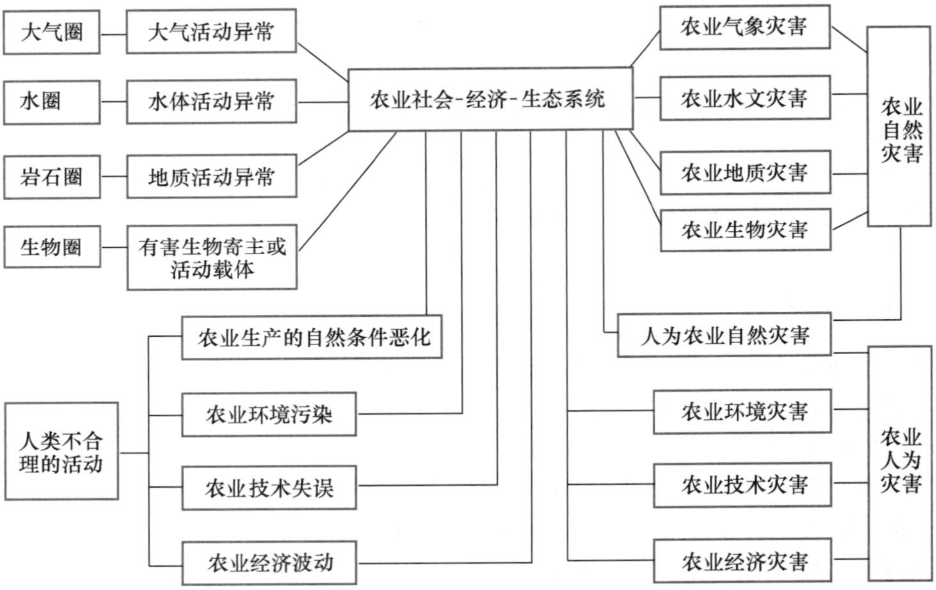

图3.1　农业灾害系统

3.1.1.3　农业灾害系统的演变

一个地区的农业灾害系统随着自然环境与社会经济发展而不断变化。从自然环境的变化看，在气候干冷周期中，干旱和低温往往是农业生产最大的威胁，但在温暖湿润周期则以洪涝与高温热害较为频繁。当代以气候变暖、生物多样性减少、土地利用格局改变和生物地球化学循环改变为主要特征的全球变化背景下，农业灾害发生种类和特点与过去有很大变化，高强度的人类活动导致温室效应、海平面上升、外来生物入侵等，已诱发多种人为自然灾害。从社会经济发展过程看，农业历史经历了原始农业、传统农业和现代农业三个阶段，在不同发展阶段，农业生态结构、生产水平、开发范围都有很大差异，承灾体的不同状态影响到农业灾害系统的灾种结构、发生频率和危害后果。原始农业阶段尚无灌溉，但人少地多且主要分布于河谷，总体上怕涝不怕旱。传统农业阶段发展了灌排技术，又因与河湖争地和滥伐垦荒导致旱涝灾害加重，但传统农业自给自足和小而全的生产结构，对旱涝灾害又有一定缓冲能力。现代农业以机械力代替人力，以化学物质输入代替有机物循环，极大提高了生产效率，但现代社会对水土等自然资源的高强度开发也使农业缺水日益突出，经济高度密集又使洪涝灾害损失明显加重，人类大规模开发自然资源和工业废弃物大量排放，还使环境灾害日益突出和许多自然资源濒临枯竭。

3.1.2 农业灾害的影响与危害

3.1.2.1 农业系统的脆弱性分析

在国民经济的各个产业部门中，以农业受自然灾害的影响最大，这种脆弱性表现在：

(1)农业生产过程主要在露天条件下进行，遭受自然灾害袭击的概率显著高于其他产业。虽然设施农业能降低承灾体的暴露性，但因成本较高，不可能都代替大田作物生产，至今还不能完全摆脱“靠天吃饭”。

(2)中国大部地区仍带有某些传统农业的特征，经营规模小，产前产后服务不完善，导致减灾能力薄弱。又受到国家经济实力的限制，减灾投入不足。加上农村教育不发达，农业中的技术灾害也经常发生。

(3)许多地区长期以来的滥伐森林，草原滥垦或过牧，过量提取地下水资源等，使农业生态环境不断恶化，人地矛盾和水资源供需矛盾尖锐。

(4)多山和地势高差大使得自然物质迁移强烈，易酿成灾害。

(5)大陆性季风气候的一个重要特点是年际变化大，灾害频繁，而人多地少，对水、热、光等农业自然资源较充分利用，对其亏缺变动也就更加敏感。

(6)中国目前处于工业化和城市化的中期，大量农民以进城打工为主要收入来源，务农劳动力素质下降，部分地区农业有萎缩的趋势，减灾能力削弱。

3.1.2.2 农业灾害对农业生产的影响

1. 对农业生物的直接伤害

旱、涝、冻、热、冰雹、大风等灾害都有可能对作物、果林和动物造成伤害甚至死亡，或导致生长速率和结实率下降，造成减产和减收。

2. 使农业生物发生不利于人类利益的改变

外界条件使农业生物发生对人类不利的性状改变或使农产品的品质下降，造成的经济损失足够大，也应认为是一种灾害。如降雨过多使果树徒长，坐果率和糖分下降，果实酸涩；湿热天气使羊毛脱落，纤维变粗等。受灾农产品往往形态、色泽、整齐度或容重变差，商业价值降低，或水分含量过高，不利于贮藏和运输、加工。

3. 次生灾害和衍生灾害

有的灾害还影响到下茬作物的正常播种和生长，甚至影响多年。有些灾害的发生可诱发病、虫、草等生物灾害。如2010年华北地区由于冬冷春寒，冬小麦成熟推迟7～10 d，导致大面积玉米晚播或水稻晚插，还迫使当年的小麦秋播延迟。

4. 对农业生态环境的破坏

如水土流失、荒漠化、水体富营养化、有害生物的天敌数量减少等生态环境的破坏，都有可能使农业生产条件恶化而导致减产或品质下降。农业自身污染不但危害农业生物，而且可直接危害人体健康。如大型畜牧场的粪便堆积污染水源；焚烧秸秆使养分损失并污染大气；过量使用化肥使养分渗漏，地下水受到污染，土壤性质不良。

5. 对农业设施的破坏或对生产活动的影响

如冰雹或大风破坏蔬菜保护地，洪水冲击畜舍、渠系和田间道路，降雨影响农机作业，结冰影响运输等。即使农业生物并无直接损伤，同样也能造成经济损失。

6. 使农业生产的成本加大，效益降低

受灾年除种子、化肥、水电、动力投入增加外，还要额外增加抗灾和救灾的投入。在农作物绝收的地区纯收入为负值，严重影响来年的生产。

3.1.2.3 农业灾害对国民经济发展的影响

农业是国民经济的基础，农业受灾会影响到整个经济状况，甚至影响社会安定和国际关系。新中国成立以来，除个别年份因政策错误使生产力受到破坏外，农业减产主要是由自然灾害引起的，有些灾害的后效还可延续多年。大灾年后国家往往不得不挖库存救济灾区，并从国外高价进口粮食。农业歉收还直接影响到轻工业原料供给和工业产品的市场，新中国成立以后，凡是农业大灾年后都不得不对国民经济进行调整。

尽管目前农业占整个 GDP 的比重已明显下降，但农业仍然是整个社会赖以生存的基础。像北京、上海这样的特大城市，郊区农业占地区 GDP 的比重已不足 1%，但农业的生态效益和社会效益不可替代，都市农业的特色农产品供应在市场上仍然占有重要的一席，同样需要加强农业减灾，确保城市居民的生活质量不断提高和整个城市社会经济的可持续发展。

3.1.3 农业灾害的性质

农业灾害具有与其他产业的灾害不同的若干特点，这是农业灾害的基本性质所决定的。

3.1.3.1 间接性

由于农业灾害是以农业系统为直接承灾体，农业灾害虽然不对人体造成直接伤害，但最终仍将损害人类的经济利益和生存环境，因此，在农业灾害学中，人类是农业灾害的间接承灾体，也是最终承灾体。

3.1.3.2 季节性

农业生物生命活动的节律性与气候的周期性共同决定了农业灾害的季节性。农作物生长季也是农业灾害的危害期，作物生育的敏感期更是灾害危害最甚的时期。如江南水稻育秧期间低温、阴雨、风雹和病害往往集中发生。农作物旺盛生长的夏季易发生洪涝、干旱、大风、冰雹和多种病虫害。北方的冬旱要比春夏旱的危害小得多，东北地区冬季农闲季节的严寒并不产生明显的危害，但在春秋季温度并不太低的霜冻却有可能造成严重的减产。

3.1.3.3 区域性

不同地区的生态条件决定了农业生产有很强的地域性，也使得农业灾害的发生呈现明显的地区性。如华北的主要农业灾害有旱、涝、冻害、冷害，东北的主要灾害有旱、涝、霜冻、冷害和森林火灾，西北以干旱、水土流失、荒漠化为主，华东以洪涝、台风、风暴潮和伏旱为主，西南以季节性干旱、水土流失和地质灾害为主，华南以台风、旱、涝和寒害为主。经济密集程度也在很大程度上影响到灾害分布和损失的区域特点。我国东部人口密集，农业生产水平较高，但也是农业灾害，特别是气象灾害和生物灾害严重的多发区。

3.1.3.4 长链性

农业生产的过程较长，农作物从播种到成熟，饲养动物从幼体到屠宰出售至少历时几个月，林木的生长周期则要延续数年到几十年。苗期或幼体受灾的影响有可能传递到生育后期，甚至影响到下茬作物或下一代生物。农产品收获后还有一个运输、加工、储存的过程，许多农产品还是工业的重要原料，农业生产中遭遇的灾害还有可能沿着产业链影响到下游产业。农业灾害的这种长链性要求我们树立长期减灾与综合减灾的观念。

3.1.3.5 累积性和隐蔽性

遵循"以人为本"的原则，国家和各地在应对重大自然灾害和事故灾难时都十分重视对人民生命财产影响最大的突发型灾害，特别是地震、洪水、台风等。但在农业生产上，由于农业生产的季节性和农业灾害的长链性，累积型灾害的危害并不亚于突发型灾害，在许多情况下甚至更大，如干旱、渍涝、冷害、冻害、荒漠化和大多数作物病虫害均属累积型灾害。而山洪、冰雹、霜冻等突发型灾害虽然能在局地造成毁灭性的损害，但受害面积一般较小，时间较短，不像前述大多数累积型灾害的危害面积那么大，危害时间那么长。

3.1.3.6 承灾体的脆弱性与适应性

与其他领域的灾害不同，由于农业灾害以农业生物为主要承灾体，既存在一定的脆弱性，也具有一定的适应性。大力培育和充分利用农业生物的适应性，可以降低农业减灾的成本，提高农业减灾的效果。

3.1.3.7 相对性

由于不同的农业生物对于环境条件的要求不同，对此种生物不利的环境条件，对于彼种生物却可能是有利的，这就形成了农业灾害与农业资源之间的相对性。如冷凉气候对于水稻、棉花等喜温作物是一种灾难性生境，但适合种植马铃薯。干热风在谷类作物灌浆后期经常成灾，但吐鲁番葡萄干的优质却得益于频繁的干热风。

3.1.3.8 自然性与社会性

农业生产是自然再生产与经济再生产的结合，决定了农业灾害具有自然性与社会性的两重性。与其他产业和城市灾害相比，农业灾害具有更多的自然性，以自然灾害为主，这是因为农业生产是以生物为对象和主要在露天条件下生产。但农业生产毕竟是一种经济活动，要由人来完成，又使得农业灾害具有很强的社会性，表现在社会经济发展水平在很大程度上决定了农业减灾能力大小和农业灾害的损失率。不合理的生产活动由于其对自然资源和生态环境的破坏，有可能加重灾害，而正确的生产措施具有明显的减灾效果。

3.1.4　农业灾害的分类与分级

3.1.4.1　农业灾害的主要类型

农业灾害的分类方法与一般灾害相同，最常用的是按照致灾因子分类。

按照发生原因，农业自然灾害主要包括农业气象灾害、农业水文灾害、农业地质灾害和农业生物灾害。

光照、温度、水分、养分是农作物生存的四个必需因子，其中光照、温度、水分均属气象环境，养分又分为矿质养分和二氧化碳两类，其中二氧化碳浓度也主要受到气象条件的影响。饲养动物对气象环境也有严格的要求。农业生物对气象环境的高度依赖决定了农业气象灾害是最主要的农业灾害类型，中国农业因灾损失的70%～80%都是由气象灾害造成的。农业气象灾害还是许多农业地质灾害和农业生物灾害的主要诱发因素。[2]

农业生物灾害在农业因灾损失总量中仅次于农业气象灾害，通常要占到20%以上。

农业地质灾害在农业因灾损失总量中虽然比例较低，但在山区和贫瘠土壤地区却有可能成为最重要的灾害。

农业水文灾害由水圈的异常运动引起，在陆地上与农业气象灾害中的干旱与洪涝相重叠，由于海洋是地球水圈的主体，水文灾害主要以海洋灾害的形式表现，主要影响海洋捕捞渔业和近海养殖业。

农业人为灾害包括农业环境灾害、农业技术灾害和农业经济灾害。

农业环境灾害在宏观领域又称农业生态灾害，包括生物多样性减少、海平面上升、近地面臭氧浓度增高和紫外辐射增强、湿地萎缩等，狭义的农业环境灾害指农业领域的污染，包括工业等外来源对农业的污染和农业生产领域的自身污染，有些灾变现象需要发展到相当程度才形成灾害。大多数农业环境灾害很难估算其直接经济损失，但其长远的生态恶果可能造成的经济损失极其巨大，不可掉以轻心。

3.1.4.2　农业灾害的分级

农业灾害按照其破坏力大小可划分成不同的等级，不同灾种的划分标准是不一样的，如降雨分为小雨、中雨、大雨、暴雨、大暴雨、特大暴雨等，后几种有可能成灾。地震按照强度分为不同震级，按照地表破坏程度分为不同的烈度。热带气旋按照中心附近最大风力分为热带低压、热带风暴、强热带风暴、台风、强台风、超强台风等，风力越大，成灾越严重。不同灾种的分级详见有关章节。

在区域农业灾害预案中，对于农业灾害的等级划分体现在应急响应的级别上，通常主要按照受灾面积比例来确定。如安徽省规定采取一级应急响应的条件之一是农作物和水产养殖受灾面积占耕地和水产养殖总面积的25%以上，且受灾面积达到1 500万亩以上；二、三、四各级应急响应的条件依次是占20%～25%和受灾累计1 200万～1 500万亩、900万～1 200万亩、

600万～900万亩。对于面积较小的区域，则应急响应的受灾面积相应缩小，如天津市规定各级农业灾害应急响应的受灾面积见表3.1。

表3.1 天津市农业重大自然灾害应急预案不同响应等级的受灾农田面积 万亩

项目		响应等级			
		一级	二级	三级	四级
	两个区县以上受灾面积合计	>20	15～20	10～15	5～10
或	一个区县受灾面积	15～20	10～15	5～10	3～5

3.2 农业灾害学

3.2.1 农业灾害学应运而生

3.2.1.1 中国古代的农业灾害知识与减灾技术

中国古代先民在生产实践中积累了许多关于农业灾害的知识和农业减灾的经验。如汉代的《氾胜之书》中就有采用区田法、保墒耕作和种子处理等技术来抗御干旱和熏烟防霜冻的记载，还提出要种植一部分早熟作物以备灾荒。以后各代的农书中，有关农业减灾的技术更加充实。[3]但由于缺乏现代科学理论的指导，古代的农业灾害知识与减灾技术都只停留在片段的经验，没有形成系统的理论和完整的技术体系。

3.2.1.2 单灾种农业灾害规律与减灾技术的研究

新中国成立以后，随着农业生产水平的不断提高和农业科技进步，农业科技人员在与灾害的斗争中积累了丰富的经验，针对具体灾种开展了一系列专题研究，发表了许多专著，其中代表性的有《北方抗旱技术》[4]、《冬小麦冻害及其防御》[5]、《小麦干热风》[6]、《霜冻的研究》[7]、《农作物低温冷害及其防御》[8]等，在此基础上，逐步形成农业气象灾害综合论述的专著，如《中国农业气象灾害概论》[9]、《农业气象灾害》[10]、《中国重大农业气象灾害研究》[11]等。有关农业生物灾害的研究主要集中在植保、兽医等领域，论文著作极为丰富，但缺乏从灾害学角度的深入阐述。在农业地质灾害和生态灾害等方面也发表了一些论文和著作。

3.2.1.3 农业减灾综合研究与农业灾害学的形成

在单灾类或单灾种研究的基础上，一些科技工作者开始研究农业灾害的共性规律并试图构筑农业减灾的技术体系，为农业灾害学理论框架的形成提供了丰富的素材，代表性著作有《减灾农业》[12]、《农业减灾指南》[13]、《农业抗灾减灾工程技术》[14]等。

联合国国际减灾十年活动极大促进了中国对于灾害规律和减灾对策的研究，在此基础上出版了一系列灾害学研究著作，创办了《灾害学》杂志和《自然灾害学报》，许多高等院校开设了减灾专业，至此，具有中国特色的灾害学科框架已基本形成，为农业灾害学的学科框架构筑奠定了灾害学理论基础。

20 世纪 90 年代以来，在农业现代化进程加速的同时，灾害对中国农业的影响也日益凸显。广大农民和农业科技工作者在与灾害的斗争中积累了新的经验，研发出许多减灾新技术并取得显著减灾增益效果，为构建农业减灾技术体系提供了丰富的实践基础。自 1996 年起，中国农业大学与其他农业院校先后开设了“农业灾害学”本科选修课与“农业灾害与减灾对策”硕士生选修课，编写出版了《农业灾害学》[1-2]，后又编著《农业减灾实用技术手册》[15]，初步构筑了农业灾害学的理论框架和农业减灾技术体系。

3.2.2 农业灾害学的范畴与学科特点

农业灾害学(agricultural catastrophology)是灾害学的分支学科，以农业灾害系统为研究对象，是适应农业防灾、抗灾和救灾的需要，在农业减灾与相关科学研究的实践中发展起来的。

农业灾害学研究农业灾害的成因和机理，时空分布及演变规律，监测预报方法，防治和救援措施等，是融理论性与实用性于一体的交叉学科。农业灾害学既是灾害学的分支学科，其基本理论和研究方法都主要依据灾害学的基本原理与方法，又与农业科学有着密切的联系，农业气象学、农业生物学、农业生态学、农业经济学、农业社会学、农业系统工程等学科是农业灾害学立论的基础。科学地认识农业灾害的成因和机理，离不开对农业科学的掌握和了解；要实现有效地减轻农业灾害，也必须把各种减灾措施渗透到作物栽培学、畜牧学、农业环境保护学、植物保护学、兽医学等有关农业技术科学中去。因此，农业灾害学又是农业科学的一门新兴分支学科。

农业灾害学与其他灾害学分支一样，既要研究自然变异，也要研究与之密切相关的社会生产。农业灾害以自然灾害为主，农业灾害学的基本研究方法来自现代自然科学的理论和方法论，具有明显的自然科学性质。同时，农业灾害对人类的危害造成各种社会经济影响，某些自然灾害的形成和发展还受到人为因素的很大影响，防灾、抗灾和救灾管理与行动涉及法制、体制、政策、心理、观念和社会的各个方面，因此又带有社会科学的性质。

农业灾害学是建立在生物科学、地学、大气科学、环境科学、经济科学等学科理论基础上的一门综合性很强的学科。从科学认识农业灾害的种类、成因、现象、机理、规律等自然属性的角度，农业灾害学具有基础科学的性质；从运用现代技术进行灾害的监测、预报、防治和抗救的角度，又具有技术科学的性质。从农业灾害学的宗旨在于减灾，除实用技术外，还包括许多减灾的策略与方法，又具有应用学科的性质。从减灾的具体技术看，农业灾害学具有硬技术学科的特点，从减灾管理的理论与方法，以及各种减灾措施的综合运筹看，又具有软科学的特征。因此，农业灾害学具有很强的交叉性、边缘性与综合性，不能简单地进行学科归类。

3.2.3 农业灾害学的研究目的

3.2.3.1 认识灾害现象

各种农业灾害的发生时间与周期、地域分布、危害方式各不相同。即使是同一种灾害，在其发生发展的不同阶段也有不同的表象特征。农业灾害学的研究目的之一是对各种农业灾害现象进行观察，对其特征进行监测和描述，以全面把握灾害对农业生产的危害，为探求防灾减灾的途径提供依据。

3.2.3.2 揭示农业灾害的发生规律

科学的任务是揭示客观事物运动发展的规律。农业灾害学要揭示影响农业生产的各种灾害的发生和演变规律,包括灾害群发规律、灾害链诱发规律、时空分布和演变规律、区域组合规律等,科学认识农业灾害的发生规律才能准确预测灾害和有效开展防灾减灾。

3.2.3.3 提高农业的抗灾和减灾能力

农业灾害的发生不但是自然变异的后果,也与人类不合理的开发自然、破坏资源与环境的活动有关。农业生产系统使原有自然生态系统的复杂种群结构变得单一,依靠人工辅助系统来支持,在外界环境发生变异时十分脆弱。在科学认识农业灾害发生规律的基础上,除有时需要直接抗御产生灾害的自然力外,更重要的是以农业灾害学原理为指导,调节农业系统本身,使之适应自然环境并增强对于环境变异的抵抗力,包括调整产业结构、种植结构、农业生物的种群结构、作物及品种分布格局,制止滥垦、乱伐、过牧、滥捕、随意排放污染物等破坏资源与环境的行为,开展农田基本建设、水利和水土保持工程,选育抗灾良种,提高农业生物对逆境的适应和抵抗能力。

3.2.3.4 促进农业高产、稳产、优质、高效和可持续发展

减灾虽然不是直接的增产措施,但在受灾时能显著减轻经济损失,同样能产生巨大的经济效益。通常减灾投入与挽回损失的投入产出比是 1∶10 或 1∶20,有时甚至可达 1∶50 以上,要比其他形式物质投入的投入产出比更高。

减灾还涉及对农业生产所依赖的自然资源和环境的保护,所带来的生态效益也是巨大的,关系到农业的可持续发展能力和人类的未来。

由于农业灾害常常给整个国民经济和社会生活带来影响,农业灾害学研究和减灾措施还具有显著的社会效益,关系到整个社会的稳定。

3.2.4 农业灾害学的研究内容

农业生产中的灾害问题和减灾对策构成了农业灾害学研究的基本内容。

3.2.4.1 农业灾害的识别与诊断

减灾的前提是对灾害的正确识别和了解其特征,特别是灾害的表现形态和成灾迹象。在生产上经常发生因对灾害种类、类型或成因的错误判断而导致减灾行动的盲目或技术失误。如 2011 年初中国北方冬小麦主产区发生严重的秋冬连旱与持续低温,有些媒体把青枯的小麦叶片能够搓成粉末用火柴点着作为受旱特征,其实青枯是冻害的典型症状,干旱只能导致叶片自下而上枯黄。又如 1995 年 4 月中旬北京郊区许多麦田小麦叶尖发生枯黄,有些农民以为是伪劣农药造成的药害,经专家现场鉴定,为春霜冻所致。

农业灾害既表现在成灾自然力的强度与时空范围,又表现为承灾体的受害症状与程度。大多数自然灾害导致农作物出现枯萎、损伤或死亡,畜禽不安、发病或伤亡,使生产性能下降而

蒙受损失;有些自然灾害则使温室、畜舍等农业设施损坏,还有一些自然灾害使农业生产的环境条件恶化,如水土流失和农业污染,最终影响到农业的综合生产能力。

不同类型的自然灾害对农业生物生长状况和健康的危害机制不同,使得某些农业灾害的发生有一定的隐蔽性,从外表上不易直接判断。等到灾害损失明朗时采取补救措施为时已晚。这就需要对灾害征兆和成灾迹象进行研究,找出识别灾害的指标和症状,进行早期诊断,以及时采取必要的预防或补救措施。

不同类型的农业灾害对于不同种类、处于不同发育阶段和不同生长状况的农业生物,危害程度和特点都是不同的,需要研究不同灾害的个性与共性。

3.2.4.2 农业灾害的系统结构与成灾机制

灾害作为一个整体,是由不同灾种组成的复杂系统,不同灾种之间的联系和区别构成了农业灾害的组分结构,时空结构则决定灾害发生、发展、分布和演变的规律性与复杂性。有些灾害之间及各种灾害的后效传递还存在复杂的灾害链。单个灾害系统由孕灾环境、灾害源、灾害载体和承灾体等要素组成,它们之间也存在复杂的相互作用和联系。只有了解农业灾害的系统结构才能全面掌握灾害规律,找到减灾的途径。

农业灾害的成灾过程是不利自然条件损害农业系统和农业系统抵抗自然变异的过程,灾害程度取决于二者的相互作用。不利自然变异对农业系统产生某种胁迫,超过农业系统适应力或抗拒力并蒙受重大损失时就形成了灾害。自然变异的强度和破坏力受到多种环境条件的影响和制约,农业系统自身的适应能力和抵抗力也受到多种自然与社会因素的影响。研究农业生产系统与自然变异的相互作用及影响因素,可以发现农业灾害的规律和减灾途径。

农业灾害本身也有一个发生、发展、演化、消退的过程,研究对农业生产有危害的自然变异的形成和发展规律,也是农业灾害学的重要内容。如 2009 年夏季辽宁西部发生特大干旱,当地许多干部和技术人员之所以对旱情发展迅猛估计不足,是由于只看到生育前期的 6 月多雨,玉米地上部空前繁茂,忽视了多雨造成根系发育不良,抗旱能力弱的隐患。如能在拔节至大喇叭口期及时中耕促使根系下扎,夏旱的后果不至于那么严重。

3.2.4.3 农业灾害的时空分布规律与监测预报

各种灾害都有其时空分布规律,有些灾害具有一定的周期性,有些灾害在某些地区常发,而在另一些地区几乎不发生。任何灾害都有一个孕育、发生、发展和消退的过程,虽然重大灾害的发生有一定的突发性和随机性,但其演变还是有一定规律可循的。大多数灾害的发生都可以从孕灾环境因子和灾害载体状况中发现其前兆现象,采用现代科技能够对灾害过程,特别是灾害的时间、地点和程度进行有效的监测,对有些灾害还可能进行比较准确的预报。灾害监测和预报在农业减灾中具有十分重要的作用。进行灾害监测与预报需要综合运用现代自然科学的许多理论与技术。

3.2.4.4 农业灾害风险评估与对策

国际减灾的重点正在由应急管理转向风险管理,以争取更多的减灾主动权。不同的农业系统在其不同阶段所具有的农业灾害风险不同,对农业系统的灾害风险进行分析评估,可以帮助我们采取正确的减灾策略。风险很小的农业灾害可以采取接受策略,风险极大的农业灾害则应采取规避或转移分散风险的策略，一般农业风险可酌情分别采取削弱风险源或增强承灾体抗风险能力的措施，不作区分一概采取抗灾对策不但不能获得最优减灾效果，有时还会事与愿违，加大灾害损失或浪费减灾资源，得不偿失。

3.2.4.5 农业减灾技术体系

农业减灾的具体行动包括工程措施、生物措施和农业技术措施。对于破坏力较大的农业灾害，通常需要采取一定的工程措施，如防洪堤坝、水库、固坡、防震加固工程等。在农业生产过程中发生的许多灾害需要采取不同的生物措施和农艺措施。单一措施往往不能取得良好减灾效果，需要多种防治措施综合运用，优化配置，才能发挥最大的减灾效益。

3.2.4.6 农业减灾的综合管理

灾害的系统性和社会性决定了减灾管理的必要性与重要性。农业灾害管理指对危害农业生产的各种灾害进行研究、监测、预报和评估，对灾害的预防、抗御、补救和灾后恢复重建进行有效的组织，对与减灾有关的机构、团体、人员、物资、设备、资金等进行科学的管理，建立健全减灾法制和各级减灾机构，组织减灾科普活动和防灾演习，进行减灾国际合作等。加强减灾综合管理可以高效综合运用各种减灾物资和力量，并借助有利于减灾的各种自然因素来减轻灾害损失。农业灾害学还涉及与减灾有关的社会学、经济学、行为学、心理学、法学、哲学、国际交流等多种社会科学，农业灾害学与社会科学交叉研究的目的是调动全社会的力量，达到高效率的防灾减灾，实现社会经济的稳定和可持续发展。

3.2.5 农业灾害学的学科结构

农业灾害学的学科结构可分为专业基础学科、专业学科和相邻学科三大类[2]。

3.2.5.1 专业基础学科

构筑农业灾害学的学科理论体系需要掌握以下学科的基本理论与知识基础：

(1)与灾害自然属性有关的各门自然科学，如气象学、天文学、地质学、土壤学、生物学、生态学。

(2)与承灾体有关的农业科学，如农学、作物学、畜牧学、园艺学、林学等。

(3)与灾害损失及减灾管理有关的社会科学和软科学，如社会学、经济学、统计学、系统工程、运筹学、心理学、管理学、法学等。

(4)普通灾害学及其理论分支学科也是农业灾害学科理论与方法的基础。

3.2.5.2 专业学科

专业学科是农业灾害学学科体系的核心，又可划分为基础农业灾害学、分类农业灾害学、部门农业灾害学、区域农业灾害学。

(1)基础农业灾害学　包括农业灾害学概论、农业灾害史、农业灾害评估学、农业灾害区划学、农业减灾工程学、农业减灾系统工程、农业灾害保险学等。

(2)分类农业灾害学　包括农业气象灾害学、农业地质灾害学、农业环境灾害学、农业生物灾害学等。

(3)部门农业灾害学　包括作物灾害学、畜禽灾害学、水产灾害学、林业灾害学等。

(4)区域农业灾害学　根据研究范围的大小可分为世界农业灾害学、中国农业灾害学和地区农业灾害学等。

3.2.5.3　相邻学科

农业灾害学是农业科学与灾害学的交叉学科，两大门类的许多学科的理论和知识都是研究农业灾害学问题所不可缺少的。

(1)农业科学类　第一类是包括作物学、畜牧学、水产学、林学等的农业生物学和农业生产学等研究承灾体性质和状况的学科。第二类是研究与农业灾害相关自然变异的学科，如农业生态学、农业气象学、农业水文学、农业土壤学、农业环境学等。第三类是研究农业抗逆问题的学科，如植物保护学、兽医学、林业保护学、水土保持学、农业环境保护学等。第四类是与减灾管理有关的学科，如农业经济学、农业系统工程、农业社会学等。

(2)灾害学类　灾害学各门分支都可以成为农业灾害学的相关学科。特别是灾害预测学、灾害地理学、灾害经济学、灾害社会学、减灾工程学、灾害法学、灾害保险学等。

3.3　“天、地、生、人”巨系统与农业灾害

3.3.1　农业灾害的影响因素

3.3.1.1　外界环境因素

农业自然灾害的发生是外因通过内因作用的结果。外部原因又可分为直接致灾因素与间接影响因素。

直接致灾因素指孕灾环境和致灾因子。孕灾环境对于区域农业系统主要指区域生态环境，对于农业生物群体则指该群体所处生境。当农业系统所处环境发生不利于农业生物生长发育和农业生产活动的异常变化，产生直接危害并造成显著的经济损失时，就形成了农业自然灾害。直接致灾因子中又有主导因子与非主导因子之分。如干热风灾害包括三种致灾因素，但以高温为主导。越冬冻害的致灾因素包括低温、干旱、变温、大风、积雪等，但通常低温是其中的主导因子。有些灾害的成灾主导因子会随灾害过程而发生演变。如台风在海上与海岸时以巨浪和风暴潮的危害最大，但登陆后风力迅速减弱，暴雨洪涝成为主要致灾因素。

间接影响因素指对直接致灾因子的强度、运动方向和发展过程能产生影响的各种因素。如大气环流形势会对台风的路径和生命周期产生影响，太阳黑子周期的峰年或谷年地球上的灾害偏多，全球气候变化导致极端天气、气候事件的危害加剧。ENSO 现象是“厄尔尼诺”(El Nino)现象和“南方涛动”(Southern oscillation)现象的合称。前者的基本特征是赤道东太平洋海域表面温度出现异常增暖(偏高 0.5℃以上)，后者反映太平洋上大尺度范围的气压不规则变化。ENSO 现象常导致世界范围，特别是低纬度地区的重大灾害。与之相反的“拉尼娜”(La Nina)现象即赤道东太平洋海温偏低 0.5℃以上，也能造成大气环流的异常和灾害事件增

加。“拉马德雷”(La Madre)现象是美国海洋学家斯蒂文·黑尔于1996年发现的,在气象和海洋学上被称为“太平洋十年涛动”(Pacific decadal oscillation,PDO),与“厄尔尼诺”和“拉尼娜”现象有着极密切关系,被喻为“厄尔尼诺”和“拉尼娜”的“母亲”。“拉马德雷”是一种高空气压流,分别以“暖位相”和“冷位相”两种形式交替在太平洋上空出现,每种现象持续20~30年。以“暖位相”形式出现时,“厄尔尼诺”现象占优势;以“冷位相”形式出现时,“拉尼娜”现象占优势,强震增多[16]。

不合理的人类活动使生态环境恶化,也是灾害加剧的重要原因,如植被破坏导致水土流失和局地气候恶化,使旱涝灾害加重;滥垦和过牧使草地退化,沙尘暴灾害频发。

3.3.1.2 承灾体的内部因素

在不利的外界环境条件或致灾因子作用下是否成灾,还取决于承灾体的状况,具体包括暴露性、脆弱性、减灾能力或应变能力三个方面。

暴露性(exposure)指承灾体受到危险因素威胁的数量与程度,暴露性越强,越容易受灾且损失越大。在种植业生产中,大田作物的暴露性最强,育苗移栽使幼苗期的暴露性降低,设施农业的暴露性更低,完全工厂化生产的暴露性接近于零。在畜牧业生产上,以放牧方式的暴露性最强,舍饲畜牧业的暴露性较低,工厂化养殖场的暴露性很低,但也不可能绝对没有暴露性。虽然现代工厂化养殖场已不受外界风雨冷暖等气象条件的直接影响,但在不利天气下要保持最佳室内环境总要付出更多的成本。稍有不慎使致病微生物侵入还有发生毁灭性灾难的可能。

脆弱性(fragility)表征承灾体在特定孕灾环境条件下对各种致灾因子的反应与抵抗能力,对致灾因子的反应与抵抗能力越差,则脆弱性越突出。农业生物的脆弱性大小首先取决于其遗传基因,同时也与后天环境能否使抗逆基因得以顺利表达有关。例如抗寒性极强的冬小麦品种能耐−22℃的分蘖节极端低温,而春性品种只能耐−7~−8℃,但冬小麦的抗寒性需要经过冬前的抗寒锻炼才能形成,最耐寒的小麦品种如果拿到夏季播种,0℃的低温就足以冻死。其次,农业生物的个体生长状况对其脆弱性也有很大影响。农作物的壮苗由于茎秆粗壮,根系发达,抗旱、抗寒、抗倒能力都很强,而长势偏弱或过旺的秧苗抗逆性都很差。第三,农业生物的群体结构也显著影响到个体的脆弱性。如橡胶树与茶树间作可显著减轻风害,玉米与甜椒间作可减轻日灼。发生自然灾害时,长势均衡的群体受灾程度要轻于壮弱不等的群体。第四,农业生物的生境也直接影响到其脆弱性,如沙性土壤和高岗地上的作物易受旱,黏性土壤和低洼地上的作物则更易发生渍涝。

减灾能力(ability of disaster reduction)指系统对于各种灾害的预防、抗御、补救与恢复能力。应变能力(resilience)又称弹性,指系统对于不利环境条件的适应和应变能力。在减灾实践中,减灾能力与应变能力常合并使用,两者的含义基本重合,但侧重点稍有不同。前者侧重人为支持措施,后者侧重于系统自身的适应和应变。农业系统的减灾能力一方面来自农业生物自身的适应,另一方面来自人工辅助系统功能的发挥。利用农业生物自身的适应能力成本较低,也比较稳定,但农业生物对于致灾因素的适应能力是有限的,当灾害强度超出农业生物的适应能力时,就必须采取人为措施,发挥人工辅助系统的作用,一方面要依靠减灾的工程设施和物质装备,另一方面也要重视灾害监测、预测、预警、诊断、风险分析评估、响应决策、预案等的作用,这些“软件”能起到优化配置和高效发挥减灾资源功能的作用。

3.3.2 “天、地、生、人”巨系统与农业自然灾害

自然灾害是天体、地球与人类社会三大系统之间及其内部要素间相互作用的结果，其中地球又包括岩石圈、大气圈、水圈和生物圈等四个相互联系和作用的圈层。在“天、地、生、人”巨系统中，天、地、生是可能的自然灾害致灾源，人类是承灾体。但人类作为唯一具有主观能动性的生物又反作用于自然，对致灾源和灾害过程产生影响。人类对自然灾害规律认识的深化和技术进步，使得农业系统承受和抗御灾害的能力不断加强。另一方面，不合理的人类活动又违背了自然规律，导致自然灾害的发生出现某些新特点和新灾种的产生。

3.3.2.1 天文因素

人们常把重大自然灾害称为“天灾”，是因为重大自然灾害的发生往往具有天文背景。天文因素指地球以外的物质运动和能量变化。人们早已发现地球存在周期性的冰期和间冰期，有些证据表明可能由周期性的大量流星或彗星进入大气层所造成。人们还发现宇宙射线增强时易发生瘟疫流行和气象异常。

太阳是地球表面各圈层的主要能量来源，标志太阳活动强度变化的表面黑子相对数有着11年和22年左右的周期变化，其对自然灾害的影响早在1801年就被科学家注意到。月球是离地球最近的天体，月地距离的变化及日、月、地三者相对位置的变化会引起地球上潮汐及大气运动的变化，从而影响到气象灾害和海洋灾害的变化。天体运动还会影响到地球自身运动状态的变化，天文学家注意到地球自转速度的年际变化与北半球温度的年际变化相一致，可用以预测气候变化。

3.3.2.2 地球各圈层的相互作用

地球表面的非生命环境分为岩石圈、水圈和大气圈。

地质灾害主要发生在岩石圈。由地壳运动造成的地质灾害称宏观地质灾害，其中地震和火山喷发为突发型，地面沉降为缓变型。滑坡、崩塌、泥石流等由外力触发局地物质突然迁移所致，为局地微观地质灾害。水土流失和土地荒漠化既带有局地性，也可带有宏观性。

地球表面的71%为海洋覆盖，海洋灾害除直接影响海洋经济活动外，还通过海温、海水运动和海平面的变化影响陆上的气候与经济活动。

大气是地表最活跃多变的圈层，对人类的影响更为直接和全面。气象异常常常是引起某些地质灾害、海洋灾害和生物灾害的主要诱发因素。由于发生最为频繁和影响范围最广，气象灾害的损失通常要占到全部自然灾害损失的70%～80%。

地球表面固态、液态和气态三相圈层时刻在相互作用，一个圈层中的灾害往往导致另一圈层的状态异常和次生灾害。如火山灰可在高空保持数年，使到达地面的太阳辐射减弱，导致持续低温。大气环流是洋流的主要驱动力，海水的热容量又远大于大气，海洋灾害与气象灾害有着非常密切的关系。缓发型地质灾害一般都是大气圈和水圈运动产生风化作用的后果。

3.3.2.3 生物与自然灾害

生物一方面依附于生存环境，另一方面也在改造着周围环境。引发或加剧自然灾害的生

物因素表现在以下几个方面：有些生物能对人体健康和建筑设施产生直接危害，如蚊子传播疾病，白蚁蛀蚀建材等；病、虫、草、鼠等有害生物对农林牧渔业的危害；有益生物受损导致生态失衡而加剧灾害；生物多样性锐减使物种资源减少，降低生态系统的稳定性和利用价值。

生物还具有一定的改造自然的作用——生物对岩石的风化是土壤形成的主要驱动力，繁茂的植被有利于改良气候和调节径流，丰富的生物多样性有助于生态系统的稳定，因此，在农业减灾工作中要十分重视生物措施的运用。

3.3.2.4 人类活动与自然灾害

首先，人类是自然灾害的承灾体，所谓灾害都是针对人类而言.没有人居住的地区发生的灾变不被看作灾害。

其次，人类能够认识自然灾害并在与自然灾害的长期斗争中掌握了一定的减灾能力，如古代先民在火灾中学会了保存火种和用火取暖与熟食，在与旱涝的斗争中学会了开渠打井与保墒耕作等抗旱技术和拦蓄、筑堤、排泄等防洪技术。

第三，不合理的人类活动制造或诱发自然灾害。恩格斯曾这样告诫人类："我们不要过分陶醉于我们对于自然界的胜利。对于每一次这样的胜利，自然界都对我们进行了报复。"美国学者巴尔尼惊呼黄土高原的水土流失是中华民族的主动脉流血。人类大量排放温室气体导致的全球气候变化正在使极端气象事件的危害日益加重。

第四，人类探索大自然的活动有时也要付出惨痛的代价，如不少攀登珠穆朗玛峰的勇敢者死于雪崩；发射场温度过低造成燃料泄露，使美国挑战者号航天飞机失事，6 名宇航员殉难太空。

人类与灾害的关系经过了一个历史发展过程。在原始农业时期，人类对自然环境的影响力很小，抗灾能力很弱。近代随着人类干预自然的强度日益增大，不合理的人类活动已成为灾害发生的重要诱因，表现在：

1. 政策失误加重灾荒

如 1959—1961 年期间的政策失误与旱涝灾害导致农业生产力的空前破坏，形成中国在 20 世纪下半叶最严重的饥荒和大量人口非正常死亡。非洲撒哈拉以南地区的连年大旱与饥荒也与人口迅速增长、盲目开垦草原导致的荒漠化有关。

2. 人为自然灾害

如 1938 年国民政府为阻止日本侵华军南下于河南花园口掘堤，使 5.4 万 km^2 沦为泽国，死亡 89 万人，至今黄泛区仍是多旱涝、盐碱、风沙灾害的贫困地区。大多数森林火灾也都与违章操作等人为因素有关。

3. 不合理的开发和建设

如黄土高原的水土流失源于大规模伐林垦荒，北方农牧交错带的沙化源于滥垦草原，20 世纪 50—70 年代的围湖造田是造成目前长江流域洪涝灾害加重的主要原因，华北平原长期超采地下水形成数万平方千米的漏斗并使干旱缺水日益加重，2010 年 8 月舟曲特大泥石流的伤亡惨重与县城建在沟口正当其冲有关。

3.3.2.5 "天、地、生、人"巨系统研究在减灾中的应用

研究"天、地、生、人"巨系统有助于正确认识自然灾害的发生规律和影响因素，做好灾害监

测、预测和预警。通常天文因素是地球上巨灾发生的宏观背景，在天体运动、太阳活动和潮汐运动发生异常时要特别加强防灾减灾工作。如在2008年南方低温冰雪灾害期间和之后数月，青藏高原东部的地表温度持续异常偏高，当年又正值太阳活动异常低谷，这种大范围的宏观异常有可能与汶川地震等巨灾的发生具有某种联系。

研究“天、地、生、人”巨系统各子系统的相互关系，有助于人们利用这些关系来规避或减轻灾害损失，如发挥生物多样性的生态稳定作用，控制不合理的人类开发活动，通过调节各子系统相互关系来削弱某些自然灾害的诱因等。

3.3.3 农业中的人为灾害

农业生产既然是一种人类活动，人类活动的失误也可以造成灾害。虽然农业灾害以自然灾害为主，但人为灾害也不可忽视。这里我们不讨论人为故意的破坏行为，而是讨论主要由人为因素引起，并表现出某种自然形态的灾害，也包括某些不能完全排除故意因素的灾害事故。农业人为灾害虽然主要由人为因素引发，但自然因素往往起到诱发或加重的作用，如在恶劣天气下更容易发生生产事故或农业环境污染。

3.3.3.1 农业人为灾害的类型

主要有以下几种：

1. 农业生产事故

农业生产事故常见的有电击、机械伤害、农药中毒、场院火灾、化肥过量烧伤作物等，由于农业技术装备的改进快于农民文化科技水平的提高，农业生产事故有增加的趋势。

2. 农业人为环境灾害

除污水灌溉、农药残毒污染、工业粉尘污染、工业大气污染等外来污染源外，农业自身污染也日益严重，特别是大城市郊区集约化养殖场的畜禽粪便污染已成为严重的污染源，不但危害农村环境，而且污染地下水，畜禽场粪便堆积还是诱发疫病的重要因素。焚烧秸秆、过量使用化肥和农用薄膜残留也使农村和农田污染日益加重。

3. 农业人为自然灾害

农业人为自然灾害以自然灾害的形态发生，但其成因或诱因带有很大的人为因素。主要有以下几类：

(1)人为农业气象水文灾害　气象灾害通常是自然发生的，但有的农村由于村间、户间争水也会人为加重旱涝灾害，有时因此引发村际械斗甚至国际争端和战争。现在北方许多地方上下游争水矛盾仍十分突出，如上游过量提水使新疆塔里木河下游和甘肃石羊河下游干旱缺水日益严重，塔里木河两岸沙漠甚至出现合拢趋势，胡杨大量枯死，民勤绿洲严重沙漠化。后来由于实行按流域统一分配水资源，情况才有所好转。发生洪涝灾害时，沿河村民常在此岸增设阻水物以防止此岸溃堤，但往往导致彼岸河堤压力增大甚至溃决。盲目引种不适应本地气候的品种也会导致农业气象灾害的发生。

(2)人为农业地质灾害　地质灾害的原动力来自地壳运动和地表风化，非人力所能在短期内遏制。但不合理的生产活动也可能诱发或加重某些地质灾害而给农业生产带来损失。如在地质不稳定地段修建水库，从而导致滑坡；陡坡开荒滥垦增加了风化物堆积量，从而使泥石流灾害加重；过量抽取地下水导致地面下陷，海水侵入；灌溉不当导致地下水位上升，土壤发生次生盐碱化。

(3)人为农业生态灾害　指不合理的生产活动导致农业生态环境恶化，如在干旱半干旱地区盲目垦荒导致草地沙漠化，内蒙古后山地区在垦荒初期不施肥春小麦每公顷可产 150 kg，开垦后由于冬春失去植被覆盖保护，表土吹蚀严重使肥力下降，单产只有 50 kg 左右。长江中下游持续数十年的围湖造田虽然获得短期经济利益，但蓄洪能力急剧下降，洪涝灾害日益严重。人类历史上许多文明古国的衰落都与过度垦殖、滥伐森林造成水土流失、地力下降、农业生态环境恶化有关。

(4)山林和草原火灾　大多与上坟烧纸钱、违章用炊与伐木作业等带入火种有关。

(5)人为农业生物灾害　盲目引种致病害蔓延，如甘薯黑斑病就是日本侵华期间随大量引进"胜利百号"品种从日本传入我国的。畜产品未经检疫销售可导致人畜共患病的发生和传染。

4. 农业经济灾害

政策失误或市场波动带来的经济损失。如 1958—1960 年的"大跃进"和人民公社化运动中，兴办食堂和过量征购粮食，加上严重的自然灾害，导致全国范围的粮食紧缺与饥荒。又如 20 世纪 90 年代因粮价调控失策，导致粮食生产的大起大落。

5. 农业技术灾害

如品种、栽培技术措施、农药、化肥使用不当或使用伪劣生产资料造成的损失，放任牲畜啃食作物，工程建设不注意对农田和作物的保护等。

3.3.3.2　农业人为灾害的防御对策

农业人为灾害的防御与自然灾害的不同，主要是控制致灾的人为因素，针对不同情况采取相应对策，关键是提高农业劳动者的科技文化素质。

(1)提高农民的技术素质，几乎所有的技术事故都是违反作业规程造成的。

(2)全面规划，正确处理上下游和相邻农村地区之间的矛盾，合理配置自然资源。

(3)进行法制教育，严格执法，加强检疫与农业植保、环保和水土保持工作。

(4)提高农业劳动者的环境意识和生态观念。

(5)完善市场经济体制，加强对农业的宏观调控能力。

(6)整顿农业生产资料市场，严厉打击伪劣产品的生产与销售。

(7)建立农业风险基金，以稳定农业生产。

3.4　农业灾害链

3.4.1　灾害链的概念

3.4.1.1　灾害链概念的提出

国外关于灾害链(disaster chain)的研究主要集中在地震—海啸与地震—火灾关系，还有人进行了气象异常与地震关系的研究，但都没有用于灾害预报，也未形成系统的理论[17-21]。

我国学者20世纪70年代以来在旱震关系、地温与降水关系、日地关系、日食与旱涝关系、引潮力和地气关系等研究领域取得重要进展，80年代以来在天地生相互关系研究基础上逐步形成了灾害链理论，其中旱震链、震洪链和震台链等研究多次应用于巨灾预测获得成功。1987年郭增建等首先提出灾链概念[22]，指出"灾害链是研究不同灾害相互关系的学科，是由这一灾害预测另一灾害的学科"。2006年2月肖盛燮等发表了《灾变链式理论及应用》[23]。2006年11月在北京召开了全国首届灾害链学术研讨会并出版了文集，高建国指出灾害链"是研究自然灾害预测预报的重要生长点，也是地球科学新的重要领域"[17]。目前，灾害链已成为国内灾害学领域研究的一个热点，但是对于灾害链概念的认识还很不一致，多数研究把灾害链局限于孕灾和诱发过程，对灾害链的延伸研究较少，不能充分满足重大灾害预测和减灾的需要。

灾害链最初只是简单地归纳为原生灾害—次生灾害—衍生灾害的序列，后来有学者从不同角度对其内涵做了扩充。郭增建提出灾链是"一系列灾害相继发生的现象"[22]。高建国认为是"一个重大灾害发生后激发另一个重大灾害，并呈现激式有序结构的大灾传承效应"[17]。肖盛燮定义为"将宇宙间自然或人为等因素导致的各类灾害，抽象为具有载体共性反映特性，以描绘单一或多灾种的形成、渗透、干涉、转化、分解、合成、耦合等相关的物化流信息过程，直至灾害发生给人类社会造成损失和破坏等各种连锁关系的总和"[23]。

3.4.1.2　灾害链概念的扩展

以上定义多是将灾害链归纳为两种以上灾害具有某种联系，同时或相继发生的现象，可称为狭义灾害链。实际在灾害形成之前，链式效应就已经在孕灾环境及致灾因子与承灾体之间出现；在灾害过程基本结束之后，灾害所造成的各种影响仍然在很长时期内存在并链式传递，尽管有些后果已经不能再称为灾害。陈兴民提出"灾害链的类型分为灾害蕴生链、灾害发生链、灾害冲击链。"[24]

在各地的减灾实践中，次生和衍生灾害所造成的损失往往不亚于甚至大于原生灾害。因此，有必要将灾害链概念扩展为：孕灾环境中致灾因子与承灾体相互作用，诱发或酿成原生灾害及其同源灾害，并相继引发一系列次生或衍生灾害，以及灾害后果在时间和空间上链式传递的过程。

3.4.1.3　广义灾害链的提出

灾害虽然给人类带来重大危害和损失，但任何事物无不具有两重性，灾害在孕育、发生、演变和消退的全过程中，存在与诸多致灾因子及影响因子之间的相互作用及复杂的反馈关系，特别是在灾害链的若干关键环节或支链结点上。其中有些属正反馈，即使灾害破坏力增大或使其损失加重的效应；也有一些属负反馈，即消减灾害破坏力或减轻其损失的效应。前者可促使灾害损失放大并引发次生灾害和衍生灾害，人们比较熟悉；后者具有减灾效应，在某些特定情况下甚至有可能变害为利，对此，人们的认识还很不充分。灾害演变过程中的负反馈减灾机制或效应有以下几种情况：

1. 灾害破坏力的自然衰减

如随着可燃物的消耗火势逐渐减小，风化堆积物的下泄导致滑坡和泥石流逐渐停止，冷空气控制后受下垫面加热逐渐变性等。

2. 生物自身的适应机制

如越冬作物在冬前的抗寒锻炼，旱生植物的耐旱机制，动物的休眠、迁徙等。

3. 灾害过程中的某些有利因素在一定条件下转化为主导方面

如棉铃虫造成的蕾铃脱落如不超过10%反而具有增产效应，寒冷刺激促进荔枝花芽分化有利于当年增产，发生干旱时如能及时灌溉，由于光照充足和昼夜温差大往往可获得超常的高产。

4. 同时存在的两种灾害相互抵偿使灾害减轻

如久旱之后的暴雨虽造成局部洪涝，但在大面积生产上利大于弊。

5. 灾害刺激对某些商品的需求增长，促进相关产业的发展

如2009—2010年冬季华北严寒导致果树严重受冻减产，但价格的上涨使许多农民反而增收。

6. 经验教训转化为精神财富

吃一堑长一智，总结灾害经验教训促进了人类减灾科技与管理水平的提高。

7. 将灾害破坏力转化为人类所需要的物质和能量

如风能、潮汐能、水力发电、利用生物天敌等。

充分利用灾害链中的上述各种负反馈机制，可以用较低的成本获得较大的减灾效益，有时甚至能变害为利。

同样，有时有利的环境条件如人为措施不当，也有可能形成某种灾害。气候变暖有利于减轻冷害，但如夸大了变暖的作用而使用生育期过长的品种，仍然会发生冷害。

由于灾害链式反应存在多种反馈机制，多条支链及其反馈形成网状，从减灾实际需要出发，可以把灾害链的概念进一步扩展为广义灾害链网(disaster chain and net in a broad sense)：灾害系统在孕育、形成、发展、扩散和消退的全过程中与其他灾害系统之间，各致灾因子和影响因子之间，以及这些因子与承灾体之间各种正反馈与负反馈链式效应的总和。

3.4.2 灾害链的分类

高建国、陈兴民、郭增建、肖盛燮从不同角度提出了灾害链的分类：高建国提出“灾害链是自然界各种事物相互联系的一种。一般的理解是地震后伴生的滑坡、泥石流、火灾、瘟疫等次生灾害，我们称其为第一类灾害链。另外一种是，除了科学界公认的海气相互作用外，还有地气耦合。我们称其为第二类灾害链”[17]。

陈兴民将“灾害链的类型分为灾害蕴生链、灾害发生链、灾害冲击链”[24]。

考虑到灾害链内涵的扩展，可进一步从不同角度细分。

3.4.2.1 按照灾害链的主次关系

重大灾害链通常有一个主链和若干支链，每个链又由若干环节组成，各链及各环节之间具有复杂的相互联系，研究其相互关系是做好减灾工作的前提。

同时发生的几种灾害，通常其中某种灾害处于原生或主导地位，其孕育到危害成灾形成主链，同源次要灾害或原生灾害的次生灾害及其后果则构成支链。

重大灾害链存在主链、若干支链及复杂的相互联系和反馈，实际形成了灾害链网。

3.4.2.2 按照灾害过程

陈兴民将灾害链分为三段，前两段可合并。灾害链前半部分即从孕灾环境中致灾因子开始作用于承灾体到灾害高潮期为灾害发生链；此后到灾害完全消退为灾害影响链。[24]

3.4.2.3 按照构成灾害链的不同灾害之间的相互关系

郭增建将灾害链分为因果、同源、互斥和偶排四类[25]。我们认为还应有互促一类，如低温与冰雪，干旱与森林火灾，高温与干旱间的互促关系。

3.4.2.4 按照各圈层相互作用

包括地气链、气地链、海气链等，目前已取得研究进展的有旱震链、震洪链、震台链等。

3.4.2.5 按照地域、产业

如城市灾害链、河流灾害链、农业灾害链、交通灾害链等。

3.4.2.6 按照灾害成因

如地震灾害链、地质灾害链、泥沙灾害链、冰雪灾害链、台风灾害链、暴雨灾害链等。

3.4.2.7 按照链式效应的形态特征

肖盛燮按照链式效应的形态特征将灾害链划分为崩裂滑移链、周期循环链、支干流域链、树枝叶脉链、蔓延侵蚀链、冲淤沉积链、波动袭击链、放射杀伤链等 8 种[23]，涵盖了地质灾害、山地灾害、生物灾害、火灾、侵蚀、洪灾、地震、海啸、有毒有害物质扩散等多种灾害类型。但上述分类有些具有普遍意义，适于多个灾种，如周期循环链、树枝叶脉链、蔓延侵蚀链等；有些则只适用于个别灾种，如崩裂滑移链和冲淤沉积链。随着人们对灾害本质与对灾害链特征认识的不断深入，灾害链的形态分类将继续充实和完善。

3.4.2.8 按照灾害链表现形式与流的特征

灾害作用于物质实体、经济系统或社会系统，分别表现为物质能量流、经济流和社会信息流。

自然灾害和工程事故在孕育期主要关注其物质能量流，当致灾因子物质所携带的破坏力能量超过承灾体的抗力时将形成灾害，随着破坏力能量的衰减，灾害事故趋于消退，减灾对策也主要是对抗、消减、疏导或规避灾害破坏力的能量。

经济系统受灾主要考虑如何防止和减少经济损失，需要分析承灾体的经济流，本质上是商品、货币形态的物质能量流。在灾害孕育、形成、蔓延扩散和消退过程中，经济损失不断放大，减灾救灾成本不断增加。分析灾害链的经济流可以帮助我们找到以最小成本防御灾害发生的关键环节，以及灾害发展过程中损失经济流最容易放大，应重点保护的环节。

灾害作用于社会系统，伴随着灾害链的物质能量流，同时还形成了信息流。信息依托具体物质而存在且本身并不具有能量，但却可以调动物质和能量。正确的信息有助于认识和预测灾害的发生和演变，采取正确的防灾减灾决策，保持正常的社会秩序与心理健康，减轻次生和

衍生灾害。扭曲的信息则可使人做出错误的预测和决策，导致心理恐慌和社会秩序失控，使灾害损失放大，产生一系列次生和衍生灾害。

3.4.3 灾害链原理在减灾中的应用

3.4.3.1 应对灾害链的策略

包括断链、削弱、转移、规避、接受等不同策略。

断链只能是在灾害孕育期能量微小或灾害载体尚未形成，具备可断性时才能采取。能量巨大的灾种不可能采取断链策略。

削弱指在灾害链形成后，抓住薄弱环节消减其能量或冲击力，如利用水库削减洪峰，在起火林地外围烧出隔离带以约束火势等。

转移指将灾害链设法转移到对人类安全威胁较轻的地域，如淮河流域兴修减河直接引洪入海，设置黑光灯诱蛾，以小面积易感病虫作物或林木保护大面积作物或林木等。

规避在空间上指在灾害发生前将承灾体转移到安全地带，使之与灾害链隔离，对于地震、滑坡、洪水、超强台风等不可抗拒的巨灾通常采取这一策略；在时间上指使对灾害敏感的人类活动避开预测的灾害发生时间或灾害常发季节，如农作物播种和移栽，牲畜配种和产仔都应安排在适宜的季节，交通出行和旅游尽量避开恶劣天气。

接受策略主要针对损害不大的灾害链，如采取上述策略的成本高于可能发生的灾害损失，则应采取接受策略。

3.4.3.2 采取断链减灾措施的条件

对于灾害发生链，减灾的关键是找到诱发灾害的关键致灾因子或触发条件，在孕灾阶段成灾物质很少或能量很小时从源头断链以阻止灾害的发生，适用于火灾和病虫害等。

对于灾害影响链，减灾的关键是要保护承灾体的关键部位或敏感期，或在灾害影响链的薄弱环节采取断链措施。如在城市灾害链中最重要的是保护好生命线系统，一旦因灾发生某种故障要在蔓延扩散之前迅速排除。

3.4.3.3 提高灾害预测的准确率

灾害链在灾害预测中的应用有两种情况：

一种是对巨灾的预测。发生概率较低的巨灾，用常规预报方法很难预报出。但巨灾发生通常与地球各大圈层的相互作用有关，能量有一个积累过程，有些征兆会提前表现出来。跨学科灾害链研究有可能发现孕灾因素间的相互关系，从而提高巨灾预测的可能率。如 1994 年底印度尼西亚苏门答腊 9.1 级地震发生后，有关水利、地震专家就曾提请科技部注意有可能引发 1995 年初夏华南的洪涝灾害[17]。

另一种是对次生灾害、衍生灾害及灾害后效的预测。研究灾害影响链将有助于防止灾害影响的扩大和减轻灾害损失。如对于 2008 年南方低温冰雪灾害，气象部门虽然做出了比较准确的短期预报，但由于对低温冰雪的灾害链特点估计不足，对次生灾害和衍生灾害的预测不够准确和及时，在中央采取果断决策之前一直处于被动地位。

3.4.3.4 正确开展灾害评估

灾害链形成、发展、分支、蔓延和消退过程的研究可以帮助我们正确评估灾害损失。灾害评估按照时间顺序可以分为灾前评估、灾中评估和灾后评估。灾前评估有助于确定重点防范保护对象和所需减灾资源,灾中评估有助于确定重点抢险地点或救援对象,灾后评估有助于明确优先救助、恢复对象和需要动员的救灾资源。如 2008 年对南方低温冰雪灾害直接经济损失的估算从 1 月 26 日的 62.3 亿元急剧增加到 2 月 19 日的 1 516.5 亿元。截至 2 月 25 日,仅林业直接经济损失就达 1 014 亿元,比 19 日上报的 573 亿元几乎翻番。前后悬殊固然与损失累积过程有关,更重要的是对灾害的链式放大估计不足[26]。

3.4.4 农业灾害链的基本模式与特点

3.4.4.1 农业灾害链的基本模式

长期以来灾害链研究主要针对地震和地质灾害[17],个别论文涉及灾害链,但并未对农业灾害链的特征进行论述[27]。鉴于农业灾害的复杂性,有必要对农业灾害链的基本模式与特点进行探究。农业灾害链的一般模式见图 3.2。

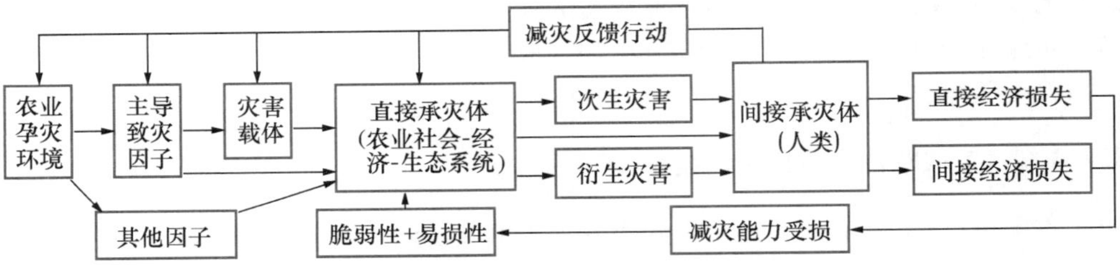

图 3.2 农业灾害链的一般模式

农业灾害中人类不仅是间接和最终承灾体,而且是农业系统的管理者,采取减灾措施作用于灾害链的各个环节,其反馈作用具有增强承灾体稳定性的减灾效应。

3.4.4.2 农业灾害链的特点

(1)灾害链长,具有长周期和多链性。农作物和畜禽的生产周期一般至少有几个月,果树和大牲畜甚至需要数年至几十年。即使是冰雹、大风等突发型灾害,所造成的损失大小也还要看受灾后的气象条件和人为管理是否适宜。对于累积型灾害,还往往存在多个支链。

(2)灾害链的网络性。农业灾害往往在生产周期中存在多个致灾因素并与人为措施产生交互与耦合作用。多个支链及其反馈作用形成复杂的灾害链网。

(3)一定条件下的双向性。一般自然灾害,特别是巨灾一旦形成,必然沿着破坏性能量释放的方向演化,直至达到新的稳态。但农业除毁灭性灾害外,前期致灾因素在受到一定约束的情况下,有利因素有可能演变为主导,使得灾害链具有双向特征。例如棉铃虫在虫株率<10%时能起到疏花疏铃的作用,反而具有增产效果。[28]冬前过旺麦苗在发生轻中度冻害死苗后,如后期管理恰当,由于底脚利落,通风透光好,倒伏轻,往往要比未受冻的旺苗还要增产。干旱年

的光照充足和温差大有利于光合积累，如能满足水分供应，往往可以出现常年难以达到的高产，如北京市的第一块单产 7 500 kg/hm^2 以上的小麦田就是在大旱的 1972 年实现的。2009—2010 年冬华北果树的严重冻害与春季频繁霜冻对花芽的损伤造成当年果品的大幅度减产，如北京山区板栗约减产三成，由于价格成倍上涨，农民收入反而增加了，灾害的后果主要由城市居民承受了。

与此相反，有利的外界环境在一定条件下也可能成为一种致灾因素。如 2011 年北方回暖早，早春播蔬菜生长迅速集中上市，与南方北运蔬菜碰头，加上由于 2010 年多灾，全年蔬菜价格偏高促使农民盲目扩大了种植面积，导致全国大范围出现卖菜难，农民蒙受了巨大经济损失。类似的情况 1989 年初冬收获丰收的大白菜时在北京郊区也发生过。

3.4.4.3 复合灾害的灾害链网特点

对于多种致灾因素形成的复合灾害，既要找出主导因素，又要注意各因素耦合放大效应。如干热风和雨后枯熟，虽然表现为迅速枯萎，但高温是根系衰亡的主导因子，减灾关键是促进根系发育。又如暴风雪由大风、低温、冰雪三因素形成，低温是主导因子，保暖是关键。

3.4.4.4 农业灾害链网中的各种关系

(1)生态环境破坏孕育多种致灾因素和影响农业系统承灾能力。

(2)灾害源和致灾因素对于农业灾害的诱发关系。

(3)原生灾害诱发次生或衍生灾害。

(4)一种致灾因素可以导致多种灾害后果。

(5)多个致灾因子可同时诱发形成复合农业灾害。

(6)人为措施正确与否可以减轻或加重灾害损失。

(7)同时存在的不同灾害源或致灾因素的相互耦合使破坏作用放大。

(8)同时存在的不同灾害源或致灾因素的相互抵偿使灾害减轻。

(9)致灾因素受到抑制时，往往被有利因素所超越，使灾害链向相反的方向演化。有利因素的不恰当利用，也有可能使潜伏的不利因素上升为主导，人为酿成新的灾害。

3.4.5 农业灾害风险控制策略与断链减灾技术途径的探讨

3.4.5.1 农业灾害风险的控制策略

风险(risk)指某一特定危险情况发生的可能性与其后果的组合，用公式表示如下：

$$R = P \times S$$

式中：R 为风险；P 为风险可能性即事件发生的概率；S 为事件发生的危害程度。

农业是高风险的产业，灾害频率高，危害重。针对农业自然风险可采取以下策略：

(1)接受风险：风险可能性较大，但危害较轻且减灾成本较高时，可采取接受策略。

(2)清除或削弱风险源：孕育期能量很小的灾害源有可能及早发现，及时清除或削弱，如植物病虫害初期和森林草原火灾初起时很容易扑灭，还可以利用病虫害的天敌。

(3)消除灾害载体：如病毒病由蚜虫、灰飞虱等传播，消灭害虫可截断病毒传播途径。

(4)规避风险：主要针对能量巨大、具有毁灭性的灾害如地震、滑坡、泥石流、特大洪水等。空间规避指转移承灾体或调整作物布局，时间规避指调整播种期、移栽期。

(5)控制风险的扩散转移：对于传染性风险如有害生物，要特别注意早期防治和防疫。

(6)增强承灾体的抗性与适应能力：破坏力中等以下的灾害，在采取规避对策在经济上不合算时，增强承灾体的抗性与适应能力是成本较低和效果较好的选择。

抗灾耐灾品种一旦育成，将是成本最低的减灾措施，但育种的周期长，品种的抗逆性与丰产性往往存在矛盾，在生产中要兼顾二者，使总的收益最大，适度抗灾即可。但也要注意，在育种中很难做到同一品种同时兼抗两种相反的灾害，如既抗旱又抗涝，既耐低温又耐高温。因此，在生产上要因地制宜，合理搭配品种。

抗逆锻炼是增强生物抗灾能力的有效途径，如种子处理和蹲苗能够增强抗寒性或抗旱性。

(7)切断诱发次生灾害与衍生灾害的灾害链：如潮湿天气易诱发细菌真菌类病害，干旱易诱发蝗虫和病毒病。

(8)转移、分散与共担风险：保险是市场经济条件下转移和共担风险的通行做法，发展农业灾害保险势在必行。但目前的技术困难在于风险评估和灾损实地鉴定。需要研究农业自然灾害诊断分析的方法，逐步建立灾损鉴定的规范。

3.4.5.2 农业灾害的断链减灾途径探讨

关键是抓住灾害链网的薄弱环节寻求突破，对于次生灾害和衍生灾害，在减灾的全过程中都要设法断链：

(1)灾害孕育期断链：适用于初始能量小的生物灾害与林草火灾。对于不超出抗逆能力的风险源可选用抗逆作物和品种。

(2)时空规避断链：采取将灾害源与承灾体时空隔离的策略，尤其适合巨灾。

(3)增强承灾体的抗性来阻止灾害链的延伸：能量不很巨大但仍不可避免的灾害，以增强承灾体抗性为主，如蹲苗可增强后期的抗旱力和抗风力。

(4)从次生灾害与衍生灾害的触发条件断链。

(5)采取补救措施以阻止灾损的扩大，包括灾后管理、安排后续作物、救灾资源向灾区倾斜、支持灾区农民外出打工等。

3.5 全球变化、社会经济发展与农业灾害

3.5.1 全球变化与农业灾害

3.5.1.1 气候变化与农业灾害

根据《联合国气候变化框架公约》(UNFCCC)，“气候变化”(climate change)“指除在类似时期内所观测的气候的自然变异之外，由于直接或间接的人类活动改变了地球大气的组成而造成的气候变化。”

根据政府间气候变化专门委员会(IPCC)第四次评估报告,1906—2005 年的 100 年间全球地表气温已上升 0.74℃,全球海平面平均上升了 0.17 m。中国的气候变化趋势与全球基本一致,1951—2009 年中国陆地地表平均气温增加了 1.38℃,1977—2009 年海平面上升速率为 2.6 mm/年。预计到 21 世纪末,在不同温室气体排放情境下,全球地表气温还将提高 1.1~6.4℃,海平面也将加快上升。20 世纪下半叶以来的气候变化已经很难用自然因素和气候系统自身的周期变化来解释,人类活动释放大量温室气体已成为全球气候变暖的主要驱动力。根据国际能源署的统计,2008 年全球二氧化碳(CO_2)排放总量达 293.8 亿 t,甲烷(CH_4)、氧化亚氮(N_2O)和卤代温室气体等其他温室气体的含量也在不断增加,2008 年全球大气 CO_2 平均浓度为 385.2 μL/L,比工业革命前的(280±10)μL/L 增加 37.5%,近 10 年平均每年增加 2.0 μL/L。这些气体在大气中均属微量气体,能透过太阳辐射,又能削弱地面向太空的长波辐射,就像温室的玻璃那样起保温增温作用,因而称为温室气体。[29]

气候变化对全球生态环境产生了深刻影响,如:两极与高原冰雪加速融化和海水受热膨胀导致全球海平面上升,沿海风暴潮和高山融雪性洪水的危害加剧,冰川后退,雪线上升,冻土变浅或消失;生态系统结构与物种分布发生改变,春季物候期提前,秋季延后等。在全球气候变暖的同时,气候的波动也在加剧,极端天气、气候事件的危害有加大的趋势,尤其是降水时空分布更加不均,使许多地区的季节性旱涝灾害加重。

3.5.1.2 全球变化与农业灾害

人类进入工业社会以来大规模地消耗自然资源和改造自然,人类活动涉及全球几乎所有地区并已进入太空,无论在空间规模和干预自然的深度上都是空前的。“全球变化”(global change)是一个全球性科学问题,主要指全球性气候、生态与环境的重大变化及其对人类社会的影响。[30]

全球变化的内涵除气候变化外,还包括土地覆被与利用格局改变、生物多样性减少、生物地球化学循环改变、环境污染等许多内容,并因而导致多种自然资源的匮乏甚至枯竭和许多地方生态环境的恶化,严重威胁到人类社会和经济的可持续发展。其中人类大量排放温室气体和土地覆被与利用格局改变通常被认为是全球变化的主要驱动力。

全球生态环境的巨大改变将引发一系列的灾害,如平流层的臭氧层如被破坏,到达地面的短波紫外辐射将会显著增加,危害人类与动植物的生长发育与健康;环境污染使地表水体与地下水富营养化,严重影响人畜饮水安全;海平面上升将使人口与经济密集的大片沿海土地被淹,并使海洋灾害明显加重;气候暖干化地区的森林和草原将发生退化,存在不合理人类活动的地区甚至会加剧土地的荒漠化。

3.5.2 社会经济发展与农业灾害

3.5.2.1 社会经济发展与灾害的关系

经济发展可以减轻灾害,也可以加重灾害。

人类历史就是一部经济发展与灾害演变相互消长的历史。原始社会的生产力水平极端低下,以索取自然资源为生,难以解决温饱,无力抵抗自然灾害,也基本不存在人为灾害,在自然灾害面前主要是采取逃避对策，经常整个氏族迁徙。古代的占卜大多是针对灾害的。

农牧社会生产方式是简单的手工生产，并开始定居生活。由于掌握了一些栽培和饲养技术，实施了一些简单的水利工程，具备一定的减灾能力，但生产力水平仍不高，严重的自然灾害经常引发饥荒和大量人口死亡。对自然资源的掠夺性开发经常人为引发某些灾害，如黄土高原的滥垦导致严重的水土流失，使黄河中下游的旱涝灾害日益加重。

工业社会生产力水平显著提高，机器大生产取代了手工生产，集体劳动替代了个体劳动。财富的积累和工具的改进使得人类有可能实施大型减灾工程，极大增强了减灾能力。但另一方面，由于对资源的过度开采和对环境的持续性破坏也使自然灾害不断加剧，环境污染和交通、生产事故不断发生。当代的经济全球化也同时带来了灾害影响与后果的全球化。

现代高新技术使经济增长速度加快，财富大量积累，减灾能力进一步增强，但重大科技事故也带来了一些新风险与新灾种，如核事故、计算机病毒、金融危机等。

总体上经济发展快于灾害发展，但资源有限性和污染膨胀性，经济发展存在极限或阈值。人类正在接近经济发展与重大灾变关系的逆向转换极限或阈值。[31]

从表 3.2 和图 3.3、图 3.4 可以看出，1949 年以来因灾直接经济损失增长了十几倍，但占 GDP 的比重不断下降。因灾死亡人数除非几个巨灾年外一直保持下降态势(图 3.5)。

表 3.2　各年代因灾直接经济损失和占 GDP 比重

项目	1951—1960 年	1961—1970 年	1971—1980 年	1981—1990 年	1991—2000 年	2001—2010 年
直接经济损失/亿元	394.7	422.0	458.5	565.3	1 264.7	3 869.2
占 GDP 比重/%	—	—	—	5.0	2.22	1.79

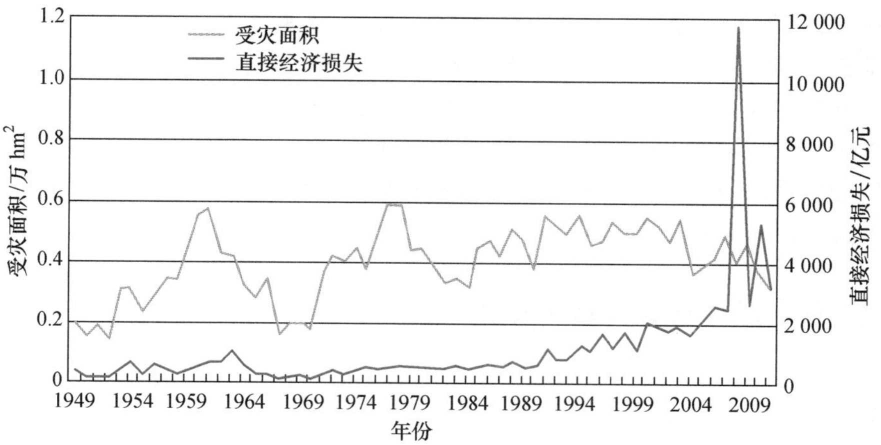

图 3.3　1949—2011 年历年作物受灾面积与直接经济损失

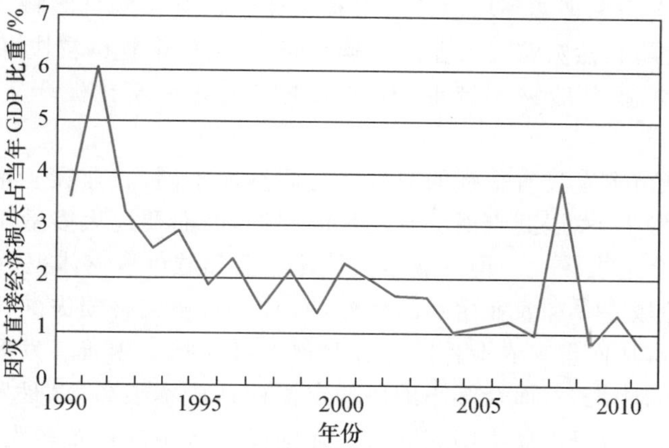

图 3.4 **1990—2011 年灾害直接经济损失占当年 GDP 的比重**

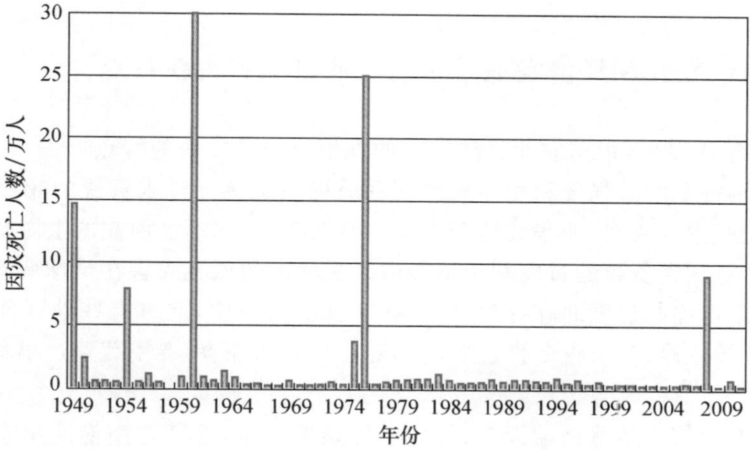

图 3.5 **1949—2011 年逐年因灾死亡人数(1960 年因灾死亡人数超出本图上限,迄今无准确统计数据)**

总的发展趋势是,随着社会经济的发展,人类社会的减灾能力与技术水平不断提高,除个别巨灾年外,因灾死亡人数不断减少,灾害直接经济损失占整个经济总量的比重不断下降,但灾害经济损失的绝对量仍不断上升。人为灾害的种类不断增加,危害日益加重,经济损失逐渐超过自然灾害。自然灾害与人为灾害的发生及其影响日益全球化。

3.5.2.2 社会经济发展与农业灾害的关系

农业以农作物和畜禽鱼等生物为生产对象,以土地为基本生产资料,主要在露天条件下进行,是自然再生产和经济再生产的综合,决定了农业灾害以自然灾害为主且是受影响最大的产业。

随着社会经济发展与技术进步,农业中的人为灾害也在增加,如水利工程突发事故导致的旱涝灾害,农药和化肥过量施用产生的环境污染,农业操作不慎发生的机械伤害,仓储保管不当发生的农产品霉烂等,但目前总的看仍以自然灾害,特别是旱、涝、冷冻等气象灾害对农业生产的威胁最大，有些人为灾害如环境污染与生态破坏还带有某些自然特征。经济发展水平高的地区，减灾能力较强，自然灾害对农业的影响较轻，受灾后恢复也较快，但农业中的人为灾害较多。经济越落后，农业自然灾害越重，有些水土流失和荒漠化极严重地区已不适合人类居住。

与工业灾害和城市灾害具有很强的突发性与偶然性不同，农业灾害带有明显的季节性和区域性，多数灾害的发生、发展到衰退具有较长的周期，因而要比大多数工业和城市灾害容易预测，回旋和补救的余地也较大。但农业承灾体比工业和城市承灾体更为脆弱，减灾的难度也更大。由于农业的地域差异和农业生物的多变性，对于农业灾害损失的评估也要比工业灾害和城市灾害更加复杂，从而带来农业保险业务开展的极大技术困难。发展中国家农业经营规模小，农民承担保费的能力差，而众多小地块的定损评估成本很高，也是发展中国家农业保险发展缓慢的重要原因。由于发展中国家的农业在国民经济中的比重较大，自然灾害对国民经济和人民生活的影响要比发达国家大得多，严重的自然灾害甚至能够造成饥荒和大量难民，造成社会的不稳定。

3.5.3 气候变化和经济发展带来的农业自然灾害新特点

20 世纪 90 年代以来，中国农业自然灾害的发生出现了一些新特点[32]。

首先，对自然资源的高强度利用导致对其亏缺更加敏感。对水资源的超量开采是许多地区干旱日益加重的主要成因，如华北地下水位不断下降，西北不少河流的上游扩大灌溉导致中下游水源枯竭。对热量资源的过度利用则导致许多地区的低温灾害在全球变暖的背景下反而加剧，如华南热带作物的过度北移导致 90 年代寒害的大发生，北方有些地区使用生育期过长的晚熟玉米品种导致冷害，引进冬性过弱的小麦品种导致冻害，春季蔬菜过早移栽导致霜冻危害等。

其次，气候变化使得某些极端天气、气候事件频繁发生，尤其是南涝北旱态势的发展。如最近十多年发生的 1991 和 2003 年的江淮洪涝、1995 年的华南洪涝、1998 年长江与嫩江洪涝、1999—2000 年的全国大范围干旱、2006 年的川渝高温干旱、2008 年的南方雨雪冰冻、2009—2010 年冬的云南干旱和华北低温冻害都是几十年不遇的极端事件。由于东北和华北已取代东南沿海成为粮食主产区和主要商品粮输出地，自 20 世纪 80 年代后期以来，几乎所有的粮食减产年都是主要由于严重干旱引起的，而 1996、1998 等典型大范围洪涝年，虽然沿江沿河损失惨重，但大面积农田却因雨水充沛而获丰收。过去的干旱主要发生在北方的春季，现在扩展到北方的春夏与南方的夏秋或秋冬，并与高温结合使危害加重。气候变化还使作物病虫害的发生扩展北移，世代增加和重叠。

第三，经济全球化使得有害生物入侵及人畜共患病风险急剧增大，由于农产品贸易量的迅速扩大，国内外农业灾害的影响可以相互波及和放大。

第四，由于我国正处在工业化中期和农村人口城镇化的高潮期，不少地区农村劳动力素质与农业比较效益下降，农业经营规模狭小又使得农业技术进步缓慢和农业灾害保险推行困难重重，加上农业防灾减灾基本建设和基础设施投入不足，使得农业对于自然灾害的脆弱性更加突出。

3.6 农业减灾系统工程

3.6.1 灾害与减灾的系统性

3.6.1.1 灾害本身具有系统性

一般系统论创始人贝塔朗菲对系统(system)的定义为:"系统是处于相互作用中的要素的复合体"[33]。孕灾环境、灾害源、灾害载体和承灾体构成了单个灾害系统,各要素间存在复杂的相互作用和影响。各种自然灾害之间由于时间、空间及因果联系又具有一定的整体性和层次性,构成自然灾害系统。灾害往往祸不单行,除复合灾害外还有次生灾害和衍生灾害,彼此之间构成了复杂的灾害链关系。

3.6.1.2 灾害作用于整个社会经济系统

当代世界经济是高度社会化的大生产和大流通,整个世界、国家和地区构成了不同尺度的复杂庞大的社会经济系统。在自给自足的传统农业居主导地位的社会,减灾和救灾工作相对简单,主要对象是个体农户。现代社会产业结构日益高级化,社会分工越来越细,社会成员之间的联系空前广泛和复杂,一旦发生灾害,将影响到整个社会生产和生活的各个方面。

3.6.1.3 减灾过程的系统性

减灾全过程可分为灾前的监测、诊断、预报、预警、备灾和预防,灾中的抗灾与抢险,灾后的救灾、恢复与重建等环节或子系统,每个子系统又包括许多要素或单元。

3.6.1.4 减灾管理体系是复杂的社会系统

减灾管理从不同灾种和领域看,涉及气象、地震、海洋、水利、地矿、农林、环保、劳动、交通、消防等业务部门,从减灾行动看涉及市政规划、财政、民政、科技、教育、卫生、保险、部队等部门,从减灾组织看涉及政府、社区和各群众团体,减灾行为还应遵循有关法律。这些不同部门应该在政府的统一领导下各司其职,密切联系,分工合作,才能取得良好的减灾效果。因此,当代减灾必然形成全社会的事业,是复杂的社会系统。

3.6.1.5 全球减灾事业的系统化

世界经济的高度社会化和日益一体化使得减灾成为全球的事业,联合国国际减灾十年活动、减灾战略行动及相应的减灾机构与国际合作,形成了一个全球减灾管理系统。

3.6.2 农业减灾是一项复杂的系统工程

3.6.2.1 减灾是一项复杂的系统工程

系统工程(system engineering)是以大型复杂系统为研究对象,按一定目的进行设计、开发、管理与控制，以期达到总体效果最优的理论与方法。农业系统是一个复杂的社会-经济-生态系统，涉及自然科学和社会科学的各个方面。减灾涉及自然、社会、经济的各个方面，涉及政府、企事业单位、社区和所有居民，更是一项复杂的社会系统工程。因此，减灾必须以现代系统论作为指导。如果不是系统地而是孤立地看问题，就很难在复杂的众多因素中正确把握灾害链及致灾因素间的因果关系，很难摆脱头痛医头、脚痛医脚的短期行为和鼠目寸光，很难调动全社会的力量争取最大的减灾效益。

灾害在一定意义上可看作一种无序化的破坏，要提高系统抗御灾害的能力，保证社会经济的持续发展，就需要从系统外部输入物质、能量和信息，改进系统的结构，提高系统的稳定度和自组织能力。传统农业的封闭性是导致其生态功能衰减和抗灾能力下降的根本原因，改造传统农业，使之逐步现代化、专业化和商品化，其实质是使系统由封闭走向开放和高级化，具备主动从外界引入物质、能量和信息，充实自身，以及抵御外界胁迫和灾害干扰的能力。

3.6.2.2 灾害的可管理性

灾害的可管理性分析指在减灾过程中通过科学的规划和人类的活动而对灾害制约和减轻的可能性的分析。灾害的发生需要具备灾害源、灾害载体和承灾体三个条件(有些灾害其致灾源和灾害载体可能合而为一)。自然灾害的可管理性即通过人的活动消除或减弱灾害源的可能性，对灾害载体削弱或限制的可能性，对承灾体保护或转移，或使承灾体适应不利条件的可能性，以及对灾害发生、发展趋势的预测和采取减灾措施的可行性。

3.6.2.3 农业减灾的复杂性

与其他领域的灾害相比，在某种程度上，农业灾害与农业减灾要更为复杂。

首先，农业灾害存在多源性、时空多变性和影响长链性，特别是农业灾害还具有一定的隐蔽性，给正确预测、识别、诊断和防治带来了许多困难。

其次，农业系统，特别是农业生物对于各种灾害具有一定的适应和抵抗能力，这种能力又随着环境、社会经济和技术条件在不断变化，如何准确判断和利用这种能力关系到农业减灾的成败和效率。

再次，农业减灾涉及生产经营者或相关企业、政府部门中的农业管理机构与减灾机构，重大灾害还会影响到社会各界的利益，使得许多社会团体参与到农业减灾中来。如何协调各减灾主体之间的关系，是实现科学、高效减灾的关键。

在市场经济条件下，农业灾害与资源或机遇之间存在一定的相对性。对某种农业生物不利的气候条件可能成为灾害，但对另一种农业生物却可能是有利条件，可作为一种农业气候资源。无灾丰收，如果市场供大于求，也可能变成一场经济灾难。如 1989 年北京郊区大白菜丰收，产量远大于市场需求量，许多大白菜没人收购烂在地里，农民亏本严重。相反，如某种产品市场需求旺盛，虽然受灾减产，却可能因价格猛升而得到补偿。如 2010 年苹果、板栗等北方果树因冻害严重减产，但由于价格成倍上涨，大多数农民反而增收。如能采取抗旱措施使作物保持正常生长发育，伴随干旱的光照充足和温差大有利于光合积累，往往能够创造出正常年景难以出现的高产纪录。正确分析生产实际中的利弊条件、灾害风险与市场机遇，是农业减灾的一个难点。

农业减灾的上述复杂性，很大程度是由农业系统与农业灾害系统的相互作用造成的，必须运用系统工程的理论与方法来科学处理。

3.6.3 农业减灾系统工程的表现形式

3.6.3.1 农业减灾过程系统

把农业减灾的全过程看作一个系统，则各个环节就构成了农业减灾系统工程(system engineering of agricultural disaster reduction)的子系统(图 3.6)。

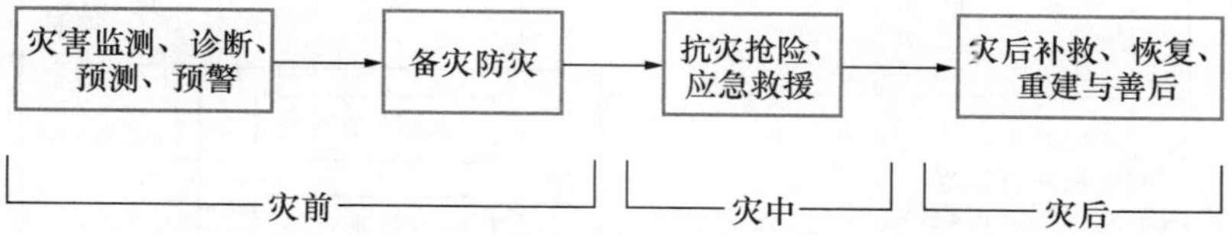

图 3.6 农业减灾过程的各个阶段

由于农业生产的周期性和季节性，在农业减灾的不同阶段，各有其明确的任务分工，不可错过时机。

3.6.3.2 农业减灾系统的结构

农业减灾系统工程由监测诊断系统、信息传输处理系统、预测预警系统、备灾防灾系统、应急抗灾系统、补救系统、恢复善后系统等子系统组成(图 3.7)，每一个子系统还可包括若干更小的子系统或单元。

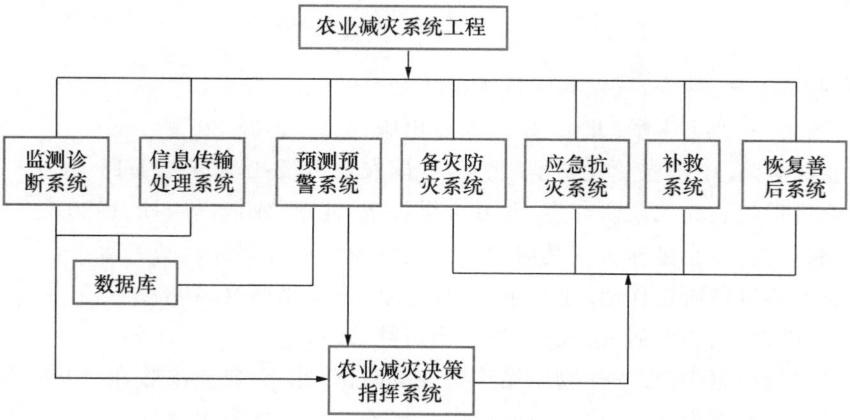

图 3.7 农业减灾系统工程框图

3.6.3.3 农业减灾系统工程的反馈原理

反馈(feedback)指将系统过去的行为结果返回给系统，用以控制系统未来的行为。反馈是系统科学中控制论的核心概念之一，借助于反馈原理可以深刻理解各种复杂系统的功能和动态机制，进一步揭示不同物质运动形式间的共同联系。

从控制论的角度看，减灾可看成是一个输入-输出系统。由减灾综合管理系统对灾害、灾情和减灾效果的反馈信息进行分析研究，做出判断和决策并制定减灾行动。减灾行动依其作用可分为四类：作用于灾害源的旨在削弱或消除之；作用于灾害载体的旨在限制或削弱之；作用于承灾体环境的旨在改善之以提高承灾体的承受与恢复能力；作用于承灾体的旨在加强其抗灾耐灾能力；不可抗拒的自然灾害则应使承灾体躲避或隔离(图 3.8)。

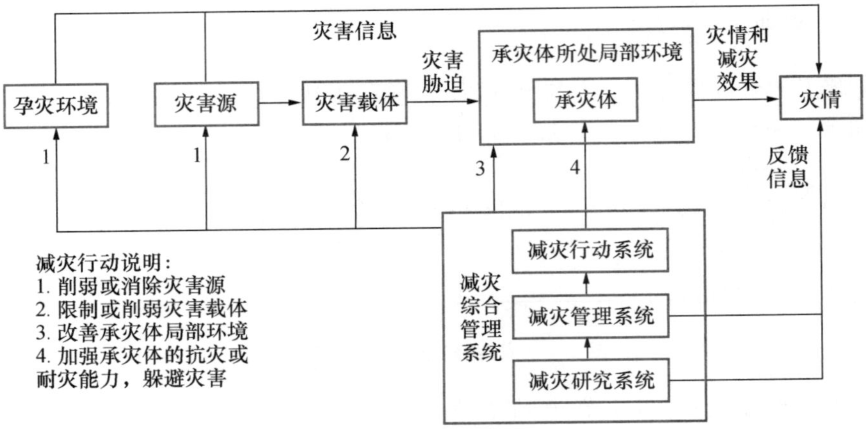

图 3.8 农业减灾系统工程的反馈原理

(郑大玮)

参考文献

[1] 张波. 农业灾害学. 西安：陕西科学技术出版社，1999:25-29.

[2] 郑大玮，张波. 农业灾害学. 北京：中国农业出版社，2000:28-30.

[3] 中国农业科学院. 中国农业气象学. 北京：中国农业出版社，1999:11-13.

[4] 中国农业科学院农业气象研究室. 北方抗旱技术. 北京：农业出版社，1980.

[5] 郑大玮，龚绍先. 冬小麦冻害及其防御. 北京：气象出版社，1985:279-280.

[6] 北方小麦干热风科研协作组. 小麦干热风. 北京：气象出版社，1988.

[7] 冯玉香，何维勋. 霜冻的研究. 北京：气象出版社，1996.

[8] 潘铁夫，方展森，赵洪凯. 农作物低温冷害及其防御. 北京：农业出版社，1983.

[9] 张养才，何维勋，李世奎. 中国农业气象灾害概论. 北京：气象出版社，1991.

[10] 陈端生，龚绍先. 农业气象灾害. 北京：北京农业大学出版社，1990.

[11] 王春乙，刘建栋，陈怀亮，等. 中国重大农业气象灾害研究. 北京：气象出版社，2010.

[12] 黄青禾，苗复春. 减灾农业. 北京：中国科学技术出版社，1993.

[13] 任久江，王咏涛. 农业减灾指南. 北京：中国农业出版社，1996.

[14] 程延年. 农业抗灾减灾工程技术. 郑州：河南科学技术出版社，2000.

[15] 郑大玮，郑大琼，刘虎城. 农业减灾实用技术手册. 杭州：浙江科学技术出版社，2005.

[16] 杨冬红，杨学祥. “拉马德雷”冷位相时期的全球强震和灾害. 西北地震学报，2006,28(1)：

95-96.
[17] 高建国.苏门答腊地震海啸影响中国华南天气的初步研究//中国首届灾害链学术研讨会文集.北京:气象出版社,2007:43-56.
[18] Hugh S. The Texas city disaster,1947. University of Texas,1997.
[19] Masuda M,Shouji K,Minami K,et al. Application of the 3D-MPS method to simulation of behavior of mooring vessel in Tsunami [in Japanese]//日本航海学会論文集(125).东京:2011:175-182.
[20] Akama K. Study on the effectiveness of cooperation business continuity plan (BCP) for the disaster and the challenges [in Japanese]. Japan Telework Society Conference,2010(12):67-72.
[21] 島根県土木部. Heavy rain disaster in the Oki island chain of August 2007[in Japanese].河川,2008,64(2):50-54.
[22] 郭增建,秦保燕.灾害物理学简论.灾害学,1987,2(2):26-33.
[23] 肖盛燮,范海军,刘文方,等.灾变链式理论及应用.北京:科学出版社,2007.
[24] 陈兴民.自然灾害链式特征探论.西南师范大学学报:人文社会科学版,1998(2):117-120.
[25] 郭增建,秦保燕,郭安宁.灾害互斥链研究.灾害学,2006,21(3):25-33.
[26] 郑大玮,李茂松,霍治国.2008年南方低温冰雪灾害对农业的影响及对策.防灾科技学院学报,2008,10(6):1-4.
[27] 文忠祥.青海东部农业区气象灾害分析.青海师范大学学报:自然科学版,1998(1):46-49.
[28] 丁亮.专家有惊人发现 害虫有助作物增产.农村科技开发,1999(1):64.
[29] 第二次气候变化国家评估报告编写委员会.第二次气候变化国家评估报告.北京:科学出版社,2011.
[30] 毛文永,文剑平.全球环境问题与对策.北京:中国科学技术出版社,1993.
[31] 郑功成.灾害经济学.北京:商务印书馆,2011:154-155.
[32] 郑大玮.从极端天气看农业减灾的紧迫性.光明日报,2010-03-21(10).
[33] 苗东升.系统科学大学讲稿.北京:中国人民大学出版社,2007:14.

第 2 篇

农业灾害各论

第4章

农业气象灾害

4.1 中国的气候特点与农业气象灾害

4.1.1 中国的气候特点

我国地域辽阔，地理条件复杂。西北位于世界最大的陆地——欧亚大陆腹地，东南濒临世界上最大的海洋——太平洋，西南为世界上最高的高原——青藏高原。特定的地理位置决定了我国气候有三大特点：显著的季风性、强烈的大陆性和多样的气候类型。[1]

4.1.1.1 季风性显著

我国处于欧亚大陆的东南部，面临广阔的太平洋，海陆之间的巨大热力差异使我国季风气候特点甚为显著。冬季，海洋是热源，大陆是热汇；夏季相反。这和海陆与热量源汇分布冬夏相反的特征，导致气压场的分布随季节而变更。冬季，在寒冷的亚洲内陆形成高气压区，温暖的海洋上形成低气压区；夏季，高温的大陆上形成低气压区，凉爽的海洋上形成高气压区。气流不断从高气压区流向低气压区，这就是我国冬季盛行偏北风，夏季盛行偏南风的主要原因。冬季风盛行时，气候特征是低温、干燥和少雨；夏季风盛行时，气候特征是高温、湿润和多雨。

降水量年际波动大是我国季风气候的一个极为重要的特点。一般来说，降水量愈大，变率愈小；降水量愈小，变率愈大。西北干旱地区年降水量变率最大，一般都在30%～40%或以上。江南、西南地区变率最小，大都在15%以下，云南西南部不到10%。与年降水量变率相比，月降水量变率则大得多。降水量年、月际变化大对我国农业生产的影响甚大，常导致干旱、洪涝等农业气象灾害的发生。

4.1.1.2 大陆性强烈

由于陆地热容量较海洋小，当太阳辐射减弱或消失时，大陆比海洋更容易降温。因此，大陆的昼夜和季节温差都比海洋大，这种特性称为大陆性。我国大陆性气候的特征主要表现在：气温年变化大，冬季寒冷，夏季炎热。与同纬度其他地区相比，冬季我国是世界上同纬度最冷的国家，夏季则是世界上同纬度最热的国家（沙漠干旱地区除外）。

全国绝大多数地区最冷月出现在 1 月。1 月平均气温，东北地区比同纬度平均要偏低 15～20℃，黄淮流域偏低 10～15℃，长江以南偏低 6～10℃，华南沿海也偏低 5℃。年极端最低气温的多年平均值在最北部（大兴安岭北部）低于－45℃，最南部的海南岛达 11℃，南北温差悬殊，相差达 56℃。最热月几乎都出现在 7 月；7 月平均气温，东北比同纬度平均偏高 4℃，华北偏高 2.5℃，长江中下游偏高 1.5～2℃。最热月平均气温的南北差异远比最冷月平均气温的南北差异小得多，广州和哈尔滨最热月平均气温分别为 28.4℃和 22.7℃，只相差 5.7℃。我国气温年较差也比世界同纬度平均值为大，且基本随纬度降低而减小。平均气温日较差也和年较差一样，愈向西北内陆愈大。

4.1.1.3 气候类型多样

我国自南向北，气候跨越赤道带、热带、亚热带和温带，还有许多山区和高原属高寒气候。由于地形错综复杂，地势相差悬殊，致使我国气候类型多种多样。全国大体上可划分为东部季风区、西北干旱区和青藏高寒区三个大区。

东北地区主要为湿润、半湿润温带气候区。冬季严寒而漫长，夏季较短。夏季时有出现的低温冷害和干旱是东北地区农业生产的最大限制因素。

华北大部分为半湿润暖温带气候区，部分为半干旱暖温带气候区。冬季寒冷少雨；夏季高温多雨且暴雨较多；春旱严重。春旱和夏季降水量不稳定是农业生产的限制因素。

长江流域和江南地区为湿润亚热带气候区。冬季冷湿，春雨较多，初夏多雨，盛夏高温伏旱；沿海夏秋有热带气旋侵袭。降水量变动虽属全国最小地区，但仍影响该区农业生产的稳定。

热带湿润气候区分布在雷州半岛、海南岛、南海诸岛（其中南沙群岛深入赤道带地区）、台湾南部和云南南部，全年暖热，降水量多，干湿分明。冬春干旱少雨，夏季暴雨和热带气旋是该气候区农业生产的最大障碍。寒潮偶尔入侵，危害热带经济作物。

内蒙古大部属半干旱中温带气候，大兴安岭局部为寒温带，西部沙漠为干旱气候。

西北地区主要是干旱气候区，种植业仅限于绿洲和山麓地带。但是该地区风能和太阳能资源丰富。

青藏高原大部寒冷少雨。地区间气候随海拔不同差异很大，从寒带到热带气候都有。

山区气候类型复杂多样。同一个山区也具有不同尺度和不同层次的立体气候特征，为山区发展多样化农业提供了有利气候条件。

4.1.2 农业气象灾害

农业气象灾害是农业生产过程中能够对农业生物与设施造成危害和经济损失的不利天气或气候条件的总称。农业生产的对象是有生命的植物、动物和微生物，光、温、水、气等气象要素是农业生物生存及其生产过程的必需因子，不同类型的农业生物对不同气象要素及其变幅的适宜性、容忍度不同。当气象要素的变化适合农业生物正常生理活动的要求时，可以看作是一种气候资源；当气象要素的变化超越生物正常生理活动的要求时，就成为一种胁迫。当胁迫严重到能造成显著经济损失时，就成为农业气象灾害。严重的可造成大幅减产和产品品质降低。我国农业气象灾害主要有干旱、洪涝、湿害、低温冷害、霜冻、冻害、干热风、热害、寒害、风灾、冰雹、雪灾等。

农业气象灾害对我国农业生产，尤其是对种植业、草地畜牧业、水产养殖业等影响显著。据统计，我国农业气象灾害损失约占全部农业自然灾害的70%，农作物年均受灾面积5 000万 hm^2，影响人口4亿人次，经济损失2 000多亿元[2]。在灾害严重发生年份损失更为惊人。1999—2002年我国北方连续4年严重干旱，其中2000年为新中国成立以来最严重的旱灾，全国农作物受灾面积达4 054万 hm^2，其中成灾2 678万 hm^2，绝收800万 hm^2，因旱灾损失粮食近600亿kg，经济作物损失510亿元[3]。2008年1月10日至2月2日，主要发生于南方地区（部分发生在西北地区）的百年一遇低温雨雪冰冻灾害，共有18个省区受灾，农作物成灾441.9万 hm^2，绝收169.1万 hm^2，直接经济损失537.9亿元；林业受灾面积2 266.7万 hm^2，直接经济损失达1 014亿元，损失更为惨重[4]。2008年1月中旬至3月8日，青海省大部（33个县146个乡镇）发生严重雪灾，死亡牲畜65.6万头（只），经济损失19.1亿元[5]。2010年5—7月，福建省发生持续特大暴雨洪水，水产养殖业损失严重，全省共有6 667 hm^2 池塘、11万口网箱被冲毁或受损，水产品损失6万t，直接经济损失达8.2亿元[6]。近年来受全球气候变化的影响，气象灾害导致的农业受灾面积、成灾率和经济损失呈加大趋势，已对国家粮食安全和农业可持续发展构成严重威胁。

4.1.3 气候特点与农业气象灾害的关联

我国是一个季风气候显著的国家，加之幅员辽阔、地形复杂，致使天气气候复杂多变；既具有雨热同季的农业气候资源优势，又具有农业气象灾害频发重发的缺点。

年际间冬夏季风来临的早晚与强弱、影响范围的变化以及短期天气的异常，使我国广大地区的水、热等条件在时空分布上既有长期的趋势变动，又有不同周期的波动变化，以及灾害性天气的突发；造成降水量、温度等气象要素在地区、年、季、月甚至农作物生长发育的关键时段分布不均，变化异常。当气象因子的变幅和周期超越生物正常生理活动的要求时，即可导致旱涝、低温、高温等农业气象灾害的发生。加之我国农业防灾减灾能力较弱，靠天吃饭的局面短期难以改变，天气气候异常往往造成减产甚至绝收。

我国的降水，主要集中在冬夏季风相互交锋的过程中，以季风造成的锋面雨为主要来源。冬夏季风在一年中的南北推移状况、强度变化和降水量的时空分布决定了我国在这一年中总体上是旱还是涝，或南涝北旱、北涝南旱。有时还出现连续洪涝或连续干旱，致使旱涝灾害的严重程度更为加剧。降水量的变化与一定的天气系统有关。其中副热带高压是影响我国降水的主要天气系统，西太平洋副热带高压是向我国大陆输送水汽的重要通道，副高北侧是沿副高北上暖湿空气与中纬度南下冷空气的相交地带，也是我国大陆地区的重要降水带。因此，副热带高压的南北季节性移动基本决定了我国雨带和降水量的分布，西太平洋副热带高压的活动正常与否，直接影响到我国珠江流域、长江流域、黄河流域、东北等地区雨季的长短和气候的旱涝。如1972年出现的全国性干旱主要是由于副热带高压的活动位置较常年偏东，强度较常年偏弱引起的[7]。

作物生长季出现灾害性天气时，因作物发育期不同，其危害程度差异较大。当作物在营养生长阶段遇到灾害性天气或不利天气条件时，如后期条件转好，作物有恢复或弥补的可能，对最终产量的影响较小；当作物在生殖生长阶段，特别是在生殖生长初期，遇到灾害性天气或不利天气条件时，即使后期条件转好，作物长势也很难恢复或弥补，对最终产量造成较大的影响，甚至绝收。

另外，违反自然规律的滥伐、滥垦、滥捕会破坏生态平衡，引起局部或区域气候与生态环境恶化，致使农业气象灾害频繁发生，损失加大。特别是违背气候规律的技术措施、耕作制度和农业布局也会导致农业气象灾害发生并造成农业减产。

我国降水分布自东南向西北有规律地减少，旱灾则从东南沿海向西北内陆逐渐加重，华北春旱几乎年年发生，两湖盆地和四川省东部伏旱发生也十分频繁。东部和南方各省涝害、湿害出现次数较多。低温冷害在全国各地均有发生，以东北地区最为严重。冬小麦越冬冻害主要发生在北方冬麦区，以长城沿线和新疆北部较重。干热风对小麦的危害东起山东、江苏北部，西到河西走廊、新疆均有发生，其中冀、鲁、豫、甘等省发生较为严重。雹灾大多发生在山区或山前平原地带。风灾主要有沿海地区的台风危害和华北、西北各省区的大风危害[8]。

4.2 农业气象灾害的特点与分类

4.2.1 农业气象灾害的特点

我国农业气象灾害具有发生种类多、频率高，持续时间长，多灾并发，突发性强，影响范围广和危害严重等特点。

4.2.1.1 发生种类多

我国气候类型多样，农、林、牧、渔和多种经营的农业布局，既有分布在广大平原、盆地、谷地和丘陵的不同熟制种植业，也有分布在草原、草地不同种群的畜牧业，湖泊、海涂、浅海的养殖业，丘陵山地的多种经营和林业等，类别各异，品种繁多，承灾体众多。不同承灾体与不同气象致灾因子组合，形成多种多样的农业气象灾害；几乎世界上所有的农业气象灾害类型，在我国均有发生。因温度引起的有低温冷害、霜冻、冻害（越冬作物和果树）、热带作物寒害和热害（含高温逼熟、灼伤）；降水多寡引起的有旱灾（含黑灾）、湿害、洪涝、雪灾和雹灾；风力引起的有大风、风蚀沙化等；几种气象因子的变化还可以构成一种综合性的农业气象灾害，如干热风、暴风雪、冷雨等。

4.2.1.2 发生频率高

我国每年大约有 14 种气象灾害发生。干旱、洪涝、台风、低温、风雹等重大农业气象灾害几乎年年均有发生。平均每年发生干旱灾害 7.5 次，洪涝灾害 5.9 次，热带气旋灾害 7 次，冻害 2.9 次，干热风 1.5 次[9]。由农业气象灾害造成的农作物受灾面积平均每年 5 000 万公顷次，其中干旱和洪涝的受灾面积分居第一、二位[2]。1950—1990年的41年间，中国有11年发生特大干旱，发生频次为27%。1991—2008年的18年间，有7年发生特大干旱，发生频次为38.9%[10]。

4.2.1.3 持续时间长

同一种农业气象灾害常常连季、连年出现，尤其是农业干旱。例如，1951—1980年华北地区出现春夏连旱或伏秋连旱共有14年[11]。2003年冬季到2004年春季，宁夏中部干旱区连续170多天无有效降水，2004年秋到2005年夏出现冬春夏连旱，是近60年来罕见的特大干旱，严重影响农业生产，作物无法下种，下种的无法成活，农作物绝收，给当地农业生产和农民生活带来严重的影响[12]。

4.2.1.4 多灾并发

由于我国南北间热量条件、东西间水分条件差异巨大，同一季节农业生产类型存在着较大差别。多灾并发可表现为：同一时间不同地区间有多种农业气象灾害发生。如近50多年里夏季出现南涝北旱且华北发生较重干旱的有7年，分别是1952、1968、1980、1997、1999、2001、2002等年；夏季降水的主要雨带集中在江南中部和东部以及华南北部地区，长江以北大范围少雨[13]。同一极端灾害性天气可导致多种农业气象灾害并发。2008年1月中旬到2月初，南方地区突发连续性大范围的低温雨雪冰冻灾害，极端最低气温和持续时间在许多地区都是有记录以来的同期最低值，大部地区为50年一遇，个别地区100年一遇，造成农作物冻害、寒害、机械损伤、低温寡照高湿、农田渍害等多种灾害并发[2]。同时，由气象灾害引发或衍生的其他灾害，如山洪灾害、地质灾害、生物灾害、森林和草原火灾等，也常对农业生产和人民生命财产安全等构成严重威胁。

4.2.1.5 突发性强

农业气象灾害的突发性是指当致灾因子的变化超过一定强度，就会在几天、几小时甚至几分、几秒内表现为灾害行为，形成突发性灾害。我国每年3—5月常有局地强降水以及冰雹、大风、龙卷风等强对流性天气发生，导致局地洪涝、雹灾、风灾等农业气象灾害的发生。1972年4月15—22日，从辽宁到广东共有16个省、自治区的350多个县、市先后出现冰雹，部分地区出现10级以上大风以及龙卷风等灾害天气[11]。

4.2.1.6 影响范围广，危害严重

我国干旱、洪涝、低温、台风、冰雹等重大农业气象灾害具有影响范围广、危害严重的特点。如1988年的干旱影响南北方14个省(区)；2000年的严重干旱先后波及20多个省市，造成的粮食损失占全部气象灾害造成粮食损失的70%以上。1991年我国许多省份发生洪涝，其中江淮和太湖流域的暴雨洪涝灾害为百年罕见，全国洪涝受灾面积2 459万 hm^2，其中成灾1 461万 hm^2，绝收321万 hm^2，直接经济损失779亿元[14]；1998年的洪涝灾害影响全国29个省(市、区)，以长江中下游和嫩江流域灾情最重。1993和1998年的低温灾害主要发生在江淮和江汉、江南、华北地区，农作物受灾面积分别为471.8万和866.5万 hm^2，成灾面积分别为223.0万和310.3万 hm^2，绝收50.0万和52.1万 hm^2；1999年则主要发生在华南和西南地

区，全国有 662.7 万 hm^2 农作物遭受低温灾害，其中成灾 269.0 万 hm^2，绝收 64.5 万 hm^2，直接经济损失超过 180 亿元[15]。1996 年 7 月 31 日和 8 月 1 日，第 8 号台风先后在我国台湾和福建省登陆，然后继续西行、北上，共造成 10 多个省(市)受灾，700 多人死亡，直接经济损失超过 650 亿元；2006 年的"碧利斯"台风在福建登陆后深入内陆，给浙江、福建、江西、湖南、广东、广西等 6 省区造成重大损失，共造成 3 163.3 万人受灾，637 人死亡，210 人失踪，农作物受灾面积 131.2 万 hm^2，绝收 32.7 万 hm^2，直接经济损失 348.3 亿元，"碧利斯"造成的死亡人数为近 10 年来的最多[16]。1993 年全国约有 800 多县(市)出现风雹，受灾面积 662.8 万 hm^2，成灾 363.6 万 hm^2，绝收 86.0 万 hm^2，其中受灾程度较重的有四川、河北、山东、吉林、湖北、广东、山西等省[15]。

4.2.2 农业气象灾害的分类

农业气象灾害按致灾气象因子可分为单因子和综合因子两大类(图 4.1)。

农业气象灾害

- 温度因子
  - 低温危害：冻害、霜冻、冷害、寒害
  - 高温危害：高温逼熟、雨后暴热
- 水分因子
  - 水分不足：大气干旱、土壤干旱、作物干旱、草原黑灾
  - 水分过多：洪水、涝害、湿害、凌汛、冻涝、草原白灾
- 光照因子
  - 光照不足：阴害
  - 光照过强：灼伤和日烧病
- 冰雪因子：雪害、冰凌、冻融、翻浆
- 其他因子：冰雹、大风、雷电、雾灾
- 综合因子：沙尘暴、连阴雨、干热风、焚风、台风、暴风雪

图 4.1 农业气象灾害的致灾因子分类

由温度因子引起的农业气象灾害有冻害、霜冻、低温冷害、热带亚热带作物寒害和热害；由水分因子引起的有旱害、洪涝灾害、雪害和雹害；由风因子引起的灾害有风害。由气象因子综合作用引起的复合灾害有干热风、连阴雨、冷雨和冻涝害等。与气象上的概念不同，农业气象灾害都是针对农业生产遭受损失而言的。例如，干热风、寒露风、倒春寒、冷雨等，在气象上是一种天气气候现象或过程，不一定造成灾害，但却是给农业生产造成损害的农业气象灾害。

不同致灾气象因子及其不同时间尺度造成的农业气象灾害不同(表 4.1)。[17]同一种气象因子引起的农业气象灾害因出现时间、地区及作物发育期不同，可以有不同的灾害名称。如低温冷害，在东北地区一般发生在 6—8 月，称东北冷害或"哑巴灾"；在长江流域则主要发生在 9—10 月，称秋季低温或寒露风；发生在春季则称春寒或倒春寒。

同一种农业气象灾害因发生时段、季节、危害机理和天气特点等差异，常常又分为若干类型。如低温冷害出现在同一作物的不同发育时段，常分为延迟型冷害、障碍型冷害和混合型冷害；霜冻分为辐射型、平流型和混合型，或分为秋霜冻和春霜冻等。不同类型的农业气象灾害还可以根据危害轻重程度划分为不同等级。我国主要农业气象灾害类型的地区分布、受害对象及其危害形式见表 4.2。[17]

表 4.1 我国主要农业气象灾害的致灾因子及其时间尺度

农业气象灾害	致灾因子	时间尺度		
		长期(一至数月)	短期(一至数日)	短时(一至数小时)
冷害	气温	延迟型冷害	障碍型冷害、寒害	冷雨
冻害	气温		越冬期冻害	早、晚霜冻
热害	高温低湿		干热风、高温逼熟、日烧	
旱	雨量	旱灾	伏旱、干旱	
涝	暴雨、连阴雨	洪涝	洪涝、湿害	暴雨
风灾	大风、风雨		台风、大风、暴风雪	龙卷风、雷暴大风
雹灾	冰雹			雹灾
雪灾	雪		白灾	
森林火灾	高温、低湿、雷击		森林火灾	

表 4.2 我国主要农业气象灾害的地区分布及危害

灾害名称	主要发生地区	主要受害对象	危害的主要形式
热害	长江中下游、华北平原	棉花、马铃薯等	棉花花铃大量脱落，马铃薯退化
水稻高温逼熟	长江中下游及华南	早、中稻	影响开花、授粉、受精，降低结实率；灌浆期高温，加速根叶衰老，降低粒重
日灼	河南、河北、山东、陕西及江苏、浙江等省	苹果、梨、葡萄、柑橘等果树	强烈太阳辐射造成树皮、果皮受到伤害
冻害	西北、华北、华东、中南地区	冬小麦、油菜，蔬菜及葡萄、柑橘、油茶、茶树等经济果木	强寒潮袭击，温度急降到 0℃以下，引起植物组织冰冻或丧失生理功能，植株局部或全部死亡
霜冻	西北、华北、东北、华东、中南、华南等	冬小麦、棉花、玉米、水稻、甘薯、高粱及蔬菜、水果	温暖时期土壤、植株表面及近地气层短时间降到 0℃以下的低温，引起植株体内水分结冰，导致细胞脱水和原生质胶体物质凝固，直至死亡
热作寒害	广东、福建、广西、云南、海南	香蕉、荔枝、龙眼、芒果、橡胶、椰子、油棕、可可、胡椒、咖啡、腰果等	冬季温度降到热带、亚热带作物生存的最低温度以下时，植株发生顶芽、叶片、嫩梢焦枯，树枝和树皮爆裂，树干干枯，根部死亡等
土壤掀耸	西北、华北、华中、华东等	冬小麦、油菜，林苗	冻融反复交替下土壤表层不断隆起和下沉，使作物根系断裂或分蘖节暴露于地面

续表 4.2

灾害名称	主要发生地区	主要受害对象	危害的主要形式
低温冷害			
春季低温	长江流域及其以南、华北	水稻、小麦、棉苗、高粱	春季温度比常年明显偏低，延长作物生育期，长期低温下引起烂种、烂芽
秋季低温	长江流域及华南	晚稻和双季晚稻	低温使生育期推迟，影响扬花、授粉及受精过程，结实率降低
夏季低温	黑龙江、吉林、辽宁、内蒙古、宁夏及河北	玉米、水稻、大豆、高粱、谷子	夏季温度比常年明显偏低，影响作物正常生长并延迟发育，引起全部或部分不育，发生大量秕粒或不结实
涝害	长江中下游及华南、华北、东北	水稻、小麦、油菜、玉米、大豆、高粱、谷子等	雨水过于集中，地面积水，土壤产生有毒物质危害根系，使叶片变红，作物生长滞缓而导致减产
洪水害	华南、江淮、黄淮海与松辽平原	水稻、棉花、玉米、高粱、大豆、果树等	大到暴雨，引起河水泛滥，淹没农田作物，冲毁农田设施和房屋
湿害	主要发生在长江中下游、华南和西南等地	小麦、棉花	连阴雨或积雪大量融化，使土壤长期处在水分过饱和状态，作物根系缺氧造成生长发育不良
旱灾	全国各地都有发生，北方春旱严重，长江流域、江南和江淮之间伏旱较多	水稻、小麦、玉米、大豆、棉花、林果等	长期无雨或显著偏少，作物、果树、林木根系吸收不到足够水分补偿蒸腾，生长滞缓、萎蔫、落花、落果、干枯死亡，严重时河干井涸，人畜饮水困难
黑灾	主要发生在新疆、甘肃及内蒙古的高原牧区	羊、牛、马等牲畜	冬季牧区积雪过少或无积雪，牲畜因吃不上雪水，瘦弱，易引起疫病流行，造成大量死亡
雪灾	西北、东北、华北地区及江淮流域	冬小麦、油菜，蔬菜，果树，牲畜	压断树枝，压塌房屋和大棚，越冬作物在雪层下养分消耗，病菌蔓延；牧区牲畜采食困难，冻饿患病死亡，称白灾
雹灾	全国各地区都有发生，青藏高原和祁连山雹日最多	危害作物、果木和牲畜	砸伤、砸死作物和牲畜，砸坏温室、塑料大棚以及房屋
冷雨	北方牧业区	羊、骆驼、牛、马	伴有强烈降温和大风降雨，使牲畜体温下降，表现为弓腰、颤抖、瘫痪以至死亡
风害	东南沿海及华北、西北地区	水稻、小麦、油菜、玉米、水果等	强风造成林木和作物倒伏、断枝，打落谷粒、果实，甚至损坏农舍及农田设施
风蚀	西北、华北地区	冬小麦、春小麦、棉花、玉米、草场	风吹跑表土，降低土壤肥力，作物根系外露，农田逐步沙化
干热风	河南、河北、山东、安徽、陕西、山西、宁夏、苏北和河西走廊、吐鲁番盆地	冬小麦、春小麦	高温、低湿伴有一定风力，作物蒸腾失水，叶片青枯，颖壳发白，炸芒，甚至逼熟死亡

农业气象灾害以损伤危害生物内部生理机能为主，机械损伤为辅，有时二者兼而有之。出现在不同季节的各种类型的农业气象灾害，对农业的危害形式也是不同的。夏秋季节的大风一方面使作物受到机械损害，另一方面植物体各器官内部生理机能的正常活动受到抑制，严重的停止一切生理活动，植株逐渐枯萎死亡；有时大风（特别是台风）伴随的暴雨和海潮还导致洪涝灾害；冬季大风不仅伴随强烈降温，导致作物、果树的冻害和牲畜冻伤，且时有强暴风雪，往往造成牧区人畜伤亡，刮断电线影响工业交通等。农业气象灾害除直接造成危害之外，还会诱发病虫害，例如干旱地区可能引起蝗虫大发生；雨水过多出现的湿害还会引起锈病的流行而加重损失，并能广泛蔓延到其他地区。

4.3 干　旱

4.3.1 概念与分类

干旱是指在较长时间内因降水量严重不足，致使土壤因蒸发而水分亏损，河川流量减少，破坏正常的作物生长和人类活动的自然灾害。

1. 按照干旱发生的自然状况及其对人类和社会经济的影响分类

干旱可分为四大类，即气象干旱、农业干旱、水文干旱和社会经济干旱。其中农业干旱是干旱的重要分支，反映干旱缺水对农业的影响。

农业干旱是指外界环境造成作物水分亏缺，影响正常生长发育而导致减产或绝收的一种农业气象灾害。农业干旱是一个复杂的过程，涉及土壤、作物、大气和人类对自然资源的利用等多个方面。造成作物缺水的原因很多，按其成因不同可将农业干旱分为土壤干旱、大气干旱、生理干旱。

(1)土壤干旱　由于土壤水分含量少，作物根系难以吸收到足够的水分补偿蒸腾消耗，使体内水分失去平衡而不能正常生长发育，影响各种生理生化过程而发生的危害。土壤干旱的发生频率最高，对作物的危害最大，也是最常见的干旱类型。

(2)大气干旱　由于大气蒸发力强使植物蒸腾过快，根系吸收的水分不足以抵偿作物蒸腾消耗导致水分收支失衡而造成的危害。大气干旱发生时，即使土壤并不缺水，作物也同样会发生水分亏缺。干热风就是一种典型的大气干旱。

(3)生理干旱　由于土壤环境条件或植物生理状况不良，致使作物根系吸水困难，体内水分失调而造成的危害。如土壤含盐碱量过多，温度过高或过低，土壤水分饱和，含氧不足等，都会影响根系对水分的吸收。有时土壤并不缺水也能出现生理干旱，如作物被淹后根系缺氧，不能正常吸收水分，导致植株萎蔫；早春回暖使果树蒸腾失水加剧，但根系不能从未化冻土壤吸收水分，因而发生抽条；盐碱地常因幼苗根系渗透压低于土壤溶液而不能吸收水分。

值得注意的是，不同作物、品种，以及作物的不同生育时段对缺水的敏感度差异很大，因而灾害后果也明显不同。另外，是否发生农业干旱还取决于土壤水分状况和根系吸收能力，即使某个时期降水明显偏少，但如深层土壤水分充足且根系健壮，也可以不发生农业干旱。

另外，由于北方草原冬季持续少雪，牲畜因缺乏饮水、饥渴风寒致死而发生的危害称为黑灾，是干旱在牧区的一种表现形式[18]。

2. 按干旱发生时期分类

(1)春旱　主要影响春播作物的适时播种,导致缺苗、断垄以及不能正常生长;显著影响冬小麦的生长发育和产量形成,导致不能正常拔节、抽穗、灌浆和成熟,对产量影响很大,并严重影响秋收作物的春播。华北大部和东北西部春旱发生频率为50%～80%,华南和西南50%～70%,长江中下游及以南地区不到20%,为春旱少发区。2001年我国北方地区发生严重的春夏干旱,全国农作物因旱受灾面积0.385亿hm^2,其中成灾0.237亿hm^2,绝收642万hm^2,因旱损失粮食548亿kg[9]。

(2)夏旱　主要影响春播和夏播作物,由于多处于旺盛生长期,夏旱的危害不亚于春旱。初夏旱多发区在东北西部、华北大部、西北东部及黄淮北部,发生频率50%～60%;长江中下游、黄淮南部、东北中北部及四川东部以伏旱为主,发生频率为30%～50%;华南西部和南部、西南大部及东北东南部为少发区,在30%以下。2006年,重庆、四川出现了1951年以来最严重的特大伏旱,农作物受灾面积338万hm^2,其中绝收72万hm^2;有1 890多万人、1 660多万头大牲畜发生临时饮水困难;直接经济损失190多亿元[3]。

(3)秋旱　主要影响夏播作物和部分晚熟春播作物的灌浆成熟,以及越冬作物的播种与出苗。多发生在华北、黄淮、长江中下游、东北西南部和华南,发生频率40%～60%,其余大部不足40%。1998年北方冬麦区秋旱,河南省受旱面积250多万hm^2,其中严重受旱160多万hm^2,已播麦田有120多万hm^2没有出苗或缺苗断垄;山西晋中地区玉米等作物受旱30多万hm^2,减产粮食3亿～4亿kg[19]。

(4)冬旱　主要影响华南、西南地区的冬种作物、瓜菜和越冬果树等。华南南部及云南大部发生频率高达50%～70%。北方冬季降水稀少,虽处于农闲或越冬作物休眠期,但持续少雨雪易使冬小麦植株失水并加重冻害。

季节连旱时有发生。黄淮海地区春夏连旱和春夏秋连旱分别为4年一遇和5年一遇,最长可持续150 d;长江中下游以夏秋连旱为主;西南和华南以冬春连旱为主。1972年北方春夏连旱为百年一遇。

4.3.2　时空分布

20世纪50年代以来,我国农业干旱的受灾、成灾面积逐年增加。据1949—2009年的统计(缺1967—1969年资料),全国农作物干旱年平均受灾面积为2 157.7万hm^2;成灾面积按年代平均,50、60、70、80、90年代分别为531.7万、800.4万、853.9万、1 129.4万、1 384.2万hm^2,2001—2009年平均为1 261.7万hm^2;干旱成灾率平均为44.0%,其中80年代以来除个别年份外,干旱成灾率均在40%以上(图4.2)。

据1949—2009年不同地区农业干旱受灾、成灾、绝收面积资料(缺1967—1969年资料),统计区域干旱受灾、成灾、绝收面积占全国相应面积的百分率(图4.3),区域干旱受灾率前3位为华东、华北、中南;成灾率前3位为华北、华东、中南;绝收率前3位为华北、华东、东北。

农业干旱在我国各地均有发生,只是程度不同而已,总体上北方重于南方。农业干旱发生有阶段性或周期性,比较明显的有10、5和2～3年的周期。其发展趋势如下:

(1)1949年以来北方主要农业区干旱范围明显扩大。1951—2007年华北、内蒙古和西北东部农业干旱严重,东北也有所加重。1979年以后除长江中下游局部、河南和福建外,大部地区的农业干旱都在加重,极端干旱主要分布在内蒙古、西北东部和华北局部。

(2)北方干旱周期明显缩短,粮食减产幅度加大。20世纪90年代以来,北方受旱面积超过3 000万 hm^2 的有6年。

(3)南方季节性干旱日益凸现。2006年重庆、四川出现50多年来最严重的高温伏旱,2007年湖南、江西、四川、重庆发生严重夏旱,2009—2010年西南发生特大冬春旱。

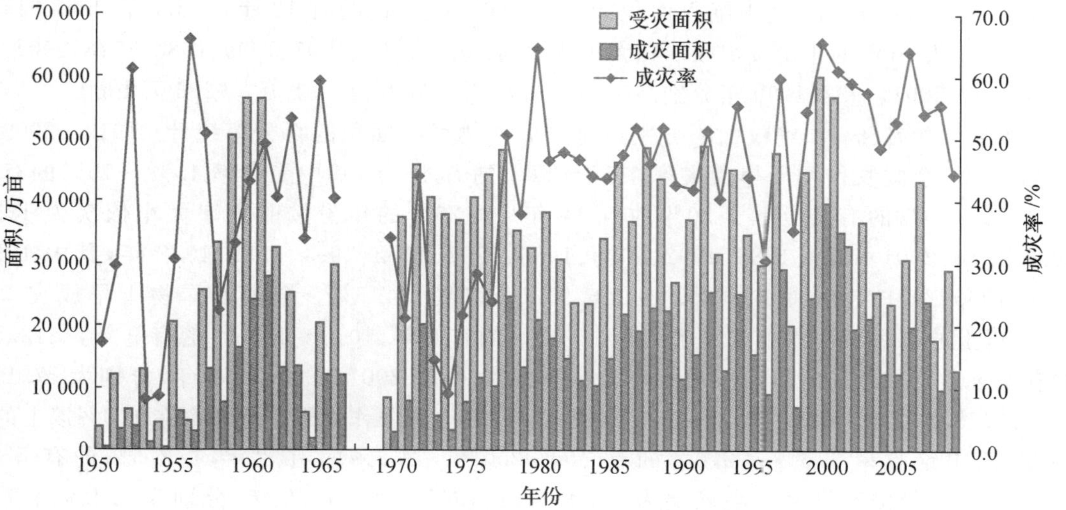

图4.2 1949—2009年全国农业干旱受灾、成灾面积与成灾率的年变化(缺1967—1969年资料)

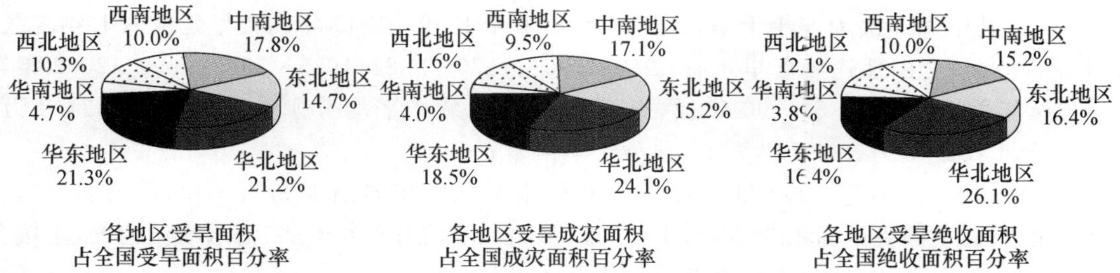

图4.3 1949—2009年不同地区农业干旱受灾、成灾、绝收面积占全国相应面积的百分率(缺1967—1969年资料)

4.3.3 历史灾情

干旱是我国农业生产上最严重的一种农业气象灾害。早在4 000年前,干旱就曾经给农业生产带来灾难。根据历史记载,从公元前206年到1949年的2 155年中,发生旱灾达1 056次,平均每2年发生1次;我国北方的旱灾更为频繁,自16世纪以来的400多年中,每100年发生旱灾少的31次,多的91次[17]。

据统计,1949年以来的61年中,全国干旱受灾面积在1 500万 hm^2 以上的有45年,其中受灾面积1 500万～2 000万 hm^2 的有8年,2 000万～3 000万 hm^2 的有24年,＞3 000万 hm^2 的有13年。＞3 000万 hm^2 的年份按受灾面积大小依次为2000、2001、1960、1961、1959、1992、1988、1978、1997、1986、1972、1994、1999年,其中2000、2001、1960、1961年分别高达4 054.5万、

3 847.2 万、3 812.5 万、3 784.7 万 hm^2。全国干旱成灾面积在 750 万 hm^2 以上的有 38 年，其中成灾面积 750 万～1 000 万 hm^2 的有 14 年，1 000 万～1 500 万 hm^2 的有 12 年，>1 500 万 hm^2 的有 12 年。>1 500 万 hm^2 的年份按成灾面积大小依次为 2000、2001、1997、1961、1994、1992、1999、1978、1960、2007、1988、1989 年，其中 2000、2001、1997、1961 年分别高达 2 679.8 万、2 369.8 万、1 960.4 万、1 865.4 万 hm^2。1978—2009 年的 32 年中，全国干旱绝收面积在 200 万 hm^2 以上的有 19 年，其中绝收面积 200 万～300 万 hm^2 的有 12 年，>300 万 hm^2 的有 7 年。>300 万 hm^2 的年份按绝收面积大小依次为 2000、2001、1997、1999、1986、1978、2007 年，其中 2000、2001、1997、1999 年分别高达 800.0 万、642.0 万、440.1 万、392.5 万 hm^2。

按干旱受灾、成灾、绝收面积分别占全国农作物种植面积的百分率统计，1949—2009 年的 61 年中，全国农作物干旱受灾率在 10%以上的有 45 年，其中受灾率 10%～15%的有 15 年，15%～20%的有 16 年，>20%的有 14 年。>20%的年份按受灾率大小依次为 1961、2000、1960、2001、1959、1988、1992、1978、1986、1997、1972、1994、1989、1977 年，其中 1961、2000、1960、2001 年分别高达 26.4%、25.9%、25.3%、24.7%。全国农作物干旱成灾率在 7.5%以上的有 21 年，其中成灾率 7.5%～10%的有 8 年，10%～12.5%的有 9 年，>12.5%的有 4 年。>12.5%的年份按成灾率大小依次为 2000、2001、1961、1997 年，分别为 17.1%、15.2%、13.0%、12.7%。1978—2009 年的 32 年中，全国农作物干旱绝收率在 1.5%以上的有 15 年，其中绝收率 1.5%～2.0%的有 7 年，2.0%～2.5%的有 3 年，>2.5%的有 5 年。>2.5%的年份按绝收率大小依次为 2000、2001、1997、1986、1999 年，分别为 5.1%、4.1%、2.9%、2.5%、2.5%。

连年干旱[18,20]。我国历史上曾出现连年大旱的事件，如北京地区 1470—1949 年发生干旱 170 次，其中 115 次为连年干旱，1637—1643 年和 1939—1945 年的大旱延续六七年之久。新中国成立后，全国性连续干旱年有 1959—1961、1976—1982、1985—1989、1999—2002 年等 4 个连续年段。20 世纪 50—90 年代，全国因旱粮食减产平均分别为 407.1 万、824.8 万、924.9 万、1 921.85 万、3 691.3 万 t。典型干旱年如下：

(1)1959 年 12 月至 1960 年 6 月[21]　总降水量比历年同期少 30%～60%，连续 150～180 d 无透雨，全国受旱面积 3 333 万 hm^2，鲁、豫、晋、陕均有水井干涸、河水断流情况，土壤含水量普遍在 10%以下，小麦全生育期干旱缺水。

(2)1965 年[21]　华北地区发生春、夏、秋三季连旱，内蒙古南部、甘肃河西、宁夏、陕西北部、山西、河北、北京、河南北部、山东西北部等地区 5—10 月总降水量只有 100～250 mm。内蒙古大部和宁夏银川地区仅 45～75 mm，均比常年少 5～7 成。河北省保定、沧州、衡水，山东省惠民以及山西省太原、介休等地连续两三个月未下透雨，沁河和南运河一度断流，人畜饮水困难，土壤含水量一般在 10%以下，有的降到 5%，农作物受旱非常严重。

(3)1972 年[21]　是中国百年一遇的严重干旱年，受旱面积 3 000 万 hm^2，华北、华中、西南等地区在春旱之后，7 月降水量又比常年减少 60%～90%，汉口、长沙、贵阳、太原、北京等地 6—8 月总降水量为 1951 年以后的最低值，不少地区水库干涸、河水断流，海河水位出现最低值，黄河在济南以下断流 20 d，许多地区人畜饮水困难。

(4)1978 年[21]　江淮流域发生严重干旱，降水量偏少 3～5 成，旱灾持续 3～5 个月之久。旱情严重的安徽省大片农田龟裂，不少秋作物枯死，水稻、棉花、花生等作物大幅度减产，相当部分乡村人畜极感饮水困难。

(5)1988年[22] 中国发生大范围旱灾，重灾范围包括冀、豫、鲁、陕、江南、华南、华中、西南等地区。

(6)1992年[23] 是中国干旱较重的一年，旱灾居各种气象灾害之首。全年农作物受旱面积3 266万 hm^2，其中成灾面积1 666万 hm^2，绝收2 53万 hm^2。其特点是：干旱范围广，持续时间长，部分地区反复受旱，灾情重；在地区上，以东部农区受旱重、影响大，在季节上，伏秋旱重于冬春旱。受旱较重的是鲁、豫、冀、晋、苏、湘、鄂及西北部分省区。其中受旱最重的山东省，旱灾为1926年以来最重，受旱作物面积400万 hm^2 以上，成灾240多万 hm^2，绝收53多万 hm^2，减产粮食50亿kg；经济作物减产更为严重，全省因旱灾经济损失达130亿元。

(7)1994年[24] 全国干旱发生严重，其中江淮地区发生几十年罕见伏旱，其他三季也都发生程度不同、范围较大的干旱。全国农田受旱面积3 000万 hm^2 以上。

1994年伏旱发生早，范围广，时间长，旱情重。7月上旬仅江苏、安徽、湖北三省农作物受旱面积就达380多万 hm^2。随着少雨高温天气的维持，旱区很快先后波及上海、浙江、河南、四川、湖南、江西、陕西、山西、河北、山东等省市的大部或部分地区。7月底农田受旱面积达1 000万 hm^2，有800多万人、260多万头牲畜饮水困难；8月上中旬持续高温少雨天气使得旱情急剧发展，中旬初伏旱面积达1 600万 hm^2，到中旬后期，受旱面积扩展到1 700万 hm^2 以上，有2 700万人、1 600多万头牲畜饮水发生困难。伏旱范围之广、发展之快为近几十年来少见，持续时间一般为40～50 d，长的在2个月以上。江苏的镇江、扬州、南京、无锡、常州等地，安徽东部、芜湖、宣城和四川中东部等地伏旱连秋旱，到9月上旬仍有300多万 hm^2 受旱；陕西中部和南部、山西中南部、河北南部、河南西部和北部等地伏旱开始稍晚地区也伏秋连旱，9月初仍有400万 hm^2 农作物受旱，并持续到10月中旬。

1994年其他三季也都发生了程度不同、范围较大的干旱。若以季降水量比常年同期偏少25%或以上作为干旱标准，则冬旱范围有390万 hm^2。干旱波及吉林、辽宁、内蒙古、宁夏、河北、山东、山西、河南、安徽、湖北、西藏、云南、贵州、广西、广东、陕西、甘肃、新疆等18个省区。冬旱不仅影响越冬作物的生长发育，也使部分地区人畜饮水发生困难。春旱范围涉及内蒙古、河北、山东、江苏、安徽、河南、湖北、四川、陕西、甘肃、新疆、广东、海南等13个省区的360万 hm^2，稍少于冬旱范围。春旱严重时曾一度影响小麦生长和春播以及人畜饮水。如北京入春后持续少雨，地上蓄水锐减，地下水位大幅度下降，致使山区近10万人、1万多头大牲畜吃水困难，其中有1万多人需要到2.5 km外拉水。汽车拉水进村仅汽油费就使每吨水成本高达10元左右。秋旱范围最广，达420万 hm^2，主要分布于江南、华南、华北和西北东部，给冬小麦适时播种带来了不利影响。

(8)1997年[25] 我国冬、春、夏、秋四季均发生了干旱，但以夏秋两季的干旱范围最广，持续时间最长，危害最重。

6—8月，我国长江以北大部地区降水较常年同期偏少，天津、河北中南部、山西西部、河南北部、山西南部、陕西中部、甘肃东部以及新疆等地部分地区偏少5～7成。旱区大部分时段20～50 cm土壤相对湿度仅为30%～55%，干土层在10 cm以上。梅期无雨，汛期无汛，黄河、淮河在汛期出现持续断流现象，实为少见。

6月，北方大部月降水量不足50 mm，较常年同期偏少3～8成，黄河下游地区及西北地区大部降水量不足10 mm，吉林、山西、山东、内蒙古、陕西、甘肃、宁夏、新疆等省区不少地方的降水量为1949年以来最少值。特别是中下旬，北方大部地区又出现异常高温，加剧了干旱发展和对农作物的危害，受旱面积近 2 000 万 hm^2。

7 月，我国北方降水持续偏少，东北地区中南部及华北平原中北部偏少 5～9 成。山东全省平均降水量为近 30 多年来同期最少值，河北、吉林两省为次少值，不少地方为近 50 年最少值或次少值。加上高温，旱情再度急剧发展，旱区扩展到华北、东北大部、西北东部及黄淮等地。作物受旱面积在 2 000 万 hm^2 以上，其中近一半是严重受旱。山西省部分地区河水断流、水库干涸；河北省东南部，耕作层土壤相对湿度普遍在 40%以下；东北平原西部，耕作层土壤相对湿度普遍在 30%～50%之间。

8 月，北方部分地区出现较大降水，干旱有所缓解，但因降水分布不均，华北西部、黄淮西部干旱进一步加重；长江上中游地区干旱发展。其中河北、河南受旱面积分别为 260 万和 293 万 hm^2。

入秋后我国北方降水仍偏少，干旱持续。其中东北北部、西北大部、山东半岛及长江中下游地区大部 9 月降水量偏少 5～9 成。部分地区不足 10 mm，江苏全省平均降水量为 1965 年以来同期最少值。10 月北方大部地区降水量不足 10 mm，较常年同期偏少 5 成以上；江淮地区降水量虽在 10 mm 以上，但也较常年同期偏少 5 成左右，干旱严重。

持续干旱不仅影响大秋作物产量，也严重影响秋种，如北方冬麦区到 10 月底已播小麦有 667 万 hm^2 受旱，缺苗断垄现象严重。

(9)1999 年[26]　我国干旱范围广，程度重，属重旱年份。北方大部继冬春连旱之后，夏秋又出现大范围严重干旱；南方部分地区冬、春、秋也遭到旱魔的肆虐。全国农作物累计受旱面积 3 000 多万 hm^2，其中成灾 1 660 余万 hm^2，绝收 390 多万 hm^2，2 170 多万人和约 1 880万头大牲畜一度饮水困难，直接经济损失达 780 亿元。干旱受灾面积、成灾面积比 1997 年略偏小，但明显高于常年。其中山西、河北、陕西、内蒙古、辽宁、北京、天津等省市区旱情最为严重。

(10)2000 年[27,11]　我国出现全国性干旱，先后有 20 多个省、自治区、直辖市发生严重旱灾，尤其是长江以北地区 2—7 月的春夏大旱范围广，持续时间长，旱情严重，华北、西北东部旱期长达半年之久。全国受旱面积高达 4 054 万 hm^2，为 1949 年以来之最，其中成灾 2 678 万 hm^2，绝收 800 万 hm^2，因旱灾损失粮食近 600 亿 kg，经济作物损失 510 亿元，其影响超过了 1959—1961 年的三年自然灾害，是新中国成立以来最严重的干旱年份。山西省一度有 430 万人发生饮水困难，其中 300 多万人靠拉运水维持生存。甘肃省环县罗山乡部分群众要到 40 km 以外的宁夏同心县拉水，往返路程 80 km，每立方米水卖到 80 多元。旱情严重时期全国有 2 770 万农村人口发生饮水困难；天津、长春、哈尔滨、济南、烟台、威海等 318 座县级以上城市被迫实行定时限量供水，受影响人口达到 2 635 万。严重的旱灾造成辽宁、内蒙古、吉林、山西、河北、陕西、甘肃、湖北、河南等省(自治区)一些地区出现“夏后荒”和“秋后荒”现象，有6 000 多万人发生不同程度缺粮。

(11)2001 年[28]　我国出现了继 1997、1999、2000 年少雨大旱之后的又一次大范围严重干旱，其干旱程度近 50 年来仅次于 2000、1978 年。全国农作物受灾面积 3 847 万 hm^2，其中成灾 2 373 万 hm^2，绝收 640 万 hm^2，粮食损失 548 亿 kg，经济作物损失 538 亿元。春旱造成全国 23 个省(市、区)10 280 万人接新粮后，仍有不同程度的缺粮，5 000 多万人需政府救济。夏伏旱造成 7 省(市)3 000 多万人缺粮，其中有 2 000 万人需要政府救济。冬令时节一些重灾区缺粮面积达 30%，需救济面积达 15%，较一般灾年增加 1 倍。旱灾一度造成山东等 17 个省(区、市)535 座县以上城镇(包括县级政府所在镇)缺水,影响人口 3 295 万人。严重时期一度造成全国农村 3 300 多万人发生临时性饮水困难。干旱一度造成北方 9 省(自治区)牧区草场受旱面积达 6 267 万 hm^2,其中未返青 3 333 万 hm^2,返青后干枯 447 万 hm^2,受灾牲畜 5 000 多万头(只),因缺水、缺草死亡牲畜 98.1 万头(只)。

(12)2007 年[29] 我国大部分地区发生了不同程度的干旱,东北、华北、西北大部及南方一些地区发生冬春连旱,黑龙江三江平原和江南、华南诸省发生了严重的夏伏旱。由于旱情大多发生在农作物生长关键时期,对粮食和林业、牧业、水产养殖业造成严重影响。全国累计受旱面积 3 993.3 万 hm^2,有 2 756 万农村人口、2 060 万头大牲畜因旱发生临时性饮水困难。有 17 个省(区)的 106 座城市一度出现不同程度供水短缺,影响人口 3 609 万人。

4.3.4 致灾机理

水是植物体的重要组成部分,在植物的生命活动中有着十分重要的生理作用。干旱危害农作物是因植物体内水分平衡遭到破坏所致[8,17,2],具体如下:

作物主要通过根系从土壤中吸收水分,靠体内的输导系统把水输送到各个组织中,其中只有很少一部分用于构成新组织,绝大部分水都通过叶片蒸腾到空气中。植株体的水分状况取决于水分收入和支出部分的差异情况。如果土壤缺水,根系吸收的水分少,而叶片蒸腾的水分较多,植株体的水分收支便失去平衡,就会发生水分亏缺,造成干旱危害。同样,如果大气蒸发力大,蒸腾消耗的水分很多,而吸收的水分不足以补偿这种支出,作物也会发生水分亏缺。

当作物从土壤中吸收的水分不能满足其蒸腾消耗时,植株即会出现萎蔫现象。萎蔫现象有两种情况:一种是暂时萎蔫,即在白天由于蒸腾加剧,作物根系吸收水分的速度赶不上地上部分茎叶的蒸腾支出时而出现萎蔫现象,到了傍晚或夜间,不需要浇水,由于根系吸收水分量超过叶片蒸腾量,植株便自行恢复到正常状态。另一种是永久萎蔫,即作物终日凋萎,无力自行恢复到正常状态。发生永久萎蔫时,土壤含水量降到凋萎湿度以下,根系的吸水机能遭到破坏,即令迅速浇水,根系的吸水机能也不能很快恢复,往往要经数天之后,才能长出新根毛,恢复吸水能力。如无水浇灌,则将导致作物枯死。萎蔫,特别是永久萎蔫会对作物造成一系列伤害[30-31,2]。

4.3.4.1 作物生长受到抑制

生长受到抑制是作物遭受干旱胁迫所产生的最明显的生理效应。在干旱胁迫条件下,作物生长形态在细胞、器官、个体和群体等各个水平上都会出现相应的变化。干旱胁迫导致细胞脱水,原生质向内收敛,细胞的延伸生长受到抑制。在干旱胁迫下,作物幼叶向老叶夺水,促使老叶枯萎死亡。蒸腾速率高的功能叶向分生组织和其他幼嫩组织夺水,使一些幼嫩组织失水,造成作物发育不良。干旱胁迫使作物分配到根的生物量、功能根的数量和长度增加。适度的干旱胁迫可以改善根系的形态,增加分枝次(级)数以及深层根数量和长度,提高根系活力,使作物更加充分地利用土壤水分。严重干旱胁迫会导致作物次生根数量减少,影响根毛发育。

4.3.4.2 降低光合作用，加强呼吸作用

干旱胁迫对植物光合作用的影响比较复杂，它不仅会使光合速率降低，而且还会抑制光合作用光反应中的原初光能转换、电子传递、光合磷酸化和光合作用暗反应过程，最终导致光合作用下降。

干旱胁迫抑制叶片伸展，引起气孔导度降低或关闭，减少二氧化碳（CO_2）摄取量，增加叶肉细胞阻力，降低光合作用过程中相关酶的活性，破坏叶绿素结构和降低叶绿素含量等，最终影响 CO_2 的固定还原和光合同化能力，使光合作用减弱，光合速率下降。干旱胁迫还使不饱和脂肪酸含量降低，饱和脂肪酸含量升高，从而影响细胞膜的光合特性，使同化合成产物减少。一般认为，光合速率的高低取决于气孔和非气孔因素的限制。轻度干旱胁迫下，光合作用下降的主要原因是气孔调节引起 CO_2 亏缺；重度干旱胁迫下，光合作用下降的主要原因是叶肉细胞或叶绿体等光合器官的光化学活性下降引起光合作用受阻。

光合速率下降主要与叶绿体功能障碍有关，叶绿体对缺水最为敏感。水分亏缺会严重阻碍叶绿体分化，使叶绿体含水量和细胞体积变化，并使叶绿体膜或类囊体膜发生断裂，叶绿体核糖体和淀粉粒消失，最终使类囊体膜降解。缺水使作物细胞内的自由基或活性氧含量增加，从而引起叶绿体超微结构损伤，叶绿素降低，光合酶活性降低和光合系统Ⅱ（PSⅡ）活性降低，进而导致整个电子传递活性降低。

呼吸作用提供作物生命活动所需要的能量，同时其中间产物又是合成多种重要有机物质的原料。作物在干旱胁迫下，合成有机渗透物质、适应或抵抗胁迫等一系列过程都需要消耗大量能量。因此，干旱胁迫首先导致作物呼吸作用加强，使氧化磷酸化和光合磷酸化解偶联，能量多以热的形式被消耗，而后随时间的延长而减弱。由于严重干旱胁迫条件下磷代谢遭到破坏，酸溶性有机磷化合物减少，作物无效呼吸增多，从而影响正常的生物合成过程。由于有氧呼吸受到抑制，造成大量有毒物质积累，如乙醇、乙醛等对植物造成危害。干旱胁迫引起植物呼吸变化的模式与植物种类、器官和年龄有关，即使是同一植物的不同器官在干旱胁迫条件下，呼吸变化的模式也不一样，呼吸变化程度随干旱胁迫程度和历时不同而异。

4.3.4.3 活性氧对植物的氧化伤害

在正常生长环境条件下，植物细胞内活性氧自由基的产生与清除总是处于动态平衡状态，当植物受到环境胁迫时，这种平衡就会被破坏，致使活性氧自由基大量积累，对植物造成伤害。干旱胁迫下对植物的伤害由细胞内活性氧自由基的产生与清除的不平衡所致，从而损伤膜的结构和抑制酶的活性，导致细胞因氧化胁迫而受伤害。膜系统先受活性氧的袭击，对胁迫敏感的磷脂和脂肪酸先受损，导致生物膜中脂质的过氧化，使膜上孔隙变大，通透性增加，离子大量渗漏，引起叶绿素蛋白质复合体结合松弛，叶绿素含量明显降低，严重时会导致植物死亡。

膜脂发生过氧化作用或膜脂脱脂作用，形成丙二醛（MDA），破坏了膜结构。MDA 对细胞质膜和细胞中的许多生物功能分子均有很强的破坏作用。它能与膜上蛋白质的氨基酸残基或核酸反应生成希夫（Shiff）碱，降低膜的稳定性，加大膜透性，促进膜的渗漏，使细胞器膜的结构、功能紊乱，严重时导致细胞死亡。因此，MDA 的增加既是细胞质膜受损的结果，也是伤害的原因之一。

4.3.4.4 物质、能量代谢失调

水分亏缺引起细胞内容物浓度增加，pH 改变，各部分膜分隔的区域化结构减弱甚至破坏。细胞内环境的改变以及活性氧都使多种水解酶活性提高，因此，水分亏缺时酶活性的总体变化是水解酶类活性加强而合成酶类的活性降低，从而导致物质代谢失调。在不同程度的干旱胁迫初期，物质运输速率会急速加强，只有持续干旱才会对物质运输起到抑制作用。此外，干旱胁迫还直接影响作物的多胺代谢。

水分亏缺导致氧化磷酸化和光合磷酸化解偶联，不能形成三磷酸腺苷（ATP），转而形成高能活性氧，这使正常的物质代谢（合成、分解）不能正常进行，物质能量代谢失调并构成恶性循环。同时，在水分亏缺下，激素平衡被破坏，脱落酸（ABA）和乙烯大量增加，生长素、赤霉素和细胞分裂素明显减少，抑制了生长，促进了脱落和衰老。

4.3.4.5 氮代谢紊乱

中度水分亏缺下，由于蛋白质和肽水解酶活性增强导致蛋白质水解大于合成，硝酸还原酶活性降低导致根系吸收氮能力降低，亚硝酸还原酶活性降低影响蛋白质合成，ATP 合成减少也使蛋白质合成能力降低，因此，叶片蛋白质含量下降。氮代谢紊乱造成氨和腐胺积累，对植物造成很大的危害。

另外，干旱缺水还影响豆科作物的固氮作用，首先影响与豆科作物共生的根瘤菌，并直接影响根瘤形态结构和固氮酶的活性。

4.3.4.6 营养失调

水分亏缺使土壤中离子向根的运输转慢，根系活力下降也使根系吸收能力降低，蒸腾降低影响离子在植物体内的运输也影响离子的吸收。有机营养则由于分解加强而合成降低，物质消耗增加，造成碳水化合物的亏缺。膜选择透性的破坏会使细胞内物质外渗和泄漏，对根系营养的影响更大。

4.3.5 防控途径

（1）植树种草，开展水土保持和生态环境建设。森林和草地不仅可以保持水分，同时可以减小风速，降低土壤蒸发。干旱阳坡和荒山秃岭气候恶劣造林困难，可先种草或矮灌木，时机成熟再植树造林。

（2）科学用水，推广节水农业技术，建立节水型农业生态结构。根据作物不同生育阶段需水规律和当地降水、蒸发特点及土壤水分状况，制订合理的灌溉制度，既满足作物需水又不浪费水资源。采用喷灌、滴灌、管灌等节水灌溉方式，提高水分利用效率。如华北冬小麦多雨年灌一水，少雨年灌两水就可获较高产量。

（3）发展旱作农业，调整作物布局。缺乏水源地区发展旱作农业，采用伏耕、秋耕、耙耱、中耕等抗旱保墒耕作技术以增加蓄墒和抑制蒸发。调整作物布局，扩大谷子、高粱、甘薯、马铃薯等耐旱作物及品种的种植面积。豌豆耐旱早熟，宜在春寒环境种植；甘薯耐旱耐热，宜在丘陵山地种植。

(4)利用有利天气实施人工增雨,缓解农业干旱。

4.4 洪涝与湿害

4.4.1 概念与分类

4.4.1.1 按照灾害性质分类

农业洪涝与湿害是指降水集中或时间过长导致地表积水或土壤水分饱和,致使作物生长发育不良或死亡,造成减产或绝收。一般可分为洪灾、涝灾、湿(渍)害三种。

1. 洪灾

洪灾是指大雨、暴雨、融雪等引起山洪暴发、河水泛滥,淹没农田及毁坏农业设施。洪灾按其成因可分为暴雨洪水、融雪洪水、冰凌洪水、冰川洪水、溃坝洪水等;按其形成区域的地形可分为山地丘陵洪灾、平原地区洪灾、滨海地区洪灾。洪涝灾害表现形式存在地区差异,山区以山洪冲击型为主,涨落迅速,流速快,破坏性大;丘岗地区以内涝型和冲击型为主;平原湖区以内涝型、倒灌型和溃堤型为主。我国各地的洪涝灾害的类型不同,中东部地区以暴雨洪水为主,西北部地区多融雪洪水和雨雪混合洪水,沿海经常出现台风暴雨与风暴潮引起的洪灾;北方冬末早春回暖之际,有些河流的上游解冻,流冰在下游积聚形成冰坝阻断,导致河水漫溢形成凌汛。

2. 涝灾

涝灾是指雨量过大或过于集中造成农田积水,无法及时排出,使作物受淹,受淹持续时间超过作物耐淹能力而造成的灾害。与洪灾由河流漫溢或堤防溃决造成的危害不同,涝灾是由于降水过多,长时间地面积水造成的。涝灾一般只影响农作物。北方地区有时会出现冻涝,因灌溉不当或大量融雪在冻土层上出现积水而形成涝灾。

3. 湿(渍)害

湿(渍)害是指洪水、涝灾过后排水不良或长时间持续阴雨,或早春积雪(或表面湿冻土)迅速融化、土壤有不透水的障碍层,使土壤水分长期处于饱和状态,作物根系因缺氧而受害。湿害按其成因可分为:由于地势低洼,排水不良,农田长时间积水,因雨涝成渍造成的积水型湿害;农田受河湖水位影响或有灌溉而排水不良,使得地下水位长期处在作物根系活动层内,地下水沿毛管上升达到表土,耕作层土壤含水量接近或超过田间持水量,因湿致渍的潜渍型湿害;农田有礓石层或黏土层存在,透水性差,受其阻隔,降水难以向深层入渗,作物根系长时间浸泡,导致作物呼吸作用减弱而窒息受害的礓渍型湿害;地下水埋深浅,可溶性盐随潜水蒸发积聚于土壤表层,耕作层盐碱累积超过作物耐盐碱能力,使作物受害的盐渍型湿害。

洪涝与湿害虽然从概念上可以明确划分,但在实际中难以分开。有时由于地势不同,在雨水过多时部分地段作物被洪水淹没,而部分地段地势高,只发生涝害。在很多地区洪涝和湿害是共存的,如平原洼地、山区谷地等既易涝又易渍,往往洪涝与湿害是在同一地区、同一时间或因同一次降水过程而形成的,因此,常将二者统称为渍涝或涝渍灾害。通常,涝渍灾害是连续发生的，逢涝必渍，涝去渍存。

4.4.1.2 按照发生季节分类

根据洪涝、湿害出现的时间不同，可分为春涝、夏涝和秋涝三种，影响的地区和作物均不一样。

1. *春涝*

主要发生在长江中下游及南岭一带，多由连阴雨造成，以湿（渍）害为主。对越冬作物影响较大，造成小麦、油菜烂根、早衰，降低千粒重和结实率。还会影响春播作物的播种、出苗及幼苗生长，引起早稻大面积烂秧等。如安徽省 1991 年 5 月的涝渍和后期洪涝导致油菜减产 40%～60%；1998 年 4—5 月出现多次长达 7 d 以上的连阴雨过程，发生严重涝渍灾害，致使油菜减产 25%～30%[32]。另外，华南有可能发生雨水过多引起的洪涝。

2. *夏涝*

以长江中下游、黄淮海平原、华南、西南、东北等地发生几率较高。多由暴雨或连续大雨造成，洪涝、湿害兼而有之。长江流域夏涝使水稻倒伏，降低结实率和千粒重，严重时水淹没顶，颗粒无收。2004 年 7 月 18—20 日，湖南益阳市遭受暴雨和特大暴雨袭击，发生严重洪涝、湿害，全市农作物受灾面积 91 333 hm^2，成灾面积 66 667 hm^2，绝收面积 20 000 hm^2，其中水稻绝收 6 800 hm^2，棉花绝收 5 800 hm^2，苎麻绝收 1 000 hm^2，蔬菜绝收 3 800 hm^2，其他农作物绝收 2 600 hm^2，因灾经济损失达 5.53 亿元[33]。在北方地区主要影响夏收、夏种，导致小麦籽粒不饱满，延迟收割，严重时造成发芽甚至霉烂，棉花蕾铃大量脱落。

3. *秋涝*

以西南地区发生几率最高，其次为华南沿海一带及长江中下游地区，再次为江淮地区和陕西中部。多由暴雨或连绵阴雨造成，洪涝、湿害均会发生。对水稻、棉花、玉米等作物和冬小麦秋播影响很大。

4.4.2 时空分布

我国是世界上洪涝和湿害多发国家之一，2/3 的地区存在不同类型、程度的洪涝灾害，平均每年受涝面积和经济损失占总受涝面积和经济损失的 1/4 左右。1949—2009 年全国农业洪涝年均受灾、成灾面积分别为 954.8 万、537.9 万 hm^2（图 4.4）（缺 1967—1969 年资料）。其中 20 世纪 50 年代至 60 年代中前期成灾面积较大；60 年代中期至 80 年代初期成灾面积较小；80 年代末以来明显增加，洪涝成灾率多在 50%以上，尤其 90 年代平均每 2 年发生一次大洪灾。1991 和 1998 年受灾面积分别为 2 460 万、2 229 万 hm^2，成灾面积 1 400 万 hm^2 左右。进入 21 世纪洪涝成灾面积略有下降，但 2003 年黄河、淮河流域受涝面积 1 928 万 hm^2，2007 年夏季淮河流域再度发生 1954 年以来的严重洪涝灾害。

据 1949—2009 年不同地区农业洪涝受灾、成灾面积占全国相应面积百分率统计（图 4.5）（缺 1967—1969 年资料），高值前 3 位分别为华东、中南、东北。全国易渍涝耕地面积占总耕地面积的 30%左右，以长江中下游和东北地区比例较大，主要影响冬小麦、棉花、玉米和水稻等。

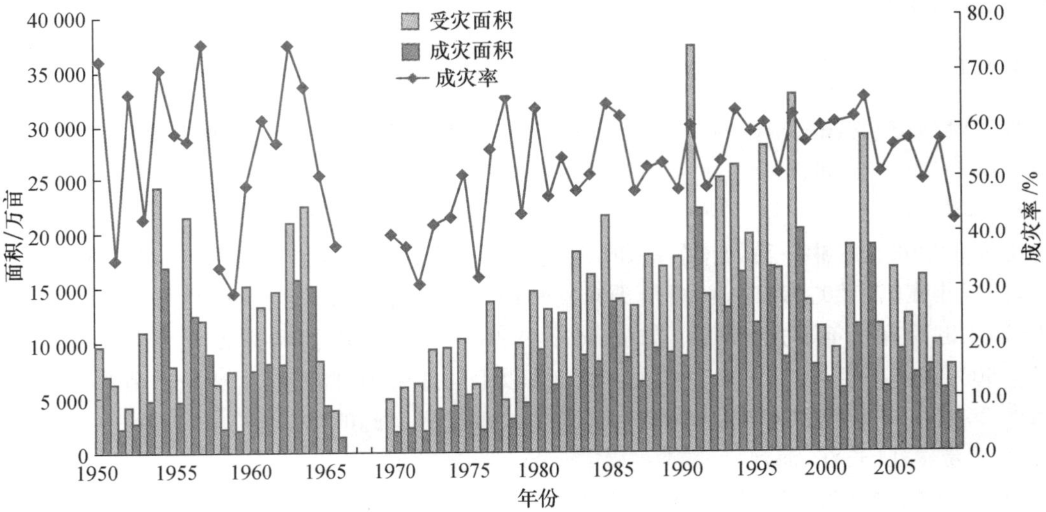

图 4.4　1949—2009 年全国农业洪涝受灾、成灾面积与成灾率的年变化(缺 1967—1969 年资料)

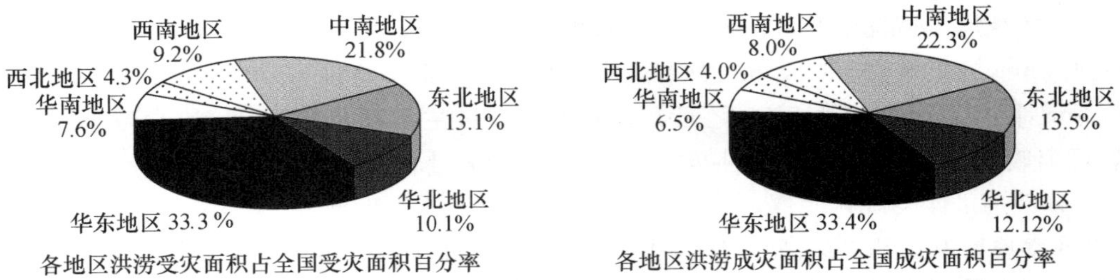

图 4.5　1949—2009 年不同地区农业洪涝受灾、成灾面积占全国相应面积的百分率(缺 1967—1969 年资料)

不同地区的洪涝与湿害发生时段:华南 3—4 月常发生湿害;4 月常有洪涝,但以 5—6 月较多。长江中下游 4—5 月多湿害,6—7 月梅雨季常发生洪涝。黄淮海平原和东北 7—8 月为洪涝主要发生期。沿海各省受台风影响洪涝发生期较长,从浙江南部到广西沿海 5—9 月均会发生,海南主要在 8—10 月,江苏、浙江沿海为 6—9 月。云南、贵州、桂西、四川夏季有洪涝灾害,秋季秋雨连绵常发生湿害。

4.4.3　历史灾情

洪涝与湿害是我国农业生产中仅次于旱灾的重大农业气象灾害。因灾年均损失粮食占灾害损失总量的 25%左右。从公元前 206 年至 1949 年间,有 1 092 年发生了较大的洪涝灾害,平均每 2 年一次。据 1949—1998 年的洪涝灾害统计[34]:特大洪涝灾害共 31 次,占总数的 31%,其中长江、海河、淮河三大流域共 16 次,占总数的 51.6%;重大洪涝灾害 24 次,其中长江、珠江、松花江、淮河四大流域共 18 次,占总数的 75%;一般洪涝灾害 45 次,其中长江、珠江、淮河、黄河四大流域共 32 次,占总数的 71.1%。就长江流域而言,发生特大洪涝灾害 7 次,占全部特大洪涝灾害的 22.6%;重大洪涝灾害 6 次,占重大洪涝灾害总数的 25%;一般洪涝灾害 9 次,占一般洪涝灾害总数的 20%。同一流域而言,洪涝灾害也有集中的特点。

珠江流域15次大洪涝灾害中，西江和北江水系占了80%；松花江流域主要集中在嫩江水系；长江流域灾害多发生在中下游地区，重灾区有洞庭湖区、鄱阳湖区、荆江、汉江中下游一带。

据1950—2008年的洪涝灾害统计[35]：全国年平均洪涝受灾面积970.5万 hm^2，年平均洪涝成灾面积541.8万 hm^2，因灾年均死亡人口4 661人。其中受灾面积和成灾面积都超过年平均数的有1954、1956、1962—1964、1983、1985、1988—1991、1993—1998、2002、2003、2005—2007年共22年，其中80年代以后有17年，占77%。受灾面积和成灾面积排在前5位的是1991、1998、2003、1996和1994年，均在80年代以后。因灾年均死亡人口超过平均数的有1951、1954、1956、1960、1961、1963、1969、1975、1981—1983、1991、1994和1996年共14年，其中80年代以后有6年，约占43%，排在前5位的是1954、1975、1956、1963和1951年，均在80年代以前。

1949年以来，典型洪涝灾害年[34-36,11,14]如下：

1949年珠江、长江、海河同时发生洪灾，其中海河流域为特大洪灾。

1954年海河、淮河、长江同时发生特大洪灾。全国受灾面积达1 600万 hm^2，成灾面积1 133.3万 hm^2。长江洪水淹没耕地313.3余万 hm^2，死亡3.3万人，京广铁路行车受阻100 d。

1956年海河流域发生特大洪涝灾害，松花江流域为大洪涝灾害。

1963年海河流域遭历史上罕见的洪水，受灾面积达409.7万 hm^2，减产粮食30多亿kg，京广、津浦铁路均中断多日。

1975年8月5—7日发生在河南省驻马店地区的特大洪涝灾害，3 d最大降雨量达1605 mm（该地区年均降水量为800 mm），山洪暴发使两座水库的土坝漫水溃决，淹没农田113万 hm^2，冲毁京广铁路线100 km，死亡数万人，直接经济损失高达100多亿元。

1982年黄河、淮河、长江、珠江流域同时成灾，长江流域再次发生特大洪涝灾害，受灾的县市达到168个。陕西安康老城被淹，损失惨重。

1991年淮河、太湖流域发生特大洪涝灾害，长江、松花江流域发生重大洪涝。全国受涝农田面积2 459万 hm^2，其中成灾1 461万 hm^2，绝收321万 hm^2，倒塌房屋498万间，死亡5 113人，直接经济损失达779亿元。

1994年长江支流湘江、赣江，珠江流域的西江、北江发生了3次大洪水，大凌河、滦河、海河流域的蓟运河、北运河，黄河支流北洛河，松花江支流辉发河、伊逌河和饮马河，辽河干流及支流东辽河均发生大洪水。

1996年全国普遍受灾，长江中下游的洪灾持续20多天，其中长江中下游的湖南省受灾最重。

1998年中国经历了一场长江、松花江、嫩江全流域性特大洪涝灾害，持续时间达2个多月。长江、嫩江、松花江等大江大河洪波汹涌，水位陡涨。800万军民与洪水进行着殊死搏斗。据统计，当年全国共有29个省区遭受了不同程度的洪涝灾害，全国农田受灾面积2 229万 hm^2，死亡4 150人，直接经济损失高达2 550.9亿元。

2003年，长江流域陆续出现了几次比较严重的支流洪水。澧水、滁河发生大洪水，汉江发生自1984年以来最大的洪水。受灾人口为19 327万人，农业受灾面积为1 920.8万 hm^2，直接经济损失为1 190.4亿元。

2010年，全国有2 327个县遭受洪灾，农作物受灾面积1 787万 hm^2，其中成灾

873 万 hm^2，绝收 246.9 万 hm^2，因灾减产粮食 2 457 万 t，经济作物损失 249 亿元，死亡大牲畜 264 万头，水产养殖损失 1 645 万 t，农林牧渔业直接经济损失 1 322.29 亿元。

4.4.4 致灾机理

4.4.4.1 成因

洪涝与湿害的成因包括大气环流异常，作物抗涝能力，地形、地貌和水文条件，土壤结构，农事活动等多种因素[21,2]。

1. 大气环流异常

大气环流异常是导致大范围洪涝的直接原因。我国季风气候条件下年降水量的 60%～90%集中在夏季风盛行的 4—9 月，其间副热带高压北进南撤的移动，冷暖气团之间形成的锋面雨带有规律的南北移动。当锋面进退出现反常，造成在某地徘徊或停滞，就会使该地降水量显著偏多，形成洪涝灾害。台风和气旋活动常带来暴雨和大雨，在它们经过的地方也易出现涝害。某些特定环流系统及其相互配置是造成大范围洪涝的重要条件，主要包括副热带高压、南亚高压、西风带槽脊、阻塞高压、极涡、热带辐合带、台风、低涡切变线及准静止锋系等。例如，副热带高压提前北进，华北雨季有所提前；反之，雨带将长期停滞在长江流域。当沿海台风登陆后深入内陆停留，与高空低涡和东移西风槽配合，可形成暴雨或连阴雨，造成洪涝和湿害。大范围、局部环流异常均可引起严重的洪涝灾害，如 1998 年长江大洪水和 1998 年嫩江、松花江特大洪水都是由大范围环流异常造成的；而 1975 年 8 月 5—7 日河南驻马店地区特大洪水则是由台风深入内陆和局部环流异常导致。

2. 作物抗涝能力

同一洪涝与湿害天气条件下，由于不同作物种类及品种的抗涝能力不同，造成的危害也不相同。如水稻、高粱等作物抗涝能力较强，小麦、玉米抗涝能力中等，棉花、花生、谷子、芝麻等作物抗涝能力较弱。对同一作物而言，不同生育期的抗涝能力也不同。小麦、油菜、棉花等旱田作物在 70%以上的土壤孔隙充满水分时开始受害；水分越多、持续时间越长，受害越重；表现为烂根，早衰，结实率和千粒重降低，棉花蕾铃脱落、铃重减轻等，并常诱发病虫害流行。大豆需水较多，但在幼苗期淹水 1～2 d 就会落叶；三叶期水淹过顶，会影响腋芽分化，使分枝和花都大为减少；灌浆后期田间积水也会引起烂根。水稻较耐涝，但长时间淹水会影响光合作用，孕穗期淹水会使小穗停止生长，出现烂穗、畸形穗或白穗，穗粒数减少，空秕粒增多等。深水稻能耐涝，可在 1 m 左右甚至更深的水中生长。湿渍害是南方小麦的主要农业气象灾害之一。麦类作物苗期虽耐湿，但也会因湿害造成烂根烂种；拔节孕穗期是冬小麦的水分临界期，遭受湿害会导致根系早衰，茎叶早枯，灌浆不良，并且易感染赤霉病。玉米在土壤水分超过田间持水量的 90%时，会因湿害造成严重减产，幼苗期遭受湿害减产更加严重，甚至绝收。油菜受湿害后常引起烂根、早衰、倒伏，结实率和千粒重降低，并易发生病虫害。棉花受渍后常引起棉苗烂根、死苗，抗病力减弱，后期受害引起落铃、烂桃，影响产量和品质。

3. 地形、地貌和水文等条件

洪涝灾害主要源于过量的地表水，区域地形、地貌和土壤等条件直接影响雨后产流、汇流的形成；内涝积水能否及时排除，与江河水位高低有很大关系，江河水位的高低取决于上游洪水的大小和有无潮水顶托。因此，区域地形、地貌和水文等条件也是形成洪涝灾害的重要原因之一。

山地丘陵因地形复杂和落差大，易发生山洪灾害。山岭与平原交界处是洪水和涝灾多发区，这是因为地表径流沿河流或山谷流入平原，在交界处形成壅塞，易发生洪水或涝灾。山前低洼地和河网地区是湿害发生几率较高的地区，这是因为该类地区地下水位较高，土壤透水性差，一次较大的降水后，地下水位很快上升到接近地面，但要降到 1 m 以下则需较长时间；雨水较多时地下水位经常在 50 cm 左右甚至更浅，形成过湿的土壤环境而发生湿害。汇水面大而出口小的河流，其下游易发生洪涝、湿害。平原地区的洪灾主要是由于上游洪水流经当地，超越了河道的最大宣泄能力或堤防的防洪能力，导致洪水泛滥，堤防溃决，淹没农田；涝灾主要是由于当地雨水过多，河道排水能力低或受江河洪水、潮水顶托，堤围区内水不能及时排出，农田积水深度过大，时间过长，超过作物耐淹能力，影响作物生长，甚至造成作物死亡。

此外，水库溃坝、北方河流早春解冻时的凌汛、沿海的海啸和海潮等也可造成漫溢决口，导致洪涝。

4. 土壤结构

涝灾和湿害多发地区土壤较为黏重，透水性差，持水力强，农田排灌不畅。土壤结构松软的地区遇暴雨或强降水天气过程也易发生洪水危害，并引起严重的土壤侵蚀，如黄河中上游地区。渗水快的沙土地不易发生湿害，而在黏土和有不渗水层的土壤，雨水稍多时就发生湿害。土壤的垂直剖面结构也与洪涝有关。长期浅耕的农田会形成过于紧密的犁底层，使下层水分运动出现障碍，易发生洪涝（上层滞水）或湿害（下层滞水）。有些地方实行水旱轮作，稻田浸水时间长，季节紧，土壤不进行干耕晒垡，耕层变深，导致土壤滞水力过强，犁底层土壤过于紧实，通透性很差，降雨后地下水位迅速升高。

5. 农事活动

随着农事活动的频繁，洪涝与湿害危害趋于加重。主要是围湖造田、水利设施失修，使湖泊的调蓄功能下降甚至消失，河道排水口缩小或堵塞、出水口水位抬高，影响河流宣泄速度，遭受暴雨便形成涝灾。

4.4.4.2 机理

洪涝和湿害对农业生产的危害包括物理性破坏、生理性损伤和生态性危害[21,37-38]。

1. 物理性破坏

主要指洪水泛滥引起的机械性破坏。洪水毁坏水利设施，冲毁农田，撕破作物叶片，折断作物茎秆以至冲起作物等。这种物理性的破坏一般是毁灭性的，当季很难恢复。

2. 生理性损伤

当作物受到涝湿害的影响，土壤水分过多时，旱田作物根系的生长及生理机能会受到严重影响，进而影响到地上部分的生长发育。从植物生理角度看，根系缺氧，有害物质过量累积，酶保护系统受损导致质膜破坏，从而引起生物代谢反应发生紊乱，这是涝湿害发生的主要原因。一般来说，当土壤中 65%～70% 的孔隙充满水分时，根系发育受阻，由于缺乏足够的土壤空气，扎根浅，根毛显著减少，地上部分生长瘦弱，易形成细弱苗而产生倒伏。当土壤中充满水时，土壤空气被全部排出，根系周围缺乏氧气，氧化磷酸化过程受阻，根系吸收土壤养分的能力下降,而地下、地上部分都不断消耗养分,植株因养分供应不足而停止生长,叶片黄化直至凋萎脱落。涝湿害发生后,不耐涝作物的光合速率迅速下降。初期光合作用下降的原因主要是气孔关闭,CO_2 扩散的气孔阻力增加;随涝渍时间的延长,羧化酶活性逐渐降低,叶绿素含量下降,叶片早衰和脱落。土壤淹水不仅降低光合速率,光合产物的运输也有所减慢。作物淹水时土壤中嫌气性微生物活动加强,有机物质发酵分解,CO_2 大量积累,使根系活细胞的原生质受高浓度 CO_2 的毒害,原生质及原生质膜发生变化,透性降低,水分由根细胞组织通过皮层向木质部转移变慢,吸收活动受抑制。在有机质较多、温度较高的土壤条件下,嫌气分解的数量更大,土壤氧化还原电势下降,有害还原物质和硫化氢(H_2S)、氧化亚铁(FeO)、锰及醋酸、丁酸、乳酸等有机酸大量形成,会直接毒害根系,影响正常的生命活动,造成生理障碍以至死亡。

3. 生态性危害

一是长期在阴雨湿涝环境条件下,极易引起某些病虫害的发生和流行。如小麦在涝湿条件下会流行白粉病、赤霉病、锈病、黏虫等;玉米受涝时易引发大小叶斑病蔓延和植株倒伏,造成严重减产;大豆后期受涝会引起根腐病,影响作物生长和产量。二是洪水冲毁农田及水利设施后,使农业生产环境受到破坏,引起土壤条件、植被条件等的变化,从而在洪涝灾害之后较长一段时间对作物布局和品种调整等产生影响。三是对农事活动的影响,如夏涝引起的小麦烂场和穗发芽等危害。

4.4.5 防控途径

(1)加强洪涝灾害综合防灾减灾能力建设。各级政府和有关部门首先要强化全社会防灾减灾意识,加强组织管理。制订防洪规划和设防标准,建立和强化暴雨洪水监测预警系统,实施防洪、排蓄、疏浚和排涝等重大水利工程。评估洪涝风险,开展洪水灾害保险。推进山区植树造林,保持水土。

(2)加强农田基本建设和水利建设,合理开沟降低地下水位,提高排涝能力。

(3)调整农业结构。根据暴雨发生规律确定适宜种植制度,选择耐涝作物和品种。调整播种期使关键生育期避开暴雨高峰。易涝地区调整产业结构、种植业与养殖业、旱作与水生作物的比例。

4.5 冰雪灾害

4.5.1 概念与分类

4.5.1.1 冰雪灾害

冰雪灾害是指由固态水的异常运动与变化,包括冰川跃动、冰湖溃决洪水、吹雪、雪崩、强降雪、冰川泥石流、江河冰凌、海冰等造成破坏的自然灾害。冰雪灾害由冰川引起的灾害和积雪、降雪引起的雪灾两部分组成。冰雪灾害常对工程设施、交通运输、农业生产、电力、通信和人民生命财产造成直接危害,是比较严重的自然灾害。

冰雪灾害有多种类型，包括冰雪洪水、冰川泥石流、强风暴雪、风吹雪、雪崩等[39]。

1. 冰雪洪水

冰雪洪水是冰川和高山积雪融化形成的洪水。其形成与气象条件密切相关，每年春季气温升高，积雪面积缩小，冰川冰裸露并开始融化，沟谷流量不断增加；夏季冰雪消融量急剧增加，形成洪峰；秋季消融减弱，洪峰衰减；冬季天寒地冻，消融终止，沟谷断流。冰雪融水主要对公路造成危害。在洪水期间冰雪融水携带大量泥沙，对沟口、桥梁等造成淤积，导致涵洞或桥下堵塞，形成洪水漫道，冲淤公路，有时也冲毁一些农田。

2. 冰川泥石流

冰川泥石流是冰川消融使洪水挟带泥沙、碎石而形成的泥石流。青藏高原上的山系，山高谷深，地形陡峻，又是新构造活动频繁的地区。断裂构造纵横交错，岩石破碎，加之寒冻风化和冰川侵蚀，在高山河谷中松散的泥沙、碎石、岩块等风化物十分丰富，为冰川泥石流的形成提供了物质基础。在藏东南地区，冰川泥石流活动频繁，尤其在川藏公路沿线危害极大。位于西藏林芝地区波密县通麦镇以西的培龙沟自 1983 年以来年年暴发冰川泥石流。其中 1984 年先后暴发 5 次，造成严重损失，其中：7 月 27 日泥石流冲走公路钢桥；8 月 7 日泥石流造成 6 人死亡；8 月 23 日的泥石流持续 23 h，淹没 104 道班，堵塞帕隆藏布主河道，使河床升高 10 余 m，冲毁 6 km 公路，停车 54 d；10 月 15 日，冲走钢桥一座，阻车断道 12 d。1985 年培龙沟两度暴发泥石流，冲毁道班民房 22 间，淹没毁坏汽车 80 辆，造成直接经济损失 500 万元以上。古乡沟位于波密县境内，是中国最著名的一条冰川泥石流沟，1953 年 9 月下旬，暴发规模特大的冰川泥石流。此后，每年夏、秋季频频暴发，少则几次至十几次，多则几十次至百余次，且连续数十年不断，其规模之大，来势之猛，危害之剧，在国内外实属罕见。

3. 强暴风雪

强暴风雪是由降雪形成的深厚积雪以及异常暴风雪。由大雪和暴风雪造成的雪灾由于积雪深度大，影响面积广，危害更加严重。如 1989 年末至 1990 年初，西藏那曲地区形成大面积降雪，造成大量人畜伤亡，雪害造成的损失超过 4 亿元。1995 年 2 月中旬，藏北高原出现大面积强降雪，气温骤降，大范围地区的积雪在 200 mm 以上，个别地方厚 1.3 m。那曲地区 60 个乡、13 万余人和 287 万头（只）牲畜受灾，其中有 906 人、14.3 万头（只）牲畜被大雪围困，同时出现了冻伤人员、冻饿死牲畜等灾情。此外，在青藏、川藏和中尼公路上，每年也有大量由大雪堆积路面而造成的阻车断路现象。

4. 风吹雪

风吹雪是指大风携带雪运行的自然现象，又称风雪流。积雪在风力作用下，形成一股股携带着雪的气流，粒雪贴近地面随风飘逸，被称为低吹雪；大风吹袭时，积雪在原野上飘舞而起，出现雪雾弥漫、吹雪遮天的景象，被称为高吹雪；积雪伴随狂风起舞，急骤的风雪弥漫天空，使人难以辨清方向，甚至把人刮倒卷走，称为暴风雪。风吹雪灾害危及工农业生产和人身安全。风吹雪对农区造成的灾害，主要是将农田和牧场大量积雪搬运他地，使大片需要积雪储存水分、保护农作物墒情的农田、牧场裸露，农作物及草地受到冻害；风吹雪在牧区造成的灾害主要是淹没草场，压塌房屋，袭击羊群，引起人畜伤亡；风吹雪常对公路造成危害。

5. 雪崩

雪崩是指积雪的山坡上，当积雪内部的内聚力抗拒不了它所受到的重力拉引时，便向下滑动，引起大量雪体崩塌的自然现象。雪崩又分湿雪崩（又称块雪崩）、干雪崩（又称粉雪崩）两种。它们的形成和发生有不同的地貌和气候条件。湿雪崩一般发生于一场降水以后数天，因表面雪层融化渗入下层雪中并重新冻结，形成了“湿雪层”。干雪崩夹带大量空气，因此它会像流体一样。这种雪崩速度极高，它们从高山上飞腾而下，转眼吞没一切，它们甚至在冲下山坡后再冲上对面的高坡。一般而言，大雪刚停，山上的雪还没来得及融化，或在融化的水又渗入下层雪中再形成冻结之前，这时的雪是“干”的，也是“粉”的。

4.5.1.2 农业雪灾

1. 雪灾对农业的危害

(1)农区雪灾　农区雪灾是指由于降雪过多、积雪过厚和雪层维持时间过长，对农、林、牧、渔业生产及其设施等造成危害和损失的一种气象灾害，是农业生产中主要的农业气象灾害之一。如 2008 年 1 月 10 日至 2 月 2 日，我国南方大部分地区发生的低温雨雪冰冻灾害，降温幅度之大多年少有，降水之多历史同期罕见，持续时间之长多年未遇。由于灾害天气过程发生的时间正值我国南方地区冬季农业生产盛期，北方地区设施农业生产关键期，长时间积冰、积雪、冰冻，导致农作物冻害、寒害、机械性损伤的发生；积雪过厚引起部分大棚倒塌，使设施农业遭受毁灭性打击；受电力、交通、通信系统中断等的影响，部分水果、蔬菜主产区已采收的大量果品、蔬菜未能及时运出销售被冻烂或腐烂；灾害损失之重远超常年。经核定[40]，此次灾害造成 21 个省(区、市、兵团)受灾，因灾死亡 132 人，失踪 4 人，紧急转移安置灾民 166 万人；农作物受灾面积 1 187.42 万 hm^2，绝收面积 169.06 万 hm^2；倒塌房屋 48.5 万间，损坏房屋 168.6 万间；因灾直接经济损失 1 516.5 亿元。据国家林业局统计[41]，湖南、贵州、江西、湖北、安徽、广西、浙江等 19 个省区市遭受雨雪冰冻灾害的森林面积达 0.186 亿 hm^2，受灾严重的国有林场 1 781 个、苗圃 1 200 个，冻死冻伤国家重点保护野生动物 3 万只(头)，林业基础设施损毁严重，直接经济损失达 573 亿元，林业系统职工受灾人口达 263 万人，受损林农人数巨大，仅湖南就达 924 万人。全国因灾死亡畜禽共计 7 455.2 万头(只)，其中生猪 444.7 万头、家禽 6 738.5 万只，特别在湖南、湖北、江西、安徽、四川地区猪仔死亡率较高，直接影响开春后的仔猪补栏进程；另外，随着开春后气温逐渐升高，不少受灾地区陆续发生疫情，这对南方的养殖业无疑是雪上加霜[42]。

(2)牧区雪灾　也称草原白灾，主要指因暴风雪、持续大雪、冬春积雪过厚等，致使草场较长时间被积雪覆盖，牲畜采食困难，冻饿掉膘甚至染病出现死亡的一种现象。雪灾的发生不仅受降雪量及积雪深度、密度和时间的影响，还与草场状况、牧业生产方式、饲草储备及补饲条件等抗灾能力密切相关。主要危害家畜(采食困难、掉膘、感病)外，还影响秋、冬、春季转场，保胎繁殖；灾情严重时或伴有雪崩、风吹雪时，常带来交通堵塞，危及牧区生活必需品和生产资料的供应，压损棚舍，人员伤亡，严重影响牧区经济活动。

2. 雪灾的分类

根据民政部国家减灾中心灾害信息部[43]，雪灾的分类如下：

(1)根据雪灾发生时间顺序：可将每年 10 月 15 日至 12 月 31 日发生的雪灾称为前冬雪灾；翌年 1—2 月发生的雪灾称为后冬雪灾；翌年 3 月至 5 月 15 日发生的雪灾称为春季雪灾。

(2)根据雪灾发生的气候规律：可分为猝发型、持续型两类。

(3)根据我国雪灾的形成条件、分布范围和表现形式：可分为 3 种类型，即雪崩、风吹雪(风雪流)灾害和牧区雪灾。

4.5.2 时空分布

4.5.2.1 冰雪灾害

中国冰雪灾害种类多、分布广。东起渤海，西至帕米尔高原；南自高黎贡山，北抵漠河，在纵横数千千米的国土上，每年都受到不同程度冰雪灾害的危害。历史上我国的冰雪灾害不胜枚举。1951—2000 年，我国范围大、持续时间长且灾情较重的雪灾就达近 10 次[44]。冰雪灾害的主要时空分布特征[45-46]如下：

冰雪灾害发生具有一定的区域性，从总体上说，冰雪灾害山区多于平原，西部多于东部，北部多于南部。根据冰雪灾害的灾种及其危害程度，大致可将我国分成西北冰川湖突发洪水和雪崩、风吹雪、河冰冰塞危害区，西南冰碛湖溃决洪水、冰川泥石流、雪崩、风吹雪危害区，东北河冰冰塞和局部雪害区，以及东南轻微或基本无冰雪灾害区。我国冰雪灾害呈线、面状分布，且多数发生在经济基础较薄弱的西部少数民族地区，抗灾能力差，因灾经济损失相对较大，已成为制约我国国民经济发展的重要因素之一。

冰雪灾害发生具有季节性，除现代冰川区的冰崩、雪崩常年发生外，季节性积雪的风吹雪和雪崩主要发生在冬、春寒冷季节，而冰川湖溃决洪水和冰川泥石流主要发生在高温季节（夏秋）。

4.5.2.2 牧区雪灾

据 1949—2000 年雪灾时空分布研究[47]：我国牧区雪灾分布的特点如下：一是雪灾分布比较集中，全国有 399 个雪灾县，集中分布在内蒙古、新疆、青海和西藏 4 省区；地域上形成 3 个雪灾多发区，即内蒙古大兴安岭以西、阴山以北的广大地区，新疆天山以北地区和青藏高原地区。二是存在着 3 个雪灾高频中心，即内蒙古锡林郭勒盟的东乌珠穆沁旗、西乌珠穆沁旗、苏尼特左旗、阿巴嘎旗等，新疆天山以北塔城、富蕴、阿勒泰、和布克塞尔、伊宁等地，青藏高原东北部巴颜喀拉山脉附近玉树、称多、囊谦、达日、甘德、玛沁一带。

雪灾灾次年际波动幅度大并呈现增多趋势，且增幅提高。1949—2000 年间，全国 90%以上年份都有程度不同的雪灾发生，县域雪灾发生次数的年际变化比较大，雪灾有增多的趋势。特别是 1976 年以后，无论是县域雪灾每年发生次数还是雪灾年受灾县数都在波动中增加，20 世纪 90 年代后上升幅度加大。

雪灾高值区扩展趋势较明显，雪灾高值县数、次高值县数明显增加，高值区、次高值区范围扩展加快。

据研究[2]：以当年 10 月到次年 5 月草原牧区积雪深度≥5 cm 且连续积雪日数≥7 d 统计为一次可能草原牧区雪灾过程，依据 1961—2005 年逐日积雪深度资料，逐站逐年、逐年逐站统计草原牧区雪灾过程的平均发生频次，分别给出草原牧区雪灾平均发生频次空间分布图（图 4.6）和年际变化图（图 4.7）[2]。

草原牧区雪灾的主要时空分布如下：

（1）草原牧区雪灾过程年际分布　站均发生次数 20 世纪 80 年代 0.39 次；60、70、90 年代基本持平，站均 0.36～0.37 次。1953—1960 年站均 0.43 次，2001—2005 年站均 0.45 次。

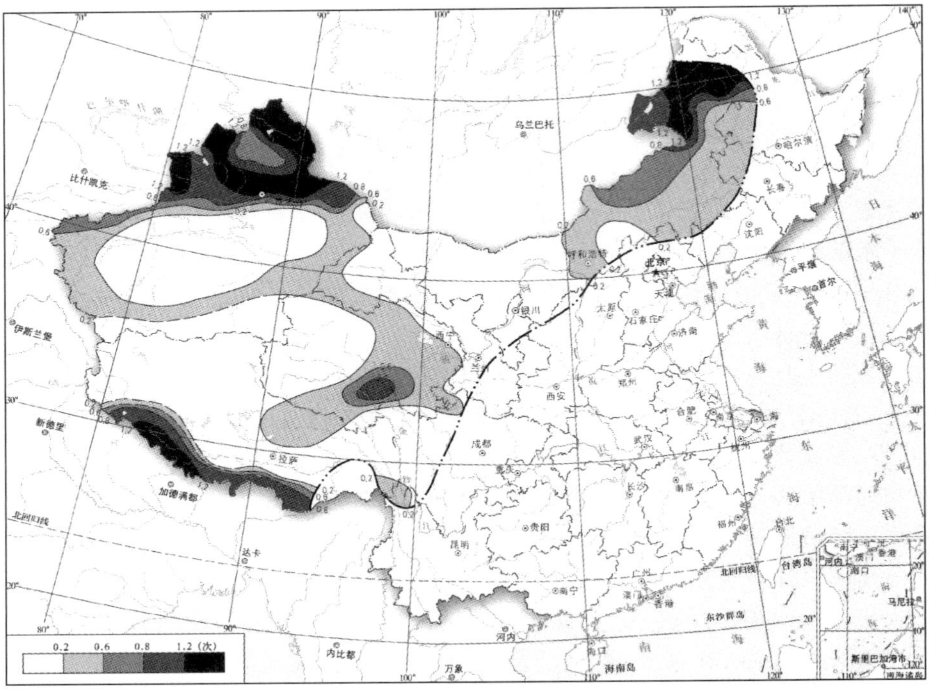

图 4.6　1961—2005 年草原牧区平均年雪灾过程次数

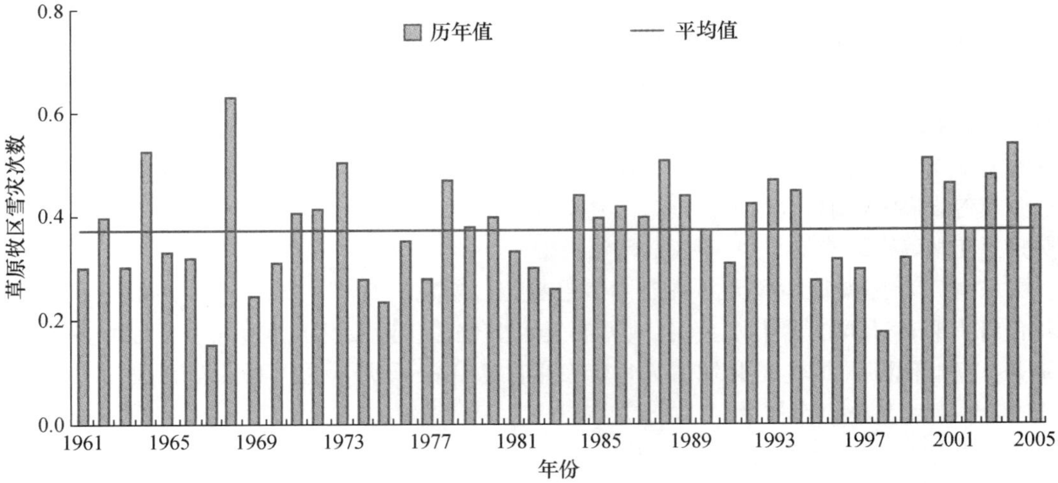

图 4.7　1961—2005 年草原牧区年雪灾过程次数变化

90 年代后期以来站均发生次数呈明显增加趋势。

(2)草原牧区年雪灾过程空间分布　站平均发生次数:①高发区,年平均次数>1.2 次,包括大小兴安岭北部、北疆中北部、西藏最南端。②次高发区,年平均次数为 0.8～1.2 次,包括大小兴安岭中部、北疆西部、西藏南部。③中发区,年平均次数为 0.2～0.8 次,包括内蒙古阴山以东、阴山以南至华北北部、北疆南部、六盘山区、祁连山区、藏北高原至青南高原一带、川西高原西部、川南部分山地、云南西北部牧区少部分地方。④低发区,年平均次数为 0～0.2 次,除上述中发区、次高发区、高发区之外的其他牧区。

(3)草原牧区年雪灾过程持续时间分布。平均持续日数:①高强度区,年平均持续日数>30 d,包括内蒙古阴山以东的北部、大小兴安岭、北疆中北部、西藏南端。②中强度区,年平均持续日数 10～30 d,包括内蒙古阴山以东的南部,新疆西部和北疆南部,藏北高原至青南高原一带,六盘山区,西藏西部和南部。③低强度区,年平均持续日数<10 d,除高、中强度区之外的其他地区。

我国草原牧区雪灾发生的规律[43],大雪灾大致十年一遇。一般性雪灾出现次数更为频繁。据统计,西藏牧区大致 2～3 年一次,青海牧区也大致如此。新疆各牧区因气候、地理差异较大,雪灾出现频率差别也大,阿尔泰山区、准噶尔西部山区、北疆沿天山一带和南疆西部山区的冬牧场和春秋牧场,雪灾频率 50%～70%,即 10 年有 5～7 年出现雪灾,其他地区在 30%以下。雪灾高发区也往往是雪灾严重区,如阿勒泰和富蕴两地雪灾频率高达 70%,重雪灾高达 50%;反之,雪灾频率低的地区往往雪灾较轻,如温泉地区雪灾出现频率仅 5%,且属轻度雪灾。

雪灾发生时段,冬雪一般始于 10 月,春雪一般终于 4 月。危害较重的一般是秋末冬初大雪形成的所谓"坐冬雪"。随后又不断有降雪过程,使草原积雪越来越厚,以致危害牲畜的积雪持续整个冬天。

雪灾发生地区与降水分布有密切关系。如内蒙古牧区雪灾主要发生在中部的巴彦淖尔市、乌兰察布市、锡林郭勒盟、赤峰市和通辽市的北部,发生频率 30%以上,其中以阴山地区雪灾最重最频繁;西部因冬季异常干燥,几乎没有雪灾发生。新疆牧区雪灾主要集中在北疆准噶尔盆地四周降水较多的山区牧场;南疆除西部山区外,其余地区很少发生。青海牧区雪灾也主要集中在南部的海南、果洛、玉树、黄南、海西等 5 个冬季降水较多的州。西藏牧区雪灾主要集中在藏北唐古拉山附近的那曲地区和藏南日喀则地区。

4.5.3 历史灾情

我国农业雪灾具有发生范围广,灾情重等特点。内蒙古、新疆、青海、西藏四大牧区,几乎每年秋冬春季节都有不同程度的雪灾发生,较大雪灾差不多每隔几年就发生一次。青海牧区流传"五年一大灾,三年一小灾","十年一大灾,五年两头灾,三年一小灾"等说法。近年来农业雪灾发生呈频次增加、强度加大、危害日趋严重的态势。综合文献报道记载[48-50],我国农业雪灾的主要历史灾情如下:

4.5.3.1 内蒙古牧区

1949 年以来,内蒙古几乎每年都遭雪灾危害。如锡林郭勒盟遭受了 4 次特大雪灾的袭击:1957 年损失牲畜 74 万头,1968 年损失牲畜 131 万头,1977 年损失牲畜 215 万头,死亡率分别为 15.8%、14.8%、25.4%,似乎存在"十年一大灾"的规律。1985 年该盟遭受了 1949 年以来的第四次大雪灾袭击,旗县和苏木之间的道路几乎全被堵塞,草场被大雪覆盖,牲畜出牧困难。然而由于全盟注重畜牧业基础设施建设,做了主动防灾准备,到 1986 年 6 月末,全盟成幼畜死亡率仅为 6.7%,灾情大大减轻。

2001 年 11 月至 2002 年 2 月,内蒙古自治区锡林郭勒盟、兴安盟、呼伦贝尔市、赤峰市、通辽市部分地区累计降雪 100 mm 以上,积雪厚度 15～40 cm,五盟(市)34 县(旗)受灾,受灾人口 203 万人，因灾死亡 40 人，2 000 万头牲畜受到灾害影响，因灾死亡 40 万头，直接经济损失 3.5 亿元。新疆阿勒泰、塔城、哈密、伊犁等 7 地(州)32 个县受灾，受灾人口 97 万人，因灾死亡 31 人，有 1 000 多万头牲畜受到灾害影响，因灾死亡 10 万多头，部分房屋损坏，直接经济损失 2.3 亿元。

4.5.3.2 新疆牧区

新疆牧区也几乎每年都有雪灾发生。据统计，新中国成立以来全疆因各种气象灾害死亡牲畜达 6 500 万头，高于历年商品畜头数的总和。一般年份都在 100 万头以上，损失 200 万头以上的年份有 15 次。其中以雪灾损失最严重。1966 年 2 月底至 3 月中旬，伊犁、塔城、阿勒泰三地区连降两场大雪，积雪深达 30～50 cm，有的地方积雪深达 70 多 cm，致使全疆损失牲畜 411 万头，仅阿勒泰地区就损失近 100 万头，占该地区总头数的 40%以上。1983 年 4 月初，南疆西部山区的大雪厚达 1 m，温宿县幼畜损失 30%。

1996 年 12 月 25 日至 1997 年 1 月 17 日，新疆阿勒泰、伊犁、巴音郭楞、塔城地区大雪成灾，冻死、饿死牲畜 98 700 头，倒塌损坏房屋 18 万间，死亡 39 人，受伤 48 人，直接经济损失 2.47 亿元。

1998 年 1 月起，新疆和静县巴音布鲁克草原连降大雪，造成百年不遇特大雪灾，1.2 万户牧民、50 万头牧畜全部受困，有 3 人受冻死亡，损失牧畜 8 462 头。

4.5.3.3 青海牧区

青海牧区从 1954 年以来发生雪灾的年份有 1954、1956、1961、1963、1965、1967、1971、1974、1977、1982、1985 等年。其中间隔最长的为 5 年，最短的为 1 年。

1982 年 3 月下旬至 4 月下旬，玉树、黄南、果洛、海西等州的大部地区先后接连降 6 次较大的雪，总量一般达 20～60 mm，其中兴海县 3 月 21 日至 4 月 10 日降雪总量达 32.1 mm，为历史同期平均值的 13 倍。积雪盈尺，局部地区雪深超过 1 m。雪后气温急剧下降，4 月全省各地平均气温大多偏低 1.5℃以上。由于这次连续降雪强度大、范围广、持续时间长，加上气温持续偏低，使越冬和产羔后的体弱牲畜成批死亡。据统计，玉树、果洛、海南、黄南、海西 5 个州 20 多个县 103 个乡遭受雪灾，占乡总数的 75%。到 5 月初全省受灾牲畜 660 万头。仔畜成活率由 70.3%下降到 53.1%，牲畜死亡 69 万头。由于牲畜体质普遍下降，灾后仍持续死亡，到 10 月底，全省牲畜累计死亡 158 万头，仅次于 1975 年的 195 万头。此外，大雪堆积，阻塞道路，致使交通中断，增加了抗灾救灾工作的困难，使灾情更趋严重。仅贵南县就有 50 多万头牲畜因交通中断被雪围困，造成历史上少有的雪灾。大雪还压垮帐篷，引发火灾，造成人员伤亡，并使不少牧民患雪盲症。仅海南州不完全统计，此次雪灾有 2 人死亡，93 人冻伤，1 800 多人患雪盲症，有 5 000 多户 27 000 多人缺粮缺燃料。

1985 年 10 月，青海省上述地区又出现罕见的大范围降雪天气，不少地区一次降雪量和地面积雪深度打破历史纪录。托托河一日降雪量达 59 mm，都兰、香日德、诺木洪中旬降雪量都超过常年同期数十倍。大雪覆盖了全省近 1 333.3 万 hm^2 草原，12 万人口、500 多万头牲畜被困。重灾区被困牧民普遍断粮断燃料，部分地区的牲畜全部死掉。如曲麻莱县的叶格、曲麻河、秋智、麻多等乡，灾前有牲畜近 85 万头，除因灾紧急宰杀和转移 24 万头外，其余全部死亡。另据统计，到 12 月中旬，灾区已死亡牲畜 80 多万头。大雪降温还造成 7 000 多人冻伤，3 人致残，2 人死亡，8 000 余人患雪盲症。

1995 年 11 月中旬至 1996 年 1 月 16 日，青海玉树、四川甘孜等地连降大雪。两省共有 14 个县 93 个乡(镇)、571 个村、20 万人受灾，死亡牲畜 70 万头(只)，直接经济损失 5.7 亿元以上。

1997 年 9 月至 1998 年 1 月，青海南部多次降雪，使海拔 4 000 多 m 的果洛、玉树两州部分地区积雪成灾，当地气温下降至 −40℃ 左右，两州雪灾面积达 13.58 万 km^2，死亡各类牲畜 11.72 万头，7 300 多牧民被冻伤或患雪盲、流感、痢疾等疾病。

4.5.3.4 西藏牧区

西藏牧区自 1956 年以来发生雪灾的年份有 1956、1961、1962、1965、1967、1971、1974、1977、1980、1985 等年。其中全区性严重雪灾有三次，即 1956、1965 和 1977 年的冬春季，大约"十年一大灾"。三次雪灾的共同特点是范围广、强度大、积雪深、持续时间长，灾情重。特别是 1976—1977 年的严重雪灾造成牧区和半农半牧区的 21 个县出现不同程度的灾情。

1992—1993 年冬春之交，内蒙古、青海、西藏和甘肃等省区的部分地区先后连降大雪，受灾草场 2 000 多万 hm^2，受灾人口 110 万，死亡牲畜 100 万头(只)。

1995 年 2 月 15 日起的半个月，西藏北部草原发生 50 年来罕见的特大雪灾，遍及那曲、聂荣等 9 个县及昌都地区西部和阿里地区东北部，受灾面积超过 25 万 km^2，有 9 个县 59 个乡、700 个村、13.4 万余人、286.73 万余头牲畜遭受重灾。

1997 年 9 月上旬至 12 月，西藏部分地区发生特大雪灾。9 月开始，那曲地区降雪达 40 余次。12 月 9 日起，强降雪面积进一步扩大到阿里地区、日喀则地区、山南地区、昌都地区的一些县，受灾地区扩大到 40 个县，是自有现代气象记录以来最重的一次。

4.5.3.5 其他牧区

2000 年 4 月 3 日起，四川省甘孜藏族自治州理塘、巴塘等县持续低温，连降大雪，大批牲畜死亡。据不完全统计，截至 4 月 15 日，全州有 14 个县的 573 个村、3 万多农户遭受不同程度的雪灾。其中灾情最重的理塘县，高山牧场积雪超过 1 m 深，死亡各类牲畜 5 万多头(只)。此外，雪灾还造成甘孜州部分地区交通中断和电信、输电设备损坏。

2008 年 1 月 10 日至 2 月 2 日，南方地区发生百年一遇的低温雨雪冰冻灾害，全国 21 个省(区、市、兵团)受灾，造成巨大损失，因灾死亡 132 人，失踪 4 人，转移安置灾民 166 万人，农作物受灾面积 1 187.42 万 hm^2，倒塌房屋 48.5 万间，因灾直接经济损失 1 516.5 亿元。严重影响区域经济发展，已演变为巨灾。

2009 年 11 月 8—13 日的北方雪灾影响河北、山西、陕西、宁夏等 8 省(市、区)，属 60 年一遇，部分地区达百年一遇，造成 962.2 万人受灾，因灾死亡 32 人，疏散公路滞留和转移安置 16.6 万人，农作物受灾面积 29.53 万 hm^2，倒塌房屋 1.5 万多间，倒塌大棚数万个，因灾直接经济损失 69.6 亿元。

4.5.4 致灾机理

4.5.4.1 农区雪灾

1. 主要危害方式

雪灾对农作物的主要危害方式有以下 5 种。①低温直接危害。包括 0℃ 以下低温造成的作物冻害或霜冻，5℃以下低温造成的南亚热带与热带作物寒害。②积冰、积雪、冰冻造成作物机械损伤、温室大棚等设施倒塌。③低温寡照造成作物发育不良。④土壤过湿造成作物根系发育不良或渍害。⑤寡照高湿诱发作物病害发生流行。

2. 主要成因

(1)长时间持续低温雨雪冰冻超出农作物的临界生长(死亡)温度，导致叶片、花蕾或幼果的组织细胞脱水甚至冻裂。

(2)长时间积冰、积雪、冰冻，造成作物和蔬菜的叶片、茎秆机械性破损、折断、开裂，果树树干和枝条折断、撕裂等。积雪过厚引起部分大棚倒塌，使设施农业遭受毁灭性打击。

(3)我国南亚热带和热带气候过渡带由于常年气温相对较高，绝大多数作物为露地栽培，采取设施防护的不多，加上种植作物多为喜温亚热带、热带作物，雪灾可导致严重寒害或冻害的发生。

(4)长时间连续低温雨雪、寡照、高湿，可造成大田作物和大棚蔬菜生长严重受阻；植株长势变弱，苗情变差，叶片卷曲枯萎，落花落果，根系萎蔫，病害加重。部分蔬菜失去商品价值，上市时间推迟。大棚秧苗由于长势衰弱或冻死苗，无法按时移栽或无苗需重播改种。融雪后排水不畅，大田作物根系生长受阻，导致田间渍害发生。

(5)冬小麦在积雪深厚、持续时间长年份，长时间在雪层覆盖下休眠。天气变暖后，积雪层下土壤湿度增大或长时间保持在0℃左右，呼吸作用加强，使秋季积累糖分大量消耗，造成碳水化合物亏损而削弱抵抗力，致使冬小麦大片死亡。同时由于雪下真菌病害(雪霉病、菌核病)导致冬小麦死亡率增大。这种现象多发生在北疆，一般以伊犁、塔城、沿天山北麓一带最严重，这是由于这些地区积雪深厚和融雪时间偏早所致。

(6)雪灾导致的电力、交通、通信系统中断等，可使主产区已采收的大量果品、蔬菜不能及时运出销售被冻烂或腐烂。

4.5.4.2 牧区雪灾

雪灾对畜牧业的危害，主要是积雪掩盖草场且超过一定深度和时间，有的积雪虽不深但密度较大，或融雪结冰形成冰壳，牲畜难以扒开雪层吃草造成饥饿，有时冰壳还易划破羊和马的蹄腕造成冻伤，致使牲畜瘦弱，常常造成牧畜流产，仔畜成活率低，老弱幼畜饥寒交迫，诱发疾病发生，死亡增多。同时还严重影响甚至破坏交通、通信、输电线路等生命线工程，对牧民的生命安全和生活造成威胁。雪灾主要发生在稳定、不稳定积雪地区，偶尔出现在瞬时积雪地区。

4.5.5 防控途径

4.5.5.1 冰雪灾害

冰雪灾害多发生在山区，一般对人身和工农业生产的直接影响不大，最大影响是对电力、铁路、公路交通等造成危害。冰雪灾害的主要防控途径如下：

(1)建立冰雪灾害监测预报系统。开展冰雪灾害的监测分析，掌握发生发展规律，准确、及时地预报或预测可能发生灾害的时间和规模，为采取正确减灾措施提供依据。

(2)加强冰雪灾害防灾减灾知识宣传普及力度，使民众能够充分了解冰雪灾害的自我防护方法，防止人为加剧灾害，减少冰雪灾害损失。

(3)基础设施建设(包括电力、铁路、公路交通选线和工矿、工程设施选址)尽量避开可能发生冰雪灾害的地点，以节省工程的防治费用；不可能完全避开时应根据避重就轻的原则选线和选址。要有超前意识，陈旧的设备必须及时更换，结构抗力等级要能够满足五十年甚至上百年一遇灾害的考验。

4.5.5.2 农业雪灾

防控农业雪灾的关键是要在做好天气预报的基础上，预先采取防护措施，加强饲草等物质储备，做好各种救灾准备工作。

1. 农区雪灾

(1)及早采取有效防冻措施，抵御强低温对越冬作物的侵袭，特别是要防止持续低温对旺苗和弱苗的危害。

(2)加强对大棚蔬菜和在地越冬蔬菜的管理，防止连阴雨雪和低温天气的危害。雪后应及时清除棚顶积雪，既减轻塑料薄膜压力，又有利于增温透光；同时要加强各类冬季蔬菜、瓜果的储存管理。

(3)趁雨雪间隙及时做好垄沟、腰沟、围沟“三沟”清理工作，降湿排涝，以防连阴雨雪天气造成田间长期积水，影响麦类和蔬菜根系生长发育。同时要加强田间管理，中耕松土，铲除杂草，提高其抗寒能力。做好病虫害的防治工作。

(4)要做好大棚的防风加固，并注意棚内的保温、增温，减少蔬菜病害的发生。

2. 牧区雪灾

(1)加强草原建设，有计划地逐步扩大人工草场种植面积，增加贮料，改善冬季饲草不足状况。

(2)根据当年饲料产量和储备情况，合理确定越冬牲畜头数，淘汰病、弱、老畜。

(3)加强棚围建设，使牲畜安全过冬。如修建家畜暖圈，在放牧转场途中利用有利地形垒筑防风墙、防雪墙等。

4.6 低温灾害

4.6.1 概念与分类

低温灾害是指在作物生长季节，由于受到低于其生育期适宜温度下限的低温影响，致使作物生育延迟或生殖器官的生理机能受损，从而造成减产的一类农业气象灾害。按不同低温灾害致灾的温度高低，可分为冷害、寒害、霜冻和冻害。

4.6.1.1 冷害

冷害是指在农作物生长季节遭受0℃以上低温的危害。按冷害发生季节，可分为春季低温冷害、秋季低温冷害、夏季低温冷害三类。按冷害发生时的低温天气气候特征，可分为低温、寡照、多雨的湿冷型，天气晴朗、有明显降温的晴冷型，以及持续低温型三类。按冷害低温对作物危害特点及作物受害症状，可分为延迟型冷害、障碍型冷害和混合型冷害三类。延迟型冷害指在作物生育前期（一般是孕穗期以前）遇较长时间低温，削弱植株光合作用，减少养分吸收，影响光合产物和矿质养分运转，使生育期显著延迟、不能正常成熟而减产。障碍型冷害指在作物生殖生长期（主要是孕穗和抽穗或抽雄、开花期）遇短时低温，植株生理机能受破坏形成空秕粒而减产。混合型冷害指在作物生育前期遇低温，延迟抽穗或抽雄、开花，后期又遇低温造成全部或部分不育并延迟成熟，导致严重减产。

4.6.1.2 寒害

寒害是指热带、亚热带植物在冬季生育期间受到一个或多个低温天气过程（一般在 0～10℃，有时低于 0℃）影响，造成植物的生理机能障碍，导致减产或死亡的灾害。按照寒害的概念界定，实际寒害发生过程中有可能伴随着霜冻、冻害的发生。即在有最低温度≤0℃的寒害过程中，如按不同低温灾害致灾的温度条件，可细分为寒害、霜冻、冻害；从一定意义上可以说霜冻、冻害是寒害过程中危害更为严重的 2 个阶段。狭义的寒害仅指 0℃以上低温对热带、亚热带作物的危害，由于饱和脂肪酸遇冷凝固造成的生理障碍与症状与一般作物受冻的表现相似，故与一般的冷害区别，称为寒害。按寒害发生的低温天气过程，一般可分为辐射降温型、平流降温型和混合降温型 3 种类型。

（1）辐射降温型寒害　主要是夜间辐射降温剧烈，白天光照条件较好，过程日平均气温不是很低，但气温日较差大，造成寒害的主要气象因子是极端最低气温。

（2）平流降温型寒害　一般是冷空气到达后，出现连续阴天或伴随有降水，过程日平均气温比较低，气温日较差小，过程持续时间相对比较长；寒害的形成除受降温程度影响外，还与寒冷的时间积累（积寒）有关。

（3）混合降温型寒害　一般是弱的冷空气到达后，出现低温阴雨天气，其后有较强冷空气补充，天气急转晴，由原来主要是平流型降温转为主要是辐射型降温。

4.6.1.3 霜冻

霜冻是指农作物生长期间受到接近 0℃的零下低温影响所造成的危害，一般发生在冬春和秋冬之交的农作物活跃生长期间，当土壤或植物表面及近地面空气层温度骤降到 0℃以下，使细胞原生质受到破坏，导致植株受害或者死亡，是一种短时间低温灾害。不同农作物类型、品种的抗霜冻能力不同，甚至同一作物品种由于播种期不同，霜冻危害后的情况也不相同。按霜冻发生早晚与季节，可分为早霜冻（秋霜冻）、晚霜冻（春霜冻）。由温暖季节向寒冷季节过渡时期的霜冻称为早霜冻或秋霜冻，主要危及尚未成熟的秋作物和未收获的露地蔬菜，以及南方的越冬作物和常绿果树。由寒冷季节向温暖季节过渡时期的霜冻称为晚霜冻或春霜冻，危害返青后的越冬作物、春播作物幼苗和开花的果树。按霜冻形成的天气可分为平流型、辐射型和平流辐射型。平流型霜冻是由强烈冷平流天气引起剧烈降温而发生的霜冻。辐射型霜冻是在晴朗无风的夜晚，植物表面强烈辐射降温而发生的霜冻。平流辐射型霜冻是辐射冷却和冷平流共同作用产生的霜冻，也称混合型霜冻。

4.6.1.4 冻害

冻害是指越冬作物、林木果树及牲畜在越冬休眠或缓慢生长期间受到 0℃以下强烈低温或剧烈变温，或长期持续0℃以下温度，引起植株体冰冻甚至丧失生理活力，造成植株死亡或部分死亡，以及牲畜冻伤或死亡的灾害。不同作物受冻害的特点不同，如冬小麦冻害可分为：①冬季严寒型，指冬季无积雪或积雪不稳定时发生的冻害；②入冬剧烈降温型，指麦苗停止生长前后因气温大幅度下降而发生的冻害；③早春融冻型，早春回暖融冻，春苗开始萌动时遇较强冷空气发生的冻害。柑橘冻害可分为：①晴冷型，指冷锋过境后天气晴朗，降温剧烈发生的冻害，雨雪后转晴更为明显；②阴冷型，指强冷空气南下至热带、亚热带地区，遭遇暖湿空气，形成阴雨寡照或雨雪连绵天气，日均温在0℃以下，日最低气温在−7℃以上发生的冻害；③混合型，指晴冷和阴冷交替发生的冻害。

4.6.2 时空分布

4.6.2.1 冷害

1. 春季低温冷害

春季低温冷害通常指南方双季早稻播种和移栽期间由倒春寒天气引起的低温、阴雨、寡照等灾害性天气，导致水稻大量烂秧、死苗。其时空分布特点为：①低温频率和降温强度随时间推移自北向南减小、减弱，降温地区逐渐缩小。早稻育秧期(2月中旬至4月上旬)日平均温度连续3 d小于10℃出现频率在广州平均每年1次，武汉2～3次，上海多于3次。②地形影响显著。秦巴山脉屏障使四川盆地比同纬度其他地区出现频率低30%～50%。③各地育秧期低温出现频率，岭南2月中下旬至3月上旬平均为10%，四川盆地3月下旬至4月上旬为10%～20%，东部沿海3月下旬至4月上旬为30%～70%，内陆地区平均为15%～40%。

低温冷害不仅危害水稻、玉米、高粱和棉花等喜温作物，谷子、大豆、小麦、蔬菜和果树等也都有可能因低温冷害而造成不同程度的减产。北方棉花、花生等喜温作物如春播后遇持续低温，种子在土壤中养分消耗过多，会发生烂种。

2. 夏季低温冷害

主要发生在北方，尤以东北最为严重。作物生长期(5—9月)10℃以上积温比历年平均值偏低50℃·d会造成粮食减产，为一般冷害年，发生几率4年一遇；偏低100℃·d为严重冷害年，平均减产8.3%，约7年一遇。

东北低温冷害具有一定的准周期性和群发性。暖期发生频率低，冷期发生频率高并形成冷害群。据统计，近90%的严重低温冷害年和70%的一般低温冷害年集中在冷期，约2年发生一次一般冷害，4年发生一次严重冷害。

按轻重程度可将东北划分为4个冷害区。①极重冷害区，冷害发生频率30%～40%，包括黑龙江北部黑河地区、伊春山区、三江平原北部和吉林省长白山区。②重冷害区，发生频率25%～30%，包括黑龙江中南部、吉林省的吉林和通化半山区及延边盆地。③中等冷害区，发生频率20%～25%，包括吉林省长春、四平、白城及黑龙江西南部和辽宁东部。④轻冷害区，发生频率20%以下，主要在辽宁省中部、西部和南部。

新疆随着棉花种植面积的扩大，延迟型低温冷害的影响日益突出，不仅使棉花减产，而且造成品质急剧下降。1996年低温冷害使南疆棉花减产40%。2001年7月28日至8月1日北疆棉区出现少见的障碍型冷害，日均温由7月27日的27℃骤然降为17℃以下，最低达12℃，减产达 50%左右，发生面积在 33 万 hm^2 以上[51]。

3. 秋季低温冷害

又称寒露风，主要于 9—10 月期间发生在我国南方双季稻区，影响晚稻孕穗和开花授粉。一般使双季晚稻空壳率达 20%～30%，严重年份，局部地区双季晚稻空壳率达 30%～50%，甚至 70%，对产量影响很大。主要特点：

(1)出现日期基本自高纬度向低纬度、高海拔向低海拔、内陆向沿海推迟(图 4.8)[52]。日平均气温小于 22℃(杂交稻低温冷害指标)出现日期平均随纬度升高 1°提早 4 d。

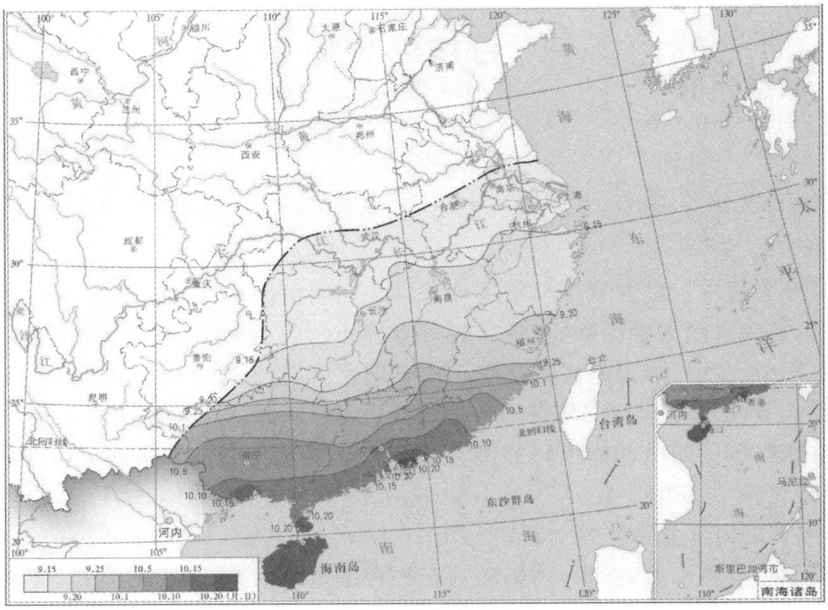

图 4.8　南方水稻寒露风出现初日(1961—2005 年平均)

(2)历年秋季第一次低温受纬度、地形影响大，受海陆分布影响小。据统计，秋季第一次 5 d 平均气温小于 20℃的低温集中出现时段，上海和武汉在 9 月第 6 候；成都为 9 月第 3 候和第 5 候；广州和南宁在 11 月第 1 候，南宁因地形影响最早出现在 9 月第 6 候，而广州在 10 月第 5 候。

(3)山区秋季低温随海拔高度变化远大于随纬度、海陆分布的变化。

4.6.2.2　寒害

寒害发生期为 10 月至翌年 3 月，主要发生时段为 12 月到翌年 2 月，主要危害经济林果、冬作物、蔬菜、花卉和养殖鱼类等。温度越低，持续时间越长，则受害越重。主要危害区域为华南地区，其中广东、广西、福建三省区受害较重。1951—2000 年间广东冬季寒害的时空分布特征如下：①寒害频数北多南少，各地平均年均 1 次，其中严重寒害近 4 成，严重寒害中又以降温型最为典型，占 6 成以上；②寒害分布于 10 月末至翌年 3 月底，其中 12 月到翌年 1 月累计占 85%，月际分布大致呈以 1 月为峰值的单峰型和 12 月和翌年 2 月多于 1 月的双峰型两种类型；③1980 年是广东冬季气温变化的分水岭，寒害年均综合频数前 30 年多(160 站次)，后 20 年少(96 站次)；④寒害年代际变化特征为自 20 世纪 50、60、70 年代逐渐增强，80 年代迅速减弱，90 年代有所回升，年代际寒害由强到弱顺序为 70、60、50、90 和 80 年代。

4.6.2.3 霜冻

霜冻主要发生在我国北方和西部地区，冬季也经常波及南方和东部。不同作物的耐寒能力不同，霜冻指标和发生空间分布也不尽相同。西北的春小麦和黄淮的冬小麦霜冻发生较重。玉米霜冻主要发生在北方春播玉米区和西北灌溉玉米区，包括东北三省，内蒙古，宁夏，河北和陕西两省北部，山西和甘肃两省大部和新疆北部。此外，冬季强冷空气暴发南下时，热带和南亚热带有时也会出现数日霜冻天气，严重危害越冬蔬菜和热带、亚热带作物。

霜冻发生的时间迟早、频次多少与区域无霜期的长短有关。纬度和海拔高度越高，无霜期越短，秋霜冻开始的时间越早，春霜冻结束的时间越迟，霜冻发生频次越高。长城以北地区春霜冻 4 月中旬到 5 月中下旬结束，秋霜冻 9 月上旬至 10 月上旬开始，无霜期不到 180 d；黄河流域春霜冻在 3 月中旬到 4 月上中旬结束，秋霜冻在 10 月中旬到 11 月上旬开始，无霜期 180～250 d；长江流域春霜冻 2 月下旬到 3 月中旬结束，秋霜冻 11 月下旬到 12 月上旬开始，无霜期 250～300 d；华南没有明确的初霜冻期和终霜冻期，华南南部终年无霜；青藏高原的高海拔地区终年有霜[18]。

4.6.2.4 冻害

冻害对种植业、林业、畜牧业和水产业都有影响，主要危害越冬作物、露地蔬菜、果树、茶树，以及草原畜牧业、水产养殖业等，在中高纬度地区发生较多。我国冬小麦冻害主要发生在准噶尔盆地南缘，陇东、陕北和晋中的黄土高原，长城沿线的冬麦北界地区和华北平原北部。油菜冻害以华北南部和黄淮平原最为严重。大白菜砍菜期冻害在东北和华北都较严重。蔬菜越冬冻害以长江流域最严重。柑橘冻害以江南丘陵冷空气易进难出地形及江汉平原、洞庭湖平原等冷空气易滞留地区为最严重。苹果等北方果树冻害以长城沿线较重。牧区冻害以高寒地区较重。

4.6.3 历史灾情

4.6.3.1 冷害

20 世纪 60—70 年代东北地区发生多次大范围严重低温冷害，给农业生产造成严重的经济损失，其中以 1969、1972 和 1976 年的冷害最严重，黑龙江、吉林和辽宁三省粮豆总产量比正常年减产 50×10^8 kg 以上，三年平均减产 57.8×10^8 kg，减产率达 20%。80 年代以来低温冷害强度和频率有所下降，但仍有发生。2002 年 8 月上中旬黑龙江省中东部地区水稻发生低温冷害，导致空秕率显著增加，据实地调查，哈尔滨东部和三江平原大部分地区水稻空秕率达 30%左右[53]。

4.6.3.2 寒害

除局地性寒害年际间常有发生外，华南地区于 1955、1957、1975、1991、1993、1996、1999 等年相继发生大范围的严重寒害，对区域冬季农业生产造成严重危害和经济损失。其中仅 1999

年寒害造成的广东农业经济损失就高达 108 亿元，广西超过 150 亿元，福建超过 20 亿元。尤其是 2008 年 1 月 10 日至 2 月 2 日南方罕见的低温雨雪冰冻灾害，对农业、林业、畜牧业以及国民经济其他方面均造成严重损失。同时，由于寒害发生后果树等承灾体的恢复需要相当长时间甚至几年，其间接损失更大。而一个中等强度的台风正面袭击广东所造成的经济损失平均约十几至 20 亿元。华南寒害已成为经济损失超过台风、洪涝的第一大灾害。

1949 年以来，广东省严重的冬季寒害共发生 7 次，分别是 20 世纪 50 年代 2 次(1955、1957 年)，70 年代 1 次(1975 年)，90 年代 4 次(1991、1993、1996、1999 年)，对全省冬季农业生产造成了严重危害和经济损失，其中仅 90 年代的 4 次寒害就给广东农业造成了 213 亿多元的经济损失(1991 年 18 亿多元，1993 年 41 亿多元，1996 年 46 亿多元，1999 年 108 亿多元)。21 世纪初虽然寒害比 20 世纪 90 年代有所减少，但 2002—2005 年也出现不同程度的寒害过程，其中 2005 年的寒害给广东冬种作物和果树带来了较大危害，水果、茶叶、蔬菜都受到较大影响，山区和低洼地带的果树部分冻死，直接经济损失 4 亿元。

4.6.3.3 霜冻

新中国成立以来，小麦霜冻损失最大的是 1953、1954 年。1953 年 4 月 10—12 日，山西、河北、山东、河南、陕西等省的大部和苏北、皖北地区发生严重霜冻，冬小麦死苗率 10%～30%，重者 100%死亡，仅安徽省就冻坏小麦 200 多万 hm^2[17]。1954 年 4 月 20 日，山西、河北、山东 3 省南部和豫北、苏北、皖北再次发生严重霜冻。仅山西省的 54 个县受害面积就达 69.3 万 hm^2，南部麦苗冻死率达 25%～50%；河南北部和东部，山东的菏泽、聊城、泰安、济宁地区减产五成以上[54]。1960 年 9 月中旬的早霜，使西北大部棉花冻死，纤维品质低劣，产量下降；1967 年 9 月东北遭受 3 次霜冻袭击，部分高粱冻死[18]。1970 年 9 月 14—19 日，黑龙江北部、吉林、辽宁西部、内蒙古大部、冀北、陕北、山西大部、宁夏大部、甘肃河西等地发生霜冻，玉米等作物受冻枯死，受害面积超过 16 667 hm^2，减产约 20%，其中内蒙古的乌兰察布盟和伊克昭盟减产 30%～40%；1975 年 5 月 15—18 日，西北地区棉花发生霜冻，以甘肃省河西走廊受害最重，其中敦煌县 80%～90%棉田受害，靖远县棉苗全部冻死；1982 年 3 月 23—27 日，贵州和长江中下游发生油菜霜冻，湖南常德地区甘蓝型油菜受冻率达 80%，湖北黄冈县受冻率在 50%左右；1986 年 4 月 20 日，华北地区发生春霜冻，番茄、青椒、架豆等蔬菜受冻死亡；1991 年 5 月 1 日，宁夏普遍发生果树霜冻，苹果受害面积 186.7 hm^2，占开花结果树的 95%[21]。1995 年河南省发生霜害面积达 97 万 hm^2，商丘有 90%麦田受害，幼穗冻死 20%～50%的就有 30 万 hm^2[55]。1996 年 4—5 月，华北和辽宁连续发生多次霜冻，杏、梨等正值花期的果树严重受害，坐果率严重下降；9—10 月初的霜冻又使发育延迟的秋粮受冻枯死，加重了冷害的损失[18]。2002 年 4 月下旬，山东省有 43 个县(市、区)遭受严重霜冻灾害，果树、桑苗、烟叶和冬小麦、蔬菜普遍受冻，农作物受灾面积达 51 万 hm^2，直接经济损失 64 亿元[3]。

4.6.3.4 冻害

我国北方小麦严重冻害年份有 1957、1961、1968、1969、1977、1980、1988、1994、2010 年等；华北大白菜砍菜期冻害有 1968、1979、1993、2009 年等；南方柑橘的严重冻害年份有 1954—1955、1968—1969、1976—1977、1990—1991 年等；北方果树严重冻害年份有 1947—1948、1956—1957、1969—1970、1976—1977、1979—1980、1993—1994、1998—1999 年等[18]，2009—

2010 年华北北部和东北南部再次发生严重的果树冻害。

4.6.4 致灾机理

崔读昌给出了冻害、寒害、冷害和霜冻的区别(表 4.3)[56]:对于冻害、寒害、冷害,从三者最基本区别的温度条件看,冻害发生时温度必须在 0℃以下,作物遭受伤害;寒害发生时温度在 0～10℃,作物遭受伤害;冷害是在温暖期间作物遭受 10℃以上的低温影响。从发生季节看,冻害发生在冬季严寒期;寒害发生在温暖气候条件的冬季;冷害发生在温暖季节。从发生的地区看,冻害以北方温带为主,南方亚热带地区有些年份也出现冻害;寒害主要发生在热带、亚热带地区少数年份;冷害发生在全国各地,但主要是在东北地区和南方初秋季节。从危害的作物看,冻害主要危害越冬作物(如冬小麦)、果树和部分亚热带作物(如柑橘)等;寒害主要危害热带、亚热带作物如橡胶、香蕉、龙眼、荔枝等;冷害主要危害喜温作物如水稻、玉米、豆类等。从危害作物生育时期看,冻害发生在作物越冬休眠期;寒害发生在作物生长缓慢或停止生长期;冷害发生在作物孕穗、抽穗、开花、灌浆期。从受害时间过程看,冻害可以是长寒死亡,也可以是短期 0℃以下受害;寒害受害过程时间较长,一般需有 2 d 以上的低温天气过程,如橡胶树辐射型寒害在 2 d 以上＜10℃的低温受害,平流型寒害在 5～10 d 的低温条件受害;冷害受害过程的时间长,一般需有 3 d 以上的低温天气。

表 4.3 冻害、寒害、冷害、霜冻的区别

类型	温度条件/℃	发生时期	生理反应	危害作物	作物状态	危害后果
冻害	＜0	冬季、早春或深秋	细胞脱水结冰	越冬作物、果树	越冬期、停止生长期	植株部分或全株死亡,减产或绝收
寒害	0～10	冬季	生理机能障碍	热带、亚热带作物	缓慢生长	植株受伤害,减产或严重减产
冷害	10～23	温暖期	生长发育障碍	喜温作物	积极生长	生殖器官受害或延迟生育,减产
霜冻	＜0	较温暖期	短时间脱水结冰	越冬作物、果树、蔬菜	正常生长	植株、花果受冻,减产或严重减产

霜冻是在较温暖时期短时间下降到＜0℃温度造成的作物伤害。霜冻在我国有两种情况,一是早霜冻或晚霜冻,发生在较温暖的春秋季节;二是冬季霜冻,发生在温暖地区(热带、亚热带),出现频率小。二者都是短时间的危害。寒潮冻害与霜冻不同,寒潮冻害发生在寒冷时期,霜冻发生在较温暖的气候条件下。寒潮冻害的温度较低,一般在－5℃以下;霜冻冻害的温度较高,一般在－5℃以上。

从作物受害机理看,冻害、霜冻是植物组织脱水而结冰,造成植株组织伤害;寒害造成植物生理机能障碍,严重的可导致植株死亡;冷害造成作物生长发育的机能障碍,导致作物减产。

霜冻害是由于幼嫩组织的细胞结冰对植株生理功能造成的综合损害。细胞内结冰可导致细胞的直接死亡。细胞外结冰虽对原生质有一定保护作用,但若迅速降温结冰膨胀会对原生质膜产生一定机械损伤。细胞液过分浓缩可能使原生质中毒。霜冻害通常是植株对低温的抵

抗力下降与外界较强低温共同作用的结果。从影响因素看，分内因和外因的影响。从内因看，品种抗寒性、发育阶段、植株高度、生长状况、养分平衡等都决定着植株抗霜冻能力的强弱；从外因看，天气、地形和土壤状况影响植株霜冻的强弱。

冻害与霜冻都与植物组织内的水分结冰有关，损害机制和影响因素也与霜冻相似，但冻害更加具有累积性，冬季的持续严寒与干旱程度、冬前抗寒锻炼好坏、越冬期间与早春的温度骤变都对冻害的轻重具有很大影响。越冬作物茎叶的轻度冻伤对产量影响不大，但冬小麦的分蘖节和油菜的根颈如被冻坏，则将整株死亡不可恢复。

寒害可导致细胞原生质膜遭到破坏，光合作用减弱、产物运输受阻，呼吸作用失调，酶促反应平衡遭到破坏，水分、养分平衡遭到破坏。

冷害可削弱植株的光合作用，增加净呼吸消耗，削弱矿物质营养吸收和破坏养分运转。低温导致叶绿体中蛋白质变性，生物酶的活性降低，甚至停止，使根部吸收水分减少而导致气孔关闭，吸氧量不足，抑制光合作用效率。低温使根呼吸作用减弱，也可导致植株营养物质的吸收率减弱，养分平衡受到破坏；低温影响了光合产物和营养元素向生长器官的输送，因此，生长中的器官因养分不足和呼吸作用减弱而变得弱小、退化、死亡。

4.6.5 防控途径

4.6.5.1 冷害

(1)根据热量资源合理调整作物种类和品种熟性布局，确定适宜当地的农作物种植结构。选择适合本地耐低温早熟避灾高产优质品种，安排适宜播栽期。

(2)合理耕作，增墒提温。主要适用于东北和新疆地区的玉米、高粱和棉花等作物。①秋翻起垄和留茬比秋平翻土壤含水量高4～8个百分点；早春活雪耙地、耢地可使土雪相融，增加表土水分；播前播后镇压可提墒促进出苗。②推广苗期深松，压缩翻地面积。③适期早播，缩短播期，抢用早春积温。④推广早熟品种“早矮密”栽培。早熟矮秆品种前期生长快，最大叶面积高峰出现早，光合效率高，可充分利用春季和初夏积温，促进生育进程。⑤除草松土，加强管理。多锄、多中耕，疏松土壤，提高地温。

(3)采取综合农业措施，调节田间小气候，提高局部温度，促早熟。主要适用于南方双季稻，东北和新疆地区的水稻、玉米、高粱和棉花等作物。①育苗移栽，培育壮秧。早育苗可延长生育期，增加积温200～300℃·d；培育壮秧，力求苗齐、苗匀、苗壮。②地膜覆盖。能提高地温，保持土壤水分，改善土壤养分与田间光照，显著促进作物生长发育。③以水增温。冷空气入侵时稻田全天灌深水或日排夜灌，可提高土壤和株间温度。深灌效果更好。喷施水面增温剂，可提早抽穗，降低空秕率。④加强后期田间管理。旱田作物放秋垄、拔大草、打底叶，水田拔除大草、割净田埂杂草，可促进作物早熟高产。玉米隔行或隔株去雄可提早成熟2～3 d。

4.6.5.2 霜冻与冻害

(1)按照作物对温度的要求和当地气候特点合理选择适宜种植地区，在种植北界附近尤应注意气候变暖的同时极端温度的影响。

(2)合理选择品种和安排播种期、移栽期。东北、西北以及华北北部的玉米、棉花等作物春季应“霜前播种，霜后出苗”。适时早播有利在初霜冻前正常成熟，避免选用晚熟品种。冬小麦应在平均气温下降到 15～18℃时播种。冬小麦和冬油菜都要注意掌握适当的播种深度，防止过浅受旱或受寒，但过深播种出苗迟，冬前苗弱，也不利于安全越冬。

(3)选用耐寒抗冻作物和品种。如不同玉米品种三叶期霜冻指标可相差 4～5℃，冬小麦不同品种经过抗寒锻炼后的临界致死温度为－8～－22℃不等。

(4)选择背风向阳、坡地中下部、靠近水体等避冻地形建经济林果种植园，营造防护林和风障。

(5)应急改善局部小气候条件。①覆盖法。用各种材料覆盖植物，如草帘、尼龙布、土。果树可在主干基部培土或包扎草被。②灌溉喷雾法。霜冻前一天灌溉可提高叶面温度，要注意一旦开始结冰就不能停止喷水，否则可能结冰。空气湿度较大时，气温须在 0℃以上才能停止；空气湿度较小时则要在 1℃以上时停止。黄瓜、番茄喷水后结冰会造成损害，不宜采用此法。北方冬小麦在入冬前通常需要灌冻水。③烟雾抗霜法。优点是作用范围较大，缺点是增温作用小且不稳定，适于轻霜冻，只对开花期果树防霜较有效。

4.6.5.3 寒害

选择避寒宜林地、营造防护林、采用耐寒品系等；对小苗可搭盖防寒罩、培土；对幼树可采用包扎塑料薄膜、稻草防寒筒以及基部培土、修枝和树脚涂封等措施。

4.7 高温热害

4.7.1 概念与分类

高温热害简称高温害，是高温对农业生物生长发育和产量形成所造成的损害，一般是由于高温超过农业生物生长发育上限温度造成的，主要包括作物高温热害和果树、林木日灼及畜、禽、鱼类热害等。

高温热害影响和危害的农作物主要有水稻、玉米、棉花、大豆等，其中以水稻最为显著；蔬菜主要有番茄、黄瓜、茄子、菜豆、马铃薯等；果树主要有柑橘、苹果、梨、猕猴桃等。高温热害是高温天气对开花至成熟期的作物产生的热害，多发生在我国南方作物夏季生长期，尤其是进入盛夏酷热较早的年份。由于不同作物对高温的耐受力不同，通常把高温热害标准定为连续 3 d 或 3 d 以上日平均气温≥30℃、日最高气温≥35℃。

水稻高温热害一般可分为花期高温热害、灌浆结实期高温热害两种类型。花期高温热害是指水稻在抽穗开花期间遭受高温危害，导致花药干枯，花粉不飞散，柱头不能正常萌发受精，形成空粒。灌浆结实期高温热害是指水稻在灌浆到成熟期间遭受高温危害，导致颖壳快速形成，库容受限，灌浆期缩短，形成高温逼熟，秕粒增多，千粒重下降。

玉米高温热害可分为延迟型危害、障碍型危害、生长不良型、混合型 4 种类型。延迟型危害指在玉米生长发育过程中，较长时间受到不同程度的高温危害，使光合作用受阻，酶活性减弱，致使生长发育减慢。障碍型危害指在玉米生殖器官分化期到抽穗开花期遭受异常高温危害，使生殖器官受到损害，造成全部或部分不育而减产，危害时间虽然较短，但受害后难以恢复，表现为秃顶、缺粒、缺行甚至无果穗而减产较大。生长不良型指玉米在营养生长期受害后高度降低，叶片数减少，粒数减少，穗变短，但成熟期没有明显延迟，对千粒重也影响不大，主要因粒数少、生长弱而减产。混合型指在同一年内发生前期高温而使生长发育不良，后期又受低温危害造成灌浆缓慢，使玉米严重减产。

4.7.2 时空分布

据 1961—2006 年全国高温日（日最高气温≥35℃）数统计[52]，我国多年平均高温日数分为东南部、西北部 2 个高温日数高值区，全年高温日数一般有 15～30 d，新疆吐鲁番达 99 d，为全国之最，江南部分地区及福建西北部年高温日数可达 35 d 左右，重庆市高温日数也较多，有 35 d。

南方地区：东南部高温日数高值区，以江南中南部（湖南中南部、江西中部、浙江南部等）、福建西北部、重庆市等地为高温高值中心，可达 30 d 以上。其他南方大部分低海拔山区（500 m 左右或以下）、丘陵、河谷、平原区高温日数也在 15～30 d，主要分布在江南和华南北部一带，包括湖南、江西、浙江、重庆除高值中心以外的地区，另外还有湖北北部、安徽南部、贵州东南部以及广西的北部和西部、广东北部、福建西北等沿海省份较远离海洋的内陆地区。

北方地区：西北部高温日数高值区主要是西北沙漠地带，以新疆的塔里木盆地为中心及周边地区。陕西南部、山西南部、河南西北部和中部等高温日数较多，为 15～20 d。其他华北、中东部地区大部分高温日数在 5～15 d。

我国水稻热害主要发生在长江流域，其中江汉平原、江淮地区、江南地区、四川盆地是高温危害的多发、重发区。

江汉平原是水稻花期高温危害的重灾区，7—8 月（中稻花期）一般高温危害天气发生频次明显大于严重高温危害天气。20 世纪 60 年代初的个别年份发生频次较高，一般高温危害天气高达 9 次，严重高温危害天气也高达 4～5 次。20 世纪 90 年代以后，平均气温≥30℃连续 3 d 特别是连续 5 d 的发生频次明显提高，没有发生高温危害的年份极少。

江淮地区 7 月下旬至 8 月中旬，中稻正处于孕穗、抽穗开花期，每隔 1～2 年就会出现持续 5 d 以上日最高温度高于 35℃的高温，出现高温危害水稻的几率较高。

江南地区热害的发生频率较高，20 世纪 90 年代浙江几乎每年出现高温逼熟，出现几率高于 20 世纪其他年代，主要出现在中西部。江西高温逼熟出现气候概率为 55.6%，平均不到 2 年出现一次。湖南高温热害主要发生在 7—8 月，全省平均年次概率约为 66%，其中部分地区曾在 1998 年 7 月 27 日至 8 月 27 日出现连续 32 d 的高温热害天气，大部分地区 20 世纪 70 年代中前期和 90 年代前期水稻高温热害较轻，20 世纪 70 年代后期到 80 年代和 21 世纪初水稻高温热害较重。

四川盆地东部是水稻高温热害的多发区，主要发生时期为 7 月中旬至 8 月上中旬，并且常常与伏旱同时出现，发生频率达 40%～80%，高温与伏旱形成的复合灾害对水稻的危害较重，造成产量波动幅度最大可达 20%以上。常年四川盆地东部伏旱期内≥35℃高温天气一般为 10～20 d，伏旱较重的 2001 年大部地区高温持续日数 20～35 d；最为严重的高温伏旱年为 2006 年，≥35℃高温日数 30～55 d，部分地区≥40℃高温日数达 5～17 d，局部地区突破 44℃，导致水稻减产幅度达 20%以上。

4.7.3 历史灾情

据文献[57]，长江流域水稻发生严重高温热害的年份有1959、1966、1967、1978、1994和2003年，但其中仅1978、1994和2003年3次高温热害有较详细的文献记载。1978年以后高温危害之所以被人们重视与杂交水稻的兴起密切相关。中国1976年开始大面积推广杂交水稻。但1978年在四川和湖北两省遇严重夏季高温，部分敏感品种结实率降至50%以下，有的降至10%。1994年一场严重高温危害曾使湖北和四川等省高产杂交稻品种"Ⅱ优63"等严重不实，几乎颗粒无收；部分田块较抗高温的"汕优63"的结实率也降到约40%。

2003年是长江流域史上最大热害发生年，高温连续发生日数和程度均刷新历史纪录，长江流域沿线中稻几乎无一例外受到严重打击，全国当年稻谷产量降至近20年来最低点。粗略保守估计，长江流域受害面积0.3亿 hm^2，损失稻谷0.518亿t，经济损失近百亿元。如当年安徽省受灾面积33万 hm^2，损失稻谷128万t；武汉市受灾面积为2.7万 hm^2，占水稻总面积的48%，产量损失平均为50.0%。田间调查表明，不同田块和不同品种受灾程度介于10%～70%之间，大部分受害田块的结实率为40%～60%，受害品种既有杂交稻也有常规稻。

4.7.4 致灾机理

1. 水稻高温热害的成因

水稻生长发育过程中以开花期对高温最敏感，灌浆期次之，营养生长期最小。就产量构成性状而言，结实率对高温最敏感，每穗粒数次之，千粒重第三，株穗数最小。影响水稻高温热害发生的主要因素有天气气候、品种特性、栽培管理水平[58]。

(1)天气气候　高温天气过程的形成是水稻高温热害发生的前提条件。水稻开花灌浆期受高温影响会使叶温升高，降低叶片同化能力，增加植株呼吸速率，使灌浆期缩短，千粒重下降，导致秕粒增加，引起明显减产。高温强度、持续时间、出现时段及昼夜温差等都对空秕率有直接影响。

(2)品种特性　水稻不同品种抗高温能力有明显差异。有些品种抵御高温的能力强，遇高温时能正常结实或空壳甚少；有的品种抵御高温能力弱，遇到高温就会出现大量空壳，甚至于颗粒无收。

(3)栽培管理水平　高温热害受害程度还与秧苗素质、植株生长状况、栽培条件、管理水平等有关。生长不够健壮的田块因营养不良、生理功能不协调、抗逆力下降，易受高温危害。

2. 水稻高温热害的危害机制

高温对水稻开花期的危害主要是引发受精不良，降低结实率。开花期是水稻对温度最敏感的时期，高温会造成水稻花而不实。危害途径[58]：影响开花，特别是高温低湿影响浆片吸水膨胀，造成不开花；影响花药开裂，高温时失水过快，影响花药开裂甚至不开裂；影响花粉活力，正常情况下花粉寿命只有5 min左右，高温下花粉寿命大大缩短；影响花粉管伸长，高于40℃时花粉管伸长明显不良；影响受精。

高温对水稻灌浆结实期的危害主要是造成灌浆成熟过程缩短，千粒重下降，产量和品质降低[59]。水稻灌浆结实期的适宜温度为23～26℃，最高温度为35℃，持续多天40℃以上的穗层温度会对植株产生影响。灌浆初期高温使籽粒灌浆不完善，秕粒增加。开花后5～10 d的乳熟前期是决定灌浆增重的关键时期。若受到持续高温的影响，会导致植株早衰，灌浆成熟过程缩短，千粒重下降。乳熟期的高温危害可使黄熟期籽粒增重大幅下降。高温逼熟导致籽粒灌浆不饱满，粒重减轻，产量下降，尤其会造成米粒疏松、碎米率提高、垩白增大、米质恶劣。

4.7.5 防控途径

农业生物高温热害的防控途径主要如下：

(1)选育和引进抗耐热农业生物品种。选育和引进适合当地气候条件下生长发育、高产、优质、抗热害的作物品种、畜禽品种和其他生物良种，使良种地方化。

(2)合理安排农业生产，避减高温危害。通过合理安排作物品种和播植期，使开花灌浆期尽量避开高温热害发生期，减轻高温热害的影响。

(3)改善田间小气候。加强水稻开花灌浆期田间水分管理，采用"以水调温"的措施，降低田土温度，增大植株间的空气湿度，缓解高温热害。水稻抽穗开花期要浅水勤灌，最好采用日灌夜排或日间喷灌，防止断水过早。

4.8 风雹灾害

4.8.1 概念与分类

风雹灾害是冰雹、雷雨大风和龙卷风等灾害的统称，是由强对流天气系统引起并常常伴随着狂风、冰雹、强降水、急剧降温等阵发性灾害性天气过程的一类剧烈气象灾害。由于这种灾害性天气发生在积雨云中，故称其为"对流性风暴"或"强雷暴"，以严重降雹为主的雷暴又称"雹暴"。这种灾害主要发生在亚热带和温带地区，是中国、美国等季风气候地区频发的自然灾害之一，但不同地区发生的频次和危害程度有所不同。

风雹灾害与系统性大风、暴雨灾害相比，具有影响范围小，发展速度快，持续时间短，但来势迅猛，灾害重，破坏力强等特点。瞬间即能造成严重危害，尤其是冰雹与短时暴雨、雷雨大风同时出现，不仅危害农业、林业，而且对工业、通信、交通等也会造成极大危害。

风雹灾害对农业的危害主要可分为大风、冰雹、暴雨(骤雨)灾害3类。

大风是指风速≥17 m/s即8级以上的风，一般风力在6级以上就可对农作物产生危害，危害大小取决于风力强度、持续时间和作物状况，大风主要造成作物、果树的机械损伤、倒伏，吹散吹跑畜群，破坏农业设施等。

冰雹是指直径大于5 mm的固体降水物，呈球形、椭球形、圆锥形和不规则状，常由透明与不透明层交替组成。中心为雹胚(霰或冻滴)，一般3～5层，通常雹块愈大，层次愈多。直径小于5 mm的称为冰粒，结构坚硬，落地会反跳；直径2～5 mm的称为霰，结构松软，着地易破碎。冰粒和霰可单独降落，危害相对较小。冰雹的危害与其大小和透明度有关。冰雹的密度在0.3～0.9 g/cm^3之间，透明冰雹的密度要大于白色冰雹，可达0.85～0.9 g/cm^3；半径1 cm的冰雹重 3.8 g,到达地面的速度一般为 20 m/s,半径 3～9 cm 的冰雹重 100 g 到 2～3 kg,速度达30～60 m/s,破坏力极大[18]。冰雹可砸伤叶片、果实,重者砸断茎秆,造成落花落果等。另外,由于降雹前后温差可达 7～10℃,可使作物遭受冷害或冻害。

根据一次降雹过程中,多数冰雹(一般冰雹)的直径、降雹累计时间和积雹厚度,将冰雹分为 3 级。①轻雹,多数冰雹直径不超过 0.5 cm,累计降雹时间不超过 10 min,地面积雹厚度不超过 2 cm。②中雹,多数冰雹直径 0.5～2.0 cm,累计降雹时间 10～30 min,地面积雹厚度 2～5 cm。③重雹,多数冰雹直径 2.0 cm 以上,累计降雹时间 30 min 以上,地面积雹厚度5 cm 以上。

暴雨(骤雨)与大风、冰雹相伴,可加剧农作物的大面积倒伏,少数降雹过程伴有局部洪水灾害等,使损失加重。

强对流天气引起的大风、冰雹、骤雨三者往往同时或伴随发生,很难准确分清各自的危害程度,因此,有关统计中统称为风雹灾害。

4.8.2 时空分布

我国风雹灾害发生的地域很广,几乎全国各地都有风雹天气,只是造成的灾害程度有所不同。据 1958—2007 年全国 755 个站逐日冰雹资料统计分析[60],大部站点每年均有冰雹发生,降雹次数较少的为每年 1～2 次,主要位于黄河流域、长江流域、华南等平原地区;年均降雹次数在 2～10 次的地区主要集中在东北、内蒙古中部、西北东部和西南部分地区;降雹次数较多的地区主要集中在青藏高原中东部和新疆西部,单站年均降雹超过 10 次,其中部分站点年均降雹次数达 34 次。总体上看,降雹次数较多的地区主要集中在山地和高原地区。

不同区域冰雹发生的频次不相同,冰雹高频次发生在青藏高原和我国北方地区,华南和长江流域频次较低。时间分布上也表现出南北差异,总体上南方早于北方。青藏高原和我国北方冰雹主要集中在 4—10 月,其中青藏高原为 6—9 月;东北和华北为 5—9 月,西北为 4—9 月;南方冰雹主要集中在 1—5 月,其中西南全年都有冰雹,高发时段为 2—5 月,华南和长江流域为 2—4 月。

降雹日数的多少虽可在一定程度上反映雹灾的频繁程度,但往往与雹灾的严重程度关系不密切。我国东部平原及西部的一些盆地是主要农业区,农作物产量较高,降雹日数虽少,但多发生在农作物产量形成的关键时期,且雹块较大,所以造成的损失严重。而西部地区和山区降雹日数虽多,但雹块一般较小,农作物产量较低,所以造成的损失比东部平原、盆地要轻。中国雹灾灾情分析表明[61],降雹与成灾在空间分布上有明显的差异。南方降雹日数较少,北方较多,但成灾中心相对向东、向南扩展,集中在黄淮海平原、江南丘陵地区,全国降雹最多的青藏高原地区很少成灾。

4.8.3 历史灾情

我国是世界上冰雹灾害比较严重的国家,有 20 个省(市、区)、几百个县经常遭受雹灾。每年遭受冰雹灾害从数百县次到 2 000 多县次。1949 年以来,遭受风雹灾害较重的年份有 1956、1961、1978、1980、1983、1985、1990、1993 和 1998 年[61,9]。1961—2006 年,我国平均每年农作物受灾面积 380 万 hm^2，成灾面积 181 万 hm^2。严重年份农作物受灾面积可达 600 万 hm^2 以上，其中 2002 年高达 747.7 万 hm^2[52]。

综合文献报道[21,62-65]，我国风雹灾害的部分个例如下：

1972 年 4 月 15—21 日，中国东部广大地区，北起山东，南至广西，西至四川，东到闽浙，先后发生雹灾，17 个省（市、区）总计受灾农田 46.67 万 hm^2，毁坏房屋 50 多万间，300 余人死亡，3 000 多人受伤。

1986 年 4 月 10 日，江西省遭受严重雹灾，52.3 万户受灾，伤 5 222 人，死亡 129 人，倒塌房屋 34 万间，损坏农田 89 万 hm^2，减收粮食 1 076 万 kg，直接经济损失 1.8 亿元。

1987 年，据不完全统计，全国受雹灾农田 512.21 万 hm^2，毁坏房屋 179.77 万间，死亡 396 人，受伤 11 754 人，直接经济损失 11.799 亿元。

2005 年 8 月 3 日，南阳市邓州、内乡等地遭受冰雹袭击，造成 2 人死亡，35 人受伤，1 000 多间房屋损坏，4.13 万 hm^2 的高秆作物绝收，直接经济损失约 1.3 亿元，受灾人数达 46 万人。

2006 年，受气候反常影响，短时雷雨大风等强对流天气发生频繁，风雹灾害比较突出，共造成全国 5 813.5 万人受灾，死亡 554 人，紧急转移安置 53.9 万人，农作物受灾面积 438.73 万 hm^2，绝收 70.46 万 hm^2，倒塌房屋 25.8 万间，损坏房屋 143.9 万间，因灾直接经济损失 258.4 亿元。

2009 年 5 月 25 日，江西省上饶市铅山县、德兴市、三清山发生风雹灾害，灾害共造成 21.42 万人受灾，紧急转移安置 2 334 人，农作物受灾面积 6 454 hm^2，倒塌房屋 48 间，损坏房屋 4 145 间，直接经济损失 7 102 万元。

2009 年 5 月 29 日，鞍山市台安县遭受风雹灾害袭击。截至 6 月 2 日 07 时统计，此次灾害共造成 5 105.0 人受灾，农作物受灾面积 1 247.8 hm^2，绝收 387.6 hm^2，直接经济损失 1 834.5 万元。

1950—1970 年，甘肃省几乎年年有雹灾，平均每年受灾面积 10.13 万 hm^2，粮食减产 1 亿 kg，1956 年受灾最重，受灾面积达 25 万 hm^2。

1961—2005 年，据不完全统计，贵州省因冰雹造成的农作物受灾面积达 4 573.76 万 hm^2，一般年份受灾面积在 5.3 万～13.3 万 hm^2 之间，重灾年的受灾面积在 13.3 万 hm^2 以上，因冰雹灾害造成的死亡人数达到 985 人，受伤人数达 9 382 人，砸死牛马 4 579 头，砸伤牛马 2 406 头，砸死猪羊 2 万多头，直接经济损失为 40 多亿元，其中 1998 年造成的经济损失最大，达到 11 亿元多，2001—2005 年每年造成的经济损失都达到 1 亿元以上。

4.8.4 致灾机理

风雹灾害的危害主要是四个方面：

1. 大风的影响

大风能刮倒农作物，造成大面积减产。尤其是北方小麦产区，如果在灌浆期遇到风雹灾害，将造成大片倒伏，导致灌浆过程减缓或终止，严重降低产量。另外，大风易导致农业设施损毁，建筑物倒塌或垮塌，直接造成人员伤亡。如果形成龙卷风，对局地的危害非常大。

2. 冰雹的影响

每年 4—6 月是我国雹灾发生次数最多的时段，为降雹盛期。这一阶段恰好是春耕季节。冰雹危害主要表现在雹块从高空急速落下，冲击力大，再加上猛烈的暴风雨，使摧毁力得到加强，经常让农民猝不及防，有的还导致地面人畜伤亡。冰雹一般会将农作物砸坏、砸死，直径较大的冰雹会对正在开花结果的果树、玉米、蔬菜等农作物造成毁灭性的破坏，直接影响到对城市的季节供应，常年使丰收在望的农作物顷刻之间化为乌有。另外，冰雹还可毁坏居民房屋、砸坏建筑物，在城市还容易砸伤汽车，经济损失惨重。

3. 暴雨的影响

风雹天气的暴雨一般时间比较短，但影响比较大。大雨往往造成农作物被淹、地面积水、人行受阻等。

4. 雷电的影响

风雹灾害一般伴有雷电，往往导致人员被直击伤亡。如 2009 年 6 月 3 日河南省济源市两位农民在把自家耕牛牵回牛棚时，被雷电击倒而死亡。

4.8.5 防控途径

(1)加强风雹预报，在冰雹到来之前抢收或采取防护措施。

(2)在多雹地带种植牧草和树木，增加森林面积，改善地貌环境，破坏雹云形成条件，以减少雹灾。

(3)种植抗雹或恢复能力强的作物，适当调整播种期，尽量使抽穗开花至灌浆成熟等敏感期避开冰雹危害时节。

(4)开展人工消雹，用炮、飞机在云层中播撒催化剂促使降水。三七高炮是我国目前人工防雹作业广泛使用的主要工具，通过炮击雹云，使其分散、提前降雨。

(5)多雹地区的降雹季节，农民下地应携带防雹器具，如竹篮、柳条筐等，以减少人身伤亡。

(6)灾后补救。根据不同作物、不同生育期的受灾程度决定是否毁种。灾后要加强田间管理，如及时培土、中耕、浇水、施肥，促使作物尽快恢复生长。

4.9 酸雨

4.9.1 概念与分类

酸雨是指 pH 小于 5.6 的雨雪或其他方式形成的大气降水(雾、霜)，广义指酸性物质的干、湿沉降。其酸性成分主要是硫酸，也有硝酸和盐酸等。酸雨主要由化石燃料燃烧产生的二氧化硫、氮氧化物等酸性气体，经过复杂的大气化学反应，被雨水吸收溶解而成。

我国的酸雨主要是因大量燃烧含硫量高的煤而形成的，多为硫酸雨，少数为硝酸雨。此外，各种机动车排放的尾气也是形成酸雨的重要原因。酸雨对农业、林业、生态环境以及社会经济发展等均可造成影响和危害，尤其是对农作物、土壤、水体、森林、建筑、名胜古迹等危害严重，常造成重大经济损失。

酸雨可分为湿沉降与干沉降两大类。湿沉降是指所有气状污染物或粒状污染物，随着雨、雪、雾或雹等降水形态而落到地面；干沉降是指在无降水时，从空中降下来的落尘所带的酸性物质。

酸雨中的阴离子主要是硝酸根和硫酸根离子，根据两者在酸雨样品中的浓度可以判定降水的主要影响因素是二氧化硫还是氮氧化物。二氧化硫主要是来自于矿物燃料（如煤）的燃烧，氮氧化物主要是来自于汽车尾气等污染源。根据硫酸根和硝酸根离子的浓度比值可将酸雨分为三类：①硫酸型或燃煤型，硫酸根/硝酸根＞3；②混合型，0.5＜硫酸根/硝酸根≤3；③硝酸型或燃油型，硫酸根/硝酸根≤0.5。由此，可以根据一个地方的酸雨类型来初步判断酸雨的主要影响因素。

按年降水的平均 pH，降水酸度可分为碱性（pH＞7.00）、中性（5.60～7.00）、弱酸性（4.50～5.60）、较强酸性（4.00～4.50）和强酸性（＜4.00）5 个等级。根据酸雨的危害程度，可将酸雨划分为强酸雨（pH＜4.5）、弱酸雨（4.5≤pH＜5.6）2 个等级。依据区域的年降水平均 pH 可判别该区域是否为酸雨区。除年均降水 pH 之外，酸雨率是判别某地区是否为酸雨区的又一重要指标。酸雨率是指该地区一年出现酸雨的降水过程次数除以全年降水过程的总次数。一般认为：年均降水 pH 高于 5.60，酸雨率 0～20％，为非酸雨区；pH 在 5.30～5.60 之间，酸雨率 10％～40％，为轻酸雨区；pH 在 5.00～5.30 之间，酸雨率 30％～60％，为中度酸雨区；pH 在 4.70～5.00 之间，酸雨率 50％～80％，为较重酸雨区；pH 小于 4.70，酸雨率70％～100％，为重酸雨区。

4.9.2 时空分布

我国酸雨面积已占国土面积的 40％，成为继欧洲和北美之后的第三大酸雨区。我国酸雨区主要分布在秦岭淮河以南、青藏高原以东的广大地区，一般划分为华中、西南、华东和华南 4 个酸雨区[66-67]。华中酸雨区污染最为严重，其中以长沙、怀化、赣州、南昌为代表的湖南和江西省是华中酸雨区酸雨污染最严重的区域，其中心区年降酸雨频率高达 90％，几乎到了逢雨必酸的程度；华南酸雨区主要分布在以珠江三角洲为中心的广东东南部和广西东部；西南酸雨区以四川的宜宾、南充，贵州的遵义和重庆市为中心；华东酸雨区则分布范围较广，覆盖江苏省南部、浙江全省、福建沿海地区和上海，高酸雨频率和高酸度降水的城市比例仅次于华中酸雨区。北方地区虽然燃煤释放的酸性气体更多，但由于土壤和悬浮在空气中的尘粒大多偏碱性，起到中和作用，只在局部地区如青岛、图们等地出现酸雨。

20 世纪 80 年代，我国的酸雨主要发生在以重庆、贵阳和柳州为代表的川、贵和两广地区，酸雨区面积为 170 万 km^2。到 90 年代中期，酸雨已发展到长江以南、青藏高原以东及四川盆地的广大地区，面积由 1985 年的 175 万 km^2 扩大到 1996 年的 384 万 km^2，约占全国国土总面积（960 万 km^2）的 40％，11 年中扩大了 209 万 km^2，pH＜5.6 降水等值线也从长江以南地区大幅度地向西向北移动，越过了长江和黄河。酸雨监测结果表明，20 世纪 90 年代全国降水酸度总体上保持稳定状态，2000 年以后降水酸度呈现出总体升高的趋势，到 2005 年，降水中的硫酸根和硝酸根的平均浓度分别升高 12％和 40％。重酸雨区的面积由 2002 年占国土面积的 4.9％增加到 2005 年的 6.1％。90 年代以来，以长沙、赣州、南昌、怀化为代表的华中酸雨区污染水平超过西南酸雨区成为全国酸雨污染最严重的地区；西南酸雨区虽然有所缓和，但仍维持较严重的水平；华南酸雨区总体格局变化不大；以南京、上海、杭州、福州、青岛和厦门为代表的华东沿海地区也成为我国主要的酸雨区。华北、东北的局部地区也出现酸性降水[66-68]。

1993—2006 年的 14 年间，我国主要酸雨区分布在长江以南的广大地区，其中以重庆、湖南、江西和广东等省(市)酸雨污染最为严重;另外,北方地区也存在范围不小的酸雨区,主要分布在京、津、冀、河南省和山东省的部分地区。酸雨区总体上呈范围扩大、强度稍有减弱的趋势。其中,北方酸雨区范围扩大明显,且酸雨强度增强趋势明显;南方酸雨区范围基本保持不变,但酸雨污染重灾区由西南地区逐步转移至华中和华南中部地区[69]。

全国酸雨强度以1993—1998年为最强。1998年全国实行酸雨控制区或二氧化硫污染控制区的“两控区”政策以后,1999—2002年酸雨强度有所降低,2003—2007年重又加强,全国年均酸雨日数、酸雨量逐年上升,且增幅较为明显,2006年达到1993—1998年的平均水平,2007年全国平均酸雨日数为1993年有系统观测数据以来的最高值。与2007年相比,2008年发生较重酸雨(pH<5.0)的城市减少1.1%,发生重酸雨城市所占比例基本持平[70]。

4.9.3 历史灾情

酸雨是我国现阶段面临的严重环境问题,酸雨污染每年给我国造成的损失超过1 100亿元。整个大气污染所造成的损失大约占中国每年GDP的2%~3%[71]。

酸雨对农业、林业等生产危害十分严重。酸雨可导致土壤酸化,加速土壤矿物质营养元素流失;改变土壤结构,导致土壤贫瘠化,影响农林植物正常发育;酸雨还能诱发农林病虫害,使作物减产、林木蓄积量减少。仅在我国酸雨污染比较严重的江苏、浙江、安徽等11个省(区),酸沉降引起的森林木材储蓄量减少和农作物减产所造成的直接经济损失每年分别高达44亿和51亿元,11个省(区)的年生态效益经济损失约为459亿元[66]。我国以四川盆地受酸雨危害的森林面积最大,约为27.56万km^2,占林地面积的31.9%。酸雨造成森林生长量下降,木材经济损失每年达1.4亿元,贵州木材经济损失为0.5亿元[68]。

1982年5月14日,降水pH为3.6~3.7,雨后发现重庆部分区县的秧苗普遍发黄。6月18日,巴县境内夜间降酸雨,使得长生、天文乡一带上万亩水稻叶片发红枯死,查酸雨pH为3.9~4.0。雨后发现巴县有大约666.7 hm^2水稻叶片赤红,严重者枯死,使得当年水稻减产5%左右。同日,测得市区铜元降水pH为3.94,沙坪坝为4.23[72]。

“七五”期间,对华南地区酸沉降影响农作物、森林研究结果表明,酸沉降引起广东农作物减产面积26.384万hm^2,产量减少3亿多kg,受影响的主要是较敏感的蔬菜类及少量抗性差的粮食作物,广东针叶林受酸沉降影响的材积损失量为246.4万m^3/年,减产面积129.3万hm^2,农作物、森林减产区主要分布在广州、韶关、佛山、肇庆、茂名等区域[73]。

1985—1990年间,重庆因酸雨、酸雾造成的损失达5.4亿元,占同期全市生产总值的3.19%。因酸雨沉降造成的物种退化、名胜古迹受损、对人体和物种生存的潜在影响,更是无法用价值来衡量的[74]。

国家“八五”科技攻关课题研究成果显示,酸雨对我国农作物和森林影响巨大。1997年江苏、浙江等7省因酸雨造成约1 000万hm^2农田减产,年经济损失达37亿元;森林受害面积128.1万hm^2,年木材损失6亿元,森林生态效益损失54亿元。到目前为止还没有统一的办法对酸雨造成的农业损失进行估算。有专家认为,在没有成熟资料时可参考下列数据进行估算:蔬菜减产15%;果树减产15%;蚕桑业减产5%;粮食在重度污染时减产15%,中度污染时减产10%,轻度污染时减产5%[75]。

4.9.4 致灾机理

酸雨的形成是多种自然和人为因素共同作用的结果，其前提条件是大气中必须有大量致酸物质的存在，而酸性物质的中、远距离输送对区域酸雨形成的贡献也很显著。酸雨的形成受大气中致酸物质、颗粒物的支配，受降水、风向风速、边界层温度、大气稳定度、大气混合层高度等污染气象条件的影响，易诱发酸雨出现的气象条件：降水少、风速小、大气稳定度强及逆温等不利气象条件下，大气中污染物的浓度过高会导致降雨的酸性加大[76]。

4.9.4.1 酸雨对植物的危害

酸雨对植物的伤害分表观伤害和不可见伤害两种[77]。叶片表观伤害是指酸雨在叶表面引起的可识别的形态结构变化，包括褪绿，伤斑，叶片卷曲、萎蔫和枯落等现象。表观伤害特征及伤害阈值因作物种类、叶龄和酸雨强度、作用时间及频次等不同而有差异。不可见（生理）伤害指酸雨直接或间接引起植物内部生理生化过程、亚显微结构等变化，包括膜脂过氧化加剧，质膜透性增加，气孔抗阻降低，胞液 pH 和原生质等电点下降，叶绿素减少，光合速率下降和呼吸速率上升，酶活性改变等。

酸雨对植物的危害也可分为直接危害、间接危害[66]。直接危害是指酸雨对植物产生直接作用而引起的危害，包括对植物形态结构的破坏、细胞膜的损伤、代谢功能的抑制、生长发育的阻滞和产量降低等，如酸雨可以阻碍植物叶绿体的光合作用，影响种子的发芽率等。间接危害是指酸雨进入土壤后改变了土壤理化性质，导致土壤酸化，降低土壤肥力和生产能力，间接影响植物的生长。

4.9.4.2 酸雨对土壤的影响

酸雨对土壤的影响主要有三个方面[71]：①使土壤中的活性铝增加。酸化后，加速土壤中含铝的原生和次生矿物风化而释放大量铝离子，植物长期过量地吸收铝，会中毒，甚至死亡。②导致土壤营养元素的流失。酸雨能加速土壤矿物质营养元素如钾(K)、钠(Na)、钙(Ca)、镁(Mg)等的流失，改变土壤结构，导致土壤贫瘠化，影响植物正常发育。③酸化的土壤极大地影响了土壤微生物的活性。酸雨可使土壤微生物种群变化，细菌个体变小，生长繁殖速度降低，影响营养元素的良性循环，造成农业减产。

4.9.4.3 酸雨对水体的影响

酸性降水还会将多种有毒的金属元素，特别是铝迁移到水环境中。在水体 pH 降低为 5 时，铝的毒性最大。大气酸性降水对水体中的生物也存在直接伤害。当水体 pH 降低到 5.0 以下时，甲壳类动物、浮游生物、软体动物等小生物的生长和繁衍会受到严重抑制。当水体的 pH 降到 4.0 时，大多数鱼类和水生动物会死亡。另外，酸雨还直接影响水体中浮游生物、大型水生植物、附着藻类的生长发育，改变整个水生生态环境。

4.9.4.4 酸雨对建筑物的危害

酸雨对金属、石料、水泥、木材等建筑材料均有很强的腐蚀作用。酸雨能使非金属建筑材料(混凝土、砂浆和灰砂砖)表面硬化水泥溶解,出现空洞和裂缝,导致强度降低,从而损坏建筑物。酸雨对金属物品腐蚀十分严重。对电线、铁轨、船舶车辆、输电线路、桥梁、房屋、机电设备等均会造成严重损害。酸雨对古建筑和石雕艺术品腐蚀十分严重。世界上许多古建筑和石雕艺术品遭酸雨腐蚀而严重损坏,如罗马的文物遗迹、加拿大的议会大厦、我国的乐山大佛等。水利、仓库、温室等农业设施的水泥构件和金属构架也经常受到酸雨的腐蚀。

4.9.4.5 酸雨对人体健康的危害

酸雨对人体健康的危害主要有直接和间接危害两方面。酸雨会刺激皮肤,引起红眼病和哮喘等多种呼吸道疾病;酸雨可使儿童免疫力下降,易感染慢性咽炎和支气管哮喘,致使老人眼睛、呼吸道患病率增加。酸雨还对人体健康产生间接影响。酸雨使土壤中的有害金属被冲刷带入河流、湖泊,一方面使饮用水水源被污染;另一方面,这些有毒的重金属会在粮食和鱼类机体中沉积,人类因食用而受害。

4.9.5 防控措施

酸雨是一个国际性环境问题,不能依靠一个国家单独解决,必须共同采取对策,最根本的途径是减少人为硫氧化物和氮氧化物的排放。可以采取的措施有以下方面:

(1)采用原煤脱硫技术,优先使用低硫燃料,如含硫较低的低硫煤和天然气等,从源头消减二氧化硫(SO_2)排放量。

(2)改进燃煤技术,减少燃煤过程中二氧化硫和氮氧化物的排放量。

(3)采用烟气脱硫装置。对煤燃烧后形成的烟气在排放到大气中之前进行烟气脱硫、脱硝。

(4)发展节能技术,开发新能源,如太阳能、风能、核能、可燃冰等。

(5)选用抗酸性强的农作物品种和树种,尽量减少农、林业的经济损失。

(6)提高土壤缓冲能力,缓解土壤酸化过程,如施用绿肥和有机肥,在酸化土壤地区可酌情施用石灰。

4.10 复合灾害

4.10.1 概念与分类

复合农业气象灾害是指由多个气象要素异常组合而引起的农业气象灾害。其中最常见的是由两个或三个气象要素值的异常组合引起的。理论上任何气象要素值的异常组合都有可能构成复合气象灾害,但实际生产中,有些组合并不出现或很少出现,如阴雨天通常不会伴随高温。

单一气象因素异常引发的灾害实际上也包含着多种致灾因素,如越冬作物的冻害,既与低温强度及持续时间有关,又与气象条件是否有利于冬前抗寒锻炼有关,还与越冬期间是否有积雪及其维持时间和厚度以及返青期的气象条件是否有利于恢复生长有关。但因其主导因素是越冬前后的低温，通常不列入复合气象灾害。

由气象因素诱发的生物灾害，由于主导的致灾因子是细菌、真菌等微生物、昆虫或寄生虫等有害生物，气象因子只是其诱发环境或触发因素，通常也不列为复合气象灾害。由气象因素诱发的滑坡、泥石流等地质灾害也是如此。有些生物灾害和地质灾害可以看作是气象灾害的次生灾害，但并不能改变其灾害类别。需要注意的是，诱发这些生物灾害或地质灾害的气象因子往往也具有复合性，如大多数植物病害至少需要一定的温度与湿度条件的配合。

表 4.4 给出了农业生产上常见复合农业气象灾害的致灾要素构成及其危害[2]，本节以干热风与连阴雨为例，进行复合农业气象灾害介绍。

表 4.4　常见复合农业气象灾害的致灾要素构成及其危害

复合气象灾害	致灾气象要素	影响和危害
连阴雨	光照不足，温度偏低，降雨偏多	水稻烂苗，春播出苗差；授粉不良，光合速率下降；烂场
干热风	高温，空气干燥，小风	逼熟，加剧大气干旱，授粉不良
雷雨或冰雹	大风，局地强对流，阵雨	风害倒折，大风机械损伤，雷击
暴风雪	低温，降雪，大风	雪害，冻伤，大风机械损伤
风沙	大风，沙尘，低层空气不稳定	大风机械损伤，沙尘污染，风蚀
沙尘暴	强风，强对流，沙尘	大风机械损伤，沙埋，风蚀，污染
台风	强风，暴雨	大风机械损伤，洪涝，风暴潮，海浪，引发滑坡、泥石流等次生地质灾害
雨后暴热枯熟	前期低温，中小雨后温度急升	根系死亡，叶片萎蔫，停止灌浆
寒潮	大风，低温	冻害，大风机械损伤
酸雨	降雨，大气污染物	腐蚀植物和建筑物
冻旱或抽条	土壤干旱，低温，多风	越冬作物冻害，生理干旱，枝条干枯
伏旱高温	高温，少雨	热害，作物萎蔫
泛塘	低压，高温，寡照	水体溶解氧减少，导致鱼类窒息死亡

4.10.1.1　干热风

干热风是一种高温、低湿并伴有一定风力的农业灾害性天气。干热风仅发生在暖季的植物生长旺盛期。干热风主要危害我国北方小麦，对棉花、玉米和长江中下游的水稻有时也会产生危害。小麦扬花灌浆期的干热风可使小麦在很短时间内失去水分平衡，发生青枯或灰绿、青灰，各种生理功能受到严重影响，千粒重明显下降，导致显著减产。

根据干热风气象要素组合对小麦的影响和危害的差异，我国小麦干热风可分为三种类型：①高温低湿型，是北方小麦干热风的主要类型，在小麦扬花灌浆过程中都有可能发生，一般发生在小麦开花后 20 d 左右至蜡熟期。干热风时温度突升，空气湿度骤降，并伴有较大的风速。②雨后青枯型，亦称雨后热枯型或雨后枯熟型，一般发生在乳熟后期，即小麦成熟前 10 d 左右，表现为雨后猛晴，温度骤升，湿度剧降。但有时雨后湿度并不低，也不刮风，同样能造成青枯和严重的经济损失。因此,也有人认为是与干热风不同的另一种复合型气象灾害。③旱风型,又称热风型,一般发生在小麦扬花灌浆期间,表现为风速大,湿度低,与一定高温配合,此类灾害主要发生在新疆和西北黄土高原多风地区。

4.10.1.2 连阴雨

连阴雨是指在作物生长季中出现连续阴雨达 3～5 d或以上的天气过程。其显著特点是多雨、寡照,并常与低温相伴,是由降水、日照、气温等几种气象要素异常共同引起的。确定连阴雨过程时可含有短暂的晴天,其降水强度包括小雨、中雨、大雨或暴雨。

连阴雨在不同的季节发生地区不同,常见的连阴雨有:南方稻区春季连阴雨,长江流域初夏梅雨季节的连阴雨,北方地区盛夏的连阴雨,西北地区东部、长江中下游、西南地区秋季连阴雨,中东部地区冬季连阴雨等。其中以春秋两季的连阴雨对农业生产影响较大。在作物生长发育阶段,连阴雨有时会导致湿害,但更多的往往会因长时间缺少光照,植株体光合作用削弱,加之土壤和空气长期潮湿,造成作物生理机能失调、感染病害,导致生长发育不良;在农作物成熟收获阶段,连阴雨会导致籽实发芽、霉变,使农作物产量和质量遭受严重影响。

连阴雨过程常常与低温过程相伴,根据阴雨和气温的状况,可划分为低温型阴雨、温暖型阴雨、前冷后暖型阴雨、前暖后冷型阴雨、冷暖交替型阴雨等。按照温度又可分低温连阴雨和高温连阴雨两种,前者日平均气温低于 12℃,后者高于 12℃。根据连阴雨的发生时段对作物生长发育的影响,又可划分为春播期连阴雨、开花期连阴雨和收获期连阴雨。

4.10.2 时空分布

4.10.2.1 干热风

小麦干热风主要发生在黄淮海平原、河西走廊和新疆三个地区。黄淮海平原干热风日数最多分布于太行山以东冀鲁豫交界地区和汾渭谷地;西部分布在吐鲁番盆地、塔里木盆地、安西敦煌盆地。小麦干热风危害敏感期在开花第 16～20 天以后,即灌浆中后期至籽粒成熟前。由于各地小麦生育期不同,干热风发生时期差异很大。一般从 5 月上旬开始由南向北、由东南向西北逐渐推迟,至 7 月中下旬终止,冬麦区通常早于春麦区。在同一地区,海拔越高发生越迟。黄淮海冬麦区出现在 5 月末至 6 月上旬初,占干热风总日数的 50%～80%;晋中、冀北、鲁东为 6 月中旬,占 40%左右;宁夏平原与河套为 7 月上中旬,占 30%～60%;甘肃河西走廊为 6 月中旬和 7 月上旬;新疆各旬分配差异不大。

4.10.2.2 连阴雨

连阴雨天气的出现主要受天气系统季节性分布的影响,其对农业造成的危害则与农业生产的季节性密不可分,因此连阴雨的时空分布呈现出明显的季节性与地域性。春季连阴雨主要出现在我国长江流域及其以南地区,影响春播和夏收作物生长发育;初夏连阴雨主要出现在长江流域一年一度的梅雨季节;秋季连阴雨主要出现在我国西部地区,形成“华西秋雨”。

(1)春播期连阴雨　主要出现在我国东部地区,江南、华南地区主要出现在早稻育秧阶段,往往与低温相伴;长江中下游地区主要出现在棉花播种期。显著特点是:降水持续时间长,雨区范围广，雨量强度小，光照差。

(2)开花期连阴雨　主要出现在两个时段：一是春季，主要出现在长江中下游夏收粮油作物的开花结实期；二是夏末秋初，主要出现在秋收作物开花期。

(3)收获期连阴雨(烂场雨)　主要发生在春末夏初的麦收季节和秋季玉米、棉花等作物的收获季节，其中最为典型的是麦收烂场雨和华西秋雨。

4.10.3 历史灾情

4.10.3.1 干热风

干热风由于正值小麦灌浆、增重和成熟期而直接产生严重影响。小麦干热风危害轻的年份导致减产5%～10%，严重年份减产20%～30%。

1981年，陕西省5月6—8日出现干热风天气过程，渭南地区小麦减产一成约5万t。其中有些地区小麦每穗少收3～4粒，千粒重降低3～5 g，早收6～7 d。蒲城县是该区小麦主产县，小麦面积6.8万hm^2，共减产1.8万t，减产两成多，平均每公顷旱地少收375 kg、水地少收90 kg；境内草原大队为旱作区，小麦全部干枯，毁种玉米。华县受灾面积0.4万hm^2，减产三成左右，其中0.23万hm^2河沙滩土地小麦有400 hm^2颗粒无收[74]。

1982年，北方13个省(市、区)受干热风危害面积1 446.7万hm^2，占小麦播种面积的70.9%，即超过2/3的小麦种植区受到干热风危害；当年减产小麦18.4亿～36.8亿kg。

甘肃省1961—2006年的46年间，以1964、1975、1988和1991年干热风危害最严重[78]。

1964年7月26—28日，酒泉市各县出现一次较强的干热风，小麦一般受灾减产20%左右，严重的地方达30%以上，棉花也受到一定影响。这次干热风敦煌风力超过8级，最高温度达37℃，棉花、谷子减产，果树一半果实脱落。敦煌干热风危害后棉花蕾数损失率30%～35%。安西最高温度37.2℃，棉花、瓜菜受灾干枯，小麦落粒或青干，减产约15%，棉花减产约10%。

1975年7月13—16日的干热风天气，使张掖和武威两市大多数县的春小麦大面积青秕，千粒重下降8～10 g，使小麦减产5%～10%。

1988年7月中下旬在肃州、金塔、安西等县(区)出现了干热风天气。肃州区有4 670 hm^2小麦受干热风危害，安西县有20%的复种作物因干热枯死，金塔县的带田小麦亦受干热风危害较大。

1991年6月20—24日和7月8—14日，两次干热风天气对河西走廊开花乳熟期春小麦造成严重危害，敦煌有7 300 hm^2春小麦受害，千粒重下降；安西西半部春小麦千粒重下降1～4 g；金塔春小麦千粒重比1990年下降10 g；甘州的春小麦减产300万kg。

1994年冬春，山西全省雨雪稀少，春季气温偏高且多大风，使57.3万hm^2小麦严重受旱，小麦灌浆关键期的5月中下旬，南部麦田遭到为时20 d的干热风袭击，其中中等强度干热风达8 d之久，致使运城、临汾地区的小麦千粒重降低3～5 g，减产30万t[74]。

1995年7月1—3日，新疆乌鲁木齐市头屯河垦区发生干热风，持续3 d，是垦区成立以来最严重的干热风，造成大面积农作物落花或秕粒，减产30%以上[74]。

2004年6月12—15日，新疆奎屯河流域连续出现40℃以上的高温、4～6级大风持续4 h

的干热风天气过程，导致棉花叶尖被吹干；小麦芒变干，黄熟期缩短 5 d，千粒重下降，减产10%～15%[79]。

2005 年 6 月 15—20 日，山西长治市连续出现重度干热风天气，致使 30 000 hm^2 小麦减产 20%以上[80]。

雨后青枯造成的损失往往不亚于干热风。1991 年 6 月上旬后期华北平原北部连日阴雨，有些地区还下了大暴雨。雨后一两天最高气温迅速上升到 30℃以上，小麦普遍烂根青枯死熟，千粒重比正常水平下降 10%以上。

4.10.3.2 连阴雨

1. 春播期连阴雨

1951—1980 年，在江南、华南双季稻区早稻播种期，当日平均气温≤12℃连续日数≥3 d 的低温阴雨天气出现时，烂秧率可达 30%～40%，重者可达 60%～70%。其中以 1969、1970、1976 年最为严重，烂秧率超过 30%，有的年份和区域达 50%。如 1970 年仅广西地区烂种就达 0.5 亿 kg 以上；1976 年长江中下游地区日平均气温在 12℃以下的有 18 d，仅湖南、江西、湖北水稻就损失 3 亿～4 亿 kg。1996 年春，我国江南又出现长达 20 d 左右的低温阴雨天气，给水稻育秧带来较大困难。不仅损失大量种子，而且因补种延误播种季节，使早稻成熟期延迟，影响晚稻栽插，使晚稻抽穗扬花期易受低温危害。

2000 年 2—3 月，长江流域大部地区多雨寡照，2 月江南大部阴雨日数达 10～19 d，四川东南部和贵州大部多达 14～23 d，3 月上中旬江南大部阴雨日数达 10～17 d，平均每天日照不足 2 h，棉花播种及冬小麦、油菜生长均受到影响。

2002 年入春以后，湖北大部地区降雨比历史同期偏多近 1 倍，尤其是 4 月下旬至 5 月，大部地区平均气温降至 12℃以下，为历史罕见，且降水集中，自 4 月 22 日起的一个月里，低温伴着连绵阴雨，其间降水几乎达到湖北省全年降水的一半，给湖北省造成严重灾难，春播的水稻、棉花等农作物出现了严重的烂种死苗现象，有近一半的农田需要改种；此外，蔬菜、瓜果、茶叶等经济作物也受到很大影响。

2. 开花期连阴雨

2003 年，为典型的秋收作物花期连阴雨年，8 月中旬至 9 月上旬黄淮及汉水流域出现了历史同期罕见的低温、阴雨寡照天气，陕西中南部、河南大部、山东西南部、湖北大部和安徽、江苏两省北部粮棉主产区的气温比常年同期明显偏低，雨日多在 20 d 以上，光照严重不足，其中 8 月中旬气温偏低 3～5℃，平均每天日照不足 2 h。此时正值夏玉米抽雄吐丝、春玉米结实灌浆、一季稻抽穗扬花及灌浆、棉花开花结铃阶段，正是产量形成的关键时期。长时间的低温、阴雨寡照使开花期的玉米花粉吸水破裂，雌雄花花期不遇、授粉受阻，玉米空秆、秃尖率增高，果穗短小，缺行、缺粒多，导致产量大幅度的下滑；由于阴雨寡照伴随着低温，中稻和单季晚稻抽穗扬花及灌浆也受到严重影响，结实率明显降低；棉花伏桃、秋桃数量偏少，落铃、烂铃现象十分严重，产量和品质均大幅度下降。据灾后实地调查：陕西中南部、河南大部玉米的空秆率高，部分地区秃尖率高达 50%以上，缺行、缺粒很普遍，玉米果穗长度不及常年的 50%；棉花坐桃率比常年明显偏低，有的棉株几乎没有结桃；湖北东部地区中稻平均结实率仅 30%～50%。受灾严重的河南粮食总产减产幅度达 10%以上，棉花总产减幅达 40%以上；安徽粮食总产和棉花总产减幅均超过 10%；湖北、江苏粮食总产的减产幅度为 5%～10%，棉花总产的减产幅度在5%左右。

3. 收获期连阴雨(烂场雨)

1989年6月上中旬,华北平原大部地区出现连阴雨天气,使正在收割期间的小麦霉变、发芽,造成的损失较大。

江淮地区"烂场雨"出现的几率平均约十年两遇,但20世纪90年代以来有加重趋势,1991、1994、1996、1998年均出现过"烂麦场",最严重的是1991年,整个麦收期与连续阴雨基本同步,导致夏熟作物严重减产,且品质下降。

2000年11月,江南和华南东部部分地区出现连续10 d的连阴雨天气,影响了部分地区晚稻的收割进度,未收割的晚稻出现稻穗发芽、倒伏,已收割的晚稻未晒干而霉变。

2003、2005两年均出现明显的华西秋雨,连阴雨期间的降水量较大,黄河流域和渭水流域先后发生秋汛,导致部分地区秋收作物大幅度减产。2007年从9月26日到10月14日,西北地区中东部、华北中南部、黄淮北部及西南地区东部等地出现了持续阴雨(雪)天气,其中西北地区东部、华北中南部、山东中北部、四川东北部的降水量普遍在50 mm以上,比常年同期普遍偏多2～5倍,降水日数达7～17 d,使上述地区夏玉米、马铃薯等秋作物无法及时收获,玉米籽粒发生霉变、发芽,马铃薯块茎腐烂,棉花无法正常采摘,出现烂铃,品质和产量都有所下降。

4. 冬季连阴雨

2001和2002年的12月,江淮、江汉、江南、西南地区东部出现了近年来少有的大范围连阴雨(雪)天气,阴雨寡照严重。其中,2002年12月江淮、江汉、江南、西南地区东部阴雨(雪)累计日数达13～20 d,大部地区月日照时数仅30～80 h,降水量偏多1～3倍,农田土壤相对湿度超过90%,部分低洼田块积水明显,形成湿、渍害,小麦分蘖受阻,晚播小麦、油菜难以形成壮苗。

4.10.4 致灾机理

4.10.4.1 干热风

1. 天气成因

我国黄淮海地区干热风形成的天气系统,依据1959—1978年黄淮海地区78次干热风天气在700 hPa高空图上的直接影响系统进行分类归纳,可分为三种类型。

(1)西北气流型　欧亚上空为两槽一脊,东海岸为一深槽,华北和西伯利亚平原是一宽广高压脊,乌拉尔山维持低槽。在此类天气形势影响下,黄淮海地区受西北气流控制,上游又有暖平流输送,加上空气湿度小,天气晴朗,太阳辐射强,高空槽线过境后24～36 h即可出现干热风天气,持续3～4 d。此类型干热风的几率占42%。

(2)高压脊型　欧亚上空为一脊一槽,东海岸为一深槽,黄淮海至西伯利亚平原受西北气流控制,沿北纬35°～40°有一小高压配合温度暖舌东移,至河套后形成华北暖高压脊,导致干热风天气。在此类天气形势影响下,河套小高压是移动性的,干热风持续时间较短,一般只有1～2 d,且强度弱。此类型干热风的几率占30%。

(3)高压后部型　此类型的天气形势与第二种有联系,即高压后部的干热风天气往往是由高压脊内部转至高压脊后部时产生。此时空气湿度尚未来得及增加,而气温高,即出现干热风天气。但随着脊后偏南气流随时间增长,强度加大,空气中湿度增加,云层形成,则干热风天气结束。故此类型干热风持续时间短,一般 1～2 d,强度弱,几率占 28%。

我国西北地区干热风形成的天气系统,主要是从中亚地区东移过来的高压脊,在青藏高原和西北地区得到发展和加强,其次是青藏高原原地有暖高压脊发展北挺。受高压脊影响的地区,中、低层维持下沉气流,天气晴朗,且不断有暖平流输送,导致干热风天气的形成。在多数情况下,西北地区的干热风是由上述两类过程的叠加而形成。

2. 危害机理

干热风对小麦的危害主要是高温引起的热害和低湿及风引起的旱害两方面。小麦植株体在高温低湿持续胁迫到一定时间后,便使细胞代谢紊乱,生理变化失调,主要表现在以下几个方面。

(1)蒸腾失水加剧。在干热风胁迫下,由于温度猛升,湿度骤降,加上风力的扰动,使大气蒸发力加强,小麦植株叶片内外的水势差增加,从而使蒸腾强度急剧增强。研究表明,干热风天气条件下的小麦植株蒸腾强度一般比正常天气条件下高 30%～50%,最高可以达到 66.7%。

(2)根系活力减弱。小麦根系吸收水分和矿物质元素的功能下降。

(3)叶绿素含量降低。一方面使叶绿素迅速解体破坏,另一方面又使叶绿素的合成受阻,从而使小麦叶片中叶绿素含量明显降低,叶片颜色变淡,严重时呈灰白色。据北方小麦干热风科研协作组 1980 年在郑州测定,干热风出现后第三天,叶绿素降低了 57%以上,平均每天降低 19.11%,而在 1982 年无干热风条件下测定,叶绿素含量平均每天仅降低 6.64%。

(4)光合速率下降。小麦植株大量失水,叶片含水量迅速下降,绿色面积减少,破坏了植株光合作用的正常进行,光合速率明显下降。温度越高,叶绿素的破坏越快,光合速率降低越多。

(5)灌浆速度减慢,灌浆期缩短。干热风胁迫对小麦所产生的伤害,最终影响到光合产物的制造、输送、转移与贮藏,综合表现为灌浆速度下降、灌浆期缩短,最终导致千粒重下降。

(6)发生雨后青枯的麦苗大多根系发育不良,到灌浆中后期根系明显衰老。在雨前和雨中气温偏低,雨后土壤氧气不足,气温突然猛升,根系不能适应环境的突变而迅速死亡,导致灌浆突然终止和显著减产。由于茎叶中的叶绿素来不及降解和转移到籽粒中,因而不能正常落黄,外观上表现为青枯。由于小麦籽粒中的蛋白质主要是在灌浆后期随着叶蛋白的分解输往籽粒的,发生青枯的小麦蛋白质含量很低,品质很差。

4.10.4.2 连阴雨

1. 天气成因

连阴雨的出现与影响我国雨带迁移的西风带和副热带高压系统的季节性变化有关,连阴雨天气出现的区域也有明显的季节变化,从冬季过渡到夏季时,连阴雨的雨区由南向北推移,从夏季到冬季时,则由北向南推移,与雨带位移的特点相一致。春季,南方的暖湿空气开始活跃,北方冷空气开始衰减,但仍有一定强度,冷暖空气常交汇在长江和华南之间,锋面也常常停滞或徘徊于此,在地面天气图上出现准静止锋。在 700 hPa 等压面图上,出现位于地面准静止锋的北侧的东西向切变线。连阴雨天气的位置就出现在地面锋和 700 hPa 等压面上的切变线之间。当锋面和切变线的位置偏南时,连阴雨发生在华南;偏北时,就出现在长江和南岭之间的江南地区。初夏锋面在长江中下游地区徘徊,造成该地区梅雨期的连阴雨。而秋季的连阴雨，主要发生在北方冷空气开始活跃、南方暖湿空气开始衰减、但仍有一定强度的形势下，其过程与春季相似，只是冷暖空气交绥的地区不同，因而连阴雨发生的地区也和春季有所不同。南方地区春季、江淮地区秋季、华北平原春末夏初、华南地区的秋季等都常有连阴雨发生。

2. 危害机理

农作物主要生长季内几种典型的连阴雨灾害由于其发生的季节与区域不同，对农业生产造成的影响各异。

(1)春季连阴雨　主要出现在华南(2—3 月)和长江中下游地区(3—4 月)，并常常与倒春寒天气同时出现。此季正值早稻育秧，棉花等作物播种，冬小麦、油菜产量形成阶段，低温连阴雨会造成水稻烂秧、棉花烂种、冬小麦和油菜等湿害。对农业影响较大的梅雨期连阴雨为早梅雨和长梅雨，常会引发作物的渍涝灾害。

(2)开花期连阴雨　初夏正值长江中下游地区的梅雨期，棉花处于花铃期，长梅雨期间的多雨、高温、高湿、寡照天气，造成棉花蕾铃大量脱落；还会造成地下水位过高，影响作物根系的正常生长；雨量大的年份还会导致洪涝、渍害的发生。长梅雨期间的连阴雨对处于孕穗、灌浆阶段的水稻也有不利影响，造成空秕粒增加、粒重下降；使早稻生长缓慢、生育期延迟，影响晚稻及时栽插。

(3)秋季连阴雨　主要出现在长江中下游和西南地区，长江中下游一般发生在 9—10 月，可使晚稻籽粒发芽霉烂，棉花烂铃落铃；华西秋雨发生于陇南、关中、陕南、鄂西、湘西和川黔大部，出现在 8 月下旬至 11 月中旬，以 9—10 月为集中，常造成作物倒伏、霉烂发芽。

(4)冬季连阴雨　主要出现在长江中下游冬麦、油菜产区，由于阴雨连绵，日照时数不足，田间湿度大，地温低，土壤含水量长期处于饱和状态，作物根系缺氧，呼吸受抑，活力衰退，吸收水、肥能力下降，且土壤中有机物质在厌氧条件下，产生还原性有毒物质毒害根系，导致根系生长不良，根量减少；也使植株体内的氮素代谢下降，功能叶叶片内氮素含量明显减少，造成植株苗小叶黄或僵苗。在华北、黄淮等地也会出现冬季连阴雨雪天气，对日光温室中蔬菜生长发育影响较大，并引发温室蔬菜的病害。同时，因阴雨雪期间常常有积雪或苫盖等覆盖，温室气温下降幅度不大，而除去积雪或揭苫后，由于连阴雨雪后转晴，往往正是强冷空气控制之时，夜间辐射冷却增强，温室气温随之大幅度下降，蔬菜容易遭受冷害或冻害，导致植株萎蔫或急速凋枯死亡。

另外，由于连阴雨，湿度过大，还可引发某些农作物病虫害的发生及蔓延。

4.10.5　防控途径

4.10.5.1　干热风

(1)营造农田防护林，可降低气温、增加湿度、削弱风速和减少蒸发蒸腾。中原小麦实行桐麦间作可有效防御或减轻干热风危害。

(2)选用耐干热风品种、早熟品种。选用早熟品种，适时早播、促苗早发，可争取早抽穗躲过高温；抗逆品种通常叶片小而厚、直立紧凑，较为耐寒耐热。

(3)适时合理灌溉，保持适宜土壤水分，增加空气湿度。薄地和沙土地应避免在大风和降雨天气的中午烈日下浇灌。

(4)增施磷肥、有机肥和苗期控水松土,促进根系下扎,提高后期对干旱的抵抗力。

4.10.5.2 连阴雨

(1)根据气候变化规律合理安排农事活动。特别是播种、收获等关键农事季节应尽量避开连阴雨常发时段。

(2)加强肥水管理。遇到连阴雨,要及时进行田间排水除湿、增施磷肥,促进根系发育,培育壮株,增强抗逆性。

(3)选用耐渍涝、耐阴品种。粳稻品种的耐阴性一般要强于籼稻。

(4)及时抢收、适时播种。播种、收获等关键农事季节要根据天气条件的变化,及时进行抢收、适时播种。

(5)推广有利于壮秧的先进技术。早稻育秧采用薄膜覆盖与旱床育秧可调节秧田小气候,育秧棚内晴天比棚外高7~8℃,阴天高2~3℃;阴天维持时可视低温情况加盖一层膜以提高膜内温度;抛秧缩短了早稻秧龄,也可减轻连阴雨的危害[81]。

(霍治国 张 蕾 姚 森 王 丽)

参考文献

[1]《中国的气候与农业》编辑委员会.中国的气候与农业:节本.北京:气象出版社,1992:1-5.

[2] 霍治国,王石立,等.农业和生物气象灾害.北京:气象出版社,2009:1-15,90-92,100-103,109-110,146-151.

[3] 秦大河.影响我国的主要气象灾害及其发展态势.中国应急救援,2008(6):4-6.

[4] 胡天媛,孙梦洁.从2008年南方雪灾看我国政府公共危机管理.经济师,2009(5):8-9.

[5] 郭晓宁,李林,刘彩红,等.青海高原1961—2008年雪灾时空分布特征.气候变化研究进展,2010,6(5):332-337.

[6] 罗志涛,郑国富,黄洪贵,等.水产养殖业洪涝灾害与防灾减灾对策.福建水产,2011,33(1):73-76.

[7] 刘引鸽,韩景卫,李建芳.主要气象灾害分析.宝鸡文理学院学报:自然科学版,1998,18(1):35-38.

[8] 陈端生,龚绍先.农业气象灾害.北京:北京农业大学出版社,1990:1-17.

[9] 刘彤,闫天池.我国的主要气象灾害及其经济损失.自然灾害学报,2011,20(2):90-95.

[10] 白玉洁,段海花,侯学源.我国主要气象灾害对农业生产的影响及应对策略.安徽农业科学,2011,39(16):9931-9935.

[11] 郭纪.气象灾害及危害.赤峰学院学报:自然科学版,2008,24(5):62-64.

[12] 亢艳莉.气候变化对宁夏农业的影响.农业科技通报,2007(6):125-128.

[13] 孙林海,陈兴芳.南涝北旱的年代气候特点和形成条件.应用气象学报,2003,14(6):641-647.

[14] 李翠金.中国暴雨洪涝灾害的统计分析.灾害学,1996,11(1):59-63.

[15] 孙杭生,徐芃. 影响我国农业生产的气象灾害分析. 边疆经济与文化,2009(4):1-3.
[16] 王凌,罗勇,徐良炎,等. 近 35 年登陆我国台风的年际变化特征及灾害特点. 科技导报,2006,24(11):23-25.
[17] 张养才,何维勋,李世奎. 中国农业气象灾害概论. 北京:气象出版社,1991:1-23,129-130,261-262,267-269.
[18] 郑大玮,郑大琼,刘虎城. 农业减灾实用技术手册. 杭州:浙江科学技术出版社,2005:12-38.
[19] 陈峪. 1998 年我国主要气象灾害综述. 灾害学,1999,14(3):59-63.
[20] 黄会平. 1949—2007 年全国干旱特征、成因及减灾对策. 干旱区资源与环境,2010,24(11):94-98.
[21] 中国农业科学院. 中国农业气象学. 北京:中国农业出版社,1999:280-281,312-314,336-337,374-377.
[22] 袁嘉祖. 近 600 年来我国北方的主要旱灾. 河北林果研究,2000,15(4):380-382.
[23] 黄朝迎. 1992 年中国气象灾害综述. 灾害学,1993,8(4):58-62.
[24] 黄朝迎. 1994 年中国主要气象灾害综述. 灾害学,1995,10(2):80-84.
[25] 黄朝迎. 1997 年我国主要气象灾害综述. 灾害学,1998,13(2):85-88.
[26] 孙冷. 1999 年我国主要气象灾害及异常气候事件. 灾害学,2000,15(4):61-65.
[27] 国家防汛抗旱总指挥部办公室. 2000 年全国旱情及抗旱行动情况. 防汛抗旱,2001(1):52-56.
[28] 冯长根,郭新亚. 2001 年我国事故与灾害状况综述. 安全与环境学报,2002,2(6):3-7.
[29] 万海斌,杨卫忠,刘金梅,等. 2007 年抗御水旱灾害的启示. 中国防汛抗旱,2008(2):31-34.
[30] 于景华,王丽娟,唐中华,等. 植物对干旱胁迫的生理和分子反应. 现代化农业,2006(12):1-4.
[31] 闫志利,牛俊义. 作物对干旱胁迫的响应机制研究进展. 河北农业科学,2009,13(4):6-10.
[32] 盛绍学,石磊,李彪. 安徽省油菜涝渍灾害孕灾环境特征及其指标研究. 安徽农业科学,2008,36(30):13099-13101,13189.
[33] 陈旭平. 益阳市 2004 年内涝渍灾及减灾对策. 湖南水利水电,2004(6):32-33.
[34] 黄会平,张昕,张岑. 1949—1998 年中国大洪涝灾害若干特征分析. 灾害学,2007,22(1):73-76.
[35] 左海洋,阎永军,张素平,等. 新中国重大洪涝灾害抗灾纪实. 中国防汛抗旱,2009(增刊):20-38.
[36] 张辉,许新宜,张磊,等. 2000—2010 年我国洪涝灾害损失综合评估及其成因分析. 水利经济,2011,29(5):5-9,71.
[37] 李德明,张秀娟,陈娟. 涝渍对植物光合作用的影响及其生理危害. 北方园艺,2010(5):210-212.
[38] 时明芝,周保松. 植物涝害和耐涝机理研究进展. 安徽农业科学,2006, 34(2):209-210.
[39] 沈永平,王国亚,魏文寿. 冰雪灾害. 北京:气象出版社,2009:1-5.

[40] 中国减灾.2008 年十大自然灾害事件.中国减灾,2009(1):7-9.
[41] 郭树明.2008 年雪灾对我国南方农业的影响.农技服务,2008,25(2):1-2.
[42] 李志其.2008 年自然灾害对家禽养殖业的影响.中国禽业导刊,2008(17):40-42.
[43] 民政部国家减灾中心灾害信息部.雪灾知识问答.中国减灾,2005(1):52-53.
[44] 刘少才.冰雪灾害和防御.生命与灾害,2009(12):15-17.
[45] 张祥松,施雅风.中国冰雪灾害研究.地球科学进展,1990(3):40-45.
[46] 张祥松,施雅风.中国的冰雪灾害及其发展趋势.自然灾害学报,1996,5(2):76-85.
[47] 郝璐,王静爱,满苏尔,等.中国雪灾时空变化及畜牧业脆弱性分析.自然灾害学报,2002,11(4):42-48.
[48] 黄朝迎.我国草原牧区雪灾及危害.灾害学,1988(4):45-48.
[49] 民政部国家减灾中心灾害信息部.1992 年以来中国重大雪灾记录.中国减灾,2005(1):56.
[50] 白媛,张建松,王静爱.基于灾害系统的中国南北方雪灾对比研究——以 2008 年南方冰冻雨雪灾害和 2009 年北方暴雪灾害为例.灾害学,2011,26(1):14-19.
[51] 李国英,段继军,孔军,等.2001 年北疆棉区低温冷害的发生特点及几点建议.新疆农业大学学报,2002,25(3):24-28.
[52] 中国气象局.中国灾害性天气气候图集(1961—2006 年).北京:气象出版社,2007:49-56,66,74-81.
[53] 王萍,王桂霞,石剑,等.黑龙江省 2002 年农业气象灾害综述.黑龙江气象,2003(3):24-25.
[54] 冯玉香,何维勋.霜冻的研究.北京:气象出版社,1996:1-9.
[55] 李茂松,王道龙,钟秀丽,等.冬小麦霜冻害研究现状与展望.自然灾害学报,2005,14(4):72-78.
[56] 崔读昌.关于冻害、寒害、冷害和霜冻.中国农业气象,1999,20(1):56-57.
[57] 田小海,罗海伟,周恒多,等.中国水稻热害研究历史、进展与展望.中国农学通报,2009,25(22):166-168.
[58] 杨晓春,林瑞坤,吴振海.水稻高温热害的研究进展.福建农业科技,2006(2):68-69.
[59] 马宝,李茂松,宋吉青,等.水稻热害研究综述.中国农业气象,2009,30(增 1):172-176.
[60] 符琳,李维京,张培群,等.近 50 年我国冰雹年代际变化及北方冰雹趋势的成因分析.气象,2011,37(6):669-676.
[61] 王瑛,王静爱,吴文斌,等.中国农业雹灾灾情及其季节分区.自然灾害学报,2002,11(4):30-36.
[62] 黄岩,谢世友,王李云,等.冰雹灾害对河南农业的影响及防御措施.安徽农业科学,2006,34(23):6174-6176.
[63] 中国减灾.2006 年全国风雹灾害情况.中国减灾,2007(2):12.
[64] 段英.冰雹灾害.北京:气象出版社,2009:100-129.
[65] 汪丽.贵州冰雹灾害及其防御.贵州气象,2010,34(5):16-18.
[66] 吴丹,王式功,尚可政.中国酸雨研究综述.干旱气象,2006,24(2):70-77.
[67] 张赟,李代兴.我国酸雨污染现状及其防治措施初探.北方环境,2011,23(8):121-122.

[68] 牛建刚，牛获涛，周浩爽. 酸雨的危害及其防治综述. 灾害学，2008，23(4)：110-116.
[69] 赵艳霞，侯青. 1993—2006 年中国区域酸雨变化特征及成因分析. 气象学报，2008，66(6)：1032-1042.
[70] 张新民，柴发合，王淑兰，等. 中国酸雨研究现状. 环境科学研究，2010，23(5)：527-532.
[71] 赵志龙. 我国酸雨状况及综合防治对策研究. 矿冶，2007，16(3)：63-68.
[72] 马力. 中国气象灾害大典：重庆卷. 北京：气象出版社，2008：316.
[73] 胡迪琴，苏行. 广州地区酸雨对植物的影响及损失估算. 生态科学，1999，18(1)：25-29.
[74] 丁一汇. 中国气象灾害大典：综合卷. 北京：气象出版社，2008：343-344，451，466-467.
[75] 陈启红，黄艳飞. 酸雨的危害及防治. 吉林农业，2011(5)：244-245.
[76] 邓伟，刘荣花，熊杰伟，等. 当前国内酸雨研究进展. 气象与环境科学，2009，32(1)：82-87.
[77] 陶丽华，周青. 农业环境保护中的酸雨监测技术. 中国生态农业学报，2006，14(4)：34-37.
[78] 刘德祥，孙兰东，宁惠芳. 甘肃省干热风的气候特征及其对气候变化的响应. 冰川冻土，2008，30(1)：81-86.
[79] 杨新海. 奎屯河流域干热风发生规律及防御措施. 新疆农垦科技，2008(5)：60-61.
[80] 王正旺，苗爱梅，李毓富，等. 长治小麦干热风预报研究. 中国农业气象，2010，31(4)：600-606.
[81] 杨晓光，李茂松，霍治国. 农业气象灾害及其减灾技术. 北京：化学工业出版社，2010：103-104.

第5章

气象与农业生物灾害

5.1 农业生态系统与农业生物灾害

5.1.1 农业生态系统

农业生态系统是指在一定农业地域，人类根据生态系统原理，利用生物技术和生态机能，进行农业生产的综合体系，是一种人工生态系统。

农业生态系统是在一定时间和地区内，人类从事农业生产，利用农业生物与非生物环境之间以及与生物种群之间的关系，在人工调节和控制下，建立起来的各种形式和不同发展水平的农业生产体系。与自然生态系统一样，农业生态系统也是由环境、绿色植物、动物和微生物四大基本要素构成的物质循环和能量转化系统。农业生态系统是一个自然、生物与人类社会生产活动交织在一起的复杂的大系统，它是一个自然再生产与经济再生产相结合的生物物质生产过程。自然再生产过程，是指种植业、养殖业与海洋渔业等，实质上都是生物体的自身再生产过程，不仅受自身固有的遗传规律支配，还受光、热、水、土、气候等多种因素的影响和制约，即受到自然规律的支配。经济再生产过程，是指农业生产按照人类经济目的进行的投入和产出，受到经济和技术等多种社会条件的影响和制约，即受社会经济规律的支配。人类从事农业生产，就是利用并促进绿色植物的光合作用，将太阳能转化为化学能，将无机物转化为有机物，再通过动物饲养，以提高营养价值，使农业生态系统为社会尽可能多地提供农产品。同时，人类运用经济杠杆和科学技术来提高和保护自然生产力，提高经济效益。

在农业生态系统的四大基本要素中，农业环境因素一般包括光能、水分、空气、土壤、营养元素和生物种群，以及人和人的生产活动等。生产者指自养型生物，主要是绿色植物，包括各种农作物和人工林木等。它们通过光合作用制成有机物质，除供应本身的生长繁育外，还作为其他异养生物的食物和能量来源。消费者包括草食动物、肉食动物、杂食动物、寄生动物和腐生动物等，均为异养型生物。其中草食动物如牛、羊、马、兔等直接靠摄食植物生存，具有把植物食料转化为肉、蛋、奶、皮、毛和骨等产品的功能。分解者主要指依靠动植物残体生存、发育、繁殖的各种微生物，包括真菌、细菌和放线菌等。它们能把生物的残体、尸体等复杂有机物质最终分解成能量、二氧化碳、水和其他无机养分。绿色植物的光合产物，通过消费者和分解者的转化途径，最后分解为无机物质和热能返回到农业环境，其中一部分再供绿色植物吸收利用，由此构成一个连续不断的物质循环和能量转化系统。其中，除太阳辐射能是一切生态系统能量的基本来源外，在农业生态系统中，常常还由人类以栽培管理、选育良种、施用化肥和农药以及进行农业机械作业等形式，投入一定的辅助能源，因而增加了可转化为生产力的能量。农作物的高生产力，在很大程度上是由人类投入的各种形式的辅助能源来维持的。

与自然生态系统相比，农业生态系统具有以下不同的特点：

(1)社会性　农业生态系统作为一种人工生态系统，具有社会性。大量的农产品离开农业系统，源源不断地进入社会经济领域；而大量的农用物资包括化肥、农药、农业机械等又作为辅助能量，源源不断地从社会经济领域投入农业系统。这种物质、能量的投入和产出的数量因不同的物质技术水平和农业经营方式而异，归根结底受不同的社会经济条件的制约。

(2)高产性　农业生态系统是在人类的干预下发展的，具有高产性。人类干预的目的是为了从系统中取得尽可能多的产物，以满足自身的需要。因而，同自然生态系统下生物种群的自然演化不同，一些符合人类需要的生物种群可以提供远远高于自然条件下的产量。

(3)波动性　农业生态系统的生物种群构成，是人类选择的结果。通常只有符合人类经济要求的生物学性状诸如高产性、优质性等被保留和发展，并只能在特定的环境条件和管理措施下才能得到表现。一旦环境条件发生剧烈变化，或管理措施不能及时得到满足，它们的生长发育就会由于失去了原有的适应性和抗逆性而受到影响，导致产量和品质下降。人类的选择还使生物种类减少，食物链简化，系统通过不同生物之间的相互制约和相互促进而进行自我调节的能力削弱。所有这些都会导致农业生态系统的不稳定性或波动性。

5.1.2　农业生物灾害

农业生态系统中除了人工栽培的作物外，还共生有许多其他生物，其中对作物有害并造成经济损失的各种病、虫、草、鼠等，统称为有害生物。农业生物灾害是指有害生物对农业生物造成的危害，一般指由农业病原微生物、有害昆虫、有害植物和害兽引起的威胁或危害农业生产、农业生态环境和人类生命财产的各类事件。农业生物灾害是自然灾害的重要分支之一，一般意义上是指某一地区农业生态系统中原有物种或迁移物种的种群数量大暴发而造成农业生物严重受害，给农业生产带来重大经济损失的农业自然灾害；通常指病、虫、草、鼠害，主要包括农作物病、虫、草、鼠害，草原虫、鼠害。广义的农业生物灾害还包括森林病、虫、鼠害，动物疫病和寄生虫病等，其防治对策将在第 18 和第 20 章简要介绍。

在农业生态系统中，农业生物灾害的消长是寄主生物、有害生物、气象条件、生产与管理措施等综合作用的结果。有害生物的消长与成灾除了受其自身生物学特性影响外，还受农作物品种、耕作栽培制度、施肥与灌溉水平等的制约，特别是受气象条件的影响很大。气象条件的适宜与否，是决定农业生物灾害能否发生流行与成灾的关键。其发生范围和严重程度对我国国民经济，特别是农业生产常产生直接的重大影响。

农作物病虫害的严重危害已成为农业生产和粮食安全的重要制约因素。据文献[1]，由于有害生物(含杂草)的危害,造成全球大豆、小麦和棉花的可能产量损失为26%~29%,玉米、水稻和马铃薯分别为31%、37%、40%,其中作物虫害、病害造成的可能损失分别为18%、16%。在我国,一般年份,粮食产量每年因病虫害可损失10%~15%,棉花产量因病虫害可损失20%以上,在某些病虫害暴发年份,损失之巨,实为惊人。1990年小麦条锈病出现近30年来罕见的全国性大流行,损失小麦26亿kg。1991年稻飞虱猖獗为害,全国发生面积0.21亿hm^2以上,损失稻谷25亿kg。1993年南方稻区稻瘟病大流行,损失稻谷150亿kg。1993和1995年黄萎病大流行,全国因黄萎病成灾导致棉花损失分别逾7.5万、15万t。1993年麦蚜大发生,危害面积达0.1亿hm^2。1992年棉铃虫出现了历史上罕见的特大发生,全国发生面积约400万hm^2,损失皮棉150万t,直接经济损失超过100亿元,影响纺织业生产与出口所造成的间接损失更大,严重挫伤了棉农种棉的积极性,使1993年棉花播种面积减少了134万多hm^2。棉铃虫除危害棉花外,对小麦、玉米、蔬菜、油料、果树、豆类、药材、花卉、林木等都造成某种程度的危害和损失。

受气候变化、农业耕作制度改革、水肥条件改善等原因的影响,近60年我国农业病虫害发生面积、频率显著增加,大发生种类逐年增加,发生为害呈加剧态势。一是发生面积逐年增长,由1949年的0.12亿公顷次上升到2010年的3.70亿公顷次,年递增速率为563万公顷次;特别是20世纪70年代初期以来,病虫害发生面积和大发生频率逐年增长,近5年年均发生面积超过3.5亿公顷次。二是大发生种类逐年增加,全国年发生面积在333.3万hm^2以上的农业有害生物种类,20世纪50—70年代,每年只有10余种,80年代为14种,90年代为18种,21世纪以来,每年暴发的有害生物增加到30种左右[2]。三是90年代以来病虫害进入高发期,全国农作物主要病虫害发生面积每年都在3亿公顷次以上。

近60年我国农业病虫害发生种类不断更迭。20世纪50年代水稻病虫以螟虫和稻瘟病为主;小麦病虫以吸浆虫、黏虫、锈病为主;棉花病虫以棉蚜、红铃虫、黄矮病为主。60年代水稻螟虫为害减弱,稻纵卷叶螟上升为主要害虫,纹枯病成为重要病害;小麦病虫也发生了很大变化,吸浆虫得到了有效控制,前期黏虫减弱,后期回升,锈病得到一定程度的控制;棉花病虫中棉蚜趋减,红铃虫得到控制,黄萎病为害加重。70年代水稻螟虫回升,稻纵卷叶螟进一步猖獗,稻飞虱由次要害虫上升为主要害虫,白叶枯病成为重要病害;小麦病虫的变化是黏虫大发生频率上升,麦类赤霉病成为重要病害,锈病再度频频流行;棉花病虫中棉铃虫连续3年发生较重,棉蚜为害加重,黄枯萎病流行。80年代水稻稻飞虱时常大发生,纹枯病逐年加重;小麦黏虫大发生趋势减弱,麦蚜成为重要害虫,吸浆虫回升,小麦红蜘蛛猖獗,麦类赤霉病、锈病、丛矮病成为三大主要病害;棉花病虫中棉铃虫、棉蚜、红铃虫、红蜘蛛四大害虫严重威胁棉花生产;已于60年代有效控制的东亚飞蝗又一度猖獗。90年代以来,稻飞虱、稻纵卷叶螟、稻纹枯病、稻瘟病、小麦吸浆虫、麦蚜、麦红蜘蛛、蝗虫、麦类赤霉病、锈病、白粉病、玉米螟、棉铃虫、棉蚜等成为严重影响我国农业生产的重大病虫害。

5.1.3 农业生态系统对农业生物灾害发生的影响

农业生态系统结构简单,生物种类少,食物链短,自我调节能力较弱,易受自然气候、有害生物的影响。在农业生态系统处于相对平衡和稳定时,有害生物处于"常年发生"状态。但在人类活动的不断干扰和其他因素干扰的共同作用下,尤其是在异常天气气候条件的影响下,常导致农田生态系统相对平衡和稳定受到破坏，并向不良方向发展，农田有害生物常发生灾变，形成暴发性灾害，给农业生产带来严重经济损失。

就农业生态系统自身而言，为不断提高系统的产量（产品）产出，需人工持续不断地“干预”，如种植制度、耕作制度、栽培管理方式变革，病虫防治等，都直接或间接地影响农田作物、有害生物群体的生存状态和生存环境，使农田生态系统构成日趋简化和不稳定。农业生态系统生物多样性简单化，不合理的种植制度，耕作、栽培、管理方式的改变，有害生物抗药性增强，常引致生物灾害种类发生演替、危害加重。

（1）农业生态系统生物多样性简单化导致生物灾害加重。在现代农业生态系统中，由于为数不多的农作物品种替代了自然生态系统中的多样性，使生态系统结构在很大范围内呈现简单化，即人们熟知的农作物单作，如大面积种植的单一水稻田、小麦田、玉米田等。人工选择代替了自然选择，自然界中的优胜劣汰规律在农田中的作用越来越小了。破坏自然植被的单作模式蔓延，导致有害生物的危害日趋严重。在人的保护下大面积种植的作物感病品种，一旦防护不力就会引发病害的暴发和蔓延。如目前河南省推广的小麦品种几乎没有抗白粉病的品种，有些年份发病面积高达 266.7 余万 hm^2，约占麦播面积的 1/2；推广的棉花品种没有一个抗黄萎病的品种，1993 年造成了全省棉花黄萎病大发生[3]。农业生态系统中植物群落的变化和农业化过程导致了相应动物区系（昆虫、螨类、蜘蛛、线虫等）进入了一个新的简单化环境。这种简单化环境中的群落包括了与作物和新环境相适应的植食性、捕食性和寄生性动物。而这些动物适应新环境的能力不同，某些物种由于不能在新环境中存活以致消遁无踪，而有的则由于十分适合单作制度其种群数量迅速增长，并变为优势种。此外，由于生物具有的动态变化特点，也使某些物种对这种新环境从不适应变为适应。随着新的作物的出现和适应机制的产生，一些动物物种的地理分布、行为特征及抵御外界环境的能力随之改变，使早先不危害这些作物的物种变为有害物种[4]。

（2）不合理的种植制度加重了生物灾害的发生[5-6]。不同种植制度直接影响农田生物群落结构，使作物、病虫害、天敌之间的关系发生变化，不合理的种植制度常加重病虫害的发生与危害。如早、中、晚稻，单、双季稻混杂种植，使南方水稻螟虫食料充足，虫源田串连在一起，利于其不断扩大种群，对水稻的危害日趋严重；小麦套作玉米使有些地区小麦丛矮病、赤霉病的发生加重；在热带稀树草原破坏植被毁林开垦，造成海南蝗区东亚飞蝗猖獗，黄淮地区各滨湖蝗区由于退田还湖后未及时种草覆盖，形成撂荒地，加重了东亚飞蝗的发生。

（3）耕作、栽培、管理方式的改变可引致生物灾害种类演替和灾害加重。耕作、栽培、管理方式的改变，致使农田植被和景观元素发生了较大变化，为有害生物提供了大量适合生存的环境，尤其是对其发生、增殖、危害有利的营养和居留条件。如早稻抛秧、水稻直播、机械高茬收割、免耕栽培、套播套种等轻简技术的推广，高肥水管理，可导致病虫的发生危害加重，一些次要病虫害上升为主要病虫害。如双季稻区早稻抛秧技术推广和迟熟品种面积扩大，大大前移了病虫发生期，延长了全年病虫灾害发生、危害时间；免耕、撩穗和机械化高茬收割，大大提高了病虫越冬、越夏的有效虫（病）源。设施农业的快速发展及其形成的高温、高湿、弱光照等特殊小气候条件，不仅导致病虫繁殖速度加快和土传病害发生加重，而且还为一些害虫提供了合适的越冬场所。蔬菜灰霉病在通风、干燥的环境条件下，少有发生，而由于设施生产环境改变，现已成为设施番茄、茄子、辣椒、黄瓜等多种蔬菜作物的主要病害[7-8]。提高作物的复种指数，增加种植密度，大量施用肥料，使得作物生长嫩绿，田间小环境郁闭，给病虫发生提供了适宜的载体，往往诱发一些生物灾害。如氮肥偏多往往降低植物的抗病性，例如，水稻纹枯病、小麦纹枯病、玉米纹枯病等近几年大面积发生都与农田肥水条件的改善有密切关系。另外，随着复种面积的扩大，复种指数的提高，则会导致越来越严重的土传病害[3]。

(4)长期施用化学农药，有害生物抗药性增强，导致生物灾害危害加重。由于化学农药的长期施用，全国有500种以上的有害生物对常用农药产生了不同程度的抗性。在南方稻区，稻褐飞虱对吡虫啉产生了中、高度抗性；在安徽等地，有2%～7%的赤霉菌菌株对多菌灵产生了抗性；在部分棉区，棉铃虫对Bt棉的抗性等位基因频率由0.6%上升至2%～8%，有潜在抗性暴发风险[2]。27种防治对象已产生严重抗药性，如水稻螟虫、棉铃虫、棉蚜、红蜘蛛、菜青虫、褐飞虱、水稻白叶枯病、小麦赤霉病、蔬菜霜霉病、小菜蛾、温室白粉虱等，尤以棉蚜、棉铃虫、白粉虱、小菜蛾、蔬菜霜霉病的抗药性突出[9]。有害生物抗药性增强，生物灾害控制难度加大，危害加重。

5.2 农业生物灾害的特点与分类

5.2.1 农业生物灾害发生的特点

农业生物灾害的发展演化过程是在生物圈大背景下一种多尺度的生态过程，是农业生态系统中的物质流、能量流和信息流相互作用的结果。其发生与成灾是承灾体、有害生物、气象条件、管理措施等综合作用的结果，是两种或以上生物体动态的自然变异过程。具有以下显著特点：

5.2.1.1 普遍性

农业生态系统中除了人工栽培、饲养的动植物等外，还共生着包括有害生物在内的许多其他生物。当系统相对平衡和稳定时，有害生物处于“常年发生”状态，表现为：只要有寄主的存在，就有其寄生生物的繁殖、发展与危害，构成了有害生物生存与危害的长期性。与农业气象灾害相比，农业生物灾害发生具有时间和空间的连续性、普遍性，如在发生时间上表现为年年发、季季发等，在发生空间上表现为区域连发、普发等。

5.2.1.2 突发性

表现为灾害暴发的突然性或间歇性，即历史上从未发生过的灾害突然发生；或历史上曾发生过，在沉寂多年之后又突然暴发，猖獗一段时间后再次销声匿迹。病、虫、草、鼠害发生的长期此起彼伏，以及受气候变化等的影响，近年来的成灾频率显著加快、致灾强度明显加剧就是一个很好的例证。例如，2005年6月上旬吉林省白城市通榆县和大安市部分乡(镇)的向日葵、蓖麻等作物大面积遭受到吉林省历史上第一次发生的旋幽夜蛾为害；2004年安徽省阜南县水稻稻曲病暴发流行，严重田块病穗率达100%，给水稻生产造成严重损失；2005年沉寂长达10年的水稻褐飞虱卷土重来，又一次特大暴发，令人猝不及防而损失惨重。属突发性的农业病虫灾害还有蝗虫、斜纹夜蛾、甜菜夜蛾等，在一些地区时有暴发。

农田鼠害同样具有突发性。如2007年6月下旬，受长江上游泄洪的影响，湖南省洞庭湖区水位迅速上涨，迫使栖息在湖洲上的约 20 亿只东方田鼠陆续内迁，6 月 23 日前后暴发了 10 年来最大的一场鼠灾。东方田鼠突破人工防线，侵入稻田和村庄，四处打洞，大肆啃食农作物籽实和根茎，严重威胁着湖南省岳阳县、沅江市、益阳市大通湖区等 22 个县市区沿湖防洪大堤和近 53.3 万 hm^2 稻田。据农业部门统计，当地 1 hm^2 地田鼠少的有 7 500 只左右，多的 1.5 万只。鼠害造成岳阳县 533.3 hm^2 水稻受损，333.3 hm^2 绝收；666.7 hm^2 花生受损；甘薯、玉米各有 66.7 hm^2 受损。湖区地方政府、群众为此展开了一场“人鼠大战”，从 6 月 21 日开始，仅益阳市大通湖区共捕杀老鼠 90 多 t，约 225 万只。

5.2.1.3 隐蔽性

农业有害生物一般形态多变。害虫一般要经过卵、幼虫、蛹和成虫等不同虫态，不同种类的不同虫态对农业生物的危害性不同。如玉米螟主要以幼虫蛀茎为害，棉铃虫主要以幼虫蛀食棉花的蕾、花、铃为害，稻飞虱成虫、若虫都能为害。病原微生物个体小，病害常隐蔽发生。如西瓜蔓枯病潜育期，在 15℃时需要 10～11 d，28℃时只需 3.5 d；棉花枯萎病在气象条件不利时，症状隐退，等到气象条件适宜时再度出现。许多有害生物隐藏于受害体内、水中、大气里或地下，不易发现。如小麦吸浆虫以老熟幼虫在土中结茧越夏、越冬，一般在小麦拔节期幼虫才开始破茧上升。一些有害生物危害症状具有隐蔽性。如被吸浆虫危害的小麦，其生长势和穗型大小不受影响，且由于麦粒被吸空、麦秆表现直立不倒，具有“假旺盛”的长势，出现“千斤的长势，几百斤甚至几十斤产量”的残局。一些农业生物灾害发生的隐蔽性特征，给灾害的监测治理带来很大困难。

5.2.1.4 扩散性

绝大多数有害生物可以随气流、水流、动物迁徙、人为活动和本身的迁飞特性等迁移到另外一个地方，在新地域定居后，对生态系统造成危害。有些危险性有害生物侵入到新地域后，迅速繁殖，排挤本土生物，从而造成生态灾难，尤其是远距离迁飞性害虫，能够依靠自身的飞行能力和利用气流的携带作用，迅速扩散繁殖为害。迁飞使得害虫有机会选择更适宜的寄主植物和生理条件，从而使得对植物的危害范围逐步扩大。迁飞性害虫可在世界范围内的农业生物上迁移为害，多具有区域性、突发性和毁灭性的特点，不仅给虫害预测预报和防治带来很大难度，而且造成的损失令人触目惊心，治理费用也极为巨大。

与惊天动地的地震、火山爆发以及洪涝、旱灾等自然灾害相比，人们往往很少关注到在我们身边的有害动植物或微生物所引起的农业生物灾害。事实上，农业有害生物种群数量的突然暴发，不仅可在较大范围内对农、林、牧、渔及人类健康等造成巨大危害，而且其导致的灾害后果往往触目惊心和难以对付。历史上的蝗灾曾给我国人民带来了沉重的灾难；20 世纪 90 年代初的鱼虾蟹病大流行使我国水产业蒙受巨大损失，棉铃虫特大发生曾使我国棉花生产陷于停顿状态。引种失误等所造成的生物入侵等，对农业生态平衡带来的危害更是难以估量。截至 2003 年，已传入我国的主要害虫有 32 种，病害 26 种，仅因烟粉虱、松材线虫等 11 种主要外来入侵病虫害每年造成的经济损失就达 574.3 亿元人民币。近年来，我国农业病虫害进入高发期，每年经大力防治后仍损失粮食 1 500 多万 t、棉花 30 万 t、油料 100 万 t、水果 300 万 t、牧草 6 875 万 t。另外，有害生物导致疫情传播，危及社会公共卫生安全和畜牧业安全，以及有毒有害生物污染局部水源和空气，威胁人类健康的事件也时有发生。

5.2.2 农业生物灾害发生的诱因

5.2.2.1 气象因素

天气、气候条件直接影响和制约着生物灾害的发生流行；温度、湿度、降雨、风速、风向等气象要素可直接影响病害的发生、发展、侵染和流行，影响害虫、害鼠和杂草的发育、繁殖、越冬、分布、迁移和适应等。研究表明：气象条件是决定有害生物发生流行的关键因素；几乎所有大范围流行性、暴发性、毁灭性的农业重大病虫害的发生、发展和流行都与气象条件密切相关，或与气象灾害相伴发生，一旦遇到灾变气候，就会大面积发生流行成灾。实际上气象条件并不一定直接构成对农业生物的危害，而是通过改变农业有害生物孕灾、致灾的气象环境因子，诱发、促进有害生物的发生流行，最终对农业生物造成危害。有害生物种群暴发与调节的理论或假说之一认为，有利的气候变化直接（如暖冬）或间接（如初级生产力增加）地提高了有害生物种群的繁殖力和存活力，引起有害生物数量暴发。

气象要素年际间的异常变化，常影响当年生物灾害的发生等级。如严重影响我国农业生产的重大迁飞性害虫——草地螟、稻纵卷叶螟、白背飞虱、褐飞虱等在其适迁期，降落地连续降雨是促成害虫降落的重要条件，迁入降落虫量过大时，常导致暴发性灾害发生。

5.2.2.2 人类活动

人类活动的干扰造成生物多样性减少，导致生态系统的自控能力降低，有害生物发生与成灾的风险性增加。如人类为了自身的生存目的，通常大面积种植单一品种的作物，人为地排除其他动植物种类的竞争，以提高作物的产量。全世界的农业用地主要种植 12 种谷类、23 种蔬菜、35 种水果和坚果作物，即在世界现有的大约 14.4 亿 hm^2 农用土地上种植的作物不超过 70 种。这与热带雨林每公顷土地上超过 100 种植物所构成的生物多样性形成鲜明的对照。结果导致农田生态系统中植被较单一化，群落的物种数和个体数都比自然生态系统少，生物多样性也较低。在果园生态系统中人工或化学除草，许多果园几乎仅有人工栽培的果树生存，使捕食性天敌如钝绥螨类等无法越夏而大量死亡。同时，由于土壤板结，果树的树势变差，形成恶性循环，反过来又加重了病虫的为害。

5.2.2.3 化学药剂的施用

化学药剂的大量和盲目施用，在杀死病、虫、杂草的同时，也杀死大量天敌，从而改变了生态系统的生物种群组成，降低了生物群落的多样性，导致生态系统的稳定性下降、平衡失调，常引起有害生物迅速再生繁殖，而暴发为害。如美国加利福尼亚州 25 种毁灭性农业害虫中有 4 种是由于杀虫剂的使用导致再猖獗。大量使用波尔多液防治柑橘疮痂病和溃疡病，杀死锈壁虱天敌汤姆森多毛菌，引起锈壁虱暴发；寄生于柑橘白粉虱的座壳孢菌在过多使用广谱性杀菌剂时受到杀伤，大大降低其对柑橘白粉虱的寄生率；稻飞虱、柑橘红蜘蛛等害虫在用广谱性杀虫剂进行防治后，常迅速引致再猖獗灾害。更为严重的是，化学杀灭剂的大量施用对人类的生命健康往往造成很大的威胁。

5.2.2.4 外来生物入侵

外来生物入侵已成为我国有害生物暴发性灾害的一个重要原因。国际上成灾频率极高的危险性病虫害如稻水象甲、美国白蛾、美洲斑潜蝇等先后传入我国主要粮、棉产区和林区。美国白蛾已沿主要铁路干线分布至全国大部分地区；稻水象甲已由几年前仅在天津市局部地区发生，蔓延至河北、山东、辽宁、浙江、福建、江苏、湖南等省；美洲斑潜蝇的传播更快，危害更大，已在南北10多个省(市、区)发现其严重危害蔬菜、花卉、烟草、油料和棉花等经济作物，形势相当严峻。

5.2.2.5 生态环境破坏

森林过度砍伐、天然植被的深度破坏、农业土壤污染、空气污染、酸雨，以及干旱化、荒漠化、草地退化、盐渍化等直接改变了该地区原有的生态环境条件，迫使动物改变生活习性，从一栖息地迁徙到另一栖息地，感染源地扩大，生物多样性遭到破坏，打乱了生物间相互依赖、相互制约的关系，其后果将导致生物灾害的频繁发生。

5.2.3 农业生物灾害的分类及我国主要农作物的主要病虫害种类

农业生物灾害具有种类多、影响大并时常暴发成灾的特点。据统计，全国农作物有害生物有1 600多种，其中害虫838种、病害742种、杂草64种、害鼠22种。能造成重大损失的有100多种，其中重大流行性、迁飞性病虫害有20多种。

5.2.3.1 农业生物灾害的分类

农业生物灾害可按有害生物的类别、危害类别、作物对象，以及有害病菌的菌属、有害昆虫的科属等进行分类。

(1)按有害生物的类别，农业生物灾害可分为病害、虫害、草害、鼠害。

(2)按有害生物危害对象的类别，农业生物灾害可分为作物病害、虫害、草害、鼠害，果树病害、虫害、鼠害，森林病害、虫害、鼠害，畜牧、水产养殖动物病害、虫害等。

(3)按有害生物危害的作物对象，可分为水稻、小麦、玉米、棉花、大豆等病害、虫害、草害、鼠害。

(4)一种作物的不同病虫害可按有害病菌的菌属、有害昆虫的科属进行分类。如水稻病害分为纹枯病、稻瘟病、白叶枯病、细菌性条斑病、稻曲病等，水稻虫害分为螟虫、稻飞虱、稻纵卷叶螟等。

(5)同一种作物病害可按作物生育期或发病部位不同再进行细分，如水稻稻瘟病分为苗瘟、叶瘟、茎节瘟、穗茎瘟和谷粒瘟，小麦锈病分为条锈病、叶锈病、秆锈病三种。

(6)同一种作物虫害可按有害昆虫的种类不同或危害作物的发育时段不同再进行细分，如稻飞虱分为褐飞虱、白背飞虱和灰飞虱，麦蚜分为麦长管蚜、麦二叉蚜、禾谷缢管蚜和麦无网长管蚜等，小麦吸浆虫分麦红吸浆虫、麦黄吸浆虫两种，棉蚜分为苗蚜、伏蚜和秋蚜。

(7)农业草害可分为农田草害和牧场草害。前者危害农作物能导致减产，后者使牲畜中毒死亡，降低畜产品质量，或影响优良牧草的生长。

(8)农业鼠害可分为农田鼠害和草原鼠害,对农牧业生产危害严重。

5.2.3.2 我国主要农作物的主要病虫害种类

(1)水稻　主要虫害包括三化螟、二化螟、稻飞虱、稻纵卷叶螟等;主要病害包括纹枯病、稻瘟病、白叶枯病、细菌性条斑病、稻曲病等。

(2)小麦　主要虫害包括麦蚜、吸浆虫、麦蜘蛛等;主要病害包括锈病、赤霉病、白粉病、纹枯病等。

(3)玉米　主要虫害包括玉米螟、玉米蚜、黏虫、红蜘蛛等;主要病害包括大斑病、小斑病、病毒病、粗缩病、丝黑穗病等。

(4)大豆　主要虫害包括食心虫、蚜虫等;主要病害包括灰斑病、花叶病等。

(5)棉花　主要虫害包括棉铃虫、棉蚜、棉叶螨等;主要病害包括棉苗炭疽病、棉枯萎病、棉黄萎病等。

5.3 农作物病害

5.3.1 农作物病害的特征与分类

5.3.1.1 农作物病害的特征

农作物病害是指作物在生物或非生物因子的影响下,发生一系列形态、生理和生化上的病理变化,阻碍了正常生长、发育的进程,从而影响人类经济效益的现象。由于作物在生理、细胞和组织结构上发生一系列病理变化,致使作物表现出各种不正常状态即病态,甚至死亡,引起产量降低、品质变劣。病害的表现症状主要可分为变色、坏死、腐烂、萎蔫、畸形五大类型。我国农作物在生长发育和产品贮藏过程中,经常遭受病害的危害。

5.3.1.2 病原类型

导致农作物形成病害的原因称为病原。农作物病原种类很多,按其不同性质可分为非生物因素和生物因素两大类,相应地农作物病害可分为侵染性和非侵染性病害两大类。

侵染性病害又称寄生性病害,是由寄生性生物真菌、细菌、病毒、线虫或寄生性种子植物等在植物体内寄生所引起的病害。寄生性生物属于异养型生物,依靠从有生命的寄主植物或无生命的有机物质中摄取养分来维持生活。由病原物引起的病害能互相传染,有侵染过程,所以又称为传染性病害。侵染性病害在适宜条件下,能够迅速发生、扩大为害,造成局部或区域性的流行病害。

非侵染性病害是由于不适宜的环境条件所引起的病害,又称生理病害。这类病害是由非生物因素引起的,没有传染性,也没有寄生物寄生;病害的发生直接取决于作物与环境条件的关系。其病原有缺素(微量元素)、缺肥引起的褪绿症,霜害、冻害、碱害、涝害、二氧化硫、硫化氢引起的死苗,温度过高、温度过低和根部虫伤、机械伤引起的地上部分凋萎,各种药害引起的叶坏死斑、叶枯、叶畸形等。

非侵染性病害发病后往往降低受害植株的抵抗力，为侵染性病害病原物入侵创造条件；反之，植株发生侵染性病害后，降低了对不良环境的抵抗力，可诱导非侵染性病害的发生。如冬小麦发生病毒病后，易遭受冻害，其越冬死苗率增加。非侵染性病害在田间发生时，一般为较大面积的均匀发生，但受地形、地势影响；没有明显的发病中心，没有由点到面逐步扩展的过程；发病植株表现出的症状只有病状没有病征，通常有病植株均表现为全株发病。侵染性病害在田间发生时，一般呈分散状分布，具有明显的由点到面，即由一个发病中心逐渐向四周扩大的发展过程；有的病害在田间扩展还与某些昆虫有联系。

由病原物引起的侵染性病害的主要分类如下：①按病原物可分为真菌性、细菌性、病毒性和线虫病害等。②按寄主植物可分为作物、蔬菜、果树、森林病害等，按寄主作物种类可分为小麦、水稻、棉花等作物病害。③按病害症状可分为叶斑病、腐烂病、萎蔫病等。④按发病部位可分为根病、茎病、叶病、果病等。⑤按传播方式可分为空气传播、水传、土传、种苗传播、昆虫介体传播病害等。

5.3.1.3 病害流行过程

病害流行是指侵染性病害在作物群体中的顺利侵染和大量发生，造成大范围农作物受害减产。病原物从侵染到寄主作物病状出现的过程，称为病程。病害从前一个生长季节开始发病到下一个生长季节再度发病的过程称为侵染循环，又称病害的年份循环。病程是组成侵染循环的基本环节。整个侵染循环仅有一个病程的称为单循环病害（如麦类黑穗病菌）；侵染循环包括多个病程的称为多循环病害（如稻瘟病菌、白叶枯病菌等）。病程一般分为 3 个时期：①侵入期，从病原物侵入到与寄主作物建立营养或寄生关系的一段时间。②潜育期，从病原物初步与寄主作物建立寄生关系到出现明显症状的一段时间。潜育期的长短因病原物的生物学特性，寄主作物的种类、生长状况和时期，以及环境条件的影响而有所不同。③发病期，受侵染的寄主作物在外部形态上出现明显的症状，包括染病作物在外部形态上反映出的病理变化和病原物产生繁殖体的阶段。

根据病害流行所需的时间可分为单年流行病害和积年流行病害两大类型[10]。单年流行病害是指在一个生长季节中可达到流行程度的病害。这类病害一年中有多次再侵染，多为多循环病害；其潜育期短，常常只有 3～10 d，一个生长季节中可以繁殖三四代以至 10 余代，易暴发形成流行病害。气流、昆虫及水流传播的病害多属单年流行病害。积年流行病害是指一个生长季节内不能引起流行，而需逐年积累病原，数年达到流行程度的病害。这类病害没有再侵染，多为单循环病害；其潜育期多数较长，或为土传病害，传播效率很低。

5.3.2 病害发生流行与气象

农作物病害的流行需具备三个条件，即有大面积种植的感病或抗病力差的作物品种，有大量致病力强的病原物，有利于病原物繁殖、传播、侵染的气象环境条件。病害流行是病原物群体和寄主作物群体在气象环境条件影响下相互作用的过程。病害流行程度与侵染循环周转速度密切相关。病害侵染循环周转越快，病原物群体增长就越快，病害也就增长得越快。通常能在一个生长季节中流行的病害，病原物都是多次再侵染的，病害在短期内发展快，波及面积大，发生的程度和造成的损失就越大。病原物的越冬越夏、传播和初侵染、再侵染是制约病害侵染循环周转的关键，其中气象条件常起主导作用。

5.3.2.1 病原物的越冬越夏

病原物在不良气象条件下或寄主作物休眠期间常潜伏度过冬季和夏季，期间多不活动，是其一生中最脆弱的时期。能否越冬越夏主要取决于极端温度。如我国小麦条锈病菌，在无积雪覆盖的地区，1月平均温度高于－6～－7℃才能顺利越冬，在有积雪覆盖的地区，1月平均温度达－10℃时也能越冬；夏季最热时期旬平均气温在23℃以上的地区不能越夏。因此，小麦条锈病菌只能在高寒麦区的晚熟春麦或自生麦苗上越夏，秋季随气流返回温带或亚热带平原地区，侵染冬麦，并以潜伏菌丝在麦叶上越冬，次年麦苗返青后，重新长出孢子继续侵染，至小麦生长后期，再以夏孢子传播至高寒麦区，如此循环。

不同病原物的越冬、越夏场所并不完全相同，同一病原物也可在不同场所越冬或越夏。病原物越冬、越夏的场所也就是病害初侵染的主要来源，主要有田间、病株、带菌种子、病株残体、土壤、肥料、带毒虫媒(蚜虫、粉虱、黑尾叶蝉等)等。

5.3.2.2 病原物的传播

病原物的传播是病害侵染循环中各环节间相互联系的纽带。病原物产生的大量繁殖体，需要有效的介体或动力，才能在短期内把它们传播扩散，引起病害流行。气流、雨水、昆虫以及人为活动等都可传播病原物，其中气流和雨水是病原物传播的主要外力，与病害流行的关系最为密切。

1. 气流传播

气流是病原菌传播扩散的主要动力，病原菌的田间传播扩散主要依赖风力，气流携带可将病原菌传播扩散到几百千米远的地方侵染农作物。如小麦锈病孢子成熟后，遇到风速为0.4 m/s的气流时就会扩散。当风力强时，锈菌孢子可被吹到1 500～5 000 m高空，飘到几百千米以外。

2. 雨水传播

雨水不仅可以传播病原菌，还可以使病叶与健叶接触并造成伤口，有利于病菌侵入。雨露的淋洗或雨滴的飞溅可使病原菌散开而传播，如水稻白叶枯病等的黏状菌脓，炭疽病的胶黏的孢子堆，可通过雨露和雨滴反溅而传播。暴风雨更可使病原物在田间大范围扩散。土壤中的病原物可通过雨滴反溅到寄主底叶背面；水流可携带病原物广泛传播。但雨水传播的距离一般都比较近。

3. 昆虫传播

许多作物病毒都是依靠昆虫传播的，如黑尾叶蝉传播稻普通矮缩病，桃蚜、萝卜蚜传播油菜叶病毒，虫体又是病毒越冬繁殖的场所。此外，在昆虫的活动过程中，可黏附携带一些真菌孢子或细菌等病原物而传播，并可危害作物造成伤口，有助于病原物的侵入。传毒昆虫的数量越多、活动范围越广，对病害的流行越有利。

4. 人为活动传播

人类在与农业生产相关的人为活动中，常常帮助了病原物的传播，如引种或调运带病种子、苗木或其他繁殖材料以及带有病原物的植物产品和包装器材，都能使病原物远距离传播，造成病区的扩大和新病区的形成。农事活动如施肥、灌溉、播种、移栽、整枝、嫁接、脱粒等也可传播病原物。

5.3.2.3 病原物的初侵染和再侵染

病原物的初侵染和再侵染与气象条件关系密切。病原物经过越冬后到了春季，气温一般达到 8～10℃，且湿度适宜，病原物才能形成菌丝或孢子等侵染器官，侵入寄主作物，病害发生后形成繁殖器官，才能进行再侵染；一般病菌再侵染的适宜气温在 20℃左右[11]。

5.3.2.4 病害发生流行

1. 气象条件对病原物生长发育和侵染的影响

湿度是影响病原物生长发育和侵染的决定因素。高湿有利于真菌孢子萌发，高湿、水滴有利于细菌繁殖和侵入。因此，多雨年份易发生稻瘟病，小麦锈病、赤霉病，水稻白叶枯病等；少雨年份，有利于传毒昆虫的活动，病毒性病害容易流行，如水稻和小麦黄矮病等。田间湿度高，雨多、露多或雾多有利于病害流行，如马铃薯晚疫病。各种病原物的生长发育和侵染对气象条件的要求不同。当温度在 22～27℃范围内，相对湿度在 92%～98%时，有利于稻曲病孢子萌发，从而加速稻曲病的流行。有些病菌对湿度非常敏感，如黄瓜绿粉病是由绿藻门集球藻引起的，在温室大棚中，当每日相对湿度不低于 80%，相对湿度 100%在 12 h 以上，藻孢生长旺盛；当中午有 1 h 以上相对湿度低于 70%时，藻孢的发育受到抑制。

2. 气象条件对病害潜育期的影响

温度对病害潜育期长短的影响最大，愈接近病原物要求的最适温度时，潜育期愈短，生长季节中重复侵染的次数愈多，病害蔓延就愈快愈猛。如西瓜蔓枯病潜育期，在 15℃时需要 10～11 d，28℃时只需 3.5 d。有些植物病虫害，如棉花枯萎病等，在气象条件不利时，症状隐退，等到气象条件适宜时再度出现。

3. 气象条件对病害发生流行的影响

温度和雨湿条件对病害发生流行影响最为重要，适温高湿最易引起病害流行，造成严重危害。病害的发生流行要求一定的温度范围，在适宜温度范围内，有利于病害的发生流行，否则不利于病害的发生。降雨有利于大多数病菌的繁殖和扩散。绝大多数真菌的孢子在植株叶面液态水中的产生量和萌发率显著提高，霜霉菌和疫霉菌必须在液态水中才大量释放游动孢子，游动孢子借助水才能侵染成功。雨量大、持续时间长，可使小麦赤霉病、红麻炭疽病、白术星斑病、黄瓜黑星病等病害流行速率加快，病情加重。冬季雨量和春季中雨量的增加对长江流域小麦白粉病的流行有促进作用。雨湿条件往往是农作物病害流行的主导因子，雨日多、湿度高的气候条件，易引起病害流行，如各种霜霉菌、疫霉菌、锈菌和半知菌、细菌引起的多种作物病害。日照时间及强度对病菌的存活和繁殖有一定的影响。紫外线能刺激小麦白粉病菌闭囊壳产生，从而减轻病菌当时的为害。日照时数多，油菜白锈病发病轻，为害也轻，反之则重。7 月下旬旬日照时数低于 42 h 可导致石家庄棉花黄萎病大发生。

5.3.3 时空分布

我国农作物病害的分布危害范围很广，全国各地均有分布。与气象条件密切相关的主要农作物病害有水稻纹枯病、稻瘟病、白叶枯病，小麦锈病、赤霉病、白粉病，马铃薯疫病，番茄疫病，黄瓜霜霉病等。

5.3.3.1 水稻纹枯病

纹枯病是世界性水稻病害之一，也是我国水稻三大病害之一。在我国各稻区均有分布和发生，但以长江以南稻区发生较为普遍，早、中、晚稻上均有发生为害。纹枯病是我国分布和为害最广的水稻病害之一，其发病范围和损失程度往往超过稻瘟病、白叶枯病。稻株受害后，一般会导致秕谷率增加，千粒重降低，严重时可导致“冒穿”、倒伏、枯孕穗，一般减产10%～20%，严重时减产50%以上，甚至绝收。

纹枯病主要危害叶片和叶鞘，严重时可扩展危害穗部，并深入茎秆，以分蘖到抽穗期为害最重。纹枯病的发生和流行，以高温、高湿时最快。发病的气温范围为18～34℃，流行期的适温为22～28℃；发病相对湿度在70%～96%，90%以上最适宜。高温、高湿相配合，蔓延快，发病重。长江流域，纹枯病常年始病期在5月下旬至6月上旬及至9月下旬、10月上旬。气温降至22℃以下，病害逐渐停止。因此，早稻在孕穗前，由于气温较低，病势扩展缓慢；孕穗后，气温升高，如逢梅雨季节，病害发展迅猛，这一时期是病害流行的高峰期。中稻处在拔节至抽穗期，如遇适温多雨年份，病情发展快而重。单季晚稻，分蘖期在雨季，拔节期在旱季，又在搁田期间，病害受到抑制，到孕穗期如遇高温多雨，病势回升。8月底至9月中旬，双季晚稻进入孕穗至抽穗阶段，如天阴多雨，温度又适宜，病情可出现一个上升期，但以后气温逐渐降低，病害受到抑制，所以双季晚稻的纹枯病往往不会造成严重的危害。

该病已成为水稻三大病害之首，其直线上升与氮肥施用量的增加有密切关系，被农民称为“富贵病”。

5.3.3.2 稻瘟病

稻瘟病是我国水稻三大病害之一。在我国各稻区均有分布和发生，尤以山区、丘陵地区发生重。流行年份一般减产10%～20%，重的减产40%～50%，甚至颗粒无收。稻瘟病是由病原真菌侵染水稻而引起的病害，它在田间表现的症状根据水稻生育期或发病的部位可分为苗瘟、叶瘟、茎节瘟、穗茎瘟和谷粒瘟。其中以叶瘟、穗茎瘟为害最重。稻瘟病的发生与品种抗性及生育时期、肥水管理和气候条件有关。水稻一般拔节期较抗病，苗期、分蘖期和抽穗期易感病；植株徒长易感病；长期深水或缺水也易发病；气候因素则以温湿度影响最大，在20～30℃、相对湿度90%以上时，很易发病，若阴雨连绵，则会引起大流行。一般7月左右叶瘟易发生，8—9月则穗茎瘟多发生。

5.3.3.3 水稻白叶枯病

白叶枯病是我国水稻三大病害之一。除新疆外，我国其他地区均有发生，以华东、华中、华南稻区发生普遍。稻株受害后，叶片干枯，秕谷增多，千粒重降低，一般减产10%～30%，严重时减产50%以上，甚至绝收。一般在沿海、沿湖、丘陵和低洼易涝地区发生较为频繁，籼稻发病重于粳稻，双季晚稻重于双季早稻，单季中稻重于单季晚稻。病害流行与否和流行程度，受品种抗性、气候条件和栽培因素等影响。白叶枯病一般在气温25～30℃、相对湿度85%以上、多雨、日照不足、风速大的气候条件下暴发流行。20℃以下、30℃以上，发病就会受到抑制。天气干燥，湿度低于80%，则不利于病菌的繁殖。早稻在5—6月、晚稻在7—9月，雨量、雨日偏多，相对湿度高、日照偏少，有利于病害的流行。病菌能借灌溉水、风雨传播到较远的稻田。低洼积水、大雨涝淹以及串灌、漫灌，往往引起连片发病。在风雨交加时，病菌可依风速强度和风向传播，传播半径 60～100 m。

5.3.3.4 小麦锈病

小麦锈病俗称黄疸病，属真菌病害。分条锈病、叶锈病、秆锈病三种。锈病广泛分布于全国各小麦产区，往往交织发生，其中条锈病危害最大。近年来秆锈病仅在部分麦区零星发生，条锈病和叶锈病发生重、面积大、流行范围广，对小麦生产构成严重威胁。三种锈病的主要症状可概括为："条锈成行，叶锈乱，秆锈是个大红斑。"条锈病主要危害小麦叶片，也可危害叶鞘、茎秆、穗部；叶锈病主要危害叶片，叶鞘和茎秆上少见；秆锈病主要危害叶鞘和茎秆，也可危害穗部。在条锈病大流行年份，受害小麦可减产 30%以上，有时甚至颗粒无收。

1. 小麦条锈病

在高海拔地区越夏的菌源及其邻近的早播秋苗菌源随秋季东南风吹送到冬麦地区进行为害，在陇东、陇南一带 10 月初就可见到病叶，黄河以北平原地区 10 月下旬以后可以见到病叶，淮北、豫南一带在 11 月以后可以见到病叶。在我国黄河、秦岭以南较温暖的地区，小麦条锈菌不需越冬，从秋季一直到小麦收获前，可以不断侵染和繁殖为害。但在黄河、秦岭以北冬季小麦停止生长地区，病菌在最冷月日均温不低于－6℃，或有积雪不低于－10℃的地方，主要以潜育菌丝状态在未冻死的麦叶组织内越冬，待第二年春季温度适合生长时，再繁殖扩大为害。影响病菌春季流行的因素主要是越冬菌源量、温度、降水量和感病品种种植面积。一般越冬菌源量大、温度回升早、春雨多、感病品种种植面积大的年份，往往发病早、发病重；反之，发病迟，发病轻。春季干旱，特别是长期干旱伴随高温天气，可严重抑制春季条锈病的流行。

2. 小麦叶锈病

对温度的适应范围较宽。在所有小麦产区，夏季均可在自生麦苗上繁殖，成为当地秋苗发病的菌源。冬季在小麦停止生长但最冷月气温不低于 0℃，同条锈菌一样，以休眠菌丝体潜伏于麦叶组织内越冬，春季温度合适时再扩大繁殖为害。

3. 小麦秆锈病

与叶锈病基本相同，但越冬要求温度比叶锈病高，一般在最冷月日均温不低于 10℃左右的闽、粤东南沿海地区和云南南部地区越冬。

5.3.3.5 小麦赤霉病

小麦赤霉病在全国各地均有分布，以长江中下游冬麦区和东北春麦区发生最重，长江上游冬麦区和华南冬麦区常有发生，近年来，又成为江淮和黄淮冬麦区的常发病害，尤以 2012 年为严重。该病主要危害小麦，一般可减产 1～2 成，大流行年份减产 5～6 成，甚至绝收。赤霉病主要危害小麦穗部，但在小麦生长的各个阶段都能为害，苗期侵染引起苗腐，中、后期侵染引起秆腐和穗腐，尤以穗腐危害性最大。小麦赤霉病是一种典型的气候型病害，其发生与流行主要取决于当时的气象条件。小麦抽穗期前后如遇阴雨天气，温湿度条件配合适宜就可能造成大面积流行。在长江中下游地区，小麦抽穗期间，平均温度一般已达到 15℃或更高，符合发病的基本要求；如气温比常年高，可导致病害早期暴发。长时间的连续温暖高湿、多雨是发病重的主要条件。

5.3.3.6 小麦白粉病

小麦白粉病广泛分布于我国各小麦主要产区，以四川、贵州、云南、河南、山东沿海等地发生最为普遍，近年来，该病在东北、华北、西北麦区发生呈趋重之势。小麦白粉病在小麦各生育期均可发生，典型病状为病部表面覆有一层白色粉状霉层。主要危害叶片，严重时也危害叶鞘、茎秆和穗部。小麦受害后，可致叶片早枯，分蘖数减少，成穗率降低，千粒重下降，一般可造成减产10%左右，严重的达50%以上，有些高感品种甚至颗粒无收。

小麦白粉病菌越夏的温度要求为最热的一旬平均气温小于23.5℃；病菌以分生孢子在越夏区的自生麦苗上越夏或以潜育状态度过夏季。病菌也可以闭囊壳在低温干燥条件下越夏并形成初侵染源。越夏期间，病菌不断侵染自生麦苗，并产生分生孢子。越夏后，首先感染越夏区的秋苗，引起发病并产生分生孢子，后向附近及低海拔地区和非越夏区传播，侵害这些地区的秋苗。因此，一般越夏区的小麦秋苗发病早且严重。病菌以菌丝体或分生孢子在秋苗基部或叶片组织中或上面越冬；早春气温回升小麦返青后，潜伏越冬的病菌恢复活动，产生分生孢子，借气流传播扩大为害。

5.3.4 历史灾情

5.3.4.1 水稻纹枯病

1964年上海和江苏的太湖地区水稻纹枯病暴发，发生面积达53万 hm^2，损失稻谷6.5万t。20世纪80年代水稻纹枯病在我国水稻种植区大面积暴发成灾，发生程度和为害损失逐年加重；全国发病面积每年达1 348万～1 561万 hm^2，占水稻种植面积的39.9%～47.7%。1982年全国为害成灾面积达130万 hm^2，损失稻谷50万t；至1988年成灾面积急速增长至1 000万 hm^2，损失稻谷75万～100万t。90年代水稻纹枯病的发生为害更为猖獗。南方稻区的发病面积比例普遍已超过50%。大多数种植水稻的省份，水稻纹枯病的发生面积和为害损失数量在年度间上下波动的幅度较小，几乎呈直线上升的态势。1990—1994年广西桂林地区连续5年大发生，发病面积占水稻种植面积的比例达56.2%～66.1%，平均每年的产量损失达1 497.6万kg，为害产量损失数量占水稻病虫为害损失总量的36.3%[12]。

2010年江苏省水稻纹枯病发生面积218.67万 hm^2，占水稻种植面积的97.9%，是2000年以来发病面积最大的一年，全省病株率50%以上、病情指数30以上的严重受害面积14万 hm^2，稻谷损失11.96万t[13]。

5.3.4.2 稻瘟病

1990、1993年我国南方稻区稻瘟病大流行，重灾区损失稻谷30%以上，其中1993年减产稻谷150亿kg。

1982年辽宁丹东地区稻瘟病大发生，发病面积接近80%，减产稻谷4 000万kg；1987年再度大发生，使主栽品种中花9号抗瘟性丧失而被淘汰。1991年营口和盘锦稻区稻瘟病大流行，发病面积达4万余 hm^2，损失稻谷约6 000万kg；1996年营口地区稻瘟病再度大发生，损失稻谷近4 000万kg。2001年辽宁省稻瘟病大发生，沈阳市约12万 hm^2 水稻发病在

6.67 万 hm^2 以上，个别品种发病穗率达 90%以上，个别地块病情指数达 80 以上，全省损失稻谷在 2 亿 kg 以上。2010 年，全省稻瘟病再次大发生，感病严重的品种发病率达 90%以上，病情指数超过 80，重病地块减产超过 60%，全省水稻损失在 3 亿 kg 以上[14]。

5.3.4.3 小麦条锈病

1950、1964、1990、2002 年小麦条锈病全国大流行，造成全国小麦产量严重损失。1950 年损失小麦 600 万 t，占当年总产的 30%；1964 年损失小麦 320 万 t；1990 年损失小麦 265 万 t[15]；2002 年发生面积近 670 万 hm^2，损失小麦约 10 亿 kg，发生区域涉及甘、陕、川、渝、云、贵、宁、鄂、豫、鲁、冀等 11 个省(市)区[16]。

5.3.4.4 小麦赤霉病

1952、1954、1958、1973、1977、1983、1989 年，长江中下游地区小麦赤霉病大流行，大流行年麦穗发病率达 50%～100%，产量损失为 20%～40%，其中 1989 年损失小麦 16 亿 kg。

1985 年河南省小麦赤霉病大流行，不仅造成小麦损失 80 万 t，而且约 120 亿 kg 的小麦受赤霉菌污染，造成全省 100 万人次不同程度的中毒和数千万只家禽家畜中毒甚至死亡[3]。

2003 年安徽省大部麦区小麦赤霉病大面积严重流行，发病面积达 100 万 hm^2，损失小麦 6 亿 kg[17]。2003 年江苏省小麦赤霉病大流行，发病总面积为 134.47 万 hm^2，占小麦播种面积的 83%，减产达 19%[18]。

5.3.4.5 小麦白粉病

1990、1991 年全国小麦白粉病大流行。1990 年损失小麦 14.38 亿 kg；1991 年经过大力防治，挽回损失 21.88 亿 kg，实际仍损失小麦 7.7 亿 kg。

5.3.4.6 棉花病害

2009 年由于“莫拉克”台风的影响，导致江苏省棉花黄萎病大面积流行，一些抗病性差的品种落叶成光秆，不少棉田甚至绝产。2010 年华北地区出现秋雨连绵的气候，棉铃病害又严重发生，发病率达到 15%～30%，对棉花高产稳产造成很大影响[19]。

5.3.5 防控措施

农作物病害能否流行，决定于病原物、寄主作物、气象环境条件三方面的相互关系是否有利于病害发生和发展，其中任何一个条件不适合，都不能引起病害的流行。理论上消灭或抑制病原物使其不易于发生与蔓延、提高寄主作物的抗病性、控制环境条件使之不利于病原物而有利于寄主作物等，是农作物病害防治的基本原则。实施上主要包括：

(1)消灭或抑制病原物。病原物在越冬、越夏期间多不活动，是其一生中最薄弱的一环，可采取措施予以消灭或控制。如冬季深翻土壤，裸露冻杀病菌和虫卵，夏季采用高温闷棚灌水，闷杀土壤里的病菌和虫卵。

(2)提高作物的抗病性。选育推广抗病、耐病品种，改进寄主作物的抗病能力，可有效地防治病害。

(3)调控农田小气候。不同气象环境条件对不同病原物致病力和寄主抗病力的影响不同,针对不同作物病害采取相应的农田小气候调控措施,可减轻或控制病害的发生。

(4)综合防治。根据作物病害的发生、发展规律,因地因时采取综合防治措施。主要包括:加强植物检疫,土壤和种苗消毒等;轮作,改进耕作制度;加强田间栽培管理;做好病情监测和预报;推广普及防治技术,防治方法有农业防治、化学防治、物理和机械防治及生物防治等。

5.4 农作物虫害

5.4.1 农作物害虫的习性与分类

农作物虫害是指害虫危害作物导致的产量减少、品质降低程度超出了人们对作物产量和质量允许的范围,造成经济损失的各类事件。害虫主要指危害农作物及其产品的昆虫和螨类等。害虫具有种类多、分布广、繁殖快、数量大等特点,除直接造成农作物及其产品的严重损失外,还是传播农作物病害的媒介。

全世界已知动物约150万种,其中昆虫有100万种,约占2/3。昆虫属于动物界节肢动物门的昆虫纲。在节肢动物门中除单枝动物亚门昆虫纲外还有6个比较重要的纲,即原节肢亚门的原气管纲(有爪纲),螯肢动物亚门的蛛形纲,甲壳动物亚门的甲壳纲,单枝动物亚门的唇足纲、重足纲和综合纲。危害植物的昆虫大多属于有翅亚纲的直翅目(口器咀嚼式)、等翅目(通称白蚁)、半翅目(通称蝽或蝽象)、同翅目、缨翅目(通称蓟马)、鞘翅目(通称甲虫)、鳞翅目(通称蛾或蝶)、双翅目和膜翅目(多数为通称的蜂类)9类。危害植物的螨类,主要属于螯肢动物亚门蛛形纲蜱螨目的叶螨科、走螨科、叶瘿螨科。贮粮害虫的螨类多属粉螨科。

昆虫纲的特征:①体躯分头、胸、腹三个体段。头部是感觉和取食的中心,具有三对口器、附肢和一对触角,通常还有复眼和单眼;胸部是运动的中心,具有三对足,一般还有两对翅;腹部是生殖的中心,包含着生殖系统和大部分内脏。②从卵孵出的昆虫,在生育过程中,一般要经过一系列内部和外部体态的变化,最后变为性成熟的昆虫。这种改变称为变态。有些属于蛛形纲的螨类,如危害棉花的棉叶螨、危害麦类的麦蜘蛛等,还有一些捕食害虫的捕食螨,由于它们对农作物生产有害或对防治害虫有利,习惯上也将它们称为"昆虫"。

昆虫占危害农作物动物的绝大多数。在人类栽培作物中,还没有一种不受昆虫的危害,有些作物害虫的种类和数量很多。据不完全记载,我国水稻害虫约有300种,棉花害虫超过300种,小麦害虫有110多种,玉米害虫50多种,苹果害虫超过600种,贮粮害虫也在100种以上,但众多害虫中真正能造成经济损失的只有很少一部分,例如植食性的昆虫种类占昆虫的48.2%,而对作物造成严重威胁的种类也只有1%[20]。

5.4.1.1 害虫的发育和生活史

农作物害虫的发育,按其发育阶段可分为不完全变态和完全变态。不完全变态只经过卵、若虫(幼虫)、成虫三个阶段,若虫和成虫的形态、生活习性基本相同,只是个体大小,翅及生殖器官的发育程度不同,如蝗虫、蚜虫、飞虱等,它们的若虫和成虫都能危害作物。完全变态要经过卵、幼虫、蛹、成虫四个阶段,幼虫和成虫的形态、生活习性均不相同,食性也有明显差异,如黏虫、水稻螟虫、玉米螟、蝇类等。

1. 害虫的发育时期

(1)卵期　卵是害虫生命活动的开始,从卵刚产下到卵孵化前所经历的时间称为卵期。

(2)幼虫期　卵在发育完成后,幼虫突破卵壳而出,这种现象称为孵化。幼虫从卵孵出到化蛹前所经历的时间称为幼虫期。幼虫期是取食危害作物的时期。蜕皮是幼虫期的特征,成虫期不蜕皮。幼虫的虫龄可用蜕皮次数表示,即卵孵化后到第一次蜕皮前为第一龄幼虫,余类推。两次蜕皮间的历期即为龄期。

(3)蛹期　幼虫老熟后,停止取食,蜕去最后一次皮,变为不活动的蛹,这个过程叫化蛹。从化蛹到变为成虫前所经历的时间称为蛹期,这是完全变态害虫特有的发育阶段。

(4)成虫期　蛹蜕皮或若虫最后一次蜕皮后即羽化为成虫。成虫羽化出来到交配产卵直至死亡所经历的时间称为成虫期。

2. 害虫的世代与生活年史

(1)世代　害虫从卵到成虫性成熟产生后代止的发育过程称为一个世代。

(2)生活年史　害虫在一年内,即由当年越冬虫期开始,到翌年越冬结束为止发生的世代称生活年史。

不同种类的害虫完成一个世代所需时间不同,因此一年中发生代数也不相同。有的几年完成一代,如华北蝼蛄;有的一年完成一代,如大豆食心虫;有的一年发生多代,如蚜虫。同一种害虫由于气候环境条件不同,一年中发生代数不同。如二化螟在河北一年发生 2 代,而在长江流域一年发生 3～4 代,在海南岛则发生 5 代[21]。

3. 繁殖方式

作物害虫大多营两性生殖即卵生,但也有其他一些生殖方式。两性生殖是经过雌雄交配,受精产卵,发育成新的个体。但也有不经过受精产生新个体的,即孤雌生殖。孤雌生殖不需要雌雄交配,因此只要在条件适宜时,一个雌虫就能繁殖后代,其中有的是偶发性的,有的是周期性的(如多种蚜虫),有的是经常性的(如一些粉虱、蚧类、蓟马、叶蜂、瘿蜂等)。进行孤雌生殖的害虫,繁殖率更高。有的害虫多用两性生殖与孤雌生殖世代交替的方式来抵御不良环境条件,保持种的繁荣昌盛;也有的用多胚生殖的方式繁殖后代,即一个卵可发育成两个以上的胚胎,多的可上百甚至上千;有些还进行胎生,即母体直接产生幼虫(若虫);有的是童体(幼体)生殖,即母体还未发育成熟就生殖。胚生和童体生殖不仅能保持种的存在,而且能缩短发育周期,有利于世代的完成和种群数量的增长。

5.4.1.2 害虫的生活习性

1. 趋性

害虫对某种刺激在行动上的一种反应。根据刺激的性质和作用有多种趋性,比较重要的是趋光性、趋化性。有些害虫具有趋光性,如水稻螟蛾、棉铃虫、红铃虫等;有些害虫则具有背光性,如各种地下害虫。有的害虫具有趋向某种有气味的化学物质的特性,如棉铃虫成虫趋向于棉花现蕾时分泌的草酸,地老虎和黏虫的成虫趋向于糖、酒、醋,红铃虫雌蛾分泌一种性引诱物质引诱雄蛾来进行交配等。生产上可利用害虫的趋光性、趋化性进行害虫防治。

2. 食性

作物害虫以植食性为主。根据作物害虫对取食作物的专一性程度,可分为:单食性,仅取食一种作物，如三化螟仅取食水稻；寡食性，仅取食一个科包括个别相近科的作物，如二化螟只取食同一科的作物；多食性，能取食不同科的作物，如飞蝗、黏虫可取食多种作物。寡食性或多食性害虫在其可取食的作物范围内，也常表现有偏嗜性。寄主专一性还表现在对正常取食的一种作物的不同品种有一定的选择性。因此，生产上可利用害虫的取食性进行害虫防治，如三化螟、小麦吸浆虫食性单一，采取稻、麦轮作即可防治。有些害虫对同种作物的不同生育阶段取食也有选择性，如三化螟在水稻分蘖和孕穗末期进行为害，因此调节播期和插秧期即可有效地避开螟害。

3. 群集和迁飞

害虫的群集有暂时性和永久性两种。暂时性群集主要指在某一虫态或某一段时间群集。如小地老虎、二化螟在低龄幼虫时聚集，而龄期稍大即行分散。永久性群集如飞蝗，从蝗蝻到成虫均聚集成群，同时还能远距离集群迁飞，造成毁灭性的危害。黏虫、稻飞虱、稻纵卷叶螟等也有群集迁飞的习性。

4. 昼夜节律

很多种类的害虫取食、飞翔、交配、产卵以及孵化、羽化等活动，常表现有昼夜节律的特性。因此，可分为昼出性、夜出性和弱光性(只在黎明或黄昏弱光时活动)。由于昼夜长短常随季节变化，因此有些昆虫的生活节律也表现有季节性。

5.4.1.3 害虫的为害方式

害虫的为害方式主要是取食作物为害、传播作物病害。

1. 取食作物为害

根据害虫的食性以及相应的口器类型而分为咬食、刺吸、蛀入、潜叶为害和危害作物地下部分，主要表现为食叶、蛀果、咬食种子、蛀入茎秆、刺吸汁液等。相应地，作物害虫可分为咀嚼式口器害虫、蛀茎害虫、刺吸式口器害虫。咀嚼式口器害虫，啮食作物的各部位，造成明显伤残，使叶片的光合作用面积减小，作物正常生长发育阻滞而受害，如蛾、蝶类幼虫，甲虫的成、幼虫，还有蝗类、叶蜂类等。蛀茎害虫，破坏茎内的输导组织，在幼苗期钻蛀常造成枯心，穗期钻蛀则常形成白穗，如稻螟、玉米螟等。刺吸式口器害虫，用针刺状的口针刺破植物组织并从中吸取汁液，作物常因失水萎蔫、营养不良、光合作用受阻等而受害，比类害虫主要属于半翅目(蝽象、盲蝽等)和同翅目(叶蝉、飞虱、蚜虫、介壳虫等)。

除取食外，其他的为害方式还包括产卵于植物组织内而造成虫伤；吐丝或排泄体内物质污染农产品；分泌大量蜜露于叶片，影响光合作用并招致霉菌寄生等。

2. 传播作物病害，尤其是传播病毒病

以昆虫为传播媒介的病毒病有近300种，占已知植物病毒的一半左右，其中虫媒病毒中约有90%是同翅目昆虫(如蚜虫、叶蝉、飞虱、粉虱)传播的。如灰飞虱传播小麦丛矮病，麦蚜传播小麦黄矮病，飞虱、叶蝉传播水稻病毒病等。

5.4.1.4 农作物虫害的分类

按农作物类别，农作物虫害可分为粮食作物虫害、油料作物虫害、果树作物虫害、蔬菜作物虫害、经济作物虫害等。同一类别的农作物虫害一般按作物种类进行划分，如粮食作物虫害可分为水稻、小麦、玉米、大豆等虫害。同一种作物虫害一般按害虫的种类再进行细分，如水稻三化螟、二化螟、稻飞虱、稻纵卷叶螟等，小麦麦蚜、小麦吸浆虫、麦蜘蛛等，玉米红蜘蛛、玉米螟等。

5.4.2 虫害发生与气象

农作物虫害的发生与环境条件密切相关。影响虫害发生的环境条件按性质可分为生物因素和非生物因素两大类。非生物因素中主要为气象、土壤因子，生物因素中主要是食料、寄主植物及其他有益生物。虫害发生是害虫群体和寄主作物群体在环境条件影响下相互作用的结果，其中气象条件常起主导作用。影响农作物虫害发生的主要气象因子有温度、降水、湿度、光照、风等。

5.4.2.1 温度

温度对昆虫生长发育的影响最大，因为昆虫是变温动物，它的体温基本上取决于周围的环境温度，因此，它的新陈代谢和行为，在很大程度上受外界温度所支配。任何一种昆虫的生长、发育、繁殖、分布范围，都受温度的制约，都有它一定的适应范围。温度对害虫的影响包括害虫适应的温度范围、发育速度与温度、发生世代与有效积温的关系等，同时还影响其生殖力及取食迁移等行为活动。

1. 适应的温度范围

不同种类的害虫对温度的适应范围不同，害虫活动的温度范围一般为 6～36℃。根据温度对害虫的影响可分为致死高温区、适宜温区、致死低温区。在适宜温度范围内，害虫生命活动旺盛，寿命长，后代多；否则繁殖停滞，发育迟缓，甚至死亡。以温带地区为例，害虫适宜温区的温度范围为 8～40℃，最适宜温区为 20～30℃。害虫在高于适温范围时，将呈热昏状态；若温度继续升高到致死高温区时，部分蛋白质凝固或酶系统破坏以致死亡。害虫的致死高温因虫种、虫态、高温持续时间而有所不同，多数害虫在 39～54℃时将热死。害虫体温下降到过冷却点之前时，虫体处于冷晕状态；在过冷却点以下，体液结冰或生理失调而致死。

2. 发育速度与温度

在一定温度范围内大多数害虫各虫态发育速率与温度成正相关，温度升高害虫各生育期缩短，反之则延长。在最适宜温度范围内，害虫发育速度最快，随温度升高而呈直线增长，繁殖力最大，数量多，危害重。据报道，在 18～30℃范围内，白背飞虱的若虫和全世代发育速率、成活率随温度升高呈 Logistic 曲线变化趋势，孵化率较高，当温度达到 35℃时，孵化率下降，若虫陆续死亡；若虫与成虫的寿命长短对温度要求不同；在 22～25℃范围产卵较多，种群内禀增长力与温度呈抛物线关系。

3. 世代数与有效积温

害虫一年内发生的代数，主要决定于种的遗传性和不同纬度、高度地区的温度条件。根据某种害虫的发育起点温度、完成一个世代的有效积温，以及某地适于这种害虫生活所需的全年有效积温总和，可计算出这种害虫在这一地区可能发生的世代数。如黏虫发育起点温度为(9.6±1.0)℃，完成一个世代的有效积温为 685.2℃ · d；常年情况下，在北京可发生 3 代，郑州约 4 代，广州 6 代以上。玉米螟发育起点温度为 9.0℃，完成一个世代的有效积温为 710.0℃ · d；常年情况下，在北京可发生 3 代，郑州约 4 代，广州近 7 代。总体上讲，随着从北向南全年有效积温的增加，害虫发生世代数增加。

5.4.2.2 降水、湿度

降水和湿度条件作为害虫生存发展的必要条件之一，对虫害的发生为害具有极其重要的影响，是影响害虫种群数量变动的主要因素，有利时起到加速促进作用，不利时则产生抑制作用。降水除了改变大气温度、湿度、光照和土壤含水量而影响害虫之外，还可直接影响害虫的生命活动。北方冬季积雪形成地面覆盖，对土中或土面越冬害虫起着保护作用；大雨和暴雨对小型害虫及卵有冲杀作用，如蚜虫、叶蝉卵等；高温、高湿的梅雨天气有利于寄生菌繁殖，引起少数害虫的寄生菌蔓延，群体密度因而降低。湿度与害虫的存活率、数量甚至体重的变化有着密切的关系。相对湿度 43%～100%时，白背飞虱卵孵化率、若虫存活率、世代存活率、成虫产卵量和寿命、内禀增长力、种群趋势指数均随湿度增加呈抛物线趋势。湿度影响着害虫的迁飞能力、体重变化、虫口数量及发生程度等。在相对湿度为 90%～100%及中温条件下，玉米螟产卵多，发育最快，成虫的交配次数也较高。在低湿条件下越冬复苏后的亚洲玉米螟体重下降幅度明显大于高湿条件下，其死亡率与湿度成负相关，20%～40%低湿条件下玉米螟不能化蛹，80%～100%高湿条件下能够化蛹。

5.4.2.3 光照

光照对害虫的影响主要表现为光波、光强、光周期等方面。光波与害虫的趋光性关系密切，害虫对光波的反应因种类、性别和虫期而不同。如二化螟对紫光趋性最强；黄光对蚜虫引诱力较大；铜绿金龟甲雌虫趋光性强，雄虫则否；金蝇成虫正趋光，幼虫负趋光。害虫可见光的波长范围在 700～250 nm。一般情况下，短波光对昆虫有较大的引诱力，这表现在昆虫的夜出性、趋光性，如二化螟对 330～440 nm 的趋光性较强。根据害虫的趋光性，可用各种波长的灯光诱捕或驱赶害虫，了解害虫发生时期及数量动态，为预测预报提供依据。光强主要影响害虫的取食、栖息、交尾、产卵等昼夜节律行为，且与害虫体色及趋集程度有一定的关系。如二化螟卵在光照 90 lx 下完全不能孵化；蚜虫在黑暗中不起飞，而中午光照度超过 10 000 lx 时，对迁飞也有抑制作用；蚊虫大多数在 0.15～1.5 lx 的光照度下活动，强光及完全黑暗条件下活动较少。

光周期是引起害虫滞育和休眠的重要因子。光周期可引起或解除某些害虫的滞育。如三化螟、棉铃虫等，在长日照条件下，发育正常，短日照则滞育；而大地老虎、小麦吸浆虫等，则是长日照滞育型。我国长江流域的四川、湖北、浙江棉铃虫种群临界光周期较短，进入滞育期明显晚于黄河流域种群；对于黄河流域棉区，北部特早熟棉区的西北内陆棉区棉铃虫种群在光照时数短于 14 h 后将很快进入滞育状态。27～28℃时，梨剑蚊幼虫期在每昼夜 6～15 h 光照下化蛹，全部进入休眠，光照延长到 17 h 以上时则不休眠。光周期还影响害虫体型的变异。如豌豆蚜在无翅雌蚜的若虫期，经 20℃下光照 8 h 的处理，所产生的后代为有翅型；经 25～26℃及 29～30℃下 16 h 光照处理，就产生无翅型。光质对害虫的生殖能力有明显影响，用 X 射线或 γ 射线照射雄性害虫，可使害虫雄性不育，与之交配的雌虫只能产下未受精的、不能孵化的卵，从而可达到消灭害虫的目的。

5.4.2.4 风

风是影响害虫迁移扩散的重要因子之一。飞翔类害虫大多常在微风或无风晴朗天气飞行，当风速超过4.2 m/s时，就停止自动飞行。如稻水象甲只在无风或微风条件下出现迁飞峰期；微风能刺激黏虫起飞，并有偏爱迎风(或稍偏一点角度)起飞的习性；东亚飞蝗在3.3 m/s风速下，逆风飞行，风速超过3.4 m/s时，即改为顺风飞行。在强风下生长的害虫，多在背风处筑巢，或钻入土内。海岛上风大，害虫多为无翅型；低海拔和弱风处的都为有翅型。一些无翅害虫，常附于落叶碎片随气流升到高空，传至远方。对于具有远距离迁飞习性的害虫，如黏虫、稻飞虱、稻纵卷叶螟、棉铃虫、东亚飞蝗等，风直接影响着害虫的起飞、运行及降落。如黏虫、稻飞虱、稻纵卷叶螟等，在我国春夏季节，随偏南气流向北迁飞，晚秋，随偏北气流由北向南回迁；它与季风进退基本一致，并常随锋面天气系统移动，伴随降雨和下沉气流降落。黏虫、稻飞虱等害虫的迁飞高度主要分布于空中500～2 000 m，当风速超过3.5 m/s后，成虫主要由气流推动前进。如以8 m/s的风速估算，棉铃虫成虫一夜在空中大约飞行8.5～9.5 h，完成的迁移距离约250～280 km。

5.4.2.5 土壤

土壤中小气候、理化性状及生物等的变化，对害虫的分布、活动以及繁殖和存活都有影响。其中以土温和土湿的影响最明显，如不少地下害虫在土中的垂直分布和活动规律，常随土温的增高或降低表现出季节性。土下越冬的昆虫，翌年出土时期和数量均受土湿的影响。不同理化性状的土壤以土壤结构、有机质含量、酸碱度和含盐量的不同而影响害虫。如蝼蛄喜欢有机质多而松软的沙质湿润土壤，金针虫喜欢生活在酸性土壤中，种蝇、蛴螬多在腐殖质多的地块[22]。

5.4.2.6 食物

食物是害虫赖以生存的基本条件。不同作物种类对害虫生长发育、成活率和生殖率都有显著的影响，一般害虫取食喜爱的植物后，发育较快，死亡率低，繁殖率高，这种情况通常是植物所含的营养物质在起主要作用。如黏虫可取食100余种植物，但最喜食禾本科，若取食棉花、豆类等作物对幼虫发育不利，甚至不能完成其生活史。

5.4.3 时空分布

我国农作物害虫种类繁多，全国各地均有分布。能造成严重危害的害虫，水稻有三化螟、二化螟、稻飞虱、稻纵卷叶螟等，小麦有麦蚜、小麦吸浆虫、麦蜘蛛等，玉米有玉米螟等，大豆有食心虫、豆荚螟等，棉花有棉铃虫、棉蚜、棉叶螨、棉盲蝽等，以及蝗虫、黏虫等。其中具有远距离迁飞习性的害虫，水稻主要有稻飞虱、稻纵卷叶螟等，小麦主要有麦蚜等，棉花主要有棉铃虫等，以及蝗虫、黏虫等。迁飞性害虫可在世界范围内的农作物上迁飞为害，多具有区域性、突发性和毁灭性的特点。其突发性给虫害预测预报和防治带来了很大的难度，造成的损失令人触目惊心，治理费用也极为巨大。不同种类的害虫发生为害规律不同，造成农作物虫害的时空分布规律不同，以下以主要迁飞性害虫为例进行简要介绍。

5.4.3.1 稻飞虱

稻飞虱，俗名火蠓虫，土名火蜢子、厌虫等，是危害水稻的主要害虫之一。国外广泛分布于南亚、东南亚、太平洋岛屿及日本、韩国、朝鲜和澳大利亚。国内各稻区都有分布和发生。20世纪70年代末以来已成为亚洲水稻产区的头号害虫。稻飞虱种类很多，危害我国水稻的飞虱主要有褐飞虱、白背飞虱、灰飞虱三种；造成严重灾害的主要是褐飞虱、白背飞虱，其中以褐飞虱发生和为害最重，白背飞虱次之。我国早、中、晚稻都能受其危害. 在适宜的环境气象条件下，繁殖迅速，造成严重灾害。一般为害损失10%～20%，严重为害损失40%～60%，甚至绝收。

三种飞虱由于食性及对温度的要求和适应性不同，在地理分布和各稻区的发生为害情况也有所不同。褐飞虱为南方性种类，在长江流域以南各省发生为害较重，在云、贵、川、渝四省市则主要分布在海拔1 700 m以下稻区。白背飞虱分布较褐飞虱广，但仍以长江流域为主，在北方稻区亦偶尔猖獗为害。灰飞虱属广跨偏北种类，几乎全国各地都有分布，但以华东、华中、华北、西南等地发生为害较重，华南稻区发生较少。

稻飞虱成虫、若虫都能为害。主要为害期在水稻拔节期至乳熟末期，成虫和若虫群集在稻株下部，用刺吸式口器刺进稻株组织，吸食汁液。孕穗期受害，使叶片发黄，生长低矮，甚至不能抽穗。乳熟期受害，稻谷千粒重减轻，秕谷增加，严重时引起稻株下部变黑，齐泥瘫倒，叶片青枯。灰飞虱除本身危害水稻外，尚可传播水稻矮缩病、条纹叶枯病、小麦丛矮病和玉米粗缩病等。

1. 褐飞虱

褐飞虱属喜温性昆虫，仅在我国广东、广西南部、福建和云南南部以及台湾、海南等冬春温暖地区，有少量成虫、若虫或卵在再生稻、落谷苗上越冬。越冬北界大体在1月平均温度12℃等温线(北纬23°26′)附近。根据褐飞虱在我国的越冬分布可划分为3个区域：北纬19°以南的海南省南部为终年繁殖区；北纬19°～25°间为少量越冬区(又以北纬21°左右以南为常年稳定越冬区)；北纬25°以北的广大稻区为不能越冬区。

褐飞虱完成一个世代的发育起点温度为11.7℃，有效积温为401.5℃·d。褐飞虱每年发生代数，随迁入期早迟、总有效积温多少和栽培制度差别而有所不同。江苏、浙江、湖北、四川等省每年可发生4～5代；湖南中部每年5代；江西、福建中部6～7代；广东中部和福建南部8～9代；广东、广西的南部10～11代；位于北纬33°～35°的苏北、皖北和鲁南稻区，常年发生2代左右；在此以北的其他稻区，常年仅发生1代。由于成虫产卵历期长，田间发生世代有重叠现象。

褐飞虱长翅型成虫有随气流远距离迁飞习性，在我国东半部3月下旬至5月，由北纬19°以南的中南半岛等热带终年发生地迁出，随西南气流主降在珠江流域及闽南等地，在早稻上繁殖2代后，于6月间早稻黄熟时产生大量长翅型成虫向北迁飞，主降在南岭南北，波及长江以南；7月上中旬从南岭稻区迁入长江流域，波及淮河流域；7月下旬至8月上旬，长江以南早稻成熟时，又北迁到江淮间和淮北稻区；8月下旬至9月上旬淮北与江淮单季中稻成熟时开始随气流向南回迁；9月下旬至10月上旬，由江淮间和长江中下游稻区向更南地区回迁。

2. 白背飞虱

白背飞虱安全越冬的地域、温度及生物指标与褐飞虱大致相似，但耐寒力较强，越冬地区范围稍广。在海南岛南部和云南最南部地区可终年繁殖，越冬北界暖冬年份在北纬26°左右。在冬季生存区内，除当地虫源外，还有大量外地虫源迁入。在北纬26°以北的不能越冬区，每年初发虫源则全由外地迁入。每年初迁入虫源由南向北依次推移。3月长翅成虫随西南或偏南气流迁入珠江流域和云南红河州，成为早稻上的主要虫源。此后，随着西南气流的加强，4 月迁至广东、广西北部与湘、赣南部及贵州、福建中部，达北纬 29°左右；5 月下旬至 6 月中下旬，迁至长江中下游和江淮地区；6 月下旬至 7 月初南岭地区早稻成熟，成虫可迁至华北和东北南部。常年 8 月下旬后，我国季风转向，北方稻区迁出虫源在东北气流运载下向南回迁，对南方稻区双季晚稻造成穗期危害。

白背飞虱在南岭以南一年发生 7～11 代，福建 6～8 代，南昌 6 代，成都 5 代，上海、浙江和江苏南部一年发生 4～5 代，云南和贵州北部、淮河以北地区 2～4 代。各地从始见虫源迁入到主要为害期，一般历时 50～60 d，主迁入峰后 10～20 d 即为主害代 2 龄若虫高峰期。我国从南到北的主要为害时期依次为：广东、广西南部为 5 月中下旬；广东、广西中部和云南南部为 6 月上中旬；贵州南部经广西北部至福建南部一带为 6 月中下旬；四川盆地东部、贵州东北部经湖南中部至福建北部和浙江南部一带为 7 月上中旬；湖北南部、湖南北部至浙江北部一带为 7 月中下旬；江苏、安徽的中部和南部为 7 月下旬到 8 月中旬；淮河以北、陕西、甘肃等地为 8 月中下旬至 9 月上旬。白背飞虱一般在水稻分蘖期为害，在长江中下游及其以北地区常年只出现一次为害高峰，但在南方双季稻区，除 5—6 月早稻上出现一个为害高峰外，9 月间晚稻穗期还常有一为害高峰。

3. 灰飞虱

灰飞虱在福建等地发生 7～8 代，在长江流域发生 5～6 代。在南方稻区以若虫、成虫或卵在麦田、绿肥田及田边、沟边禾本科杂草或再生稻上越冬。抗寒力和耐饥力强。在冬季温暖的日子，仍可取食和活动。华北等北方稻区则以若虫在田边草丛、稻根丛或落叶下过冬，而以被风向阳，温暖、潮湿处最多，1—2 月最冷时，若虫钻入土隙、泥块下不动。浙江、上海、江苏和四川等地越冬若虫于 3 月中旬羽化，在原产地产卵繁殖后，第一代成虫于 5 月中下旬羽化，以长翅成虫占优势，迁入早稻秧田和早栽大田繁殖为害。

5.4.3.2 稻纵卷叶螟

稻纵卷叶螟在我国各稻区皆有分布和为害，但以南方稻区发生量大，危害重。幼虫在分蘖期、孕穗和抽穗期危害叶片。水稻受害后千粒重降低，空秕率增加，生育期推迟，一般减产 2～3 成，重的达 5 成以上，大发生时稻叶一片枯白，甚至颗粒无收。稻纵卷叶螟除主要危害水稻外，还能危害粟、甘蔗、玉米、高粱、小麦等作物。

稻纵卷叶螟在我国东半部地区的越冬北界为 1 月平均气温 4℃等温线，相当于北纬 30°一线，在北界以北地区，任何虫态都不能越冬，每年初发世代的虫源均由南方迁飞而来。其越冬区可分为 3 种类型：周年繁殖区，1 月平均气温 16℃等温线以南的地区，包括雷州半岛、海南岛、台湾省的南端及滇南冬季温暖区；越冬区，1 月平均气温 4～16℃等温线之间，以南岭山脉为界，岭南为常年越冬区，以蛹和少量幼虫越冬，岭北为零星越冬区，以少量蛹越冬；冬季死亡区，1 月平均气温 4℃等温线以北的地区。

稻纵卷叶螟在我国一年发生的世代数随纬度和海拔高度形成的温差而异，且世代重叠。台湾南部、海南岛、云南元江和西双版纳一年发生 9～11 代，周年为害，无越冬现象；南岭以南的两广南部及福建南部发生 6～8 代，此区常年有部分幼虫和蛹越冬；南岭以北到北纬 31°的长江中游沿江南部地区及重庆发生 5～6 代，此区有零星蛹越冬；长江以北到山东泰沂山区至陕西秦岭一线以南地区发生 4～5 代，此区任何虫态均不能越冬；泰沂山区至秦岭以北地区，包括华北、东北各地发生1～3代。

我国东半部地区稻纵卷叶螟的迁飞方向与季风环流同步进退，即春夏季随着高空西南气流逐代逐区北移，秋季又随着高空盛行的东北风大幅度南迁，从而完成周年的迁飞循环。我国从海南岛到辽东半岛，每年3—8月出现5个代次的北迁，秋季8月底至10月自北向南有3次回迁。因此，各发生区的环境条件如有利于其繁殖和虫量积累，就有连年大发生的可能。对迁入区来说，迁入蛾量的多少和迁入后的气候条件是影响发生轻重的前提，水稻生育状况和天敌数量多少等因素则关系到当年田块受害程度的轻重。

造成稻纵卷叶螟大发生的主要原因是高温、高湿、强降水以及水稻生长期环境为其提供的较好的生存条件。春夏季北迁主要是由逐渐上升的高温所引起，临界高温为28.2℃。秋季光照的逐渐缩短并伴随温度的逐渐降低是诱导南迁的主要因素，临界光照为日光照逐渐缩短至13.5 h，临界温度为24℃。上升气流、高空平流气流、下沉气流则会直接影响其起飞、运转、降落等迁飞过程。稻纵卷叶螟的平均迁飞高度为离地面400～1 000 m，但夏季北迁与秋季南迁有明显区别，夏季北迁高度要高一些，秋季南迁高度要低一些。

5.4.3.3 麦蚜

麦蚜，又名腻虫，是一类世界性害虫。危害小麦的主要有麦长管蚜、麦二叉蚜、禾谷缢管蚜和麦无网长管蚜。麦长管蚜在全国麦区均有发生；麦二叉蚜主要分布在我国北方冬麦区，特别是华北、黄淮平原、西北等地发生严重；禾谷缢管蚜分布于华北、东北、华南、华东、西南各麦区，是多雨潮湿麦区优势种之一；麦无网长管蚜主要分布在北京、河北、河南、宁夏、云南和西藏等地。

麦蚜在小麦苗期，多集中在麦叶背面、叶鞘及心叶处；小麦拔节、抽穗后，多集中在茎、叶和穗部刺吸为害，并排泄蜜露，影响植株的呼吸和光合作用。穗期为害，可造成小麦灌浆不足，籽粒干瘪，千粒重下降，引起严重减产。另外，麦蚜是传播植物病毒的重要昆虫媒介，以传播小麦黄矮病的危害最大。四种麦蚜一年均可发生10～20余代。麦长管蚜在南方以成虫、若虫越冬，每年春季3—4月随气温回升，小麦由南向北逐渐成熟，越冬区麦长管蚜产生大量有翅蚜，随气流迁入北方冬麦区进行繁殖为害。麦二叉蚜、禾谷缢管蚜和麦无网长管蚜均以卵越冬，初夏飞至麦田。

麦蚜具有随气流进行远距离迁飞为害的特性。3—6月随西南气流北迁，8—10月随西北或东北气流南迁。麦蚜的大区域迁移与小麦的物候期相吻合，有翅蚜迁出高峰期，一般都在小麦乳熟至黄熟阶段，迁入高峰期都处于抽穗扬花期。在不同海拔的山区与丘陵地区，麦蚜亦存在垂直方向上的季节性迁移现象。在美国，麦二叉蚜也是从南方随季风携迁至北方甚至加拿大。

温度、湿度、光照、风等气象因子均会对麦蚜的迁飞行为产生影响。麦长管蚜适宜飞行的温、湿度分别为12～22℃和60%～80%，在此温湿度范围内，随温度或湿度的升高飞行速度加快；温度低于8℃或高于25℃，其飞行能力明显降低。实验表明，在10℃下，麦长管蚜在16 h内没有个体起飞；15℃时有70%的个体起飞；温度升至20℃时，100%个体均起飞。光照影响蚜虫的起飞行为，决定蚜虫的日迁飞高峰，一般蚜虫的迁飞行为发生在白天，并且多在晴朗有微风的天气。这可能与蚜虫的羽化时间或蚜虫迁飞过程中需要强光刺激有关。

风速和风向对蚜虫迁飞的路径和迁飞的距离有极大的影响。实验室吊飞结果表明，蚜虫的飞行能力相当有限，但其仍能进行远距离的迁飞，风力的推进作用是实现远距离迁飞的关键。蚜虫近距离扩散行为多在低空飞行，从而影响人们的正常生活；远距离的迁飞可达到大气边界层，随气流迁飞到上百千米以外的地方。如麦二叉蚜、麦长管蚜和禾谷缢管蚜通常在美国南达科他地区不能越冬，该地的虫源均由南方迁飞而来，并且4—5月有南方低空急流的地区就会有许多的蚜虫出现。大风会使起飞推迟，但不能抑制起飞。

5.4.3.4 棉铃虫

棉铃虫是世界性棉花大害虫，分布于北纬50°至南纬50°的亚洲、大洋洲、非洲及欧洲各地。我国各棉区普遍发生，其中黄河流域棉区、辽河流域棉区和西北内陆棉区为常发区，长江流域棉区为间歇性发生区。

棉铃虫是一种多食性的害虫，寄主植物达30多科200余种，常见的受害作物有棉花、玉米、小麦、高粱、豌豆、蚕豆、苕子、苜蓿、油菜、芝麻、胡麻、青麻、花生、番茄、辣椒、向日葵等。在我国主要危害棉花、玉米、大豆、小麦和花生等农作物。棉铃虫危害棉花时，主要以幼虫蛀食棉花的蕾、花、铃。棉铃虫在我国各棉区的年发生代数和主要为害世代不同。在辽河流域棉区和新疆大部分棉区年发生3代，以第2代为害为主；在黄河流域棉区和部分长江流域棉区年发生4代，以第2代最重，第3代次之；在长江流域大部分棉区每年发生5代，以第3、4代最重；在北纬25°以南地区每年可发生6～7代，以第3、4、5代为害严重。各地一般均以蛹在土中越冬。

棉铃虫是兼性滞育昆虫，在我国各棉区均以滞育蛹越冬。棉铃虫在我国东部的越冬带为1月平均日最低温度－15℃等温线以南地区，以及新疆部分地区；越冬北界约位于大连北部至秦皇岛、张家口、太原、武威一线。辽宁、吉林、内蒙古及黑龙江等地的棉铃虫则由华北中北部地区迁入，不具备棉铃虫越冬环境的新疆北疆地区，其种群亦由外地迁入。

棉铃虫具有世代间流窜迁移为害、地域间突增突减、间歇性远距离迁移为害的特性。其迁移为害的特性在20世纪90年代我国棉铃虫的多次大暴发中得到了进一步印证。如1990年，华北地区1、2代虫量并不高，但3、4代在棉田大发生，5代在江、浙、赣棉区大发生。1991年，3代在华北棉区仍然大发生，4、5代在江、浙、皖、赣部分棉区造成灾害。1992年，1、2代在华北地区来势猛、虫量大、历期长、损失大，成为几十年不遇、国际上也罕见的异常大暴发，4、5代在江、浙、皖、沪一带又形成大发生。棉铃虫远距离迁飞的现象已被澳大利亚、印度、非洲和欧洲等国家和地区广泛证实；我国科学家通过对棉铃虫的越冬北界、种群的适合度、抗药性水平地理特征、棉铃虫海面迁飞观测等一系列研究，揭示了棉铃虫的地理型组成和兼性迁飞规律，指出季节性远距离迁飞是其区域性灾变的生物学基础。

5.4.3.5 东亚飞蝗

蝗虫，俗称蚂蚱。全世界已知1万多种，我国有1 000余种。蝗虫主要包括飞蝗和土蝗。飞蝗，在我国有东亚飞蝗、亚洲飞蝗和西藏飞蝗3种，其中东亚飞蝗在我国分布最广，为害最严重，是造成我国蝗灾最主要的飞蝗种类。土蝗，是指除飞蝗以外的其他蝗类，其种类多，分布广，食性杂；由于各地自然环境的差异，其群落结构和发生为害有所不同。

东亚飞蝗的发生地在我国分布区域极广，从北纬42°以南直至海南和云南，西起甘肃南部和四川，东至渤海、黄海沿海沿岸和台湾等地。其中，长江以北的华北平原，即淮河流域、黄河流域及海河流域中下游的低洼地区，主要包括河南、山东、河北、江苏、安徽、天津等省(市)是其主要发生地。

东亚飞蝗食性很杂，主要取食禾本科和莎草科植物，最嗜食芦苇、稗草和红草等杂草，栽培作物中的小麦、玉米、高粱、水稻、粟、甘蔗等也喜食。大发生缺乏食物时，也能危害棉花、大豆和蔬菜等农作物。飞蝗以成虫和若虫（蝗蝻）咬食植物的叶片、嫩茎和幼穗等植物地上的所有绿色部分。

东亚飞蝗无滞育现象，年发生代数和发生时期因南北地区而异。北京以北地区一年发生1代；渤海湾、黄河中下游、淮河流域、长江流域，一般一年发生2代；江西、广西、广东、台湾，一年发生3代；海南岛一年可发生4代。各地均以卵在土下4～6 cm处越冬。

在江苏、安徽、山东、河南等2代区，越冬代称为夏蝗，第一代称为秋蝗。越冬卵一般于4月下旬至5月上中旬孵出蝗蝻，羽化后为夏蝗。夏蝗成虫盛期常在6月中下旬到7月上旬，产卵盛期在7月上中旬。7月中旬至8月中旬孵出秋蝗蝻，8月上旬到9月上中旬，羽化为秋蝗。秋蝗产卵盛期在9月上中旬，一般年份即以秋蝗卵越冬，特殊年分9月间可发生部分3代蝗虫，但多数不能产卵而死亡。飞蝗的种群数量消长取决于气候、水文、地形、土壤、植被和人为活动等综合因素。

群居性蝗虫有远距离迁移的习性，其迁飞过程也是性器官发育成熟的过程。群居性蝗蝻羽化后，开始仍在蝗蝻群居处跳动，经5～10 d，全部蝗蝻羽化为成虫后常于晴天傍晚做飞翔活动，在飞行中亦能诱发地面其他蝗群合群起飞。起飞开始于白天高温时，即11:00—14:00之间，可持续飞行1～3 d，夜晚仍可飞行。微风时常逆风飞行，大风时可转换方向做顺风飞行。飞蝗在飞行过程中不取食，即使遇到暴雨或下沉气流而被迫降落地面，亦不取食，因此飞蝗迁飞结束后，为补充体内营养大量取食，造成迁入区的严重受害。

5.4.3.6 黏虫

黏虫，又称夜盗虫、行军虫。在中国除新疆未见报道外，遍布各地。以禾谷类及棉花、豆类、蔬菜等多种作物为寄主。黏虫属迁飞性害虫，越冬分界线在北纬33°一带，以北地区因冬季寒冷一般不能越冬。春季大量成虫由南方迁飞到北方。年发生世代数各地不一，东北、内蒙古年发生2～3代，华北中南部3～4代，江苏淮河流域4～5代，长江流域5～6代，华南6～8代。成虫昼伏夜出，傍晚开始活动。黄昏时觅食，半夜交尾产卵，黎明时隐蔽。对糖醋液趋性强，产卵趋向黄枯叶片，喜在茂密田块产卵。初孵幼虫有群聚性，3龄后有假死性，受惊动迅速蜷缩坠地，畏光，晴天白昼潜伏在麦根土缝，傍晚或阴天爬到植株上，食叶为主，5～6龄为暴食期。水肥条件好、生长茂盛田块和潮湿天气容易大发生，可将叶片全部食光并啃食茎秆基部，造成严重损失。因其群聚性、迁飞性、杂食性、暴食性，成为全国性重要农业害虫。主要天敌有步行甲、蛙类、鸟类、寄生蜂、寄生蝇等。

各虫态发育起点温度：卵(13.1±1)℃，幼虫(7.7±1.3)℃，蛹(12.0±0.5)℃，成虫产卵(9.0±0.8)℃；整个生活史为(9.6±1)℃。各虫态发育所需有效积温：卵期43℃·d，幼虫期402.1℃·d，蛹期121.0℃·d，成虫产卵111℃·d；整个生活史685.2℃·d。

5.4.4 历史灾情

5.4.4.1 稻飞虱

1987年稻飞虱大发生，严重受害范围北至山东，南到广东，东及上海，约有13万hm^2水稻枯死绝产。1991 年受害范围更大，波及 19 个省市，面积达 1 000 多万 hm^2，损失稻谷 25 亿 kg[23]。

5.4.4.2 稻纵卷叶螟

20 世纪 60 年代以后，发生危害逐年加重，先后出现过三次大发生周期，第一周期是 1969—1977 年，第二周期是 1980—1983 年，第三周期是 1988—1993 年。80 年代以来，平均 3 年就有 2 年猖獗发生，频率明显加快。常年发生面积 1 000 万 hm^2 左右[23]。

5.4.4.3 麦蚜

20 世纪 70 年代以来，小麦蚜虫的发生与危害不断加重。1993 年麦蚜大发生，危害面积达 0.1 亿 hm^2[24]。1997—1998 年发生面积均在 1 300 万 hm^2 左右。1998 年河南、山东、河北尤为严重，有蚜株率一般在 90%以上，百株穗蚜量在 1 000～5 000 头不等，高者达万头以上[23]。

5.4.4.4 棉铃虫

1992—1995 年棉铃虫害特大暴发，其中仅 1992 年危害面积即达 400 多万 hm^2，全国平均产量损失 30%以上，损失棉花 150 余万 t，直接经济损失达 100 亿元[24]。

1992 年河南棉铃虫大暴发，损失皮棉 1.98 亿 kg，占常年总产量的 30%，直接经济损失 13.6 亿元[3]。

2008 年新疆棉铃虫累积发生面积达到 5.6 万 hm^2，为历史最高值，其中 1 代棉铃虫发生面积 7.8 万 hm^2，2 代发生面积 21.2 万 hm^2，3 代发生面积 27 万 hm^2，绝收改种面积 9 000 万 hm^2，累计防治面积 73.3 万 hm^2[25]。

5.4.4.5 东亚飞蝗

蝗虫是我国历史上第一大害虫，新中国成立前年发生面积 400 万 hm^2，20 世纪 80 年代已压缩到 120 万 hm^2，90 年代初再度回升。1992 年天津大港蝗虫再次暴发起飞，被中国政府认定为重大事故。2000 年中国蝗虫特大发生，仅河南、山东、河北、陕西、安徽等省入夏以来，东亚飞蝗重灾发生面积已逾 100 万 hm^2，此外，土蝗、稻蝗也存在大面积的滋生繁殖区，只要条件适宜随时都有暴发成灾的可能[23]。

5.4.4.6 黏虫

20 世纪 70 年代华北由于大面积推广小麦、玉米套种，黏虫连年严重发生，80 年代以后全面推广小麦、玉米两茬平作，危害明显减轻。但随着气候变暖，黏虫越冬基数增加。2012 年夏季大气环流异常，北方降水偏多，黏虫在东北与华北暴发。截至 8 月 14 日，发生面积近 333 万 hm^2，严重发生 43.3 万 hm^2，面积之大、危害之重为近十年之最。

5.4.5 防控措施

农作物虫害的防控途径主要是控制田间的生物群落，减少害虫的种类与数量等。具体内容包括：①消灭或减少虫源，恶化害虫发生、为害的环境条件，及时采取措施抑制害虫在大量发生之前等。②增加天敌生物的种类与数量。③控制作物易受虫害的生育期，使与害虫盛发期错开。具体措施应按照预防为主、综合防治的原则，加强预测预报，因地因时制宜地协调采用必要的不同措施，达到安全、有效、经济、简便地控制害虫为害的目的。防治方法有检疫、农业防治、生物防治、化学防治、物理和机械防治等。

5.5 农作物草害

5.5.1 概念与分类

农作物草害是指农田杂草危害作物导致产量减少、品质降低等经济损失的各类事件。农田杂草与作物争光、争水、争肥、争空间，可形成草荒，影响作物的正常生长发育，导致产量、品质降低，造成种子混杂；杂草还可诱发和传播病虫害，有毒杂草可影响危害人畜健康；杂草可阻塞渠道、妨碍机收，影响田间水利设施等的正常运行，增加生产费用。

农田杂草主要包括禾本科杂草、阔叶杂草、莎草科杂草和藻类四大类[26]。根据杂草的生长、繁殖习性，可分为一年生杂草和多年生杂草。前者指杂草从种子发芽、生长到开花、结籽，在一年里完成，如狗尾草、马齿苋等。后者指杂草不但能结籽传代，而且通过地下根茎繁殖，如水三棱、香附子等。根据杂草生态型可分为旱地杂草、水生杂草、水旱两生杂草和湿生杂草。旱地杂草只能生长在旱田里，如马齿苋、狗尾草等。水田杂草只能生长在水田，如眼子菜、鸭舌草等。水旱两生杂草既能生长在水田，又能生长在旱地，如稗草、水三棱等。湿生杂草生长在土壤湿度较大的地区和田块内，但不是在浸水情况下生长的杂草，如看麦娘、稗等。

多数杂草有很强的生态适应性和抗逆性，对环境要求不太严格，常耐旱、耐涝、耐热、耐盐碱、耐贫瘠，沟旁、路边、田埂、房顶等作物不能生存的地方，杂草同样能生存。当生长条件不良时，可随生育环境的变化，自然调节密度、生长量、结实数和生育期，保证个体生存和物种的延续。种子可通过风、水、动物进行传播。另外还有再生能力强、休眠性、群落的多样性等特性。

5.5.2 时空分布

农作物草害在全国各地均有发生。据报道[27]，我国水稻、小麦、玉米、大豆及棉花等主要农作物农田杂草有580种，其中稻田129种、旱田427种、水旱田均有24种。对主要农作物危害重而又难于防除的有17种，危害重而分布广的有31种，地区性的重害杂草有24种。稗、野燕麦、看麦娘、藜、蓼、苋、扁秆藨草、眼子菜、马唐、鸭舌草为农田十大害草。

稻田杂草主要有：稗、扁秆藨草、矮慈姑、眼子菜、双穗雀稗、水莎草、萤蔺、千金子、泽泻、雨久花、牛毛毡、异型莎草、碎米莎草、野慈姑、节节菜、丁香蓼、陌上菜、醴肠、两栖蓼、空心莲子草、狼把草、鸭舌草等。

麦田杂草主要有：日本看麦娘、小藜、牛繁缕、猪殃殃、硬草、大巢菜、荠菜、繁缕、阿拉伯婆婆纳、刺儿菜、野老鹳草、小旋花、泽漆、播娘蒿、泥胡菜、碎米荠、看麦娘、野燕麦等。

玉米田杂草主要有:马唐及其他马唐属杂草、牛筋草、稗、千金子、狗尾草、双穗雀稗、狗牙根、香附子、铁苋菜、龙葵、马齿苋、柳叶刺蓼及其他蓼属杂草、反枝苋及其他苋属杂草、藜及其他藜属杂草等。

大豆田杂草主要有:稗、反枝苋、柳叶刺蓼、刺蓼、金荞麦、龙葵、藜、小藜、苍耳、葎草、狗尾草、刺藜、香薷、鸭跖草、苣荬菜、萹蓄、铁苋菜、马唐、牛筋草、问荆、苦苣菜等。

棉田杂草主要有:马唐、稗、香附子、千金子、醴肠、牛筋草、狗尾草、狗牙根、双穗雀稗、反枝苋及藜等。

农作物草害的发生与气象条件的关系密切,光、温、水等气象条件影响杂草的生育、繁殖、分布等。气候变暖,尤其是秋、冬季节温度的升高,农作物草害的发生呈现蔓延加重的趋势。

5.5.3 历史灾情

据调查资料估计,我国农田受草害面积有 4 287 万 hm^2,其中受杂草危害较重的农田有 3 580 万 hm^2,每年受草害减产 12.3%～16.5%。水稻受草害面积 1 500 万 hm^2,稻谷减产约 1 000 万 t;小麦受草害面积 1 000 万 hm^2,减产约 400 万 t;玉米受草害面积 660 万 hm^2,减产约 250 万 t;大豆受草害面积 200 万 hm^2,减产约 50 万 t;棉花受草害面积 220 万 hm^2,减产皮棉约 25.5 万 t[27]。

1982—1987 年青海省农田杂草危害面积率为 65.0%,严重危害面积率 27.0%,小麦、青稞、油菜三大作物,草害发生面积 26.74 万 hm^2,严重危害面积 13.24 万 hm^2。每年粮油作物减产 7 769.8 万 kg[28]。

1993—1994 年,湖北潜江市秋播作物草害发生严重,每年因草害损失夏粮 850 万 kg,损失夏油 112.5 万 kg[29]。

2003 年,江苏东台市农田草害发生面积 15.07 万 hm^2,占总播种面积的 70.66%,虽经多次防除,仍因杂草危害减产粮食 450 t、油菜 280 t、蔬菜 7 200 t,折合人民币 820 万元[30]。

2002—2005 年,河南开封市棉田草害发生严重,因杂草危害造成的棉花损失达 13.8%,严重的田块达 30%～40%[31]。

近年来,随着农村种植业结构的调整、耕作制度的改变,单一类型除草剂的长期使用,农田杂草的种群变化和群落演替加速,除一些次要杂草逐渐成为主要杂草外,一些多年生杂草在农田的发生危害也日趋严重,抗性杂草(如抗杀草丹的稗草)业已出现。加上我国农村劳动力大量向其他行业转移,农田管理放松,一些地区农田草害已呈加重趋势。

5.5.4 防控措施

1. 轮作灭草

轮作是防除农田杂草的有效措施,如水田杂草眼子菜和牛毛毡在水旱轮作时,其生长发育大受抑制。冬麦田中的越冬性杂草荠菜、播娘蒿可通过与春作物轮作进行防除。

2. 合理密植,以密控草

农田杂草以其旺盛的长势与作物争水、争肥、争光。因此,科学地合理密植,能加速作物的封行进程,利用作物自身的群体优势抑制杂草的生长,即以密控草,可以收到较好的防除效果。

如近年来不少地区推广的棉花高密度栽培，可以控制棉田中后期杂草的生长。

3. 深水淹稗

深水淹稗的措施在北方稻田中采用的时间较久，在大面积种植水稻的地区，采用这一方法是有效的。稗草在幼苗1～3叶期，因其种子小，储存养分少，幼苗耐水淹的能力特别弱，在水层里6～7 d就失去生命力。一般在稻苗出苗后1～3叶期，采用10～15 cm深水层淹稗，即可消灭70%～80%的稗草[32]。

4. 机械耕作除草

利用各种耕翻、耙、中耕松土等措施进行播种前及各生育期除草，能铲除已出土的杂草或将草籽深埋，或将地下茎翻出地面使之干死或冻死。这是我国北方旱区目前使用最为普遍的措施。

5. 物理除草

利用覆盖、遮光、高温等原理，用塑料薄膜覆盖种菜、铺纸种稻、秸秆覆盖种植等方法进行除草。例如，免耕种植中的覆盖物及地膜覆盖中的塑料薄膜本身就有遮光、抑制部分杂草发芽的作用，且地膜覆盖栽培中的塑料薄膜夏天能使地面土温上升到50℃以上，可将大部分杂草幼芽杀死。

6. 化学除草

利用化学药剂防除杂草。化学除草剂自20世纪40年代问世以来迅速发展，目前已成为现代农业不可缺少的一部分。其主要特点是高效、省工，尤其是可以免去繁重的田间除草劳动，解放田间的劳动力。目前已有300余种除草剂，加工成数千种不同剂型的制剂，可用于几乎所有的作物、蔬菜、果圃、草地、林地、公园、铁路、机场等地的除草。化学药剂一般在杂草三叶期至分蘖前施用效果好。当杂草太大时喷药，见效慢，效果差；当杂草太小时，叶片面积小，吸收药量不足，不易致死。

7. 综合治理

一是病、虫、草综合防治。因为病、虫、草害三者是相互联系、相互影响的，要防治病虫害应先将杂草清除，病虫害不防治，作物受害，生长不良，也给杂草生长提供了条件。二是防除杂草必须运用农业防除、杂草检疫、清洁播种材料、机械、物理、化学等综合防除方法。具体情况应根据当时当地的条件而定，以便收到最大的经济效益、生态效益和社会效益。

5.6 有害生物入侵

5.6.1 有害生物入侵的特点与类型

外来有害生物是指由于人为或自然因素被引入新生态环境，并对新生态系统、物种及人类健康带来威胁的外来物种。有害生物入侵是指有害生物由原生存地经人为的或自然的途径侵入到另一个新环境，并在自然或人为生态系统中定居、自行繁殖和扩散，对入侵地的生物多样性、农林牧渔业生产、人类健康和食品安全等形成危害，造成经济损失或生态灾难的现象或过程。

5.6.1.1 外来有害生物入侵的特点

我国外来有害生物入侵的主要特点[33-34]：一是涉及面广，全国 34 个省市自治区均发现入侵生物；二是涉及的生态系统多，森林、农业区、水域、湿地、草地、城市居民区都可见到；三是涉及物种多，脊椎动物(哺乳类、鸟类、两栖类、爬行类、鱼类)、无脊椎动物(昆虫、甲壳类、软体动物等)，高低等植物以及细菌、病毒等都能找到例证。目前已知我国至少有 380 种入侵植物、40 种入侵动物、23 种入侵微生物。外来杂草有 108 种，隶属 23 科 76 属，其中被认为是全国性或是地区性的有 15 种。据专家估算，全国每年因有害生物入侵给农业带来的损失占粮食产量的 10%～15%，棉花产量的 15%～20%，水果蔬菜的 20%～30%。仅粗略估计，林业外来有害生物(松材线虫、美国白蛾和红脂大小蠹等 10 余种)造成中国林业年直接经济损失已高达 560 多亿元，占林业有害生物年灾害损失的 60%以上[35]。

5.6.1.2 危害严重的外来入侵生物

外来入侵且危害严重的植物、动物、微生物[36-37]的主要种类如下：

(1)植物　主要有水花生、豚草、紫茎泽兰、薇甘菊、北美一枝黄花、大米草、毒麦、水葫芦、飞机草、节节草、苏丹草、紫花苜蓿、决明、望江南、美洲商陆、野茼蒿、菊苣等。

(2)动物　害虫类包括美国白蛾、松突圆蚧、湿地松粉蚧、稻水象甲、美洲斑潜蝇、松材线虫、蔗扁蛾、苹果绵蚜、葡萄根瘤蚜、二斑叶螨、马铃薯甲虫等。其他外来动物如原产于南美的福寿螺、原产于东非的非洲大蜗牛、原产于南美洲的獭狸等。食人鲳等外来鱼类对湖泊的本地鱼种和生态系统也构成了巨大的威胁。

(3)微生物　主要有甘薯黑斑病、水稻细菌性条斑病、玉米霜霉病、马铃薯癌肿病、大豆疫病、棉花黄萎病、柑橘黄龙病、柑橘溃疡病、木薯细菌性枯萎病、烟草环斑病毒病、番茄溃疡病、鳞球茎茎线虫等。

5.6.2 危害与成因

5.6.2.1 危害

有害生物入侵的危害主要表现在三个方面：破坏生态环境、威胁人类健康、危害农林牧渔业生产[34,36,38]。

1. 破坏生态环境

外来有害生物会造成严重的生态破坏和生物污染。它们或与当地物种竞争食物与营养，或直接扼杀当地物种，或分泌释放化学物质，抑制其他物种生长，使当地物种的种类和数量减少，甚至濒危或灭绝。当外来有害生物脱离了人为控制逸为野生，在适宜的气候、土壤、水分及传播条件下，极易大肆扩散蔓延，形成大面积单一生物优势群落，危及本地物种的生存，最终导致生物多样性的丧失。如在广东，薇甘菊往往大片覆盖香蕉、荔枝、龙眼、野生橘及一些灌木和乔木，致使这些植物难以进行正常的光合作用而死亡；豚草可释放酚酸类、聚乙炔、倍半萜内酯及甾醇等物质，对禾本科、菊科等一年生草本植物有明显的抑制、排斥作用；原产美洲的紫茎泽兰现已遍布我国西南大部分地区，在其发生区总是以满山遍野密集成片的单优植物群落出现，已导致原有植物群落出现衰退、消失现象;100 多年前作为花卉引入我国的原产南美洲的水葫芦现已遍布华北、华东、华中、华南的河、湖和水塘,连绵 1 000 hm^2 的滇池,水葫芦疯长成灾,布满水面,严重破坏水生生态系统的结构和功能,已导致大量水生动植物死亡。

2. 威胁人类健康

许多入侵生物是人类的病原或病原的传播媒介,一旦它们入侵成功,可能会造成大范围的疾病流行,严重影响人类的健康和生存。艾滋病和疯牛病等都是由病毒引起的。豚草和三裂叶豚草现分布在东北、华北、华东、华中地区的 15 个省市。豚草所产生的花粉是引起人类花粉过敏症的主要病原物,可导致“枯草热”症。福寿螺是寄生虫病的中间宿主,2006 年 5—8 月,北京因食用福寿螺导致感染广州管圆线虫病的患者达 87 人。

3. 危害农林牧渔业生产

近年来,稻水象甲、非洲大蜗牛、美洲斑潜蝇等农业入侵害虫每年的虫害面积超过 140 万 hm^2。松材线虫病、湿地松粉蚧、美国白蛾等林业有害生物造成危害的面积逐年增加,每年达 150 万 hm^2。豚草、紫茎泽兰、飞机草、薇甘菊、空心莲子草、水葫芦、大米草等肆意蔓延,已到了难以控制的局面。如水葫芦已泛滥成灾,每年经济损失近 100 亿元,仅打捞费就达5 亿~10 亿元;以水产业闻名全国的“蓝色宝库”福建省霞浦县东吾洋,大米草已经成了大祸害,每年损失高达 1 000 万元以上。

5.6.2.2 入侵途径

外来生物入侵的途径主要分为两大类,即人为途径和自然途径[36,38]。

人为途径是生物入侵最主要的途径,包括人为无意引入和人为有意引种。人为有意引种导致入侵的主要途径可分为作为牧草或饲料引进、作为观赏物种引进、作为药用植物引进、作为改善环境的植物引进、作为食物引进、作为宠物饲养引进、作为水产养殖品引进、异地放生、动物园和植物园及鸟园等的引入等而造成入侵。如福寿螺是我国南方广东、浙江、福建、广西等地被作为特种水产品而引进的。无意引入导致入侵的主要途径可分为随人类交通工具带入(如船只携带等)、随海洋垃圾带入、随进口农产品和货物带入、野化的家养动物带入、旅游者带入、通过周边地区自然传入、随人类的建设过程传入、军队的转移带入等。如毒麦是随我国小麦引种传入的,假高粱是 20 世纪 70—80 年代我国从美洲国家进口的粮食中传入的。

自然途径是指入侵物种借助自身力量,风、河流等自然力量或动物媒介进行传播。如紫茎泽兰是从中缅、中越边境自然扩散入我国的,薇甘菊可能是通过气流从东南亚传入我国广东地区的,稻水象甲也可能是借助气流迁飞到我国大陆的。

5.6.2.3 成因

我国易遭受外来有害生物的入侵。这是因为我国幅员辽阔,跨越 50 个纬度及 5 个气候带(寒温带、温带、暖温带、亚热带和热带),来自世界各地的大多数外来种都可能在我国找到合适的栖息地。有害生物入侵成功的主要原因[38]有:

(1)入侵物种对各种气象环境因子的适应幅度较宽,对环境有较强的忍耐力,如耐旱、耐涝、耐阴、耐贫瘠土壤、耐污染等。

(2)通常成功入侵的外来物种都有很强的繁殖能力,能迅速产生大量的后代,外来种与土著种之间存在强烈的相互竞争、抑制作用,同时杂交造成入侵种与本地种的基因交流,导致后者的遗传侵蚀。

(3)新的环境条件更适合外来物种的繁育，除了其生存所必需的自然气候条件外，还可能包括更为广阔的生存空间和更为丰富的食物条件。

(4)外来物种常常失去了其固有的自然控制因素，使种群增长异常迅速，这些自然控制因素在其原产地可能是控制其种群数量的关键因子。

(5)新的栖息地生态免疫能力弱，本地缺少具有相同或相近生态位的物种，或者这些物种的竞争能力差，同时新的生态系统中又极度缺乏对外来种的控制因素或控制能力增长缓慢。

5.6.3 历史灾情

5.6.3.1 稻水象甲

1988 年，稻水象甲在河北省唐海县暴发成灾，水稻受害后，一般产量损失 5%～10%，严重田块达 40%～60%，少数田块基本无收成[39]。现扩散到沿海 8 省，发生面积 51.3 万 hm^2，每年造成经济损失 4.3 亿元[40]。

5.6.3.2 美洲斑潜蝇

美洲斑潜蝇最早于 1993 年在海南省发现，1995 年扩散到 12 个省，目前除西藏之外的 30 多个省、区、市均有发生。美洲斑潜蝇寄生 22 个科的 110 种植物，尤其是蔬菜瓜果类受害严重，包括黄瓜、甜瓜、西瓜、西葫芦、丝瓜、番茄、辣椒、茄子、豇豆、菜豆、豌豆和扁豆等。现已蔓延到全国菜区，发生面积 273.3 多万 hm^2，每年造成 30 多亿元的经济损失[40]。

5.6.3.3 棉花枯萎病和黄萎病

原产于美国的棉花枯萎病和棉花黄萎病，20 世纪 30 年代随棉种进入我国，造成的后患一直延续至今，成为我国棉花种植史上最重要的病害。仅据 1982 年的统计，我国 16 个省的 628 个县发生这两种病害的棉田面积达 148.2 万 hm^2，其中 2.07 万 hm^2 棉花绝收[39]。现已发生 26.67 多万 hm^2，每年至少损失皮棉 1 万 t[40]。

5.6.3.4 水花生

水花生对水稻、小麦、玉米、甘薯和莴苣 5 种作物全生育期引起的产量损失分别达 45%、36%、19%、63%和 47%[38]。

5.6.3.5 紫茎泽兰

紫茎泽兰生长的地方，其他杂草很难生存，树木生长也受影响，家畜误食后会致死。紫茎泽兰含有的毒素易引起马匹的气喘病，仅 1979 年在云南省的 52 个县 179 个乡，就造成发病马 5 015 匹，死亡 3 486 匹，甚至造成“无马县”[38]。

5.6.3.6 椰心叶甲

椰心叶甲 2002 年在海口市首次发现，危害椰树等多种棕榈科植物，并迅速扩散，现已基本蔓延全岛，18个市县无一幸免，染虫面积达39.7万hm^2，被害植株近191万株[41]。

5.6.3.7 松材线虫、松突圆蚧、红脂大小蠹

松材线虫自1982年在我国大陆发现以来，已累计致死松树5000多万株，三峡库区核心地带以及黄山、庐山等风景名胜区周边已经发生了疫情；松突圆蚧20多年来累计致死的松林超过14万hm^2，其中受损木材超过1000万m^3；红脂大小蠹已导致600多万株成材油松枯死[42]。

5.6.4 防控措施

防范有害生物入侵最有效的策略是拒之于国门之外，最关键的措施是控制人为传播。

(1)要建立健全动植物检疫体制法规，严把入境检验检疫关，严防危险性有害生物的传入。

(2)建立外来入侵物种早期预警、监测和快速反应体系，开展外来有害生物和潜在外来有害生物入侵物种的风险评估，提高风险防范意识，及时公布外来有害生物入侵和潜在外来有害生物入侵名单，发布预警名录。

(3)加强对已入侵生物的研究，明确入侵种类、分布、机制，评价入侵种带来的危害，研究控制对策和具体技术措施。对已造成较大危害的有害生物，要加大治理和投资力度，在人工或机械去除、化学防治等传统方法的基础上，充分利用物种多样性和生态多样性，特别是天敌生物；开展生物防治技术研究与应用，研究推广生物多样性保护和生态控制技术，以及外来入侵物种的防控研究等。

（霍治国　张　蕾　姚　森　王　丽）

参考文献

[1] 霍治国，王石立，等．农业和生物气象灾害．北京：气象出版社，2009：5-6．

[2] 夏敬源．我国重大农业生物灾害暴发现状与防控成效．中国植保导刊，2008，28(1)：5-9．

[3] 姜罡丞．河南农业的生物灾害及防治对策．许昌师专学报：社会科学版，1998，17(4)：20-22．

[4] 耿金虎，沈佐锐．农田生态系统生物多样性与害虫综合治理．植保技术与推广，2003，23(11)：30-32．

[5] 郭予元．21世纪我国植物保护策略和技术的发展趋势．安徽科技，2002(7)：4-7．

[6] 郭予元．我国农作物病虫害生态调控实例分析．植物保护，2006，32(2)：1-4．

[7] 刘年喜．农作物生物灾害的形势与对策．中国植保导刊，2007，27(6)：41-43．

[8] 赵西华．关于建立江苏省农业重大生物灾害防灾减灾体系的思考．江苏农业科学，2011(1)：1-3．

[9] 戴小枫，叶志华，曹雅忠，等．浅析我国农作物病虫草鼠害成灾特点与减灾对策．应用生态学报，1999，10(1)：119-122．

[10] 郭红岩,杨春秀.植物病害的流行与预测预报.黑龙江科技信息,2009(12):112.

[11] 程中元,王青,王志强.气象要素对植物病害侵染循环的影响.现代农业,2011(6):48.

[12] 廖皓年,肖陵生,王华生.水稻纹枯病发生历史及演变原因简析.广西植保,1997(3):35-38.

[13] 朱凤,杨荣明,徐东祥,等.2010 年江苏省水稻纹枯病重发原因分析及防控对策探讨.中国植保导刊,2011,31(9):29-32.

[14] 刘志恒.稻瘟病演替发生的原因及防控对策.新农业,2011(7):18-20.

[15] 郑大玮,郑大琼,刘虎城.农业减灾实用技术手册.杭州:浙江科学技术出版社,2005:56-74.

[16] 万安民,赵中华,吴立人.2002 年我国小麦条锈病发生回顾.植物保护,2003,29(2):5-8.

[17] 夏风,马群.2003 年安徽省小麦赤霉病大流行原因分析及防治对策.植保技术与推广,2003,23(11):13-14.

[18] 刘寿东,王恩眷,郭安红,等.2003 年江苏省小麦赤霉病大流行的天气条件分析.中国农学通报,2009,25(23):370-374.

[19] 简桂良,齐放军,张文蔚.气候变化对植物病害的影响.现代农业科技,2011(7):148,150.

[20] 杨奇华.农作物害虫防治基础知识.河北农业科技,1982(3):36-37.

[21] 杨奇华.农作物害虫防治基础知识:第二讲　昆虫的主要生物学特性.河北农业科技,1982(4):37-38.

[22] 杨奇华.农作物害虫防治基本知识:第三讲　昆虫和环境的关系.河北农业科技,1982(5):37-38.

[23] 姚建仁,郑永权.中国农作物病虫害发生演替趋势与未来的农药工业.世界农药,2001(4):1-5.

[24] 戴小枫,郭予元,倪汉祥,等.我国农作物病虫草鼠害成灾特点与对策分析.科技导报,1997(1):42-45.

[25] 中国气象局.中国气象灾害年鉴.北京:气象出版社,2009:74-76.

[26] 梁巧玲,马德英.农田杂草综合防治研究进展.杂草科学,2007(2):14-15,26.

[27] 张泽溥.我国农田杂草治理技术的发展.植物保护,2004,30(2):28-33.

[28] 涂鹤龄,辛存岳,陈照礼,等.青海农田草害调查研究.青海农林科技, 1988(1):4-20.

[29] 李中荣,王雪枝.潜江市秋播作物草害及对策.湖北植保,1994(5):24.

[30] 郜德良,李瑛,丁志宽,等.农田草害反弹原因与控制.杂草科学,2003(4):19-20.

[31] 汤玉煊,李军华,金建猛,等.开封市棉田病虫草害的发生特点与防治对策.中国棉花,2007(7):33-34.

[32] 孙晓康.农田杂草综合治理技术综述.吉林农业,2010(10):67.

[33] 陈小帆,张洪玲,罗子娟,等.我国外来有害生物入侵与控制措施.植物检疫,2005,19(2):87-90.

[34] 高岚,赵铁珍.中国外来有害生物入侵的环境影响及举措.北京林业大学学报:社会科学版,2006,5(增刊):29-38.

[35] 廖文胜,刘利军,谢琼,等.浅析外来生物入侵与林业外来有害生物防控.林业科技情报,2011,43(2):28-30.

[36] 傅俊范. 中国外来有害生物入侵现状及控制对策. 沈阳农业大学学报,2005,36(4):387-391.
[37] 傅俊范. 农业外来有害生物入侵现状及控制对策. 新农业,2006(4):4-5.
[38] 邵春利,谢冰. 有害生物入侵的危害及防治措施. 上海化工,2007,32(2):1-3.
[39] 万方浩,郭建英,王德辉. 中国外来入侵生物的危害与管理对策. 生物多样性,2002,10(1):119-125.
[40] 杨铭,杨桦,杨少雄,等. 农业外来有害生物入侵现状及防控对策. 陕西师范大学学报:自然科学版,2006,34(专辑):22-26.
[41] 肖彤斌,林珠凤,谢圣华,等. 海南岛农业外来有害生物入侵的现状与防治对策. 广东农业科学,2010(1):65-66.
[42] 崔永三,赵宇翔,胡学兵. 我国外来林业有害生物入侵现状与防控对策. 中国森林病虫,2009,28(3):40-42.

第6章

农业地质灾害

6.1 山地灾害

6.1.1 山地灾害概述

地质灾害指由于自然或人为的原因造成地质环境或地质体的变化，给人类的生命、财产和生存条件造成的损失与破坏。其中对农业生产造成重大损失的称为农业地质灾害。

山区发生的地质灾害又称山地灾害，平原发生的地质灾害包括地面下沉、地裂缝、地面塌陷、土地荒漠化及各种土壤障碍。广义的地质灾害还包括地震和因局部地理环境缺乏或富集某些微量元素而导致的地方病。

各类地质灾害中，地震、火山、地面塌陷和崩塌、滑坡、泥石流等山地灾害均属突发型，地面下沉、地裂缝、荒漠化和地方病则属累积型。

广义的山地灾害指在山地发生的对人类及其生存环境所造成的灾害，凡在山地发生的灾害都属其中，包括水灾、旱灾、岩崩、地陷、森林火灾、雪崩、火山等多种类型，已超出地质灾害的范畴。山地是显著起伏和具有坡度的三维地貌体，所特有的多样化地貌形态及其相应的环境、资源特征，给人类生存、生活与生产活动带来了深刻影响。山地资源可以充分利用，为人类造福，但是当资源、环境与生态平衡遭受破坏时就会发生危害，形成山地灾害。水分在山地运动的影响尤为突出，水多了就形成威力巨大的山洪灾害，水少了就极易出现旱灾。狭义的山地灾害特指岩土在山地的异常运动，形成土体流失，导致滑坡、崩塌、泥石流等山区特有的地质灾害。山洪仅指山地水量过大形成的灾害，与平原相比，由于高差大，同等数量的洪水，冲击力和破坏力要比平原河流的洪峰要大得多。山洪本身虽然不属地质灾害，但可诱发多种山区地质灾害。[1]

中国的山地面积占国土面积的2/3。由于自然环境和人为因素的影响，山地灾害十分频繁和严重。山地灾害点多、面广，具有明显的多发性、突发性和强烈的破坏性。张兰生利用危险性指数对全国 32 个省、直辖市、自治区(包括台湾,不含香港和澳门特区)、2 404 个县级行政单元(部分市没有分区)进行了崩塌、滑坡、泥石流灾害的危险性评价,其研究结果(图 6.1)显示,在县级行政单元中,高度危险的 259 个,较高度危险的 308 个,中度危险的 406 个。云南、四川、重庆、西藏、贵州、陕西、甘肃、湖南、湖北、福建、江西、青海、山西、辽宁以及天山、燕山山地等是我国山地灾害的多发省市区[2]。

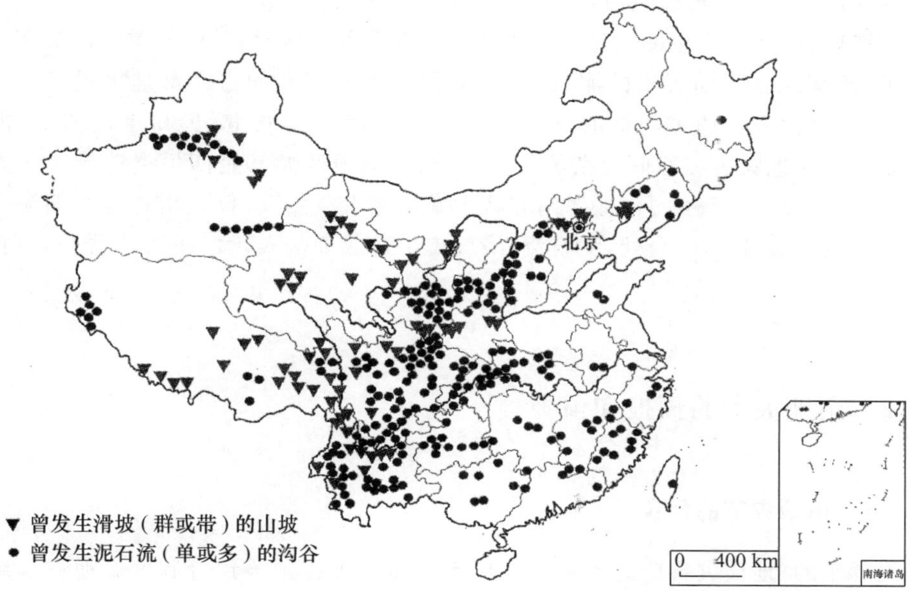

图 6.1 中国滑坡、泥石流灾害分布

20 世纪 80 年代以来,泥石流、滑坡造成的经济损失超过 30 亿元,全国共发生大型崩塌 3 000 多处、滑坡 2 000 多处、泥石流 2 000 多处,中小规模的崩塌、滑坡、泥石流则有数十万处。全国有上百座城市、350 多个县的上万个村庄、100 多座大型工厂、55 座大型矿山、3 000 多 km 铁路线受到山地自然灾害的威胁和危害。[3]

我国农村遭受滑坡、崩塌的频次占全国 50%以上,泥石流频次占 60%以上。致死人数中农民至少占 60%以上,损毁房屋农村占 60%以上,全国受灾严重的 355 个县有 70%以上是国家级或本地区的贫困县。滑坡和泥石流不仅使农民的生命财产受到了较大损失,而且破坏了大量耕地,就统计的灾害点看,到 1992 年全国就有近 9 万 hm^2 耕地被破坏,由于一些边远山区没有调查统计,实际上数目远大于此。

随着自然变异的增强和人类活动的影响,20 世纪 90 年代以来山地灾害发生的频次呈快速增加。近十几年来全国因山地灾害共造成 1 万多人死亡,平均每年 1 000 人左右。近几年因山洪引起的滑坡、泥石流等灾害造成的死亡人数占大江大河全部洪涝灾害死亡人数的 80%左右。长江上游是中国滑坡、泥石流灾害分布最集中、危害最严重的地区之一。仅 20 世纪 90 年代后期到 21 世纪初的近十年间长江上游的山地灾害年均直接经济损失约 1 亿元,全国合计达 40 亿~50 亿元。每年因洪水冲淹死亡的人数占因灾死亡人口总数的 30%,而因山地灾害死亡的人数却高达 60%。1998 年的长江和松花江特大洪涝期间,山地灾害广泛发生,共造成 1 150 人死亡,占到该年全国自然灾害死亡人数的 21%。

山地灾害对所危害的城镇、工厂、矿山可造成严重的摧毁,使铁路、公路和航道破坏,阻断交通。2008 年 9 月 24 日一场暴雨导致北川县境内 72 条沟同时暴发泥石流,导致了 42 人死亡,对公路和其他基础设施造成严重损毁[4]。山地灾害还能破坏农田和森林,加剧水土流失,使生态环境恶化。

山地灾害大多发生在经济欠发达的革命老区及少数民族地区。目前,中国仍有相当数量的人口居住在山区,大部分地区面临山地灾害与贫穷的双重困扰。

我国以滑坡、泥石流为主的山地灾害重点发生在西部地区,而其中的重灾区又在西南。有关资料显示,西南地区不同规模的泥石流、滑坡和崩塌灾害点约占西部地区的 77%,占全国的 47%。因灾死亡人数约占西部的 53%,占全国的 38%。20 世纪 80 年代初期,由于灾害性天气引发各类山地灾害相互间复杂的灾害链,给西南地区尤其是四川省造成了巨大人员伤亡和财产损失。1981 年 7—9 月,在暴雨和特大暴雨多次激发下,仅四川省暴发的泥石流就有 1 060 多条,诱发滑坡 60 000 余处,泥石流、滑坡灾害造成 397 人死亡、968 人受伤,直接经济损失近 3 亿元。

、

6.1.2 山地灾害的预报和预警

6.1.2.1 山地灾害的预警

国务院颁布的《地质灾害应急预案》规定:建立地质灾害预报预警制度。地方各级政府的国土资源和气象主管机构要加强合作,联合开展地质灾害气象预报预警工作并将结果及时报告本级政府,同时通过媒体向社会发布。发出某个区域有可能发生地质灾害预警预报后,当地政府要依照群测群防责任制的规定,立即将有关信息通知到地质灾害危险点的防灾责任人、监测人和该区域的群众;各单位和当地群众要对照“山地灾害防灾避险明白卡”的要求,做好各项准备工作。地方各级政府国土资源主管部门要充分发挥地质灾害群测群防和专业监测网络的作用,进行定期和不定期的检查,加强对地质灾害重点地区的监测和防范,发现险情要及时向当地政府和上一级国土资源主管部门报告。当地县政府要及时划定灾害危险区,设置危险区警示标志,确定预警信号和撤离路线。根据险情变化及时提出应急对策,组织群众转移避让或采取排险防治措施,情况危急时,应强制组织避灾疏散。

山地灾害的警报一般是指沟道上游已经形成泥石流或滑坡已进入滑动阶段,处于剧滑的前夕,得到信息应立即发出警报信号,迅速疏散人员和转移重要财产。首先确保无人员伤亡,其次考虑尽可能减少财产损失。取得警报成功的关键技术,一是要有稳定、准确的警报器或动态监测仪;二是有快速传递信息并立即告知灾区人民的设备,构成完整的警报系统。

山地灾害的预警要建立在准确的监测信息的基础上,关于山地灾害的监测方法详见 7.3。

6.1.2.2 山地灾害的灾情等级与速报

国务院颁布的《地质灾害应急预案》规定要建立地质灾害速报制度。速报内容主要包括地质灾害险情或灾情出现地点和时间、地质灾害类型、灾害体的规模、可能的引发因素和发展趋势等。对已发生的地质灾害,速报内容还要包括伤亡和失踪的人数以及造成的直接经济损失。

速报的时限要求：县国土资源局接到当地出现特大型、大型地质灾害报告后，应在4 h内速报县政府和市国土资源局，同时可直接速报省国土资源厅和国务院国土资源部。国土资源部接到特大型、大型地质灾害险情和灾情报告后，应立即向国务院报告。县国土资源局接到当地出现中、小型地质灾害报告后，应在12 h内速报县政府和市国土资源局，同时可直接速报省国土资源厅。

地质灾害按危害程度和规模大小分为特大型、大型、中型、小型地质灾害险情和地质灾害灾情四级，这些等级的划分主要针对崩塌、滑坡、泥石流等山地灾害。

1. 特大型地质灾害险情和灾情（Ⅰ级）

受灾害威胁，需搬迁转移人数在1 000人以上，或潜在可能造成的经济损失1亿元以上的地质灾害险情为特大型地质灾害险情。因灾死亡30人以上，或因灾造成直接经济损失1 000万元以上的地质灾害灾情为特大型地质灾害灾情。

2. 大型地质灾害险情和灾情（Ⅱ级）

受灾害威胁，需搬迁转移人数在500人以上、1 000人以下，或潜在经济损失5 000万元以上、1亿元以下的地质灾害险情为大型地质灾害险情。因灾死亡10人以上、30人以下，或因灾造成直接经济损失500万元以上、1 000万元以下的地质灾害灾情为大型地质灾害灾情。

3. 中型地质灾害险情和灾情（Ⅲ级）

受灾害威胁，需搬迁转移人数在100人以上、500人以下，或潜在经济损失500万元以上、5 000万元以下的地质灾害险情为中型地质灾害险情。因灾死亡3人以上、10人以下，或因灾造成直接经济损失100万元以上、500万元以下的地质灾害灾情为中型地质灾害灾情。

4. 小型地质灾害险情和灾情（Ⅳ级）

受灾害威胁，需搬迁转移人数在100人以下，或潜在经济损失500万元以下的地质灾害险情为小型地质灾害险情。因灾死亡3人以下，或因灾造成直接经济损失100万元以下的地质灾害灾情为小型地质灾害灾情。

6.1.3 山地灾害的应急响应

《地质灾害防治条例》规定，突发性地质灾害应急预案包括下列内容：应急机构和有关部门的职责分工；抢险救援人员的组织和应急，救助装备、资金、物资的准备；地质灾害的等级与影响分析准备；地质灾害调查、报告和处理程序；发生地质灾害时的预警信号、应急通信保障；人员财产撤离、转移路线，医疗救治，疾病控制等应急行动方案。

《地质灾害应急预案》对不同等级的山地灾害险情和灾情的应急响应做出了具体规定。内容包括：

(1)立即启动相关的应急防治预案和应急指挥系统，部署本行政区域内的应急防治与救灾工作。

(2)依照群测群防责任制的规定，立即将有关信息通知到地质灾害危险点的防灾责任人、监测人和该区域内的群众，对是否转移群众和采取的应急措施做出决策；及时划定地质灾害危险区，设立明显的危险区警示标志，确定预警信号和撤离路线，组织群众转移避让或采取排险防治措施，根据险情和灾情具体情况提出应急对策，情况危急时应强制组织受威胁群众避灾疏散。

(3)应急防治工作，按照不同的险情和灾情等级，分别在省、市、县级政府领导下，由省、市、县级地质灾害应急防治指挥部具体指挥、协调、组织财政、建设、交通、水利、民政、气象等有关部门的专家和人员，及时赶赴现场，加强监测，采取应急措施，防止灾害进一步扩大，避免抢险救灾可能造成的二次人员伤亡。

(4)发生特大型险情和灾情时，国土资源部组织协调有关部门赴灾区现场指导应急防治工作，派出专家组调查地质灾害成因，分析其发展趋势，指导地方制订应急防治措施。发生大、中、小型险情或灾情，必要时，分别由国土资源部，灾害出现地省级、市级政府派出工作组，协助地方政府做好地质灾害的应急防治工作。

经专家组鉴定地质灾害险情或灾情已消除，或者得到有效控制后，当地县级人民政府撤销划定的地质灾害危险区，应急响应结束。

6.1.4 山地灾害的综合防治

6.1.4.1 山地灾害综合防治的基本方针

山地灾害的防治原则是避免受灾对象与致灾作用遭遇。分为主动和被动两种情况，即主动的躲避与被动式的撤离。对于处于危险区的工程及人员，所采用的方法是：预防、躲避、撤离、治理。这四个环节每一个都含有很大的防灾减灾的机会。提高群众防灾意识，树立临灾观念，在灾害易发的雨季加强群测群防，增大防灾的有效性。要组织地质工作者和动员群众，经常监测和查看村庄周围有无异常情况，发现问题及时上报，依靠群众搞好监测工作。制定科学的疏散和紧急搬迁方案，选择安全的搬迁路线与避险点，以便出现险情时最大程度地避免损失。

《地质灾害防治条例》规定，因自然因素造成的地质灾害，确需治理的，按照灾害等级大小，由国家或地方的国土资源主管部门会同灾害发生地政府共同组织治理。因工程建设等人为活动引发的地质灾害，由责任单位承担治理责任。责任单位由地质灾害发生地的县级以上国土资源主管部门负责组织专家对地质灾害成因分析论证后认定。

山地灾害虽然对人类的危害极大且难以阻止其发生，但经过努力，人类是能够预防或减轻山地灾害的损失的。首先，开展监测预警，及时采取预防措施规避灾害；其次，在工程的勘测、设计、建设和运营阶段采取必要措施；第三，对危害较大和有条件的地方进行工程治理，或对危险区内的重要建筑物进行防护；第四，灾害规模大又难于治理的，人员和设施应搬迁到安全地带。

山地灾害的减灾基本方针是：

(1)预防为主。山区在基础设施、城镇、居民点建设时要注意避开地质灾害集中分布区，对有可能发生山地灾害的地方应开展监测、预测工作，并采取预防措施。

(2)保护生态环境，防止新的灾害发生。山区应严格禁止陡坡开荒和滥伐森林，开发矿山和工程施工应严格遵守作业规程，禁止乱挖乱堆土石方。地质不稳定山区不得任意修筑水库和水渠。

(3)重点治理山区居民集中地的地质灾害。

(4)人为因素引发的山地灾害，坚持“谁引发，谁治理”的原则。给他人造成损失的，应依法承担赔偿责任；构成犯罪的，要依法追究刑事责任。

(5)地质灾害防治要与退耕还林、天然林保护等生态建设工程相结合。

6.1.4.2 山地灾害应急防范的“明白卡”

根据已确定的地质灾害危险点、隐患点，由国土资源部门填制的简易卡片称为“明白卡”，内容包括地质灾害的基本信息、诱发因素、可能危害、预警和撤离方式、当地政府责任人及联系方式等(表 6.1)。“明白卡”把山地灾害防治的责任落实到乡、村直至村民，是调动全社会力量防治山地灾害的有效措施。

表 6.1 山地灾害防灾避险明白卡(仿国土资源部)

户主姓名		家庭人数		房屋类别			灾害基本情况				
住址							类型			规模	
家庭成员情况	姓名	性别	年龄	姓名	性别	年龄	灾害体与本住户位置关系				
							灾害诱发因素				
							住户注意事项				
							撤离与安置	撤离路线			
监测与预警	监测人		联系电话								
	预警信号							安置单位地点		负责人	
										联系电话	
	预警发布人			联系电话				救护单位		负责人	
										联系电话	
本卡发放单位：(盖章)			负责人：		联系电话：			户主签名： 日期		联系电话：	

6.1.4.3 做好群测群防

群测群防是广大人民群众直接参与地质灾害点监测预防，及时捕捉灾害前兆，发现险情及时预警和开展自救，减少人员伤亡和经济损失的重要手段，其主要依据是：①我国地质灾害分布广，多数山地灾害点交通不便，专业队伍监测的灾害点只占极少数，绝大多数需要由当地群众进行监测。②山地灾害突发性强，灾前征兆只有当时的居民才能捕捉到。当地村民在地质专业人员的指导下，根据所了解的地质灾害知识，根据灾害前兆和发展趋势，及时采取应急措施，撤离危险区内的人员和转移重要物资，可以减少灾害损失。③开展群测群防直接关系到当地居民自身的安全，只要组织得当，群众积极性高，不需要大量经费和仪器的投入，适合许多山区经济不发达，交通不便，财政困难的现状。

山地灾害群测群防体系由县、乡、村三级监测网络和监测点构成，其主要工作是：

(1)查明山地地质灾害发育状况、分布规律及危害程度,确定纳入监测巡查范围的隐患点,编制监测巡查方法。

(2)明确防灾责任,建立责任制。

(3)确定群众监测员,进行监测和防灾知识培训。

(4)编制年度山地灾害防治方案和隐患点防灾预案,发放地质灾害防灾明白卡和避险路线图,建立各项防灾制度。

(5)通过实时监测和宏观巡查,掌握山地灾害隐患点的变形情况,出现灾害前兆时进行临灾预报和预警。

(6)建立辖区内山地灾害隐患点排查档案、隐患点监测原始资料档案及隐患区宏观巡查档案,并及时更新。

(7)组织实施县级突发山地灾害的应急预案。

6.2 水土保持与荒漠化治理

6.2.1 沙漠化与荒漠化

6.2.1.1 沙漠化

历史时期干旱及半干旱地区由于自然和人为活动的影响而引起生态系统的破坏,使环境退化,最终变为不毛之地,产生沙漠的现象,包括固定沙丘变成流沙的"沙丘活化"过程,称为沙漠化,是荒漠化最常见的类型。一般认为,沙漠化是历史时期内气候变干和不合理人为经济活动(滥垦、滥牧、滥伐)两者相互作用的结果。联合国目前正在考虑重新阐明"沙漠化"的定义,联合国沙漠化大会(1977)对沙漠化的定义是:土地的生物潜力降低或破坏,并最终导致类似沙漠的环境。干旱和人类活动是沙漠化的根源。

根据中国的实际情况,将沙漠化定义为:沙漠化是干旱半干旱和部分半湿润地带在干旱多风和疏松沙质地表条件下,由于人为强度土地利用等因素,破坏了脆弱的生态平衡,使原非沙质荒漠的地区出现了以风沙活动(风蚀、粗化、沙丘形成与发育等)为主要标志的土地退化过程。[5]

根据国家林业局 2006 年 6 月 17 日公布的数据,中国沙漠化土地已达 173.97 万 km^2,占国土面积的 18%以上,影响全国 30 个省、自治区和直辖市。

6.2.1.2 荒漠化

《联合国关于在发生严重干旱和/或荒漠化的国家特别是在非洲防治荒漠化的公约》将荒漠化定义为:"荒漠化是指包括气候变异和人类活动在内的种种因素造成的干旱、半干旱和亚湿润干旱地区的土地退化"。土地退化包括:①风蚀和水蚀致使土壤物质流失;②土壤的物理、化学和生物特性或经济特性退化;③自然植被长期丧失。按照以上原则,对于人类滥垦和不合理的农业耕作造成的耕地退化,包括土壤养分贫瘠化、土壤质地粗粒化和土壤环境干旱化也应属于荒漠化的范畴,不只局限于出现斑状流沙的农田。由于传统或习惯的原因,中国将 desertification 译为沙漠化，实际上沙漠化只是荒漠化中的一种类型，即沙质荒漠化[6]。

全球荒漠化面积已达 3 600 万 km^2，占陆地面积的 1/4，受荒漠化影响的国家有 100 多个，人口约 9 亿。目前荒漠化仍以每年 6 万～7 万 km^2 的速度扩展。全世界荒漠化带来的直接经济损失约为每年 120 亿美元。1994 年联合国第 49 届大会通过决议，从 1995 年起将每年的 6 月 17 日定为世界防治荒漠化和干旱日。

6.2.1.3 荒漠化的类型

荒漠化是客观存在的一个土地退化问题，而且有着明显的景观特征。根据发生荒漠化的地貌部位、作用营力和成因机制，可将荒漠化分为风蚀荒漠化、水蚀荒漠化、土壤理化特性退化、自然植被长期退化及耕地的非农业利用等。

风蚀荒漠化是以空气动力为主的自然营力和人类活动共同作用下造成的土地退化过程。风蚀荒漠化土地包括湿润指数在 0.05～0.65 之间的沙地和沙质物质覆盖的各类可利用的土地，以及地质时期形成的具有潜在生物生产力的沙漠、戈壁。水蚀荒漠化是由于自然因素和人为因素共同作用导致水土流失而出现的土地退化过程。土壤理化特性退化主要是由于自然营力引起的元素迁移、聚集和人类不合理灌溉或管理措施不当而产生的土地退化过程，其中以土壤盐渍化最为明显。

6.2.1.4 土地荒漠化的成因

土地荒漠化在中国主要表现为土地沙漠化，其成因可以分为两大类，即自然成因和人为成因。前者是在地球演化的过程中受自然作用的影响而形成的土地荒漠化，自然因素，如气温、湿度和风力等，是渐变的。后者主要是在人类活动的影响下而形成的土地荒漠化，这一成因过程是突变的。如果人为因素和自然因素相互叠加，则荒漠化的发展就更加迅速了。土地荒漠化多发生在生态脆弱的农牧交错带。

形成土地沙漠化的人为原因很多，主要有草原过度放牧、过度垦荒、毁林采樵，以及上游水库截流等。

6.2.2 沙漠化及其治理

6.2.2.1 沙漠化的分布特征

土地沙漠化过程中沙质地表发生土壤风蚀、风沙沉积、沙丘前移及粉尘吹扬等一系列现象，其结果是土地退化、生物生产量降低、可利用土地资源丧失及生态环境恶化，从而严重干扰人类的正常生活和经济活动。

中国沙漠化灾害主要发生在干旱、半干旱地区及部分湿润、半湿润地区，在农牧交错带尤为严重。根据沙质荒漠化土地的分布特征，可将中国沙质荒漠化土地分为干旱地带沙质荒漠化区、半干旱地带沙质荒漠化区和半湿润地带沙质荒漠化区。

6.2.2.2 沙漠化对农业的危害

沙漠化是中国北方地区特定自然环境下产生的地质灾害。沙漠化所造成的危害是多方面的，涉及农业、牧业、水利设施、交通道路、工矿建设及生态环境。就实质而言，沙漠化灾害主要是损毁土壤肥力，使人类丧失赖以生存的土地资源。对农业的影响而言，沙漠化地区的干旱和风沙灾害发生频繁，危害严重，严重影响了本地区的农业生产。

1. 干旱对农业的影响

干旱或半干旱的沙漠化地区春旱和夏旱发生频率高，危害严重。春旱主要影响作物播种和幼苗生长；7—8 月虽然是降水较多的季节，但由于年际变动大，常有不同程度的干旱时段出现，加上气温高，作物处于生长盛期，蒸腾快、需水量大，多数作物又同时处于需水敏感期，水分变化对作物产量的影响最大。一般春旱对春小麦等早春播种的夏粮作物影响较大，对玉米等大秋作物影响最大的是伏旱，春夏连旱的影响更大。

沙漠化地区的降水量较少，干旱地区一般年降水量为 50～250 mm，半干旱偏旱地区为 250～350 mm。干旱地区光靠天然降水满足不了作物的需要，有灌溉才有农业。好在高山和高原上每年都有大量冰雪融化汇集成河，所经之处形成一个个绿洲，这是沙漠化地区居民赖以生存的基础。绿洲农业是否干旱往往不取决于当地当年的降水量，而主要取决于有多少冰雪融化形成径流供灌溉用。高山降水多和春季升温快的年份，河流的径流量大，能够充分满足灌溉需要；反之，高山降水少及春季低温年容易形成干旱。

干旱地区对水资源的无序开发也会人为加剧干旱。有些内陆河的上游被层层拦截，导致下游径流枯竭，如甘肃的民勤绿洲就是因为上游拦截过多的径流，导致本地荒漠化迅速扩展，干旱日益严重。

2. 风沙对农业的影响

风沙灾害是影响沙漠化地区农业生产的另一主要因素，一般发生在春季。风沙对农业生产的危害主要表现在：

(1)沙丘前移，埋压耕地。如通辽市尧勒甸子村近 30 年仅沙丘移动就压埋良田 33.3 hm^2，平均每年减少耕地 1.67 hm^2，迫使人们扩大开荒，土地更加沙化，形成恶性循环。

(2)风蚀耕地，吹失肥土，吹走种子。春季大风往往推迟播种或把已播种子吹走，并发生沙割沙压幼苗或连根拔起。

(3)籽粒脱落及倒伏。夏秋季作物处于产量形成的关键期，此期间的大风往往伴着暴雨或冰雹，影响作物开花授粉，造成作物倒伏和籽粒脱落，导致减产。

(4)风沙往往与干旱相互作用，通常春旱年的风沙灾害明显加重，影响作物的播种、出苗及幼苗生长。

6.2.2.3 干旱与风沙的防御对策

沙漠化地区干旱与风沙的防御对策包括：建立乔灌草结合的农田防护体系，确定合理的农林牧结构，改善农业生态环境；推广旱作农业技术，丰富作物品种，沙化退化严重的应退耕还林还草；加强农田基本建设，发展节水农业，提倡科学灌溉。

(1)制止滥垦和改变粗放经营模式　减轻沙漠化带来的各种灾害，首先要有计划有节制地开荒造田，消除“一年开草场，二年打点粮，三年五年变沙梁”的滥垦现象和改变“种一坡，打一车，收一簸箕，煮一锅，吃一顿就剩不多”的广种薄收粗放经营模式。西部人口的不断增加和受短期利益驱动，许多地方在不具备条件又无防护措施的情况下，无计划无节制乱开滥垦，导致大量土地沙漠化。因此，必须改变广种薄收的生产方式，在水土条件较好的地方建设基本农田，实行精种高产，将已经严重退化沙化的农田退耕还林还草，恢复植被，改善生态环境。

(2)有计划、有节制地蓄草放牧　过度放牧是草原沙漠化的主要原因。西部沙漠化地区的绝大部分草场放牧已超过承载能力，据统计超载率一般在50%～120%以上，个别地区高达300%，严重削弱了草场生态功能，大面积沙化地不断扩张，形成"老鼠跑过见脊梁"的悲凉景色。内蒙古20世纪80年代中期全区草地理论载畜量为4 215万个羊单位，实际超载33%，牧草平均高度由70年代的70 cm下降到25 cm。截至1999年底，我国山羊存栏达到1.1亿只，每年自然繁殖增长速度是3%～5%。我国年产羊绒约1万t，占世界总产的2/3以上。目前年出口1 000多万件羊绒衫，但存在无序竞争且产品积压严重，价格也比国外同类产品低得多。有关专家估计，一只山羊一年毁坏的植被不少于0.13 hm^2，这一亿多只山羊一年毁坏的草原就有0.13亿 hm^2 以上，令人触目惊心。

(3)大力推广节水农业　与一般土地相比，沙漠地区拥有自己的优势：光照强，温差大，蒸腾强，沙土通气，不容易板结，水肥易于控制。著名的塔里木盆地竟有100多条河，因农业灌溉过度用水，已使1/3的塔里木河段断流，下游地区大量植被衰退死亡，形成大片的沙漠地。滴灌技术是发展沙漠节水农业的最有效的途径。以色列经过近30年的努力，形成了地上淡水滴灌、地下盐碱水灌溉、沙漠温室大棚、沙漠养鱼、地表水径流利用等沙漠农业技术，实现了沙漠农业的腾飞。在严重干旱缺水的沙漠地区，要维持绿洲面积，发展绿洲农业，只有在节水上下功夫。

(4)营造防护林带　我国已经实施建设"三北"防护林体系工程，使数百万公顷农田得到保护，轻度沙化得到控制，应进一步将其建成"绿色长城"。在土壤沙化地区，特别是交通路线两侧，应建立封沙育草带、前沿阻沙带、草障植物带、灌溉防沙带、固沙防火带，采用植物保障和机械保障相结合的办法，建立坚固的防风固沙体系。

6.2.3　水土流失与水土保持

水土流失又称为土壤侵蚀，属于土地荒漠化中水蚀荒漠化的一个亚类，是一种渐进性地质灾害，其形成与生态环境恶化密切相关。水土流失除破坏水土资源、降低土壤肥力、恶化环境外，还破坏工程设施，造成经济损失，危害非常严重。为有效防治水土流失，必须加强管理，合理利用土地资源，植树种草、保护斜坡。

6.2.3.1　水土流失的类型

按流失的动力可将水土流失分为水力侵蚀、风力侵蚀和重力侵蚀等。

水力侵蚀是指由于降水或者径流(包括降水径流和融雪径流)对土壤的破碎、分离和冲蚀作用而引起的水土流失。水力侵蚀形式主要有溅蚀、面蚀、沟蚀、山洪侵蚀等。水力侵蚀是我国最常见、最广泛、危害严重的一种侵蚀类型。除上海外，全国其他各省(自治区、直辖市)都有分布，尤其是黄土高原最为严重。

风力侵蚀是指风力吹蚀地表，带走表层土壤中细粒物质和矿物质的过程。风力侵蚀的结果是使大片土地沦为沙质荒漠。主要分布在年降水量小于400 mm的干旱、半干旱地区，即我国的东北、华北、西北的北部以及黄河故道和沿海风沙地区。

重力侵蚀是一种以重力作用为主引起的土壤侵蚀形式，指土体因本身的重力而沿坡面下移与流失，所造成的滑塌、崩塌、泄流等现象。这类侵蚀在广东、江西、湖南、广西、福建等降雨量较大的地区十分严重。

6.2.3.2 水土流失的影响因素

目前一般将水土流失的成因分为自然因素和人为因素两类。自然因素是水土流失的物质基础，人为因素诱发并加剧了水土流失的过程。如果存在生长良好的植被而未受到人类的破坏，即使是抗蚀能力弱的土壤，在大暴雨时仍然可以保持土壤的正常侵蚀。

(1)自然因素　在地形起伏大、植被覆盖度低、降水多且强度大的地区，水土流失较为严重。影响水土流失的自然因素主要有降水、地形、土壤质地和植被覆盖度等。

(2)人为因素　人口增长过快导致荒地开垦、毁林毁草以及乱砍滥伐和大量矿山工程建设等破坏生态环境活动的加剧，是水土流失日趋严重的动力源。耕地的不合理利用也加剧了人为的水土流失。

6.2.3.3 水土流失的危害

水土流失造成土壤肥力降低；水、旱灾害频繁发生；山地石化、土地荒漠化；河、湖、库、塘淤塞，江河通航能力降低；地下水位下降；农田、道路和建筑物受损；生态平衡遭到破坏，环境质量严重恶化。

6.2.3.4 水土保持的耕作措施

(1)改造坡耕地，合理利用土地资源　坡耕地是造成水土流失的主要土地类型。改造坡耕地，修建水平梯田，使坡面变平、坡度变缓或缩短坡长，从而减轻径流、增加降水入渗，是拦蓄径流、控制水土流失、保持水土、提高生物生产力最有效的措施之一。坡改梯也是实现土地合理开发利用、促进农林牧业协调发展的重要基础条件。

(2)保土耕作措施　在坡度小于15°的坡耕地上，采取改顺坡耕作为沿等高线横坡耕作，沟垄种植、套种间种和地膜覆盖等方式，改变局地小地形，减少径流或延长作物对地面覆盖时间，可有效防止水土流失，提高保水、保土、保肥能力。

6.3 土壤障碍及其改良

土壤障碍是指不利于植物生长的各类因素，可分为物理障碍因子、化学障碍因子和生物障碍因子。物理障碍因子如土壤板结、土壤沙化贫瘠等；化学障碍因子如养分失衡障碍、缺素障碍、盐渍化障碍、重金属污染障碍、酸碱性障碍等；生物障碍因子如连作障碍、生物多样性减小障碍、土传病虫害障碍等。

6.3.1 物理障碍因子(以土壤板结为代表)

物理障碍因子包括土壤板结、土壤沙化贫瘠等。

土壤板结是土壤表层在降雨或灌水等外因作用下结构破坏、土料分散，而干燥后受内聚力作用的现象，黏性土壤很容易形成板结。土壤的团粒结构是土壤肥力的重要指标，土壤团粒结构的破坏致使土壤保水、保肥能力及通透性降低，容易发生土壤板结。往土壤中施入过量的氮肥、磷肥和钾肥都会破坏土壤的团粒结构，导致土壤板结。消除土壤板结的方法是向土壤中施入微生物肥料。微生物的分泌物能溶解土壤中的磷酸盐，将磷素释放出来，同时，也将钾及微量元素阳离子释放出来，以键桥形式恢复团粒结构，消除土壤板结。雨后适时耕耙可以有效破除板结，黏性土壤的适耕期很短，必须抓住地表见干见湿的有利时机。

6.3.2 化学障碍因子(以土壤盐渍化为代表)

土壤盐渍化主要发生在干旱、半干旱和半湿润地区，是指土壤底层或地下水的盐分随毛管水上升到地表，水分蒸发后，使盐分积累在表层土壤中的现象或过程。土壤盐渍化分为盐化和碱化两个过程。当表层土壤中的可溶性盐类的质量分数超过 0.1%，便开始对作物生长有抑制作用，从而影响作物的产量，这样的土壤称为盐化土壤。当总盐量超过 1%，对作物的危害极大，只有少数耐盐植物能生长，严重时会成为光板地，这种土壤称为盐土。当表层土壤中含有较多的碳酸氢钠时，使土壤呈强碱性(pH>9)，当碱化度(ESP 或钠饱和度——交换性钠离子占阳离子交换量的百分数)超过 5%时称为碱化土壤，当碱化度超过 15%时，便形成碱土。

土壤盐渍化可以分为现代盐渍化、残余盐渍化和潜在盐渍化三种类型。我国盐渍土总面积约 1 亿 hm^2，其中现代盐渍化土壤约 0.37 亿 hm^2，残余盐渍化土壤约 0.45 亿 hm^2，潜在盐渍化土壤约 0.17 亿 hm^2。由于受气候、水资源条件以及科学技术、开发能力的限制，很多盐渍土尤其是现代盐渍土及残余盐渍土尚不能得到有效利用。

影响土壤盐渍化的因素包括气候、地形、水文地质、母质、生物和人类活动等。盐渍土的形成主要是由于气候干旱，土壤排水不畅，地下水位高且矿化度大，以及地形、母质和植被的综合作用。不合理的生产活动引起的土壤盐渍化称为次生盐渍化，包括原来非盐化的土壤产生盐化以及原来轻盐化的土壤变成重盐化，甚至变为盐土或者弃耕。主要发生在干旱或半干旱地带的灌区，因盲目引水漫灌，不注意及时排水，渠道渗漏，耕作管理粗放，无计划种植水稻等，引起大面积的地下水位抬高到临界深度以上，随着水分不断蒸发而使土壤产生积盐。

土壤盐渍化是目前世界上灌溉农业地区农业可持续发展的资源控制因素。根据水盐互动的特性，土壤盐渍化的防治应着重搞好土壤水资源的调控与管理。采用明沟或者暗沟(管)排水、井灌井排、洗盐、放淤压盐、种植水稻等水资源调控措施排出土壤盐分，抑制土壤反盐。实施合理的灌溉制度，农田灌水应在作物生长关键期进行，既可满足作物需水，又能起到调节土壤盐分的目的。有条件的地方应发展滴灌、喷灌、渗灌等节水防盐的灌溉技术。此外，还可以通过建立生态农业结构、合理耕作、增施有机肥料等措施防治土壤盐渍化。

6.3.3 生物障碍因子(以连作障碍为代表)

所谓连作障碍是指同一作物或近缘作物频繁连续种植后，即使在正常管理情况下，也会导致作物生长发育不良、产量降低、品质变劣、土传病虫害增加、土壤养分亏缺等现象。如大豆、西瓜等经济作物连续多年在同一田块上种植，常会出现黄化、僵苗，甚至大片植株死亡，严重地影响产量和品质的提高。

6.3.3.1 引起连作障碍的原因

引起作物连作障碍的原因十分复杂，是作物、土壤两个系统内部诸多因素综合作用的结果，不同作物产生连作障碍的原因是不同的。日本泷岛[7]将产生连作障碍的因子归纳为：①土壤盐分亏缺；②土壤反应异常；③土壤物理性状恶化；④来自植物的有害物质；⑤土壤微生物变化。同时强调，在这五大因子中，土壤微生物的变化是连作障碍的主要因子，其他为辅助因子。从国内的研究结果来看，多数研究者认为产生连作障碍的原因主要有以下三个方面：

1. 土壤肥力下降

某种特定的作物对土壤中矿质营养元素的需求种类及吸收的比例是有特定规律的，尤其是对某种类的微量元素更有特殊的需求。同一种作物长期连作，必然造成土壤中某些元素的亏缺，在得不到及时补充的情况下，便出现“木桶效应”，影响作物的正常生长，植物的抗逆能力下降，产量和品质下降，严重时导致植株死亡。大豆对土壤有效钼、锌、锰、铁、铜的吸收耗减和连作胁迫引起土壤微生态效应的综合作用，导致不同生育时期连作大豆土壤中微量元素含量的显著变化。在施肥、栽培等管理措施一致的情况下，连作胁迫引起的土壤 pH 降低是导致土壤有效钼降低和土壤有效锌、锰、铁、铜增加的一个重要原因[8]。

2. 作物根系分泌物的自毒作用

作物在正常的生命活动过程中，根系会不断地向根际土壤中分泌一些有机物或无机物。在这些分泌物中既有能促进土壤养分由难溶的分子状态变成作物可以吸收利用的离子状态的有益成分；也有一部分如一些有机酸、酚类等分泌物在土壤中积聚，对作物具有毒害作用。因此，同一种作物长期连作会造成有毒害作用的根系分泌物在土壤中大量聚积，因而影响到作物的正常生长、发育，常出现黄化、僵苗等现象，进而影响到作物产量和品质提高，甚至造成作物死亡。刘苹等采用连续收集法提取花生植株的根系分泌物，就其对花生种子发芽、幼苗生长、细胞膜的过氧化、抗氧化酶系统的影响等进行了研究，其研究结果证明了花生根系分泌物自毒作用的存在，是导致花生连作障碍的原因之一[9]。

3. 土壤病原微生物数量增加

土传病害是引起连作障碍最主要的因子。日本的调查结果表明[7]，引起蔬菜连作障碍的70%左右的地块是由土壤传染性病虫害引起的。土壤里微生物的种群和数量非常庞大，对植物来讲，有益微生物的种类和数量远远大于病原微生物。土壤微生物(尤其是根际微生物)与植物宿主形成相应的共生关系，且不同的作物根际微生物的种群结构不同，同一种作物长期连作，作物与微生物相互选择的结果造成了某些寄生能力强的种群在根际土壤中占突出优势，与此同时，也会出现一些病原细菌、真菌以及线虫等因拮抗菌数量减少，而数量激增，使原有的根际微生态平衡被打破，共生关系打乱，从而影响植物的正常生长和生命活动，严重危及作物的生命、造成减产。

6.3.3.2 连作障碍的缓解

连作障碍的发生，不仅影响农作物产量和品质的提高，还降低了农产品的安全性。因此，克服连作障碍是实现农业可持续发展的当务之急。解除连作障碍是农业生产上的一大难题，目前尚未找到根治的办法，但通过以下途径，可使连作障碍得到缓解：

(1)实行轮作　避免同种作物或同科作物长期连作，实行轮作，尤其是选择“他感作物”与农作物轮作，是缓解连作障碍的有效途径之一。

(2)培肥改土　实行测土配方施肥，平衡施肥；合理使用N、P、K大量元素肥料，增施微量元素肥料，科学使用有机肥和微生物肥料。应用“有机肥＋微生物肥”是目前较为有效的方法，这类肥料中具有代表性的是日本的酵素菌及酵素菌有机肥，国内目前已经推广。

(3)推行大豆种子包衣技术　中国农业大学曾研制出适用于不同生态区大豆的种衣剂配方油30号和油31号，前者适用于北方豆区，后者适用于南方豆区。随后，又开发出大豆种衣剂油26号，经大田应用效果好。

此外，通过一些合理的农艺措施，如选用生物农药、提倡使用有机肥、减少化学杀菌剂等，减轻对土壤的污染及土壤微生态的破坏；选择一些抗逆性较强的作物品种，增强作物对不良环境条件的抵抗能力。对于像西瓜等作物还可以通过嫁接、换根等栽培措施来减轻连作障碍，缓解连作障碍对农业生产所造成的巨大损失。

6.4　地震对农业的影响及减灾对策

6.4.1　地震概述

地震是由于自然原因引起的地壳震动，是一种经常发生的自然现象。当地球聚集的应力超过岩层或岩体所能承受的限度时，地壳发生断裂、错动，急剧地释放积聚的能量，并以弹性波的形式向四周传播，引起地表的震动。大地震动是地震最直观、最普遍的表现，在海或滨海地区发生的强烈地震，还能引起海啸。

地震只发生在地球表面至700 km深度以内的脆性圈层中。地震时，地球内部岩层破裂引起震动的地方称为震源，是有一定大小的区域，又称震源区或震源体，它是地震能量积聚和释放的地方。震源垂直向上到地表的距离是震源深度。我们把地震发生在60 km以内的称为浅源地震，60～300 km的称为中源地震，300 km以上的称为深源地震。目前有记录的最深震源达720 km。震源在地表水平面上的垂直投影叫震中，用经、纬度表示。通俗地说震中就是从震源向上垂直对应地面的地方。地面上任一点到达震中的距离叫震中距。同样大小的地震，在震中距越小的地方，影响或破坏越重。根据震中距，地震可分为3种，分别是震中距小于100 km的地方震，震中距为100～1 000 km的近震，震中距大于1 000 km的远震。

地震的能量是以波的形式输送出来的。强烈地震发生时所引起的种种地面破坏现象，都是由地震的强烈冲击波所造成的。地震波是一种弹性波，包括体波和面波。体波可以在三维空间中向任何方向传播。体波又可分为纵波和横波。纵波在固体、液体中都能传播，传播速度最快，能量散失也快；横波只能在固体中传播，速度较慢，能量的散失也慢，所以影响范围比纵波大。纵波引起地面上下颠簸，横波使地面水平晃动。面波传播速度最慢、频率较低，引起的震动最强烈，破坏作用最大。

地震的震级是表示震源释放能量大小的级别，通常采用里克特(C. F. Richter)所提出的标准，即里氏震级来划分，共分9个等级。通常把小于2.5级的地震叫小地震，2.5～4.7级地震叫有感地震，大于4.7级的地震称为破坏性地震。比如说，一个6级地震释放的能量相当于美国投掷在日本广岛的原子弹所具有的能量。一个7级地震相当于32个6级地震，也相当于

1 000个 5 级地震。8.0 级的汶川地震所释放的能量大约相当于 7.8 级的唐山地震的 2 倍。按震级大小可把地震划分为以下几类：弱震（震级<3 级），有感地震（震级≥3 级且≤4.5 级），中强震（震级>4.5 级且<6 级），强震（震级≥6 级）。其中震级大于等于 8 级的又称为巨大地震。地震烈度是指地震对地面及建筑物的破坏程度。它和震级既有联系又有区别。一次地震只能有一个震级，但同一次地震会因震中距不同而有不同的烈度。一般来说，距震中越近，烈度越大；反之越小。

按地震成因，地震可以分为构造地震、火山地震、塌陷地震和诱发地震四种。地壳深部，主要是由断裂变动引起的地震称为构造地震，常发生于地壳上活动性较大的地区，一般来说是近代的褶皱和断裂活动地带，2008 年 5 月 12 日汶川大地震就发生在龙门山断裂带上。构造地震的特点是活动频繁，延续时间长，影响范围广，破坏性强。地壳上 90%以上的地震皆属于这种类型。由火山活动触发的地震称火山地震，其震源常局限于火山活动地带，故影响范围一般不大，深度多不超过 10 km。塌陷地震起因于岩层崩塌陷落，主要发生在喀斯特（岩溶）发育地区或者地势陡峭的山区，数量很少，危害不大。此外，由于人类活动，诸如水库蓄水、地下核爆炸等因素也能触发地震，这类地震统称为诱发地震。

6.4.2 农村地震灾害的特点

地震是危害极大的自然灾害，包括直接危害和间接危害。地震的直接危害，主要是房屋倒塌、人畜伤亡和设施损毁，特别是交通、电力、通信、给水、排水等生命线工程的损坏，常导致一个地区的生产停顿和居民生活的极大困难。如 2008 年汶川地震造成的直接经济损失为 8 451 亿元人民币，以四川最严重，占到总损失的 91.3%，甘肃占到总损失的 5.8%，陕西占总损失的 2.9%。地震的间接危害，主要是指各种次生灾害和衍生灾害造成的后果。在城市，地震对生命线系统的破坏常引发火灾、触电、有毒有害物质泄漏而造成人员伤亡；在农村，常造成水利设施和生态环境的破坏；在山区，常引发崩塌、滑坡和泥石流，并进一步形成若干堰塞湖，一旦溃决对下游的冲击力极大。地震引发的地质灾害还造成严重的水土流失和耕地质量下降。地震对生态环境和生命线系统的破坏还经常造成严重的环境污染，并有可能导致瘟疫的流行。

广大的农村地区，由于房屋建筑结构、居民生产与社会活动均与城市不同，因而农村地震灾害有不同于城市的地方。

从地域面积上看，广大的农村地域辽阔，其发生地震灾害的概率远远大于城市。最近 10 年来发生的破坏性地震 99%以上都发生在农村地区。农村民居倒塌毁损是造成人员伤亡和财产损失的重要原因。“小震致灾”甚至“小震大灾”，是农村地震灾害的显著特点。这与农村民居选址不合理、建筑质量不高、防震保安能力不强有密切关系。

农村地震中民居破坏是最主要的经济损失，一般占总经济损失的 70%～90%，在一些贫困地区，房屋破坏几乎要占到经济损失的 100%。

6.4.2.1 从防震角度看农村建筑与城市的差异

目前我国居民房屋大体分为土木结构、砖木结构、砖混结构和框架结构四类，其中以框架结构的抗震效果最好，土木结构最差。但由于土木结构造价低，依然是农村房屋的主要类型。

城市建筑多为砖混结构，抗震性能要好些。唐山地震伤亡惨重，一方面是由于震级特别高，破坏力特别大；另一方面也是由于绝大部分房屋由预制水泥板像积木一样拼接而成，缺乏整体性。唐山地震之后，各地对城市新建房都提出了抗震设计要求，对旧房也都进行了抗震加固，普遍使用钢筋连接，整体性明显加强，再发生地震，可大大减少房屋倒塌和人员伤亡。但农村建房很少经过正规设计，农民建房时往往追求尽可能大的使用面积，一般都是自己动手盖房，因陋就简，就地取材，抗震性能更是无从谈起。

6.4.2.2 农村居民生产与社会活动与城市的差别

农村居民的活动范围小，通常在田间地头、庭院或室内，流动性小，室外活动较多，白天发生地震时不易受伤，发生地震后家庭成员和亲友之间比较容易找到。但农村的通信条件较差，地震后外出人员不易联系到。农村房屋建筑也比较简单，北方多为平房，南方经济发达地区一般为两三层楼，房屋之间有一定距离，一旦发生地震，人员可迅速从房屋里面跑出来。由于农村的空旷地很多，又有很多树木，容易找到或搭建地震临时避险场所。但农民的科学文化素质相对较低，发生地震时，地震谣言和迷信活动要比城市多，农村居民的避震逃生和救援行为往往带有更多的盲目性。农村由于自然水源较多，农田中还有一些蔬菜、果树和粮食作物，简易粮库一般也不容易倒塌，震后短期生存要比城市里容易解决。

城市居民活动范围大，流动性高，一旦发生地震，家庭成员之间不易立即汇合。但是城市的通信条件好，社会组织能力强，外出人员要比农村更容易联系到。城市建筑分布密集，一幢建筑内往往容纳许多人，地震时的疏散难度要比农村大得多。由于城市缺乏空旷地，临时搭建避难场所要比农村困难，地震后由于交通断绝，外边的食物一时运不进来，很快就会发生生存危机。

6.4.2.3 农村地震次生灾害与城市的差异

地震次生灾害大致可分为三类。第一类是地震次生自然灾害，如滑坡、崩塌落石、泥石流、地裂缝、地面塌陷、砂土液化等次生地质灾害和水灾，发生在深海地区的强烈地震还可能引起海啸。第二类是地震引发的技术事故和灾难，如道路破坏导致的交通瘫痪和事故、煤气管道破裂形成的火灾、电力设施破坏导致的电击事故、下水道损坏对饮用水源的污染、电信设施破坏造成的通信中断、工厂有毒有害物质泄漏污染、医院废弃物污染或放射性污染、瘟疫流行等。第三类是地震引发的社会事件，包括地震中或轻信地震谣传盲目逃生时的拥挤践踏伤亡和跳楼死伤，地震中的偷盗和抢劫等犯罪行为，因突发地震停工停产和交通运输商贸中断造成的经济损失，以及地震造成的心理创伤和自杀现象等。城市的地震次生灾害以后两类为主，农村的地震次生灾害以第一类为主，在贫困落后的国家和地区还有可能因灾后瘟疫、饥荒和冻伤等衍生灾害造成大量死亡。如明朝的1556年1月23日，陕西华县发生8级地震，死亡人口高达83万，为迄今世界上死亡人口最多的一次地震。专家们曾经怀疑这一数据的真实性，但后来人们根据地震灾区各州县的地方志的记载进行统计，证实了这一数据的可靠性。当地居民多住在黄土塬的窑洞内，午夜的地震引发黄土滑坡和黄土崩塌，人们难有防备，大多压死在家中。由于救援不及和天寒地冻，大多死于灾后发生的瘟疫、饥荒和冻害。

农村地区经济相对不发达，许多农村还处于山区，地形复杂，次生灾害主要是自然层面的，如山体滑坡、泥石流、堰塞湖溃决、地面塌陷等，震后环境污染和瘟疫流行也使农村地区容易发生地震衍生灾害。经济比较发达的农村，供电、通信、自来水和排污水也开始普及，生命线系统的次生灾害变得日益突出。如1933年8月25日，四川叠溪发生7.5级地震，崩塌物堵塞岷江形成四个地震堰塞湖。震后45 d堵体溃决造成下游水灾，水头高达60 m，受淹人数2万人以上，冲毁农田5万余亩。2008年5月12日四川汶川发生8.0级地震，邻近的北川县山体滑坡严重，最大一处达几万平方米。地震引起公路两边的房屋大片倒塌，路面大部分被破坏，大型机械设备无法进入灾区。

6.4.2.4 地震对农业生产的影响

以汶川地震为例，地震对当地农业与农村的危害主要表现在房屋损毁、农田损毁、农资紧缺和产业受损。[10]

(1)房屋损毁　是农民资产的最大损失。我国广大农村的农民建房时既没有设计方案和施工作业程序，也没有监理，更没有建立和实施地震设防标准。汶川地震的重灾区90%的房屋被夷为平地，农民几十年的积累毁于一旦；次重灾区40%左右的房屋被夷为平地，30%成为危房，30%需要加固和修缮后使用。农民失去了栖身之地，从事农业生产的库房、畜舍、温室等都毁于一旦，对当地的农业生产将产生持久的不利影响。

(2)农田和水利设施损毁　地震中有6.67万 hm^2 土地永久性损毁，坡改梯工程的田埂垮塌达到20万 hm^2 以上，过渡性安置房占用粮田约1万 hm^2。以上合计，共使15万～20万农民失去了土地。震区有1 803座水库出现险情，其中96座溃坝，370座处于高危状态；2.8万 km渠道、24 972处渠系建筑物、1 217处取水枢纽受损。为确保安全弃水近4亿 m^3，直接影响灌溉面积73.3余万 hm^2，占到全部灌溉面积的29%。

(3)农业生产资料紧缺　地震使原有的县、乡、村三级农业生产资料供应体系基本瘫痪。化肥厂在地震中受损，生产停顿，致使化肥等农业生产资料发生严重短缺。化肥价格涨幅过大，受灾群众因财产损失巨大而无力购买。交通中断又使外界输入化肥等物资难度加大，要恢复当地的农业生产能力和提高农作物产量相当困难。

(4)农业特色产业受损　震前在该地区已形成许多一镇或一村一品的特色产业基地，这些基地在地震中严重受损，短期内难以恢复。如什邡市湔氐镇黄背木耳基地约80%的耳棚倒塌，50%的棚内出耳菌袋破损，直接经济损失上亿元。汶川、理县和茂县是四川省秋淡季蔬菜和甜樱桃的主产区，由于地震造成道路毁损，大量成熟蔬菜和甜樱桃无法及时运出。江油市青莲镇桃花山千亩桃基地受堰塞湖溃坝威胁，无法运销。绵竹县汉旺镇千亩日本茄因加工厂严重受损无法加工。农业乡村旅游和现代农业设施也都遭受破坏。知名的彭州银厂沟、绵竹市遵道镇年画村、都江堰青城后山等农家乐基地，由于房屋全面垮塌和农业旅游基地设施损毁，已形成的品牌很难恢复。一些现代农业设施，如彭州和崇州冷水鱼基地，都江堰名茶试验基地内仪器设备、温室、网室等损毁严重。

(5)严重影响农事活动　由于土地损毁、劳力短缺、交通断绝、生产资料缺乏和缺水，震区有6.67余万 hm^2 稻田无法正常灌水整田栽秧，其中5.3万 hm^2 水稻不得不改种玉米等旱作。小春作物不能及时收获，影响水稻适期栽插，迟栽(6月10日后栽插)面积将达到30%左右。玉米与小麦等小春作物间作时间延长15 d以上。马铃薯严重受灾2.77万 hm^2，损失产量62.5万 t。更重要的是由于种植业和养殖业生产受损，使收入主要依赖于农业的农民收益和生活受到影响。

这种情况在1976年唐山地震期间也发生过，灾区和地震波及地区因震后劳动力不足，大面积农田发生草荒，加上地震发生前后的气候异常，使当年农业生产遭受重大损失。

6.4.3 农村地震的减灾对策

做好农村的地震防灾减灾工作，减轻地震灾害造成的损失，需要从提高农村防震减灾能力方面入手，重点加强农村建筑的防震减灾能力。[11]

6.4.3.1 提高农村防震减灾能力

(1)加强地震测报工作　1966 年邢台地震后我国逐步建立了地震监测网，开展了地震预报。1975 年成功地预报出营口、海城的 7.3 级地震，仅死亡 2 041 人。按邢台地震和通海地震的震中区死亡率推算，如无预报至少将死亡 10 万人以上。唐山地震后进一步完善了全国的地震测报台站网。目前临震预报仍是一个世界难题，而且越是强震，常规的地震前兆越不明显。要突破地震预报的技术难关还要做长期艰苦的探索，但在现有工作基础上，改进地震的预警工作还是有可能的。

(2)防震抗震工程　在评价地基区域稳定性时必须首先考虑地震问题。对于重要的高层建筑、地下工程、重型水利枢纽及具有纪念意义的建筑，更是不能忽视。对地震进行工程地质研究的主要任务就是抗震，选择良好的场地，保证建筑安全。场地的选择不但直接关系到建筑安全，而且还涉及到房屋造价问题。国家已经编制了全国的地震烈度分布图，规定了不同烈度地区房屋建筑的防震设计标准。历次地震都表明，地质断裂带附近的建筑物损毁特别严重，在城镇建设规划中一定要尽量避开已知的地质断裂带，已经建在断裂带上的建筑物应提高防震加固的标准。农村建筑防震是减少伤亡的重要保障，要按照防震标准进行设计，在建筑材料和质量上应符合防震需要。农村学校和公共场所需要执行更高的建筑防震标准。

(3)地震防灾信息系统建设　基层地震管理部门要根据区域地震风险情况，建立地震防灾信息系统，掌握区域人口密度、建筑结构、质量等信息，以便于能够在地震发生的第一时间推断房屋受损情况、人员伤亡的风险，并制定防震预案，根据震情有计划地展开救助求援工作。

(4)救援和重建　建立健全各级抗震应急机构，储备地震救援物资，建立地震应急救援的志愿者队伍，编制地震应急预案并经常演练。在发生地震时能有效组织政府、军队和社会各界的力量高效有序地开展救援，并充分利用国际援助。1980 年后我国恢复了地震保险业务。

(5)防震减灾的宣传教育　1966 年以后我国加强了防震减灾的宣传教育并列入中小学课本，开展了各种形式的科普宣传，提高了社会各界对地震灾害的认识和承受能力。在历次地震中，许多人都是通过学习和了解地震避险的知识和技能，在发生地震的第一时间能够正确选择逃生策略和自救、互救技能而增加了生还的机会。在地震灾害发生时，绝大多数人是通过自救和临近互救逃生的，通过外援救助的主要是深埋或救助困难的人员。由于专业救援队伍少，难以第一时间到达现场，虽然救援能力强，但救出人数所占比例常常较低。所以宣传防震救助知识，提高自救和互救意识与能力至关重要。

6.4.3.2 农村房屋建筑的防震减灾

1. 农村房屋建筑的防震选址

选择地势平坦、开阔、土层密实、均匀或稳定基岩等有利地段。不宜在软弱土层、可液化土层、河岸、湖边、古河道、暗沟或沟谷、陡坡、松软的人工填土以及孤突的山顶或山脊等不利地段建房。不宜在可能发生滑坡、崩塌、地陷、地裂、泥石流及有活动的断裂带、地下溶洞等危险地段建房。同时，应避开水源保护区、水库泄洪区、濒险水库下游地段。避开高压输电线路。尽可能避开地质断裂带，如只能沿此带盖房，必须进行防震设计和加固。

山区农村最重要的是避免在滑坡体和地质不稳定沟谷内建房，也不要在滑坡常发地带的河边低地建房。应选择地势略高，相对开阔，地基比较稳定的地方。

平原农村最重要的是避免在地质断裂带附近和土质松软的地方建房，尽可能避开水库坝下，也不要在高压线塔和电线杆旁建房。

城市郊区农村建房除避开地质断裂带和要求地基稳固外，还要注意建筑物间保持合理间隔，发生地震时逃生道路通畅，有建造临时避险场所的空地可利用。

2. 农村房屋建筑的抗震设防

抗震设防是为达到抗震效果，在工程建设时对建筑物进行抗震设计并采用抗震设施。我国《建筑抗震设计规范》规定，地震烈度 6 度及以上地区的建筑必须进行抗震设防。抗震设防通常包括确定抗震设防目标、抗震设计、抗震施工三个环节。

抗震设防目标指建筑结构遭遇不同水准的地震影响时，对结构、构件、使用功能、设备的损坏程度及人身安全的总体要求。要求建筑物在使用期间对不同频率和强度的地震应具有不同的抵抗能力。中国的《建筑抗震设计规范》分为三个水准，通常概括为："小震不坏，中震可修，大震不倒"。

第一水准：遭受低于本地区抗震设防烈度的多遇地震（或称小震）影响时，建筑物一般不受损坏或不需修理仍可继续使用。

第二水准：遭受本地区规定设防烈度的地震（或称中震）影响时，建筑物可能产生一定的损坏，经一般修理或不需修理仍可继续使用。

第三水准：遭受高于本地区规定设防烈度的预估的罕遇地震（或称大震）影响时，建筑可能产生重大破坏，但不致倒塌或发生危及生命的严重破坏。

3. 农村房屋建筑抗震材料

(1)农村土结构房屋　农村土结构房屋在一定时间内将长期存在。为改善土结构房屋的抗震性能，最大限度减轻地震损失，必须寻找提高生土建筑墙体材料抗震性能的方法和措施，以提高农村土结构房屋的整体抗震能力。

(2)农村木质结构房屋　林区房屋大多为木质结构，南方有些贫困地区还有不少以竹子为构架的茅草房。这些建材都比较轻，在地震中不易倒塌，主要问题是防火，应尽量在梁柱涂上防火漆，并在室内储备足够的消防物资和器材。另外还需要使用钢筋将主要构件连接成一个整体，防止在地震中梁柱等大型构件倒塌伤人。

(3)农村砖混结构房屋　目前农村房屋以砖混结构占绝大多数，大多数民房缺乏抗震设计，又大多是农民自己邀集亲友施工，抗震性能较差。特别是有些地方仍在使用水泥预制板拼接，一旦在地震中垮塌，往往非人力所能搬移。为加强砖混结构房屋的抗震能力，应使用新型抗震建筑材料如加气混凝土等。

4. 农村房屋建筑防震的结构设计

从经济实用的角度出发，在农村房屋重要构件的连接处使用钢材料以增强房屋的整体性与弹性。目前我国农村大部分住房是砖混结构，采用框架结构可显著提高抗震性。由钢筋混凝土浇灌成的承重梁柱组成骨架，再用空心砖或预制的加气混凝土、陶粒等轻质板材作隔墙分户装配而成。墙主要是起围护和隔离的作用，由于墙体不承重，所以可由各种轻质材料制成。

在对集体统一规划的房屋进行装修过程中，擅自拆除承重墙或改变阳台原有门窗的尺寸都会严重影响房屋的抗震能力，缩短房屋的使用寿命。

5. 已建农村房屋的防震加固

包括墙体的加固、楼房和房屋顶盖的加固、建筑物突出部位的加固和维修老旧房屋。

（潘学标　龙步菊）

参考文献

[1] 柴宗新. 山地灾害概念之我见. 山地学报，1999(1)：92-95.
[2] 潘学标，郑大玮. 地质灾害及其减灾技术. 北京：化学工业出版社，2010：88.
[3] 盛海洋，王付全. 我国的山地灾害及其防治. 水土保持研究，2007，14(1)：129-131.
[4] 唐川，梁京涛. 汶川震区北川 9·24 暴雨泥石流特征研究. 工程地质学报，2008，16(6)：751-758.
[5] 何绍芬. 荒漠化、沙漠化定义的内涵、外延及在我国的实质内容. 内蒙古林业科技，1997(1)：15-18.
[6] 朱震达. 中国荒漠化的概念、原因及防治. 第四纪研究，1998(2)，145-155.
[7] 吴凤芝，赵凤艳，刘元英. 设施蔬菜连作障碍原因综合分析与防治措施. 东北农业大学学报，2009，31(3)：241-247.
[8] 韩丽梅，鞠会艳，杨振明，等. 大豆连作微量元素营养研究(Ⅲ)：连作对锰营养的影响. 大豆科学，1999，18(3)：207-211.
[9] 刘苹，赵海军，万书波，等. 花生根系分泌物自毒作用研究. 中国油料作物学报，2010，32(3)：431-435.
[10] 张晓理，CFP. 汶川地震对农业的影响. 中国农村科技，2008(5)：16-17.
[11] 潘学标，郑大玮. 地质灾害及其减灾技术. 北京：化学工业出版社，2010：25-52.

第 3 篇

农业减灾技术各论

第7章

农业灾害监测技术

7.1 农业灾害监测的作用与原则

农业灾害监测(disaster monitoring in agriculture)是指人们在农业灾害孕育、发生、发展、衰减直至灾后对其征兆、灾害现象及灾害后效进行的观察,即以科学技术方法,收集灾害风险源、风险区域、农业重要防护目标和基础设施等生产或运行的动态状况及其时空分布等有关信息,对可能引起灾害事件的各种因素进行监测,搜集有关风险发生的信息,及时掌握风险和灾害事件变化的第一手资料。通过对灾害现象及相关因素进行观察,获得大量的灾情信息,可为开展灾害预警预测、进行减灾决策、研究灾害规律提供重要依据。

农业防灾减灾的首要问题是及时掌握有关灾害发生和发展的信息。因此,农业灾害监测要遵循以下主要原则:

(1)服务于农业防灾减灾"以防为主,防、减、救相结合"的原则,为农业生产全过程的防灾、减灾、救灾等提供监测信息。

(2)重点监测与跟踪监测相结合的原则。农业灾害的种类繁多,短时间内难以做到对所有灾害种类进行监测,要选择对农业生产影响危害较大的主要灾种及其相关因素进行重点监测和跟踪监测。

(3)点面监测相结合的原则。对于不确定或大面积发生的农业灾害,人们需要通过地面点的监测和面上的监测相结合才能了解灾害发生的总体情况。因此,农业灾害监测在对象、方法、站点等选择上需满足科学性、可监测性、准确性、灵敏性和效益性。

农业灾害监测依据观察手段可分为感官观察和仪器监测两类。前者如农作物气象灾害、病虫害田间受害症状观测等。由于感官观察受到人们感觉能力的限制,只能感觉到一些表面和直接的前兆或现象,大多数灾害信息还需要依靠专门的科学仪器来捕捉。依据观察对象可分为直接监测和间接监测。前者指对灾害现象的直接观察;后者指对灾害系统有关联的事物进行观察,既包括对承灾体的监测,也包括对致灾因子的监测。依据观察内容还可分为气象监测、水文监测、植物病虫监测、海洋监测等种类，通常由各有关业务部门组织实施[1]。

我国目前已建立起气象、水文、农林、海洋等与农业灾害监测相关的自然灾害监测网。近年来我国农业灾害的监测技术水平已有很大提高，相关的地面监测站网不断发展完善，卫星遥感、地理信息系统、全球定位系统、计算机、雷达和各种先进的监测仪器和技术已被广泛应用，已初步形成了集成地基、空基、天基的立体监测系统。

7.1.1 地面监测

地面监测(ground monitoring)，也称传统监测，是农业灾害监测的基础，主要有气象、水文、农作物、经济林果、森林等的地面、田间、林间定点监测和随机调查等，主要针对承灾体和致灾因子等相关因素进行监测。传统监测技术虽然自动化程度相对较低，但技术相对成熟，操作简单，精度也较高，仍是目前我国农业灾害监测的主要手段。目前存在的主要问题是某些灾害监测的手段和设施落后老化，在具体操作上费时、费力、效率低下等，有些农业灾害(如病虫害和某些累积型气象灾害)在发生早期并不能靠肉眼识别，这就造成了传统的农业灾害监测方法容易造成较大的误差。另外，各类灾害都是分别监测，彼此联系少，不利于开展综合减灾。

传统监测经技术改进，与高新技术结合，集成监测网，也可以实现监测的自动化、实时化。同时，传统监测也是其他高新技术监测不断发展完善的保障。

7.1.2 高新技术监测

20 世纪 60 年代以来，遥感(RS)、地理信息系统(GIS)和全球定位系统(GPS)(简称“3S”)等高新技术的发展，为农业灾害监测提供了新的途径。以“3S”技术为基础的农业灾害监测，可将灾害发生过程的特征信息通过传感器转化为数字化信息，自动采集或汇集，数字化传输，数据库存储并提供使用，具有数字化、自动化和网络化的功能。“3S”技术以其快速准确的明显优点，已成为我国农业灾害监测技术研究发展的重点。“3S”技术的应用原理及在农业灾害监测中的特点和优势[2-4]主要如下：

7.1.2.1 遥感技术

遥感(remote sensing，RS)指在不直接接触的情况下，对目标或自然现象远距离感知的一种探测技术，狭义上是指在高空和外层空间的各种平台上，运用各种传感器(如摄影仪、扫描仪和雷达等)获取地表信息，通过数据的传输和处理，来研究地面物体形状、大小、位置、性质及其与环境相互关系的一门现代化技术科学。

现代遥感技术具有以下特点：新型传感器不断出现；影像分辨率形成多级序列，可提供从粗到精的对地观测数据；可以反复地获得同一地区的影像数据；以多光谱段获取遥感数据。现代遥感技术具有以下优点：可获取大范围数据资料；获取信息的速度快，周期短；获取信息受条件限制少；获取信息的手段多，信息量大。其缺点是数据定位及分类精度差。

遥感技术在农业灾害监测中的特点和优势：

(1)可快速进行大范围、立体性的灾害监测。由于遥感的感测距离远，范围广，而且有些波段的遥感对冰雪、云雾、水体和陆地等有一定的穿透能力，通过对卫星图像的处理可提取不确定或大面积发生的农业灾害的受灾面积、灾区的土地利用、灾区的植被分布以及植被类型等信息。

(2)动态监测。与常规监测手段不同,卫星遥感监测不仅具有实时、动态的优点,而且全天候工作,因此可以对灾情进行连续、动态监测,进而获得包括灾前、灾时、灾后的连续准确的灾情信息。

(3)获取的信息量大、效率高。遥感技术采用现代航天工具,能高速获取图像和数据资料,并运用先进的电子光学仪器及电子计算机进行传导、接收、处理和提取大量与灾害相关的信息。这不仅给灾害监测赢得了大量时间,及时获得了丰富的灾情背景资料,为高效数据模型的建立创造了先决条件,而且有利于了解灾害发生的总体情况,这是传统监测方法难以做到的。

(4)适应性强,可获取其他监测手段无法获取的信息。某些农业灾害灾区自然条件恶劣或跨国境线分布,如雪灾、农林病虫害及森林火灾等,人们难以到达,不易获取相关的灾害发生信息,遥感资料就成为获取灾情信息的重要手段。

7.1.2.2 地理信息系统技术

地理信息系统(geographic information system, GIS)指在计算机硬件与软件的支持下,运用系统工程和信息科学的理论,科学管理和综合分析具有空间内涵的地理数据,以提供对规划、管理、决策和研究所需信息的空间信息系统。

GIS技术具有以下功能:数据输入,数据处理,空间分析和统计,地图显示与输出,二次开发和编程。GIS有两个显著特征:一是它不仅可以像传统的数据库管理系统(DBMS)那样管理数字和文字(属性)信息,而且可以管理空间(图形)信息;二是它可以利用各种空间分析的方法,对多种不同的信息进行综合分析,寻求空间实体间的相互关系,分析和处理在一定区域内分布的现象和过程。GIS的优势在于其强大的空间查询、分析和处理功能,缺点是数据获取难。

GIS技术用于农业灾害监测信息系统的特点和优势:

(1)灾害数据建立。农业灾害的孕育、发生、发展、转化的时间与空间,以及灾害发生的环境背景信息,是进行灾害监测、评价和防灾减灾决策的基础,在GIS的支持下,结合农业灾害数据类型建立的多种地理空间数据库和属性数据库,是农业灾害监测信息系统的重要组成部分。

(2)图形显示的直观性和形象性。在数据库基础上,GIS可将各种数据或分析成果以专题图的形式直观而有效地显示,并可进行人机交互式的设计、修改、输出。GIS的这些功能,大大提高了农业灾情表达的直观性和形象性,减少了防灾减灾决策的盲目性。

(3)空间分析功能。农业灾害监测信息系统涉及GIS的多种空间分析功能,它们与各种专业模型结合起来发挥作用,为实现详细、迅速的农业灾害分析创造了有利条件。

(4)多源信息的集成。农业灾害监测信息系统中的数据是多源数据,GIS可将不同来源的数据有机地集成在一起,可以多尺度、多方式反映农业灾情与背景信息。

7.1.2.3 全球定位系统技术

全球定位系统(global positioning system,GPS)指以卫星为基础的无线电测时定位、导航系统,由分布在与赤道面夹角为55°的6个轨道上的24颗工作卫星和3颗备用卫星组成,可为航天、航空、陆地、海洋等方面的用户提供不同精度的在线或离线的空间定位数据。全球定位系统是由空间星座、地面控制和用户设备等三部分构成的。GPS 系统具有以下主要特点:高精度、全天候、高效率、多功能、操作简便、应用广泛等,但却无法给出目标的地理属性。

GPS 技术应用于农业灾害监测中的特点和优势:

(1)在分析处理灾区遥感图像、提取遥感信息的过程中,须进行必要的野外调查以便标定地物和建立判读标志,GPS 可以实现野外准确定位,保证图像解译的准确性。

(2)在抗灾救灾(例如洪水、森林火灾、雪灾等)过程中,利用 GPS 准确地定位行动路线,能够及时向指挥中心报告准确位置,并准确地接受指挥中心下达的命令。

(3)在灾后重建及灾情评价工作中,借助 GPS 对灾区实地调查,可以准确了解受灾状况。

7.1.3 “3S”技术集成及其在农业灾害监测中的应用

“3S”技术集成指全球定位系统(GPS)、遥感(RS)和地理信息系统(GIS)的集成,是当前国内外的发展趋势。技术集成中,GPS 主要用于实时、快速地提供目标,包括各类传感器和运载平台(车、船、飞机、卫星等)的空间位置;RS 用于实时地或准实时地、快速地提供目标及其环境的语义或非语义信息,发现地球表面上的各种变化,及时地对 GIS 进行数据更新;GIS 则用于对多种来源的时空数据进行综合处理、集成管理、动态存取,作为新的集成系统的基础平台,并为智能化数据采集提供地学知识。“3S”技术集成主要表现四种结合方式:GIS 与 RS 的结合,GIS 与 GPS 的结合,RS 与 GPS 的结合,GIS、GPS 和 RS 的结合。

“3S”技术集成应用于农业灾害监测中的特点和优势:

(1)“3S”技术不仅可以提供农业灾害的基础信息,而且还可以通过 RS 和 GPS 来实现系统的实时数据更新,从而通过相关操作和分析,获得新的信息。如通过对遥感获取的最新影像信息与地理信息的叠加,可以得到灾区的最新灾情。

(2)通过对不同时段的多时相遥感影像数据进行叠加,则可了解灾害发展变化的最新趋势,实现灾害的动态监测。

(3)通过结合相关的应用模型,可以进行灾害发生的预测预报,为相关部门提供实时的决策参考。

目前“3S”技术在我国农业灾害监测中的应用主要集中在干旱、洪涝、森林与草原火灾、沙尘暴灾害,以及雪灾、冻害、寒害、农林病虫害等方面,其中干旱、洪涝、森林与草原火灾监测研究起步较早,技术较成熟,应用较广泛[5-6]。

7.1.3.1 干旱灾害监测

温度植被指数法和植被供水指数法是我国广为采用的农业干旱遥感监测方法。我国在 20 世纪 80 年代末和 90 年代初,就运用 NOAA/AVHRR 数据对重点地区旱情进行了成功监测,平均精度达到 80%左右[7];目前中国气象局国家卫星气象中心及各省(市、区)气象局都已建成了旱灾监测的业务体系,对干旱进行实时动态监测。

7.1.3.2 洪涝灾害监测

主要包括洪涝灾害面积提取和洪涝灾害程度(水量、水深)等的监测。美国、加拿大等国家的洪涝灾害遥感监测于20世纪80年代进入实用阶段。我国将遥感应用于洪涝灾害监测始于"八五"、"九五"期间，采用资源卫星和气象卫星资料LANDSAT TM和NOAA/AVHRR，建立了七大江河(长江、黄河、淮河、海河、珠江、辽河、松花江)地区洪涝灾害易发区警戒水域遥感数据库[4]，并于1991年成功地对江苏、安徽洪水的面积等进行了监测，达到了很高的精度[7]。目前洪涝灾害遥感监测技术已日趋成熟，较为常用的遥感数据有NOAA/AVHRR和EOS-MODIS等，TM和SPOT遥感资料虽然空间分辨率较高，但由于其过境周期较长，无法实现洪涝的实时监测而相对应用较少。微波遥感不受时间和天气的影响，可以全天时、全天候地用来监测洪涝动态信息，是洪水遥感监测中最常用的数据源[8]。目前主要通过不同遥感数据的融合、遥感数据与非遥感数据的融合，对洪涝灾害进行动态监测。

7.1.3.3 森林与草原火灾监测

我国于1987年运用AVHRR影像成功监测了大兴安岭特大森林火灾，1994年还成功地监测了云南、贵州、四川和内蒙古等地发生的森林火灾[7]。目前已形成以中国气象局国家卫星气象中心、各省(市、区)气象局为主体的林火监测体系。

7.1.3.4 农林病虫害监测

农林植物发生病虫害时常表现为植物外部形态和内部生理结构的变化，病虫害影响的植物光谱反射率的变化特征是遥感监测作物病虫害的理论基础。国外于20世纪70年代起，就已在北非、澳大利亚等地开始应用卫星遥感图像LANDSAT TM和NOAA/AVHRR，对蝗虫栖息、生长和繁殖的生境进行监测，研究蝗虫生境的绿度变化，以推断可能发生蝗灾的区域[9]。1972年美国成功发射了第一颗地球资源卫星之后，开创了卫星遥感监测森林有害生物的应用研究，如美国应用卫星遥感监测舞毒蛾危害阔叶林的面积和程度；日本1982年开始研究应用美国资源卫星调查森林有害生物；加拿大1988年应用卫星遥感监测花旗松林卷叶蛾虫害的发生动态；美国林务局1986年利用航空录像技术监测森林病虫灾害。我国于1978年对云南腾冲地区2 000多hm^2松叶蜂虫灾进行了监测，测定了健康林木和虫害林木的光谱特征；吉林省曾利用NOAA/AVHRR数据，提取大兴安岭地区发生的落叶松松毛虫虫害信息，用于森林害虫的监测[10]。进入20世纪90年代以来，遥感技术与地理信息系统技术的结合，在蝗虫[9]、松毛虫、松林纵坑切梢小蠹[11]、小麦蚜虫[12]，以及小麦锈病、白粉病的监测中正日益得到应用。

7.1.3.5 沙尘暴灾害监测

随着20世纪90年代末我国北方地区大范围沙尘天气频繁出现，遥感在沙尘暴灾害监测中的应用广泛开展起来。1998年国家林业局荒漠化监测中心负责的"沙尘暴卫星遥感监测与灾情评估系统"开始研建，2001年试运行，2002年开始对外公布我国沙尘暴灾情评估报告[4]。目前已形成以中国气象局国家卫星气象中心及各省(市、区)气象局、国家林业局、环保局等组成的沙尘暴监测中心，对沙尘暴的发生发展、移动路径进行监测预警。

7.2 农业气象灾害的监测技术

农业气象灾害监测，可在灾害发生前后的第一时间了解各地所发生灾害的种类、时间、强度以及可能对农业生产造成的损失，及时提供给各级政府和广大农民群众，为及时采取灾害防御措施，最大程度地减轻灾害损失赢得宝贵的时间。另一方面，也可以积累科学资料，为更好地揭示灾害规律、开展灾害预报打下重要的数据基础。由于农业气象灾害的种类很多，危害的对象不尽相同，发生的时间和地区变化也很大，因此，必须建立一个覆盖全国范围的庞大、高效、科学、强有力的监测系统。这个系统既要有监测网络和信息传输系统，还要充分应用各种先进的监测技术。作为气象灾害的一部分，农业气象灾害的监测首先要依托于中国气象局的气象台站监测网络系统和信息网络系统[13]。

7.2.1 中国气象局气象监测网络系统

7.2.1.1 气象台站监测网络

中国气象局的气象台站监测网络系统是由“三站四网”组成的。

“三站”是指国家气候观象台、国家气象观测站和区域气象观测站。国家气候观象台依据中国气候系统委员会关于中国气候观测系统的设计原则和确定的重点气候观测区，结合世界气象组织（WMO）对全球气候观测系统（GCOS）和区域气候站网选择的原则，在原有国家级观测站基础上择优选址确定。它是对地球气候系统多圈层及其相互作用开展长期、连续、立体和综合观测并开展资料分析、评估研究和提供服务的平台。国家气象观测站（national meteorological observatory network）是国家获取基本气象观测资料的平台。其中国家气象观测一级站是国家气象观测骨干站，承担国家气象综合观测任务，为全国的天气预报和服务提供基本气象观测资料，并按要求承担全球资料交换任务。国家气象观测二级站是一级站的重要补充，承担国家基本气象观测任务和根据地方服务需要承担其他观测任务，观测资料全国交换。区域气象观测站则是根据中小尺度灾害性天气预警、大中城市、特殊地区和专属经济区的气象和环境预报服务的需要，在国家级观测站布局的基础上，根据当地经济社会发展需要而建设的观测站，它是国家级观测站的重要补充。

“四网”是指国家气候监测网、国家天气观测网、国家专业气象观测网和区域气象观测网。国家气候监测网以国家气候观象台和卫星观测系统为主体组成，它负责提供高准确度、高可靠和稳定的基准气候观测产品，用于气候业务和气候变化研究，必要时可承担业务试验任务。国家天气观测网以国家气候观象台、国家气象观测站为主体组成，是国家天气观测的骨干网，包括了全部探空观测、天气雷达观测和气象卫星观测，主要是提供满足全国天气分析预报和数值模式预报需求的观测产品，也可提供气候预测业务所需的经过初步质量控制的观测产品。国家专业气象观测网是根据气象业务和服务需求构成的各种专业气象观（监、探）测网，目前主要有国家天气雷达观测网、大气成分观测网、生态与农业气象观测网、雷电探测网、空间天气监测网、水文气象观测网、海洋气象观测网、交通气象观测网、城市环境气象观测网、气候资源观测网、沙尘暴监测网、酸雨观测网、干旱监测网、风廓线雷达观测网、GPS/MET 观测网等十余种。区域气象观测网由区域内的国家气候观象台、国家气象观测站为骨架，结合本地区的区域气象观测站构成，是各区域、各省（市、区）地域内重要的区域气象综合观测网，其观测资料主要满足区域的需要，同时也是国家天气观测网的补充。区域气象观测网由各省（自治区、直辖市）按照国家统一要求进行建设。此外，近年来我国大力加强地面自动网的建设。现在全国共有 34 000 多个自动气象观测站，可以实现“分钟级”的观测。

7.2.1.2 气象信息网络系统

监测到的各种气象信息借助于通信网络系统进行传输。中国气象局信息网络系统是由国内气象通信系统、国际气象通信系统、同城用户服务网络系统、计算机网络系统、高性能计算机系统、气象资料存储检索系统和 Internet 接入与服务系统等综合构成的基础信息支撑平台，负责全国和全球地球环境观测资料与加工产品的实时收集、分发、处理、存档、管理、共享服务，负责为业务和科学研究提供计算资源服务与支撑，承担世界气象组织亚洲区域气象通信枢纽的任务，承担中国气象局气象档案馆以及世界数据中心气象学科中国中心的任务。

目前我国使用的国际气象通信系统是 2005 年投入业务化运行的第三代国际气象通信系统，它是中国气象局面向未来，适应全球通信系统(GTS)发展计划而建成的新一代通信系统。国内气象通信系统包括 9210 工程建成的气象卫星通信系统和中国气象局全国宽带通信网络系统。9210 工程建成的系统是以 VSAT 卫星通信为主、地面通信为辅的计算机广域网系统、PCVSAT 气象数据单向广播接收系统和卫星话音系统，覆盖了全国地(市)级以上的气象部门。中国气象局全国宽带通信网络系统通过租用的中国电信 SDH 线路提供各级节点间的宽带网络连接，提供数据、音频和视频信息的综合传输，并完成网络监控、管理、安全和 QOS 保证等功能。中国气象局建立了气象资料存储检索与共享系统，完成对国家级实时业务系统、部门内各专业用户以及社会各界用户等各方面气象资料的管理和服务；同时提供用于数值预报业务和研究的高性能计算机群的存储空间管理服务。此外，中国气象局信息网络系统还有一个全国天气预报电视会商及电视会议系统，提供多点间的话音、图像、图形、文字和视频并存的多媒体实时天气预报会商，能方便、快捷地实现跨省、跨地区的气象信息特别是气象灾害信息的交流及预报员和专家对未来天气预报意见的会商。

7.2.1.3 气象卫星和天气雷达等高科技手段在气象监测中的应用

受空间分布密度和每日观测时次的限制，气象台站的监测信息仍难以捕捉到更加宏观、动态、及时的气象信息。气象卫星(meteorological satellite)、天气雷达(weather radar)、计算机等高新技术在气象灾害信息监测中日益发挥着重要作用。

我国自 1988 年成功发射第一颗气象卫星以来，先后成功发射了多颗极轨气象卫星和多颗静止气象卫星，是世界上同时拥有这 2 类气象卫星的 3 个国家之一。同时还建立了以接收风云卫星为主、兼收国外环境卫星的卫星地面接收和应用系统，在气象减灾防灾、国民经济和国防建设中发挥了显著作用。目前，我国的极轨气象卫星和静止气象卫星已经进入业务化，可以每 15 min 获得一次全国性的卫星遥感图像。气象卫星已广泛用于日常天气分析、火灾监测、干旱监测、台风监测、大雾监测、沙尘暴天气监测、积雪覆盖监测和植被监测。其中 2008 年 5 月 27 日发射的风云 3 号气象卫星属于新一代极轨气象卫星，可实现 250 m 空间分辨率资料的全球基本覆盖，2012 年 1 月 13 日发射的风云 2 号 F 星，具有对选定区域进行更加灵活的高频次观测的功能，5 min 可以完成一次覆盖南北方向 2 000 km 区域的观测，对提高我国台风、暴雨等中尺度灾害性天气的监测能力具有十分重要的意义。

新一代天气雷达网可以提高我国突发暴雨、沿海台风和大江大河强降水预警等灾害性天气预报的时效和准确率。我国已建成 164 部新一代天气雷达站，可以每 6 min 观测一次天气，得到云雨内部结构。新一代天气雷达网的建设将在突发性灾害预警、防灾减灾气象服务建设中发挥重要的作用，同时对航空安全、军事活动、林业生态、水利水文、云水资源利用等也将产生显著的经济效益。

7.2.2 农业气象灾害监测网络

农业气象灾害的监测是依托中国气象局的气象监测系统，在农业气象观测网内进行的，负责为包括农业气象灾害监测在内的农业气象信息提供大范围的实况监测数据。农业气象观测网的布局首先考虑气候差异，以国家气象观测台站网为基础，同时与全国大农业的分布一致，以农区为主，兼顾林区和牧区。农区中以粮食作物为主，适当考虑其他经济作物。目前全国共有农业气象观测站 653 个，其中：一级农业气象观测站 398 个，开展作物观测、土壤水分观测、自然物候观测和畜牧观测，还可根据本地区需求选择性开展果树、林木、蔬菜、养殖渔业和农业小气候观测等任务，并进行农业气象灾害、病虫害调查等工作。二级农业气象观测站有 255 个，观测内容参照一级站观测内容，根据当地需求由省级气象部门确定。另外，还有 68 个农业气象试验站。所有的观测都严格按照《农业气象观测规范》的规定，在统一的时间，用统一的标准和统一的方法进行，以保证监测数据的准确性、实时性和可比性。农业气象灾害观测项目包括冻害、霜冻、低温冷害、高温、干旱、干热风、寒露风、冰雹等灾害发生时的作物植株受害部位与症状、受害程度（百分率）等。同时，还要遵循平行观测原则，进行气象要素观测。

全国约有土壤墒情观测站 1 000 个。近年来，干旱灾害频发，多数北方易旱省份增加了土壤墒情观测任务，以满足对地方政府服务的需求。此外，自 2005 年起，全国布设了 1 400 个自动土壤水分观测站点，为干旱监测和决策服务提供了更加及时、丰富的资料。

监测信息的快速传输是确保信息时效的关键环节。农业气象观测台站每旬（月）的 1 日、11 日、21 日 3 时之前，将上旬（月）采集的观测信息根据 HD-03 电码编报后加 AB 报类标志，通过国内气象通信系统发至本省、市、自治区气象台，供省级农业气象信息服务部门整理、分析，以及编制农业气象信息产品。同时，该报文由省级打包后转发至中国气象局气象信息中心，进入数据库。国家级农业气象信息服务业务部门所在的国家气象中心可以直接调用上述信息，开展国家级农业气象信息服务。

随着计算机技术的发展，越来越多的气象和农业气象信息在气象系统内部方便、快捷地传输和共享，大大提高了各地进行气象和农业气象灾害信息服务的时效性。例如，农业气象业务部门可以从“气象信息通信分析处理系统”（MICAPS）获得更多的逐日气象和灾情信息，各级气象部门通过“全国气象情报与灾情信息网”及时上报当地的气象、农业气象灾害情况，气象系统内部 NOTES 网上的“全国气象业务服务信息系统”给各级气象部门提供了及时、丰富的各种上报、下传的气象业务服务信息和产品。

7.2.3 农业气象灾害监测

7.2.3.1 基于灾害指标和实时气象资料的灾害监测

农业气象灾害指标是指造成农业对象受灾、成灾的光照、温度、降水量等气象要素或要素组合的阈值。农业气象灾害指标除可直接以光照、温度、降水量等气象要素的阈值及发生频率表示外,还可以用其他物理量间接表示。例如,以反映土壤-植物-大气水分状况的农田土壤水分供需差值或比值(降水量与蒸散量、实际蒸散与潜在蒸散、相对蒸散)等来表征农业干旱程度,以不利气象条件引起的产量损失与光温生产潜力的比值等表示灾害强度。这些指标与农业对象的受灾机理联系更密切,因而物理意义和生物学意义更加明确。此外,也有用卫星遥感监测的物理量表示干旱、洪涝、雪灾、病虫害等。

除了少数可以用直接观测到的天气现象(冰雹、大风等)、植被表现(农作物受害、土壤干涸等)和仪器观测结果(土壤水分含量、干土层厚度)外,大多数农业气象灾害的监测是根据既定的农业气象灾害指标,结合观测到的实时气象数据来判断是否出现的。基于灾害指标和实时气象资料的农业气象灾害监测的主要技术关键:一是建立不同种类的农业气象灾害的致灾指标、指标模型库;二是基于实时气象资料通过致灾指标或指标模型反演达到的阈值、等级及其时空分布,进行危害对象、发生区域、等级等的监测。如利用郑州1983—1990年旬平均气温、旬降水量和土壤初始含水量等资料建立的农业干旱监测模型,检测准确率在80%以上,基本上满足了农业气象业务服务的要求[6]。因此,客观、定量的农业气象灾害指标是农业气象灾害监测的前提和依据,准确的实时气象观测数据和迅速的气象信息传输网络是农业气象灾害监测的基础和保障。

7.2.3.2 应用卫星遥感技术的气象灾害监测

1. 干旱遥感监测

农业干旱监测的一个重要内容是获取农田土壤水分含量。20世纪60年代末,随着科学技术的发展,通过测量土壤表面发射或反射的电磁能量遥感估测土壤湿度的方法应运而生,使大面积干旱(土壤湿度)实时或准实时动态监测成为可能。国内开展干旱遥感监测试验研究比国外晚10年以上。20世纪80年代中期以来中国科学院、水利部、气象部门等科研、业务部门广泛开展了利用气象卫星NOAA/AVHRR资料遥感监测干旱技术的研究,取得了长足进步。90年代后,土壤水分干旱遥感监测理论和应用研究进一步发展,在下垫面有植被和部分植被覆盖下的旱情遥感监测方面进行了大量深入研究。同时,利用静止气象卫星建立在地面能量和水平衡基础上监测干旱的工作也得到了发展。目前较为常用的遥感监测干旱的方法为热惯量法和作物缺水指数法,另有用雷达监测土壤水分,通过发射雷达波束,接收回波信号,然后根据所得到的向后散射系数与目标物的形态及物理特性的关系反演土壤水分,进行干旱监测。

目前气象部门已初步建立了基于地面实测土壤水分资料和极轨气象卫星资料的气象卫星干旱遥感业务服务系统,针对裸露土壤、完全植被覆盖和部分植被覆盖等不同情况,分别采用热惯量法、距平植被指数法、供水植被指数法等方法进行评估,监测结果及时对外开展定期和不定期的干旱遥感监测服务。在遥感干旱监测技术发展的同时,利用地理信息系统(GIS)、全球定位系统(GPS)支持遥感干旱解译已普遍展开,"3S"集成应用技术大大促进了干旱遥感监测精度的提高。如建立的可实际运行的黄淮海平原旱灾遥感监测与评价系统,1993年开始试运行,自1994年起,春旱期间每10～15 d提供旱情分布图,以及以县为单元的旱情分级面积数据,经实测数据检验,精度达83.6%[14]。

大范围农业干旱的监测十分复杂,作为世界性的难题之一,目前仍然存在许多有待继续深入的技术问题，如遥感监测土壤水分和旱情的植被覆盖和土壤类型影响问题、土壤水分与热惯量的关系模型的改进、遥感监测的最佳深度、遥感监测干旱时的风速影响、单时相遥感资料监测干旱方法、深层土壤水分监测方法等。同时，目前的干旱监测模型需要大量的实时地面资料支持，在实用性方面还有一定距离。从长远来说，遥感方法与其他方法的结合，定量化的机理性作物干旱监测模型的深化，高分辨率的新卫星发射升空，航空遥感监测资料和"3S"集成技术，土壤-作物-大气多圈层立体监测，多学科的综合将是实现及时、准确监测大范围干旱的主要途径。

2. 洪涝遥感监测

目前，我国在水利部遥感技术应用中心和国家卫星气象中心分别建成了国家洪涝灾害遥感监测评估业务系统。水利部遥感技术应用中心主要利用航空或高分辨率卫星遥感监测，利用基于 GIS 的基础背景数据库对洪涝灾害进行评估。该系统可以在 12 h 内提供各县受淹面积、受淹耕地及居民地面积、专题图、统计表格，监测评估结果用到防洪减灾的第一线，直接向国务院办公厅和国家防汛抗旱总指挥部报告。国家卫星气象中心主要利用气象卫星和中分辨率的 EOS 序列环境卫星 MODIS 对洪涝灾害进行宏观和动态监测，系统能实时或准实时地获取气象卫星资料，完成洪涝灾害监测和粗评估产品处理，通过因特网和 VSAT 通信系统向有关部门和用户单位分发产品及提供服务。中国科学院遥感应用研究所等单位利用气象卫星、雷达卫星等获取的遥感资料，采用遥感技术、地理信息技术、计算机技术和网络通信技术等与地理学、水文学和气象学等基础学科相结合的手段，构建了我国洪涝灾害遥感监测评估系统，可以实现对我国七大水系(珠江、长江、淮河、黄河、海河、辽河、松花江水系)的水文状况及洪涝灾情信息的快速、连续、实时获取和动态变化的监测，并在资源环境数据库支持下对洪涝灾害的损失给出定位、定性、定量的评估，提出受灾地区的防洪减灾建议。如 2003 年 7 月，淮河流域发生大洪水，根据国家有关部门的统一安排，适时启用了国家级洪涝灾害遥感监测业务运行系统，对这次大洪水进行了及时有效的动态监测，比较好地跟踪了洪水推进过程[4]。

3. 低温冷害和高温热害遥感监测

目前国内外利用遥感技术监测低温、高温灾害的技术尚不太成熟，相关的研究报道较少。国内利用遥感监测和评估低温冷害、高温热害的研究尚处于起步阶段[15-17]，主要集中在地表温度反演，作物种植面积及分布的确定，冷害、热害监测，以及灾损评估等四个方面。例如，可以采用卫星遥感的热红外信息监测低温冷害的分布和低温的强度、路径；可以通过极轨气象卫星资料 AVHRR 反演高温信息，并建立与受灾作物的关系分析，结合土地利用背景信息，推算耕地高温面积；采用基于 ETM＋高分辨率遥感影像数据可以间接反演出受低温冷害棉田的变化情况，可以作为监测强低温冷害的一种方法[16]。目前在低温、高温灾害对农作物植株生长和产量影响的遥感监测技术方面还有待于突破。

4. 雪灾遥感监测

雪有很强的可见光反射和强的短波红外吸收特性，卫星遥感积雪覆盖的主要依据是雪在可见光、近红外、远红外和微波波段的光谱特征。利用冰、雪、裸地、森林和植被等不同下垫面在不同的光谱波段所具有的不同的地物光谱特征，建立积雪判识模式，从卫星遥感数据所获取的综合资料中提取积雪信息。积雪在短红外波段的反射率非常低，这一原理是判识积雪的主要依据[18]。积雪监测的要素主要有积雪面积、积雪时间、积雪深度等。

可见光卫星遥感数据用于积雪监测研究已有近 30 年的历史。自 20 世纪 80 年代以来，国内外利用陆地卫星 LANDSAT 和 SPOT 资料，特别是利用极轨气象卫星 NOAA/AVHRR 资料，在牧区积雪动态变化监测等领域进行了大量的科研工作，取得了一系列研究成果[19]。如利用 NOAA/AVHRR 遥感资料对 1995 年 2—3 月发生在西藏那曲的一场降雪进行了积雪信息提取和监测研究，从 NOAA/AVHRR 卫星遥感雪盖监测过程可以看出降雪基本始于 2 月中旬，并一直延续到 3 月上旬，受灾面积大，持续时间长，在 2 月 14 日的 NOAA/AVHRR 图像上，索县、那曲及班戈等县在海拔 5 200 m 以下的广大地区已开始陆续积雪，到 3 月 4 日止，索县和那曲两县的受灾面积达 40% 左右，其中那曲和索县为特大雪灾，班戈为重灾，并估算其仅牲畜死亡造成的直接经济损失约为 1.9 亿元，监测结果与实际上报灾情数据吻合[20]。

7.2.3.3 农业气象灾害监测服务系统

目前中国气象局和各省（市、区）气象局都已建立了应用遥感、地理信息系统、计算机、网络系统的农业气象灾害监测预警系统。中国气象局国家气候中心的干旱监测系统根据实时气象资料，结合卫星资料和土壤湿度分布数据，进行全国各地逐日、逐月的干旱跟踪监测。干旱监测信息及时在网上发布，随时可以查阅。国家气象中心根据全国土壤湿度的分布及变化，结合农作物发育期对水分的要求进行农业干旱监测服务。浙江省农业气象灾害监测系统由实时数据网上传输、实时数据转译、旬数据查询、实时灾害检索、实时灾害查询、历史灾害查询、监测报告输出和报表打印等模块组成，操作简便，自动化程度高。上海市农业气象灾害监测警示系统以实时气象数据为基础，根据农业气象灾害指标进行评判分析，在基于 Active 的 WebGIS 平台展示农业气象灾害，并通过 Internet 网络，提供多用户服务。安徽省气象局建立了包括干旱、洪涝及低温冷害的基本数据库、灾害监测评估模型和应急反应及决策服务系统，对干旱、洪涝、低温冷害三种灾害发生发展及演变规律、灾害发生区域、影响程度以及未来发展趋势进行模拟计算和评估，通过通信网络传输发布灾害信息。福建省的“基于 GIS 的福建省气候监测与灾害预警系统”具有信息采集、空间数据处理、实时监测、灾害预警、存储与检索、交互与展示、统计与诊断、图形与分析等功能。广东基于 GIS 技术的广东荔枝寒害监测预警研究，采用 GIS 技术和气候学模型，融合土地利用、海拔高度、坡度、坡向等地理信息，对平均气温、最低气温资料进行较高空间分辨率的地理订正，结合冬季经济林果的生长发育状况和受害指标，实现对广东寒害发生发展及其强度、范围的实时动态监测、预警。吉林省气象局利用气象地面观测资料和气象卫星遥感监测资料与 GIS 技术结合，以地理信息系统软件 ArcGIS8.3 为依托，建立基于 GIS 的农业气象灾害监测系统，在监测不同灾害时，能根据监测区的特性将监测区设置成不同的分区，并针对每一分区确定监测指标，快速、准确地实现监测区内的农业气象灾害监测及等级划分。

经过多年的建设，目前我国基本建立了气象灾害综合监测预警发布系统，信息覆盖面逐步拓宽，每天超过 10 亿的社会公众通过各种方式接收到气象信息服务。有关农业气象灾害的监测信息还可以通过各地的农村信息网、各种服务材料及时发送到农民群众手中。为了解决气象防灾预警信息发布的“最后一公里”难题，让更多的受众及时获悉突发性气象灾害监测预警信息，一些地区的气象部门（如深圳市）进行了手机小区广播试点；河北、浙江等省开展农村专用气象预警信息发布系统试验，将为乡村气象信息员队伍配备卫星数字广播接收机。

7.3 农业生物灾害与农业地质灾害的监测技术

农业生物灾害的监测可分为两大类型[21]：一是生产性调查，目的是了解农业生产中生物灾害的发生和为害程度、范围，以指导防治。调查多选择在某种生物灾害的防治适期或发生盛期，或作物形成产量的关键生育期；往往采用属性取样或成数取样，注重大范围的普查和分类调查，而不要求十分精确；常以病虫害种类、病（虫）田率、病（虫）点率、病株率（有虫株率）和为害程度等为主要调查内容。二是田间定点监测或面上遥感监测，目的是及时掌握生物灾害发生动态和规律，服务于灾害预测预报和防治对策措施的制定和实施；需要连续地进行定时、定点、定量的系统监测，包括生物灾害种类、发生情况，以及相关的气象因素、栽培条件和作物生长状况。

农业生物灾害监测大多是通过肉眼观察和仪器测量获得估计值和测量值。地面监测仪器一般包括诱集害虫的黑光灯、黏捕器，采集病原物的孢子采集器等，以及相关的气象监测仪器等。

我国农作物有害生物监测预报体系建设始于 20 世纪 50 年代；1956 年底，建立了专业性测报站 138 个，群众性测报点 1 890 个；1978 年，原农林部成立了农作物病虫预测预报总站，其后基本建成了国家、省、地、县级的全国农作物有害生物监测预报网体系；到 2000 年，全国共有专业性测报机构 2 000 余个，从事测报工作的专业技术人员 8 300 余人。目前全国农作物病虫监测站有 600 个；全国林业有害生物测报站点 28 122 个（国家、省、市、县四级合计），防治检疫站 3 081 个。

7.3.1 地面监测

目前我国对 57 种全国性的重大植物病、虫、草害和 100 多种区域为害的病、虫、草害进行周年监测[1]，监测内容包括病虫源基数和病虫草的发生期、发生程度、发生量、分布特征、寄主状况、为害程度等。

根据国务院新闻办公室 2009 年 5 月 11 日发布的《中国的减灾行动》白皮书，我国已建立由 3 000 多个站组成的农作物病虫害测报网，240 多个台（点）组成的草原虫鼠害监测预报网。全国性系统监测预报的农作物有害生物种类由 20 世纪 90 年代初的 15 种增加到目前的 26 种，重大病虫害由旬报制缩短为周报制。建立国家、县、乡（镇）三级 2 500 多个站点组成的森林病虫害监测预报网络，主测对象 35 个种（类），涵盖最具危险性的和常发的森林病虫害种（类）。

7.3.2 应用高新技术的生物灾害监测

7.3.2.1 应用遥感技术的监测

利用遥感技术进行农业生物灾害监测有直接和间接两种途径。直接监测手段主要有利用昆虫雷达监测害虫迁飞，以及卫星或低空遥感监测寄主植物受病虫害为害后的反射光谱变化；

间接监测手段主要是对病虫害发生的自然环境条件进行遥感监测和分析。在昆虫雷达监测害虫迁飞方面，主要监测害虫的飞行方向、地理位置、风向等，通过建立昆虫雷达实时数据采集分析系统，可以获得昆虫活动的方位、高度、距离、密度以及飞行的方向和速度等一系列迁飞活动的数据[22]。目前已对棉铃虫、黏虫、草地螟、旋幽夜蛾等主要迁飞性害虫在华北和东北地区的迁飞轨迹和迁飞规律进行了研究。在病害遥感监测方面，研究发现 630～687、740～890 及 976～1 350 nm 为遥感监测冬小麦条锈病的敏感波段，高光谱可以对条锈病做出早期诊断，在此基础上建立了遥感监测条锈病病情指数的多波段(长)下的组合诊断模式的定量模型[23]。在虫害遥感监测方面，通过设计地面调查试验采集受蚜虫侵害的小麦光谱，计算小麦植被指数(RVI)，同步获取百株蚜量；发现小麦植被指数变化与蚜虫量变化具有相关性，用地面遥感技术监测麦蚜为害是可行的；根据小麦自身的过补偿效应，当小麦植被指数达最大值时，或有无蚜区做对照，有蚜区和无蚜区小麦植被指数比值等于 1 时，田间达到防治点即百株蚜量 50 头左右[24]。另外，运用遥感技术识别蝗虫滋生地，监测蝗虫幼虫喜食的短命植物、草甸植物的长势，并配合气象条件的分析，可及早监测蝗虫虫害暴发的可能性，指导蝗虫防治工作有针对性地开展，减少和避免盲目性，相关监测已在非洲和澳大利亚都积累了成功的经验[25]。但总体上，应用遥感监测植物病虫害目前尚处于起步阶段，遥感监测与实际业务的需求尚有较大的距离，特别是病虫害与作物生长的其他不利因素如恶劣水肥条件影响的区分，各种病虫害之间的区分，仍是任重而道远。

7.3.2.2 应用 GIS 技术的监测

农作物病虫害监测站点数量一般较少，监测的数据非常有限。利用 GIS 技术与地理统计学方法相结合，通过对空间分布数据进行空间插值，可以准确、直观地反映病虫害种群的空间格局状况和种群的变化，对农业病虫害空间分布进行监测。如在 GIS 平台下，利用地理统计学方法，分析揭示了沿渤海蝗区影响东亚飞蝗产卵选择的环境因子、蝗虫卵块的空间异质性及分布格局，可较准确地描述飞蝗卵块在研究区域内的空间分布、形状、地理位置及相对位置，可为地面卵块抽样调查、实时跟踪蝗卵胚胎发育进程、确定蝗灾早期发生点和片防治区域及蝗灾早期遥感预警提供科学依据[26]。利用 GIS 技术，结合传统空间分布分析方法，探明了河北廊坊实验基地小麦-豌豆不同间作模式下麦长管蚜的种群密度，以及麦田生物多样性对麦长管蚜空间分布格局的影响。起初麦长管蚜主要分布在麦田的周围，逐步向麦田中部扩散；在麦长管蚜发生的高峰期，形成了许多聚集中心，主要集中在小麦单作和 2：2 模式小区中，且小麦单作的蚜量极显著高于其他间作模式[27]。考虑到农作物病虫害的传播既受空间位置、方向、距离的影响，又受自然气候条件的影响，在广东省各县区分布图的基础上，利用空间方位关系、拓扑关系、距离关系等三类最基本的空间关系，确定各县区的空间相互影响因子，并将各种自然气候条件，如气温、风向、风速等纳入到影响因子中，构建插值模型，然后在已有部分县区测报站的病虫害数据的基础上，利用插值模型内插出其他县区的病虫害数据，展示病虫情的传递速度，进行病虫害的监测预警，监测结果与农作物病虫害的实际变化情况较吻合[28]。利用广东省农作物生物灾害监测体系的各指标因素，建立基于 WebGIS 平台的广东省农作物生物灾害动态监测系统，实现了生物灾害监测信息实时传输、自动分析、直观显示和信息发布，改变了传统的生物灾害信息的采集方法和传递技术以及生物灾害预测预报的方法，经过 1 年的试运行，系统稳定可靠，且具有较好的伸缩性和扩展性，为广东省农作物生物灾害监测数据的管理、应用和决策提供了一个较为科学、统一、可靠的信息平台[29]。

7.3.2.3 应用GPS技术的监测

GPS技术具有高精度、全天候、高效率、多功能、操作简便等优势，在农业生物灾害监测中应用越来越广，成为监测农业有害生物的新技术手段。通过GPS系统连接高质量视频摄像系统拍摄分析图像，可以收集原始数据，监测大田作物，得到田间有害生物发生分布情况，并可以通过逐次拍摄确认有害生物的发展方向及流行趋势。目前应用GPS技术进行农业生物灾害监测主要集中在病虫草害方面[30]：

(1)在病害监测方面　安徽省宣州市林业工作站通过航空录像技术，用手持式GPS进行地面受松材线虫为害变色松树的准确、快速定位，进行松材线虫病的监测。

(2)在虫害监测方面　可利用GPS对害虫进行跟踪监测定位，确定害虫的迁飞路线、种群数量和为害程度，提出防治意见。1992年美国宾州大学采用GPS技术对当地迁飞性害虫欧洲玉米螟进行了成功的跟踪与监测，并提出防治意见，这是GPS在农业病虫草害监测上最早的应用。最近联合国粮农组织的治蝗专家推出了一种有效的监测方法，即使用GPS和一台便携式电脑，精确记录周围10 m^2 内蝗虫活动情况，通过便携式电脑(内装专门软件)将有关信息经车载无线电传输给治蝗办公室。目前，粮农组织已在18个国家使用了GPS和便携式电脑。

(3)在草害监测方面　由于杂草分布的不均匀性，尤其是在地块面积较大的情况下，采用常规方法施用同一剂量的除草剂，会出现该多施药的地方用量不够，而不该施药的地方或只需少量施药的地方用量过多的现象。通过GPS监测有杂草的地块，可有针对性地喷洒除草剂。

现代信息技术的高速发展，使得农业生物灾害实时监测成为可能。生物灾害实时监测工作的开展正是基于计算机的应用、信息网络技术的发展和现代信息业与病虫测报学科的有机结合，也是测报工作与时俱进的具体体现。基于现代信息技术的生物灾害实时监测技术，解决了以往数据传输过程中因种种原因而造成的时间贻误，实现了不同性质监测点之间调查数据的直接交换；由于数据更具时效性，发布的监测信息也更接近病虫的实际发生动态，以此作为防治工作的依据也更具指导性；解决了以往监测信息发布的瓶颈问题，通过互联网使监测信息可以及时、最大范围地反馈到相关部门。GIS技术的应用，实现了监测信息的可视化发布，图文并茂，使监测信息更易理解、接受和有效利用，解决了以往发布监测信息一般都用文字说明，有时在描述病虫发生为害状况，特别是在描述如传播路径、迁飞路径、不同程度的发生区域等方面，有一定难度，在生动性、普及性以及视觉感受性等方面存在的不足。如2003年四川省通过开展小麦条锈病、稻瘟病、稻飞虱、水稻螟虫、西藏飞蝗和土蝗等6种重大病虫的实时监测，既提高了监测的时效性，又提高了预报的准确率，使病虫发生相对特殊的2003年病虫预报准确率达97.1%，比上年提高了0.44个百分点。特别是小春病虫预报准确率达97.68%，比上年提高2.26个百分点[31]。

7.3.3 农业地质灾害的监测

山地灾害虽然具有突发性，但仍有征兆可循。《地质灾害防治条例》规定：国家建立地质灾害监测网络和预警信息系统。县级以上人民政府国土资源主管部门应当会同建设、水利、交通等部门加强对地质灾害险情的动态监测。因工程建设可能引发地质灾害的，建设单位应当加强地质灾害监测。地质灾害易发区的县、乡、村应当加强地质灾害的群测群防工作。

过去的监测方法以现场勘查、器测地形变化为主，20世纪80年代以来逐步引进了先进的监测方法。2003年，中国地质调查局下达了"地质灾害监测预警关键技术方法研究与示范"项目，要求瞄准国际先进水平，通过高新监测技术的引进消化，结合自主研发创新，解决实时监测系统建设中的各项关键技术难题，实现实时监测目标，并建立实时监测示范基地。如巫山县地质灾害预警示范站的监测技术方法主要包括GPS监测系统、EL固定式钻孔倾斜仪、TDR监测系统、孔隙水压力监测系统、BOTDR监测系统、水流量监测系统，以及灾害影响因子监测等。针对野外长时间连续监测或实时在线监测数据的采集和传输，研制了监测数据采集传输仪。同时依托GPRS无线通信技术、计算机信息管理技术、自动控制技术及互联网技术实现了实时化监测的目标，使我国山地灾害的信息管理和预警技术提高到国际先进水平。

北京市在1991年北部山区的严重泥石流灾害之后，组织地质工作者实地勘察结合航空影像分析，确定了数百条高危险沟谷，组织高危险区的山村居民搬迁到安全地带，此后再未发生过大规模的泥石流群死群伤事件[32]。

山地灾害分布广泛，许多山区位置偏僻，交通不便。国家设立的监测站有限，主要分布在人口集中的村镇或重要的矿山和交通干线附近。对于广大的山区，还需要在地质技术部门的指导下，开展群测群防工作。如岩石裂缝逐渐扩大、地面形变、地下水位显著变化、异常地声等，都有可能是山地灾害的前兆，应立即向地质部门报告。《地质灾害防治条例》规定：在地质灾害重点防范期内，乡镇人民政府、基层群众自治组织应当加强地质灾害险情的巡回检查，发现险情及时处理和报告。国家鼓励单位和个人提供地质灾害前兆信息。

7.4 农业灾害监测资料的加工与应用

农业灾害监测资料的加工是为灾害监测预警、预测预报、防御对策措施的制定实施服务的，而灾害的预警预测是通过灾害指标或指标模型来实现的，因此，灾害监测资料的加工必须按照灾害指标或指标模式中不同构成因子的要素、时空尺度需求，逐一进行加工处理。

农业气象灾害、生物灾害不仅种类繁多，而且其发生发展涉及的要素众多，按涉及因素变化性大小大致可分为两大类：一类是地理、地形、土壤类型、水系和森林分布、主要农作物主产区，以及社会经济条件等，变化较小；另一类是气象条件、有害生物等，变化较大。通常农业气象灾害、生物灾害监测实际上是对气象条件、有害生物等变化的监测，灾害监测资料的加工也主要是对农业气象灾害、生物灾害指标或指标模式中不同构成因子的加工。目前农业灾害监测可获取的相关信息主要有地面气象观测资料、农业气象观测资料、土壤湿度资料、病虫害观测资料、大田普查调查资料、遥感资料、灾情资料、农作物生长发育资料等。

7.4.1 监测资料预加工与应用

7.4.1.1 地面监测资料

按照不同灾害种类的属性要求，将实时监测资料、历史资料加工处理成日、旬、月、年、多年以及任意时段的平均值、距平值等，生成逐站逐年的连续序列。通过相关要素实际值、平均值、距平值等变化分析，以及灾害年要素相似分析，可以总体了解一地某种农业气象灾害、生物灾害能否发生、发生为害情况。统计结果可以制作成表格或图形，经进一步加工后形成业务服务产品。目前主要业务服务产品有农业气象情报(旬、月、季、年或不定期)、植物病虫情报等。如2012年2月10日发布的植物病虫情报，给出了全国小麦条锈病当前发生动态和下阶段发展趋势——受西北秋苗主发区菌源量偏少、冬繁区低温且降水分布不均等因素影响，当前小麦条锈病总体病情为近年来发生较轻的年份，但重于上年。

7.4.1.2 遥感资料

对接收到的卫星遥感资料进行定标、定位后，将数据资料进行投影处理，生产可供用于灾害监测使用的数据文件。

7.4.2 基于灾害指标和指标模型的监测资料加工与应用

7.4.2.1 地面监测资料

针对不同种类灾害的指标、指标模型中构成因子的要素、时空尺度需求进行加工。如针对降水距平、水分亏缺指数等干旱指标及其构成因子的不同，可将相关资料加工成时段降水量、时段降水量平均值、时段可能蒸散量等，再加工成降水距平、水分亏缺指数。综合监测实况、天气预报、作物发育状况、灾害指标等，通过对不同农业气象灾害、病虫害指标与预报实况因子的关联判断，进行灾害预警，制作发布灾害监测预警产品。目前业务产品主要有农业气象灾害监测预警、农用天气预报、农作物病虫害预报等。

7.4.2.2 遥感资料

针对监测对象、灾种的不同，加工成不同的指数。如遥感监测干旱，需将数据资料加工成温度植被指数、植被供水指数等，生成不同的遥感监测服务产品。

目前我国多数农业灾害种类建成了基于GIS技术的监测资料加工和应用系统，相关监测资料的加工处理实现了人机交互式的自动化。主要功能有：

(1)数据统计分析。根据监测要素的不同，选择一定的时间段，分站点或分项目进行数理统计计算。

(2)图表输出。根据监测项目各个要素的具体情况，统计处理的要素可以报表、图形显示输出。

(3)等值线和色斑图绘制。在对监测要素进行数据处理后，选用不同的监测指标，划分不同的等级，使监测要素以等值线和色斑图的形式输出。如采用WebGIS技术，可以有效地满足对大数据量害虫信息的分布式管理、快速传输和查询处理等要求；应用WebGIS技术对历史资料的空间分析处理，可能预测出病虫害的蔓延趋势，通过WebGIS结合空间数据模型的分析处理，可给出农作物病虫害的发生图、分布图及可能蔓延区图，为防治病虫害提供及时、准确、直观的决策依据[33]。

基于GIS技术的监测资料加工和应用系统，未来将会加强与RS、GPS的有机结合与集成。信息处理分析技术将在数理统计分析的基础上，引入专家系统和模拟模型系统以及人工神经网络、决策支持系统等新技术作为信息分析处理工具，实现微观信息（地面单点监测）和宏观信息（卫星遥感监测）的综合分析，使服务产品更加科学和客观[34]。

（霍治国　张　蕾　姚　森　王　丽）

参考文献

[1] 郑大玮，郑大琼，刘虎城. 农业减灾实用技术手册. 杭州：浙江科学技术出版社，2005：270-275.

[2] 杨军，李瑞军. 3S技术在地质灾害监测中的应用. 科技信息，2008(33)：435-436.

[3] 张金恒，朱德柱. 基于"3S"技术构建农业灾害监测信息系统. 灾害学，2002，17(2)：76-81.

[4] 黄小雪，罗麟，程香菊. 遥感技术在灾害监测中的应用. 四川环境. 2004，23(6)：102-106.

[5] 李剑萍. 3S技术在灾害监测预测中的应用及展望. 灾害学，2004，19(增刊)：83-87.

[6] 王春乙，王石立，霍治国，等. 近10年来中国主要农业气象灾害监测预警与评估技术研究进展. 气象学报，2005，63(5)：659-671.

[7] 郑立中，承继成. 空间技术在资源、环境及重大自然灾害监测中的应用. 遥感信息，1994(4)：12-15.

[8] 闫峰，李茂松，王艳姣，等. 遥感技术在农业灾害监测中的应用. 自然灾害学报，2006，15(6)：131-136.

[9] 倪绍祥，蒋建军，王杰臣. 遥感与GIS在蝗虫灾害防治研究中的应用进展. 地球科学进展，2000，15(1)：97-100.

[10] 任谊群，陈洪俊，路常宽. RS在我国森林有害生物灾害监测中的应用前景. 植物检疫，2006，20(1)：39-41.

[11] 季梅，董谢琼，刘宏屏，等. 云南松林纵坑切梢小蠹灾害遥感监测的初步研究. 西部林业科学，2007，36(1)：87-90.

[12] 郭永旺，金晓华，杨建国，等. 麦蚜灾害遥感监测技术应用研究. 植保技术与推广，2001，21(3)：3-5.

[13] 霍治国，王石立，等. 农业和生物气象灾害. 北京：气象出版社，2009：214-228.

[14] 黄铁青，张琦娟. 自然灾害遥感监测与评估的研究与应用. 遥感技术与应用，1998，13(3)：66-70.

[15] 王连喜，秦其明，张晓煜. 水稻低温冷害遥感监测技术与方法过展. 气象，2003，29(10)：3-7.

[16] 胡列群，武鹏飞，李新建，等. 基于ETM＋影像的棉花低温冷害遥感监测方法研究. 中国农学通报，2011，27(4)：459-463.

[17] 张佳华，姚凤梅，李秉柏，等. 星-地光学遥感信息监测水稻高温热害研究进展. 中国科学：地球科学，2011，41(10)：1396-1406.

[18] 李甫，伏洋，肖建设，等. 青海省2008年年初雪灾及雪情遥感监测与评估. 青海气象，2008

(2):61-65.
[19] 黄晓东,梁天刚. 牧区雪灾遥感监测方法的研究. 草业科学,2005,22(12):10-16.
[20] 王丽红,付培建,鲁安新. 遥感技术在牧区雪灾监测研究中的应用. 遥感技术与应用,1998,13(2):32-36.
[21] 肖悦岩. 病虫害监测与预测——病虫调查与系统监测. 植保技术与推广,2002(1):37-38.
[22] 宫彦萍,黄文江,王纪华,等. 集成 GIS 和 RS 技术的作物病虫害监测预报研究进展. 农业工程学报,2008,24(增 2):331-336.
[23] 黄木易,王纪华,黄文江,等. 冬小麦条锈病的光谱特征及遥感监测. 农业工程学报,2003,19(6):154-158.
[24] 杨建国,金晓华,郭永旺,等. 遥感技术麦蚜监测应用研究. 中国农学通报,2001,17(6):4-6.
[25] 戴昌达. 植物病虫害的遥感探测. 自然灾害学报,1992,1(2):40-46.
[26] 季荣,谢宝瑜,李哲,等. 基于 GIS 和 GS 的东亚飞蝗卵块空间格局的研究. 昆虫学报,2006,49(3):410-415.
[27] 周海波,陈林,陈巨莲,等. 基于 GIS 的小麦-豌豆间作对麦长管蚜种群空间格局的影响. 中国农业科学,2009,42(11):3904-3913.
[28] 吴小芳,包世泰,胡月明,等. 多因子空间插值模型在农作物病虫害监测预警系统中的构建及应用. 农业工程学报,2007,23(10):162-166.
[29] 王长委,胡月明,健文,等. 基于 WebGIS 的广东省农作物生物灾害动态监测系统的研制. 华南农业大学学报,2008,29(4):104-107.
[30] 王川. GPS 在病虫害监测中的应用. 中国林业,2006(10):36.
[31] 沈丽,封传红. 病虫实时监测技术的探讨与应用. 中国植保导刊,2004(3):23-24.
[32] 谢洪,钟敦伦,靳怀成. 北京山区泥石流与滑坡防治研究. 水土保持通报,2001(6):41-43.
[33] 周强,张润杰. 基于 WebGIS 的稻飞虱灾害预警系统初步研究. 中山大学学报:自然科学版,2004,43(1):67-69.
[34] 李春强,应宁,佘万明. 21 世纪我国农业气象信息技术发展趋势. 气象科技,2000(2):30-33.

第8章

农业灾害预测技术

8.1 农业灾害预测与预警技术

农业灾害预测(disaster prediction in agriculture)是根据过去和现在的灾害及致灾因素的数据,运用科学的方法和逻辑推理,对未来灾害的形成、演变和发展趋势进行的估计和推测,是制订减轻灾害的先导性措施和灾害防御及救援计划的依据。农业灾害的形成、发展及其时空分布是有一定规律的,并与各种自然与社会因素相互影响,运用与农业灾害相关的各门科学的理论和方法,对灾害监测资料进行分析,找出其内在联系,就能够对农业灾害的未来发展趋势进行预测。预测的内容主要是灾害种类及灾害三要素(灾害发生时间、地点及强度)。农业灾害预测按预测有效时段可分为超长期预测、长期预测、中期预测(预报)、短期预测(预报)、临灾预测(预警)等[1]。

农业灾害预测与预警(prewarning)既有联系又有区别。预测是预警的基础,预警是预测的必要延伸。预测是进行灾害预防管理的对策环节,是针对各类灾害是否发生、发生几率、程度以及影响和危害等进行的预先测试和推断,预测结果可以公示,也可以不公示,仅由专业部门和领导机构掌握。预警是灾害应急管理的核心环节,是在预测可能发生或已经发生重大灾害的基础上,针对灾害发生动向、级别、影响和可能损失等,向政府、主管部门或公众提出的警示。预警要求对灾害潜在的发生时间、地点、条件、级别、波及范围以及可能造成的损害等,向行政管理部门、企事业单位及公众通报,并提出指导性意见和建议。预警可以在灾害的任何阶段和时期进行,并要求快速、准确、及时。

农业灾害的预测方法主要包括相关分析法、趋势外推法、周期分析法、概率法、灾害触发条件推断法、农业生物抗逆性评定法、计算机智能模拟法等。预测模型可分为动力学模型(机理型)、统计模型(经验型)、混合型三类。

8.1.1 农业气象灾害预测预报

农业气象灾害预测预报是在综合未来天气气候条件和农业生物生长发育状况等的基础

上，参照农业气象灾害指标，预测预报某种灾害能否发生、发生时间、发生区域、危害程度等，以及可以采取的防御措施。准确、适时的农业气象灾害长期预报，可为国家有关部门在制定年度经济发展计划、采取必要的经济措施时提供参考，也可为农业生产单位和农户在制定种植计划时选择作物、品种及其搭配比例，合理安排茬口和确定应对栽培技术措施，采取长远的农业减灾工程建设、农业生态建设、农业基础设施建设等带有战略意义的决策提供科学依据。准确、及时的中短期预报，对于在灾害发生前做好抗灾准备，采取某些应急性战术措施，减轻灾害带来的损失意义重大。

农业气象灾害预报(agro-meteorological disaster forecast)是一种专业性气象灾害预报，除了气象要素本身的异常变化外，农业气象灾害的发生、程度、影响大小与作物种类、发育阶段、生长状况、土壤水分状况以及管理措施等因素有关。气象灾害的发生并不一定造成农业气象灾害，因而一般气象灾害预报或灾害性天气预报不等于也不能完全替代农业气象灾害预报。因此，深入了解和掌握各种农业气象灾害的作物受害机理，明确区域灾害的种类、类型、关键影响时期以及危害农业生物和农事活动的气象条件，确定农业气象灾害指标，选择合适的预报工具和方法，并结合农业生物当前和未来的生长发育状况分析，是进行农业气象灾害预报的关键。

目前农业气象灾害预报常用的方法可分为数理统计预报方法、农业气象模式与气候模式结合的预报方法、应用“3S”等高新技术的预报方法。近年来在方法改进、新技术应用和系统建设等方面取得了长足的进步[2]，主要如下：

8.1.1.1 数理统计预报方法

目前农业气象灾害预报中使用较多的是在灾害指标基础上，应用时间序列分析、多元回归分析、韵律、相似等数理统计方法，建立预报模型。

(1)改进、拓展时间序列方法并应用　如将农业气象灾害时间序列生成均生函数，按照EOF(经验正交函数，empirical orthogonal function)、REOF(旋转正交函数，rotated empirical orthogonal function)展开等，筛选主要均生函数后建立以周期为自变量的回归预测模型；以历年农业气象灾害受灾面积数据为样本，建立GM(1,1)模型群，求出响应函数以预测未来灾变趋势；通过引进能够描述气象灾害的非线性和突变性的门限回归模型，并采用基于加速遗传算法的简便通用方案，使预测性能稳定，精度提高。

(2)多元回归分析(multi-regression analysis)方法广泛应用　预报因子大多为大气环流特征量、海温等宏观因子和地面气象要素，采用相关、聚类、判别等方法建立预测模型。总体上，对多元回归分析方法的改进和发展尚不多见。

(3)应用物候信号(phenomena signal)。根据前期物候现象预测未来的异常气候与农业气象灾害。如根据本溪非固定地段杏树等树木物候和固定地段玉米物候历史资料预测当年春季平均气温和生长季≥10℃积温，根据玉米拔节期出现的早晚预测作物低温冷害。

(4)揭示和应用灾害前兆信号(forewarning signal of disaster)。采用物理统计方法，综合考虑大气环流背景、影响天气系统及演变转折的天气气候学特点，揭示灾害的前兆信号，建立预测模型。如通过对气候成因、环流场特征分析与前期天气形势关系的分析建立农业干旱预测模型。

8.1.1.2 农业气象模式与气候模式结合的预报方法

(1)区域气候模式与农业气象模式结合的预报　如将区域气候模式与土壤水分模型相连接,根据气象要素的逐日预报值预测 1 m 深土层的土壤含水量,进而预报干旱出现日期和灌溉量。预报试验结果表明 10 d 内土壤水分模式预报平均相对误差为 8.6%。

(2)基于作物生长模型与区域气候模式的预报预警　已在华北冬小麦干旱、东北玉米低温冷害、江淮冬小麦渍害预警等技术研究与业务应用方面取得显著进展。如利用冬小麦发育模式,建立了冬小麦干旱识别和预测模型。将气候模式的逐旬气象要素预报结果输入土壤水分模式,模拟土壤水分和水分供需比的变化,以此为指标,按 4 个干旱等级进行干旱识别和预测。

8.1.1.3 省级农业气象灾害预测系统的研制

多数省级气象部门建立了基于 GIS 等技术的包括农业气象灾害预测、评估、决策在内的综合服务系统,使农业气象灾害预测直接在服务中发挥作用。如江西省建立了各种气象灾害的预测模型,并以农业气象灾害为判别因子,进行粮棉油产量年景预测及作物种植面积的合理配置,在此基础上建立农业气象灾害预测决策服务系统。

8.1.2 植物病虫害预测预报

8.1.2.1 植物病虫害发生发展条件与预测依据

各种病虫害的发生发展必须同时具备三个条件:①有可供病虫取食的寄主植物,而且植物处在可受病虫危害的生长发育时期;②病虫本身处于对植物有危害能力的发育阶段;③有使病虫进一步发展蔓延和为害的适宜气象环境条件。

因此,掌握与未来病虫害发生发展有密切关系的病虫、寄主作物的基本数量特征,如当前病虫发生情况、病原菌存活情况、虫口密度、天敌情况、寄主作物生长发育状况等,是做好预报的重要依据,如黏虫预报,需要事先进行成虫量调查,田间产卵量及幼虫量调查等。不同病虫害发生发展所要求的适宜气象条件不同,气象条件不仅直接影响病虫的生存、生长、发育、繁殖、扩散等,影响和制约着病虫的发生期、发生量和为害程度,而且通过对寄主植物或其他生物的影响,间接影响着病虫的发生与消长;掌握某一具体病害或虫害发生发展与气象条件相互联系、相互制约的关系和规律是做好预报的重要基础。预测时首先要找出某种病虫害在当地发生流行的主导影响因子,再找出不同影响因子与病虫害发生流行的定量关系,确定指标、建立预报模型,再根据病虫害实时监测资料应用构建的模型或指标进行预测。

8.1.2.2 植物病虫害预测的原理[3]

植物病虫害预测的原理主要有:

(1)惯性原理　事物运动的惯性或延续性的存在,为预测的可行性提供了理论基础。目前常用的一些预测技术和方法,有许多属于惯性原理的范畴。如利用时间序列外推法建立的趋势预测模型。

(2)类推原则　如依据历史上曾发生过的事件来推测当前或未来,依据其他地区曾发生过的事件来推测本地区将发生的状态；根据局部推测总体。但类推原则不能用于所有事物的预测。

(3)相关原则　如根据病虫害发生发展与有关环境因子的相关程度分析判断。

8.1.2.3　植物病虫害预测的分类

1. 按预测内容

可分为发生期预测、发生量预测、分布区预测和危害程度预测。

(1)发生期预测　预测病虫的发生或为害时期；对迁飞性害虫，预测其迁出或迁入时期。

(2)发生量预测　预测病虫的发生数量或田间虫口密度。

(3)分布区预测(包括迁移、扩散预测)　预测病虫的分布区域或发生面积；对迁飞性害虫，预测其迁飞路径、方向和降落地区范围；对气流传播的病害，预测其传播的方向、区域等。

(4)危害程度预测和损失估计　在发生期、发生量预测的基础上，进一步根据作物生育状况等，预测危害的轻重或造成损失的大小。

2. 按预测时效

可分为长期预测、中期预测和短期预测。

(1)长期预测　时间尺度为病虫发生前6个月以上。长期虫害预测一般指预测两个世代以后的虫情动态，通常由年初展望全年，或对一些生活史长、周期性发生的害虫，分析在今后几年内的消长动态。长期病害预测一般指在作物生长季节开始前或开始时，分析当年或翌年病害发生发展情况。

(2)中期预测　时间尺度为病虫发生前1～2个月以上。中期虫害预测是根据害虫前一代的发生情况，推测下一代虫期的发生动态，以指导防治措施。

(3)短期预测　时间尺度为病虫发生前几天或十几天。短期虫害预测是根据虫期的发生情况，推测后一虫期的发生时期和数量；短期病害预测一般指作物生长期内病害发生、发展和流行情况的预报，以确定防治措施与适宜时期。

中、短期预测是根据长期趋势预测，结合当地观察情况进行校正后发出的预报。

3. 按预报的性质

可分为通报、补报、警报及特殊报等。通报即一般预报。补报属补充性质的预报，一般在发出病虫通报之后，还要根据实际情况的变化，发出一次或几次补充预报，其目的在于进一步准确地提供预报和指导防治。警报属紧急性质的预报，即当所预报的病虫情况已达到防治指标时，要立即发出警报，及时开展防治工作。特殊报即对新发现的病虫害或对某些病虫在发生消长中出现异常现象时发布的预报。病虫气象预测的地区范围可以是一县、一地区、一省及病虫发生区。

8.1.2.4　我国农业病虫害预测工作概况

1955年农业部颁布了《农作物病虫害预报方案》，并于20世纪50年代后期制定了马铃薯晚疫病、稻瘟病、小麦条锈病、东亚飞蝗、黏虫、棉花红铃虫和稻螟虫的测报办法。60年代以后，相继开展了病虫指标预测法、数理统计预测法和综合分析预测法等方法的研究，并在病虫预报中进行了应用。通过多年测报工作的实践和总结，对全国农作物主要病虫的测报办法进行了补充和修订，于1981年正式公布了《农作物主要病虫测报办法》。进入80年代，有关害虫生命表、产量损失、防治指标和预测模型的研究得到了加强；随着计算机技术的应用，数理统计模型比较多地应用于农作物病虫害预测预报中；80年代末开始，先后对小麦条锈病、稻瘟病、稻飞虱、棉铃虫、黏虫、稻纵卷叶螟、麦蚜、草地螟、白粉病等主要农作物病虫害的流行规律、迁飞路线进行了研究，并进行了病虫害的长期预测研究。90年代，随着棉铃虫的暴发成灾，重点加强了棉铃虫发生为害、迁飞规律等与气候条件关系的研究，并以此为基础建立预报模式，提高了预测预报的准确性。另外黏虫异地预测方法的研究与应用，草地螟发生规律和预测预报的研究，褐飞虱预测预报技术研究，棉花害虫测报标准、区划及应用，小麦白粉病中期测报研究等都不同程度考虑了气候条件的影响，促进了我国农作物病虫害预测预报研究向学科综合的方向发展。90年代末以来，随着农业新技术革命的到来和知识经济的发展，计算机技术、网络技术、地理信息系统、全球定位技术等高新技术在农业病虫害预测预报领域的大量应用，大力推进了农作物病虫可视化预报的进步和发展，也给农作物病虫害的预测预报带来新的发展机遇。

8.2 农业气象灾害的预测技术与应用

我国目前已开展了针对主要农作物、经济林果、蔬菜、草原牧区等主要农业气象灾害的预测预警研究与应用，涉及灾种主要有干旱、冷害、冻害、渍害、寒害等，主要农业气象灾害预测技术目前已在业务上应用或试用的情况如下[4]。

8.2.1 农业干旱

我国明确提出要建立健全包括干旱灾害在内的灾害预警体系，以提高保障公共安全和应对突发事件的能力。中国气象局每天、每周、每旬发布干旱综合监测公报，农业、水利等部门也开展各类干旱监测预测工作。相对气象干旱而言，农业干旱有着更为复杂的发生和发展机理，它涉及大气、作物以及土壤等诸多因子，因此，农业干旱的预报也更加复杂。表征干旱的指标很多，使用较多的有降水距平百分率、标准降水指数(SPI)、帕默尔干旱指数 (PDI/PDS)、作物湿润指数(CMI)、农业受旱率(作物受旱总面积/播种总面积)、地表供水指数(SMSI)、土壤含水量等。目前的农业干旱预报除了直接的降水量预报外，更多的是土壤含水量预报和各种综合性干旱指标预报，如遥感资料和土壤水分资料相结合构建干旱指标进行监测预报[5-6]等。

8.2.1.1 基于降水量的预报

降水是雨养农田水分的主要来源，结合作物不同发育阶段对降水量的要求直接预报降水量的多少及其满足程度，可以在一定程度上反映农业干旱情况。如干旱严重的辽宁省朝阳地区应用平稳时间序列模型方法预测年降水量，根据确定的指标，判断该年的干旱程度。吉林省在确定的春旱降水量指标基础上，分析春旱降水的周期规律，研究春旱发生的大气环流分布特征和影响系统，建立了春旱预报模型。山西省长治地区根据农作物生长规律，综合盛夏(7—8月)大秋作物(玉米、谷子、高粱、大豆等)生长期内需水量、有效降水日数、降水量等因素，制定了当地盛夏农业干旱事件的标准，对其历史分布规律及特性进行分析。通过对西北太平洋海温、北半球极涡年平均强度、冬季气温等要素与历年干旱事件发生频率进行回归分析，采用最优子集回归法建立了干旱事件预测方程。在40年回代检验中，有无干旱事件的预测准确率为85%，干旱事件发生的预测准确率为80%。

8.2.1.2 基于土壤含水量和区域气候模式的预报

土壤水是作物供水的直接源泉，土壤水分含量常用作农业干旱指标，土壤含水量的监测、预测也因此成为农业干旱预测预警的重要依据。基本方法是根据不同作物和同一作物不同发育期对水分亏缺响应的不同来定义农业干旱和确定指标，利用农田水量平衡关系估算和预报各时段末的土壤水分含量，进而预报农业干旱程度。如从农田土壤水分平衡方程出发，利用土壤水分观测资料，建立以时段初的计划土层含水量、降水和日照时数为预测因子的土壤水分统计学预测模型进行预测应用。也有在得到某时段降雨量预报值后，结合当前农作物发育进程及需水状况、50 cm 土层平均土壤含水量，来预测未来时段末的土壤相对湿度值，进而根据一定指标确定干旱等级。

河南省建立的黄淮平原干旱预警系统从作物耕作层的土壤水分变化出发，进一步拓展数值预报产品的应用，将区域气候模式(RegCM2)与土壤水分模型相结合，由区域数值预报模式运算得到土壤水分模型需要的预报时段内的平均气温、降水量、日照时数、水汽压和风速等气象要素逐日值，开展较大范围或单点的实时土壤水分预报和干旱预警服务。试运行结果表明，土壤水分预报的平均相对误差在15%以下，可以较好地模拟出土壤水分变化。虽然土壤水分及干旱预报的精度与区域气候模式降水量的预报精度关系密切，但从整体上看，该系统能够较好地应用于区域尺度的土壤水分和农业干旱预测预报，为实现节水灌溉，提高水分利用率，制定科学合理的指导方案提供科学依据。

8.2.1.3 基于作物水分供需状况的综合预报

农业干旱的发生是降水、土壤水分、作物品种、所处发育期等综合因素影响的结果，仅仅考虑降水量或土壤含水量指标忽视了作物生理生态过程对水分的需求及反应。在研究和应用实践中逐步发展了利用作物缺水指数、实际耗水量等考虑水分供需、作物响应的综合指标预报干旱。这种干旱指数多以作物生长期内某时段的有效降雨量与同期农田蒸散量的比值表征水分供需状况，反映作物干旱程度。如通过计算1971—2000年全国18个气象站的逐日滚动作物水分亏缺指数，以及春、夏、秋、冬各季节和逐年平均作物水分亏缺指数，以作物水分亏缺指数距平为干旱监测预警指标，对代表站典型干旱年的干旱时段进行分析验证，结果与实况基本吻合，该指标能较好地反映各站主要生长季作物水分亏缺与农业干旱情况，对监测预警不同区域的农业干旱具有较好的适用性[7]。

8.2.1.4 考虑多种因素的综合预警预报

从根本上来讲，大气降水是农业水资源的主要来源。因此，更全面、更完整的干旱监测预警，应以气象干旱指标为基础，结合农业干旱指标，综合评价某时段干旱发生的程度。例如陕西省的干旱综合评价预警是以降水均方差和气温均方差及其温度影响权重为气象干旱指标，以根据作物根系活动层内土壤水分平衡计算的供需比作为农业干旱指标，然后，以气象干旱指标与农业干旱指标乘以某系数之和组成综合干旱指标。该综合干旱指标反映了降水、气温对干旱的作用，消除了时空尺度变量的离散程度差异，考虑了气温对干旱发生的影响，同时还反映了土壤-植物-大气连续体中水分供需关系程度的变化。利用上述综合干旱指标和预警方法对典型年份干旱发生过程的分析评价和干旱起始日期、持续日数的计算结果与按照中国气象局规定的土壤相对湿度干旱标准确定的干旱状况相比基本一致，对未来干旱发展趋势的预警方法也比较客观。

山东省的农田干旱预警考虑到农田评价受旱程度应该包括受旱强度、受旱面积、干旱持续时间三个因素的影响，提出农田干旱强度的概念：

$$农田干旱强度 = \sum(旬旱面积比例 \times 旬天数)/总天数$$

由于是无量纲的量，表征某地区某时段内持续受旱的农田面积占该地区耕地总面积的比例，因而对于不同地域和不同时段的旱情具有一定的可比性。分别对全省春旱、夏秋旱和年干旱强度与前期或同期降水量进行回归分析后，建立干旱预警模型，可根据各地区前期降水量和预报值预测当地后期的干旱强度，及时为政府提供决策服务。

8.2.1.5 应用作物模型的预报

作物生长动力模拟模型是一种机理性的面向生长过程的数学模型，它从系统科学的观点出发，遵循农业生态系统物质平衡和能量守恒原理及物质能量转换原理，以光、温、水、土壤等条件为环境驱动变量，运用数学物理方法和计算机技术，对作物生育期内光合、呼吸、蒸腾等重要生理生态过程及其与气象、土壤等环境条件的关系进行逐日数值模拟。通过解决作物生长模型区域化、区域气候模式与作物生长模型嵌套等关键技术，形成了作物生长模拟模型与区域气候模式相结合的新一代农业气象灾害动态监测预警技术。从长远看，这种模型引入农业气象灾害预报必将大大提高农业气象学科的理论水平。

在小麦生长模型模拟光合、蒸腾等过程的基础上，通过对华北地区冬小麦进行水分胁迫实验，确定了冬小麦光合作用速率对水分胁迫的响应曲线，提出了农业干旱指数和农业干旱预警指数两个基本概念，在此基础上建立了具有明确生物学机理的华北农业干旱预测数值模式。对北京、石家庄、郑州和济南 1998—2000 年 432 旬的农业干旱模拟结果表明：农业干旱预警定性准确率为 90.7%，定量准确率在 87.5%左右；此外，模式也可以对区域农业干旱进行准确有效的预测[8]。

8.2.2 冷害

8.2.2.1 数理统计预报

东北地区防御低温冷害需要较准确的中长期温度趋势预报，如在播种前做出夏季低温预报，即可为选择适宜作物及品种提供根据，减轻灾害损失。多年来很多学者在东北地区夏季低温冷害长期预报方面做了不少研究，重点是有关东北低温与大气环流、厄尔尼诺等关系的规律性研究。所用的指标多为 4—9 月平均气温、4—9 月大于等于 0℃积温等偏重于气候或农业气候意义的因子。近年来的研究除了侧重于定量的预报方程外，更多地探讨冷害指标及预测因子、时段划分的生物学意义。如通过构造一个由不同时段玉米生长发育所需下限、上限和适宜温度组成的反映温度对作物影响的玉米热量指数，生物学意义较清晰；以此为冷害指标，建立的以 6 个大气环流特征量为预报因子的各省预测模型及集成预报模型取得了较高准确率；进一步以热量指数划分热量年型，建立东北不同地区低温年和高温年的预测指标集，预测生长季热量状况，历史拟合度在 97％以上，10 年试报准确率在 90％以上，时效长达半年多。

春季低温冷害是湖南早稻生产的主要农业气象灾害之一，在有倒春寒或 5 月低温的年份常常导致早稻大面积减产。湖南的春季低温冷害预测研究在分析其影响成因的基础上，从大气环流变化、前期秋冬季天气气候特征、太阳黑子变化特征等方面选取预报因子，进行优化组合，建立了预报因子库和预报规则库。还从气候背景影响因子角度出发，统计分析了赤道东太平洋海温异常、冬季青藏高原积雪异常对春季低温冷害的影响，作为参考补充纳入春季低温冷害预报中应用。1961—2000 年的历史回报及 2001—2003 年的试报效果均较好[9]。

8.2.2.2　应用作物模型的预报

应用玉米生长模式的东北玉米低温冷害预报，建立了以日最高气温、日最低气温为因子的修正热量单位发育模型，并依据品种熟性，对作物参数进行了区域划分，确定了以抽雄期延迟天数、抽雄后热量条件及储存器官干重变化为低温冷害发生及等级的动态综合指标。以此模式和指标模拟了典型冷害年 0.25°×0.25°网格点的玉米生长发育状况和低温冷害的空间分布，与历史事实非常一致。只要有区域气候模式输出的当年 4、5 月网格点逐日气象要素预报值，结合 6 月以后历史平均逐日气象要素，输入区域玉米模型即可做出冷害发生与否的预报。此后，还可结合实况资料继续滚动预报。

8.2.3　冻害

冬小麦冻害是多因素综合作用的结果，从入冬停止生长到返青后期长达数月，因此，对冻害仅进行一次预报显然是不够的。北京采用运筹学决策树方法，通过归纳冬小麦各生育阶段各种因素的综合影响，建立了冬小麦冻害预报系统。预报系统包括品种、播种条件、冬前条件、越冬条件、早春条件 5 个层次。先按品种、播种条件及冬前条件的综合影响确定麦苗抗寒锻炼情况，即抗寒力；然后根据越冬条件预测麦苗越冬期间的冻伤程度；再按早春条件预报冻害程度；预测结果均以 5 个等级描述。除播种质量外，其他层次的各级指标均以气象因子表示。预报系统还按照预测的冻害级别给出不同时段冻害预防的补救措施和建议，具有较高的应用价值。

随着北方日光温室的迅速发展，日光温室农业气象灾害的预报及服务正逐步开展。分析冬季强低温天气的发生规律，准确预报发生强度和时间，对防灾减灾具有重要意义。陕西省在延安地区温室内外温度对比观测基础上，确定－20℃为日光温室冬季冻害的强低温天气标准。进一步分析得到横槽东摆型是当地低温冻害的主要环流形式，并确定了出现低温天气的预报指标。在具体的日光温室冬季低温冻害天气预报服务中，若预报 1～2 个县区出现日最低温度＜－20℃，表明冷空气势力弱，影响轻微，不发专题信息。若预报 3 个县区或以上出现日最低温度＜－20℃，个别地方可能出现冻害，向相关县区发布低温消息。若预报有 6 个以上县区出现日最低温度＜－20℃，且极端温度达－23℃以下时，可能出现中等程度冻害，发布低温警报，在电视台播放滚动字幕信息，向主管部门汇报。若预报有 9 个以上县区出现日最低温度＜－20℃，且极端温度达－26℃以下，发布低温紧急警报，在电视新闻节目中播放，向市主管领导专题汇报，由主管部门组织预防冻害，各县区气象部门实施二十四小时动态跟踪服务。

8.2.4 寒害

应用GIS和网络等高新技术，广东开展了香蕉、荔枝等寒害的中短期预报。根据T213数值预报产品制作广东86个地面站未来1～3 d的平均气温和极端最低气温预报。应用GIS技术对预报值进行经度、纬度、海拔高度以及坡度、坡向的多次地理订正，得到0.5°×0.5°网格点上的温度预报值。根据香蕉、荔枝寒害指标，判断格点的可能寒害等级。最后根据实际种植分布图，绘制香蕉或荔枝寒害预报分布图。预测结果图直观、细致，有很强的指导意义。

8.3 农业生物灾害的预测技术与应用

我国农业生物灾害预测的方法，大致可分为生物学预测法、数理统计预测法、综合集成预测法三类。用于预测的因子可分为气象因子、病虫因子、生物因子三类。气象因子包括影响病虫发生发展以及未来天气演变趋势的主要气象因子，如气温、地温、雨量、雨日、雨期、湿度、露、雾、日照、风向、风速、气压、环流因子、海温等。病虫因子包括虫源基数、菌源量、发育进度等。生物因子包括寄主植物及天敌等。目前已开展的主要是农作物、森林病虫害的预测。

8.3.1 生物学预测

基于有害生物自身的发育规律，利用与农林病虫害发生有关的某种气象因子或物候现象作为依据或指标，推测寄生物的发生期或发生程度。主要包括物候预测、指标预测及发育进度预测。相关的预测大多为定性的描述，且适用的范围较小。

8.3.1.1 物候预测法

通过实践中长期观察、经验积累，找出与病虫害发生流行相关的某种现象作为预测依据。物候预测法反映了各种气象要素、环境条件的综合影响。此法主要对病虫发生期进行预测，它的模型表达通常是以文字描述来实现，如河南省方城县的“榆钱落，幼虫多，桃花红一片，发蛾到高峰”。

8.3.1.2 指标预测法

利用病虫害发生流行需要的气象指标、菌量指标、寄主的抗性指标等，预测病虫害的发生期和发生程度。如桑树褐斑病，在桑树叶出现小水渍样暗色病斑时，若天气高温多湿，连日阴雨，相对湿度在75%以上，桑树褐斑病将加剧发生。在云南省鹤庆县5月气温15℃左右、相对湿度60%左右，病害零星发生；6月气温20℃左右、相对湿度70%以上，病情加剧；7—8月气温19℃左右、相对湿度80%以上，病菌繁殖加快将导致病害暴发[10]。

8.3.1.3 发育进度预测法

根据作物的生育期和有害生物为害期的关联性进行预测。如预测害虫发生期，可根据害虫田间发育进度的观测结果，参考当时气温预测，加上相应的虫态历期，推算以后虫期的发生期。用这种方法进行短期预测，准确性较高，在我国已成为稻螟、棉红铃虫等许多重要粮棉害虫群众性测报的最基本方法。

8.3.2 数理统计预测

通过筛选出对病虫发生期、发生量、为害程度等起主导作用的气象因子，建立预测模式进行预测。目前300多种预测方法中，绝大多数属于统计预测，并为世界许多国家所广泛采用。按预测模型的建模方法，统计预测大致可归为三大类：一是专家调查法，如德尔菲调查法；二是因果关系分析法，如相关分析、回归分析、相似分析、差别分析、模糊分析、聚类分析、星座图聚类等；三是时间序列分析法，如自回归滑动平均、指数平滑、方差分析、周期外推、灰色拓扑预测等。按预测模型建模所用资料是否具有物理意义和生物学意义可分为遥感相关统计预测、气象因子相关统计预测、自相关统计预测、综合因子相关统计预测。

预测对象主要有害虫各生育期的发生量（卵量、幼虫量、成虫量）、害虫各生育阶段的发生期（卵期、幼虫或若虫期、蛹期、成虫期）、害虫行为期（孵化期、迁飞期、降落期、萌动期）、病害的发生程度（发病指数、发病率、发病速率、发病面积、危害等级）、发生期（初期、盛期）。预测涉及的农作物主要有稻、麦、玉米、杂粮、棉、油料、蔬菜、麻、桑、糖料作物、烟草、果树、牧草等。20世纪70年代前，统计预测多以发生期、发生程度的短期预报为主，仅对部分病虫试作中、长期预报。80年代以来，加强了对长期预报的研究和探索，并对主要农作物病虫害的发生进行了长期预测。

8.3.2.1 基于相关分析的预测

下面以全国稻飞虱预测为例，介绍数理统计预测模型的构建与应用。模型构建以全国稻飞虱发生面积率为预报对象，以74项大气环流特征量、地面气象因子为预报因子；采用相关分析法，筛选与全国稻飞虱发生面积率相关显著的环流特征因子、地面气象因子，分别构建基于环流特征因子、地面气象因子、环流与地面综合因子的逐月全国稻飞虱发生面积率预报模式，可实现月、季、年尺度的全国稻飞虱发生面积率预报。

1. 选择与处理

(1)地面气象代表站点选择　依据我国稻飞虱的发生分布，结合2000—2002年稻飞虱分省发生面积占全国发生面积的比例进行确定。稻飞虱主要发生在江南、华南、江淮、江汉等稻区。其中湖南省稻飞虱发生面积最大，位居分省发生面积比例之首；其次是江苏，发生面积占全国的17%；第三是浙江，发生面积占全国的12%，广东、广西、江西、湖北、安徽、贵州、云南、重庆、上海等省（市、区）发生面积比例在2%～10%之间，上述省份合计稻飞虱发生面积占全国的96.5%；其余产稻省稻飞虱发生的面积很小，比例不足全国的4%。因此，在地面气象代表站点选取时，依据各省稻飞虱发生的面积权重，在稻飞虱主要发生区选取42个站点，生成逐旬的稻区平均气温、降水量和日照时数。

(2)因子时段组合 我国水稻一般最早于1月播种,最晚于11月上旬以后收获。基于稻飞虱发生的时间特征及预测结果的时效性,对74项大气环流特征量的逐月值,从上年1月至当年预报月份,依次连续按照1个月、2个月、3个月、4个月、…、n个月进行所有时段组合(n个月为预报制作的前1个月)。对地面平均气温、降水量、日照时数的逐旬值,从当年1月上旬至11月下旬,按与大气环流特征量同样的方法进行时段组合。分别计算不同时段的历年平均值、距平值。以字母s表示上年,字母d表示当年,数字表示开始或结束月份,如s5s12表示上年5月至上年12月,s9d3表示上年9月至当年3月。

(3)关键因子筛选 采用相关分析法,筛选与全国稻飞虱发生面积率相关显著的环流特征因子、地面气象因子及其时段。筛选原则如下:只选取通过0.001水平显著性检验的因子及其时段组合;同一因子有多个时段通过0.001水平显著性检验时,取相关系数最大、独立性最好的时段。据此,筛选出与全国稻飞虱发生面积率相关显著的环流特征因子58个、地面气象因子307个。将筛选出的因子及其时段定为关键因子,作为预测模型建模的备选因子。

(4)全国稻飞虱发生面积率分级 以1961—2004年全国稻飞虱发生面积率的平均值(34%)为参照值,取参照值上下波动的80%确定等级间隔。将全国稻飞虱发生面积率级别分为:<7%,定为轻发生年;7%~34%,定为偏轻发生年;34%~61%,定为偏重发生年;>61%,定为重发生年。

2. 全国稻飞虱发生面积率等级气象指标

依据全国稻飞虱发生面积率的分级,分别计算58个关键环流特征因子、307个关键地面气象因子相应级别的平均值。在此基础上进行全国稻飞虱发生面积率等级气象指标的确定,遵循的原则如下:中选指标能较好地表达级别间的差异,即正效应因子级别指标应遵循轻≤偏轻<偏重≤重,负效应因子级别指标应遵循轻≥偏轻>偏重≥重。据此,分别建立基于环流特征因子、地面气象因子的全国稻飞虱发生面积率等级气象指标(表8.1)。

表8.1 基于环流特征因子和地面气象因子的全国稻飞虱发生面积率等级气象指标

因子类别	因子名称	编号	轻	偏轻	偏重	重
环流特征因子	当年4—8月亚洲区极涡强度指数	51d4d8	38	36	34	32
	当年4—8月北半球极涡强度指数	55d4d8	158	153	146	139
	上年12月至当年2月东亚槽位置	65s12d2	142	143	146	148
	上年10月西太平洋副高面积指数	5s10	12	17	22	23
	上年10月至当年5月西太平洋副高强度指数	16s10d5	15	16	27	28
	上年7—9月南海副高脊线	31s7s9	25	23	21	14
地面气象因子	当年1月上旬至6月中旬稻区平均温度/℃	$T_{1上6中}$	14.2	14.0	14.6	15.0
	当年3月中旬至9月上旬稻区日照时数/h	$S_{3中9上}$	1 132	1 045	948	939
	当年1月上旬至3月下旬稻区降水量/mm	$P_{1上3下}$	180	202	256	250

注:编号中字母s表示上年,字母d表示当年;T为平均气温,S为日照时数,P为降水量,上、中、下分别表示上、中、下旬。

由表8.1可见,基于环流特征因子、地面气象因子的全国稻飞虱发生面积率等级气象指标,较好地反映了轻、重等级之间的差异。其中当年4—8月亚洲区和北半球极涡强度指数、上年 12 月至当年 2 月东亚槽位置、上年 10 月西太平洋副高面积指数、上年 10 月至当年 5 月西太平洋副高强度指数、上年 7—9 月南海副高脊线 6 个环流特征因子指标，以及稻区日照时数指标，明显表达了全国稻飞虱发生面积率不同发生等级间的差异。

3. 全国稻飞虱发生面积率气象预测

利用长年代全国稻飞虱发生面积率及其对应的关键环流特征因子、地面气象因子序列，以当年全国稻飞虱发生面积率为预测目标，分别以上年 1 月至当年 8 月的关键环流特征因子和上年全国稻飞虱发生面积率、当年 1 月至当年 8 月的关键地面气象因子和上年全国稻飞虱发生面积率、环流与地面综合因子为预测因子，以我国稻飞虱主要发生时段 3—9 月为预报时段，分别建立基于环流特征因子、地面气象因子、环流与地面综合因子的逐月全国稻飞虱发生面积率预报模式。以不参与建模的 2004 年的实际资料进行预测效果检验。

(1)基于环流特征因子的全国稻飞虱发生面积率预测　基于 1961—2003 年的关键环流特征因子和全国稻飞虱发生面积率，建立了 3—9 月逐月全国稻飞虱发生面积率预报模式(表 8.2)。由表 8.2 可见，除当年 5 月初模式未引入新的关键环流因子外，其余各月预报模式均在上一个月的基础上引入了最新的关键环流因子，实现了模式动态更新和预报。经历史拟合检验和 2004 年外推预报实际检验，各月预报模式历史拟合准确率均在 85% 以上，效果较好；2004 年 3—9 月各月的外推预报准确率均达到了 90% 以上。

表 8.2　基于环流特征因子的全国稻飞虱发生面积率预测模式

预报制作时间	所用因子时段	预报模式	F	R	2004 年预报精度/%
当年 3 月初	上年 1 月至当年 2 月	$Y=-55.972-1.049X_{51s4s10}+0.746X_{65s12d2}+0.085X_{69s7s9}+0.756Y_s$	60.5	0.929 6	97.0
当年 4 月初	上年 1 月至当年 3 月	$Y=21.24-0.06X_{45s12d3}+0.12X_{69s7s9}-0.06X_{55s4s10}+0.85Y_s$	55.6	0.924 1	99.7
当年 5 月初	上年 1 月至当年 3 月	$Y=21.24-0.06X_{45s12d3}+0.12X_{69s7s9}-0.06X_{55s4s10}+0.85Y_s$	55.6	0.924 1	99.7
当年 6 月初	上年 1 月至当年 5 月	$Y=-52.682-1.065X_{51s4s10}+0.726X_{65s12d2}+0.051X_{69s7s9}+0.118X_{11s10d5}+0.749Y_s$	47.6	0.930 3	96.8
当年 7 月初	上年 1 月至当年 6 月	$Y=-55.562-1.049X_{51s4s10}+0.743X_{65s12d2}+0.095X_{69s7s9}+0.052X_{20s12d6}+0.768Y_s$	47.1	0.929 7	99.6
当年 8 月初	上年 1 月至当年 7 月	$Y=-37.822-0.931X_{51s4s10}+0.591X_{65s12d2}+0.025X_{69s7s9}+0.812X_{9d7}+0.748Y_s$	49.0	0.932 1	96.0
当年 9 月初	上年 1 月至当年 8 月	$Y=92.468-0.76X_{51s4s10}+0.416X_{69d7d8}-0.083X_{69s7s9}-1.557X_{51d4d8}+0.684Y_s$	59.0	0.942 6	90.1

注：Y 为当年稻飞虱发生面积率；X 为环流特征因子，X 下标中的第 1 个数字为环流因子编号，X_9 为南海副高面积指数(东经 100°～120°)，X_{11} 为太平洋副高面积指数(东经 110°至西经 115°)，X_{20} 为南海副高强度指数(东经 100°～120°)，X_{45} 为西太平洋副高西伸脊点，X_{51} 为亚洲区极涡强度指数(1 区，东经 60°～150°)，X_{55} 为北半球极涡强度指数(5 区，0～360)，X_{65} 为东亚槽位置(CW)，X_{69} 为印缅槽(北纬 15°～20°，东经 80°～100°)，X 下标中的 s 表示上年、d 表示当年，s 后的数字表示上年的月份，d 后的数字表示当年的月份；Y_s 为上年稻飞虱发生面积率；所有模式均通过了 0.001 水平的显著性检验。

(2)基于地面气象因子的全国稻飞虱发生面积率预测 基于1961—2003年的关键地面气象因子和全国稻飞虱发生面积率，建立了3—9月逐月全国稻飞虱发生面积率预报模式(表8.3)。逐月预报模式经历史检验和实际检验，历史拟合准确率平均在85%以上，2004年的外推预报准确率均在89%以上。

表8.3 基于地面气象因子的全国稻飞虱发生面积率预测模式

预报制作时间	所用因子时段/月份	预报模式	F	R	2004年预报精度/%
当年3月上旬	1—2	$Y=-4.429-0.046S_{1上1中}+0.198T_{1上2下}+0.853Y_s$	84.2	0.930 7	95.4
当年4月上旬	1—3	$Y=-2.877-0.054S_{3中3下}-0.05S_{1上1中}+0.239T_{1上3上}+0.806Y_s$	65.0	0.934 0	95.6
当年5月上旬	1—4	$Y=-5.791-0.014S_{3中4上}-0.049S_{1上1中}+0.237T_{1上3上}+0.834Y_s$	63.6	0.932 8	95.4
当年6月上旬	1—5	$Y=-39.92+0.42T_{1上5下}-0.09S_{3中3下}+0.81Y_s$	86.9	0.932 7	97.5
当年7月上旬	1—6	$Y=-54.82-0.089S_{3中3下}+0.461T_{1中6中}+0.809Y_s$	86.5	0.932 4	96.8
当年8月上旬	1—7	$Y=-24.994-0.031S_{1上7下}+0.423T_{1中6中}+0.774Y_s$	91.5	0.935 7	89.5
当年9月上旬	1—8	$Y=-60.607+0.012P_{6上8下}+0.382T_{1中6中}+0.019P_{1上3下}+0.833Y_s$	62.3	0.931 5	92.3

注：Y为当年稻飞虱发生面积率；S为日照时数，T为平均气温，P为降水量，S、T、P下标中的数字表示月份，上、中、下分别表示对应月份的上旬、中旬、下旬；Y_s为上年稻飞虱发生面积率；所有模式均通过了0.001水平的显著性检验。

(3)基于环流与地面综合因子的全国稻飞虱发生面积率预测 基于1971—2003年的关键环流特征因子、地面气象因子，建立了3—9月逐月全国稻飞虱发生面积率预报模式(表8.4)。由表8.4可见，全国稻飞虱发生面积率主要取决于前期的亚洲区极涡强度指数、欧亚经向环流指数、东亚槽位置、印缅槽和地面气温、日照、温度等因子的变化。逐月预报模式，经历史拟合检验和2004年外推预报实际检验，历史拟合准确率平均在85%以上，2004年的外推预报准确率均在87%以上。

综上所述，基于环流特征因子、地面气象因子、环流与地面综合因子的全国稻飞虱发生面积率预报模式，均可实现在3—9月的每月月初进行全国稻飞虱发生面积率的动态预报，历史拟合准确率平均在85%以上，外推预报准确率均在87%以上。从实际外推预报效果看，以基于环流特征因子的预测模型外推预报效果最好，其次为基于地面气象因子的预测模型。基于地面气象因子的预测模型，由于直接选取预报区域中影响稻飞虱灾变的光温水等要素为预报因子，物理意义和生物学意义较为明确，所需气象资料可以旬、候、天为单位实时获取，可将预报因子的选取扩展到作物收获前，而基于环流特征因子的预测模型，由于环流资料以月为单位，其预报因子的选取则至少要提前一个月甚至更长。因此，基于地面气象因子的预测模型具有更好的补充预报功能，便于在实际预报中应用。

表 8.4　基于环流与地面综合因子的全国稻飞虱发生面积率预测模式

预报制作时间	所用因子时段/月份	预报模式	F	R	2004 年预报精度/%
当年 3 月上旬	1—2	$Y=224.17-3.32X_{51s3s10}-0.15S_{1上1下}+0.42T_{1上2下}-1.36X_{62s7s9}$	12.3	0.793 0	87.6
当年 4 月上旬	1—3	$Y=-35.54+2.13X_{69s7s9}+0.38T_{1上3上}$	44.1	0.860 1	93.7
当年 5 月上旬	1—4	$Y=-135.39-3.58X_{51s4s10}+2.42X_{65s12d2}-0.14S_{3中4下}$	18.0	0.801 7	94.4
当年 6 月上旬	1—5	$Y=-41.89-1.08X_{62s7s9}+1.75X_{69s7s9}+0.70T_{1上5下}$	43.5	0.901 7	90.4
当年 7 月上旬	1—6	$Y=-126.63+1.82X_{69s7s9}+0.05P_{1上3下}+0.76T_{1上6下}$	35.1	0.882 1	91.4
当年 8 月上旬	1—7	$Y=-106.83+1.75X_{69s7s9}+1.445X_{9d7}+0.70T_{1上6下}$	35.0	0.881 6	88.0
当年 9 月上旬	1—8	$Y=55.48-1.18X_{62s7s9}+1.425X_{69s7s9}-2.02X_{51d4d8}+0.58T_{1上5下}$	47.8	0.931 8	92.3

注：Y 为当年稻飞虱发生面积率；X 为环流特征因子，X 下标中的第 1 个数字为环流因子编号，X_9 为南海副高面积指数（东经 100°～120°），X_{51} 为亚洲区极涡强度指数（1 区，东经 60°～150°），X_{62} 为欧亚经向环流指数（IM，东经 0°～150°），X_{65} 为东亚槽位置（CW），X_{69} 为印缅槽（北纬 15°～20°，东经 80°～100°），X 下标中的 s 表示上年、d 表示当年，s 后的数字表示上年的月份，d 后的数字表示当年的月份；T 为平均气温，P 为降水量，S 为日照时数，T、P、S 下标中的数字表示月份，上、中、下分别表示对应月份的上旬、中旬、下旬；所有模式均通过了 0.001 水平的显著性检验。

8.3.2.2　基于人工神经网络的预测

随着计算机及信息技术的迅速发展，基于人工神经网络的预报方法也得到越来越多的应用。该方法具有跟踪性能好、适用面广、容错能力强等优点。在农作物病虫害预报中，该方法的应用范围还不大，时间也不长，但近几年在该方向的研究发展迅速[11]。许多学者运用人工神经网络（ANN）对多种病虫害进行预报，同时也对同种病虫害建立了多种预报模型，并取得了很好效果。BP 人工神经网络在植物病虫害预测中的应用进展[12]主要如下：

1. 虫害预测

（1）闽北四代三化螟发生预测　以 3 月的极端最低气温、平均绝对湿度、最小相对湿度、雨量、平均地温和日照百分率等 6 个独立性较强的气象因子作为 BP 人工神经网络的输入，预测其发生量，准确率达 91.77%。

（2）陕西关中地区小麦吸浆虫发生预测　采用逐步回归法筛选影响小麦吸浆虫发生的主要因子，将 1 月平均温度、2 月平均温度、上一年 7 月平均温度、上一年 8 月平均温度、1 月平均降雨量、上一年 7 月平均降雨量、上一年 8 月平均降雨量和小麦易感品种种植面积比例作为预测因子，构建 BP 人工神经网络，预测小麦吸浆虫的发生程度，将 1971—1995 年的数据作为学习样本，将 1996—2000 年的数据作为预测样本，5 年的预测准确率达到 100%。

（3）江苏通州市褐飞虱发生预测　结合气象因子和田间褐飞虱发生程度的实测数据，建立了该地 BP 人工神经网络长期预警系统，经实例验证，预测精度达 80%。

(4)闽北地区松墨天牛发生预测　选择对松墨天牛发生量有重要影响的温度、湿度、风速、风向、降雨量等 5 个气象因子和 1 个环境因子郁闭度作为 BP 人工神经网络的输入，训练后的网络对未知样本的预测精度大于 80%。

2. 病害预测

(1)长江中下游地区梨黑星病发生流行程度预测　选择上年 7 月和 8 月的降雨量为预测因子，构建了 2-2-1 结构的 BP 人工神经网络，训练后网络的预测准确率为 93.33%。

(2)云南马龙县马铃薯晚疫病预测　以马铃薯从出苗开始的累计风险值、累计疫情单位、累计降雨量和马铃薯的抗病性为 BP 人工神经网络的输入，用 15 年的历史数据训练神经网络，结果对 2005 年的预测与实际情况吻合。

(3)山东青州烟草蚜传病毒病预测　选择相关的气象因子及移栽期、有翅蚜迁飞高峰期蚜量、有翅蚜迁飞高峰期等因素，经逐步回归分析后选择了 7 个气象因子作为预测因子，构建的 BP 人工神经网络经训练后，预测结果与实测值基本相符。

8.3.2.3　基于灰色系统模型的预测

灰色系统理论是用来解决信息不完备的数学方法。可将无规律的原始数据经累加生成后，变成有规律的生成数列再建模。在病虫害预报工作中经常会遇到数据资料序列较短、数据缺失的问题，可以通过采用基于灰色系统理论的预测方法增加结果的准确率。如应用灰色关联优势分析方法定量分析了影响 2 代棉铃虫发生程度的主要气象因子，预报准确率较高[11]。据报道[13]，以 2000—2008 年《中国林业统计年鉴》中生物灾害发生面积为依据，采用原序列和残差序列进行灰色动态预测模型 GM(1,1)建模，分别建立林业病虫鼠害发生总面积、病害发生面积、虫害发生面积、鼠害发生面积、松毛虫发生面积、杨树食叶害虫发生面积和杨树蛀干害虫发生面积及各指标重度发生面积的灰色预测模型，对森林生物灾害发生面积进行预测。通过精度检验，应用残差序列所建的 14 个指标模型中，有 3 个模型非常准确(平均相对误差小于 1%)，5 个模型很准确(平均相对误差在 1%～5%之间)，5 个模型较准确(平均相对误差在 5%～10%)，只有 1 个模型准确率较低(平均相对误差大于 10%)。所建立的模型适用于发生面积趋势预测，准确率非常高，预测结果有较高置信度，并给出了 5 年预测结果。

8.3.3　综合集成预测

综合集成预测是指将各子模型的预测结果进行综合集成，建立一个系统的模型。各种农作物病虫害预测的专家系统都应属此类。

如在滑动相关普查的基础上，对江苏省油菜菌核病分别建立气象、海温和环流资料为预测因子的油菜菌核病病情指数预报子模式。对各子模式采用平均、加权、回归和人工神经网络方法进行综合集成。综合集成模式提高了历史样本的拟合精度和独立样本试报的准确性，特别是人工神经网络集成模式的效果更理想。

(1)子模式

海温子模式：$Y_1 = 1.026\,1X_{11} + 1.036\,6X_{12} - 1.355\,2X_{13} - 135.431\,0$

环流子模式：$Y_2 = -0.000\,9X_{21}^2 + 0.050\,2X_{22}^2 - 0.009\,9X_{23}^2 + 38.300\,8$

气象子模式：$Y_3 = 18.0082\ln(X_{31}+100) - 3491.8894/(X_{32}+100) - 0.0002X_{33}^2 - 37.1896$
式中：Y 为病情指数；各 x_{ii} 为海温、环流和气象预测因子，不再一一列出。

(2)综合模式

平均值集成模式：$Y = (Y_1 + Y_2 + Y_3)/3$

加权集成模式：$Y = (R_1Y_1 + R_2Y_2 + R_3Y_3)/(R_1 + R_2 + R_3)$

回归集成模式：$Y = a_1Y_1 + a_2Y_2 + a_3Y_3 + a_0$

式中：Y 为病情指数；R 为权重；a_i 为以子模式的预报值为预报因子，病情指数的实际值为预报量建立的多元回归模型系数。

人工神经网络集成模式：该方法进行集成建模，运用的是一个 3 层的人工神经网络前馈网络模型。该模型包括 1 个输入层和 1 个输出层，其中间为 1 个隐含层。以 3 个子预报模式的历史拟合样本作为神经网络集成模式学习矩阵输入，相应的预报量序列作为学习矩阵的期望输出，采用误差反传算法，通过调整网络模型输入层与隐含层及隐含层与输出层之间的各连接权系数及阈值进行不断训练以获得模型的参数。

经 1998、1999 年独立样本试报检验，集成模式对独立样本的预报能力明显优于子模式。3 个子模式不仅 2 年的平均绝对百分比误差达到了 26.3%～32.0%，而且预报效果在不同的年份波动较大。综合集成预报模式减小了预报误差，4 个集成模式 2 年的平均绝对百分比误差为 12.1%～23.1%，特别是人工神经网络集成模式 1998、1999 年的误差为 10.6%～13.5%，在所有的模式中预报误差最小，也最为稳定。

8.3.4 应用 GIS 等高新技术的预测

RS、GPS 技术在病虫害预测中应用较少。基于 GIS 技术的病虫害预测，主要是对历史数据或现有调查数据进行空间分析，并预测病虫害在未来某段时期或某个区域的发生或扩散趋势。国内外在这方面的研究已经比较成熟，并开发出不少比较实用的预测系统。如运用 GIS 技术建立了小麦病虫害预测的 WDGIS 系统，并对山东部分地区小麦条锈病的流行预测做了初步分析；利用 GIS 技术研制了黄淮海地区麦蚜测报系统；研制的小麦、玉米病虫害综合防治 GIS(XYGIS)将 GIS 技术、人工智能技术与植保知识、病虫害发生规律、气象信息有机结合，具有对小麦、玉米的主要病虫害防治进行预测、决策和咨询等功能[14]。将气象因素、植保知识、科研成果、专家经验、GIS 等有机结合，集成作物病虫害综合治理地理信息系统(CPPGIS)，对作物生长过程中出现的病虫害进行动态的预测和诊断[15]。

对东亚飞蝗灾害的遥感监测预报是为数不多的成功突破遥感“监测”限制，监测并预报东亚飞蝗灾害的案例[16]：通过对东亚飞蝗生育过程的监测，建立全生育周期演化规律、遥感反演水热参数与实测参数之间的关联模型；野外实测东亚飞蝗生长发育及环境指标、地面光谱、遥感影像提取参数之间的相关关系；对比研究植被要素对飞蝗生境的响应；验证遥感反演生物物理参数的可靠性，并估算不同尺度遥感数据反演参数的精度；最后建立东亚飞蝗灾害遥感监测系统，集成 GIS 技术，对蝗虫生育特征、多年气候数据、历史蝗灾记录、蝗灾发生时有关数据进行集成和分析，提供孵化暴发地、蝗虫密集生长区域、迁移方向和受灾评价以及来年滋生地预测。

（霍治国　张　蕾　姚　森　王　丽）

参考文献

[1] 郑大玮,郑大琼,刘虎城. 农业减灾实用技术手册. 杭州:浙江科学技术出版社,2005:275-278.

[2] 王春乙,王石立,霍治国,等. 近10年来中国主要农业气象灾害监测预警与评估技术研究进展. 气象学报,2005,63(5):659-671.

[3] 张孝羲,张跃进. 农作物有害生物预测学. 北京:中国农业出版社,2006:1-10.

[4] 霍治国,王石立,等. 农业和生物气象灾害. 北京:气象出版社,2009:228-235.

[5] 冯强,田国良,柳钦火. 全国干旱遥感监测运行系统的研制. 遥感学报,2003,7(1):14-18.

[6] 杨太明,李龙澍,陈金华,等. 安徽省干旱灾害监测及决策支持系统应用. 中国农业气象,2006,27(2):94-97.

[7] 张艳红,吕厚荃,李森. 作物水分亏缺指数在农业干旱监测中的适用性. 气象科技,2008,36(5):596-600.

[8] 刘建栋,王馥棠,于强,等. 华北地区农业干旱预测模型及其应用研究. 应用气象学报,2003,14(5):593-604.

[9] 李耨周,余曼平,姚蓉. 湖南春季低温冷害预报系统的建立和应用. 气象科学,2004,4(2):227-232.

[10] 张荣康. 桑褐斑病的预测与防治. 云南农业科技,1992(4):36-37.

[11] 王淑梅. 基于气象视角的农作物病虫害预测预报研究概况. 中国植保导刊,2009,29(12):13-16.

[12] 刘乃森,刘福霞,鄢贵龙,等. BP人工神经网络在植物病虫害预测中的应用. 安徽农业科学,2007,35(25):7765-7766.

[13] 苓建强,周英梅,温俊宝,等. 修正的灰色模型在森林生物灾害发生面积预测中的应用. 中国森林病虫,2011,30(1):19-22,43.

[14] 洪波,张锋,李英梅,等. GIS在农业病虫害预警研究中的应用. 陕西农业科学,2011(3):170-173.

[15] 薛冬娟,张冬冬,蒋文科,等. 作物病虫害综合治理地理信息系统. 河北农业大学学报,2004,27(5):104-109.

[16] 宫彦萍,黄文江,王纪华,等. 集成GIS和RS技术的作物病虫害监测预报研究进展. 农业工程学报,2008,24(增2):331-336.

第9章 信息技术在农业减灾中的应用

农业减灾不仅需要气象、农学、生态、土壤等学科的知识，还需要一些新技术和新方法。信息技术如地理信息技术、遥感技术、全球定位系统、数据库系统、计算机模拟技术以及计算机网络技术等的发展为农业减灾提供了新的途径。利用这些新技术和新方法来进一步认识和揭示农业灾害的发生发展机制、时空分布、某些灾害之间的关联，灾害对作物生长发育和产量形成的影响及制定防灾减灾的对策都是十分必要的。同时，信息技术在灾害监测预警、灾情分析评估和抗灾救灾指挥协调等方面也有着重要作用。下面就几个重要信息技术及其在农业减灾中的应用进行阐述。

9.1 遥感技术在农业减灾中的应用

9.1.1 遥感技术原理

遥感技术(remote sensing)是20世纪60年代以来，在现代物理学(包括光学技术、红外技术、微波雷达技术、激光技术和全息技术等)、空间科学、电子计算机技术、数学方法和地球科学理论的基础上发展起来的一门新兴综合性边缘学科，也是一门先进实用的探测技术，已越来越广泛地应用在农业、地理、地质、海洋、水文、气象环境监测、地球资源勘探、军事侦察等方面。在我国的农业应用，从早期的土地利用、土地覆盖面积估测和农作物大面积遥感估产开始，已扩展到目前的"3S"集成对农作物长势实时诊断、应用高光谱遥感数据对重要生物和农学参数的反演、高光谱农学遥感机理研究以及草地产量估测、森林动态监测等许多层次和领域。遥感技术和计算机技术的发展与应用，已经使农业生产和研究从沿用传统观念和方法的阶段进入到精准农业、定量化和机理化农业的新阶段，使农业研究从经验水平提高到理论水平[1]。下面结合我国主要的农业灾种，对利用遥感技术实现灾害监测的方法进行讨论和说明。

9.1.2 遥感技术在干旱监测中的应用

9.1.2.1 土壤湿度的遥感监测

土壤湿度在农业、生态、水文、气象等众多研究领域中都是一个重要参数，土壤湿度的遥感反演受到各领域的关注，已对多种方法进行了研究探讨，其中微波遥感法和热惯量法被认为是较具潜力的土壤湿度遥感反演方法。

1. 微波遥感法

土壤含水量的多少直接影响土壤的介电特性，目标物的介电特性是决定微波发射率的主要因素，因而雷达回波对土壤湿度极为敏感，这是利用微波遥感测定土壤水分的理论基础。微波遥感法具有全天时、全天候、穿透能力强等优点。

微波遥感可分为被动微波遥感和主动微波遥感两种。通常被动微波遥感成本低，时间分辨率高，但空间分辨率低，而主动微波遥感成本高，空间分辨率高，但时间分辨率低[2]。无论被动微波遥感或主动微波遥感，其反演结果都受到地表粗糙度和植被的影响。如何降低或消除地表粗糙度和植被的影响，是当前微波遥感的一个重要研究方向。针对这种情况，李震等[3]提出了一种综合主动和被动微波数据的土壤水分变化监测方法，通过一个半经验公式计算，综合时间序列的主动和被动微波数据来消除植被覆盖影响，计算结果和实测值相一致。

2. 热惯量法

土壤热惯量是土壤热特性的一种综合量度，它是土壤密度、热容量和热传导系数的函数。土壤温度的分布与土壤的热特性有关，而热特性又与土壤的含水量有关，因此土壤热惯量是引起土壤表层温度变化的内在因素，与土壤含水量密切相关。通常的做法是：先利用遥感获取的地表温度数据反演土壤表层的热惯量，然后结合地面实测的土壤湿度资料，建立土壤湿度与热惯量之间的统计模型，线性模型是较为常用的模型，应用过程中通常使用线性模型。由于NOAA/AVHRR 数据成本较低，时间和空间分辨率都能满足大范围土壤湿度监测的要求，是该方法最常用的数据源。热惯量法的缺陷在于土壤热惯量受土壤质地、土壤类型影响，而且不适用于植被覆盖度较高的地区。在实际的应用中，由于受云和大气的影响，难以获取一对日夜都无云的影像。

9.1.2.2 作物需水状况的遥感监测

作物需水状况通常通过作物的形态指标和生理指标来反映。利用遥感方法的优势，结合作物的形态特点和生理特点，国内外许多学者已提出了基于遥感参数的作物形态指标和生理指标，并衍生出了作物遥感综合指标。遥感技术通过监测植被指数的方法来描述植被的长势，其根据是植被活性叶片在红光波段有强吸收，在近红外波段有高反射，建立这两个波段的线性或非线性关系，可定量描述绿色植被的丰度、覆盖度，反映植被的生长状况，常见的有归一化植被指数、条件植被指数、比值植被指数、距平植被指数、相对距平植被指数等。其中归一化植被指数是较为常用的植被指数。

1. 归一化植被指数(normalized difference vegetation index，NDVI)

$$\mathrm{NDVI} = (\rho_1 - \rho_2)/(\rho_1 + \rho_2) \tag{9.1}$$

式中：ρ_1 为红光波段的反射率；ρ_2 为近红外波段的反射率。

由于植被活性叶片中的叶肉组织在近红外波段有较高的反射率，而叶绿素在红光波段有较强的吸收，使得植被在近红外波段的反射率较高，而在红光波段的反射率较低，因此植被的NDVI值较大；而岩石、裸地在这两个波段的反射率相近，NDVI值趋于0；云、水体和积雪的近红外波段反射率小于红光波段反射率，NDVI值小于0。由此可用NDVI反映植被覆盖度和作物长势，NDVI值越高，表明植被覆盖程度越高，作物长势越好。

2. 条件植被指数(vegetation condition index，VCI)

为消除NDVI的空间变异，减少地理和生态系统变量的影响(主要是天气、土壤、植被和地形等影响)，使不同地区、不同时间之间具有可比性，Kogan提出条件植被指数(VCI)[4]。假设NDVI最大值出现在最佳天气，而最小值出现在不利天气条件下(如干旱)[5]。利用足够长时间的NDVI序列数据，提取NDVI的最大值$NDVI_{max}$和NDVI的最小值$NDVI_{min}$，采用下列公式计算VCI：

$$VCI = \frac{NDVI_i - NDVI_{min}}{NDVI_{max} - NDVI_{min}} \tag{9.2}$$

冯强等[6-9]对NDVI、VCI在中国区的时空变化进行研究，结果表明VCI的变化季节性明显，在对VCI与土壤湿度作相关性分析的基础上，提出了VCI反演土壤湿度的近似线性模型作为全国的旱情监测标准。

3. 比值植被指数(ratio vegetation index，RVI)[10]

指红外波段反射率NIR与可见光波段反射率R之比。

$$RVI = NIR/R \tag{9.3}$$

绿色健康植被覆盖地面的RVI远大于1，通常大于2；而无植被覆盖地面如裸土、人工建筑、水体、植被枯死或发生严重虫害的RVI在1附近。RVI是绿色植物的灵敏指示参数，与叶面积指数LAI、叶干生物量DM、叶绿素含量等相关性高，可用于检测和估算植物生物量和植被覆盖度。但RVI受到大气条件的影响，计算前需进行大气校正。

4. 距平植被指数(anomaly vegetation index，AVI)

$$AVI = NDVI_i - \overline{NDVI} \tag{9.4}$$

式中：$NDVI_i$ 为某一年某一时期(如旬、月等)NDVI的值；$\overline{NDVI}$为多年该时期NDVI的平均值。

如果AVI的值大于0，表明植被生长较一般年份好；如果AVI的值小于0，表明植被生长较一般年份差。一般而言，AVI值为−0.1～−0.2时表示旱情出现，−0.3～−0.6表示旱情严重。

周咏梅提出了利用距平植被指数和干旱指数确定干旱区和干旱等级的方法，运用该方法评估1995年青海省牧区草场旱情，与农业气象旬报的旱情分析吻合较好[11]。郑宁等针对安徽省淮北地区季节性农业干旱，利用NOAA/AVHRR数据建立距平植被指数模型，并对模型进行适用性论证，从区域尺度探讨干旱遥感监测方法[12]。

5. 相对距平植被指数(relative anomalies of vegetation index, RAVI)

某一时段的距平植被指数与该地区归一化植被指数多年平均值的比即相对距平植被

指数。

$$RAVI=(NDVI_i-\overline{NDVI})/\overline{NDVI} \tag{9.5}$$

6. 作物缺水指数(crop water stress index,CWSI)

利用热红外温度和常规气象资料来间接监测植被条件下的土壤水分,是遥感监测土壤水分的一种重要的方法。CWSI 根据水分能量平衡原理,在考虑土壤水分和农田蒸散的基础上建立,其物理意义十分明确[13]。作物缺水指数最初由 Jackson 等以能量平衡为基础提出,定义如下[14-15]:

$$CWSI = 1 - ET/ET_p \tag{9.6}$$

式中:ET 为实际蒸散;ET_p 为潜在蒸散。

申广荣等在 GIS 的支持下,通过对气象数据的最优插值,利用 NOAA/AVHRR 卫星遥感数据计算了黄海平原地区作物缺水指数[16]。实测结果表明,CWSI 能够达到准确、实时监测干旱的目的。刘安麟等从能量平衡原理出发,对作物缺水指数的计算过程进行了简化,并利用简化的模型对陕西地区的干旱进行了监测,取得了满意的效果[17]。

7. 归一化差值水分指数(normalized difference water index, NDWI)

Gao 在 1996 年提出了归一化差值水分指数[18]。NDWI 被定义为近红外波段(NIR)反射率与短波红外波段(SWIR)反射率之差除以二者之和,即:

$$NDWI = \frac{Q_{SWIR} - Q_{NIR}}{Q_{SWIR} + Q_{NIR}} \tag{9.7}$$

式中:Q 为反射率,是波长的函数。在近红外波段(NIR),植被液态水的吸收可以忽略不计,在短波红外波段(SWIR),水的吸收很弱。这两个波段均位于植被冠层的高反射区,它们感知的植被冠层深度相似,从而利用植被在近红外波段与短波红外波段的光谱可以很灵敏地反映植被冠层的含水量。

Chen 等利用 NDWI 反演玉米和大豆的冠层水分含量,结果显示玉米的冠层含水量与 NDWI 有较好的线性关系,决定系数 R^2 在 0.72 以上,而大豆的冠层含水量与 NDWI 的线性关系相对较差,决定系数 R^2 为 0.52,说明 NDWI 能有效地指示玉米植被冠层的水分含量[19]。可能是由于叶片含水量的差异,造成 NDWI 与不同作物种类叶片含水量的线性相关性有较大的差别[20]。同时也有研究表明,NDWI 并不适用于作物生长前期或植被覆盖度较低情况下的旱情监测[21]。

8. 植被供水指数(vegetation supplication water index,VSWI)

在有植被覆盖情况下,特别是在植被覆盖度很高时,植被改变了土壤的热传导性质。为了对高植被覆盖区农作物的旱灾进行遥感监测,中国气象局国家气象中心发展了"植被供水指数法"。植被供水指数(VSWI)表达式为:

$$VSWI = \frac{NDVI}{T_s} \tag{9.8}$$

式中:T_s 为植被叶表温度;NDVI 为归一化植被指数。

VSWI 代表植被受旱程度的相对大小,VSWI 值越小,表明作物冠层温度较高时,植被指数较低,作物受旱程度越重。

植被供水指数法是一个较为简单的植被指数-温度作物旱情综合指数。当出现旱情时，植被指数会降低，冠层温度也会因作物气孔被迫关闭而升高，因此 VSWI 有减小的趋势，VSWI 越小，表明旱情越严重[22-23]。该方法的缺点在于难以确定旱情的标准，不同的土壤背景、地表覆盖类型、作物种植结构、气候条件等因素都会影响 VSWI 的测定[23]。刘丽等的研究表明 VSWI 适用于植被覆盖度高的地区[24]。在作物生长前期，由于地表裸土面积较大，可能会造成监测效果不理想。

9. 条件植被温度指数(vegetation temperature condition index，VTCI)

条件植被温度指数(VTCI)定义如下[25]：

$$\mathrm{VTCI}=\frac{\mathrm{LST}_{\mathrm{NDVI}_{i\max}}-\mathrm{LST}_{\mathrm{NDVI}_i}}{\mathrm{LST}_{\mathrm{NDVI}_{i\max}}-\mathrm{LST}_{\mathrm{NDVI}_{i\min}}} \tag{9.9}$$

式中：$\mathrm{LST}_{\mathrm{NDVI}_{i\min}}$ 和 $\mathrm{LST}_{\mathrm{NDVI}_{i\max}}$ 分别为研究区域内具有相同 NDVI 值的第 i 个像元的最低温度和最高温度，$\mathrm{LST}_{\mathrm{NDVI}_{i\max}}=a_1+b_1\times \mathrm{NDVI}_i$，$\mathrm{LST}_{\mathrm{NDVI}_{i\min}}=a_2+b_2\times \mathrm{NDVI}_i$，$\mathrm{LST}_{\mathrm{NDVI}_i}$ 为 NDVI 值为 NDVI_i 时的一个像元的温度，系数 a_1、b_1、a_2、b_2 可通过绘制研究区域的地表温度 LST(land surface temperature)和 NDVI 的散点图近似地获得。

VTCI 是在 NDVI 和 LST 的散点图呈三角形区域分布的基础上提出的，是在假设研究区域内土壤表层含水量从萎蔫含水量到田间持水量的基础上进行干旱监测的，适用于区域尺度的干旱监测。式(9.7)中，分子为研究区域内 NDVI 为某一特定值的所有像元中 LST 的最大值与其中某一像元 LST 的差值，分母为该条件下 LST 最大值与最小值的差值。$\mathrm{LST}_{\max}$ 被认为是“热边界”(warm edge)，在此边界上土壤水分的有效性很低，干旱程度最严重；$\mathrm{LST}_{\min}$ 被认为是“冷边界”(cold edge)，在此边界上土壤水分不是植物生长的限制因素。应用 VTCI 最重要的一点是确定 NDVI 和 LST 特征空间的热边界和冷边界。VTCI 的取值范围为[0,1]。一般地说，VTCI 的值越小，干旱程度越严重；VTCI 的值越大，干旱程度越轻或者没有旱情发生。

王鹏新等应用 NOAA/AVHRR 数据，对 2000 年 3 月下旬陕西省关中平原地区的干旱情况进行了监测，结果表明，条件植被温度指数能较好地监测该区域的相对干旱程度，并可用于研究干旱程度的空间变化特征，对干旱的监测结果与用土壤热惯量模型反演的土壤表层含水量的结果基本吻合[26]。杨鹤松等以华北平原部分地区为研究区域，应用条件植被温度指数对研究区域 2003—2006 年每年 5 月上旬的干旱进行了监测，并应用降水量数据和土壤表层含水量数据对干旱监测结果进行了验证，结果表明，VTCI 与最近 1 个月的降水量具有显著的线性相关性，VTCI 与土壤表层含水量有较好的线性相关性，验证了 VTCI 是一种近实时的干旱监测方法[27]。

9.1.3 遥感技术在冷冻灾害监测中的应用

与传统的冷冻害监测方法相比，遥感技术可快速、准确地估算冷冻灾害的发生与覆盖范围，因而对冷冻害的防灾减灾具有重要的意义。农作物发生冷冻害时，作物的根部或者叶片组织受到损伤，其正常生长受到抑制而使生物量减少和植被指数急剧降低，因此可以选用冷冻害发生阶段及前后的遥感图像进行分析处理获得地面作物的植被指数，通过对 NDVI 进行时间序列分析，根据 NDVI 的突变进行农作物冷冻害的识别。此外，农作物发生冷冻害时气温低是其重要特征，因此利用遥感技术反演研究区地面温度也是农作物冷冻害识别的重要手段[28]。杨邦杰等利用冻害发生期间气象台站的资料和同期气象卫星 NOAA/AVHRR 的所有晴空数据，根据植被指数 NDVI 突变的特征，结合作物的生育期，提出了实用的小麦冻害监测方法[29]。张晓煜等在宁夏主要作物霜冻遥感监测研究中应用了植被指数差值、指标判读、最低气温计算等方法提高温度反演的精度[30]。

9.1.4　遥感技术在洪涝监测中的应用

严重的洪涝灾害发生常伴有淹没农田现象，可以利用归一化植被指数（NDVI）实现水灾面积的遥感提取。由于水体在可见光和近红外波段的反射率远远低于土壤和植被，所以水体的 NDVI 一般为负值，植被和土壤的 NDVI 则为正值，通过设定阈值实现水体面积的提取。分离出水体面积后和洪涝发生前 1 周左右水体分布图像进行严格配准即可获得洪涝分布面积；结合土地利用专题图和 DEM 数据，可以进一步得到洪水淹没的耕地面积以及洪水淹没深度等水灾信息。作物受到洪涝灾害影响后，其正常生长过程受到抑制，在形态学上表现出叶子发黄、萎蔫等现象而区别于正常生长的作物。可以采用洪涝灾害前后 NDVI 进行对比分析，得出受洪涝影响的作物分布情况；对洪涝影响后的 NDVI 遥感图像进行横向对比分析，通过对受灾作物的 NDVI 进行分类，可以进一步获得同一次洪涝灾害对作物危害程度的信息。

9.2　地理信息系统在农业减灾中的应用

9.2.1　地理信息系统原理

地理信息系统（geographic information system，GIS）是一种为了获取、存储、检索、分析和显示空间定位数据而建立的数据库管理系统。这里空间数据是指使用不同方式的遥感与非遥感手段所获得的数据，有多种数据类型，包括地图、遥感影像、统计数据等，它们的共同特点是都有确定的空间位置。地理信息系统的处理对象是空间实体，其处理过程正是依据空间实体的空间位置与空间关系进行的[31]。地理信息系统的发展，不仅使地理学传统的区域性、综合性得到充分的技术保证，更重要的是在社会上形成了为地理战略咨询与地理工程建设服务的资讯产业，其成果广泛应用于资源清查与评估、城市规划与管理、环境监测与评价、农作物估产、灾害预警与损失评估等许多方面，成为地学、宏观生物学、环境科学等许多研究单位和部门的重要手段。

我国在灾害预测方面的研究尚处于初级阶段。对成灾理论研究及虚拟 GIS 应用均需进一步加强。20 世纪 90 年代以来，随着 GIS 技术与计算机、网络技术的发展与成熟，面向对象的 GIS、人工智能、网络 GIS、三维 GIS 以及虚拟现实 GIS 等的发展，为灾害的监测和预警提供了强有力的技术支持，遥感与地理信息系统、全球定位系统集成技术将成为未来灾害监测预警的主要手段[32]。

9.2.2 GIS 技术在农业气象灾害监测中的应用

地理信息系统技术的发展为农业气象灾害时空分布的监测提供了先进的工具和方法。基于 GIS 技术和气候学模型,融合地理信息,能够对气象资料进行较高空间分辨率的地理订正,结合作物生长发育状况和受害指标进行实时动态监测[33]。

在计算机技术、GIS 技术支持下,上海利用实时地面气象观测资料通过互联网动态监测农业气象灾害,综合反映灾害时空分布。采用 ActiveX 控件和浏览器/服务器技术,建立了基于 ActiveX 的地理信息系统平台,充分利用 GIS 系统功能,提供可视化检索查寻、比较、动态追踪等功能,同时可通过 Internet 网络提供多用户使用[34]。

广东香蕉、荔枝寒害的中短期预报研究应用了地理信息系统技术。首先根据 T213 数值预报产品制作广东 86 个地面站未来 1～3 d 的平均气温和极端最低气温预报。应用 GIS 技术对预报值进行经度、纬度、海拔高度以及坡度、坡向的多次地理订正,得到 0.5°×0.5°网格点上的温度预报值。根据香蕉、荔枝寒害指标,判断格点的可能寒害等级。最后根据实际种植分布图,绘制香蕉或荔枝寒害预报分布图。预测结果图直观、细致,有很强的指导意义[35]。

基于 GIS 的广东干旱动态监测评估根据水分平衡原理模拟土壤水分逐日变化动态并据此构造干旱动态强度指数,采用 5 个因子地理订正模型对干旱指数进行空间精细化订正,建立业务系统,实现对广东干旱自动化的动态监测评估。干旱自动化动态评估的资料包括基础地理信息数据和基本气象资料。其中地理信息资料来源于 1∶250 000 测绘地图用地理信息数据集。基础地理信息数据主要是借助多种 GIS 工具软件提供的栅格数据加工模块,完成统一空间范围和空间分辨率的基础地理信息,主要包括省、市、县行政边界,海拔,坡度,坡向 4 个栅格数据文件数。基本气象资料均来自广东省气象局,可以通过业务网络实时采集。气象资料包括广东省 86 个地面气象站逐日最高气温、降水量以及各个气象站的经度、纬度和海拔资料。系统包括地面气温、降水等资料采集处理、逐日干旱指数计算、精细化地理订正、干旱分析、产品制作与发布等功能,另有土地利用信息、栅格边界管理等若干辅助模块,为向市气象局推广应用时定制加工基础数据提供操作平台。干旱评估主要有干旱指数逐日滚动模拟,反演格点干旱指数,计算全省干旱指数格点数据,作坡度、坡向订正,定量化干旱评估和绘制综合干旱分布图等 6 个步骤。其中干旱指数逐日滚动模拟是采用 86 个地面气象站气温、降水资料和水分平衡模型,逐日滚动模拟单站干旱指数,更新干旱指数数据库。反演格点干旱指数是假定经度、纬度、海拔与干旱指数有近似的线性关系,建立经度(γ)、纬度(φ)、海拔(H)3 个因子与干旱指数(DI)的线性回归方程 DI(γ,φ,H) ,并根据此回归方程,结合广东省较高分辨率格点高程数据,反演格点干旱指数,得到初步的广东省干旱指数格点数据。目前认为水体、植被以及坡度、坡向等环境因子造成回归方程残差。计算上述回归方程的残差,使用工具软件(如 SURFER)完成残差网格化,将网格化的残差数据叠加到回归方程反演的格点资料上,得到较好的全省干旱指数格点数据。对这些格点数据作进一步的坡度、坡向订正,从而得出最后的广东省干旱指数格点数据。为实现定量化干旱评估,我们需要结合干旱等级划分标准和土地利用格点数据,按照行政单位(地区/县)和植被类型逐个格点分析统计不同等级干旱的面积。最后利用干旱指数格点数据结合行政边界、河流水体等地理信息,绘制综合干旱分布图。经过坡度、坡向和海拔订正后能够体现丰富的地表细节,反映出地形地貌对干旱的影响。干旱指数动态模拟结果可以反映出降水对干旱过程发生、发展、结束的影响细节，能够更好地描述干旱情况[36]。

9.2.3 GIS技术在农业气象灾害评估中的应用

地理信息系统技术在自然灾害评估方面具有突出的作用，不仅是灾中和灾后评估，也包括灾前的预评估。

安徽省根据重大农业气象灾害的气候规律分析及遥感监测方法，利用GIS技术设计和建立了省级农业气象灾害测评系统[37]。测评系统具有以下几类数据库：①GIS的背景数据库，主要包括数字化图类和属性数据两类。数字化图类有安徽省行政分区图、安徽省高程分布图、安徽省水系分布图、安徽省土地利用现状图、安徽省土壤类型分布图、安徽省地形地貌分布图和安徽省水利设施分布图。属性数据包括安徽省分县农业人口、安徽省分县农业总产值、安徽省土地利用分类、安徽省水利设施状况、安徽省机电排灌状况等。②农业现代化信息数据库，包括农业用电量、化肥用量、品种更新状况等。③遥感图像库，包括资源卫星图像和气象卫星图像。④历史资料库，包括安徽省各县基本气象信息、安徽省分县农作物产量信息、安徽省分县农作物面积信息、安徽省分县灾情信息和安徽省有效灌溉面积信息等。

实时监测及趋势评估系统对灾害发生发展及演变规律，灾害发生区域、影响程度以及未来发展趋势进行模拟计算和评估，然后在系统环境下进行综合集成，形成灾害综合监测评估系统。本系统目前主要针对干旱、洪涝、低温冷害三种灾害进行设计。单灾种评估包括遥感监测模块、地面监测模块、灾情评估模块、灾害趋势评估模块等几个部分(图9.1)[37]。

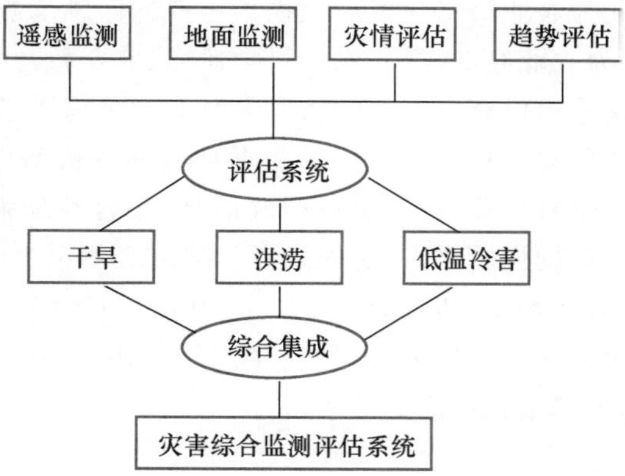

图9.1 灾害综合监测评估系统结构示意图

干旱监测分析模型主要是预测未来1个月的旱情演变情况(个别时期最长不超过3个月)。通过对历史同期的不同等级降水概率，利用月或季度降水量的长期预报值，分析给出最大可能趋势以及其他概率较小的两三种趋势，为决策评估提供依据。洪涝监测分析模型的评估内容包括洪水淹没区域计算、渍涝范围估算、洪灾危险程度分析、直接损失与潜在影响评估、未来趋势评估等。低温冷害监测分析模型主要利用气象数据，结合GIS背景资料对危害区域、危险程度、受害作物面积进行分析、计算、评估。低温冷害的未来趋势则主要是根据天气预报对未来1～3 d的情况进行评估。

9.3 数据库技术在农业减灾中的应用

9.3.1 数据库技术原理

数据库技术是信息系统的一个核心技术,是一种计算机辅助管理数据的方法,它研究如何组织和存储数据,如何高效获取和处理数据,是通过研究数据库的结构、存储、设计、管理以及应用的基本理论和实现方法,利用这些理论来实现对数据库中的数据进行处理、分析和理解的技术。简言之,数据库技术是研究、管理和应用数据库的一门软件科学。

数据库技术研究和管理的对象是数据,具体内容主要包括:通过对数据的统一组织和管理,按照指定的结构建立相应的数据库和数据仓库;利用数据库管理系统和数据挖掘系统设计出能够实现对数据库中的数据进行添加、修改、删除、处理、分析、理解、报表和打印等多种功能的数据管理和数据挖掘应用系统,并利用应用管理系统最终实现对数据的处理、分析和理解[38]。

数据库技术从诞生到现在,在不到半个世纪的时间里,形成了坚实的理论基础、成熟的商业产品和广泛的应用领域。随着信息管理内容的不断扩展和新技术的层出不穷,数据库技术面临着前所未有的挑战。面对新的数据形式,人们提出了丰富多样的数据模型(层次模型、网状模型、关系模型、面向对象模型、半结构化模型等),同时也提出了众多新的数据库技术(XML 数据管理、数据流管理、Web 数据集成、数据挖掘等)[39]。数据库技术已广泛应用于各个领域,农业数据库的发展为农业信息化发展提供了重要的信息来源和信息保障。

农业专题数据库可以为农业经济建设、农业科学研究、农业教育事业的发展提供重要的信息保障,为农业科学研究快速提供充分有效的重要信息。大量高质量农业专题数据库的建立,为分析农情、农业灾害及气象灾害提供了良好的数据来源和分析基础。农业科学数据库已经成为目前国内信息量最大、学科专业最广、服务层次最高、综合性最强的农业科学信息服务系统,同时也成为科研工作的基础设施之一,是农业科学研究必不可少的资源。农业科学数据库的内容涵盖了化学、生物、自然资源、生态环境、大气、植物、动物等多种学科[40]。与世界先进国家相比,我国农业数据库建设起步较晚,但近几年发展很快,目前已初具规模。数据库技术在我国农业科学领域得到了越来越广泛的应用。

9.3.2 数据库技术在农业减灾中的应用

农业减灾是一项由监测、预测、预报以及预防、治理、抗灾、救灾和灾后重建等多环节组成的系统工程,每个环节都离不开科学技术的支持。农业减灾中高新技术的应用,大大提高了减灾行动的主动性,有效地减少了灾害损失。随着我国农业现代化的不断推进,数据库等信息技术越来越广泛地应用于农业生产和减灾防灾。

人类已进入"信息爆炸但知识缺乏"的时代,如何将海量的农业数据库数据进行整理分析并应用于农业减灾是目前的研究重点。利用农业数据库数据分析当地的农业灾害分布和发生特点,制定有效的防灾减灾对策是其中一个应用方向,不少学者做过相关研究,刘玲等根据我国多年农业统计资料分析了主要农业气象灾害的区域分布和主要危害形式，针对不同灾害类型提出了防御和调控措施[41]；刘兰芳依据长时间序列的水旱灾害资料，建立了衡阳水旱灾害数据库，同时运用GIS技术和优化分析对衡阳水旱灾害发生的季节性和地域性等特征进行分析，提出了可持续发展的综合防御对策体系[42]；王道龙等利用近5年统计结果，分析了20世纪90年代以来的干旱、洪涝、风雹和低温四大类气象灾害对我国粮食生产的影响，提出我国农业应该采取的减灾对策建议——改善生态环境，加强农业基础设施建设，推广节水灌溉与旱作技术等[43]。与此同时，数据库技术在农业减灾应用中往往与其他技术相结合，已取得良好效果。李志宏等将农业信息数据库、知识库和模型库进行整合，形成集信息采集、分析决策和信息传播为一体的农业信息化减灾技术平台，可实现灾害的准确预测、科学决策和有效防治[44]；乔淑等基于气象灾害风险评估与气象指数保险理论，建立了气象灾害评价标准库，并在此基础上设计了基于WebGIS的温室黄瓜气象灾害保险决策支持系统，能够为温室黄瓜生产提供气象灾害监测预警和保险服务，降低气象灾害损失、增强农业防灾减灾能力[45]；陈香建立了福建水灾系统脆弱性评价指标体系和模型，采用福建省水灾数据库和社会经济指标数据库资料，借助数字地图技术，编制了福建省农业水灾脆弱性和水灾年均灾次分布图，依据该指标体系和模型可为福建省农业水灾的防御和制定减灾对策提供科学依据[46]；陈荧等按照各种灾害的特点建立灾害指标库，研制了广州市番禺区农业气象灾害监测业务系统，通过对前一天的风、温、雨资料进行分析，系统可达到为农业防灾减灾提供监测和服务的目的[47]；黄国荣等建立了农业气象灾害及防御数据库系统，通过全面系统收集整理福建省福清市农业、气象、灾情、生态环境、物候、遥感、社会经济等资料，分类建立了农业气象灾害及防御对策数据库，可分析不同生育期农作物生长发育的适宜气象指标，为主要农业气象灾害提供防御对策[48]。

数据库技术在我国农业减灾中已得到一定应用，依据农业数据库进行灾害分析、制定防灾减灾对策及建立农业专家系统等都取得了一定成效。但是，目前的农业数据库仍然存在分类不清和利用率不高等问题，农业数据库的改进和深层次开发利用仍然需要进一步研究，同时，如何将数据量庞大的农业信息更充分地应用到农业减灾中，依然是值得探索的问题。

9.4 计算机模拟技术在农业减灾中的应用

9.4.1 计算机模拟技术原理

农业气象灾害指农业生产过程中导致显著减产或减收的不利天气气候事件。除气象要素的异常变化外，农业气象灾害的发生、程度、影响大小还与作物种类、发育阶段和生长状况、土壤水分、管理措施等多种因素密切相关[49]。在农业气象灾害评估中，目前多是以灾害对作物产量尤其是气象产量所造成的损失作为评估依据。评价指标的选择也多从灾害强度及其覆盖度、受灾时作物对灾害的敏感度以及社会生产力水平等因素入手，建立简单的农业气象灾害损失评估统计模式。这种方法中单一气象灾害对产量的影响难以定量计算，尤其是作物全生育期遭受多种气象灾害时评估效果受到影响，即使通过统计方法分离出某一时段的气象产量，也大多是经验性的，其生物学意义并不清楚。

作物生产过程是作物生长发育、器官建成、产量形成和物质积累的过程，是一系列生理生化变化相互作用的过程。这一过程受环境和遗传因子的双重影响。作物生长模拟模型是将作物与其赖以生存的环境视为一个整体,借助计算机模拟技术和数学物理方法等手段,对作物生长发育、光合生产、器官建成和产量形成等生理过程及温、光、水等环境生态因子的影响进行概括、抽象及定量化研究,建立相应的数学模型或子模型,最后形成一个可在计算机上模拟作物生产全过程的模拟系统。从 20 世纪 60 年代以来,经过多年的不懈努力,各国在模型开发、研究和应用方面都向深度和广度发展,较有影响的模型主要有 DSSAT、WOFOST、APSIM、RCSODS、WheatSM、COTGROW 等。科学家们已建立了包括大多数农作物在内的作物模型,并在理论研究和指导农业生产等方面得到了广泛的认同和肯定。

随着面向生长过程机理性较强的作物生长模型取得长足进步和发展,以及人们对农作物受灾机理理论认识的进一步深入,基于作物生长模型的农业气象灾害预测预警技术已取得较大进展。作物模型的应用有效解决了通常的数理统计预测模型在机理性上的缺陷,可以较好反映出作物生育进程、产量与各生育阶段温度、降水量以及土壤水分动态的关系,实现不同年型下的动态决策和气候应变管理。国外关于作物模型在农业气象灾害影响评估中的应用报道,大多是基于各种作物模型研究干旱对农业所产生的影响[50-52],国内应用作物模型进行农业气象灾害影响评估也已取得一定进展,且内容较丰富,包括干旱、冷害和渍害等多种灾害。

9.4.2 计算机模拟技术在农业减灾中的应用

9.4.2.1 干旱

通过研发多种模型,如水分及氮素胁迫下的小麦生长模式[53]和华北地区农业干旱预测模型[54],以及利用现有国外模型如 SOYGRO、Oryza2000、APSIM-Wheat 等对大豆、水稻、小麦等作物进行产量风险评估[55-57]。其中,刘建栋等在田间试验基础上,确定了冬小麦光合特征参数,建立了具有明确生物学机理的华北地区农业干旱预测数值模式,提出了以相对蒸腾比的累积值表示的农业干旱胁迫指数及农业干旱预警指数的概念[55]。模型验证结果表明,农业干旱预警定性准确率达到 90.7%,定量准确率达到 87.5%左右。对历史干旱个例年份 70 个气象站的模拟结果进行空间插值,得到干旱胁迫指数的区域分布图。孙宁等利用 APSIM-Wheat 和 WheatSM 模型评估北京地区小麦全生育期各种干旱年型下的产量风险,得到当全生育期降水量<100 mm,缺水量>169.4 mm 时,北京冬小麦全生育期严重干旱,冬小麦单产低于 4 t/hm^2 和高于 3 t/hm^2 的产量风险率为 84.4%;在全生育期降水量< 154.6 mm,缺水量>94.5 mm 时,为全生育期轻旱年,水分条件对冬小麦生长比较充足时,高于 4 t/hm^2 的产量可达到无风险,而在中旱年此产量水平的风险率仍较高,为 74%[58]。

9.4.2.2 冷害

主要研究了东北玉米低温冷害。刘布春等考虑到东北玉米冷害主要是由于生育期热量不足而发育延迟造成减产,建立了以日最高气温、日最低气温为因子的修正热量单位发育模型,并对发育参数进行区域划分,确定了以抽雄期延迟天数为低温冷害发生指标,建立了东北区域玉米动力生长模式,模拟了典型冷害年 0.25°×0.25°网格密度的玉米生长发育过程及低温冷害空间分布。利用区域气候模式输出结果开展了冷害预报试验[59]。王石立等在此模型基础上改进了发育参数，建立了考虑抽雄期延迟、抽雄以后热量条件和储存器官干重变化的动态综合冷害指标。改进后的模型和冷害指标对东北地区玉米延迟型冷害的历史拟合准确率达到95.6%，技巧评分89.5%，较原有单一指标对冷害的历史拟合率和预报检验效果有明显的改善[60]。马树庆等应用改进后的玉米生长发育和干物质积累动态模型，建立了玉米延迟型低温冷害发生及损失程度的动态预测和评估方法。用相对积温的动态变化模拟不同熟型品种玉米主要发育期的出现时间早晚，并用冷害指标判断是否发生冷害及统计风险概率；用玉米从出苗到成熟各时期的干物质积累量与较高积温条件下标准干物质积累量的距平百分率来预估低温冷害可能造成的经济损失。这一方法实现了玉米低温冷害发生风险和灾损评估的动态化[61]。此外，张建平借助荷兰瓦赫宁根的WOFOST模型，改进了与低温相关的发育速率和光合作用速率的模拟，在通过适应性检验基础上，评估了不同时段低温冷害以及低温程度对东北不同品种玉米生长和产量的影响，利用数值模拟试验，确定导致产量降低的主要气象因子及其量值，构建了农业气象灾害评估指标，实现了东北地区玉米低温冷害的定量化评估[62]。

9.4.2.3 霜冻与冻害

霜冻与冻害是北方冬小麦生产的重大灾害之一[63]，冻害主要发生在越冬休眠期和早春萌动期，霜冻主要发生在春季小麦拔节到孕穗期间。张雪芬等利用WOFOST模型模拟冬小麦根、茎、叶和干物重等各种生物量，定量评估了商丘市晚霜冻对小麦产量的影响，同时指出该模型对重型晚霜冻的评估效果好于轻型晚霜冻[64]。

基于作物模型的预报方法研究是农业气象灾害预报的一个发展方向。应加强单点尺度作物模型应用于区域尺度时的环境变量时空变异问题及提高月季气候预测准确率的研究[33]。此外，现有模型的许多部分还有较多的经验性成分，诸多生理生态过程仍需要深入研究并进一步完善，与模型应用相匹配的参数估算方法仍很不完善，灾害损失评估效果在区域尺度上仍有待改进。

9.4.2.4 渍害

渍害是由于土壤水分过多而导致作物根层缺氧，使生长发育受到抑制而造成减产，在作物的不同生育阶段都有可能发生。石春林在小麦模拟优化决策系统(WCSODS)中增加了过量土壤水分对小麦光合作用、干物质分配、叶片衰老等影响模块，实现了渍害条件下对冬小麦生长和产量模拟。模型适应性检验的模拟误差在10%以内，灵敏度分析的结果与生产实际相符。在南京和南通两地分别运行基于冬小麦渍害模型和未考虑渍害影响的模型，比较二者模拟产量，得到过量土壤水分影响冬小麦产量的程度高达18%[65]。杨京平等[66]将MACROS模型与土壤水分运动模型耦合，分析了渍水时期及持续时间对小麦、春玉米的影响。

9.5 计算机网络技术在农业减灾中的应用

9.5.1 计算机网络原理及应用

计算机网络是指用计算机作为网络终端，用数据信息传送的方式来完成资源共享与数据交互的系统。在不同的发展阶段,计算机网络有着不同的定义。计算机网络最初是指一台计算机与多个终端互联而形成的多用户分时系统。目前的计算机网络的概念是指利用通信线路和通信设备,把分布在不同地理位置的具有独立功能的多台计算机、终端及其他附属设备互相连接,按照网络协议进行数据通信,利用功能完善的网络软件实现资源共享的计算机系统的集合[67]。

从系统的角度讲,计算机网络的组成分为硬件系统和软件系统。网络硬件是计算机网络系统的物质基础。要构成一个网络系统,首先要将计算机及其附属硬件设备与网络中的其他计算机系统连接起来,实现物理连接。不同的网络系统,在硬件方面是有差别的。随着计算机技术和网络技术的发展,网络硬件日趋多样化,且功能更强、更复杂。常见的网络硬件有服务器、工作站、网络接口卡、调制解调器、终端和传输介质等。网络软件是负责实现数据在网络设备之间通过传输介质进行传输的软件系统,包括网络协议软件、网络通信软件和网络操作系统。在网络系统中,网络中的每个用户都可享用系统中的各种资源,所以系统必须对用户进行控制。为了协调系统资源,系统需要通过软件工具对网络资源进行全面的管理。

计算机网络的功能主要指网络的运行、处理维护、服务提供等所需要的各种活动。运行包括网络的计费和通信量管理。处理维护是指调试和故障修复等。服务提供包括向用户提供新业务和通过增加网络设备和设施来提高网络性能。总体来讲,计算机网络有如下一些功能。

(1)数据传输　这是计算机网络最基本的功能之一,用以实现计算机与终端、计算机与计算机之间传送各种信息,也是实现其他功能如电子邮件、传真、远程数据交换等的基础。

(2)资源共享　资源共享包括共享软件、硬件和数据资源,是计算机网络最常用的功能。资源共享指的是网上用户都能部分或全部地享受这些资源,使网络中各地理位置的资源互通信息,分工协作。

(3)提高处理能力的可靠性和可用性　网络中一台计算机或一条传输线路出现故障,可通过其他无故障线路传递信息,在无故障的计算机上进行必要的处理。分布广阔的计算机网络的处理能力,对不可抗拒的自然灾害有着较强的应付能力。

(4)易于分布式处理　网络技术的发展,使得分布式计算成为可能。计算机网络用户可根据情况合理选择网上资源,对于大型复杂的、综合性的课题可以通过一定的算法将任务分别交给不同的计算机去完成,以达到均衡使用网络资源、提高系统处理能力的目的。

以无线网络技术在灾害预警中的应用为例进行说明。为了在灾害发生时及时预警,需要对各种相关数据进行长时间不间断地采集。而且由于其需要采集数据的地形复杂,只能采用无人值守的自动采集方式,并通过无线网络进行传输。邓兴等[68]通过研究现有的 ZigBee 理论与技术,采用 TI 的 CC2430 芯片,开发了一套基于传感器技术、嵌入式技术和无线网络技术的地质灾害预警系统。系统通过传感器对雨量、振动、水位等各种数据进行长期监测,通过 ZigBee 网络把采集到的数据集中到嵌入式控制器进行初步分析,同时通过 GPRS 把采集到的数据发送到远程数据中心。当数据异常时,嵌入式控制器立即发出报警信息,达到灾害发生的及时预警。其中,作为关键技术的 ZigBee 技术是 IEEE802.15.4 协议规定的一种短距离、低功耗的无线通信技术,主要用于传感控制应用的短距离通信。ZigBee 具有功耗低、延时短、组网灵活、可靠性高、安全性高及高容量等技术特点。从总体架构看,基于无线网络技术的地质灾害预警系统从下到上共分为三个部分:第一部分是数据采集,主要任务是进行现场的雨量和水位、地声、位移、振动等数据的采集处理;第二部分数据传输,是通过有效的通信方式将现场数据传回;第三部分预警监测系统(包括远程数据分析),进行监测现场传回数据的分析处理,系统通过 Internet 网络接收从现场发来的数据，把接收到的数据存储到数据库，通过各种数据分析，对山洪与地质灾害的发生做出预警，并对地质灾害按预报等级发出警报，以使灾害带来的损失降到最低。

现代先进电子仪器与网络技术结合实现对作物受灾形态特征和土壤状况的遥测和隔测并通过互联网将数据和图像传递到决策者那里，决策者通过互联网（Internet）或召开视频会议部署减灾行动，气象、地震、植保、地质等减灾专业部门通过媒体、开办网站和手机等便捷通信手段向用户进行防灾减灾知识科普宣传和技术咨询等。自动控制及人工智能（artificial intelligence）技术的结合也已应用于大型减灾工程的实践。近年来物联网（Internet of things）的迅速发展将显著提高农业减灾的经济效益，大大节约成本，进一步实现科学、高效的减灾。

9.5.2 计算机网络技术在减灾应急管理中的应用

减灾管理是对各种减灾行为进行组织、计划、协调等工作的总称，根本目的是实现减灾工作的规范化与科学化，最大限度地提高减灾效果。减灾管理包括对人的管理和对物的管理，很大程度上要通过信息管理去实现。美国根据“灾时应急、平时服务”的原则，在各地普遍建立了标准化、规范化、跨部门、跨区域的综合性城市管理系统，把城市应急平台作为建设智慧城市的一项重点内容，结合计算机辅助调度、地理信息系统和专家辅助决策系统的应用，有效地利用各种网络资源、信息资源、应用系统资源，建立突发事件的监测预警、辅助决策、应急处置、信息发布等机制，有利于实现跨部门、跨区域协同作战，大大提升城市应急管理水平。[69]

重大农业自然灾害的管理涉及农业、水利、气象、地质、民政、消防、环保等多个部门，涉及受灾地区和受影响地区农民和城市居民的利益。只有统筹协调，调动全社会的力量，才能最大限度地减轻灾害损失，促进农业生产的恢复。建立和完善应急指挥体系的关键是建立灾害指挥协调机制。历史上由于没有建立专门的减灾管理机构，在发生重大灾害时由中央或地方的领导人亲自挂帅，组成临时性的抗灾领导小组或指挥部，立即奔赴灾区现场，就地进行应急处置，虽然起到了一定的统筹协调作用，但往往具有一定的盲目性，而且还具有相当大的风险。灾后临时机构的人员就各奔东西，没有人去认真总结经验教训。经过近 20 多年的努力，我国现已建成比较完善的应急管理体系，并具有先进的信息传输与管理系统。一旦发生重大灾害，决策者可立即进入应急指挥中心，通过计算机网络迅速了解现场灾情和各部门的减灾资源及应对措施，通过互联网召开视频会议并部署减灾行动。在掌握灾情与减灾信息的基础上，再根据需要到现场考察，部署进一步的减灾行动和组织对灾民的救助和慰问。目前我国从中央到地方都已建立灾害综合信息管理系统，具有灾害监测、预报会商、灾情显示、灾损评估、辅助决策、信息收集、救灾措施、信息共享、科普宣传等功能。

为进一步提高我国的减灾管理水平，国家综合防灾减灾“十二五”规划提出要“提高防灾减灾信息管理水平，科学规划并有效利用各级各类信息资源，拓展信息获取渠道和手段，提高信息处理与分析水平，完善灾情信息采集、传输、处理和存储等方面的标准和规范。论证建立国家综合防灾减灾数据库，完善灾害信息动态更新机制，提高信息系统的安全防护标准，保障防灾减灾信息安全”。“加强防灾减灾信息共享能力，论证建设国家综合减灾与风险管理信息平台，提高防灾减灾信息集成、智能处理和服务水平，加强各级相关部门防灾减灾信息互联互通、交换共享与协同服务。充分利用卫星通信、广播电视、互联网、导航定位等技术和移动信息终端等装备,提高信息获取、远程会商、公众服务和应急保障能力,推进‘数字减灾’工程建设。”[70]

9.5.3 计算机网络系统在灾害信息管理中的应用

灾害信息管理包括灾情的监测、传输、报送、核查、归档、分析、处理、加工、发布等。各地运用计算机和网络技术加强了灾情信息管理,显著提高了减灾工作的效率与效果。

湖北全省13市州、102个县(市、区)都建立了与省民政厅互通、快速传递的邮件系统,可同时传输图片、文字和表格,省、市、县三级民政部门信息传递基本实现无纸化,灾情信息基本实现科学化、规范化、自动化管理。省民政厅与气象、水利、国土、农业等相关部门建立了灾情信息互通机制。上报各种灾情同时通过电子邮件抄送相关部门,并与之建立灾情核报制度,互通有无,互相支持,确保了全省灾情信息的统一性、完整性和准确性。为准确掌握每年救灾救济工作的真实情况,对因灾死亡、因灾倒房、因灾需救济情况都建立了电子台账,做到电子台账、救灾工作花名册、灾民救助卡的账、册、卡三统一,确保了救灾救济工作和救助政策的落实。目前正着手开发社会救助数据库系统。他们还运用现代声像技术增强查灾核灾效果,深入灾区摄影摄像,记录真实灾情现场并剪辑成短片和幻灯片及时汇报,使省委、省政府领导直观感受灾害的严重性和灾区的现实困难,迅速做出应急救灾决策。

吉林省减灾中心成立以来重点加强了灾害信息化建设工作,初步形成了比较完整的灾害信息收集、加工、发布系统,切实提升了吉林省抗灾救灾减灾工作的整体水平。通过救灾专用电子邮件系统与31个成员单位建立了安全快捷的灾害信息通道。开通了拥有独立域名的吉林减灾网站,与省政府、国家减灾中心、国家民政部建立了链接。通过网站为9个市、州和32个成员单位开设了信息发布专栏,公众可以随时了解省内、国内和国际的灾害信息,省领导能够非常方便地查询到来自各地和各部门的救灾工作信息。建立了30年的干旱、洪涝、地质、风雹等灾害信息数据库,研制开发了灾害信息查询检索系统和1∶250 000地理信息系统,制作了吉林省地形地貌沙盘,编制了多灾种的吉林省灾害区域分布图。建立了吉林省20年气象信息数据库和重大地质灾害数据库。科学整合各类信息资源,编制“吉林省抗灾救灾减灾工作简报”、“吉林省灾情旬报”、“昨日灾情”等信息产品。[71]

9.5.4 物联网在减灾管理中的应用

1999年美国麻省理工学院Auto-ID首先提出“物联网”的概念,称其主要是建立在物品编码、射频识别技术和互联网的基础上。2005年国际电信联盟(ITU)在信息社会世界峰会上发布了《互联网报告2005:物联网》,正式提出“物联网”概念。报告指出,无所不在的物联网通信时代即将来临。物联网比目前的人与人通信的互联网有更大的增长潜力,将有可能成为信息产业在计算机、互联网之后的第三次浪潮。2009年,物联网被正式列入国家五大新兴战略性产业之一。

物联网的关键技术包括全面感知技术、稳定传输技术和智能处理技术。物联网技术为防灾减灾提供了一种技术手段,可有效增强人类应对各种灾害的水平。充分利用RFID技术、地理信息系统(GIS)、全球卫星定位系统(GPS)的功能,可以有效实现对人和物体的识别跟踪、定位监控、追溯记录等功能。其中RFID技术是1969年发明的,RFID芯片是一种转发器,接收到特定的无线信号后会做出应答，将自己的独特ID代码发回给收发信机，只需放置在阅读器覆盖范围内，不被水或金属隔开就能工作。RFID标签保存的数据只能由授权用户读取或修改，现已普遍用于安全领域，如系到行李和物品上以简化对行李的跟踪和减少丢失。

当一个人通过手机内置或者在皮下植入一个RFID芯片后，人体的健康和位置信息通过全球卫星定位系统将准确地一览无余地传递给管理系统，特别是在突发事件发生时，可以迅速通过公共管理指挥系统实施智能调度，便于实施政府抢救、个体自救以及现场控制管理。在救灾中还可对进入灾区现场的人员进行有效管理。物联网可用于灾民身份确定，伤势统计，灾民原有健康信息的记录管理，灾民位置移动和跟踪，灾区现场救灾物资发放管理等。[72]

物联网在农业领域已经得到广泛的应用，如精准农业、智能化专家管理系统、远程监测和遥感系统、生物信息和诊断系统、食品安全追溯系统等。农业物联网技术的应用可以更好地控制农作物的生长环境，提高农产品的质量安全，对传统农业的改造升级起到巨大的推动作用。如传统的农业灾情调查是派人到灾区现场，主要依靠人的感官，听取灾区农民的反映和干部的汇报，并到田间调查，难免具有一定的主观性和盲目性，并且受到通达性、事件和经费的限制。中国农业科学院孙忠富等研制了小麦苗情监控物联网（图9.2），通过无线传感器网络实时获取田间环境和作物信息，并进行统计分析。在小麦苗情远程诊断与管理系统中建立数据库、方法/模型库和专家知识库，对各地的苗情好坏，是否发生灾害，灾害类型、受灾程度与特征做出分析和判断，并提出减灾对策建议，可以做到全天候、实时、快速、准确、高精度的动态监测和科学、高效的处置[73]。

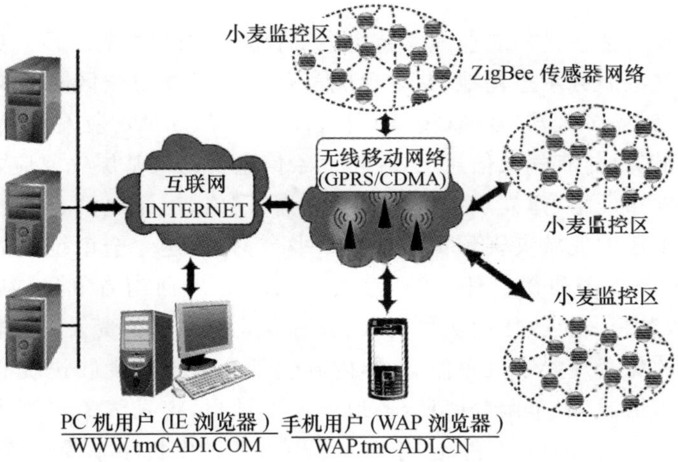

图9.2 小麦苗情监控物联网示意图

9.5.5 网络技术在减灾远程教育和公众参与中的应用

9.5.5.1 运用网络技术进行减灾远程教育

减灾关系到全民的安全与利益，要实现科学、高效减灾，需要调动全社会的力量，为此，必须开展减灾知识与技能的全民教育和培训。但传统的教育和培训方法，无论人力资源管理、时间、经济成本还是效益，都不能满足需要。随着计算机网络技术、通信技术以及数据库技术的发展，远程教育在教学目的、内容、形式、方法到组织上都发生了根本的变革，体现出明显的优势：[74]

(1)任何人在任何时间地点可以从任何章节开始学习任何课程，便捷、灵活，体现主动学习的特点。资源共享可弥补重复投资的弊端，体现终身教育的基本要求。

(2)用户之间可以进行全方位、能动式的实时互动，主动、可控交流，使网络教育成为唯一真正能够在教师与学生、学生与学生之间双向互动、实时全交互的远程教育方式。

(3)内容丰富和多媒体生动表现。强大的文字、声音、图像、视频、动画表现的信息处理功能，使网络教育具有信息量大、资料更新快和多项演示、模拟生动的显著特征，是有限空间时间的传统教育方式无法比拟的，能极大提高学习兴趣和效果，事半功倍。

(4)个性化教学。数据库管理和双向互动功能能使系统跟踪每个学员的个性资料、学习过程和阶段情况，跟踪记录，针对不同学员的个性化学习建议，指导学习和应试辅导。

(5)能实行自动化远程管理。远程学生咨询、报名、缴费、选课、查询、学籍管理、作业、考试管理都可以通过网络远程交互通信方式完成，成本低，效率高。

目前存在的主要问题是地区发展不平衡，常年受灾贫困地区无法达到远程教育的硬件基础设施要求。由于农业灾害与减灾技术的研究还不能满足生产的需要，远程教育的教材内容还有待充实，质量还有待提高。

9.5.5.2 灵活多样的农业减灾技术咨询网上服务

网络技术为开展灵活多样的农业减灾技术咨询提供了强有力的手段。如天津市已在全市范围建立设施农业气象服务示范基地，基本形成覆盖全市主要农业区县的典型设施农业小气候监测网，还建立了覆盖各区县、乡镇(街道)、村(社区)三级 4 300 余人的气象信息员队伍，实现乡乡有气象协理员，村村有气象信息员，并将气象信息员纳入基层气象应急救援队伍。完善农村气象预警信息发布网络，建立了手机、电视、广播、网络、声讯电话、公共场所电子显示屏、农村大喇叭等多种手段的气象灾害预警信息发布平台，并已建立全市统一的手机短信发布系统，实现面向各级气象灾害防御责任人的“直通式”服务。[75]河南省气象局在 2012 年 6 月 20 日以前的麦收期间，对跨区机收作业队负责人、农机专业合作社负责人以及收集登记的农机大户都提供统一发布的免费气象手机短信服务，内容包括全省整体麦收进度和当天主要麦收区收割进度与机车分布情况，机车调度信息，各地市天气预报，突发气象灾害预警信息以及专题气象服务信息。2006 年至 2011 年底，已有 699.5 万人次的农机手享受到该项服务，有效提高了小麦跨区机收效率。[76]

为指导农业减灾，各地科研机构研制了一批基于整合已有成果形成的农业减灾专家系统。如河北省多个农业与气象科研机构合作，将蔬菜果树病虫害诊断防治咨询系统、河北省日光温室蔬菜服务系统、农业气象灾害监测预测服务系统、小麦智能决策系统、玉米智能决策系统、苹果专家系统、西瓜专家系统、甘蓝专家系统、番茄专家系统、小麦专家系统、病虫害检索系统等多项成果进行整合，构建了“农业减灾技术信息化成果推广平台”(图 9.3)。

该平台在华北地区示范推广，不仅可以扩大利用信息技术进行农业减灾防灾的效果，也为农业减灾信息化技术入户，解决“最后一公里”问题建立了一条有效途径。该平台定期发布灾害信息，包括重大气象灾害、病虫害预测及防治信息、季节农事及常规技术，为农民和农业专家

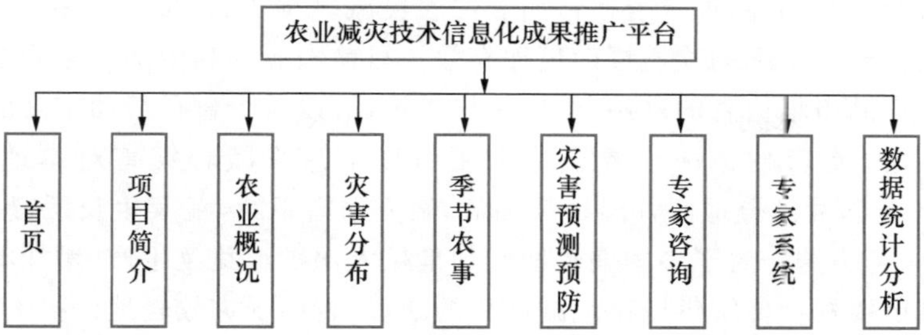

图 9.3 农业减灾技术信息化成果推广平台的结构

之间进行交流搭建了一个互动平台，农民可以很方便地提交生产中遇到的问题，由农业专家提供解决办法和建议。[77]

9.5.5.3 公众通过微博参与减灾管理

微博，即微型博客(MicroBlog)的简称，是一个基于用户关系的信息分享、传播以及获取平台，用户可以通过 WEB、WAP 以及各种客户端组建个人社区，以 140 个字左右的文字更新信息，并实现即时分享。微博提供了这样一个平台，你既可以作为观众，在微博上浏览你感兴趣的信息，也可以作为发布者，在微博上发布内容供别人浏览。发布的内容一般较短，信息传播速度快。国外 2006 年开始推出大微博服务，中国 2007 年起开展服务，近年来用户迅猛增加，广泛普及，到 2011 年上半年，微博用户已达到 1.95 亿。微博以特有的原创性、时效性、互动性和渗透性，为社会公众提供前所未有的表达与被倾听的机会，并给公共事物和政务领域带来了深远影响。对政府及其职能部门而言，微博提供了更广泛地了解民意、听取民声、捕捉信息、实时交流的崭新方式。目前气象、水利、地震、地质等减灾管理部门都广泛利用手机微博传递灾害预警和灾情信息，有力调动了全社会的减灾资源和社会力量共同参与，广大公众也通过手机微博向减灾管理部门提供最新灾情信息和减灾措施建议。[78]

但是，微博也有可能被别有用心的人利用来传播谣言或被人误传错误的灾害信息。为此，北京市 2011 年 12 月推出《北京市微博客发展管理若干规定》，微博用户在注册时必须使用真实身份信息，但用户昵称可自愿选择。采取前台自愿，后台实名的方式。任何组织或者个人不得利用微博客制作、复制、发布、传播违法信息。

9.5.6 利用网络市场信息减轻灾害损失

农业自然灾害造成的最终后果是农民的经济损失，同时也间接影响到城市居民的农产品供应与价格。发生灾害之后，采取何种补救措施，一方面要看这些措施能否适合当地气候与环境条件，特别是农作物还能否正常成熟；另一方面也要看所生产的农产品是否有市场需求以及利润高低。1972 年华北地区春夏连旱，到 7 月中旬末才下透雨。有的地方硬要农民种增产潜力大的杂交高粱。不但来不及在秋霜冻前成熟，而且由于品质差，卖不出去。但种植短日期谷子、红豆与绿豆的都能正常成熟且适合市场需要，获得一定补偿。在北方无霜期较短的地区，往往灾后种什么都成熟不了，组织大棚蔬菜生产、副业生产或进城务工是比较可行的弥补灾害经济损失的途径，但同样需要了解市场对冬季蔬菜、副业产品及城市对劳务的需求数量与时间。灾区政府除及时救助外，还有责任帮助受灾农民减轻损失、恢复生产和改善生计，提供正确的市场信息往往要比单纯的物质援助更加有效。目前农业部和中国气象局都设立了包括气象灾害信息与农产品市场信息的网站，给农民提供选择，以减少盲目行动带来的额外损失。

除受灾地区外，受影响地区也要充分利用市场信息来减轻灾害对本地区的影响。如2011—2012年冬全国大部分地区气温持续偏低，南方雨雪不断，蔬菜生长缓慢，蔬菜价格居高不下，城市居民叫苦不迭。对于冬季偏暖地区却是扩大保护地蔬菜生产，增加收入的机会。蔬菜供应紧张的城市要根据传统供应基地减产后的缺口，转向受灾较轻地区扩大采购量。

灾后恢复生产需要增加种子、化肥、农膜等生产资料的供应，有些商贩可能会趁机哄抬物价，灾区政府要及时掌握市场信息，动员有关企业挖库存和从非灾区调入以平抑物价。

9.5.7 数字减灾的前景

“数字减灾”是全数字化、信息化和智能化的防灾减灾系统。广义的“数字减灾”是以空间遥感、网络通信、导航定位和地面传感器网等资源集成为基础，以灾害信息服务为纽带，构建的“天—空—地—现场”信息获取、集群管理、智能化处理分析、调度执行和信息共享为一体的综合减灾与应急服务平台。狭义的“数字减灾”是对整个灾害系统及其相关自然活动、社会响应的虚拟表达，是灾害管理的重要手段。“数字减灾”以“数字地球”为基础支撑平台。“数字减灾”建设是一项系统工程，它的实现需要体制、机制、法制的保障，也依赖于灾害学、人文社会科学和工程技术的发展。“数字减灾”是未来减灾与应急领域重要的决策服务平台，是国家科技减灾能力和信息化建设的集中体现，它的实施将从整体上提高国家综合减灾与风险管理能力。[79]

“数字农业减灾”将是“数字减灾”的组成部分，但目前与城市、工业等领域的减灾信息管理相比还有一定差距。未来应加强农业灾害评估标准规范与指标体系、灾害研究模型与方法、灾害信息共享平台等的建设，提高农业减灾信息化管理的水平。

（冯利平）

参 考 文 献

[1] 邢素丽，张广录. 我国农业遥感的应用现状与展望. 农业工程学报，2003，19(6)：174-178.

[2] 杨绍锷，闫娜娜，吴炳方. 农业干旱遥感监测研究进展. 遥感信息，2010(1)：103-109.

[3] 李震，郭华东，施建成，等. 综合主动和被动微波数据监测土壤水分变化. 遥感学报，2002，6(6)：481-484.

[4] Kogan F N. Remote sensing of weather impacts on vegetation in nonhomogenous areas. International Journal of Remote Sensing, 1990，11(11)：1405-1419.

[5] Liu W T, Kogan F N. Monitoring regional drought using the vegetation condition index. International Journal of Remote Sensing, 1996，17(14)：2761-2782.

[6] 冯强，田国良，柳钦火. 全国干旱遥感监测运行系统的研制. 遥感学报，2003，7(1)：14-19.

[7] 冯强，田国良，王昂生，等. 基于植被状态指数的土壤湿度遥感方法研究. 自然灾害学报，2004，13(3)：81-89.

[8] 冯强，田国良，王昂生，等. 基于植被状态指数的全国干旱遥感监测实验研究资料分析与处理部分. 干旱区地理，2004，27(2)：58-64.

[9] 冯强，田国良，王昂生，等. 基于植被状态指数的全国干旱遥感监测实验研究干旱遥感监测模型与结果分析部分. 干旱区地理，2004，27(4)：48-53.

[10] 王莉，陈浮. 基于比值植被指数的建设用地覆盖变化研究. 国土资源科技管理，2012，29(4)：1-5.

[11] 周咏梅. NOAA/AVHRR 资料在青海牧区草场旱情监测中的应用. 应用气象学报，1998，9(4)：496-500.

[12] 郑宁，严平，孙秀邦，等. 基于 NOAA/AVHRR 卫星数据的淮北地区干旱监测. 中国农学通报，2009，25(1)：256-259.

[13] Su Z B，Yacob A，Wen J，et al. Assessing relative soil moisture with remote sensing data：theory，experimental validation and application to drought monitoring over the Northern China Plain. Physics and Chemistry of the Earth，2003，28：89-101.

[14] Jackson R D，Idso S B，Reginato R J，et al. Canopy temperature as a crop water stress indicator. Water Resource Research，1981，17(4)：1133-1138.

[15] Jackson R D，Kustas W P，Choudhury B J. A reexamination of the crop water stress index. Irrigation Science，1988(9)：309-317.

[16] 申广荣，田国良. 作物缺水指数监测旱情方法研究. 干旱地区农业研究，1998，16(1)：23-28.

[17] 刘安麟，李星敏，何延波，等. 作物缺水指数法的简化及在干旱遥感监测中的应用. 应用生态学报，2004，15(2)：210-214.

[18] Gao B C. NDWI-A normalized difference water index for remote sensing of vegetation liquid water from space. Remote Sensing of Environment，1996，58(3)：257-266.

[19] Chen D Y，Huang J F，Jackson T J. Vegetation water content estimation for corn and soybeans using spectral indices derived from MODIS near and short wave infrared bands. Remote Sensing of Environment，2005(98)：225-236.

[20] Fensholt R，Sandholt I. Derivation of a shortwave infra red water stress index from MODIS near and short wave infrared data in a semiarid environment. Remote Sensing of Environment，2003(87)：111-121.

[21] Goward S N，Xue Y K，Czajkowski K P. Evaluating land surface moisture conditions from the remotely sensed temperature/vegetation index measurements：an exploration with the simplified simple biosphere model. Remote Sensing of Environment，2002(79)：225-242.

[22] 莫伟华，王振会，孙涵，等. 基于植被供水指数的农田干旱遥感监测研究. 南京气象学院学报，2006，29(3)：396-401.

[23] Sandholt I，Rasmussen K，Andersen J. A simple interpretation of the surface temperature/vegetation index space for assessment of surface moisture status. Remote Sensing

of Environment，2002(79):213-224.
[24] 刘丽，周颖，杨凤，等. 用遥感植被供水指数监测贵州干旱. 贵州气象，1998，22(6): 17-21.
[25] 侯英雨，何延波，柳钦火，等. 干旱监测指数研究. 生态学杂志，2007，26(6):892-897.
[26] 王鹏新，龚健雅，李小文. 条件植被温度指数及其在干旱监测中的应用. 武汉大学学报：信息科学版，2001，26(5):214-814.
[27] 杨鹤松，王鹏新，孙威. 条件植被温度指数在华北平原干旱监测中的应用. 北京师范大学学报：自然科学版，2007，43(3):314-318.
[28] 闫峰，李茂松，王艳姣，等. 遥感技术在农业灾害监测中的应用. 自然灾害学报，2006，15(6):131-136.
[29] 杨邦杰，王茂新，裴志远. 冬小麦冻害遥感监测. 农业工程学报，2002，18(2):136-140.
[30] 张晓煜，陈豫英，苏占胜，等. 宁夏主要作物霜冻遥感监测研究. 遥感技术与应用，2001，16(1):32-36.
[31] 吴信才，白玉琪，郭玲玲. 地理信息系统的发展现状与展望. 计算机工程与应用，2000，36(4):8-9，36.
[32] 王春乙. 重大农业气象灾害研究进展. 北京：气象出版社，2007:291-292.
[33] 王春乙，王石立，霍治国，等. 近10年来中国主要农业气象灾害监测预警与评估技术研究进展. 气象学报，2005，63(5):659-671.
[34] 戎恺，陆贤，段项锁，等. 基于WebGIS的上海农业气象灾害监测系统. 华东师范大学学报：自然科学版，2001(3):45-49.
[35] 王春林，刘锦銮，周国逸，等. 基于GIS技术的广东荔枝寒害监测预警研究. 应用气象学报，2003，14(4):487-495.
[36] 王春林，董永春，李春梅，等. 基于GIS的广东干旱逐日动态模拟与评估. 华南农业大学学报，2006，27(2):20-24.
[37] 盛绍学，马晓群，杨太明，等. 基于GIS的安徽省重大农业气象灾害测评系统. 南京气象学院学报，1998，21(4):703-708.
[38] 王行言，汤荷美，黄维通. 数据库技术及应用. 北京：高等教育出版社，2004.
[39] 孟小峰，周龙骧，王珊. 数据库技术发展趋势. 软件学报，2004，15(12):1822-1836.
[40] 梁川，王文生，谢能付. 农业信息资源上数据挖掘的应用. 中国农学通报，2009，25(11): 243-247.
[41] 刘玲，沙奕卓，白月明. 中国主要农业气象灾害区域分布与减灾对策. 自然灾害学报，2003，12(2):92-97.
[42] 刘兰芳. 水旱灾害对衡阳农村经济的影响及对策. 中国农业气象，2002，23(1):53-57.
[43] 王道龙，钟秀丽，李茂松，等. 20世纪90年代以来主要气象灾害对我国粮食生产的影响与减灾对策. 灾害学，2006，21(1):18-22.
[44] 李志宏，李敏，范凤翠，等. 农业减灾信息化技术平台构建. 华北农学报，2003，18(院庆专辑):150-153.
[45] 乔淑，黎贞发，李明，等. 温室黄瓜气象灾害保险决策支持系统设计. 中国农学通报，2010，26(19):408-412.

[46] 陈香. 福建省农业水灾脆弱性评价及减灾对策. 中国生态农业学报，2008，16(1)：206-211.

[47] 陈荣，区建峰. 番禺区农业气象灾害监测业务系统的研制. 广东气象，2003(2)：44-46.

[48] 黄国荣，陈家豪，宋兰芬，等. 农业气象灾害及防御对策数据库系统的建立与运行. 福建农业学报，2007，22(1)：63-67.

[49] 王石立，郭建平，马玉平. 从东北玉米冷害预测模型展望农业气象灾害预测技术的发展. 气象与环境学报，2006，22(1)：45-50.

[50] Ewert F，Rodriguez D，Jamieson P，et al. Effect of elevated CO_2 and drought on wheat：testing crop simulation models for different experimental and climatic conditions. Agriculture，Ecosystems and Environment，2002(93)：249-266.

[51] Chapman S C. Use of crop models to understand genotype by environment interactions for drought in real-world and simulated plant breeding trials. Euphytica，2008(161)：195-208.

[52] Yurekli K，Kurunc A. Simulating agricultural drought periods based on daily rainfall and crop water consumption. Journal of Arid Environment，2006(67)：629-640.

[53] 陈振林，王馥棠. 水分和氮素营养胁迫下春小麦生长模拟模式的研究. 应用气象学报，1995，6(3)：475-485.

[54] 王石立. 冬小麦生长模式及其在干旱影响评估中的应用. 应用气象学报，1998，9(1)：15-23.

[55] 刘建栋，王馥棠，于强，等. 华北地区农业干旱预测模型及其应用研究. 应用气象学报，2003，14(5)：593-604.

[56] 金之庆，葛道阔，陈华，等. 全球气候变化影响我国大豆生产的利弊分析. 大豆科学，1994，13(4)：302-310.

[57] 冯利平，莫志鸿，黄晚华，等. 湖南省季节性干旱对双季稻生长及产量影响的模拟研究. 作物学报，2011，37(5)：1-8.

[58] 孙宁，冯立平. 利用冬小麦作物生长模型对产量气候风险的评估. 农业工程学报，2005，21(2)：106-110.

[59] 刘布春，王石立，庄立伟，等. 基于东北玉米区域动力模型的低温冷害预报应用研究. 应用气象学报，2003，14(5)：616-625.

[60] 王石立，马玉平，庄立伟. 东北地区玉米冷害预测评估模型改进研究. 自然灾害学报，2008，17(4)：12-18.

[61] 马树庆，刘玉英，王琪. 玉米低温冷害动态评估和预报方法. 应用生态学报，2006，17(10)：1905-1910.

[62] 张建平. 基于作物模型的农业气象灾害对东北华北作物产量影响评估：博士论文. 北京：中国农业大学，2010.

[63] 郑大玮. 北京地区冬小麦冻害及防御对策. 北京农业科学，1985(5)：7-14.

[64] 张雪芬，余卫东，王春乙，等. WOFOST模型在冬小麦晚霜冻害评估中的应用. 自然灾害学报，2006，15(6)：337-341.

[65] 石春林，金庆之. 基于WCSODS的小麦渍害模型及其在灾害预警上的应用. 应用气象

学报，2003，14(4)：462-468.
[66] 杨京平，陈杰. 计算机模拟渍水时期及持续时间对春玉米生长及产量的影响. 生物数学学报，2001，16(3)：353-361.
[67] 马新明，杨林楠. 农业信息技术. 北京：中国农业出版社，2010.
[68] 邓兴，王华军，王合闯. 基于无线网络技术的地质灾害预警系统. 电脑知识与技术，2010，6(31)：8695-8696.
[69] 钟开斌. 美国城市应急管理信息化的进展与趋势. 学习时报，2011-10-17.
[70] 国务院办公厅关于印发国家综合防灾减灾规划(2011—2015年)的通知. 民政部门户网站. 2011-12-08 [2011-12-08] http：// www. mca. gov. cn/article/zwgk/mzyw/201112/20111200240992. shtml.
[71] 刘长斗，张岩. 运用现代信息技术减灾救灾——湖北、吉林的探索与实践. 中国减灾，2005(8)：11-12.
[72] 徐富海. 物联网在国际防灾减灾领域的应用与发展. 中国减灾，2011(17)：14-15.
[73] 张琼. 发展农业物联网，提升农业信息化——记中国农业科学院孙忠富博士. 海峡科技与产业，2011(11)：70-71.
[74] 穆建国. 信息技术在灾害远程教育领域的应用. 中国减灾，2005(9)：38-39.
[75] 涉农气象服务日新月异，高科技已应用在多方面. 天津：北方网. 2012-06-17[2012-06-17]. http：// news. enorth. com. cn/system/2012/06/17/009461053. shtml
[76] 河南麦收农机手6月20日前可享受免费气象手机短信服务. 2012-05-21[2012-05-21]. 新华网河南频道 http：// www. ha. xinhuanet. com/add/touti/2012-05/21/content_25263250. htm
[77] 刘素英，李志宏，王慧军，等. 整合农业减灾专家系统促进科技成果转化. 农业科技管理，2006，25(4)：86-87.
[78] 李进. 利用微博加强和创新社会消防管理. 城市与减灾，2012(2)：25-27.
[79] 范一大. “数字减灾”——“数字地球”发展的重要方向 // 国家减灾委办公室，国家减灾委专家委员会. 2010年国家综合防灾减灾与可持续发展论坛文集. 北京：中国社会出版社，2011：167-173.

第10章

生物技术在农业减灾中的应用

生物技术(biotechnology)是以现代生命科学为基础,结合其他基础科学的科学原理,采用先进的科学技术手段,按照预先的设计对生物或生物的成分进行改造和利用的技术。现代生物技术主要包括基因工程、细胞工程、发酵工程和酶工程。生物技术是当今高技术中发展最快的领域,在医疗、农业、工业和环境保护等领域已经广泛应用,并取得了巨大的经济效益与生态效益,在农业减灾中也发挥着越来越大的作用。

10.1 生物遗传育种技术在农业减灾中的应用

植物病、虫、杂草等生物灾害是发展农业的重要障碍,对各种农作物和果树、林木、蔬菜、花卉、药材等栽培植物的产量和品质带来不利影响。重大植物病虫害事件甚至能酿成灾荒。如马铃薯晚疫病曾导致上百万爱尔兰人因饥荒而死亡或逃亡。尽管植物保护工作者和育种及化学科技人员付出了巨大的努力,各种病虫害仍间歇流行时起时伏。杂草和鼠害更是延绵不断,难以灭除和根治[1]。世界上每年因虫害而造成的农产品损失估计为13%。在我国,水稻每年因虫害减产10%以上,小麦减产近20%,棉花产量损失达20%~30%,如果加上这些农产品在贮藏过程中因虫害而造成的损失则更大。目前,农作物保护主要依赖施用农药,从长远看,必须发展绿色环保型农业,以减少能源和化学药剂的投入,防止产生农药残留、环境污染及害虫的抗药性。生物遗传育种技术的发展克服了常规育种的不足,开辟了农业减灾的新时代。近年来,现代生物技术被引进生物遗传育种工作,并在农业减灾中得到越来越广泛的应用,常能起到常规技术起不到的作用,人们普遍认为下一次作物产量的飞跃将寄希望于生物遗传育种技术在农业减灾方面的发展和应用。

10.1.1 生物遗传育种技术

生物遗传育种技术即改良生物的遗传特性,以培育高产优质品种的技术。它以遗传学为理论基础，并综合应用植物生态、植物生理、生物化学、植物病理、基因工程和生物技术等多种学科知识，是一项投资少、效益高的生物技术，对发展种植业生产和农业减灾具有十分重要的意义。

中国应用现代育种技术改良作物品种始于20世纪初。先是在稻、麦、棉三大作物中进行引种、纯系育种和杂交育种，先后育成了以中大帽子头(稻)、金大2905(麦)、中大2419(麦)等为代表的改良品种进行示范推广。1949—1979年间作物育种事业发展迅速，育成并用于生产的粮、棉、油、糖、麻、烟等25种大田作物的品种达2 729个，其中推广面积在16.7万hm^2以上的有265个。目前全国主要农作物已基本实现良种化[2]。作物育种目标以增加产量为重点，在此基础上也越来越重视抗病虫、优质和稳产等。20世纪50年代中后期开展了水稻矮化育种，育成的著名品种有矮脚南特、广场矮、珍珠矮等。这一成果也推动了小麦、高粱、玉米等作物矮化育种的发展，显著提高了粮食作物抗御风雨倒伏的能力。在杂种优势利用方面，玉米由于育成了配合力和农艺性状兼优的自交系，加速了单交种的推广，逐渐形成了以单交种为主，结合应用双交、三交、顶交种的布局。1983年玉米杂交种面积达播种面积的70%。最早利用细胞质雄性不育生产杂交种的是高粱，从20世纪60年代后期开始，先后育成和推广了以晋杂5号等为代表的一批高产杂交组合。特别是70年代杂交水稻的育成为大幅度提高中国和世界的稻米产量做出了重大贡献。作物的杂交种普遍表现出很强的丰产和抗逆性状，提高了我国粮食生产的抗灾稳产水平。抗病育种主要是针对抗稻瘟病、白叶枯病，小麦锈病、赤霉病、白粉病，烟草黑胫病等，尤以小麦抗锈育种的成就显著，目前正从抗单一病害向多抗性育种发展。此外，以品质改良为目标的育种工作，如培育优质丰产的长绒海岛棉、低芥酸油菜、高油分花生、高赖氨酸玉米等也都取得了一定进展[3]。

抗寒或早熟育种使作物分布得以逐渐向高纬度和高海拔地区扩展，并使低温灾害明显减轻。1950年以前，中国西藏主要农区在海拔3 200 m以上不能种植冬小麦。50年代引入冬性较强的“肥麦”以后，很快发展成为春冬麦兼种地区。超早熟大豆品种的育成，使黑龙江北部10℃以上活动积温1 800℃·d以上地区能够种植大豆。耐旱作物和耐旱品种的选育则为半干旱地区农业生产的稳步增长做出了贡献。利用品种抗性减轻病虫为害已证明是既经济有效又可避免污染环境的措施，如20世纪50年代中期孢囊线虫病对美国南部大豆生产的致命危害，近年来根腐病在中国黄淮地区对甘薯生产的威胁，都由于抗病虫品种的育成而大为减轻。巴西育成抗酸性土壤铝害的小麦品种，美国育成可用纯海水灌溉的耐盐大麦，国际热带农业中心选育在缺磷土壤仍能丰产的豆类品种等，说明育种在增强作物对不良土壤和水环境的耐受能力方面同样具有巨大的潜力[4]。

谷类作物提供人类食物热量的70%，但蛋白质的含量大多较低。自20世纪50年代发现冬小麦高蛋白基因和60年代初发现玉米高赖氨酸突变体奥派克2(简称O2)之后，品质育种进展较快。一些产量不低于原有推广种而蛋白质含量提高1%～2%的冬小麦品种已在美国推广。国际玉米小麦改良中心也育成了带O2高赖氨酸基因和硬质胚乳的玉米改良群体。在油料作物方面，近50年内苏联通过轮回选择，已将向日葵籽含油量从30%提高到50%左右。加拿大则在油菜低芥酸和低硫代葡糖苷育种方面取得成功。棉花品质育种在使纤维质量不断得到改进的同时，正进一步致力于棉籽高油分、无棉酚、高蛋白品种的选育，有可能使棉花成为棉油兼用作物。饲料作物育种也在育成少含或不含有害成分品种方面取得进展。[5]

10.1.2 生物遗传育种技术在农业减灾中的应用

生物遗传育种技术越来越多地运用于农业减灾中，主要是提高产量、改良品质和获得抗逆植物。首先，生物技术既能提高作物产量，还能快速繁殖。其次，生物遗传育种技术既能改良作物品质，也能延缓植物的成熟，从而延长了植物食品的保藏期。第三，在培育抗逆作物中发挥了重要作用。例如，用基因工程方法培育出的抗虫害作物，不需施用农药，既提高了种植的经济效益，又保护了环境。例如我国培育的转基因抗虫棉品种，植株含有能抑制害虫却对人畜无害的生物毒素，1999 年已推广 13.3 万多 hm^2，创造了巨大的经济效益。下面介绍几种生物技术在提高产量、改良品质和获得抗逆植物方面应用的一些范例。

10.1.2.1 利用植物细胞工程技术进行作物倍性育种

通过花粉培养、未受精子房和胚珠培养及试管受精等均可诱导形成单倍体，通过胚乳培养也可获得三倍体，通过植物愈伤组织中普遍存在的染色体变异还能培育出非整倍体变异的个体。利用植物细胞工程技术进行的倍性育种，可大大缩短育种周期，提高选择效率，还可培育出几种倍性水平的个体，更大的优点是育种工作不受季节的限制。由于花药培育和花粉离体培养技术已较为成熟，加上基因枪转基因等技术的发展，今后有可能以花粉作为外源基因的受体，用于作物的遗传转化。接受外源 DNA 的花粉可培养成单倍体植株并很快加倍纯合，或经体外培养成熟后直接用于授粉以获得转基因后代[6]。

10.1.2.2 远缘杂交育种与胚挽救技术

杂交失败的原因之一是胚在发育早期夭折。杂种胚早期败育一般是由于胚乳发育不正常或是杂种胚与胚乳之间生理上的不协调引起的。因此，许多种间与属间杂交时，受精和早期胚发育还是能进行的，但在胚成熟前就死亡，不能形成成熟的种子。在胚败育之前，对杂种胚进行人工培养就可克服胚发育的生理障碍，从而获得种间或属间杂种。1925 年 Laibach 发现远缘杂交植物进行离体胚培养可以使胚在培养基上正常生长。目前胚培养已广泛地应用于农作物和园艺植物的育种工作，为农业生产提供了一些新作物品种，如豆科植物间的种间杂种。胚培养技术主要在一些亚洲国家应用。如印度科学家在栽培种菜豆、麻黄和花生的远缘杂交中获得了理想的重组体。日本科学家获得了柑橘属、李属和芸薹属品种各一个和 5 个百合栽培种。中国农业科学院蔬菜所培养结球甘蓝和大白菜的杂种胚得到了种间杂种。中国科学院植物所和北京市农林科学院合作育成早熟桃新品种“京早 3 号”，成熟期比一般早熟桃提前 15～20 d。中国科学院西北植物所得到了节节草和普通小麦的属间杂种[6]。

10.1.2.3 利用植物细胞工程技术筛选无性系变异和细胞突变体进行突变育种

研究表明，通过无性系变异可对作物的株高、熟期、抗病性、品质等性状进行改良。已经观察到体细胞无性系变异的植物有甘蔗、马铃薯、菠萝、水稻、小麦、玉米、燕麦、大麦、小黑麦、谷子、油菜、大豆、兰花、番茄、茄子、瓜类、甜菜、芹菜、烟草、草莓、桃、天竺葵、倒挂金钟、香石竹、水晶掌和锦带花等。目前已在水稻、番茄、小麦、玉米等作物的组织培养中通过对无性系变异筛选，培养出一批优良新品系。澳大利亚科学家在体细胞无性系变异研究中证明了无性系变异体筛选方法在小麦、甘蔗和其他作物改良中的有效性，通过培养期间施加选择压力已经筛选获得体细胞无性系变异体及其品系，现已作为品种推广。日本获得了百合、西瓜、大丁草、草莓和兰属的新品种及抗病性水稻、番茄和烟草品系。泰国获得了改良型香蕉和菊花新品种。印度从芥菜和芸薹属中诱导出早熟性、株高、成熟度较好的变异体。我国近年来在稻麦体细胞无性系变异育种方面也取得了令人鼓舞的进展，已经培育出抗白叶枯病及赖氨酸、甲硫氨酸、异亮氨酸、丝氨酸和酪氨酸含量高于亲本系的水稻变异体，培育的抗盐水稻在 1992 年就已种植 2 000 hm^2，还选育出一批蛋白质含量高的白粒小麦新品系。

细胞突变体的筛选最早始于 1959 年，Melchers 在金鱼草悬浮细胞培养中获得了温度突变体。1970 年，Carlson、Binding 和 Heimer 等分别分离出烟草营养缺陷型细胞、矮牵牛抗链霉素细胞系及烟草抗苏氨酸细胞系。迄今已经在不少于 15 个科、45 个种的植物细胞培养中筛选出 100 个以上的细胞突变体或变异体，其中包括水稻、小麦、玉米、高粱、大麦、燕麦、甘蔗、大豆、亚麻、番茄、马铃薯、胡萝卜、苜蓿、烟草、向日葵等作物。筛选出的突变体有抗病细胞突变体、抗氨基酸及其类似物细胞突变体、逆境胁迫抗性突变体、抗除草剂细胞突变体及营养缺陷型细胞突变体等。筛选抗氨基酸及其类似物的突变体可以提高突变体细胞中的氨基酸含量，目前已在烟草、水稻、大麦、小麦、玉米、胡萝卜、苜蓿、马铃薯、拟南芥等十几种作物上做过试验。作为选择剂，除直接应用某种氨基酸外，还更多应用氨基酸类似物，如 *DL*-5-甲基色氨酸(5-MT)、氨乙基半胱氨酸(AEC)、羟基脯氨酸(HYP)、四氧赖氨酸(OL)及刀豆氨酸等。当上述氨基酸在培养基中提高到一定浓度时就可分离出能忍受过量氨基酸抑制的突变体，其氨基酸代谢水平一般较受抑制的细胞为高，有的突变系细胞中的游离氨基酸可提高几倍至二三十倍之多，而且这一性状可在由其再生的植株上得到表达，这一方法已在牧草良种选育中得到应用。植物组培与诱变育种相结合选育植物新品种是一种好的育种方法。植物试管苗大多是由愈伤组织中的胚性细胞发育而成，对植物愈伤组织进行诱导可加大愈伤组织的变异，增加可选择范围。用植物的试管苗进行选择具有明显的优点：选择的个体小，突变率高，既减少了选择费用，又增加了选择的可能性，中选材料可很快进行繁殖，加快了作物遗传育种的进程[8]。

10.1.2.4 利用植物细胞工程技术进行转基因育种

在 1983 年首次获得转基因烟草和马铃薯后，基因工程在作物遗传改良中不断取得重大进展。在抗病毒植物基因工程方面，已提出导入病毒的外壳蛋白(CP)基因、利用病毒卫星 RNA、利用反义 RNA、利用病毒的复制酶基因、利用植物本身编码的抗病基因等多种技术路线防治病毒病。在抗虫植物基因工程中，通过克隆编码苏云金芽孢杆菌的 Bt 毒素蛋白基因和蛋白酶抑制剂基因，并将其转移到植物受体中，已获得转基因烟草、棉花、水稻、甘蓝等植株，其中转基因抗虫棉已经大面积推广。在抗除草剂植物基因工程方面已获得能抗特定除草剂的蔬菜、油菜、大豆、棉花、烟草等。植物雄性不育基因工程可以使一些转基因成功的植株不育，现已用基因工程方法实现了三系配套[9]。采用仅在花药绒毡层细胞中表达的 TA29 基因的专一启动子，与真菌或细菌中的核糖核酸酶基因融合，使 RNA 酶特异地在绒毡层细胞中表达而导致花粉败育。恢复系是利用 RNA 酶抑制基因，使其置于绒毡层特异性表达启动子控制之下。保持系是利用雄性不育基因与除草剂抗性基因连接，用除草剂对不育系进行选择[10]。该技术现已在烟草、玉米、油菜、棉花及一些蔬菜作物中应用，其中烟草、油菜已进入田间试验。美国近年来已经或即将推广面向市场，通过生物工程技术培育出来的新型增值农作物，即第二代转基因农作物，有高油酸大豆、改良型动物饲料大豆、改良型食品级大豆、高月桂酸油菜、高硬脂酸油菜、低植酸玉米、生物转基因棉花等。目前的瓶颈是利用植物细胞工程建立各种作物规模化、工厂化细胞培育体系和转基因体系，这也是实现生物农业工厂化的基础。因此，有必要对植物细胞培养的关键技术进一步探索，对细胞脱分化和再分化的内部机制进行深入的研究和认识，以建立起不依赖基因型的高效细胞培养和转基因技术，以争取在任一作物和任一品种上都能获得成功。

10.1.2.5 分子标记技术

遗传标记的建立与分析是作物遗传育种中对目标基因进行定位、鉴定与选择的重要工具。遗传标记经历了形态学、细胞学、生化及分子标记四个主要发展阶段，其中形态标记可从表型（如白化、矮秆等特征）辨认，细胞学标记可从染色体形态变化（如缺失、重复、倒位等）识别，生化标记可从酶的催化反应中表现[11]。分子标记与其他遗传标记相比具有以下几个突出优点：直接以 DNA 的形式表现而不受环境条件影响；数量多，遍布整个基因组；多态性高；表现为“中性”，与不良性状无连锁；许多分子标记表现为共显性，能鉴别纯合与杂合基因型。因此，分子标记一经出现就广泛用于植物遗传图谱构建和基因定位、系统发育关系分析、种质资源分类鉴定、品种注册以及辅助选择等研究。从 1980 年人类遗传学家 Botstein 等首次提出了 DNA 限制性片段长度多态性(RFLP)作为遗传标记的 PCR 技术诞生至今，已经发展了十多种基于 DNA 多态性的分子标记技术，目前应用较广泛的分子标记有随机扩增多态 DNA(RAPD)、扩增片段长度多态性(AFLP)、简单序列重复长度多态性(SSLP)、序列标记位点(STS)等。显然，检测 DNA 水平上的遗传变异最精确的方法是直接测定 DNA 序列，通过对测定的 DNA 序列进行分析比较，即可揭示生物体间在单个核苷酸水平上的遗传多态性。基于这一原理最近发展了单核苷酸多态性(SNP)标记。尽管在植物分子标记中还未见这一技术的应用报道，但其应用前景十分美好。在植物遗传育种研究中，水稻、玉米、番茄等作物已有了较完整的分子图谱，一些重要农艺性状的分子标记和基因定位已取得很大进展。利用分子标记辅助选择，可通过分析与目标性状基因紧密连锁的分子标记来判断基因的存在与否。因分子标记不受基因表达时间、显隐性关系和环境等条件的影响，故可在早期进行选择，甚至在播种前用不含胚的半粒种（含胚的半粒用于播种）借助分子标记进行选择。分子标记辅助选择不仅减少了选择的盲目性，而且缩短了育种年限，大大提高了选择效率。回交转育目标性状是棉花育种常用的方法，若控制目标性状的基因为显性，选择具有目的基因的植株比较容易，但要获得纯合植株，须通过测交来验证。利用共显性的分子标记如 RFLP 标记技术，则使这一选择过程变得简单化，只需选择具有分子标记的植株即可获得纯合体。当回交转育的目标性状基因为隐性时，获得纯合植株比较容易，但转育过程中每回交 1～2 代就须测交以确认目的基因的存在。如果利用分子标记，测交的步骤就可以省去。育种过程中在转移目标性状基因的同时，常常带进一些与目的基因连锁的不利性状基因，即连锁累赘。如果在转育过程中利用与目的基因紧密连锁的分子标记辅助选择，便可以减轻连锁累赘，大大减少回交转育的世代。在利用分子标记辅助选择时，若能在目的基因两侧同时找到紧密连锁的分子标记，则会进一步提高选择的可靠性。同时，分子标记辅助选择育种可以实现多种基因的累加，培育出多抗或广谱的种质或品种。国际水稻研究所已通过分子标记辅助选择，将 4 种不同抗稻瘟病基因累加到同一水稻品种，获得了广谱抗稻瘟病材料。

10.1.3 生物遗传育种技术未来农业减灾目标

抗逆稳产仍然是中国作物育种的主要目标之一，特别是抗病虫。窄谱抗性将发展为广谱抗性，抗单一病虫害育种将发展为多抗性育种，“垂直”抗性将与“水平”抗性结合，使育成品种的抗性更为持久。由于营养需要的不断提高和农产品市场竞争的日益激化，品质育种也日见重要。同时，通过育种改良株型、提高群体光能利用率和使作物成熟期更加适宜，也将成为增加复种和进一步提高单位面积产量的重要条件。至于育种的途径与方法，任何时候都有常规与非常规之别。常规为主、多种方法互相配合，综合运用，将使育种水平得到进一步提高。如单倍体技术与诱发变异结合可提高隐性突变体的出现频率；组织培养与远缘杂交、多倍体育种结合可更快地筛选出有用材料；染色体工程将成为常规育种中导入外源基因的通用技术；质核置换也会产生有利的遗传变异等。此外，利用专性无融合生殖系等固定杂种优势的研究也在进展之中。20 世纪 70 年代以来，电子计算机的应用已使育种工作效率大为提高。随着细胞生物学和分子遗传学的迅速发展，细胞融合、分子探针、单基因克隆等新技术的成功试验更为作物育种带来强有力的手段。所有这一切都可能使作物育种技术在不久的将来产生新的革命性变化。

10.2 细胞工程和组织培养技术在农业减灾中的应用

细胞工程和组织培养技术在农业减灾中的应用十分广泛，尤其是在植物抗病虫育种、生物农药等方面，目前已大面积在生产上推广应用。由于与病虫害防治有关的基因的发现，以及细胞工程和组织培养技术的一系列突破，用于植物病虫害防治的植物基因工程产品首先得以开发并在农业上实现了商品化生产。

10.2.1 细胞工程

细胞工程是生物工程的一个重要方面。总的来说，它是应用细胞生物学和分子生物学的理论和方法，按照人们的设计蓝图，进行细胞水平上的遗传操作及大规模的细胞和组织培养。当前细胞工程所涉及的主要技术领域有细胞培养、细胞融合、细胞拆合、染色体操作及基因转移等方面。通过细胞工程可以生产有用的生物产品或培养有价值的植株，并可以产生新的物种或品系。根据设计要求，按照需要改造的遗传物质的不同操作层次，细胞工程可分为染色体工程、染色体组工程、细胞质工程和细胞融合工程等几个方面[12]。

10.2.1.1 染色体工程

染色体工程是按人们需要来添加或削减一种生物的染色体，或用别的生物的染色体来替换，可分为动物染色体工程和植物染色体工程两种。动物染色体工程主要采用对细胞进行微操作的方法（如微细胞转移方法等）来达到转移基因的目的。植物细胞工程目前主要是利用传统的杂交、回交等方法来达到添加、消除或置换染色体的目的。

10.2.1.2 染色体组工程

染色体组工程是整个改变染色体组数的技术。自从1937年秋水仙素用于生物学后，多倍体的工作得到了迅速发展，例如得到四倍体小麦、八倍体小黑麦等。

10.2.1.3 细胞质工程

细胞质工程又称细胞拆合工程，是通过物理或化学方法将细胞质与细胞核分开，再进行不同细胞间核质的重新组合，重建成新细胞。可用于研究细胞核与细胞质关系的基础研究和育种工作。

10.2.1.4 细胞融合工程

细胞融合工程是用自然或人工的方法使两个或几个不同细胞融合为一个细胞的过程。可用于产生新的物种或品系（植物上用得多，动物上用得少）及产生单克隆抗体等。其中单克隆抗体技术利用克隆化的杂交瘤细胞分泌高度纯一的单克隆抗体，具有很高的实用价值，在诊断和治疗病症方面有着广泛的应用前途。

10.2.2 组织培养技术

植物组织培养是20世纪之初，以植物生理学为基础发展起来的一门新兴技术，是指在无菌条件下，将离体的植物器官、组织、细胞以及原生质体，在人工配制的环境里首先培养成愈伤组织，经再分化进一步培养成完整的植株或生产具有经济价值的其他产品，也称离体培养。植物组织培养具有研究材料来源单一，无性系遗传背景一致，经济方便，效率高，培养条件可控，可周年试验或生产，生长快、周期短、重复性强，管理方便，利于自动化控制等优点[13]。

近40年来，植物组织培养技术得到了迅速发展，已渗透到植物生理学、病理学、药学、遗传学、育种以及生物化学等各个研究领域，并广泛应用于农业、林业、工业、医药业等多种行业，产生了巨大的经济效益和社会效益，被认为是一项很有潜力的高新技术。

10.2.3 植物细胞工程和组织培养技术在农业减灾中的应用

植物细胞工程和组织培养技术为农业生产带来了一场新的技术革命，成为人类摆脱由于农业灾害所面临的食物短缺、能源匮乏和环境污染等一系列问题的有力手段，对现代农林业的发展有着不可估量的意义，给害虫生物防治提供了新的途径和技术．提高了生物防治在害虫防治中的地位，给林业的可持续发展和安全生产提供了有力保障，拓宽了基因来源（从植物、动物、微生物中获得基因），由于植物的抗病、抗虫、抗除草剂性状多为单基因控制，这就为转基因作物率先在植保领域应用提供了可能。植物细胞工程和组织培养技术，由于它是特定抗性基因的定向转移，因而频率较高，比自发突变高出10^2～10^4倍，从而大大地提高了选择效率；另一方面其基因来源打破了种属界限，不仅植物来源的基因可用，动物、细菌、真菌甚至病毒来源的基因都可以使用。植物基因工程技术目前已成为一种广泛且有效地培育植株抗逆性的手段[14]。

10.2.3.1 培育抗虫转基因植物

植物抗虫基因工程是现代生物技术研究领域的重要成果之一，目前已从细菌、植物本身以及昆虫体内发现并分离到许多抗虫基因，导入植物体内获得抗虫转基因植物。我国科学家已成功地培育出一批转基因植物，其中抗棉铃虫棉花、抗黄矮病小麦、抗青枯病马铃薯等已进入大面积推广应用阶段。抗植物虫害的基因很多，目前经常使用的主要有 3 种：豇豆胰蛋白酶抑制剂(CpTI)基因、植物凝集素基因和来源于苏云金芽孢杆菌(Bt)的杀虫结晶蛋白基因。其中以植物 Bt 基因工程方面的研究最多，应用也最为普遍，且发展很快[15]。

1901 年，德国科学家伯利纳在苏云金城的地中海粉螟感病幼虫上首次发现了苏云金芽孢杆菌并加以定名。苏云金芽孢杆菌(Bt)是一种革兰氏阴性菌，它能在孢子形成过程中合成杀虫晶体内含物 δ2 内毒素。δ2 内毒素通常以原毒素形式存在，当被昆虫取食后，在消化道内被活化，与昆虫肠道上皮细胞上的特异性蛋白结合，δ2 内毒素全部或部分嵌合于细胞膜中，使细胞膜产生一些孔道，从而导致细胞由于渗透平衡被破坏而破裂，昆虫幼虫将停止取食而死亡。10 多年来，Bt 毒素蛋白编码基因在转基因抗虫植物中的应用卓有成效。1987 年比利时的 Vacek 研究小组、美国 Monsanto 公司 Fischhoff 等报道了首例有关转 Bt 基因烟草和番茄的研究结果，此后 Bt 基因相继被转入到棉花、水稻、玉米等农作物中，以抗鳞翅目昆虫为主要目标。

自 1988 年首批转基因植物(烟草、马铃薯)问世以来，迄今为止国外批准商业化应用的各类转基因植物产品已达 90 种，仅美国和加拿大就超过 50 种，其中大部分与病虫草害防治有关，如抗玉米螟玉米，抗棉铃虫、红铃虫棉花，抗病毒西葫芦、番木瓜等。1996 年全世界转基因农作物种植面积为 200 万 hm^2，1997 年猛增到 1 280 万 hm^2，1998 年又上升到 2 600 万 hm^2。我国转基因植物研究与应用也获得了很大的发展。1996 年国内研究和开发的转基因植物达 47 种，涉及各类基因 103 种，与病虫草害防治有关的基因约 62 种。我国自行研究培育的 4 种转基因植物、5 种产品已通过安全性评价获准商业化应用，与抗病虫有关的有 3 个，即抗棉铃虫棉花和抗病毒病(CMV)的番茄、甜椒。中国成为世界上独立研究成功转基因抗虫棉，并拥有自主知识产权的第 2 个国家。抗虫棉的育成和推广也标志着我国农业生物技术开始进入产业化发展阶段。

中国农业科学院生物技术研究中心的郭三堆等将人工改造后的 Bt 毒素蛋白基因导入我国主栽棉花品种泗棉 3 号、中棉 12 号等，得到了高抗棉铃虫的转基因棉，已进入推广阶段[16]。2000 年我国转基因抗虫棉大面积种植，表现出对棉铃虫具有较好的抗性。全国仅黄河流域棉区种植面积已达 106.7 hm^2，其中冀、鲁、豫、晋、陕棉区转基因抗虫棉种植面积分别占棉花面积的 96%、90%、40%、90%和 70%。南京农业大学等单位在 1995 年培育出世界种业领先水平的优质、高产的转基因抗虫棉——南抗 3 号。南抗 3 号是我国“863”重点攻关科技项目，该品种具有较好的丰产性、优质性和适应性，产量比国外转基因棉种增产 20%以上。这一成果引起世界农业专家和跨国种业公司的关注[17]。

我国在转基因抗虫水稻研究上也获得突破。国家“863”高新技术项目、复旦大学遗传研究所唐克轩博士主持的“运用转基因技术防治水稻褐飞虱虫害研究”课题，经过 3 年多的协作攻关，取得重大成果。经专家鉴定，该项成果填补了国内空白，达到国际先进水平。褐飞虱是我国和许多亚洲国家水稻生产中的重要害虫。研究人员将水稻褐飞虱抗性基因成功地导入粳稻品种中，提高了粳稻品种对褐飞虱虫害的预防能力。此外，他们还将此项研究拓展到我国杂交稻领域，运用生物技术与常规技术相结合的方法，从而有效地控制水稻褐飞虱的危害。

另据报道，转基因欧洲黑杨对舞毒蛾和尺蠖毒杀死亡率达 85%～100%，目前已进入大田试验。中国农业科学院生物技术中心将 Bt 基因导入水稻，转基因水稻对三化螟的毒杀效果达 90%以上。

10.2.3.2 抗病毒育种

抗病毒作物的研究已取得多方面的成就。烟草花叶病毒(TMV)是一种 RNA 病毒，由单链 RNA 及外壳蛋白所组成，它主要感染烟草等植物。受感染的植物组织具有抵抗 TMV 感染的能力。这种免疫力是因为感染病毒后的产物可抑制新侵入病毒释放 mRNA 所致。TMV 的外壳蛋白在此起缓解感染作用。最近已成功地将 TMV 外壳蛋白的基因引入到烟草细胞中，转化植物细胞中可以产生这种外壳蛋白，并表现出对 TMV 感染具有一定的抗性。

苜蓿花叶病毒(AMV)是一种较为复杂的 RNA 病毒，具有交叉保护功能，由 3 条 RNA 组成。它们分别包装在不同长度杆状颗粒内。美国科学家利用 Ti 质粒作为载体，成功地将 AMV 外壳蛋白基因转移到烟草细胞内。外壳蛋白基因在花椰菜花叶病毒(CaMV)35S 启动子的控制下，在转化植株中产生的外壳蛋白具有抗病毒的效果。

马铃薯卷叶病毒(PLRV)是引起马铃薯退化的主要病毒，严重继发感染可导致减产 80%，全世界每年减产约 200 万 t。在内蒙古大学张鹤龄教授的主持下，1993 年完成国家自然科学基金项目“马铃薯卷叶病毒外壳蛋白基因分子克隆”课题后，他们利用自己合成克隆的 PLRV(中国株)外壳蛋白基因，通过农杆菌介导转化，经数年选育，获得性状稳定的 5 个品种的抗卷叶病毒的马铃薯品种，共 20 个株系。这些在生产上具有推广应用价值的品种资源，与 CK 相比，PLRV 带毒株降低 50%以上。2000 年小区试验，各品种转基因马铃薯平均增产 30%以上，最高单产达 63.0 t/hm^2，并且其品质与没有转基因的马铃薯相差无几。该研究在国内外创造性地建立了效率较高的用农杆菌介导转化马铃薯和诱导再生小植株技术，首次建立了用卷叶病毒复制酶基因互补 DNA 核酸分子探针测转外壳蛋白基因植株中的卷叶病毒的新技术[18]。同时对转基因马铃薯抗性机理进行了进一步的探讨，在国内首次提出与转录后的基因沉默有关。

10.2.3.3 抗真菌作物

几丁质是真菌细胞壁的组分之一。几丁质酶可破坏几丁质。美国科学家已从灵杆菌中分离出几丁质酶基因并导入烟草中。大田试验结果表明，这种转基因烟草抗真菌感染与施用杀真菌剂同样有效，而且收成更好。目前，已将几丁质酶基因导入番茄、马铃薯、莴苣和甜菜，并正在进行大田试验。这一技术对蔬菜和果实类植物抗真菌感染具有重要意义。

10.2.3.4 抗细菌植物

抗细菌转基因育种目前集中在利用抗菌肽蛋白方面，抗菌肽于 20 世纪 80 年代从美国惜比古天蚕蛹中发现，具有较强抗革兰氏阳性和阴性菌活性，国外已有许多报道把抗菌肽基因转入烟草和马铃薯中，我国也获得了抗立枯病的转基因马铃薯植株。

柑橘细菌性溃疡病是柑橘业毁灭性病害，国内外均将其列为重点检疫对象。中国农业科学院柑橘研究所陈善春等进行了大量研究，已建立了一套有效的农杆菌介导的柑橘遗传转化技术。抑菌试验和电镜观察表明，柞蚕抗菌肽对柑橘溃疡病病原菌具有很强的抑菌效应，它可迅速破坏病原菌的细胞膜，导致膜内物质渗出胞外而致死亡。

10.2.4 生物防治是防灾减灾重点之一

面对21世纪，现代生物技术将会发挥更加重要的、难以预料的作用，并将逐步成为活跃的新兴产业。与农业病虫害防治有关的细胞工程和组织培养技术无疑会继续在其中扮演重要的角色。随着新的抗病虫基因资源的发掘利用，植物与病菌相互作用机理研究的深入，以及生物技术本身的不断发展，预计21世纪除了抗虫、抗病毒、抗除草剂转基因植物外，抗细菌等基因工程的研究也将取得突破而走向应用。通过病菌或昆虫本身的基因操作，可能找到消灭病虫害的新方法。由于对有益病毒、细菌、真菌分子生物学研究的深化，生防微生物的遗传改良将更有成效，遗传工程微生物农药将成为生物防治的重要手段。尽管转基因作物还是发展初期，让公众接受还需要一个过程，但随着植物基因工程技术的发展，不久的将来可能出现高产优质，集高光效、抗病虫和抗逆等特性于一身的作物新种[16]。有的学者预测，不久的将来，将可能应用基因方法控制大部分病虫害。许多科学家甚至还预言，21世纪所有主导的农作物都将是基因工程产物。

10.3 胚胎工程和克隆技术在农业减灾中的应用

胚胎工程是指对动物早期胚胎或配子所进行的多种显微操作和处理技术，包括体外受精、胚胎移植、胚胎分割移植、胚胎干细胞培养等技术。胚胎工程是对哺乳动物的胚胎在体外进行人为控制操作，让其继续发育以获得优良或珍稀动物个体，进而具备抵抗不利环境的能力，并应用这类技术进行基础研究和应用开发性研究。植物克隆技术在农业种子上的应用实质上就是人工种子技术，通过此技术来增加种子产量和抗性，使其具备抗御农业灾害的能力。

10.3.1 胚胎工程技术

胚胎工程技术是胚胎移植技术发展到一定程度而出现的名词，是由发育工程演变而来的。胚胎工程技术根据其发展现状包括以下9类：①胚胎移植技术；②胚胎冷冻保存技术；③胚胎分割技术；④体外受精技术(试管动物技术)；⑤性别控制技术，即XY精子分离和胚胎性别鉴定技术；⑥转基因动物技术；⑦动物克隆技术(细胞核移植技术)；⑧胚胎干细胞技术；⑨胚胎嵌合技术。

目前，前5种技术已在生产实践中得到不同程度的应用，但应用较多的是前2种技术，其他几种技术由于设备投入成本较大和成功率较低，尚处于实验室向生产转化阶段。近30年来，随着生物技术的发展，胚胎工程技术也日新月异，在促进畜牧业发展及其相关领域研究中取得了令人瞩目的成就。

10.3.2 胚胎工程在农业减灾中的应用

10.3.2.1 胚胎移植技术

胚胎移植技术是继人工授精之后发展起来的繁殖高新技术，目前已成为扩大优良家畜遗传资源的主要手段，20多年来进行胚胎移植的动物数量和种类逐年增加，已成为畜牧技术服务业中最活跃的产业[19]。

10.3.2.2 胚胎冷冻保存技术

20世纪70年代鼠胚胎在−196℃和−269℃冷冻保存获得成功，引起科学界的广泛重视。随后相继应用这种方法在牛、兔、绵羊、大鼠、山羊和马等多种动物上获得成功。胚胎冷冻技术经历了由繁到简的过程，主要围绕程序简化、缩短冷冻时间、选择低温保护剂及冷冻方法、解冻方法等方面进行研究，所选方法和程序的目的都是尽可能减少胚胎在冷冻时的物理损伤。冷冻方法有慢速冷冻法、快速冷冻法、一步冷冻法、玻璃化冷冻法和超快速冷冻法等。近年来对玻璃化胚胎冷冻的研究趋于向冷冻保护剂中添加各种物质，如糖类、抗冻蛋白(AFPs)、植物抗冻因子、透明质酸、盐等，以提高冷冻效果。胚胎冷冻保存是胚胎移植技术进入商业化阶段的关键，它可以使胚胎移植不受时间、地域限制，简化引种过程，防止疾病传播，还为建立优良动物的胚胎库提供了条件。家畜胚胎库的建立可实现简便廉价的远距离胚胎运输，促进国际间良种交换，增强了家畜生存能力。胚胎冷冻保存的利用使建立猪的胚胎库成为可能，可以在世界范围内运送冻胚以取代运送活物，从而降低引种费用，同时可以减少某些细菌或病毒的传染机会，减少因引种引起的疾病传播。目前，许多具有某些优良性状的地方基因濒临灭绝，胚胎冷冻保存使得保持物种的多样性和遗传资源的工作成为可能。

10.3.2.3 胚胎分割技术

胚胎分割是哺乳动物胚胎工程的重要组成部分，一个胚胎甚至可以分割为四个或八个，以获得同胚双生或多生后代。胚胎分割技术可以与其他胚胎生物技术相结合，为胚胎转基因技术、性别鉴定技术提供活胚检查的方法，为胚胎嵌合、胚胎干细胞技术提供卵裂球分离的方法和手段。胚胎分割还可以获得遗传上同质的后代，为家畜育种研究提供有价值的材料。由此可见，进一步提高胚胎分割技术的生产效率，完善技术和培养系统，可以使这门技术继续发挥作用，为畜牧业健康发展和减少灾害损失发挥重要作用。

10.3.2.4 体外受精技术

体外受精技术是指通过人为操作使精子和卵子在体外环境中完成受精。1982年，美国Brackett等获得了第一胎试管犊牛；1989年，我国首例试管牛在内蒙古大学诞生；1990年，利用冷冻体外受精胚胎技术在中国农业科学院获得三只试管牛。体外受精技术的进一步发展和完善为实现动物胚胎的工厂化生产提供了可能，对充分发挥良种母畜的繁殖潜力，加快家畜品种改良和优良品种遗传资源的开发与利用，加速畜牧业的发展具有重要的科学意义和实用价值[20]。

10.3.2.5 动物性别控制

动物性别控制是指通过人为的干预或操作，使母畜按人们的愿望繁殖所需性别后代的技术。半个世纪以来，关于分离精子的方法已有很多报道，如沉降法、密度梯度离心法、电泳法、白蛋白沉淀法、免疫法、凝胶过滤法、层析分离法等。这些方法都是以 X 和 Y 染色体之间的物理差异为依据，如密度、重量、形态、大小、活力和表面电荷等。近几年人们对性别控制的实用性研究尚在不断探索中，对生物性别实现有效控制和使胚胎性别鉴定达到实用化水平还有一定差距，今后应在深入研究性别决定技术途径的基础上，着重研发快速、准确、经济的胚胎性别鉴定方法[21]。

10.3.3 克隆技术

克隆即英文“clone”的音译，实意为无性繁殖系，即通过无性繁殖（如细胞有丝分裂）连续传代并形成的群体。克隆技术（cloning）则是指由众多基因或细胞群体中通过无性繁殖和选择获得目的基因或细胞的技术操作。克隆技术的意义在于：①用于良种繁育和特异品种保存。克隆技术能将具有优良性状的个体，像果树嫁接那样繁殖下去。②大量繁殖濒危物种。克隆技术可以克服自然条件下交配成功率低的困难，使濒危物种大量繁衍。1997 年，苏格兰的罗斯林研究所首次利用克隆技术克隆出绵羊多莉。

植物克隆技术实质上就是利用现代克隆技术与现代工业生产技术，把自然界的植物品种杂种优势或通过转基因技术及现代生物技术产生的高产优质抗虫抗病等优良遗传性状像“模型”一样简化，立即固定并迅速工业化生产出其繁殖体。植物克隆技术是克隆技术在植物无性传代繁殖中的应用。

目前植物克隆技术的研究与应用已远远超过动物克隆技术。植物人工种子的制作，即是在组织培养基础上发展起来的一项植物克隆技术。植物克隆技术创造出的结构和功能类似于天然种子的繁殖体或繁殖材料被誉为人工种子。人工种子技术就是利用细胞的全能性，即用适当的方法包裹组织培养所获得的具有发育成完整植株能力的分生组织，包括体细胞胚、愈伤组织、不定芽、生长点等。细胞的全能性可以说是现代生物技术的最基本理论之一。德国植物学家哈伯伦特（Haberlandt）于 1902 年提出细胞全能性（totipotency）的概念，即植物体的每个细胞携带着一套完整的基因组，并且有发育成完整植株的潜在能力，后来的研究完全证实了这个理论。

10.3.4 克隆技术在农业减灾中的应用优势

种子不仅是植物传种续代繁衍之本，而且也是人类衣食之源。人工种子技术是现代生物技术领域中最具有诱人前景的技术，即将组织培养产生的体细胞胚或不定芽包裹在能提供养分的胶囊里，再在胶囊外包上一层具有保护功能和防止机械损伤的外膜，造成一种类似种子的结构。自从 1978 年 Murashige 提出人工种子的设想与 Reden-Baugh 制造第一批人工种子以来，已有许多国家的植物基因公司和大学实验室从事这方面的研究。欧共体曾将人工种子研制列入“尤里卡”计划，我国也于 1987 年将其列入国家高新技术研究与发展计划（863 计划）。

经过20多年的努力，人工种子研究已取得很大进展。人工种子与天然种子相比，具有很多优点：

(1)可对一些自然条件下不结实的或种子很昂贵的植物进行繁殖，解决了有些作物品种繁殖能力差、结籽困难或发芽率低等问题。

(2)固定杂种优势，使 F_1 杂交种可多代利用，使优良的单株能快速繁殖成无性系品种，从而大大缩短育种年限。

(3)节约粮食。人工种子作为播种材料，在一定程度上可取代部分粮食(种子与块根茎等)。例如，一个12 L的发酵罐在20 d内生产的胡萝卜胚状体，可以制成1 000万粒人工种子，满足几千公顷农田的种植需要。

(4)人工胚乳除含有胚状体发育所需营养物质外，还可以在人工种子的包裹材料里添加各种附加成分，如固氮细菌、防病虫农药、除草剂、各种生长调节物质和植物激素类似物等，人为影响和控制作物生长发育进程和增强抗性，利于幼苗茁壮成长，提高作物产量。

(5)可以保存及快速繁殖脱病毒苗，克服某些植物由于长期营养繁殖所积累的病毒病等。

(6)人工种子可以工业化生产，提高农业的自动化程度。与试管苗相比成本低，运输方便(体积小)，可直接播种和机械化操作。

目前人工种子已在胡萝卜、苜蓿、芹菜、花椰菜、莴苣等植物上获得成功。

10.4 微生物技术在农业减灾中的应用

微生物技术在农业减灾中的应用主要体现在微生物农药防治农作物病虫害，保证正常生长，提高单位面积产量上。传统的化学农药毒性大、残留量高，长期使用会对环境和人类健康造成严重的威胁，破坏生态平衡。现在，从陆地到海洋，从热带雨林到极地冰川，到处都有农药的踪迹。自从使用化学农药以来，抗药性害虫已从10种增加到400多种。农药对环境的污染还导致非靶标生物受害和慢性毒性。随着社会进步和经济发展，人类的环境保护意识逐渐增强，营养价值高、无污染、无公害的农产品受到人们的青睐。生物农药具有安全性高、残留量低、无公害、生物活性高、选择性强等特点，得到人们的重视，因而得以迅速发展并获得独立知识产权，成为创制新农药的重要途径。从20世纪五六十年代开始，我国开始对生物农药进行研究。80年代把生物农药开发作为重点项目。20多年来，很多新的生物资源陆续被发现利用，生产工艺不断创新，大量产品开发出来。如今，微生物农药的研究和生产已成为生物农药的支柱产业。

10.4.1 微生物农药的概念及特点

微生物农药是生物农药中应用最广泛和发展最快速的一大类。

生物农药(biopesticides)包括生物体农药(organism pesticides)和生物化学农药(biochemical pesticides)。生物体农药指用来防治病、虫、草等有害生物的商品活体生物。生物化学农药是指从生物体中分离出的、具有一定化学结构的、对有害生物有控制作用的生物活性物质，可人工合成。此外，根据原料来源可将生物农药大致分为动物源农药、植物源农药和微生物源农药。虽然国内外研究和应用的生物农药品种较多,动植物源农药也有一些用于生产实践,但目前国内外广泛使用和主要进行研制的生物农药以微生物农药为主。有学者认为,"微生物农药是指使用细菌、真菌、病毒等活的生物体来预防、消灭或者控制危害农林生产的一种或几种有害生物的药剂"。人们主要是利用微生物农药或其代谢产物对有害生物的选择性毒性或拮抗作用,有效控制有害生物的生长、繁衍、危害。因此,较为准确的微生物农药概念是:由微生物活体及其代谢产物或加工而成,具有杀虫、杀菌、除草、杀鼠或调节植物生长等功能的活性物质。微生物农药是一类发展较快的生物农药,已逐渐成为生物农药产业的主体,与化学农药相比,有着诸多方面的优点:①研发选择余地大,开发利用途径多;②无公害、无残留、安全环保;③特异性强,不杀伤害虫天敌及有益生物,维持生态平衡;④不易产生抗药性;⑤环境相容性好;⑥生产工艺简单。以上为微生物农药普遍具有的特点。另外,微生物农药还可依不同种类而具有一些特别的优点。因此,高效生物农药的开发应用对人类健康、环境保护和农业的可持续发展都有极其重要的意义。

微生物农药是生物防治的物质基础和重要手段。随着微生物农药研究的深入和应用技术的发展,微生物农药的种类和数量越来越多,市场份额不断扩大,在有害生物防治中的作用会越来越大。

根据来源,微生物农药可分为活体微生物农药和农用抗生素两大类。活体微生物农药是把能使有害生物致病的病原微生物活体直接作为农药。可通过工业方法大量繁殖,加工成制剂后作为农药产品使用。细菌、真菌和放线菌等微生物在发酵过程中产生的次级代谢产物,具有抑制某些农业有害生物的作用,将这种物质加工成可直接使用的形态就是农用抗生素。根据用途或防治对象不同,微生物农药可分为微生物杀虫剂、微生物杀菌剂、微生物除草剂、微生物杀鼠剂、微生物植物生长调节剂等不同类型。若两者结合进行更细的分类,还可分为细菌杀虫剂、细菌杀菌剂、细菌除草剂,真菌杀虫剂、真菌杀菌剂、真菌除草剂等不同的品种。

10.4.2 微生物杀虫剂

化学杀虫剂防治害虫十分有效,但对非目标生物如人、家畜和野生动物有毒害,同时在作物、空气、水和土壤中有残留,加之害虫对化学杀虫剂逐渐产生抗性,长期大量使用往往弊大于利。因此,微生物杀虫剂日益受到重视,被认为是害虫防治最有希望的途径之一。

10.4.2.1 细菌杀虫剂

目前已筛选出的杀虫细菌大约有 100 种,其中被开发成产品投入实际使用的主要有日本金龟子芽孢杆菌、球形芽孢杆菌、缓病芽孢杆菌和苏云金芽孢杆菌等四种。其中苏云金芽孢杆菌是当今研究最多、用量最大的杀虫细菌,其制剂能用来防治 150 多种害虫(主要是鳞翅目)。此外,还有蜡状芽孢杆菌、幼虫芽孢杆菌和黄光假单胞菌等[22]。目前有关 Bt 菌系的研究和利用有两个方面,一是寻找自然存在的 Bt 新菌系,以防治更多种害虫;二是利用分子生物学技术将已确定的多种 Bt 菌系基因形成转合的 Bt 菌系,培养出防治谱更广的生防菌。美国、日本、朝鲜、法国、苏联、比利时等国都有 Bt 制剂生产,以美国的产量最大[23]。我国研究和应用 Bt 起步较晚,但发展较快。1965 年我国第一座工业化生产 Bt 粉剂的车间在武汉建成,1990 年国内 Bt 制剂产量已达 1.5 万 t,除国内大面积防治农业害虫外,还远销东南亚各国。

10.4.2.2 真菌杀虫剂

杀虫真菌目前世界上已记载的约有100属800多种，其中大约50%集中在半知菌亚门，如白僵菌属、绿僵菌属、被毛孢属、蟌霉属、拟青霉属、棒孢霉属等。各国应用研究最多的是白僵菌，其次是绿僵菌，此外还有拟青霉属、赤僵菌、虫生藻菌等；英、美等国家还有蚧生轮枝菌、汤普生多毛菌的商品制剂。白僵菌是发展历史较早、普及面积大、应用最广的一种真菌杀虫剂。在苏联主要用于防治马铃薯甲虫，美国用于防治森林害虫。我国应用白僵菌防治大豆食心虫、松毛虫及玉米螟等害虫已取得良好效果。由于20世纪初人们对绿僵菌防治效果不稳定感到失望，对绿僵菌的研究仅限于分类、培养特征、感染机制等方面，近20年随着巴西和澳大利亚广泛使用金龟子绿僵菌防治甘蔗和牧草害虫取得较大进展，研究绿僵菌成了热点，特别是近十余年在分子系统研究、基因遗传育种、剂型改进和扩大防治对象上都取得了较大进展[24]。

10.4.2.3 昆虫病毒杀虫剂

目前已知的昆虫病毒有1 600多种，其中60%为杆状病毒，可引起1 100种昆虫和螨类发病，可控制近30%的粮食和纤维作物主要害虫。我国在昆虫病毒研究领域中取得了较大进展，已从188种昆虫中分离到220多株病毒，其中110株为我国首次分离得到。目前在我国进行核多角体病毒杀虫剂生产的厂家为数不少，主要用于农业和林业，如防治棉花、高粱、玉米、烟草、番茄等作物的棉铃虫、斜纹夜蛾、茶毛虫等害虫。颗粒体病毒的应用不及核多角体病毒广泛，主要用于防治菜青虫、小菜蛾及黄地老虎等。我国生产的质多角体病毒主要为各种松毛虫的质多角体病毒，主要用于林区。目前有20多个国家的30多种病毒杀虫剂进行登记、注册和生产应用，我国也已有20多种病毒进入大田试验[25]。

10.4.2.4 农用抗生素

日本、美国、德国生产的杀虫农用抗生素主要有阿维菌素、杀蝶素、敌贝特、Verrucaloen等。我国已研究出杀蚜素和韶关毒素用于防治锈壁虱、棉蚜、叶螨，此外还有浏阳霉素、日光霉素、南昌霉素等用于防治果树、温室害螨，取得良好效果。

10.4.3 微生物杀菌剂

微生物杀菌剂是一类控制植物病原菌的制剂，主要有农用抗生素、细菌杀菌剂、真菌杀菌剂和病毒杀菌剂等类型。

10.4.3.1 农用抗生素

农用抗生素是微生物发酵过程产生的次生代谢产物，在低浓度时可抑制或杀灭作物的病、虫、草害及调节作物生长发育。国外以日本发展最快，居世界领先，先后开发了春日霉素、灭瘟素、多氧霉素、井冈霉素、灭孢素、杀螨霉素等。我国农用抗生素研究起步较晚，始于20世纪50年代初，但发展迅速，至今已取得很大成绩。井冈霉素、农抗120、春日霉素、庆丰霉素、多抗霉素、公主岭霉素、中生菌素、武夷菌素、科生霉素等农用抗生素品种相继研制成功和利用。经过几十年的研究探索，对新农用抗生素的筛选方法有较大程度改进和提高，已筛选出不少农用抗生素新品种，如多效霉素、769、891、5702、86-1、26 号等。

10.4.3.2 细菌杀菌剂

近年来以细菌防治植物病毒病取得较大进展。国外用放射土壤杆菌 K84 菌系防治果树根癌病是最成功的例子，并已商品化[26]。美国报道用草生欧氏杆菌防治梨火疫病效果与链霉素相当。沈阳农业大学生物农药工程中心利用拮抗木霉和拮抗细菌混合发酵制成粉剂，成功防治了保护地蔬菜和甜瓜的苗期病害，该产品 2007 年报道时正处于中试阶段。其他报道的细菌杀菌剂还有用于防治黄瓜及烟草炭疽病菌的地衣芽孢杆菌，防治甘蓝黑腐病的枯草芽孢杆菌，以及防治水稻纹枯病的假单胞菌等。由于细菌的种类多、数量大、繁殖速度快，且易于人工培养和控制，因此，细菌杀菌剂的研究和开发具有较大的前景[27]。

10.4.3.3 真菌杀菌剂

真菌杀菌剂研究和应用最广泛的是木霉，其次是黏帚霉类。木霉对植物病原真菌的抑制作用早已被发现和开发，如以色列开发出一种名为 Trichodex 的哈茨木霉制剂，能够防治灰霉病、霜霉病等多种叶部病害，已在欧洲和北美的 20 多个国家注册，具有良好市场前景。日本山阳公司开发了用于防治烟草白绢病的木霉属菌。WRGrace 公司开发了用于园艺的绿黏帚霉。Ecological Labs 的木隔孢伏革霉被用于森林病害的防治。我国开发研制的灭菌灵主要用于防治各种作物的霜霉病。此外，一些食线虫真菌可用来防治大豆孢囊线虫和根结线虫病害，如用淡紫拟青霉防治香蕉穿孔线虫病、马铃薯金线虫病并提高产量。但目前此类制剂商品化的寥寥无几，市场有待开拓[28]。

10.4.4 微生物除草剂

10.4.4.1 活体微生物

与杀虫剂和杀菌剂一样，为了减少对环境的影响，国外不少公司及研究机构对活体微生物作为除草剂的开发也十分活跃。如美国 Ecogen 公司等开发成功了用于防治水稻、麦类等作物苗期杂草的盘长孢状刺盘孢，美国 Abbott 公司开发了用于防除柑橘杂草的棕榈疫霉菌等真菌除草剂，日本烟草株式会社开发的黑腐病菌可用于防治草坪内的杂草早熟禾及翦股颖。加拿大在研究利用真菌 *Colletotrichum* sp. 防治锦葵和苘麻两类杂草上也取得重大进展，并有希望商品化生产。在活体微生物除草剂中以真菌所占比重最大，真菌除草剂的研究和开发最为活跃。我国首次将真菌用于杂草生物防治的研究是 1963 年利用炭疽病“鲁保一号”防治大豆菟丝子，1966 年以后生物除草剂“鲁保一号”推广到全国 20 多个省、市、自治区，防治效果稳定在 80%以上。新疆分离并研制出镰刀菌除草剂，采用割茎涂液的方法防除埃及列当，效果在 95%以上。

10.4.4.2 农用抗生素

近年来开发的除草抗生素也为数不少。如日本明治制果开发的双丙氨磷用于防除一年生和多年生禾本科杂草和阔叶杂草，并已商品化；日本三共株式会社研发的 Conmexisin 对单、双子叶杂草均有效；近年来研发的 Antibiotis-SF2494、Antibiotis-6241B 也具有良好除草活性。其他报道的还有硫代乳酸霉素、浅蓝菌素、丁香霉素、Alteichin、Tentoxin 等，也具有相当除草活性。但微生物产生的除草抗生素实用化的品种很少，除日本明治制果开发的双丙氨磷产业化成功外，其他几乎均未实现产业化。

10.4.5 微生物农药的发展前景

微生物农药的发现和运用已有半个世纪。在半个多世纪里，国内外专家研究出了微生物农用杀虫剂、杀菌剂、除草剂等，部分形成了商品进入市场，在农业发展中起到了重要作用。随着微生物农药的开发及生物技术的进步，生物防治效果大大提高，一些有很高应用价值的生物活性物质有可能大批量生产[29]。随着人类环保意识的进一步增强和农业的可持续发展，微生物农药的发展前景会更加美好。

（王春艳）

参考文献

[1] 朱西儒. 从生物工程技术认识植物保护研究的发展趋势. 广西植物，1997(17)：270-275.

[2] 李万云，李韬. 农作物现代育种新技术的研究与应用进展. 农艺科学，2005，21(12)：166-169.

[3] 王金艳，杨立国，李刚，等. 农作物现代生物技术育种方法研究与评价. 杂粮作物，2007，27(1)：25-27.

[4] 涂振东，叶凯. 生物技术在农作物遗传育种中应用的进展. 新疆农业科学，2003，40(6)：381-383.

[5] 北京农业大学. 植物遗传育种学. 北京：科学出版社，1986.

[6] 肖杰，张晶. 论植物组织培养在植物学研究及产业化中的地位和作用. 防护林科技，2004(4)：66-67.

[7] 汪勋清，刘录祥. 植物细胞工程研究应用与展望. 核农学报，2008，22(5)：635-639.

[8] 张东旭，周增产，卜云龙. 植物组织培养技术应用研究进展. 北方园艺，2011(06)：209-213.

[9] 朱行，郭晓东. 全球转基因作物发展回顾、展望和对策. 发展研究，2007(6)：11-14.

[10] 黄传杰. 植物基因工程技术在病虫害防治中的应用与展望. 安徽农业科学，2001，29(3)：320-324.

[11] 严智燕，张瑞香，黎宇. 生物技术在育种中的应用. 安徽农学通报，2008，14(11)：93-95.

[12] 李培夫，李万云. 细胞工程技术在作物育种上的研究与应用新进展. 中国农学通报，2006，22(2)：83-86.

[13] 张国强，翟秋喜. 我国植物组培技术的发展及展望. 安徽农业科学，2006，34(16)：3893-3895.

[14] 盛玉婷. 植物组织培养技术及应用进展. 安徽农学通报，2008，14(9)：45-47.

［15］牛斌．生物技术在植物病虫草害防治中的应用及展望．河北北方学院学报，2008，24(2)：37-41．

［16］郭三堆．植物 Bt 抗虫基因工程研究进展．中国农业科学，1995，28(5)：8-13．

［17］张天真，唐灿明，朱协飞，等．转基因抗虫杂交棉南抗 3 号的选育及应用．中国棉花，2011(10)：25-32．

［18］南相日，刘文萍，刘琦，等．马铃薯卷叶病毒外壳蛋白基因克隆转化及其转基因后代的表达．中国农学通报，2007，23(7)：106-109．

［19］李勇，窦忠英，杨炜峰．胚胎工程技术及其在畜牧业中的应用．西北农林科技大学学报，2004，32(2)：104-112．

［20］张富春，侯健，张家新，等．白细胞介素影响绵羊体外受精胚胎生长发育的研究．新疆大学学报：自然科学版，1998(4)：54-57．

［21］王国卿，田文儒，段晓坤，等．PCR 在牛早期胚胎性别鉴定中的应用．黑龙江动物繁殖，2000，8(2)：41-44．

［22］马雪，邱丽娜，弓爱君，等．Bt 生物农药研究进展．山东农业科学，2009(10)：65-69．

［23］Bocchini D A，Alves-Prado H F，Baida L C，et al．Optimization of xylanase production by *Bacillus circulans* D1 in submerged fermentation using response surface methodology. Process Biochemistry，2002，38：727-731．

［24］全宇，刘永翔，刘作易．绿僵菌属分类的研究进展．贵州农业科学，2011(10)：113-117．

［25］孙修炼，胡志红．我国昆虫病毒杀虫剂的研究与应用进展．中国农业科技导报，2006(6)：33-37．

［26］陶玉华．植物根癌病防治研究进展．广西植保，2004(2)：25-27．

［27］Hortencia G M-V，Victor O-P. Alteration of tomato fruit quality by root inoculation with plant growth-promoting rhizobacteria(PGPR)：*Bacillus subtilis* BEB-13bs. Scientia Horticulturae，113(1)：103-106．

［28］Zainal H，Hee S S. Nitrile glove permeation of benomyl. Archives of Environmental Contamination and Toxicology，2006，50(3)：429-436．

［29］Harrison R L，Bonning B C. Genetic engineering of biocontrol agents for insects. New York：Lewis Publishers，2000．

第11章

农艺减灾技术

11.1 适应原理与农艺减灾

11.1.1 农业生产中的适应原理

11.1.1.1 适应概念

适应(adaptation)在生物学中指生物在生存竞争中适合环境条件形成一定性状的现象，是自然选择的结果。

气候变化已成为当代人类面临的最大环境问题，政府间气候变化专门委员会(IPCC)从适应气候变化的角度给出如下定义：适应指调节自然系统或人类系统，以应对实际或预期发生的气候冲击或影响，通过调节可缓解危害或探索有利的机遇[1]。

根据系统工程的原理，可以将适应定义为：通过对外界环境的扰动做出反馈和响应，使自组织系统在新的环境条件下能正常运转和发挥其功能。

适应并非总是被动的过程，主动和有计划的适应可以更加有效地应对外界环境变化，以较小成本或代价化解环境胁迫或减轻灾害事故。

适应是人类与自然和谐相处的表现形式，是可持续发展的一项重要内容。

11.1.1.2 农业生产中的适应原理

农业系统由农业生物、农业生产资料、农业劳动力和经营管理者等要素组成。其中农业生产资料为无生命物体，对环境变化也有一定弹性，但不具有主动适应能力。农业系统的适应包括农业生物自身适应和人的适应行为两大部分。前者具有相对被动性，是无计划的本能反应；后者具有相对主动性，常常是有计划的。大多数农业生物的适应范围较窄，而人类可采取的适应手段多样，范围较广，适应能力可以超出生物的适应范围。

联合国粮农组织预估，如不采取适应措施，由于气候变化及其带来的极端事件危害加重，在未来全球平均气温升高 2.5℃的情景下，除少数高纬度国家农业略有增产外，大部分地区都将减产。如能采取趋利避害的适应措施，则全球各地仍能增产，但估算的标准差显示具有很大的不确定性(表 11.1)。[2]

表 11.1　全球增温 2.5℃情景下对农业的影响(占 GDP 比重)　%

地区	无适应措施		有适应措施		平均值
	最佳估计	标准差	最佳估计	标准差	
拉丁美洲	−0.8	0.6	0.6	0.7	−0.1
南亚和东南亚	−0.7	0.3	0.6	0.3	0.0
中东	−0.4	0.4	0.6	0.5	0.1
非洲	−0.2	0.2	0.6	0.3	0.2
经济与合作组织国家					
亚太	−0.2	1.6	0.8	1.6	0.3
北美	−0.3	1.3	1.0	1.3	0.4
欧洲	0.6	1.0	2.1	1.1	1.3
东欧和前苏联地区	0.9	1.2	2.7	1.1	1.8
亚洲中央计划国家	1.7	1.0	3.1	1.0	2.4

1. 农业生物的适应途径

(1)遗传适应　长期环境变化诱导生物基因发生改变，适应者生存发展，不能适应的被淘汰。遗传适应需较长时间，一旦形成比较巩固。有些基因还需要在一定环境条件诱导下才能表现出来，如作物品种的抗寒性需经一段时间的低温即春化作用，体内发生一系列生理、生化改变后才能形成；未经春化，冬季最耐寒的品种在夏季播种连 0℃的低温也不能抵御。

(2)驯化适应　生物较长时间处于变化了的环境中，会发生一系列生理或形态改变，逐渐产生对新环境的适应能力，如种子发芽或苗期的抗寒锻炼或抗旱锻炼。

(3)应激适应　生物对于突然的环境胁迫做出的反应。适度的应激可以提高机体适应能力，但过强的应激会使适应机制失效，导致机体功能障碍。

2. 人类的适应途径

人类的适应能力取决于对环境变化的认识、技术水平与物质条件，主要途径有：

(1)增强生物的适应能力　农业生物遗传基因的改变需要相当长时期。自然界发生特大灾变时，往往短时间内大量物种灭绝，经过一段时间后才有大量新物种通过遗传变异和自然选择产生。但农业生产上要求较短时间得到所需要的基因改变以应对环境条件的较大变化，具体措施是育种、选种和锻炼。

育种是通过人工杂交、嫁接、细胞工程或基因工程等方法改变遗传基因，通常育成一个综合抗逆、高产、优质等品质的良种需要少则几年，多则十几年，多年生乔木甚至需要几十年。但一旦育成，减灾效果十分显著且成本低廉，如 20 世纪 60 年代初中国北方小麦锈病曾连续大发生，农大 311 等高抗锈品种推广后锈病被迅速控制。

选种是在现有品种中选择相对抗逆者，能较快见效，成本更低。但在生产上抗逆品种往往产量较低或品质较差，难以两全。

锻炼是人为创造轻度不利环境条件，令发芽种子或作物幼苗经受逆境的锻炼，诱导植株体内产生相应的生理、生化或形态变化，从而增强对于外界胁迫的适应能力。锻炼本身并不改变生物的基因，但能使潜在的抗逆能力得到充分发挥。

(2)改良局部生境　可采用间接改良法和直接改良法。

间接改良法又称时空规避法，如调整种植结构与作物品种布局可以在空间上避开不利环境，调整种植制度、播种期或移栽期等可以在时间上避开不利环境。

直接改良法如灌溉、排水、耕作、施肥、覆盖地膜或秸秆、设风障、垄作、沟播、稻田水层调控等，都可以直接改善农田小气候。

(3)调整群体大小与植株不同器官之间的关系　调整播种量和留苗密度，调整营养生长与生殖生长、地上部与地下部生长的关系，既具有改善通风透光，改良局部生境的作用，也具有增强植株抗逆性的作用。如营养生长或地上部生长过旺，氮肥过多，不但降低植株对干旱、风雨倒伏等灾害的抵抗能力，而且由于群体郁闭，光照和通风不足，影响光合作用，增加呼吸消耗。果树与果菜类疏花疏果、玉米人工隔行去雄等可以改善通风透光，减少呼吸消耗和养分浪费，从而减轻干旱的影响。

与农业生物的自身适应相比，人为适应行动需要付出更多的物质与人力成本。

灾害是外界环境不利变化的一种极端表现形式，有时需采取对抗方式，更多情况下需要采取适应方式以降低减灾成本。农业生物的自身适应与人类适应行动的有机结合和优化组合，是实现科学、高效减灾的重要前提。

11.1.2 农艺减灾的作用

农艺(agronomy)指农作物生产的技术与原理，广义的农艺包括作物栽培、育种、耕作、施肥、病虫害防治、农机作业、灌溉和排水、农产品初步加工、贮藏及农业生产经营管理等，狭义的农艺主要指大田作物的栽培、耕作、施肥、排灌与病虫害防治等田间作业。

农业减灾途径包括工程减灾与非工程减灾。前者包括水利工程、农田基本建设工程、水土保持工程、土壤改良工程、农业生态工程、农业设施建筑工程等，需要大量机械、人工和资金的投入；后者包括调整种植制度与作物品种布局、改良农艺技术、培育抗灾品种、灾后救济与保险理赔以及灾害监测、预测、预警、备灾、编制预案等防灾工作。其中以农艺减灾涉及内容与环节最多，几乎涵盖了作物生产的全过程，是最基本的农业减灾行动。

有些农艺减灾措施是通过调节作物群体或个体以增强对外界不利环境的适应能力，如调整作物与品种布局、群体大小、营养生长与生殖生长的关系，补充水分和养分等，有些则是通过改善局部环境来达到减灾目的，如灌溉、排水、耕作改土、防治病虫害等，有些措施兼有两方面作用。目前耕作、播种、收获等农事活动主要由农机作业完成，但仍有许多措施需要手工劳动，尤其是园艺业。

各类农艺措施都必须遵循适应原理，违背规律的农艺措施不但不能减灾，还往往加重灾害损失。如1994年春季华北平原阴雨天多，菜豆迟迟不开花，有的农民频繁浇水追肥适得其反，茎叶疯长，结荚很少，而控制浇水和氮肥，增施磷钾肥的仍获丰收。

11.2 农业灾害诊断技术

11.2.1 农业灾害诊断的意义

11.2.1.1 农业灾害诊断的必要性

诊断(diagnosis)原指从医学角度对人们的精神和体质状态做出的判断,后来也用于司法部门判定血缘关系和伤害性质,工业交通部门对设备器材质量、事故隐患、线路故障的判断。

现有植物医院只对病虫草害诊断分析,但许多情况下作物生育的异常是由其他自然灾害、营养失调或管理不当引起,要具体分析鉴别才能选用正确的防治措施[3]。

由于长期以来农业灾害研究比较薄弱,在生产上经常发生由于对灾害种类、类型、成因、危害特征等的错误判断,导致盲目抗灾或麻痹松懈,造成不应有的损失。

由于农业灾害的复杂性与多变性,对农业灾害的科学诊断分析十分必要。但是与植物保护和动物医学等生物灾害防治工作相比,农业非生物灾害的诊断落后得多,尚未建立起系统的方法学与技术体系,远不能适应农业减灾的需要。

11.2.1.2 缺乏或错误诊断加大灾害损失或资源浪费的事例

农业灾害的苗情诊断,有些容易鉴别,如冰雹、洪水、风雨倒伏等;但有些灾害具有累积性和隐蔽性,不易识别。如有的受冻麦苗早春返青时虽然绿叶伸长,但分蘖节已经枯死,属“假生长”现象,如不能及时识别就会延误补救时机;反之,有的冬前旺苗受冻后一片枯黄,但只是地上部叶片、叶鞘和主茎、大蘖枯死,分蘖节和小分蘖仍存活,挽救余地很大。

对灾情的错误判断经常导致盲目抗灾。如 2008—2009 年和 2010—2011 年冬季,北方冬麦区自 10 月下旬到 2 月初,降水量比历史同期减少 60%~95%,但由于夏季和初秋雨量充沛,绝大多数麦田底墒良好,正常播种的小麦能够吸收深层土壤水分。黄河以北冬前普遍浇了冻水,水量相当于整个冬季降水量的 3~8 倍。实际情况是除少数播种质量差或完全没有灌溉条件的麦田受旱较重外,大多数麦田并未形成明显的农业干旱。隆冬盲目浇水遇寒流会加重冻害,遇回暖天气则易促成旺长,都不利于增产。有的媒体报道青枯的小麦叶片可搓成粉末点燃,其实这正是小麦冻害的典型症状,干旱只能造成叶片枯黄。

因未能判断灾害隐患而延误减灾的典型例子是 2009 年东北西南部的严重干旱。由于当年 6 月雨水充足,直到 7 月上旬,当地干部和技术人员普遍认为长势好于任何一年,丰收已成定局。但他们忽视了 6 月正值玉米拔节,雨水过多不利于根系生长和下扎的隐患。农谚有“有钱难买五月旱,六月连阴吃饱饭”之说(均指阴历)。过去老农要“三铲三耥”中耕蹲苗,雨季到来才挂锄。现在种完地就进城打工,很少有人中耕。由于根系发育不良、抗旱能力差,遇到 7—8 月持续高温干旱就迅速枯死,造成大面积绝收。对此不但媒体在很长时间内毫无反应,当地干部和技术人员也出乎意料。

近年来各地发生的“假种子”事件,有些是不法商贩坑害农民应予制裁,但也有不少是气象异常或灾害引起的[4]。如 2005 年 5 月初发生轻霜冻,北京市农林科学院培育的一个早熟小麦品种正值抗寒性最弱的孕穗期，抽穗后发现缺粒较多，河北省涿州市有的农民误认为是品种质量问题要求索赔。1999年北京市种子公司在山西某地玉米制种，因严重干旱导致父本与母本花期不遇而减产，当地农民为此还打起了官司。类似事件频繁发生，给育种机构和种子经营者带来巨大经济损失，归根结底受害的还是农民。

11.2.2 农业灾害的诊断方法

植物病虫害与动物疫病的诊断已形成完整的技术体系，这里我们只对农业非生物灾害的诊断方法作初步介绍。

11.2.2.1 形态特征观察法

是最基本最常用的方法。作物受灾有的是器官受损，如落花落果、枝干折断；有的是形态改变，如植株偏矮，茎秆细弱，叶面积偏小；有的是变色，如叶片枯黄，茎基发紫等。这些都能从外部形态观察或简单测量判断。但有时某些不同灾害可能造成类似症状，如干旱、涝渍、雨后暴热、盐碱害及许多病害都有可能造成植株枯萎；同一灾种作用于不同作物或不同发育期，受害特征也有所不同，如小麦叶尖霜冻害先变白后变黄褐，而甘薯叶缘受冻后发黑。

11.2.2.2 理化测定分析法

有些灾害发生初期植株外观不明显，但体内已发生生理生化改变，进行相关测定可帮助准确判断。如小麦越冬冻害因处于休眠状态，外表很难判断，人工返青则需很长时间。显微镜观察分蘖节细胞或生长锥虽能判断，但需较长时间且无法田间操作。组织染色能较快判断，冻伤后更易染色。测定氨基酸、甘油、不饱和脂肪酸等保护物质浓度也可用来判断抗寒性强弱。红外测温仪测定的作物叶温与气温差值变小可作为受旱指标。

11.2.2.3 环境气象与生态因子观测法

观测环境因子变化可帮助判断灾害是否发生及严重程度，其阈值即灾害指标。如作物发生霜冻时叶面温度要下降到0℃以下，植株受旱萎蔫时土壤相对湿度通常要低于60%。不同生物及不同发育阶段和苗情，受害指标也不同。如水稻需要水层保护，而谷子只要田间出现积水就会受涝。玉米苗期比较耐旱但极不耐涝，吐丝期却相当耐涝但极不耐旱。强冬性小麦品种在返青初期能忍受－10℃低温，但在孕穗期不能承受0℃的低温。

11.2.2.4 控制环境模拟实验法

许多灾害在自然条件下要间隔多年才发生，人工控制环境模拟实验可显著缩短研究周期。目前人工气候箱已能模拟自然光照下的不同环境温度、湿度与土壤水分，对盆栽植物给予不同环境条件处理，可用较短时间得出各种气象灾害的危害指标与形态特征。分期播种和地理播种法等田间试验方法成本较低，前者通过不同日期播种使苗期处于不同气象环境下，后者将同一种作物或品种放到不同纬度或海拔种植，也能使之处于不同气象环境。为比较不同干旱程度对作物的影响，可在试验地设棚，通过不同遮雨率造成不同旱情。新疆北部还通过人为制造不同厚度雪层覆盖，研究不同小麦品种的冻害指标与抗寒能力。

11.2.2.5 作物模式分析预测法

作物模式是农作物生长发育与环境条件关系的数学表达形式。国内外已研制出多种作物模式，可用以监测和预测作物生长发育进程与产量，制订合理的栽培技术措施，获得良好效果。需要注意的是，许多作物模式是基于正常环境条件下田间试验资料研制的，对灾害环境下的生长发育模拟效果较差。总的看，作物模式用于累积型灾害的预测评估效果较好，对于突发型灾害的效果较差。

以下我们重点介绍主要作物气象灾害的形态特征诊断。

11.2.3 主要作物气象灾害的诊断

11.2.3.1 小麦冬前苗情

冬前弱苗叶龄小，分蘖少，叶色淡，根系弱。

(1)干旱弱苗　秋雨少，底墒差，整地粗放，土壤悬松或坷垃多，心叶短小呈缩心状，灰绿干尖，由下往上逐渐枯黄，叶龄偏小，分蘖少且缺位明显，根少而细。需立即浇水。

(2)晚播弱苗　冬前积温偏少导致叶龄偏小，分蘖少，冬前生长量不足，养分积累少。应增施优质有机肥，早春浅松土提高地温，避免过早浇大水。

(3)水渍弱苗　低洼麦田排水不畅、通气不良，叶色淡，生长慢，严重时叶尖发白、根少色锈。应及时挖沟排水松土散墒，施少量氮肥发苗。

(4)盐碱弱苗　地下水位高，秋季少雨蒸发大，土壤含盐碱多。出苗不全，生长慢，多小老苗，根系弱，新根少，叶片发紫，严重时枯死。应大水压碱补肥促苗生长。

(5)板结弱苗　黏重土壤雨后高温易板结，透气性差，根系浅，分蘖缺位，叶黄短，植株瘦弱。应及时松土透气。

(6)深播弱苗　秋旱找墒或土壤过于疏松导致深播，出苗慢，地中茎长，叶片叶鞘直立细长，心叶弱，叶龄比同期播种偏小，低位蘖受抑，次生根少。应松土提温或搂去表土。

(7)浅播弱苗　分蘖虽多但叶片短窄细小呈鸡爪形，分蘖节接近地表易受冻，入冬后很快死亡。因根系浅易受旱枯黄。播前土壤水分过多或麦田镇压过实易导致浅播。

(8)秋暖或早播旺苗　播期过早或秋季特暖，出苗快，叶龄偏大。叶片长，直立生长，植株高。地中茎长，分蘖节浅，低位蘖缺失。冬性不强品种易提前穗分化。播量过大导致的旺苗叶片披垂但单株细弱，叶片叶鞘细长，分蘖缺位。氮素过多、气温偏高时叶色黑绿，叶片下披，过早封垄，根系发育差。

11.2.3.2 小麦越冬冻害[5]

1. 小麦抗寒锻炼效果的诊断

停止生长晚，气温平稳下降，昼夜温差大，光照充足，土壤稍干，有利于抗寒锻炼。抗寒锻炼好的植株匍匐生长，分蘖节粗壮，根系发达，分布深，叶色随气温下降变深绿，叶片短宽，叶缘发紫。抗寒锻炼差的植株叶片披垂薄而嫩，株型高而直立，叶色浅，入冬迅速青枯。

2. 小麦不同类型越冬冻害的判断

(1)入冬剧烈降温型　早播旺苗叶尖和生长锥冻伤，一般麦苗受害不明显，但抗寒锻炼差，提前停止生长，养分积累少；因缺乏充分冻融土壤结构不良，易形成坷垃和裂缝。

(2)冬季长寒型　青枯从叶尖扩展到下部和叶鞘，严重的地上部全部枯萎。继而心叶、生长锥和分蘖节冻伤，死茎或死株。随着严寒持续和加剧死苗不断加重。

(3)旱冻型　秋旱，冬前土壤蒸发量大，冻水量不足或过早。入冬后土壤结构不良迅速失墒，表土出现风干土层并逐渐加厚，超过 3 cm 后叶鞘开始脱水皱缩，叶片青枯，但叶鞘基部和分蘖节尚完好，超过 5 cm 危害加剧，超过 8 cm 整株皱缩枯干，分蘖节剖面呈褐色，迅速死亡。存活株如后冬早春分蘖节仍处于干土层，可因呼吸消耗心叶变黄红软熟腐烂而死亡。

(4)融冻型　后冬早春气温剧烈变化、反常回暖，土壤化冻，麦苗萌动抗寒力减弱，再出现强烈降温，心叶和生长锥受冻软熟，内在伤害要比外部形态所表现的更严重。

3. 不同生长状况麦苗的冻害特征

(1)冬前旺苗冻害症状　入冬叶片迅速青枯，后冬枯黄。主茎大蘖生长锥很快冻死皱缩混浊，但小蘖仍存活。早春枯萎叶片叶鞘常束缚存活茎心叶伸出，返青晚长势弱，分蘖大量退化衰亡。由于叶鞘基部和分蘖节储存较多养分，及时补充水肥小蘖仍可成穗。

(2)冬前晚弱苗冻害症状　生长锥分化度低，不易在初冬冻伤。冬季随严寒与干旱加重发生青枯。因单株养分少、早春恢复差，往往在后冬和早春大量衰亡。

4. 几种特殊越冬受害症状的诊断

(1)假生长现象　指已死亡但外观仍有少量生长的植株。小麦越冬只要分蘖节存活，即使地上部全部冻枯仍能返青生长；如分蘖节剖面变暗或腐烂，则整株必定死亡。判断分蘖死活可用针挑观察，如 3 cm 以下内层小心叶冻熟状，则该分蘖生长锥一般已冻坏。除假生长外，冻伤株春季生长两极分化过程中也可能衰亡，使最终成穗数远少于返青存活茎数。

(2)根拔掀耸　土壤板结透水性差，水分集聚表层不下渗，根系浅而弱，入冬后反复冻融使分蘖节抬出土表，因风袭、干旱和低温致死。以黏土地和稻茬浅播麦为常见。

(3)冻涝害　冻水过晚量过大或早春浇水过早量大，或冬雪过多早春融雪积水，由于冻层未化通，顶托成涝造成死苗。

(4)冰盖窒息　浇后结成冰盖，麦苗因缺氧死苗，呈灰白色。化冻后逐渐腐烂。

(5)雪害　积雪过久，麦苗缺氧，轻者叶片变黄，重者变灰白死亡。新疆北部较常见。

11.2.3.3　小麦霜冻

(1)春小麦三叶期　为种子断乳期，细胞液浓度较低抗寒性弱，受冻后叶片上部或向上弯曲部枯萎，叶面积损失影响光合作用和生长。以弱苗受害为重。

(2)冬小麦起身期　−5～−7℃低温使叶尖冻枯，−12℃以下生长锥冻死不能抽穗。

(3)拔节初期　拔节后抗寒力显著下降。叶尖和向上弯曲部易受冻，呈水浸状，日晒后变白。旺苗和前期施氮过多的受害较重。茎秆幼穗冻后软熟状，日晒变灰白色枯干易折断。

(4)孕穗期　抗寒性最差，最低气温 4～5℃可导致花药不裂花粉败育，有时枝叶看不出受害症状，抽穗后发现缺粒或顶部小穗败育瘦小枯白。

(5)灌浆期　气温 0～−1℃即可使灌浆停止，籽粒丧失发芽能力，主要发生在青藏高原的高海拔地区。

11.2.3.4 小麦灌浆成熟期灾害

(1)青枯　氮肥过多且施肥过晚,碳氮比失调,灌浆期遇雨后高温、干旱、干热风等灾害使麦芒炸开,麦秆发白或青灰色,籽粒瘦秕。晚播、春寒时危害更甚。前期应控氮增磷。

(2)雨后烂根　根系发育不良的小麦长期干旱后灌浆后期遇雨,土壤胀断根系使植株迅速枯死,粒重达不到正常水平。灌浆前期应抗旱浇水。

(3)倒伏　群体偏大,基部节间过长,秆细软,根浅弱,中部叶片大且披垂,遇风雨或浇水遇大风可造成倒伏。抽穗期因旗叶抽出易兜水,乳熟末期因穗鲜重达最大,都易倒伏。抽穗后倒伏越早减产越甚,茎倒减产大于根倒。前期倒伏植株虽能弯曲抬头,但灌浆延迟、产量下降且不利于机收。高肥地应控制播量,早春控制徒长,后期浇水避开大风。

(4)贪青　春寒年如土壤过湿、施氮过多,小蘖迟迟不退化,叶片披垂,灌浆后期仍不落黄,养分不能向籽粒充分转移,易受灾减产,粒长沟深,蛋白质含量低。前期应控氮控水。

(5)干旱早衰　缺水缺肥苗瘦弱,叶片窄短、过早枯黄,籽粒小。早春应补水补肥。

11.2.3.5 玉米缺苗

可能原因:成熟度差或收获前遇霜冻种子发芽率低。低温发芽慢,烂种死苗。干旱缺墒出苗不齐。土壤过湿,整地质量差,坷垃多,板结。播种过深或过浅,下种不匀,漏播。

11.2.3.6 玉米空秆

腋芽未形成果穗或虽形成但不结实。吐丝前后光照不足或水分养分亏缺、前期干旱、受涝、缺肥、密度过大、连阴雨、干热风、虫害等都有可能空秆,与品种也有一定关系。

11.2.3.7 玉米倒折

玉米倒折分为根倒、茎倒和茎折。根倒是由于根少而浅,缺乏支撑;浇水或雨后地软,遇风即顺风平卧。茎倒是由于茎秆发育不良,机械组织和维管束不发达,基部节间细长,植株过高,上部叶片过大,头重脚轻,遇风雨从茎基部倾斜倒伏。茎秆过于嫩弱或受虫蛀时,遇风可从中下部折断,特别是基部节间细长,缺少第五、六层节根和气生根少时最易倒折。

11.2.3.8 水稻烂秧

水稻烂秧包括烂种、烂芽和死苗,烂种、烂芽发生在出苗现青前,死苗多发生在二三叶期。

(1)烂种　播后种子未发芽就腐烂并发出异味。种子成熟度不好或贮藏中变质,播前未晒和未浸透,催芽水温过高过低,秧田死水缺氧,播种过深,都有可能烂种。

(2)烂芽　未扎根出苗胚芽就腐烂死亡。可能原因:深水淹没,低温缺氧。芽鞘徒长,根不入土;浅播露籽,水分不足,不能扎根。深播陷泥。未腐熟有机肥在低温下分解产生有毒物质。地下害虫。

(3)秧田青枯死苗　心叶萎蔫卷成针状,叶色暗绿转枯白。可能原因:薄膜育秧炼苗不够,根系发育差,低温后突转晴或遇四级以上风导致生理缺水。密度过大、基肥过多的徒长秧田最易发生。

11.2.3.9 水稻早穗

表现为秧田主茎已开始穗分化或形成幼穗，插秧后一二十天开始抽穗并产生大量高位分蘖，高矮不齐，穗形大小不一，空秕粒多，成熟不一致。感温性强的品种不耐长秧龄和迟栽，播种过密，育秧期温度偏高，秧龄过长、过早落黄都有可能发生早穗。有时全田大部抽穗较齐，局部早穗粒少，易受鸟害，与该局部缺肥缺水及异常高温有关。

11.2.3.10 水稻后期翘穗早衰

穗短粒少粒小空秕率高，一二级枝梗短而少，成熟时穗不下垂，米质劣呈茶褐色。可能原因：减数分裂期受旱或受涝。前期旺长，中期大水淹灌，后期脱肥。开花期大风或相对湿度低于60%。孕穗期低温。应合理施肥，防止前重、中空、后脱。中期适度烤田蹲苗，后期增强土壤透气性以氧保根，以根养叶，以叶保穗。遇冷害放深水层护苗。

生理早衰的症状是前期旺长，后期衰弱，抽穗到乳熟期从下往上逐渐枯黄，穗呈土黄色，粒重下降，根淡锈色。可能原因：长期积水，根系受伤、发黑腐烂，还原物质毒害。前期旺长，提早封垄，下部叶片枯死，根系活力减弱，加速上部叶片早衰。水温、土温、夜温高，根吸收钾和硅能力差，更易产生有害物质，发生根腐。

11.2.3.11 水稻倒伏

直播和铲插秧稻田根系浅，稍遇风雨就易平卧发生根倒伏。茎秆发育不良，基部第二三节间过长细软易发生茎倒伏。过密栽植，幼穗形成期光照不足，中期烤田不足或多雨，排水不良，病害，大风，暴雨等都有可能引发。

11.2.3.12 水稻洪涝

受涝后黑根黄根剧增，淹没叶片最先死亡，分蘖与主茎陆续死亡。涝后伸出叶片变小，株高下降，干物质积累降低。高位分蘖增多，甚至在伸长茎节长出分蘖。发育延迟，受淹3～5 d，齐穗和成熟推迟1～2 d；淹7 d的推迟2～3 d，严重的5 d以上。产量明显下降。

11.2.3.13 甘薯烂窖

薯块皮薄肉多水脆嫩，运输中易破皮损伤，不耐10℃以下低温，贮藏操作不当，可能变质甚至腐烂。遭受0℃以下低温时，甘薯表面有明显凹陷斑块，内有黑筋，皮色暗，薯肉水浸状，手捏滴清水，蒸煮有硬心。秋霜后收获往往已受冷害，入窖很快变质。正常薯块遇9℃以下低温就可受冷害，温度越低，时间越长，湿度越大，冷害越重。腐烂由表及里逐渐扩展，轻者只烂一面，重者全部腐烂。首先从与空气接触面大的出入口和窖壁开始腐烂。

高温使呼吸加重，薯块堆积的二氧化碳、水汽和热量如不能及时散发，可导致病菌大量繁殖，特别是感染黑斑病后最易蔓延腐烂。完整无病薯块遇高温虽不致腐烂，也会发芽消耗养分。水渍薯块抗冷抗病能力下降，不耐贮藏，易感病腐烂，浸水时间越长腐烂越重。

11.2.3.14 棉花僵苗

棉苗从2～3片真叶到现蕾前因外界不利条件导致生理失调，生长发育停滞而形成小老苗。症状是根少或不发新根，老根深褐或灰黑色。茎细而硬化，株矮，红茎比高。叶小或畸形，发黄红无光泽。大部腋芽休眠不发分枝，花芽分化晚，节位高。苗期干旱，土壤板结、瘠薄都可能造成僵苗。僵化期可达 10～20 d。迟发僵苗形成弱株或空株。

11.2.3.15 棉花弱苗、早衰和徒长

1. 弱苗与早衰

苗期弱苗根黄锈，棵矮秆细，红茎比高，叶少色黄，叶小而尖，叶柄着生角度大。蕾期弱苗株矮秆细，开花期株高不足 40 cm，现蕾初期红茎比超过 50%，叶小色黄，蕾少而小，苞叶松散，落蕾多，果枝出生慢。花铃期弱苗症状是初花期主茎日增不足 2 cm，株矮瘦弱，果枝细短，盛花后红茎到顶，叶小发黄，花蕾少而不壮。吐絮期弱株特征是叶片落黄早凋，叶面积下降快，顶部果枝短细，脱落严重，过早停止开花。苗期高温发育过快，根系不良，以及开花后遇旱年份易早衰，感病株更严重。

2. 徒长

水肥过量，密度过大，营养生长与生殖生长失调，形成徒长。

(1)苗期徒长特征　棵大叶肥，腿高节稀，茎色青绿，茎顶深陷，叶色黑绿发亮，叶柄着生角度小。

(2)蕾期徒长特征　株型松散，茎粗节稀，开花红茎比低于 60%，果枝细而节长，着生角度小向上生长；叶肥大，苞叶小，缺刻深；蕾小且少，发育迟，易脱落。

(3)花铃期徒长特征　株型高大松散，茎粗节稀，绿茎比例高，果枝斜向上生长，开花后叶色不褪，叶面积过大，封行过早，蕾小易落，花色不红变色慢。

(4)吐絮期徒长特征　叶片迟迟不落黄，上部果枝过长，赘芽多生长快，铃壳厚，吐絮不畅。

早衰和徒长往往相互转化，前期徒长的棉株常常因养分消耗过多，到后期出现早衰。

11.3 抗灾播种技术

播种是农业生产中的关键环节之一，历史上由于自然灾害导致不能及时播种或播后不能出苗或烂种死苗造成减产甚至绝收的事例经常发生。

11.3.1 抗旱播种技术

干旱是影响作物播种出苗最常见的灾害，大多数作物的种子在土壤含水量低于田间持水量的 60%时就不能出苗。干旱条件下播种的对策，一是挖掘可利用水源，改善土壤墒情；二是充分利用现有土壤水分保证出苗，力争不误农时，一次全苗。

中国农民在长期的抗旱斗争中总结出一系列抗旱播种技术。根据土壤水分的不同亏缺程度，分别采取抢墒播种、提墒播种、找墒播种、借墒播种、造墒播种、等雨播种、育苗移栽等方法争取全苗[6]。

11.3.1.1 抢墒播种

北方早春土壤化冻翻浆通常墒情较好，适时早播可获得全苗。春小麦、油菜等耐寒作物应

顶凌播种，但过早播种土温太低，以日平均气温略低于0℃为好。谷子、玉米等喜温作物采取垄作或抗冻剂拌种可适当早播，东北过去习惯在日平均气温稳定通过10℃后开始播种，现在普遍提早到稳定通过7℃开始播种，播种高潮期处于10℃左右。

11.3.1.2 提墒播种

表层干土厚达5～6 cm时，如底墒尚好，可采用石磙子镇压促使深层土壤水分沿毛细管上升，加上浸种催芽，可提早播种获得全苗。承德农科所试验播前镇压可提高表层土壤含水率3%，谷子出苗率提高21.9%。表墒不足底墒尚好时，沟播或穴播在点籽后踩实播种沟或穴可提高出苗率，但盐碱地、黏土地和地湿时不宜镇压。

11.3.1.3 找墒播种

表层干土厚到7～10 cm时可深开沟浅覆土。把播种行表土豁开分到两边，在沟内适当深播到湿土，压实沟底后浅覆土。播深视作物、墒情而定。沙土、阳坡、岗地、梁地春季升温快，要适当深播；黏土、背阴地、沟凹地土温低，要适当浅播。硬粒型玉米品种顶土力强，可适当深播；马齿型玉米品种适当浅播。严重干旱年比常规播种出苗率提高55%～75%。

11.3.1.4 借墒播种

表层干土厚达10～13 cm时，玉米、高粱、棉花等穴播作物可按株距挖坑直到湿土，播后取部分坑内湿土覆盖在种子上以确保出苗。施入含水较多的有机肥也能提高出苗率，但马粪等热性肥不宜直接撒在种子周围。这种方法需要较多劳力。

11.3.1.5 造墒播种

干旱十分严重，土壤水分不能保证出苗时，需人工补水造墒。水源充足的应争取播前浇足底墒水。宁夏银川灌区和内蒙古河套灌区利用秋季其他地区需水较少，引黄河水汇地，可确保春播全苗。水源不足地区春播可利用水量有限，应尽量浇到种子周围的播种沟穴，不必湿润整个土层。传统做法用水桶和碗、瓢穴浇效率太低，现已研制出注水播种机或带水播种机大面积推广，前者用于玉米等穴播作物，每公顷只需15 m^3 水，仅为地面灌溉的0.8%；后者适用于一般旱年的春小麦，每公顷施水6 m^3 于播种沟内，可保证80%以上出苗率。

11.3.1.6 育苗移栽法

旱情严重，土壤含水率低于10%时，劳力充足地区可育苗移栽。利用墒情好的地块增大播量建立育苗圃，根据育苗期和天气确定合理播量。密度过大不利于培育壮苗，如持续干旱应及时分苗以防相互影响。育苗可用营养钵或纸袋，栽前穴内浇水或选择雨后移栽，防止碰伤根系，也可使用移苗器带土坨移植。阴天或下午移栽可提高成活率。

11.3.1.7 等雨播种

春旱是影响华北石质山区播种出苗的主要灾害，过去采取抢墒或造墒播种，春末常遇干旱低产不稳，因费工和取水困难，离村远的地块难以实施。20世纪90年代以来逐渐形成等雨播种做法，准备早熟、中早熟或中熟等两三套玉米或谷子种子，墒情好则使用中熟品种，如春旱严重，先整好地，把有机肥送到地头，一旦有雨可播立即抢种。雨来得早使用中早熟品种，来得晚则使用早熟品种，更晚则使用特早熟品种。邓根云等研究，北京山区玉米以5月中下旬播种生产潜力最高，多数年份等雨播种单产高于抢墒早播[7]。

11.3.1.8 其他抗旱播种技术

浸种催芽、应用保水剂、地膜覆盖等都有一定效果。

11.3.2 避冻避冷播种技术

11.3.2.1 冬小麦沟播技术

冻害是北方冬小麦生产的主要灾害。根据作者在北京地区多年观察，分蘖节深度达到2 cm，越冬条件极端不利年份不至死苗，达到1.5 cm一般不利年份能安全越冬，不足1 cm则除暖冬年外都有可能死苗，不足0.5 cm常年也容易死苗。适当深播可使分蘖节加深，有利于安全越冬，但出苗时间延长，种子养分提前耗尽，麦苗细弱分蘖少，产量较低；过深播种因苗太弱，越冬死苗反而增加。水分充足时适当浅播可提前出苗，增加分蘖，有利于壮苗，但越冬易受冻受旱，死苗率也高(图11.1)。沟播技术把适当浅播与适当深播的优点巧妙结合，又避免了各自的隐患，兼有防冻、抗旱和防止后期倒伏的增产效果[8]。

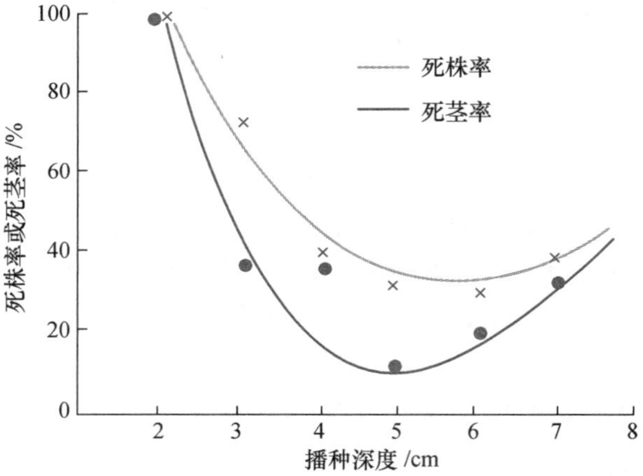

图11.1 小麦播种深度与越冬死苗率的关系

目前华北平原小麦播深一般为3～4 cm，黄淮平原2～3 cm，冬小麦种植北界5～6 cm。有些品种即使播种较深，由于地中茎明显伸长，分蘖节仍接近地表，越冬很不安全。采取压轮播种，保持原有行距，在播种沟压出约2 cm浅沟，种子只需播到沟下1～2 cm，加上沟内墒情好、出苗快，种子养分可维持到四叶龄，有利于壮苗。虽然沟内分蘖节只有1 cm左右，但冬前浇冻水或冬季镇压后，分蘖节一般都能达到2 cm以上，特冷年也不会死苗。在冬前大蘖够数的前提下，分蘖节加深还可抑制春季无效分蘖和基部节间伸长，有利形成大穗和防止倒伏(表11.2和表11.3)。[8]

表 11.2 沟播对冬前苗情的影响

处理	出苗率/%	单株分蘖数	三叶以上大蘖数	次生根数	单株叶面积/cm^2	叶面积系数	单株干重/g
沟播	83.6	5.11	2.73	6.8	5.42	1.31	0.509
平播	77.4	4.23	2.27	5.4	3.96	0.90	0.384

注：单株干重为2年平均，其余为3年平均。

表 11.3 沟播的越冬保苗效果

地点	年份	处理	死株率/%	死茎率/%
衡水	1980—1981年两年平均	沟播	15.4	—
		平播	25.6	—
延庆	1979—1982年四年平均	沟播	7.84	11.38
		平播	13.20	19.18

11.3.2.2 适时播种以防御低温灾害

适时播种是从时间上规避低温灾害的有效措施。

1. 适时播种与小麦冻害防御

壮苗是安全越冬的基础。小麦冬前壮苗要求个体苗壮，群体合理。播种过早由于气温高，小麦容易旺长，徒长叶片冬季严重枯萎，分蘖节和叶鞘储存养分不多，生长锥因提前分化容易冻坏。晚播小麦虽然生长锥分化晚初冬不易受冻，但冬前苗弱根浅，后冬早春往往因养分耗竭衰亡或不能返青。以适时播种的壮苗越冬较安全。各地适宜播种期差异很大，华北北部有“秋分种麦正当时”之说，到黄淮平原变成寒露或霜降，长江中下游立冬种麦也不晚。但各地都要求小麦冬前达到一定的叶龄和分蘖数。如华北平原要求冬前6～7叶龄、3～5个分蘖，黄淮地区要求5～6叶龄、2～3个分蘖。根据小麦冬前主茎叶龄与积温的线性关系，可以推算相应的适宜播期[9]。由于冬性弱的品种生长锥分化较早，生产上通常先播冬性强的品种，后播冬性弱的品种。

随着全球气候变暖，北方小麦冬前积温明显增加，加上生产上使用品种冬性减弱，各地播种期有延迟趋势。如华北北部过去秋分头即9月下旬最适，现在变为秋分尾即10月上旬。

2. 适时春播防御低温危害

霜冻经常造成北方喜温作物春播烂种或死苗，南方水稻秧田遇低温连阴雨也常常发生烂秧。掌握适宜的播期是防御早春低温危害的关键。

北方春季气温不稳定，玉米、高粱、谷子等谷物应在日平均气温稳定通过10℃后的冷尾暖头天气播种，出苗后赶上几天回暖使幼苗逐渐适应。棉花和豆类等双子叶植物出苗时间较长，应选择终霜冻发生前播种，终霜冻结束后出苗。棉花播种要求5 cm土温稳定通过12℃。

南方早稻发芽最低要求12℃，扎根、现青要求15℃以上。日平均气温稳定通过13℃才能播种，应选择冷尾暖头抢晴播种。薄膜育秧可提前10～15 d播种[10]。

3. 掌握晚稻安全播栽期防御冷害

南方晚稻孕穗到开花期冷害俗称“寒露风”，在长江中下游实际大多发生在9月下旬，播种越晚越容易发生。为此,首先需要按照不发生冷害的80%保证率计算安全齐穗期,长江中下游一般在9月20日前后,再根据不同品种播种到抽穗所需积温推算相应的安全播种期。杂交稻对低温更加敏感,应尽可能早播早插,长江流域双季稻应尽量在8月1日前插完[10]。

11.3.3 防涝播种技术

11.3.3.1 渍涝地区的小麦播种

长江流域低洼滨湖地区渍涝常影响小麦播种。首先要开沟排水降低地下水位。退水或排水较早地块要及时犁地晒田耕耙整地,选用耐渍品种条播。地表过湿农时紧迫时可带状撒播。

11.3.3.2 根据早春翻浆确定春小麦播期

内蒙古河套春小麦播种期渍害表现为土壤表层解冻积水而下层尚未化冻,严重影响耕作,当地俗称"春潮"。推迟10～15 d晚播会缩短幼穗分化期和灌浆期,还可能遇到干热风,一般减产750～1 500 kg/hm^2。当地气象部门利用30年气象资料以日平均气温-4℃为适宜播种始期指标并建立预报方程,结合土壤墒情适当调整,先播滩地、下湿地和沙壤土,后播高台地和黏壤土,取得显著增产效果,3月开始每早播10 d增产10%～12%[11]。

11.4 减灾耕作技术

11.4.1 抗旱耕作保墒技术

11.4.1.1 覆盖抗旱技术与效果

减少承灾体暴露性是降低旱灾风险的重要途径。地面覆盖可避免土壤或作物幼苗直接暴露于空气,减少土壤蒸发和植物蒸腾,还可减轻低温、风雹、沙尘等灾害。遮阳可防御高温或强光灼伤。覆盖类型按照高度分为地面覆盖与空间覆盖,按照覆盖程度分为完全覆盖与不完全覆盖、全程覆盖和阶段性覆盖,覆盖材料有塑料薄膜、网、土石、秸秆等[12]。

1. 地膜覆盖

日本1955年最早用于草莓生产,20世纪70年代大面积应用于旱作和温室地面覆盖。欧美60年代开始应用,中国70年代初引进,80年代大面积示范,2007年全国地膜用量达105.6万t,覆盖面积1 493.8万hm^2[13]。机械铺设地膜与整地、播种一次完成,比人工铺设工效提高37.5～60倍且质量好,已大面积推广。北方春季地膜覆盖能有效保蓄化冻翻浆水分,土壤含水率增加30%以上,可确保全苗,增产20%～80%。黄土高原冬小麦实行沟种垄盖,在抑制土壤蒸发的同时,垄上薄膜还可集雨。

2. 遮阳网

中国南方夏季伏旱、高温与烈日是蔬菜生产的主要障碍。1983年起试验示范遮阳网,现已大面积推广。以聚烯烃为主要原料拉丝纺织成,使用寿命3～5年。黑色网平均降温4℃,

银灰色网3.3℃。中午提高相对湿度13%～17%，还提高了土壤湿度。

3. 秸秆覆盖

秸秆一向是中国农村传统生活燃料，改烧煤后秸秆被大量废弃或就地焚烧。20世纪90年代以来推广秸秆覆盖，目前已达3 733万hm^2，取得显著保墒增产效果。如陕西省合阳县覆盖后自然降水保蓄率从25%提高到50%，还减轻了水土流失与风蚀，土壤含水率提高3个百分点，冬小麦和春玉米单产增加70%以上。北方平原大多将玉米或小麦秸秆机械粉碎还田，但在复种条件下，玉米秸秆全部还田常影响秋耕与播种质量，加重小麦越冬冻害与干旱。小麦秸秆全部还田也使玉米出苗延迟，虫害加重。有的农村将可饲用养分较多的玉米秸秆上部收获青贮，下部粉碎或就地压倒覆盖地面，小麦秸秆则适当留高茬，减轻了副作用。

4. 盖土防冻防旱

旱冻交加是北方小麦越冬死苗的主要原因之一。在劳力较多的农村，破埂盖土是廉价有效的防冻抗旱措施，停止生长前后将田埂土盖到麦苗上1～2 cm，能保证分蘖节安全越冬。

5. 砂田西瓜

黄土高原西北部年降水200多mm，如无灌溉作物不能生长。片石覆盖的砂田种植西瓜是当地农民的传统技术。现改进为先铺厚10 cm的砂石再覆盖地膜，可最大限度减少土壤蒸发并提高地温和集雨，30～50 cm土壤湿度比传统砂田提高2.0～3.5个百分点，增产20%～30%。存在问题是耕翻后砾石进入下层严重影响土壤性质。如为防病不得不耕翻，应尽量不打乱土层。使用几十年以上，耕层土壤明显恶化的可改种主要吸收深层土壤水分的枣树。

11.4.1.2 耕作保墒技术

耕作保墒的目的是通过一系列机械和物理作用，为作物创造一个水、肥、气、热协调的土壤环境，有效抵御干旱，实现稳产高产。中国北方传统的耕作保墒技术是在对土壤水分周年运动和作物生长发育需水规律观察研究的基础上建立起来的，包括深耕蓄墒、耙耱收墒、镇压提墒和中耕保墒四项技术，组成有机整体。根据各地气候特点、土壤性质和种植制度，还形成了具有区域特色的耕作保墒技术[6]。

1. 深耕蓄墒

北方夏季休闲小麦产区以伏耕蓄墒为中心，冬季休闲为主地区以秋耕为中心。作物收获后浅耕灭茬，深耕20～30 cm。夏季休闲地区深翻后经暴晒风化可接纳大量雨水，为秋播创造良好底墒，陕西关中旱塬农民有“麦收隔年墒”之说。深耕可使土壤容重减低0.1～0.2 g/cm^3，孔隙度增加3%～5%，土壤持水量增加2%～7%。冬季休闲地区秋收后深耕可使土壤疏松，增加耕层厚度，有利蓄水透气。早耕翻可多蓄秋雨，但秋收延迟天气干燥时不宜深耕。早春水分充足的可在春播前适当深耕，墒情差的浅耕。山区土层薄的不可深翻，以免打乱土层和加速有机质分解。

2. 耙耱收墒

一般在耕后进行，先耙后耱。可使土块破碎，地面平整，耕层上虚下实，有利保墒和幼苗生长。耙分顺耙、横耙和斜耙三种。耕后第一次宜顺耙，播前宜横耙与斜耙。耱地是用耐磨坚韧的树枝编成耢（又称树枝盖），上加重物。耙耱应掌握时机，深耕地雨季后应及时耙耱以减少水分蒸发。早春应顶凌耙耱保蓄翻浆水分以利春播，过早仍封冻耙不动，过迟翻浆松软也不能耙耱，以表土刚化冻效果最好。黏土地耕性差适耕期短，要在雨后稍干时随耕随耙，过早泥泞，过晚板结，都不宜作业。还应早耙重耙多耙，避免形成坷垃。盐碱地为防止返盐要晚耙晒垡，轻耙养坷垃。

3. 镇压提墒

北方冬季干燥多风，冻土水分主要通过土壤孔隙升华，镇压可减少水分散失。春播如表土干燥但下层墒情尚好，通过镇压可形成毛细管，使下层水分升到表层以利种子发芽出苗。

4. 中耕保墒

苗期中耕宜浅，拔节期宜深，能起到蹲苗作用，抑制无效分蘖与杂草，促进根系发育和基部节间粗壮。中耕还可破除板结，提高地温，促进养分分解和微生物活动。雨后地表稍干时中耕可使表土散墒并改善通透性，保蓄深层土壤水分，农谚"锄头底下有水有火"。

11.4.1.3 现代保护性耕作技术

现代保护性耕作技术是美国旱地农业适应水土保持需要，在 20 世纪 30 年代以后逐渐形成的，由秸秆残茬覆盖、深松与免耕、化学除草等技术集成。由于增产与保持水土效益显著，已在世界各地旱地农业广泛应用。秸秆残茬覆盖可增加土壤有机质，抑制土壤水分蒸发。2006 年我国已推广秸秆还田 2 077 万 hm^2，增加土壤有机碳储量 500 万 t，每年每公顷可增加农田土壤有机碳 0.24 t[14]。免耕与深松耕结合可消除犁底层，促进根系发育。化学除草可解决不耕翻土地的草害与害虫越冬问题。中国从 20 世纪 90 年代开始试验示范保护性耕作技术，但生产上还存在不少问题。国外农机具以大型重型为主，不适合小地块使用且价格昂贵。国外一般不复种，秸秆还田后有充分时间风化腐熟；中国大部地区实行复种，上茬还田秸秆对下茬出苗与生长不利，病虫害也较重。因此，需要针对各地情况研制适合国情的保护性耕作机具，并与传统耕作保墒技术的合理成分相结合，形成具有中国特色的保护性耕作技术体系。

11.4.1.4 垄作与覆膜相结合

垄作人为造成土壤微地形差异，可降低播种部位以有效利用耕层贮水，垄上干燥表土还可抑制土壤水分蒸发。垄作创造出虚实相间的耕层构造，可解决耕层土壤蓄水与供水的矛盾，提高出苗率，培育壮苗。垄上覆膜还可集雨蓄墒。如陕西省在渭北旱原推广"垄盖集雨膜侧种植技术"，集成"选品种、增密度、盖地膜、机精播、配方肥"春玉米技术体系，陕北在年降水量 400 mm 以下地区推广以"全膜双垄沟播技术"为主要内容、集成"优良品种、配方施肥、地膜覆盖、精量机播、合理密植"春玉米、马铃薯技术体系，都取得了节水、节种、节肥、节药和增产效果。青海省引进机械化地膜垄盖沟植技术种植小麦和油菜，解决了高海拔地区小麦、油菜青秕不熟、千粒重低、品质差等问题[15]。

11.4.2 抗涝渍耕作技术

11.4.2.1 挖田间排水沟

雨季前挖好田间排水沟，做到沟沟相通，形成网络，逐级加深，直通河湖。稻茬麦湿害多发的长江中下游平原，要有明沟和暗沟两套系统，明沟速排地下水，暗沟降低地下水位。通常稻田 0～100 cm 土层有 10～20 和 60～70 cm 两个多水层，因此，明沟深度应达到 30 cm，暗沟不小于 70 cm。沟距应保持在 3 m 左右。

渍害严重的低洼地还可采取鼠洞、暗管、竖井、水泵抽水等排水方法。用鼠洞犁在田面以下钻出直径 8 cm 的排水洞，一般可保持 4～5 年。在田头出水口安装斗门以控制排水，埋深 0.8～1.0 m，黏土间距 3～4 m，壤土 4～5 m，沙土不宜打洞。暗管有瓦管、水泥管、灰土管、塑料管、毛竹管等，埋深 1～1.2 m，间距适当加大。地势低洼的沙性土采用竖井排水，井距 40～50 m，用水泵抽取地下水以降低水位。河湖水位高于低洼农田时，沟内积水无法向外宣泄，必须使用水泵抽水扬到河湖[16]。

11.4.2.2 改土防渍

深耕打破犁底层，改善土壤通透性，增施有机肥和秸秆还田可增加土壤有机质，改良土壤性质，均有利于渍水下渗。

11.4.2.3 稻茬麦少免耕和露播稻草覆盖栽培技术

包括少免耕机条播、板茬撒播、稻田套播等播种方法以及开沟覆土、稻草覆盖、化除化控、氮肥后移等配套技术，适用于江淮地区稻茬麦。该技术兼有增产、增效、培肥地力和改善环境的效果。收获时浅留稻茬，开沟排灌，播前 7～10 d 化学除草，简易机播，每公顷基本苗 225 万～300 万株，覆盖稻草 200～300 kg。

11.4.3 盐碱地耕作技术

盐碱害通常与渍害并存，根据盐随水来和随水去的原理，首先要健全排水系统和深挖沟使地下水低于临界水位，阻止盐碱随水上升到地表。其次，旱季加强中耕松土，切断土壤毛细管，减少表土水分蒸发。增施有机肥可改良土壤性质，也能减少水分蒸发。盐碱地播种采取深播浅盖或沟垄种植，由于盐碱在垄上聚集，沟内播种可减轻盐碱危害。盐碱地不宜镇压，否则会加重土壤水分沿毛细管上升，蒸发散失后所溶解盐碱将留在地表。农谚“一个坷垃一碗油”，盐碱地的坷垃在不影响幼苗生长的前提下要尽量保留。夏收后应深翻以接纳雨水，淋洗表土盐碱。灌溉不宜小水多次，否则会增加返盐，应减少次数，大水压碱。

11.5 应变栽培技术

11.5.1 应变栽培原理与类型

11.5.1.1 应变栽培原理

胁迫或逆境(stress)在工程学中译为“应力”，在动物生理学中将动物对外界环境胁迫的反应称为应激。应变指生物对环境胁迫做出的适应性反应。应变能力可套用工程学中的弹性(resilience)一词。一般的胁迫通常不会形成灾害，有时适度的胁迫如抗旱锻炼或抗寒锻炼还对后期生长发育有利。但当环境胁迫超出生物适应或应变能力后，就有可能产生伤害，严重的损害就形成了灾害。

农业系统对于环境胁迫的应变，部分来自生物自身的适应能力，部分来自农业生产者的适应行为。应变栽培指对于可能发生的不利条件或灾害的主动适应技术措施。目前生产上采用的栽培技术规程与模式主要针对正常气候与生产条件，但在全球变化和气候波动加剧的背景下，还需要制订针对环境变化、胁迫与灾害的应变栽培技术，才能取得生产的主动。

应变栽培包括因地制宜和因时制宜。前者针对胁迫或灾害的不同空间分布，将在第 13 章中讨论；后者针对胁迫或灾害随时间的变化。在生产上，有些农民容易照搬上年经验或盲目借鉴外地高产措施，结果往往事与愿违。如 2002 和 2003 年黄淮麦区连续秋凉，小麦适当早播产量较高。2004 年秋季许多农民播种更早，但播后异常温暖，早播小麦普遍徒长。12 月下旬气温骤降，直到 3 月气温一直偏低，早播小麦普遍受冻，部分死苗，晚播小麦却长势良好[17]。2009 年入冬特早，再次出现适当早播有利增产的现象。

11.5.1.2 应变栽培的类型

按照应变措施效应的时间长短可分为播前计划应变措施与应急应变措施两类。

1. 计划应变措施

能否确定正确的应变栽培措施取决于对可能或已经发生的环境胁迫或灾害的准确判断。有些应变栽培措施需要至少几个月的短期气候预测才能做出决策，如调整作物种类、品种类型或播期，但目前月以上的短期气候预测的准确率还不高。在生产上至少应了解主要灾害的发生概率、大致周期和波动幅度，应变措施只能对常年措施适度调整，不应超过气象要素的最大波动范围。一般情况下，特大灾害发生的下一年，农民非常重视灾害预防，但实际生产上很少重演，而向相反方向演变的概率却会增加。如 1979 年 11 月中旬初的强寒潮使北京郊区尚未收获的大白菜受冻损失惨重，1980 年普遍盲目早收，因气温明显偏高，入窖大白菜掉帮烂菜，损失相当可观。

还有一类应变措施是针对气候变化的基本趋势，在几年到十几年时间范围具有相对稳定性。如随着气候变暖，作物播种期适当提前，采用生育期更长的品种以挖掘增产潜力。

2. 应急应变措施

有些胁迫或灾害在生产过程中发生，已不可能调整作物、品种或播期，只能采取应急保护措施，或增强作物抗逆性，或改善局部小气候。目前气象部门对于 10 d 以内的短期天气变化已能做出比较准确的预报，但生产者还要注意同样的气象条件，不同作物、品种和地块之间仍有一定差异，采取的应变措施也应有所不同。

以下我们介绍几种主要作物生产上对于常见气象灾害的应变技术。

11.5.2 小麦应变栽培技术

11.5.2.1 冬小麦

1. 播种到苗期

秋冬变暖使冬前积温增加，播期应比 20 世纪 70 和 80 年代推迟 1 周左右，播种量可降低

1～3 kg，否则易生长过旺在冬季受冻或因早春群体过大造成倒伏[18]。由于越冬冻害危险相对减轻，可以选用冬性与抗寒性略有减弱，但丰产性状更好的品种，冬小麦种植区也可适当北扩，但新扩种麦区仍应采用强冬性高抗寒品种。

如预报秋暖，应适当推迟播期和降低播种量，选用冬性偏强的品种，冬前控制水肥投入，防止麦苗过旺，必要时采取镇压措施。晚播麦或秋凉年要力争早腾茬，简化整地，适当增加播量。秋暖年或腾茬早，不要急于播种，要精细整地，提高播种质量。

播前底墒不足，近期又缺雨，应浇好底墒水后再整地播种；如无灌溉条件则应抢墒早播，注意防止播种过深。播前过湿，应推迟播种并适当加大播量，避免过浅播种或烂耕烂种，长江流域稻茬麦为抢农时可采取机摆播种。

2. 越冬前后

气候变暖使长寒型冻害减轻，但北部冬麦区旱冻型冻害与黄淮麦区过旺苗冻害增加。在有稳定冬眠或稳定冻土层的麦区常年应坚持入冬前浇足冻水以稳定地温。地表出现坷垃和裂缝或麦苗有旺长趋势应及时镇压。北部冬麦区冬季表土常出现风干土层，如超过 5 cm 对越冬明显不利，冬季镇压可缓解冬旱。如干土层继续加厚威胁麦苗生存，有喷灌或管灌条件的可利用回暖天气中午前后浇小水，通常每毫米水量可消除 1 cm 干土层，每公顷补浇 75～120 m^3 水量就足够了。除非干土层特别厚，一般不提倡渠灌[19]。土壤封冻期间如水量过大不能下渗，表土反复冻融有可能将根系扯断导致死苗，称为“掀耸”或“根拔”。水量大又遇风寒结冰还有可能形成冰盖使麦苗窒息死亡。长江中下游冬季小麦仍在生长，常年冬季雨雪过多，应及时清沟排水，冬旱年反而相对有利。麦田泼河泥有防冻保苗作用。

3. 返青至抽穗

北方根据苗情与回暖早晚决定春季管理对策。冬前群体大的麦田不浇返青水，晚播和群体小的弱苗适当晚浇，水量不宜大。早春回暖早的年份，壮苗旺苗要加强划锄蹲苗，晚浇拔节水。回暖晚的年份适当提早，尤其弱苗可提前到起身期浇。随着气候变暖，黄淮麦区春季霜冻危害有加重趋势，拔节有提前趋势的麦苗要在起身后期镇压以推迟拔节，或在拔节前喷施壮丰胺、矮壮素等生长抑制剂[20]。霜冻发生前浇水可显著减轻危害，清晨日出前一两小时在上风向熏烟也有明显效果，但费工，成本较高，只能在重点地块采用。春寒年可适当增加叶面喷磷和生长促进剂。湿害是南方小麦生产的最主要灾害，春雨偏多年要深挖沟排水，加强病害防治。

4. 灌浆到成熟

根据春雨多少确定灌溉方案，北部冬麦区通常在灌浆初期再浇一水，黄淮麦区则只在偏旱年浇水，长江流域一般不需浇水，多雨时要及时排水，严禁大风天浇水。北方小麦叶面喷施抗旱剂可减轻干旱和干热风威胁，增强光合效率，叶色偏浅的还可加少量尿素。长江流域要注意及时喷药防治病害，成熟期看天气抢晴收获。

11.5.2.2 春小麦

气候变暖对春小麦的影响比冬小麦更复杂。灌区因化冻提前，播种期也应相应提前。内蒙古旱作春小麦则因干旱加重被迫推迟播种，又因拔节受抑制而发育延迟，目前旱作春小麦面积已大多改种马铃薯、玉米等相对耐旱和水分利用效率更高的作物。春季升温过快地区应加强孕穗到灌浆期喷洒抗旱剂等生长调节剂，以减轻干热风危害[21]。

11.5.3 玉米应变栽培技术

11.5.3.1 北方春玉米

1. 播种到出苗

随着气候变暖，玉米播种期适当提前，根据气温升高幅度和技术进步所争取到的积温，改用生育期更长的品种，玉米种植区可适度北扩，如内蒙古阴山北麓在 20 世纪 80 年代以前不能种植玉米，现在已能种植极早熟品种收获籽粒，或种植中早熟品种作为青饲料。春播注意选择冷尾暖头天气。遇旱可采取浇底墒水、深播浅盖或注水播种等措施。干旱年应控制底化肥以防止烧苗，适当增加追肥数量；底墒充足时可适当增加底化肥比例。华北浅山区的热量足够满足中熟品种要求，主要威胁是春寒和初夏旱。将传统的抢墒播种改为等雨晚播，能使大多数年份的生育期处于光合生产潜力最佳时段，有利于增产和稳产[9]。

覆盖地膜可提前 10～15 d 播种。出苗后膜下迅速升温易徒长，苗齐后必须放苗。为避免受冻应先放风炼苗 2～3 d，然后按照放大不放小，放绿不放黄，阴天突击，晴天避中午的原则放苗，出膜后用土封严[22]。玉米移栽也应选择断霜后冷尾暖头天气。

2. 苗期到抽雄

北方春季十年九旱，但玉米苗期需水不多，一般不需灌溉。拔节前行间中耕除草是传统的抗旱措施，可促进根系下扎，增强后期抗旱抗倒能力，有条件的可深松耕 30～40 cm。但目前许多农民种完地就进城打工，需要以社会化服务组织提供机械中耕服务来替代。大喇叭口到抽雄期需水量剧增，遇旱将严重影响雄穗抽出，俗称“卡脖旱”。除前期中耕蹲苗外，有条件的应抗旱浇水，但须避开风雨天。培土可促进气生根生长和加固植株基部，减少倒伏危险。

3. 吐丝到成熟

干旱高温和阴雨都影响开花授粉，导致粒数下降。如授粉不良，转晴后可放蜜蜂辅助授粉或用人工收集正常株的花粉进行人工授粉。灌浆前期仍需要充足水分，遇旱应尽可能浇水。天气和雄穗生长都正常时，隔行去雄可减少养分消耗，增产 5%。吐丝期最耐涝，只要不淹没雌穗，对产量不会有太大影响。但积水后遇高温暴晒会很快枯死。因此，发生洪涝后应尽快排水。阴雨天多，密度过大时空秆增多，要及时拔去以减少养分的浪费。

4. 预防冷害

高纬度高海拔地区仍应注意防御冷害。夏季低温和多连阴雨年应控制氮肥用量，适当增加磷肥，后期采取勤浅锄 3～4 cm、打老叶、站秆扒皮等促早熟措施。还可利用玉米后熟作用，在严霜冻到来前低茬割倒，晴天摊晒，可促进茎秆养分向籽粒输送[23]。

11.5.3.2 黄淮海平原夏玉米

1. 播种到出苗

随着气候变暖，麦收到种麦的间隔时间明显延长，夏玉米可以改用生育期更长和更高产的品种。如华北平原北部过去使用早熟品种仍有风险，现在播得早的可使用中早熟品种，播得晚的使用早熟品种。黄河中下游一般采用中早熟到中熟品种，淮河流域采用中熟到中晚熟品种。初夏雨水多的年份要抢晴突击播种。因高温不利于根系发育，夏玉米应尽早播种，农谚“春争日，夏争时”。由于夏季多雨，播前一般不深耕，大多采取旋耕带麦茬播种。如初夏干旱，应在麦收前5～7 d浇一次麦黄水。

“芽涝”指播种到三叶期受涝，土壤过湿通气不良影响发芽出苗和幼苗生长。由于三叶期以前种子胚乳养分尚未用完仍有白浆，农民又称为“奶涝”。芽涝对玉米生产威胁极大，即使不死也往往成为小老苗，叶片发黄，基部叶鞘发紫，生长发育缓慢，甚至不能成熟。为预防芽涝，易涝地区应起垄播种。受涝后及时排水撤墒，水退后施提苗肥。

2. 三叶期到抽雄期

拔节期抢晴中耕并培土，促进根系下扎和基部节间粗壮，可增强后期抗旱和抗倒伏能力。由于夏季雨水多，杂草生长快，中耕除草要尽早进行多次。有徒长苗头可在大喇叭口到抽雄期每公顷叶面喷40%羟烯-乙烯利300～450 mL兑水225～300 L，可降低穗位和株高，减少空秆，增强抗倒伏能力[22]。密度过大的玉米田要及时拔去成穗无望的空秆和弱株，以改善通风透光和水分养分供应。

3. 灌浆到成熟期

夏玉米灌浆前期仍处于高温多雨期，低洼地下大雨或暴雨后要及时排水。高温影响授粉时可采取人工授粉。随着气候变暖，冬小麦适宜播种期推迟，夏玉米可适当推迟收获，尽量不要砍青。隔行去雄和灌浆期浅锄散表墒可促进成熟。

11.5.4 水稻应变栽培技术

11.5.4.1 适应气候变化调整布局

随着气候变暖，冷害威胁减轻，东北水稻可适度北扩。华北由于降水减少，水资源日益紧缺，要进一步削减水稻种植面积。四川中东部丘陵降水也有减少趋势，传统的冬水田改为旱三熟，“水路不通走旱路”。为避免早稻低温烂秧、抽穗开花期热害和晚稻低温冷害，长江中下游不少双季稻改种小麦或油菜与杂交中稻复种，江南早稻也改用了生育期更长的品种。

11.5.4.2 早稻

南方早稻育秧常遇低温连阴雨烂种烂秧。应选择耐冷品种，日平均气温稳定通过13℃以上的冷尾暖头抢晴播种。使用水库、山泉和地下水等较凉水源，应迂回输水以提高水温，或利用坑塘贮水晒暖再进入秧田。白天浅水有利提高水温，夜间深水有利保温。有条件的可薄膜育秧或半旱育秧。水稻发芽对透气性要求较高，秧田保持湿润即可。三叶期后保持浅水层，遇寒流临时加深水层护秧。发现病害要抢晴晒田，浇跑马水冲洗，减轻绵腐病等病害。

分蘖期如有徒长迹象，应提前落水晒田蹲苗；发现分蘖数偏少，应适当增施促穗肥。

高温热害多发地区选用早熟品种适当早播促苗早发，躲过高温热害。盛夏炎热地区可改双季稻为小麦或油菜与中稻复种。高温期间夜排日灌或白天喷水可降低稻田温度，但开花期不宜喷水。适当控制氮肥数量，喷3%过磷酸钙也可减轻热害。

11.5.4.3 中稻

中稻生育期恰逢南方雨季高峰。虽然水稻较耐涝，但叶片受淹也会影响光合作用。拔节期受淹茎秆细弱，后期易倒伏。孕穗期最敏感，受淹严重影响幼穗分化、生殖细胞生长和花粉发育，导致粒数显著下降，根系早衰，叶片腐烂。抽穗以后植株最高，受涝不易没顶，危害减轻，但洪水常造成泥沙在稻叶上淤积和养分流失，甚至冲垮稻田。因此，易涝地区在雨季前应挖好排水沟，增施有机肥改良土壤，增强通透性[10]。

11.5.4.4 晚稻

晚稻低温冷害发生在孕穗到灌浆期，俗称“寒露风”，但长江中下游实际常发生在秋分节气，华南则发生在寒露节气。预防寒露风，首先要确定安全播种期和插秧期，确保在低温到来前齐穗。由于杂交晚稻对低温更加敏感，应尽量早播早插。抽穗期喷施“920”生长刺激素可提早开花灌浆。叶面多次喷 0.5%磷酸二氢钾溶液可提高稻株生活力、光合效率与抗寒力。靠近河湖的可夜灌保温和昼排晒田。发现贪青迹象应喷施乙烯利等催熟剂。

11.6 灾后补救技术

补救(rescue)指发生灾害后的弥补和补偿措施。农业生产周期较长，只要不是毁灭性灾害，都有可能利用作物的恢复性生长或前后茬作物的补偿机制减轻灾害损失。如主茎死亡可促进分蘖滋生和生长，主枝枯死可利用旁枝生长，穗数减少可通过增加粒数和粒重来补偿，前茬作物提前枯死后腾出时间可抢种早熟作物或将下茬改种生育期更长的高产品种。广义的补偿机制还包括灾后救济、保险赔付、农业受灾副业补、组织外出务工增加收入等，但本节只讨论灾后补救的农艺技术。

11.6.1 干旱的补救技术

11.6.1.1 小麦

因苗期干旱影响叶片生长和分蘖的，在起身期两极分化时就不宜再蹲苗，要尽可能争取中小分蘖成穗。拔节到孕穗期加强水肥投入，争取每穗粒数增加以弥补穗数的减少。

11.6.1.2 玉米

苗期受旱影响较小，拔节以后加强水肥管理仍可获得较好收成。但大喇叭口到抽雄受旱对产量影响很大，应尽量挖掘水源，加快灌溉进度。无灌溉玉米地可加强中耕培土以减少水分蒸发损失并集蓄雨水。喷洒抗旱剂可增强植株耐旱能力。玉米受旱后雄穗发育不良，应进行人工授粉以减少雌穗不孕。灌浆初期应割除空秆以减少水分养分无效消耗。基本绝收地块如茎叶仍然青绿，可提早收割作为青贮饲料，并为下茬作物播种提前腾地。

11.6.1.3 水稻

移栽后如久旱不雨，应尽量利用现有设施灌溉救苗，先浇常规水稻，后浇杂交籼稻。萎蔫持续 6～8 d，尚未枯死的稻株，如心叶仍保持绿色，夜间大部叶片还能展开，还有救活希望，应重点抢救。如水量有限,宜先进行湿润灌溉,降雨后再浅水灌溉。复水后应抓紧施氮肥和复合肥,苗数不足,叶色偏黄的应增加肥量。

11.6.1.4 受旱绝收后茬的抢种

根据当地气候和受旱时间推算绝收后还有多少生长时间和积温,合理安排下茬生产。

北方一熟制地区春玉米如苗期受旱绝收,可抢种特早熟品种谷子和豆类;夏季绝收可抢种萝卜、大白菜等秋菜。

两熟制地区如春季小麦因旱绝收,通常改种春播作物;如初夏因旱绝收,应抢种早熟玉米品种。北京市在总结1972年抗旱经验的基础上,提出夏收后旱到什么时候可以种什么作物的日程表,如旱到6月底下透雨可抢种特早熟玉米品种,7月上旬末下透雨可种早熟品种谷子或移栽特早熟玉米品种,7月中旬末下透雨可种极早熟品种谷子或绿豆、红小豆,7月下旬才下透雨则只能种荞麦和萝卜,8月上旬才下透雨只能种大白菜。[24]

南方水稻绝收后,由于热量条件较好,可选择的方案较多,应根据当地气候条件和比较经济效益决定。夏季和初秋中稻或晚稻受旱绝收后,江南和西南地区可利用残茬种植再生稻。

11.6.2 洪涝的补救技术

11.6.2.1 玉米

夏季受涝后应及时排水,幼苗淹水争取不超过半天,中后期不超过一天,对产量就不会有大的影响。淹没株叶片上的泥沙要冲洗掉或用机动喷雾器喷淋。排涝后能下地时要中耕松土散墒破除板结。为弥补养分流失,要及时追施速效氮肥并叶面喷施磷酸二氢钾以促进生长发育。受涝后易引发斑病、穗腐病和玉米螟等,杂草也较多,要及时防治[23]。

11.6.2.2 水稻

抓紧排水使稻苗及早露出水面,但水位应逐步下降使稻苗有一个适应过程。冲洗叶片上的泥浆以改善光合作用。倒伏稻苗应及时扶正并割除烂叶。每公顷追施穗肥45～75 kg尿素,灌浆初期叶面喷施磷酸二氢钾一两次,每公顷1 125～1 500 g,兑水750 kg。抽穗后浅水间歇灌溉,以增强根系活力,延长叶片寿命。受淹稻田病虫害多发,应及时防治。早稻受涝绝收或中稻苗期受涝严重时可改插晚稻,如秧苗不够可适当降低密度[10]。

水稻在严重受灾基本绝收的情况下可以采取蓄留栽培再生稻的方法补救。再生稻在中国种植可追溯到1 700年前。水稻收获时留下1/3高度稻茬和根系,腋芽很快滋生并抽穗,约2个月再次成熟和收割。水稻受灾后如还有2个月左右生长期,已不能再种一季水稻,可种植再生稻以弥补损失。2010年7月18日四川省渠县特大暴雨洪灾造成3 333 hm^2 水稻绝收,全部蓄留再生稻并采取补救措施,挽回稻谷损失超过1 000万kg。受涝绝收水稻在退水后应及时割平割齐,留茬高30～40 cm。割后稻草及时运出,不要压在禾蔸上,踏倒的禾蔸应及时扶正,促使再生稻发苗整齐。收割后灌水深5 cm,割后2～3 d内施壮芽肥(每公顷用尿素75 kg),并结合中耕除草。后期喷施叶面肥,及时防治病虫。由于再生稻抽穗成熟不一致,不宜过早收获,要等绝大部分稻穗黄熟再收割[10]。

11.6.3 冻害的补救技术

11.6.3.1 小麦

冻害发生后要根据监测诊断，按照不同冻害类型和苗情，在早春采取不同补救措施：

旱冻交加麦田及早补灌或压麦提墒，使分蘖节吸收水分恢复膨压。水量不宜大，只要使干土层消失即可。

受冻旺苗主茎大蘖大多死亡，但小蘖仍存活。应尽早用铁丝耙子搂去枯叶并早浇返青水，促进心叶和小蘖伸出见光。如仍当作旺苗控制水肥将贻误时机，导致大量分蘖和心叶受到枯萎叶片叶鞘严重束缚，不能伸出进行光合作用，因呼吸消耗而衰亡。

受冻弱苗经不起折腾，由于根系弱小吸收能力差，过早浇水追肥无济于事。应浅松土提高地温，返青后施优质有机肥和磷肥，等地温明显提高，新根长出后再浇小水。追肥量应随植株长大，从起身到拔节逐渐增加，孕穗期看苗情适当补肥。

根据存活茎数决定保留或改种。多穗型品种返青每公顷存活株少于 225 万株，大穗型品种少于 150 万株且苗情偏弱，一般无保留价值，可及早改种早春作物或春播作物[3]。

11.6.3.2 油菜

南方油菜冻害表现为叶片、蕾薹受冻，严重时根部受冻，个别早熟品种还可能出现花蕾、幼角受冻。在低温冰冻结束 7～10 d，气温回升稳定后，应及时采取以下补救措施：选择晴天摘除断薹、断枝，以及枯死叶片、薹和分枝，增施速效肥，长势好的适当少施，长势差的适当多施；中耕培土 3～5 cm，促进早生快生多生分枝。雨雪多地湿的要及时开沟排水，防止受冻叶片腐烂和诱发病害。叶片嫩绿的可喷施磷酸二氢钾以增强抗寒性。大部植株死亡的可改种马铃薯或速生蔬菜以弥补损失[25]。

11.6.3.3 蔬菜

北方大白菜砍收期发生冻害后，要区别不同冻伤程度采取补救措施。冻透心的已无保留价值只能沤肥。未冻透的可摘除菜帮和外部烂叶，内部仍可食用。受冻较轻的可放置冷屋自然恢复。结球较差的三类菜可留在菜田，回暖后能自然恢复生长，选择晴好天气收获。

长江中下游露地早熟蔬菜如生长点未冻死，应清除受冻枝叶，及时浇水和中耕培土，少施氮肥，多施磷钾肥，适当喷施叶面肥。喜温蔬菜育苗可覆盖双层薄膜，夜间盖稻草，苗床撒草木灰或生石灰以降低土壤湿度。冻死菜苗要迅速补种。采取浸种、催芽、加温等措施快速育苗并调整蔬菜种类和品种，缓解市场短缺。受冻露地蔬菜已达商品成熟度的要及时抢收。绝收的要及时翻耕整地，清除冻烂残茬，气温回升后迅速补种或抢种速生叶菜。

11.6.3.4 果树

果树发生越冬冻害后如整树枯死，应立即清除死亡树干和枝叶，进行土壤消毒后重新栽植。多数情况是部分枝条受冻枯死，应在回暖后及时修剪护理。苹果和梨树受冻后树皮分离的，只要形成层未变色就不要剪掉，可捆绑或钉上，使之与树干紧密结合以促进愈合。枯死枝条和基干及时锯除，伤口涂抹沥青或包扎以防止腐烂蔓延。严重冻害树可进行高接换头。受冻树当年不要过多留果，应满足水肥供应，促使树势恢复，为以后丰产打好基础。

葡萄受冻株芽眼死亡20%～80%，但枝蔓未受冻的，可剪去弱枝及徒长枝，一般枝蔓增加果枝长度。芽眼死亡80%以上和枝条轻度受冻的，轻剪干枝，去掉弱枝和冻坏主枝，将其余枝蔓引上架，留一两个新梢代替主干枝蔓。多年生枝蔓留一定数量的徒长枝，夏季摘心后作为果枝。芽眼全部死亡，枝蔓中到重度冻伤的，应保留全部健康枝蔓，基部保留一定数量萌蘖枝以代替主蔓。地上部全部冻死的，如根系存活，可利用加强的萌蘖枝，在主干下挖15～20 cm深，自地面15～20 cm以上剪去主干，留桩嫁接后加强肥水管理，促进树势恢复。

柑橘冻后适时适量修剪，新梢萌芽生死分明时将枯死部分剪除，保留活枝梢。大的伤口涂刷保护剂。春季早施肥以促进树冠恢复。注意防治病虫，适当疏花疏果。

冬季下大雪要及时摇落积雪以减轻负担，天气阴冷时不必急于扫除地面积雪，但转晴后应及时清除树冠下积雪以减轻夜间辐射型霜冻的危害。因积雪或冻雨完全折断的枝干要及早锯掉削平伤口，撕裂未断的枝干用绳索加固捆绑和支柱支撑，伤口涂抹保护剂以促进愈合。未受害枝干从轻修剪，撕裂未断枝干加强修剪以减少养分消耗。适当保留断口下方抽生新梢以利更新。雪后树体衰弱，应及时施肥和防治病虫。折断的年轻树可高接换头，无法更新的挖走后补植新株[3]。

11.6.4 霜冻的补救技术

11.6.4.1 小麦

轻度霜冻仅叶尖冻枯，不久新叶长出迅速转绿，对产量影响很小。重霜冻后大量叶片枯萎，但一般不要急于毁种。即使主茎受害，基部分蘖还可以迅速萌生，及时浇水追肥仍可获得一定产量。因残余养分还能向存活分蘖转移，霜打枯萎茎叶不要割。小麦受霜冻后养分消耗较多，苗情很弱，应及时浇水追肥促进恢复。由于发育延迟，灌浆后期遇高温干旱或干热风要适当浇水，遇阴雨天要抢晴及时收割。

11.6.4.2 玉米

春播玉米出苗后发生霜冻，要及时调查受害情况。大多数情况只是叶片上部冻枯，回暖后心叶会很快伸出，影响不大。拔节以前即使地上部叶片基本冻枯，由于生长点还在地下，一般不至冻死，不久还能长出新叶。但因苗情较弱，需浅中耕提高地温，及早追速效肥和浇水。重霜冻造成大部幼苗死亡的，可用移苗器将存活苗集中管理，空出的地及时耕翻改种。

玉米成熟前发生的轻霜冻仅造成叶尖干枯，回暖后仍能继续灌浆，农民称为“甜霜”。但最低气温低于－3℃的重霜冻，植株立即枯死，农民称“苦霜”，种子将丧失发芽能力，应根据天气预报在重霜冻发生前抢收。

11.6.4.3 蔬菜

北方蔬菜霜冻主要发生在春季喜温蔬菜的定植期，由于刚从苗床转移到露地，菜苗相当脆弱。发生霜冻要立即调查受害情况。如只是部分菜苗冻死，应及时补种、施肥、浇水以促进恢复。如大部菜苗冻死，可用移苗器将存活菜苗集中管理，空白地耕翻改种或重新移栽。由于霜冻导致生长发育延迟，应适当调整蔬菜品种，扩种速生菜以弥补市场空缺。

11.6.4.4 果树

北方果树霜冻主要发生在春季开花期。除做好预防外，灾后补救是否及时和得当对减轻灾害损失关系重大。

梨树受霜冻害，如果只是花药受害，可以放蜜蜂辅助授粉以提高结果率；如果柱头也受冻，可喷洒减霜剂和生长刺激素，促进未受精的子房发育膨大。中国农业科学院农业环境与可持续发展研究所在吉林苹果梨产区试验，霜冻后喷洒的结果率达38%，未喷洒的则花全部脱落。

华南亚热带果树霜冻一般发生在冬季。香蕉受冻后立即施肥浇水，割除干叶、烂叶和冻伤叶鞘。如花蕾因低温抽不出，可用小刀在假茎上部割15～20 cm长、3～4 cm深的刀口以促进花穗抽出。合理留芽，砍去受冻严重的部分蕉茎，盖草盖土，待春暖后重新抽出茎叶恢复生长。冻伤轻的可只砍去上半部。菠萝受冻严重的应全部起苗翻耕重栽，以促进整齐；施足底肥，除去枯叶，早春雨后施肥培土并多次根外施肥，促进新叶新根发生。

11.6.5 冰雹的补救技术

冰雹是一种突发型气象灾害，预防难度较大。山东省农业科学院在20世纪60—70年代调查表明，冰雹砸后多数情况还有一定补救余地[26]。

11.6.5.1 小麦

小麦扬花以前遭受冰雹袭击，4～6 d后能从残茬分蘖节萌发新芽，10～12 d大量出土，15 d后重新形成植被覆盖，30 d后大量抽穗，50 d即可成熟收获，只比未受灾小麦推迟成熟15～20 d。如有50%～80%植株被砸，仍可获得五成以上产量。如90%以上植株被砸，也能获得三四成产量。冰雹砸后应及早浇水和追施速效氮肥，以促进新芽迅速生长。由于麦田砸后板结，应抓紧中耕划锄，改善土壤通透性，促进根系发育。砸后残留叶片仍具有一定光合能力，应尽量保留。再生小麦成熟度很不一致，应分批收割或等绝大多数麦穗黄熟再机收。

如在灌浆中后期被砸，因植株衰老，萌发新芽数量很少，应尽快收获，清除残茬，耕翻改种中晚熟玉米品种，通过下茬增产获得一定补偿。

11.6.5.2 玉米

玉米苗期被砸，即使打成乱麻状，只要根茬残留，经及时中耕、浇水、追施速效肥，仍能长出新叶，迅速恢复生长，获得相当产量。抽穗以后被砸，如果穗节完好，即使茎秆伤痕累累，叶片打成细丝，还能恢复生长，仍获一定产量。冰雹砸伤的叶片都应保留不要割除。但如果穗节砸掉则难以恢复，应尽早耕翻改种。

11.6.5.3 谷子

苗龄越小，雹灾后恢复能力越强。苗高3 cm以内被砸，及时锄地和追肥，仍能获得较高产量。苗高30 cm被砸，恢复生长后缺苗较多，病害较重，产量不高。如苗高60 cm已开始孕穗，打成乱麻状,虽然 15 d 后能长出新芽,但黄瘦细弱,根系发黑,病害严重,产量极低。抽穗后被砸则基本绝收。因此,谷子如在幼苗期受灾,应保留并加强中耕和追肥,促进恢复生长;如在拔节期以后被砸,一般都应耕翻改种。

11.6.5.4 棉花

棉花受雹灾袭击后能否恢复生长,主要取决于主茎皮层受损程度。皮层损伤达茎周的2/3,中柱损伤达柱周的1/2以上时,多数不能恢复,将陆续死亡,只能耕翻改种。雹灾还导致棉株发育延迟,使有效花铃期显著缩短,霜前花减少。如果茎秆皮层损伤不特别严重,还有一定补救余地,灾后深中耕、浇水、追肥,及时防治病虫,要比不加管理的棉田显著增产。棉株打成光秆,主茎生长点打掉的,要适当多留上部果枝以促进早现蕾。受灾严重的,部分棉株已不能恢复,可在田间缺苗处补种大豆或早熟品种玉米。

11.6.6 倒伏的补救技术

群体过大,根系发育不良,茎秆细弱的植株,后期遇风雨容易倒伏。预防倒伏的关键是掌握合理密度,适当蹲苗以促进根系发育和控制基部节间,必要时喷洒生长抑制剂。一旦发生倒伏,要根据作物生长状况和倒伏程度采取适当的补救措施。

11.6.6.1 小麦

拔节初期倒伏后,小麦能逐渐恢复直立,只是发育稍延迟。发生在成熟前的轻度倒伏,对产量影响较小,应及时收获。发生在孕穗到灌浆初期的倒伏对产量影响较大。倒伏较重的如劳力充足,雨过天晴可用竹竿轻挑抖落茎叶水珠,或手扶捆把。每公顷喷洒磷酸二氢钾 2 250～3 000 g 和 16%草木灰浸提液 750～900 kg 可促进灌浆。倒伏后田间湿度大易感病害,要及时防治。

11.6.6.2 玉米

雨后及时排水以降低田间湿度。倒伏玉米在一两天内可人工扶起并培土,之后再扶会加重损伤,应等植株自然抬头后,叶面喷洒 0.2%～0.3%磷酸二氢钾或尿素以增强光合作用。倒伏玉米抗逆性减弱,要注意防治病虫害。灌浆初期倒折的基本无保留价值,只能用作青贮。

11.6.6.3 水稻

水稻倒伏分为根倒和茎倒,根倒一般发生在蜡熟期后,茎倒一般发生在抽穗以后。

倒伏后要及时开沟排水以减缓纹枯病蔓延,延长叶片功能期,促进籽粒灌浆,防止穗发芽和茎秆腐烂。根外喷施磷酸二氢钾和井冈霉素,兼有施肥和防病效果。倒伏水稻极易引发纹枯病和霉烂,要加强病害防治。倒伏后扶稻扎把会人为破坏穗、茎、叶的自然分布,加重机械损伤,减少叶面见光,还可能折断茎秆或根系,从而加重产量损失,一般不提倡。倒伏后 3～5 d 稻株会自动调节,使叶片和穗轴自动翘起,仍可继续灌浆。

（郑大玮）

参 考 文 献

[1] WMO,UNEP. 气候变化 2007:影响、适应和脆弱性. 政府间气候变化专门委员会,2007:27.

[2] Food and Agriculture Organization of the United Nations. Adaptation to climate change in agriculture, forestry and fisheries: respective, framework and priorities. Rome,2007.

[3] 郑大玮,郑大琼,刘虎城. 农业减灾实用技术手册. 杭州:浙江科学技术出版社,2005:96-155,220-236.

[4] 李船江,郑大玮. 慎重对待"假种子"问题. 农民日报,1997-01-10(3).

[5] 郑大玮,龚绍先,吴锦文,等. 冬小麦冻害及其防御. 北京:气象出版社,1985:119-127.

[6] 中国农业科学院农业气象研究室. 北方抗旱技术. 北京:农业出版社,1980:193-264,264-284.

[7] 邓根云,郑大玮. 小麦分蘖与积温的关系及其在生产实践中的应用. 植物学报,1975(3):222-230.

[8] 郑大玮,马合林,雷鸣. 沟播小麦防冻保苗生态效应的分析. 农业气象,1984(1):31-36.

[9] 邓根云,刘中丽. 玉米的高产潜力与种植制度优化问题. 北京农业科学, 1992(5):6-10.

[10] 湖北省农业厅,湖北省气象局. 农业灾害应急技术. 武汉:湖北科学技术出版社,2009:89-92,20-24,84-100,98-99.

[11] 侯琼,杨松. 巴彦淖尔春小麦取决于秋灌表土融冻条件的播种期咨询//Stigter K. Applied agrometeorology. Springer-Verlag Berlin and Heideberg GmbH & Co. K, 2010:205-209.

[12] 信乃诠,张燕卿,王立祥. 中国北方旱区农业研究. 北京:中国农业出版社,2002: 93-134.

[13] 国家统计局. 2008 中国农村统计年鉴. 北京:中国统计出版社, 2009.

[14] 中华人民共和国农业部. 低碳农业——应对气候变化农业行动. 北京:中国农业出版社,2009:30.

[15] 徐玉莲,肖世寿. 机械化地膜垄盖沟植技术在高原地区的应用前景. 农机化研究,2006(5):35-36.

[16] 程延年. 农业抗灾减灾工程技术. 郑州:河南科学技术出版社,2000:196-199.

[17] 赵立尚,石明权,梅涌现,等. 关于小麦冻害问题的研究与探讨. 农业科技通讯,2005(10):15-16.

[18] 赵广才,常旭虹,杨玉双,等. 冬小麦高产高效应变栽培技术研究. 麦类作物学报, 2009,29(4):690-695.

[19] 郭文利,郑大玮,秦志生. 冬旱麦田早春喷灌补水的效果分析. 中国农业气象,2001(2):47-51.

[20] 宋仁惠. 小麦遇灾应变栽培技术. 农家参谋,2010(2):11.

[21] 邓振镛,王强,张强,等. 中国北方气候暖干化对粮食作物的影响及应对措施. 生态学报,2010,30(22): 6278-6288.

[22] 李少昆. 玉米抗逆减灾栽培. 北京:金盾出版社，2010:266-270,280-281.
[23] 张久庆.玉米抗逆栽培技术.农业科技与装备,2010(12):48-49.
[24] 郑大玮. 合理搭配品种，争取秋粮早熟增产//北京市农林局.三种三收夏茬作物增产经验.北京:人民出版社,1977.
[25] 曹涤环. 油菜冻害类型及补救措施. 北京农业,2009(1):12-13.
[26] 山东省农业科学院作物研究所农业气象研究室. 冰雹砸了庄稼怎么办. 北京:农业出版社，1971:11-46.

第12章

农业结构调整避灾技术

农业生产是在自然条件下进行的，是否能够获得高产优质，关键在于农业生物与农业环境是否协调和相互适应。如能相互协调和适应，受灾就轻。但在农业生产过程中，由于自然环境条件存在波动性和不确定性，生物适应环境是相对的，不完全适应是绝对的。在农业生产过程中，专业化与多样性的结合，是合理利用资源，避抗自然灾害的重要途径之一。

12.1 农业系统结构调整减灾原理

12.1.1 农业系统结构及其调整机制

农业系统结构是一个区域长期发展下自然形成的要素结构，会随着自然条件、社会经济条件和主观意愿而发生有意识或无意识的改变。

农业是人类对植物与动物进行种植、饲养和管理，并将其产品为人类自身利用的一种综合性产业。它的主体是种植业与养殖业，还包括农产品加工业以及直接为种植、养殖与加工业服务的工业、商业、科技、教育、管理等有关部门。狭义的农业是指农业生产业，主要包含种植业和养殖业；中义农业是指农业产业，包含种植业和养殖业、农产品加工工业、农产品及其加工产品的商业；广义农业指农业产业再加上产前、产后为农业服务的其他部门，如农业行政管理、农业科研、农业教育、农业技术服务体系、农业基础设施建设、农业金融、农产品与农业生产资料产销体系等等。

农业的总体结构由八个产业部门组成，即农业生产业、农业工业、农业商业、农业金融、农业科技、农业教育、农村建设、农业行政管理与政策。

受到自然灾害直接影响的主要是农业生产系统，指农业生产业及对其有影响的各种要素的总和。农业生产业是农业的主体和核心，包含作物业、林木业、畜禽业、水产业、低等生物业五个部分。其要素结构包括农业生物、农业环境、农业技术和农业社会经济等。各要素结构之间彼此协调，才能持续发展，达到最好的效益。如果要素之间不协调，社会经济、生产条件和环境发生了变化，就需要进行农业结构调整。农业结构调整的实质是合理、有效地配置有限的土地、资本和劳动力等农业资源，使之发挥出更好的效果，提高经济效益，增加农民收入。

由于农业生产以有生命的农业生物为生产对象，与其他产业部门相比，对于自然灾害更加敏感和脆弱。农田、果园、鱼塘以及低标准畜舍对于自然风险具有很大的暴露性，对于自然灾害也相当敏感和脆弱。自然灾害对于农业系统的损害和破坏，有些是直接作用于系统的组成单元，有些则是通过对农业系统结构的破坏而造成经济和生态的损失。通过调整和优化农业系统的结构，增强系统的稳定性、适应功能或应变能力，是农业减灾的一个重要途径。

12.1.2 农业结构调整的层次

农业结构调整的根本目标是确保粮食安全，促进农业增效、农民增收。农业结构调整包括若干层次的调整。

12.1.2.1 区域经济结构的调整

在农业系统以外，对于一个区域经济系统，还有一个包括大农业、工业和建筑业、服务业在内的区域产业结构的调整问题。随着社会生产力的发展，大农业在 GDP 中的比重会不断下降，但农业现代化水平不断提高，二三产业对农业，特别是减灾的支持力度和能力不断加大。不论农业在整个 GDP 中的比重如何下降，农业在国民经济中的基础地位以及巨大的生态功能和社会功能仍然是不可替代的。

12.1.2.2 广义农业的结构调整

广义农业结构调整包括涉农三次产业的调整，其中第一产业指大农业，即以农业生物为对象的生产过程，第二产业包括农业生产资料制造业、农产品加工业、农业基础设施建筑业等，第三产业即涉农服务业，包括农业行政管理、农业科研、农业教育、农业技术服务业、农业信息咨询业、农业金融保险业、农产品与农业生产资料销售业、农业旅游业、农业文化产业等。随着社会经济的发展，从二三产业不断分化出面向和支持农业的专门产业，增强了大农业的保障能力；同时大农业产业链也不断向产前和产后延伸，并向二三产业渗透，使农产品得以多层次增值，对于市场波动和自然灾害的适应与抗御能力不断增强。

12.1.2.3 大农业内部产业结构的调整

狭义的农业即我们常说的大农业，包括种植业、养殖业、林业、水产业、农用微生物产业等。在农业经济发展水平很低时，农业生产目的主要是为生存，产业结构以种植业，特别是粮食生产为主。随着社会经济的发展，从单一种植的不完整农业生态系统向植物性生产、动物性生产和微生物生产相互依存的良性农业生态系统转变，使大农业的系统功能和对于灾害干扰的稳定性不断增强。

12.1.2.4 大农业内部不同产业的结构调整

上述大农业内部的不同产业都存在结构调整的问题。

1. 种植结构调整

种植结构指不同作物的种植比例、农作制度与复种指数、保护地和园地的比例等。改革开放以来，我国从片面以粮为纲的单一种植结构向粮食作物、经济作物、饲料作物合理配置的三元种植结构转变，同时根据区域自然资源和趋利避害的原则，确定合理的农作制度与复种指数，以及保护地和园地的比例，使种植业的适应能力和减灾能力显著增强。

2. 畜牧结构调整

畜牧结构指不同畜种的饲养比例和放牧、舍饲、工厂化养殖等不同饲养方式的比重与布局等。应适应区域资源环境条件与社会经济条件确定不同畜禽种类的养殖比例和方式。如根据中国的饲料资源条件，畜牧业应以节粮型动物为主，在恢复和保护草原植被的基础上适度发展草食动物生产。牧区实行季节性放牧与冬春舍饲相结合，推广牧区与农区合作易地育肥。经济发达地区适度发展工厂化规模养殖等。

3. 林业结构调整

林业结构指不同森林类型的比例与林分结构，前者包括天然林、防护林、用材林、经济林、水源林、水土保持林等的合理布局，林分结构则指每类森林内部的树种比例结构。调整的目的是充分利用自然资源和最大限度发挥森林的生态效益和减灾功能。通常由多树种组成的混交林由于生物多样性丰富，对病虫害的抵抗力要比单一树种强得多。

4. 水产结构调整

水产结构指淡水养殖业、近海养殖业、海洋捕捞业、水生植物栽培等不同水产产业的合理比例，要根据水资源状况和海洋生态确定不同类型水产业的比重，以提高水产资源利用效率和减灾能力。北方水资源枯竭地区要压缩淡水养殖业规模，主要立足提高单产和品质；南方河湖密集地区在保护好水环境的基础上可扩大淡水养殖生产。近海渔业资源枯竭海域要延长休渔期限，积极拓展远洋捕捞。

5. 农用微生物结构调整

农用微生物结构指食用菌、药用菌、微生物农药、微生物添加剂等不同农用微生物产业的比例结构。

12.1.2.5 农业生物的空间布局结构调整

上述各类产业的每种农业生物都有一个空间分布结构的调整问题。在各种自然条件能够满足农业生物生长发育的地区建成优势产区，可以大大减轻自然灾害的威胁，以较低的成本获得良好的经济收益。

1. 作物布局调整

如水稻在水源有保证的地区种植，根据热量条件的多寡分为一季稻、双季稻和三季稻等不同产区，温度过低的高寒地区不能种植。随着东北的气候变暖，近年来水稻有较大幅度的扩种，但由于降水减少和水资源的日益减少，华北水稻种植面积大幅度压缩。冬小麦种植北界要根据越冬条件的严酷程度确定。棉花则以光照充足和空气比较干燥的地区生产的经济效益最好。

2. 树种布局调整

坚持适地适树，如京津风沙源地区由于地处半干旱偏旱气候区，退耕还林必须选用耐旱树种。森林外围栽植含水量高的树种林带可以大大降低火灾的风险。根据气候变暖程度，常绿阔叶林、落叶阔叶林、常绿针叶林等的分布界限适度北移和上移。

3. 养殖动物布局调整

如猪适宜在气候温暖的南方饲养，鸡以气候温和干爽的中原最宜饲养，奶牛适宜在气候凉爽的东北、内蒙古等地以及畜舍条件较好的城郊发展，植被覆盖良好的草原可实行放牧生产，资金、技术条件和环境容量具备的地区可发展工厂化养殖。由于适应当地自然和社会经济条件，可以明显减轻灾害的影响。内地牲畜引进青藏高原往往因缺氧而生长不良甚至死亡，当地特有的牦牛和藏羊却能够适应高原缺氧环境。内蒙古东部的草甸草原以马、牛为主，中部典型草原以绵羊为主，西部荒漠草原以山羊和骆驼为主。随着气候的暖干化，绵羊在东部有增加的趋势。

4. 水生生物养殖布局调整

虹鳟鱼等冷水性鱼适宜在高纬度、高海拔地区和利用山泉养殖，罗非鱼等热带鱼类只能在南方养殖，冬季还需要采取保温措施。随着气候变暖，水温的提高，养殖分布界限可以适度北移。大江大河修建控制性水利工程必须给洄游性鱼类留出通道。

12.1.2.6 品种结构调整

同一种农业生物具有不同的品种类型，对环境条件的要求各不相同，也必须根据品种特性调整结构和趋利避害合理布局。

1. 栽培植物品种结构调整

如北京市农林科学院培育的京核6号小麦具有节水高产的优点，但在潮湿环境下病害严重，就不宜在低洼下湿地种植，而适宜在沙土地和高岗地种植。北部冬麦区应选用强冬性和冬性品种，黄淮麦区则应选用冬性和弱冬性品种，长江中下游则应选用弱冬性和春性品种；早播小麦对冬性的要求要大于晚播小麦。东北中北部种植玉米应选用早熟和中早熟品种，东北南部则可以选用中熟到中晚熟品种；黄淮海平原北部夏玉米只能选用早熟和中早熟品种，南部可选用中熟到中晚熟品种。河北省张家口地区已成为京津夏季蔬菜生产的主要基地，但坝上夏季最热月平均气温也不超过20℃，只能种植大白菜、甘蓝、萝卜等耐寒蔬菜；坝下最热月平均气温在20～23℃，降水量适中，适宜发展番茄、茄子、甜椒等果菜类生产。[1]

2. 饲养动物品种结构调整

国外引进的瘦肉型猪品种由于脂肪层薄，抗寒能力低于肥猪，在北方饲养要加强冬季保暖。皮特兰和长白母猪对夏季高温的耐受性要比国内品种脆弱得多，而内三元杂交猪对环境的适应能力较强。[2]新疆牧区每年要在夏季牧场和冬季牧场之间转场，要求牛羊品种的四肢健壮，能经受长途跋涉。内蒙古牧区不存在转场，但漫长的冬季要求牛羊具有更强的忍受饥寒能力。

3. 林木品种结构调整

如杨树中的毛白杨适宜在暖温带到中温带年平均气温7～16℃和年降水量600～1 300 mm的地区栽植，年降水量300～600 mm和海拔500～1 600 m的山区可栽植青杨，瘠薄土壤可栽植小青杨。苹果的优势产区在陕西渭北和环渤海地区，东北中北部等高寒地区只能种植黄太平、沙果、海棠等小苹果类，从日本引进的红富士苹果适宜在年平均气温8～14℃，≥10℃以上积温3 000℃·d以上地区栽植，在更高寒地区栽植有一定风险。[3]

12.1.3 我国农业结构调整现状与案例

12.1.3.1 农业产业结构调整现状

农业结构调整首先是产业结构的调整，需要根据产品供求、资源条件、生产条件、灾害程度、从业人口结构、生态与经济效益等多方面来确定调整的方向。

近十年来，我国农业结构已有很大变化，种植业占农业总产值比例不断下降，1975 年以来年均减少 1.04 个百分点，已从 20 世纪 70 年代初的 80%以上降低到 50%以下，畜牧业比重年均增加 0.65 个百分点，从不足 15%增长到 35%以上，且还有增加趋势；林业总产值略有上升但变化不大，一般低于 5%；渔业产值年增 0.28 个百分点，似乎已达 10%左右的顶峰（表 12.1）。[4]农业结构的调整，对改善食物结构，增进健康，增加收益都有重要作用，由于加长了农业的产业链，使得食品和收入来源日益多样化，不但促进了农民增收，同时也分散了灾害风险。

表 12.1 中国农业总产值结构的变化 %

年份	农业(种植业)	林业	畜牧业	渔业
1952	85.9	1.6	11.2	1.3
1957	82.7	3.3	12.2	1.9
1962	84.7	2.2	10.9	2.2
1965	82.2	2.7	13.4	1.8
1970	82.1	2.8	13.4	1.7
1975	81.0	3.1	14.2	1.7
1980	75.6	4.2	18.4	1.7
1985	69.2	5.2	22.1	3.5
1990	64.7	4.3	25.7	5.4
1995	58.4	3.5	29.7	8.4
2000	55.7	3.8	29.7	10.8
2005	49.7	3.6	33.7	10.2
2008	48.4	3.7	35.5	9.0

不同地区，由于资源、市场和劳动力的配置不同，农村和农业生产系统的结构调整方向也不同。总的趋势是随着社会经济发展，从事农业劳动的人口比例下降，农业生产总值所占比例下降；在农民纯收入中，种植业的比例下降。由于种植业最易受到自然灾害影响，产业结构的调整有助于增强大农业系统的稳定性。

农业结构调整，从大的方面讲包括农业种植业、农产品加工业和农业商业配置。要根据区域农业资源和农产品市场优势，提高农业产业化、生产组织化、农产品加工专业化、农产品销售企业化水平，从而增强农业抵御灾害风险的能力。由于种植业在我国大农业中的比重最大，又最容易受到自然灾害的威胁，本章将以种植业为重点，阐述农业结构调整避灾技术及各地的成功经验。

由于各地的资源禀赋与灾害特点不同，农业结构调整有不同的方向，下面以海南和山东为例介绍通过农业结构调整减灾的案例。

12.1.3.2 海南省农业结构调整案例[5]

海南省农村经济结构调整主要从两个方面进行：一是大规模调整种养业结构，发展效益型农业；二是大力培植壮大龙头企业，促进种植、养殖、加工三业互动协调发展。

尽管以往进行了多年调整，但还远没有到位。种养业最突出的问题是“一高一低”：传统低效种植业占有最大最好的土地资源，产值比重仍然较高，而畜牧养殖业的比重较低，至2005年畜牧业占大农业比重仅为20.51%，大大低于全国35%的平均水平。由于传统低效种植业比重过大，自然灾害对海南农业的冲击十分严重。

种植业结构调整的重点是做好“水田”文章。转变观念，尊重自然规律和经济规律，调减传统低效作物种植面积，充分利用海南独特的气候资源优势，腾出土地集约发展冬季瓜菜、热带优质水果、热带作物等高效优质农作物，主要是优质高效经济作物下水田和设施农业下水田。如扩大香蕉面积，除充分利用坡地资源外还尽量利用水田改种，以获得更高效益，积极推进木瓜、莲雾、石榴等特色水果下水田，同时抓住大林业加快发展的机遇，推进花卉、苗木、盆景等下水田。在推进设施农业下水田时，集中连片创办设施农业生产基地，增强抗风险能力。畜牧业结构调整重点开展两项工作：一是着手建设标准化生产出口基地，积极引进国内外大型畜牧工商公司投资建设规模化标准化养殖场，兴建大型屠宰加工厂，建立饲养、加工、储运全过程的标准化生产技术规程，特别是瘦肉型猪和文昌鸡生产出口基地建设，组织养殖企业搞好产地出口注册认证，制定扶持畜产品出口的有关政策。二是转变畜牧业生产方式，发展标准化养殖小区和规模化饲养场，推进畜牧业养殖方式的转变。由于暴露性的明显降低，使现代集约化养殖业的灾害风险比传统的户养畜牧业显著降低。

重点抓好做大做强龙头企业、打造农业品牌、提升综合竞争力等工作。不断提高农产品加工增值水平，带动农业增效、农民增收。大力实施品牌战略，尽快培育一批像椰树牌椰子汁、海南鹿龟酒等在市场上叫得响、占有率高的优质、高效、安全名牌产品，靠品牌拓市场，向品牌要效益。鼓励龙头企业提高自主创新能力，发展技术含量和产品档次高的精深加工，提高农产品加工附加值。海南农产品全天候露天生产，贵在鲜活，效益在质量。必须建立健全农业标准、检验检测、执法监督三大体系，使绝大部分农产品的生产、分拣、包装、冷藏保鲜、加工、销售等环节实现标准化管理。建立紧密型、规模化、标准化的农产品生产基地，提高农民的组织化程度，实行企业化管理，从源头上解决产品质量问题，提升龙头企业的综合竞争力。以龙头企业的发展，带动种植、养殖、加工三业的协调发展。

海南省农业结构调整主要有以下四条重要经验和做法：

一是从本地实际出发，放手放胆调整产业结构，选准实践证明能给老百姓带来收益的路子，就毫不动摇地走下去。如1993年以来，海口市琼山区红旗镇和咸来镇将533.3多 hm^2 水稻全部改种香蕉，总体效益为种植水稻的4倍以上。

二是尊重农民意愿，通过典型示范引导结构调整。充分尊重农民的生产经营自主权，不搞行政命令和一刀切。如红旗镇种植香蕉20多年，农民尝到了甜头，有扩大种植的愿望，但坡地发展空间受限，利用水田种植成为必然选择。起初农民担心政策是否允许和能否成功。当地党委和政府因势利导，组织村干部和种植专业户走出去学习借鉴成功经验和引进技术，先后在全镇建立20多个香蕉下水田示范基地，带动农民自觉调整结构。

三是搞好农田基础设施建设，为农业结构调整创造条件。香蕉喜水喜肥，但又不能被水浸泡，对农田排灌条件有一定要求。琼山区政府和红旗镇政府发动群众集中连片种植，田林山水路综合整治，切实做到旱能灌、涝能排，同时方便香蕉管理、采收和运输。通过农田综合整治，极大改善了生产条件，提高农业综合生产能力，为香蕉下水田打下坚实基础，最大限度减少了结构调整的自然风险。

四是搞好综合服务，为农业结构调整提供有力支撑。镇政府帮助缺少资金的种植户贷款，鼓励本地专业户创办10个种苗基地，每年生产香蕉种苗300多万株，统一推广良种；多渠道收集、整理和分析香蕉产销信息并及时传递给农户；以本镇的农技站、职业技术学校、果菜公司为依托，加强技术培训，积极推广香蕉套袋，沼液灌溉施肥，减少了化肥和农药用量，提高了香蕉品质；组织本地运销企业和专业户，加强产销衔接，确保运销渠道畅通。

12.1.3.3 山东省淄博市农业结构调整案例[6]

山东省淄博市按照“稳粮保供给、增收惠民生、改革促统筹、强基增后劲”的基本要求，确立统筹城乡一体发展的理念，加快发展都市农业、有机农业、品牌农业，积极推进现代农业结构调整和转型升级，农业结构调整取得积极成效。

(1)第一产业稳定增长，在GDP中份额下降。2009年全市农林牧渔业增加值达到87.9亿元，较上年增长4.9%；第一产业占GDP比重由2005年的4.2%下降到3.6%，三次产业增加值比例由2005年的4.2∶66.8∶29.0调整为3.6∶62.8∶33.6。

(2)农林牧渔业齐头并进。在抓好粮食生产的同时，因地制宜，充分发挥资源优势并合理配置，出现了农林牧渔协调发展的良好局面。2009年全市农林牧渔业总产值(按可比价格)158.97亿元，比上年增长5.1%。农、林、牧、渔及其服务业各业分别比上年增长3.3%、2.9%、9.8%和0.4%，各业产值占大农业总产值比重由2005年的63.5∶4.9∶27.3∶1.8∶2.5调整到2009年的67.1∶6.1∶21.9∶1.9∶3.0。

(3)种植业结构继续优化。在种植业内部，把发展高产、优质、高效农业作为出发点，引导农民按市场需求因地制宜地合理安排生产，优化种植业结构。全市农作物总播种面积稳定增长，粮食作物、经济作物种植面积均衡发展。2009年全市种植粮食作物25.29万hm^2，比上年增加1.93万hm^2，同比增长8.2%，比重由2005年的70.2%上升为2009年的82.8%，油料面积由1.6%上升为2.0%，蔬菜面积由17.9%下降为9.2%。

(4)畜牧、林果、蔬菜三大主导产业地位更加巩固。2009年全市畜牧业生产发展势头良好，生猪存栏58.1万头、牛11.8万头、羊45.8万只、家禽1 225.2万只，分别比上年同期增长10.6%、7.4%、10.2%和7.0%。肉、蛋、奶产量平稳增长，全年肉类总产15.2万t、禽蛋6.9万t、奶类11.6万t，分别比上年增长10.1%、0.7%和0.4%。2009年全市种植蔬菜2.8万hm^2，单产79 971 kg/hm^2，总产224.32万t，比上年增加12.67万t，同比增长6.0%，实现蔬菜产量连续3年增长。2009年全市实有果园3.05万hm^2，比上年增加0.15万hm^2，同比增长4.1%。收获水果86.4万t，比上年增加8.3万t，同比增长10.6%，水果产量连续4年增长。其中苹果占绝对优势，全年产量45.6万t，占水果产量的52.8%。

2009年全市共完成牧业产值34.8亿元、蔬菜产值36.8亿元、水果产值21.8亿元，占农林牧渔业总产值比重分别为21.9%、23.2%和13.7%。蔬菜水果两大产业在种植业中稳坐半壁江山，占到种植业产值的 54.9%，对稳定农业生产起到了决定性作用。

(5)现代畜牧业发展步伐加快。淄博市不断加大投入，转变经营方式，畜牧业综合生产能力进一步增强，产业化水平进一步提高。全市畜牧专业合作组织发展到 168 个，依托龙头企业的示范带动作用，积极推行"公司＋合作社＋基地"的产业化运作模式，有效带动了社会化、规模化、标准化饲养。通过龙头、基地、协会等组织形式，把养殖户与市场有机结合起来，有效地促进了农业增效、农民增收。积极实施品牌战略，目前已有 10 个产品获得无公害、绿色、有机认证及地理标志认定，产品核心竞争力不断提升，市场占有率继续提高。近年来紧紧抓住秸秆禁烧和加快转化利用的机遇，积极引导产粮大县向畜牧大县跨越。2010 年安排推广 6 667 hm^2 玉米带株青贮技术，加快优质奶源基地建设，有效地推进了牧草规模化开发。

12.1.4 农业结构调整在防灾减灾中的作用

农业结构调整是增加农民收入，增强农业发展后劲，促进农村经济可持续发展的重要途径，也是当前农业和农村工作的中心任务。调整农业的内部结构，通过农、林、牧、渔及农村工业的合理配置，有利于增加农业收入，提高抗灾和减灾能力。

农业结构调整通过专业化、区域化提高集中度以增加效率和效益，通过农产品多样性降低生产能力风险、产量损失风险和市场风险，增加综合抗灾能力。农业结构调整需要进一步明晰、优化农业产业区域布局，形成不同类型的专业化生产区、区域化产业带；增加农产品的科技含量，提高科技对农业增长的贡献率；优化种植业和养殖业的生产结构、产品结构，提高农产品商品化、专业化、集约化水平，全面改善和提高农产品的品质；增加龙头企业数量、提高质量，增强企业的实力和带动能力；扩大外向型创汇农业规模，提高农产品外向度，增强农产品国际市场竞争力；健全农业社会化服务，形成一大批各类专业合作经济组织，逐步建立农产品市场体系；现代农业、生态农业全面发展，不断增强农业和农村经济可持续发展的后劲。通过经济来源多样性和提高区域经济发展水平提高农业抗灾能力，增加粮食和农副产品的来源途径，减轻因灾害导致的粮食安全问题和农村贫困化。

对于粮食结构，重点是要以市场为导向，调整粮食生产结构，优化品种结构和布局。依据粮食利用多元化、市场需求多样化的基本走势，积极发展食用、工业原料、食品加工等专用粮食品种以及市场前景好、营养价值高的特用、特色粮食品种。

对于畜牧业结构调整，要稳定发展生猪和禽蛋生产，加快发展草食动物肉和禽肉生产，突出发展奶业生产，确定好农区畜牧业、牧区畜牧业、城郊畜牧业和农牧交错带畜牧业的定位。调整好水产生产结构，协调养殖、捕捞的关系，发展南方稻田生态养殖。

对于林果、花卉、园艺业，要优化果类品种结构与生产布局，立足资源比较优势，以市场为导向，加速品种结构调整，优化区域布局。发展园林、四旁(村、宅、路、水旁)绿化苗木及其他苗木。发展高品质、反季节蔬菜。进一步搞好城镇郊区的常年菜基地建设，突出发展大棚生产、无土栽培等现代化栽培技术和生产模式，加快春菜生产基地、山区越夏反季节蔬菜基地和南菜北调冬菜基地等名优特新蔬菜生产基地建设，合理布局和调整春菜、反季节蔬菜和无公害蔬菜的比例。提高食用菌产业的综合实力，增加珍稀食用菌的种植比例；调减常规生产面积，增加反季节产品的生产面积，达到周年生产，均衡供应。

作为保障条件，要加强以水利为重点的农业基础设施和防灾减灾体系建设。加强基本农田保护，加快农田水利建设和中低产田改造，通过土地整理，建设一批高产稳产标准农田。积极推进节水灌溉工程建设。加快防灾减灾体系建设，提高防灾减灾能力。大力实施良种工程，加强农作物良种繁育体系建设，加强种苗管理，实现良种繁育的标准化和规范化。扩大绿色食品生产，加强科技投入，加强农村社会化服务体系建设。

12.2 种植结构调整与减灾

农业有很强的地域性。同一物种在不同地域可能表现出很大差异；甚至同一物种在同一地域，如果环境条件与投入、管理水平不同，产量与品质也会有很大差异。种植结构，是指农作物在农业生态系统中的时间、空间、季节和环境上的配置。[7]种植结构调整首先要根据当地自然环境条件、耕作栽培制度、生产管理水平、户主投入能力等，通过试验示范，实地走访调查，选择适宜的发展种类与品种。新发展物种在本地种植如生长适宜，产量较高，品质良好，没有难以克服的“缺陷”，农民就容易接受，调整就容易获得成功并取得明显效益。

大田作物分为粮食作物、油料作物、纤维作物、糖料作物、烟草、药材、蔬菜瓜果等种类，其中粮食作物占60％以上，谷物又占粮食的80％左右，蔬菜占12％～13％，油料占7％左右，棉花等纤维作物不足4％，糖料和烟草之和不足2％，还有一些其他小宗作物。水稻、小麦、玉米三大作物的播种面积都在2 000万 hm^2 以上，合计超过总播种面积的一半；其次是大豆、棉花、油菜，在500万～1 000万 hm^2 之间；再次是花生、马铃薯、甘蔗等，在100万～500万 hm^2 之间。此外，还有谷子、高粱、向日葵、芝麻、大麦、莜麦、荞麦等。在粮食作物中，水稻、小麦种植面积比例有减少趋势，而玉米增加明显；其他作物，蔬菜瓜果、果园、糖料作物、茶园的面积迅速扩大，高粱和谷子减少明显。棉花和油料作物的面积基本稳定。

12.2.1 调整种植结构应对旱涝灾害

墨子在《七患》中提到“一谷不收谓之馑；二谷不收谓之旱；三谷不收谓之凶；四谷不收谓之馈；五谷不收谓之饥”，反映灾害会影响到粮食安全，因此中国自古就有“种杂五谷，以备灾害”之训。夏商时人们已认识到，黍稷麦豆，生性迥异。在气候干燥的西北地区，只有合理搭配播种多种不同生产性能的农作物品种才能使资源充分有效利用，克服不良环境的制约，以达到抗旱减灾、增产保收的目的。

中国地域广阔，旱涝灾害频繁。如1999年安徽阜阳夏旱严重，7月8日到8月18日降水仅4.5 mm，盛夏连续41 d无有效降水，作物受害表现为玉米雌蕊抽不出，大豆棵矮荚稀，棉花蕾铃大量脱落，薯蔓疲软叶黄，芝麻籽仁瘦瘪，缺水稻田植株干枯，当年大部分农作物减产50％以上。大旱的危害如此，大涝的危害更大。2003年6月下旬至7月下旬淮河流域多次遭受暴雨到大暴雨的袭击，干流河湖水位持续一个多月超警戒，先后启用9个蓄洪区，王家坝两次开闸蓄洪，沿淮洼地大部分农田仍被淹绝收，仅阜阳市直接经济损失就高达50多亿元。对于旱涝风险大的地区，单一的熟制、种植结构或作物品种结构往往有很大风险，发展多种形式的间、混、套多熟种植，种植耐旱涝能力不同的作物和品种，可以有效降低灾害损失。如能根据气候预测，旱年种植耐旱作物和品种，涝年种植耐涝作物和品种，就能更有效地减少灾害损失。

灾害发生后，特别是绝收时，要根据气候条件种植短季救灾作物。

在半干旱地区，降水偏少、气温偏高年份水库常常蓄水不足，发生严重干旱时需要全面落实抗旱措施。应以兴水抗旱为中心，以抗旱增效为目标，大力引导农民按照水情调结构，顺应天时调结构，依据市场调结构，优化夏秋、粮经作物种植比例，降低高耗水低效益作物种植面积，本着结构调优、质量调高、品种调新、产业调特的原则，发展高效节水耐旱作物。灌溉配水应向优质高效农作物和优质牧草倾斜，向落实以水定植，切实执行结构调整的村组和农户倾斜。山区大力发展地膜马铃薯、牧草种植，扩大豆类、中药材等耐旱高效作物的种植面积，努力实现抗旱减灾效益。

12.2.2 调整种植结构应对低温冷害和霜冻

不同作物生长发育所需要的温度条件不同，要根据气候条件合理配置作物，防止作物生长过程中的低温冷害和未成熟即遇到霜冻。

12.2.2.1 玉米

玉米幼苗期遇2～3℃最低气温会影响植株正常生长，−1℃的短时低温幼苗受冻伤。受冻死亡指标为−2～−4℃。日平均气温≤10℃持续3～4 d幼苗受冷叶尖枯萎。日平均气温降至8℃以下持续3～4 d，可发生烂种或死苗；持续5～6 d死苗率可达30%～40%；持续7 d以上死苗率可达60%。拔节期温度偏低会影响发育速度，低于21℃为轻度冷害，生育速度下降40%；低于17℃为中度冷害，生育速度下降60%；低于13℃为严重冷害，生育速度下降80%。幼穗分化期日平均气温低于17℃不利于穗分化。开花期日平均气温低于18℃时授粉不良。灌浆成熟期如遇3℃完全停止生长，−2～−4℃时植株死亡。玉米生育中后期日平均气温15～18℃为中等冷害，13～14℃时形成严重冷害。

12.2.2.2 大豆

大豆既喜温暖又耐冷凉。发芽最低温度为5～8℃，最适温度30～31℃，最高39～40℃，但因品种而异。在10～30℃范围内，出苗天数与温度成指数曲线关系。出苗至开花日数在19～24℃范围内随温度上升而缩短。如夜温低于15℃开花会延迟，夜温10℃严重延迟。低于12℃大豆出苗显著延迟；低于15℃对叶片生长和分枝形成影响较大；低于17℃开花大为推迟。大豆对霜冻抗御能力较玉米、菜豆为强。遇−1～−2℃低温苗期无害，鼓粒期和近成熟期出现叶卷缩。遇−2～−3℃低温，幼苗期叶面萎缩，鼓粒期和近成熟期植株死亡；大豆各生育期遇−3～−4℃低温则全部死亡。

12.2.2.3 水稻

水稻苗期温度低于12℃会出现烂秧，幼穗形成期到抽穗开花期，特别是减数分裂期，遇短时异常低温会使花器分化受破坏，花粉败育，造成空壳；抽穗开花期遇低温颖花不开，花药不开裂，花粉不发芽，造成不结实使产量大降，形成障碍型冷害，杂交稻为低于17℃，籼稻为低于15℃，粳稻为低于14℃。开花期如连续3 d日平均气温低于22℃也会降低结实率。

应根据气候条件与作物发育进程的配合程度，选用敏感期灾害发生风险小的作物或品种。

热量条件不足的地方要选择霜冻前能正常成熟的作物或品种。某一地区晚熟品种种植比例过大会加重低温冷害,往往造成大面积减产。根据热量资源和区域气候特征,选用熟期适当的高产品种,并确定适宜的播种期,既能确保在当地气候条件下安全成熟,躲避低温冷害和霜冻,又能获得高产。水稻冷害主要是苗期低温烂秧和灌浆期低温冷害。黑龙江省位于寒地,冷害一直发生频繁,一般 3～5 年发生一次。特别 2002 年遭受 70 年罕见的低温冷害,出现大面积空壳和未能正常成熟的地块,造成严重减产。[8]东北地区秋季往往玉米还没有成熟就因霜冻造成大幅度减产。根据当地冷害发生规律和为害机理,实施安全计划栽培,根据安全成熟期和玉米品种生育期所需天数确定播种期,合理轮作,就能降低灾害风险。气候变暖有利于双季稻种植面积的扩大,但如当地劳力和水肥供应不足,早稻育秧和晚稻孕穗开花和灌浆仍然会遭遇低温冷害而严重减产。所以,要根据当地气候特点和社会经济条件,因地制宜调整作物种植布局,克服或降低低温造成的损害。

12.2.3 调整种植结构应对其他灾害

农业生产中的其他灾害还包括干热风、阴雨、日灼、风雹等气象灾害,沙漠化、石漠化、塌陷、土壤盐碱化等地质灾害,需要种植抗性较强或避灾作物,并采取相应的环境管理措施。“高产、优质、高效”一直是农业发展的目标,同时也为种植结构调整确立了目标。必须根据生态环境和社会经济需求,因地制宜调整种植结构,在保证总量供给的前提下,努力提高农产品品质,满足多层次、多方位的社会需求,提高生态效益、经济效益和社会效益。农田种植结构调整是一个全局性、系统性工程,系统结构合理才能达到稳产、高产和减灾的目标。如在盐碱地上应种植高粱、向日葵等耐盐碱作物,沙土地适宜种植西瓜、花生等,蔬菜和水果不宜在雹灾多发地区发展。

12.3 作物布局调整与减灾

中国地域广大,各地气候、土壤条件和经济发展水平差异显著,种植制度有一年一熟、一年两熟、一年三熟、两年三熟、间作套种等多种形式。在全球气候变化背景下,中国未来气候将继续变暖,降水分布格局发生改变,干旱、高温、洪涝、风雹、冰雪等灾害发生的时间和空间尺度及受灾程度均会产生一系列变化,加上经济发展空间格局的改变,农业优势发展区和作物布局都会发生相应的调整。

12.3.1 气候变化对作物布局和种植制度的影响

已经观测到气候变化对我国农业生产的影响利弊并存。气候变暖使热量资源增加,作物潜在生长季延长,耗水量增加,在北方尤为明显。许多地方已经自发采取措施来适应气候变化,作物种植界限向高纬度和高海拔移动。这些地区在水资源可以承受的条件下,扩大作物种植是有利的。自 20 世纪 60 年代以来,我国冬小麦种植北界已经在向北推进。如年平均温度每增加 1℃,≥10℃积温持续日数平均可延长约 15 d。冬小麦种植北移西扩将更加明显:辽宁省东部平均向北移动 120 km，西部平均向北移动 80 km；河北省平均向北移动 50 km；山西省平均向北移动 40 km；陕西省东部变化较小，西部平均向北移动 47 km；内蒙古、宁夏一线平均向北移动 200 km；甘肃西扩 20 km；青海西扩 120 km。冬小麦种植北界将由长城一线北移至沈阳—张家口—包头—乌鲁木齐一线。[9]热带作物安全种植北界目前在广西和广东境内北移也比较明显。华北未来降水量的增加将使雨养冬小麦—夏玉米稳产种植北界向西北方向移动。气候变化对农业生产不利的方面也很突出，主要表现为气象灾害造成的农业损失加重，农业生产的不稳定性突出，尤其是局部干旱、洪涝、高温、低温和冰雪灾害的严重危害。如秋季气温偏低年份喜温作物的偏晚熟品种因热量不足不能成熟，抗寒锻炼不足和冬季严寒年份，抗寒性较差的小麦品种常发生冻害和死苗，春旱严重年份土壤缺墒无法播种等。

气候变化已经导致全国作物种植结构发生显著变化。1951 年以来的近 50 年来辽宁省作物生长季节的光照和降水减少，热量增加，≥10℃开始日期多数地区提前 6 d 左右，农作物分布北界不断北移。[10]近 50 年极端最低气温平均每 10 年提高 0.4℃，加上降水减少，春旱发生频数由东向西逐渐增加，秋旱则从辽西向东逐渐扩展蔓延。又如 1981—2000 年，西北干旱区年平均气温逐渐上升，棉花和玉米种植面积逐渐增加，新疆小麦种植面积减少，新疆和甘肃河西的玉米和棉花种植面积有增加趋势。[11]

气候变暖使土壤解冻提前，封冻推迟，作物生长季延长，热量增加，复种指数提高。多熟制向北和向高海拔推移。预计到 2050 年，一年两熟带和一年三熟带种植北界都将不同程度向北移动，在不考虑品种变化、社会经济等方面因素的前提下，由于气温升高，种植制度将由一年一熟变向一年两熟，一年两熟向一年三熟转化，[12]一熟制地区的面积将减少 23.1%，三熟制北界将北移 500 km 左右，单位面积周年粮食产量将有所提高。

12.3.2 调整作物布局应对气候变化和农业灾害

气候变暖导致作物种植结构发生显著变化，极端气象事件加重了农业生产的不稳定性。如浙江嘉兴市种植的三季作物，春粮易受到前期土壤湿害、后期渍害和高温逼熟危害，导致作物产量、品质降低；早稻易遭受低温冷害和阴雨寡照，晚稻易受梅涝、台涝和后期低温危害。

为达到最优的经济和社会效益，在作物生产中要集中与分散相结合。粮食需求量大，是生活必需品，需要分散种植以保障粮食安全；经济作物则需要集中种植以提高单位面积经济效益和规模效益，促进商品化生产。大田农作物减灾防灾的主要措施如下：

(1)统筹安排作物布局，调整农田种植结构，把生物化学措施和工程措施结合起来，改善作物生长生态环境；品种选择要根据当地气候条件和作物习性，提供和创造良好的生育环境，减少受害程度，保证农业经济全局持续、稳定、协调发展。

(2)主要优势作物要根据熟制结构，合理选择作物品种搭配，尽量在区域内形成相似的农田生态系统，以减少熟制与品种混杂，有利于统一植保，统一农田管理，消除病虫变迁越冬场所转移，减轻病虫危害，提高区域抗御自然灾害的能力。

(3)大力发展立体农业，形成多种农田小气候，增加作物种类和生物种类，形成多层次生态环境，增加系统稳定性，降低灾害风险，促进农、林、牧、果的全面发展。

(4)采取趋利避害的农业措施，根据水旱灾害发生规律及旱涝趋势预报，因地制宜调整种植结构。改进耕作方式，主动防范，因势适应，达到减灾增产的双重目的。

(5)加强田间管理,结合深耕和增施有机肥改善土壤通透性,提高作物抗涝能力。干旱多发地区选用丰产性好、抗逆性强的品种,配以适应的耕作技术;霜冻前如作物已经或接近成熟应组织力量抢收;洪涝发生后应及时扶正植株,使其尽快恢复生长;洪涝过后立即修复水毁堤围,疏通沟渠,排涝去渍,恢复农田土壤结构和通气性,并及时中耕松土、培土、施肥、喷药。

(6)抗旱保墒。易旱地区尽量减少春整地,若遇到大风干旱天气则不整地,尤其是西北地区,需要采取机械深松、镇压等技术,为作物生长创造一个蓄水保墒、易于扎根的土壤环境。

(7)做好作物苗情、农田墒情、灾情、病虫害和水情调查统计工作,制定农作物抗旱综合技术、良种保障技术、病虫害综合防治技术的指导方案。如 2011 年云南旱情较重,为帮助农民抢农时春耕,省政府对有水源、有设施、可救助的小春薯、蔬菜和水果等作物,采取拦河取水、机电提水以及畜拉、人挑等办法,搞好田地翻犁和农家肥进地等备耕工作,调整种植结构,提前做好生产规划,做好种子、化肥、农药等农资调剂工作,合理安排播期,做到适时播种,将灾害损失降至最低。

(8)落实重大科技措施,重点推广良种技术、节本增效技术和抗灾、避灾、减灾技术。例如,针对旱情,云南省玉溪市各县因地制宜推广抗旱栽培技术,水稻种植推广旱育壮秧、水田旱作、浅水插秧、覆盖膜移栽;玉米种植推广种子包衣、玉米育苗移栽、地膜覆盖和抗旱剂等技术。着力优化大田作物结构,努力增加设施蔬菜种植面积,大力发展三七种植等节水型农业。

(9)做好灾害区域调查和气候预报,降低灾害风险。由于作物种植北界北移和晚熟品种的推广,使人为因素造成的低温冷害可能加剧,东北地区编制了间隔 100℃d 的积温等值线分布图,提出根据气候条件和灾害发生频率,玉米品种的合理布局方案,遏制了各地的盲目引种。

总之,在当前气候条件和农田种植结构下,综合运用减灾防灾农艺技术,协调环境-人-作物三者关系,使农作物在当前自然环境中能充分利用自然资源,满足作物生长发育要求,获得较好的经济产量和生态效益,从而实现农业生产的可持续发展。

12.3.3 作物布局变化的效果

随着气候变暖和经济格局的改变,近几十年中国作物布局有了很大的改变。各种作物都有向自然资源有利和灾害相对较轻的优势产区集中的趋势,如河南的小麦、东北的玉米、黑龙江的水稻、新疆的棉花、陕西的苹果、广西的甘蔗等,都是近 20 多年形成的最大产区。以新疆为例,由于种植棉花的适宜度提高,加上技术进步,促进了棉花的快速发展。棉花播种面积从 20 世纪 90 年代的不足 5%增长到当前的近 40%,成为最重要的棉花生产区,而 20 世纪 80 年代作为主产区的长江流域和黄淮海平原棉花种植比重下降。东北地区特别是黑龙江水稻面积扩大明显,玉米也有大幅度增加,而春小麦、大豆面积下降。作物布局的变化与气候变化和经济结构变化后比较效益改变有关,也是应对气候灾害的自适应对策。

12.4 品种结构调整与减灾

同一种作物的不同品种具有不同的特性。有的生育期长，有的生育期短；有的品质好，有的产量高；有的抗病，有的抗虫；有的耐湿，有的耐旱。调整作物品种结构，可以有效利用品种特性，减轻受灾程度，获得良好的经济和生态效益。

12.4.1 小麦品种结构调整与减灾

小麦按照生态类型分为春小麦和冬小麦，按照春化特性分为强冬性、冬性、弱冬性、弱春性和春性，按照品质特性可分为优质强筋、中筋和弱筋，不同品种的抗病、抗虫、抗逆性也各不相同。

我国现有小麦产量可基本满足国内需求，但品种结构失衡，自产优质专供小麦供不应求，无法满足加工业需求。我国全年约需面包专用小麦 360 万 t，饺子粉和方便面用小麦 1 200 万 t，饼干和糕点用小麦 600 万 t，大量优质小麦仍依赖进口。小麦品质受品种的影响，也受到气候和管理措施的影响。南方小麦和内蒙古旱地春小麦品质通常较差。

华北冬季温度较低，小麦常出现越冬冻害。河南优质小麦品种多为弱春性，遇低温强度大的年份或抗寒锻炼不足时，发生冻害的风险很大。在品种选用时要协调好产量、品质与抗寒稳产的关系，防止受冻死苗和损失。

西北半干旱地区的旱作小麦，生长发育对水分的需求与降水不同步，需要选用抗旱性强的品种并蓄足底墒，充分利用前期土壤储存水分。

近年来北方小麦产区春夏连旱频发，小麦锈病疫源区和锈病生理小种常发易变区的品种抗锈性容易丧失。小麦品种布局应以抗冻、抗旱、抗锈病为原则，以高产、优质为目标，采取秋播粉锈宁拌种和夏季防锈等抗病丰产栽培措施，立足当前，兼顾长远，压缩淘汰严重感锈、种性退化和抗逆性差的品种，扩大推广抗锈耐锈、稳产高产品种，坚持多品种、多抗源，有主有次、主次搭配的原则，感病地区要种植分别含有不同抗锈基因的品种，切断小麦锈病的周年循环，达到品种多而不乱，加强对小麦锈病的持续控制，实现小麦品种合理布局。

12.4.2 玉米品种结构调整与减灾

玉米有不同熟性的品种，从晚熟、中晚熟、中熟、中早熟、早熟到特早熟，应有尽有。不同熟性品种的生育期所需积温不同，产量潜力也有差别，但实际产量与品种的气候适应性有关，种植适合的品种才能获得高产和优质。

随着气候变暖，北方玉米产区的热量条件得到改善，农民种植玉米品种的生育期有延长趋向，但如品种生育期过长，一旦遇到低温年就会大面积减产甚至绝收，或者所收获玉米含水量高不利贮藏。为有效应对低温灾害对春播的影响，黑龙江省各地积极调整玉米品种结构，果断打出“早熟牌”。

根据气候条件，确定各种熟性品种的种植比例。玉米生育期处于雨热充沛和同季的季节，同时又是各种灾害的多发季节。如何充分利用有利条件,最大限度减轻或避免灾害影响,使玉米获得好收成,需要根据当地农业气候资源选用适宜品种,瞻前顾后,趋利避害,保障整个生产过程处于较好条件。

(1)根据长期天气预报和年景预测确定玉米品种和播期。

(2)合理搭配品种。根据当地农业气候资源及年际变化,确定不同熟性品种应占比例。如一般种植70%～80%的主栽品种,搭配品种占20%～30%。不同气候年型采用不同的搭配比例,高温年搭配20%～30%的晚熟品种,低温年使用20%～30%的主栽品种,搭配70%～80%的早熟品种。

12.4.3 水稻品种结构调整与减灾

根据生物学特性,水稻品种分为籼稻亚种和粳稻亚种,由于生态特性和感光感温性不同又分为早稻、中稻、晚稻,以及从特早熟到晚熟的不同熟型。上述各类品种中具有黏性的又称为糯稻。

由于我国地域辽阔,南北、东西的气候和生态条件差别很大,水稻品种类别分布也有明显差异。籼稻主要分布于南方15个省(市、区),陕西与河南也有小面积的籼稻。粳稻主要分布于北方和长江中下游。江南和华南为早、晚稻都种植的双季稻区,西南和长江中下游平原基本上由过去的双季稻改成单季中稻。目前杂交稻仍以籼型杂交稻为主,主要产区是湖南、湖北、四川、重庆、广西、广东、江西、福建、贵州等地。

南方早稻育秧易受低温烂秧影响,中稻易受高温影响,晚稻易受寒露风影响,东北水稻常发生冷害,都需要通过合理配置品种以减轻灾害损失。

12.4.3.1 水稻品种布局存在的问题

1. 品种多、乱、杂

多数水稻主产省都有千百个品种在生产上应用,一些乡镇有数十个品种,混杂着籼、粳、糯,早、中、晚,杂交、常规等各种类型。多数品种年种植面积几千至几万亩,百万亩以上的品种很少。品种杂,规模小,严重影响了稻作的规模效益和产业化发展。

2. 优质品种少,专用品种不明显

目前多数品种的食用品质处于中下水平,优质品种仅占12%上下,尤其是籼稻品种整精米率低(碎米多)、垩白大,影响外观品质和市场价值。此外,多数品种的品质雷同,特色专用品种少,饲用、食用原料及其他工业原料用品种也严重不足。

3. 缺少产业化经营

从种子到稻米产品,各地区仍主要是小生产、小经营状态。育、繁、推脱节,产、加、销分离的格局没有从根本上打破。农民不管品种和品质混种,粮食部门不问品种和品质混收,加工企业不明原粮的品种和品质混杂加工。其结果是产品质量低,市场竞争力弱,行业效益差等,形成恶性循环。

12.4.3.2 水稻品种结构调整对策与减灾

1. 加速水稻品种结构调整的步子

各地主管部门要按照食用、饲用、食品加工和工业原料等不同用途,根据市场需求预测,尽快做出品种结构调整的规划，发展优质、适销品种，限制或淘汰品质差、市场不适销的品种。优质育种、优质引种及优质品种的示范推广应成为当地品种工作的重心，加大投资力度，并落实强化优质优价政策，发挥经济杠杆作用，指导品种结构的调整。

2. 发展产业化经营

制订相应法律法规，打破部门及地域封锁、分离格局，创造市场化良好氛围，实现公平竞争。积极扶持龙头企业，发展订单农业，组建“公司＋基地”或“农户＋科技单位”的经济共同体模式，实施科研、生产、加工、经营一体化的产业化经营，创建名牌产品，实现产业最大化效益。

3. 健全并强化质量保障体系

健全水稻产品质量标准体系，包括制订不同用途的水稻品种品质标准、稻米质量等级标准和各种米制品的质量标准。适应稻米市场发展需求，加强质检机构建设，更新技术设备，加强检验测试能力；发挥质检机构在稻米生产、加工、贮运及市场销售全过程中的质量保障和监控作用，保护生产者和消费者的权益，促进稻米市场的健康发展。

4. 调整品种与农业气象灾害防御

南方稻区选用抗涝高产品种，并根据当地气候与地形地势特点合理布局品种。

东北和长江中下游选用高产、优质、耐寒品种以防御低温冷害。

水稻开花通常在上午 10:00—12:00，南方盛夏 11:00—12:00 气温常达 35℃以上，造成花粉败育。应选用早花品种，提早开花时间，使花期能避开高温。

12.4.4 棉花品种结构调整与减灾

棉花是重要经济作物，目前以陆地棉品种为主。种植方式有直播、地膜覆盖、育苗移栽、间套种等，品种熟性从特早熟至晚熟，品质存在较大差异。此外，还有抗虫性、抗病性、抗盐碱、抗旱性的差别以及常规品种、杂交品种和转基因品种类型的差别。

中国棉花品种在 20 世纪前半叶从低产的中棉、草棉逐渐转到引进美国陆地棉品种。50—60 年代又逐渐从美国引进转变成国内自育为主。80 和 90 年代品种集中度较高，少数品种占据较高种植比例，中国农业科学院棉花研究所培育的品种曾占到总播种面积的 50%以上，中棉 12 号曾占到 1/4 以上。目前棉花品种更新快，单个品种一统天下的局面已经打破，形成多乱杂局面。合理配置品种对于高产优质减灾具有重要意义。

12.4.4.1 调整品种结构，适应生产和市场条件改变的需要

随着经济发展，棉产业也在进行结构调整。特别是在新疆，棉花是支柱产业，通过结构调整可以提高植棉效益、附加值和竞争力。棉花产业结构调整包括生产布局调整、品种结构调整、品质结构调整、产业结构调整等多方面。其中品种、品质结构调整至关重要，关系到生产布局和产业结构调整是否合理，而品质结构调整又与品质生态分布密切相关。

新疆棉花品种品质结构调整方向随着市场需求变化、生产用途的增多、制约新疆棉花生产环境因素的增多、耕作栽培机械化的发展、产业链的延伸而改变。新疆现有棉花品种结构极为单一，虽然近几年也选育出个别专用品种，但由于存在种种不足，远不能满足棉花产业结构调整的要求，只能起到替代或过渡作用。

新疆棉花品种品质结构调整方向应是高比强、多抗、多纤维类型和特用型。高比强品种是

指占新疆棉花生产总量70%以上的适纺中低支纱品种。目前新疆审认定品种大多属此类，但纤维强度偏低，纺织品质差，竞争力低。多抗是指一个品种应兼抗枯黄萎病，同时至少对棉蚜虫或棉铃虫之一具有抗性。随着病虫害的发生发展，多抗将成为新疆棉花品种的重要选择。

12.4.4.2 调整品种结构，适应气候变化

由于气候变化，气温升高加上地膜覆盖和化学调控技术的应用，棉花种植区向更高海拔和北部地区拓展，棉花品种往生育期延长方向发展，促进了热量资源的利用，提高了产量。但在气候变暖的过程中也常有冷害发生，如1996年南疆初霜来得早，加上引进外地中熟品种发育明显延迟，导致不能正常成熟，减产幅度大。2001年北疆遇到夏季低温，蕾铃脱落比例高，减产较多。因此，要根据气候特点合理配置不同熟期品种、当地和引进高产品种、不同抗性品种，以获得高产和稳产。

（潘学标　董宛麟）

参考文献

[1] 郑大玮，唐广. 蔬菜生产的主要气象灾害及防御技术. 北京：农业出版社，1989：150-151.

[2] 冯国民. 不同猪种对环境温度的适应能力. 中国猪业，2009(3)：61.

[3] 王建军，高疆生，庞新安，等. 阿拉尔垦区红富士苹果栽培气候生态条件的分析. 干旱地区农业研究，2006，24(4)：134-137.

[4] 中华人民共和国农业部. 新中国农业60年统计资料. 北京：中国农业出版社，2009.

[5] 林玉权. 大力调整农业结构　努力增加农民收入. 海口：海南省政府网站，2006-04-06[2012-03-14]. http://www.hainan.gov.cn/data/news/2006/04/10370/.

[6] 山东省统计局. 淄博：调整农业结构　再创农业发展新优势. 北京：国家统计局网，2010-11-16[2012-12-17]. http://www.stats.gov.cn/tjfx/dfxx/t20101117_402690878.htm.

[7] 龚煌鄰. 优化种植业结构，促进三高农业建设. 生态科学，1997，16(2)：104-107.

[8] 孟昭河，王玉菊，孙中胜，等. 水稻障碍型冷害及灌溉技术研究现状. 中国农学通报，2005，21(6)：197-201.

[9] 杨晓光，刘志娟，陈阜. 全球气候变暖对中国种植制度可能影响：Ⅰ. 气候变暖对中国种植制度北界和粮食产量可能影响的分析. 中国农业科学，2010，43(2)：329-336.

[10] 郝志新，郑景云，陶向新. 气候增暖背景下的冬小麦种植北界研究——以辽宁省为例. 地理科学进展，2001，20(3)：254-261.

[11] 刘德祥，董安祥，梁东升，等. 气候变化对西北干旱区农作物种植结构的影响. 中国沙漠，2007，27(5)：831-836.

[12] 云雅如，方修琦，王丽岩，等. 我国作物种植界线对气候变暖的适应性响应. 作物杂志，2007(3)：20-23.

第13章

化学调控减灾技术

13.1 农业化学调控概述

13.1.1 农业化学调控的基本原理

我国农业生产范围大，农业生产的气象灾害种类多，包括干旱、涝渍、低温冷害、霜冻、雹灾和森林火灾等。2001—2005年的统计表明，我国年均粮食受灾面积5 200万hm^2，粮食损失超过500亿kg。干旱是危害最大的灾种，每年因旱灾损失粮食占气象灾害损失粮食的57%[1]。特别是我国西部地区，据陕西统计，在各种气象灾害对农业的总危害程度中，其平均比例为：旱灾占50%，涝灾占25%，冻灾占10%，雹、风灾占15%，旱灾是陕西最主要的气象灾害[2]。近年来，随着全球气候变化和气候条件极端异常，我国西南地区干旱以及北方地区的涝灾出现加强。2009年云南、贵州等省份的部分地区遭遇特大干旱；与此同时，北方地区饱受冻灾侵袭，东北地区先后遭遇至少15次以上的寒潮雨雪天气，创1965年以来最高纪录，给农业生产造成极大困难。

在农业生产和抗灾防灾活动中，最直接和有效的途径就是采用各种措施，改善土壤-作物-大气连续体(SPAC)的各类平衡及其高效运转，达到植物抵御逆境和抗灾减灾目标，化学调控技术正是针对解决这些问题而近年发展迅速的新技术。另一方面，针对不同农业气象灾害类型，化学调控的技术体系和制剂也有区别，其中农业抗旱节水的化学技术研究和发展较快。

农业化学抗旱节水技术是一种特殊的减灾技术[3]，它是利用化学物质通过改善土壤和作物水分状况促进土壤-作物-大气连续体的水分平衡与高效运转，减少土壤水分的无效散失、渗漏，以及植物叶面水分的低效运转，达到提高植物的生产力和水分利用效率的目的(图13.1)。由于其具有操作简便、投入少、见效快、易于推广等特点，因而与一般常规节水技术相比，发展前景广阔[3-4]。

土壤-作物根系系统的化学节水技术，包括土壤保水剂、土面抗蒸发剂、土壤改良剂等制剂

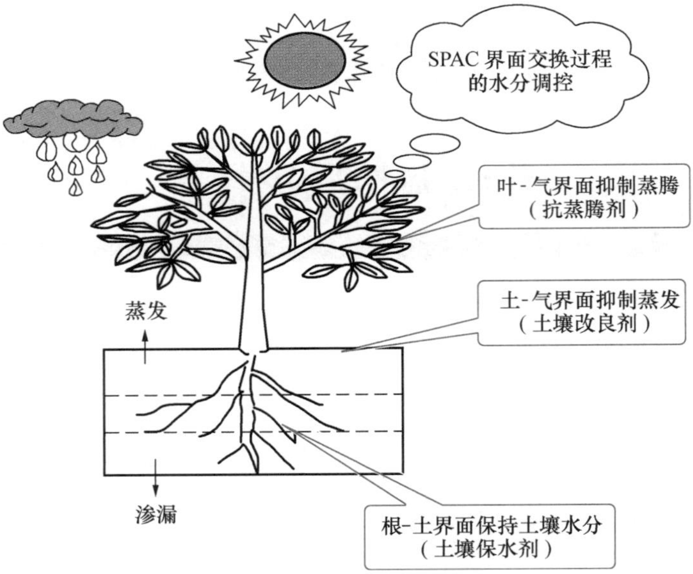

图13.1　植物化学节水调控示意图

的应用，目前研究和应用较多的是土壤抗旱保水剂。作物叶面-大气系统的化学节水技术，包括植物抗蒸腾剂、植物生长调节剂、抗寒防冻防霜剂等的应用，它们通过改善植物水分状况和细胞溶质状况，在不影响或影响光合作用和物质积累较小的条件下，大幅度降低植物蒸腾，提高植物细胞的抗体，进而提高水分利用效率（WUE）和经济产量。

13.1.2　农业化学调控的种类与作用

根据农业气象灾害的类型，以及对植物作用的对象（种子、幼苗、根、叶面、土壤）、化学调控制剂使用方式（喷施、蘸根、包衣、覆盖）及其作用机理（吸水、抑制蒸腾、生理调节）不同，农业化学调控的种类主要有植物生长调节剂、植物抗蒸腾剂、土壤保水剂、土壤改良剂等。由于同一种产品往往同时具有多种使用方式和不同作用机理，因此这些产品之间既相互区别，又相互包容。本章针对化学调控减灾技术研究进展和应用实际，主要对植物生长调节剂、植物抗蒸腾剂、土壤抗旱保水剂和土壤改良剂、植物抗寒防冻防霜剂等的研究和应用进行分析，在阐明各种化学制剂抗逆减灾原理的基础上，针对我国节水农业和旱地农业发展，总结提出各种减灾化学制剂的应用技术、应用效果及其应用前景，并提出相关建议。

13.2　植物生长调节剂

植物生长物质（plant growth substance）可以分为植物激素（plant hormone）和植物生长调节剂（plant growth regulator）[4]。植物激素是在植物体内合成，对植物生长发育产生显著作用的微量有机物质。植物激素的研究始于20世纪30年代生长素的研究，50年代确定了赤霉素和细胞分裂素这两种植物激素的作用机制，60年代以来，脱落酸和乙烯亦被列入植物激素的名单。目前，公认植物激素有5类，即生长素类、赤霉素类、细胞分裂素类、乙烯和脱落酸(ABA)，还有人认为油菜素内酯是第6类植物激素。一般来讲，前3类是促进植物生长发育的物质，乙烯是一种促进器官脱落的物质，脱落酸是一种抑制植物生长发育的物质。

植物生长调节剂通常也被人们称作植物激素，实质它是一类人工合成的、具有类似于植物内源激素功能的化合物。它可以作为化学信使，使植物体内酶的活动相互关联起来，控制酶的产生或活动，因此对植物生长发育的各个方面都具有重要作用。美国十四届植物生长年会报道，植物生长调节剂应用水平，在国际农药年消耗增长率中占第一位。植物生长调节剂的应用，多年来始终保持在10%以上的增长速度。

13.2.1 植物生长调节剂的种类及其作用

植物生长调节剂的种类按生化功效分，有生长促进剂、生长抑制剂和生长延缓剂三大类，共有100多个品种。植物生长调节剂已被广泛应用于农业、林业及园艺作物，并获得了显著效果。一般植物生长调节剂的种类包括：

1. 生长素

生长素类(IAA)调节剂的作用主要有：促进插枝生根；延缓或促进器官脱落；控制雌雄性别；诱导单性结实。

2. 赤霉素

赤霉素类(GA)物质的主要作用有：促进发芽；促进茎叶生长；诱导花芽形成；促进单性结实和坐果。

3. 细胞分裂素

细胞分裂素(CTK)的生理功能有：促进细胞分裂和增大，既可促进细胞质分裂，又可促进细胞核分裂，并可促进细胞扩大；诱导花芽分化；延缓叶片衰老。

4. 脱落酸

脱落酸(ABA)有右旋脱落酸和左旋脱落酸两种，合成的脱落酸为两者的混合物，其作用有：促进植物休眠；促进器官脱落；促进气孔关闭与提高抗逆性；在多数情况下抑制植物胚芽鞘、嫩枝、根、胚轴的生长。但到目前为止还没有找到一种合成的比脱落酸更强的类脱落酸物质，因而限制了它的应用。

5. 乙烯

乙烯(ethene)的生理作用：破除休眠芽，促进发芽及生根；抑制植株生长及矮化；引起叶子的偏上生长；促进果实成熟；促进器官脱落。此外对花的影响是：诱导苹果幼苗提早进入开花期；使葫芦科植物性别转化，诱导多生雌花，从而增加前期雌花数，降低雌花着花节位，提高早期产量。

6. 生长抑制物质

主要指人工合成且有抑制植物生长活性的物质。例如：

(1)矮壮素(CCC)　化学名为2-氯乙基三甲基氯化铵，是一种抗赤霉素类物质，其作用有抑制茎的伸长，使植株矮化、粗壮，枝条节间变短，叶色浓绿。它只影响茎部亚顶端分生组织细胞分裂和生长，而不影响顶端分生组织分化，故对花芽和形态影响不大。

(2)B9　化学名为二甲胺基琥珀酸胺酸，对控制植物营养生长，防止徒长，增加坐果，促进花芽分化，促进马铃薯增产，提高番茄移植时的生活力，以及培育壮苗均有良好效果。

(3)青鲜素(MH) 化学名称为顺丁烯二酸酰肼，其作用是抑制分生组织细胞分裂，使芽和茎的生长停止，从而抑制植株生长。可用于抑制洋葱、大蒜及马铃薯贮藏期间的萌芽。

(4)整形素 是一类具有芴环的人工合成化合物。主要抑制顶端分生组织细胞分裂和伸长，从而抑制植物伸长生长，消除顶端优势，促进腋芽生长；扰乱根的向地性和茎的向光性，引起一系列畸形生长现象，故名整形素。

(5)助壮素 又称缩节胺、健壮素，化学名称为N,N-二甲基哌啶氯化物，主要用于抑制棉花营养生长，使节间缩短，降低分枝长度，改善光照条件，增加下部结铃，促进早熟，并有稳定增产作用。在蔬菜上可抑制茄果类的幼苗徒长，培育壮苗。

(6)多效唑(PP333) 是一种生长延缓剂，对果树生长发育有强烈效应，可被根、茎、叶组织吸收，在植物体内向顶性运行，即从木质部运转到叶及芽中，抑制赤霉素的产生；不从韧皮部运输，因此叶喷比土施效果快。主要作用是减少营养生长，降低细胞分裂，使更多同化物质运输到生殖生长、花芽形成及果实生长的部位，增产效果十分明显。

(7) 烯效唑 是广谱性、高效植物生长调节剂，兼有杀菌和除草作用，是赤霉素合成抑制剂。具有控制营养生长，抑制细胞伸长、缩短节间、矮化植株，促进侧芽生长和花芽形成，增进抗逆性的作用。其活性较多效唑高6～10倍，但其在土壤中残留量仅为多效唑的1/10，因此对后茬作物影响小。可通过种子、根、芽、叶吸收，并在器官间相互运转，但叶吸收向外运转较少。适用于水稻、小麦，可增加分蘖，控制株高，提高抗倒伏能力；用于果树，可控制营养生长、树形；用于观赏植物控制株型，可促进花芽分化和多开花等。

13.2.2 植物生长调节剂的应用

植物生长调节剂的研究及其应用是近代植物生理学及农业科学的重大进展之一，因其显著、高效的调节效应已被广泛应用于大田作物、经济作物、果树、林木、蔬菜及烟草等方面，取得了显著的经济效益，对促进农业生产发挥了重要作用。

13.2.2.1 植物生长调节剂在大田作物上的应用

大田作物在我国主要包括水稻、小麦、玉米、棉花、油菜等，这方面的研究和应用比较普遍，这里介绍几种大田作物应用的实例。

1. 水稻

水稻的不同生长发育阶段施用生长调节剂，能促进其阶段生长发育和显著增产。吴文革等[5]发现移栽前3 d，对秧苗施以902#、6-糠氨基嘌呤(KT)、α-萘乙酸(NAA)等，可促进大田分蘖早生快发，早够苗，早成穗，易形成大穗而增产；抽穗前3 d叶面喷施902#可增加有效穗，提高成穗率，同期喷施粉锈宁、磷酸二氢钾(KH_2PO_4)，可减少颖花退化，提高结实率，增加粒重而显著增产；齐穗后7 d施用植物激素乙烯利(CEPA)可增进穗部干物质积累，提早成熟3 d左右。

2. 小麦

苗期施用稀土微肥和矮壮素能增蘖增穗，后期施用能增粒增重增产；多效唑、烯效唑、助壮素等在苗期施用具有一定增蘖壮苗穗效果。试验表明[6]，在小麦拔节后10 d喷施5 mg/kg烯效唑具有明显的控长效应，控长率 7.7%～33.4%，基部节间茎壁增厚 31.60%～94.7%，并可促进根系生长，提高根冠比，此外还能增加每穗粒数，促进籽粒灌浆和提高千粒重，从而达到增产的目的。

3. 棉花

植物生长调节剂对棉花的种子萌发，调节植株生长，防止器官衰老和脱落，催熟棉铃以解决作物与季节的矛盾等方面都有较好的效果，且用量少、成本低、增产高、效益大、污染小。

4. 油菜

烯效唑对油菜种子的萌发有抑制作用，浸种处理后的种子，其幼苗胚茎的伸长明显受抑，且对后期株型有一定调控作用[4]。用 5 mg/kg 烯效唑浸种 2 h 效果较好。烯效唑浸种比苗床喷施更经济，使用浓度可降低 90%～95%。

13.2.2.2 植物生长调节剂在果树上的应用

合理地使用植物生长调节剂能有效地控制果树不同时期生长，提高果实品质和产量，增加经济效益。果树上使用植物生长调节剂的常用方法如下：

赤霉素是高效生长刺激剂，能通过叶片、嫩梢、花、果进入植株体内，打破休眠，促进发芽；改变雌雄花比例，影响开花时间，减少落花落果；促进细胞生长，加速生长发育，提早成熟，增加产量。例如：在草莓花芽分化前 2 周喷施 20～50 mg/kg 药液 2 次，每次间隔 5 d，可使花梗伸长，提早开花。在葡萄盛花期 7 d 后幼果开始生长时喷洒果穗，无核紫葡萄喷 200 mg/kg 药液，巨峰、玫瑰香葡萄喷 200～400 mg/kg 药液，可提高坐果率，增大果实，增产显著[7]。

多效唑具有抑制内源赤霉素合成的作用，可控制生长、缩短节间、控梢促果、提高产量。在桃树谢花一半后 1 周内，喷施 400～800 mg/kg 药液，有显著的矮化和控梢效应；每株成年葡萄环形沟施用有效成分 2～3 g，或用 1 500 mg/kg 药液喷雾，可抑制新梢生长，增加产量[7]。

防落素能有效地抑制作物体内脱落酸的形成，避免果柄产生离层，防止落花落果，提高坐果率，促进幼果发育，提早成熟。如在苹果树花期、幼果生长期、落果期和收获前 1 个月，分别各喷一次 25～35 mg/kg 药液，葡萄在花期喷 30 mg/kg 药液，可明显提高坐果率[7]。

乙烯利为低毒植物生长调节剂，使用后能经过植物的茎、叶、花、果进入植物体内，在细胞液作用下释放乙烯，具有控制顶端优势、促进果实成熟和器官脱落等作用。

13.2.2.3 植物生长调节剂在蔬菜上的应用

近年植物生长调节剂在蔬菜上的应用范围不断扩大，如打破种子休眠，促进种子发芽，加速植物生长，调节花芽分化，改变瓜类花芽雌雄比例，防止茄果类蔬菜的落花落果，增强作物的抗逆性，改善蔬菜品质及保鲜等。在蔬菜栽培过程中搞好环境调控，正确使用植物生长调节剂，能增强蔬菜的抗逆性，可增加产量 10%～30%，经济效益好。蔬菜上常用的生长调节剂主要有 2,4-二氯苯氧乙酸(2,4-D)、番茄灵、40%乙烯利、赤霉素、多效唑和萘乙酸等。

赤霉素可以促进茎叶生长，尤其是叶柄生长，对叶菜类的增产效果最为显著。用 1.5 mg/kg 溶液浸马铃薯种 5～10 min，可打破休眠；用 10～20 mg/kg 溶液浸豌豆、菜豆种子 12 h，可提早出苗；以 20～100 mg/kg 溶液分次喷施或将药液涂于黄瓜、冬瓜等的幼果上，可增加瓜重[8]。

矮壮素是赤霉素的拮抗剂，抑制植物体内赤霉素浓度，控制植株徒长，促进生殖生长，缩短节间，使根系发达、抗倒伏，叶色加深，叶片增厚。蔬菜幼苗大田生长期用 50%矮壮素水剂

2 000 mg/kg 茎叶喷雾,可控制幼苗徒长[8]。

2,4-D 能防止番茄因低温或高温而引起的落花。用 2,4-D 处理番茄,果实膨大特别快,可提早 5～7 d 成熟,且果实大、种子小,糖分含量高。番茄灵可喷施,比 2,4-D 省工,番茄不易产生药害,使用面积正在逐渐扩大。

乙烯利对蔬菜生长和发育的调节作用在于:①打破种子休眠,促进发芽。乙烯利可促进莴苣种子在高温下发芽。②打破顶芽优势。将马铃薯种浸于 50～200 mg/kg 乙烯利溶液中,可使腋芽增多。③增加瓜类雌花数,如黄瓜、南瓜。④催熟,增加早期产量[9]。

13.2.2.4　植物生长调节剂在园艺植物上的应用

植物生长调节剂在调控园艺植物生长、解除休眠、促进扦插生根、提高嫁接成活率、提高抗逆性、调控花期、保花保果、增加产量、保绿保鲜耐贮藏、提高组织培养效果等方面发挥着重要的作用。植物生长调节剂在观赏植物和林木生产中应用极广泛。

植物生长调节剂对观赏植物的作用机理,较为典型是对 PP333 作用机理的研究。PP333 可降低植株高度。一般认为它是通过拮抗赤霉素的生物合成而使过氧化物酶活性迅速增加,而过氧化物酶活性与新枝条生长速度成负相关,从而降低植株高度。用 PP333 2 000、4 000、6 000 mg/kg 处理海桐,可抑制新梢生长,抑制效果随浓度的增加而加大,其机理是改变了海桐茎尖过氧化物酶的活性。PP333 还可抑制内源赤霉素(GA_3)合成,使外源 GA_3 作用受到抑制。水仙经 PP333 浸根后,显著降低叶片和根的 GA_3 含量。幼苗期施用 GA_3 后再喷 PP333,花芽分化受抑以致花期推迟,表明 PP333 还使外源 GA_3 所诱导的开花作用受到抑制。

CCC 也主要是通过抑制 GA_3 的生物合成而控制植株的高度。有人研究了 B9 的矮化机理。通过显微镜观测,发现喷施 B9 未改变菊花节间细胞长度,但细胞数量明显减少,说明 B9 抑制菊花茎的细胞分裂。同时发现,喷施 B9 后叶片叶绿素含量平均增高 28%,呼吸强度增大,茎尖过氧化物酶含量增高 31%。

13.2.2.5　植物生长调节剂在烟草上的应用

烟草生产是国民经济的重要支柱行业,对国民经济发展起着至关重要的作用。烟草的生长和烟叶的质量是烟草生产的重点。除品种和栽培管理措施外,植物生长调节剂的应用,对调节烟草生长和改善烟叶品质潜力巨大。国内外已有研究主要从植物生长调节剂对烟草种子及烟苗生长、根系活力、烟叶钾含量、烟碱合成及抑制腋芽等方面开展研究。

烟草种子的萌发过程受体内激素的调节与控制,利用植物生长调节剂处理种子,能调节种子萌发过程中内源激素的含量水平,从而调节种子萌发的生理代谢,提高种子活力,促进壮苗。适宜浓度的茉莉酸(JA)、茉莉酸甲酯(Me-JA)等均能提高烟草种子的发芽势,促进烟草种子萌发,而一定浓度的赤霉素(GA),则明显促进烟苗生长;用一定浓度的氯化胆碱(CC)溶液浸种后,能提高烟草种子的发芽指数和种子活力、萌发种子的呼吸速率与酶的活性,提高幼苗叶片中可溶性糖、脯氨酸、抗坏血酸和叶绿素含量以及酶的活性。在烟苗 4～5 叶期喷施 200 mg/kg 多效唑或 150 mg/kg 缩节胺可增加烟苗叶绿素含量、茎粗和鲜重,增强烟苗抗逆性,培育壮苗,调节适宜移栽期,烟叶质量均有提高[10-11]。

烟碱是烟草中的主要生物碱,是烟草的重要品质指标。烟碱含量的高低对烟草品质起重要作用,糖、氮等其他物质的含量与烟碱的比例也在很大程度上左右烟草的质量。研究表明,多胺与烟碱合成相关基因的表达可能受 JA 信号转换途径的控制，在完整的烟株叶片上直接施用 JA 或 Me-JA 引起烟碱含量增加，而在受伤组织部位直接施用水杨酸(SA)时 JA 和烟碱的累积受到抑制，在受伤组织临近的未受损伤部位施用 SA，则烟碱的累积不受影响，表明 SA 可能对 JA 的信号转换有抑制作用[12]。

烟草打顶和喷施外源生长调节物质的研究结果表明：打顶比不打顶烟叶中烟碱含量剧增，还有许多非生物因素(如机械损伤、干旱胁迫、pH 不适等)和生物因素(如植食动物啃食、细菌和真菌病原体侵害等)都将引起烟叶中烟碱和其他生物碱合成的增加。打顶喷施 ABA 和 6-BA(6-苄氨基腺嘌呤，人工合成的一种细胞分裂素)，烟叶中烟碱含量升高，喷施 IAA 和 GA 对烟碱和总生物碱的合成有抑制作用，主要表现在影响酶的活性和某些基因的表达方面。丙二酸可降低烟叶的烟碱含量，明显降低硝酸还原酶(NR)的活性，减少叶片中 NO_3^--N 还原，使烤烟中烟碱含量降低 0.47%～1.32%。

利用植物生长调节剂调节烟碱的合成而控制烟叶烟碱在适宜范围内，是提高烟叶质量的有效途径。植物激素(IAA、CTK)的含量水平及比率在烟株生长进程中不断发生变化，且能直接调控植物细胞的分裂条件，从而影响烟碱和其他烟草生物碱的合成与累积。在烟株叶片、根系以及组织培养细胞中增施生长素可减少烟碱的合成，而降低这些部位中生长素含量水平可促进烟碱的合成。

13.2.3 植物生长调节剂的安全使用原则

植物生长调节剂已被世界各国广泛应用于现代农业生产中，并已成为提高农产品产量、改善农产品品质的一项重要手段。由于各类植物生长调节剂的性质不同，其毒理机制、残留量、安全期以及随之带来的人畜健康安全问题已引起不少国家和专家们的关注和重视。因此，使用植物生长调节剂要把握好 4 个基本原则：①了解植物生长调节剂与气候的关系；②了解植物生长调节剂与植物生长状况的关系；③把握植物生长调节剂的作用时期；④把握植物生长调节剂的使用浓度和使用方法。

13.3 植物抗蒸腾剂

植物吸收的水分中通过光合作用用于生长的水分仅为 1%左右，而 99%以上的水分是由植株表面的蒸腾作用消耗的，因而降低蒸腾耗水是节水、防旱、抗旱的重要环节。使用抗蒸腾剂的目的在于改善作物的水分状况，使供水不过度耗竭，不影响光合作用和物质积累，提高 WUE 和产量。

13.3.1 植物抗蒸腾剂类型与作用原理

植物抗蒸腾剂(plant anti-transpirant)是能够降低植物蒸腾、减少水分损失的一类化学物质的总称，也称蒸腾抑制剂。

20 世纪初，人们就开始用化学药剂降低蒸腾作用，筛选出了各种抗蒸腾剂，按其性质和作用方式，可以分为代谢型气孔抑制剂（metabolic anti-transpirant）、薄膜型抗蒸腾剂（film forming anti-transpirant）和反射型抗蒸腾剂（reflecting anti-transpirant）三类[13]。

13.3.1.1 代谢型气孔抑制剂

代谢型气孔抑制剂也叫气孔抑制剂，它作用于气孔保卫细胞，能控制气孔开度，减少或者关闭气孔，增加气孔蒸腾阻力，降低植物水分蒸腾量。在代谢型气孔抑制剂中，较有效的有PMA（醋酸苯汞）、ABA、2，4-二硝基苯酚（DNP）、$CaCl_2$、CCC、整形素、甲草胺、黄腐酸（FA）等。PMA是最早被人们发现的、非常有效的气孔抑制剂。在5×10^{-5} mol/L浓度下可使玉米气孔关闭50%。玉米抽雄前每公顷喷施45 g PMA，增产籽粒达8%～17%。喷施一次DNP，其降低蒸腾的药效可维持12 d；若用低浓度甲草胺20 mg/kg，则可维持20～22 d，并且可进行多次喷施以维持药效。在玉米植株上喷施后，株体水分状况得以改善，水分利用效率明显提高，产量也有所增加。还有一些制剂属于K^+螯合剂，这类制剂能与保卫细胞中K^+螯合而影响保卫细胞的膨压，在气孔运动中作用重要，叶面喷施后降低蒸腾的效果相当明显，如地衣酸、藻酸、水杨嗪酸、环己基-18-冠-6等，有的在极低的浓度（10^{-15} mol/L）下就能使大麦叶片蒸腾下降50%。18-冠-6在低浓度下的效果比ABA还高出1～2个数量级。

13.3.1.2 薄膜型抗蒸腾剂

薄膜型抗蒸腾剂是一类有机高分子化合物，喷施于叶表面后形成一层很薄的膜，覆盖部分叶表面，降低水分蒸腾。在薄膜型抗蒸腾剂研究中，Devenport等用薄膜型抗蒸腾剂CS6432（一种蜡质乳液）以1.5%的浓度在夹竹桃上喷一次可使蒸腾下降25%～30%，土壤水分的消耗减少40%，叶片水势升高，其效果相当于一次灌水[14]。Fuehring比较了两种关闭气孔型抗蒸腾剂（PMA，Atrzine）和一种薄膜型抗蒸腾剂（Folicote）在有限灌溉条件下以2 L/hm^{2}浓度喷施，使高粱籽粒产量增加5%～17%，玉米在抽雄前叶面喷施此制剂，8年年均增产11%～17%。目前，现有薄膜型抗蒸腾剂的最大缺陷是对CO_2和H_2O没有选择透性，商品薄膜型抗蒸腾剂价格很高，主要用于防御短期干旱和植物移栽。用丁二烯酸对欧洲白桦、小叶椴、挪威槭、钻天杨等树苗进行处理，叶片上形成的薄蜡使蒸腾在8～12 d内下降30%～70%。该技术可使春季造林的季节延长两周。

13.3.1.3 反射型抗蒸腾剂

反射型抗蒸腾剂是利用反光物质反射部分光能，达到降低叶面温度、减少蒸腾损失的目的。目前研究使用较多的是成本低廉的高岭土。Abou-Khaled等研究表明，旱地小麦施用反射型抗蒸腾剂高岭土，播种后45 d叶面施用6%的高岭土溶液，叶温较对照低1～2.5℃，蒸腾降低，产量较对照有明显的提高，在不同的降水年份中，产量提高幅度为16.5%～27.7%[15]。

13.3.2 植物抗蒸腾剂的研发与应用

抗蒸腾剂的研究始于20世纪50年代，也较早形成理论体系。研究对象涉及上百种物质。国外对抗蒸腾剂研究涉及较广，包括粮食作物、蔬菜作物、经济作物、园艺作物等。对抗蒸腾剂影响作物的生理和节水抗旱效果、生长和作物产量等方面进行深入研究，指出抗蒸腾剂可增大叶面阻抗、提高叶水势，进而减轻干旱胁迫影响，提高作物移栽成活率，并认为在水分不足情况下使用抗蒸腾剂是提高产量的有效手段。但也有研究指出，抗蒸腾剂使作物的生长减慢，并且认为植株生长速度的减慢是由于抗蒸腾剂使气孔封闭导致净光合产物减少造成；国外抗蒸腾剂研究的类型以薄膜型为主，如 Folicote、Wilt Pruf、Vapor Guard 等，代谢型抗蒸腾剂的研究主要针对 ABA，对反射型抗蒸腾剂的研究则很少[16-17]。

我国从 20 世纪 60 年代开始研究抗蒸腾剂，以 C16-22 醇氧化乙烯烷基醚、高碳醇、沥青、椰油醇、高岭土、石膏、石英等合成各种抗蒸腾剂。70 年代末期以黄腐酸抗旱剂(FA)研究为中心展开新阶段。1977 年河南省科学院化学所对各种 FA 提取分离，确认中科院化学所提出的离子交换法对河南高 FA 含量风化煤中 FA 的提取最适用，1983 年建立起商品名“抗旱剂一号”的 50 t 中试车间，后扩展为年产量达 150～200 t 的生产厂。该项研究 1992 年获国家发明四等奖，实现我国第一个代谢型抗蒸腾剂的产业化，为其在农业的抗旱节水研究和推广中应用提供了可靠的物质保证。

经过近 40 年研究，抗蒸腾剂研究取得了一定进展。但由于价格、毒性及效果等问题，实际应用抗蒸腾剂还存在许多缺陷，如：PMA 是汞制剂，对人畜有毒，污染环境；ABA、$CaCl_2$ 等价格昂贵，难以广泛应用。相比之下，效果较好、资源丰富、价格便宜、无毒、无污染的是黄腐酸(FA)，这是近年来我国研究较多的抗蒸腾剂，目前已较大面积应用于多种作物。黄腐酸是一种兼具抗蒸腾作用和促生长作用的抗旱剂。使用时一般按 1/700～1/1 000 比例兑水后叶面喷施。如 100 mg/kg FA 可抑制水稻气孔开度的 40%，0.5%～1.0%FA 溶液使小麦气孔导性下降 55%，9 d 内总耗水量减少 6.3%～13.7%，其他植物也有相近的结果[13]。

在全国腐殖酸协会和黄腐酸推广协作网推动下，FA 已被大面积应用于小麦、玉米、水稻、棉花、花生、甘薯、烟草及蔬菜抗旱生产，取得了明显的经济效益。其中，中国农业科学院农业环境与可持续发展研究所研发的“FA 旱地龙”抗旱剂，是目前我国农业抗旱节水应用最广泛的节水制剂；北京绿色奇点科技发展有限公司同法国 SNF 合作生产的“旱露植”多功能保水营养缓释剂已在国家六大林业工程、毛乌素沙漠固沙造林和浑善达克沙地的综合治理等工程项目中，以及北京市城市园林绿化、奥运场馆和天安门广场的绿化中推广应用。其他品牌产品虽有一定功效，但还没有形成规模。

13.3.3 植物抗蒸腾剂应用——抗旱剂“FA 旱地龙”

“FA 旱地龙”，1999 年在新疆汇通旱地龙腐植酸有限责任公司首先产业化，为国家水利部推广应用的农作物抗旱新技术。“FA 旱地龙”主要成分为天然资源黄腐酸，其黄腐酸含量≥8%，有效磷≥2%，并含有 16 种氨基酸、20 多种植物必需的微量元素，是集抗旱、抗寒、抗病、营养为一体的多功能制剂，其主要应用方法如下：

(1)喷施　能缩小植物叶片气孔的开张度[18]，减少植株水分蒸腾，在作物生长周期喷施两次可少浇一次水，并促进干旱条件下作物的生长发育，提高产量和品质，使作物提早成熟 2～5 d，喷施一次抗旱持效 25 d 左右。

(2)拌种或浸种　可提高发芽率和出苗率，苗齐苗壮，促进根系发育，节水功效显著。

(3)随水浇灌　能活化土壤中多种营养元素及微生物，提高化肥的利用率，增强土壤肥力；能改良土壤，改善因施用化肥造成的土壤板结现象；能提高移栽苗木的成活率；同时还可减少化肥用量。

(4)与酸性农药复配　形成“农药-激素”复合物,有显著的缓释增效、降低残毒作用。与农药混配时,可将农药用量减少 1/3,减少部分用本品代替即可,病虫害严重时,农药用量不减,只需加入农药用量 1/2 的本品即可。

1999 年全国 28 个省区开始“旱地龙”试验推广工作,在几十种作物品种进行示范(53.3 多万 hm^2),目前“旱地龙”全国年使用面积达到 1 333.3 多万 hm^2。试验证明,冬小麦宜用“旱地龙”500 倍稀释液于拔节后抽穗前,视天气喷施 1～2 次,玉米在拔节前后视天气情况喷施 1～2 次。可使粮食作物增产 10%～15%,经济作物增产 15%～40%,节水 20%～30%,提早成熟 3～7 d,投入产出比在 1∶15 以上[19]。

13.4　土壤保水剂

土壤保水剂(super absorbent polymer,SAP)是一种既可改善植物根-土界面环境、又供给植物水分的化学节水制剂。因为它通过改善土壤结构发挥效应,所以也属于土壤改良剂。土壤保水剂本身是一种具有超高吸水保水能力的高分子聚合物,它能迅速吸收比自身重数百倍甚至上千倍的纯水,且有反复吸水功能,吸水后可缓慢释放水分供作物利用。同时,土壤保水剂能增强土壤保水性,改良土壤结构,减少土壤水分养分流失,提高水肥利用率。

13.4.1　土壤保水剂研发与应用进展

土壤保水剂按其原料和合成途径可分为淀粉类化合物、纤维素类合成物和聚合物三种类型。20 世纪中期美国研制出淀粉型保水剂并在玉米、大豆涂层和造林应用取得良好效果后,世界各国竞相研制保水剂。日本发展最快,成为世界上最大超强吸水性树脂生产国,其生产公司有 20 余家,年产量达 10 万 t。英国研制出防止土壤侵蚀、保证作物需水的防蚀聚合物和保水聚合物。法国研制出能吸收制剂自身水 500～700 倍的“水合土”,用于改良沙特阿拉伯干旱地区的土壤结构。俄罗斯合成的保水剂用于节水农业,在伏尔加格勒每公顷使用 100 kg,节水 50%,农作物增产 20%～70%。全球年产土壤保水剂已超过 200 万 t。

我国土壤保水剂研制和应用始于 20 世纪 80 年代中期,发展较快。当时全国有 40 余个单位研究开发,并陆续应用于农林生产领域,但未批量化。90 年代以来,一批新型保水剂厂家和产品陆续问世。进入 21 世纪以来,随着干旱和土壤退化加剧,以及化学节水研究深入,土壤保水剂的研究开发与应用出现新的热潮。目前,土壤保水剂按照化学组成和功能特点可分为高分子聚丙烯酸盐土壤保水剂、有机-无机复合土壤保水剂以及多功能土壤保水剂三类。中国科学院兰州化学物理研究所研制的有机-无机复合土壤保水剂,已在胜利油田长安实业(集团)公司建成 3 000 t/年生产线;中国矿业大学(北京)利用风化煤,也研制出腐殖酸复合土壤保水剂。目前单一保水剂产品的生产技术基本成熟,可查申报的保水剂相关专利 150 多项。应用范围从林业生产推广至 60 多种作物,年推广面积超过 2 万 hm^2。国家对保水剂的研发和应用非常重视,“十五”863 项目列“新型多功能保水剂系列产品研制与产业化开发”课题,“十一五”863 项目列“绿色环保多功能节水制剂”课题,“十二五”863 项目继续设立该课题研究[19]。

13.4.2 土壤保水剂作用原理与应用方法

13.4.2.1 土壤保水剂作用原理

土壤保水剂作用原理的理论体系基本形成，黄占斌通过总结提出其作用原理包括四方面：保水剂自身吸水、保水和释水原理，保水剂促进土壤改良和保持原理，保水剂提高肥料农药等农化产品利用效率原理，保水剂调节植物生理节水效应原理[20]。

1. 保水剂自身吸水、保水和释水原理

保水剂吸水速度快，溶胀比大。保水剂分子含有大量羧基、羟基以及酰胺基、磺酸基等强亲水性官能团，对水分有强烈的缔合能力，纯水中的吸水溶胀比为400～1 000倍或更高。保水剂保水能力强。保水方式最少包括吸水和溶胀，以后者为主。保水剂释水性能好，供水时期长。研究表明，保水剂的最大吸水力为127.5～137.3 N/m^2，根系吸水力大多为166.7～176.5 N/m^2，故一般情况下不会出现根系水分倒流，90%以上为植物最易吸收利用的水分[21-22]。此外，保水剂有吸水—释水—干燥—再吸水的反复吸水功能，但反复吸水的保水剂吸水倍率将下降10%～70%或失去吸水功能。

2. 保水剂促进土壤改良和保水原理

保水剂在土壤中吸水膨胀，把分散的土壤颗粒黏结成团块状，增加土壤团聚体。研究表明，保水剂对0.5～5 mm粒径土壤团粒结构形成的作用最明显，且土壤中保水剂在0.005%～0.01%范围时团聚体增加量明显[23]；同时，应用保水剂会使土壤容重下降，孔隙度增加，调节土壤中的水、气、热状况而有利作物生长，改善土壤结构。保水剂分子内部大量可电解羧酸盐基团，吸水后网状结构撑开，提高土壤吸水能力，增加土壤含水量。盆栽菜豆试验，培养基质中保水剂0.27%、0.54%和0.81%，结果田间持水量分别比对照增加9%、18%和36%，浇水量分别减少37%、45%和55%。此外，保水剂能增加土壤持水能力，降低土壤水分蒸发量和水分渗透。试验表明，保水剂一般可提高土壤持水力40%左右；施有0.05%～1%保水剂的土壤移栽烤烟，缓苗期缩短2 d，缺水存活天数较对照多5～20 d。

3. 保水剂提高肥料和农药等农化产品利用效率原理

保水剂表面分子有吸附、离子交换作用，肥料和农药中的铵离子等官能团能被保水剂上的离子交换或络合，以"包裹"方式把土液中离子包裹起来，减少肥药淋失。但同时会使保水剂失去部分保水能力，故保水剂不能与锌、锰、镁等二价金属元素的肥料混用。黄占斌研究发现，尿素等非电解质肥料与保水剂结合应用，保水剂的保水和保肥作用都能得到充分发挥。田间试验证明，保水剂与氮肥配合使用，吸氮量和氮肥利用率分别提高18.72%和27.06%。陕西延安试验表明，开沟10～15 cm单施保水剂和单用氮肥的马铃薯产量分别增加26.67%～56.67%和33.33%，保水剂加氮肥使马铃薯产量增加75%以上[24]。

4. 保水剂调节植物生理节水效应原理

保水剂植物效应与保水剂的应用方法有关。保水剂处理种子是为种子提供相对湿润的小环境，促进植物种子发芽；土壤穴施或沟施应用保水剂，主要是改变根-土水环境，造成部分根系干旱，产生ABA信号而调控植物生理节水。试验证明，作物在其生长发育过程中具有适应土壤干湿交替环境能力，即作物在受到一定程度的水分胁迫时，能够通过补偿效应来弥补产量减少或减少损伤。当保水剂应用于土壤，随着土壤水分蒸散，作物根系就会出现部分处于高水势和其他部分处于低水势的状况，处于低水势的根系中根源 ABA 含量增加，ABA 经木质部导管传输到作物的地上部分，作物叶片根据 ABA 强度，调节气孔开度，减少蒸腾。同时，根系经过一定程度水分胁迫锻炼复水后，水分传导高于未经胁迫锻炼对照。这两方面作用使作物根系表现出补偿效应。

13.4.2.2 土壤保水剂应用技术与方法

主要有拌种(种子涂层)、种子丸衣造粒、根部涂层(亦称蘸根)、土壤直接施用法、用作育苗培养基质等方法，常用土壤直接施用法。种子包衣方法处理种子，可显著提高低土壤湿度条件下的出苗率[25]。棉花应用研究表明，用保水剂作包衣后，在土壤水分为 8%时，其出苗率可达 60%以上，而对照在土壤水分为 10%以下出苗率极低。小麦、大麦、小黑麦、玉米、棉花、大豆、花生、马铃薯上应用复合包衣剂后，其增产幅度均在 13.8%以上。保水剂用作浸根剂，在根部表面形成涂层，用来提高植树造林和育苗移栽的成活率。苹果苗、红豆草、油松苗、杨树苗、山楂苗蘸根后其成活率分别提高 18.7%、20.0%、40.0%、65.0%和 18.0%。此外，保水剂也被用作土壤结构改良剂或保墒剂，混合于土壤中作为苗床，可以改善土壤的物理结构和水分条件，使作物抗旱能力提高。

13.4.3 土壤保水剂发展趋势

土壤保水剂的发展已经引起世界各国的高度关注，从而有了飞速发展。对于保水剂农用的发展，主要包括三方面：

(1)加强土壤保水剂的应用基础研究。土壤保水剂应用存在许多问题需要研究，包括土壤保水剂对土壤和植物作用的时间效应问题，长期施用保水剂对作物、土壤、环境的影响及其降解性、持效性问题，土壤保水剂与肥料等农业化学品的耦合，土壤保水剂在植物根-土界面引起的水分变化与植物效应的关系问题等。

(2)加强低成本、长效、多功能、复合、专用保水剂研制。一是加强低成本和抗离子性研究。针对丙烯酸等化工原料不断涨价和成本增加问题，开发抗离子交联的保水剂有机分子单体，研究抗水解、抗光老化、微生物降解缓慢的保水材料添加剂，改进保水剂合成生产工艺，生产长效新型保水剂。二是加强研究保水剂添加其他农林制剂，形成植树造林、防沙治沙、农田生产(经济作物、大田作物)、绿化护坡等不同用途专用，以及拌种、土壤施用、灌水施用等不同剂型的多功能保水剂系列化复合产品，形成专用性、多元素全营养性、生物防治无污染性、用途明确的环保新型多功能保水剂[26]。

(3)建立土壤保水剂及其系列产品的应用技术规范。由于缺乏对保水剂作用原理的全面正确理解，应用技术缺乏规范，使得保水剂的作用没有得到充分发挥，甚至出现一些相反的结果。以往的一些相关研究已经有较多报道，但多数为试验报告，没有形成针对不同产品或应用范围的应用技术规范，这也是制约保水剂应用推广的重要方面。因此，必须加强保水剂应用原理的全面普及，并研究和制订针对不同保水剂产品和应用目的的应用技术规程，包括研究适合不同气候、地区、土壤的保水剂最佳施用量、施用方式的应用技术，研究保水剂与其他旱作农业措施相结合为特征的综合保水技术。

13.5 土壤改良剂

土壤改良剂和塑料地膜一样，也具有保墒和增温作用，可以有效地提高土壤墒情，增加耕层地温，使作物生育期提早 2～7 d，土壤湿度增加 5%左右。同时还能改良土壤结构，协调土壤水、肥、气、热及生物之间的关系，防止水土流失，增强渠道防渗能力，抑制土壤次生盐渍化，提高沙荒地的开发利用。主要适用于我国北方干旱、半干旱和作物生育期积温不足的地区，以及土壤结构差的土壤，特别是缺水严重的旱地和坡沙地、盐碱地。目前国际上使用的土壤结构改良剂主要为聚丙烯酰胺、燃煤发电厂除硫副产品石膏。

13.5.1 聚丙烯酰胺

聚丙烯酰胺(polyacrylamide，简称 PAM)是一种线型的水溶性聚合物，分子上带有很多活性基团，在土壤中不易被微生物分解，可任何比例溶于水而不分层，无毒，是一种无污染的土壤结构改良剂。在退化土壤、风沙土壤等质量较差的土壤上应用，效果更为明显。试验证明[27]，处理后的土壤水稳性团粒含量增加 25%～50%，团聚体明显改善；PAM 可使土壤渗透系数增大 32%。以适当的浓度和剂型施入土壤，能大大地提高土壤的抗蚀力和抗冲力，防止田间水土流失的效果可达 60%～70%[28]。

PAM 保持水土的作用原理在于其较强的絮凝性。PAM 当遇到水中悬浮的土壤颗粒时，一个 PAM 分子可以吸附多个土壤颗粒，而一个土壤颗粒也可以同多个 PAM 分子吸附，使土壤形成体积很大的絮团。PAM 的不规则线段在耕层上下纵横交错，絮团体积逐渐增大，这样就使土壤颗粒在径流中不能被剥离和悬浮，侵蚀作用产生的推移质也随 PAM 的絮凝作用而减少。

实验证明，PAM 最佳施用量 12 kg/km^2，按照治理投入费为 225 元/hm^2，增产幅度 15% 计算，可获直接效益 1 500 元[29]。

13.5.2 燃煤发电厂除硫副产品石膏

燃煤发电厂除硫副产品石膏，是对含硫的煤炭燃烧后产生的烟气进行脱硫净化处理而得到的，主要成分是二水硫酸钙($CaSO_4 \cdot 2H_2O$)和黏性物质，颜色白色、乳白、乳黄，其酸碱度与天然石膏相当，呈中性或略偏碱性。石膏在我国产量巨大，2006 年底我国燃煤电站脱硫设备机组容量 1.5 亿 kW，全部投入运行年产生脱硫废弃物超过 2 000 万 t；当 3.6 亿 kW 燃煤电站全部安装脱硫设备运行时，年脱硫废弃物将达 6 000 万 t 以上。

作为石膏出售因其不洁净而无人问津，但若将除硫副产品粉碎或化学前处理后，按一定比例施入土壤耕作层中，能够增加土壤的团粒结构，防止土壤结壳，从而增加灌溉水的渗透性。还能使土壤的保水保肥性增加，促进作物根系生长，提高粮食产量。我国北方干旱和半干旱地区盐碱土面积 3 500 万 hm^2，其中碱土面积 870 万 hm^2。研究表明，施用适量电厂除硫副产品石膏的盐碱地，全盐量、pH、碱化度、交换性 Na^+ 等土壤的重要理化性质均有显著变化，使土壤性能明显改善，同时使农作物的发芽率、成活率、单产均有不同程度的提高。

国外利用燃煤烟气脱硫废弃物改良土壤的研究始于 20 世纪 90 年代，主要在美国且研究对象主要是酸性土壤。目前，石膏和 PAM 的应用已经成为美国中北部地区玉米和大豆种植增产的主要技术措施之一。美国科学家在伊利诺伊州进行 2 万 hm^2 耕地试用石膏试验，每公顷耕地施加 7 t 除硫副产品石膏后种植大豆，仅种植当季就比对照耕地减少 100 万 t 表土流失，大豆产量比对照提高了 7%[30]。

宁夏大学、清华大学和内蒙古农业大学等高校承担的“十一五”国家科技支撑计划重大项目“黄河河套地区盐碱地改良及脱硫废弃物资源化利用关键技术研究与示范”，为我国宁夏、内蒙古地区大量燃煤发电厂脱硫废弃物资源化利用，黄河中上游盐碱地改良和生态绿洲建设提供突破性成果和科技支撑。在宁夏引黄灌区 44.1 万 hm^2 耕地中，盐渍化耕地占 1/3，另有盐碱荒地 5.6 万 hm^2，土壤盐渍化问题严重制约着宁夏农业综合生产能力的提高、绿洲生态系统的建设和农业可持续发展。同时，宁夏主要利用燃煤发电，每年约 30 万 t 燃煤脱硫废弃物需要处理。

清华大学研究表明，施用脱硫废弃物后，土壤理化性质得到明显改善：土壤 pH 降低 1～2；改变了土壤水溶性盐分离子组成；降低了土壤碱化度，从改良前的 30%以上降低到了改良后的 10%以下；土壤硬度得到明显降低，渗透性提高了 3～8 倍。由于土壤地下水等原因，有些地方需要每隔 10 年左右向土壤中再施一些脱硫废弃物，以确保改良效果。测试结果证明，经过燃煤烟气脱硫废弃物的改良，土壤、作物的秸秆和果实中的重金属及其他微量、痕量元素的含量都低于它们原来的本底值，也低于国家标准允许的含量。山西省的试验表明，在重度和极重度碱化土壤上，每公顷施用脱硫石膏 22 500～37 500 kg，配合施用化学改良剂 2 250 kg，结合其他农艺措施，玉米产量可以从 3 000 kg/hm^2 提高到 6 000 kg/hm^2，第二年可以稳定在 7 500～9 000 kg/hm^2[31]。

13.6 植物抗寒防冻防霜剂

我国是世界上遭受寒冷和霜冻最严重的国家之一，我国平均每年霜冻面积约 3 400 万 hm^2，最重年份达 7 700 万 hm^2，造成经济损失 50 多亿元。每年冬季的霜冻和春季的倒春寒，使农作物和果树受到霜害和冻害的影响，造成产品大幅度减产。在解决灾害问题的研究与实践中，通过探索已获得一些成果，包括施放烟雾、花期喷水、树干涂白等传统方法，也包括研发出的新型抗寒防冻防霜剂。

13.6.1 应用抗寒防冻防霜剂的意义

中国地域广阔，各地初霜冻日出现日期大不相同。新疆北部、内蒙古及东北北部地区 9 月中旬出现初霜；东北大部、华北北部、西部及西北地区在 9 月下旬到 10 月上旬出现；11 月上旬初霜线南移至秦淮一带；11 月下旬到达西南及长江中下游地区；12 月上旬到达南岭；华南中北部初霜冻则在 12 月下旬到 1 月中旬之间出现。

玉米、大豆、棉花等秋收作物在成熟前对霜冻非常敏感。以玉米为例，如果在灌浆期遭受早霜冻，不仅影响品质，还会造成减产。当气温降至0℃时，玉米发生轻度霜冻，叶片最先受害。玉米灌浆的养料主要是叶片通过光合作用产生的，受冻后的叶片变得枯黄，影响植株的光合作用，产生的营养物质减少。由于养料减少，玉米灌浆缓慢，粒重降低。如果气温降至－3℃，就会发生严重霜冻，除了大量叶片受害外，穗颈也会受冻死亡。这样不仅严重影响玉米植株的光合作用，而且还切断了茎秆向籽粒传输养料的通道，灌浆被迫停止，常常造成大幅减产。

初霜冻出现时，如果作物已经成熟收获，即使再严重也不会造成损失，而中国北方地区常因初霜冻出现早，秋收作物还没有完全成熟就遭受霜冻危害，造成大面积减产。

据网络新闻报道，2010年12月四川省叙永县南面高寒山区遇到了首次严重的霜冻天气，12个乡镇近2 670 hm^2 农作物受灾。2010年12月16日，湖南省柳州市发生霜冻，虽然持续时间较短，但对甘蔗危害比较严重，据统计数据，全市受灾面积8.33万 hm^2，其中，蔗叶半干枯4.33万 hm^2，蔗叶全干枯4万 hm^2，受灾甘蔗占当地甘蔗面积的83%。因此，研究抗寒防冻防霜剂对减轻或控制霜冻对农作物的危害具有重要的意义。

13.6.2 抗寒防冻防霜剂的作用机理

植物机体细胞内的生物膜体系与植物抗冻性有密切关系。当植物遇到低温时，生物膜便会发生相变，即从液晶相变成凝胶状态，并使膜的结构破坏，结果在原生质膜上形成透性较大的非脂类的"洞穴"，成为许多电解质自由出入的通道，细胞质内的溶胶因而大量排出，最终引起植物死亡。因此，抗冻的植物必须具备以下几个特性[32]：第一，在温度降低时，必须能够维持机体内生物膜正常的液晶相；第二，具备膜结构上的稳定性，这种稳定性与植物品种的抗寒性成正相关；第三，能够避免细胞内结冰，以防止冰晶对膜的破坏；第四，具备抗脱水性能。细胞内的水流到细胞外结冰也会造成一定的伤害，这是因为冰冻脱水会引起细胞干旱，使蛋白质变性，同时也会使细胞发生收缩塌陷，使细胞质膜遭到破坏。但是，各种植物对上述要求的抗冻性并不相同，有些只具备其中的一种或两种，有的甚至完全不具备，因而便出现了有些品种怕寒、有些品种抗冻的现象。如番茄、黄瓜、香蕉、菠萝等，在10℃以下常常发生寒害，而松、柏、竹、云杉等，却能够在冰天雪地的环境中正常存活。

和冷害作斗争，预防低温对作物造成的危害，主要应从提高作物抗冻性和防止不利气候因素对作物的影响两个方面入手。经过抗寒锻炼，可以人为地促进植物体内一系列生理上的转变，从而增加其抗冻能力。

在大田条件下，抗寒锻炼要经过两个阶段：一是让植物在入冬前的好天气进行旺盛的光合作用，积累更多的"保护物质"，即越冬所需的营养物质(糖和氨基酸等)，增加膜脂中不饱和脂肪酸的含量，这对防止生物膜的相变、稳定膜结构是很重要的。二是在晚秋稳定的低温条件下，控制田间灌水，使植物能够进行细胞间隙的正常脱水过程和原生质胶体状态的正常改变，并使植物组织中自由水含量减少，因而也减少了组织结冰的可能性。经过上述两个方面的锻炼，细胞原生质对不良条件的反应便会变得迟钝，抗冻能力自然就会显著增加。

作物抗冻性的强弱与品质特性、栽培措施等都有密切关系。秋播作物、强冬性品种应适时早播，利用秋高气爽、强光照晒等有利条件，培育健壮的幼苗，增强抗寒能力，促使其安全越冬。春性强的品种，则不宜播种太早，否则冬前营养生长过旺，抗寒准备不足，易造成死苗。此外，适宜的播种深度、垄作、施用有机肥、增施磷钾肥等，都可增加作物的抗寒本领。

早春天气变化剧烈，当冬小麦返青后，抗寒锻炼效应逐渐消失，如遇晚霜则极易受冻。针对这种情况，可采取熏烟、灌水等措施。蔬菜在育苗时采用温棚、温床、阳畦、塑料薄膜和土壤保温剂等，均可克服低温的不利因素而提早播种。此外，还可设置风障、覆盖等，改变作物生长的小气候，避免低温的危害。利用冰冻保护和激素控制等方法也能达到增强植物抗冻能力的目的，例如，当把蔗糖、二甲基亚砜或聚乙二醇等加到植物芽或组织的显微切片上，或细胞悬浮培养物的冰质介质中去时，植物忍耐冰冻的能力便显著增加。这类物质称为冰冻保护剂。

最近，从以马铃薯等无菌苗为材料的研究中发现，培养基中添加植物激素脱落酸，在常温下培养半个月，其所诱导的抗寒性与低温 2℃锻炼效果相似。目前，这种方法已经开始用于葡萄、柑橘等果树防冻的科研与生产实践中。

13.6.3 抗寒防冻防霜剂的应用技术与应用效果

13.6.3.1 抗寒防冻防霜剂在水稻生产中的应用

简令成等[32]认为采用抗寒剂 CR-4 可提高秧苗的抗寒力。若育秧期间发生低温寒冷胁迫，抗寒剂能有效减轻和防止烂秧，使成秧率显著增加。在非致死性低温逆境中，常规秧苗虽未发生死亡，然而由于温度不适宜，使生理生化过程和生长发育受阻，造成延迟型冷害和弱苗。经抗寒剂处理的秧苗，由于细胞膜系统稳定性的提高，抗逆性增强，因此在非致死性低温逆境中仍能保持正常健壮的生长，避免了延迟型冷害，提高了秧苗质量。

朴春会等[33]认为采用抗寒剂 CR-4 对提高苗质具有明显的效果。主要表现在提高幼苗存活力和成苗率，提高秧苗素质和苗期耐冷性，以及对恶苗病发生有抑制作用。对增强水稻耐冷性也有明显的效果，主要表现在发芽期耐冷性、苗期耐冷性、生育前期耐冷性以及孕穗期的耐冷性等方面都有程度不同的效果。

李训贞等[34]发现，用 KNO_3(5 g/L)、Na_2HPO_4(2 g/L)及 KH_2PO_4(2 g/L)组合成抗寒剂(Ⅰ)(混合比为 1∶1∶1)处理水稻种子和喷施幼苗，能减轻早春寒害对幼苗的损伤；在寒露风来临之际，用 KH_2PO_4(10 g/L)、Na_2HPO_4(2.5 g/L)和尿素(10 g/L)组成的抗寒剂(Ⅱ)(混合比为 1∶1∶1)喷施于水稻叶面，能提高植株的抗冷性，促进颖花开裂，增加受精率和结实率，可以减轻寒露风对水稻产量的影响。

戴玉池等[35]认为使用聚乙二醇处理早稻幼苗，在低温胁迫条件下，聚乙二醇能维持原生质膜半透性的稳定而不遭破坏，减轻寒害对原生质膜的胁迫，从而提高早稻幼苗的抗寒能力。但随着温度降低，寒害持续时间的延长，原生质膜的半透性丧失，对物质的透性发生改变，浸泡液中电解质的渗透量会明显增加，导致电导率升高或烂秧死苗、出苗不整齐和弱苗的现象。抗寒剂使用方法以喷施或浸种加喷施效果都比较显著，但浸种加喷施对大面积育秧存在一定困难，既不方便，又不经济，所以，大面积育秧应以叶面喷施为主，既方便，又经济。5 种抗寒剂中以聚乙二醇、磷酸缓冲液、油菜素内酯(一种新型植物激素)、$CaCl_2$ 等 4 种抗寒剂无论是低温处理 4～8 d，还是喷施或浸种加喷施湘早籼 25 号，幼苗均比以水为对照处理幼苗的电导率低，干重大，可溶性糖和叶绿素含量高。这 4 种抗寒剂中，以聚乙二醇处理幼苗的电导率最低，干重最大，可溶性糖和叶绿素总含量最高，证明聚乙二醇处理水稻幼苗具有良好的抗寒能力，而磷酸缓冲液、油菜素内酯和 $CaCl_2$ 三种抗寒剂都具有不同程度的抗寒效果，可供早稻大田试验使用。

13.6.3.2 抗寒防冻防霜剂在大豆生产中的应用

周勋波等[36]认为抗寒剂拌种能提高大豆在低温逆境条件下的种子发芽力及幼苗抗寒力。在测定指标中，发芽势、发芽率提高，畸形比率减少，幼苗株高矮化，根系长度增加，根冠比提高，从而达到了壮苗的目的，增强了抗逆能力。

叶面喷施抗寒剂也能增强幼芽抗御低温的能力。在各处理中，株高矮化、根系加长、根冠比和叶重增加，这些都有利于提高幼苗的抗逆力。实际上，细胞膜是植物冷害的敏感部位，低温引起植物膜受损伤的现象已被许多学者证明，认为膜脂过氧化是造成膜受损伤的关键因素，而抗寒剂叶喷后，可增加体内可溶性糖和粗蛋白含量，提高细胞的抗逆能力，增强了膜系统的稳定性，从而使植物在一定低温范围内也能正常生长，这可能是抗逆力提高的根本原因。

13.6.3.3 抗寒防冻防霜剂在蔬菜和水果生产中的应用

张鹏至等[37]认为抗寒剂 CR-6 剂型对蔬菜类作物发芽势及生长优势的提高，无疑为产量的提高打下了基础。尤其对越冬暖室及大棚作物起到了积极的保护作用，其优良的抗寒作用能使早春蔬菜作物提前播种，提早成熟，提高产量，从而大大地提高经济效益。

王红等[38]发现西瓜、黄瓜经抗寒剂浸种后，出土成苗率明显提高，其幼苗在低温逆境中的适应能力增强，抗寒力提高。经抗寒剂处理后的西瓜、黄瓜叶片厚度均比用水浸种的对照增厚，增厚原因主要是由于叶肉细胞体积的增大。经抗寒剂处理后，这些幼苗叶片的维管束很发达，木质部导管管径加粗，韧皮部细胞层数增加，在整个维管束中所占的比例增大。经抗寒剂处理后的叶片叶绿体中淀粉粒的数量比对照减少。经抗寒剂处理后，叶片叶绿体中的片层数目比对照增加。在低温条件下，用水浸种的对照材料，叶绿体结构受破坏，类囊体囊泡化，片层排列方向改变，而用抗寒剂处理后的材料，在同样低温条件下叶绿体结构基本不受损伤。

13.7 植物防病膜剂

13.7.1 应用防病膜剂的意义

植物病害是世界各国都存在的自然灾害，据统计，世界农作物产量因病害造成的损失率为12%。在局部地区某种病害大流行的年份甚至给当地居民带来巨大的灾难，如 1845 年爱尔兰马铃薯晚疫病大流行，使欧洲以马铃薯为主食的百万人饿死或流亡；1943 年孟加拉水稻胡麻斑病大流行造成严重饥馑，导致 200 多万人死亡；1950 年我国小麦条锈病大流行损失 60 亿 kg 小麦，是 3 000 万人一年的口粮。有些病害不仅在田间危害造成减产，而且在收获后贮藏、加工、运输过程中进一步发展而造成更大危害，如染小麦赤霉病的病麦含有毒素，人食用能引起头痛、腹胀、呕吐等；耕牛吃了甘薯黑斑病病薯会中毒，发生气喘病，引起死亡；食用混有麦角的黑麦和牧草会导致人畜中毒和流产。病害发生严重时，还影响到一种作物能否在一个地区继续栽培,华北地区曾因红麻炭疽病而停种红麻。新中国成立前,东北因小麦秆锈病危害而减少小麦种植面积。板栗干腐病进入美国后几乎毁了当地的板栗树。

我国是自然灾害严重多发国家,农作物病虫灾害是我国主要的自然灾害之一,它具有种类多、影响大并时常暴发成灾的特点。我国重要的农作物病虫草鼠害达 1 400 多种,其中重大流行性、迁飞性病虫害有 20 多种。例如苹果树受到腐烂病菌的侵染,导致枝干树皮的表层形成红色坏死斑点或表层溃疡,严重时导致枝干枯死。农产品收获后,在储存、运输过程中也会发病,如感染了软腐病的大白菜在菜窖中能继续腐烂;感染了绵疫病的黄瓜和茄子,在贮运及出售过程中会出现白霉。因此,研究防病膜剂对减轻或控制病害对农作物的危害具有重要意义。

13.7.2 防病膜剂的作用机理

13.7.2.1 植物病害种类

植物病害分为侵染性和非侵染性两大类。由病原物引起的侵染性病害的分类方法有:①按病原物分为真菌性、细菌性、病毒性和线虫病害等。②按寄主植物分为作物、蔬菜、果树和森林病害等,还可按作物种类分为小麦、水稻、棉花等作物病害。③按症状可分为叶斑病、腐烂病、萎蔫病等。④按发病部位可分为根病、茎病、叶病、果病等。⑤按传播方式可分为空气传播、水传、土传、种苗传播、昆虫介体传播等。

病害从前一个生长季节始发病到下一个生长季节再度发病的过程称为侵染循环,又称病害的年份循环。侵染循环主要包括 3 个方面:①病原物的越冬或越夏。病原物度过寄主植物的休眠期,成为下一个生长季节的侵染来源。②初侵染和再侵染。经过越冬或越夏的病原物,在寄主生长季节中苗木种植前的首次侵染为初侵染,重复侵染为再侵染。整个侵染循环只有初侵染,没有再侵染,称为单循环病害(如麦类黑穗病菌);在寄主生长季节中重复侵染,多次引起发病的侵染循环包括多个病程的称为多循环病害(如稻瘟病菌、白叶枯病菌等)。③病原物的传播。分主动传播和被动传播。前者如有鞭毛的细菌或真菌的游动孢子在水中游动传播等,其传播的距离和范围有限;后者靠自然和人为因素传播,如气流传播、水流传播、生物传播和人为传播。

植物病害流行是指侵染性病害在植物群体中的顺利侵染和大量发生。其流行是病原物群体和寄主植物群体在环境条件影响下相互作用的过程,环境条件常起主导作用。对植物病害影响较大的环境条件主要包括:①气候土壤环境,如温度、湿度、光照和土壤结构、含水量、通气性等。②生物环境,包括昆虫、线虫和微生物。③农业措施,如耕作制度、种植密度、施肥、田间管理等。植物传染病只有在寄主的感病性较强,且栽种面积和密度较大,病原物的致病性较强,且数量较大,环境条件特别是气候、土壤和耕作栽培条件有利于病原物的侵染、繁殖、传播和越冬,而不利于寄主植物的抗病性时,才会流行。

13.7.2.2 防病膜剂的作用机理

防病膜剂应在植物发病前施用于其体表或环境,不宜发病后使用,一般不具备治疗作用。防病膜剂预防效果好而治疗效果差。喷施后,在作物体表形成一层保护膜,阻碍病原孢子进入植物体,并能抑制植物体内的孢子囊萌发孢子。对刚萌发的孢子也有杀灭作用。正因为保护剂所具有的这些特性，其正确施用方法应是在作物发病前施用，其防护效果显著。

13.7.3 防病膜剂的应用技术与应用效果

13.7.3.1 防病膜剂在植物保鲜中的应用

中国农业科学院应用防病膜剂，从湖南运蜜橘至山东济南，途经17 d，用“京2B”二号处理的果实好果率达98.7%，对照为90%；失水率膜剂比对照降低4.1%。从广西运新会橙至北京，用“京2B”一号浸果的好果率达99%，对照为92.8%；失水率比对照降低3.1%。当地采后长期贮藏，温州蜜柑保存100 d好果率“京2B”二号为98.3%，对照为92.8%；锦橙贮藏120 d好果率“京2B”二号为96%，对照为25.3%；黄岩椤橘贮藏130 d好果率“京2B”二号为100%，对照51.4%[39]。

13.7.3.2 防病膜剂在植物防病中的应用

山西省农业科学院研究RBF果树保护膜剂对于苹果、梨、桃、杏、李等果树腐烂病、干枯病、轮纹病、木腐病等的防效。经试验，果树喷施RBF果树保护膜剂以后有以下效果：5年生以下果树，药后发病率可控制在5%以下；5～10年生果树，药后发病率可控制在3%以下；10～15年生果树，药后发病率可控制在5%以下；15年以上果树，发病基数在20%以下的，药后发病率可控制在10%以下。

中国农业科学院试验表明[40]，植物防病膜剂——京2B对葡萄白腐病有一定的防病效果，对照区病穗率为42.55%，试验防治区的病穗率则下降到23.63%～25.48%。京2B与杀菌剂退菌特混合使用后，防治白腐病的效果更加显著，试验区病穗率下降到对照区的1/2～1/10。这种良好的防治效果主要是京2B的防病作用和退菌特的杀菌作用兼备的结果。同时从试验中还看出，两种药剂混用后，表现出缓释性、长效性等性能，因而也增强了防治效果。分析认为，两种药剂混合后，退菌特颗粒均匀地扩散在京2B分子之间，并受到京2B分子的包裹和隔离，减慢了药剂分解失效作用，因而表现出缓释性和长效性。此外，京2B是一种乳膏状的有机化合物，本身黏着性较大，与杀菌剂混合后，起着类似黏着的作用，也有增强防治效果的作用。

（黄占斌　李嘉竹）

参考文献

[1] 王道龙，钟秀丽，李茂松，等．20世纪90年代以来主要气象灾害对我国粮食生产的影响与减灾对策．灾害学，2006，21(1)：18-22.

[2] 何爱平．我国西部农业灾害的特点及减灾对策研究．经济地理，2001，21(1)：20-22.

[3] 傅华龙，何天久，吴巧玉．植物生长调节剂的研究与应用．生物加工过程，2008，6(4)：7-12.

[4] 李秧秧，黄占斌．节水农业中化控技术的应用研究. 节水灌溉，2001(3):4-6.
[5] 吴文革. 植物生长调节剂在水稻上的应用研究. 安徽农业科学，1994,22(3):234-236.
[6] 林勇. 植物生长调节剂在我省农业中的应用现状与发展前景. 四川农业科技，1999(1): 3-4.
[7] 赵俊萍. 几种植物生长调节剂在果树上的应用. 山西果树，2007(5):50-51.
[8] 宫万祥，丁克友. 植物生长调节剂在蔬菜上的实用技术及效果. 上海蔬菜，2007(4):89-90.
[9] 叶坚达．植物生长调节剂在蔬菜上的应用. 云南农业科技，2005(4):44-45.
[10] 鲁坤存，李爱华，颜合洪. 植物生长调节剂对烟草生长发育及生理特性的影响. 烟草科技，2004(11):36-39.
[11] 黄学跃．烤烟喷施多效唑实验研究. 烟草科技，1999(5): 35-37.
[12] 谭小莉，黄芩芬，梁和平，等. 植物生长调节剂在烟草上的应用研究与展望. 广西农业科学，2009,40(4):406-409.
[13] 李金洪，李伯航. 植物抗蒸腾剂的研究与应用. 中国农学通报，1993,9(4): 28-32.
[14] Davenport D C ，Urir K，et al. Anti-transpirants increase size, reduce shrivel of olive fruits. Calif Agric，1972,26:6-8.
[15] Abou-Khaled A，Hagan R M，et al. Effects of kaolinite as a reflective anti-transpirant on leaf temperature, transpiration, photosynthesis and water use efficiency. Water Resour Res，1970,6:280-289.
[16] 李茂松，李森，张述义，等．一种新型 FA 抗蒸腾剂对春玉米生理调节作用的研究. 中国农业科学，2003，36(11):1266-1271.
[17] 冯建灿，郑根宝，何威，等. 抗蒸腾剂在林业上的应用研究进展与展望. 林业科学研究，2005，18(6):755-760.
[18] 彭子模．亚硫酸氢钠对植物叶片气孔开度的调节作用. 新疆师范大学学报：自然科学版，2000,19(2):38-41.
[19] 李茂松，李森，张述义，等．灌浆期喷施新型 FA 抗蒸腾剂对冬小麦的生理调节作用研究. 中国农业科学，2005,38(4):703-708.
[20] 黄占斌. 农用保水剂应用原理与技术．北京：中国农业科学技术出版社，2005.
[21] 杜太生，康绍忠，魏华. 保水剂在节水农业中的应用研究现状与展望. 农业现代化研究，2000(5):317-321.
[22] 黄凤球，杨光立，黄承武，等. 化学节水技术在农业上的应用效果研究. 水土保持研究，1996(3):118-124.
[23] 黄占斌，张国桢，李秧秧，等. 保水剂特性测定及其在农业中的应用. 农业工程学报，2002,18(1):22-26.
[24] 黄占斌，万惠娥，邓西平，等. 保水剂在改良土壤和作物抗旱节水中效应. 土壤侵蚀与水土保持学报，1999,5(4):52-56.
[25] 邓松，邓猛，欧阳光辉，等. 中国种子包衣剂的应用现状及其发展措施. 湖南农业科学，2007(2):48-49.
[26] 李淑琴，朱书全，黄占斌，等. 聚丙烯酸钠/腐殖酸高吸水树脂的合成与应用. 石油化工，2004,33(3):244-248.

[27] 夏海江，肇普兴，聚丙烯酰胺对土壤物理性质的影响. 水土保持研究，1997(4):81-88.
[28] 肇普兴，夏海江. 聚丙烯酰胺防治田间水土流失机理. 水土保持研究，1997(4):89-97.
[29] 肇普兴，夏海江. 聚丙烯酰胺的保土保水保肥及改土增产作用. 水土保持研究，1997(4):98-104.
[30] 张方，马彦涛，胡将军. 国内外火电厂烟气脱硫石膏的特点利用及处置. 粉煤灰综合利用，2003(4)：50-51.
[31] 陈欢，王淑娟，陈昌和，等. 烟气脱硫废弃物在碱化土壤改良中的应用及效果. 干旱地区农业研究，2005，23(4)：3842.
[32] 简令成，孙龙华，王瑞萍，等. 抗寒剂 CR-4 在大田旱稻育秧中的应用试验. 植物学通报，1994(11):23-26.
[33] 朴春会，崔泰振. 抗寒剂 CR-4 在东北地区水稻生产中的应用效果. 植物学通报，1994(11):41-46.
[34] 李训贞，梁满中，周广洽，等. 水稻抗寒剂的效应及其施用技术. 生命科学研究，2001，5(1):80-83.
[35] 戴玉池，黄亮，陈良碧. 5 种抗寒剂对早稻湘早籼 25 号幼苗的耐寒生理鉴定及其利用. 湖南师范大学自然科学学报，2000，23(3):89-94.
[36] 周勋波，王根林，吴海燕. 大豆应用抗寒剂抗寒效应的研究. 杂粮作物，2001，21(4):32-32.
[37] 张鹏至，徐继珍，张玉华，等. 抗寒剂对蔬菜种子发芽及甘蓝生长的影响. 植物学通报，1994(11):152-153.
[38] 王红，简令成，孙龙华. 抗寒剂对植物叶片组织细胞结构生长发育的促进与冷稳定作用. 植物学通报，1994(11):163-167.
[39] 廖宗族，王一鸣，郑俊蓝. "京 2B"系列膜剂对柑橘的保鲜防病效果. 浙江柑橘，1984(4):44-45.
[40] 林开金，李桂秀，刘文汉. 京 2B 与杀菌剂退菌特混合使用防治葡萄白腐病的药效试验. 山西果树，1985(1):40-42.

第14章

环境调控减灾技术

14.1　农田覆盖与小气候调控减灾技术

14.1.1　农业和农田环境调控途径

农业减灾的技术途径，一是增强承灾体的承受能力或减灾能力，二是通过调控局部环境以减轻不利环境条件的影响，改善或创造对农业生物有利的局部环境。农业环境主要包括气象环境、水环境、地质土壤环境和生物环境，宏观生态环境如气候、水文、地质与土壤、区域生态系统等一般不可能根本改变，只能通过工程措施在一定程度上改善，且短期内不易奏效。对农业生产的局部环境进行一定程度的调控和改良比较容易做到，包括农地环境调控和设施环境调控两大类，调控对象包括小气候要素、土壤状况、水环境、有害生物等(图14.1)。上述环境调控措施中以小气候调控为最常用和最有效，本章将介绍通过农田小气候和设施小气候调控实现减灾的主要技术措施。

农业环境调控	农地环境调控	农田环境调控	灌溉、排水、覆盖、耕作、间套作、群体结构调节、施肥、土壤改良、植物保护、防护林
		林地环境调控	灌溉、排水、耕作、覆盖、间套作、修剪整枝、调整林分结构、土壤改良、植物保护、森林防火
		草地环境调控	灌溉、排水、耕作、调整牧草群体结构、土壤改良、植物保护、草原防火
	设施环境调控	温室环境调控	选址、选用透光与保温性能好的结构与建材、灌溉、通风、加温、补光、二氧化碳施肥、防治病虫
		畜舍环境调控	选址、选用透光与保温性能好的结构与建材、通风、喷淋、加温、补光、清扫、疫病防控
		鱼塘环境调控	选址、水源、水质、水温、溶解氧、遮阴、补光、鱼病与有害生物防控
		贮藏环境调控	选址、温度、湿度、气体成分、防治病虫

图14.1　农业环境调控的类型与措施

14.1.2 农田小气候调控减灾技术

14.1.2.1 灌溉和排水

灌溉和排水是调节农田水环境，创造适宜作物生长的土壤水分状况，减轻旱涝灾害的主要手段之一。

灌溉使土壤水分增加，可有效缓解干旱，而且由于土壤热容量和导温率增大，有稳定地温的作用，使气温和地温的日较差减小，可以有效减轻低温灾害和热害。不同季节灌溉的作用不同，春灌可有效抗御春旱、春寒和霜冻，北方小麦灌浆期灌溉是抗御干热风的有效手段，南方常以灌溉抗御高温伏旱，秋灌可防御秋寒、冷害和霜冻，北方旱地秋灌还可以为春播创造充足底墒，初冬灌溉可保护作物安全越冬。[1]

排水是减轻洪涝灾害的应急措施和综合治理下湿地的有效手段。如内蒙古牙克石林区的沼泽地因过湿和低温无法造林，1973 年开始排水筑埂，6—8 月地温提高 3.1℃，土壤含水率降低 15 个百分点。由于通气改善，根系发育好，1977 年栽植的落叶松株高比对照区高出 10 cm，成活率 90%以上。[2]

14.1.2.2 耕作与镇压

耕翻后表土疏松，透水性和透气性增强，提高了蓄水能力。黄土高原旱作小麦收获后通常要深耕蓄积雨水，为秋季小麦播种提供充足底墒。南方水稻收获后翻耕晒垡可促进土壤风化和水分蒸发，为冬种提供良好的土壤环境。

北方春播作物在苗期中耕切断土壤毛细管，表土形成干土层，可有效抑制下层土壤的水分蒸发，同时又切断部分表层根系，迫使植株的根系下扎，提高吸收深层土壤水分的能力，是抗御春旱的有效保墒措施。拔节前的中耕抑制了基部节间的伸长，也是防止后期风雨倒伏的有效措施。雨后土壤过湿，中耕又可以加快表层土壤水分的蒸发散墒。因此，农谚说“锄头底下有水有火”。

垄作改变了农田微地形，增加了受光面积，可提高垄上土温 1～3℃，0.5 m 土层内可多储存 15 mm 水分[3]，有利于垄上提早播种，是东北地区抗御低温冷害的有效措施。由于沟内水分充足，也是北方旱地抗旱春播的常用方法。

冻害是北方小麦越冬期间的主要灾害。适当浅播有利于早出苗和冬前壮苗，但越冬容易受旱受冻；适当深播有利于越冬保苗，但出苗晚，冬前麦苗细弱；播种过浅或过深则既不利于壮苗，也不利于保苗。沟播巧妙地组合了二者的优点，又避免了二者的缺点。小麦压轮沟播形成高差约 2 cm 的沟垄，由于沟内水分充足，在发生秋旱时可一次全苗。由于在沟内浅播，小麦出苗快，分蘖节浅，苗壮。入冬前浇冻水后由于沟内淤土，分蘖节一般都能自然加深到 2 cm 以上的安全深度，越冬不会受冻受旱死苗。在群体够数的前提下，春季还有抑制无效分蘖和培土防倒的效果。在原来不能种植冬小麦的北京山区延庆县也能基本越冬（表 14.1 和表 14.2）。[4]

表 14.1 沟播的保墒效应(土壤含水量) %

处理	9—11 月		3—4 月	
	0～10 cm	10～20 cm	0～10 cm	10～20 cm
沟播	13.8	18.1	14.4	18.6
平播	12.4	15.8	12.5	15.6
增加	1.4	2.3	1.9	3.0

表 14.2 沟播入冬后搂平的保苗效果

处理	播种深度/cm	冬前分蘖节深/cm	冬季分蘖节深/cm	冬前单株茎数/条	死茎率/%	穗数/(万/hm^2)
沟播	1.70	1.73	3.4～4.2	5.6	20.2	468
对照	3.33	2.17	2.17	4.2	46.1	276

镇压的作用与耕翻相反，目的是使土壤表面紧实，孔隙度减小，毛细管作用增强，使表土的热容量和导热率增大。春旱影响北方旱地春播时，如干土层稍厚于播种深度，农民常通过镇压促使深层土壤水分上升到表土，起到提墒作用，以确保种子发芽出苗。作物播前旋耕后土壤过于疏松易受旱，镇压是必要的措施。北方麦田在冬季多风少雪，土壤表层形成的风干土层过厚，或形成坷垃和裂缝，都会威胁麦苗越冬，利用初冬和冬末气温回升到 0℃的中午前后镇压，可压碎坷垃，弥合裂缝，减少土壤水分升华损失，促进冻层上界融化水分上升，可有效减轻冬旱和冻害威胁。春季小麦有徒长或发育超前趋势时，在拔节前适当镇压可延迟拔节，减轻春霜冻和灌浆期风雨倒伏的危害。但土壤湿润时不宜镇压，特别是黏土地镇压后会加重板结，使土壤通气不良，雨后形成湿害，遇旱则土壤水分沿毛细管加速蒸发。北方小麦在隆冬严寒植株处于冻结状态时也不宜镇压，否则会加重机械损伤。

14.1.2.3 调整群体结构

合理的间作套种能够充分利用气候资源，减轻各种自然灾害的损失。如热量条件一熟有余两熟不足地区，勉强实行小麦和玉米两茬复种，下茬作物经常因冷害不能正常成熟。采取小麦收获前套种玉米的做法，能够确保玉米正常成熟。

枣粮间作也是北方常用的种植制度。山东省无棣县观测，枣粮间作可使田间风速降低 30%以上，夏季气温降低 2～4℃，相对湿度提高 10%，土壤水分含量增加 2%～13%，蒸发量减少 10%以上，有效减轻干热风危害。[5]

种植密度过大是造成后期风雨倒伏的重要原因，叶片直立型品种可以采取较高的密度，叶片平展型品种则不宜密度过大。密度过大还会导致植株对病虫害的抵抗能力下降。

调整植株地上部与地下部、营养生长与生殖生长的关系也是重要的减灾措施。苗期促进根系发育可以增强后期抗旱抗倒能力，如果地上部徒长过旺，后期对干旱、风雨和病虫害的抵抗能力都会下降。2009 年辽宁西部地区的严重夏旱造成大面积绝收，就与 6 月多雨导致根系不下扎，又没有及时中耕有关。棉花和豆类在持续阴雨天气茎叶容易徒长，棉花落花落铃严重，豆类结荚大减。适当控制氮肥，增施磷肥，调整地上部与地下部生长的关系可以减轻阴害。棉农常常根据“花见花，四十八”这句农谚在常年秋霜冻前 48 d 打去顶芽以避免形成过多的霜后花。

14.1.2.4 农田防护林

营造农田防护林是有效改善农业生态环境，减轻气象灾害的工程措施，我国的三北防护林带被誉为“绿色长城”，已发挥了巨大的防风阻沙生态效应。如新疆玛纳斯河灌区观测，农田防护林带可提高土壤湿度 0.4%～5.9%，提高相对湿度 10%～26%，降低土壤蒸发 5～7 mm/d，降低地表温度 3～5℃，在防风范围内降低风速 10%～30%。还可以降低地下水位，有明显的预防积盐和脱盐效应。[6]据浙江台州调查，沿海防护林带能削弱强台风的风速 50%～70%，林带保护下的柑橘落果率、断枝率和整株倒伏率都明显低于无林带保护园。1986 年 2 月的一次低温使温岭林网外柚子植株全部冻枯，柑橘冻害指数大于 30.4%，而林网内几乎无冻害。林网的减灾增产效益，柚子、柑橘、水稻分别为 75.8%、11.7%、8.3%，柑橘品质也有明显提高。[7]

14.1.3 地面覆盖减灾技术

覆盖是使用各种材料把农业生产场所与大气隔离开，以减轻外界不利环境条件影响的一种减灾增产措施。覆盖分为地面覆盖与空间覆盖两种。地面覆盖是利用稻草、秸秆、塑料薄膜、片石等覆盖于土壤表面，其目的是减少土壤水分蒸发，阻止土壤热量传输，为种子的发芽和幼苗生长提供良好的水热条件；空间覆盖则使用建筑材料形成一个受保护的空间，常见的有温室、大棚、畜舍、仓库、遮阳网等，空间覆盖下的农业称为设施农业，其环境调控技术将在本章的后两节中介绍，本节只介绍大田作物的覆盖减灾技术。

14.1.3.1 地膜覆盖

我国从 20 世纪 70 年代开始将地膜覆盖种植技术应用于蔬菜、瓜类的生产，20 世纪 80 年代开始应用于棉花、花生等经济作物，近年来又推广应用到玉米、小麦的栽培上，解决了寒冷地区及旱地的增产问题。地膜覆盖的优点是可以提高土壤温度，减少土壤水分蒸发，提高土壤水分利用率，防止土壤淋溶和土壤板结，控制杂草和害虫，有利于扩大作物的适种区和提高复种指数，有利于增强对旱灾、水灾、低温、冷害、盐碱、风沙等自然灾害的抗灾能力，提高作物产量和质量等。覆盖方式主要有平畦栽培、高垄栽培、高畦栽培、沟畦栽培等，应用的地膜种类有无色透明膜、黑色膜、绿色膜、银灰色反光膜、双色及双面膜、特制薄膜（如杀草膜、红外膜、无滴膜、保温膜、杀菌膜、光解膜等）等。但残留地膜被称为“白色污染”，导致土壤结构不良，应尽量回收，或改用可降解薄膜。

地膜覆盖在我国干旱、半干旱地区的抗旱春播上已得到广泛应用，在座水播种后立即覆膜，具有增温保墒作用，出苗率可达 95%以上。地膜还具有集流效果，旱季只要有 2 mm 降雨即可产流汇集到低洼处，常用于田间集雨。黄土高原旱地将水窖集雨、梯田、地膜覆盖、座水播种等技术集成，取得显著抗旱增产效果，如甘肃省通渭县 1995 年特大干旱，地膜覆盖的单产仍达 6 000～7 500 kg/hm^2。[8]早春露地蔬菜覆盖地膜可提高表层土温 2～4℃，可以提早播种或移栽，有利于提早上市，提高产值，增加收入。地膜还有效抑制了土壤水分蒸发和雨水冲刷造成的养分流失，土壤容重降低 0.082～0.132 g/cm^3，孔隙度增加 3.15％～4.16％，土壤通气性好，根系发达，促进了养分分解，增强了抗逆性，如地膜春番茄病毒病发病率下降 11.62％～31.9％。[9]

14.1.3.2 秸秆覆盖

旱地秸秆覆盖已在我国各地大面积推广，具有明显的减灾增产和生态效应，包括减少水土流失，增强土壤对雨水的蓄纳；减少棵间蒸发，保墒防旱效果显著；有效调节地温，有利于作物生长发育；改善土壤理化性状，改碱培肥松土；改善作物生长发育状况和产量结构，增产效果显著；提高秸秆利用率，减少因秸秆焚烧造成的环境污染。如秸秆覆盖后 5 cm 土温日较差缩小 2.7℃，使蒸发量减少。玉米地土壤含水率比对照增加 2.3～5.6 个百分点，棉田增加 3.0～6.7 个百分点。土壤有机质、全氮、速效磷和速效钾均明显增加，尤其是速效钾。土壤盐度下降。连续两年秸秆覆盖后，玉米地土壤容重下降 0.05 g/cm^3，总孔隙度增加 18 个百分点。田间试验表明玉米单产增加 7.9％，籽棉增加 11.4％。[10]中国农业大学的风洞试验证明，残茬高度在 25 cm 以上时土壤风蚀量很小，只在强风下有微量侵蚀。低于 20 cm，风蚀量明显增加。残茬覆盖度小于 32.24％，风蚀量显著增加，农田保留 35％以上的残茬覆盖，就可以有效控制风蚀。[11]

14.1.3.3 砂田

砂田是利用河湖卵石、砾石或粗砂，在地面铺设 10～20 cm 厚的覆盖层，并应用一整套特制农具和耕作方法的种植技术，是中国西北干旱地区独特的保护性耕作方法。砂田能有效协调改善土壤水、热、气、肥状况，达到土壤和作物之间的生理协调，有效提高降水利用效率，活化土壤潜在肥力，为作物生长创造较好的环境条件，提高产量，还具有明显的生态防护效果。由于砂石吸热加温，早春地表温度比土田高 2～3℃，解冻提前 15 d。5—7 月午后 10 cm 土温比土田高 1.88℃，作物提前 10～20 d 成熟。由于隔断毛细管，能抑制土壤水分蒸发和盐分上升，60 d 内蒸发量仅为土田的 18.3％。同时由于增加了雨水下渗，缓冲对土壤的冲刷流失，风蚀量远低于土田。由于砂田的增温保墒和减蚀控盐效应，作物产量和品质显著提高。在年降水量只有 200 mm 左右的甘肃和宁夏等地也能种植西瓜和甜瓜且品质优良。但砂田经长期耕作，底土与砂石混合后，蓄墒保温作用减弱，肥力也不断下降，使砂田进入衰老期，长期连作瓜类还会导致病害严重发生。退化砂田间作枣树可以利用深层土壤水分，在一定程度上弥补砂田退化造成的损失。[12]

14.2 保护地环境调控减灾技术

保护地栽培，是指利用保护设施，人为改造植物生长发育的小气候条件，为植物的生长发育提供良好生长环境的一种栽培方式。保护地栽培可以不受生产的季节性限制，使植物避开不利自然条件的影响而生长发育，可以延长植物的生长期或提早其成熟期，成倍地增加单位面积产量，已经成为并将继续作为世界种植业一种重要的栽培形式。保护地栽培主要应用于蔬菜、果树、花卉等园艺作物和药用植物的生产。

中国是世界上最早利用保护设施进行反季节园艺作物栽培的国家，经历了2 000多年的发展历史，取得了巨大的成绩，实现了蔬菜周年均衡供应，栽培面积已跃居世界第一，初步形成了具有中国特色、符合中国国情的以节能为中心的保护地栽培体系[13-14]。我国北方广大地区积极发展节能型日光温室，在北纬32°～41°乃至北纬43°的较高纬度地区，完全不用人工加热或仅进行少量补充加热的温室内，实现了在寒冬季节生产喜温果菜，是我国温室蔬菜栽培史上的重大突破[13]；而南方地区大力推广塑料拱棚及遮阴棚降温防雨，克服了夏季蔬菜育苗的难题，初步解决了夏季蔬菜淡季问题。但是，也面临一系列的问题：目前普遍应用于生产的设施相对简陋；设施产品的产量和质量与发达国家的差距较大；设施环境的可控水平低，抵御自然灾害的能力差，遇灾害性天气农民遭受损失，市场供应容易出现波动；逐渐引进、发展的现代化设施生产效益差的问题又极为突出，经济效益问题始终得不到解决。

14.2.1　不同保护地栽培类型

保护地栽培类型主要有风障、阳畦、温床、荫棚、遮阳网、地面覆盖、各种塑料棚及温室等[15-16]。世界上保护地栽培中使用最多的类型是地膜覆盖，这在中国、日本、韩国应用最广泛，中国的地膜覆盖栽培面积居世界首位[17]。地膜覆盖是最简单的保护地栽培方式，已在上节介绍，这里不再重复。塑料大棚在中国、日本、意大利及美国西部地区应用广泛，在中国的发展尤为迅速[15]。温室主要集中在欧洲一些国家，荷兰居世界之首[17]。下面着重介绍塑料大棚和温室等保护地栽培类型。

近地面覆盖是最常见的一种保护地栽培措施，多用透明覆盖物遮盖植物，使植物免受极端温度、风、雹、降雨、日灼等危害。这些覆盖物一般情况都有较大的透明度，必要时用人工光源补充光照。植物被覆盖后，其周围的光照、温度、空气湿度、土壤水分及空气成分都发生了变化，为植物的生长发育创造了良好的小气候条件。常见的类型有小拱棚、高拱棚（塑料大棚）及温室。

14.2.1.1　塑料大棚

塑料大棚简称大棚，是20世纪60年代在中国发展起来的保护地设施，以单层塑料薄膜作为覆盖材料，全部依靠日光作为能量来源，冬季不加温[19]。与玻璃温室相比，具有结构简单，一次性投资少，有效栽培面积大，作业方便等优点，是目前常用的生产设施。塑料大棚的光照条件较好，密封性强，棚内空气湿度较高。大棚内的气温直接受外界自然条件的影响，季节差异明显，且日变化较棚外剧烈。晴天中午，温度会很高，需要及时通风降温、降湿；夜间，大棚散热面大，保温性较差。

14.2.1.2　温室

温室又称暖房，能透光、保温（或加温），在不适宜植物生长的季节，能延长生育期和增加产量，多用于低温季节喜温蔬菜、花卉、林木等植物栽培或育苗等。温室以采光覆盖材料作为全部或部分围护结构材料，依不同的屋架材料、采光材料、外形及加温条件等又可分为很多种类，如玻璃温室、聚碳酸酯塑料温室，单栋温室、连栋温室，单屋面温室、双屋面温室，加温温室、不加温温室(日光温室)等[20]。温室结构应既密封保温,又便于通风降温。其中节能型日光温室是最具中国特色的设施类型,而现代化温室中具有控制温湿度、光照等条件的设备,用电脑自动控制创造植物所需的最佳环境条件[13]。现在应用温室栽培蔬菜,完全可以做到蔬菜供应“淡季不淡,旺季不烂,周年生产,均衡供应”。温室也适用于花卉、果树、药用植物等的栽培和周年供应,只是不同植物侧重的方面不同(如对果树而言,最主要的是早熟栽培或促成栽培),近年来更有将温室、塑料大棚应用于养殖业上,形成良好的农业生态系统。

14.2.2 保护地栽培的环境调控原理及技术

覆盖物的存在决定了保护地是半封闭农业小气候系统,受外界大气候及天气影响的同时,也受到围护结构及生物反馈的影响。大气候与天气主要影响保护地内部小气候环境,并由此决定不同类型保护地栽培的适用地区[18]。这里主要针对我国迅速发展的塑料大棚(或日光温室)的环境调控原理进行讨论。众所周知,大棚或者日光温室设计建造得再好,到实际使用时,仍然不可能完全满足植物对小气候环境的要求,尤其是在极端气候条件下,所以总要加以必需的人为管理和调控技术措施来调控环境,主要调控的小气候要素有温度、光照、湿度、二氧化碳浓度等[18,21]。

14.2.2.1 温度调节

大棚内温度的变化规律是:昼夜温差比露地大;晴天温差比阴天大,且棚温回升快;阴天棚室增温效果不明显。由于棚室气温变化很大,温度过低、过高都会给植物的生长发育造成极大的影响。因此,大棚栽培必须根据不同植物对温度的要求进行调控。由于棚室气温有着明显的季节性变化的特点,因此冬季的主要目标是增温保温;而春季以后气温回升,随着外界气温的不断升高,棚室内气温也相应提高,白天气温在晴天时最高可达35～48℃,极易发生高温危害,需加强降温管理,一般超过30℃时就应采取降温措施。

主要增温措施有:在大棚里增加多层地膜覆盖;夜间在大棚周围盖一层稻草帘;棚室北侧墙上悬挂反光幕;在棚拱壁内,紧靠拱底挖沟,内部填充秸秆、杂草、锯末等材料;在地面撒草木灰;在寒流到来之前,在棚周围点火熏烟;经常打扫、擦洗棚膜,增加光照,提高棚温;日出后及时揭帘,以光补热;利用热风炉、炉火、电热线等加温;利用贮水池贮热等。

主要降温措施有:在生产中,降低棚内温度一般采取放风的方法,一般的放风可以打开或半打开棚室两头的门;中等量的放风可揭开棚室两边的棚膜;大量放风可将周围边膜揭至半棚。

14.2.2.2 光照调节

光照调节的主要目的是提高棚内光照,满足植物生长发育对光照的需求。大棚里的光照主要来源于自然光照,除受季节、天气条件影响外,还受棚膜、棚室内支架及雾气等的影响,其光能利用率通常只有露地条件的40%～60%,因此,要尽可能地采取措施,增加光照,确保植物的优质丰产。

光照调节的主要措施有:选择合适的棚室方位;在充分考虑生产需要,便于温、湿度调控,牢固耐用的条件下,尽量降低棚室高度,减少棚室支架,以提高棚室内的光照度,改善光照条件；采用透光性能好的塑料膜，尽量选用无滴膜以减少或消除膜上的水滴，增强透光性，若采用普通棚膜，则以聚乙烯膜为好；及时清除棚膜上的积雪和灰尘，保持棚膜的干净；棚室外面覆盖的草帘等保温材料，在不显著影响棚内温度的前提下，适当早揭晚盖，以确保采光效果，延长光照时间；在棚室的北墙和地面悬挂和铺设反光幕，可增强棚室内的光照强度；注意棚膜的使用年限，棚膜的使用年限以 2～3 年为宜；冬季和早春季节或在阳光不足的棚室内，最好进行人工补光，尤其是在连阴雨天气情况下，更需人工补充光照，灯源以日光灯、高压汞灯、弧氙气灯为好；冬季补光应在日出后进行，一般掌握每天 2～3 h，阴雨天全天补光；改善株型，采取合理的种植密度，及时修剪。

14.2.2.3 湿度调节

植物的生长发育，需要一定的土壤湿度及适宜的空气湿度，但不同植物在不同生育阶段需水量不一样。当棚内水分不足时，可以通过灌溉补充土壤水分和空气湿度，灌溉的方式有喷灌、滴灌和沟灌。但由于保护地栽培是在人为控制的局部郁闭的环境下进行的，因而棚室内的水分不易散发，常造成棚室内的湿度过大，使棚膜上凝结大量的水滴，棚室内雾气较重，这既影响棚室光照，不利于植物的光合作用，同时还会因为湿度过大，温度较高，诱发各种病虫害的发生。因此，必须采取有效措施将棚室的空气湿度控制在一定的范围内。

湿度调节的主要措施有：加强大棚的水分管理，尽量根据植物的需水规律以及不同的生育阶段，合理浇水，在不影响植物生长发育的前提下，尽量减少浇水的次数和浇水量，降低土壤湿度；加强放风管理，在尽量不影响大棚室内温度和植物正常生长的前提下，适当增加放风时间及放风量；采用地膜覆盖是降低大棚空气湿度的有效方法，既可减少地表水分蒸发，又可以提高地温，防止土壤板结；在防治病虫害时，尽量不采用喷雾的方法，以免增加棚内空气湿度；在棚室内可放置一定数量的生石灰等易吸附水分的物质以降低湿度。

14.2.2.4 二氧化碳浓度的调节

二氧化碳(CO_2)是植物进行光合作用不可缺少的原料之一。在保护地栽培中，由于与外界气体交换过程受到了外围设备的限制，在大棚内，随着白天日出后植物光合作用的逐渐加强，CO_2 浓度会逐渐降低，由于无法及时补充，将影响植物的光合作用；而且，由于棚室内的光照强度受棚膜等的影响，明显低于棚外自然条件光照，也将限制植物的光合同化能力。在密闭条件下，通过增加棚室内 CO_2 浓度，可以在一定程度上弥补因棚内光照不足而导致的光合作用的下降，当棚室内 CO_2 浓度达到自然条件下浓度的 3 倍左右时，其光合强度将提高到原来的 2 倍以上，在弱光下的效果尤其明显。因此，向大棚内增施 CO_2 气肥，具有明显的增产作用，可以通过增加通风换气、增施有机肥料、施入固体 CO_2 气肥、高压贮气罐施放 CO_2 等方式增加棚室内的 CO_2 浓度。

14.2.3 灾害性天气条件下保护地栽培环境调控减灾技术

保护地栽培可以在不适宜蔬菜生长的季节，利用保温防寒或降温防涝等设施，人为地创造适宜蔬菜生长发育的环境条件，进行蔬菜生产。保护地栽培可减轻病虫害、高低温、暴雨和环境污染等灾害对蔬菜的危害，起到提前或延后栽培，提早或延迟上市，增加菜类花色品种，缓解春秋两季矛盾，实现周年生产、均衡供应的作用。保护地栽培可防止果树花期晚霜危害，如杏树春季常由于开花较早受冻害而绝产，保护地栽培可以达到防冻的效果，可防止樱桃、草莓花期和幼果发育期间的低温冻害，防止葡萄、樱桃、枣成熟时的裂果，防止干热风、大风、冰雹、鸟虫的危害，防止烟害、粉尘污染，而且还可减轻或隔绝病虫传播途径，使病虫害大大减轻，从而相应减少喷药次数和数量，为无公害果品生产开辟新途径[22-23]。雨雪、寒流、连阴是保护地栽培中常见的气象灾害类型，基本上每年都有发生，对保护地生产的影响很大[24]。但只要措施得当，可以减轻或避免其危害，把损失降低到最小。

14.2.3.1 阴雨天

冬季寒冷的连阴天气，会造成棚内温度持续下降，植物生长缓慢或完全停止生长，甚至导致植物死亡。

常用的调控措施有：

1. 以光补热

连阴天时，白天必须揭开覆盖草苫，让棚内植株利用散射光维持生长，在保证温度不降或稍降的前提下，草苫尽量早揭晚盖。连阴天期间，中午需揭开草帘进行短时间通风换气，期间如果遇到天气突然转晴，应陆续、间隔地将草帘揭开，不可一下全揭开。中午如果阳光变强，要将草帘放下，待光照变弱时再揭开，以避免植株对阳光的暂不适应，发生生理萎缩，甚至死亡。

2. 反光膜增光

地面铺盖反光膜，不仅可增加植株下部光照，还可保持地温，减少土壤水分蒸发、降低棚内空气湿度。在后墙面挂反光膜，也可增加光照强度。

3. 人工补光

应用日光灯、高压汞灯等光源进行人工补光，使自然光照和人工补光时间相加保持在 12 h 左右。通常按每 10 m^2 配置 360 W 左右的人工光源同时进行增温及增光。灯具安装位置应离植株和棚膜各 50 cm，避免对植株及棚膜造成损伤。

4. 增施磷钾肥

用 0.5%的蔗糖混合 0.2%～0.3%的磷酸二氢钾溶液进行叶面喷肥，既提高植株的光合效能，又提高细胞质的可溶性糖分含量，进一步增强植株自身的抗冻抗寒能力。

14.2.3.2 雨雪天气

雨雪天气能够造成棚内低温，降低植株的抗逆能力，导致死苗。对于不同时间出现的雨雪天气，应采用不同调控措施：

1. 雨雪出现在白天

要及时清除拱形棚棚面上的积雪和积水，增加透光率，提高棚温，同时棚内的蔬菜要加盖小拱棚和草苫，以防雨雪天气过后天气转冷，产生冻害。下雨雪之前，需卷起草苫、用塑料薄膜盖严，防止雨雪水淋湿草苫、增加重量而压坏棚面，而且潮湿的草苫还会降低棚温。

2. 雨雪出现在夜晚

应在棚面覆盖的草苫上再盖一层塑料薄膜防雨雪，及时清除积雪。棚外积雪开始融化时，应及时把积雪水沥去，并清走从棚膜清除下来的积雪，以防积雪融化渗进棚内带走热量、增加湿度。

3. 伴有大风的雨雪天

拱形大棚要压好四周的泥土，草苫可以不揭，中午需揭开草苫进行短时间通风换气，期间如果遇到天气突然转晴，应陆续、间隔地将草帘揭开，不可一下全揭开，防止雪后转晴，光照过强造成植株失水严重引起急性闪苗凋萎。

14.2.3.3 寒流

寒流天气到来时，气温急剧下降，将导致棚内温度快速下降，非常容易形成冻害。大风和寒流来临时，要注意加固好覆盖物，停止浇水，防止由于低温高湿发生沤根或造成病害流行。同时注意观察室内温度，如温度太低，要临时用火炉或电暖器等增温，以免发生冻害。常用的调控措施有：

(1)在寒流到来之前，对一些秋延后果菜类蔬菜要尽量多采果，防止果实受冻害，且利于低温下植株的营养生长。

(2)在寒流到来之前，可以进行浇水，由于水的热容量较大，当气温下降时，水可以放出较多热量，使得棚温不致下降过快；同时要加强大棚内水分及相对湿度管理，及时排除棚内积水，降低棚内湿度，减少病虫的发生。

(3)如果寒流过强，则必须采取适当的增温措施，以保证棚内温度在5℃以上，常用的措施有：在大棚里增加多层地膜覆盖，可在大棚内地膜上再搭一个拱棚或将无纺布直接盖在蔬菜上，采用三层覆盖，可明显提高棚内温度；在棚拱壁内，紧靠拱底挖沟，内部填充秸秆、杂草、锯末等材料；在棚周围点火熏烟；利用热风炉、炉火、电热线等加温；利用贮水池贮热等。

14.3 畜舍环境调控减灾技术

环境是动物生存的基本条件，动物与环境间不断进行能量、物质交换，动物从周边环境中摄取自身生长、发育、繁殖所需要的能量与物质，通过消化和新陈代谢来维持其生命活动，并通过产出畜产品、废物和热量反馈到环境中[18]。人工舍饲动物由于处于有限的空间中，其生活及对环境的自主选择均受到极大限制。对动物的人为限制越多，动物选择最优环境的自由越少，动物对环境的适应能力便越差，因而对环境的要求也越苛刻。若环境超过了动物所能忍受的临界状态，动物难以仅靠自身调节能力去适应环境，将造成生产力降低，甚至导致死亡。

大气环境的异常变化对家畜、家禽有直接的影响，而更多的是通过寄生虫、微生物、病源昆虫等间接作用来影响家畜的健康。在畜舍环境中，对牲畜生长影响较大的环境因素是空气温度、空气相对湿度、气流速度和光照，其中起主导作用的是温度。家畜在温度为17～20℃左右，相对湿度为65%～70%的环境中感到舒适。当温度在适宜温度范围外，家畜必须依靠体温调节来适应外界环境。寒冷的冬天，气温较低，畜体须增加产热，故饲料消耗增加，如果得不到额外的饲料补充，就要“掉膘”。当舍内温度低于畜体的调节能力时，入不敷出，牲畜就要冻死。炎热的夏天，气温较高，畜体由于向外散热受阻而减少食量，这时也要“掉膘”；当气温高达36℃以上，如果室内通风散热不好，湿度又大，牲畜就有可能因闷热而中暑。世界上只有极少数地区在一年四季都能为动物提供最优的自然气候条件，所以人类若希望在任何季节任何地区都能饲养动物，就必须人为改善动物环境的条件。

14.3.1 畜舍环境调控原理

畜舍的封闭效应和遮阳效应起到了有效降低对动物的辐射热负荷和保温隔热的作用，从而大大改善动物周围的环境，但是舍外环境和大气候背景对畜舍小气候特征的影响也很大。按照封闭情况，可将畜舍分为封闭式、半开放式和开放式三种类型。其中封闭式畜舍是由屋顶、墙、地面构成的；半开放式具有屋顶和三面墙，另一面无墙或仅有半截墙，其敞开部分在夏天起通风散热作用，冬天可用塑料薄膜覆盖以保暖增温；开放式是指具有顶棚、立柱和半截墙或仅有顶棚的畜舍类型。

14.3.1.1 温度

适宜的环境温度是保证饲养动物正常发育、繁殖的前提条件[25]。一般饲养动物为恒温动物，主要通过生理调节机能使产热和散热保持动态平衡。环境温度的变化对动物的生理机能及生产力有非常大的影响。动物与环境间的热交换是通过动物体的内外表面实现的，如体表、呼吸器官等。

开放和半开放式畜舍内外气温差异不大，区别仅仅在于：冬天天气寒冷，动物可在舍内躲避寒风直接吹袭，夏季有顶棚遮阳，动物在舍内可避免强烈太阳直接辐射的暴晒，所以这两类畜舍只适用于冬季不太冷的地区和耐寒性强的动物居住。封闭式畜舍内气温日变化与畜舍外趋势相同，但日较差较舍外小得多，波动较小，位相推迟；白天气温高波动大，夜间低而平稳。畜舍内气温在畜舍中心及有动物的地方较高，靠近门、窗和外墙等散热部位气温较低。

14.3.1.2 湿度

在畜牧生产中，空气相对湿度对饲养动物的影响主要表现在动物蒸发散热方面[25]。畜舍温度较高时，如果空气潮湿，家畜的身体水分蒸发受抑制，影响机体散热；反之，如果空气湿度小，动物体表水分的蒸发就容易，可加速体热的散发。因此，在湿度不高、空气比较干燥的情况下即使温度升高，亦容易忍受。而在低温情况下，如果空气中的湿度增加，则会增加空气的热容量、导热性及从动物身体发出的长波辐射，从而加剧动物的寒冷感。此外，较高的湿度会促使致病性真菌、细菌和寄生虫的繁殖滋生，降低动物的抵抗力，易患湿疹等皮肤病。

畜舍内空气中的水汽主要来源于动物呼吸、体表及自身排泄物中水分的蒸发，还有部分来源于舍外空气进入、畜舍内潮湿表面蒸发及畜舍内饲养管理用水。畜舍水汽的散失则主要通过畜舍通风和外围护结构透湿。畜舍的类别不一样，差异较大。封闭式畜舍的空气湿度比舍外高很多，畜舍内的上下层水汽较多而中层较少，水平分布因水汽源不同而不均匀。开放式和半开放式畜舍空气湿度的大小及变化规律与舍外基本一致，仅在安置家畜和有水汽蒸发源的地方，绝对湿度较高。

14.3.1.3 气流

在保证畜舍合适温度情况下，加强畜舍通风对饲养动物的生长有促进作用[25]。气流有利于动物体的散热，降低空气中病菌的指数，减少疾病特别是呼吸道疾病的发生。在高温的夏季，气流有助于动物体的散热，对动物的健康生产有良好的作用；但在冬季，由于气流可增强动物体的散热量，使能量消耗增多，甚至降低增重。

自然通风条件下，畜舍内气流的方向和速度往往取决于畜舍内温度分布、畜舍内外温度差、畜舍外风速和风向，以及畜舍围护结构的密闭程度等。通常，开放式及半开放式畜舍内的气流状况主要受畜舍外风速及风向的影响。封闭式畜舍，温度在垂直和水平方向上分布的不均匀，可形成上升气流和水平气流；在门窗、进风口处，气流速度和方向的变化大，畜舍中部变化小；白天气流速度和方向变化大，夜间变化小。而采用机械通风的全封闭式畜舍内的气流方向、速度则取决于畜舍内部风机的功率大小、风机数量、风机安装的位置、进风口及排风口的设计等。保持畜舍内的适当通风非常必要，对于封闭式畜舍尤其重要。畜舍内合适的通风量，既要保持畜舍内具有适宜的温湿度条件，又要保证畜舍内空气新鲜洁净。通常来说，在寒冷季节，畜舍内气流速度应该控制在 0.1～0.2 m/s，最高不超过 0.25 m/s，并在严寒冬季阻塞屋顶、天棚、门窗上的一切缝隙，防止"贼风"侵袭和冷空气直接吹向牲畜[18]。

14.3.1.4 气体成分

空气污染物包括有害气体、尘埃与微生物。有害气体主要是指动物呼吸、粪尿、饲料、垫草腐败分解产生的 NH_3、H_2S、CO_2、CH_4 等。畜舍尘埃是微生物的载体，通风不良或经常不透阳光，尘埃更能促进各种微生物的繁殖。若不及时清除污物，避免尘埃飞扬，保持合理通风换气和定期消毒，势必引起细菌性传染病的发生。特别是封闭式畜舍，若通风换气不良，就会导致动物慢性甚至急性中毒，若再加上高温高湿，很可能造成死亡，甚至大批死亡。用大气中新鲜富氧洁净的空气置换畜舍内的污浊空气，是改善舍内气体成分的有效方法[26]。不同气体成分在畜舍内的空间分布不均匀，一般在气体源(如动物附近、地面等)处浓度高，与外界进行气体交换的部位(如门、窗等)浓度低。各气体成分随时间的变化与动物的活动关系密切，一般动物活跃时段，气体成分浓度较高，且波动较大，反之则浓度小，波动小。为保证畜舍内人畜安全、健康，畜舍内各气体的浓度需满足相关的卫生标准，最大浓度不得超过其界限浓度。此外，可以用换气次数来规定一般畜舍内冬季通风换气量，通常畜舍内的换气量应该达到每小时 3～5 次[18]。

14.3.1.5 光照

光照对饲养动物的生长发育和繁殖有显著影响。如果在猪的生长发育期延长光照时间或增加光照强度，能够促进性早熟；短光照或光强不足，则抑制性成熟[25]。在繁殖期延长光照时间或增加光强，可显著提高受胎率、产仔数和断奶重等。延长光照或增加光强，还能增强动物的免疫能力，提高抵抗力，促进动物的合成代谢，加速生长发育，提高日增重，降低单位增重的饲料消耗。同时，合理的光照、管理是合理组织繁殖生产，促使母猪等动物短期发情的重要手段之一。

饲养动物对光照强度、光照时间长短、光谱成分的要求，依其种类、年龄、生产要求等不同而异，畜舍内的光照条件主要来源于自然光照及人工光照。封闭式畜舍主要采用人工光照，而开放及半开放式畜舍则采用自然光照，或者以自然光照为主、人工光照为辅。自然采光畜舍内的光照强度和时间，取决于纬度、季节、时段、天气情况、周围地物和畜舍的构造、朝向、透光材料等。人工采光畜舍内的光照强度，则取决于光源的发光强度、数量、分布状况、安装高度和室内空气透明度等。人工光源的光谱成分与太阳光有所不同，其中荧光灯的光谱组成与自然光较为接近：蓝紫光、黄绿光及橙红光分别占16%、39%和45%[18]。

14.3.2 畜舍环境调控减灾技术

畜舍小气候的改善和调控旨在缓和极端气候对家畜的影响，以降低环境胁迫所造成的动物生产力下降、产品质量降低、饲料的额外消耗及发病率、死亡率的升高。我国的畜舍除少数能够达到适合畜禽生活的环境指标外，大部分在寒冷季节处于低温高湿的环境中，其中的有害气体含量极度超标，舍内温度低，使得舍内畜禽体内的能量全部用于保持体温，而没有多余的能量来发挥其应有的生产性能[27]。在炎热的夏天，畜舍高温降低家畜的胃肠抵抗力，食欲减退，发生胃肠炎，使机体的高级神经活动迟钝，家畜不听使唤，表现烦躁不安，且发病率死亡率高。

14.3.2.1 畜舍建筑

根据畜产品的类型、畜产品用途、畜舍结构、饲养管理方式、生产集约化程度等，选择具有适宜小气候特征的地点作为畜舍建筑场地。畜舍应建立在地势高、向阳避风、地形开阔、地面平坦稍有坡度的地点，需综合考虑通风、采光、防火和防疫的需要。为保证冬季能够充分采光，畜舍与其相邻建筑物间的距离不能小于建筑物高的2倍；为防止冬季寒风侵袭，应使畜舍的一角或无窗的一侧对着主风方向，可在主风方向的上风处种植防风林带阻挡寒风。在我国，畜舍通常采用坐北朝南，东西走向。建筑材料应具有适宜的温热特性、空气特性、水分特性以保证保温隔热，防潮耐湿。对窗的设计一般原则是在保证采光系数要求的前提下，尽量少设窗户，以能保证夏季自然通风为宜。如采用无窗畜舍，则必须保证有足够可靠的电源和电力设备、人工照明和通风换气系统。

14.3.2.2 温度调控

畜舍外的围护结构最容易失热的部分是屋顶与天棚，其次是墙壁和地面。由于面积较大且热气密度小而形成上升气流，因此屋顶和天棚的散热大。为了充分利用动物自身产生的热能，尽量将其保存在畜舍内，用以提高畜舍内温度，减少采暖的能耗，加强屋顶的保温隔热设计十分重要。通常可以采取：天棚内铺设足够厚的保温材料，以加大屋顶的热阻；采用高效合成隔热材料，如聚苯乙烯泡沫塑料、聚氨酯板等；畜舍设计严密、减少缝隙；适当降低畜舍净高，在寒冷地区目前趋向于采用2～2.4 m净高；根据情况选择不同材料作地面，要求坚固、耐久、不透水、导热性能差、不硬不冷，在寒冷地区，可以考虑加铺木板、垫草等。

加强防寒管理，也是调控畜舍温度、保证安全越冬的重要措施，可以适当增加饲养动物密度，控制气流速度，降低舍内湿度，防止冷风渗透，垫草，充分利用太阳能等。在寒冷季节，还可以采用火墙、地龙、火炉、水暖、汽暖、保温伞、红外线灯、地热垫、地下热水管等方式人工采暖。

降温的方法一般采用遮阳（如加宽挑檐、挂竹帘、搭凉棚、植树、棚架攀缘植物、遮阳网等用以减少辐射热负荷）、隔热（如对屋顶加隔热层，采用空气间层屋顶，加强屋面反射等）。湿帘降温、喷淋降温、细雾蒸发降温、集中式雾化降温等措施，也可以在畜舍内适当采用，但在湿热地区效果不明显[28-29]。南方地区畜禽舍夏季也可采用浅地层地道风降温，利用地道周围的土壤作为冷源对空气进行降温处理，具有降温效果好、节省能源、使用寿命长、运行管理和维护简单等优点,并可同时用于畜禽舍冬季的加温[30]。最后,还可应用机械空调制冷,效果好但成本很高,一般仅用于实验动物房、少数种畜舍、种蛋库和畜产品冷库之中。

14.3.2.3 气流调节

畜舍内气流的调节主要是为了畜舍内的降温排湿,清除污浊空气,引入新鲜洁净空气,这就是通风换气,其中换气针对舍内空气成分进行调节,而通风则主要对温度、湿度、气流等要素进行调节,可以由通风换气来实现对气流、空气温湿度和气体成分的调节。

畜舍通风内的通风可分为自然通风和机械通风。自然通风系统的设计主要包括进出气口的数量、面积大小、安装位置、构造等,在设计时必须因地制宜,需充分考虑当地的主风向和风压,增加进气口开闭调节功能。自然通风降温时,进气口应远离尘土飞扬地点及污浊源,位于畜舍正压区,排气口位于负压区,进气口分布尽量均匀。可以适当设置出气口位置,形成穿堂风,但应尽量避免气流直接吹到动物身上。

机械通风一般应用于封闭式畜舍,常用风机为轴流式风机。机械通风方式有负压通风、正压通风、联合通风和循环通风[31]。目前畜舍通常采用纵向通风方式以充分利用能源、节省电力、改善畜舍内部小气候条件。

14.3.2.4 光照调节

对于开放式或半开放式畜舍,一般采用自然采光实现畜舍内的适宜光照;封闭式畜舍则必须借助于人工照明。自然采光畜舍内的光照强度和时间,取决于纬度、季节、时段、天气情况、周围地物和畜舍的构造、朝向、透光材料等。通常可以用自然照度系数来监测及评估畜舍自然采光状况,各种畜舍的自然照度系数一般不应小于0.5%,可根据自然照度系数值确定舍内需要人工补光的数量,以随时适应自然光变化进行人工补光,满足动物对光照的需求。人工采光畜舍内的光照强度,则取决于光源的发光强度、数量、分布状况、安装高度和室内空气透明度等。人工照明应根据对自然采光的不足补充及满足动物的生物学要求建立人工照明制度,可按自然照度系数和舍外光照变化状况,来确定舍内人工补光照度,由此决定所设置灯的种类、数量、安置的高度和密度等。光源一般使用白炽灯和荧光灯即可,为使舍内照明均匀,可适当降低每盏灯的功率,而增加灯的密度,交错排列,不用软线吊挂,采用平型或伞型灯罩,保持灯的洁净。可通过采用自控照明系统,提高人工光源的利用效率及效果,利于控制动物的生育,从而提高生产力。

(黄彬香 郑大玮)

参考文献

[1] 张海军,于凯旋. 刍议农田小气候的改良. 农村实用科技信息,2011(2):29.
[2] 林立,张正英,宋兰英,等. 从小气候观测看水湿地改造的效果. 内蒙古林业,1985(5):29.
[3] 王旭清,王法宏,任德昌,等. 作物垄作栽培增产机理及技术研究进展. 山东农业科学,2001(3):41-45.

[4] 郑大玮,雷鸣,马和林. 沟播小麦防冻保苗生态效应的探讨. 农业气象,1984(1):31-36.
[5] 李志强. 枣粮间作是一种优化的耕作制度. 河北农业科技,1990(2):9.
[6] 王义中,王庆. 灌区农田防护林带的防风排水改土作用. 农田水利与水电,1993(10):16-19,51.
[7] 王冬米,梁景彬,卢国耀,等. 沿海防护林对农业减灾增产的初步研究及价值核算. 防护林科技,2007(2):54-55.
[8] 陈凤淑. 窖水节灌、梯田建设、地膜覆盖——我国干旱半干旱地区抗旱减灾的有效措施. 防汛与抗旱,1998(1):11,13.
[9] 徐道东. 蔬菜地膜覆盖栽培及其发展前景. 上海蔬菜,1992(1):6-7.
[10] 张贵永,张利华,王静,等. 旱作农田秸秆覆盖综合效应的研究. 江西农业学报,2010,22(8):64-66.
[11] 周建忠,路明. 保护性耕作残茬覆盖防治农田土壤风蚀的试验研究. 吉林农业大学学报,2004,26(2):170-173,178.
[12] 赵燕,李成军,康建宏,等. 砂田的发展及其在宁夏的应用研究. 农业科学研究,2009,30(2):35-38,52.
[13] 张红萍,张法瑞. 中国设施园艺的历史回顾与思考. 农业工程学报,2004,20(6):291-295.
[14] 张福墁. 设施园艺学. 北京:中国农业大学出版社,2001.
[15] 赵一鹏. 世界园艺作物保护栽培的历史、类型及发展趋势. 河南职技师院学报,1996,24(3):4-7.
[16] 张振武. 保护栽培技术. 北京:高等教育出版社,1995.
[17] 张英,穆楠,张雪清,等. 国外设施农业的发展现状与趋势. 农业与技术,2008,28(2):123-125.
[18] 钟阳和,施生锦,黄彬香. 农业小气候学. 北京:气象出版社,2009.
[19] 刘步洲,陈端生. 发展中的中国设施园艺. 农业工程学报,1989,5(3):38-41.
[20] 张福墁. 农业现代化浪潮中的中国设施园艺工程. 农业工程学报,1998,14(12):1-5.
[21] 北京农业大学. 蔬菜栽培学:保护地栽培. 2 版. 北京:农业出版社,1995.
[22] 曹慧,杜俊杰,牛铁泉,等. 果树设施栽培研究进展. 山西农业大学学报,2001,21(1):91-94.
[23] 申海林,温景辉,邹利人,等. 我国果树设施栽培研究进展. 吉林农业科学,2007,32(2):50-54.
[24] 黄保亚. 蔬菜保护地栽培中常见灾害性天气的危害与对策. 农业科技通报,2009(2):143-144.
[25] 邵燕华,陈志银,崔绍荣. 畜舍小气候对猪的影响. 家畜生态,2002,23(1):67-68.
[26] 杨前平,张汉明,吴梅芳. 影响养猪的小环境因素及其调控新技术. 湖北农业科学,1999(2):43-45.
[27] 周磊,贾永全. 北方寒区畜舍防寒保暖技术及发展前景. 畜禽生产,2006(4):31-33.
[28] 刘平,马承伟,李保明,等. 猪舍夏季降温技术应用研究现状. 农业工程学报,1997,13(增刊):47-52.
[29] 朱志平,董红敏,张肇鲲,等. 猪舍夏季蒸发降温技术的研究与应用现状. 安徽农业大学学

报,2001,28(3):337-340.
[30] 马承伟.我国南方地区畜禽舍夏季采用浅地层地道风降温问题的探讨.农业工程学报,1997,13(增刊):173-176.
[31] 戴小笠,何晴.畜舍小气候研究进展.内蒙古气象,1999(1):28-31.

第 4 篇

农业生产减灾技术

第15章

粮食作物生产减灾技术

15.1 粮食作物的灾害特点与减灾对策

15.1.1 粮食作物的灾害特点

15.1.1.1 大田作物与粮食作物的分类

种植业是栽培各种农作物以及取得植物性产品的农业生产部门，是农业的主要组成部分，其特点是以土地为基本生产资料，利用农作物的生物机能将太阳能转化为化学潜能和农产品。农作物指直接或间接为人类需要而栽培的植物，俗称庄稼。

作物的分类方法有多种，通常把大面积栽培的农作物称为大日作物，按照用途可分为食用、工业原料用和饲用三大类，我国习惯上将其分为粮食作物、经济作物和饲料作物三大类，其中经济作物主要包括纤维作物、油料作物、糖料作物等。在较小面积上用集约方法栽培的称为园艺作物，包括蔬菜、果树、花卉和其他观赏植物、药用植物等。

粮食作物是大田作物的主体，是人类摄取食物、补充体能消耗的主要来源。国际狭义的粮食仅指禾谷类作物，世界粮食作物播种面积要占到农作物总播种面积的85%。我国统计粮食产量除谷类作物外还包括豆类和薯类。其中小麦、玉米、水稻为世界三大粮食作物，按能量计要占到世界食物总量的一半以上，2008年我国52 870.9万t的粮食总产中，三大作物占到88.95%，播种面积占到77.39%，水稻、玉米、小麦三大作物的丰歉基本上左右了全国的粮食安全形势。大豆是主要的豆类作物，占到豆类总产的76%，是最重要的畜牧业蛋白饲料来源，也是重要的油料来源之一。薯类作物以甘薯和马铃薯为主，折干计算占全国粮食总产的5.64%(图15.1)[1]。

15.1.1.2 粮食作物生产的特点

(1)通常大面积连片种植，便于机械化作业和大规模经营。

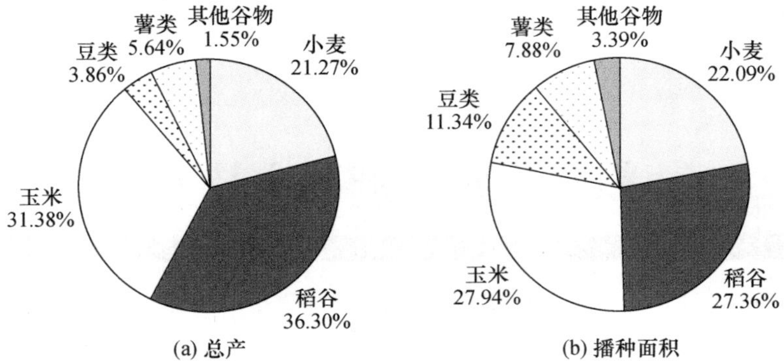

图 15.1 **2008 年各类作物产量和播种面积占全国粮食总产和播种面积的比例**

(2)除旱稻育秧有的地方利用温室外，都是在露天生产，受外界环境特别是气象和土壤条件的影响很大。

(3)大多为一年生作物或秋播夏收作物，生长期只有几个月，每年都需要重新播种或育苗移栽，生长发育和环境条件具有明显的季节性。

(4)都是草本作物，抗倒伏和其他机械伤害的能力远不及乔木和灌木。除薯类作物收获块茎或块根外，禾本科与豆科作物都以收获种子为产品，需要在干燥环境下储存。

(5)社会价值远大于其经济价值。粮食是人类生存的物质基础，粮食安全直接关系到社会的稳定。但粮食作物的单位面积产值远不如经济作物，如经营规模狭小，在工业化和城市化的进程中容易被轻视而萎缩。

15.1.1.3 粮食生产的灾害特点

粮食生产的上述特点和我国自然及社会经济条件共同决定了粮食生产的灾害特点。

1. 暴露性强

粮食作物基本上都是露天生产，是暴露性极强的一类承灾体。由于粮食的产值不像蔬菜和花卉那么高，温室生产的成本对于粮食作物是不可接受的，目前人工影响天气的能力还非常有限，因此，粮食生产在很大程度上仍然不能摆脱靠天吃饭的局面。

2. 脆弱性大

粮食作物基本上都是草本植物，对不利环境条件，特别是机械损伤的适应能力与抵抗能力要比乔木和灌木弱得多。人类长期的栽培和片面追求高产优质的定向选育，使得现代粮食作物的绝大多数品种抗逆性远低于过去的农家品种。中国目前仍然是一个发展中国家，虽然近年来国家支持农业的力度不断加大，但农业，特别是粮食生产仍然是国民经济中的弱质产业，人多地少的中国在工业化和城市化的社会经济发展阶段，粮食生产由于比较效益相对低下，更加容易被轻视。

3. 灾害种类多，以气象灾害与生物灾害为主

光、热、水、养分是植物生活的四个必需因子，其中光、热、水均来自气象环境，养分中的二氧化碳也主要来自大气。这些必需生活因子如果不能满足作物的需要，就会形成对于作物生长发育的胁迫，进而影响作物的产量和品质。因此，对于作物生产，气象灾害通常是影响产量和品质最重要的灾害类型。在自然条件下，上述必需因子中，通常光照和二氧化碳容易满

足，而我国的季风气候特点使得热量和水分条件的季节与年际波动都很大，导致旱涝和温度异常成为农业生产上的主要灾害。由于粮食作物生产在大田中进行，人工辅助系统的支持力度远不及园地和保护地，灾害对粮食生产的影响通常要重于园地作物和温室等保护地生产。

病虫害等有害生物的生长发育和侵染蔓延同样受到气象条件的强烈影响，长期以来粮食作物的大面积单一种植，导致区域农业生物多样性下降到极低水平，对有害生物的抵抗能力很差，一旦被侵染，往往迅速大面积蔓延成灾。

4. 灾害发生的季节性很强

粮食作物生产具有明显的季节性，中国的季风气候特点与较高的复种指数使得粮食生产的灾害具有非常显著的季节性。干旱大多发生在冬春，洪涝大多发生在夏季的雨季高峰期。冬半年易发生低温灾害，夏季易发生高温热害。绝大多数粮食作物对于灾害有两个敏感期，一是播种或移栽期，二是孕穗、开花等生殖生长的关键期。通常苗期和成熟前对于灾害的承受能力相对较强。

5. 受灾范围大，但地区分布不均

由于粮食作物是大面积连片种植，一旦受灾往往大面积减产，就总体灾情而言，中国属世界上农业自然灾害相当严重的国家。但由于幅员辽阔，各地气候与生态条件差异很大，任何年份都有部分地区严重受灾，部分地区风调雨顺获得丰收，加上复种条件下各茬作物往往丰歉互补，导致全年全国粮食总产波动在世界各国中是比较低的。俄罗斯和加拿大尽管国土面积比中国更大，但主要农区相对集中，气候类型比较单一，粮食产量的年际波动要比中国大得多。如俄罗斯 2010 年因罕见的严重干旱影响了该国 43 个地区，使 1 330 万 hm^2 农作物受灾，占到这些地区谷物种植面积的 30%。仅收获 6 090 万 t 谷物，较 2009 年的 9 710 万 t 下降了 37.3%，不得不宣布禁止谷物出口。2011 年底俄罗斯农业部预估可收获 9 380 万 t，除满足国内需求外，还可在 2011—2012 作物年度出口 2 500 万 t。

6. 干旱是影响粮食生产的最大灾害

历史上对粮食生产影响较大的灾害有干旱、洪涝、低温灾害(冷害、冻害与霜冻)、蝗虫等，但造成大范围绝收和饥荒的以旱灾居多。这是由于洪涝灾害通常危害沿江河的狭长地带，而旱灾通常影响到数省的大范围。近 30 多年来，我国的粮食供需已由南粮北调转变为北粮南调，但作为主要商品粮生产基地的东北和华北气候暖干化趋势十分明显，加上社会经济的发展使得城市和生活用水量剧增，农业用水更加紧缺，导致干旱对粮食生产的影响日益增大。从图 15.2 可以看出，在扣除由于生产力水平提高的粮食增产趋势后，粮食单产的逐年波动与全国受旱面积有着显著的相关。[2]

15.1.2 新中国成立以来的粮食生产与灾害概况

15.1.2.1 粮食生产的形势

新中国成立以来始终十分重视粮食生产，粮食总产从 1949 年的 11 328 万 t 增加到 2011 年的 57 121 万 t，增加了 4 倍多，年均增长 2.6%(图 15.3)。单产从 1949 年的 1 029 kg/hm^2 增加到 2011 年的 5 166 kg/hm^2，约为原来的 5 倍(图 15.4)。人均占有量从 1949 年的 208.9 kg 增加到

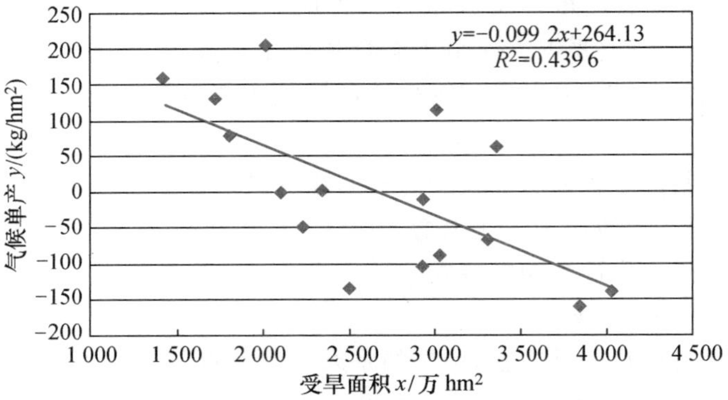

图 15.2 1989—2004 年全国平均粮食气候单产与受旱面积的相关
（气候单产指逐年实际单产与历年单产回归曲线上相应年单产的差值，主要受当年气候的影响）

2011 年的 425 kg，增加了 1 倍多，从不得温饱到基本满足小康生活水平的粮食需求，取得了巨大成效。

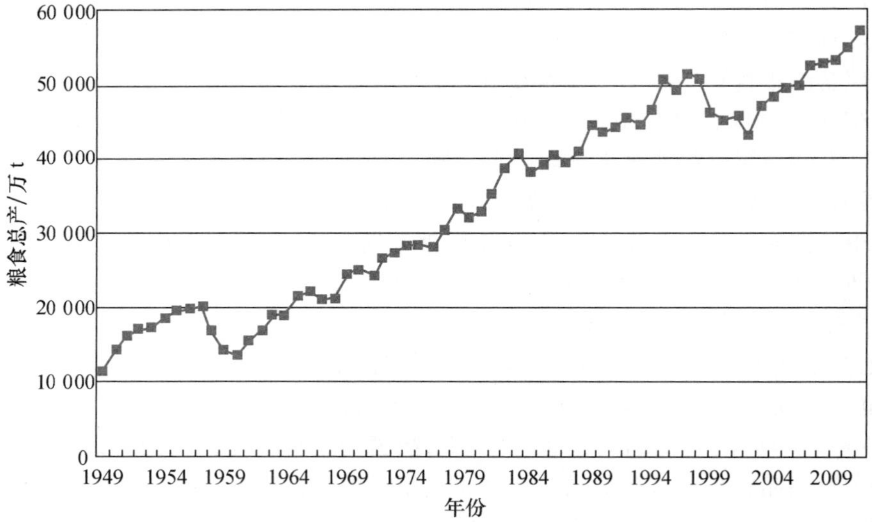

图 15.3 1949—2011 年中国粮食总产的增长

60 多年来，由于生产条件改善、投入增加和科技进步，粮食生产总体保持增长态势，但在 20 世纪 60 年代初和世纪之交也出现过两个大马鞍形，既有政策的失误，也有自然灾害的影响[2]。1959—1962 年的粮食产量大幅度下降，主要是由于“大跃进”期间浮夸风和“一平二调”造成的恶果，但也与处于受灾面积的相对高峰期有关。1999—2003 年的粮食产量下降，一方面与种植结构调整有关，有其合理的因素，但也与对粮食形势过于乐观，放松了粮食生产有关，此时期自然灾害相对频繁和严重也是一个重要的原因。而粮食总产和单产迅速增长的时期，除政策比较稳定外，也与受灾面积相对较小有关，包括 2004—2011 年的八连增在内（图 15.4）。

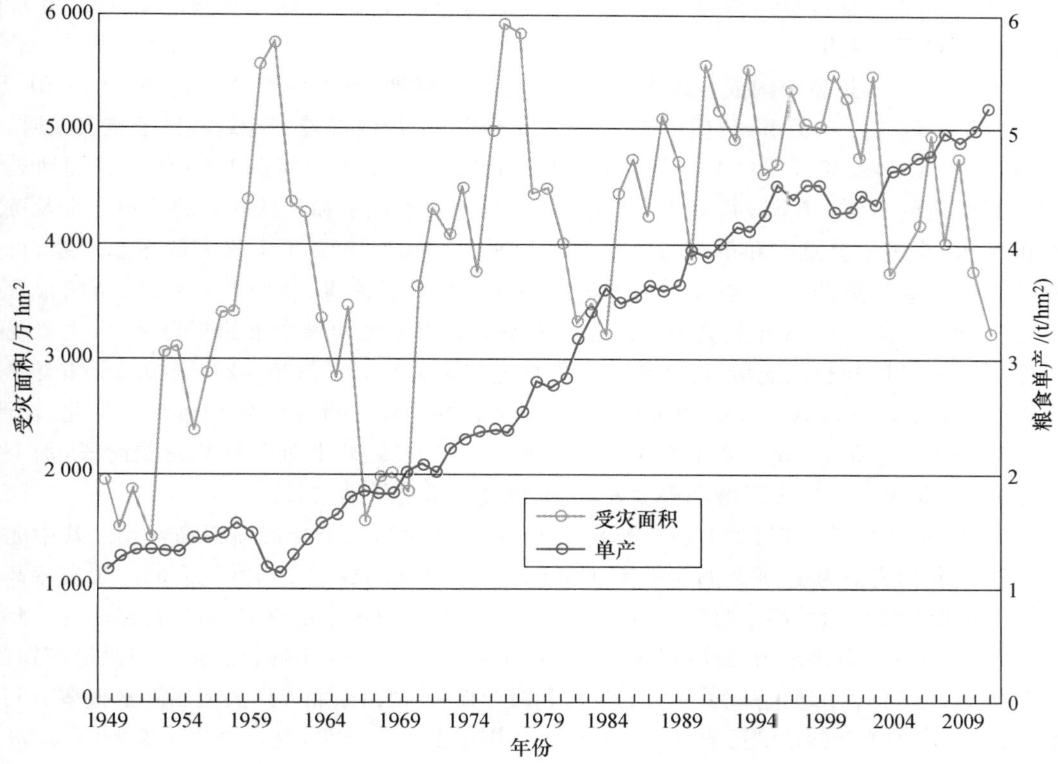

图 15.4 1949—2011 年全国粮食单产与受灾面积

总体上看，自 20 世纪 70 年代中期以来，受灾面积总体上一直保持在较高水平，大体占作物播种面积的 40%左右。人均占有量近 20 年来长期徘徊，粮食供需处于紧平衡状态。未来随着气候变化导致的极端天气、气候事件危害加大和耕地面积由于农村人口城镇化而继续减少，在相当长的时期内，粮食安全仍然是关系到社会稳定和经济可持续发展的头等大事。

15.1.2.2 典型粮食减产年的灾害分析

新中国成立初期，农业自然灾害相对较轻且以洪涝为主，受旱面积较小，粮食连年增产，国民经济也迅速恢复发展。

1959—1962 年我国遭受了非常严重的连年大旱，4 年的受灾面积分别达到 4 358.8 万、5 536.42 万、5 727.26 万和 4 349.32 万 hm^2，成灾面积分别为 1 778.28 万、2 470.26 万、2 803.04 万和 2 311.52 万 hm^2，成灾率高达 40.8%、44.6%、48.9%和 53.1%。尤其是 1960 年的受旱面积高达 3 812.5 万 hm^2，又主要发生在粮食主产区的华北、西北东部和长江流域，这一年的霜冻、风雹、台风和作物病虫害也相当严重，加上政策错误，粮食大幅度减产，人均粮食占有量甚至低于 1949 年的水平，导致 1961 年春荒人口高达 21 813 万，发生相当大量的人口非正常死亡现象。1961 年春夏的干旱仍然十分严重，受旱面积 3 784.7 万 hm^2，淮河流域发生了较重春霜冻，夏季海河流域和黄河流域发生了严重水灾。直到 1965 年，粮食总产才恢复到接近 1957 年的灾前最高水平，直到 1974 年人均粮食占有量才恢复到 1955 年的灾前最高水平。

1972 年北方大部春夏连旱，东北和长江中游夏季低温干旱，全国粮食减产 6.5%，为 1960 年以来减产幅度最大年。

1976—1978 年是新中国成立以来的第二个受灾高峰期，受灾面积分别达到 4 943.51 万、5 891.23万和 5 833.94 万 hm^2，但由于“文化大革命”结束后政局趋于稳定和国家抗灾及时，成灾率分别为 33.2%、32.1%和 46.0%，明显低于 1959—1961 年。其中 1976 年是我国地震灾害损失最惨重的一年，又是政局最为动荡的一年，加上春季江南和夏秋东北的低温冷害及黄河流域的大水，全国粮食总产和单产与上年基本持平。1976—1977 年全国大部冬季严寒，许多地区出现破纪录的最低气温，越冬作物和牧区牲畜遭受严重冻害，夏粮严重减产，全国粮食总产和单产均有下降。1978 年是新中国成立以来旱灾面积最大和最严重的年份之一，主要受旱地区是黄淮海平原和长江流域，许多地区春夏秋连旱或夏秋连旱 150～200 多天，全国受旱面积 4 000 万 hm^2，因旱成灾 1 733 万 hm^2，其中安徽省的旱灾为近 300 年来最重。湖北、江西、河南等省的大旱也是 50 或 100 年不遇。由于政治形势好转，农业处于恢复发展阶段，加上抗灾措施得力，非灾区和轻灾区增产幅度大，全国粮食产量仍继续增长。

20 世纪 90 年代中后期到 21 世纪初是 1949 年以来的第三个受灾面积高峰期。其中尤以 1997—2003 年的灾情为重，平均每年受灾面积 4 520.8 万 hm^2，成灾 2 602.7 万 hm^2，成灾率高达 57.6%。年均受灾面积虽小于前两个高峰期，但成灾面积和成灾率都更高，而且持续长达 7 年之久。其中除 1998 年以洪涝为主外，其他各年均以旱灾为主。1998 年的长江全流域洪涝与嫩江、松花江洪涝为数十年不遇，造成了巨大的生命和财产损失，但由于北方广大地区降水偏多有利于粮食增产，总产和单产都达到历史最高。其他各年则主要由于干旱，粮食总产不断下降，2003 年甚至低于 1990 年的水平。由于种植结构的调整，粮食播种面积减少，单产的下降不如总产那么明显，但除 1998 和 1999 年外，其他各年均有下降趋势。特别是自 1998 年 9 月起，全国大部分地区持续偏旱，尤其 1999—2001 年连续三年大旱，受旱面积分别达到 3 016 万、4 054 万和 3 800 万 hm^2，其中 2000 年是新中国成立以来受旱面积最大的一年，成灾 2 678 万 hm^2，绝收 800.6 万 hm^2，有 3 800 万人和 2 400 万头牲畜饮水困难。2001 年则是仅次于 2000 和 1978 年的第三位大旱年。受灾 3 800 万 hm^2，成灾 2 370 万 hm^2，绝收 640 万 hm^2。有 3 700 万人和 2 300 万头牲畜饮水困难，直接经济损失近千亿元，全国粮食单产比常年下降 5%。

全国粮食总产略有下降的年份还有 1980、1985、1988、1991 等年。其中 1980 年北方小麦遭受严重冻害而减产，夏季华北、东北大部和西北部分地区出现较严重伏旱，全国受旱 2 613 万 hm^2，成灾 1 247 万 hm^2。1985 年东北低温阴雨和洪涝，河南春夏连旱。1988 年北方小麦因冻害和干热风减产，夏季南方洪涝灾害较重。1991 年江淮严重洪涝，旱灾发生面积也较大[3]。

15.1.3 粮食作物的减灾途径

农业气象灾害的防御手段主要有生物、物理和化学等技术，针对不同的灾种需要采取不同的防御技术或几种防御技术组合使用才能达到防御的目的[4]。

15.1.3.1 农业干旱防御与调控

应用农业生产气象信息服务保障系统，根据不同气候类型地区、不同作物及其不同生育阶段干旱的发生规律和危害机理，重点发展利用气象信息的非工程性节水农业技术，包括根据气象条件、作物状况和土壤特性确定的优化灌溉模型和灌溉日程表决策系统。华北地区采取土壤增墒保墒抗旱技术，提高作物水分利用效率；西北半干旱地区采取抑蒸技术和集水技术，对已有抗旱技术组装配套，形成综合技术体系；南方地区采取防御伏旱、季节性干旱的综合应变技术。

15.1.3.2 农田涝渍灾害防御与调控

根据农业生产气象信息综合处理系统，针对农田涝渍灾害的致灾程度、综合影响、定量评估方法，以及重点发生区域，建立防灾抗灾与农业增产相结合的基础体系，包括农田排灌基础设施配套，建立防灾抗灾耕作栽培体系，构建耐渍、避洪的复合高效生态系统等。制定防灾、抗灾、临灾对策和灾后应变措施，包括灾害判别、灾后补救、改种补种、促进成熟、损失弥补等。

15.1.3.3 作物低温灾害防御与调控

利用农业生产气象信息数据库，推广新型增温、助长、促早熟的制剂及适应不同气象条件的制剂使用技术，形成投入少、效果明显、可操作性强、便于推广应用的综合防霜技术体系。推广避霜、抗霜和减霜等减轻霜冻危害的实用技术和制剂。将化学(生物)制剂与其他防霜技术相结合，形成综合的防御应变技术体系。筛选提高小麦抗旱冻能力的植物生长调节剂，研制基本无积雪条件下麦田的冬季保墒技术和消除或减少干土层的措施，以及麦苗旱冻和融冻伤害的补救措施，组装北方小麦旱冻及融冻型冻害防御区域配套技术。

15.1.3.4 不利气候环境的长期宏观调控

从降低风险、趋利避害的角度研究农业生产主要气象灾害(农业干旱、作物冷害、霜冻、农田涝渍等)对农作物的影响和风险，为防灾减灾宏观调控和风险管理提供科学依据。

研制根据气候资源、农业生态环境动态变化和短期气候预测结果主动防御不利气候环境的宏观调控技术。例如，最佳配置作物种植结构和合理搭配品种熟型；调整作物适宜品种和最佳播期等栽培管理措施；根据农作物生长过程中重大天气气候灾害致灾因子的孕灾环境，进行风险辨识，建立灾害评估模型；根据气象灾害风险分析、农作物产量长期变化规律，对未来10～30 年粮食作物丰歉进行预测，为 16 亿人口的食物安全保障问题提供科学依据和战略安排。

15.2 水稻主要灾害与减灾技术

15.2.1 水稻生产状况

我国是稻作历史最悠久、水稻遗传资源最丰富的国家之一，浙江河姆渡、湖南罗家角、河南贾湖出土的炭化稻谷证实，中国的稻作栽培已有 7 000 年以上的历史。我国科学家在矮化育种、杂种优势利用的杂交水稻育种、超级稻育种、水稻生物技术研究等方面，均走在世界的前列。

新中国成立近 60 年来，水稻科研与生产发展非常迅速，取得了举世瞩目的巨大成就。

1949 年全国单产仅 1 800 kg/hm²，总产 4 864.5 万 t。2008 年单产 6 563 kg/hm²，总产 19 189.6 万 t，比 1949 年增加了 3 倍。我国水稻生产经历了 4 个发展阶段：高秆良种评选阶段(1949—1956)、水稻矮化育种阶段(1957—1972)、水稻杂交育种阶段(1973—1994)、超级稻育种阶段(1995—)(图 15.5)，水稻生产的发展与品种技术的 4 个阶段的进步关系密切[5]。

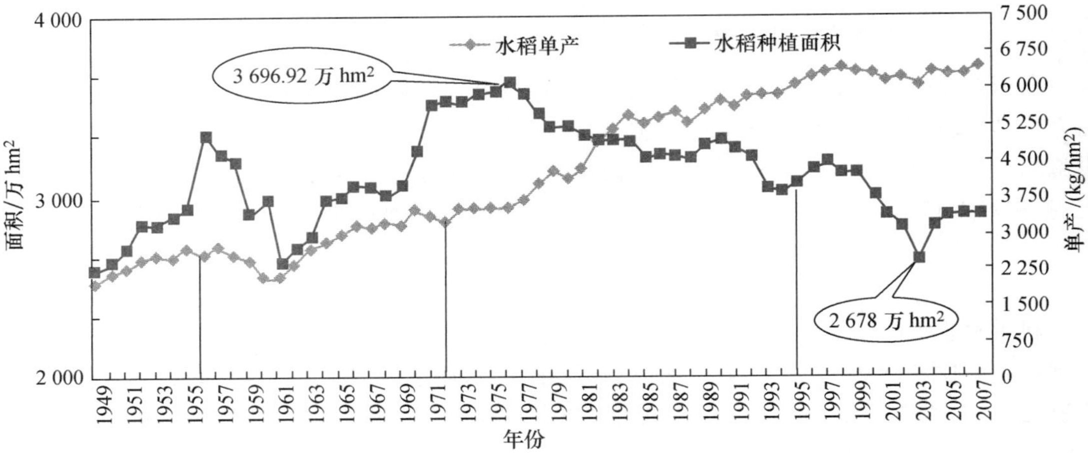

图 15.5　1949—2007 年我国水稻种植面积及单产变动趋势

国内稻谷供需基本平衡。2003—2005 年我国稻米供给量少于稻米需求量，稻米产不足需；2006 年起我国稻米产量超过了稻米需求量；2007 年国内稻米产量为 12 950 万 t(折合稻谷 1.85 亿 t)，而国内消费总量为 12 800 万 t(折合稻谷 1.83 亿 t)，稻米产量超过了稻米需求量，供给形势较好，加上近几年国家增收增存，国内稻谷库存比较充实。因此，稻米供需形势呈平衡宽松状态(图 15.6)。但品种和质量矛盾比较突出，区域差异较大。随着人民生活水平的提高，城乡居民对稻米的消费需求由过去数量温饱型向质量营养型转变，对优质籼米和东北粳米的需求增加很快，南方早籼稻产量虽高但食用口感和市场适销性较差，有较大积压[5]。但未来随着人口继续增长和南方耕地减少，稻谷供需将长期处于紧平衡状态。

全国稻区可划分为 6 个稻作区和 16 个亚区：

15.2.1.1　华南双季稻稻作区

位于南岭以南，我国最南部，包括闽、粤、桂、滇的南部以及台湾省、海南省和南海诸岛全部，其中除台湾以外的各省区稻作区包括 194 个县(市)，水稻面积占全国大陆的 17.6%。

1. 闽粤桂台平原丘陵双季稻亚区

东起福建的长乐县和台湾省，西迄云南的广南县，南至广东的吴川县，包括 131 个县(市)。年≥10℃积温 6 500～8 000℃·d，大部分地方无明显的冬季特征。水稻生长期日照时数 1 200～1 500 h，降水量 1 000～2 000 mm。籼稻安全生育期(日平均气温稳定通过 10℃始现期至≥22℃终现期的间隔天数)212～253 d；粳稻安全生育期(日平均气温稳定通过≥10℃始现期至≥20℃终现期的间隔天数)235～273 d。稻田主要分布在江河平原和丘陵谷地，适合双季稻生长，常年双季稻占水稻面积的 94%左右。稻田实行以双季稻为主的一年多熟制，品种以籼稻为主，主要病虫害是稻瘟病和三化螟。应充分发挥安全生育期长的优势，防避台风、秋雨危害；选用抗逆、优质、高产品种；提倡稻草还田、增施钾肥；发展冬季豆类、蔬菜作物和

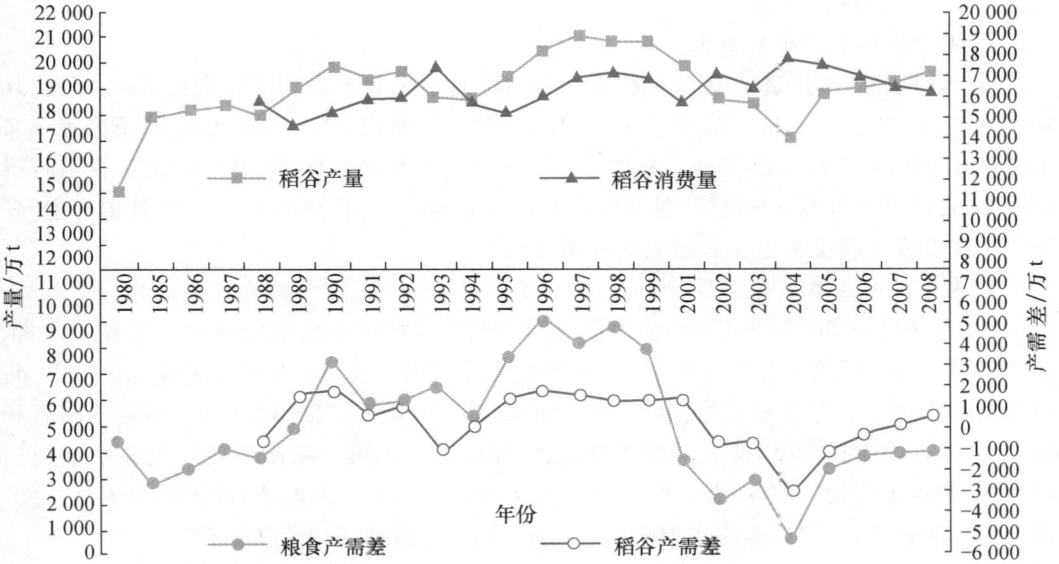

图 15.6 我国水稻需求总量变动情况

双季稻轮作。

2. 滇南河谷盆地单季稻亚区

北界东起麻栗坡县，经马关、开运至盈江县，包括滇南 41 个县(市)。地形复杂，气候多样，最南部的低热河谷接近热带气候特征。年≥10℃积温 5 800～7 000℃ · d，生长季日照时数 1 000～1 300 h，降水量 700～1 600 mm，籼稻安全生育期 180 d 以上，粳稻 235 d 以上。稻田主要分布在河谷地带，种植高度上限为海拔 1 800～2 400 m，多数地方一年只种一季稻。白叶枯病、二化螟等为主要病虫害。

3. 琼雷台地平原双季稻多熟亚区

包括海南省和雷州半岛，共 22 个县(市)。年≥10℃积温 8 000～9 300℃ · d，水稻生长季达 300 d，其南部可达 365 d，一年能种三季稻。生长季内日照时数 1 400～1 800 h，降水量 800～1 600 mm。籼稻安全生育期 253 d 以上，粳稻 273 d 以上。台风影响最大，土地生产力较低，双季稻占稻田面积的 68%，多为三熟制，以籼稻为主。主要病虫害有稻瘟病、三化螟等。

15.2.1.2 华中双季稻稻作区

东起东海之滨，西至成都平原西缘，南接南岭，北毗秦岭、淮河，包括苏、沪、浙、皖、赣、湘、鄂、川 8 省(市)的全部或大部和陕、豫两省南部，是我国最大的稻作区，占全国水稻面积的 67%。

1. 长江中下游平原双单季稻亚区

位于年≥10℃积温 5 300℃ · d 等值线以北，淮河以南，鄂西山地以东至东海之滨，包括苏、浙、皖、沪、湘、鄂、豫的 235 个县(市)。年≥10℃积温 4 500～5 500℃ · d，大部分地区种稻一季有余，两季不足。粳稻安全生育期 159～170 d，粳稻 170～185 d。生长季降水 700～1 300 mm，日照时数1 300～1 500 h。春季低温多雨，早稻易烂秧死苗，但秋季温光条件好，生产水平高，双季稻仍占 2/5～2/3，长江以南部分平原高达 80%以上，一般实行“早籼晚粳”复种。稻瘟病、稻蓟马等是主要病虫害。

2. 川陕盆地单季稻两熟亚区

以四川盆地和陕南川道平原为主体，包括川、陕、豫、鄂、甘 5 省的 194 个县(市)。年≥10℃积温 4 500～6 000℃ · d，籼稻安全生育期 156～198 d，粳稻 166～203 d，生长季降水 800～1 600 mm，日照时数 700～1 000 h。盆地春温回升早于东部两亚区，秋温下降快。春旱阻碍双季稻扩展，目前已下降到 3%以下，是全国冬水田最多地区，占稻田的 41%。以籼稻为主，少量粳稻分布在山区。病虫害主要有稻瘟病和稻飞虱。

3. 江南丘陵平原双季稻亚区

年≥10℃积温 5 300℃ · d 等值线以南，南岭以北，湘鄂西山地东坡至东海之滨，共 294 个县(市)。年≥10℃积温 5 300～6 500℃ · d，籼稻安全生育期 176～212 d，粳稻 206～220 d，双季稻占稻田的 66%。生长季降水 900～1 500 mm，日照时数 1 200～1 400 h。春夏温暖有利于水稻生长，但梅雨后接伏旱，造成早稻高温逼熟，晚稻栽插困难。稻田主要在滨湖平原和丘陵谷地，平原多为冬作物—双季稻三熟，丘陵多为冬闲田—双季稻两熟，均以籼稻为主，扩种了双季杂交稻。稻瘟病、三化螟等为主要病虫害。水稻单产比其他两亚区低 15%。

15. 2. 1. 3　西南高原单双季稻稻作区

地处云贵和青藏高原，共 391 个县(市)，水稻面积占全国的 8%。

1. 黔东湘西高原山地单双季稻亚区

包括黔中东、湘西、鄂西南、川东南的 94 个县(市)。气候四季不甚分明，年≥10℃积温 3 500～5 500℃ · d，籼稻安全生育期 158～178 d，粳稻 178～184 d，生长季日照时数 800～1 100 h，降水 800～1 400 mm。北部常有春旱接伏旱，影响插秧、抽穗、灌浆。大部分为一熟中稻或晚稻，多以油菜—稻两熟为主。水稻垂直分布，海拔高地种粳稻，海拔低地种籼稻。稻瘟病、二化螟等为主要病虫害。

2. 滇川高原岭谷单季稻两熟亚区

包括滇中北、川西南、桂西北和黔中西部的 162 个县(市)。区内大小"坝子"星罗棋布，垂直差异明显。年≥10℃积温 3 500～8 000℃ · d，籼稻安全生育期 158～189 d，粳稻 178～187 d，生长季日照时数 1 100～1 500 h，降水 530～1 000 mm。冬春旱季长，限制了水稻复种。以蚕豆(小麦)—水稻两熟为主，冬水田占稻田的 1/3 以上。稻田最高高度为海拔 2 710 m，也是世界稻田最高限，多为抗寒的中粳或早中粳类型。稻瘟病、三化螟等为害较重。

3. 青藏高寒河谷单季稻亚区

适种水稻区域极小，稻田分布在有限的海拔低的河谷地带，其中云南的中甸、德钦和西藏东部的芒康、墨脱等 7 县有水稻。由于生产条件差，水稻单产低而不稳，但有增产潜力。

15. 2. 1. 4　华北单季稻稻作区

位于秦岭、淮河以北，长城以南，关中平原以东，包括京、津、冀、鲁、豫和晋、陕、苏、皖的部分地区，共 457 个县(市)，水稻面积仅占全国的 3%。

本区有华北北部平原中早熟亚区和黄淮平原丘陵中晚熟亚区两个亚区。年≥10℃积温 3 500～4 500℃ · d，水稻安全生育期 130～140 d，生长季日照时数 1 200～1 600 h，降水 400～800 mm。冬春干旱，夏秋雨多而集中。北部海河、京津稻区多为一季中熟粳稻，黄淮区多为麦稻两熟，多为籼稻。稻瘟病、二化螟等为害较重。

15.2.1.5 东北早熟单季稻稻作区

位于辽东半岛和长城以北，大兴安岭以东，包括黑、吉全部和辽宁大部及内蒙古东北部，共184个县(旗、市)，水稻面积仅占全国的3%。

本区有黑吉平原河谷特早熟亚区和辽河沿海平原早熟亚区两个亚区。年≥10℃积温少于3 500℃·d，北部地区常出现低温冷害，水稻安全生育期约100～120 d，生长季日照时数1 000～1 300 h，降水300～600 mm。近几年来，水稻扩展很快，品种为特早熟或中、迟熟早粳。稻瘟病和稻潜叶蝇等为害较多。

15.2.1.6 西北干燥区单季稻稻作区

位于大兴安岭以西，长城、祁连山与青藏高原以北，银川平原、河套平原、天山南北盆地的边缘地带，是西北的主要稻区，但水稻面积仅占全国的0.5%。

本区有北疆盆地早熟亚区、南疆盆地中熟亚区和甘宁晋蒙高原早中熟亚区三个亚区。年≥10℃积温2 000～5 400℃·d，水稻安全生育期100～120 d，生长季日照时数1 400～1 600 h，降水30～350 mm。种稻完全依靠灌溉，基本为一年一熟的早、中熟耐旱粳稻，产量较高。稻瘟病和水蝇蛆为害较重。旱、沙、碱是三大障碍，应推行节水种稻技术，增施农家肥料，改造中低产田。

15.2.2 水稻主要灾害及灾情分布

15.2.2.1 水稻干旱

开始受旱时水稻叶片白天萎蔫，但夜间可恢复。继续缺水则出现永久萎蔫，直至逐步枯死。苗期受害生育期延长，抽穗延迟且不整齐，最多可延长14～18 d，植株矮小、分蘖少，发生不正常的地上分枝。孕穗到抽穗期受旱将发生抽穗不齐，授粉不良，秕谷大增。

水稻干旱的土壤水分指标是小于田间持水量的60%，生育期将受明显影响。如降到40%以下，叶片气孔停止吐水，产量将剧减。

不同生育期对干旱的反应：返青期抗旱能力弱，受旱易枯死，或成活缓慢。分蘖前期抗旱能力增强，但需水量增加；分蘖后期根系已较发达，抗旱能力进一步增强。幼穗形成期对干旱开始敏感，受旱后幼穗发育不良，粒数减少。孕穗期是对干旱最敏感期，水分供应不足时花粉发育受阻，颖花数减少或花粉发育不全，影响受精，导致粒数和产量明显降低。抽穗开花期需水量大，植株抗旱力仍弱，高温和缺水将导致不实和白穗增多。灌浆乳熟期抗旱能力较弱，缺水影响光合作用，使秕粒增加、粒重降低。蜡熟期缺水的影响较小。

北方干旱年份由于光照充足、昼夜温差大，能保水的稻田单产很高，但干旱导致水资源亏缺，水稻种植面积不得不削减，使总产下降。大旱年还往往影响到次年的水稻种植面积。

15.2.2.2 水稻洪涝

(1)对叶片生长和功能的影响。水稻遭受涝害，最明显的症状是从下至上叶片逐渐变黄，直至枯萎死亡。受淹时间越长，死亡叶片越多。退水后存活稻株虽能恢复生长，但受淹后生出叶片的长、宽均比正常叶显著变小，尤以剑叶、倒 2 叶、倒 3 叶等功能叶的长度缩短更为突出。据测定，汕优 63 单茎上部 3 片叶的叶面积，淹没 6 d 为正常稻株的 72.2%，淹没 10 d 的仅及正常稻株的 50.3%。植株受涝后光合功能也严重受损。受涝 3 d 稻株心叶光合速率约下降 10%，受涝 5 d 下降 30%以上。

(2)对根系生长和功能的影响。虽然水稻具有较发达的通气组织，但长时间淹水尤其是没顶后，地上部分通气组织不能进行气体交换，根系环境恶化，大量还原性有毒物质增加，造成根系严重缺氧中毒，根系生长和功能受损。水稻受涝后白根数明显减少，矿质元素吸收能力大为降低。

(3)对株高的影响。淹水抑制植株生长，使株高变矮。但拔节、孕穗期受淹期间植株生长速率反而加快。据 10 个品种淹水试验的结果，孕穗期在 72 h 淹水期间平均多长高 4.7 cm，但淹水后的生长速度变慢，最终株高仍比正常株矮 9.3 cm。拔节、孕穗期水稻受淹期间生长加快可能是淹水促进了“逆境乙烯”的产生，由于乙烯与生长素的相互作用促进了细胞伸长，是一种非正常生长。

(4)对生育期的影响。淹没期稻株生长发育几乎停止。恢复生长后整个生育进程后移，始穗期延迟。由于淹水导致部分茎蘖死亡，淹水后新生分蘖陆续产生，穗期不集中，从始穗到齐穗的时间拉长，导致整个生育期延长，会延误后茬作物的播种。

(5)对产量的影响。水稻产量由亩有效穗数、每穗粒数、结实率和千粒重等 4 个因子决定，其中结实率受洪涝灾害的影响最大，其次为亩有效穗数，而千粒重受洪涝灾害的影响最小。不同生育期受淹对各产量因子的影响不同。分蘖期淹水对分蘖有明显影响，最后影响到亩有效穗数。幼穗分化期淹水影响每穗粒数。抽穗期淹水花粉活力降低，影响受精，降低结实率。灌浆期淹水主要影响千粒重。

15.2.2.3　水稻低温冷害

1. 低温冷害对水稻生长发育的影响

(1)低温削弱光合作用。主要是导致叶绿体中蛋白质变性，酶的活性降低，从而降低植株光合强度。

(2)低温降低呼吸强度。呼吸作用是维持植物生长发育不可缺少的条件，水稻在生育过程中温度从适温每下降 10℃，呼吸强度要降低 61.5%～66.7%。

(3)低温对矿质营养吸收的影响。根吸收矿质元素的能量来自呼吸作用，低温使根的呼吸作用减弱，供给植物吸收矿质营养所需能量减少，导致植物对营养物质的吸收率减弱，养分平衡受到破坏。

(4)低温对养分运转的影响。低温还妨碍光合产物和营养元素向生长器官运输，降低运转速度。

(5)水稻秧苗期受低温危害后，全株叶色转黄，植株下部产生黄叶，有的叶片呈现褐色，部分叶片出现白色或黄色至黄白色横条斑，俗称“节节黄”或“节节白”。2～3 叶苗期遇日均气温持续低于 12℃易烂秧。孕穗期冷害降低颖花数，幼穗发育受抑制。开花期冷害常出现受精障碍，导致不育。低温常使开花期和成熟期推迟而遭受霜冻，灌浆停止，千粒重下降。

2. 水稻低温冷害的类型

水稻冷害根据受害时期的不同，可分为延迟型冷害、障碍型冷害和混合型冷害。

(1)延迟型冷害　水稻在营养生长期，有时也包括生殖生长期，在较长时间内遭遇较低温度的危害，削弱了稻株的生理活性，使生育期拖后，抽穗开花延迟，不能充分灌浆成熟而导致显著减产。也有前期气温正常，抽穗并未延迟，而后期由于异常低温导致延迟开花授粉灌浆成熟。水稻遭遇延迟型冷害，秕粒增加，千粒重下降，米质差，减产严重。

(2)障碍型冷害　水稻在生殖生长期遭受短时间异常和相对强的低温，使花器的生理机制受到破坏，造成颖花不育，出现大量的空壳而严重减产。根据遭受低温危害时期的不同，又分为孕穗期冷害和抽穗开花期冷害。孕穗期如最低气温低于17℃ 5～6 d就会造成大片颖花退化或不能形成正常的花粉粒和卵细胞，造成大量空壳；抽穗开花期如日平均气温低于20℃或最低气温低于15℃，就会发生大量颖壳不开，花药不裂，散不出花粉或花粉发芽率大幅度下降，因而不育造成减产。

(3)混合型冷害　在同一年度中，延迟型冷害和障碍型冷害相间发生，生育初期遇低温延迟根、茎、叶和分蘖的生长发育，延缓稻穗分化，延迟抽穗；开花期又遇低温会造成颖花不育或部分不育，灌浆期持续低温延迟成熟，产生大量空秕籽粒。

15.2.2.4　水稻高温热害

水稻高温热害一般是指在水稻抽穗结实期，气温超过水稻正常生育温度上限，影响正常开花结实，造成空秕粒率上升而减产甚至绝收的一种农业气象灾害。

温度是水稻完成生长发育周期的主要生态环境因素之一。从生物学角度来说，水稻的不同发育阶段或生命活动过程均有一定的最低、最适和最高临界温度。但就水稻生产而言，当环境温度高于其生育的最适温度时就开始不利于其最终干物质生产或导致生产潜力降低。

水稻的整个生长发育过程中以开花期对高温最敏感，灌浆期次之，营养生长期最小。就产量构成性状而言，则以结实率对高温最敏感，每穗粒数次之，千粒重第三，株穗数最小。

高温主要影响长江流域及以南的早稻或中稻。水稻花期高温危害已成为生产中的一个重大问题。特别是长江流域7月中旬至8月中旬常受副热带高压控制，容易出现持续高温天气，加上该地区粮食主产区多为沿江平原和盆地，其中盆地特有的环境使得热量不易散失，常使持续高温加重，而此时正处于中稻孕穗和抽穗开花的敏感时期。7月也是长江流域的早稻灌浆期，也易受到高温影响。

水稻在孕穗至抽穗扬花期，即抽穗前后各10 d对高温最敏感。此阶段最适温度为25～30℃。日平均温度30℃以上对开花结实已有明显伤害。日最高温度大于35℃为抽穗开花期的热害指标。在恒温38℃下全部不结实。在同样高温条件下抽穗扬花，杂交稻的空壳率明显高于常规稻。杂交中稻开花授粉期以日平均温度25～28℃为宜，一般把抽穗开花期日最高气温≥35℃且持续5 d以上作为水稻大田空壳率的热害指标。

水稻开花灌浆期受高温影响还会使叶温升高，降低叶片同化能力，增加植株呼吸速度，使灌浆期缩短，千粒重下降，秕粒率增加，引起明显减产。

15.2.3 水稻主要减灾技术

15.2.3.1 水稻干旱的减灾技术

(1)挖掘水源,扩大灌溉面积。

(2)选用抗旱品种。一般陆稻比水稻耐旱,大穗少蘖型品种比小穗多蘖型品种耐旱且受旱后恢复力强。抗旱力强的品种具有根系发达、分布深广,茎基部组织发达,叶面茸毛多、气孔小而密,叶片细胞液浓度高及渗透压高等特征。

(3)培养壮苗。旱育秧苗发根多、抗旱力强,插秧后返青成活快。适当稀播扩大单株营养面积有利壮秧。分期播种和插秧可避开用水高峰。水源不足可实行旱直播。插秧时若大田缺水可采取暂时寄秧的方法补救。

(4)大田干旱要实行节水灌溉,重点确保返青和孕穗等关键期的水分供应。

(5)中耕除草有利根系发育,并可减少杂草对水分的消耗。

(6)施用抑制水分蒸发剂可减少稻田耗水。

(7)南方稻区要保留适当比例的冬水田。

(8)躲避伏旱高温。为躲避伏旱高温,川东南低海拔地区中稻采取适期早播、分段育秧、合理肥水管理,使抽穗期赶在伏旱高温来到之前。

(9)改种。四川省在20世纪80年代初连续冬春干旱水源不足,提出水路不通走旱路,改种玉米、甘薯等,取得了良好效果。

(10)再生稻生产。2006年重庆市发生百年不遇的大旱,晚稻严重减产。秋季旱情缓解后,利用重庆秋季温度较高的有利条件,及时浇水施肥,使晚稻割茬后萌生的分蘖迅速长出成为再生稻,亩产达200～300 kg,极大减轻了伏旱的灾害损失。

(11)搞好农田基本建设,提高稻田保水能力。平整土地,改良土壤,是增强稻田保水力的重要措施。平坦的稻田可以减少每次供水量,使全田稻株吸肥吸水均匀,泥、水升温一致,促进水稻群体平衡生长,发育健壮,增强植株抗逆性。北方稻区土壤多为沙性土和盐碱土,大量施用有机肥料改良土壤,可减少稻田渗漏量,提高保水能力,避免或减轻水稻旱害。

15.2.3.2 水稻洪涝的减灾技术

(1)合理安排栽培季节,避开洪涝灾害。易发生春涝的地区可种植中稻加再生稻或一季晚稻为主;易发生夏涝的地区可种植特早熟早稻,在洪水到来之前收割;易发生秋涝地区以种植早稻和中稻为宜。

(2)种植耐涝品种。利用不同品种水稻耐涝能力的差异,在洪涝易发多发地区种植耐涝品种。在相同淹涝胁迫下,耐涝能力强的品种可少减产20%～30%。但在生产上还要兼顾常年的丰产性。

(3)灾前耐涝栽培措施。在洪涝灾害发生前通过水培调控、化学调控等措施促进水稻生长旺盛,可增加植株的“物资储备”。如充足的氮素基肥可促进水稻早发,增加分蘖数和干物质积累;高钾水平有利于壮秆和增加细胞中糖分积累,提高水稻的耐涝性。另外,硅、钙微肥对提高抗涝能力的效果也比较显著。激素调控可在苗期喷施烯效唑(多效唑)以增加分蘖和干物重,促进根系发育，提高水稻耐涝能力。

(4)灾后及时补救。应视水稻生育期、受害程度和生产季节采取相应补救措施。对于没顶受淹时间较长(特别是孕穗期和抽穗开花期)，叶片全部变黄，但根系尚好，仍能萌发的，应考虑割顶再生。如稻茎已枯死，根已腐烂，则应改种晚季水稻或其他作物。水稻苗期、分蘖期和灌浆期耐涝性较强，如排水后心叶为绿色，有白根，可采取下述补救措施：①尽早排退洪水，缩短淹没时间。如遇烈日高温天气，排洪后田间(特别是秧田)要保持一定的浅水层，太阳落山后再排水露田以避免暴晒；阴天则可一次性排水。如发现有泥沙、漂浮杂物附着，应及时清除，以减少压伤和苗叶腐烂。②增施化肥。洪水退后一旦植株恢复生机应及时增施化肥，以施速效氮肥(尿素)为主，并辅以磷钾肥。施肥量应根据植株受害程度、稻田肥力和水稻生育期而定。在抽穗 20%时可喷洒"920"，促进抽穗防止包颈；灌浆期叶面可喷施磷酸二氢钾，促进物质运转，有利提高结实率和千粒重。③防治病虫害。雨水冲刷和淹没可增加害虫死亡率。通常洪水过后虫害减少但病害加重，特别是白叶枯病和纹枯病容易暴发。应根据当地病虫害发生特点和水稻长势，选择合适的农药和剂量防治。

15.2.3.3 水稻低温冷害的减灾技术

(1)工程措施。兴修水利，搞好稻田基本建设。

(2)生物措施。①建立和完善良种繁育体系，对现有品种进行提纯复壮，保持和增强原有品种的种性和抗性。引进和培育抗寒性强的早熟优质品种。②选用适合当地的抗冷品种。如滇粳 39 号、40 号，花粳 45，辽粳 244，藤系 144，皖稻 63 号，鄂籼杂 2 号，合系 30，宁粳 15 号、6 号，87-9 等。③培育壮秧，提高秧苗素质。④适期早播、早插，控制植株在安全齐穗期之前抽穗。⑤合理施肥，增磷控氮。⑥夜间灌深水，以水增温。

(3)大力推广水稻地膜覆盖，使稻田土壤的温、光、水、气要素优化组合，创造良好的生育环境，可提早播种、移栽和提早成熟，提高低温地区的生产水平，甚至可使南方的低洼冷浸田由一年一熟向一年两熟发展，高山田由低产短组合品种向高产长组合品种转变。

(4)秋整地，秋备土，秋做床。开春后，抢积温，早育苗，早春活雪扣膜促进地温回升，在气温稳定通过 5～6℃时开始育苗播种，当气温稳定通过 13℃时开始移栽。

(5)控制氮肥的施用。如遇冷害年，通常应减少氮肥总量的 20%～30%，剩余的氮肥用 70%～80%做底肥和蘖肥，20%～30%在抽穗前 10～20 d 做穗肥。

(6)增施磷肥。磷能提高水稻体内可溶性糖的含量，从而提高水稻的抗寒能力，还可促进早熟。将全部用量做基肥一次施入到根系密集的土层中，可防御低温冷害。

(7)配合钾肥和微量元素。钾能促进碳水化合物的合成，提高作物的抗逆性。将全部用量的 60%～70%做基肥全层施用，余下的 30%～40%后期做追肥施月。同时适当搭配部分微量元素，以改善水稻的品质。

(8)提高水温和地温。设立晒水池，延长水路，渠道覆膜，加宽垫高进水口。使灌溉水增温后再入田，采取回水灌溉，均可使白天田间水温和地温升高。在障碍型冷害敏感期进行深水灌溉，水深 17～20 cm。

15.2.3.4 水稻高温热害的减灾技术

(1)选用耐高温的品种及组合。不同品种的高温热害受灾程度有一定差异，如汕优系组合比特优、协优系列组合抗性强。因此，生产中必须选择高抗性品种。早稻可选用抗高温力较强的品种，并同早熟高产品种合理搭配，利用抗高温品种减轻对灌浆结实的伤害，利用早熟高产品种避开高温季节。

(2)调整播期，适时播种，以避开高温时段。长江中下游地区高温一般是在7—8月。对于早稻，在热量较充足的地方可适当提早播期，提前成熟，避开灌浆期高温危害。中稻种植区应根据当地高温发生情况，将中稻开花期安排在高温集中时段之后。长江中下游地区一般安排在8月中旬或以后，能较好避开前期高温。

(3)采取应急措施，科学水肥管理。水稻处于抽穗扬花等高温敏感期，如遇可能形成热害的高温，可采用日灌夜排或喷灌措施，保护作物不受高温热害，改善田间小气候，促进根系健壮，增强抗性防早衰。在孕穗期看苗情每亩施尿素10～15 kg以巩固穗粒数，增加颖花数量，减少颖花退化，增加粒重。在花期每亩施0.2%～0.3%的磷酸二氢钾50 kg，可减轻高温伤害，并兼治病虫害。喷灌能明显降低温度，增加湿度。喷灌后田间气温可下降2℃以上，相对湿度增加10%～20%，有效时间约2 h，可降低空秕率2%～6%，增加千粒重0.8～1.0 g。喷灌时间以盛花期前后为最佳。喷洒化学药剂可以减轻高温危害，用硫酸锌1.50 kg/hm^2、食盐3.75 kg/hm^{2}或磷酸二氢钾1.50 kg/hm^{2}兑水喷施叶面；或在高温出现前喷洒浓度50 mg/kg的维生素C或3%的过磷酸钙溶液，都有减轻高温伤害的效果。

(4)蓄养再生稻。重庆市对于8月15日前结实率在10%以下绝收田块，可因地制宜地蓄养再生稻，割去空穗头。每亩追施尿素10 kg，加强水肥管理和病虫害防治，促再生芽萌发，继而抽穗结实，可获200～250 kg产量。

15.3 小麦主要灾害与减灾技术

15.3.1 小麦生产状况

2012年中国小麦总产量12 058万t，增幅3.2%。2011年中国小麦进口数量达368.9万t，同比增长244万t；出口数量达28.6万t，同比下降12.8%。主要进口优质麦，以弥补国内需求。

小麦是我国重要的商品粮和战略性粮食储备品种，种植面积与产量均占谷物产量的1/4以上，小麦生产直接关系到我国的粮食安全和小麦产区的农业增效与农民增收。我国小麦按地区分有西南麦区、长江中下游麦区、黄淮海麦区和西北麦区等。黄淮海麦区包括河南、山东、河北、苏北、皖北、陕西等地；长江中下游麦区包括四川、湖北、河南南部和安徽、江苏的沿江地区；西南麦区包括云南、贵州、四川、重庆；西北麦区包括陕西、甘肃、宁夏、青海、新疆。

按种植季节可划分为三个区域：

(1)春小麦区　主要分布在长城以北，岷山、大雪山以西地区。这些地区大部分处在高寒或干冷地带，冬季严寒，冬小麦不能安全越冬，故种植春小麦；因无霜期短促，常在200 d以下，栽培制度绝大部分是一年一熟。中国北方地区培育了一批抗逆性强、适应性广、丰产性高的春麦良种，已在各地推广，获得显著增产，对改变春小麦低产的作用很大。

(2)北方冬小麦区　主要在长城以南，六盘山以东，秦岭、淮河以北的地区，是中国最大的小麦集中产区和消费区，小麦播种面积和产量占中国的 2/3 左右。一般实行一年两熟或两年三熟的耕作制度，仅北部长城沿线两侧地带为冬、春麦混合的过渡地带。由于冬小麦是越冬作物，种植冬麦与其他粮食作物矛盾较少，可以减少冬闲地面积，扩大夏种面积，增加粮食总产量，因此，1949 年以来冬小麦的播种面积不断扩大。但自 20 世纪 90 年代起因种植结构调整，1997—2004 年全国小麦种植面积下降了 28%。2004 年以后为满足国内需求，到 2012 年小麦播种面积回升了 11%。

(3)南方冬小麦区　在秦岭、淮河以南，折多山以东，播种面积和总产量占中国的 30%左右。由于本区人民多以稻米为主要口粮，因此，小麦的商品率较高，是中国商品小麦重要产区。

新中国成立以来，我国小麦单产与总产均迅速增长，北方各地长期以来以玉米、高粱等粗粮为主食，现在都改以小麦为主食。1997 年我国小麦总产量一度达到历史最高水平，但低质量小麦出现积压卖难，而优质专用小麦供不应求，结构性过剩问题凸显。1999 年以后全国小麦种植面积逐年减少，2003 年达最低点。近十年来随着我国不断加强对优质专用小麦的品种选育和面积的扩大，有效缓解了国内优质专用小麦的供需矛盾，小麦播种面积也明显回升，自 2004 年以来小麦产量已实现九连增，2012 年全国夏粮总产 12 995 万 t，比上年增长 2.8%，超过 1997 年 12 768 万 t 的历史最高水平。其中冬小麦产量 11 430 万 t，比上年增长 3%，单产达 5 064 kg/hm^2的历史新高，比上年提高 155 kg/hm^2。但由于人口增长和消费水平提高，小麦供需仍处于紧平衡状态。

15.3.2　小麦主要灾害及灾情分布

15.3.2.1　小麦干热风

干热风是一种高温、低湿，并伴有一定风力，具有干、热、风 3 个气象要素特征的农业气象灾害性天气。干热风危害的实质是高温、低湿引起农作物生理干旱，风只是加重了危害的程度。干热风是北方农业生产的主要气象灾害之一。主要危害小麦，有些地方还会危害棉花、玉米、水稻等作物。危害小麦的主要时段是开花灌浆期。小麦开花期遇干热风，则使花药破裂，不能进行正常授粉，造成不实小穗数增多；灌浆乳熟期遇干热风，使灌浆速度减慢，甚至停止灌浆，严重影响淀粉粒的形成，造成籽粒瘦秕，产量下降；黄熟期遇干热风，使小麦出现“早熟”现象。受弱干热风危害的小麦千粒重比平均值下降 1～3 g，受中等干热风危害的小麦千粒重下降约 5 g。

干热风危害轻的年份一般减产 5%～10%，危害重的年份减产 10%～20%以上。据研究，当小麦灌浆期温度超过 30℃时，温度继续升高，总淀粉含量开始下降，达 40℃时，总淀粉含量最低。小麦淀粉的形成以花后第 25～27 天高温胁迫影响最大。40℃高温胁迫下，小麦淀粉粒受到伤害，呈扁圆形，并出现裂纹[6]。

根据干热风气象要素组合对小麦影响和危害的不同，我国小麦干热风主要分为 3 种类型。

(1)高温低湿型　在小麦开花和灌浆过程中均可发生，是北方麦区干热风的主要类型。其特点是高温低湿，干热风发生时温度猛升，空气湿度剧降，最高气温可达 32℃以上，甚至可达 37～38℃，相对湿度可降至 25%～35%以下，风力在 3～4 m/s 以上，有的地区可能是静风，风向各地不一。另一特点是，气象要素值昼夜变化不大，白天干热难忍，夜间继续维持干热。这种高温低湿天气使小麦芒尖干枯炸芒，颖壳呈灰白色或青灰色，叶片卷曲凋萎。这类干热风发生的区域广，能造成小麦大面积干枯逼熟死亡，对小麦产量威胁很大。

(2)雨后热枯型　又称雨后青枯型或雨后枯熟型。一般发生于乳熟后期，即小麦成熟前10 d左右。其特点是雨后出现高温低湿天气，即在高温季节，先有一次阵性降水过程，雨后猛晴，温度骤升，湿度剧降；有时是长期连阴雨后，出现上述高温低湿天气，造成小麦青枯死亡。这类干热风发生区域虽不及高温低湿型广泛，但所造成的危害却比前者更加严重，一般可使千粒重下降4～5 g以上，减产10%～20%以上。

(3)旱风型　又称热风型。其特点是风速大，与一定的高温低湿组合，对小麦的危害除了与高温低湿型相同外，大风还加强了大气干燥程度，促进农田蒸散，使叶卷缩呈绳状，叶片撕裂破碎。主要发生在新疆地区和西北黄土高原的多风地带，在干旱年份出现较多。

小麦干热风害无论是南方还是北方，无论是春麦区还是冬麦区均常发生。如淮北冬麦区于4月底至5月底，从小麦开花至灌浆结束，连续出现6～7级干热风袭击19 d，开花期将缩短、小花败育率增加或灌浆期缩短，灌浆速率下降，芒角增大或植株失水严重，造成茎叶青枯逼熟等现象。内蒙古春麦区6月20日至7月25日小麦进入抽穗至成熟期，此间32℃以上天气持续5 d，即发生干热风害。

小麦灌浆至成熟阶段遇有高温、干旱和强风力是干热风害的主要成因。如遇2～5 d 14时气温高于32℃，相对湿度低于30%，风速大于2～3 m/s的天气，小麦植株蒸发量大，体内水分失衡，籽粒灌浆受抑或不能灌浆，会造成提早枯熟。如淮北冬麦区小麦在正常情况下，上下午各有一次开花高峰。受干热风影响后上午开花量减至15.4%，下午占32.3%，夜间达52.3%。这是因为白天气温高，相对湿度低于41%，植株体内水分蒸腾量大，根部吸收水分不能满足上下午开花的需求，转向夜间开花。此外，灌浆期也比常年缩短5 d，灌浆高峰提早3 d，灌浆量每千粒减少6 g，芒角增加20°～40°。由于地上部水分大量蒸腾，根系老化，水分供应跟不上，叶片生活力衰退，养分转移受阻，造成叶片昼卷夜开或昼夜卷缩不展开，直至青枯而死，收获期提早7～10 d。试验表明，春小麦的高中秆品种比短秆品种，长芒品种一般比无芒或顶芒品种，穗下茎长的品种较穗下茎短的品种抗逆性强。至于蜡质茸毛多的品种，在干旱生态环境中为抗旱品种，但在灌溉条件下并不抗干热风[6]。

15.3.2.2　小麦冻害

小麦冻害指越冬休眠前后受零下强烈低温或剧烈变温造成的冻伤和死苗，是北方小麦生产上的重大灾害。

冻害较轻时，麦株主茎及大分蘖的幼穗受冻后，其他分蘖仍能正常抽穗和结实，但穗粒数明显减少。冻害较重时，主茎和多数大分蘖的幼穗及心叶冻死，但小蘖其余部分仍能生长，特别严重的冻害可造成全田毁灭性的死苗，只能改种。冻害严重的麦田，小麦受冻后叶片、叶尖呈水烫样软熟状，晒干后呈青枯状硬脆，后青枯或青枯成蓝绿色，茎秆、幼穗皱缩，随着冻伤的累积而逐渐死亡。

1950—1990年的40年间，北京郊区的小麦发生过7次严重冻害，平均5～7年1次。1990年以来，1993—1994、1995—1996、1998—1999、2005—2006、2009—2010年冬又发生几次中等或较重的冻害。其中1993—1994年为抗寒锻炼极差年，尽管是暖冬，死株率和死茎率不算太高，但冻伤极严重，造成明显减产。1995—1996年属旱冻和融冻型，为中等偏重，地上部基本全部青枯。2009—2010 年为抗寒锻炼很差和冬季长寒型。

小麦冻害发生的原因主要有：

(1)冬前、越冬或早春的不利气象条件　冬前积温少的秋凉年，小麦生长量不足，养分积累少，晚播弱苗和弱蘖容易冻死。冬前积温多的年份，早播麦易冬前徒长过旺，主茎和大蘖因提前穗分化容易冻死。入冬降温突然且幅度很大，麦苗未经抗寒锻炼或锻炼很差，入冬后地上部叶片叶鞘会严重青枯，即使是暖冬也容易发生大量死苗。冬季持续严寒或旱冻交加可造成浅播麦苗死亡。冬季积雪有利于安全越冬，但如积雪期过长，积雪过厚，也会加重死苗。早春反常回暖，麦苗萌动或返青后抗寒力有所下降，再遇强冷空气也会造成或加重死苗。1993 年 11 月中旬突然出现强烈降温，日均温由 15 日的 7℃突然下降到 17 日的－2℃，且持续降温至 24 日，其中有 4 d 日均气温在－5℃以下。冬小麦在没有经过抗寒锻炼的情况下较正常年份提早十多天入冬，致小麦发生严重冻伤。1993 年 12 月 20 日至 1994 年 2 月 10 日整整 50 d 没有下雪雨，再加上气温高、蒸发量大，大多麦田干土层厚达 3～4 cm，分蘖节长期处在干土层中明显皱缩。进入 3 月仍未下雨，旱情不断加剧，更加重了冻伤。

(2)品种抗寒性　品种抗寒性差是发生冻害的内因。如北京郊区在 20 世纪 90 年代完成了第 6 次品种更新换代，形成了以京 411 为主，京冬 6 号、8 号为辅的配套体系。1992 年又推出长丰 10、品 9、农大 92 等一系列矮秆大穗品种。这些品种中除京 411 外，其他品种产量水平虽较高，但抗寒性较差。其他地区在发生越冬冻害时，也都是以抗寒性弱的品种死苗更严重。

(3)栽培管理不当　播种质量对于小麦能否安全越冬往往具有决定性的影响。播种过深或过浅对小麦出苗及出苗后的抗寒力影响很大。华北北部正常播深为 3～4 cm。1994 年北京郊区平均死苗率为 5.6%，但其中播深小于 3 cm 的地块死苗率高达 22.9%，播深大于 6 cm 的地块为 18.3%。[7] 2008 年黄淮地区小麦播种只旋耕未镇压的，由于土壤过于疏松，在秋冬持续干旱的情况下，冬季受冻受旱而发生部分死苗，而播后镇压的因根系可利用深层土壤水分，都未发生死苗。播种过早易生长过旺，黄淮地区早播麦甚至有在秋暖年冬前拔节的，越冬必死无疑。但播种过晚的冬前弱苗因养分积累少也不抗冻，特别是不抗冬季长寒和旱冻交加。即使已越冬，早春也容易退化衰亡。

(4)未浇冻水或浇水不当　冻水是北方小麦防冻保苗安全越冬的重要措施。1993 年因有雨雪未能及时浇上冻水，但雨雪量又达不到冻水的数量，未浇冻水的麦田旱冻交加死苗严重，死苗率为 26.8%，而浇过冻水的死苗率仅为 7.3%。

小麦春季冻害分早春冻害和晚霜冻害两类。早春冻害往往是冬季冻害的延续。晚霜冻害在小麦活跃生长期间发生，冬前抗寒锻炼形成的抗寒性已基本丧失，同一发育阶段的不同品种之间的抗寒性已差别不大。但春性品种如播种过早播量过大，易徒长和过早穗分化，受晚霜冻害危害更大。晚霜冻在黄淮和西南麦区发生较多、为害较重，一般发生在 3 月下旬至 4 月上中旬，为害程度与植株发育阶段、生长状况和降温幅度、持续时间、降温陡度等有关。降温幅度和陡度大，低温持续时间长的受害较重。西南小麦当地称小春作物，早播小麦在暖冬年可在 2、3 月提前抽穗，容易受到霜冻危害。青藏高原的高海拔地区甚至可以在 7、8 月的小麦灌浆期发生霜冻。

15.3.2.3　小麦湿害

湿害是小麦生产中五害(湿害、冻害、热害、草害、病虫害)之一，主要发生在长江中下游平原，近年在湖北、淮北、江苏麦区等常见，每年都有不同程度的发生。受湿害的小麦根系长期处在土壤水分饱和的缺氧环境，根系吸收功能减弱，造成植株体内水分反而亏缺，严重时造成脱水凋萎或死亡，因此湿害又常表现为生理性干旱。小麦从苗期至扬花灌浆期都可受害，苗期受害造成种苗霉烂，成苗率低，分蘖延迟，根系不发达，苗小叶黄；拔节抽穗期受害，上部三片功能叶分别较健株约短 20%、30%和 36%，有效穗约减少 40%；扬花灌浆期受害，功能叶早衰，每穗粒数减少，千粒重降低，出现高温高湿逼熟，严重的青枯死亡。生产上中后期发生的湿害较前期重，其中拔节孕穗期发生湿害的损失最重，受害后有效穗少，每穗粒数减少，粒重下降，产量降低。

在淮北麦区，湿害发生率虽然不很高但为害不容忽视。近 44 年来，徐州地区有 13 年发生不同程度湿害，占 29.5%，但近 10 年涝渍为害增加，尤其是 1989—1991 年连续 3 年出现连阴雨且雨量较大，导致小麦大面积倒伏，粒重下降，霉烂发芽，造成巨大损失。

小麦湿害发生的原因主要有：

(1)冬春阴雨连绵，日照时数不足，田间湿度大，地温低，土壤水分长期处于饱和状态。如江苏铜山县 1996 年秋播后连阴雨持续 10 d，降雨量达 104.4 mm，比常年同期增加 79.7 mm，造成耕作层水分饱和，根系长期处于缺氧状态，呼吸受抑，活力衰退，吸收水肥能力下降，且土壤中有机物质在厌氧条件下产生还原性物质毒害根系，使根系生长不良，根量减少。植株体内的氮素代谢下降，功能叶片氮素含量明显减少，造成植株苗小叶黄或僵苗。

(2)地下水位高，特别是距河流湖泊较近的麦田或低洼水浇麦(或称水田麦)，不利于根系下扎。湿害麦田小麦单株次生根减少，严重时几乎没有次生根。苗期受渍，虽然越冬期能缓慢生长，但到返青时单株次生根仍较健康植株少，造成苗小叶少、色黄、僵苗，单株茎蘖和总苗数也较正常麦田少，到拔节期三叶以上的大分蘖不够，且分蘖素质较低，使最终成穗数偏低。

(3)排灌设施差，明水排不出去，暗水不能滤，沟厢不畅通，导致湿害发生。

(4)麦田布局不合理，尤其是水浇麦没能实行连片种植，有的在冬灌田中插花种植，造成麦田明水排不出去，积水久之成灾，出现严重青枯死苗。

15.3.2.4 小麦干旱

旱灾是指土壤缺水或水分不足，引起小麦生育异常乃至萎蔫死亡现象。旱害是我国北方麦区的一种自然灾害。干旱对小麦的危害在以下三个时期影响最大。

(1)播种期　小麦播种时，如土壤水分不足，则影响适时播种，或播种出苗不齐，影响分蘖和培养壮苗。

(2)拔节抽穗期　拔节到抽穗时是小麦的水分敏感期，如水分不足则导致小花退化，影响产量。

(3)灌浆成熟期　此时期小麦需水量最大，若缺水，气孔开度减小，影响粒重的增加，使产量大为下降。

15.3.3 小麦主要减灾技术

15.3.3.1 小麦干热风的减灾技术

(1)提倡施用酵素菌沤制的堆肥，增施有机肥和磷肥，适当控制氮肥用量。合理施肥不仅能保证供给植株所需养分，对改良土壤结构，蓄水保墒抗旱，防御干热风也起着很大作用。

(2)加深耕作层，熟化土壤，使根系深扎，增强抗干热风能力。

(3)在干热风害经常出现的麦区，应注意选择抗逆性强的早熟品种。

(4)抗旱剂拌种。每亩用抗旱剂1号50 g溶于1～1.5 kg水中拌12.5 kg麦种，也可用万家宝30 g加水3 000 g拌20 kg麦种，拌匀后晾干播种。

(5)适时早播，培育壮苗，促小麦早抽穗。适时浇好灌浆水、麦黄水，补充蒸腾水分，促使小麦早熟。

(6)拔节至抽穗扬花期喷洒6%～10%草木灰浸提液1～2次，每亩喷配好的草木灰液50～60 kg。孕穗至灌浆期喷洒磷酸二氢钾，每亩用量为150～220 g兑水50～60 kg，也可喷洒抗旱剂1号，每亩用量为50 g，先兑水少量，待充分溶解后再加水50～60 kg。拔节至穗期也可喷洒增产菌，每亩250 mL，兑水50～60 kg。

(7)在中后期适时浇水可减轻受害。做到以水肥改善麦田小气候，延长灌浆时间，减轻干热风为害。

(8)小麦拔节至灌浆期喷洒迦姆丰收液肥1 000倍液或万家宝500～600倍液，隔10 d一次，连续喷洒两次，可提高小麦抗旱和抗干热风能力。此外，于小麦苗期、返青拔节期、灌浆期各喷一次小麦丰产王500倍液，可提高小麦抗干热风能力。必要时每亩用多得或万家宝250 g随水浇入土壤中，效果也很好。

(9)在小麦开花至灌浆期喷洒0.05%阿司匹林水溶液(加少许黏着剂)1～2次，可有效防止干热风引起的早衰，可增产10%～20%。

15.3.3.2 小麦冻害的减灾技术

1. *越冬冻害防治方法*

(1)注意选用适合当地的抗寒小麦品种。

(2)提高播种质量，培育冬前壮苗。播前精细整地。弱冬性和春性品种要防止早播。播种深度掌握在3～5 cm之间。采用沟播技术有利于壮苗和防冻。

(3)适时浇好小麦冻水。一要看温度：日均温3～7℃土壤日消夜冻时。过早因气温高蒸发量大，入冬时已失墒过多；过晚或气温低于3℃会造成田间积水，如地面结冰会引起窒息死苗。二要看墒情：沙土地土壤相对湿度低于60%、壤土地低于70%、黏土地低于80%时要浇冻水。墒情好的可不浇或少浇。三要看苗情：麦苗长势好、底墒足或稍旺的田块可适当晚浇或不浇，防止群体过旺过大。晚茬麦因冬前生长期短苗小且弱，只要底墒尚好也可不浇，但要及时镇压保墒。四要适量：水量不宜过大，一般当天浇完，地面无积水即可，使土壤持水量达到80%。

(4)早春补水。当早春干土层厚度大于3 cm时，要及时镇压保墒，干土层大于5 cm且底墒较差要及时补水，改善土壤墒情，解除干旱威胁，减轻冻害，降低死苗率。

(5)促进冻伤麦苗的恢复。在返青期用200 mg/kg的多效唑或天达2116壮苗灵600倍液喷施，防止生长过旺，促使受冻小麦叶片恢复生机，防治病害，促进生长发育，早发新蘖，多成穗，成大穗。对于小麦叶尖及叶片受冻害的，于返青至起身期，及时喷施天达2116壮苗灵600倍液，并酌情每亩补施尿素5 kg左右，促使麦苗尽快转入正常生长。

2. 春霜冻防治方法

(1)冬小麦品种选择不要冬性太弱或春性太强,以避免冬前和早春过早穗分化。春麦区可选用宁春24号、辽春10号、蒙麦30号等相对耐霜冻品种。

(2)春季对早播过旺麦苗采取蹲苗与拔节前镇压措施,适当压伤主茎和大蘖,起身期喷施壮丰安,都可抑制过快发育,减轻春霜冻危害。

(3)在拔节至孕穗期,晚霜来临前浇水或叶面喷水,可提高近地面和叶面温度。在霜冻即将出现的夜晚熏烟,以减少地面辐射散热,提高近地面和叶面温度,防止发生霜冻。

(4)小麦霜冻害的补救。仅叶片受冻、幼穗完好的麦田应抢早浇水,防止幼穗脱水死亡。幼穗已受冻麦田应追速效氮肥,每亩追硝酸铵10～13 kg或碳酸氢铵20～30 kg,结合浇水、中耕松土,促使受冻麦苗尽快恢复生长。一般不要毁种、刈割或放牧,即使冻死较多,只要及时浇水追肥,都能促使小蘖和分蘖芽迅速萌发,仍有可能获得较好收成,一般要比毁种的效果更好。

15.3.3.3 小麦湿害的减灾技术

(1)及时清理深沟大渠。开挖完善田间套沟,排明水降暗渍,千方百计减少耕作层滞水是防止小麦湿害的主攻目标。对长期失修的深沟大渠要进行淤泥疏通,降低地下水位,以利冬春雨水过多时的排渍,做到田水进沟畅通无阻。与此同时要搞好厢沟、围沟、腰沟"三沟"配套——旱地麦或水田麦都必须开好厢沟、围沟和腰沟,做到沟沟相连,条条贯通,雨停田干,明不受渍,暗不受害,同时要提倡水浇麦大面积连片种植。

(2)增施肥料。对湿害较重麦田要做到早施巧施接力肥,重施拔节孕穗肥,以肥促苗升级。冬季多增施热性有机肥,如渣草肥、猪粪、牛粪、草木灰、人粪尿等。化肥多施磷钾肥利于根系发育、壮秆,可减少受害。

(3)搂锄松土散湿提温。增强土壤通透性,促进根系发育,增加分蘖,培育壮苗。

(4)护叶防病。锈病、赤霉病、白粉病发生后要及时喷药防治,此外还可喷施"802"助壮素、植物抗逆增产剂、迦姆丰收液肥、惠满丰、促丰宝、万家宝等,也可喷洒"植物动力2003",10 mL兑清水10 L,隔7～10 d一次,连续喷2次。提倡施用多得稀土纯营养剂,每50 g兑清水20～30 L,喷施效果好。

15.3.3.4 小麦干旱的减灾技术

干旱是北方小麦生产上最频繁的灾害,秋、冬、春和初夏都可能发生。

1. 秋旱

土壤水分在田间持水量60%以下会影响出苗,须在前茬收获前浇足底墒或播后喷灌,勉强可出苗的可适当深播镇压提墒。

2. 冬旱

冬季休眠需水很少,北方的冬旱实际上是一种生理干旱。浇过冻水的麦田由于冻后聚墒一般并不缺水,但浇得过早或浇后气候反常回暖,表层水分蒸发形成干土层后,根系又不能吸收冻结状态的水分,通常越冬期间干土层达3 cm时开始对小麦有不利影响,5 cm时影响严重,根茎明显脱水皱褶,8 cm时分蘖节已严重脱水受伤,可能死亡。冬季受旱尚未死亡,到早春翻浆时水分仍不能上升到分蘖节部位的,因植株已开始萌动,呼吸消耗大,也可衰竭死亡。防御冬旱最主要的是适时浇好冻水。喷灌麦田可选回暖白天少量补水,没有喷灌条件的尽量压麦提墒，早春适当早浇小水。

3. 春旱

北方春季水分供需矛盾最为突出，小于田间持水量的65%时分蘖成穗率就会明显降低，抽穗开花期小于70%时会降低结实率。防御春旱的措施：一是培育冬前壮苗，使根系强壮深扎，提高利用深层土壤水分的能力。二是合理灌溉，保水能力强的黏土地早春不必急于浇水，蹲苗到拔节后和孕穗前再浇足，全生育期浇水次数宜少，量应足。易渗漏的沙土地则应少量多次浇水。水源不足时要尽量确保拔节到孕穗期的水分需要，浇水可集中安排在起身后期到抽穗前。起身后松土可切断毛细管，减少土壤蒸发，旱地小麦春季更要强调锄地保墒。

4. 初夏干旱

灌浆前期仍是需水高峰，缺水可使部分籽粒退化和光合积累减少。后期严重干旱可造成早衰逼熟减产。应小水勤浇，使小麦不过早枯黄，促进茎秆养分充分转移。但前期持续干旱则后期不可突然浇水，否则会造成烂根死熟。持续干旱的影响还突出表现在水资源减少上，如1997年中国北方春夏持续干旱，黄河断流之早和时间之长均破历史纪录，给下游生产造成严重影响。在水源不足的情况下要将有限的水源用在关键的生育期。多年的试验表明，在只浇一水的情况下，以拔节水的增产效益为最显著；在能浇二水的情况下，应保浇起身水和拔节孕穗水，保水能力强和越冬条件严酷的，也可保浇冻水和拔节水。

5. 发展旱作农业

搞好农田基本建设，建设旱涝保收农田；推广抗旱保墒耕作技术（耕翻、耙耢、镇压、铲耥等），充分发挥土壤水库的作用；大力推广有机、无机肥相结合，培肥地力，提高土壤水分利用率；提高抗旱播种技术等。

6. 根据水资源条件合理布局小麦生产

北方旱地应以秋收作物为主，在作物结构上以秋收作物比例大于小麦的种植比例为宜，在作物布局上小麦应种植在沟坎地和水浇地上；选用耐旱作物和抗旱品种。

15.4 玉米主要灾害与减灾技术

15.4.1 玉米生产状况

玉米喜温。种子发芽的最适温度为25～30℃；拔节期日均18℃以上；从抽雄到开花日均26～27℃；灌浆和成熟需保持在20～24℃，低于16℃或高于25℃，淀粉酶活性受影响，导致籽粒灌浆不良。玉米为短日照作物，日照时数在12 h内成熟提早，长日照则开花延迟，甚至不能结穗。玉米在沙壤、壤土、黏土上均可生长。玉米适宜的土壤pH为5～8，以6.5～7.0最适。耐盐碱能力差，特别是氯离子对玉米危害大。玉米的根为须根系，除胚根外，还从茎节上长出节根。从地下茎节长出的称为地下节根，一般4～7层；从地上茎节长出的节根又称支持根、气生根，一般2～3层。株高1～4.5 m，秆呈圆筒形。全株一般有叶15～22片，叶身宽而长，叶缘常呈波浪形。花为单性，雌雄同株。雄花生于植株的顶端，为圆锥花序；雌花生于植株中部的叶腋内，为肉穗花序。雄穗开花一般比雌花吐丝早3～5 d。

玉米是高产作物，需肥量较大，必须合理施肥，才能满足玉米在整个生育期对养分的需要。

据试验，生产 100 kg 玉米籽实，需氮 2.5 kg，需磷 1 kg，需钾 2.1 kg。若亩产 500 kg 玉米，亩需尿素 33 kg 左右或硝酸铵 50 kg，过磷酸钙 31 kg，硫酸钾 13 kg。

玉米不同生长阶段需肥数量比例不同，苗期占需肥总量的 2%，穗期占 85%，粒期占 13%，从拔节到大喇叭口期是需肥高峰期。施肥应合理，即底肥、种肥、追肥相结合，氮肥、磷肥、钾肥相结合，农肥、化肥、生物菌肥相结合。底肥要施足，以夯实基础。

全国玉米分为六个种植区：

(1)北方春播玉米区　以东北三省、内蒙古和宁夏为主。主要灾害是干旱，东北大部还有夏涝、低温冷害和春秋霜冻灾害。尤以东北冷害的威胁最大。

(2)华北、黄淮海平原夏播玉米区　以山东和河南为主。旱涝频繁，北部有些年份夏季温度低，为不延误种麦常常砍青收获玉米，从而人为造成冷害。夏秋风雹灾害也很常见。

(3)西南山地玉米区　以四川、云南和贵州为主。地形复杂，灾害特点不同且分散，干旱和水土流失是主要灾害，春季多冰雹。

(4)南方丘陵玉米区　以广东、福建、台湾、浙江和江西为主。春夏多暴雨，病害较重。昼夜温差小，产量不高。

(5)西北灌溉玉米区　包括新疆维吾尔自治区和甘肃省一部分地区。空气干燥病害轻，光照足，温差大，易获得高产。该地区依靠灌溉，但冷凉年水源不足可形成干旱。

(6)青藏高原玉米区　包括青海省和西藏自治区。仅在低海拔温暖地区种植，多风、雹、霜冻和冷害。

15.4.2　玉米主要灾害及灾情分布

15.4.2.1　玉米干旱

干旱是影响玉米生长发育、产量结构和最终产量最主要的灾害。

(1)播种至出苗　春季干旱(4—5 月)正是东北、西北、华北等地春玉米播种季节。干土层厚 5 cm 以上会推迟播种。此时降水稀少，土壤表层含水量小于或等于田间持水量的 50%对出苗和苗期生长不利，苗不齐。植株矮小细弱，根系发育受阻，甚至造成叶片凋萎、植株死亡。初夏旱(5 月下旬至 6 月上中旬)正是华北等地麦套玉米和夏玉米播种季节。若上述 3 旬每旬降水量不足 20 mm，总雨量不足 50 mm，或土壤表层含水量占田间持水量≤60%，可造成玉米晚播或出苗不好。

(2)拔节以后　植株开始进入旺盛生长阶段，对水分要求迫切，抽雄前 10 d 至后 20 d，是水分临界期。穗分化及开花期对水分反应敏感，此时正是南方的伏旱和伏秋连旱易发生期，干旱持续半个月会造成玉米的“卡脖旱”，使幼穗发育不好，果穗小，籽粒少。干旱更严重时，如 7 月下旬至 8 月中旬连续 2 旬的旬雨量不能满足玉米需求，会造成雄穗与雌穗抽出的间隔太长，导致授粉不良，果穗籽粒减少；严重干旱时甚至雄穗和雌穗抽不出来，雌穗部分不育甚至空秆。

(3)拔节至灌浆　以土壤湿度占田间持水量的百分率表示，极旱为≤40%，重旱为 40%～50%，轻旱 50%～60%，适宜 70%～85%。花期小于 60%开始受旱，小于 40%时严重受旱，可造成花粉死亡，花丝干枯，不能授粉。

(4)玉米籽粒成熟　此阶段需水量减少，但干旱缺水仍可造成籽粒不饱满，千粒重下降。

15.4.2.2 玉米涝灾

玉米的生长过程中水分过多会引起涝害。

(1)苗期 从出苗至七叶期对涝害最为敏感。土壤水分过多或积水使根部受害甚至死亡，当土壤湿度占田间持水量的90%时形成苗期涝害。田间持水量90%以上持续3 d，玉米三叶期表现基部红、细、瘦弱，生长停止。连续降雨大于5 d，苗弱黄或死亡。其中发芽到三叶之前受涝称为“芽涝”或“奶涝”，可造成全田毁灭。

(2)中后期 耐涝性有所增强。地面淹水深度10 cm持续3 d，只要叶片露出水面都不会死亡，但产量会受到很大影响。在八叶期以前因生长点还未露出地面，此时受涝减产严重，甚至绝收。若出现大于10 d的连阴雨天气，玉米光合作用减弱，植株瘦弱，常出现空秆。

(3)大喇叭期以后 耐涝性逐渐提高。吐丝期受涝只要时间不太长且不淹没雌穗，仍能恢复。但花期阴雨(7月下旬至8月中旬雨量之和大于200 mm或8月上旬雨量大于100 mm)，会影响玉米的正常开花授粉，造成大量秃顶和空粒。

玉米生长后期在高温多雨条件下，根系常因缺氧而窒息坏死，造成生长迅速衰退，植株未熟先枯，对产量影响很大。据调查，玉米在抽雄前后积水1～2 d，对产量影响不太明显；积水3 d减产20%，积水5 d减产40%。

15.4.2.3 玉米低温冷害

玉米低温冷害主要发生在东北三省和内蒙古。玉米生育期持续低温导致发育延迟，如在灌浆期遇初霜冻，对产量将造成很大影响，20世纪50—70年代东北大约每4年就发生一次比较严重的低温冷害，粮食减产都在50亿kg以上，其中大部分是玉米减的产。

幼苗期：遇2～3℃低温影响正常生长，－1℃短时低温幼苗受冻伤。受冻死亡指标为－2～－4℃。日平均气温≤10℃，持续3～4 d，幼苗叶尖枯萎。日平均气温降至8℃以下，持续3～4 d，可发生烂种或死苗；持续5～6 d，死苗率可达30%～40%；持续7 d以上，死苗率可达60%。

拔节期：低温影响发育速度，平均气温21℃以下为轻度冷害，生育速度下降40%；17℃为中度冷害，生育速度下降60%；13℃为严重冷害，生育速度下降80%。

幼穗分化期：日平均气温17℃以下不利于穗分化。

开花期：日平均气温18℃以下授粉不良。

灌浆成熟期：日平均气温16℃停止灌浆，遇3℃的最低气温将完全停止生长，气温－2～－4℃植株死亡。

玉米生育中后期：日平均气温15～18℃为中等冷害，13～14℃为严重冷害。

东北地区玉米低温冷害：因热量不足造成生育期延迟，后期易遇低温霜冻而造成减产。又分两种情况。一是夏季低温(凉夏)，持续时间较长，使抽穗期推迟，早霜到来时籽粒不能正常成熟。如早霜提前到来，则减产更为严重。二是秋季降温早，籽粒灌浆期缩短。有时玉米生育前期温度不低，但秋季降温强度大速度快，初霜到来早，使灌浆突然终止，籽粒不能正常成熟而减产。

15.4.2.4 玉米高温热害

(1)热害指标　苗期36℃,生殖生长期32℃。开花期气温高于32℃不利于授粉,最高气温38～39℃造成高温热害,其时间越长受害越重,恢复越困难。成熟期28℃。高温干旱持续时间长造成高温逼熟。

(2)高温影响光合作用　高温条件下玉米光合蛋白酶活性降低,叶绿体结构遭到破坏,引起气孔关闭,从而使光合作用减弱。另一方面,在高温条件下呼吸消耗明显增多,干物质积累明显下降。38～39℃的高温胁迫时间越长,植株受害就越严重,越难恢复,恢复所用时间也越长。

(3)高温对生殖器官功能的影响

对雄穗的影响:孕穗至散粉过程中,高温都可能对玉米雄穗产生伤害。气温持续高于35℃不利于花粉形成,开花散粉受阻,雄穗分枝变小数量减少,小花退化,花药瘦瘪,花粉活力降低。受害程度随温度升高和持续时间延长而加剧。温度超过38℃时,雄穗不能开花,散粉受阻。正在散粉期的雄穗在38℃高温胁迫下3 d后便完全停止散粉。

对雌穗和花丝的影响:高温影响玉米雌穗的发育,使雌穗各部位分化异常,吐丝困难,延缓雌穗吐丝或造成雌雄不协调、授粉结实不良。在自然条件下,吐丝后2～4 d内接受花粉的能力较强,没有接受到花粉的花丝在吐丝6 d后活力开始下降,12 d后停止生长,逐渐枯萎。在高温条件下,雌穗吐丝后生长速率减慢,花丝容易失水枯萎,表面黏液减少,花丝寿命缩短,甚至丧失活力,花粉在柱头上萌发困难,引起玉米授粉不良;或萌发后由于花丝不能供给充足的水分,导致花粉管到达子房的速度减慢,授粉后仅有少量受精,或受精后发育不良,最后结实率不高或籽粒瘦瘪。

(4)高温使生育期缩短。高温迫使玉米生育进程各种生理生化反应加速,雌穗分化数量明显减少,果穗明显变小。生育后期高温使植株过早衰亡或提前成熟,因灌浆时间缩短而大大减少干物质积累量,千粒重、容重、品质和产量均大幅下降。

(5)高温易引发病害。夏播玉米苗期处于生根期,抵抗不良环境的能力较弱,若遇连续1周高温干旱会降低根系生理活性,使植株生长较弱,抗病力降低,易受病菌侵染而发生苗期病害。在较高温度下容易发生玉米纹枯病。灌浆成熟期若遇雨后突晴的高温高湿天气,容易引发青枯病(茎基腐病)的大流行,造成产量和品质下降。

15.4.2.5 玉米阴害

长期光照不足造成营养生长不良,授粉受阻,灌浆缓慢。不同时期遮光试验表明,以抽雄到吐丝期遮光减产最为严重。阴害年看上去玉米青枝绿叶,产量却很低。1995和1996年华北平原北部连续发生阴害,累计日照时数比常年减少3～4成,导致玉米较大幅度减产。

15.4.3 玉米主要减灾技术

15.4.3.1 玉米干旱的减灾技术

(1)合理灌溉,特别是保证抽雄前后需水临界期的水分需求。

(2)根据降雨的气候规律调节播期，如北京市西部山区将旱地春玉米的播种期由早春4月调整到5月中下旬并采用中早熟品种等雨播种，降低了成本，产量也有所增加。

(3)平整土地，深翻改土，可提高土壤蓄墒能力。

(4)抗旱播种法，包括抢墒播种、提墒播种、找墒播种、造墒播种等。

(5)选用抗旱品种。

(6)抑制土壤蒸发，包括秸秆覆盖、地膜覆盖、中耕等。

(7)提高植株抗旱能力，包括拔节前蹲苗、生根粉拌种等。

(8)施用生长调节剂。

15.4.3.2 玉米涝灾的减灾技术

(1)工程措施。在雨季前清障挖泥、修砌土渠，使灌排联网配套。

(2)垄台栽培。易涝农田挖沟起垄修筑台田，沟中种藕养鱼，台田上实行垄作种玉米。

(3)调整布局，适期播种。这对夏玉米尤为重要，受涝时苗龄越大受害越轻。

(4)增施氮肥。受涝后施氮肥促恢复，低肥地尤为显著，可加速植株生长，减轻涝灾损失。

(5)喷施生长调节剂，可保证五叶期不受涝，喷多效唑比喷水增产5.3%，受涝后喷增产9.5%。

(6)涝后晚播补种时应选用早熟品种。

(7)遭受涝灾的玉米要及早排除田间积水，降低土壤湿度，促进恢复生长。当能正常下田时，应及时进行中耕、培土，以破除板结，防止倒伏，改善土壤通透性，使植株根部尽快恢复正常生理活动。

15.4.3.3 玉米低温冷害的减灾技术

(1)选用早熟品种。这是避免低温冷害年减产的重要措施。一般原则是品种生育期长度不应超过当地多年平均无霜期的天数。

(2)适时早播。据试验，早播可巧夺前期积温100～240℃·d，应掌握在0～5 cm地温稳定通过7～8℃时开始播种，覆土3～5 cm，集中在10～15 d内播完，达到抢墒播种、缩短播期，一次播种保全苗。

(3)催芽座水。催芽座水种可提早出苗6 d，早成熟5 d，增产10%。将合格的种子放在45℃的温水里浸泡6～12 h，然后捞出放在25～30℃室温条件下催芽，2～3 h将种子翻动一次，在种子露出胚根后，置于阴凉处炼芽8～12 h，将催好芽的种子座水埯种或开沟滤水播种，要浇好水、覆好土，保证出苗。

(4)地膜覆盖。地膜覆盖在玉米上的应用，可以有效地增加地温(≥10℃活动积温200～300℃·d)，可以使生育期延长10～15 d；可以抗旱保墒保苗，提高土壤含水量3.6%～9.4%；可以促进土壤微生物活动，加速土壤中的养分分解，使作物吸收土壤中更多的有效养分，从而促进玉米的生长发育，提高抗低温冷害的能力。

(5)育苗移栽。玉米育苗移栽是利用光热资源战胜低温冷害的有效措施，育苗移栽一般可增加积温250～300℃·d，比直播增产20%～30%。在上年秋季选岗平地打床，翌年播种催芽种子，此时注意要浇透水，播种后要立即覆膜；温度管理是育苗的关键，在出苗至两叶期温度控制在最低13.6℃和最高30℃之间；二叶期至炼苗前温度控制在25～38℃，以控制叶片生长，促进次生根的发育，提高秧苗素质；在移栽的前 5 d，要根据天气情况逐渐增加揭膜面积进行炼苗，晚上如无霜冻可不盖膜，还要注意控制水分，以培育壮苗。

(6)科学施肥。种肥主要是满足玉米苗期对养分的需要，有促进根系发育、幼苗健壮、抽叶的作用。施磷酸二铵 10 kg/亩，钾肥 6 kg/亩，结合埯种或精量播种时隔层施用，防止烧种、影响出苗。按玉米需肥规律在生育期间应追 2 次肥。第 1 次在拔节期，第 2 次在抽雄前 5 d，追肥原则是前多后少。低温年份生育进程往往拖后，应 2 次肥并作 1 次施，只在拔节期施尿素 12.5～15 kg/亩，这样可避免抽雄期追肥过多导致贪青晚熟。

(7)加强田间管理。①铲前深松或深耥一犁。玉米出苗后对于土壤水分较大的地块，可进行深松，能起到散墒、沥水、增温、灭草等作用；对于土壤水分适宜的地块，进行深耥一犁，可增温 1～2℃。②早间苗、早去蘖。在玉米 2～3 叶期一次间苗打单棵，留大苗、壮苗、正苗，去掉弱苗和拥挤苗。玉米每拖后一个叶间苗，将延迟生育 3 d，所以要及早间苗。另外，在玉米茎基部腋芽发育成的分蘖不能结实，为无效分蘖，应结合铲二遍地及早去掉，以减少养分消耗。③早铲勤耥。东北北部春季易涝，草荒较重，应加强田间铲耥，要达到三铲三耥的标准，每铲耥一遍可增温 1℃，早熟 1～2 d。④放秋垄，去老叶，伏里耥一犁。在玉米开花授粉后，人工铲除大草，同时去掉玉米雌穗以下的衰老黄叶。这样可以消灭大草，通风透光，增加地温 1.5℃，减少养分消耗，增加粒重，减少秃尖，促进早熟 3～4 d，增产效果明显。⑤隔行去雄。在雄穗刚露出顶叶时，隔一行去掉一行雄穗，可以减少养分消耗，使更多的养分、水分供给雌穗，这样可以增产 10%，提早成熟 4 d。⑥站秆扒皮晾晒。在蜡熟中期籽粒形成硬盖时，将苞叶轻轻扒开，使果穗籽粒全部露出，进行晾晒，可以加速果穗和籽粒水分散失，促进籽粒脱水，提高籽粒品质，使收获提前，并具有一定的增产作用。⑦适时晚收。玉米是较强的后熟作物，生理成熟后，籽粒重量还会增加，因此适当晚收可提高成熟度，增加产量。一般玉米收获期以霜后 10 d 左右为宜。

15.4.3.4 玉米高温热害的减灾技术

(1)选育推广耐热品种。不同品种的耐热性有显著差异，应筛选和种植高温条件下授粉、结实良好，叶片短、直立上冲，叶片较厚、持绿时间长，光合积累效率高的耐热品种。一般含有四平头种质的品种耐热和耐湿性比较好，而部分在冷凉地区选育和含有热带种质的品种在高温易发区种植具有一定的风险。为培育耐热耐旱的自交系和杂交种，应在逆境条件下种植育种材料。

(2)调节播期，避开高温天气。较长时间的持续高温一般集中发生在 7 月中旬至 8 月上旬，春播玉米可在 4 月上旬适当覆膜早播，夏播玉米可推迟至 6 月中旬播种，使不耐高温玉米品种的开花授粉期避开高温天气。

(3)人工辅助授粉，提高结实率。一般在早上 8～10 时采集新鲜花粉，用自制授粉器给花丝授粉，花粉要随采随用。制种田采用该方法增产效果非常显著。

(4)适当降低密度。采用宽窄行种植。在低密度条件下，个体间争夺水肥的矛盾较小，个体发育较健壮，抵御高温伤害的能力较强，能够减轻高温热害。在高密度条件下，采用宽窄行种植有利于改善田间通风透光，增加对高温伤害的抵御能力。

(5)加强田间管理，提高植株耐热性。通过加强田间管理，培育健壮的耐热个体植株，改良田间小气候环境，增强个体和群体对不良环境的适应能力，可有效抵御高温危害。具体措施：科学施肥。重视微量元素的施用，以基肥为主，追肥为辅；重施有机肥，兼顾施用化肥；注意氮、磷、钾平衡施肥(比例为 3∶2∶1)。中微量元素锌、铜、硼等对玉米生殖器官发育有良好促进作用,特别是锌、铜元素能增强花丝和花药的活力及抗高温和干旱能力。微量元素可作为基肥施用,也可在喇叭口期叶面喷洒,既有利于降温增湿,又能补充作物生长发育必需的水分及营养,但喷洒时须增加用水量降低浓度。另外,叶面喷施脱落酸(ABA)也可提高植株的耐热性。苗期蹲苗进行抗旱锻炼可提高玉米的耐热性。利用玉米苗期耐热性较强的特点,在出苗 10～15 d 后进行 20 d 的抗旱和耐热性锻炼,可减轻最敏感的花期高温对结实的影响。

(6)适期喷灌水。可直接降低田间温度,使植株获得充足水分,增强蒸腾作用,降低冠层温度,有效降低高温胁迫,也可部分减少高温引起的呼吸消耗。有条件的可利用喷灌将水直接喷洒在叶片上,降温幅度可达 1～3℃。

15.4.3.5 玉米阴害的减灾技术

(1)选用耐阴品种,改善株型结构。矮秆、叶片上冲、雄穗较小、叶片功能期长的品种都有较好的耐阴性。

(2)选择适宜播期,使敏感期躲过连阴雨期。如黄淮平原套种玉米就比夏播玉米受连阴雨的危害轻。

(3)增施氮肥提高绿度,促进光合作用。

(4)东西行向可减轻相互遮阳,但光照充足时仍以南北向为好。

15.5 杂粮主要灾害与减灾技术

15.5.1 杂粮生产状况

杂粮泛指小麦、水稻、玉米、大豆以外的其他粮食作物,其中高粱、谷子、薯类在北方有些旱作区和山区还是当地农民的主粮。其他小宗粮豆作物俗称小杂粮,为生育期短、种植面积小、种植地域性强、种植方法特殊、有特种用途的多种粮豆,主要包括荞麦(甜荞、苦荞)、燕麦、糜子、籽粒苋、薏苡、青稞、绿豆、小豆、豌豆、蚕豆、芸豆、豇豆、扁豆、黑豆等。

中国地处温带和亚热带地域,又是作物起源中心,不但杂粮种类多,而且占有的份额大。其中荞麦、糜子的面积和产量都居世界第二位,蚕豆占世界总产量的 1/2,绿豆、小豆占世界总产量的 1/3,是燕麦、豇豆、扁豆的主产国,故我国有杂粮王国之称。

我国杂粮常年种植面积约 8 000 万 hm^2,产量约 600 万～1 000 万 t,广布于陕西、山西、内蒙古、河北、甘肃、云南、四川、贵州、河南、宁夏、黑龙江等 20 多个省区,主要分布在陕西、山西、内蒙古、云南、四川、甘肃、宁夏、贵州等西部地区。杂粮不仅是当地的主要粮食作物,也是重要的经济作物。除了当地农民自己食用外,有些小杂粮也作为主要农产品销往国内外市场,如云南丽江的太白芸豆、四川凉山的苦荞、陕甘宁的甜荞、西藏的青稞和白豌豆、青海的蚕豆、河北省北部的红小豆等。此外,由于小杂粮营养价值高,富含多种矿质元素和维生素,能预防和治疗某些疾病,在国内外市场具有明显的价格优势、资源优势和生产优势。杂粮是我国传统的出口产品,并一直以原粮出口为主,年出口量 70 万～130 万 t 之间。出口市场主要集中在日本,韩国，中国香港、澳门以及东南亚等周边国家和地区，出口西欧市场较少。

由于杂粮生育期短，适应范围广，具有耐旱耐瘠等特点，它既可以作为填闲补种作物，又适宜于生产条件差的冷凉地区、丘陵山地、新垦荒地和一些旱薄地种植，也可以与大宗作物如小麦、玉米等实行间作、套种、混种，提高土地利用率，优化粮食产量结构。在目前我国种植业结构调整中，小杂粮不仅是不可缺少的搭配作物，而且在一些地区还是首选作物，同时又是耕作制度改革中重要的前茬作物[8]。

15.5.2 杂粮主要灾害及灾情分布

中国地处温带和亚热带地域，又是作物起源中心之一，是世界小杂粮主产国，不但小杂粮种类多，而且占有的份额也较大。其中以谷子、高粱、甘薯、马铃薯、糜子、荞麦、燕麦、绿豆、豌豆、蚕豆等种植面积较大，产量较高。

15.5.2.1 谷子

谷子是我国北方地区种植的主要杂粮作物之一。谷子以耐旱、耐瘠薄、耐贮藏等优势得以在半干旱气候区大面积种植。谷子对气候条件的适应性很强，一般大于 10℃ 的活动积温 2 000℃ · d(高纬早熟品种 1 600℃ · d)以上，年降水量 300～400 mm 以上，海拔 2 000 m 以下均可种植。谷子的主要产区在北纬 32°～48°和东经 103°～130°之间。根据中国主要产谷区的气候特点和种植制度，可分为四个气候特点不同的区：①东北寒冷春谷区，包括黑龙江、吉林、辽宁西部及内蒙古东部。大于 10℃ 积温 2 000～3 000℃ · d，年降水量 400～600 mm。气候寒冷，无霜冻期短。但日照充足，降雨量集中，水热同季，对谷子生育有利。不利气象因素有春、秋季的大风和生育后期的低温冷害。②北方高原春谷区，包括内蒙古、甘肃、宁夏、陕北、山西大部及河北北部。大于 10℃ 积温 2 000～3 500℃ · d，年降水量 200～600 mm。大部分处于半干旱地区，谷子生产上的主要气象灾害是干旱，特别是孕穗到抽穗期的“胎里旱灾”和“卡脖旱”。③华北平原温暖春夏谷区，包括河北省大部及河南、山东、山西的部分地区。大于 10℃ 积温 3 600～4 500℃ · d，年降水量 500～700 mm。气候温和，雨量适中，但在谷子灌浆及收获季节常因降雨过多形成涝害。个别地区种夏谷热量不足。④黄淮流域高热夏谷区，包括黄河沿岸的陕西、山西、河南、河北的部分地区及江苏、安徽的淮北部分地区。大于 10℃ 积温 4 000～5 000℃ · d，年降水量 700～900 mm。主要在小麦、油菜茬后复播夏谷，播种时易因墒情不足影响全苗，出苗后逢雨季对幼苗生长不利，后期有早霜危害[9]。

15.5.2.2 高粱

高粱曾经是东北地区的主要粮食作物，20 世纪 80 年代以后面积明显缩小，但仍是酿酒的主要原料之一。高粱耐旱、耐涝、耐瘠的能力都较强，并具有一定的耐盐碱能力。高粱生长发育最迅速的时期是从拔节到抽穗，这个阶段需要的水分最多，是猛攻穗大粒多的关键时期。高粱虽有抗旱能力，但拔节以后，气温高，生长快，蒸腾作用旺盛，抗旱能力减弱，同时地面水分蒸发量也增大。北方春播高粱这一时期的耗水量，占全生育期间田间总耗水量的 54.2%，因此常感水分不足。特别是在加大密度、增施肥料的情况下，往往因水分不足而影响产量，因而为了夺取高产，必须保证高粱生长发育不缺水。如果干旱缺水，就会影响幼穗发育。枝梗分化期缺水会使穗子变小，穗码变稀疏。穗花分化期缺水，可使小穗小花分化数减少。性细胞形成期遭受干旱，由于雌雄蕊发育不全，退化花增多，造成结实不良和“卡脖旱”。但此时降水过多，又会使枝梗小穗小花大量退化，引起秃脖、秃尖和减产。开花期间也需足够的水分，但是连续降雨对高粱开花传粉不利，往往因花粉破裂而不能授粉，造成大量瞎穗。高粱灌浆成熟期间，由于茎叶制造与储存的养分大量向籽粒输送，仍需适当的水分，保持土壤水分在田间持水量的70%左右比较适宜。水分充足可延长叶片寿命、保持根系活力，防止植株早衰，使光合作用保持在较高的水平，并能促进养分向籽粒运转，提高粒重。如果水分不足，会使叶片提早枯黄，籽粒充实过程缩短，使空秕粒增多。但结实期间秋雨连绵，光照不足，温度降低，也会使同化产物和籽粒干物质积累减少，降低粒重而减产[10]。

15.5.3　杂粮主要减灾技术

针对干旱应采取以下几项具体措施[11]：

(1)秋季深耕整地的农田要适时镇压。秋整地为根系生长创造了良好的理化环境，并使耕层表面形成一层团粒，土壤中产生大量的非毛细管孔隙，降水时，水分很容易通过这些孔隙渗入耕层，将土壤水分积蓄在耕层底部。团粒内部的毛细管孔隙因吸附力强，积蓄的水分不易蒸发，从而提高了土壤的保墒能力。但是，由于秋整地的土壤比较疏松，如果春季干旱、春风大，短时间内就会使土壤耕层内的水分散失，加重旱情。因此，必须春季适时镇压，使土块破碎，密实土层，从而减少水分蒸发，达到保墒的目的。通常在化冻10～15 cm时镇压。镇压要以表层能形成一层薄薄的细土为宜。镇压要掌握好时期才能有明显作用。镇压过晚，干土层过厚，不能增加土壤密实度，提墒、保墒作用就不明显。翻浆期过湿，镇压则容易造成土壤表层板结，不利于幼苗出土。

(2)减少或避免春季耕翻作业。没有进行秋整地的农田，应减少或避免春季耕翻作业。因为，春季干旱、春风大，耕翻作业会加速水分的蒸腾，加重旱情。播种时用耙茬机将原垄茬耙掉在原垄上播种即可。如原垄在化冻后播种前出现旱裂现象，可在旱裂初期用犁进行浅耥扶土，改变土壤表面的物理结构，减少水分蒸发。

(3)播前耢地。播前耢地的作用是使土壤表面干土层减少，土地平整，从而既可使种子播在湿土里，防止落干，又可使播深达到一致，促使苗齐。通常要边耢边播。耢子的重量可根据干土层来确定，以耢到湿土为宜。

(4)种子选择与处理。应选择适应性强的品种并购买发芽率高的种子。购买种子后，要进行种子精选、晒种或炕种、种子包衣等播前处理，以提高种子的生活力，增强抗旱能力，保证苗全、苗齐、苗壮。

(5)适时播种。适时播种对抗旱生产具有十分重要的意义。播种过早，温度低，种子没有基本的发芽条件，出苗缓慢，易粉种、烂种和产生黑穗病。播种过晚，土温虽高，土壤失墒会加重旱情，从而造成缺苗断条。因此，播种过早、过晚，对保证全苗都不利。一般在5 cm土层日平均温度稳定通过10～12℃时抢墒早播，对争取全苗十分重要。

(6)几种抗旱播种技术措施。　①适当加大播种量。根据品种的特性要求，在干旱情况下播种一般要较正常情况增加30%～50%的播种量。②采用机械播种。利用机械播种速度快、质量好，可显著缩短播期，且机械播种开沟、播种、覆土、镇压等作业连续进行，对春季保墒有利。穴播较条播对利用土壤下层墒情更为有利。③催芽座水。是抗旱播种最有效的方法，有水源条件的地方都要积极采用这种方法。通常在播种前 1 d 下午，把种子放在 30℃的温水中浸泡 3 h 左右，然后放在温热处进行催芽。催芽过程中要勤翻动，使种子上下层温度一致，种子萌动“露白”时即可准备播种。如果种子过湿，可以晾开风干到散落时再播。催芽要注意不要使芽长得过长。催芽后的种子不能拌农药，也不能与化肥直接接触。播种时，先将垄开沟，然后洒水，待水渗下再播种。座水播种后不要覆土太深，不要马上镇压。④提墒播种。在干土层不超过5 cm，底墒比较好时，于播前镇压 1～3 遍，压碎坷垃，压实土层，接通毛细管，将底墒提起。镇压后干土层可减少 2～3 cm，播层水分可增高 2%～3%。镇压和播种要连续进行，播后如连续干旱，可继续镇压 2～3 次。

(7)播后镇压。播种后，土壤暄虚，孔隙大，容易造成土壤水分大量蒸发，吊干种子。播后镇压，可以碾碎土块，压实土层，使种子与土壤紧密结合，并使土壤形成毛细管将底层水分提到播种层，供种子吸水萌发。对于干旱的农田，播后要早压。适期镇压的标准是播后土壤表面干爽，无湿土痕迹时即可镇压。对于催芽座水播种土壤水分多的地块，播后要适当晾墒，当地表发白干燥时再镇压，以免镇压过早土壤板结，影响出苗。

15.6 大豆主要灾害与减灾技术

15.6.1 大豆生产状况

我国大豆主要种植在东北地区的一年一熟春大豆区和黄淮流域夏大豆区，在这两个一级区中包括大兴安岭区、东北平原区、长白山山地、辽宁平原丘陵、华北平原、山东丘陵、淮北平原等 7 个二级区，以及大兴安岭北部山地、大兴安岭中部山地、小兴安岭山地、三江平原、松嫩平原、长白山山地、辽河平原、千山山地、辽东半岛丘陵、京津唐平原、黄海平原、太行山麓平原、胶东半岛、胶中丘陵、胶西黄泛平原、徐淮平原、皖北平原、豫东平原等 18 个三级区，共计 556 个县。根据 1998—2002 年的平均产量统计，东北地区一年一熟春大豆区的大豆产量占全国总产量的 50%左右，黄淮流域夏大豆产量占全国产量的 30%左右。

1957 年全国大豆种植面积达 1 266.7 万 hm^2，占粮食作物总播种面积的 9.5%，产量达到 1 005 万 t，占全年粮食总产量的 5.2%。但是，以后的 20 多年间，由于追求淀粉类粮食的高产，大豆种植面积下降，产量降到 600 多万 t。直到进入 20 世纪 80 年代中后期，大豆种植面积逐渐恢复到 800 万 hm^2，产量超过 1 000 万 t。90 年代以来，随着人民生活水平的提高，大豆需求量增加较快，刺激了价格上扬，进而推动了生产发展。1993、1994 年全国大豆产量大幅度增加，分别达到 1 531 万和 1 600 万 t，比 1992 年增长 50%左右。因供过于求，价格大幅下跌，从 1995 年开始大豆种植面积又出现下降，1996 年的大豆产量也下降到 1 322 万 t。近年，随中国大豆压榨能力的大幅度提高，国内大豆供求缺口增大，大豆进口量大幅度增加(2001 年达到 1 394万 t)；国内大豆产量也逐渐提高，2002 年达到 1 615 万 t。

中国大豆大量进口，一方面是由于国内大豆生产与需求间缺口巨大；另一方面是中国大豆生产与需求存在一定的空间错位。

目前国内大豆需求主要来自大豆用种、直接食用(做豆腐、豆浆、生豆芽等)、工业用(做酱油、生产豆粉等)、压榨行业需求等。其中,压榨行业对大豆需求的大幅度增加是导致国内大豆进口量大幅度增加的最主要原因。据统计,20 世纪 90 年代初期中国大豆压榨需求量在 500 万 t 左右;2002 年中国大豆压榨需求量在 2 200 万～2 300 万 t 左右,比 90 年代初期增加了约 4.56 倍。近 10 年来,国内大豆需求量增加的动因可用下面关系表征:国民收入水平提高→肉、蛋、奶等需求量增加→畜牧业发展规模扩大→饲料需求量增加→豆粕需求量扩大→大豆压榨能力提高→大豆需求量增加→大豆进口量增加。

黑龙江省依靠其大豆主产区的优势,是传统上的大豆压榨主要省份。近年,中国大豆压榨企业布局发生很大的变化,由大豆主产区向豆粕的主消费区转移。按压榨能力排序,处于第一位的是山东,其次分别是黑龙江、江苏、辽宁、广东、浙江、吉林等省。

目前中国大豆的供求缺口已达到 1 500 万 t 左右。随畜牧业的发展及对豆粕需求量的增加,中国大豆压榨需求量仍将增加。扩大大豆种植面积,提高大豆产量,满足国内需求,已成为目前中国大豆主产区的一项重要任务[12]。

15.6.2 大豆主要灾害及灾情分布

15.6.2.1 大豆干旱

干旱胁迫首先影响植株的生理、生化过程,进而影响其生长和形态,最终使产量受到影响。不同品种的基础产量水平虽然不同,但其产量及产量因子对不同生育时期的干旱胁迫有着基本一致的反应。

大豆需水量大,蒸腾系数要比小麦、谷子、高粱等作物多 0.4～1 倍,是抗旱能力较弱的作物。在各生育时期当土壤水分低于田间持水量的 60%时都可能发生干旱。大豆的产量性状是由单株荚数、每荚粒数和粒重构成的,不同生育时期的干旱胁迫对大豆产量构成因素的影响是不同的。开花期干旱,受影响最大的是单株荚数;荚形成时期和鼓荚时期受旱,会造成秕荚大量增加,每荚粒数减少;鼓粒期受干旱胁迫则导致百粒重的下降;鼓荚期的干旱胁迫会造成产量大幅度下降,主要是因为每荚粒数的减少和百粒重的降低等综合因素所致。也有研究报道持续的干旱胁迫不但会使大豆籽粒大小明显减小,产量明显降低,而且植株提前成熟。就不同时期干旱对产量影响的幅度的研究表明,苗期减产 2.7%～9.7%,花荚期减产 24.3%～28.3%,鼓粒成熟期减产 6.2%～16.9%。可见,苗期干旱胁迫对产量影响最小,这是由于大豆营、花、荚、粒形成持续时间较长,当干旱胁迫解除后,还有一段较长的补偿时间。在开花鼓粒期影响最为明显,是因为在这段时期大豆营养生长与生殖生长并进,需水量较大,对水分也较为敏感[13]。

15.6.2.2 大豆冷害

主要发生在东北北部,历史上几次严重冷害年减产都在 30%以上。大豆冷害主要有生育不良、延迟、障碍等三种类型。生育不良是在出苗、幼苗生长、分枝和花芽分化期遇较长时期低温,使出苗率降低,幼苗生长缓慢,根系弱,叶片少,分枝发育不良,花芽分化受阻,开花数减少,导致后期减产。延迟型是因较长时期低温使发育延迟,秋季来不及在霜冻前成熟而减产。障碍型是在开花前期遇较强异常低温,15℃左右低温能使雄蕊发育受阻,花粉萌发力下降，花药不开裂；低于 18℃有机物质运输受阻，落花落荚增加，结荚率和结实率降低，以开花前 11～17 d 最为敏感。由于大豆开花期长，回暖对前期有补偿作用，短时的低温不会造成严重影响。

15.6.2.3 大豆霜冻

春霜冻危害幼苗，秋霜冻使鼓粒终止，对产量的影响更大，夏秋冷害发育延迟，而初霜冻又来得早的年份损失极大。大豆苗期较为耐寒，最低气温 0℃左右，地面最低温度－2～－3℃，或叶面最低温度－4～－5℃时幼苗才遭受霜冻危害。成熟期当最低气温低于 3℃，地面最低度 0～－1℃以下，大豆可遭受危害。收获适期的形态特征是：茎秆呈棕黄色，10％的叶片和 20％～30％的叶柄尚未脱落，豆荚与种子间白膜已消失。据观测，早 7 时植株的含水率为 40％～50％，豆粒含水率为 18％～20％，午间分别下降到 13％～18％和 14％～15％。早晨收割难脱净，中午收割易裂荚掉粒，以上下午收割为好。

15.6.3 大豆主要减灾技术

15.6.3.1 大豆干旱的减灾技术

(1)除净杂草。采取化学除草与人工除草相结合，封闭除草遇春季干旱，要先喷一遍水，再喷药，防止杂草与苗争水分。

(2)增加中耕次数。增加铲耥次数，有利于切断土壤毛细管，防止水分蒸发。

(3)灌溉。在幼苗期，可适当少灌水，以喷灌为好。在开花结荚期，干旱必须灌水。可以采用沟灌，但灌后必须及时中耕，松土除草，以提高地温，促进大豆生长。

(4)大豆花荚期喷施有利于大豆生长，能减少叶面蒸发的植物生长调节剂。

(5)秋深耕蓄墒，耙耱保墒。

(6)春大豆适时早播，抢墒播种。

(7)选择适宜熟期的品种，使需水高峰期与雨季吻合。

(8)起垄栽培，截留雨水。

15.6.3.2 大豆冷害的减灾技术

(1)根据当地气候选用适宜的主栽品种，应具有 70％～80％的成熟保证率，严控越区引种。搭配 20％～30％的早熟和偏晚熟品种，根据不同播期分别选用。

(2)造好底墒，适时早播，力争早出苗。

(3)及时中耕除草，增施有机肥和磷钾肥，喷洒生长调节剂，增强抗逆性，培养壮苗，防治病虫，抗旱排涝，促进早发快长早熟。

15.6.3.3 大豆霜冻的减灾技术

(1)根据当地无霜期的长度和生长期积温多少选择适宜的品种，在生长季短的地区要选择早熟高产和抗寒力强的品种。

(2)适时早播，促苗早发，争取早成熟。

(3)霜冻来临前浇水、喷水或熏烟防霜。

(李茂松 杨晓光)

参考文献

[1] 中华人民共和国农业部.新中国农业60年统计资料.北京:中国农业出版社,2009:17-20.

[2] 郭书田.神农之魂,大地长歌——中国工业化进程中的当代农业(1949—2009).北京:金盾出版社,2009:369-385.

[3] 中华人民共和国国家统计局,中华人民共和国民政部.中国灾情报告(1949—1995).北京:中国统计出版社,1995.

[4] 刘玲,沙奕卓,白月明.中国主要农业气象灾害区域分布与减灾对策.自然灾害学报,2003,12(2):92-97.

[5] 虞国平,朱鸿英.我国水稻生产现状及发展对策研究.现代农业科技,2009(6):122-130.

[6] 邓振镛,徐金芳,黄蕾诺,等.我国北方小麦干热风危害特征研究.安徽农业科学,2009,37(20):9575-9577.

[7] 王立平,王俊英,侯福强.90年代北京郊区小麦冻害简要分析.北京农业科学,1997,15(4):16-18.

[8] 柴岩,玛佰利.小杂粮生产现状及对策.中国农业科技导报,2001(5):57-61.

[9] 中国农业百科全书编辑部.中国农业百科全书:农业气象卷.北京:农业出版社,1986.

[10] 侯荷亭.高粱对环境条件的要求.山西农业科学,1985(4):38-40.

[11] 刘景松.黑龙江甜高粱生产应对春旱的几点措施.中国农村小康科技,2008(9):22-23.

[12] 刘爱民,封志明,阎丽珍,等.中国大豆生产能力与未来供求平衡研究.中国农业资源与区划,2003,24(4):36-39.

[13] 高中超,周宝库,张喜林.大豆对干旱胁迫生理生化的响应.大豆通报,2007(5):27-30.

第16章

经济作物生产减灾技术

经济作物指具有某种特定经济用途的农作物，通常具有地域性较强、经济价值较高、种植技术要求高、商品性较大等特点，且对自然条件选择要求较严格。经济作物的种类很多，按其用途可分为：①纤维作物，主要包括棉花、蚕桑和麻类等；②油料作物，主要包括油菜、花生、向日葵、芝麻和茶籽等；③糖料作物，主要包括甘蔗、甜菜、甜高粱等；④烟茶类作物，主要包括茶叶、烟草等；⑤药用作物，包括人参、灵芝等；⑥热带经济作物，主要包括橡胶、油棕、椰子、剑麻等。我国经济作物主要包括棉花、油料、糖料、烟草、麻类和药材等，占农作物总播种面积的14.1%，其中棉花、油料、糖料在中国经济作物生产中占主要比重，又以油料作物居首，种植面积达15万余 hm^2，占全部作物种植面积的6.5%。中国经济作物分布地域性差异较明显，90%的播种面积集中于东部地区。经济作物的种类较多，不同种类的经济作物对气象条件的要求也各有不同，但都受气象灾害的较大影响。主要灾害包括干旱、洪涝、低温冷害、冻害、冰雹等。本章以中国主要经济作物棉花、油菜、甘蔗、烟草为例，介绍其主要气象灾害及防御技术。

16.1 棉花主要灾害与减灾技术

棉花是我国最主要的经济作物之一，产量位居世界第一，与农民增收、人民生活水平的改善有着密切的关系。我国处于温带和亚热带地区，除高原山区和北部少数地区外基本都可以满足种植棉花需要的热量条件。目前，我国有22个省、自治区、直辖市种植棉花，主要分布在西部新疆干旱灌溉棉区、黄河流域棉区和长江流域棉区以及东部半干旱、半湿润水浇地和旱地棉区，其中新疆、黄河流域和长江流域棉区占我国棉花生产的95%左右，而且三个棉区的面积大约各占1/3，呈三足鼎立态势。

棉花是喜温作物，适宜的播种温度为12～15℃，最佳收花期为15℃终止日。开花期要求日平均温度大于23～25℃，花铃期适宜温度为25～30℃。温度对棉花品质的形成起着重要作用。开花后大于 20℃、25℃的日数越多，棉花纤维强度越高。棉花是 C3 作物，光合作用适宜温度为 25～35℃，高于其他 C3 作物，吐絮期间，要求较高的温度和充足日照(年日照时数大于 500 h)的天气，年日照时数一般要求大于 20 000 h，若小于 15 000 h，严重影响棉花的产量和品质。棉花生长要求的年降水量 600～1 000 mm 最为适宜。

16.1.1 棉花低温冷害及减灾技术

棉花是喜温作物，生长发育最适宜的温度为 25～30℃，但每个生育时期所需要的适宜温度不同。低温冷害导致棉花生育进程推迟，植株矮小，群体生长量不足，成铃少，从而使产量降低。温度变化较大或气温突然降低都会对棉花的生长发育造成严重的影响，尤其是对苗期和铃絮期的影响最为严重。苗期温度降低常常造成烂种、烂根；铃絮斯低温会造成棉铃轻而且吐絮晚，进而降低棉花的品质及产量。低温对棉花造成的灾害主要为冷害和冻害。傅玮东等的研究表明，当北疆棉区 6 月月平均气温距平≤－0.5℃，南疆棉区 5—6 月气温持续偏低且月平均气温距平≤－0.5℃；同时，棉花的开花日期滞后，其中喀什棉区棉花开花期比常年晚 5 d 以上、石河子棉区和阿克苏棉区晚 3 d 以上时，就有可能出现一般气候减产年。[1]

16.1.1.1 棉花冷害

1. 苗期冷害

棉花种子萌发要求较高的生物学下限温度，其最低温度为 10.5～12℃，最适温度为 28～30℃，长时间低于最低温度会造成种子霉烂；出苗的最低温度为 16～32℃，小于这个温度则会延长棉花出苗的时间，一般说来，当日平均气温达到 17℃以上时，才能大量出苗。根据有关资料报道，棉种在 5～10℃低温时，便会受到严重危害。当病原菌存在时，棉种受害的低温温度提高，在 15℃低温循环处理的情况下，棉种的出苗率明显下降，烂种率升高，发芽势受阻，这充分说明了病原菌是加重低温为害的诱发因子和致使棉种烂种、烂芽的主导因素之一。李俊义等在新疆北疆地区的试验结果表明，棉花子叶期遇降温、下霜或遇降温、下霜并伴有降雨、降雪等不同环境条件时棉苗抗冻害能力不同。若无降水，棉叶表面不存留水珠或雪层，因而在低温下未曾结冰时，棉苗具有相当强的抗低温能力，并且随苗龄增加抗冻性增强。若棉叶表面因存有水珠或雪层而结冰时，抗冻性明显减弱，在 0℃附近，子叶局部受害，温度降低至－1.5～－2.8℃时，棉苗受冻致死率可达 47%～95%。[2]

2. 花蕾期冷害

棉花现蕾要求的最低温度为 17℃，一般来说，出苗后 20℃以上的高温日数 20 d 以上，≥20℃的有效积温 75℃・d 左右，才能大量现蕾。当 5 月中旬气温低于 17℃，则会导致幼苗生育延迟，现蕾期推迟 4～7 d。如果 5 月上旬地面最低温度降到 1℃以下，将导致棉叶冻伤；如果气温降到 0℃以下，即使时间很短，也会造成幼叶或幼苗冻死。如 2001 年 7 月 29 日至 8 月 1 日，新疆北疆连续降水(>70 h)，气温急剧下降，致使天山以北的昌吉、石河子、奎屯垦区附近 26.67 万 hm^2 棉花惨遭低温为害，大部分田块减产 40%～50%，严重的则达到 60%～70%，造成的经济减收估计高达 10 亿元。新疆石河子大学的室内低温模拟试验表明，气温从 30℃骤降至 15℃，除可能造成棉花蕾铃脱落外，不足以造成棉花萎蔫、枯死，但是，倘若棉花受到病虫危害，可导致棉花叶片干枯卷曲；只有气温由 30℃骤降至 0℃左右时，棉花会受到严重损害，叶片似水烫状，失水透明，干枯死亡。[3]

棉花开花要求的最低温度为25℃，温度过低会造成花器败育。当温度低于21℃时，棉花生长发育缓慢，铃壳加厚，铃重降低。

3. 铃絮期冷害

从开花到吐絮，棉铃发育要求≥15℃的积温1 500℃·d以上。棉花纤维发育要求日平均气温大于15.6℃。铃絮期冷害，造成铃轻、吐絮晚而减产。棉花从开花到吐絮，日平均气温在23～24℃，需要64～65 d。从开花到吐絮期，日平均气温低于20℃，或≥15℃的积温小于1 300℃·d时，导致棉铃发育迟缓，霜前不能成熟吐絮。如果日平均气温只有18℃，或≥15℃的积温低于1 000℃·d时，使棉铃发育特别迟缓，严霜后不能开裂，严重降低棉花的品质。9月中旬平均气温若降到16℃以下，或7月末至9月末大于10℃的积温低于1 490℃·d，则影响棉花纤维的发育，导致棉花吐絮晚、铃轻，降低棉花产量和品质。9月中下旬地面最低温度低于3℃，则棉叶部分冻死；低于0℃，则叶铃均有死伤。

新疆是重要的棉花产区，棉花品质好、产量高。新疆地区棉花生长的关键时期在5—8月，温度突降会造成棉花生育期推迟，产量下降。1996年，南疆夏季持续低温造成全疆棉花生产减产7%左右；2001年北疆大部分棉区7月底出现的障碍型低温冷害，致使全疆棉花大幅度减产，减产幅度达到10%。

16.1.1.2 棉花冻害

棉花对热量的要求条件较高，抗霜冻能力较弱。我国棉区春、秋季气温很不稳定，苗期和吐絮期常常因冷空气入侵而发生霜冻。棉花对低温的响应非常敏感，尤其是苗期。观测数据显示，刚出土的棉苗，温度在0℃条件下1 h，棉苗就会立即死亡。棉花生长后期，秋季日平均气温降到10℃以下，日最低温度降到－1℃时，棉株生长发育停止。在出现－2～－3℃的霜冻时，棉叶枯落，植株死亡。棉桃开裂前的抗霜冻能力很低，最低气温1～3℃或最低叶温－1～－3℃时部分叶片轻微受冻，个别棉桃有冻裂。最低气温1～－1℃，最低叶温低于－3℃时，叶片全部受冻干枯脱落，大部分棉桃严重受冻，甚至全株死亡。甘肃、陕北、冀北、辽西、山西等地的棉花在生长季容易遇到温度偏低的冻害，棉花生育期推迟。虽然初霜冻日期接近常年或略偏晚，棉花还是容易受到霜冻危害。

16.1.1.3 棉花低温冷害减灾技术

(1)做好农作物品种区划。品种布局区域化应以合理选用早熟高产耐寒的品种为指导原则，按照以热量为主，兼顾湿度、光照、土壤肥力、生产水平等综合生态条件，以作物品种熟性为中心内容，逐步实现品种的区域种植、合理搭配，以抵御低温冷害，确保棉花的全面高产稳产。热量条件良好的地区可以实行麦、棉间作，合理的麦、棉间作虽然降低了棉行间的平均温度，但可以提高棉行间的最低温度，降低冷害的发生。

(2)提高土壤肥力。增施有机肥和磷肥，合理施用氮肥。施有机肥，可以提高地力，既是高产措施，又是稳产措施。合理施用氮肥，一次性大量施用氮肥会延迟作物生育期，降低产量。

(3)适时播种，避开低温天气对棉花生长的影响。进行地膜覆盖，可以有效地保证一播全苗，促进棉花早发早育，提高产量。

(4)苗期覆盖保苗。用地膜、草袋、席子、报纸等覆盖,可以防止棉苗受冻。

(5)采用沟棚覆盖棉花。普通地膜覆盖棉花由于地膜内外温差较大,导致贴在地膜内壁的棉苗叶受冷害比裸地更严重,沟棚覆盖正好可以解决这一问题。当出现降温、下霜而无降水时,地膜棉花的农膜内表面存有一定量的小水珠,从地膜中解放出棉苗可避免棉叶与农膜接触,因而减少冻害。但是,当降温、下霜而伴有降水时,从地膜中解放出棉苗,大多数棉叶表面会因存留水、雪而结冰,因而棉苗极易遭受冻害或致死。

(6)采取应急措施。如灌溉,施用叶面保湿剂,进行根外追肥等。磷肥对作物早熟高产有明显的作用,8 月中旬根外喷施磷肥 1～2 次,对催熟纤维有较好的效果。

(7)加强农田管理,及时整枝。据调查,及时彻底修整枝条,可以使株间温度相应提高 0.6～0.7℃。

16.1.2 棉花旱灾及减灾技术

16.1.2.1 棉花干旱

棉花虽然是较抗旱的作物,但干旱对其生长发育、产量、品质也有很大的影响。干旱条件下,棉花气孔导度下降,呼吸作用增大,光合作用减弱,进而影响棉花生长。[4]棉花出苗要求有充足的土壤水分。棉籽出苗要求的土壤含水量下限:黏土为 18%～20%,壤土为 7%～15%,沙壤土为 4%～12%,沙土为 10%～12%。土壤水分不足,出苗速率减慢;严重缺水则不能出苗。棉花苗期植株小,需水不多,轻度干旱对其影响不大;严重干旱才会造成生长缓慢,发育迟缓。现蕾期需要水分较多,抗旱能力降低。棉花前期需水较少,中后期需水较多。蕾铃期雨水过多容易造成旺长和棉田荫蔽,从而导致蕾铃大量脱落;花铃期需水最多,占全生育期总需水量的 50%以上。吐絮期雨水过多则会影响纤维质量,并推迟成熟。此时期降水大于 240 mm 则会造成棉花受害。

16.1.2.2 棉花干旱减灾技术

(1)根据各生态区的干旱规律,合理安排种植结构,调整播种日期,使作物对水分的敏感期避开伏旱时期,减轻旱害。选育抗旱耐旱品种,提高作物抗旱能力,确保产量。

(2)平整土地,深耕松土。平整土地可以减少径流,控制水土流失,增强土壤蓄水能力。深耕松土能促进作物根系向下生长,作物可以吸收更深层土壤水分,减少干旱对其生长的影响。

(3)合理灌溉。为了防止春旱造成的影响,可以进行早春灌溉或冬灌,灌溉量一般应该大些,一方面确保生长发育用水,另一方面在盐渍化土壤情况下,还可以起到洗盐作用。棉田灌溉时间一般在傍晚 18 时以后,高温季节一般要在 20 时以后。

(4)地面覆盖保墒。用地膜、作物秸秆等覆盖农田土壤表面,可以减少裸露地表的土壤水分蒸发,起到保墒作用。

(5)化学调控。施化学覆盖剂、保水剂、抗蒸腾剂,均能起到一定的抗旱作用。

16.1.3 棉花涝灾及减灾技术

16.1.3.1 棉花渍涝灾害

棉花抗涝能力较差，淹水后常常造成严重减产。棉花生育期的任何阶段，淹水都会对其造成严重影响。苗期棉苗矮小，淹水会造成根系变黑，阻碍其生长，推迟现蕾，时间过长则会致使幼苗死亡。蕾铃期对水分过多响应较敏感，水分过多会使棉花生长旺盛，过早封垄，株间通风透光性减弱，空气湿度增加，病害传播较严重。一般来说，多数棉区蕾铃期正逢雨季，且大雨暴雨居多，在排水不良的地方，则易发生涝害和洪水，使蕾铃大量腐烂、脱落，长时间淹水会造成植株大量死亡，严重影响作物生长发育及其产量。2010 年 6—7 月江西省永修县连续 20 多天阴雨天气，此时期棉花正处于花铃期，是产量形成的关键时期，光照不足，暴雨次数较多，导致棉铃数大量减少，棉花产量和品质锐减。[5]吐絮期，要求充足的光照和少量的水分，雨水过多影响棉花纤维脱水，推迟成熟，降低品质。棉花生育中后期的雨涝，常使棉株中下部烂铃数大幅度增加。

棉花属于耐旱性作物，对涝渍胁迫的耐受性较差。棉花花铃期受涝渍胁迫，主要使棉花铃数减少、铃重降低而导致减产。涝渍胁迫下棉花果枝数与果节数减少，蕾铃脱落率增大，总铃数与铃重显著降低。涝渍胁迫对棉花产量的影响程度主要取决于涝渍灾害发生的生育时期与渍水的持续时间，棉花产量随渍水持续时间的延长而降低。产量降低与渍水持续时间之间的关系因生育时期的不同存在差异，在棉花蕾铃分化的蕾期与初花期，涝渍灾害对棉花减产最重。

在棉花的花铃盛期(8 月下旬至 10 月中旬)，要是遇到连阴雨天气，则会造成渍涝灾害，严重影响棉花的产量。日降雨量≥0.1 mm，连续降雨日数≥4 d，过程降水量≥20.0 mm，称为一次连阴雨过程，也叫秋淋。秋淋对棉花的产量影响特别大。如 1981、1983 年关中秋季连阴雨达 20 d 以上，雨量达 300～500 mm，使棉桃严重脱落、腐烂，当年棉花平均产量降到 150～240 kg/hm^2。[6]

16.1.3.2 棉花涝灾减灾技术

1. 修好田间排水沟，起垄种植

深挖排水沟，有很好的抗涝作用。遇到雨水较多时期，尽快清理垄沟、畦沟、腰沟、围沟及排水沟等，使排水通畅，有利于降低地下水位、田间持水量和植株间湿度，有利于改善土壤透气性。棉花受淹(渍)时间越短，伤害越小，恢复越容易。降雨后及时疏通沟系，迅速排涝降渍，是棉花抗涝管理的关键措施。在雨季来临时，及时清理田间沟系、田头沟和排水沟，确保沟系畅通。降大暴雨后，要及时巡查田间沟系，及时疏通淤塞沟系，确保畅通，做到雨止田干。同时要做好准备，应对再次降雨。

2. 分析灾情，科学合理决策

对于轻度危害、中度危害、重度危害的棉田，应及时抢救，加强管理，力争受灾不减产或少减产，一般不要毁种；严重危害棉田，应根据受灾时间而定，如受灾时间不晚，仍在有效恢复期内，应及早采取补救措施，促其早恢复、早结铃，不要轻易毁种，若严重缺株，可补种其他作物；对特重危害棉田，应采取果断措施，尽早改种适宜的替代作物，争取有一定的收成。

3. 加强田间管理，及时清理受害棉株

棉花经淹水，根系严重受损，造成倒伏，若不及时扶理，棉株着地部分开花，造成大量烂铃、棉铃脱落。应及时扶理棉株培土固根，尽快洗去枝叶上的淤泥，从而促进正常的光合作用，改善光照条件，增加群体间的通风性，有助于增加结铃数和铃重，减少烂铃。大雨(暴雨)常伴大风袭击，由于土壤松软，棉花很容易倒伏，不及时扶理棉株，会加重蕾铃脱落，同时大量棉铃伏于地面，导致烂铃。在大雨(暴雨)停止后立即进行扶理，由于土壤松软，棉株容易再次倒伏。扶理时要结合清沟、培垄，一次完成扶正、培根、清沟和培小高垄。扶理时要轻抬轻踩，减少对棉花根系的伤害。

4. 中耕培土，降渍增温，增施有机肥，改善土壤理化性状

棉田渍水后会导致土壤板结、含水量大、温度低、通气性差等，常会造成棉花根部发黑渍烂，影响棉株恢复生长发育。及时中耕松土除草，可以防止土壤板结、增加土壤通气性，提高土温，对促进棉株根系生长是十分有利的。尤其是在盐碱地，更要及早中耕松土，以防返盐死苗。增施有机肥也能疏松土壤，改善土壤的理化性状，从而减轻涝害。棉花受涝渍后，根系吸收功能受到严重影响，棉花营养元素供应严重不足，及时补充养分是促进棉花生育恢复的关键，做到“水伤肥补”。涝渍发生后要在雨止后迅速进行叶面喷肥。主要喷2%尿素+0.4%磷酸二氢钾+300 g/hm^{2}混合微肥+叶面肥，每隔5 d喷1次，连续喷3次以上。在田间土壤水分适宜时，要及时补施速效氮肥，一般施尿素150 kg/hm^2。为防止施肥后旺长，要密切注意棉花生长情况，有旺长趋势时要及时用适量缩节胺控制。

5. 化学调控，注意病虫害传播

棉田淹水后最容易发生虫害，尤其是渍水后遇高温天气，棉株极易发生叶茎枯病。及时喷洒农药，防止病虫害蔓延。此时适当补施钾肥，也可以增强植株抗病能力。

16.1.4 棉花冰雹灾害及减灾技术

16.1.4.1 棉花冰雹灾害

我国冰雹的危害范围很广，主要棉区历年都遭受不同程度的雹灾。6—7月是雹灾发生的主要时期，此时正值棉花花铃期，冰雹会导致大量蕾铃脱落，棉花产量和品质大幅度降低。棉花的无限生长和再生性较强，轻度雹灾对其生长的影响较小，如果遇到较大程度雹灾，且处于棉花生长的关键时期，则会造成棉花产量锐减，甚至绝收。

雹灾后，部分棉田棉株主茎生长点、果枝、叶片均被打断，成为光秆。灾后棉花生长分4个时期，即成活关键期、生长恢复期、生长加速期、产量形成期。成活关键期约10 d，是灾后棉株成活的关键时期。由于棉株枝叶全被打落且大部分主茎生长点已断，棉株失去同化作用的器官，维持生命活动和萌发新叶都要靠主茎和根部贮藏的养分。只要主茎韧皮部及腋芽未受伤害，仍可萌发，在有效蕾期内就有希望生长出一定数量的果枝和花蕾。在同等受灾情况下影响棉株成活的因素主要有两个：一是灾前的棉苗大小。灾前棉苗大的主茎及根部贮藏的养分多，恢复得就好些，成活率也较高。二是灾后棉根浸水时间。由于冰雹融化产生的凉水浸泡，棉根从相对高的土温突然受到接近0℃的低温侵害，若再长时间浸水势必造成根系死亡。有的田

块一边高一边低，受灾后，低的一边棉株成活率明显低于高的一边。生长恢复期约 1 个月，是灾后棉花株型塑造的关键时期。棉株受灾后具有较强的自我调节能力，上部几个腋芽能够相对较快形成叶枝，而下部腋芽生长较慢成为弱势叶枝，形成多头棉，如果该时期不能及时整枝，造成营养分散，营养生长过旺，将影响棉花产量。生长加速期约 25 d，是灾后棉花营养生长和生殖生长并重的关键时期。由于前期塑造了株型，为营养生长打好了基础，加上这段时间光照充足，气温高，棉花生长加快。产量形成期 35 d 左右，是灾后棉花产量形成的关键时期，逐渐转向以生殖生长为主。受灾棉田絮期较未受灾棉要晚 10～20 d。

16.1.4.2 棉花冰雹灾害减灾技术

(1)迅速决定受灾田是否毁种。棉花受雹灾后，要及时科学地决定是否毁种。一般来说，轻伤型棉田要及时加强田间管理，争取不减产和少减产。重伤型棉田要视受灾时间而定，只要受灾时间不是很晚，仍能争取一定的有效花蕾，可以考虑不毁种，在缺株严重的情况下可以在缺株处及时补种棉花。

(2)培土固苗，形成垄沟；及时排水，中耕松土。垄沟有利于防止植株倒伏和灾后及时排水；中耕松土，可防止土壤板结，增加土壤通透性，提高土温，降低土壤湿度，促进植株根系活性的恢复。

(3)及时追肥。灾后棉田土壤养分大量流失，根系活力降低，及时喷施叶面肥和追肥可以改善植株营养状况，使其尽快恢复生长。

(4)精细整枝。整枝可以调节分配棉花内部营养物质，减少养分的消耗，同时能增加棉田的通透性。灾后要早打顶，对于受损的茎枝，应及时清除，确保顶心的生长。

(5)加强化学调控。冰雹灾后棉花生长受到严重的影响，可以通过化学调控，调节植株内的激素，改善其生理功能。对于受灾较严重的地区，可以适当喷施乙烯利，促使棉铃提早成熟开裂，确保产量。

16.1.5 棉花风灾及减灾技术

16.1.5.1 棉花风灾

瞬时风速≥17 m/s 的风称为大风。棉花苗期的大风会造成植株倒伏，部分茎秆折断，加重春旱程度，严重时可造成棉田缺苗断垄；夏季雷雨大风，直接使棉花茎秆折断或倒伏，若伴随冰雹则使大量蕾铃脱落。我国的新疆棉区处于大陆沙漠性气候，由于地表植被稀疏，季节性温度变化较快，因此春季常出现强风天气，对棉花生产造成严重损失。苏北沿海棉区 8—10 月正逢台风季节，狂风会造成棉花倒伏和严重的机械损伤，蕾铃脱落，烂铃数增加，加上风后棉花根系活性降低等，导致棉花减产。

风沙侵害后能恢复生长的棉株有一个共同的形态特征，即棉株生长点和子叶生长正常，无萎蔫、青枯和弯头现象。受害级别较轻棉田均有较好的保留价值，只需人工催芽补种；受害棉株较多时，虽然受害植株可能出现短期恢复生长的现象，但由于风沙侵害的伤势过重，缺乏自养能力，恢复到正常的时间也较长，生育期向后推迟，都是霜后花，产量也很低，甚至有的棉株后期因缺水干枯死亡，因此要采取有效措施，抓住时机，及时重播。

16.1.5.2 棉花风灾减灾技术

(1)及时做出决定是否改种,不改种棉花应及时进行补苗等应急措施。苗情达到七成以上的,可不进行补苗。在定苗时利用借苗、留双株等方式保证亩株数。四周缺苗的,一埯最多可以留 4 株。苗情五成以下的要及时翻种,苗情 5～7 成内的,可进行补种或栽苗。补种或翻种时,将棉籽冷水浸泡 24 h,然后座水播种,3～4 d 以后即可出苗。

(2)根据地区生态条件,选育抗倒伏、矮壮株型的品种。

(3)适时播种,地膜覆盖深播。在沿海地区可以提前早播,使其在台风季节前进入花铃期。

(4)加强田间管理,及时清理和扶持倒伏的棉株,改善棉田通风透光性。铃絮期受灾及时采摘烂铃,整枝打老叶,改善棉田小气候,保证植株正常生长。灾后要及时中耕松土,防止土壤板结。

16.2 油菜主要灾害与减灾技术

油菜是我国主要的油料作物之一,产量和播种面积均居世界首位,每年可为我国提供 400 多万 t 食用油(占全国植物油总产量近 40%)和近 700 万 t 优质蛋白饲料,同时也是生物柴油、医药、化妆品、保健品、冶金等行业的重要工业原料。每年可为我国 1 亿多种植油菜的农民提供近 300 亿元的农业生产收入,在国民经济中具有十分重要的作用。油菜的适应性较强,因此其分布也较为广泛,几乎遍及全国各地。东起台湾,西至青藏高原,南起海南岛,北至黑龙江,都有油菜的分布。

油菜是喜凉作物。油菜苗期要求的日平均温度为 5℃以上,开花期要求的适宜温度为 14～18℃。春播油菜要求年平均温度为 0～10℃,最暖月平均温度 20℃以下,高于此温度,会使油菜生育期缩短,提前成熟,不能结实。秋播油菜要求的年平均温度下限为 10℃,最冷月平均温度下限为−5℃。油菜是叶菜类植株,枝叶繁茂,生育期需要较多的水分。油菜属于长日照植物,每天需要 14 h 以上的日照,低于 14 h 会推迟其发育。

油菜苗期易遭遇冬季低温干旱天气,造成油菜萎缩枯死,雨水过多往往产生红苗、僵苗、烂根死苗;蕾薹期遭遇早春的倒春寒易使蕾薹受冻;花期易遭遇低温或高温和大风、阴雨而造成落花、落角和病害倒伏;角果成熟期往往会遇到前期雨水多、湿害重,后期因久雨暴晴而出现高温逼熟,使粒重降低,影响产量。

与旱地单季种植的加拿大的春油菜和欧洲的冬油菜不同,油菜湿害是我国特有的自然灾害之一。我国以水稻轮作的冬油菜为主,分布于长江流域(湖北、湖南、安徽、四川、贵州、重庆、江西等 9 个省市),占全国油菜总面积的 85%以上,生长季节为秋、冬、春季,在水稻收获后进行直播或移栽,不与水稻、玉米等夏季粮食作物争地。由于长江流域秋季和春季气候湿润多雨,尤其是苗期和花期常常遭受湿害的影响,减产可达 40%以上。

16.2.1 油菜旱灾及减灾技术

16.2.1.1 油菜干旱

我国大部处于亚洲季风气候区，降水量受海陆分布、地形等因素影响，降雨在区域间、季节间和多年间分布很不均衡，因此，旱灾发生的时期和程度有明显的地区性。秦岭淮河以北地区春旱突出，有“十年九春旱”之说。黄淮海地区经常出现春夏连旱，甚至春夏秋连旱，是全国受旱面积最大的区域。长江中下游地区主要是伏旱和伏秋连旱，有的年份虽在梅雨季节，会因梅雨期缩短或少雨而形成干旱。西北大部分地区、东北地区西部常年受旱。西南地区春夏旱对农业生产影响较大，四川东部则经常出现伏秋旱。华南地区旱灾也时有发生。

由于苗期生育时间较长，日耗水强度也随着植株增大、生理活动加强和气温升高而增大，油菜营养生长阶段需要较多的水分。油菜籽发芽要求的土壤含水量为20%～25%，田间最大持水量以70%～80%为宜，此时干旱易引起虫害，土壤含水量不到15%，则会阻碍幼苗生长，时间过长则会导致幼苗萎蔫甚至死亡。从移栽活棵到进入越冬期间，为营养生长旺盛阶段，特别是11—12月，正常年份一般一类苗平均绿叶数为11叶左右，二类苗为9叶左右，三类苗为6叶左右。大量的绿叶群体需要足够的水分来维持，因此油菜在未进入生殖生长期间耗水量最大，约占全生育期总耗水量的34.5%。油菜所需的水分，主要是依靠庞大的根系从土壤中吸收而来，土壤湿度的大小直接影响油菜叶片的水分供应。若气候持续干旱，温度偏高，土壤持水量少，就不能满足油菜根系对水分的吸收来弥补叶片蒸腾消耗，导致叶片卷曲和枯死，同时绿叶又是供应一次分枝的营养来源，大量的叶片枯死会对油菜产量造成严重影响，所以农谚说“冬水是油菜的命”，就是这个道理。

秋旱造成直播油菜推迟播期，出苗不齐，移栽油菜移栽后抽叶、生长缓慢，生育期延迟，易造成冻害。油菜整个生育期中水分敏感的时期是薹花期，此时若是缺水，直接抑制油菜的生长，造成油菜花蕾脱落或早衰青枯，严重影响产量及品质。春旱常常导致油菜返青延缓，植株矮小。

16.2.1.2 油菜干旱减灾技术

(1)选用耐旱品种。根据地区气候条件、品种生育期等情况选用适宜的抗旱品种。

(2)适时播种，合理密植。根据当地气候条件，适时播种，避开油菜生长发育水分临界期。油菜属于耗水的作物，及时间苗、定苗，使油菜密度不至于太高，可培育壮苗，促进根系发育，扩大营养吸收面，增强整个群体的生长能力。

(3)及时灌溉，缓解旱情。油菜田浇水后要及时浅锄松土，增强土壤的蓄水能力，防止土壤板结。

(4)适时追肥，中耕松土。根据当地油菜生长情况，因地制宜地进行科学施肥。对干旱严重地区要及时补充营养。由于受干旱影响，油菜生长很差，要采用叶面施用和结合抗旱土壤施肥的双重措施促进油菜生长，并结合中耕除草，改善土壤通透情况。

(5)增施农家肥，合理施用氮、磷、钾化肥，并追施硼肥。干旱易导致油菜硼素营养不足，造成叶片变红变紫、矮化、变形，花期花而不实。每公顷 7.5～11.25 kg 硼肥做底肥，或在苗期和初花期喷 0.2%～0.3%的硼液各 1 次；移栽油菜除底施硼肥外，在移栽前 1 d 应于苗床喷 0.2%～0.3%的硼液。

(6)化学调控，防止病虫害蔓延。干旱时油菜极易发生病虫害，应及时喷洒农药，防止病虫害的蔓延。

16.2.2 油菜冻害及减灾技术

16.2.2.1 油菜冻害

油菜植株体内含水量较高，是越冬作物中抗寒性较差的作物之一，遇到低温易发生冻害。油菜生长发育要求的温度为 0～32℃，当温度降低到 0℃以下时，地上部停止生长，此时较易发生冻害。[7]营养生长时期，若遇到 0℃以下的气温，油菜蕾薹受冻，生长受阻，导致死蕾，产量降低。越冬期当气温持续下降，平均气温在 0℃以下，极端最低温度达到－20℃时，油菜即停止生长，叶片干枯，此时若遇到干旱，则会发生干型冻害，对油菜的影响极为严重。

由于北方南下强冷空气的影响，气温骤然回落，天气大幅降温、骤冷。当出现连续 3 d 以上日平均气温≤0℃左右，或者日平均气温≤5℃连续 5 d 或以上的天气过程，俗称“倒春寒”。长江流域早春油菜基本已经进入蕾薹期，抗寒力减弱，极易受冻。蕾薹受冻后呈黄红色，嫩薹受冻后破裂，严重时折断下垂，直至枯死；花期遇到“倒春寒”或连续阴雨，易产生花而不实和分段结实现象，可导致菌核病、霜霉病加重发生。若低温阴雨持续时间长，将造成油菜严重减产。

油菜冻害有三种。一是拔根冻害，即由于播种和移栽过迟，耕作管理粗放，菜苗瘦小，根系入土浅，当土壤水分冻结后，土层抬起，根系被扯断外露，再遇到冷风日晒，造成菜苗死亡。二是叶片冻害，即当气温降至－4～－6℃时，持续时间较长，叶片细胞间隙结冰，叶片即受冻害。受冻害叶面会出现如开水烫一样的斑块，然后变黄，继而变白、枯干。三是蕾薹冻害。

根据受冻的程度不同，通常可将冻害分为 5 个级别：0 级为植株正常，无冻害现象。1 级为植株个别大叶受冻，受冻叶片局部萎缩或焦枯，对油菜后期产量不会产生影响。2 级为植株个别大叶受冻，受冻叶片局部或大部分萎缩、焦枯，但心叶正常，对油菜后期产量产生一定的影响，一般减产 15%左右。3 级为植株大叶全部受冻，受冻叶片局部或大部分萎缩、焦枯，心叶正常或心叶微受冻害，尚能恢复生长，但对油菜后期产量影响较大，一般情况下减产 50%左右。特别是在油菜营养生长中后期，对产量影响更大。因为大部分的叶片被冻死，很难形成有效的一次分枝，同时使分枝节位增高，遇大风暴雨易倒伏。4 级为植株大叶与心叶全部受冻，趋向死亡。

16.2.2.2 油菜冻害减灾技术

1. 选用耐寒品种

油菜不同品种的抗寒能力不一样，根据各个地区冻害发生规律，选用不同抗寒品种，对防止冻害是十分有效的。陕西渭北旱塬可以种植甘杂 1 号、宝杂油 1 号等耐寒品种。要确保油菜安全越冬，选用抗寒性较强、高产、稳产的中迟熟品种是一个很有效的方法，也是根本的方法。白菜型油菜和甘蓝型早熟油菜，抗寒能力较差，冬春易冻伤（受冻植株叶片呈现水烫状斑块，并发黄而干枯；蕾薹冻害，导致茎秆破裂，从而导致减产），因而在实际生产中不宜采用。

2. 适时播种，培育壮苗

根据“霜前播种，霜后出苗”的原则，冬油菜在适播期内尽量早播，及时合理间苗、定苗，使幼苗在越冬前形成强健的个体。育苗移栽油菜适宜播种期，苏中地区在 9 月 20 日前后，苏南地区在 9 月下旬，适宜移栽期在 10 月底前后。直播油菜播种期不宜晚于 10 月 20 日。

3. 施足底肥，增施有机肥和磷钾肥

油菜苗期是一生中吸肥最多的阶段，从移栽至越冬前吸收的氮素占整个生育期吸收总量的 40%～45%。苗期施追肥时间要早，在油菜活棵后不久即可施用，每公顷施纯氮 52.5～60 kg。施肥过晚，会导致油菜抗寒能力大大下降，不利于安全越冬。增施磷钾肥，磷肥和钾肥能提高作物细胞液浓度，使冰点降低，油菜抗冻能力增强，在相同低温下冻害相对要轻，能有效防御冻害。

4. 中耕松土除草，改善土壤通气性，提高土壤温度

中耕可以疏松土壤，促发新根，提高土壤温度。油菜须根裸露在外最易受冻，冬前进行中耕除草，培土壅根，对减轻根拔有一定作用。封冻前结合增施暖性肥料进行培土，保护油菜须根，其防冻效果更好。在多雨地区清理加深厢沟、围沟、腰沟“三沟”，增厚根部土层，有利于保暖防冻。若天气寒冷，可在油菜叶上覆盖稻草，在植株间撒施一层草木灰，保护叶片，以减轻寒流对油菜根颈部的袭击。

5. 覆盖防寒，适时灌溉

在油菜行间覆盖谷秆、稻草等，可以保暖，防止土壤温度散失，防止受冻。在严寒来临前，及时向油菜田灌水，避免地温突降，可以有效缓解冻害。油菜地膜覆盖不仅能保温增温，防止冻害发生，而且能保水保湿，促进油菜健壮生长，提高油菜自身的抗寒能力。

6. 化学调控，促使苗壮

油菜叶面喷施多效唑，能使油菜苗矮壮，叶色加深，叶片增厚，还能有效地防止早抽薹，调整株型，增强植株的抗寒能力，防止冻害发生。一般于 12 月上旬视油菜苗生长情况，每公顷用 15%多效唑可湿性粉剂 750～1 500 g，兑水 750～900 kg，均匀喷雾。

7. 防止早薹早花

油菜早薹早花，抗寒能力下降，极易遭受冻害。对于长势较好、过早抽薹现蕾的田块，可通过深耕损伤部分根系，抑制生殖生长，延缓抽薹。发现早薹，应在低温来临之前择晴天及时摘薹，从而抑制顶端生长优势，推迟生育期，增强御寒能力。抽薹后及时追施速效肥料，每公顷追施尿素 75 kg 或碳酸氢铵 150 kg，以促进油菜恢复生长。

16.2.3 油菜湿害及减灾技术

16.2.3.1 油菜湿害

我国东南沿海地区、湘赣地区、淮河流域是雨涝较严重的地区，其次是长江中下游地区，南岭、武夷山地区，海河和黄河下游地区，四川盆地，辽河与松花江流域。油菜发芽的适宜土壤湿度范围为田间最大持水量 60%～70%，苗期要求的适宜土壤湿度范围为田间最大持水量

70%～80%。[8]油菜虽然是耗水量较大的作物，但水分过多，则会危害油菜的根系，根系因缺氧而影响其正常的生理活动，造成作物生长滞缓减产。油菜出苗阶段土壤水分过饱和，往往会导致种子窒息死亡。返青期雨水过多，常常会出现倒春寒。春季气温回升较快，大量积雪融化，往往会造成油菜烂根死苗。油菜的花角期若春雨较多，则会加重湿害，蕾果脱落，这也是长江中下游地区油菜减产的主要原因。成熟期时遇到连阴雨，会导致油菜籽发霉变质。油菜生长中后期遇湿害导致生长不良，病害加重，易早衰倒伏。

油菜花期湿害主要影响油菜的根、茎和叶等营养器官，导致地上部与地下部干重下降，单株绿叶数减少，根冠比减少，油菜的生物产量降低，其原因是花期湿害后由于根量增大，地上部生长削弱，植株地上、地下部的生长失调，并且具有明显的滞后效应。油菜的产量是由单株有效果数、每果粒数和千粒重三个因素构成的。花期湿害主要减少单株有效果数，其原因是湿害导致一次有效枝数减少和一次有效枝起点增高；千粒重有补偿性的增加，其原因是花期湿害后单株有效果数和每果粒数减少，导致单位面积群体的竞争减弱，而后期的正常生长又给籽粒的生长带来了补偿的条件。

油菜从播种到出苗阶段，如土壤水分过多，种子在进行萌发的过程中，缺少必不可少的氧气，则酶的活性受阻，呼吸作用不良，出苗缓慢，甚至死苗。预防措施：一是开好厢沟、围沟、腰沟等明沟与暗沟相结合的一套沟。二是在遇雨后如土壤湿而板结时要及时检查种子，在没有烂种的情况下，可补种少量种子，力争全苗；在雨日不长，雨量不大，土壤板结不严重的情况下，当天气转晴温度回升时，宜浇稀粪尿防止土面板结，促苗快长；若雨日长，发生烂根，则需及早重播。

油菜出苗到成熟收获，如土壤中空气不足，氧气缺乏，二氧化碳在根部积累，根系进行缺氧呼吸，往往产生有毒中间产物，使组织中毒，阻碍根系对水分和无机养分的吸收，造成生理干旱，叶片萎蔫，气孔封闭，碳素同化受阻，进而叶片由外向内发黄，甚至枯死，同时根易受病菌寄生而腐烂。土壤中氧气不足，抑制好气细菌活动，使有机肥料不能正常分解，促进了嫌气细菌的活动，从而产生了大量的有机物，使土壤酸化，土壤理化性状恶化，团粒结构度破坏。总之，在这一阶段油菜遭受湿害，首先影响的是根系，再由根系影响地上部器官，最终导致减产。

16.2.3.2 油菜湿害减灾技术

(1)选育抗倒伏、耐菌核病能力强的品种。

(2)厢沟、围沟、腰沟“三沟”配套，高垄种植。在低洼地区，要开深沟，保证雨水能及时排除。及时清沟，排水晒田，降低水位和田间土壤含水量，提高地温，减轻病害，确保后期正常生长。

(3)加强田间管理。水分过多时，由于体内氮磷不足而糖分过剩，往往会出现红叶，应增施有机肥和氮磷肥。通过深中耕、勤松土，可以改善土壤通透性。

16.2.4 油菜风灾及减灾技术

16.2.4.1 油菜风灾

开花至角果期出现日风级≥6 级，或 10 min 风速≥11 m/s 的天气过程，会造成结角率降低、倒伏、裂荚等。春季风害，会造成幼嫩薹茎扭曲、断裂甚至折断倒伏，严重影响后期千粒重及含油率。冬油菜生育期间的风害主要发生在冬季、春季至初夏。春季至初夏的风害发生在油菜抽薹至收获前，风害引起的沙尘天气影响油菜的授粉，而且易造成倒伏。

干热风也是造成油菜减产的重要灾害之一。干热风是指我国北方小麦产区在小麦扬花灌浆期间易出现的一种高温、低湿并伴有一定风力的天气，由于油菜成熟期也在这段时间，因此也会受到干热风的影响，致使油菜高温逼熟。在油菜成熟过程中，遇到高温、干旱和干燥西南风，导致不正常脱水、枯熟。上海地区通常在5月上中旬出现干热风。在5月上中旬应密切注意气象信息，如连续晴热、少雨，可灌一次跑马水，适当提高土壤持水量，灌水时间宜早不宜迟。

16.2.4.2 油菜风灾减灾技术

(1)品种的选择。选育抗倒伏、株型紧凑的品种。

(2)合理密植，中耕培土。适宜的种植密度，可增强油菜整体抗倒伏能力。中耕培土，不仅能增加土壤通透性，增强植物抗寒能力，而且可促进根系发育，提高根冠比，起到很好的防风抗倒伏的作用。

16.2.5 油菜高温热害及减灾技术

16.2.5.1 油菜热害

油菜生育期如遇连续高温干旱天气，则会严重影响油菜生长发育。苗期如果遇到高温天气，中午阳光强烈气温升高，常常造成地温过高，若持续时间较长，会导致油菜根茎部位灼伤，幼苗萎蔫，甚至死亡。

16.2.5.2 油菜热害减灾技术

(1)因地制宜选用抗热或耐热品种。

(2)适期播种。根据当地气候特征以及品种特性，确定合适播种期。

(3)合理密植，注意田间通风透气，预防高温引起的病虫害。

(4)加强水肥管理。科学施肥，防止幼苗徒长，增强植株抗病力。

16.2.6 油菜冰雹灾害及减灾技术

16.2.6.1 油菜冰雹灾害

冰雹对油菜的危害主要是它的机械破坏作用，不仅造成叶片破碎、茎秆折断、植株倒伏、花果脱落，而且还会造成土壤板结，以及作物受到突然的低温胁迫，往往由此引起各种生理障碍和病虫害。我国北方的山区丘陵地区，地形复杂，天气多变，夏秋冰雹多，受害重；南方则以春季的4月多雹且主要下在夜间。2008年4月8日晚浙江龙游县出现冰雹，致使植株倒伏，油菜植株受害率达95%，减产三成以上。

16.2.6.2 油菜冰雹灾害减灾技术

(1)清沟排水,防涝除渍,减轻阴雨影响。

(2)深耕松土,防止土壤板结。

(3)及时追肥。根据苗情,适量追施或喷施尿素、磷酸二氢钾等速效肥料,促进植株恢复生长,或喷施植物生长调节剂,促进油菜恢复生长。

(4)加强气象预报机制,将灾情降低至最低。

16.3 甘蔗主要灾害与减灾技术

16.3.1 甘蔗的分布

我国是世界主要产糖国之一。1998—1999 年世界原糖总产达到 1.287 亿 t,其中我国食糖总产 893.4 万 t,为世界第三产糖大国。甘蔗是我国制糖的主要原料,近 50 年来,我国蔗糖业取得了很大的发展。甘蔗种植面积从 1949 年的 10.67 万 hm^2 发展到 1998 年的 133.3 万 hm^2,甘蔗总产量从 1949 年的 264.2 万 t 发展到 1998 年的 7 890 万 t,2009 年,蔗糖产量达到 12 200 万 t。目前,甘蔗在我国的分布南起海南岛,北至陕西汉中地区,东至台湾东部,西至西藏东南部的雅鲁藏布江,其分布范围之广,为其他国家所少见。我国的主产蔗区,主要分布在北纬 24°以南的热带、亚热带地区,包括广东、台湾、广西、福建、四川、云南、江西、贵州、湖南、浙江、湖北等南方 11 个省和自治区。20 世纪 80 年代中期以来,我国的蔗糖产区迅速向广西、云南等西部地区转移。广西是我国最重要的甘蔗生产基地,2004 年种植面积达 70 万 hm^2,其甘蔗和蔗糖产量占全国的 60%左右[9],其中 90%以上种植在无灌溉条件,且耕作层比较浅薄的旱地上[10]。

16.3.2 甘蔗的主要灾害

甘蔗产量的多少和糖分的高低除受品种、施肥水平和耕作技术影响外,很大程度上受到气象条件的制约。甘蔗的主要灾害包括旱害、涝害、冻害和风害等[10]。

16.3.2.1 甘蔗旱害

按发生的季节,旱灾分春旱、夏旱、秋旱和冬旱。由于大多数甘蔗已在冬前收获或成熟,因此冬旱对甘蔗生产的影响较小[11]。春季干旱影响甘蔗春播和出苗,抑制苗期生长。夏秋旱对甘蔗影响最大。夏季是甘蔗拔节伸长期,是甘蔗需水最多的时期,也是形成产量和蔗茎伸长的关键期,秋季干旱影响甘蔗生长量和秋植甘蔗下种和苗期生长[11]。不同强度干旱胁迫下,甘蔗的受旱特征不同:轻旱下,甘蔗叶片卷缩、枯黄叶增多,但大部分叶片仍呈青绿状态;中旱下,甘蔗大部分叶片发黄,但心叶尾部仍有叶片青绿;重旱下,甘蔗叶片大部分枯白,生长点死亡,蔗茎部分干枯[11]。广东封开县 1983 年和 1984 年 7—9 月春植蔗的伸长盛期发生较严重的秋旱,同期的伸长速度比常年偏少 13 cm 左右,成熟时蔗茎高度分别比 1982 年偏低 38 和77 cm,

每根蔗茎鲜重分别偏少 0.2 和 0.4 kg，两年连续减产[12]。1990 年 9 月、2003 年 10 月、2004 年 10 月，广西来宾市受到历史以来极为严重的旱灾，其中 2004 年全市甘蔗受旱灾 7.4 万 hm^2，占受旱农作物的五成以上[11]。

16.3.2.2 甘蔗涝害

涝害对甘蔗苗期及留宿根蔗田影响大，受灾甘蔗叶色褪淡，叶面转黄，蔗田伴有腐臭味[13]。雨水多，光照少，导致春植蔗的分蘖和茎伸长普遍比常年推迟，且亩茎数偏少[12]。严重的可使甘蔗生长点和蔗头死亡、腐烂。淹没的甘蔗 5～10 d 死亡率渐增，10 d 以上大量死亡。

16.3.2.3 甘蔗冻害

甘蔗的生长下限温度为 13℃，生长的最适温度为 30～32℃。生长前中期要求温度较高，30℃生长最快。生长后期以 13～18℃、10℃以上的日较差和干燥天气有利于甘蔗早熟和糖分积累。－1.5～－2℃的冻害会使甘蔗叶片和茎生长点部分受害或死亡[14]，－3～－5℃的冻害可使茎生长点及大部分侧芽冻死，绝大部分茎组织受害。受害甘蔗地表附近的根部生长带呈淡棕色或黑色，节间呈水煮状，部分维管束变黑，随着危害加重，症状逐渐发展至蔗蔸的几乎所有地下节间。部分甘蔗的生长点也呈水煮状。受灾严重的蔗株有异味，大部分受灾较轻的甘蔗叶色再度返绿，蔗茎出现空心。受冻未砍收的原料蔗产量有较大损失，甘蔗糖分下降极为明显[9]。前期热量不足导致春植甘蔗烂种、发芽率低、亩苗数少，幼苗弱。3 月中旬至 4 月上旬出现的倒春寒天气更甚，低温缺光严重影响甘蔗的发芽和幼苗生长[12]。成熟期冻害导致甘蔗糖分下降。2008 年初，我国南方部分省区遭受了百年不遇低温冰冻雨雪天气的危害。其中糖料蔗是广西受严重低温冰冻雨雪天气灾害影响最大、受灾最重、损失最多的农作物[15]。

16.3.2.4 甘蔗风害

当甘蔗进入伸长期，遇上 8 级以上的台风袭击，会导致甘蔗折断、叶片吹裂，光合作用下降，造成产量和质量严重下降。风力越大、持续时间越长，损失也就越大。蔗株高的比矮的损失大，培土迟、培土浅或未培土的比培土及时、培土高的损失大，抗倒力弱的品种比抗倒力强的品种损失大。台风前后带来大暴雨，导致水位上涨，地势低洼的蔗田还会受到浸渍的损失。先风后雨风折多，先雨后风倒伏多。台风发生的时间不同，对甘蔗产量与品质的影响程度也有所不同[16]。

蔗茎风折折断部位大多数是螟害节，其次是梢部生长点附近的柔软组织。蔗茎基部折断的，将会逐渐成为枯死茎。空心薄心蔗茎倒伏后，生长不正常，会形成空心蔗。接近地面的节段则容易生气根、抽侧芽，消耗节间养分，造成空心或薄心。甘蔗倒伏后，易受病、虫、鼠害的危害，抑制甘蔗生长。风害使甘蔗叶片撕裂、根系折断，破坏了吸收、运转和蒸腾的营养器官，使生理机能受阻，影响了光合同化作用，致使蔗株生长受到抑制，生长缓慢，茎径缩小，影响甘蔗成熟，导致糖分下降。甘蔗进入伸长后期发生风害，对甘蔗品质的影响大于产量，因为台风破坏了制造积累蔗糖的机能[16]。

16.3.3 甘蔗生产的减灾技术

16.3.3.1 甘蔗旱害减灾技术

(1)创造灌溉条件,兴修水利,扩大灌溉面积和灌溉能力[10,12]。加快水利建设,改善甘蔗种植地的生态环境,提高抗旱减灾能力。利用有利地势多修山塘水库和地头水池,合理蓄水用水,充分发挥有限水源的作用[11]。水分不足或发生干旱时及时灌溉,无灌溉能力的高旱山坡地,应早植早管,筑埂封畦,留叶保湿,打好前期基础[12]。

(2)大力推广甘蔗抗旱品种和引进干旱地区培育出来的耐旱良种[10-11]。

(3)采用合理的耕作方式和栽培技术。对旱地作物可采取勤中耕、松土壤的方法阻断深层土壤毛细管水分上升到地表面,以降低土壤蒸发,达到保墒抗旱的目的。同时合理施用氮、钾肥料以肥壮根,促进作物的根系发育,以利于作物对较深层土壤水分的吸收,提高旱地水分的利用率。推广旱作节水农业技术,使有限的水资源得到充分利用。使用抗旱剂减少作物蒸腾。用化学抗旱剂处理种子可增强其出苗后的抗旱性。作物生长期喷施抗旱剂能减少作物叶片气孔的开张度,有效地抑制植株蒸腾,降低水分的无效消耗,提高土壤湿度[11]。甘蔗在田里种植有利抗旱和高产。大力种植秋冬甘蔗,秋冬甘蔗生长期较长,种植初期需水量少,当年秋冬旱对其影响不大,到第二年秋旱时甘蔗植株长势好,有利于提高抗旱能力,提高产量[11]。

(4)改良土壤与保墒。增施有机肥,提高蔗地的蓄水保水能力。采用地膜覆盖和蔗叶覆盖,尽量减少水分的蒸发和散失,确保土壤墒情[10]。

(5)植树造林和开发空中水资源[11]。森林能起到调节气温、蓄水、减少径流、保持水土和防止流失的作用,应加大森林的覆盖率[10]。大力开展人工增雨,使有效的空中水资源得到充分有效的利用。

16.3.3.2 甘蔗涝害减灾技术

(1)洗净泥浆,扶正蔗株,恢复甘蔗的光合作用强度。在洪水消退后,迅速将蔗叶上的泥浆洗掉,有条件的可人工或机械喷水淋叶,洗掉叶面泥浆。由于甘蔗是典型的喜光作物,光照的强弱影响光合作用,进而对甘蔗的生长和发育产生影响。甘蔗受涝后,由于洪水浸泡,植株及蔗叶表面蒙上一层泥浆,水退后风干硬化,遮挡叶面,降低光强,影响光合作用。同时由于叶片表面的泥浆阻挡,光照被叶面泥浆吸收后转变为热能,增高叶面温度。泥浆也阻碍叶面蒸腾作用,叶面升温在烈日下势必灼伤叶面,损害叶功能,从而对甘蔗的生长发育产生影响[13]。同时将斜倒的蔗株扶正,使它能充分利用光能,恢复快速生长[13]。

(2)开沟排水。开好田中沟和田边沟,有条件的可用机械抽水,快速将蔗田的积水排除[16]。甘蔗受涝后,因洪水泥浆的沉积,土壤黏性变大,氧气缺乏,甘蔗根系的呼吸作用大大减弱,已妨碍根系正常生长,影响蔗根活力和深扎。地下水位高,土壤的物理条件(如土壤结构、孔隙度、容重和紧实度等)遭破坏,渗水性差,养分已流失,严重影响根系正常的吸收功能,影响甘蔗正常生长发育。洪涝浸泡时间一长,土壤中厌氧微生物繁殖,腐蚀蔗根,甘蔗会烂根和死苗。因此,迅速排除多余水分,恢复土壤生机,是甘蔗恢复生长的重要前提[13]。

(3)清理蔗园。蔗田排水后,要清理蔗园,将植株基部枯、黄、老叶除去,松土和追施速效氮肥、培土,促进蔗株快速伸长增粗。剥叶可以通风透光,降低荫蔽度,减少田间空气湿度,改善田间小气候,有利于光合作用的进行和防止气根、侧芽萌发,也可使蔗茎受日光曝晒而使表皮硬化,提高抗病虫害能力。随蔗叶剥下的虫卵被带走,能直接杀死洪水带来的一部分病虫害,而掉在地上的虫子即使不死,要从行间再爬行到蔗茎上侵入,因其暴露外界的时间延长,增加了天敌的捕食机会,最后幸存者也无几,这样可保证大部分蔗茎的中、下部节间免受病虫侵害,有利于甘蔗正常生长[13]。松土则使土壤表层疏松,形成松散的覆盖层,加大土壤孔隙度,增加土壤与空气的接触面,使土壤蒸发加强,有利于田间多余的水分快速蒸发,起到散墒作用。施肥培土则使甘蔗能很快得到养分的供给[13]。

(4)将地上部分蔗株迅速斩除。对受洪涝危害时间较长,生长点已腐烂死亡,但蔗蔸根系还健在的,或生长点虽未死,但生长已受抑制,地上蔗茎已抽出侧芽的蔗株,建议将地上部分蔗株迅速斩除,让蔗蔸尽早重新发株长苗而成为秋植蔗,砍下来的蔗茎则选好芽段作为秋植蔗蔗种进行重新种植[13]。

16.3.3.3 甘蔗冻害减灾技术

(1)推广种植早熟、抗寒、高糖和高产品种,合理安排品种布局[9,15-16]。蔗区应调整甘蔗品种结构,防止品种过于单一化[12-13],选用耐寒性、抗寒性表现较强的新品种[9,12,17],提高耐寒性强甘蔗良种的种植比例,优化品种结构,稳定优良新品种,有序、持续发展种植[15]。既可实现甘蔗品种的合理搭配,又可提前开展糖厂榨季的开榨与收榨工作,以提高榨季甘蔗糖分,减少冷冻等灾害对其造成损失,最终达到提高蔗糖生产经济效益的目的。

(2)熏烟。霜冻来临前于蔗田通风的一边设烟堆,烟堆间距离为 5～10 m。在预报有霜冻的夜晚,在降霜前 12 h 点燃烟堆,使浓烟持续到凌晨,可收到较好的防霜冻效果。一般熏烟可提高蔗田温度 1～2℃,高的可达 3℃[10,16]。

(3)冻前浇水、覆盖或喷淋酒精废液均可减轻损失[17]。在发生霜冻的当天夜晚,可引水灌溉蔗田。灌水后土壤温度升高,使土壤的热容量和导热率增加,夜间降温缓慢。霜前灌水[16],可提高蔗田温度 2℃左右。用蔗叶、稻草或塑料薄膜覆盖根部,天气转暖后揭开,可保护甘蔗茎基部。苗期喷淋酒精废液可以预防冻害,增加土壤养分。

(4)合理施肥,增施农家肥和磷钾肥或抗寒叶面肥,提高抗寒能力。合理施用叶面肥,可使蔗叶自然关闭气孔,有效抑制甘蔗自然热量和水分的散发,防止短时低温霜冻造成的寒害[17]。

(5)推广育苗移栽、地膜覆盖和少耕法。育苗移栽可节种、保苗,延长生育期,提高生物量。实践证明,用地膜覆盖少耕法种植甘蔗可保温保湿,达到齐苗壮苗,并能提早分蘖[12]。

(6)合理轮作。除选用耐寒抗旱、分蘖强、高产稳产品种种植外,还要合理轮作。一般以三年轮用一次为宜,有利于蓄养地力,提高产量[12]。

16.3.3.4 甘蔗台风灾害减灾技术

(1)深耕及培土(最好湿培土),多次培土和高培土,使甘蔗根系扎深扎稳,增强抗倒伏能力[2,8]。

(2)多施基肥,合理配施氮、磷、钾肥,注意增施磷、钾肥,促进蔗株根系发达、深扎,蔗茎粗壮,提高抗倒伏能力[16]。

(3)适当剥除蔗叶,使蔗田通风透光,蔗茎组织坚硬[16]。蔗田管理注意风前扎蔗,风后及时解开。及时扶蔗。

(4)加强对害虫的防治,减少螟害节,减轻受风折的损失[16]。

(5)台风侵袭前,不要灌水,以防倒伏[16]。

(6)选用抗倒力强的甘蔗品种,提高抗风害的能力[10]。

(7)营造防风林带。在台风频临的蔗区因地制宜、有计划地营造防护林带,改变甘蔗生长环境,是抗御台风侵袭、减少风灾损失的重要措施[10]。

16.3.3.5 提高防灾减灾意识,"以防为主,防抗结合"

预防甘蔗灾害,提高防灾减灾意识很重要,要"以防为主,防抗结合",密切注意天气动态和天气预报,提前做好防灾的准备,减轻损失。

要加强自然灾害预报。气象部门应加强对旱害、涝害、冻害和风害等自然灾害的研究力度,尽可能地做好对自然灾害的中长期预报,确保灾害天气预报的准确、及时,以便合理地安排榨季,及时调整糖厂榨季砍、运、榨工作,最大限度地减少经济损失[9]。

要及时掌握灾情,分类救灾。由于甘蔗受到环境、品种及栽培条件等因素的制约,不同品种受害症状表现不同,不同受害程度的甘蔗所适用的救灾、减灾措施也不同。因此,农业、糖业、乡镇政府及制糖企业等相关农业技术部门应协力合作,明确责任,深入甘蔗田间地头,调查未砍收甘蔗的受灾情况,掌握各蔗区受灾情况的第一手资料,根据不同灾情采取相应的救灾、减灾措施,分类救灾。同时,做好宣传,印发抗灾技术资料,发动群众,督促群众做好抗灾减灾工作[9]。

要加强灾后管理。受灾原料蔗的处理,应遵循重害先砍运,轻害缓砍运的原则,对受灾严重或受害节数较多的甘蔗,应及时向糖厂反映,糖厂农务部门应根据实际情况及时做好安排,尽快把受灾严重的原料蔗先砍收入厂;受灾较轻的甘蔗则稍后砍收入厂。另外,受害原料蔗应在天气回暖或蔗茎腐坏前尽快砍收入厂,以免对甘蔗糖分造成更大的损失。灾害发生后,糖厂应及时调整压榨量,尽可能提高日榨量,在条件允许的情况下,满负荷压榨,延长榨季小期。同时,严格加强砍运管理,避免在砍运中出现混乱,抢收抢榨受灾的原料蔗,尽力减轻损失[9]。

16.4 烟草主要灾害与减灾技术

16.4.1 烟草的分布

烟草是我国重要的经济作物,是国家和地方财税的重要经济来源。烟草是高效益作物,高税利商品,2010 年,全国烟草行业实现税利超过 6 000 亿元,为国家建设和改善人民生活提供了巨额资金。烟草在中国栽培较广,按照生产特点,通常习惯上分为 7 个烟区:①北部、西部烟区,包括甘肃境内黄河流域及新疆伊犁河谷等部分地区,由于热量不足,无霜期短,降水少,不能种植普通烟草,多栽培黄花烟草,生产莫霍烟、兰州水烟等;②东北部烟区,包括大小兴安岭以东、以南的辽、吉、黑三省大部,红花、黄花烟草皆有栽培,产晒烟多;③黄淮烟区,包括秦岭淮河以北,包头、宝鸡一线以东,朝阳、张家口、包头一线以南的地区,是我国最大烤烟区;④长江中上游烟区,包括陕南、鄂西、陇东南及四川盆地,是中国晒烟和白肋烟主产区;⑤长江中下游烟区，包括淮河、伏牛山一线以南，南岭、梧州以北，湘西、鄂西山地以东，直至海边，本区烟草类型多，质地优良；⑥西南烟区，包括云贵高原大部，川、湘、桂的一小部，所产烤烟质量上乘，是国内高档卷烟主要原料生产基地；⑦南部烟区，包括岭南大部、台湾及滇南地区。

16.4.2 烟草的主要灾害

烟草的主要灾害有旱害、涝害、风雹灾害和低温灾害等。

16.4.2.1 烟草旱害

种子发芽到出苗期短时干旱就可使幼苗死亡。营养生长期需水量大，叶片含水量比正常偏少6%～8%时就发生萎蔫，生长变慢，下部叶片开始干枯，产量降低。受旱烟叶组织紧密，叶重而小，叶脉密，叶色暗，成熟不一致，烘烤时变黄慢，成色发暗，叶中累积的蛋白质和尼古丁较多，糖类少，品质差[18]。旺盛生长期受旱则产量和品质都大受影响。幼嫩烟叶受旱后叶尖叶缘变硬，旱象解除后叶片虽积极生长，但变皱粗，延迟成熟，成为劣质烟叶。采收期高温干旱易引起烟碱含量增高。白天温度高，烟株蒸腾量加大，得不到降水补充，土壤极易发生干旱，所产烟叶薄而小，组织粗糙，总氮、蛋白质和烟碱明显增加[19]。我国黄淮海平原和东北干旱发生在烤烟生育前期和后期。西北全年少雨。华中烟区常发生伏旱。西南烟区降雨均匀充沛，少数年份发生干旱。

16.4.2.2 烟草涝害

烤烟需水量大，但土壤过湿和积水也会影响烟草生长。过湿影响烟草根系发育，减少地上部分生长量，延迟成熟，诱发各种病害[20]，并使单位叶面干重和弹性降低，香气不足。涝害的危害更大，水淹使根系吸水机能受阻，出现萎蔫症状，叶片从下往上逐渐枯黄，植株变矮，茎细叶短，产量和品质都显著下降。淹水2～4 h，根系不能正常呼吸，烟株生长受阻，涝害2 d将大部分死亡[21]。烟草生育前期的涝害危害比后期大。同时连续降雨常伴随低温天气出现，易诱发病害的出现和蔓延。如果在降水过多的年份，土壤供氮过高的情况下，土壤后期仍保持余氮在释放，使烟株吸氮增加，烟叶中的烟碱含量保持在较高的水平；氮肥适中或较低条件下，调制后烟碱含量较低。降雨量适宜、土壤氮肥过多，或降雨量过少、土壤干旱，都会使烟碱含量增高[19]。

16.4.2.3 烟草风雹灾害

烟草遭受风雹灾害袭击后，会造成不同程度的倒伏、茎叶损坏。冰雹具有来势迅猛、灾害重和破坏力强等特点。雹块下降时的机械破坏作用，使烤烟的叶片、茎秆遭受损伤，其为害程度与冰雹大小、数量、密度和降雹持续时间有关。冰雹灾情轻重，还取决于烤烟的品种以及生育期。一般说来，多叶型品种比少叶型品种受害重。其中，雹块的大小最直接地决定灾情的轻重。轻雹灾下，烤烟的叶片被打落或打成麻斑，茎秆折断或打成秃茬；中雹灾下，烤烟茎秆被打折，茎叶被打断成茬子，造成倒伏；重雹灾下，烤烟地上部分被砸光，地下部分也受到一定程度的伤害，影响烤烟的再生[22]。苗期遭受冰雹危害后，可使幼苗受伤不能正常生长，若幼苗被砸伤过重，则需重新移栽而延误农事季节；在旺长期受灾，使烤烟叶片残破不堪，嫩茎折断，造成地上部与地下部生长失调，直接影响并阻碍正常成熟采收，造成严重减产和品质变劣；成熟期受灾，带有雹伤的叶片其商品价值会大幅度降低，甚至造成绝收等无法弥补的经济损失[22]。

16.4.2.4 烟草低温灾害

烤烟对温度的要求是前期低，中后期高，这样有利于烟叶积累更多的同化物质[21]。烤烟是喜温作物，在7.5～10℃时种子开始萌发，气温低于10℃或高于35℃对其生长均不利[23]，长期阴雨低温寒潮天气，造成烟草成苗期延迟，抗逆性降低，苗床易发炭疽[20-21]。气温低于10℃，烟草生长受阻。烟草在苗期能忍受短时0℃左右的低温，但易造成冷害。一般轻度的冷害，经过追肥和加强管理，仍能恢复生长。如长时间处于－2～－3℃的低温，则植株死亡。

16.4.3 烟草生产的减灾技术

16.4.3.1 烟草旱害减灾技术

(1)兴修水利，加强烟田基本建设，提高烟草种植业的抗灾能力[18]。

(2)及时灌溉。起垄种植，移栽时浇足水，当发现叶片卷曲时，应及时灌水[19]。

(3)遮光降温。可采用遮阳网之类的遮阳物遮阳，减少直射光，增加散射光[19]。

(4)使用抗旱剂。用抗旱剂兑水均匀喷洒在烟叶上，抑制叶片蒸腾量[19]。

(5)抗旱育苗和移栽，如栽后浅锄保墒，促进早缓苗，适当中耕保墒，使用塑料薄膜或秸秆覆盖保墒。遇到伏旱，有条件的成片烟区可进行人工降雨，对于提高烟株抗旱性，抑制病害发生，增加烤烟产量和产值，改善内在质量，都有良好作用[18]。

16.4.3.2 烟草涝害减灾技术

(1)适期早栽。适期早栽是避开生长后期涝渍危害最简便有效的措施。同时，适期早栽可以使烤烟大田生育进程提前，避开后期高温胁迫，有利于保证产量，改善品质，同时也可保证后季晚稻的生育季节[20-21]。

(2)开沟整地，及时排水。为了防止暴雨引起的洪涝渍害，在移栽前要整好垄沟、腰沟、围沟“三沟”[18]。高垄单行栽培，开好垄沟，垄沟深25 cm左右。腰沟和围沟是排水的主干道，较垄沟要宽且深，以利渍水快速排出[21]。

16.4.3.3 烟草风雹灾害减灾技术

(1)选用抗倒伏品种，增强植株抗倒能力。如选用茎基粗壮、根系发达、株型紧凑的烤烟品种[19]。培育强大的根系，减轻暴风雨造成的倒伏程度。

(2)清理烟田，恢复烤烟生长能力。受灾较轻的烟田，要及时排除田间积水，清除残枝落叶，扶正烟株，减少烟叶感染发病。及时追施速效化肥，做好病虫害防治，适时中耕松土，破除土壤板结层，促进根系恢复生长。对倒伏严重、茎叶断损严重的，应根据不同生育期决定是否帮扶，如受害严重，已无恢复可能，则应及时改种其他作物。尽管雹灾影响较大，但只要留有根茬，通过培育二茬烟，仍可获得3～5成的产量。雹灾后如果培育二茬烟，一般成熟期较晚，要多追施磷肥，或在后期利用催熟剂促进早熟[23]。

(3)灵活留杈。雹灾过后,要根据遭冰雹袭击的时间、烟株生育时期和受灾程度等因素,采取相应措施。对受灾较轻的烟田,可以只进行扶苗培土;对旺长以前的烟苗,烟株尚未长齐叶或基本长齐叶,雹灾往往使上部叶片严重受损,可将被冰雹损坏的上部割掉,保留中、下部受损小的叶片,腋芽萌发后,从顶叶向下第 2～3 片叶的叶腋处留烟杈,待杈烟长叶 10 片左右时打顶;对雹灾严重,全部叶片受损的烟田,从离地面 20～30 cm 处割掉主茎,留叶 3～5 片进行光合作用[23]。

(4)防治病虫。受灾烟田易引起病害流行,要及时防治。注意田间操作卫生,每割一株都要用肥皂水将镰刀消毒一次,并经常用肥皂水洗手。同时,把打掉的烟秆、废叶以及病株全部清理,远离烟田深埋。要注重对当地常发病虫的防治,及早喷施对路农药,保护受灾烟叶恢复生长[23]。

(5)加强人工影响天气基础设施建设。为提高防雹作业的反应速度和作业效果,应增加人工防雹人力和设备投入。根据冰雹灾害特点和烟区分布,在冰雹多发区的烤烟重点乡(镇),机动作业和固定作业相结合,布设半固定式炮点,建设固定作业点技术人员值班室,招聘一定数量的经过培训的防雹作业技术人员,组建防雹作业队伍,在各县(市、区)气象局人工防雹专业技术人员的指挥下,实施全面的防雹作业[22]。

16.4.3.4 烟草低温灾害减灾技术

(1)漂浮育苗。漂浮育苗是将装填具有较强吸湿能力营养介质的格盘漂浮水面[20],烟种子播于介质播种穴内。烟苗在营养介质中扎根生长,并从介质和水床吸收水分与养分。漂浮育苗便于操作管理,有利于保证烟苗对环境的要求,烟苗整齐强壮,成苗期提早,可实现全根系栽培,烟苗栽后返苗快,生长快[21]。

(2)地膜覆盖。地膜覆盖可以提高垄体温度,促进肥料转化,减少肥料流失,确保适期早栽。地膜覆盖栽培要在移栽前 20 d 左右,根据天气情况,及时整地起垄施肥,在栽前 3～5 d 覆膜[20-21]。

(3)冬春利用温室、大棚保温育苗。可以躲避寒流,选择适宜的栽培期,同时也有利于合理安排轮作,实现优质丰产。

16.4.3.5 构建灾害防御体系,提高防灾减灾意识

(1)加强基础理论研究。烟草、气象 2 个部门联合,建立长期的研究机制,详细分析灾害对烤烟的影响,要与烤烟的生长过程、生理特征及受害影响相结合,考虑其不同发育阶段对灾害的敏感差异程度和响应机制等,逐步形成防御灾害的技术体系,变被动防御为主动防御,将损失减至最低[22]。

(2)提高监测预警服务能力。气象、烟草和农业部门应联合建立多点、长期性的气候变化监测网络,正确分析和评价气候变化对烟草生长发育造成的影响,进一步提高灾害的预测水平和防御措施,提高预警能力[19],实现对灾害的准确监测和中、长期预警,及时将重要的气象预报预警信息传递给更多的烟农,争取防灾救灾时间、减少灾害损失[22]。

(3)开展灾害的风险评估和风险区划研究。根据当地的自然生态条件,结合烟草生长发育的规律,将气候资源信息、土壤信息、地形地貌信息和卫星遥感信息在一个平台上进行融合分析、综合应用,在探讨灾害风险评估指标的基础上,构建灾害风险区划指标,并进行风险区划和

分区评述，使得气候资源能够最大程度地满足烟草生长发育的需要[22]。

（张立祯　王　靖）

参考文献

[1] 傅玮东，李新建，姚艳丽．棉花生长前期低温冷害指标的初步研究//全国农业气象与生态环境学术年会论文集．2006．

[2] 李俊义，王润珍，王宗洪，等．环境条件与棉苗冻害程度研究简报．新疆农垦科技，2000(1)：19-20．

[3] 缪卫国，姜莉，曹风刚．低温对棉花主要生育期危害机理初探．石河子大学学报，2004，22(增刊)：57-60．

[4] 朱玉庆，罗振，张慧军，等．转 AhCMO 基因棉花苗期对干旱胁迫的生理反应．棉花学报，2010(5)：443-447．

[5] 张华凤，周君花，喻耀民．江西省永修县棉花受暴雨灾害后恢复生产措施．江西棉花，2012，32(6)：52-53．

[6] 葛徽衍，张永红，张焕玲．陕西关中植棉区秋淋灾害气候分析．中国棉花，2004，31(10)：38-39．

[7] 饶勇．油菜冻害的发生与防治．农技服务，2008，25(2)：9-10．

[8] 胡官庆，吴应元，宋周元，等．油菜湿害表现及生理机制与预防．安徽农业科学，2000，28(2)：171．

[9] 吴晓伟，黄敏堂，黄志勇．低温冷害对甘蔗糖分的影响与控制对策研究——以广西上思县为例．安徽农业科学，2009，37(3)：1025-1026．

[10] 黄晓照，叶靖平．广西主要气象灾害对甘蔗生产的影响．广西农学报，2006，23(3)：16-18．

[11] 刘春峰．来宾市甘蔗旱灾特征分析及防御对策．广西气象，2006，27(增刊Ⅰ)：84-85．

[12] 梁域．封开县春植甘蔗主要气象灾害及防御对策．广东气象，1992(1)：21-22．

[13] 梁立延．受涝甘蔗恢复生产措施的农业气象依据．广西气象，2002，23(1)：58-59．

[14] 谭宗琨，欧钊荣，何燕．广西蔗糖发展主要气象灾害分析及蔗糖产业优化布局的研究．甘蔗糖业，2006(1)：17-21，33．

[15] 石登武，韦东料，丁礼琼．2008 年低温冰冻灾害对甘蔗生产的影响．农业科技通讯，2009(5)：74-76．

[16] 王立志，洪海林．甘蔗的灾害与防抗．植物医生，2009，22(3)：19-20．

[17] 许文龙，李赛声，缪世宁，等．广西蔗区霜冻影响规律及预防措施．贵州农业科学，2009，37(12)：90-91．

[18] 李琦．气象灾害对凤阳县烤烟质量的影响及防灾减灾对策．生物数学学报，1998，13(4)：521-526．

[19] 廖海生，伊宁，陈绍云．影响江西烤烟生产的不利气候因素及应对措施．现代农业科技，2008(17)：251，254．

[20] 李仁山,邓小华,陈冬林,等.湖南主产烟区烤烟气象灾害及应对措施.作物研究,2007(2):111-113.

[21] 何录秋,肖汉乾,李德清.湘东烟区农业气候特点与烤烟栽培应变技术.作物研究,2001(4):32-33.

[22] 马宇,郭云栋,江凯,等.冰雹对烤烟生产的影响及应对措施.河北农业科学,2009,13(8):26-27,30.

[23] 李洪勋,莫建国.农业气候资源对黔西南州烤烟生产的影响.贵州农业科学,2007,35(4):151-152.

第17章

蔬菜生产减灾技术

17.1 蔬菜淡季成因及其与灾害的关系

17.1.1 蔬菜生产的特点

园艺业指利用园地进行果树、蔬菜、观赏植物和香料、药材的生产，与大田作物相比是更为集约的栽培和经营方式，对于丰富人类营养和美化、改造人类生存环境有重要意义。蔬菜生产是园艺业的主要组成部分，具有许多与大田作物生产不同的特点：

(1)集约化经营。蔬菜生产规模和种植面积通常比大田作物小，但对土地平整度、土壤肥力和环境质量的要求很高，单位面积化肥、农膜等生产资料投入量大，还需要投入大量手工劳动精耕细作和精细管理。单位面积产值或利润通常也要比大田作物高出数倍甚至十几倍，但单位工时的产出不一定比机械化大田作物生产高。

(2)以鲜活产品为主，价值较高但不耐储存。生产环节更多，包括采收、保鲜、包装、贮藏、加工、运输等。

(3)与粮食与畜产品主要提供能量与蛋白质不同，蔬菜的营养价值主要是提供维生素、矿物质、可消化纤维素和微量元素，同时也满足人类的美味享受。

(4)专业化与市场化水平高，易受外界市场波动的影响。

17.1.2 蔬菜灾害的特点

(1)单位面积投入量大和产值高，发生灾害时的经济损失要比大田作物大得多。

(2)多为鲜活产品且生产环节多，受到外界不利环境影响的机会更多。

(3)由于蔬菜的特殊用途，衡量灾害损失不仅要看产量，更要看经济效益。有的灾害如先期抽薹对产量影响可能不大，但食用价值明显下降，最终经济损失很大。

(4)相当部分蔬菜在大棚、温室、遮阳网等保护地种植,对环境具有一定的调控能力,但如环境变化超出调控能力仍有可能发生灾害且损失较大。

(5)由于市场化程度高,灾害损失大小与市场需求及价格波动有很大关系。如 2010 年大蒜的价格居高不下,使得 2011 年的种植面积迅速扩大,结果走向另一个极端,价格一落千丈,蒜农叫苦不迭。

(6)绝大多数菜地具有良好灌排条件,旱涝灾害通常轻于大田作物,高温或低温灾害的影响更加突出。

(7)蔬菜生产的人为灾害以经济灾害为主,其次是生产过程操作不当产生的农药污染、产品霉烂等。

17.1.3 我国生态环境对蔬菜生产的有利和不利条件

蔬菜为人民日常生活所必需,2008 年全国蔬菜种植面积达 2.68 亿亩,总产 5.9 亿 t,接近世界总产的一半。人均占有 438 kg,即使扣除出口量也已远超出实际需求量。[1]

17.1.3.1 我国气候特点对蔬菜生产的利弊

(1)大陆性季风气候冬冷夏热。盛夏直到最北的漠河都可生产喜温蔬菜,而同纬度的西欧夏季凉爽,只能在温室生产喜温蔬菜。但盛夏高温又成为某些敏感蔬菜的限制因素,特别是在南方。我国北方冬季漫长土壤封冻,蔬菜生长季短于世界同纬度地区,就连长江流域的冬季也因低温阴冷不适于蔬菜生长,使得我国多年生喜温蔬菜的栽培界限要比世界其他地区更靠南。冬季强寒潮还常常造成冻害。

(2)气温年变化和日变化较大。大多数蔬菜对播种期的要求十分严格,如华北大白菜适宜播期只有几天,相差两三天产量就有明显差别。气温日较差大使各地蔬菜霜冻灾害十分突出。因对光合积累有利,在辐射强烈和温差特大的西北和青藏高原,蔬菜不但高产而且优质,重几十千克的甘蓝和萝卜并非罕见。

(3)降水时空分布不均,雨热同季。北方春季易旱,菜田必须灌溉,一般都要作畦。南方春夏多雨,一般都要起垄栽培并挖沟排水。夏季高温多雨对多数喜温蔬菜的越夏不利。长江流域盛夏伏旱和沿海台风也对蔬菜生产不利。降水年际变化大使得我国旱涝灾害频繁。

17.1.3.2 我国蔬菜生产的其他生态条件

(1)气候地形土壤复杂多样,蔬菜种类为世界最多,还形成了许多地方名特产品。

(2)城郊菜田相对集中,污染也很突出。

(3)保护地迅速发展使得病虫害世代重叠,给防治带来新的困难。

(4)北方水资源缺乏,制约蔬菜生产发展。

17.1.3.3 蔬菜生产的特点与自然灾害

蔬菜是鲜嫩产品,水分含量多,运输贮藏难度大,消费者对蔬菜品质要求更甚于数量要求,蔬菜生产对自然灾害的反应也更为敏感。如冻烂大白菜无法食用,雹打带痕和虫蛀瓜果价格明显降低。保护地虽能在一定程度上避灾,但也使成本大幅提高。[2]

17.1.4 蔬菜淡季的成因及与灾害的关系

17.1.4.1 蔬菜淡旺季的地区分布

蔬菜供应淡旺不均是世界许多国家存在的现象。我国各地蔬菜淡旺季出现的时间不同，长城以北、青藏高原和华南是一旺一淡，北方是冬春大淡季和夏秋大旺季，华南则是冬春大旺季和夏秋大淡季。华北、黄淮和长江流域是双旺双淡，即春末夏初和秋冬之交为旺季，冬末春初和夏秋之交为淡季。但南方是夏秋淡季重于冬春淡季，北方则相反。从全国看，由于南方的夏季还有一些耐热蔬菜和水生蔬菜生产，而北方在冬季只能进行温室蔬菜生产且成本较高，蔬菜上市量的季节变化要明显大于南方。

17.1.4.2 蔬菜淡旺季的成因

蔬菜淡旺季形成有多种原因，其中气候是主导因素。这是因为大多数蔬菜品种属喜温蔬菜或耐寒蔬菜，耐热蔬菜和水生蔬菜的比重很小。从对温度的要求看，耐寒蔬菜包括大多数叶菜类、根茎菜类和豌豆、蚕豆，北方尤以大白菜为大宗，生长适温为 10～20℃，5～10℃间也有一定生长量，5℃以下生长缓慢或基本停止；喜温蔬菜主要是茄果类、瓜类和大多数豆类，生长适宜的日平均气温为 15～25℃，日平均 25℃以上除少数瓜类和豆类外都受到抑制生长不良，同化作用减弱。因此，可以把平均气温 5～25℃期间作为宜菜时期。[2]

从对水分的要求看，大多数蔬菜要求充分而适中的土壤水分。在北方，蔬菜通常在有灌溉保证的地块种植，但在南方和北方的雨季，多雨也会形成蔬菜生产的限制因素，使蔬菜生长不良甚至拉秧。多雨还诱发多种病害，光照不足和夜温较高使呼吸消耗加大，养分积累减少，容易早衰。

世界著名蔬菜生产基地如美国的加利福尼亚州、荷兰和保加利亚都具有全年气候温和和降水调匀的特征，适宜蔬菜生产季节在 8 个月以上。我国由于季风气候的影响，北方的冬季非宜菜期长于夏季，南方则反之。华南则夏秋有 4 个月不利于多数蔬菜生长，冬季则是蔬菜生产的黄金季节。刚进入宜菜期由于菜苗还小不能上市，刚进入非宜菜期正是蔬菜大量上市之时，所以，市场上的蔬菜旺淡季要比生产上的宜菜和非宜菜期分别滞后一两个月。[3]

蔬菜茬口和种植制度是多年适应当地气候特点形成的，上茬蔬菜集中收获后如无下茬及时上市补充就会出现淡季。虽然排开播种可减缓季节差异，但农民都愿意选择有利高产稳产和低成本的时期播种，也使得蔬菜上市形成明显的季节变化。[4]

17.1.4.3 灾害与蔬菜淡季的关系

虽然蔬菜淡旺不均主要由气候的季节变化造成，但气象灾害常常加剧淡季。如北京 1979 年 11 月中旬的强寒潮使大白菜冻烂 10 多万 t；冬季持续干冷又使根茬菠菜死苗严重；春寒更使早春茬菜迟迟不能上市，缺菜长达半年之久。1996 年 2 月的寒潮使广东蔬菜生产损失惨重，影响向北方调运。台风是东南沿海夏秋蔬菜淡季的主要灾害。2008 年的南方低温冰雪灾害造成大范围交通中断，产地大量蔬菜不能运往北方市场，导致菜价猛涨。

17.1.5 克服不利气候和灾害影响、实现蔬菜周年均衡供应的途径

17.1.5.1 蔬菜生产供应体系的演变趋势

蔬菜淡季主要是季节气候差异造成的，除少数气候特别有利地区外，单靠本地生产很难实现周年均衡供应。发达国家经过很长时期的发展，用现代工业和科技对蔬菜生产进行技术改造，加上市场机制发达和完善，才逐渐做到任何季节市场上都能买到丰富多样的蔬菜且季节差价不大。美国、日本或西欧模式的共同点都是适地种植，统筹供应，使自然资源与市场需求优化配置，取得最佳社会经济效益，这是蔬菜产销体制发展的方向。

17.1.5.2 就地就近生产条件下克服不利气候和灾害影响、改善蔬菜供应的措施

(1)排开播种，分批定植。

(2)提高菜田排涝能力，南方实行高畦栽培，北方雨季前疏通排水沟。提高土壤肥力也是增强菜苗抗灾能力的重要措施。

(3)采用抗逆品种。易涝和水面较多地区适当安排水生蔬菜，大田选用耐湿品种。夏季炎热地区种植部分耐热蔬菜。冬季严寒地区种植菠菜要使用耐寒的尖叶型品种。

(4)发展保护地生产。北方冬春薄膜覆盖生产，南方夏季推广遮阳网。

(5)发展蔬菜贮藏加工，如速冻、脱水、冷藏等。

(6)灾后应急措施：从轻灾和无灾地区采购调运，安排本地快速叶菜和芽菜生产，挖掘贮藏菜和加工菜的潜力。

17.1.5.3 建立适地种植的淡季生产基地是实现蔬菜周年均衡供应的根本途径

蔬菜消费从瓜菜代粮，到稳定数量，讲求品种质量和周年均衡供应，反映了从贫困到温饱，从小康到富裕的发展过程。但要实现蔬菜周年均衡供应，消除淡旺季供应水平的差别，还需要用现代工业和科技改造传统的蔬菜生产，建立现代化适地生产和统筹供应体系。

我国国土辽阔，气候、地貌和土壤类型多样，除海拔很高的山区外，各地都有一段适宜蔬菜种植的时期。由于人口众多，交通尚不发达，凡当地具有优势的蔬菜茬口仍应立足就地生产和供应，需要重点解决的是淡季供应和品种调剂。目前已形成的淡季生产基地有华南喜温蔬菜越冬生产基地、长江流域越冬叶菜生产基地、长江上游干热河谷早春蔬菜生产基地、华北山前暖区日光温室群早春淡季蔬菜生产基地、塞外夏秋果菜淡季生产基地、坝上夏秋淡季叶菜生产基地、兰州银川和河西走廊夏秋淡季蔬菜生产基地、南方山地反季节蔬菜生产基地等。[2-3]

虽然国家规定在公路干线对蔬菜运输车辆设立绿色通道，但在发生重大自然灾害时交通经常受阻甚至中断，为防止市场蔬菜因灾供应断档，大中城市郊区仍应保留一定面积的鲜绿叶菜种植，保持适当数量的蔬菜贮藏和加工量，同时建设工厂化快速叶菜育苗或芽菜生产的流水线，以备灾时急需。

17.2 气象灾害对不同类型蔬菜的影响

蔬菜类型的划分，按照生长发育对温度的要求可分为喜温蔬菜、耐寒蔬菜和耐热蔬菜等，按照对水分条件的要求可分为水生蔬菜、喜湿蔬菜、耐旱蔬菜等，按照可食用部分可分为叶菜类、果菜类、茎菜类、根菜类、花荚类等。

17.2.1 喜温蔬菜

喜温蔬菜包括茄果类、瓜类和大多数豆类，在气温20～25℃下生长适宜，最高气温30℃以上生长不良，不耐霜冻，对较低夜温也很敏感。多属短日照作物。大多数能耐轻度干旱，但不耐严重干旱和湿涝。面积较大的喜温蔬菜品种有番茄、茄子、甜椒、黄瓜、冬瓜、菜豆等。

17.2.1.1 番茄

对温度和水分的要求相对较低，但不耐高温，长城以南露地种植越夏困难，高寒地区以夏栽为主，主要灾害有定植期霜冻、结果期低温、干旱等。华北以春播为主，还有部分秋番茄。华北番茄生产的主要灾害有春霜冻、大风、干旱、初夏高温、夏涝、秋涝、结果期低温以及夏季高温干旱诱发的病毒病等。长江流域春番茄有高温、雨涝、日灼等灾害，秋番茄有雨涝和高温危害。华南秋播番茄苗期有台风、高温、洪涝等灾害。北方春季定植要选择冷尾暖头天气，确保霜后出苗，初夏注意及时浇水降低地温。南方番茄在自然状况下越夏困难，一般采取春秋两季栽培，越夏栽培必须采用遮阳设施。番茄不耐涝，南方栽培番茄要以排水为主。

17.2.1.2 茄子

茄子的耐旱和耐寒性都不如番茄，对旱涝很敏感，但越夏性能好于番茄。雨涝是华北夏播茄子不稳产的主要原因，汛期要注意及时排水。高温高湿天气易发生绵疫病。苗期对低温敏感，露地移栽一般要晚于番茄。通风不良易形成僵苗，2～3叶期易发生猝倒病。开花坐果期遇低温，将受精不良易落花。

17.2.1.3 甜椒

抗寒力弱于番茄和茄子，苗期对霜冻十分敏感，定植后地温持续偏低会导致减产，春季移栽应安排在番茄和茄子之后，栽后应适当中耕提高地温。苗期湿度大易感病，初花期湿度过大易落花，应适当加大行距以利通风降湿。中后期在夏季高温强光下易发生日烧病，北方间作少量玉米遮阴可减轻其危害。

17.2.1.4 黄瓜

不耐高温和低温，喜湿但根系浅，高温强光和受旱时易失水萎蔫，夜温高还可导致落花落果和畸果，夜间湿度过大易感霜霉病。苗期如温度过高尤其是夜间温度过高可导致雌花减少(表17.1)[2]，高温还使花粉发芽率降低。北方夏黄瓜处于高温多雨季节，病害多，产量低，以春黄瓜产量较高。瓜苗遇轻霜冻即死亡，春季必须在断霜后定植。北方春季和沿海台风季节要加固棚架以防御风害。夏黄瓜要高畦排水，雨后及时中耕控制徒长，高温干旱时应勤浇小水。

表 17.1　苗期温度对黄瓜雌雄花形成的影响

苗期温度/℃	育苗天数/d	单株雌花数/朵	单株雄花数/朵	雄雌比	侧枝数/条
18	60	21.8	44.7	2.1	6.9±2.0
22	49	16.8	75.0	4.5	7.2±1.9
25	41	14.8	85.0	5.7	9.8±1.6

17.2.1.5　冬瓜

相对耐热喜光，对低温十分敏感，定植期晚于茄果类蔬菜，在积温较少地区生长不良或产量较低。苗期应勤中耕，以提高地温和促根下扎。冬瓜不耐涝，也不大耐旱。

17.2.1.6　菜豆

菜豆又名芸豆、四季豆，春播应保证在终霜后出苗。苗期应控制浇水，中耕培土。高温不利于花芽发育和花粉萌发，应通过适期播种，使盛花期避开高温季节。密度过大时通风透光不良，落花落荚多。注意雨季排水，适时补肥、采收、摘老叶可减少落花落荚。

17.2.2　耐寒蔬菜

耐寒蔬菜包括大多数叶菜、根茎菜和豌豆、蚕豆。生长适宜的日平均气温为 5～15℃，大多属长日照作物，除高寒地区外一般都在冬半年和春秋季生长。耐霜冻但不耐高温和强烈低温。

17.2.2.1　大白菜

大白菜为北方冬半年当家菜，一般占到全年蔬菜总产的 1/3 以上，供应期超过半年。北方大白菜播种正值雨季高峰，应避开暴雨防止冲刷，只要播后 2 d 无暴雨，种子就能发芽长根抓住土。苗期高温干旱易诱发病毒病，应选用抗病品种，严格掌握适播期，防止过早播种。播前浇足底墒水，出苗后勤浇水降低地温，积极防治蚜虫以消除病毒传染源。莲座期需要晴朗温和天气，通常要控水蹲苗促根。湿度过大、忽冷忽热时易感染霜霉病和黑斑病，应及时防治。

北方有些年份大白菜包心期温度下降过快，结球不实，产量下降，形成冷害。砍收期遇连续 3 d −5℃以下低温可冻透心。预报有强寒潮袭击时应组织紧急抢收储存，来不及存入菜窖的应将菜根朝里集中堆放，并覆盖草帘和棉被。冬贮菜窖温度应控制在 0℃左右，低于−5℃会发生冻害，高于 5℃会伤热掉帮烂菜。[5]

17.2.2.2　根茬菠菜

根茬菠菜是北方露地主要越冬蔬菜，冬季休眠，早春返青生长。越冬和早春冻害与干旱是主要灾害，如北京郊区1979—1980年冬因干旱和冻害死苗八成，早春又因低温生长缓慢，植株不高就抽薹开花，低产劣质。播种过早冬前过旺，过晚则苗太弱，都容易发生冻害。防御冻害必须适时播种，华北平原北部以秋分为宜。冬前浇足冻水，越冬覆盖秸秆或地膜，早春适时浇返青水和追肥促进生长。风障和地膜覆盖可挡风增温，有效减轻冻害和早春低温危害。

17.2.2.3 莴苣

莴苣有叶用和茎用两种，前者又叫生菜。幼苗可耐－5～－6℃低温，成株耐寒力减弱。茎用莴苣有春播和秋播两茬，北方一般冬季育苗，早春定植；长江流域初冬定植。定植前浇足水，冬季覆盖，可减轻冻害。北方早春露地移栽应在－3℃最低气温终止后。夏秋莴苣应选择耐热品种，在气温降到21～22℃之前的1个月播种，使茎叶生长处于11～18℃的适温下，炎热地区栽种应遮阴育苗。[5]

17.2.2.4 结球甘蓝

结球甘蓝适应性较广，能耐一定低温和高温，具有一定抗涝和抗旱能力。北方可三季栽培，南方四季栽培。春甘蓝苗在－3℃以下叶缘冻伤。苗期持续低温且日照长可诱导提前通过春化和光周期而先期抽薹，影响产量和品质，应选用冬性强的品种，提高苗床温度。在高温下结球松散品质差，安排茬口要注意使结球期避开日平均25℃以上的高温期。[5]

17.2.3 耐热蔬菜和水生蔬菜

耐热蔬菜和水生蔬菜适合南方气候，使得南方夏秋蔬菜淡季总体轻于北方的冬春淡季。

耐热蔬菜包括南瓜、丝瓜、苦瓜、豇豆和蕹菜等，生育期都较长，东北和西北生长期太短，不宜种植。虽较耐高温，但遇严重干旱也会减产，夏季干旱时要适当浇水。

水生蔬菜包括莲藕、慈姑、荸荠、菱角等，在浅水中生长，雨季洪水可冲走。干旱缺水致水面干涸可造成水生蔬菜枯死。

17.3 蔬菜生产主要气象灾害的减灾技术

17.3.1 冻害

蔬菜冻害包括北方与长江流域露地蔬菜的越冬冻害和北方大白菜收获期的冻害。冻害的主要减灾技术如下：[2]

17.3.1.1 北方菠菜与南方叶菜的越冬冻害

根茬菠菜是北方早春最早上市的主要鲜菜，秋季播种期与冬小麦相近，越冬期间如无覆盖保护，地面叶片枯死，以宿根越冬，来年早春返青后迅速生长。虽然菠菜具有较强的耐寒性，但在冬前苗弱或生长过旺，入冬又剧烈降温、抗寒锻炼不足的年份易发生冻害。如北京郊区1980年菠菜越冬死苗八成，大部菜田基本绝收，1981年死苗也在五成以上。1961年北京市朝阳区有 40%的菠菜田发生严重冻害,平均死苗 34%,其中有 26%的菜地死苗八成以上。[6]

与小麦、油菜等大田越冬作物相比,菠菜含水率更高,细胞间隙结冰量更大,对化冻后的干旱和大风更加敏感,旱冻交加要比单纯的冻害危害更大。

菠菜越冬冻害具有累积的特点,多次反复受冻的后果要比一次强寒潮侵袭的后果更严重。后冬反常回暖后菠菜抗寒力明显下降,再遇寒流,冻害要比气温平稳年份更严重。

长江中下游平原的露地越冬叶菜有菠菜、乌塌菜和芹菜等,冬季强寒潮南下时,最低气温可降到−8～−10℃,有时甚至降到−15℃以下,也可造成受冻死苗。

一般年份北方越冬叶菜的地上部叶片基本全部冻枯,但只要根茎存活,来年早春仍能迅速生长和收获。长江中下游常年越冬菜的叶缘会被冻枯,但生长点仍处于地下,不会冻死。但如冬前生长过旺使根茎或生长点接近或露出地面,或因抗寒锻炼不好又遇强寒潮或持续严寒,根茎或生长点就可能被冻死。

越冬叶菜的防冻措施主要是:

1. 选用耐寒品种

据原北京农业大学聂和民教授 1980 年调查,圆叶型菠菜品种死苗率达 88.6%,尖叶型菠菜品种为 50%。[2]后者又称有刺型,叶片狭小,薄而尖,华北本地品种一般可耐−10℃以下低温,哈尔滨种植的有刺型品种甚至可耐−30℃以下低温,20 世纪 50 年代初期我国援蒙技术人员在乌兰浩特附近种植也能安全越冬。长江中下游的越冬叶菜以乌塌菜耐寒性最强,强冬性品种可忍受−8～−10℃,而普通白菜只能忍耐−3～−5℃。20 世纪 80 年代初期北京地区菠菜越冬死苗严重也与从山东盲目大量引进圆叶型品种有关。

2. 适时播种,培育壮苗

越冬叶菜的抗寒力与苗龄及壮弱有关。圆叶菠菜以冬前 6～8 片真叶,株高 10 cm 左右的壮苗抗寒力最强,北京地区常年 10 月上旬播种可获得符合壮苗要求的叶龄。播种过早,生长点高出地面时越冬容易冻死;播种过晚,冬前菜苗太小,营养物质积累太少,根系过浅,越冬也不安全。东北地区的尖叶型菠菜以 4～6 片真叶抗寒力最强,以日平均气温下降到 15～16℃播种为宜。长江中下游的乌塌菜和白菜越冬不停止生长,关键是要避免生长点过早露出地面。南京四月白、上海四月慢、杭州春白菜等品种冬性较强,需要 40 d 以上 0～5℃低温刺激才能通过春化,在 11 月播种一般都能避免严重冻害的发生。北方的菠菜应在出苗后适当控水促根,两片真叶后再适当浇水追肥促苗生长。

3. 适时灌排

北方应在初冬日平均气温下降到 7～3℃,即日消夜冻之际适时浇好冻水,可稳定地温,防止植株在冬季过分脱水干枯。浇得过早,入冬后地表已经干燥,越冬容易受冻受旱;浇得过晚,水分不能及时下渗,在地表冻结成冰盖,会使菜苗窒息死亡,如水分积聚表层,还会因反复冻融胀缩扯断根茎而死亡。北方越冬蔬菜浇返青水应在日平均气温升到 5℃的冷尾暖头,地表稍干,菠菜心叶暗绿时进行。浇后应有几个晴天以利菜苗迅速生长。长江中下游冬季和早春多雨雪,一般不灌溉,雨雪后要及时排水。

4. 平整土地与培肥土壤

根据聂和民 1961 年在北京市朝阳区十八里店的调查,不平整的菠菜田,浇不上水的高处越冬死苗 95%,湿润的低处只死 10%,但积水处死苗也较多。施底肥的死苗只有 10%,未施肥的死苗 65%。[2]

5. 调节田间小气候

北方种植露地菠菜在菜田北侧竖起2～3 m高的风障，可削弱风速10%～50%，数道风障可削弱90%以上。离风障越近，防风保温效果越好，风障前近地面气温可提高1～3℃。距离风障远近不同，蔬菜生长速度差异很大，有利于分批采收上市。秸秆粉碎覆盖也是常用的办法，冬季在秸秆覆盖下土温稳定，最低温度可提高6～8℃，一般都能确保安全越冬，但早春回暖后应及时撤除，否则会把菜苗捂黄。

6. 及时防病治虫

早播菠菜常赶上秋季蚜虫发生高峰，蚜虫传播感染病毒病的菜苗更容易冻死，因此，要尽量成片种植以利集中治虫。

17.3.1.2 北方大白菜砍收期冻害

北方大白菜在初冬砍收，有些年份寒潮突袭，使来不及入窖的大白菜在田间受冻。如北京市1968和1979年曾遭受严重冻害，1959、1976和2009年也遭受了中等程度的冻害，损失数亿千克，导致冬季严重缺菜。冻后恢复的大白菜虽勉强可食，但风味变差，价值降低，且不耐贮藏。2009年11月中旬河北省中南部突降暴雪，约有50%的大白菜播种面积尚未采收，被大雪掩埋全部受冻，抢收出来的部分大白菜外部叶片也已冻烂，食用价值下降。

大白菜砍收期冻害发生的时间，东北和西北为10月中下旬到11月初，华北北部为11月上中旬，黄淮为11月下旬至12月上旬。砍收越晚，发生冻害的可能性越大(图17.1)。[2]

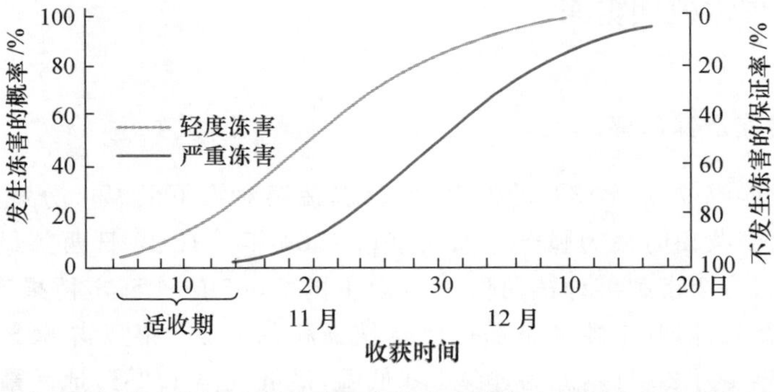

图17.1 北京近郊大白菜砍收期冻害发生概率和不发生冻害的保证率

大白菜叶球含水率高达90%～95%，内叶细胞含糖率高于外叶，抗冻能力也只有－1℃多。但由于叶球由数十层叶片组成，叶层之间的空气起到很强的隔热作用，因而仍有较强的耐寒性。－2～－3℃的低温能使外叶边缘冻枯，但对整个叶球可食部分影响不大。大白菜的细胞在温度降到冰点以下时会脱水到细胞间隙结冰，细胞原生质浓缩保持过冷却状态不结冰。如温度平稳回升，叶片仍能自然恢复。但如气温持续低于－5℃，叶球将逐层冻结，直至冻透心和冻烂根颈，将全株死亡无法恢复。因此，我们把大白菜冻害指标确定为最低气温－5℃以下1～2 d为轻度冻害，3 d以上为严重冻害。如伴随雨雪和大风，则冻害可加重。这是因为雨水可降低叶球的隔热性，冰雪可诱导细胞结冰，而大风可加剧细胞脱水。越是生长良好、个大紧实的叶球，隔热能力越差，冻害越严重；发育不完全的大白菜，叶球内部疏松，隔热能力强，冻害反而较轻。

长江中下游的大白菜在露地越冬，随用随收。根颈仍在土壤中，加上空气湿度较大，抗旱能力要比北方已砍收的大白菜强，通常要到－7～－8℃才会发生严重的冻害。

防御和减轻大白菜冻害的措施：

1. 掌握适宜的砍收期

大白菜砍收过早易受热烂菜，收获过晚易遇冻害。考虑到砍收入窖需要一定时间，生产上以在日平均气温下降到8～5℃时为宜。如图17.1所示，北京地区在11月3—18日收获，不受冻害的保证率即不发生冻害的概率可达90%以上。由于北方初冬的气候不稳定，还需要加强中短期天气预报，如有强寒潮袭击，要及早发出预警并组织抢收。如气温明显偏高，也可在留有余地的情况下适当推迟砍收。

由于包心好的一级菜更容易受冻，生产上要先收一级菜，后收二级菜，最后收获三级菜和等外菜。

2. 应急防冻措施

收到寒潮预警后要立即组织力量，尽快抢收入窖。来不及入窖的可在菜田码成大垛，主根朝里头朝外，上面和四周用草帘或棉被覆盖严密。寒潮过后及时摊开晾晒，剔除冻烂叶片后运入菜窖。

3. 其他措施

收获前5～8 d停止浇水，以降低叶球含水率。已受冻大白菜应避免日晒。如天气回暖放置冷屋内有些可自然恢复，有些可摘除外部烂叶后供应市场。

17.3.2 春季定植期霜冻

17.3.2.1 霜冻及其危害

耐寒蔬菜一般能忍受0～－3℃的低温，但喜温蔬菜对零下低温十分敏感，尤其是春季从苗床取出刚刚定植到菜田时最为脆弱。如北京市1984年4月27日西郊最低气温1.5℃，地面最低－3～－5℃，占全市蔬菜种植面积30%以上的2 067 hm^2已定植果菜绝大部分冻死或严重冻伤，被迫重新栽种，其中毁种番茄占已定植面积的60%，菜豆占80%，茄子占53%，甜椒占40%。1986年4月20日霜冻后连续5 d低温，最低气温1.3℃，地面最低－5.1℃。蔬菜2 837 hm^2受冻，占春播已定植面积的62%，其中1 337 hm^2需改种，大兴县冻死西瓜267 hm^2。4月27日再次发生晚霜冻，比常年推迟十多天结束，地面最低达－3～－6℃，近郊2 667 hm^2春菜受冻害，毁种1 333 hm^2，西瓜秧苗冻死冻伤1 667 hm^2。[6]

随着全球气候变暖，各地无霜期普遍延长，但蔬菜霜冻灾害并未减轻，甚至有所加重。这是因为随着气候变暖，植物的物候期也同步改变，春季提前发芽和开花，秋季推迟落叶和休眠，加上气候的波动加剧，而植物在前期温暖环境下对突然降临的低温更加脆弱。在农业生产上，农民为了利用气候变暖带来的有利因素，春季提早播种或移栽，秋季推迟播种和收获。如果农事作业时间改变过多，超出了气候变暖的程度，也会加重霜冻的危害。

耐热蔬菜在0℃即全部冻死；喜温蔬菜在轻霜冻下受害，但一般不会冻死，遇中到重霜冻才会死亡；耐寒蔬菜要重霜冻才会受害且一般不会死亡。几种主要蔬菜的霜冻指标见表17.2[2]。同一种蔬菜的不同品种，耐寒性也有一定差异。

表 17.2 几种主要蔬菜的霜冻指标 ℃

蔬菜种类	发芽期	开花期	成熟期	蔬菜种类	发芽期	开花期	成熟期
豌豆	−7～−8	−2～−3	−3～−4	甘蓝	−5～−7	−2～−3	−6～−9
菜豆	−5～−6	−2～−3	−3～−4	马铃薯	−2～−3	−1～−2	−1～−2
胡萝卜	−6～−7			黄瓜	−0.5～−1		
芜菁	−6～−7			番茄	0～−1	0～−1	0～−1

17.3.2.2 蔬菜霜冻的防御措施

1. 掌握适宜的定植期

按照不同蔬菜的霜冻指标，根据当地多年气候资料计算平均终霜冻出现日期和80%保证率不出现终霜冻的日期，作为确定安全定植期的主要依据。春季定植的果菜类，按照抗寒性强弱的顺序依次是番茄、茄子、甜椒、黄瓜、冬瓜，北京地区露地种植通常是从4月中旬到5月上旬依次先后移栽。

2. 培育适龄壮苗

苗床育苗要防止温度过高和水分过多，豆芽菜似的高脚苗极不耐寒，轻霜冻足以致死。定植前苗床应控制浇水，适当防风锻炼。苗龄过大已开始现蕾的植株移栽后也不易存活。地膜覆盖虽能提高土温，但不能明显提高薄膜以上茎叶的最低温度。尽管如此，由于地膜覆盖的菜苗根系健壮，只要不过早移栽，受冻后的恢复能力要比露地菜苗强。

3. 霜冻预报

目前气象部门已能比较准确地发布低温的短期预报，关键是掌握不同作物在不同发育阶段的受冻指标。为使用方便，通常以最低气温作为霜冻指标。但实际决定作物是否受害的是植物的体温。目前气象观测中还没有植物体温的测定项目，而不同作物不同器官的体温又千差万别。但大多数情况下，地表最低温度与植物叶面的最低温度比较接近，可以作为衡量是否发生霜冻的参考指标。我国北方大部地区在正常天气下，地表最低温度要低于最低气温。最低气温降到4～5℃时，地表和植物叶面就有可能降到0℃。空气十分干燥，天空晴朗又无风的夜间，因地表强烈辐射降温，最低温度可比最低气温低6～8℃，在沙漠地区甚至可相差10℃，即使最低气温较高仍有可能发生霜冻。相反，如果空气湿润，天空有云，又刮小风，则地表最低温度将与最低气温接近，甚至高于最低气温，发生霜冻的可能性减小。2011年4月初的强冷空气使河南商丘的最低气温降到0℃，但因有雨，地表最低温度达到2℃，并未发生霜冻。面积较大的县，气象站记录不一定都能代表各地农村的实际情况。为弥补单纯预报最低气温的不足，有些地方开展了农田霜冻预报。首先要研究当地多年的气候资料，计算不同天气类型的夜间降温速率。然后到需要防范的农田实地观测气温与地温的变化，根据当时的天气状况和降温速率，推算出可能在后半夜到清晨的什么时间达到霜冻危害指标，从而决定是否要采取防霜冻应急措施。

4. 防霜冻的应急措施

霜冻发生前灌溉菜田可增大土壤热容量，提高地表最低温度2～3℃。连夜覆盖秸秆或埋土也可避免受害，但费工较多，白天还必须及时扒开。霜冻发生前一两小时熏烟或喷水也有一定效果，但成本较高。

5. 改良菜田小气候

菜田北侧营造防护林，设立风障，推广保护地种植等都有减轻霜冻危害的效果。

17.3.3 春寒与先期抽薹

17.3.3.1 春寒对蔬菜生产的危害及对策

春季持续低温对早春播蔬菜的生长发育十分不利，经常导致蔬菜上市延迟，产量降低，价格上涨，供应紧缺。春寒还使春播果菜类根系发育不良，易感病害，落花落蕾。南方春寒还往往伴随连阴雨，光照不足使果菜着色不好，品质变差。从图 17.2 可以看出，北京地区早春定植蔬菜平均单产与春季平均气温成明显正相关（图 17.2）[2]。2010 年春季是我国多年来少有的寒春，早春与春播蔬菜严重受冻或生长不良，成为当年物价上涨的主要推手。

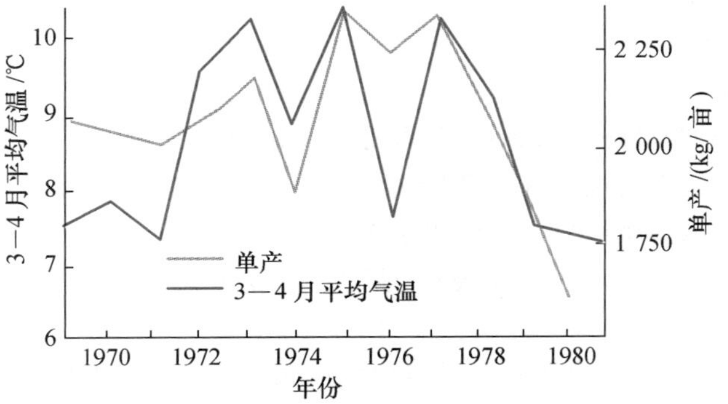

图 17.2 北京市早春茬蔬菜单产与 3—4 月平均气温的关系

春寒年要尽量利用保护地加快早春蔬菜生长，以缓解市场供应紧缺。露地蔬菜要控制浇水次数和数量，勤松土提高低温，增施磷肥和有机肥以促进生长。适当推迟露地蔬菜定植期。利用背风向阳地形开辟早春蔬菜种植基地，如金沙江干热河谷春季升温快，番茄比成都市要早上市一个月，目前已成为川西的主要早春蔬菜基地。

17.3.3.2 先期抽薹现象

春寒对蔬菜生产的影响还突出表现为先期抽薹现象。菠菜、甘蓝、青菜等叶菜，小萝卜、胡萝卜等根菜和莴苣等茎菜都是以营养器官供采收和食用，在生产上不希望这些蔬菜作物提前现蕾和开花。一旦进入生殖生长，其食用价值就会大幅度下降，甚至完全没有利用价值。冬暖春寒的年份，许多早春播蔬菜因持续接受冷刺激，容易提前通过春化而进入生殖生长。如茎粗 1.6 cm 的甘蓝苗经 30 d 的低温刺激就会抽薹，使叶球不再膨大，茎秆开始伸长，粗纤维明显增加乃至不堪食用。华北的菠菜由于是越冬生长，通过春化的低温条件容易满足，但如只是茎伸长还不会影响食用，如遇春寒，茎叶生长缓慢，而日照变长到一定程度可通过光照阶段，一旦抽穗开花，食用价值就明显下降了。

17.3.3.3 先期抽薹的预防措施

1. 选择适宜播期

如长江中下游秋甘蓝在7月中下旬播种就不会在年内抽薹，但9月播种，第二年大多会先期抽薹而不结球。如推迟到10月上中旬播种，以较小叶球越冬，早春尚未完成春化，叶球还能继续膨大。华北的甘蓝冬季在温室育苗并加温，可缩短育苗天数，并使之不能满足春化所需时间，也可以避免抽薹。阳畦育苗容易出现先期抽薹，应适当晚播。

2. 选用冬性较强品种

长江流域种植乌塌菜选用冬性强的品种一般不会先期抽薹。一般早熟品种对春化条件的要求不严格，春甘蓝使用早熟品种叶球形成快且紧实，即使花芽已经形成也不易伸长。青藏高原夏季播种大白菜，因温差大，夜间仍可能出现6～10℃的较低温而提前通过春化，因此必须选用冬性极强的品种。

3. 控制苗期生长

长江流域种植甘蓝越冬前应控制水肥，使菜苗健壮而不过旺，否则如生长过快，即使播种不过早也可能先期抽薹。如播种已经偏早，应少施肥浇水控制生长。

4. 喷洒生长抑制剂或延缓剂

施用脱落酸等植物生长抑制剂能抑制植株顶端分生组织的生长，使植物丧失顶端优势，侧枝多，叶片变小，并影响生殖器官的发育进程。施用矮壮素、多效唑、缩节胺等植物生长延缓剂可以延缓植物生长，使植物的根系发达，茎加粗，也可以起到延迟发育，避免先期抽薹的效果。

17.3.4 高温热害

17.3.4.1 高温对蔬菜的危害

高温直接造成细胞原生质解体和植株枯死的情况少见，大多数情况下是高温造成植株蒸腾过度，水分供不应求，或呼吸消耗过多，特别是夜温过高时。高温常伴随强辐射，可造成某些果菜类的日灼伤害。此外，土温过高可导致根系的衰老，妨碍花粉管的伸长，引起落花落果。高温对马铃薯块茎膨大不利。高温干旱还易引起病毒病的发生，高温高湿则易引发多种细菌性和真菌性病害。如番茄开花期遇40℃高温会引起落花，菜豆在30℃以上授粉率就大大降低，黄瓜在32℃净同化率下降，根系在25℃以上易衰老，茄子在25～30℃结实率下降，马铃薯块茎在21.1℃以上生长率下降，29.4℃以上停止膨大。夏季高温是茄果类蔬菜越夏的主要障碍，下过一场暴雨后急剧升温，夏播果菜就往往因病害严重发生和长势衰弱而不得不拉秧。四川盆地与华南的夏季更加炎热，连冬瓜、豇豆等相对耐热的蔬菜都生长不良，只有蕹菜和南瓜等最耐热的蔬菜还能基本正常生长。

17.3.4.2 夏季高温热害的防御措施

(1)喜温果菜要防止过晚播种，力争在入夏前形成壮苗。加强苗期管理，促使枝叶茂盛，可减轻日灼。

(2)夏季炎热地区种植蕹菜、丝瓜、豇豆、南瓜等耐热蔬菜。

(3)利用附近海拔较高地区建设夏季蔬菜生产基地。

(4)套种高秆作物遮阴降温,如甜椒或马铃薯与玉米间作。

(5)适时浇水降低地温,如北方大白菜在盛夏播种后要连续浇两三水才能防止病毒病的发生。但应避免在午后浇水,以免突然降温造成生理障碍。

(6)推广遮阳网栽培。遮阳网是一种黑色或深色的网,夏季覆盖在菜田上方,通过遮阴可明显降低地面温度,使得长江流域茄果类蔬菜的越夏栽培成为可能。

17.3.5 保护地蔬菜生产的主要灾害

保护地蔬菜指在温室、大棚、地膜、遮阳网、阳畦、风障等人工保护设施中栽培的蔬菜,一般情况下灾害要轻于露地蔬菜,但也存在一些特殊问题。

17.3.5.1 风害

北方冬春大风和沿海台风常对保护地造成严重摧残,如北京 1984 年 3 月 19—20 日大风刮破 1 333 个塑料大棚,使蔬菜上市量减少 1 000 万 kg。保护地建造应根据当地最大风速设计构架的抗风能力,抗风力弱的竹木结构应在大风前采取拉绳压帘等紧急加固措施。薄膜只要刮破一处,就会越撕越大。因此,大风前应认真检查,及时弥补破损处,棚面用绳索拉紧。温室的方向与大风平行可减轻风压。在保护地北侧营造防风林可以显著减轻风害。

17.3.5.2 雪害

北方冬季大雪积聚在温室和大棚屋顶,可压垮构架,积雪遮阴对蔬菜生长也很不利。华北大部地区的最大积雪深度在 20 cm 左右,每亩大棚承压 13 t 以上,湿雪的负荷更重。竹木结构大棚一般都难以支撑,应改建为钢筋拱形结构。棚顶应有一定坡度以减少聚雪,积雪应及时清除。例如,2009 年 11 月 10—12 日,河北省中南部遭受历史罕见暴雪袭击,石家庄降水量 93.5 mm,积雪厚达 55 cm,邢台、邯郸降水量 60 mm,积雪 40 cm,造成 5.77 万 hm^2 蔬菜受灾,其中 2.43 万 hm^2 设施蔬菜受灾较重,有数万个大棚被压垮倒塌,石家庄市蔬菜价格一度数倍上涨。[7]

17.3.5.3 阴害和霜冻

隔热性能良好的日光温室只要光照充足,在华北不加温也能进行冬季喜温蔬菜的生产,在东北南部可进行耐寒蔬菜的生产。但如冬末早春遇连阴天光照不足,温室内气温将不断下降,常导致菜苗生长不良甚至受冻。塑料大棚的保温性能不如日光温室,晴冷辐射型降温天气,棚内外最低气温可相差 3℃左右;但在持续阴冷天气下,棚内白天光照弱于外界,基础温度低,再经过夜间辐射降温,可出现比外界更低的最低气温,使得棚内霜冻反而比室外更重。日光温室冬季在连阴天保温效果也将明显下降。有条件的应适当进行人工加温,无加温设备的应增加白天通风,降低室内温度以控制徒长,夜间盖严草帘保温。地面与后墙铺设反光薄膜可改善室内光照。

17.3.5.4 高温烧苗

北方春季常因升温过快伤害菜苗,使叶缘枯死,小型棚和细弱苗受害更重。因此,后春应增加放风时间并及时撤膜,遇高温应及时通风,注意不要使棚边缘的植株接触棚顶。温度高时要勤浇水或喷水降温。

17.4 蔬菜生产的环境灾害及生物灾害

17.4.1 蔬菜生产的环境灾害

17.4.1.1 蔬菜生产中的环境问题

蔬菜是食用量最大的农产品,菜田大量分布在城市郊区,使得蔬菜生产成为农业各产业中环境问题最为突出的一个产业。蔬菜生产中的环境问题可分为以下几类:

1. 工业和城市污染

包括使用工业和城市生活废水灌溉造成的菜田土壤和蔬菜产品污染,工业粉尘飘落在蔬菜上造成的污染,酸雨和大气污染对蔬菜的直接污染和损坏,城市垃圾和煤渣对菜田土壤性状的影响等。公路边的菜田受汽车尾气污染较重,各地检测路边摊贩蔬菜的污染都十分严重,合格率很低,居民投诉食用污染蔬菜致病已多次发生。

2. 农业自身污染

包括蔬菜农药残留,菜田地膜残留,未腐熟有机肥对蔬菜的污染.过量使用氮肥,导致蔬菜产品和土壤中具有致癌作用的亚硝酸含量增加。尤其是有些农民过量使用有毒农药,又未经足够的安全间隔期上市,蔬菜上残留农药对人体健康危害极大。

3. 菜田生态系统对城市环境的不良影响

包括居民区与菜田混杂的近郊,由于菜田使用粪便带来的空气污染和大量苍蝇;菜田湿度大,附近蚊子多,都使居住环境质量明显下降。

4. 城镇发展对蔬菜生产的影响

城镇建设大量占用菜田,使蔬菜基地向远郊转移。建筑垃圾残留也使菜田质量下降。城镇建筑群与菜田交错,也给菜田的安全作业增加了困难。

17.4.1.2 蔬菜生产环境灾害的综合治理对策

(1)菜田的合理布局。城郊菜田应相对集中,远离工厂和其他污染源。菜田与居民区应有绿化带隔开。应规定严重污染区不得种植商品菜。

(2)加强水污染的治理。城市和工业污水未经处理不得用于灌溉,低水平处理污水不得用于蔬菜生产。禁止菜田使用煤渣和城市垃圾肥。近郊菜田应禁止在居民区附近设置粪场和施用未腐熟粪肥。

(3)加强对上市蔬菜的检测管理。逐步推广超级市场与蔬菜产地定点挂钩直销,建设蔬菜标准化生产基地。

(4)加强菜田生态环境监测,限制氮肥和有毒农药使用量和上市前的使用期限。

(5)回收残留地膜并进行再加工,逐步以可降解地膜取代现有地膜。

菜田环境污染的具体治理技术可参看有关环境保护的书籍。

17.4.2 蔬菜生产的生物灾害

蔬菜生物灾害包括病、虫、草、鼠害等。与大田作物相比，蔬菜生产具有以下特点：复种指数高，茬口多，作物种类多，周年进行生产和采收期长；植株柔嫩，抗性较弱；上市蔬菜柔嫩多汁，为人民大量食用，经济价值高，对安全和品质的要求高；菜田土壤有机质含量高，易引诱某些地下害虫，杂草危害严重，土传病害易于传播；保护地设施提供庇护所，造成病虫害的世代重叠和交错。这些都使蔬菜生产的生物灾害要比大田作物更加复杂多样。因此，蔬菜有害生物的防治应以农业防治和生物防治措施为主，在合理布局、培育抗病虫良种、水肥合理运筹的基础上，再辅之以化学防治。[8-9]

17.4.2.1 菜田病害的特点

蔬菜柔嫩多汁，栽培对水分的要求大多比大田作物要高，病害中真菌类和细菌类病害的比例较大。但茄果类等苗期需水较少的蔬菜，在雨季到来前的高温少雨条件下病毒病较严重。蔬菜病害发生特点随气候、生产条件、品种以及病原物和防治技术的演变发展而变化。

17.4.2.2 菜田虫害的特点

蔬菜虫害种类也很多，但由于菜田经常灌溉，地下害虫要比大田作物危害轻，以地上虫害为主。但由于蔬菜以营养器官或果实供食用，虫蛀或污染后产品质量下降的损失很大。由于杀虫剂对人体都有一定毒性，施用后不能立即上市，剧毒杀虫剂应严格禁止用于蔬菜。

17.4.2.3 菜田草害的特点

菜田的水肥条件大多要好于大田，杂草发生量大，如不及时防治，极易形成草荒。但菜田的复种指数高，翻耕次数多，又使多年生杂草不易存活。因此，菜田一般都以生长期少于 90 d 的一年生杂草为主。由于土壤肥力较高，多为单子叶植物与双子叶植物混生，单一旱生的单子叶杂草丛群很少，双子叶杂草的比例远大于旱作粮田。常见有害杂草不过几十种，危害最大的十多种。随着除草剂的应用，杂草种类也在不断变化，不抗某种除草剂的杂草消亡后，抗药杂草就形成优势种群。使用新的除草剂，又会有新的抗药杂草种群取代。

关于各类蔬菜病虫害的具体防治技术请参看有关植物保护的书籍。

（郑大玮）

参 考 文 献

[1] 中华人民共和国农业部. 新中国农业 60 年统计资料. 北京：中国农业出版社，2009：29.

[2] 郑大玮，唐广. 蔬菜生产的主要气象灾害及防御技术. 北京：农业出版社，1989：124-125，117，60-84.

[3] 郑大玮. 食物发展和蔬菜生产的发展战略//中国科学技术协会. 中国食物分区发展问题探

讨:中国食物分区发展学术研讨会论文集.北京:中国科学技术出版社,1990.
[4] 中国农业科学院蔬菜花卉研究所.中国蔬菜栽培学.北京:中国农业出版社,2010:58-79.
[5] 唐广,蔡涤华,郑大玮.果树蔬菜霜冻与冻害的防御技术.北京:农业出版社,1993:121,208-220.
[6] 陶铁男,明发源.主要农作物灾害评估.北京:中国农业科学技术出版社,2010:89-160.
[7] 狄政敏,聂承华,郄东翔,等.河北省蔬菜生产应对2009年特大暴雪的措施和启示.中国瓜菜,2010(2):1-2.
[8] 李明远.蔬菜病害的综合防治.北京农业科学,1989(2):18-22.
[9] 卢盛林.菜田化学除草技术.中国农学通报,1988(2):40.

第18章 林果业生产减灾技术

林果业不仅能为社会提供丰富的林产品和水果，同时担负着维护生态平衡，保护物种多样性，保持水土，涵养水源等重要的生态任务，在农业发展过程中占有特殊地位。林果业包括林业与果树生产两个相互交叉又有所区别的产业。我国森林覆盖率在 1949 年只有 8.6%，到 2012 年已达到 20.36%，但仍明显低于世界平均水平。水果产量 1949 年只有 120 万 t，人均 2.2 kg；2008 年产量 19 220 万 t，居世界第一位，人均 145.1 kg，60 年增长了约 70 倍。

我国地域辽阔，自然条件复杂，各地经常有自然灾害和人为灾害发生，威胁林果业的生产，林果业灾害防治是保护林果业发展成果的重要手段，是维护生态安全，提高林产品和果品国际竞争力的重要措施。林果业减灾体系建设是林果业发展的重要组成部分，是提高林果业综合生产能力和整体效益，提升产业化经营水平，促进其持续健康高效发展的重要保障。

18.1 林果业灾害的概况和特点

18.1.1 林果业的划分和生产特点

18.1.1.1 林果业的划分

林果业包含林业和果树生产。林业生产的主要任务是科学营林，管理保护，合理利用现有森林资源与有计划植树造林，扩大森林面积，提高森林覆盖率，增加木材和其他林产品的生产，并根据林木的自然特性，发挥它在改造自然，调节气候，保持水土，涵养水源，防风固沙，保障农牧业生产，防治污染，固碳制氧，净化空气，保护生物多样性，美化环境等多方面的效能和综合效益。林业的生态保护功能维护着陆地生态系统的安全，是其他产业发展的生态基础。林木及其他初级林产品还为其他产业提供了物质基础和发展机会，生态环境的恶化或初级林产品的不足，将严重影响国家经济发展和生态安全，因此林业是十分重要的基础产业。森林作为林业的主体,具有丰富的物种,复杂的结构,多种多样的功能。森林与所在空间的非生物环境有机结合在一起,构成完整的生态系统,是地球上最大的陆地生态系统,是全球生物圈中重要的一环。它是地球上的基因库、碳贮库、蓄水库和能源库,对维系整个地球的生态平衡起着至关重要的作用,是人类赖以生存和发展的资源和环境。

果树大多是多年生木本植物,少数为草本植物,如草莓、香蕉、菠萝、西番莲等,能生产可食用的果实或种子。果品包括鲜果与干果两类。果树生产包括果树栽培、育种和果品储藏、加工、运输、销售等环节,是从生产到消费的整个过程。果树栽培指从果树育苗开始,经过建园、管理到果实采收的整个生产过程。果树生产是我国农业经济中的一个重要组成部分,发展果树生产,对提高人民生活水平,出口创汇,繁荣农村和市场经济有着十分重要的意义[1]。

18.1.1.2 林果业生产特点

林果业生产的特点取决于生产对象的自然属性和林果业本身的经济属性,表现为生产周期长,见效慢,占地面积大,受地理环境制约强等。

1. 林业

生产周期长和资源可再生是林业最主要的特点[2]。林木生长过程中带有风险性,容易受自然灾害和人为乱砍乱伐的影响。森林破坏容易,恢复难。同时林业能最充分利用天然力作用,最有效利用大自然赐予人类的天然资源。林业资源的多样性,既有以林木为主的野生动植物及林地,同时又有地貌、溶洞等多种景观、生物等旅游资源,森林效益具有多样性,林业生产具有艰苦性与复杂性。

2. 果业

果树具有多年生与寿命长的特点,生产受生态环境限制大,尤其温度(热量)状况成为一些果树的生态限制因子,并结合其他生态因子的综合影响,形成了不同类型果树的最适生长区。为降低成本,获得高产优质的果品,发挥综合自然条件的较大经济效益,必须进行适地适树的果树区域化栽培。果树的生命周期长,更新也较一年生植物慢,因此,品种及砧木选用十分重要。果园建立多年后病虫种类和数量逐年积累,如防控不当易造成病虫害的毁灭性暴发。果业的商品性强,大部分果品作为商品在市场出售且大多用作鲜食,具有较高商品价值,同时对品质、无污染和产后贮藏、运输、加工等业提出了更高的要求。

18.1.2 林果业灾害的概况

多年来我国林果业基础设施薄弱,生产条件落后,抗灾避灾能力较差,一直处于靠天吃饭的局面,面临诸多自然灾害的威胁。林果业经常发生的自然灾害有气象灾害、生物灾害和人为灾害(如火灾、滥砍滥伐和化学污染等)。2008 年历史罕见的南方雨雪冰冻灾害造成林果业的巨大损失,据报道林业直接经济损失达 1 014 亿元,湖南、贵州等 19 个省区市遭受雨雪冰冻灾害的森林面积达 1 860 万 hm^2,果树受灾面积 185.56 万 hm^2,其中成灾 76.38 万 hm^2,绝收 20.58 万 hm^2。果树中以柑橘受灾最重,产量损失 200 万 t。2010 年北方又遭受数十年未有的强烈低温冻害,造成许多幼龄果树和幼嫩枝条死亡及当年北方水果的严重减产。我国林业生物灾害年均发生面积达 0.087 亿 hm^2,每年因病虫等生物灾害致死树木 4 亿多株,减少林木生长量 1 700 万 m^3,折合森林面积达 25.3 多万 hm^2,相当于我国每年人工造林面积的 6%左右,造成的经济损失超过 880 亿元[3]。从国家林业局公布的数字上看，2007 年全国林业有害生物偏重发生，发生面积 1 244 万 hm^2。2007 年全国共发生森林火灾 9 260 起，其中森林火警 6 051 起，一般火灾 3 205 起，重大森林火灾 4 起，全国森林火灾受害森林面积 2.93 万 hm^2，全国共投入扑救森林火灾经费达 1.09 亿元。

18.1.3　林果业灾害的特点

林果业灾害以林果生物、林果设施、林果业生产过程和生产条件为直接承灾体，人类为间接和最终承灾体。林果业灾害的许多特点都是由此而引出。林木和果树大多是多年生木本植物，生产周期长，占地面积多，受生态环境影响大，使得林果业在面对特大灾害时呈现出毁灭性强，损失容易恢复难。林果业灾后表现出灾情的滞后性，恢复时间长，次生灾害多。灾后隐患多，包括火灾、森林病虫害、水土流失、野生动物疫源疫病风险增大等。林木和果树多分布在山地丘陵，相对于大田作物，植株高大根系深，能利用深层土壤水分，只要土层较厚，旱涝灾害通常要轻于大田作物，但山地灾害比较重。多数林木和果树是春花夏繁秋熟冬眠，不同季节受灾部位和特点不同。我国地域辽阔，林果植物种类丰富，在不同地域易受灾的物种和特点也有不同。

18.1.4　林果业灾害发生的影响因素

导致林果业灾害发生的原因有自然因素、人为因素或两种因素的综合作用。

自然因素的致灾性主要取决于致灾因子的强度、范围与作用时间，由于自然力难以控制，对于大多数自然灾害，主要是做好预报，提前防范。

人为因素不仅在于人类活动对自然环境的某些负面影响，更在于人为因素在林果业生产上所占取的主动性。如人工造林如仍以单一树种的纯林为主，造林质量不高又疏于管护，生长势将较差。由于生物多样性减少，大部分人工林的生态比较脆弱，经不起灾害考验，易造成极大损失。另外，引种不当和栽植品种不适合也容易发生灾害。选择林地和建园地时如果立地条件差，树木会生长不良，抗病虫害能力较差，极易发生病虫害和其他自然灾害。近年来由于国内外经贸往来日益频繁，给生物灾害的发生提供了机会，病虫害远距离传播和外来有害生物入侵机会大大增加，造成病虫害的扩散蔓延趋势。

18.2　林果生产的主要气象灾害及减灾措施

各地林果业经常发生的气象灾害有冻害、冻旱、冷害、霜冻、日烧、风害、旱害、涝害、雨害、雪害、雹害等。应贯彻“预防为主，综合防治”的原则，从建园开始就给予足够重视。同时加强综合管理，促使树体生长健壮，才能取得防灾的良好效果[1]。

18.2.1　冻害

冻害是指果树在越冬休眠期间受零度以下较强低温的伤害而使细胞和组织受伤或死亡。

冻害是我国南北各地普遍存在的问题，不仅使果树当年遭受损失，还会影响以后多年，易使树势减弱，腐烂病、干腐病等病害蔓延。由于树种、品种及原产地不同，各种果树的抗寒力有很大差异，各地都有一些果树出现冻害。东北、西北和华北北部，由于气候严寒，经常出现极端低温且持续时间长，几乎每年都发生不同程度的冻害。冻害也是南方柑橘生产发展的主要限制因子，由于大陆性季风气候的影响，我国冬季气温明显低于世界同纬度地区，使得我国柑橘栽培北限纬度也明显偏低，除有山脉和水体保护的长江三峡地区和少数湖泊中的孤岛外，在南方最北只能种到江南北部。

18.2.1.1 冻害的表现

1. 树干冻害

大致发生在距地表 15 cm 以上至 1.5 m 以下处，表现为皮层的形成层变黑色，严重时木质部、髓部都变成黑色。受冻后有时皮层形成纵裂，沿缝隙脱离木质部，核果类果树多半有流胶现象，轻者可随温度升高逐渐愈合；严重时裂皮外翘不易愈合，植株死亡。

2. 枝条冻害

一年生枝以先端成熟不良部分最易受冻，表现为自上而下脱水干枯。多年生枝，特别是大骨干枝，其基角内部、分枝角度小的分枝处或有伤口部位易遭受积雪冻害或一般性冻害。常表现为树皮局部冻伤，最初微变色下陷，皮层变黑、裂开和脱落，逐渐干枯死亡。如受害较轻，形成层没有受伤，可逐渐恢复。枝干受冻后极易感染腐烂病和干腐病。

3. 花芽冻害

多出现在冬末春初，深冬季节如果气温短暂升高，也会降低花芽的抗寒力，导致花芽受冻。花芽活动与萌发越早，遇早春回寒越易受冻。花芽受冻后表现为芽鳞松散，鳞片基部变黑，严重时干枯死亡，俗称“僵芽”。花芽前期受冻时花原基整体或部分受冻，后期为雌蕊受冻，柱头变黑并干枯，有时幼胚或花托也受冻。

4. 根茎冻害

指地上部与地下部交界部位受冻。根茎受冻后表现为皮层变黑，易剥离。轻则只在局部发生，引起树势衰弱；重则形成黑色，环绕根茎一圈，全树死亡。

5. 根系冻害

各种果树的根系均较其地上部耐寒力强。根系受冻后变褐色，根皮部木质部易分离。地上部表现发芽晚，生长弱。

18.2.1.2 冻害发生的影响因素

影响果树冻害发生的因素很复杂，包括树种、品种、生长势、树龄、地理位置、冻害发生时间等，都与冻害发生有密切关系。不同树种的抗寒力不同，温带果树中苹果、梨、李和杏抗寒力较强，热带亚热带果树中耐寒力较强的是橄榄和柠檬等。同一树种的不同种类和品种也有很大差异，如中国梨中秋子梨可耐－40℃以下低温，而沙梨在－25℃以下就会遭受冻害。除果树本身固有的抗寒力外，由于年周期生长动态，冬前抗寒锻炼和成熟度不同，同一品种的抗寒力也有差异。树势健壮的植株较生长衰弱的或生长过旺的植株抗寒力强。栽培技术与冻害有着密切的关系，如选择抗寒能力强的砧木，矮化密植，合理施肥灌水等，都能减轻冻害。气象条件是造成冻害的直接原因，每年寒潮侵入的时间、强度、持续时间，以及当时气象上的综合特点都是造成冻害程度不同的原因。

18.2.1.3 防治冻害的主要方法

(1)选择抗寒品种和砧木。根据当地气象条件,因地制宜适地适栽,选择抗寒品种,利用抗寒砧木,是预防冻害最根本而有效的途径。在气候条件较差,易受冻害的地区,可选择小气候有利地形,适当集中栽植。

(2)抗寒栽培。利用抗寒栽培方式,可以直接间接提高抗寒力。新建果园应避开风口、阴坡地和易遭冷气袭击的低洼地。已建成果园应在上风口栽植防风林或挡风墙,以减弱冷气侵入强度。加强年周期综合管理,提高树体贮藏营养水平,增强树体抗冻性。本着前期促进旺盛生长,后期控制生长,使之充分成熟,积累养分,接受抗寒锻炼,及时进入休眠的原则进行管理。主要包括:做好疏花疏果工作,合理调节负载量;适时采收,减少营养消耗;秋季早施基肥,利用秋季根系生长高峰期提高树体贮藏营养水平;树体生长后期叶面多次喷布磷酸二氢钾等速效性肥料,提高叶片光合能力,提高树体的抗冻性。

(3)加强树体越冬保护。土壤结冻前对果树的主干和主枝涂白,干基培土,主干包草和灌足封冻水。在多雪易成灾地区,雪后应及时振落树上积雪并扫除树干周围积雪,防止因融雪期融冻交替,冷热不均而引起冻害。对已遭受冻害的果树应及时去除冻死枝干,并对较大伤口消毒保护,以防止腐烂病菌侵入。

18.2.2 霜冻

18.2.2.1 霜冻的危害

霜冻是春秋季果树生长期间由于冷空气活动而出现的接近0℃的零下低温及水汽在果树上凝结成霜所造成的危害,对北方春季果树的花芽和幼果危害极大,冬季在华南也有发生。霜冻又有早霜和晚霜之分,秋末发生的霜冻称为早霜,只对一些生长结果较晚的品种和植株形成危害,常使叶片和枝梢提前枯死,果实不能充分成熟,进而影响果实品质和产量。早霜发生越早,危害越重。春季发生的霜冻称为晚霜,自萌芽、开花至幼果期发生,来临越晚危害越重。

18.2.2.2 霜害的防治技术

(1)选择适地建园。霜冻是冷空气集聚的结果,空气流通不畅的低洼地和闭合的山谷地都容易形成霜穴,使霜害加重,这就是果农常说的“风刮岗,霜打洼”。因此,新建果园应避开霜穴地段。

(2)选择抗冻品种。选择花期较晚的品种或花期虽早但抗冻力较强的树种和品种。

(3)调节果园小气候的应急措施。利用浓密烟雾防止土壤热量的辐射散发,加上烟粒吸收湿气使水汽凝成液体而放出热量,可提高地温。这种方法只能在最低温度不低于−2℃的情况下效果才明显。常用烟熏方法是用易燃的干草、秸秆和潮湿的落叶、锯末等分层交互堆放,外面覆一层土,中间插上木棒,以利点火和出烟。发烟堆分布在果园四周和内部,上风方向烟堆应密些,以利烟雾能迅速布满全园。根据当地气象预报将有霜冻发生的夜晚,在温度降至5℃时即可点火发烟。配制防霜烟雾剂的防霜效果也很好,防霜烟雾剂的常用配方是:硝酸铵

20%～30%，锯末 50%～60%，废柴油 10%，细煤粉 10%，搅拌均匀后装入容器内备用，每公顷设置 45～60 个发烟器。

(4)延迟花期以避霜。有灌溉条件的果园，在开花前灌水可显著降低地温，推迟花期2～3 d。将枝干涂白，通过反射阳光，使树体减缓升温可延迟花期 3～5 d。树体萌芽初期全树喷布氯化钙 200 倍液，可延迟花期 3～5 d。

(5)加强水肥、耕作等综合栽培管理措施，增强树势，可提高抗霜冻能力。

(6)灾后补救措施。通常果树开花期遭受霜害，受害的先后顺序为雄蕊、柱头和子房。如仅雄蕊受冻，可加强人工授粉或放蜂授粉；如柱头也被冻伤，则人工授粉无效，可喷施生长刺激素促使子房膨大结果，也能获得一定产量。已成灾果园应采取积极措施，加强管理，争取产量和恢复树势。树体喷布氨基酸微肥以增强树体营养，喷布硼砂或硼酸等可提高坐果率，降低减产幅度。幼嫩枝叶受冻后仍会有新枝和新叶长出，应促进健壮生长，恢复树势。

18.2.3 抽条

18.2.3.1 抽条的危害

幼龄果树越冬后枝干失水干枯的现象叫抽条，又称灼条，往往还相伴发生冻害、日烧。这种现象在我国干寒地区，如宁夏、甘肃、内蒙古、新疆、山西、陕西等地区普遍存在，而以西北各省更为严重。发生越冬抽条的果树很多，苹果、梨、桃和葡萄等都有，大多是 1～5 年生幼龄果树，抽条程度随树龄增大而减轻，是北方干寒地区果树生产中存在的主要问题。枝条在冬季即开始失水皱缩，但大量失水抽条发生在气温回升、干燥多风、地温还低的 2 月中下旬至 3 月中下旬，轻者可恢复但延迟发芽，重者失水枯死。

18.2.3.2 抽条的原因

1. 越冬期间外界条件不良

果树抽条主要是越冬准备不足，受冻旱影响所造成。所谓冻旱，就是冬春期间(主要是早春)由于土壤水分冻结或地温过低，根系不能或极少吸收水分，而地上部枝条的蒸腾强烈，造成植株严重失水的现象。冻旱属生理干旱，是由于果树吸水和失水(蒸腾)不平衡造成的后果。抽条的外因主要是低温和干燥。秋季低温突然来临，果树得不到充分的抗寒锻炼，低温造成的一些伤害(枝干受旱、分杈冻、冬季日烧等)，也会降低果树抗冻旱的能力。冬春温度变化过大造成果树枝条内水分冻融交替，以及干燥多风，都会加剧枝条水分的蒸腾。果树抽条地区共同的气候特点是冬春冻土深、解冻迟而地温低，早春气候干燥，多风而水分蒸发强烈。此外，大青叶蝉(也叫大绿浮尘子)产卵刺破枝条表皮造成伤口过多，也加剧了冬春果树水分的蒸腾，常导致幼树抽条死亡。

2. 果树内在原因

越冬抽条的发生还取决于果树本身抗冻旱的能力。不同果树品种的抗冻旱能力不同。果树枝条越冬时的状态也影响抗冻旱能力。晚秋树体贪青旺长，落叶推迟，枝条组织疏松幼嫩，成熟度低，病虫害较重等均会引起严重抽条。栽培管理也直接影响果树枝条越冬前的状态。

18.2.3.3 防止抽条的措施和方法

(1)适地建园。根据各地区气象条件,因地制宜发展适宜树种和品种。小面积栽植时可选择小气候好、背风向阳、地下水位低、土层深厚疏松的地段,注意避开阴坡、高水位和瘠薄地。

(2)创造良好的根际小气候,提高地温。土壤结冻前在树干西北侧,距树干 50 cm 左右处,培高 40 cm 左右半月形土埂,为植株根际创造一个背风向阳的小气候环境,使地温回升提早,解冻提前。有条件的果园若能在土埂内覆盖地膜,可显著提高土壤温度,防止抽条效果更佳。

(3)对树体进行保护。埋土防寒是防止树枝抽条最可靠的保护措施。土壤结冻前在树干基部有害风向(一般是西北方向)先垫好枕土,将幼树主干适当软化后使其缓慢弯曲压倒在枕土上,然后培土压实,枝条应全部盖严不外露不透风。翌春萌芽前挖出幼树并扶直。此法可有效防止幼树抽条,但仅适用于 1～2 年生小树,主干较粗时难以操作。针对较大植株多用扎草把、缠塑料薄膜条、喷聚乙烯醇或羧甲基纤维素等措施。具体方法是:缠干可用较宽塑料薄膜条,缠枝可用较窄塑料薄膜条,操作时要缠绕严紧不留空隙。扎草把要扎到主枝分枝处,在底部堆土培严。无论缠塑料薄膜条或扎草把,均应在春季土壤解冻后萌芽前及时去除根颈培土和绑缚物。

(4)保护抽条树。已发生抽条幼树萌芽后剪除已抽干枯死部分,促其下部潜伏芽抽生枝条并从中选择位置好、方向合适的留下,培养成骨干枝,以尽快恢复树冠。

(5)加强综合管理,提高树体贮藏营养的水平,使枝条充实,可提高树体抗寒性。重点是促进枝条前期生长正常,后期及时停止生长。

18.2.4 日烧

18.2.4.1 日烧病的危害

果树日烧又称日灼,是由于强烈的太阳照射或局部温度过高而引起的一种生理病害。日烧因发生的时期不同,有冬春日烧和夏秋日烧两种。

冬春日烧实质上是冻害的一种,多发生于寒冷地区的果树树干和大枝向阳面。因夜间温度较低,细胞内水分冻结,白天太阳照射部分温度很快上升使细胞解冻,反复冻融交替使皮层细胞死亡。受害部位树皮变色似日灼状,干枯、裂开或脱落,严重时韧皮部和木质部剥离,枝条枯死。北方冬春的太阳高度角很低,树林或果园南缘的林木树干基部夜间发生强烈辐射降温,早晨容易受到阳光直射而迅速升温,昼夜温差特大,日烧特别严重,而林内树木因有遮蔽受害较轻。

夏秋日烧与高温干旱有关。由于温度过高,水分供应不足,蒸腾作用减弱,使树体温度难以调节。部分枝条的皮层和果实表面由于强烈阳光的直接照射,温度过高而灼伤,重者可使局部组织坏死。夏秋日烧发生部位多见于枝条和果实。病树或树势较弱的树受害最重。主要症状是有的枝干出现横裂,表皮破坏,枝条负重量降低,易发生断枝;有的是枝条表皮变褐脱落,甚至发黑如烧焦状,且干枯开裂。沙地上新栽幼树,靠近地表的根颈部更易被高温灼伤以致死亡。果实日烧主要发生在向阳面叶片较少的树冠外围,先出现水烫状斑块,再变黑扩大,甚至裂果、烂果。例如,葡萄只要一两天时间,果粒就像用热水烫过一样变褐软化、萎缩脱落。苹果果实向阳面起初表现为白色、黄色或黄褐色，随着果皮伤害加重变为暗褐色。一旦表现日烧症状，采后冷藏几周则引起果实日烧部分变褐，运用可抑制 α-法尼烯的氧化与褐变的外源抗氧化剂二苯胺也无法控制，果心组织也可能变褐变硬[4]。

18.2.4.2 防御果树发生日烧的主要措施

(1)树干涂白可反射阳光，缓和树皮温度剧变，对减轻日烧和冻害都有明显作用，果实喷洒波尔多液可适当增加石灰用量，利用白色反光减少日烧。

(2)生长季内要特别注意防止干旱，及时灌溉，以满足树体水分需求。

(3)注意树冠管理，防止枝干日烧。应降低干高，多留辅养枝以避免枝干光秃裸露，有大伤口时要及时涂保护剂。

(4)为防止果实日烧，应尽量在树冠内部结果，阳面果要留在有叶片遮盖处，尽量做到"叶里藏果"，必要时可套袋。

(5)加强病虫害防治，避免各种原因造成的叶片损伤，保护叶片，增强树势也可以减轻日烧危害。

总的来讲，果树越冬期间主要受到低温冻害，导致果树组织坏死；冻融交替，导致日烧发生；冻旱失水，导致枝干干枯。这三种类型的伤害都是以低温为前提所造成的。影响果树越冬的因素主要有树种、品种、砧木类型、树体不同器官、树龄大小、树体营养状况、环境、立地条件的好坏等。不同树种、不同品种、不同砧木、树体不同器官的耐寒能力不同，地上部比地下部耐寒，叶芽比花芽耐寒等。树龄不同，耐寒能力也不同。幼树老树都不耐寒，但幼树受冻后容易恢复。树势健壮、环境与立地条件好、管理水平高的果园，树体越冬能力强，其他方面如修剪造成的伤口，病虫害发生程度等都对果树的越冬能力有影响。

18.2.5 连阴雨和湿害

根部处于水浸状态通气不良，可使果树生长不良、烂根甚至死亡。虽未明显积水，但土壤水分长期处于饱和状态，对果树的影响与涝害相同，但程度稍轻。阴天果树光合作用仅为晴天的 1/9～1/2，在土壤过湿和光照不足的双重影响下，果树生长不良。单纯的连阴天光照不足造成的不利影响又称阴害。涝害可由暴雨积水或过量灌溉形成。湿害可由连阴雨或地下水位过高造成。连阴雨出现在雨季，以南方的梅雨为典型。涝湿防御主要靠挖排水沟和疏通河道，使积水尽快排出。低洼地要深挖排水沟降低地下水位。低洼易涝地区要种植耐涝品种，控制密度不过大，适当修剪以改善枝条通风透光。清除杂草可降低近地面气层的湿度。

18.2.6 旱害

果树和森林大多分布在缺乏灌溉条件和水分易流失的山地丘陵。北方春季降水少，空气干燥，大风多，气温尚不高，根系吸水能力不强，发生春旱时蒸腾量常达降水的几倍到几十倍，使果树的花芽分化受抑制，开花延迟，落果增加。长江流域夏季炎热少雨多伏旱。秋旱各地都有发生，常抑制果实膨大和枝梢生长，影响越冬养分积累。干旱还易引发森林火灾。

干旱的防御对策：发展果园灌溉，山区丘陵可发展喷灌和滴灌，营造防护林，改善小气候；

山区沿等高线筑埂，防止水土流失；中耕除草，培土覆盖；干旱严重地区选用耐旱品种作砧木改良，无毒苗木对干旱也有很强的抵抗力；施用抑制蒸发剂。

18.2.7 雹灾

雹灾是果树经过冰雹袭击后所造成的损害。冰雹危害程度取决于雹块大小和降雹强度，也与果树所处物候期有关。雹灾除造成机械损伤外，还可通过降低地温和生理障碍而产生间接危害。特别是在果实膨大和成熟前，遇严重冰雹袭击可使全园毁于一旦，难以挽救，并容易引起病害，影响翌年生长和结果。危害较轻时可使叶片受损，好果率降低，果实不耐贮藏。冰雹发生在营养生长期的危害主要是摧残树叶，影响光合作用和养分积累。发生在幼果期可留下伤痕，影响外观和品质。发生在成熟期可打落果实，损失重大，对木质化程度低和柔嫩的葡萄等浆果类危害更大。雹灾对果树的危害不仅表现在当年经济损失，由于雹灾伤及当年新梢、叶片甚至2～3年生外围枝，使树势减弱，花芽减少，雹灾对叶片的损伤或导致落叶、残叶，或造成整株叶片全无，使树体光合能力下降，减少养分供给和积累。因此，一次遭受雹灾，不仅造成当年的损失，还影响翌年产量，严重者可导致以后2～3年减产乃至树体死亡[5]。

雹灾的防治方法：

(1)选址建园。根据当地多年降雹规律，避免在多雹区和雹线区发展果树。

(2)设施防护。采用尼龙网罩树，保护枝、叶、果实，防止和减少在降雹和暴风中折枝、断干、落叶和落果。

(3)人工防雹。根据天气预报，在降雹前实施人工消雹作业，向云中播撒催化剂(碘化银或碘化铅)，限制冰雹生成，促进提前下雨，达到防雹目的，亦可用火炮向云中射击防雹弹爆炸法，化雹为雨。

(4)雹灾形成后要积极救护。及时清理果园中的残枝、落叶和落果；疏、截砸断和砸折的各类受伤枝，尽量多保留树体叶片；全园树体喷布多菌灵等杀菌药剂，以防病菌侵入，促进伤口愈合；追施速效氮素肥料和磷素肥料，增加树体营养，促进树势恢复；将冬季修剪改为春季进行，并宜轻剪。

18.2.8 风灾

6级以上大风可造成落叶落果，8级以上大风折枝倒树，成熟期可造成落果。成熟前大风落果虽相对较少，但使枝叶受害，品质下降。幼果被大风摩擦可造成果实外伤。冬春大风还可加剧冻害和干旱。

防御大风的对策：

(1)选址避开风口风廊。

(2)在果园盛行风向侧营造防风林或设风障。

(3)加强肥水管理，促进树体健壮。

(4)矮化密植、撑杆、支条、整形和采取棚架等栽培措施，可增强抗风能力和降低灾害程度。

(5)遭遇风灾刮折树枝时，对轻伤的要及时抢救。先将树枝慢慢托起恢复原状态，然后用塑料薄膜条缠绑伤口，并用铁丝或绳索等将其吊绑固定。对于重折枝要及时锯除，并用利刀将伤口削平，涂上保护剂，以利伤口愈合和树势恢复。

18.2.9 冰雪灾害

冰雪灾害指由于冰雪的机械伤害形成的损害，一般有冰凌和积雪两种类型。冰凌即冬季凝结在枝条上的雨凇或雾凇重压，使树木经受机械损伤甚至折断死亡。出现大规模冰凌时要及时清除，并对果树采取支撑措施。积雪可压断枝条，积雪越厚，枝条张开角度越大，雪害越重。2008年初，我国南方发生了50年一遇的持续低温雨雪冰冻灾害，热带、亚热带果林的种苗损失惨重，多年生林木虽然整株冻死的很少，其影响也将延续数年，恢复时间较长。据不完全统计，全国19个省份森林受灾面积达2 267万hm^2，占全国森林总面积的1/10强，每个省份林业损失占各省份灾害损失的40%～60%以上。直接经济损失117亿元[6]。果树中以柑橘受害最重，其中橙类损失大于宽皮橘类。赣南—湘南—桂北和浙南—闽西—粤东两片主要是树体受损或冻死。荔枝、龙眼、芒果、香蕉等南亚热带果树损失也很大，特别是幼龄苗木死亡较多。茶树的上层茶蓬普遍冻枯，春茶开采延迟半月以上，产量大减，茶园设施损坏严重。江南西部和西南丘陵因冻雨凝冰使大量树木倒折，有的地方甚至整个迎风坡全部倒折。同时残枝落叶还极大增加了春季森林火灾的风险。幼树主要是韧皮部冻死，苗圃的损失尤为惨重。

减灾措施：大雪后及时摇落树冠积雪，积雪深的要在雪尚未压实前挖除。对折断的枝干要及时锯除，受伤枝干支撑加固，受伤处涂保护剂。对严重受伤枝条要及时修剪。妥善清理枯枝落叶，加强森林防火。适时施肥，防治病虫害，促进树势恢复。对受害严重的要以优良品种高接换头，无法更新的衰老树则应挖根补栽新株。

18.3 林果生产的生物灾害及减灾技术

18.3.1 我国森林病虫害的概况及防治对策

18.3.1.1 森林病虫害概况

自古以来，病虫害对森林资源所造成的危害就被称为“森林三大灾害”之一，具有“不冒烟的森林火灾”之称。据国家林业局估计，每年森林病虫鼠害发生面积1 666.7万hm^2，造成林木生长量减少1 713万m^3，损失木材450万m^3，折合人民币50亿元[7]。我国是世界上森林病虫害发生较为严重的国家之一，全国有各种森林病虫鼠害8 000多种，造成严重危害的有200多种。当前以松材线虫病、松毛虫、杨树蛀干害虫、美国白蛾、松树蠹虫、松树蚧虫、黄斑星天牛、光肩星天牛、松突圆蚧、松叶蜂，以及春尺蠖、杨扇舟蛾、杨小舟蛾、杨树食叶害虫、中华鼢鼠、大沙鼠为主的森林生物灾害的危害最重[8]。同时从国家林业局2007年公布的资料看，林业生物灾害呈现以下特点：一是检疫性有害生物进一步扩散蔓延；二是杨树食叶害虫发生面积迅速增加，蛀干害虫和杨树溃疡病危害严重；三是松毛虫、松树钻蛀性害虫等有害生物局部成灾；四是突发性有害生物种类增多，一些次要有害生物转化为主要种类；五是森林鼠（兔）害在西北地区危害加重；六是森林有害植物在西南、华南林地中快速扩散。

近几十年中国森林病虫害发生日趋严重的一个重要原因是人工林面积迅速扩大。特别是单一树种纯林的增加。中国现有森林面积约 13 370 万 hm^2，其中天然林约 8 725 万 hm^2，占 65%，人工林约 4 645 万 hm^2，占 35%。由于所建人工林多为单一树种、单一结构的纯林，这样的人工森林生态系统非常脆弱。有害生物一旦传入，较短时间就可造成大面积暴发流行，导致巨大经济损失。近年国内国际交流日益频繁，也加剧了危险性病虫杂草长距离的人为传播。松材线虫、美国白蛾、松突圆蚧、松针褐斑病等重大病虫害的流行最初均是从国外随林产品进口而传入的。在国内，许多重大病虫害疫区的迅速扩大也是由人为活动造成的结果。

1. 松材线虫病

是松树的一种毁灭性病害，对我国松林具有极大威胁。目前发病面积已达 7.87 万 hm^2，累计枯死松树 2 500 多万株。由于我国大部分地区具备松材线虫病流行成灾所必需的病原、寄主、环境和传播媒介条件，因此疫情一直呈上升趋势。

2. 松毛虫

林业有害生物的主要种类鳞翅目幼虫体上大多被有毒毛，可造成水源污染并引发疾病。松毛虫曾在广东、江西、浙江、安徽、湖北、福建、甘肃及河北等地致使防治人员及当地群众发生皮炎、关节痛、畏寒、低热、头晕、头痛、食欲不振、肠胃不适等症状。据统计，20 世纪 70—80 年代期间，安徽省由于松毛虫发生的中毒事件达上千例。

3. 美国白蛾

是一种食性杂、繁殖量大、适应性强、传播途径广、危害严重的国际性植物检疫害虫。目前在我国辽宁、河北、天津和山东等地有分布。

4. 杨树天牛

以光肩星天牛和黄斑星天牛为主的杨树天牛是我国最重要的毁灭性林木蛀干害虫，控制难度极大。突出例子是"三北"地区的杨树天牛灾害。"三北"防护林体系建设一期工程中以杨树为主的防护林许多已被其毁灭，其中以陕甘宁蒙晋五省区为甚。目前杨树天牛的适生分布区正向新疆、青海和黑龙江等省区的潜在分布区急剧扩散，寄主种类不断增加，垂直分布不断上升，如青海已达海拔 2 800 m 以上。

5. 杨树食叶害虫

在"九五"期间呈不断上升的趋势，发生面积由 33.47 万 hm^2 上升到 46.67 万 hm^2，主要为气候因素影响。如 1996—1998 年北方出现暖冬，使得食叶害虫越冬虫口基数较大，因而导致了害虫的大发生[9]。

18.3.1.2 森林病虫害的防治

森林病虫害防治应坚持"以预防为主，综合防治"的方针，根本措施是从维护森林的生态环境出发，利用生物间相互制约和依存关系促进森林的生态平衡。从造林规划设计开始，加强采种、育苗、造林、抚育、采伐、贮运等环节的科学管理；实行适地适树，封山育林，创造生物相丰富的混交林结构；保护和繁殖天敌，形成有利于林木、不利于病虫的生态环境；病虫害大发生时要采取多种防治措施。

防治森林病虫害的方法和措施：

(1)加强植物检疫，防止外来有害生物侵入。植物检疫是预防森林植物免受某些危险性病虫害的重要措施。发生植物检疫对象的地区应划为疫区进行封锁，对调进和调出的种子、苗木及农副产品严格检验，杜绝法定检疫对象传出或传入（如20世纪80年代中期美国白蛾在陕西武功传入；宁夏90年代黄斑星天牛大发生将一二代防护林几近摧毁）。国际间流动交往增加，一些外来重大病虫害传入暴发的危险性也将不断增加，因此，必须加强植物检疫工作，提高技术水平，杜绝或减少危险性病虫害传入我国。

（2）选用抗虫树种，适地适树，营造混交林，以林防虫，建立可持续发展的人工林经营模式。人工造林应适地适树，选择抗病虫力强的树种，培育健苗、健树，提高人工林的防灾控灾自控能力。人工造林应选用抗性强的造林树种，进行必要的混交并注意树种搭配，实施近天然林经营模式，使林分中各种生物间相互制约，森林生态环境趋于稳定。不仅不同树种有不同的抗病虫害能力，而且同一树种不同品种的形态结构、生理特性、生化成分都存在差异，具有不同的抗病虫能力，因而能够形成多种抗性。混交林内枯枝落叶层还能形成易分解的腐殖层，生物种群比较复杂，昆虫种类也较多。有些昆虫对林木危害不大，却是一些寄生天敌的补充寄主，能在主要害虫数量少的时候使天敌不因缺乏寄主而凋落，形成良好的森林环境，在一定程度上控制或抑制病虫害的发生。

（3）因地制宜搞好封山育林。封山育林是减少人畜对森林植被破坏的重要手段，能把单纯林逐步建设为混交林，单层林变复层林，疏林变密林，形成多样森林体系。采用适当的人工促进或改造措施，护繁结合，完善生物群落，增加天敌数量，可提高林木的保护性能，达到控制病虫的目的。

（4）加强监测预报。运用科学方法监测病虫发生发展动态，结合当地气候条件、林木状况，正确推断病虫害的发生、发展趋势，并适时通报。从加强基层林业工作者的病虫害防治知识教育入手，结合科技手段，形成强大的群众性测报网，快速掌握病虫发生情况，避免错过防治有利时机。

（5）保护害虫天敌。森林中生存着很多以林木害虫为食的寄生性、捕食性昆虫、微生物、益鸟等有益生物，它们对抑制害虫的发生和繁殖起着重要作用，应采取有效措施，保护好这些有益生物。

（6）加强防治。化学农药治理能迅速抑制或杀灭暴发性的多种病虫害，受地区、季节影响不大，可在害虫的各个发育阶段应用，具有较好的治理功效。但不同农药有不同特性，选择用药时应先熟悉农药的种类、性能及对病虫的作用，做到合理用药。农药对环境污染较大，容易影响人畜及生态安全，使用过程中应熟练掌握运用技术和加强药物管理，避免大量使用。物理防治包括灯光诱杀、辐射不育、红外线处理、枝干涂胶等。还有人为捕杀、阻隔、诱杀、高温处理及遥感等新技术。这些措施具有不污染环境，不伤害天敌，便于开展群众性工作等优点，但工效低，局限性大，应根据规模及劳力等情况具体掌握。

18.3.2 我国果树生产病虫害的概况及防治对策

18.3.2.1 我国果树生产病虫害概况

我国果树资源极为丰富，北方盛产苹果、梨、桃、葡萄等，南方盛产柑橘、荔枝、龙眼和香蕉。但各种果树的栽培过程常受到多种病虫危害。近年来我国果树面积迅速扩大，品种日益增多，栽培方式多样，国际交流频繁，一些果园粗放管理，造成果树病虫害种类增多，原来一些次要的病虫害逐渐上升为主要病虫害。而且因长期、过量、单一使用农药，导致病虫抗药性越来越强，给防治带来较大困难。例如2008年砀山县酥梨炭疽病造成流行性暴发，受害面积3.33万hm^2，叶片感病单株100%，果实感病单株85%，经济损失较重。苹果有病害90余种，害虫348种。柑橘有病害近100种，害虫354种。危害较大有柑橘黄龙病、红蜘蛛、苹果腐烂病、轮纹病和食心虫等。主栽树种的主要病虫害如下：

1. 苹果树的主要病虫

苹果腐烂病、轮纹病、炭疽病、斑点落叶病、早期落叶病、白绢病、苹果锈果病。红蜘蛛、食心虫(桃小食心虫、苹果小食心虫)、苹果卷叶蛾、金纹细蛾、苹果小吉丁虫、金龟子等。

2. 梨树的主要病虫

梨黑星病、梨锈病、梨黑斑病。梨大食心虫、梨小食心虫、梨木虱、梨星毛虫、苹毛金龟子、梨象虫、梨圆蚧等。

3. 桃树的主要病虫

桃褐腐病、桃细菌性穿孔病、桃炭疽病、桃缩叶病、桃干枯病。桃蛀螟、梨小食心虫、桃粉蚜、桃红颈天牛、桑白蚧、扁平蚧、桃一点叶蝉等。

4. 葡萄主要病虫

葡萄白腐病、葡萄霜霉病、葡萄黑痘病、葡萄炭疽病、葡萄褐斑病。葡萄透翅蛾、葡萄短须红蜘蛛、葡萄虎天牛。

5. 柑橘类果树的主要病虫

柑橘黄龙病、柑橘溃疡病、柑橘疮痂病、柑橘青霉病和绿霉病、柑橘炭疽病。柑橘螨类、蚧类、黑刺粉虱、叶甲类、天牛类、吸果夜蛾类等。

6. 香蕉的主要病虫

香蕉束顶病、香蕉花叶心腐病。香蕉象虫等。

7. 荔枝、龙眼的主要病虫

荔枝蝽、褐带长卷叶蛾、拟小黄叶蛾、黑点褐卷叶蛾、荔枝小灰蝶等。

18.3.2.2 果树病虫害的特点

(1)一年受害可影响多年树势。

(2)果园的生态环境相对稳定，病虫害可通过苗木或接穗传入，特别是病毒类病害，一旦传入将终身带毒得病。

(3)果园大多集中连片，病虫害发生也较集中。

(4)果品以鲜食为主，产值较高，对防治安全性的要求很高。

(5)果树生产季节性强，不同树种在不同季节病虫害发生规律不同，所以要因时防控。

18.3.2.3 果树病虫害的防治对策

提高果品质量，病虫害防治是关键技术措施。任何一种防治方法都不是万能的，依靠单一方法防治病虫害有一定片面性，所以应坚持"预防为主，综合防治"的方针和治早、治小的原则来控制病虫害。综合防治要以农业防治为基础，因时因地制宜，合理运用化学防治、生物防治、物理防治等措施，达到经济、安全、有效控制病虫害的目的。

(1)合理规划布局和引种。选种适宜树种和品种，适地适树；在选择适销对路、适合本地种植品种的前提下，应选择丰产、优质、抗病虫、抗逆性强的品种。培育和采用抗病无毒苗木，防止带病带毒苗木传入。不论由哪里引进种苗，都应通过有关部门检疫，确保不带入危险性病虫害，尤其不应从疫区引进种苗，以防传染性病虫害的蔓延。

(2)加强栽培管理措施。这是最根本最经济的办法，可提高树体抵抗力，有效控制侵染。合理施肥和排灌可增强树势，减少病虫害发生。搞好果园卫生，及时查找和剪除病虫枝梢，摘除病果、虫果等，清洁果园，刮除粗皮和翘皮。冬前深翻施肥，松土保墒。休眠期剪除消灭虫卵块，摘拾虫果深埋等以减少侵染源。生长季早晨摇动树干，振落金龟子等害虫并收集捕杀。

(3)抓住有利时机及时防治。在害虫抵抗力最弱、暴露最明显或虫体群居的时期进行防治效果最好。以预测预报为基础，依据害虫发生规律，抓住防治关键时期。如梨木虱在若虫孵化盛期，若虫集中且未分泌黏液时药液可直接接触虫体，防治杀虫率最高。

(4)科学使用农药，加强综合防治。目前果品生产中强调无公害和果品质量安全，化学防治应选择高效、低毒、低残留的农药。同时，为减少对害虫天敌的杀伤，应调查虫情，适时适量施药，改全面喷施为局部施药。另外，为减少病虫害抗药性的产生，应合理使用农药。一是交替使用农药，用没有施过或多抗性的药剂交换使用以提高防治效果。为防梨黑星病，第 1 次可在早春喷石硫合剂，第 2 次喷退菌特，第 3 次喷波尔多液，前期选用杀菌力强的退菌特，后期选用保护性的波尔多液，增加了防治效果。二是混合使用理化性质相近的农药可提高防治效果，并兼防多种病虫，如杀虫剂间或与杀菌剂混用等。三是农药中添加增效剂和黏附剂以增强防治效果，一般使用的增效剂有增效磷、增效散等，黏附剂用中性洗衣粉。

(5)提高喷药质量。喷药质量高低直接关系到防治效果，喷药时应确保叶片正反两面，树冠内外上下，包括树干都要喷洒到，防止漏喷。

(6)实行联防联治。目前果园都是各户经营，独立管理。因此，集中连片的果园、果农间应进行联防联治，在一定时间内统一喷药，这样才能减少由于一户治另一户不治而造成病虫害的再侵染、再传播，避免重复防治。

18.3.3 森林鼠害的概况及防治对策

18.3.3.1 森林鼠害概况

森林鼠害是指由啮齿动物引起的一类森林灾害。啮齿动物包括啮齿目和兔形目，按危害形式可以分为两类：一类为地上危害型，包括山鼠、姬鼠、跳鼠、绒鼠、田鼠和野兔等，它们分布广泛，危害红松、樟子松、落叶松、云杉、杨树、胡杨、梭梭、杉木等树种；另一类为地下危害型，主要是指专门啃食植物根部的鼢鼠，分布于西北、东北等地，危害油松、华北落叶松和云杉等树种[10]。全球对森林危害较大的鼠类有 200 多种，鼠类有非凡的适应能力和繁殖能力，啃咬多种树木的根系、树干、枝芽、果实和种子，对树苗危害尤重，并可导致病害侵入，影响木材质量。以原始森林中的鼠害较轻，人工林和天然次生林鼠害较重，林缘和缓坡上较轻。

森林鼠害属于一种生态灾难，其主要原因是自然生态受人为活动等影响失去平衡，引起森林害鼠大暴发。首先，害鼠天敌由于人为捕杀等原因迅速减少，失去天敌制约的森林害鼠就会大量繁殖；其次，由于食物短缺，尤其是在冬季其他食物缺乏时，森林害鼠会大量以树木为食，危害森林；再次，由于森林资源采伐过度，林地生态环境受到很大改变，森林害鼠也会为保护种群延续而大量繁殖。

森林鼠害在我国发生范围广泛,涉及北京、河北等22个省、自治区、直辖市,“九五”以来,全国每年人工鼠害防治面积在80万hm^2左右,占我国森林病虫鼠害发生总面积的10%,成为我国林业的主要灾害之一[10]。目前在全国发生面积仍很大,主要分布于人工林和天然荒漠林。“三北”地区的天然荒漠林和人工林由于森林害鼠的猖獗为害,正面临毁灭性危险,导致生态环境的进一步恶化[9]。在退耕还林工程中,尤其是在西北黄土高原地区,鼠、兔害最近频频发生。陕西省2003年春鼠、兔害严重,其中鼠害发生面积14.2万hm^2,兔害发生面积12.4万hm^2,被害株率普遍在30%以上,严重的达60%~70%,为历史罕见。由于鼠类、野兔的严重危害,西北许多退耕还林地区的植树造林工程形成了“边栽边吃,常补常缺”的局面,经济损失极大。

18.3.3.2 常用灭鼠方法

鼠害防治要以营林措施为基础,重在预防,通过对营林、生物、物理及化学防治措施的综合应用,特别是植物杀鼠技术、林木保护技术及抗生育技术等的应用,实现“预防为主,综合治理”的防治方针[10]。

1. 营林灭鼠

营林措施是通过抚育伐等林业生产来破坏鼠类适宜栖息和繁殖的生存环境及食物条件,以影响害鼠种群数量增长,是一项基础性的综合治理措施。在造林设计时要合理搭配树种,营造针阔混交林和速生丰产林,要加植害鼠厌食树种(如西北地区的沙棘、柠条等),优化林分及树种结构(东北在大林姬鼠、棕背𬳶、红背𬳶占优势地区营造落叶松;在东方田鼠和东北鼢鼠占优势地区多营造樟子松),并合理密植以早日郁闭成林。造林前要结合鱼鳞坑整地进行深翻,以破坏鼠群的栖息环境。要将造林地内的枝丫、梢头、倒木等清理干净,以改善造林地的卫生条件。如果造林地内鼠口密度过大,应投放化学药剂进行毒杀,待有效降低鼠口密度后再造林。造林阶段要对苗木采取一些保护性措施,如用驱避剂、防啃剂等林木保护剂进行预防性处理。地下鼢鼠活动的地区要实行深坑栽植,挖掘防鼠阻隔沟。造林后在抚育时要及时清除林内灌木和藤蔓植物,搞好林内环境卫生,破坏害鼠的栖息场所和食物资源。挖掘、抚育、砍伐及修枝之后,要定点堆积采伐剩余物(树头、枝丫及灌木枝条等)。害鼠数量高峰年可采用代替性食物以防止鼠类危害,如为害鼠过冬提供应急食物,以减轻对林木的危害。害鼠危害较重时可用化学杀鼠剂或生物制剂进行防治以压低鼠口密度。总之,要优化林分及树种结构、搞好林内卫生,实现提早郁闭;提高林分生长势,营造混交林,增强森林自控能力,以形成可持续控制鼠害的生态林分。

2. 生物灭鼠

生物防治是利用鼠类天敌和致病病原微生物抑制害鼠种群密度的方法。招引鼠类的天敌,为其筑巢或栖息创造条件。鼠类天敌包括鹰、蛇、狐狸、黄鼬等食肉类动物,它们对控制害鼠种群数量增长具有积极作用,具体措施如实行封山育林,禁捕、禁猎天敌等保护措施。在人工林内垒积石头堆或枝柴、草堆等招引鼬科动物;在人工林缘或林中空地保留较大阔叶树或悬挂招引杆及安放带有天然树洞的木段,以利食鼠鸟类的栖息和繁衍。致病病原微生物是指人为用微生物诱发鼠类感染流行病以抑制其种群密度,但具体防治中一定要慎用。

3. 物理防治

利用物理学原理制成捕鼠器械对害鼠进行人工捕杀，如鼠夹、地箭、鼠笼等。对于害鼠种群密度较低或不宜进行大规模灭鼠的林地，可以使用鼠夹、地箭、弓形夹等物理器械，开展群众性人工灭鼠，也可以采取挖掘防鼠阻隔沟或在树干基部捆扎塑料、金属等防护材料的方式保护树体。

4. 化学药物灭鼠

鼠害恶性发生的林区，为迅速扑灭鼠害可用飞机撒药。化学防治是使用有毒化合物对害鼠进行杀灭的方法，适用于害鼠种群密度较大，已造成一定危害的林地。其中急性杀鼠剂如磷化锌类严重危害非靶动物，破坏生态平衡，对人畜不安全，生产防治已禁止使用。慢性杀鼠剂中的第一代抗凝血剂如敌鼠钠盐、杀鼠醚类需多次投药，易产生耐药性，不提倡使用。第二代抗凝血剂如溴敌隆类对非靶动物安全，二次中毒现象较少，不易产生耐药性，可推广使用，但应采取一些保护性措施，如添加保护色、小塑料袋包装。大隆是第二代抗凝血灭鼠剂，因具有急、慢性双重作用，二次中毒现象严重，在生产防治中一定要慎用。

18.4 森林火灾及防火与扑救

18.4.1 森林火灾的概况及特点

18.4.1.1 森林火灾的概况

凡失去人为控制，在森林内自然蔓延和扩展，对生态系统和人类带来一定危害和损失的森林起火，都属于森林火灾。森林经常遭到火灾的危害，在危害森林的诸因子中火灾是一种最具破坏性的灾害，每次大火都直接危及立木、土壤甚至微生物和野生动物。全世界每年发生森林火灾几十万次，受灾面积达几百万公顷，约占森林总面积的 0.1%。特别是 20 世纪 80 年代以来，全球气候持续变暖，林火有上升的趋势。据不完全统计，自 1950—1995 年，我国共发生森林火灾 67.6 万次，累计受灾面积 3 645.6 万 hm^2，占全国现有森林面积的 29.4%[11]。如 1987 年 5 月 6 日中国大兴安岭发生特大火灾，持续 21 d，过火面积 101 万 hm^2，烧毁存材 85.5 万 m^3，各种设备 2 488 台，房屋 61.4 万 m^2，死亡 193 人，受伤 226 人，3 万余人投入灭火，直接经济损失约 5 亿元。1999—2000 年美国西部森林大火过火面积超过 200 万 hm^2，2001 年发生在澳大利亚悉尼的林火过火面积达 70 万 hm^2；这些森林火灾造成了巨大的经济损失[12]。我国是个多森林火灾的国家，仅 2007 年全国共投入扑救森林火灾经费就达 1.09 亿元。

18.4.1.2 森林火灾的特点

中国地域辽阔，地形复杂，气候多样，森林类型与分布各异，社会经济发展水平不一，各地的森林火灾状况有很大差异，概括起来中国的森林火灾具有以下特点：

1. 森林火灾及损失呈地域性分布

森林火灾东部多西部少。东部森林火灾次数占全国森林火灾总次数的 99.07%，过火面积占全国总过火面积的 99.67%。森林火灾发生次数南部多于北部，南方省(区)年森林火灾次数占全国森林火灾发生总次数的 80%以上，全国其他地区约占 20%。森林火灾主要集中在长江以南部分省(区)，但森林过火面积却是北方大于南方，主要原因是大面积森林集中在东北林区和内蒙古东部林区，两大林区多为原始林，地处我国最北部高寒区，人烟稀少，交通不便，开发较晚。在这些林区中，有的林业局尚未开发，有的地方寥无人烟。发生森林火灾后，一是发现不及时，二是交通不便，不能及时赶到火场进行扑救，往往酿成大火和特大森林火灾[13]。

2. 引起森林火灾的主要是人为火源

据统计，全国发生已查明原因的森林火灾中，人为火源占 98%。自然的雷击火只分布在大兴安岭和小兴安岭北部林区，以及新疆天山和阿尔泰林区，占全国总火源的 1%。

3. 四季都有森林火灾发生

森林火灾大多发生在旱季，我国以春、秋、冬三季为主。北方春季因干旱少雨多风，气温回升快，空气干燥，森林火灾最为严重和频繁。东北林区火灾主要发生在秋春两季，南方林区主要发生在冬春季，新疆火灾主要发生在夏季，每年春天森林火灾从南到北依次推移，每年秋季森林火灾从北向南依次推移[14]。

4. 森林火灾有日变化规律和季节性火险时段

一天之中以 10—14 时发生最多，占到 55%，14—18 时和上午 6—10 时分别占 24%和 15%；夜间只占 6%。

5. 我国森林火灾多为小面积林火

小面积林火占火灾总数的 90%以上，而次数不到 10%的大面积森林火灾占全国总过火面积的 90%以上。高强度特大森林火灾难以扑救，损失严重。

18.4.2 森林火灾分级和分类

18.4.2.1 森林火灾的分级

2008 年 11 月 19 日国务院第 36 次常务会议修订通过的《森林防火条例》第 40 条规定：按照受害森林面积和伤亡人数，森林火灾分为一般森林火灾、较大森林火灾、重大森林火灾和特别重大森林火灾：

(1)一般森林火灾　受害森林面积在 1 hm^2 以下或者其他林地起火的，或者死亡 1 人以上 3 人以下的，或者重伤 1 人以上 10 人以下的。

(2)较大森林火灾　受害森林面积在 1 hm^2 以上 100 hm^2 以下的，或者死亡 3 人以上 10 人以下的，或者重伤 10 人以上 50 人以下的。

(3)重大森林火灾　受害森林面积在 100 hm^2 以上 1 000 hm^2 以下的，或者死亡 10 人以上 30 人以下的，或者重伤 50 人以上 100 人以下的。

(4)特别重大森林火灾　受害森林面积在 1 000 hm^2 以上的，或者死亡 30 人以上的，或者重伤 100 人以上的。

18.4.2.2 森林火灾的分类

按照其燃烧部位、蔓延速度和危害程度不同，森林火灾又可分为地表火、林冠火和地下火三类[15]。

(1)地表火　也叫地面火,是林地表面枯枝落叶以及杂草灌木着火燃烧起来的,燃烧温度可达400℃左右,火势蔓延危及地面植被,烧毁幼林,烧伤树干下部和露出地面的树根,虽不致把大树烧死,却严重影响林木生长。

(2)林冠火　树冠上部起火,来势凶猛,火焰温度高达900℃,烟雾高度可达1 500 m。林冠火往往与地表火同时发生,不仅烧毁地被物、幼树和下木,而且还烧毁树冠和树干,火灾之后树木常常枯倒死亡,是最严重的一种森林火灾。

(3)地下火　是干旱季节林内土壤泥炭层或其他有机物质燃烧引起的火灾。地下火燃烧速度慢,持续时间长,不易发现。

三类火可以单独发生,也可以并发。以地表火分布最广,几乎所有森林火灾都是从地表火开始,而特大森林火灾常常是三类火灾交织在一起。

18.4.3 森林火灾发生的原因

制约森林火灾发生的因素有自然条件、社会条件、物资投入、科学技术等。在其他因素保持相对稳定的情况下,自然因素,特别是气候变动和天气异常是制约森林火灾的主要因子。森林火灾发生的自然环境包括林地可燃物类型和分布、地形地势、天气状况等,其中最主要的是天气条件。有利于森林火灾发生的天气通常称为火灾危险天气(火险天气),特点是高温、干旱、低湿、大风。极端火险天气不但有利于林火的发生和蔓延,而且有利于森林可燃物的干燥,这种天气对森林火灾的发生蔓延起着双重作用,因此又称为最危险的火险天气。

发生森林火灾必须具备三个条件:可燃物质、空气和温度。乔木、灌木和枯枝落叶等地面覆盖物及表层土壤腐殖质都是可燃物,森林中的氧气也很充足,只要有高温就可以引发大火。森林在自然温度下不会起火,至少要有200～300℃的高温,可燃物质才会燃烧。这样的高温只能来自林外,因此控制火源是防止森林火灾的关键。天然火源主要是雷击起火,在全国发生的几率很低,但一旦着火损失巨大。人为火源包括火柴、打火机、炊事起火、伐木电锯起火等。

18.4.3.1 气候变化与天气异常

森林火灾的发生蔓延离不开"火环境",而气象因子是"火环境"形成的主要因子,如由于气候异常所造成的长期大范围干旱天气,北方由于气旋和锋面活动带来的高温低湿和大风天气,南方由于强冷空气活动植物冷害死亡的"倒春寒"天气等。这些气象灾害都能诱发森林火灾,甚至引起高强度大面积的森林火灾,造成严重损失。

(1)降水　可影响可燃物含水量。大兴安岭林区通常降水1 mm对林内相对湿度几乎没有影响,2～5 mm可降低林分物质燃烧性,5 mm以上3～5 d内一般不会发生火灾,还可降低已发生火灾的火势。降雪可覆盖可燃物,增加林内湿度,一般积雪融化之前不会发生火灾。年降水超过1 500 mm或月降水超过100 mm地区一般不会发生或很少发生森林火灾[16]。

(2)湿度　是火险预报的主要指标。大兴安岭林区通常在相当湿度75%以上不会发生火灾,55%～75%可能发生火灾,30%～55%可能发生重大火灾,30%以下可能发生特大火灾。

(3)温度　高温可加速水分蒸发和使可燃物接近燃点。我国林区在气温－10～15℃期间易发生森林火灾,15℃以上因树木已转绿,含水量增加,不易着火。

(4)风速　大风可补充氧气,促进可燃物干燥而助长火势。根据大兴安岭林区15年统计资料，80%以上的重大火灾和特大火灾都发生在5级以上大风天气。[15]

18.4.3.2 森林植被类型和分布状况

首先，中国仅有的原始森林多集中在边远地区，人口稀少，交通不便，林火管理较弱，一旦发生火灾时扑救不及容易酿成森林大火。其次，中国有大面积的次生林，由于遭到反复破坏，林相残缺，疏密不均，有许多林中空地，杂草丛生，增加了林分的易燃性。第三，各地营造的大面积人工林多为常绿针叶林，含有大量挥发性油脂，易引发林火。

18.4.3.3 火源

火源分为两类。一类是天然火源，它的产生主要是自然因素的作用，如自然界的雷击火，特别是干雷暴(雨量小于1 mm)最易引发森林火灾。自然火还包括泥炭自燃、滚石和陨石撞击、火山爆发等。另一类是人为火源，主要是人为用火不慎，这是引发森林火灾的主要因素。人为火源又可分为生产性火源和非生产性火源。前者主要是人们野外生产活动用火不慎引发的火灾，特别是农业生产用火约占人为火源的50%，工业生产用火、营林用火和牧业、副业生产用火也占一定比例；后者在人为火源中比例也很大，主要包括生活用火、吸烟、狩猎、小孩玩火、迷信用火等。

18.4.4 森林火灾的预防

森林火灾重在预防，主要措施如下：

(1)做好宣传，依法护林防火。加强森林防火宣传教育。在特别防护期利用有线电视、宣传车、张贴标语，印发防火戒严令到各中小学，与农户签订防火责任书等，通过各种形式宣传防火、用火、避火安全知识，使防火知识家喻户晓，人人皆知[17]。

(2)健全各级防火机构，建立专业扑火队伍，改进森林消防设备和机具。以《森林防火条例》为依据，深入贯彻“预防为主，积极消灭”的森林防火方针，加强森林消防队伍建设，要求森林消防应急人员必须严阵以待，随时准备扑救可能发生的森林火灾。

(3)加强野外火源管理。防火期间要严格控制进山人员，林区生产要严格遵守操作规程。火险高峰期应严格禁止野外用火。严格控制火源。在防火期间加强野外巡查力度，做到见烟查，见火罚，从源头上预防山火，真正将火灾隐患扼杀在萌芽状态。

(4)加快生物防火林带工程和森林防火基础设施建设。防火林带营建必须高标准高质量进行，真正在有山火时起到隔离作用，必要时开设山脚防火林带。

(5)加强森林火灾监测预报是争取防火主动权的关键。目前林业和气象部门发布的森林火险预报以火险等级来表示，根据可燃物含水率和综合气象要素确定。森林防火期划分以气候条件为依据，不同地区的指标有所不同。如大兴安岭林区以日平均气温稳定通过−5℃为春季防火始期，通过15℃为春季防火终期；秋季则分别为日平均气温稳定通过−2℃和−5℃日期，因−2℃时草木已枯黄，−5℃时开始形成稳定积雪，最危险的时期是在气温−2～−5℃期间。云南林区的森林防火期为12月1日到6月15日，其中3月1日至5月31日停止一切野外用火审批。

18.4.5 森林火灾的扑救和灭火方法

森林火灾的扑救原则是集中力量彻底扑灭；抓住有利时机扑灭 如火灾初期，下雨，有雾，无风等；牺牲局部，保全大局；彻底清理火场，防止死灰复燃。

森林火灾往往是突发性的，蔓延速度很快，扑救的最佳时间是火灾初发期，这时应迅速组织开展扑救工作，控制火情[18]。在扑火过程中，应对火点的地势进行分析，然后结合实地情况，根据森林火灾发生规律和扑火特点，遵循“先控制，后消灭，再巩固”的程序，多种森林火灾扑救方法交替使用或综合使用。

18.4.5.1 森林火灾的直接灭火方法

(1)扑打　这种方法往往用在森林火灾初发期和火势较弱的火场。这时用扑火把或树叶比较浓密的常绿树枝作为扑救工具。要点是沿着火头侧面顺风扑打，举起树枝对准火焰根部压下去，停 1～2 s 才能举起，扑下去之后如果又迅速扬起树枝，会使火势越烧越旺。扑救人员要一线排开，自下而上沿火场边缘扑救。注意不可直接冲入火场，或站在大树底下和地面杂草多的地方扑火。

(2)土掩法　看守火场时应使用土掩法。森林火灾很容易复燃，火场看守人员应人手一把农用铲，看到有冒烟的火种就用泥土把火种盖住，防止火种被风吹走或复燃[18]。

(3)风力灭火　可吹散可燃物，降低其温度，适于余火、暗火的扑灭。

(4)水灭法　用消防车、飞机或水泵喷洒灭火。

(5)化学灭火　不同的化学药剂能产生不同的灭火效果：有的药剂能产生泡沫，将燃烧物与空气隔离；有的药剂分解过程中释放出不易氧化的气体，降低空气中氧气的含量；有的药剂分解时吸收大量的热或形成薄膜，覆盖在燃烧物表面，起到降低温度和隔绝氧气的作用；还有的药剂在高温时仍能保持湿润状态，从而阻止可燃物的燃烧[19]。

18.4.5.2 森林火灾的间接灭火方法

间接灭火即以火灭火，在火区外围打防火隔离带，将地面上可燃物全部去除，以小路为依托，从逆火来向点火，使之向火区蔓延，待两火头相遇即可自动熄灭。这种方法往往用在森林火灾蔓延期和火势较强的火场。在森林火灾蔓延期采用扑灭法的同时，应该使用隔离法。这时应观察风向和火灾强度并判断蔓延速度，组织大量人员沿山脊线、山沟线或火场四周开设防火线，清理可燃物，把森林火灾控制在一定范围内。下山火和逆风火的蔓延速度较慢，可在火头前 50 m 左右开设防火线，具体位置应由扑火经验较为丰富的人员指挥，以求开出一条最短最有效的防火线。线宽根据地形而定，为保证速度，一般 2 m 左右即可。要砍倒防火线上的树木并使之倒向火场外，防止火头借大树窜过防火线。注意不要站在上火头开防火线，而应在火场侧边开。如确有需要控制上火头，要注意保持人员与火场的距离。防火线开好后应留人看守，防止火头窜过防火线，并随时注意观察火势。

18.4.5.3 爆破法

兼有直接灭火和间接灭火的作用，可将土抛到可燃物上，又可产生强气流，爆炸时还能吸收大量氧气。实施时可事先埋设或制成灭火弹投掷。

18.4.5.4 扑救人员的注意事项

上火场要配戴安全防护装备，按照统一指挥行动，沿着火区外围边线作业，选择火势弱处为突破口。撤退时要沿已灭火线返回，避开顺风火，宿营时应打好安全防火线。被火包围时应保持冷静，尽快在附近烧出一块空地进入趴下，或选择利用附近土坑、河滩避险，将衣服打湿后蒙头卧倒。

18.4.6 森林火灾扑灭后的善后和恢复

(1)彻底清理现场，消除火种，防止复燃。

(2)调查起火原因和损失情况，总结经验教训，对有关责任者进行依法处置。

(3)对受灾群众进行安置救助，组织重建家园，恢复生产。

(4)抢运还可利用的火烧木，暂时运不出的就地加工或喷防腐剂后堆放。

(5)根据火灾程度和不同立地条件，制订恢复计划。严重过火区要将全部火烧木伐除，再行全面造林。中等过火区可在采伐死亡林木后进行人工补植或人工促进天然林更新。轻度过火林地以天然更新为主。火灾面积大、交通不便的可用飞机撒播树种[20]。

（李　有　王苏珂）

参考文献

[1] 龙兴桂. 现代中国果树栽培. 北京:中国林业出版社,2000:3-4.

[2] 谢京湘,郭旭临. 林业特点的再认识. 林业经济问题,1991(1):42-45.

[3] 闫峻,才玉石. 新时期林业生物灾害的形势和对策分析. 北京林业大学学报,2006(9):59-62.

[4] 郝燕燕,李文来,常月梅. 果实日烧发生机理及防止措施. 山西农业大学学报,2006(3):296-299.

[5] 于希志,苑克俊,沈元枫,等. 山东降雹分布特点及果树防雹减灾措施. 山东农业科学,1998(1):32-34.

[6] 孙友. 雪灾呼唤林业灾害应急预案. 中国林业产业,2008(4):34-37.

[7] 张军生,伦北平,沈健,等. 浅析林区森林病虫鼠害成灾特点与减灾对策. 内蒙古林业科技,2001(3):46-50.

[8] 潘宏阳. 我国森林病虫害预防工作存在的问题与对策. 中国森林病虫,2002(1):42-47.

[9] 潘宏阳,吴坚. "九五"期间重大森林病虫害发生动态及原因分析. 中国森林病虫,2001(4):24-26.

[10] 董晓波,尤德康,常国彬,等. 我国森林鼠害的发生及防治现状. 中国森林病虫,2003(6):37-40.

[11] 常玮,宋彩玲,赵鹏武.我国森林火灾应急预案现状及其对策研究//新形势下的森林防火问题探讨论文集.2009:262-269.
[12] 舒立福,田晓瑞,寇晓军.林火研究综述(Ⅰ):研究热点与进展.世界林业研究,2003(3):37-40.
[13] 郑焕能,邸雪颖,姚树人.中国森林火灾与对策.自然灾害学报,1994(3):34-40.
[14] 曲大铭,蔡志勇.我国森林防火现状及火灾控制策略.黑龙江生态工程职业学院学报,2009(3):77-78.
[15] 狄丽颖,孙仁义.中国森林火灾研究综述.灾害学,2007(4):118-123.
[16] 谢克勇,黄志辉,周勇平,等.森林火灾与气象因子的相关性分析.江西林业科技,2008(5):53-55.
[17] 刘克彦.关于开展林场防火工作的思考.现代农业科技,2009(16):177.
[18] 叶伟青,叶思群,陈海燕.浅谈森林火灾的预防和扑救方法.安徽农学通报,2009(12):165-166.
[19] 肖刚.国内外森林防火技术现状及趋势探讨:硕士论文.天津:天津大学,2005:18-19.
[20] 郑大玮,张波.农业灾害学.北京:中国农业出版社,2000:158-160.

第 19 章

热带作物生产减灾技术

19.1 热带作物及其灾害特点

19.1.1 热带作物的分布与习性

热带作物是适于热带地区栽培的各类经济作物的总称。大多数热带作物要求在年绝对低温多年平均值 0℃以上，全年基本无霜冻，≥10℃积温 7 000～7 500℃·d 以上，年降水量 1 000 mm 以上的地区才能正常生长。我国热带作物种植区地处较低纬度的季风气候区，约在北纬 18°10′～27°18′，东经 97°39′～118°08′之间，分布在海南、广东、广西、台湾等省区和云南、福建、湖南等省南部及四川、贵州两省南端的河谷地带。

热带作物的种类很多，其中油料作物有油棕、椰子、腰果等，香料作物有胡椒、香茅、香根等，纤维作物有剑麻、番麻、蕉麻、爪哇木棉等，饮料作物有咖啡与可可，药材有砂仁、巴戟、槟榔、三七等，热带水果有香蕉、荔枝、龙眼、菠萝、芒果、油梨、番瓜、番石榴等，橡胶更是产于热带的重要战略物资，薯芋类是许多热带地区居民的主要粮食，也是重要的生物能源作物。

热带作物大多为多年生，生产周期较长，通常一次栽种可多年收获，初期都有一段较长的非生产期，初期投资较大，需选择较好地段以减轻自然灾害损失。为提高经济效益，一般多用种植园方式栽种，但有一些生产周期较短的热带作物，如香蕉和胡椒，也可以采取分散种植方式。

我国热带气候区的面积比例不大，但随着全球气候变暖，热带作物的种植界限发生了明显改变。李勇等以 80%保证率的≥0℃积温达到 8 000℃·d 为热带作物北界指标，指出 1981—2007 年的种植北界比 1951—1980 年期间提高了 0.86 个纬度，热带作物的适宜种植面积扩大了 8 100 km^2。[1]

19.1.2 热带作物的主要灾害

受地理位置和热带作物生长习性等因素决定，热带作物的自然灾害频繁发生，影响严重。

我国热带作物与亚热带、温带作物一样，同样存在气象灾害、生物灾害、地质灾害和环境灾害。其中以气象灾害最为频繁，影响最广泛，种类也特别多，主要有风害、寒害、暖害、灼害、热害、干热风、旱害、涝害、湿害、冰雹、连阴雨、雷电等，其中对热带作物影响最大的是风害、寒害、旱害和生物灾害。

19.1.2.1 风害

1. 大风的危害

风害产生的天气系统有热带气旋、龙卷风、雷暴大风等，常风对于某些热带作物也有一定危害。由于我国热带作物主要分布在东南沿海，是热带气旋登陆影响的主要区域，风速很大，影响严重；热带地区的强对流天气多，龙卷风和雷暴大风发生比较频繁。

常风较大的沿海和高海拔地区对热带作物生长明显不利，生产上一般要求年均风速超过2 m/s就应营造防风林。龙卷风和雷暴大风在夏天常见，在云南、贵州等地区龙卷风和雷暴大风造成的损失较大，风力能达到12级。1966年11月26日云南沾益地区出现的龙卷风仅持续2 min左右，就造成32人死伤。

2. 热带气旋的危害及影响因素

热带气旋是对热带作物影响最为突出的灾害，中国气象局对于热带气旋强度等级的规定如表19.1所示。[2]

表19.1 不同强度等级热带气旋的中心附近风速和风级

项目	热带低压	热带风暴	强热带风暴	台风	强台风	超强台风
风速/(m/s)	10.8～17.1	17.2～24.4	24.5～32.6	32.7～41.4	41.5～50.9	≥51.0
风级	6～7	8～9	10～11	12～13	14～15	≥16

海南、广东、福建、广西等省区位于北太平洋西南侧，是热带气旋的主要登陆区域，入侵次数多，强度大，范围广，以7—9月登陆最多。2005年9月26日第0518号台风“达维”在海南省万宁县登陆，中心最大风速45 m/s，给海南省带来有史以来的最大经济损失，仅海南农垦系统天然橡胶产业就造成938万株橡胶树报废、开割树3级以上受害株数3 372万株，受害率达51.0%，橡胶产业经济损失22.4亿元。[3]

热带气旋的主要特点是影响范围广，强度大，雨量多，阵性强。热带气旋侵袭过程中一般都伴随强降水，风速呈现时间上和空间上缓急交替的阵性。风力越大，危害越重。如风力5～7级时开始对橡胶树叶片、枝条造成伤害，8级以上抗风力差的橡胶树出现断倒，12级以上绝大多数橡胶树会断倒。

热带气旋的危害程度与风力大小、降水强度、距热带气旋移动路线的远近、热带作物的抗风性、地形地貌、土壤特性等因素有关。风害过后还常常发生严重的病虫害，如橡胶树会出现小蠹虫和白蚁危害。

刘少军等调查和统计分析了2005年台风“达维”侵袭海南岛期间，地形对橡胶树受风害损失程度的影响，指出峡谷、谷底、山间缺口等地形受害较明显；同一坡面以坡顶受害最重，其次是谷底，坡中次之；不同坡向比较，东坡受害重于西坡；不同坡度比较，坡度小的受害更重。[4]

风害程度还与热带作物的发育阶段有关。刘晓鹏调查表明香蕉苗期遇台风时因蕉苗矮小，抗风性较强，但易受洪涝影响烂根死苗。抽蕾期或挂果初期台风常造成倒伏或蕉串折断而绝收，即使不倒折，也会撕烂叶片，造成大量伤口而诱发病害。[5]

3. 正确认识热带气旋的利和弊

热带气旋严重影响时段正值夏天高温时期，作物耗水量大，热带气旋带来的充沛降水有利于缓解旱情。我国沿海热带作物种植区，有 20%～50%的年平均降水量是由热带气旋带来的，热带气旋影响偏弱的年份往往出现严重的干旱，因此，必须辩证地看待热带气旋对热带作物的影响。

19.1.2.2 寒害

1. 寒害的危害机制与类型

寒害指热带作物与南亚热带作物在冬季生育期间温度不低于 0℃时，因气温降低引起作物体内的饱和脂肪酸凝固和一系列生理机能障碍，导致减产甚至死亡的一种零上低温灾害。我国热带与南亚热带地区冬季常受冷空气影响造成强烈降温，对于橡胶、香蕉、荔枝、芒果等主要热带和南亚热带经济作物的危害严重。一般最低气温在 10℃左右即已轻微受害，4～5℃将严重受害。[6]

寒害可因天气特点分为平流型、辐射型和混合型。平流型是由于冷平流强且持续时间长，气温低，风速大而造成；辐射型是寒潮冷锋过境后，在冷高压控制下的晴朗、静风夜晚，因辐射降温而造成；混合型是上述两者的结合，一般是前面出现较强烈平流型，以后以辐射型为主。寒害是由冬季寒潮引起的，与世界同纬度地区相比，华南寒潮具有强度大、深入纬度低、低温持续时间长和冷空气厚度大等特点，对热带作物的危害巨大。1955 年 1 月的寒潮，海南岛大部地区气温比常年同期偏低 3.6～5.2℃，许多热带作物品种遭受毁灭性损失。2008 年 1 月 10 日至 2 月上旬的南方持续雨雪冰冻灾害给海南省的热带作物也造成了严重的寒害损失。其中热带水果受灾 4 万 hm^2，以荔枝和龙眼受灾最重；受害面积以天然橡胶最大，农垦系统有 25.55 万 hm^2 严重受损，其中开割树 20.47 万 hm^2，预计损失干胶 27 140 t，中小苗受灾 5.08 万 hm^2，死苗 2.44 万 hm^2。全省寒害的直接经济损失 8.6 亿元。广东省初步估计热带作物的经济损失达 20 多亿元。广西、云南、福建等省区的热带作物也受到了较大损失。[7]

2. 不同热带、亚热带作物的寒害特征

不同种类和不同品种热带作物的寒害症状略有不同。橡胶树依据寒害轻重表现为叶片枯死、小枝条枯死、树皮坏死（爆胶）、树干死亡等症状，寒害严重的植株其营养根大多死亡。橡胶树由于是乔本植物，在植株根部或主干树皮完全坏死后，植株实际已经死亡。但由于木质部仍有大量水分和营养，主干上部在气温回升后仍可抽芽、生长，在水分和养分耗竭后，枝条从上到下才依次干枯，称回枯现象。橡胶树寒害影响不仅在于直接伤害，即使是寒害轻的橡胶树，对下一年度生产也有不利影响，表现为抽叶晚，推迟割胶，叶量少，叶薄且缺乏光泽等。椰子、槟榔发生寒害时表现为叶片枯黄，花序腐烂干枯，落果等，严重的生长点死亡。香蕉受寒害后叶片枯黄，假茎腐烂死亡，果实出现裂果、僵蕉等现象，果皮变黑，果肉变色。荔枝、芒果等木本果树发生寒害时根据程度不同，依次出现树冠、主干、接穗、砧木部分受害干枯等症状，同时花序受到极大伤害。菠萝在发生寒害时一般先在叶片出现寒害斑点，然后叶片顶端开始干枯，严重时多数叶片甚至茎部死亡。

19.1.2.3 旱害

1. 旱害的时空分布

旱害是热带作物最常见的气象灾害。我国热带地区受季风影响干湿季分明，形成周期性的冬春连旱。其他季节在热带气旋影响偏少，西南低压槽和副热带高压控制日数较多而其他槽类活动较少的情况下，也能出现偶发性干旱。总体上我国热带地区降水较多，但由于变率大和时空分布不均匀，造成热带作物的旱害频繁。

我国热带作物种植区年降水量多在1 200～2 000 mm，是全国降水量最丰富的地区。干季在11月至翌年4月，湿季在5—10月，湿季降水量占全年80%以上，云南的元谋、潞西高达90%。年降水量平均相对变率在10%～20%，云南较小，西双版纳不到10%；海南岛东部在20%以上。干燥度年平均值在0.5～2.8之间，绝大多数热带作物种植地区在1.0～1.5之间，属半湿润地区。云南的江城、河口、镇康、澜沧，海南岛中部、东部及福建省干燥度在1.0以下，属较湿润地区；海南岛西南沿海，云南的元江河谷地区干燥度在1.5～2.0之间，云南的元谋、巧家干燥度大于2.0，属半干旱或干旱地区，旱害更加严重。

2. 旱害的症状与危害

热带作物旱害的症状大多表现为黄叶、落叶、枝条干枯、主干干枯以至死亡，果树还会有落花、落果等现象。热带作物一般需水量达到每月100 mm以上，不同种类和品种略有差异。下面以天然橡胶为主，介绍热带作物旱害的指标、症状和机理。

橡胶树适宜的水分条件为月降水量100 mm以上，超过150 mm最为适宜，不足50 mm产胶就受到抑制。土壤含水量为田间持水量的70%～80%时幼苗正常生长。橡胶幼树(3～4年生)最适宜生长的土壤水分为田间持水量的80%～100%，此时橡胶树可提高15%的生长量。当土壤含水量降低到田间持水量的30%左右，幼苗出现暂时凋萎。橡胶树的春季抽芽、冬季落叶主要受气温影响，水分对橡胶树休眠的影响尚无定论，但灌溉可促进橡胶树提前抽芽。

橡胶树旱害开始表现为排胶障碍，叶片生长不良；明显的旱害叶缘干裂，叶片变黄、脱落，植株死亡。橡胶树对干旱的适应能力还是比较强的。正常生产和产胶时需要1 500～2 000 mm的年降水量，但在海南东方县年降水量只有900 mm，云南潞江农场只有800 mm，橡胶树也能生存，当然生长量和产胶量都受到不同程度抑制，甚至形态特征也有所改变，如树高变矮，树冠变小，木栓层增厚，树皮发黑，叶面积减小等。

1978年10月至1979年5月，云南省景洪遭遇70年来未有的冬春连旱，对橡胶树生长发育和产胶都带来严重影响，表现为萌芽期提前，营养根生长延迟。正常年份3月底至4月初生长营养根，但该年度延期至5月底至6月初才生长营养根，比常年推迟约2个月。第一、二蓬叶量比常年少30%左右，叶片小而薄，呈淡绿色。新抽叶于4月底至5月初因干旱而被迫落叶，割胶因而被迫停止。

19.1.2.4 生物灾害

1. 热带作物的生物灾害种类与危害

热带地区作为一个独特的生态区域，作物种类很多，气候温暖湿润，非常有利于病、虫、草、鼠害等有害生物的滋生蔓延。据统计，目前危害我国橡胶、芒果、荔枝、香蕉等60多种热带作物的病害有800多种，害虫近1 000种，其中重要的病害和害虫不少于50种。热区作物受病虫为害损失产量达15%～50%，同时造成品质严重下降，严重时可造成毁种绝收。

2. 外来有害生物入侵的严重后果

在对热带作物正常生产造成危害的有害生物中，外来有害生物已成为影响热带作物生产及热区生态系统安全的重要因素并构成严重威胁，一些种类已经带来灾难性的经济和生态损失。在我国公布的进出境植物检疫潜在危险性病、虫、杂草名录的一、二、三类检疫对象中，涉及热带作物的潜在危险性病、虫、杂草种类达69种，其中昆虫类23种，真菌类13种，细菌类5种，线虫类4种，病毒类14种，杂草类10种。在已入侵的有害生物中，许多种类已在热区发生严重危害，造成严重损失。如较早传入的水稻凋萎型细菌性叶斑病、美国蜜瓜细菌性萎蔫病、芒果果肉象甲、果核象甲、木薯细菌性枯萎病等危害严重；20世纪90年代传入我国的美洲斑潜蝇，现已从海南等热区蔓延至几乎全国各地，对热区乃至全国的果蔬种植影响巨大。近年传入的椰心叶甲是华南有史以来发生最为严重、防治难度最大的外来有害生物。据统计，在海南，椰心叶甲的发生面积已从2002年发现初期的0.7万hm^2蔓延至2006年海南全部县市的累计46.33万hm^2，严重危害海南椰子、大王棕等多种棕榈植物，受害的椰子等棕榈科植物达272万株。[8]椰心叶甲危害轻则造成寄主叶片出现狭长褐色条纹，叶片枯死，重则引起椰叶皱缩、卷曲、枯萎乃至植株死亡。椰心叶甲在广东、广西、福建、香港特别行政区等也已发生危害。椰心叶甲的传入和蔓延已如无烟火灾，对海南的"百万椰林工程"乃至广东、广西、福建等省区的棕榈产业、园林绿化、旅游业和生态建设等构成极其严重的威胁。经过数年努力，通过大量投放寄生蜂，利用天敌防治，到2009年已基本控制。受害椰树叶片中生存的椰心叶甲数量从最高峰时每株上万头下降到20多头。[9]

19.2 热带作物风害减灾技术

由于热带气旋的影响是人力不可控制的，因而热带作物的风害减灾技术只能着眼于选择避风环境、增强自身抗性和快速恢复能力等方面。主要包括合理区域和品种规划布局、营造防护林网、培育抗风品种、矮化和修枝整形、风害后及时处理等。以下介绍几种主要风害敏感热带作物的减灾技术。

19.2.1 橡胶树

19.2.1.1 因地制宜选配橡胶树品种

海南省植胶生态类型区从风害角度可划分为6个大区，分别是东北部重风区、东南部重风区、南部重风区、中部微寒偶发重风区、中西部中风区和西部干旱中风区。几个重风区应主要配置RRIM600(修枝)、PR107，中风区应大规模配置PR107和PRIM600。广东省植胶生态类型区可划分为粤西区的重风中寒区、中风中寒区、轻寒轻风区、中寒轻风区、重寒轻风区以及粤东区的中风轻寒区和重寒轻风区。广东省推荐配置PR107。在相同品系情况下，小环境能影响风害程度。因此，应正确划分和选择避风小环境。低洼、峡谷地段以及迎风坡可安排固着力及抗折力较强且产量较高的品种，背风地段可安排产量特高且具有中等抗风能力的良种。

19.2.1.2 选育抗风高产品种

我国已开展一系列橡胶树抗风性早期评估研究以选育抗风高产品种，如分枝角度大小与抗风性，树型与抗风能力，木材性质与抗风性，茎干冲击韧度、冲击次数与抗风力，木材纤维长度与抗风力，轴向薄壁组织比量与抗风力以及叶片含钾量与成龄树抗风力的研究。林盛等调查分析了4个亚马孙野生橡胶种质抗风性状，发现冲击韧度大，分枝角度大，枝条分布疏透，树冠矮小的种质抗风能力强；相反，冲击韧度小，分枝角度小，枝条分布密集，树冠较重的抗风能力差。[10]郑兴峰等在4个抗风品系和7个弱抗风品系之间，对巴西橡胶树成年树主干木材纤维长宽比值、壁腔比值，以及横切面上胶质纤维分布等特征分别进行了比较。结果表明，与弱抗风品系相比较，抗风品系木材纤维较粗短，壁较薄，腔径较大，胶质纤维在木材横断面上数量较多且分布较匀称。试验从解剖学方面显示抗风品系成年树主干木材的韧性较弱抗风品系的强。[11]据中国热带农业科学院橡胶所对主要橡胶品系叶片养分含量测定结果，叶片含钾量低的品系风害轻，相反则风害重。[12]

周钟毓认为，减轻风害的重要措施是选育树型矮，产量高，分枝习性好，利于修枝整型，开割后茎围增长快，堵塞指数高，木材结构好，木材纤维长而叶片含钾量较低的品系。[13]袁燮辉认为，利用矮干与高产的橡胶树品系进行杂交，使高干橡胶的高产特性传递给低产矮干橡胶，而矮干橡胶保持原有矮生的优良性状，通过这种取长补短的杂交选配，使橡胶树的抗风选育种有新的突破。[14]

19.2.1.3 完善抗风栽培技术

采用各种抗风栽培措施，提高橡胶树的抗风能力。

(1)风害区幼树不宜过早开割，幼树或堵塞指数低的无性系不宜使用产量刺激剂或长割线割胶。

(2)橡胶树树冠较大时，逐年采用愈伤技术进行愈伤处理。达到开割标准时，采用微割技术割胶，并根据干胶产量、物候、天气情况调整割胶频率及涂药浓度。

(3)加大开割园有机肥的投入和胶园保土、保水、保肥和护根的“三保一护”基础建设力度，恢复和提高橡胶树产胶潜力。

(4)深植能增强橡胶树在土壤中的盘着力。

(5)制定合理种植形式及密度。合理密植能增强胶林的抗风能力，研究发现，高密度种植比低密度种植的风害损失低，风害受害率较小。种植“二线作物”可弥补风害后的经济损失。

(6)建立防护林网。据江爱良等分析，疏透结构的防风效能为最好。在重风害区，基干林带宽度宜在20 m以上，主副林带宽度以15～20 m较为适宜。[15]

19.2.1.4 风害树的及时处理

橡胶树受风害后必须及时处理，以利伤口愈合，减少病害发生，加快根系和树冠生长，使其早日恢复生长和产胶。风害橡胶树的处理方法因风害类型不同而异。

1. 全倒树的处理方法

(1)在橡胶树原植穴上将残根、杂物、污泥挖出，适当加深扩大。

(2)将断裂的主根和侧根斜切修平，侧根留长30～50 cm，用杀菌剂消毒。

(3)主干保留 2.5～3.0 m 高,若有分枝则留约 50 cm 长。

(4)用绳拉或支撑将倒树扶正,用新土压实并加树杈支撑。

(5)盖草和淋水。

来不及处理的树可先锯掉枝条,并用其遮盖树干和暴露的树根,以减少树体水分蒸发,稍后再扶正。

2. 半倒树的处理方法

半倒开割树一般不予扶正,只需用土填好风摇造成的树头空洞。半倒中小苗应尽量扶正,但以不拉断其他树根为准,扶正后必须用树杈撑住,然后用新土填实树头。

3. 断干树的处理方法

断干树不论高低,只要有原生皮的都能萌发新芽,重新形成树冠或长成新株,故都要及时正确处理,切不可放置不管,任其自生自灭,甚至视为"残桩"强行割死,这一点在风害严重地区尤应注意。断干树处理方法须因树因地制宜。

(1)锯干高度　主要视断干高度而定。原则上 1 m 以上断干树因树干基本可满足轮换割面需要,无须重新培养主干,可采取裂到哪里锯到哪里的做法,使新的树冠较快形成;对于中小苗、1 m 以下断干树同样采取裂到哪里锯到哪里的做法,但需重新培养主干。

(2)锯口方向、斜度和涂封　锯口方向视留芽方向而定,一般与留芽方向相反。台风严重地区为减少风害,留芽多面向台风的主风方向;山坡地带则多面向梯田内壁,以避免在梯田上行走时碰坏芽条。因此,锯口方向在平地和缓坡地多背向主风方向,坡地则应面向梯田外壁。

锯口斜度大小与锯干操作和伤口愈合速度有关。太平虽操作较易,但排水不良,容易引起腐烂,使伤口难以愈合。过斜不仅操作不便,且因伤口面过大,愈合亦较困难。一般认为锯口斜度以 30°左右比较适宜。

锯干以后,为避免雨水渗入和病虫危害,伤口必须用沥青或砂浆(1 份水泥加 3 份细沙)或新鲜牛粪加黄泥涂封。

(3)留芽和定芽　锯干后萌发的第一批芽生势茁壮,着生部位亦较适宜。损害后再次萌发的芽生势减弱,有时树桩甚至不再萌发而枯死。因此,留好第一批芽是搞好断干树处理的关键。

19.2.2　槟榔

(1)及时清理槟榔园,砍伐断倒植株,清理出园,集中焚毁或做农家柴用。

(2)主干未折、倒伏或倾斜的植株应尽快扶正。具体操作方法:将受伤植株的叶片用利刀砍除,未损伤叶片砍除一半。在植株倾斜的反方向树头挖坑,注意勿伤根,然后将树干扶正并用木杆固定,在树干基部环状培土。

(3)在槟榔园内修筑排水沟,防止园内积水。

(4)将槟榔园内的枯枝烂叶清理出园,集中焚毁或做农家柴用。如有可能,加强水肥管理,增施农家肥,提高槟榔树的抗逆能力,以利植株的恢复生长。

19.2.3 胡椒

(1)半倒植株的处理。被台风吹至半倒或摇动的植株要及时扶正,清除落叶后用干土压实,断枝要切除干净,主蔓要用尼龙线捆紧加固。

(2)断倒植株的处理。被台风吹倒的植株要及时扶起来,埋实栽培胡椒用的石柱。柱断的要及时用新柱更换。断主蔓和断枝要切除干净,植株枝叶过密的要适当修剪掉一些上部枝叶。

(3)断主蔓植株的处理。如整株主蔓都被台风吹断,但还能保存 20 cm 以上主蔓正常的,可在断口下方用锋利小刀斜切掉,同时最好用甲霜灵粉剂加水调成糊状涂封切口,加强施肥管理,促使抽出主蔓。正常主蔓不足 20 cm 长的可挖掉重新补种,并及时清理干净。

19.2.4 香蕉

(1)选地建园。蕉园最好建在山谷等有自然屏障的地形处,大面积生产基地还要做好防风林带的建设。

(2)竖立蕉桩。风害易发季节对高度 2 m 以上的植株都应立桩防风,加固香蕉植株。

(3)定期培土。随着香蕉不断生长,蕉头容易露出土面(尤其是宿根蕉),致使根系生长差,植株长势弱,抗风性也差。因此,应定期为蕉园培土,不但可促使香蕉生长发育,还可防止植株倒伏,增强抗风能力。据统计,香蕉常培土比不培土可减少风害损失 25%。

(4)合理施肥。香蕉生长过程需钾肥较多,氮肥次之,对磷肥的需求较少。氮、磷、钾吸收比例大约为 1∶0.2∶3.7。合理施用磷钾肥,不仅可以提高香蕉产量和质量,还可加强植株组织坚韧性,提高抗风能力。

(5)风后不久及时喷药防治病虫害。未抽蕾蕉园及时扶正倾斜蕉株,加防风柱,割除下部病残老叶清出园外。已开始抽蕾但蕉果未套袋的,及时校蕾,移开压蕾叶片,适当割除下部病残老叶。已抽蕾并套袋的,应及时加防风柱,扶正蕉株,整理好套袋。[5]

19.2.5 其他热带果树

(1)扶正挽救。风后检查风害情况,一些幼龄植株如被风吹歪或倾斜,在天晴后小心扶正撑牢,用干土填入空洞并压紧。如仅树干摇动,根颈部的土呈喇叭口,则向喇叭口填入干土并压紧。有些果树摇动严重或吹斜,应慢慢扶起,保持一定角度,然后用木棒支撑。根据植株长势与摇动及倾斜严重程度,剪去部分过密枝条及幼嫩枝条,以避免因叶片蒸腾而导致植株失水,保持根部吸收与地上部蒸腾的平衡。植株受害越严重,修剪应越重。

(2)因风害折断的枝干要用锯修平,并涂以波尔多液保护。将折枝和落叶全部清除出园,集中烧毁。

(3)风后重点预防根腐病、细菌性叶斑病、叶枯病、流胶病、炭疽病。在做好排水的基础上喷相应的杀菌剂以预防病害发生。

19.3 热带作物寒害减灾技术

19.3.1 天然橡胶

19.3.1.1 实现环境、品种、栽培措施三对口，为抗寒植胶奠定坚实基础

1. 划分适宜植胶环境类型区和配置对口品系

高素华曾运用灰色归类法对海南橡胶寒害进行区划，分为无寒害区、轻寒害区、中寒害区、较重寒害区、重寒害区五级。[16]

我们根据橡胶树育种技术规程，对我国各植胶区寒害区划如下：

云南省植胶生态类型区划分为哀牢山以西辐射降温为主的轻寒区、中寒区和重寒区以及哀牢山以东平流降温为主的轻寒区、中寒区和重寒区。轻寒区大规模配置 PR107、云研 77-4 和云研 77-2；中寒区以高产或中产、中等抗寒的 GT1 为主；重寒区大规模配置云研 77-4、云研 77-2 和 GT1。在相同品系情况下，小环境能影响寒害程度，因此应正确划分和选择避寒小环境。阳坡、低海拔地段及结构疏散的丘陵主要选择速生高产品系，阴坡、高海拔地段及结构紧密的丘陵地带主要选择抗寒品系。

广东省植胶生态类型区可划分为粤西区的重风中寒区、中风中寒区、轻寒轻风区、中寒轻风区、重寒轻风区以及粤东区的中风轻寒区和重寒轻风区。轻寒区品系配置以 GT1 为主；中寒区和重寒区均以 GT1 为主，再适当配置以 GT1、PR107 作树干，93-114 作树冠的三合树。

广西植胶区可划分为轻寒区、中寒区和重寒区，对口配置的品系分别是 GT1、五星 I3（辐射中寒区）和 93-114（平流中寒区和重寒区）。

福建植胶区可划分为盘陀岭以南的中寒区和盘陀岭以北的重寒区，两个类型区主要配置 93-114 和 GT1。

2. 选育抗寒新品系

何景等探索了把品系对辐射低温与平流低温的不同抗性区别开来的方法，可以逐步克服片面性，有利于抗寒品系的选育，为探索不同抗寒品系的抗寒特性，进行合理配置提供了理论依据。[17]

黄华孙等认为，选育抗寒性强的新品种，关键是找出理想抗寒亲本，并组合抗寒性强或中等的亲本得到抗寒性强的杂交品系。[18]

韦庆龙等认为，要有效解决广西南部不定期强寒潮入侵影响南亚热带橡胶树品种的适生性问题，比较简捷的办法是以“生物有机体与生活环境统一”的理论为指导，把橡胶树新种质的引种范围扩大到原产地的纬度。在北纬 20°或海拔 1 000 m 以上的南亚热带地区，如果存在巴西橡胶树的种或亲缘种，就比较容易获得综合性状适应广西南亚热带气候环境的抗寒品种。有了适应广西南部垦区气候的抗寒品种，在此基础上再进行抗寒与高产等性状相结合的新品种培育，问题就容易解决了。[19]

我国已开展多项抗寒性早期预测研究，可用抗寒苗圃鉴定法、人工冷冻鉴定法、淀粉含量测定法、电导法、叶片栅状与海绵组织比值法以及过氧化氢酶活性法等准确鉴定方法，来鉴定

新品种的抗寒能力。王才发等用橡胶树皮冷库鉴定品系抗寒性的结果,[20]高抗与中抗、中抗与低抗品系之间受害级别差异均达到极显著,说明高、中、低抗三种不同抗性类型品系的树皮抗性分离很明显,能起到选择抗性强的品系,淘汰抗性差的品系的作用。冷库鉴定树皮与自然低温鉴定结果,比冷库鉴定离体芽条与自然低温鉴定结果的相关系数高,可避免参试材料茎粗和物候不一致的影响,提高鉴定的可靠性。用树皮冷库鉴定橡胶品系抗寒性可减少砧木用量,提高冷库鉴定效率,缩短鉴定时间,加速橡胶树抗寒高产育种的进程。陈建白初步研究结果表明,在0℃45 h低温强度下,橡胶叶柄电导法能鉴定出橡胶品系的抗寒力差异,抗寒力低的品系比抗寒力高的品系电解质渗出率高,伤害率也较大。[21]周钟毓等对1年龄苗的树皮和叶片内部组织与抗寒性的相关分析表明,栅状组织/海绵组织的比值与抗寒性呈现正相关,比值大的较耐寒。[22]

3. 加强橡胶树抗寒性栽培技术和落实防寒措施

(1)橡胶树中小幼苗建议改冬播育苗为春播育苗,有利培育健壮橡胶树,增强抗逆性。讲究施肥方法,避免冬梢萌发,强化胶园抚管质量,提高橡胶树抗寒力。

(2)林地橡胶树提倡春季定植树苗,多施有机肥以增强耐寒力。根圈盖草、草上覆土御寒,修枝减少树冠郁闭度,增加林内光照,减轻“烂脚”寒害。

(3)对开割树要严格把好开割标准关,防止次生灾害损失,增加养分的有效补给,尽快恢复树势。严格遵守割胶技术规程,避免强割伤树,割胶树的割面可涂封凡士林以保护或缩短割线的刺激,减刀割胶以预防割面寒害。

(4)未分枝林地受害后仍需锯干处理和修枝整形。4年生以上林地、受害轻的植株应及时修剪枯死部分,加强管理。受害指数达60%～70%以上的林段应改换品系。平均围径小于30 cm,6级树小于10%的林段或6级树较多林段,可进行大田芽接,种植三合树。

19.3.1.2 建设橡胶园防护体系

依据各种不同生态环境类型,特别是不同越冬环境类型,选用不同胶林种类组成和群落结构,并实施不同栽培管理技术措施。经过数年抗寒植胶,云南东部垦区认为,应更改第一代胶园的单一纯胶林为以橡胶为主的多种经济林木间种的混林,改单一或两层结构为多层群落结构。在平流型为主的重寒害区,胶林地边缘应种植常绿高大乔木作为防护林,林内橡胶树下层则间以常绿小乔木、高大灌木等以增强抗逆力,减轻寒风对橡胶树的侵袭。特别是在沟谷、风口、迎风坡面冷空气通道及气流抬升面,必须广种各种常绿高大经济林木,既可改善胶林周围生态环境,提高抗逆力,又可增加经济收益。在混合型降温寒害较重地区除配置相宜的橡胶品系外,还应间种落叶小乔木或灌木,使胶林内在冬季低温期间增加阳光照射,提高地面及近地层气温。

19.3.1.3 加强寒害预警应急机制,采取相应寒害措施

一是建立各植胶区气象观测点(站),对寒害进行预警;二是结合实际,专题制定和完善垦区橡胶树抗寒应急预案,建立健全一整套抗寒防寒技术体系;三是制定垦区重大自然灾害人为损失责任追究制度,对在自然灾害中预警延误,响应不力,落实挂空的责任人,追究其领导或岗位责任。

掌握冷暖变化规律,搞好寒害预测预报,采用相应寒害措施。如预测有寒害,应避免寒前

种胶，对现存胶林在寒前使用机械适当翻土以切断部分侧根，减少橡胶树水分养分吸收，抑制生长萌动，使橡胶树在降温时保持稳定状态。也可施用化学药剂，如喷洒乙烯利迫使橡胶树落叶以控制生长。幼树林地下半年只管植胶带，不管保护带，用下垫物降低风速，减轻寒害。对当年橡胶树苗圃认真做好防寒工作，沿常风向设置防风障，苗圃外缘应保留自然高草和杂木，也可种植玉米、香蕉、芭蕉等高秆作物。如预测将出现辐射降温，则应消灭荒草，清除屏障。橡胶定植材料应尽可能使用高切干苗，以利于越冬保苗。

19.3.1.4 寒害的灾后处置

寒害后应加强管理，合理割胶，减小对橡胶树生长的影响。随着气温缓慢回升，橡胶树生长会慢慢恢复，但部分栽培措施在短期内不适合使用，如摘顶、摘侧芽、除草等，应尽量减少人为对植株造成的机械损伤。同时，寒害往往造成橡胶树不正常落叶，养分无法转移回茎枝，造成无效损耗。寒害树由于爆皮流胶和用于愈伤而消耗更多养分，必须在寒害后加强对橡胶园的水肥管理，保证能够及时展叶，不影响生长和产胶。对于受害严重，无法及时抽叶，荷叶量较少，无法达到开割标准的树木，应严格按照《橡胶树割胶规程》休割或控制割胶，以利于受寒橡胶树的恢复生长。寒害发生后，橡胶树对病虫害的抵抗能力较弱，容易遭受白粉病、炭疽病、条溃疡、小蠹虫等病虫害的侵害，应加强监控，一旦发现及时防治。

19.3.2 甘蔗

(1)组织好砍运榨工作。抓紧时间砍收原料蔗，强化处理冻害原料蔗工艺技术，尽量减少损失，确保榨季均衡生产。

(2)留种。凡受害较轻，生长正常的蔗地，一律要留足蔗种，做到边榨边留种。

(3)抓好春植蔗关键技术落实，做好种茎处理。首先进行斩种，以采用三芽段、四芽段种茎为宜。斩种时，先剥除叶鞘(蔗壳)，将种茎平放，芽向两侧，用利刀斩种，切口要平避免破裂。然后用50%多菌灵可湿性粉剂125～160 g，兑水100 kg，浸种消毒10～15 min再下种，以防凤梨病造成烂种。下种时要增加用种量10%左右。施足基肥，要求每公顷施农家肥7 500～15 000 kg，钙镁磷肥1 050～1 500 kg，氯化钾225～300 kg，尿素150 kg。也可以施用氮、磷、钾含量分别为10%的复混肥1 125～1 500 kg作基肥，有机肥应与磷肥混合堆沤后施用。基肥施用办法：天气干旱，土壤湿度较低时，应先下种后施肥；雨天土壤湿度较高时，可先施肥，肥料与土壤拌匀后再下种，尽量覆盖地膜。

(4)因地制宜合理调整品种结构。推广应用耐寒力较强的高产高糖新品种，如桂糖21号(桂糖94/119)、桂引9号等，做到品种多元化和熟期结构合理化，以利有效回避寒害风险，防灾减损。

19.3.3 木薯

(1)加强木薯种茎的越冬防冻管理。可用埋藏法。选择地势较高处挖30～40 cm深坑，将木薯秆整齐堆于坑内，高出地面部分盖上泥。冻害较轻地区可用覆膜法。在木薯地里选择不易积水处，将木薯秆整齐堆好，覆盖薄膜，膜的下边铲泥压实。

(2)检查选择种茎,保证出苗率。种植前用利刀砍断种茎,选用断面新鲜、髓部润泽充实、断口有浆液渗出的,即有生命力的种茎。

19.3.4 香蕉

(1)选择冷空气难进易出地段建园。选择适宜种植和留芽季节,改春植为秋植,避免冬季抽蕾以避开冬季低温对蕉果产生的寒害。

(2)春植蕉选用抗寒品种,种大苗,组培苗应有 12 片叶以上。幼苗进行低温锻炼可提高抗寒性。加强肥水管理,争取冬季寒流到来之前蕉果达 7 成熟以上。

(3)低温到来前对 1 m 高以下吸芽用干蕉叶、甘蔗叶或稻草包裹防寒,低温严重时还可再覆盖薄膜。果实套袋,加强病虫害管理。

(4)提高蕉园小环境温度,以减轻或避免寒害发生。主要技术措施有:在田间设置一定数量暗火堆,利用其产生的大量烟雾笼罩蕉园以减少热辐射,从而减缓蕉园气温下降。

(5)及时排水。若遇长时间阴雨天气,蕉园水分过多,应及时排除积水,防止烂根。

(6)受害后及时割除冻死蕉芽、假茎和蕉叶。

(7)施肥促长。结合灌溉,每株施氮磷钾复合肥 150～200 g,兑清水或沤制腐熟人畜粪水 8～10 kg,均匀淋施在植株周围。

(8)培土促发根系。

(9)促发健壮新芽。无法抽新叶的从近处砍去,淋施 2～3 次 500 倍活力素、5 000 倍云大-120、1 500 倍奇农素螯合肥混合液,每 7～10 d 淋一次。

(10)加强病虫害防治。重点做好香蕉束顶病、花叶心腐病、叶斑病、香蕉象甲、香蕉弄蝶等病虫的防治。可用敌杀死、敌百虫等药物防治。病害可用敌力脱、灭病威、多菌灵、施保功、百菌清等药物防治。[23]

19.3.5 菠萝

(1)及时排除果园积水。

(2)对受冻植株在天气回暖后及时将叶片受冻干枯部分割除,以利通风透光。

(3)追施速效氮肥,可施用稀人粪尿或 3%～5%复合肥水,也可结合培土进行根际施肥。

(4)防治病害。用 7%可杀得可湿性粉剂 800 倍液或 50%托布津可湿性粉剂 500 倍液防治病害。

(5)对于烂心过多的老苗或小苗可翻耕重新种植。

19.3.6 其他热带果树

(1)及时排除果园积水。

(2)天气回暖后结合氨基酸或 0.2%～0.3%磷酸二氢钾等叶面肥,喷施细胞分裂素 1～2 次,促进花芽萌动和花穗生长。

(3)及时追肥,可施用沼气液肥和复合肥,尽快恢复树势。

(4)荔枝和龙眼若因花芽萌动推迟而出现冲梢时,可喷低浓度乙烯利溶液(40%乙烯利5～6 mL兑水15 kg)以控制冲梢。

(5)芒果于1月下旬到2月中旬将冻害严重的花序从基部摘除,促使再生花穗,并喷布200～300 mg/L乙烯利加800～1 000 mg/L 15%多效唑催花,还可喷布1.5%～2%硝酸钾溶液2次,促进花芽萌发。

(6)防治病害。荔枝和龙眼可用25%瑞毒素600倍液或杀毒矾600倍液防治,芒果可用25%施保克800倍液或"大生M-45"600倍液防治。

(7)椰子清理落裂果和枯叶,及时补植或移栽大苗。适当淋水,防治病虫,施磷钾肥,恢复生长后再施氮肥以免烧根。[24]

19.4 热带作物主要生物灾害的减灾技术[25-27]

19.4.1 天然橡胶

19.4.1.1 橡胶白粉病

1. 症状

橡胶树白粉病病菌只危害嫩叶、嫩芽、嫩梢和花序,不侵染老叶。嫩叶感病初期,在叶面或叶背上出现辐射状银白色菌丝,似蜘蛛丝,以后在病斑上出现一层白粉,形成大小不一的病斑。嫩叶感病初期若遇高温,病斑上菌丝生长受到抑制而变为红褐色。白粉病病菌为专性寄生菌,只侵染幼嫩组织,组织老化后不能侵入。孢子萌发最适温度为16～32℃,侵染及产孢适宜温度为15～25℃,抑制温度为最低温度8～10℃,最高温度32℃以上。

2. 防治方法

用硫黄粉喷粉或粉锈灵烟雾防治。具体方法:用325筛目筛过的细硫黄粉,用喷粉机(如3MF-4喷粉机)喷粉12～15 kg/hm^2,或用15%粉锈灵烟雾剂喷粉1 050～1 200 g/hm^2。古铜叶(叶片长5～6 cm)发病率40%～60%(一般发病率25%左右后3 d,或发病率30%左右后1～2 d即可达到这一指标)时进行第一次喷药。第一次喷药时叶量达80%以上的林地一般天气不再喷药,80%以下的林地喷药后8～10 d老化叶量70%以下,古铜叶发病率40%以上,最高气温在32℃以下的林地及时进行第二次喷药。

19.4.1.2 橡胶炭疽病

1. 症状

嫩叶感病后出现形状不规则的暗绿色水渍状病斑,病斑大而凹陷;淡绿色嫩叶感病后呈现近圆形暗绿色或褐色病斑,病斑边缘凹凸不平,叶片皱缩畸形;随着叶片老化,病斑边缘变褐、坏死,中央呈灰褐色,并会穿孔。

2. 防治方法

(1)橡胶树越冬落叶后到抽芽初期施用速效肥,促进抽叶迅速整齐;病害流行末期对病树施用速效肥,促进迅速恢复生长。

(2)采用 28%复方多菌灵胶悬剂 630 mL/hm^2，兑水 75 kg；20%灭菌灵胶乳剂每次 450 mL/hm^2，兑水 75 kg；10%百菌清油剂每次 150 mL/hm^2；或 3%多菌灵烟剂每次 180 g/hm^2；或 80%代森锰锌兑水 1 000 倍喷雾。

19.4.1.3 橡胶割面条溃疡病

1. 症状

病害初发生时在新割面出现一至数十条竖立黑线呈栅栏状，病痕深达皮层内部以至木质部。黑线可汇成条状病斑，病部表层坏死，针刺无胶乳流出。低温阴雨天气新老割面出现水渍状斑块，伴有流胶或渗出铁锈色液体。雨天或高湿条件下病部长出白色霉层，老割面或原生皮上出现皮层隆起，爆裂、溢胶。刮去粗皮可见黑褐色病斑，边缘水渍状，皮层与木质部之间夹有凝胶块，除去凝胶后木质部呈黑褐色。

2. 防治方法

(1)加强林段抚育管理，提高胶工割胶技术。

(2)割胶季节割面出现条溃疡黑纹病痕时，及时涂施有效成分 1%的瑞毒霉 2 次，以控制病纹扩展。

19.4.1.4 橡胶根病

1. 症状

一般表现为树冠稀疏，枯枝多，顶芽抽不出或抽芽不均匀，树干干缩。根部症状分为 7 种类型，即红根病、褐根病、紫根病、黑纹根病、臭根病、黑根病、白根病。

2. 防治方法

(1)彻底清除杂树桩，防止病苗上山。病树处理可概括为“挖、追、砍、刮、晒、管”六个字。

(2)用十三吗啉与软沥青混用作为橡胶树根颈保护剂，效果较好，十二吗啉的保护效果次之。

19.4.1.5 橡胶树褐皮病

1. 症状

割胶时割线不排胶，割线干涸变褐色。变褐部分集中在乳管列周围。随乳管方向沿树干向下发展，有时可看出变褐现象只局限分布在连续的乳管群近似同心薄层中。

2. 防治方法

(1)禁止使用有丛枝病的实生苗作砧木。

(2)保 01 农药治褐皮病效果较好。

19.4.1.6 橡胶小蠹虫

1. 症状

橡胶小蠹虫是在橡胶树遭受风、雷、寒、病等灾害造成树皮溃烂、干枯后发生为害的。受害部位有胶乳从虫眼流出，拉开胶条可见小圆孔。害虫钻蛀入木质部伴有条状木屑排出，严重为害后造成树干干枯，风吹易倒伏。初期蛀孔和粉柱多见于胶树割面及其上下约 50 cm 范围，而后蛀孔和粉柱逐渐扩展到整个茎干表面，橡胶树枯死，但叶子不脱落；树龄大的橡胶树小蠹虫钻蛀致死比例较大。高产树位小蠹虫为害较严重。

2. 防治方法

(1)有虫害的橡胶树,拉开胶条轻刮粗皮,可选用40%丙溴磷或80%敌敌畏和高效氯氰菊酯乳油加水,按1∶1∶3配制药液进行涂药;或选用40%丙溴磷或80%敌敌畏500倍液加高效氯氰菊酯乳油800～1 000倍液喷雾,再用沥青涂封伤口,防止小蠹虫再次侵害。

(2)已遭受小蠹虫为害林段中尚未被小蠹虫入侵的橡胶树,选用48%毒死蜱乳油1 000倍液全面喷施保护、防止入侵。

19.4.1.7 橡胶树六点始叶螨

1. 症状

橡胶树六点始叶螨又称橡胶黄蜘蛛,属螨目,叶螨科。主要危害老叶,通过幼螨、若螨、成螨以口器刺破叶肉组织,使之成为细小黄白色斑点,影响光合作用,甚至全叶发黄脱落,枝条枯死,从而影响产量。虫口密度以4月下旬至5月下旬为发生高峰期,6月下旬起逐渐降低,直到年终虫口密度保持在较低水平。5月初受害叶片开始变黄脱落,6月中下旬为落叶盛期。螨害发生与地形,橡胶树长势、品系,气候等都有一定关系,特别是干旱季节六点始叶螨为害严重。

2. 防治方法

(1)钝绥螨、食螨瓢虫和隐翅虫是六点始叶螨天敌,应保护利用。

(2)常用杀螨药剂有25%杀虫脒500～1 000倍液、40%乐果乳油1 000～2 000倍液、25%马拉硫磷乳油500～1 500倍液等。

(3)用杀螨卫士200 mL加阿维菌素180 mL兑3 kg的柴油,用烟雾机在早晨无风或微风时进行喷烟,防治效果明显。

19.4.1.8 橡胶介壳虫

1. 症状

通过针刺吸取食橡胶幼嫩枝叶营养物质而形成危害,造成枯枝落叶,严重时整株枯死。分泌大量蜜露可诱发煤烟病,严重影响胶树呼吸和光合作用。

2. 防治方法

(1)若虫盛期喷药,因大多数若虫孵化不久,体表尚未分泌蜡质,介壳更未形成,用药易杀死。每隔7～10 d喷一次,连续2～3次。可用40%氧化乐果1 000倍液,或50%马拉硫磷1 500倍液,或25%亚胺硫磷1 000倍液,或50%敌敌畏1 000倍液,或2.5%溴氰菊酯3 000倍液喷雾。

(2)保护和利用天敌。如捕食吹绵蚧的澳洲瓢虫、大红瓢虫,寄生盾蚧的金黄蚜小蜂、软蚧蚜小蜂、红点唇瓢虫等都是有效天敌,可用来控制介壳虫危害。

19.4.2 荔枝和龙眼

19.4.2.1 霜疫霉病

1. 症状

为荔枝果实上的一种重要病害,有时叶片也受害。果实受害多从果蒂开始,初期果皮出现褐色病斑，随后全果变为黑褐色，果肉腐烂，以后病部长出白色霉状物。

2. 防治方法

(1)加强果园管理。采果后清除烂果、病果、落果并集中烧毁，然后在树上和地面喷 0.2～0.3 波美度石硫合剂。

(2)喷药保护。因该病为害时间在花期、果实生长后期及贮运期，可在花蕾期施用 2～3 次安克锰锌 600 倍液（或瑞毒霉锰锌 500～800 倍液或氧氯化铜 600 倍液）以保护花穗，每次相隔 10 d 左右。在幼果期和果实成熟前 15～20 d 各再喷一次安克锰锌 500 倍液或瑞毒霉锰锌 600 倍液。

19.4.2.2 炭疽病

1. 症状

叶片受害从叶尖或叶缘开始，迅速向叶基扩展，呈烫伤状，病斑圆形或不规则，呈明显或不明显云纹。病梢顶端先呈萎蔫状，随后枯心，病部黑褐色，后期整条嫩梢枯死。花枝受害时花穗变褐造成落花。幼果发病先出现黄褐色小斑点，后呈深褐色水渍状。近成熟或成熟期发病主要在果实蒂部，病斑圆形，褐色，边缘棕褐色，中央出现橙色黏质小颗粒，果肉变味腐败。

2. 防治方法

深耕改土，增施有机肥和磷钾肥，实行配方追肥，避免偏施氮肥。冬季结合修剪，剪除病叶枯梢，扫除地面的落叶病枝并集中烧毁，减少菌源。各新梢幼叶已展开但尚未转绿时、花蕾期、幼果 5～10 mm 大时用药。历年发病较重的投产果园在花蕾和幼果期应喷药 2～3 次。4—5 月间混合喷药可收到防病治虫效果。

19.4.2.3 龙眼鬼帚病

1. 症状

受害幼叶狭小，叶缘内卷，重者全叶呈线状，烟褐色。成叶凸凹不平，叶缘卷曲。病梢秃枝呈扫帚状。花朵畸形，不能结实，即使结实也不能食用。

2. 防治方法

严禁从病区输入苗木、种子和接穗，苗圃或新植园一旦发现病株要及时拔除烧毁。发病轻的龙眼树应及早剪除病梢病穗，加强管理，增施有机肥，及时防治荔枝蝽和角颊木虱等传毒介体。

19.4.2.4 荔枝蝽

1. 症状

成虫盾形，腹面有白色蜡粉，每年发生一代，海南省以 4—5 月为害最重。成、若虫刺吸嫩梢、花穗、幼果，引起落花落果，严重影响产量。害虫受惊动会射出臭液（俗称臭屁虫），触及人的皮肤或眼睛会引起辣痛。

2. 防治方法

(1)抓住蝽象抗药性最差时喷药防治。3 月春暖时，越冬成虫活动交尾，抗药性下降，此时喷 90%敌百虫结晶或 50%敌敌畏乳油 800～1 000 倍液防治效果好。

(2)4—5 月低龄若虫发生盛期喷 20%杀灭菊酯乳油 2 000 倍液，或 2.5%溴氰菊酯

3 000～4 000 倍液 1～2 次。

(3)人工捕捉。利用蟮象假死性捕杀越冬成虫。蟮象在 10℃以下活动力差且群集于密叶丛中,可在早晨突然摇树使成虫坠落,集中捕杀或烧毁。

(4)利用天敌平腹小蜂防治。每年早春在荔枝蝽刚产卵时开始放蜂,每隔 10 d 放一次,连放 3 次。

19.4.2.5 溃疡病

1. 症状

溃疡病又称粗皮病。枝干表皮失去光泽,渐渐皱缩、粗糙龟裂,出现突起瘤状物,严重时木质部褐色,以上枝条枯死,叶片脱落,全株树势衰退。伤口多,害虫多,高温多湿时病菌容易流行。

2. 防治方法

(1)耕作尽量减少伤口,疏剪荫蔽树冠,剪除或短截发病大枝并集中烧毁,加强肥水管理,松土培肥及根外追肥,使树势逐渐恢复。

(2)主干或主枝发病后应及时刮除病部,用 72%疫菌净 25 g+75%百菌清 25 g 兑 5 kg 水,或 80%必备 50 g 兑 5 kg 水,或 70%安瑞克 50 g 兑 5 kg 水配成的药液,每隔半个月涂 1 次,这 3 种配方轮换使用,连涂 3 次以上,直到病状消失。

(3)侧枝染病时及时喷施 0.2～0.3 波美度的石硫合剂,或 70%安瑞克 50 g+50 kg 水配成的药液,保护新枝不受危害。

19.4.3 芒果

19.4.3.1 芒果炭疽病

1. 症状

出现叶斑、茎斑、花疫、果实污斑、腐烂等。

2. 防治方法

(1)叶片受害施用 70%甲基托布津、22.7%二噻农、12.5%禾果利、25%使百克、50%施保功、10%世高等。

(2)幼果期受害施用:①50%多菌灵 600 倍+2%加收米 600 倍喷雾;②30%爱苗 9 000 倍+0.5%几丁聚糖 3 000 倍喷雾。

(3)成果期受害施用:①50%多菌灵 500 倍+2%加收米 500 倍+高钾叶面肥喷雾;②30%爱苗 6 000 倍+0.5%几丁聚糖 2 000 倍+3.6%保美灵 6 000 倍。

19.4.3.2 白粉病

1. 症状

主要危害花穗、嫩叶、幼果,造成大量落花落果,影响产量。

2. 防治方法

(1)喷施 62%仙生、30%华生、12.5%禾果利、12.5%特灭唑、5%霉能灵、30%爱苗等。

(2)花期受害施用:①12.5%禾果利 2 000～3 000 倍+1.8%爱多收 5 000～6 000 倍喷雾。

②12.5%特灭唑2 000～3 000倍+0.5%几丁聚糖2 000～3 000倍喷雾。

19.4.3.3 蒂腐病

1. 症状

常见真菌病害，采前及贮藏期间均可发生，可引起蒂腐、皮斑和果端腐，常见的是从蒂腐开始蔓延，使病果迅速腐烂流汁。高温高湿有利病害发生。

2. 防治方法

及时清除果园病残体。果园修剪、嫁接应在晴天，在没有露水时采果。使用氢氧化铜、多菌灵、甲基硫菌灵、百菌清、多硫悬浮剂等处理嫁接口和修剪切口。从果实开始膨大到采收前15 d，间隔10～15 d喷施一次上述药剂。果实采摘后24 h内使用异菌脲、噻菌灵、抑霉唑、咪鲜胺、咪鲜胺锰络合物等药剂加热水进行浸果处理。

19.4.3.4 细菌性角斑病(疮痂病)

1. 症状

又称细菌性斑点病或疡病。主要危害果实、枝梢和叶片，发生严重时引起落叶落果。

2. 防治方法

(1)2%加收米500倍+80%大生600倍喷雾。

(2)3%克菌康1 000倍+20%甲基托布津600倍喷雾。

(3)88%水合霉素500倍+43%大生富500倍喷雾。

19.4.3.5 霉病和烟霉病

1. 症状

叶片、果实、花序感病后形成一层黑色霉状物。

2. 防治方法

注意控制虫口密度，定期防治叶蝉和红蜘蛛。

19.4.3.6 流胶病

1. 症状

为真菌病害。传播途径为风雨及害虫。主要危害果枝及果实。修剪及大风暴雨后应及时喷药防治。危害枝条、茎干和幼果，患部现条状溃疡，流出反光性黏液，严重时果面或枝干表面布满褐色胶带，幼果脱落，枝梢皮层破裂枯死。

2. 防治方法

(1)53.8%可杀得2000 1 000倍+48%乐斯本1 000倍喷雾。

(2)50%多菌灵500倍+40%毒丝本1 000倍+72%农用链霉素1 000倍喷雾。

(3)30%王铜800倍+72%农用链霉素1 000倍+10%蚜虱净2 000倍喷雾。

19.4.3.7 叶瘿蚊、扁喙叶蝉、蓟马

1. 症状

叶瘿蚊症状：年发生15～20代，主要是幼虫危害嫩叶、嫩梢，造成叶片萎缩、落花落果。

扁喙叶蝉症状：年发生 8～10 代，世代重叠，主要危害嫩梢、嫩叶、花穗和幼果等。

蓟马症状：主要危害叶片和嫩梢。

2. 防治方法

施用 48%乐斯本、52.25%农地乐、20%好年冬、40%毒丝本、40%灭多威、2.5%雷司令、12.5%保富、18.6%富锐、10%蚜虱净、10%江灵、25%阿克泰、3%莱农乐、3%赛特生等。

19.4.3.8 红蜘蛛

1. 症状

芒果主要害虫，主要危害叶片、嫩梢和幼果，使老叶变黄脱落，并影响幼果发育。

2. 防治方法

喷施 9.5%螨即死、20%扫螨净、25%阿维虫螨、1.8%虫螨克、1.8%阿巴丁、20%灭扫利、12.5%保富、10%天王星、20%螨克星、34%大杀螨等。

19.4.3.9 横纹尾夜蛾(钻心虫)、剪叶象甲、绿鳞象甲

1. 症状

横纹尾夜蛾症状：幼虫蛀食嫩梢、花穗、果梢，引起枯萎。

剪叶象甲症状：啃食嫩叶并将叶片整齐横行切割。

绿鳞象甲症状：侵害花穗及叶片，使叶片出现缺刻或孔洞，严重时枯死。

2. 防治方法

喷施 48%乐斯本、40%毒丝本、40%灭多威、25%爱卡士、40%阿麦尔、52.25%农地乐、2.5%敌杀死、12.5%保富等。

19.4.4 香蕉

19.4.4.1 香蕉叶斑病

1. 症状

蕉叶染病呈褐色长条斑、椭圆斑、绿枯斑，逐叶向上蔓延直至枯萎衰败。染病香蕉慢抽蕾，果穗瘦、品质劣，抗寒力弱，严重减产减收。

2. 防治方法

叶斑病发病条件是 4—5 月高湿高温，叶片幼嫩被病菌潜入，9—10 月北风吹来后病斑一齐表现出来。应在 5 月茎叶旺盛无病斑时喷药防治。采用硫黄悬剂、代森锰锌、多菌灵等杀菌剂效果良好。

19.4.4.2 香蕉黑星病

1. 症状

香蕉抽蕾前后，葵叶及果指上产生许多小黑粒，手摸无粗糙感，不是花蓟马为害，而是真菌性黑星病，影响果实外观及价值。

2. 防治方法

抽蕾时喷多菌灵、甲霜灵等杀菌剂。注意嫩叶、果指都要喷洒,喷药后果穗套袋。

19.4.4.3 香蕉根结线虫病

1. 症状

侵害根部,表现为黑根、根短肥、结瘤等。线虫病症状与束顶病相似,植株矮化,黄叶或丛叶,散把,叶边缘失绿,叶片呈波浪状皱曲。线虫病与束顶病的区别只是束顶病叶柄有"青筋"。

2. 防治方法

施杀线虫剂米乐尔、呋喃丹、克线磷、甲基异柳磷,每株撒施 10～15 g 于蕉头表土,杀死线虫,并加强肥水管理。

19.4.4.4 香蕉烂柄病

1. 症状

属细菌性病害,发病期 5—6 月或 9—10 月。叶柄腐烂,有臭味,挤压流脓汁,叶柄一片片剥落呈赤膊状。

2. 防治方法

以香蕉细菌灵浇灌叶柄及整株假茎。注意排水防浸根,增施钾肥。

19.4.4.5 象鼻虫

1. 症状

蛀食假茎、叶柄、花轴、球茎,为害极大,也是台风香蕉折断的重要原因。

2. 防治方法

每年 4—5 月和 9—10 月是象鼻虫成虫发生的两个高峰期。已抽蕾植株采用杀虫剂喷洒假茎以毒杀成虫,未抽蕾株入冬前用杀虫剂在香蕉的"把头"处投放。

19.4.5 椰子

19.4.5.1 椰子灰斑病

1. 症状

病菌侵害叶片,引起组织坏死、干枯皱缩,影响幼苗生长和成龄树产量,推迟幼龄树结果期,严重侵害会导致幼龄树死亡。

2. 防治方法

发病初期用克菌丹(0.1%)、代森锰(0.28%)、王铜(0.1%)、百菌清(0.36%)、敌菌丹(0.3%)等喷施,每隔 7～14 d 一次,视病情发展连续喷施几次。喷药前清除烧毁枯死和严重感病叶片,减少病原菌传播。

19.4.5.2 椰子芽腐病

1. 症状

病害侵染树冠中央最嫩叶片和叶芽,受害部腐烂,致使整株死亡。最初症状为树冠中间叶或嫩叶枯萎、下垂、脱落，呈秃树干。

2. 防治方法

树冠嫩叶出现芽腐病症状但顶芽还未受侵害时，可用刀或其他工具挖除受侵害组织，随后喷施铜剂或其他杀菌剂，并用煤焦油或涂封剂涂封伤口，把切除的病害组织集中烧毁。如生长点已破坏，则将整株砍倒烧毁。

19.4.5.3 椰茎干泻血病

1. 症状

症状出现在树干茎部。初期为细小变色凹陷斑点，然后病斑扩大汇合，在树干形成大小和长短不一的裂缝，小裂缝可连成大裂缝。随着病情发展，茎干内纤维素解体腐烂，从裂缝处流出铁锈(红褐)色的黏稠液体。严重时叶片变小，继而树冠凋萎，叶片脱落，整株死亡。

2. 防治方法

防止人为、动物、昆虫对树干的损伤可降低病害发生。加强抚育管理，多施有机肥，及时排灌，防止旱涝引起生理病。彻底切除侵染组织，然后用煤焦油或波尔多液涂抹伤口，集中烧毁清除的组织以免传染。

19.4.5.4 长蠕孢叶斑病

1. 症状

一般危害幼苗和小树，侵害较嫩叶片。最初为分散微暗绿色细小斑点，后来病斑汇合，可导致叶片干枯。

2. 防治方法

加强抚育管理，注意增施钾、磷肥以增强抗病力。病害初期喷施铜剂等杀菌剂，可参照灰斑病治疗。

19.4.5.5 椰圆蚧

1. 症状

若虫和雌虫附着叶背及幼果表面吸取组织汁液为害，致使叶背褪绿形成病斑，甚至枯死。幼果生长不良。

2. 防治方法

喷施25%亚胺硫磷、50%马拉松、50%三溴磷等。

19.4.5.6 二疣犀甲

1. 症状

二疣犀甲又称椰子独角仙。成虫钻入椰树顶梢取食未展开心叶，致使心叶展开后呈扇状或波状缺刻。更严重的是从心叶直下为害，破坏生长点，使植株停止生长，枯萎死亡。

2. 防治方法

及时清除椰园内枯死树干、树桩和肥堆等繁殖场所。在椰园内堆放椰子树干定期诱杀。严重为害的用20%二溴磷灌入树心消灭入侵虫体。

19.4.5.7 红棕象甲

1. 症状

红棕象甲又称椰子象甲，幼虫蛀害树冠、茎干，严重为害时可使心叶、叶片枯黄，甚至把树干蛀空。

2. 防治方法

保护树干不受伤害，发现伤口及时用柏油涂抹，防止雌虫产卵。发现严重受害植株应及时砍伐烧毁，受害轻的植株可从伤口(洞口)灌入久效磷原液(100 mL/株)、久效敌敌畏混合液、磷化铝片等。

19.4.5.8 椰心叶甲

1. 症状

幼虫和成虫潜藏在棕榈科植物尚未展开的心叶卷折中，利用咀嚼式口器啃食心叶，致使心叶组织遭受破坏并大量失水，新叶抽出展开后焦黄枯萎，失去光合功能，严重时心叶全部枯死，整株死亡，甚至成片死亡。

2. 防治方法

零星受害植株如是低干树种可采取枝剪，中干树种采用长杆采果拉剪，高干树种可借助云梯等直接剪除受害心叶，剪除的受害心叶集中烧毁或粉碎后深埋处理。尚未发现危害的植株可配合椰甲清粉袋挂包法预防。成片棕榈园林可采取喷雾、根施、注射、淋灌等化学防治方法。一般每年施药 6～9 次，每次施药间隔时间 15～20 d。提倡生物防治，目前已成功应用其天敌姬小蜂。

(陶忠良)

参考文献

[1] 李勇，杨晓光，王文峰，等. 全球气候变暖对种植制度可能影响. Ⅴ. 气候变暖对中国热带作物可能种植北界和寒害风险的影响分析. 中国农业科学，2010，43(12)：2477-2484.

[2] GB/T 19201—2006　热带气旋等级.

[3] 梁运强. 近年来特大风寒灾害对海南橡胶产业的影响及反思. 世界热带农业信息，2008(11)：25.

[4] 刘少军，高峰，章京红，等. 地形对橡胶风害的影响分析. 气象研究与应用，2010，31(S2)：228-229.

[5] 刘晓鹏. 台风后香蕉复产的关键技术. 中国热带农业，2008(5)：53.

[6] 中国农业科学院. 中国农业气象学：第十一章　热带作物与气象. 北京：中国农业出版社，1999：777-831.

[7] 本刊特稿. 同心协力抗击寒害，切实做好灾后重建. 中国热带农业，2008(2)：7-8.

[8] 椰心叶甲逞凶，海南染虫区面积达 659 万亩，棕榈告急. 中国环境报，2006-01-26. [2006-

01-26]. http://news. xinhuanet. com/environment/2006-01/26/content_4102998. htm.

[9] 海南椰心叶甲疫情得到基本控制. 北京:新华网,2009-05-15[2009-05-15]. http://news. qq. com/a/20090515/000744. htm.

[10] 林盛,黎耀平,吴惠兰,等. 亚马逊野生橡胶种质资源的抗寒性鉴定(Ⅰ). 热带作物学报,1994(S1):89-94.

[11] 郑兴峰,陶忠良,邱德勃,等. 巴西橡胶树抗风品系木材纤维的解剖特征. 华南农业大学学报,2003(1):50-52.

[12] 张玉萼,贺明鑫. 橡胶叶片养分含量测定方法的改进. 热带农业科技,1988(3):23-26.

[13] 周钟毓. 中国天然橡胶业 50 年. 热带农业科学,2000(5):65-87.

[14] 袁燮辉. 橡胶树抗风选育种途径初探. 热带作物研究,1992(4):17-20.

[15] 江爱良,宋兆民,卫林. 关于农田林网防护效益测算方法的探讨. 林业科技通讯,1981(2):20-22.

[16] 高素华. 灰色归类在海南岛橡胶寒害区划中的应用. 应用气象学报,1989(1):110-114.

[17] 何景,林梅馨,杨汉金. 巴西橡胶树抗寒指标探讨. 厦门大学学报:自然科学版,1981(1):125-133.

[18] 黄华孙,曾霞. 橡胶树种质资源描述规范和数据标准. 北京:中国农业出版社,2006.

[19] 韦庆龙,谭明玮. 关于在我国南亚热带地区的植胶生产问题. 农业研究与应用,2012(1):18-21.

[20] 王才发. 人工低温冷冻橡胶绿色树皮鉴定抗寒性研究初报. 广西热作科技,1989(3):27-30.

[21] 陈建白. 叶柄电导法鉴定橡胶无性系抗寒力的初步研究. 云南热作科技,1999(4):4-5.

[22] 陈传琴,黄香,詹赛荣,等. 一年生橡胶苗的树皮及叶片内部组织与抗寒性相关分析. 热带农业科学,1983(3):12-15.

[23] 林燕金,钟秋珍,黄雄峰,等. 闽南香蕉低温栽培技术. 现代农业科技,2008(14):34-35.

[24] 唐龙祥,牛聪,杨伟波. 中国椰子寒害及其对策研究. 热带农业科学,2011,31(10):92-94.

[25] 程立生. 中国重大热带作物病虫害生物防治发展战略研究. 热带作物研究,1995(3):1-5.

[26] 李文海,陈雄,林运萍,等. 热带作物病虫害监测防控情况调研及农业生态保护. 热带农业工程,2010,34(4):39-43.

[27] 秦斌华. 广西主要热作病虫害发生情况及对策分析. 中国热带农业,2010(4):61-64.

第20章

畜牧业生产减灾技术

20.1 畜牧业生产的灾害特点与减灾对策

20.1.1 中国畜牧业概况

20.1.1.1 畜牧业迅速发展

新中国成立后，特别是改革开放以来，中国畜牧业迅速发展(图 20.1 和图 20.2)。到 2010 年，全国肉类总产连续 21 年居世界第一，目前占世界总产的 30%；禽蛋连续 26 年居世界第一，占世界总产的 80%；奶类产量居世界第三位；饲料产量居世界第二位。新中国成立以来的 60 年，全国畜牧业产值按可比价格计算约增长 30 倍。[1]但与发达国家相比畜牧业产值比重和优质畜产品比例仍偏低，饲料资源短缺，尤其蛋白饲料大量依赖进口，畜牧业劳动生产率较低，

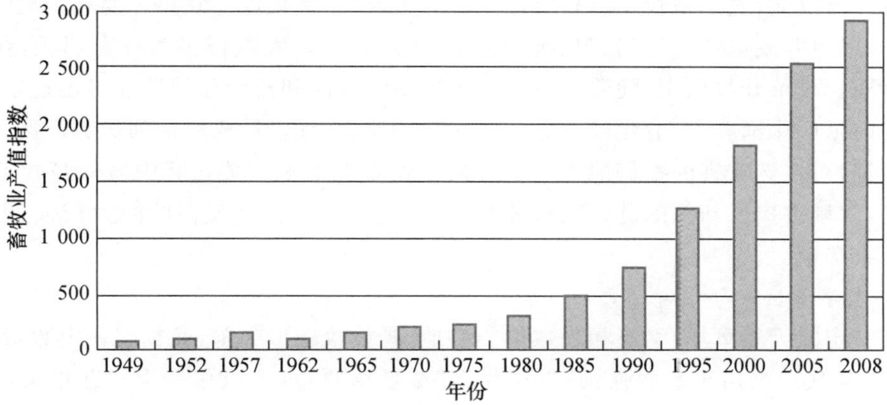

图 20.1 1949—2008 年全国畜牧业产值指数

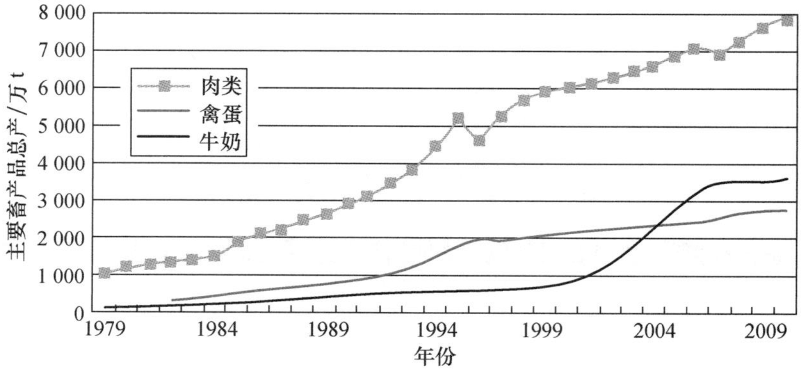

图 20.2 **1979—2010 年主要畜产品产量的增长**

环境污染较重，畜产品安全隐患突出(表 20.1)。畜牧业生产抵御市场风险与自然风险的能力较差，尤其是草地畜牧业。[2]

表 20.1 **我国与发达国家饲料转化率水平比较**

类别	国际先进	国内先进	国内平均
肉鸡	1.6∶1	1.9∶1	2.2∶1
蛋鸡	2.3∶1	2.7∶1	3.0∶1
生长育肥猪	2.6∶1	3.1∶1	3.5∶1

20.1.1.2 中国畜牧业生产布局

中国畜牧业生产布局分为农区畜牧业、半农半牧区和牧区三大部分。

1. 农区畜牧业

农区指以农作物栽培为主的地区，拥有全国 95％以上的农业人口和 90％以上的耕地，尤以东北、华北、长江中下游平原、四川盆地为集中。主要畜禽种类有猪、牛、羊和各种家禽，以舍饲为主，是中国畜产品的主要产地，2008 年肉类总产占到全国的 94.74％。

改革开放以前，农区畜牧业以自给性生产为主，商品率很低。农户主要利用剩饭菜和种植业副产品，以户养或集体小型猪、鸡、鸭场为主，布局零散。大牲畜多为役畜，只有在淘汰后才能屠宰食用。改革开放以来，随着人民生活水平不断提高和畜产品消费需求迅速增长，农区畜牧业逐步向工厂化饲养、产业化经营和区域化布局发展，逐步形成一系列优势产区。农区畜牧业实行舍饲，对自然灾害的抵御能力与畜舍条件和管理水平有关。其中城郊畜牧业的集约化程度较高，为城市提供新鲜的乳、蛋、肉等畜产品，抗御一般自然灾害的能力较强，但畜禽粪便对环境污染严重。

2. 半农半牧区

既有一定的天然草场，又有相当数量的耕地；既放牧较多牛羊，又饲养一定数量的猪和禽。20 世纪 60 年代以来由于片面强调“以粮为纲”滥垦草原，草地退化严重。近年来退耕还林还草，种植业转向以提高单产为主，畜牧业由放牧为主改变为夏秋打草储备冬春舍饲与季节性放牧相结合。半农半牧区由于粗放饲养和气候条件较差，舍饲畜牧业灾害重于一般农区，但由于饲料资源多样，草地畜牧业灾害又轻于纯牧区。

3. 牧区

牧区指以放牧为主的草地畜牧业地区，主要分布在内蒙古、青海、西藏、新疆北部、四川西部、东北西部、甘肃南部与祁连山区、宁夏中部。面积占到陆地国土的44.4%，均为少数民族集聚地区，有天然草地3.9亿hm^2，其中可利用面积3.3亿hm^2。经营管理粗放，牧草生长有明显季节波动，受自然灾害影响很大。牲畜超载和草地退化严重，畜牧业生产效率较低。以最大牧区内蒙古为例，牧区肉类产量所占比例不足全自治区的1/3，但羊肉、羊毛、羊绒、皮革等畜产品牧区仍占较大比重。牧区拥有的广阔草地不但具有巨大的生态效益，而且是繁育优良草食家畜品种不可替代的重要场地。鉴于几十年来我国天然草场不断退化，为保护草原生态系统，1999年以来实行退牧封育或轮牧，草地畜牧业发展规模受到限制，但与农区合作发展易地育肥仍有很大潜力。

4. 畜牧业产业带的形成

改革开放以来，畜牧业不断向优势产区集中，向着产业化规模经营方向发展，逐步形成一系列优势产业带，包括以长江中下游和华北、东北为主的生猪产业带，以黄淮海平原为中心的中原肉牛产业带，以新疆和内蒙古及毗邻农区为主的肉羊产业带，东北、华北和大中城市郊区的奶牛产业带，中原蛋鸡产业带等。畜牧业向优势产区集中和集约化水平的提高，进一步提高了我国畜牧业的整体抗灾能力。

20.1.2 动物生产对环境的要求

畜牧业生产的主要对象畜禽都是恒温动物，对外界环境具有一定的适应能力。在外界环境有利和舒适时，能够以较小部分饲料或草料维持新陈代谢与运动，以较大部分饲料或草料用于体重增加，从而取得良好的经济效益。但如外界环境不利，畜禽将以较多饲料或草料用于抵抗外界不利条件，不利于体重增加，畜牧业经济效益将明显降低，在环境条件十分严酷时甚至会导致动物的发病乃至死亡。

20.1.2.1 温度

畜禽具有保持体温在正常范围内的能力，通常午后体温最高，清晨最低，觅食与运动时体温较高，休息和睡眠时较低。幼龄动物体温高于成年动物。正常体温下动物保持最佳生理状态，畜牧业生产效率最高。

正常情况下动物产热来自对饲草料的消化吸收，但饥饿时需消耗体内蓄积生物能维持基础代谢。环境温度低于皮温时，动物将增加产热以保持体温；环境温度高于动物体温或阳光强烈时，要提高皮温来增加散热，或通过出汗、喘气增加水分蒸发来防止体温过高。环境条件不利导致动物蓄热、失热或水分丧失过多都会造成伤害，从而形成灾害。环境温度过低，动物产热抵消不了耗热，体温将逐渐下降直至冻死；环境温度过高，通过物理调节和化学调节都不能遏制体温上升，动物将生理失调甚至中毒，最后衰竭死亡。

20.1.2.2 辐射、空气湿度和风

如环境温度高于动物皮温，环境将向动物发射热辐射，动物将获得热量；环境温度低于皮温

时动物将向外辐射散失热量。空气湿度大,高温时动物更难散热,低温时体热更容易散失。因此,无论环境温度过高过低,动物都以空气较干燥为舒适。环境温度低于体温时风将加快体热散失,环境温度稍高于体温时风可加速汗水蒸发有利降温,但如环境温度过高,有风反而增加受热。

20.1.2.3 水分

水分占动物体重50%以上,是各种生理活动与物质输送的媒介。动物体失水会感到干渴,严重脱水会导致循环系统、消化系统和排泄系统严重失调。特别是脱水造成的血液黏稠会导致大脑损伤甚至坏死。动物摄食、剧烈活动或大量出汗后要补充体内水分。干旱缺水地区和冬季草原长期少雪时可因干渴导致掉膘、疾病甚至死亡。

20.1.2.4 光照

光的强度、波长和光照时间对动物生长发育和繁殖行为都有明显影响,但在自然条件下,很少发生因光照的变化而形成灾害性的后果。

20.1.2.5 气压

随海拔高度增加,空气中的氧分压迅速降低,动物血液含氧量减少,动物会出现黏膜血管扩张甚至出血,疲乏和萎靡,呼吸和心跳加快,称为高山反应。高原地区的动物可通过增大肺通气量和加强心脏活动量以增加氧气的摄入,但低海拔地区的动物引入高海拔地区后常因不能适应低气压环境而生长不良甚至死亡。

20.1.2.6 化学环境

环境污染是畜牧业生产发展的极大障碍。主要污染方式有水污染、大气污染、畜禽粪便自身污染和滥用兽药和饲料添加物造成的污染。

20.1.2.7 饲料营养

饲料缺乏或养分不平衡都会影响动物的生长发育与生产性能,影响饲料作物生产或牧草生长的自然灾害可间接影响畜牧业产量和畜产品的品质。

20.1.3 影响中国畜牧业发展的主要因素

20.1.3.1 社会需求与市场波动

改革开放以来随着人民收入增加和生活水平的提高,畜产品的市场需求旺盛,但由于市场经济体制还不够完善和小规模饲养农户抗御风险能力较差,畜牧业市场波动明显,特别是养猪业大致每四年左右有一个周期。在猪肉产量供大于求或饲料价格过高时,由于猪肉价格猛跌,小规模经营农户赔本严重,被迫减少能繁母猪数量,导致一两年后猪肉产量供不应求,价格猛涨,反过来又刺激了生猪生产,导致下一轮的生产过剩。宏观调控能力不足或不及时,农户缺乏市场预测盲目跟风,或种植业受灾使饲料减产都会使波动加剧。其他畜产品也有类似的波动,但不如养猪业明显。

20.1.3.2 饲料生产的制约

目前我国畜牧业规模已居世界第一，但饲料产量多年居世界第二，人均粮食占有量自1983年以后的20多年徘徊在350～420 kg水平，饲料粮仍有一定缺口，尤其是蛋白饲料缺口极大，大量依赖进口，已成为最大的大豆进口国。由于蛋白饲料不足，饲养周期偏长，饲料转化率不高。许多饲料添加剂也需要进口，国产添加剂存在严重的质量问题，近年来多次发生三聚氰胺、瘦肉精等违禁添加物危害人体健康的事件。

20.1.3.3 畜牧业经营管理与技术进步

虽然目前已拥有一大批大中型规模养殖场，技术设备与管理接近发达国家的水平，但广大农户散养仍占相当大比例，由于文化水平较低和经济实力差，畜牧养殖设备与技术都比较落后，畜牧科技成果的转化率也较低。

国家畜牧业“十二五”发展规划提出五大重点工程：畜禽标准化规模养殖工程、畜禽良种工程、饲料和生鲜乳质量安全保障工程、饲草料资源高效利用工程、草原保护建设工程，实施后将极大提升我国畜牧业经营管理与技术水平，缩小与发达国家的差距。

20.1.3.4 畜牧生产的自然灾害与环境灾害

畜牧业灾害包括两类：一类是通过影响牧草和饲料生产，从而给畜牧业带来不利后果的灾害，这类灾害与大田作物自然灾害的特点相似；另一类是直接影响畜禽生产或危害畜禽安全的自然因素(图20.3)。[3]

	影响对象	灾害类型	发生地区
畜牧业自然灾害与环境灾害	影响牧草及饲料生产	干旱	农区、牧区
		洪涝	农区
		植物病虫害	农区、牧区
		草原鼠害	牧区
		草原火灾	牧区
		草原黑灾	牧区
	影响畜禽安全、生育和生产性能	草原白灾	牧区
		泥石流和滑坡	农区、牧区
		沙尘暴	牧区为主
		暴风雪和寒潮	牧区为主
		冷雨和冰雹	牧区为主
		南方耕牛冷害	农区
		疫病	农区、牧区
		粪便自身污染	农区为主
		热应激和冷应激	农区为主
		大气污染	农区为主
		水污染	农区为主
		缺氧应激	农区为主、高原牧区

图20.3 畜牧业灾害的分类

影响畜牧业生产的自然灾害以气象灾害为主，疫病等生物灾害在大流行时也会产生灾难性的后果，山区地质灾害有相当大危害，城郊畜牧业则以环境灾害为最突出。

20.1.4 畜牧业生产的主要减灾对策

20.1.4.1 建立畜牧业灾害综合预警系统

目前我国对牧区与农区畜牧业的主要气象灾害、草原火灾、草原病虫害和动物疫病都已建立监测预警系统，但很不平衡很不完善，尤其是中西部贫困地区和边远地区。各灾种的监测、预警由不同部门分别管理，缺乏综合分析判断和管理。实际畜牧业生产上往往多个灾种同时或相继发生且彼此关联，如大的旱涝往往伴随疫病发生，干旱年通常蝗虫格外猖獗，白灾严重程度与牧草前期受旱影响长势有很大关系。农区畜牧业还受到饲料作物生产和市场价格波动的很大影响。应在分部门灾害监测、预警的基础上，由畜牧行政管理部门组织气象、消防、农业、植保、兽医等部门定期会商，分析灾害与生产形势，做出综合判断与决策。

20.1.4.2 编制畜牧业灾害应急预案

目前已编制和发布的减灾应急预案仅限于国家和省区的突发性灾害和事故，离“横向到边，纵向到底”的要求还有很大距离。从内容上看，大多是原则性和指导性的，主要是明确规定了发生灾害时相关部门的管理职责和工作程序，但减灾措施不具体，可操作性不强，许多畜牧业灾种尚未编制预案。应制订规划和组织培训，在国家和省区级预案的指导下，全面组织编制具有可操作性和技术性强的，直到乡村一级的畜牧业分灾种应急预案。

20.1.4.3 调控畜舍小气候

传统畜牧业的畜舍结构简单，环境调控能力差。工厂化规模养殖场虽然畜舍环境调控能力较强，但有些地区盲目引进外地模式，不适应本地区气候条件。应全面研究和总结各类畜舍小气候调控技术并因地制宜推广普及。在中型以上畜禽场安装环境自动监测与调控装置，制定不同类型畜舍的小气候调控技术规范。传统畜舍也应在冬季保暖、夏季通风降温等方面改进结构、完善设施和增加调控手段。

20.1.4.4 加强畜牧业基础设施建设

基础设施和饲草料储备是畜牧业抗灾能力的重要构成因素。应像粮食储备制度一样，逐步建立牧区饲草料储备制度。发生白灾时，动用储备饲草料的减灾效果要比应急救援好得多，成本也低得多。牧区定居点和主要牧场都应建立安全饮水点以应对黑灾。救灾器械与防疫药物也应有充足的储备。

20.1.4.5 健全畜牧业疫病防控体系

疫病在畜牧业生产上具有毁灭性，尤其是规模化养殖场。首先要抓好预防，严格检疫，防止从境外或外地引进带病种畜禽或带病原饲草料。进场人员要先经消毒，还要注意防止野生动物和候鸟与养殖场的接触。其次要改进饲养方式与饲料配方，定期进行防疫注射，增强畜禽对于疫病的抵抗力。发现危险性疫病要迅速封锁疫区，扑杀感病动物并进行无害化处理，对疫区全面消毒不留死角。规模养殖场现都已建立严密的制度，问题在于能否严格遵守。散养农户大多缺乏防疫意识与技术，应以村或合作经济组织为单位开展培训和免费防疫。

20.1.4.6 牧区与农区的资源优化配置

牧区拥有广阔的草地资源，对于幼畜发育成长和种畜繁殖力保持不可替代。天然牧草的种类繁多、营养全面，也为人工添加的饲草料所不及。除严重退化草地应在一段时期内围栏封育外，一般草地的适度利用不仅不会降低生产力，反而会由于适度刺激而促进牧草分蘖或分枝，植被要比完全不放牧草地更繁茂。但草地畜牧业的最大弱点是牲畜采食需要量与牧草生长量的季节性相悖。夏半年牧草生长繁茂有利于采食育肥，冬半年牲畜需采食更多牧草御寒和生长，但牧草枯黄营养价值下降且多灾影响放牧和采食。生长良好的草地可在夏秋打草储备留作冬季舍饲，但退化和超载草地可打草数量有限，经常发生冬季掉膘甚至死亡。农区与牧区在饲料资源时空配置上是互补的，农区在种植季节作物秸秆无法利用，但秋冬收获后秸秆、树叶和农产品加工下脚料等饲料资源极其丰富。如在秋末冬初将牧区正在育肥中的牲畜运往附近农区，利用农区饲料资源快速育肥出栏，赶上圣诞、元旦、春节等消费高峰，能取得显著经济效益。牧区只保留种畜和幼畜过冬，超载问题容易解决。这种易地育肥模式已在一些地区推广，可以有效减轻牧区冬季常发的白灾、暴风雪和黑灾。关键是要协调好牧区与农区的利益分配，牧区向农区转移的待育肥牲畜价格要合理，使农区与牧区在经济收益上能够实现双赢。牲畜在从牧区向农区运输的过程中要努力降低成本和减少中途掉膘和死亡。

20.1.4.7 畜牧业市场风险控制对策

畜牧业灾害风险与市场风险常常相互交织。畜产品与饲料市场价格的波动有时与自然灾害有关，如旱涝等灾害导致饲料价格上涨，提高饲养成本，最终导致畜产品价格上涨。但两者的价格经常不同步，当饲料价格上涨而畜产品价格处于低谷时，小的养殖户往往难以承受甚至破产。当饲料价格偏低而畜产品价格偏高时会刺激饲养牲畜数量的增加，最终导致畜产品价格下降。两者不同步时，往往大户获利较多，小户获利较少甚至亏损破产。不发生自然灾害时，单纯由于市场波动也会导致小养殖户亏损，但自然灾害与市场波动的影响叠加时，小养殖户更加难以承受，甚至会破产。

为减少灾害风险和市场风险，实现畜产品均衡供应，需要建立肉、蛋等主要畜产品的储备制度，畜产品价格偏高时向市场抛售，价格偏低时则以保护价增大收购数量，以此保护牧民和养殖户的利益。同时还需要调节畜产品与饲料的价格比，如猪粮比。调整畜产品进出口数量也是有效的调控措施。对于养殖户，畜产品价格偏低时被迫缩小饲养规模，但一定要注意保存好能繁母畜，一旦形势好转能尽快恢复生产规模。畜产品价格偏高时，养殖户也不要盲目扩大饲养规模。畜牧业生产有一定周期，目前价格有利不等于出栏后畜产品上市时的价格仍然有利，目前价格偏低也不一定出栏时的价格还偏低。为此，需要建立畜产品市场信息监测系统，向养殖户及时提供市场需求信息，以提前采取措施调整饲养规模和品种，尽可能减小波动幅度和保持市场的均衡供应。

20.1.4.8 开展畜牧业灾害保险

目前我国各地普遍开展了农业灾害保险，但经营规模小导致的定损成本过高和缺乏诚信是发展中国家开展农业保险普遍存在的困难，需要探索适合中国国情的畜牧业灾害保险模式。国内外正在试点的天气指数保险，根据当地气象条件对畜牧业生产影响的研究，确定某种灾害影响的天气指数，一旦超过某个阈值，不论养殖户是否减产和是否采取补救措施都给予赔付。关键是阈值指标要科学合理，定得太宽松，保险公司动则赔付无法承受；定得太苛刻，灾后很难获得赔偿，养殖户不能接受，也不会去投保。

20.2 农区畜牧业主要灾害与减灾技术

20.2.1 农区畜牧业生产特点与灾害风险

农区畜牧业是我国畜牧业的主体，肉类、禽蛋、牛奶等畜产品的绝大部分产量来自农区。农区畜牧业以舍饲为主，牲畜生长发育是否正常与畜舍环境及饲养管理有很大关系。传统农业的畜舍为简陋的牛栏、猪圈、鸡舍等，虽能在一定程度上遮风挡雨，但仍然受到外界环境的很大影响，抗灾能力很弱，以气象灾害为主，尤其是夏季高温、高湿和冬季严寒会造成畜禽生产力下降，感病甚至死亡。现代工厂化畜舍内的环境能够自动精确调控，牲畜受外界不利环境条件的影响较小，但不利天气也会增加调节畜禽舍小气候的成本。集约化密集饲养还带来了严重的环境问题，舍饲动物对不利外界条件的抵抗力也较差，加上密集饲养，一旦畜舍被强力破坏而暴露于不利环境之下，要比传统舍饲的动物更易受害，特别是在传染性疫病侵入时极其脆弱，常常大量迅速感染并发生大量死亡。因此，生物灾害是现代工厂化集约式畜牧业的主要灾害风险。

农区畜牧业高度依赖饲料生产，当玉米、大豆等主要饲料作物因灾减产时，也将对农区的畜牧业生产造成严重的影响。此外，在市场经济条件下，市场价格的波动对农区畜牧业的冲击也不可忽视，如 20 世纪 80 年代以来我国养猪业已经历多次周期性起伏，最近的一次是 2009 年的猪肉低价到 2011 年的涨价，对小规模养殖户的打击尤大。

20.2.2 农区气象灾害及减灾对策

20.2.2.1 热应激和冷应激

应激是动物机体在各种内外环境因素及社会、心理因素刺激时所出现的全身性非特异性适应反应，是在出乎意料的紧迫与危险情况下引起的高速而高度紧张的情绪状态，最直接表现即精神紧张。强烈的应激反应可造成动物严重的生理和心理损伤。在农区畜牧业生产中，以热应激和冷应激为最常见。

虽然畜禽具有保持体温的能力，但过高过低的温度将消耗动物的大量热量，影响正常的生育进程，饲料转化率大大降低。环境温度超出动物自身的调节能力时还可能造成死亡。

欧洲种奶牛耐寒不耐热，是对热应激最敏感的舍饲动物。日平均气温 25～27℃时出现轻度热应激反应，27～30℃时出现中度热应激反应，超过 30℃可出现重度热应激反应。夏季炎热可造成奶牛奶产量和品质下降，如上海在平均气温升到 23℃以上时产奶量就要下降 15%～20%，冬季在气温低于 7℃时产奶也稍有下降，但不如夏季突出。

温带家禽在夏秋高温季节进入换羽期，产蛋量降至最低点。换羽后又开始产蛋，但冬季严寒又进入低潮。

家畜在适宜温度下感到舒适，消耗饲料少而增重快，如猪以 21℃为最适，但猪越小越怕冷，越大越怕热。江南农谚曰“六腊不长猪”。温书斋总结了不同温度条件对猪饲料利用率和体重增加的影响及气温与风速对雏鸡死亡率的影响（表 20.2 至表 20.4）。[4]

表 20.2 环境温度对猪饲料利用率的影响

环境温度/℃	每千克增重耗料/kg
4	5.30
10	4.10
16	3.20
21	2.55
27	3.10
32	4.70
38	7.50

表 20.3 环境温度对不同体重猪增重的影响 %

环境温度/℃	体重/kg	
	45	70
4	—	59
10	19	68
16	79	86
21	100	100
27	98	95
32	70	53

注：以最适温度时的增重速率为 100%。

表 20.4 舍温和舍内风速对雏鸡死亡率和体重的影响

舍温/℃	风速/(cm/s)	死亡率/%	1 日龄体重/g	7 日龄体重/g
18	0.35	6	37	80
10	0.10	16	37	79
9	0.35	51	37	74

夏季畜禽舍内空气湿度大时畜禽体热不易散发，会加重热应激。冬季潮湿的畜禽舍因导热率高会加重冷应激。

热应激和冷应激的防御措施：

防御热应激和冷应激的关键在于合理调控畜禽舍小气候。南方以防御热应激为主，畜禽舍应高大通风，安装地窗，并应建成笼状，使粪便能随时散落。畜舍要及时冲洗和扫除，夏季要经常喷淋降温。

以奶牛为例，预防热应激可采取以下措施：[5]

(1)调节牛舍小气候。将最高气温控制在 28℃以下，相对湿度在 85%以下，有条件的可安装风扇或喷淋降温设施。奶牛室外活动场所应搭凉棚防止暴晒。

(2)调整日粮。为使奶牛在夏季保持较高泌乳量，应提高饲料的蛋白质水平，减少能量饲料和粗纤维摄入，多喂优质青绿多汁饲料，并实行夜间饲喂。

(3)提供足量清洁饮水。一般泌乳奶牛日饮水 100 kg，加入 0.5%的食盐可缓和热应激，促进消化。

(4)蚊蝇叮咬影响奶牛休息,常导致产奶量下降,还可传播疾病,应在牛舍安装纱窗和门帘,喷洒药物驱杀蚊蝇,给奶牛创造舒适安静的环境。

(5)定期消毒牛舍,清除牛粪,通风换气,保持清洁、干燥、凉爽。每日挤奶前刷拭牛体,用温水冲洗后躯,保持牛体卫生。

北方冬季和早春要注意保温防冻,畜舍要封严防风袭,墙体应由保温材料构筑,舍内应经常扫除粪便,多垫干草以保持干燥。仔猪和母猪要重点保暖,北方可推广薄膜覆盖。高寒地区畜禽舍地址应选择背风向阳处。

20.2.2.2 旱涝灾害

干旱造成畜牧业水源不足和水质恶化,如 1995 年 11 月到 1996 年 5 月,北京大部地区降水不足 20 mm,许多山村需要长途运水供人畜饮用。1993 年 12 月到 1994 年 6 月,北京的山区冬春到初夏连旱,牧草返青延迟,牲畜吃不饱,持续掉膘,仅西部山区就有 5 000 多头大牲畜饮水困难。

洪水可冲毁和淹没畜舍,山区局地暴雨常引发山洪和泥石流造成牲畜伤亡,如 1991 年 6 月 10 日北京市北部山区的特大暴雨冲走 1 700 多头牲畜;1994 年 7 月 10 日北京平原地区特大暴雨,仅通州区西集乡就有 30 多间猪舍倒塌,死亡 40 多头,同日密云县太师屯乡种子站淹死鸡 5 000 多只,各区县报告多个猪场和鸡舍饲料和防疫药物过水浸泡发霉变质,损失惨重[6]。2010 年 5—6 月广东连续出现强降水,截至 7 月 5 日,全省有 11 个地市 34 县的 8 316 个养殖户受灾,倒塌和损毁圈舍 19.87 万 m^2,死亡或冲失生猪 34 577 头,禽 117.3 万只,直接经济损失 1.189 亿元。洪水过后气温升高,动物尸体迅速腐烂,加上畜禽抵抗力下降,土壤病原微生物暴露,极易造成疫病流行,灾后防疫需付出大量人力物力。2010 年初夏洪水过后,江西省紧急调运消毒药品 750 多 t,截至 7 月 1 日,全省畜牧兽医系统出动应急处置队伍 2.6 万人次,消毒圈舍及环境 5 920 万 m^2,无害化处理死亡家畜 52.9 万头、家禽 450 万只,紧急免疫家畜 700 多万头,家禽 4 000 多万只。[7]

旱涝灾害还经常造成粮食和饲料作物减产,如 1994 年因北方干旱与南方洪涝造成全国粮食减产,导致饲料价格上涨,1995 年许多地区的蛋鸡业亏损严重。此外,台风和地震也经常造成圈舍倒塌和畜禽死亡。

农区畜牧业旱涝灾害的减灾对策:

(1)加强农田基本建设与水利建设,提高饲料作物生产的抗旱防涝能力。

(2)加强畜禽场饮用水源建设,确保干旱时的安全供水。

(3)建立饲料储备以应对灾后饲料不足。

(4)洪水到来前将低洼处畜禽转移到安全地带的临时圈舍。

(5)洪水过后尽快修复损毁圈舍,避免畜禽因淋雨、受风或暴晒致病。

(6)对死亡畜禽进行深埋或焚烧等无害化处理,并对圈舍环境彻底消毒。

(7)加强灾后防疫,对存活畜禽进行免疫注射,优先抢救种畜禽,对受到污染的饮用水源进行消毒处理。

(8)对受淹饲料仔细处理,剔除发霉变质部分,对尚能利用的饲料要晒干脱毒后分批少量掺入饲料中,但已霉变饲料绝对不能再用。

(9)改进灾后饲喂,在饮水中加入B族维生素和维生素C以增强抵抗力、增进食欲和消除应激,在饲料中添加适量药物以防止呼吸道和肠道传染病及鸡球虫病的发生。[8]

20.2.2.3 南方耕牛冷害

中国的役用牛以耕牛为主,其中黄牛主要分布在北方,具有一定耐寒力,水牛被毛稀薄,喜水不耐寒,主要分布在南方水田区。气温低于10℃水牛易发生感冒,南方冬季湿冷,又缺乏青草,耕牛靠营养价值较低的稻草作为越冬饲料,营养不良导致畜体瘦弱易感风寒,长期饥寒交迫下易大量死亡。如云南1959年2月24—28日的低温使11.4万头大牲畜死亡,广西隆林县1966年冬至1967年春冻死耕牛6 946头,占总数的12.2%。[3]一般日平均气温连续3 d低于5℃,极端最低温度低于0℃就可造成死亡。华南即使不低于这一温度,由于冬季气温较高,大幅急剧下降时也可能造成死亡。2008年1—2月南方持续低温雨雪天气,大量耕牛受冷致病,就连越南北方也有近6万头耕牛死亡。[9]

防止耕牛因冷害死亡的措施:

(1)抓秋膘。体壮的牛冬季抵抗力较强。

(2)抓冷害关键期前的预防工作,提前备足草料,适当补充精料。

(3)抓好牛舍防寒防湿。勤垫干草并勤换,堵塞漏洞,夜间关好门窗挡风,白天开窗换气。瘦弱牛应披牛衣,晴天放出户外晒太阳。

20.2.3 畜禽场自身污染及减灾对策

集约化养殖场如粪便长期堆积未及时处置且通风不良,会导致畜禽舍空气恶浊,二氧化碳、氨气、硫化氢等有害气体浓度增加,供氧不足,将严重影响畜禽健康,特别是高度密集饲养的鸡舍[10]。恶臭主要来自粪便和腐败饲料残渣,有些来自畜禽自身。臭气浓度很大程度上取决于粪便中磷酸盐与氮的含量比,其中鸡粪高于猪粪,猪粪又高于牛粪。

目前中国城市郊区的大型畜禽场粪便堆积已成为严重的环境灾害,不仅严重恶化畜禽舍和周围居民区的大气环境,而且影响地下水的质量,对畜禽自身的健康也十分不利。北京市畜禽粪便总量在20世纪末已达上千万吨,上海的大型畜禽场对水源污染也曾十分严重。城市人口比例很大的台湾省养猪业的排泄物曾发展到相当于3 000万人口的排泄量,大大超出当地环境容量;20世纪90年代初以来逐步削减了饲养量,养猪业向大陆转移。新加坡作为城市型国家已制定法律禁止畜牧业生产。目前发达国家的畜牧业生产都已从城市郊区转移到远离城市的农区。

20.2.3.1 畜禽场气体污染

氨气和硫化氢引起人畜中毒,严重时导致死亡。氨的浓度在10 μL/L时感觉不出,达50 μL/L会引起流泪和鼻塞,不利于饲养员的操作。鸡对氨特别敏感(表20.5),长期处于5 μL/L浓度下就会影响健康;20 μL/L会发生角膜炎,其他疾病的发病率也会上升;75~100 μL/L下精神萎靡,肉鸡生长速度降低15%,产蛋率和品质均下降。氨浓度达100 μL/L时猪的增重和饲料利用率都明显降低。50 μL/L幼猪增重率减少12%,100~150 μL/L减少30%。硫化氢浓度达20 μL/L时猪变得怕光,食欲减退,50~200 μL/L时引起恶心、呕吐和腹泻，200～300 μL/L 下数小时可引起人畜死亡，1 500 μL/L 时 15 min 内死亡，1 800 μL/L 时因呼吸麻痹可立即死亡。[4]

表 20.5 鸡舍中氨浓度对鸡产蛋率的影响

氨浓度/(μL/L)	产蛋率 50%日龄/d	23～26 周龄产蛋率/%	35～38 周龄产蛋率/%
0	158	70.2	90.9
52.6	172	51.5	86.7
78.3	177	42.2	83.8

二氧化碳本身虽无毒，但增多时氧气不足，畜禽食欲减退，精神萎靡，增重缓慢，抗病能力下降。

工业废气的危害也不可忽视，如美国佛罗里达州许多磷肥厂排放的氟曾污染附近牧场，使家畜中毒病残或死亡。1980 年上海 33 km^2 范围内大气含氟超标 12 倍，第九奶牛场的奶牛采食受污染甘薯藤后不产奶。包头市郊大气含氟严重超标污染面积曾达 1 万 km^2，1975 年仅乌拉特前旗 35.8 万头适龄繁育母畜就有 20.7 万头中毒空怀或流产。

空气中二氧化硫浓度达 0.02～0.05 μL/L 时，动物鼻黏膜及眼结膜受到刺激；1～3 μL/L 时刺激鼻咽和呼吸道黏膜，呼吸不畅；3～5 μL/L 下 10～15 min 可引起气管和支气管平滑肌反射性收缩；5～10 μL/L 下 15 min 可引起慢性支气管炎和慢性鼻咽炎；20 μL/L 可引起眼结膜炎症；30 μL/L 可引起呼吸道深部炎症，逐渐形成肺水肿；30～100 μL/L 下牛呼吸明显困难，口吐白沫，体温上升；100～300 μL/L 时 73.8%的雏鸡口吐黄水、食欲消失，很快死亡。[4]

20.2.3.2 畜禽舍空气污染的防御措施

防止畜禽粪便的自身污染是一项系统工程。

1. 加强畜禽舍内卫生清扫

首先要及时清除粪便和污水。畜禽舍地面铺设垫料可吸收一定量有害气体，但应及时更换。加大通风量可排除有害气体，大型畜禽舍除门窗自然通风外，还应设置人工通风系统。对感病畜禽要及时防疫和处理，畜禽场工作人员应加强防疫卫生保护。畜禽场内应有良好的除粪装置、堆粪场或蓄粪池及良好的排水系统，排污水与供水源间至少应间隔 200 m。畜牧场周围应充分绿化。

2. 适度规模，农牧结合

中国大陆发展养猪业要吸取我国台湾省和一些发达国家的教训，注意适度发展，合理布局，防止过于集中。荷兰的畜牧业就分散在 13.4 万个家庭农场，丹麦则有 8 万农户既种粮又养畜，美国的蛋鸡场一般不超过 5 万只，养牛多为年产 200～500 头，大农场主则多采取农牧结合。由于农牧结合，目前欧美国家的畜禽粪便污染问题已明显缓解。

3. 合理规划和选址

规划选址应考虑畜禽舍合理布局和粪便处理，不能搞“先污染，后治理”。畜牧场应选址在居民区下风向，至少应有 200～500 m 以上距离。城市饮用水源区应禁止建设大型畜禽场。

4. 畜禽粪的综合利用

畜禽粪便是优质的有机肥，鸡粪还可作为反刍动物的补充蛋白饲料，只要通过发酵、烘烤等处理消去恶臭，就可以变废为宝，变害为利。

20.2.4 动物疫病及减灾对策

20.2.4.1 动物疫病的危害

疫病是畜牧业生产上的重大灾害，特别是集约化密集饲养条件下一旦流行将无法收拾，往往要将全部在察畜禽扑杀。如20世纪80年代末90年代初北京市每年死亡鸡达700万～800万只，经济损失3 700万元。1982年美国加利福尼亚州发生真性鸡瘟，一次就扑杀1 200多万只鸡，损失2亿多美元。1996年英国发生可传染给人的疯牛病，给整个欧洲带来一片恐慌，因各国禁止进口英国牛肉，估计使英国因贸易和宰杀病牛蒙受数十亿美元的经济损失。

现有规模化养殖场虽然采取了许多保护措施，但病原微生物仍有很多侵染渠道，感病畜禽的粪便、被污染的饲料和水源、病死的畜禽尸体皮毛都有可能成为传染源，有些病原甚至可通过空气传播无孔不入，如现已证实禽流感可通过候鸟落下的粪便传播。外来人员如未经严格消毒也可能将病原带入。规模化养殖场的畜禽密集饲养，使用配方饲料快速育肥，尽量限制其运动以提高饲料转化效率，虽然取得很高的生产效率，但在这种环境与生产条件下，所饲养的畜禽对不利环境的抵抗力极差，一旦畜禽舍因自然灾害损毁破坏而暴露在不利环境下或被有害生物入侵，都有可能导致疫病严重流行。有些养殖户为防止畜禽感病，超量使用抗生素甚至违禁药物，虽然使疫情暂时遏制，但畜产品残留兽药超标，同样会危害人体健康，许多畜产品还因此不能出口或禁止上市，使养殖户蒙受巨大经济损失。过量使用抗生素还使畜禽感病后难以治疗。

20.2.4.2 防治畜禽疫病的措施

(1)首先要通过系统性的专业培训，提高业主和饲养人员的科技素质和法制观念，高度重视防疫工作，懂得如何防疫。

(2)改进养殖环境布局和设施设备。养殖环境必须符合防疫要求，养殖生产区和人的生活区、外来人员接待区应严格分离，闲杂人员一律不许进入生产区，同行养殖人员更不得随意进入。养殖场和圈舍进出处应设消毒池，配备消毒鞋帽和口罩。养殖生产区内应在下风向设疫病隔离观察治疗区，专门处置感病畜禽。排粪沟应设在饲养圈舍外，落差坡降应大于5/1 000，确保不积留粪尿。供给畜禽清洁饮水，有条件的应安装自动饮水系统。

(3)建立健全科学防疫制度，包括建立健全畜禽引种申报防疫监督制度、定期清洗消毒制度、免疫注射制度、外来人员消毒制度、饲养管理人员进出场消毒制度等。

(4)规范兽药使用管理。疫用生物制品必须按照国家法律法规由专门渠道供应，动物防疫监督部门统一管理，统一部署免疫注射，特别是重大疫病防治所用疫苗必须注射到位。除实行免疫档案登记管理外，还应实行动物防疫驻场监督制度。各类动物保健药品，无论是消毒类药还是抗生素类药均能在动物体内残留，直接影响防疫效果和产品质量，必须按使用剂量和休药期规定规范使用，坚决不用淘汰和禁用药品。

20.3 牧区畜牧业主要灾害与减灾技术

20.3.1 牧区畜牧业生产与灾害的特点

牧区畜牧业以放牧为主，冬春季节性舍饲，但畜舍简陋，无论牧草还是牲畜生长发育受环境条件影响都很大，自然灾害频发。人口压力导致中国的农耕区不断扩张，把牧区压缩在西北干旱地区和西南高寒地区，生态条件恶劣，单位面积牧草和畜产品产量都很低。长期以来的粗放经营超载过牧又导致草地严重退化沙化，抗灾能力十分薄弱，使各类灾害的危害进一步加大。仅1949—1985年内蒙古、新疆、青海三省区统计，因灾死亡牲畜1.5亿头只，相当于全国牧区半牧区20世纪80年代草食家畜出栏头数的总和，直接经济损失280亿元，国家灾后救助资金2.42亿元。2009年入冬后新疆和内蒙古连续遭受寒潮和强降雪天气，截至2010年1月9日，倒塌圈舍55.6万m^2，死亡大量牲畜，直接经济损失3.26亿元。[11]

牧区畜牧业以草食动物为主，灾害包括气象灾害、地质灾害、生物灾害和草原火灾，以气象灾害种类为多，发生频繁，危害最大。由于远离城市、地域辽阔和牲畜分布稀疏有利于污染物扩散稀释，环境灾害不如农区严重。

20.3.2 牧区气象灾害及减灾对策

20.3.2.1 草原白灾

1. 白灾的危害

冬季下雪过多积雪过厚掩埋草场时，牲畜采食困难，因冻饿而感病甚至死亡，在牧区称为白灾。积雪还给秋冬春季转场带来困难，影响保胎保膘。大雪阻断交通，压损棚舍，危及牧区生活必需品和生产资料的供应。史载唐太宗元年，“突厥国大雪，平地数尺，羊马皆死，人大饥”。1977年10月26—29日内蒙古锡林郭勒盟特大暴雪气温剧降，积雪15～30 cm，局部达50 cm以上，牲畜死亡300多万头，占总数的2/3。1966年2—3月新疆北部大雪成灾，家畜冻饿死亡100多万头只。[3]

白灾主要发生在10月至次年4月，尤以11月和3—4月发生频次多危害重，初冬降雪早的年份往往积雪时间很长，冬末则由于牲畜经过一冬消耗体质虚弱，对白灾的抵抗力很弱。

白灾多发地区是内蒙古的大兴安岭以西和阴山以北地区、新疆天山以北地区、青藏高原。[12]

2. 白灾的影响因素

(1)降雪　降雪是否形成白灾与冬春降雪量、积雪深度、降雪持续时间、雪的类型等有关。降雪量越大，积雪越深，降雪持续时间越长，牲畜采食越困难，白灾越严重。

松软型积雪一般出现在初冬，密度小，结构松散，家畜容易破雪采食，但如积雪过深，牲畜采食消耗体力过多，仍会形成灾害。湿冻型积雪一般出现在隆冬到后冬，由松软型积雪表层融化重新结冰形成硬壳，密度明显大于松软型积雪，牲畜采食困难，有时甚至造成膝关节以下损伤。冰雪复合型积雪为多次降雪反复融冻形成，牧民称为“铁灾”，不仅牲畜采食消耗体力极大增加，而且易使家畜蹄趾间和蹄冠以上部分划破或磨损致伤，即使是最耐白灾的马也难以承受，会发生严重的掉膘和冻饿死亡。

(2)干旱　春夏干旱是形成白灾的重要潜伏条件。干旱导致牧草低矮稀疏，增加了牲畜在冬季破雪采食的困难，加上夏秋膘情不足和草料储备减少，遭遇白灾时更加脆弱。

(3)草原类型　草甸草原牧草生长旺盛，高度一般超过 20 cm，积雪超过 25～30 cm 才会成灾；荒漠草原牧草较矮，15 cm 以上积雪牲畜就采食困难。青藏高原由于紫外辐射强，牧草矮小，积雪超过 3 cm 牛就采食困难，藏羊也受到影响；超过 10 cm 就可形成严重白灾。

(4)地形　草原冬春多大风，常发生吹雪，低洼地和迎风坡堆积形成积雪要比自然降雪厚 3～10 倍，牧草往往全部掩埋。

(5)牲畜状况　不同种类和不同年龄的牲畜破雪采食能力差异很大，幼龄牲畜采食要比成年牲畜困难。不同牲畜中以马的采食与雪上奔跑能力最强，破雪采食深度可达 30 cm；骆驼次之，可达 25 cm；绵羊较差，为 20 cm；牛最差，低于 10 cm。发生严重白灾，马的损失最小，山羊和骆驼次之，绵羊损失较大，牛的死亡率最高。初冬牲畜膘情尚好，破雪采食能力较强；冬末早春膘情下降体力较弱，这时发生白灾危害更大。由于雪面温度约比二面低 6℃，牛在雪面上卧盘休息容易受冻，其他牲畜很少卧盘。

邓子风观察到不同积雪深度对不同等级身体状况羊的影响，如表 20.6 所示。[13]

表 20.6　不同积雪深度对不同等级羊的影响

等级	积雪情况						
	10 cm	15 cm	20 cm	30 cm	≥30 cm 7～10 d	10 cm，表面薄冰壳	10 cm，硬雪表面 4～5 cm 硬壳
一等羊	正常采食	正常采食	刨雪采食	不能采食	大量出现二等羊	正常采食	无法采食
二等羊	正常采食	正常采食	采食困难	无法采食	陆续出现淘汰羊	勉强采食	无法采食
二等瘦弱羊	可以采食	采食有困难	不能采食	无法行走	大量出现淘汰羊，部分开始死亡	伤蹄，采食困难	无法采食
四等淘汰羊	采食困难	采食相当困难	行动困难，无法采食	卧地不起，开始死亡	大量死亡，无补饲，无圈	不能采食	无法采食

(6)人为管理　超载过牧导致草地退化，牧草矮小，储备草料不足，夏秋膘情不好，会加重白灾。棚圈质量差，不能遮挡寒风，缺乏饮水设施等，也会加重白灾。

3. 白灾指标

通常以积雪深度和牧草相对高度作为主导指标，参考降雪量与多年平均值的相对距平百分率和牲畜受害情况，按不同类型草原分别确定白灾指标(表 20.7)。[12]

邓子风总结了不同牧草高度和积雪厚度对羊采食行为的影响(表 20.8)，还观察到日平均风速 2 m/s 和日平均气温 −9℃时，羊不采食并发呆，气温 −12℃和风速 4 m/s 时，羊不吃草并往回走，风速 5 m/s 和气温 −15℃时弱羊出现死亡，并以图 20.4 表示新疆白灾的指标。[13]

表 20.7　牧区草原白灾指标

分级	主导指标			辅助指标	
	草原类型	雪深/cm	相当于牧草平均高度/%	冬春雪量相对距平/%	牲畜受害情况
无	高寒草甸草原	<3	<30	<20	没有稳定积雪，对各类牲畜放牧均无影响
	草甸草原	<15	<30		
	典型草原	<10	<30		
	荒漠、半荒漠草原	<5	<30		
轻	高寒草甸草原	3～5	30～40	20～40	影响牛的放牧，对羊的影响尚小，对马无影响
	草甸草原	15～20	30～50		
	典型草原	10～15	30～50		
	荒漠、半荒漠草原	5～10	30～40		
中	高寒草甸草原	6～10	40～65	40～60	主要影响牛、羊放牧，对马的影响较小
	草甸草原	20～25	50～65		
	典型草原	15～20	50～65		
	荒漠、半荒漠草原	10～15	40～65		
重	高寒草甸草原	>10	>65	>60	各类牲畜均受影响，如防御不力将大量死亡

表 20.8　牧草高度、积雪深度与羊采食的关系

牧草高度/cm	积雪深度/cm	羊反应	牧草高度/cm	积雪深度/cm	羊反应
1～2	5	可采食	5～10	10	好羊采食困难
2～5	8	弱羊采食困难	24	10	能采食积雪面上草

注：表格引自参考文献[13]，稍调整。

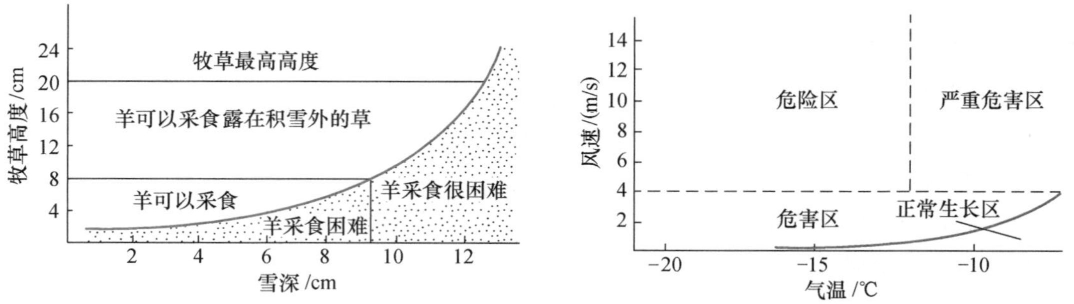

图 20.4　白灾与雪深、风速、气温及牧草高度的关系

4. 白灾的防御措施

(1)建立草料库，储草备荒。内蒙古 1987 年开始实施防灾基地建设工程，至 1996 年建设

区打贮草能力由22亿kg提高到45亿kg，每个羊单位过冬贮草量由51 kg增加到106 kg。20世纪90年代以来的近20多年来虽然白灾发生频率有所增加，但受灾程度明显减轻。

(2)遏制草原退化，促进植被恢复是减轻白灾的根本措施。要坚持草畜平衡原则，实行围栏轮牧，人工种草，减少饲料生产基地，退化草地实行季节性禁牧等。

(3)调整畜群结构。白灾频繁严重，草场质量又差的地区应适当减少牛的比重。

(4)加强棚圈建设，防风保暖。

(5)调整放牧顺序。白灾强度不大时先放马破雪，再放羊群，最后放牛。

(6)有条件的实行机械破雪，或转场到积雪较薄或化雪较快的沙窝或有林地放牧。

(7)加强白灾预报预警，为领导机关做好备灾工作和应急救援提供决策依据。[14]

20.3.2.2 黑灾与干旱

1. 牧区干旱

干旱是牧区最常见的气象灾害，指由于降水持续偏少，草原生态系统的水分收支不平衡，造成牧草返青推迟，生长发育不良，产量下降，影响牲畜发育与繁殖，导致畜牧业减产甚至人畜饮水困难。

我国北方草原大部处于半干旱气候区，潜在蒸发明显大于降水量，而且降水的季节与年际变化都很大。干旱年大气环流为平直西风，“春风不度玉门关”，实际指的是南方的暖湿空气难以到达。如内蒙古中西部地区年降水变率高达25%～50%，东部降水量虽多于中西部，但近几十年来气候明显暖干化，旱灾频繁并加重。

干旱发生还与不合理的人类活动有关。超载过牧使植被加速退化或沙化，草地土壤蓄水能力下降，加上滥垦、滥挖使下垫面性质发生改变，局地气候更加干燥。牧区城镇、矿业及上游地区超量开采水资源也常常造成草原地下水位不断降低，径流枯竭，从而加重了旱灾。

我国牧区干旱的空间分布总的规律是从东南向西北由轻到重，山区和高原轻，平原和盆地重。重春旱主要分布在准噶尔盆地到阿尔泰山南麓、藏北高原西部、青海湖以西至祁连山西段、宁夏中部、鄂尔多斯高原和阴山中西部，发生频率为20%～40%；重夏旱主要分布在阿拉善高原、河西走廊、柴达木盆地及新疆大部，发生频率为10%～20%；春夏连旱分布区与上述区域基本一致。[15]

干旱对畜牧业的影响表现在：①影响牧草生长。春旱年返青推迟10～15 d，严重时推迟20～30 d。春夏连旱牧草产量大减，品质和适口性变差，还影响人工牧草播种出苗和夏秋打草储备。②饲草不足导致畜产品产量下降，如绵羊产肉量比正常年减少15%。家畜体内水分减少8%时会出现严重的干渴感，减少15%导致代谢严重紊乱，失水20%以上导致死亡。③加剧草场退化和荒漠化。

干旱给草地畜牧业带来的损失巨大，根据水利部牧区水利科学研究所与国家发改委宏观经济研究院的调研，20世纪80年代以前，由于牧区抗旱减灾体系尚不完备，旱灾频繁发生，损失巨大。90年代以后抗旱工作得到一定程度的加强(表20.9)。[16]

2. 草原黑灾

牧区牲畜在冬季主要靠吃雪解渴，积雪过少或无积雪时因缺乏饮水造成的牲畜损失称为黑灾，是中国牧区的常见灾害。黑灾还为某些传染病和寄生虫的流行创造条件，并对牧草返青生长不利。如有 20 d 吃不上雪就会影响牲畜健康，40 d 吃不上雪会普遍掉膘，2 个月以上无雪牲畜瘦弱极易发生疫病，牛、马的抵抗力更差。如 1974—1975 年冬春西藏日喀则地区连旱 223 d，家畜放牧、饮水极度困难，因乏、病、饿死亡家畜 10 万头(只)以上。黑灾分布与冬季降水分布一致，如内蒙古西部重于东部，新疆南部重于北部。

表 20.9 **1991—2001 年内蒙古牧区旱灾损失估算**

年份	受旱草场面积/万 hm^2	牧草因旱经济损失/万元	牲畜因旱死亡数/万头只	牲畜死亡损失/万元	当年受旱经济损失/万元
1991	260	473	0.7	75	548
1992	70	127	—	—	127
1993	3 640	6 618	30.4	3 262	9 880
1994	4 500	8 181	20.0	2 146	10 327
1995	470	854	—	—	854
1996	40	73	0.7	75	148
1997	1 620	2 954	3.1	333	3 278
1999	3 500	6 363	34.0	3 649	10 012
2000	3 906	7 145	61.7	6 621	13 766
2001	5 100	9 272	95.0	10 194	19 466

3. 干旱与黑灾的形成和影响因素

蒸发量明显大于降水量是发生草原干旱的主要自然原因。冬季持续少雪或无雪是黑灾形成的根本原因。上年牧草生长状况、牲畜膘情、饲草储备、牧场附近水源条件和饮水点建设都对干旱与黑灾的程度有很大影响。

4. 干旱与黑灾的指标

最常用的干旱指标是年降水量或牧草生长季降水量与多年平均值的距平百分率，但只对同一地区的年际间比较具有相对意义，不能用于不同气候区之间的比较。如湿润气候区的偏少年降水量也要比干旱气候区的偏多年高出多倍，牧草长势也要好得多。

以水分供求差或水分供求比作为干旱指标比只用降水量更加合理，如：

降水蒸发差　$D=P-E_P$

降水蒸发比　$D_r=E_P/P$

式中：P 为降水量；E_P 为可能蒸散量。

当降水量小于可能蒸散量时为干旱，差值越大或比值越大则干旱越严重。但可能蒸散量的计算相当复杂，基层生产部门不易掌握。

陈素华等提出以受旱形态为主的牧草旱象综合指标，如表 20.10 所示。[17]

考虑到气象业务部门定量分析旱情的需要，陈素华等还提出以相对蒸降差为典型草原的干旱等级指标(表 20.11)。[17]

表 20.10 牧草旱象特征分级指标

等级	返青期	分蘖—成熟期	全生育期
特旱	因水分亏缺，牧草返青率低于 20%	80%以上牧草叶片干枯，茎秆矮小甚至生长发育停止，籽粒正常灌浆率低于 10%	草原地上部生物量不足正常年份的 40%
重旱	因水分亏缺，牧草返青率 20%～50%	50%～80%的牧草叶片萎蔫卷曲，干枯易脱落，生长发育严重受阻，籽粒不能正常灌浆，大部为秕粒	草原地上部生物量仅是牧草正常返青和生长发育年份的 40%～60%
中旱	因水分亏缺，牧草返青率 50%～80%	30%～50%的牧草叶片中午萎蔫卷曲，生长中后期中下部叶片早衰变黄，灌浆受阻，秕粒较多	草原地上部生物量仅是牧草正常返青和生长发育年份的 60%～80%
轻旱	牧草返青率大于 80%，但返青缓慢，植株不整齐	仅牧草基部叶片卷曲，生长发育略有迟缓，长势基本正常	草原地上部生物量达到牧草正常返青和生长发育年份的 80%～90%
无旱	牧草正常返青，返青率达 98%左右，植株生长健壮	牧草能正常生长发育，长势良好	牧草返青好，生长发育正常，草原地上部生物量正常或偏高

表 20.11 典型草原相对蒸降差(W_d)指标的干旱等级标准

生育期	无旱	轻旱	中旱	重旱	特旱
全生育期(4—9 月)	$W_d<0.8$	$0.8\leqslant W_d<1.0$	$1.0\leqslant W_d<1.3$	$1.3\leqslant W_d<1.5$	$W_d\geqslant1.5$
返青—分蘖(4 月上旬至 5 月上旬)	$W_d<0.6$	$0.6\leqslant W_d<1.1$	$1.1\leqslant W_d<1.6$	$1.6\leqslant W_d<1.8$	$W_d\geqslant1.8$
分蘖—抽穗(5 月中旬至 6 月上旬)	$W_d<0.5$	$0.5\leqslant W_d<0.8$	$0.8\leqslant W_d<1.3$	$1.3\leqslant W_d<1.6$	$W_d\geqslant1.6$
抽穗—开花(6 月中旬至 7 月上旬)	$W_d<0.5$	$0.5\leqslant W_d<0.8$	$0.8\leqslant W_d<1.2$	$1.2\leqslant W_d<1.6$	$W_d\geqslant1.6$
开花—成熟(7 月中旬至 8 月下旬)	$W_d<0.7$	$0.7\leqslant W_d<1.0$	$1.0\leqslant W_d<1.3$	$1.3\leqslant W_d<1.6$	$W_d\geqslant1.6$
成熟—黄枯(9 月上旬至 9 月下旬)	$W_d<0.6$	$0.6\leqslant W_d<1.1$	$1.1\leqslant W_d<1.6$	$1.6\leqslant W_d<1.8$	$W_d\geqslant1.8$

关于黑灾的指标，中国科学院蒙宁综合考察队以连续无积雪天数确定黑灾的三个等级为：20～40 d 为轻黑灾，41～60 d 为中黑灾，>60 d 为重黑灾。[18]

阎清元考虑到间断少量降雪的情况，提出轻、重黑灾的划分标准，见表 20.12。[19]

表 20.12 根据 11 月至翌年 2 月降水量与积雪状况确定的黑灾标准

类别	1 总降水量/mm	2 连续 2 个月以上降水量均为/mm	3 积雪日数连续 3 个月均为/d	4 积雪日数连续 2 个月均为/d	5 积雪日数任意 3 个月均为/d
轻黑灾	2.5～6.2	0.4～0.8	6～10	4～7	3～5
重黑灾	≤2.4	≤0.3	≤5	≤3	≤2

注：当指标 1、2 有一条达到，同时 3、4、5 有任意一条达到；或指标 5 达到即可。

5. 干旱与黑灾的防御措施

(1)牧区水利建设。缺水草原要在牲畜集中的草场打井,开辟饮水点,不宜打井的地方要修建集雨池、窖或拦蓄径流。

(2)建立人工草场和饲草料储备制度。在水土条件较好的河滩地建设人工草场,种植高产耐旱牧草或饲料作物。建立饲草料储备制度,夏秋打草青贮或干贮,以备干旱缺草时饲喂牲畜。

(3)加强生态建设。严重退化草场围封禁牧,轻度退化草场实行季节性放牧,促进退化草场的植被恢复,提高牧草地抗旱能力。

(4)健全旱情监测网络,建立草原干旱预警机制,根据旱情及时采取抗旱措施。

20.3.2.3 草原洪涝

1. 牧区洪水发生概况

北方草原虽然洪涝发生频次远低于干旱,但一旦发生常冲走牲畜,冲毁畜舍和设施,水淹之处牧草生长不良甚至枯死,造成严重的经济损失。半干旱牧区的草原洪涝通常发生在多雨年的夏季。如 1998 年 8 月上旬嫩江流域特大洪水使内蒙古呼伦贝尔东部与黑龙江省西部农田和大片草地被淹。2008 年 6 月中下旬,内蒙古呼和浩特市、赤峰市、通辽市、呼伦贝尔市、兴安盟、锡林郭勒盟、巴彦淖尔市遭受洪涝和冰雹,以兴安盟和赤峰市灾情最重,受灾人口 62.19 万,18 467 头只牲畜死亡,部分农牧业基础设施遭到严重破坏,直接经济损失达 18.95 亿元。[20] 2011 年 7 月下旬内蒙古东南部暴雨成灾,通辽市扎鲁特旗鲁北河漫堤,锡林郭勒草原有 500 多 km^2 土地冲毁,锡林郭勒盟有 236 只羊死亡或丢失,冲走网围栏近 4 万 m,冲毁网围栏 377 640 m,倒塌、损坏棚圈 170 间,203 间房屋倒塌,淹没水井 17 口,冲毁农田、高产饲料地 500 多 km^2,部分沙石路段和电线杆被冲毁,100 名农牧民因灾转移。[21]

干旱地区的牧场本来很少发生洪涝,但随着气候变暖,自 20 世纪 90 年代以来,新疆经常发生融雪性洪水。如 2011 年 3 月下旬起新疆大部升温较快,由于冬春积雪较厚,乌鲁木齐、昌吉、博尔塔拉、阿勒泰、塔城、巴音郭楞等地多处发生融雪性春洪。[22] 青藏高原牧区由于海拔较高,雨水流失很快,很少发生洪涝。

2. 草原洪涝的防御对策

牧区草原地广人稀,除大的江河由国家投资兴建拦蓄洪水枢纽工程外,一般草原难以修建防洪工程。融雪性洪水常在早春迅速升温时突然发生,气象部门要做好降水量、积雪量与融雪速率的监测和预报,及时发出预警,由当地政府在洪水到来之前将低洼草地与河滩、湖滨附近的人畜及时转移到地势较高的安全地带。多雨年份通常是局部草地被淹,大面积草场水分充足牧草茂盛,有利于牲畜成长。被淹草场要及时开沟排水,促进牧草恢复生长。

随着气候变暖,新疆融雪性洪水有加重趋势。过去修建的一大批平原水库占用土地较多但拦蓄作用甚微。目前正规划设计在主要河流出山口内修建山区水库,可根据需水量适度扩大绿洲与人工草场灌溉面积。

20.3.2.4 暴风雪和冷雨

1. 暴风雪和冷雨的危害

暴风雪是伴随着大风降温的降雪天气,在内蒙古称为“白毛风”。暴风雪来临时畜群惊恐狂奔易失散，有的掉入山沟或雪坑而死伤，有的体力消耗过度出汗后受冻死亡，暴风雪袭击时呼吸道疾病也明显增加。如 1966 年早春新疆的几次暴风雪损失牲畜 411 万头。1958 年 1 月 12 日内蒙古东、西乌珠穆沁旗的暴风雪损失牲畜 3 万多头，1940 年春呼伦贝尔盟一场暴风雪使牲畜损失 40 多万头。春季湿雪或雨夹雪由于能渗入皮毛，往往比冬季风雪的危害更大。[3]

冷雨发生在春季，虽然气温比冬季高得多，但牲畜剪毛后或脱绒换毛时对低温的抵抗力较差，又经过一冬消耗体质瘦弱，母畜产仔对低温更加敏感。冷雨还能渗透进皮毛之下，如伴有大风危害更大。1959 年秋内蒙古锡林郭勒盟一次冷雨 3 d 之内损失牲畜就相当于 1960 牧业年度全部牲畜损失总头数的 24%。[3]

暴风雪或冷雨主要发生在中国北部和西部牧区，其次是青藏高原中东部。刘文亚提出的气候指标是日平均气温<5℃，24 h 降温≥6℃，日降水量≥5 mm，风速≥8 m/s。[5]

暴风雪中牛羊常因惊吓向下风向狂奔炸群散失，邓子风总结了不同风速下羊的反应。风力 7 级时羊会顺风跑，如伴雨或雪，则 6 级风就可引起顺风跑。风速达 25 m/s 时，尽管进入山脚避风仍可引起跑群。刮大风时羊常掉转身，把尾部（尾部面积近 0.3 m^2）对着风向，7 级风时，风压可产生 47 N 的推力促使羊顺风跑。7 级风力瞬时最大风速 20～25 m/s，可吹起 0.5～0.9 cm 的沙粒，沙石打身使羊有被驱赶的感觉，是引发跑群的又一个诱因。[13]

2. 影响因素

冷雨和湿雪对畜牧业的危害程度取决于以下因素：过程降水量越大，阴雨和低温持续时间越长，气温越低，降温幅度越大，伴随冷风越强，危害越重；春季抓绒剪毛和接羔期危害最重；膘情好的牲畜抵抗力强，老弱病残牲畜受害最重；棚舍条件差或露天放养的受害更重。

3. 受害指标

庞万才等总结了冷雨湿雪灾害的气象指标（表 20.13）。[23]

表 20.13　冷雨湿雪灾害的气象指标

降水量/mm	持续时间/h	日平均气温/℃	过程降温/℃	日均风速/(m/s)
≥5.0	≥12	5～10	≥5	无约束
			4～5	≥4
		≤5	≥4	无约束
			2～4	≥2

霍治国提出春秋季冷雨指标是日平均气温≤5℃，24 h 降温≥6℃，日降水量≥5 mm，风速≥8 m/s；夏季则日降水量改为≥18 mm，降雨持续时间≥15 h。[15]

4. 冷雨和湿雪的防御措施

做好冷雨和湿雪的中短期预报，提供准确的预警信息。改良棚圈，加强防风遮雨功能。备足饲料，天气突变转冷时停止出牧改为舍饲，重点保护好母畜和幼畜。放牧时如遇冷雨或湿雪，可将牲畜赶到沙窝、灌木林或牧草较高处，以避风寒，尽量使畜群靠拢以减少热量消耗。特别注意看住头牛、头羊，防止畜群受惊吓狂奔散群。[23]

20.3.2.5　寒潮低温

我国气象部门规定的寒潮标准是：冷空气侵入造成降温在 24 h 内达到 10℃以上，且最低气温在 5℃以下。寒潮带来强烈降温、大风、雨雪和冰冻天气，冬季寒潮往往伴随极端低温、暴风雪与牲畜和牧草的冻害，春秋季则易发生霜冻、冻雨和冷害。

1. 寒潮低温对牧草的危害

牧草冻害以苜蓿为最突出。冻害程度与苗龄、壮弱、冬前抗寒锻炼、冬季冷暖与积雪状况、早春气温稳定与否等有关。内蒙古中部 6 月上旬以前播种，冬前能长到 3 个以上分枝，株高 52 cm 以上，单株重 8.0 g 以上，根茎直径 0.55 cm 以上，越冬率 85%以上。但迟至 6 月下旬以后播种，多数植株冬前未形成分枝，株高不足 30 cm，根茎直径不足 0.3 cm，单株重不足 3.0 g，越冬率在 47.2%以下。特别是 7 月中旬以后播种的越冬率只有 0～13.0%。冬季偏暖和多雪年有利于安全越冬，2000—2001 年冬季海拉尔地区基本无雪，有 4 000 多 hm^2 苜蓿未能返青。2002 年 3 月下旬到 4 月上旬气温显著偏高，最高气温达零上十几摄氏度，促使苜蓿提早萌芽，抗寒力明显下降，4 月 15—18 日受寒潮袭击，最低气温降到零下十几摄氏度，苜蓿根茎受冻脱水，皮层与木质部分离，严重受害。[12]

不同苜蓿品种的抗寒力有很大差异。引自温暖地区的苜蓿品种抗寒性明显不如牧区本地品种。因此，从国内外引种必须经过严格的试验鉴定方能大面积推广。

地形和土壤对苜蓿越冬有很大影响。通常阳坡受冻重于阴坡，沙土地重于黏土地。这是因为阳坡和沙土地土壤水分少于阴坡，温度变化更加剧烈。

不同刈割期的影响：秋霜冻前 4～6 周和霜冻后刈割受冻程度较轻，以霜冻前 2～3 周刈割的冻害较重。

北方草原的本地禾本科牧草品种对于低温有很强的适应能力，一般不会发生越冬死亡，但春季低温也会影响牧草的正常生长发育进程。

2. 寒潮低温对牲畜的危害

突发寒潮和强烈降温使家畜产生冷应激反应，消耗体内大量热能，影响正常生理活动与生长发育，使饲料转化率大幅下降，增重率降低甚至掉膘，还可造成母畜流产，幼畜和病弱畜冻伤甚至死亡。冬季也是流行性腹泻和口蹄疫等病毒性疫病的流行季节，受冻家畜抵抗力下降更易感病。伴随着寒潮的大风常摧毁棚圈，可加重牲畜的冻害与死亡。[12]

邓子风研究了气温对绵羊产热的影响。随着环境温度的下降，动物产热增加与体重 W 的 0.75 次方即代谢体重成正比，但低于一定温度反而减少。空怀母羊在 -2.0～-8.5℃低温下，每降 1℃产热增加 28.84 $J/min\times W^{0.75}$。怀孕母羊在 0～-18.0℃的环境下，每下降 1℃产热增加4.18 $J/min\times W^{0.75}$。泌乳前期的母羊在 3 月-3.0～-8.0℃低温下，每下降 1℃产热增加2.9 $J/min\times W^{0.75}$。饥饿条件下以清晨产热最多，以后趋平稳；饲喂一二小时后产热达到高峰，夜间较低。气温越低湿度越大，空怀母羊和怀孕母羊的饥饿代谢产热越高，明显掉膘，而饲喂组掉膘不明显。低能饲喂组受气候影响更大，日平均气温每下降 1℃，产热增加 4.18 $J/min\times W^{0.75}$，相当于 40～50 kg 的羊每天掉膘 5.7～6.8 g。但低能饲喂组可基本满足已怀孕母羊冬季的营养和能量需求。[13]

强寒潮低温伴随暴风雪经常造成牧区牲畜的巨大损失。如 1966 年 2—3 月新疆北部降大雪，使得牲畜冻饿死亡达 100 万头以上。1987 年 11 月发生白灾，仅阿勒泰地区就冻死牲畜近 25 万头，冻伤牧民 330 余人。[24]1977 年 10 月 26—29 日，内蒙古大部出现 10～30 mm 的暴雪，其中锡林郭勒总降雪量 56.9 mm，形成特大雪灾，全区死亡牲畜 300 余万头，仅锡林郭勒盟就死亡 215 万头，占牲畜总头数的 25%，部分旗县死亡竟达 70%以上。20 世纪下半叶的 50 年中，内蒙古畜牧业因自然灾害累计死亡牲畜 8 760 万头，其中 1/3 是雪灾造成的。[25]

3. 寒潮低温灾害的防御

防御苜蓿冻害可采取覆盖干草，冬前适时灌冻水，选用耐寒品种，适时播种与刈割。

防御牲畜低温灾害应加强棚圈建设，保持地面垫草干燥，有条件的可在棚圈顶部覆盖塑料薄膜。储备越冬饲草，强烈降温时停止出牧改为舍饲。放牧途中突遇强烈降温和暴风雪，可寻找灌木林或半月形沙丘的背风面避寒，并使牲畜彼此靠拢以减少热量消耗。注意看住头畜，防止炸群散失。

20.3.2.6 冰雹

大的雹块可以砸伤人畜甚至导致死亡，摧毁牲畜棚圈，对牧草也造成很大损伤。如 2005 年 5 月 26 日晚内蒙古鄂托克前旗 5 个乡镇(苏木)遭受严重冰雹，持续 40 min，最大直径3 cm，最大厚度 8 cm。5 月 30 日午后再次遭受冰雹袭击，7 个乡镇(苏木)受灾，持续 0.5 h，最大直径 4 cm，积厚 6 cm，受灾草场 412.54 万亩，伤亡牲畜 23 287 头，死亡 438 头。[12]

我国草原地区冰雹主要发生在夏秋季，其中 7—9 月占 70%。冰雹发生以山区与高原居多。青藏高原年降雹日数在 20 d 以上，其他相对多雹区有内蒙古阴山山地、甘肃祁连山区与陇东、新疆天山西部和四川西部等。雹灾通常呈带状分布并带有间歇性。

冰雹发生季节牧民要注意收听天气预报，不要到可能下冰雹的草场放牧。冰雹云底部通常发黄发红，雷声似推磨声。要注意冰雹云的移动方向，尽可能躲开。放牧时如遭遇冰雹，最好能到附近树林或灌木林躲避。如无处可躲，要让畜群卧地蜷缩身体并看住头畜以防炸群乱跑。放牧者可蹲下，用任何物体或用手遮头。目前有些气象站开展了人工消雹作业，发射火箭或用高炮轰击冰雹云的中下部，通过震荡使雨滴在形成冰雹块之前就落地。还可以向云中撒播碘化银等成核物质，促进水汽凝成小水滴提前降落。

20.3.2.7 风沙和沙尘暴

1. 风沙灾害的类型

风沙灾害是强风把地面沙尘卷起，造成空气浑浊和能见度下降，并对各业生产、交通、生态环境与人畜健康造成危害的现象。通常起沙的起始风速为 4.8 m/s，6～7 m/s 明显起沙。[5]

风沙天气按照风力大小和能见度可分为浮尘、扬沙、沙尘暴、强沙尘暴等不同等级。浮尘指尘土、细沙均匀浮游空中，使水平能见度下降到 10 km 以下的现象。扬沙指风把地面沙尘卷起，使空气变得浑浊，水平能见度下降到 1～10 km 的现象。沙尘暴指强风把大量地面沙尘卷起，使空气变得很浑浊，水平能见度小于 1 km 的现象。按照沙尘物质组成的不同分为沙暴和尘暴两种，前者有大量较粗的沙粒吹入空中，后者为大量尘埃和粉沙卷入高空形成。

在荒漠草原与沙漠交接地带，还经常出现流沙现象，即地面积沙在强风作用下沿风向流动，可埋没草地、房屋和设施。

风沙是干旱气候区常见的天气现象，但有些草地风沙灾害加重与不合理的人类活动造成的土地荒漠化有关，如滥垦草原、超载过牧、乱挖甘草和发菜、滥伐森林、过量开采地下水和上游过分拦截径流等。

2. 风沙和沙尘暴对草地畜牧业的危害

由于放牧牲畜缺少遮蔽保护，受害比农区严重得多，主要死亡原因是被沙埋或刮走。草原植被也受到严重摧残。

除对牧区人身安全与设施的危害外，风沙对草地畜牧业具有巨大的危害。

(1)对草地与牧草的危害　风沙掩埋牧草，使可利用草地面积缩小。如 1993 年 5 月 5 日发生在西北地区的沙尘暴中，不少草地被沙埋 20 cm，最厚处达 1.2 m。我国北方近半个世纪风沙灾害形成的沙漠化土地面积达 5 万多 km^2，其中相当大部分是退化草地。平均风蚀深度为 10 cm，最厚达 50 cm，土壤中有机质和养分最丰富的表土被沙尘暴侵蚀掉，使草地生产力不断下降。风沙还明显加剧了干旱，使牧草生长不良甚至萎蔫。强风和沙粒对牧草的叶片可产生直接的机械损伤，对饲料作物的危害更大。叶片蒙尘后，光合速率会显著下降。

(2)对牲畜的危害　沙尘对牲畜的危害以呼吸系统最大，往往导致肺病、眼病和消化系统疾病的流行。风沙严重影响放牧，使牲畜采食时间缩短。强风常惊散畜群，尤其是黑风暴到来前的沙尘暴常使牲畜惊恐不安。大量沙尘降落还会埋死体型较小的牲畜。1993 年 5 月 5 日席卷西北数省的特大沙尘暴中死亡或失踪牲畜 12 万头，受灾 73 万头。[3]一次风沙可刮进羊毛数千克沙尘，细沙尘混入毛层会使油脂减少，净毛率下降，使羊毛的品质下降。

(3)对牧区道路和设施的危害　沙尘暴经常掩埋公路和水渠，使牧区交通一时中断，不利于灾后救援的开展和畜产品流通，造成人畜饮水和饲料地灌溉困难。强风有时还把饲草垛刮开，使储存的秸秆和打草漫天飞，损失惨重。棚圈有时也会被风沙填埋或吹毁。

3. 风沙灾害的时空分布与演变

虽然沙尘暴大多发源自沙漠地区，但所卷起的沙粒只能危害附近草地和农田，风速稍减弱就会沉降下来。能够悬浮在几百米到上千米的空中飘到东部平原甚至漂洋过海的都是小于 100 μm 的细小尘粒，主要来自退化草原和农牧交错带的冬春裸露农田。

风沙灾害以冬末和春季发生最为频繁，尤其是 3—5 月占到全年的 60%以上，其中又以 4 月最多。初冬也有少量发生，如 2002 年继 3 月 20 日的强沙尘暴袭击华北之后，当年 11 月又有一股沙尘暴袭击了沈阳。一天之中以午后居多，这是因为午后的空气对流较强。

中国主要的沙尘暴中心有新疆塔克拉玛干沙漠周边，甘肃河西走廊，宁夏中部，内蒙古的阿拉善高原、鄂尔多斯高原、阴山北麓、浑善达克沙地、苏尼特草原、科尔沁沙地，以及河北省的坝上地区。沙尘暴的移动方向与冷空气活动的路径一致。

自 20 世纪 50 年代以来的近 60 年，我国沙尘暴发生次数总的趋势是减少的，主要是由于全球气候变暖，冷空气势力减弱，使风速降低(参见表 25.2)。20 世纪末到 21 世纪初的几年一度反弹，与北方连年大旱有关，2003 年以后已明显减少。但有调查数据表明，过去几十年中沙化土地面积不断增加，20 世纪 70 年代平均每年土地沙化扩展 1 560 km^2，80 年代 2 100 km^2，90 年代达到 2 400 km^2。主要原因不在气候，而在于人类对自然资源的掠夺性开发。自 1999 年以来的近 10 多年由于在风沙源区实施退耕还林还草和退牧禁牧，土地沙化已开始逆转，据国家林业局统计，2000 年以来，我国年均治理沙化土地面积 100 多万 hm^2，沙化土地年均缩减 12.83 万 hm^2，沙区生态状况总体实现了治理大于破坏的良性态势。[26]

4. 草原风沙灾害的防御

风沙是一种自然现象，在内陆腹地存在沙漠的地区，要想完全消除沙尘暴是不可能的。但不合理人类活动导致的荒漠化土地面积扩大是可以遏制的。在牧区最重要的是促进草地畜牧业生产方式的根本改变，从片面追求存栏头数和对草地资源的掠夺性开发利用转变为争取草地可持续利用与畜牧业经济效益双赢的方针。具体措施包括实行坚持草畜平衡的适度季节性放牧与舍饲相结合,退化草地实行退牧还草、季节性禁牧或划区轮牧。加强人工草地、饲料基地、饮水点、草料库和棚圈等牧区基础设施建设。恢复和保护草原不仅具有重要的经济效益,更有减少风蚀沙化、保持水土、固碳制氧、保护生物多样性等多种生态功能,因此,在降低载畜量的同时,应对牧民给予必要的生态补偿。基本失去生存条件的草原要实行生态移民,但不能简单地给牧民建房,让牧民搬进城或移居农区了事。更重要的是进行职业培训,使进城和转业牧民能够顺利解决生计,融入城市或农区社会。

除上述长效措施外,气象部门要加强风沙监测、预报和预警,为牧民提供防灾和应急抗灾的信息服务。预报有沙尘暴发生就不要外出放牧,并及时加固畜舍。野外放牧发现沙尘暴临近时,要立即将畜群赶到背风地段,让牲畜卧地,特别要注意看住头牛、头羊,待沙尘暴过后再继续放牧或返回。

20.3.3 牧区生物灾害及减灾对策

20.3.3.1 牧区动物疫病

1. 动物疫病的发生原因

动物疫病是由致病微生物或寄生虫引起的群体性发病,具有传染性,是草地畜牧业生产的重大灾害。致病微生物包括细菌、真菌和病毒等,寄生虫有球虫、隐孢子虫、吸虫、绦虫、蛔虫、蝇蛆等多种。

动物疫病大多具有一定的潜伏期,发病往往具有暴发性,严重影响动物健康,有些疫病具有很高的死亡率,有些疫病还能危害人体健康,称人畜共患病,如口蹄疫、疯牛病、狂犬病、炭疽病等。

牧区疫病发生与气候有密切关系,一般暖季和雨季易发生胃肠道疾病和日射病,寒冷季节易发生风湿病、呼吸道疾病和冻伤,春秋季易发生肺疫、肺炎、支气管炎、鼻炎等。不同类型草场的主要疾病也有所不同(表 20.14)。[27]

表 20.14 不同类型草场的家畜主要疾病

草场类型	湿润度	气候类型	主要多发疾病
草甸	>0.6	湿润、半湿润	口蹄疫、流感、牛焦虫病、自然疫源性疾病
草原	0.3~0.6	半干旱	羔羊痢疾、线虫、吸虫、马焦虫病
半荒漠	0.13~0.3	干旱	疥癣、马胃蝇、牛皮蝇
荒漠	<0.13	极干旱	日射病、热射病、沙眼病

2. 动物疫病的危害

动物疫病的种类多,疫情复杂,根据 1976—1982 年的全国性动物疫病普查结果,按 1980 年全国家畜存栏数估算,直接经济损失 21 亿元。20 世纪 50 年代以前,牛瘟曾普遍流行,据民国政府 1933 年的报告,全国死于牛瘟的有 200 万头,到 1955 年已在全国范围基本消灭。马传染性贫血在 1976—1990 年期间造成的经济损失累计 10.36 亿元。随着对外开放力度加大和经济全球化,动物疫病在世界的传播范围更加扩大。1980 年以来从国外传入或国内的新发现疫病有 30 多种，每年直接经济损失 200 亿～250 亿元。人畜共患病的传播还严重威胁人体健康和生命，估计我国每年由动物疫病导致的发病人数占传染病总病例的 5%～10%，死亡人数占传染病死亡数的 30%～50%。有些疫病还严重影响到国际贸易和政治经济稳定，如 2003 年 SARS 暴发给我国造成的损失达 350 亿元。2001 年英国因口蹄疫宰杀动物 400 万头，直接经济损失 128 亿美元。[12]

3. 动物疫病的防控对策

我国对于动物疫病采取预防为主的方针，行政、技术、群众相结合，开展群防群治，取得了显著成效。历史上危害剧烈的牛瘟、马鼻疽、牛传染性胸膜肺炎等先后在 20 世纪 50、70 和 80 年代消灭，口蹄疫、炭疽病、布鲁氏菌病、羊痘、马传染性贫血等多种疫病已得到有效控制。草原动物疫病的主要防控对策是：

(1)加强动物疫病检疫，实施到户检疫和有宰必检。加强疫情监测，及早报告，以便各级行政部门尽快控制。在野生动物疫病多发区和候鸟迁徙通道设立疫源、疫病监测点。

(2)加强饲养卫生管理，提高动物免疫力，推进免疫标识制度。

(3)实行动物疫病区域化管理，扩大无疫区建设。

(4)建立疫病防治应急响应体系，对已发现和可能感染动物及时强制扑杀并进行无害化处理，对疫区全面消毒，对强制扑杀动物给予经济补偿。

(5)建立和完善多部门合作机制，开展国际疫病防控的交流与合作。

20.3.3.2 草原鼠害

1. 草原鼠害的发生与危害

草原鼠害指在草原生态系统中，因繁殖力极强、密度高和破坏性大的野生啮齿动物超常性增长、大量啃食牧草和挖掘土壤对草原生态与牧业生产造成的危害。

鼠类是主要的啮齿动物，我国草原分布有 90 多种，造成危害的有 20 多种，包括鼠兔、沙鼠、鼢鼠、田鼠、黄鼠等。20 世纪 70 年代以来，随着草原退化，鼠害不断加重，发生和危害面积有扩大趋势(图 20.5)。[12]

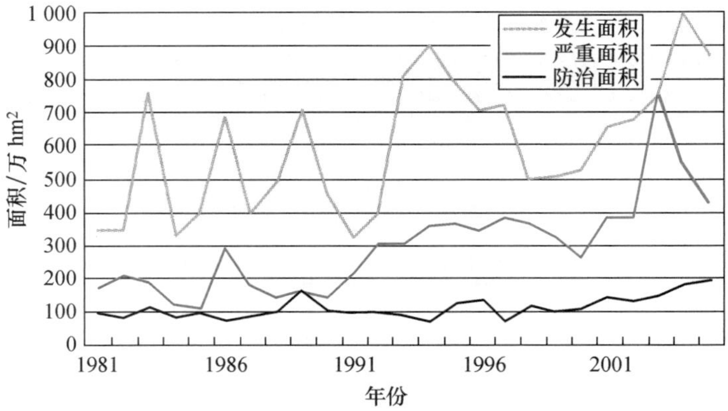

图 20.5 1981—2005 年内蒙古草原鼠害发生和防治面积

据统计，2004 年全国草原鼠害危害面积 3 893 万 hm^2，其中严重危害 2 120 万 hm^2，直接经济损失 35 亿元，发生较严重地区有青海、西藏、内蒙古、甘肃、四川和新疆，危害面积和严重危害面积分别占全国的87.0%和88.07%。

草原鼠害具有暴发性和迁移扩散性，发展蔓延快，破坏性强，控制难度大的特点。群居型害鼠啃食各种优良牧草，降低了草原载畜量。内蒙古正镶白旗调查，布氏田鼠种群密度达到100只/hm^2时，其活动范围内牧草生物量减少50%。青藏高原矮蒿草草甸调查，即使在正常密度下，高原鼠兔所消耗的净初级生产要比绵羊高1.3倍。由于鼠类只啃食植物的一部分，实际破坏量远比按食量估算的高得多。鼠类的挖掘打洞习性还改变了草地土壤结构，所形成土丘极易受水蚀和风蚀影响而严重流失。内蒙古太仆寺旗调查，布氏田鼠土丘覆盖面积占到草原的21.6%，加上鼠道共造成32.8%的面积无植物生长。优良牧草被大量啃食使草原生态系统发生退化和逆向演替。害鼠还吃掉大量牧草种子，使草原生态系统的稳定性下降。

多数草原鼠害还是许多烈性传染病的传播者，根据世界卫生组织资料，鼠类传播人类的疾病有30多种，以鼠疫、流行性出血热、布鲁氏菌病对人畜威胁最大。仅14世纪的鼠疫大流行就造成欧洲和亚洲分别死亡2 500万人和4 000万人。

健康的草原生态系统中，鹰、蛇、狐狸等鼠类天敌会制约鼠类数量增长，少量鼠类的活动不会对草原生态系统造成明显影响，适当的挖掘还可以疏松土壤，鼠类排泄物可作肥料。但在超载过牧和滥垦等不合理的人类活动影响下，鼠类天敌大量减少，加上草原地区气候暖干化，都有利于鼠类的繁殖，使草原鼠害日益严重。

2. 草原鼠害的防治对策[12]

几十年来我国在防治草原鼠害方面做了大量工作，但大多数地区仍以药物杀灭为主，由于草原地广人稀效果有限，同时又毒杀了鼠类的天敌，使得鼠类数量增长不受限制，形成恶性循环。

鼠害防治应遵循"预防为主，科学防控，依法治理，促进健康"的方针，通过保护和恢复草原生态系统，促进鼠类天敌数量增加。鼠害严重地区应尽量采用无公害防控技术。

(1)建立鼠害监测和预警系统，尽量把鼠害控制在萌芽状态。

(2)在主要危害区域建立综合防治科技示范区，加强对野生动物和草原生态环境的保护。

(3)针对害鼠生活习性，利用有利天气和地形，合理适量适时使用灭鼠药，推广高效低毒少污染和不伤害鸟类的药物。

(4)加强对牧民的技术指导和培训，正确使用灭鼠技术和器具，采取季节性禁牧和围栏轮牧等措施保护草原。

主要草原害鼠的防治指标如表20.15所示。[12]

表20.15 主要草原害鼠的防治指标

防治指标	鼢鼠	高原鼠兔	布氏田鼠	大沙鼠	黄兔尾鼠	草原兔尾鼠	鼹形田鼠	长爪沙鼠
有效洞口数/个	>150	>150	>1 500	>400	>160	>160	>150	>50
害鼠数/(只/hm^2)	新土丘	—	—	>30	>40	>40	—	—

20.3.3.3 草原虫害

1. 草原虫害的危害与发生特点

草原虫害具有群集性、间歇性、突发性和受环境影响大等特点。大多数害虫以大量个体群集一起，有些是临时群集，有些是永久群集，飞蝗一类害虫还具有间歇性暴发的特点。大多数草原害虫具有迁移性和扩散性，有些还能大规模迁飞，具有突发性与暴发性，能在短时间内大规模迁移到异地草原为害。

草原害虫大多具有很强的生殖与生存能力，繁殖速度快，生命历程短，许多害虫在气候温暖地区一年内可完成几个世代。多数害虫的全生命史要经过卵、幼虫、蛹、成虫四个虫态，但有些害虫在某种环境下可以进行孤雌繁殖、多胚胎生殖、卵胎生殖等特殊生殖方式。如蚜虫在春季长日照条件下为孤雌胎生，产生无翅蚜；秋季短日照条件下产卵繁殖形成有翅蚜。

害虫对草原有多种危害。有些害虫可大规模暴发，飞蝗甚至能在短时间内吃光牧草的地上部，所到之处赤地千里，造成草地生产力下降和沙漠化。有些害虫还是传播植物病害的主要媒介，如许多牧草的病毒病由蚜虫、灰飞虱等吸食植物叶片汁液时传播。

2. 草原虫害的发生规律

草原虫害的发生与气候有密切关系，其中以温度的影响最大。各种害虫都有其生长发育的适宜温度范围，温度过高过低都不利，极端低温或高温还会导致害虫死亡。温度高低及适宜温度的持续时间直接影响到害虫的繁殖代数、发育速度、种群消长及不同虫态的发生时间。湿度对害虫也有很大影响，适宜湿度下生长发育速度快，繁殖率高，湿度过大或过小都不利于害虫的发育与繁殖。有些喜干燥，有些喜湿润，防控时要区别对待。还有一些生活在土壤中，视力很弱，但对土温非常敏感。每年春季随着土温升高由下层向表层移动，出土危害植物并繁殖扩散，秋季随着气温下降移往土层深处休眠越冬。长距离迁飞的害虫往往利用大气环流顺风飘移，受到风向和风速的影响。

近几十年随着全球气候变暖，害虫有发生提前、休眠推迟、危害期延长、繁殖世代增加、虫量增大、活动范围北扩的趋势，总体上对草原的危害加重。北方草原气候明显暖干化，暖冬使害虫越冬基数增大，干旱有利于多数害虫的活动与繁殖。

人为因素也是草原虫害加剧的重要原因。长期掠夺性开发加剧了草地退化，导致生物多样性和害虫的天敌减少。长期大量使用高毒杀虫剂使害虫抗药性增强，形成了恶性循环。

3. 草原蝗虫的危害

北方草原栖息蝗虫约 139 种，其中造成严重危害的有 20 多种，以亚洲小车蝗危害最烈，一般占到整个蝗虫种群的 50%～60%，严重发生时占 90%以上。草原蝗虫通常每年发生一代，5 月上旬当 0～20 cm 土温升至 0℃以上开始孵化出土，1 个月后发育为成虫，5 月初到 7 月底为多数种类蝗虫活动盛期。[15]植被盖度不足 50%的草原的紧实土壤含水量 10%～20%时最适合蝗虫产卵，干旱土壤最适合虫卵孵化，历史上的大旱年大多也是蝗虫大发生年。阴湿环境对蝗虫不利，蝗虫吃食含水率高的植物会延迟生长和降低生殖力，并诱发多种疾病。阴湿环境有利于青蛙等蝗虫天敌的生长和繁殖，雨雪还能直接杀死蝗虫。

4. 草原虫害的防控对策

首先要加强草地生态建设，促进植被恢复与生物多样性，提高草地生态系统对有害生物的抵抗能力。其次要加强虫情监测预警，掌握消灭害虫的有利时机。通常在幼虫孵化、成虫羽化的初期是杀灭的有利时机。第三要改进防控手段，使用机动喷雾机和蝗虫吸捕机等高效机具和低毒高效杀虫剂。第四要推广综合防治技术。长期单一使用剧毒农药会使害虫产生抗药性并威胁人畜安全，形成恶性循环。通过保护害虫的天敌，使用致病微生物杀虫剂，能以较低成本和较小环境代价取得灭虫效果，常用的有苏云金芽孢杆菌、绿僵菌、蝗虫痘病毒等。

20.3.4 草原火灾及减灾对策

1. 草原火灾的发生与危害

我国草原火灾易发区占4亿hm^2草原面积的1/3，频繁发生火灾面积占1/6，以内蒙古草原最多，占火灾发生次数的95%以上。一年中以冬春旱季最易发生。除烧死牲畜，烧毁草场设施外，还使草原遭到破坏，长期难以恢复。1949年以来共发生草原火灾5万多起，累计受灾2亿多hm^2，经济损失600多亿元。1991—2006年全国平均每年发生重特大草原火灾26.13起，受害草原38.87万hm^2，死伤224人，烧死牲畜39 227头只(图20.6和图20.7)。[12]

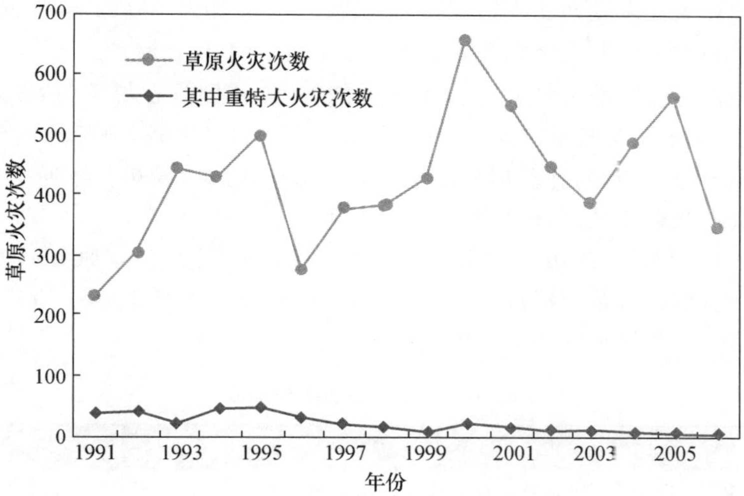

图20.6 1991—2006年全国草原火灾次数

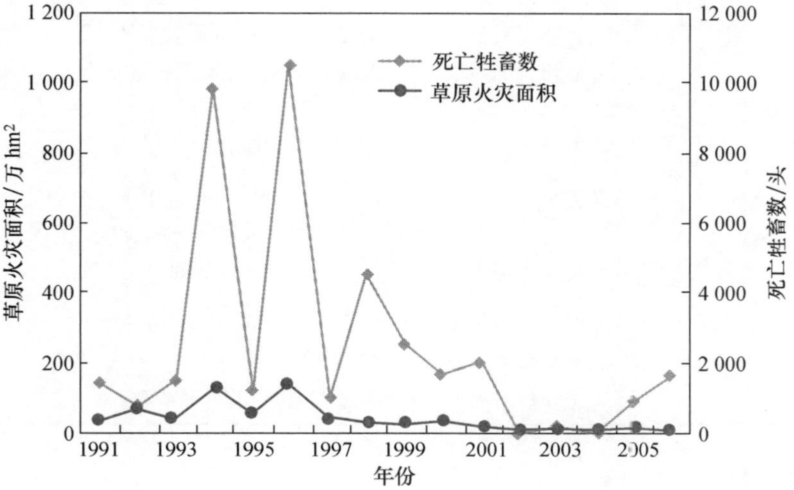

图20.7 1991—2006年全国草原火灾面积与死亡牲畜数

我国草原的极高火险区主要分布在内蒙古的东部草甸草原大部和吉林省西部。高火险区主要分布在内蒙古呼伦贝尔、锡林郭勒草原和兴安盟,新疆伊犁、塔城,四川甘孜、阿坝、凉山等地,以内蒙古的面积最大。

从图 20.6 和图 20.7 可以看出,1991 年以来草原火灾次数变化不大,但重特大火灾次数、受害草原面积和死亡牲畜数都有明显下降。

草原火灾的发生大多具有人为因素,包括机车引擎喷火和漏火、野外吸烟乱扔烟头、野外炊事、祭祀烧纸钱、点烧防火隔离带跑火、房屋烟囱走火、禁火区玩火等,也有一些是从国境外蔓延过来。如 1996 年 4 月 21 日至 5 月 15 日火种从蒙古国随风扩散进入我国锡林郭勒、呼伦贝尔和兴安盟草原,引起特大火灾,烧毁 70 多万 hm^2。雷电、泥炭自燃、死亡牲畜骨磷自燃等也能引发草原火灾。春季干燥多风,是草原火灾的多发季节,其次是秋季降雪之前,通常以 11 月和 4—5 月为草原火灾多发期。干旱年火灾次数较多,如 1994—1995 年和 2000 年前后。夏季到初秋由于降水较多,牧草含水率在 30%～40%以上时不易点燃。[12]

草原火灾具有突发性、季节性和扑救难度大的特点,特别是在旱季,枯黄牧草极易燃烧。草原开阔,河流少,火借风势蔓延迅速,可很快将大片草地烧成灰烬,烧死的牲畜卧盘还容易形成暗火,遇风即死灰复燃,有的卧盘甚至连续几个月都存在起火隐患。草原上风向多变,常出现交叉火头,使火点跳跃式扩散,也加大了扑救难度。

2010 年 4 月 13 日农业部 2010 年第 4 次常务会议审议通过了《草原火灾级别划分规定》。根据受害草原面积、伤亡人数和经济损失,将草原火灾划分为特别重大(Ⅰ级)、重大(Ⅱ级)、较大(Ⅲ级)、一般(Ⅳ级)草原火灾四个等级(表 20.16)。

表 20.16 草原火灾等级标准

等级	名称	符合所列条件之一
Ⅰ	特别重大草原火灾	1. 受害草原面积 8 000 hm^2 以上的 2. 造成死亡 10 人以上,或造成死亡和重伤合计 20 人以上的 3. 直接经济损失 500 万元以上的
Ⅱ	重大草原火灾	1. 受害草原面积 5 000 hm^2 以上 8 000 hm^2 以下的 2. 造成死亡 3 人以上 10 人以下,或造成死亡和重伤合计 10 人以上 20 人以下的 3. 直接经济损失 300 万元以上 500 万元以下的
Ⅲ	较大草原火灾	1. 受害草原面积 1 000 hm^2 以上 5 000 hm^2 以下的 2. 造成死亡 3 人以下,或造成重伤 3 人以上 10 人以下的 3. 直接经济损失 50 万元以上 300 万元以下的
Ⅳ	一般草原火灾	1. 受害草原面积 10 hm^2 以上 1 000 hm^2 以下的 2. 造成重伤 1 人以上 3 人以下的 3. 直接经济损失 5 000 元以上 50 万元以下的

2. 草原火灾的防御与扑救

(1)建立健全草原防火责任制。在区域交界处的草原、草原与森林交界地区建立联防制度,确定草原防火期,出现危险天气时划定草原防火管制区。

(2)建立草原火险监测预警系统。利用遥感、瞭望塔、飞机巡航等手段结合气象观测监测草原火险，确保隐患早排除，火险早预报，火情早发现，火灾早处置。

(3)健全草原防火法规制度，完善应急预案，提高应急响应能力。

(4)加强草原防火基础建设，运用先进技术与设施，力争打早、打小、打了。

(5)加强宣传，提高牧民防火意识，杜绝火灾隐患。

(6)草原火灾火势较小时采取扑打，沙土埋压，喷水、灭火剂或使用风力灭火机。直接灭火法不能控制火势时要采取间接灭火法，充分考虑地形地物，将火头赶往道路、河流与荒漠等缺少可燃物的地方以阻止继续燃烧。如缺少有利地形，应组织群众迅速撤离火场，同时组织力量在火头前进方向或重要场所外一定距离处刈割并运走牧草，或开挖生土带，或有控制地用火烧出足够宽度的防火隔离带，以防止火势的蔓延。

(郑大玮)

参考文献

[1] 中华人民共和国农业部. 新中国农业 60 年统计资料. 北京：中国农业出版社，2009：572-574.

[2] 郭书田. 神农之魂，大地长歌——中国工业化进程中的当代农业(1949—2009). 北京：金盾出版社，2009：497-502.

[3] 郑大玮，郑大琼，刘虎城. 农业减灾实用技术手册. 杭州：浙江科学技术出版社，2005：240-249，37.

[4] 温书斋. 家畜的环境及控制. 北京：农业出版社，1982：14-15，21.

[5] 刘文亚. 陕西省畜牧业气象服务手册. 北京：气象出版社，2008：161-164.

[6] 刘中丽. 农区畜牧业生产的气象灾害与防御. 北京农业科学，1996，14(6)：41-44.

[7] 雷达，刘翔，郑洪，等. 畜牧兽医系统抗洪救灾纪实. 中国牧业通讯，2010(14)：1-3.

[8] 徐少波. 台风灾后畜禽养殖场的自救措施. 畜牧兽医科技信息，2010(6)：15.

[9] 郑大玮，李茂松，霍治国. 2008 年南方低温冰雪灾害对农业的影响及对策. 防灾科技学院学报，2008，10(6)：5-8.

[10] 程延年. 农业抗灾减灾工程技术. 郑州：河南科学技术出版社，2000：316-339.

[11] 张雷，吴卓胜，杨树赛，等. 新疆、内蒙古雪灾严重，新疆将再遭暴雪袭击. 北京：中国广播网，2010-01-15［2012-03-10］. http：// www. chinanews. com/gn/news/2010/01-15/2074204. shtml.

[12] 王宗礼，等. 草原灾害. 北京：中国农业出版社，2009：40，161-178，193，249-255，136-160.

[13] 邓子风. 畜牧气象灾害及防御对策. 北京：气象出版社，1991：42，27.

[14] 康玲. 内蒙古地区雪灾分析. 内蒙古气象，2007(1)：10-11，14.

[15] 霍治国，王石立，等. 农业和生物气象灾害. 北京：气象出版社，2009：144-152，191-194.

[16] 水利水电规划设计总院. 中国抗旱战略研究. 北京：中国水利水电出版社，2005：158-159.

[17] 陈素华，张化，侯琼，等. 内蒙古草原干旱指标的研究. 草业科学，24(12)：82-86.

[18] 中国科学院蒙宁综合考察队. 内蒙古自治区及其东西部毗邻地区气候与农牧业的关系.

北京：科学出版社，1976.
[19] 阎清元. 冬季黑白灾标准的制定. 内蒙古气象，2003(1)：28-30.
[20] 内蒙古新闻网. 严重冰雹及洪涝灾害袭击呼和浩特武川县. 呼和浩特：内蒙古新闻网，2008-06-22[2008-06-22]. http：//news. qq. com/a/20080622/000522. htm.
[21] 中央台记者刘源源，内蒙古台记者刘祺，通辽台记者张玉萍，等. 内蒙古暴雨，锡林郭勒草原 500 多平方公里被冲毁. 北京：中国广播网，2011-07-29[2011-07-29]. http：//news. sohu. com/20110729/n314889798. shtml.
[22] 徐丽，赵春晖. 新疆多地发生融雪性洪水. 北京：北青网，2011-03-31. http：//finance. qq. com/a/20110331/000393. htm.
[23] 庞万才，王桂芝. 冷雨湿雪的牧业气象灾害分析及其成灾指标. 中国农业气象，1991，12(1)：41-43.
[24] 贾宝全. 新疆白灾灾害初步研究. 新疆环境保护，1996，18(1)：14-17.
[25] 宫德吉，李彰俊. 内蒙古大(暴)雪与白灾的气候学特征. 气象，2000，26(12)：25-28.
[26] 国家林业局. 中国荒漠化和沙化状况公报. 中国绿色时报，2010-01-05[2011-01-05]. http：// www. greentimes. com/green/econo/hzgg/ggqs/content/2011-01/05/content_114232. htm.
[27] 中国畜牧业综合区划研究组. 中国畜牧业综合区划. 北京：农业出版社，1986.
[28] 国务院. 草原防火条例. 北京：中国政府门户网站，1993-10-05[2005-09-27]. http：// www. gov. cn/ziliao/flfg/2005-09/27/content_70637. htm.

第21章

水产业生产减灾技术

21.1 水产业生产的特点与主要灾害

21.1.1 水产业的生产特点

水产业，又称渔业，是指从海水和淡水水域中取得各种有经济价值的水生动物和植物以供人类利用的生产事业。按照生产特性，水产业可分为采集水生动植物资源的水产捕捞业和养殖水生动植物的水产养殖业两部分。按照水域，可分为海洋水产业和淡水水产业。水产业可以为人民生活和国家建设提供多种食品和工业原料。

水产业是以水域生态系统为基础的产业。水产业生产同农业、林业、牧业等生产一样，都是在一定的自然条件，包括水文、气象、地形、生物等自然因素以及水产资源条件下进行的，因而受着自然条件和社会经济条件的深刻影响和制约。自然条件的好坏与水产资源的丰歉直接或间接地影响到水产生产发展的规模、速度及经济效益。

21.1.2 中国水产业的发展与存在的问题

中国是水产业大国，水产资源十分丰富，拥有海岸线 1.8 万 km，岛岸线 1.4 万 km，大小岛屿 6 500 多个，海洋渔场 82 万 km^2，浅海与滩涂 1 333.3 万 hm^2，内陆江河湖泊等水域 1 733.3 万 hm^2，水生动植物种质资源也十分丰富。新中国成立以来，特别是改革开放以来，中国水产业有了迅速发展(图 21.1 和图 21.2)。自 1989 年以来，中国水产品产量稳居世界首位，人均占有量也明显超过世界平均水平。[1]

从图 21.1 和图 21.2 可以看出，在改革开放以前，水产业的规模，尤其是淡水养殖的规模很小。自 20 世纪 80 年代中期以来迅猛增长了数十倍，但为保护水生生物资源，淡水捕捞业产量自 90 年代后期以来保持稳定，基本不再增长；海洋捕捞业也实行了季节性禁渔，近年来出现了负增长。近海的污染也对海水养殖业造成了一定影响。[2]

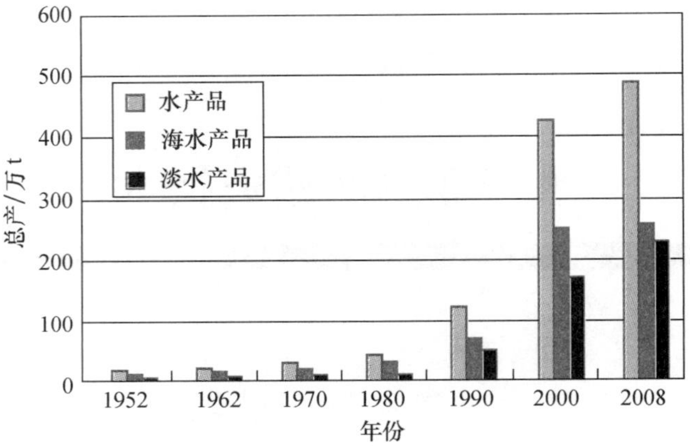

图 21.1 **1952—2008 年中国水产品产量的增长**

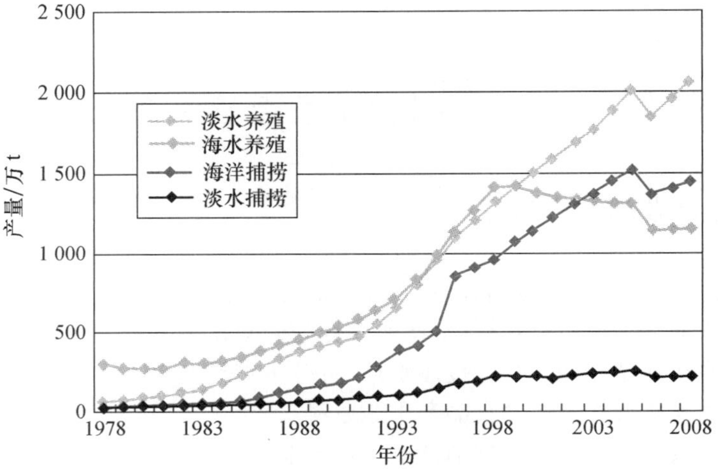

图 21.2 **1978—2008 年中国海洋养殖与捕捞、淡水养殖与捕捞产量的增长**

21.1.3 水产业灾害的分类与危害机制

水产业灾害是指发生在渔区给渔业经济、社会发展和渔区人员人身安全带来严重威胁和损害的一种自然社会现象，是自然生态系统与人类物质文化系统相互作用的产物，是农业灾害的一个组成部分。水产业灾害给水产生产带来了极大的不稳定性，给水产业造成的损失是巨大的。仅据《中国渔业年鉴 2003》载：2002 年我国水产业灾害共造成如下经济损失：冲毁养殖池 10.7 万 hm^2，损失水产品 39.9 万 t，沉船 536 艘，直接经济损失 3.8 亿元。此外，还造成 418 人死亡，198 人失踪，157 人重伤。因此，水产业的减灾工作是十分重要的。[3] 中国渔业互保协会秘书长孙颖士在 2010 年估计，中国每年因自然灾害和意外事故造成的渔业直接经济损失高达 160 亿元。[4]

水产业灾害的分类如图 21.3 所示。

- 水产业灾害
  - 自然灾害
    - 气象灾害
      - 影响水量和浓度　干旱缺水、洪水冲击、暴雨
      - 影响水体物理环境　寒潮、水温剧变
      - 影响溶解氧浓度　低气压、高水温、白天光照不足
    - 海洋灾害
      - 影响作业安全　海啸、海冰、浓雾、巨浪
      - 影响鱼类分布　台风、洋流异常
      - 影响沿海养殖设施　海平面上升、风暴潮、海啸、海冰
    - 生物灾害
      - 影响人身安全　鲨鱼等凶猛动物
      - 影响鱼类资源　鱼病、有害生物入侵
  - 人为灾害
    - 环境灾害
      - 影响陆地水体水质　污水排放、富营养化、水华
      - 影响海洋水质　赤潮、浒苔、石油泄漏
    - 生产事故　航运事故、火灾、有毒有害危险品泄漏
    - 市场波动

图 21.3　水产业灾害的分类

水产业与陆地的种植业和畜牧业不同，是在水环境中进行的，水产生产受到水环境的极大影响。水产业的灾害包括自然灾害和人为灾害，由于水产生产的暴露性强，尤其是海洋水产业，以自然灾害为主。灾害对水产业的危害是多方面的，有的是影响水生生物的生长发育和生存；有的是通过对水产业的生产条件，包括对作业人员人身安全的影响；有的是通过对水资源和水环境的影响；有的是通过对人工养殖所需饵料产量的影响。水产业的人为灾害，有些是作业中的生产事故，如翻沉、碰撞、触礁等航运事故与火灾、危险品泄漏等，有些是经济灾难如市场波动。

21.2　水产业气象灾害

21.2.1　低温灾害

温度条件对水产生物的影响很大。与陆生生物一样，水生生物也都有自身一定的适温范围，出现超出适应能力的环境温度会给有机体造成损害。其中低温是水产养殖生产的一种主要灾害，其危害因水产生物的种类和生育阶段而不同。根据发生的季节不同和温度的高低，可分成冷害和冻害。冷害是指0℃以上低温对水产生物产生的危害，冻害则是指0℃以下水体结冰对水产生物造成的危害。低温冷害在我国一年四季均可发生，以北方尤为严重。低温冻害一般发生在冬季，有时在一次低温过程中，冷害和冻害先后发生，或者在不同地区同时出现。此外，低温害往往与连阴雨相伴发生。

21.2.1.1　春季低温害

春季低温害通常是低温冷害，一般是在春季气温逐渐回暖的过程中由间歇性冷空气侵袭造成的，主要对淡水养殖动物的人工繁殖和幼体产生危害。目前，全国各地塘堰、鱼池的鱼苗主要源自人工繁殖。由于主要养殖鱼类集中在春季产卵繁殖，而繁殖期间对外界环境条件，特别是温度条件的要求十分严格。为了抢季节提前繁殖，往往在对亲鱼进行催产后遇到较明显的降温，会使整个繁殖过程归于失败。仅一家养殖场，一次就可造成几千甚至万元以上的经济损失。而且由于不能按期供给鱼苗，还会影响国家、集体或个人全年的水产养殖生产计划。据

湖北省分析，淡水养鱼的低温冷害指标为：有一次降雨天气过程，对于鲤、鲫等较耐寒鱼类，日平均气温下降到 10℃以下，而对于青、草、鲢、鳙四大家鱼及鳊、鲂鱼类，日平均气温下降到 14℃以下就会造成危害[5]。春季对虾育苗生产如遇低温，也会造成幼苗大量死亡。如福建沿海若 3 月上旬平均气温低于 10℃，出苗期就要延长 10～15 d 甚至造成死亡。当春季水温低于 18℃时也会造成河蚌人工繁殖失败。

春季低温冷害往往与连阴雨相伴，同样会给商品水产品养殖带来危害。2008 年 2 月 9—16 日，贵州黔西南州沿万峰湖水域 5 个乡镇、31 个村的 888 户养殖户，因遭遇持续一个多月的低温阴雨天气，使水体缺氧不断加剧，死亡养殖鱼类 495.92 万 kg、野生鱼类 28 万 kg，直接经济损失逾 5 000 万元。

此外，春季连续阴雨气温骤降易造成病害，春季低温时段是水霉病等疾病的高发期，特别是低温后容易发生。

21.2.1.2 夏季低温害

夏季如遇长期低温阴雨同样会造成冷害，外观上并未对水产生物造成损伤，但已对其生长发育产生影响，因而是一种“隐性冷害”。例如 1980 年 7—9 月，日本米泽市降雨多，日照少，水温平均仅在 21～22℃上下，比常年同期低 5～6℃。这时正值鲤鱼迅速生长时期，由于鱼吃食不好，生长速度较常年减慢 20%，严重影响了日本著名的“米泽鲤”产量。又如，据研究渤海区 5—9 月日平均气温稳定通过 15℃的积温与对虾产量成正相关，在冷夏低温年份，对虾个体一般较小。

21.2.1.3 秋季低温害

一般发生在晚秋。水产养殖者总是希望延长饲养生长期以提高产量。但对虾和一些亚热带养殖鱼类，如罗非鱼、鲮鱼等，如在起捕前遇较强冷空气侵袭，超过这些水产动物的适应能力，就会使之受冻减产。以罗非鱼为例，当环境温度下降至 12～13℃以下，即由正常生活状态转为呆滞、少动、不摄食，并随着低温延续时间延长或水温继续下降而失去平衡，侧卧水底，全身痉挛，僵硬而死。又如，对虾在养殖池水温低于 13℃时很少游动，低于 8℃停止生长并钻入池底泥土（卧泥）难以出池，水温降至 4℃会大批死亡。

21.2.1.4 冬季低温害

冬季既有冷害，也有冻害，但主要是冻害。

1. 冬季低温冷害

冬季低温冷害在我国南方和北方均会发生，但主要发生在南方水温较高、全年水体不结冰的地方，对苗种繁育、商品水产品养殖、重大疫情防控都可能产生难以估量的危害。如水温降至 12～13℃以下，罗非鱼日趋死亡，因而我国除海南岛以外，在南方其他地区的天然水域中越冬罗非鱼都容易遭受冷害。又如，在广东受到寒潮侵袭，环境温度下降至 6～8℃时，海水育珠贝——马氏珠母贝的贝壳就会紧闭不动。若维持一天就会造成母贝大量死亡或严重受损伤。对于越冬对虾，越冬池水温下降到 8℃以下也会造成亲虾大量死亡。据统计，广东、广西鱼种越冬的死亡率一般在 5%～10%，长江流域可达 10%～15%。1991 年 12 月底至 1992 年 1 月初，广州出现一次寒潮天气过程，最低气温降至 0.8℃并伴有阴雨，全市越冬塘鱼几乎全军覆没。1993 年 1 月的寒潮天气过程也使广州市冻死塘鱼 1 000 t，损失 3 000 多万元。2005 年 1 月下旬至 2 月中旬，浙江省舟山市先后出现 4 段持续时间 5～9 d 的连阴雨天气，长时间低温寡照使越冬养殖鱼、蟹生长缓慢，大棚水产养殖鱼、虾和暂养梭子蟹受冻，损失很大。

2. 冬季低温冻害

我国北部有 13 个省、自治区、直辖市每年都有一定的冰冻期，尤其是东北和西北地区冬季气候寒冷，冰层较厚，封冻期长。如哈尔滨封冻期长达 150 d 左右，冰厚约 70～80 cm。在冬季，大型水库、江河与较深的湖泊很少发生死鱼，但一些中小型水域或池塘常常发生不同程度的死鱼。据北部几省统计，历年鱼种越冬死亡率高达 20%左右。进入 21 世纪以来，我国连续出现冬季低温冻害。如 2005 年 12 月，山东莱州湾海域出现历史罕见的冰情，岸边堆冰高达 1 m，给沿海水产养殖业造成严重影响。2008 年 1—2 月，南方出现罕见低温雨雪冰冻天气，据 1 月底统计，湖北、湖南、广东、广西、山东、四川、江苏、河南、浙江、江西、重庆等 12 个省、自治区、直辖市渔业受灾面积达 60 万多 hm^2，鱼种和商品鱼(成鱼)损失 3 万多 hm^2。2009 年 12 月至 2010 年 2 月中旬，黄、渤海出现近 30 年来同期最严重海冰冰情。据山东省和辽宁省海洋和渔业部门统计，造成两省渔业损失超过 40 余亿元，其中浅海、滩涂、海水养殖池塘受灾面积 14 万多 hm^2，损失水产品 20 余万 t。据河北省渔业部门调查统计，全省因渤海结冰造成渔业损失累计 1.57 亿元。2009 年冬至 2010 年春，暴雪、寒潮天气也使新疆水产养殖大区——阿勒泰地区养殖水面融冰期较往年推迟 20 余天，鱼类越冬损失惨重，渔业损失 3 000 万元。[6]

21.2.1.5 水产业低温灾害的减灾措施

1. 春季

人工繁殖生产要根据各地气候条件正确地选择适宜时段，密切注视天气变化，抢冷尾暖头进行。网箱养殖要强化防寒应对措施，如加大养殖网箱入水深度，及时清除网箱内残渣剩饵，净化水质，避免病菌滋生。

2. 秋季

在生产上要根据天气预报正确选择捕捞时间，以避开低温冷害。

3. 冬减灾措施

(1)及时做好育苗场、工厂化养殖基地等设施的保温防冻，及时清除积雪和结冰等。

(2)提高池塘水位，对低水位池塘增加蓄水，尽可能保证有效水体深度在 2 m 以上，有条件的可引入地下水或工厂余热水。池塘水面及时破冰除雪，避免水产动物缺氧死亡，冰层较厚时可打冰眼，有条件的可从冰眼充氧。尽量采取挡风、遮盖等保暖措施。

(3)做好病害防治，及时处理受冻和死亡的鱼(虾、蟹)，及时清除死鱼(虾、蟹)，防止破坏水质，同时采取有效措施恢复受冻鱼(虾、蟹)体质，降低死亡率，提高生存适应力。积极做好水产动物的消毒。加强病害监测，防止发生暴发性病害。

(4)加强生产管理，科学投喂，适当增加蛋白质营养。

(5)及时检修设施设备，抓紧开展倒塌房屋和大棚的重建工作。要积极采用土池塑料大棚越冬技术、半墙挡风抗寒技术、鱼类越冬温室抗雪减灾技术、池塘覆膜防冻实用技术、池塘防冰冻防缺氧技术等有效的防冻技术措施。

(6)长江中下游地区如遇严冬，一些淡水湖泊也有结冰现象，育珠蚌越冬时有死亡现象发生。据研究，鱼、蚌等越冬死亡的主要原因是由于水面结冰，封冻时间长，造成水中严重缺氧，使越冬鱼、蚌等窒息而死。在这些地方要加强水质检查，及时扫雪，定期注入新水等越冬管理。对于育珠蚌，可采取降低育珠蚌吊养水层并破冰增氧的措施。

21.2.2 高温热害

高温也会给水产生物造成热害。当环境温度超过水生动物生命活动的温度上限时，水生动物会因昏迷而致死，水生植物也可能因环境温度过高而受害。

在我国南方，表层水温超过35℃的几率较大，而35℃以上的水温会造成育珠蚌的热昏迷现象。育珠蚌如果长时间处于热昏迷状态，对珍珠产量和质量都会有明显的影响。35℃亦是对虾养殖的临界高温，当水温达到35℃以上时，对虾也易死亡。此外，当水温超过30℃，幼蟹极易死亡；成蟹在水温高于38℃时不能正常活动，40℃时易死亡。如果水温持续高于25℃，扇贝对环境的适应能力变差，生长也受到抑制，一旦再遇风雨灾害便大批死亡。1994年山东烟台市气温和海水温度均异常偏高，海湾扇贝发育不良，离水即死。该市西口养殖场高温期分苗后死亡率达40%以上，产量低，效益很差。高温对鲍鱼等水产品养殖的威胁也很大。[7]

高温也会对鱼苗孵化造成危害。据研究，对四大家鱼鱼苗孵化形成危害的高温指标为：连晴2 d且日平均气温上升至28℃以上。初夏鱼苗人工繁殖要注意防止高温热害。

高温还适合病原菌的繁殖和侵入，导致某些细菌性或病毒性传染病暴发。在南方，夏季高温使草鱼易得烂鳃病、赤皮病等。如水温在25～35℃且久晴不雨，草鱼出血病流行；水温高于28℃时草鱼和青鱼肠炎盛行；水温27～34℃时鱼的烂鳃病最易发展；在水温25～35℃时，出血性腐败病最为流行。[8]

海带是一种寒带性海藻，生长适温1～13℃，位于北纬36°的青岛是我国海带自然分布南界。20世纪50年代期间我国向长江口以南沿海移植海带取得成功。但东海海域养殖存在高温热害难以度夏且品质较差。福建一带养殖海带在11月上中旬分苗期若出现明显的“小阳春”天气，水温20℃以上就会发生烂苗。另一种经济海藻——紫菜的养殖生产一旦遇上“十月小阳春”天气，日平均气温达20℃以上，雾、露日数多，则色素变淡，甚至烂掉。

此外，夏季环境温度的剧烈变化也会给水产生物造成危害。如1980年6月中旬，江苏省吴县突下暴雨，6月10—15日期间太湖水产养殖试验站鱼池平均水温28℃，16—20日下降到23℃，21日暴雨过后又降至22℃，22日雨停天晴，水温突升到29℃，日际变化最大达7℃以上。水温虽然没有下降到育珠蚌正常生理活动的下限，但这种剧烈变化却超出了蚌体的忍受范围，从而造成育珠蚌的大批死亡。草鱼病毒性出血病也大多发生在水温几次陡降后的回升过程，而疾病流行又多集中于7月底至8月上旬的高温之后。但不管在什么温度条件下发病，死鱼高峰一般也在水温陡降后又回升到较高水温时。

从上述实例可以看出，对于不同种类的水产生物或同一种水产生物的不同生育阶段，造成高温热害的温度条件是不一样的，有的甚至相差很大。

我国沿海绝大部分地区盛夏日最高气温几乎都在33℃以上，表层水温一般与气温接近，最大相差1～2℃，也经常维持在30℃左右。这样的水温远远超过虾、贝类等养殖品种的最适生长水温，影响它们的快速生长。因此，在生产上要采取降温措施，如增加养殖池的日换水量，提高养殖池水位，或在精养池上方加盖黑色遮阳网等。在淡水和海水珍珠养殖为避免高温热害，应及时将育珠蚌下降到较深水层。鲍鱼养殖要准备好双层遮阳网，并在鲍鱼笼子底部悬挂重物，防止水流急时鲍鱼笼子漂浮在水面被烈日灼伤。

21.2.3 旱害

降雨量的年际变化和年内分配不均常使我国许多地区出现干旱，每年雨季来临的时间迟早不一，又进一步造成水产生物赖以生存的水源不稳定。长时期的干旱少雨还会使塘堰干枯，河流断流，湖泊、水库水域的水温降低，面积锐减。对于海水养殖，长期干旱也会使浅海盐度升高，水产生物的栖息环境恶化。据监测资料，赤潮发生时的水域多为干旱少雨，天气闷热，水温偏高，风力较弱的天气条件。因此，尽管水产生物是生活在水环境之中，但干旱恶化了水环境，也同样威胁水产生物的生存和繁衍，给水产养殖生产造成危害。

云南高原受西南季风影响干湿季较明显，且干季长达半年，加上水体小，雨季开始迟早不定，水库、山塘水位变幅大，易在春末夏初用水之际干涸，造成库塘水产养殖生产很不稳定。如贵州自2009年夏季至2010年春季出现历史罕见的夏秋冬春连旱，不少河流断流、山塘干涸、泡冬田干裂、水库水位急剧下降，造成稻田过冬鱼种和亲鱼严重损失，干枯的池塘、山塘、小水库将无法再从事养殖生产，部分网箱出现缺氧死亡，断流的溪流、河流水生生物大量死亡。至2010年3月下旬统计，全省渔业受灾面积达1.39万 hm^2，经济损失9 871.95万元。黄河中下游和长江中下游也有类似的旱害。黄河中下游常因春旱严重，春灌后水库水位迅速下降，尤其是在雨季推迟时，有的水库出现干枯。长江中下游的丘陵山区由于夏伏旱严重，水库和山塘蓄水量小，不同程度上都存在着农渔用水矛盾，也给水产养殖生产造成损失。2004年，干旱对广东、广西、湖北、湖南等省(区)的水产养殖也造成了一定影响，广西养殖池塘干塘3 660 hm^2，占全区池塘养殖面积的5%，66.7 hm^2 以下养殖小水库干库112座，占全区小水库总量的2.5%，一些地区养殖产品需要提前1个月上市。2006年重庆市和四川省遭受严重夏旱。重庆全市的2.3万 hm^2 山坪池塘，有近2万 hm^2 严重缺水；9.47万 hm^2 稻田养鱼，98.5%以上无收获，渔业损失达6亿元。2003年，厦门市发生夏旱和秋冬连旱，给水产养殖，特别是淡水养殖造成灾害。池塘水源不足导致缺氧甚至泛塘，鱼、虾、贝、藻、蟹的生长发育明显受阻，严重影响全年淡水养殖产量。同年，福建省宁德市从6月下旬开始出现持续数十天的晴热少雨天气，全市溪河断流，池塘水位下降，有近20座533.3 hm^2 水库干涸，4 180 hm^2 水产养殖面积受灾，其中淡水养殖受灾面积2 287.3 hm^2，海水养殖受灾面积1 886.6 hm^2，网箱发病面积1 000 hm^2，导致淡水养殖鱼类大面积死亡，海水养殖也因养殖海域注入的淡水量少，海水盐度上升，在高温、高盐的情况下，养殖生物生存条件恶化，病害多发，以至死亡，截至8月15日统计，全市水产养殖经济损失已达1亿多元。

长期干旱同样会影响水域面积较大湖泊的渔业产量。表21.1对比了长江中游洪湖1967—1974年历年成鱼产量与5—9月总降雨量。可以看出，干旱少雨的1968、1971、1972、1974等年，成鱼产量均比前一年大幅度下降，而多雨年成鱼产量明显增加。

分析洪泽湖水产品历年产量的波动，也有类似的结论。1961、1966—1967、1978年为严重干旱年，第二年洪泽湖水产品产量均低于历年同期产量的10%～30%，而1979—1984年夏季降雨量增多，洪泽湖水产品产量逐年增长[9]。2006年7月底以来，由于干旱，鄱阳湖出现了100多年来的同期最低水位，导致周边数万渔民无鱼可捕，生活陷于困境。[10]

表 21.1 洪湖历年成鱼产量与汛期降水量对比

年份	5—9 月降水量/mm	成鱼产量/t	年份	5—9 月降水量/mm	成鱼产量/t
1967	863.6	6 815	1971	535.7	6 125
1968	358.4	5 030	1972	387.5	5 190
1969	1 234.3	11 540	1973	1 035.2	7 820
1970	1 185.1	7 835	1974	547.6	5 655

北京市在 20 世纪 80 年代曾修筑了许多鱼塘，水产品产量一度迅猛增加。后因其后明显暖干化，降水量和上游来水日益减少，地下水位逐年下降，鱼塘缺乏更新所用水资源，淡水养殖产量被迫逐渐下降(图 21.4)[2]。

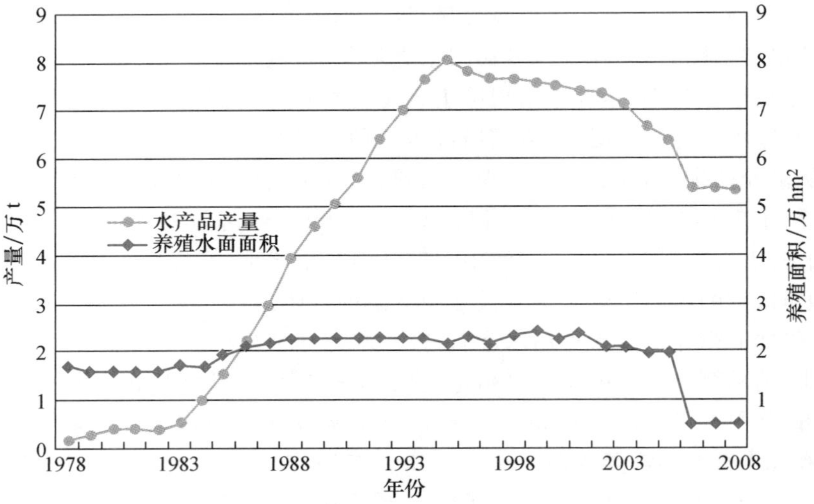

图 21.4 北京市水产养殖面积与水产品产量的变化

干旱对水产养殖生产的影响表现在以下几个方面：

(1)制约苗种生产和销售。保持水质肥、活、嫩、爽，能促进亲鱼成熟并提高怀卵质量。春旱直接影响了亲鱼成熟，苗种孵化不能如期进行。由于池塘缺水，也不能及时投放春种，错过了最佳放养季节，缩短了养殖周期。

(2)夏旱导致水产商品鱼规格小、品种差、商品率低。

(3)秋旱使塘库缺水甚至干枯，迫使商品鱼集中上市，加剧供需矛盾。

(4)加大渔业生产者的投资风险，并影响其生产积极性。

在养殖生产管理上，如天旱要及时加注新水，旱情严重时可以有计划转池暂养，即选择几个深塘，把其他塘里的鱼转到深塘暂养，做到“塘干鱼走，塘满鱼回”。

21.2.4 暴雨洪涝

大气自然降水对水产生物的影响主要通过改变水域生态环境，如水源、水的肥沃度、水质及其稳定性等，来间接地影响水产生物的生长、发育、繁殖和分布。降水过少造成的干旱会危害水产养殖生产，但降水过大过猛也会给水产养殖生产带来损失。

暴雨的降水强度很大且常常造成洪涝。一旦降暴雨，淡水养殖场和海水养殖场常发生塘水漫顶跑鱼、虾池漏水或决堤。如2006年6月底至7月初，江苏省扬州市高邮、宝应一带普降暴雨。高邮市8 000 hm^2水产养殖面积不同程度受灾。据不完全统计，逃逸水产品1.8万t，经济损失1.14亿元，塌圩面积近133 hm^2；精养鱼塘全部被淹没面积1 460 hm^2；网围养殖漫网面积2 666.7 hm^2；精养鱼虾塘通过加网围抵御洪水的受灾面积3 740 hm^2。宝应县水产受灾面积1.55万hm^2，其中基本绝收面积3 440 hm^2，串塘面积1.21万hm^2。绝收面积中有河蟹1 340 hm^2，鱼蟹混养1 700 hm^2，鱼鳖混养8.7 hm^2。串塘面积中有鱼蟹混养4 080 hm^2，河蟹精养7 453 hm^2。据不完全统计，逃失鱼蟹等水产品1.1万t，其中特种水产品0.5万t，直接经济损失2.2亿元。

暴雨或台风常引起山洪冲入内湾养殖区，一方面浑浊泥水造成水产养殖生物呼吸困难，另一方面又导致海水表层1～2 m处盐度明显下降，超过水产生物对盐度变化的适应能力而受害。如南方沿海对虾育苗正值雨季，暴雨过后养虾场地大量雨水进入，使海水表层盐度下降，造成虾苗幼体发育畸形甚至死亡。据研究，浙江温州地区虾苗成活率与苗期降水量存在反相关，即苗期降水量多时成活率低。育苗期阴雨天多，尤其是暴雨日数多对育苗生产是一种危害。牡蛎养殖也是这样，强降水发生后海水相对密度降到1.010以下时会有大批牡蛎死亡。如2010年6月，厦门连续数天暴雨，海带、牡蛎养殖损失严重。

淡水珍珠养殖同样因暴雨使水的相对密度减小，引起育珠蚌渗透压调节出现紊乱，导致水往蚌体组织渗透，轻者影响生长，重者造成死亡。

2004年，受台风和暴雨洪涝影响，浙江、福建、江西、四川、云南等地水产养殖遭受严重损失，据不完全统计，各地水产养殖受灾面积6万hm^2，网箱被毁3.39万只，直接经济损失26.69亿元。2005年夏季，长江中下游及东南沿海出现持续强降水，部分地区暴雨洪涝灾害严重。尤其是“海棠”等台风相继登陆，对广东、广西、福建、海南、宁波等省市区水产养殖造成灾难。宁波市养殖业受灾面积达1.45万hm^2，浅海区牡蛎、藻类养殖遭受毁灭性打击，渔业直接经济损失10亿元以上。海南省经受强台风“达维”侵袭，全省水产养殖受损面积1.082万hm^2，产量损失22.33万t，低位池养殖受损达70%，高位池养殖受损达50%，水产养殖直接经济损失10.42亿元。广东省超过15个地市受灾严重，损失达5.2亿元。福建省34个县369个乡镇受灾，渔业直接经济损失3.6亿元。广西、江西、重庆、江苏、安徽等主要受灾省市渔业当年直接经济损失均达数亿元。

因此，养殖生产管理要加强暴雨洪涝的防范，注意天气变化，加强水质监测，切实做好防洪工作。凡受水库排洪影响较大的海区，在雨季或台风季节尤其应做好防洪工作。在遭遇暴雨之前可将网箱降至海面以下，避开淡水层对水产生物的影响。在养殖区定点选择上，既要注意避风防台，又要距离溪流远些，绝不能定点在上游源头有洪峰的地方。

此外，强降雨后水产养殖病害也将频发，要做好水产养殖动物的防疫工作。要全面对死亡养殖动物和因灾受淹池塘等进行无害化处理和消毒杀菌，防止污染水体，切断传染源，还要做好水质调控工作，预防重大水生动物疫病暴发流行。

洪水过后要立即检查渔业生产设施是否受损，被冲毁的鱼塘决口和围拦网溃口应及时封堵以尽量减少养殖水产品的逃逸。已被冲毁，鱼类和虾蟹全部逃逸的养殖水体，应重新安排生产，抢早投放，数量不宜过大，加强投喂，适时养成上市。及时修复被毁坏的增氧机、投饵机、渔船、网具等渔业生产设施。及时修补受冲击网箱并安置于安全水域，补放鱼种恢复生产。

21.2.5 风害

大风能摧毁养殖设施，如扇贝养殖可造成拔橛、断绳、缠架、掉漂、沉架等，还引起海水浑浊呛死贝苗及幼贝，使扇贝堆积在海底而死亡；使网笼被泥沙淤盖而将扇贝闷死。大风对海带架子的威胁也很大。在严冬结冰期间，风浪可将冰块推到浅滩上，使贝类的生长受到影响。

淡水湖面养殖珍珠，由于育珠蚌采取吊养或网养方式，8 级以上大风不仅可以摧毁养殖设施，也可以把蚌打落沉入底泥。大风还会对网箱养鱼造成危害。此外，大风还能吹断水生植物莲藕主茎，吹走花粉，绞掉其果实，使植株遭受机械损伤，直接影响其生长。

在减灾措施上，通常只能根据不同情况和条件提前采取防风措施。如在天气预报有大风来临前，作业船只要进港避风，养殖场地要对各类养殖设施进行加固，从事海带养殖的可将海带架子按顺风方向设置等。

21.2.6 泛塘

“泛塘”（suffocation），在浙江一带叫作“鱼嚎”，北方又叫“翻坑”，有些地方也叫“泛池”，由气象原因直接或间接导致，是水产养殖的主要障碍和常见灾害。引起泛塘的直接原因是缺氧窒息，危害对象包括鱼、虾、贝、鳖类等。据估计，直接间接缺氧致死的鱼类约占养殖鱼类死亡总数的 60%。泛塘一般发生在精养池塘，一次较大范围的泛塘过程可造成几十万甚至上百万千克养殖鱼类死亡。如 1986 年 6 月 28—29 日，江汉平原发生一次大范围泛塘，仅仙桃市一地就死鱼近百万千克。据湖北省估计，全省每年泛塘死鱼的经济损失在 1 000 万元以上。1998 年 2 月 23—26 日，福建省漳浦县古雷湾扇贝养殖场发生泛塘，扇贝养殖品大面积暴发性猝死，总面积 400 hm^2，其中成品贝 267 hm^2，中贝 133 hm^2，小贝 1.5 亿粒，经济损失 5 500 万元。

引起鱼虾类缺氧窒息造成泛塘的原因是多方面的，大体上可分为气象原因和人为原因两类。人为原因系养殖密度过大或水质过肥，投饵过量，造成水质恶化，进而缺氧窒息而泛塘，或因注入有毒污水引起。气象原因则是由于气象条件长期不良或天气发生突变，造成水质恶化缺氧。实际生产中人为原因和气象原因常常同时存在，但在各次泛塘发生时二者的作用大小不同。气象因素起主导作用的泛塘常常在较大范围发生，危害也较重，而以人为因素为主导作用引起的泛塘范围较小，危害较轻。总体上可将泛塘看作一种气象型水产养殖灾害。许多研究表明是综合因素的作用结果，但光照、温度、气压、风等气象因子直接或间接对水中溶氧量产生重要，甚至是决定性的影响。

气象因素引起的泛塘可分成 3 种类型，即突发型（或称对流型）、缓发型（或称寡照型）和继发型（或称复合型）。突发型泛塘发生突然，结束也快，主要原因是耗氧量过大，由冷空气活动产生的对流性天气触发产生；缓发型泛塘发展较缓，多系阴雨寡照引起增氧不足，水中“氧债”过大，经冷空气和降雨触发产生；继发型泛塘一般发生在突发型或缓发型泛塘之后，也可认为是突发型与缓发型的复合形式。不论哪一类泛塘过程，都经历酝酿阶段和诱发阶段。酝酿阶段的主要特征是高温、低压、偏南风，水中含氧量降低，透明程度减小。诱发阶段的主要特征是日照减少，水中含氧量不足，温度下降，有降雨（尤其是阵性降雨）发生。因此，冷空气入侵合并降雨是泛塘的触发机制。

据湖北省研究，江汉平原鱼类泛塘的下限温度指标是日平均气温 21℃或日平均水温 23℃。在这个温度以下一般不会发生泛塘。我国南方地区泛塘一般出现在 5—9 月，而天津一带主要集中在 7—8 月。

据福建漳浦县气象局杨志强等分析[11]，1998 年 2 月古雷湾扇贝养殖场扇贝养殖品出现大面积暴发性猝死的主要原因有两个方面：一是扇贝本身机体抗逆性差，二是气象因素引起海水超标。在扇贝出现大面积暴发性猝死的前一个多月，该地雨量丰沛，温度适宜，引起藻类及浮游生物大量滋生，且发生暴发性猝死的前几天，海水盐度持续下降，造成水中"氧债"过大。同时，从 2 月 5 日开始，气压持续下降，到 20 日降至最低。这便是泛塘的酝酿阶段。21 日较强冷空气入侵该地，引起水层之间的对流扰动，沉积在海底的饵料废弃物及有毒物质抬升到浅水层，造成 23 日扇贝养殖品大量死亡。这便是泛塘的诱发阶段。

泛塘防治可根据气象条件和水质变化进行预测，提前采取增氧措施，如用水泵加水或开动增氧机，同时停止施肥，控制投饵量。若无增氧设备或来不及增氧，可采取一些急救措施，如向池中泼洒黄泥水加食盐或泼洒食盐水、明矾水、石膏粉等，也有一定效果。此外，有条件的地方可使用"鱼浮灵"等药品，也可达到解救目的。

21.3 水产业海洋灾害

海洋灾害(ocean disasters)指海洋自然环境发生异常或激烈变化，导致海洋上、海岸或沿海地区发生对人类的危害或经济损失。海洋灾害包括风暴潮、海浪、海冰、海啸、海温异常、海平面上升、海水侵蚀、咸潮等，对海洋捕捞业和近海养殖业都能带来重大的损失。

21.3.1 风暴潮

风暴潮(storm tide)也称气象海啸或风暴海啸，是由台风或温带气旋造成的强风或气压骤变对海面作用导致水位急剧升降的现象，空间范围一般有几十千米至上千千米，时间尺度或周期约为1～100 h。风暴潮影响区域随大气扰动因子的移动而转移，有的风暴潮过程可影响 1 000～2 000 km 海岸区域，影响时间数天之久。按照增水值的大小可以将风暴潮划分为不同等级(表 21.2)。[12]

表 21.2 风暴潮灾害等级

等级	参考灾情	超警戒水位参考值
特大潮灾	死亡千人以上或经济损失数亿元	>2 m
较大潮灾	死亡数百人或经济损失 0.2 亿～1 亿元	>1 m
一般潮灾	死亡数十人或经济损失千万元左右	>0.5 m
轻度潮灾	无或少量死亡或经济损失小于数百万元	超过或接近

根据风暴的性质，风暴潮通常分为台风风暴潮和温带风暴潮两大类。台风风暴潮多见于夏秋季，其特点是来势猛、速度快、强度大、破坏力强。凡是有热带气旋影响的国家，沿海地区

均有此类风暴潮发生。温带风暴潮多发生于春秋季，夏季也时有发生，其特点是增水过程比较平缓，增水高度低于台风风暴潮，主要发生在中纬度沿海，以欧洲北海沿岸、美国东海岸及我国北方海区沿岸为多。我国是世界上两类风暴潮灾害都非常严重的少数国家之一。风暴潮一年四季都可发生，从南到北，所有海岸均无幸免。

风暴潮能否成灾，很大程度取决于其最大风暴潮位是否与天文大潮，尤其是与天文大潮期的高潮相叠，相叠时往往导致特大潮灾。如 1992 年 8 月 28 日至 9 月 1 日，受第 16 号强热带风暴和天文大潮的共同影响，我国东部沿海发生了 1949 年以来影响范围最广、损失非常严重的一次风暴潮灾害，先后波及福建、浙江、上海、山东、天津、河北和辽宁，受灾人口 2 000 多万人，死亡 194 人，毁坏海堤 1 170 km，受灾农田 193.3 万 hm^2，成灾 33.3 万 hm^2，直接经济损失 90 多亿元。如果风暴潮位非常高，虽然未遇天文大潮或高潮，也会造成严重潮灾。

风暴潮发生同样会给海水养殖带来严重破坏。2006 年我国沿海共发生 9 次台风风暴潮，其中 4 次造成灾害。台风“珍珠”风暴潮使广东省水产养殖受灾面积达 9.45 万 hm^2，“碧利斯”风暴潮造成浙江省水产养殖面积 4 600 hm^2 受灾，“派比安”风暴潮造成广西水产养殖面积 9.45 万 hm^2 受灾，“桑美”风暴潮造成浙江省水产养殖面积 1.06 万 hm^2 受灾。当年 4 月 17 日的温带风暴潮也造成大连市海水养殖品损失 5 160 t，直接经济损失 310 万元。

因此，沿海渔业部门要注意收听气象和海洋预报，及早对养殖设施采取加固、加深和收拢等预防措施，同时要加固海堤，渔船要及时入港并防止船只之间相互碰撞。

21.3.2 海浪

由风产生的海水波动称为海浪，一般认为波高 6 m 以上的海浪能对船只航行、海岸及海洋工程设施构成威胁，称为灾害性海浪。

海浪对航行船只的威胁与其吨位有关。小型船只在波高 2～3 m 就已形成威胁，千吨到万吨级船只在波高 4～6 m 时才受到威胁，几十万吨的巨型油轮或航空母舰则要在波高 9 m 以上才构成威胁。

中国历史上最大的一起海浪灾害发生在 1959 年 4 月 10 日晚，东海刮起 9～10 级大风，当时正值江苏吕泗渔场小黄鱼初汛旺发，江苏、上海、浙江、福建、辽宁等省市的 5 200 多艘渔船濒临险境，虽经抢救，仍沉没和严重毁坏 286 艘，死亡 1 477 人。[1] 1983 年 4 月 25 日，渤海出现 11 级大风和 6.7 m 狂浪，据山东、辽宁两省统计，受损渔船 1 064 艘，死亡渔民 6 人，失踪 17 人。山东海带绝收 410 hm^2。[12]

灾害性海浪可由台风、寒潮大风、温带气旋等引起，利用卫星遥感监测和海洋天气预报，及时通知渔船回港，绝大多数灾害性海浪是可以躲避的。海上航行如遇巨浪，要将船帆放下，并使船只与海浪保持垂直以防止侧翻。

21.3.3 海冰

海冰(sea ice)是极地和高纬度海域最突出的海洋灾害之一。海冰是由海水冻结而成的冰块，也包括流入海洋的河冰及冰山。冰山指大陆冰川或陆架冰滑入海洋后形成的巨大冰块，其中露出海面 5 m 以上的称为冰山。大的冰山可高达几十米，长几十米到几十千米。由于海冰相对密度小于海水，浮在海面上露出的只是一小部分，大部分在海面以下。

中国的海冰灾害主要发生在冬季的渤海和黄海北部。20 世纪 60 年代末曾连年严重发生,山东渤海湾 2010 年和 2012 年的冰情为 40 多年不遇。如 2010 年初许多渔船冰冻在渤海沿海港口与河汊无法作业,海冰挤压使部分渔船损坏。大面积冰封使滩涂贝类缺氧,长时间低温还会冻死。冰情造成市场鲜活海产品价格居高不下。[13]2010 年青岛市胶南县 226.5 余 t 网箱养殖鱼类冻死,全市 500 hm^2 紫菜养殖筏架冰封塌架,养殖贝类不同程度冻死冻伤,饵料生物冻死严重。截至 1 月 13 日,全市海冰造成的养殖业损失已达 1.3 亿元。[14]

海水的急速冻冰和融冰都会造成海水盐度的异常变化,对海洋生物造成损害。

大面积海冰一旦形成就难以破除,主要是加强海冰预报和监测,提前采取防范措施,确保渔船回港避冰。对被冰封在海上的渔船和渔民要派出直升机紧急搜救。灾后清理养殖场,对死亡水产生物进行无害化处理,调运水产生物的种苗,重新组织养殖生产。如海冰不太厚,可使用破冰船开道,帮助渔船出海到未封冻的外海捕捞作业。海冰对渔民和养殖户的打击极大,有关部门要及时做好灾后救济和生产恢复工作,积极探索逐步开展海冰灾害保险。目前我国海冰监测预报、破冰船研制和近海养殖备灾工作均十分薄弱,亟待加强。

21.3.4 海啸

海啸(tsunami)是由海底地震、海底或海岛火山喷发、海底塌陷、海底滑坡等引起的海洋巨波。与一般海浪不同,海啸是一种重力型长波,波长几十到几百千米,周期 2～200 min,传播速度每小时几百到 1 000 多千米。在深海大洋中,一般海啸不会造成灾害,但当这种巨波进入大陆架后,因海水深度急剧变浅,能量集中,振幅增大,在临近滨海地区形成 20～30 m 高的“水墙”,且骤进骤退,所到之处皆成废墟。历史上最大的海啸发生在 1964 年美国的阿拉斯加瓦尔德兹港,波幅达 51.8 m。2004 年 12 月 26 日,印度尼西亚苏门答腊 8.9 级地震引发印度洋海啸,沿岸各国死亡近 30 万人,渔业生产也受到极大损失,根据联合国粮农组织 2005 年 2 月 17 日发表的公报,受灾国渔业和水产养殖业的直接损失为 5.2 亿美元。印度尼西亚、马尔代夫和斯里兰卡等 7 个受灾较严重的国家共损失了 11 万多艘渔船,还有近 4 万艘渔船的引擎损坏,170 万件其他类型的捕鱼工具遭到破坏。[15]

我国是海啸发生较少的国家,这与大陆架较宽较浅及多岛屿链有关,但缺乏岛链保护的台湾历史上也曾发生过较严重的海啸。

由于海啸的破坏力极大、不可阻挡,最重要的是加强监测和预警,做好预防工作。目前在太平洋已建立比较完善的海啸预警机制,2004 年印度尼西亚海啸之后,印度洋海啸预警机制也在逐步建立。

21.4 水产业生物灾害

21.4.1 水生生物病害的危害与特点

21.4.1.1 水生生物病害的危害

水生生物,尤其是水生动物,也会得各种疾病。鱼、虾、贝类等水生动物一旦得病,治疗比较困难，轻者妨碍生长发育，重者大量死亡，俗话说："养鱼不瘟，富得发昏。"

我国淡水和海水养殖鱼类有草、青、鲢、鳙、鲤、鲫、鳊、鳜、鲶、鮠、鳝、白鲳、乌鳢、叉尾鮰、罗非鱼、鳗、鲈、鲷、鲆、鲽、鲑、鳟、鲳、鲀等近 50 个品种；甲壳类养殖品种包括对虾、新对虾、罗氏沼虾、梭子蟹、锯缘青蟹、中华绒螯蟹等 10～20 种；贝类养殖品种包括扇贝、牡蛎、鲍鱼、文蛤、蛏蚶、缢蛏、毛蚶、杂色蛤、贻贝、三角帆蚌、珍珠蚌等 20 余个品种；两栖类和爬行类水产养殖品种包括牛蛙、中华鳖、乌龟等。随着水产养殖业的高速发展，近 20 年来，水产养殖品种的病害频繁发生，经济损失严重，已成为 21 世纪水产养殖业发展的重要制约因素之一。据不完全统计，2002—2009 年，我国水产养殖病害平均年损失达百亿元之巨，其中鱼类约占 55%～77%，甲壳类约占 11%～28%，贝类约占 3%～16%。

21.4.1.2　我国水产养殖病害的特点

(1)疾病种类多。我国是世界上唯一养殖量大于捕捞量的国家，水产养殖生物种类多样，包括鱼类、贝类、甲壳类及水生植物等，规模化养殖水产品达 60 多种。几乎所有养殖品种都会受到疾病威胁。据初步统计，目前危害水产养殖生物的病害已达 400～500 种，其中常见病有几十种。大多数病害由病毒、原核生物、真菌和原生动物引起。2006 年生物源性疾病中病毒性疾病占 11.02%，细菌性疾病占 57.63%，寄生虫性疾病占 24.58%，真菌性疾病占 4.24%。

(2)发病情况复杂。由于我国水产养殖区域跨度大，养殖水域环境多样，包括池塘、水库、江河、湖泊、海洋等，病害情况复杂，不同气候、不同养殖模式、不同养殖条件，发病情况差异显著。另外，随着种苗在全国范围频繁交换，病的多样性增加，发病时间由传统的春夏或夏秋两季发病高峰逐步向全年发病过渡。

(3)重大疫病暴发流行给养殖业造成毁灭性打击，疾病高发期致死率高。如我国最大宗养殖品种草鱼，因出血病死亡率高达 90%以上；出口主要品种对虾感染白斑综合征病毒或桃拉综合征病毒的死亡率在 80%～90%以上；淡水鱼类流行细菌性败血症，死亡率 95%以上；特色养殖品种患鳜鱼传染性脾肾坏死病毒病、河蟹颤抖病、鳗狂游病、鲍立克次体病等的死亡率达 80%～90%以上。

21.4.2　发病原因和影响因素

21.4.2.1　水生生物发病原因

水产养殖生态体系是一个立体生命体系。发病是病原、环境、水生生物相互作用的结果，三者相互影响决定疾病的发生与发展。

引起水生动物生病的原因有多种，如养殖对象体质不健壮，饲养管理不善或投饵不当，水域污染或水质变坏，细菌感染，被寄生虫寄生等。

在外界环境因素中，温度是影响疾病发生、发展最重要的因素，主要通过影响病原菌的生长和侵入而导致疾病发生。

21.4.2.2 鱼病与温度的关系

就鱼类来说，温度对疾病的影响具体表现在以下几个方面：

(1)鱼病与环境温度密切相关。在有病原菌存在情况下，鱼病都是在一定的温度范围内发生。据报道，草鱼出血病发生的水温范围是25～37℃，发病高峰水温是25～34℃，而草、青鱼肠炎致病菌在水温低于20℃时不发病，升至25℃左右时毒性显著增高，因而在春季形成流行高峰。我国南方春季气温一般在10～25℃之间，水温环境比较适宜于各种病原体生长繁殖，尤其4—5月是鱼类发病高峰期。夏季气温一般达到25℃以上，鱼类发病比春季减少，鱼种逐渐长大，抗病力也有所增强。秋季气温逐渐下降，水温环境与春季基本相似，鱼类发病又增多，尤其8—9月是又一高峰。冬季气温较低，气温在10℃以下，一般很少发生鱼病。

随着四季气温而变化的常见鱼病大体上有12种，其中寄生虫病主要有7种，即车轮虫病、小瓜虫病、指环虫病、锚头鳋病、鲺病、碘泡虫病、中华鳋病；[16]传染病主要有5种，即出血病(赤皮病)、肠炎、烂鳃病、打印病、水霉病。

(2)环境温度对各种疾病的影响有选择性。如水温5～10℃时太平洋沿岸的鲑鳟鱼类易感染一种冷水病，提高到10～15℃便可防治，但15℃以上另一种黏细菌又成为主要致病菌，可以降低水温到15℃以下防治。

(3)温度变化对鱼病的影响。实践表明，在温度日较差或季节温差大的地方，温度对鱼病的发生有特别明显的影响。例如，国内有人研究表明，草鱼病毒性出血病大多发生在水温几次陡降的回升过程中；而且，不管在什么温度条件下发病，死鱼高峰一般也在水温陡降后的回升过程中。

21.4.3 水生生物病害的防控对策

水产养殖动物病害防治不仅仅是药物防治及病原体控制问题，而且包括养殖对象对生存环境和营养的需求以及如何增强机体抗病能力，提高其免疫力等许多方面。

21.4.3.1 生态防治

首先要降低应激反应。应激反应过强或持续时间过长都能引起养殖对象的能量过度消耗，使机体抵抗力下降，为细菌和病毒的侵袭、感染甚至暴发创造条件。通过改良水质和底质，封闭养殖水域，防止渔业传染性病害；对养殖对象机体及饲料、养殖工具和食场周围采用消毒剂消毒；利用生物之间相互制约的机理来控制病原体等。

21.4.3.2 改进饲养管理

如合理混养、密养，合理投饵施肥，坚持巡塘等，以增强机体抗病力。还需要控制凶猛鱼类，消灭水生昆虫，捕杀危害养殖对象的鸟兽等来消灭有害生物，控制竞争种群。合理使用药物，进行药物防治。

21.5 水产业环境灾害

21.5.1 水体富营养化与水产业环境灾害

含有大量有机物的工业废水和城市生活污水，加上农田过量施用化肥经过雨水的冲刷，源源不断地汇集到河流，连同河床底泥中沉积的污染物质一起，在河流、湖泊、水库、鱼塘中不断积累，或是经洪水径流直接冲入海洋。如果进入水体的水中含有的氮、磷等营养物质适量，对渔业生产等是有利的，可以促进水体中藻类的光合作用，为养殖动物提供丰富的养料。但当氮、磷等营养物质过多时，即会出现所谓的水体“富营养化”现象。其直接结果是在水域中发生各种污染现象，在海洋水域中表现为赤潮，在淡水水域中表现为水华。此外，近年来海水水域中频繁出现的浒苔绿潮也是水体富营养化造成的，且正在发展成为一种水产业灾害。

此外，含重金属等有害物质的污水直接排入海洋，通过食物链进入水生生物体内，再被人食用，也会产生严重的后果。如日本 1956 年发现的水俣病就是由于水俣工场生产窒素肥料时使用含汞催化剂并任意排放污水入海，附近居民长期食用八代海水俣湾中含有汞的海产品所致。海上油轮石油泄漏也会给海洋生物造成灾难性的后果。

21.5.2 赤潮

赤潮(red pollution tide)是海水中某些微小的浮游植物、原生动物或细菌，在一定环境条件下突发性增殖和聚集，引起一定范围内一段时间中水体变色的现象。通常水体颜色因赤潮生物的数量、种类不同而呈红、黄、绿和褐色等。其实，赤潮是发生在海水中的一种自然生态现象，我国古代史书中就有记载。在自然界中它们会很快消失，一般不会给水产生物和人类造成灾难。只是由于水体的富营养化日益严重，使得赤潮的程度和规模空前加重，才形成了赤潮灾害。

21.5.2.1 赤潮发生的原因

赤潮发生主要是海洋受到污染所致。大量工农业废水和生活污水未经处理直接排入海洋，导致近海和港湾水体富营养化程度日趋加重；同时沿海开发程度的提高和海水养殖业的扩大，也带来了海洋生态环境和养殖业自身污染问题；海运业的发展还导致外来有害赤潮种类的引入。有人还认为，全球气候的变化也导致了赤潮的频繁发生。但海水的富营养化是赤潮发生的物质基础和首要条件，是赤潮形成的根本原因。

21.5.2.2 赤潮的发生规律

(1)季节性强。赤潮一般在 6—9 月发生，这时期工业企业排污多，水体温度高，光照强，给赤潮生物的迅速繁殖生长提供了有利条件。

(2)发生区域较为集中。通常集中在海湾、河口等近岸浅海水域及内湾和港区，这些区域也是渔业生产的重要场所，是鱼类产卵场、繁育场和增养殖区域，也是陆源污染物的纳污区。

因这些海域的水体交换能力差，海水利用率高且封闭性强，循环速度慢，使得水体富营养化较严重，是赤潮生物滋生繁衍的有利环境和赤潮的多发易发区。

(3)发生时间长范围大。赤潮从形成到消失一般在 30 d 左右，有的长达 100 d 以上。赤潮尚未形成前大量浮游生物高密度聚集，外部环境适宜时即可暴发。随着赤潮生物的异常大量繁殖，赤潮范围逐步扩大，赤潮生物异常活跃，经历从生长到繁殖、再生长、再繁殖的过程。遇到海洋环境改变(大风、海浪、低温等)，不适宜赤潮生物生存时，生长繁殖力下降，生物大量死亡，赤潮亦逐渐消散。

(4)具有移动性。赤潮形成后由于受海洋气候变化和海潮(流)的影响，赤潮生物随之移动，漂流方向随海潮(流)和风向而改变，由一个海区到另一个海区，形状也不断变化。

21.5.2.3 赤潮的危害

首先，赤潮破坏了海洋的正常生态平衡，威胁海洋生物的生存。海洋是一种生物与环境、生物与生物之间相互依存、相互制约的复杂生态系统，物质循环、能量流动处于相对稳定和动态平衡。赤潮发生时这种平衡遭到干扰和破坏。植物性赤潮发生初期，由于植物的光合作用，水体会出现高叶绿素 a、高溶解氧、高化学耗氧量，海水的 pH 也会升高，黏稠度增加，这种环境因素的改变致使一些海洋生物不能正常生长发育和繁殖，导致一些生物被迫逃避甚至死亡，破坏了原有的生态平衡。

其次，有些赤潮生物会分泌出黏液，沾在鱼、虾、贝等生物的鳃上，妨碍呼吸，导致窒息死亡。含有毒素的赤潮生物被海洋生物摄食后能引起中毒死亡。人类食用含有毒素的海产品，也会造成类似的后果。

再次，大量赤潮生物死亡后，尸骸分解过程大量消耗海水中的溶解氧，造成缺氧环境，引起鱼、虾、贝类的大量死亡。

有资料分析，20 世纪 80 年代以前，我国发生赤潮的次数很少，一般相隔 2～3 年发生一次；80 年代后期至 90 年代初期，赤潮发生次数迅速增加，年年都有，有的年份甚至多达 20～40 次，仅 1990 年就发生赤潮 41 次。如 1989 年盛夏我国对虾养殖基地——河北黄骅沿海出现了为期 72 d 的灾难性赤潮，覆盖面积达 900 km^2，尽管采用了各种对策，仍带来 2 100 万元的直接经济损失。90 年代后期以来赤潮发生愈加严重。到 1997 年，我国近海有记载的较大规模赤潮约 380 起，造成渔业经济损失数十亿元。

目前，赤潮已成为一种世界性公害，美国、日本、中国、加拿大、法国、瑞典、挪威、菲律宾、印度、印度尼西亚、马来西亚、韩国、中国香港等 30 多个国家和地区赤潮发生都很频繁。

21.5.2.4 减灾措施

当前，人类科学技术尚未达到有效控制水域富营养化形成的水平，也就不可能避免赤潮的发生。但是，尊重自然规律，加强生态观念，在发展经济的同时，注重生态环境建设，也可以起到减少赤潮发生、遏制其发展和减少损失的作用。

(1)加强陆源污染物排海管理，积极开展入海流域治理。加快入海流域的环境治理，加大重点河口、排污口污染物排海总量控制。抓好海上污染控制，加强对钻井平台、油轮和船只的管理，因地制宜建立污染物接收处理系统，严格海上倾废管理。

(2)积极发展生态养殖。大范围养殖区可引进海藻养殖，从海水中吸收氮、磷等物质，降低富营养化程度，增加水体溶解氧，净化水质，保持养殖水域的生态平衡。

(3)预防措施。加强赤潮灾害预警预报，海洋监测部门要及时向渔业合作社、海水养殖场和沿海乡镇及时通报赤潮情况。建立赤潮防治数据库，赤潮防治通信网络要覆盖全国各地，以利随时调用监测数据，为赤潮防治提供最新信息。每个养殖场要有至少占养殖面积1/5的蓄水池，储存未经污染的水，以便换水时使用。养殖水体废水排入海中之前要先消毒。

(4)应急措施。采取物理和化学方法杀灭赤潮生物，目前适用于我国的主要有凝集剂硫酸铜和黏土布撒杀灭两种方法。控制养殖水池纳水，增加充氧设备，适当减少投饵量；增加蓄水池，保证养殖水池换水。捕捞者要转移渔场。滩涂养殖者要在赤潮来临之前提早起捕或转移养殖场地。赤潮发生时严禁向养殖池塘纳入海水。若赤潮时间长，扩散快，范围大，或者养殖水池已被赤潮严重污染，要提前收获，减少损失。

21.5.3 水华

21.5.3.1 水华发生的原因

水华(water bloom)是淡水中的一种自然生态现象，仅由藻类如蓝藻、绿藻、硅藻等引起。水华发生时，水呈蓝或绿色，在自然界中会很快消失，不至成为灾害。只是由于水体富营养化日益严重，才对渔业生产带来了危害。

水体处于富营养状态时，只要具备适当的温度、光照、风浪悬浮等有利于藻类滋生的气象、水文条件，就能促使淡水水体中某些蓝藻类过度生长繁殖或聚集并达到一定浓度，引起水体颜色变化，并在水面上形成或薄或厚的绿色或其他颜色的藻类漂浮物。

21.5.3.2 水华的危害

水华主要发生在静态水体，尤以鱼塘、流动不畅的内河等较常出现。近年来由于淡水水体富营养化日趋严重，水华频繁出现，面积逐年扩散，持续时间延长。太湖、滇池、巢湖、洪泽湖等都已出现过水华，就连流动的河流，如长江最大支流汉江下游的汉口江段中也出现过水华。水华的危害主要表现在以下几个方面。

(1)危害水域栖息生物的生存与生长发育。湖泊、水库和池塘中浮游藻类大量繁殖且在水面高度密集阻挡阳光透射，底栖水生植物因得不到充足的太阳能使其光合速率降低，减少了光合产量，进而影响其正常生长发育。表层藻类强烈吸收短波可见光使水温升高还影响了对水温敏感生物种群的生存。水华暴发往往使鱼类产量逐渐减少，严重的使鱼类大批死亡。

(2)破坏水域生态景观。浮游藻类大量繁殖后往往在水面密集，形成一层薄皮或泡沫，使水体颜色变绿，加之死亡浮游生物和鱼类漂浮其中，使原来干净、清澈、透明的水体变得色泽混杂，浮游藻类死亡后沉入水底堆积还使水体变浅，加速了湖泊水库的沼泽化，破坏了原有生态景观。

(3)威胁人体健康。江河上游的湖泊、水库等大型水体若发生有害水华，浮游藻类释放的毒素和死亡浮游生物污染水源，会导致水质下降，影响下游城乡居民生活用水的质量。最新研究表明，被水华污染的水还是一种强烈的促癌剂，长期饮用可诱发肝癌。浮游藻类的生命活动会产生亚硝酸盐类致癌物质，也可使水体 pH 升高而促进霍乱弧菌的生长与繁殖。有数据表明，蓝藻毒素能引起学龄儿童的肝损伤，从小埋下罹患肝癌的祸根。

21.5.3.3 减灾措施

目前治理蓝藻暴发有各种方法：

(1)生物防治法　蓝藻是淡水鱼类的食物，可通过投放鱼苗治理。

(2)生物浮床法　利用吸附藻类的植物和其他生物控制水体中的营养物质，抑制藻类过量繁殖，重建生态平衡。

(3)机械捞出法　这是最原始和传统的办法，用人力将蓝藻连水带藻一起捞出。优点是打捞彻底，缺点是对于大面积蓝藻治理仍难奏效。

(4)化学法　用硫酸铜等化学药物杀灭。早期海洋赤潮治理常月硫酸铜，效果较好，但副作用也很大。二价铜离子对生物幼体的变态具有致畸性。同时，硫酸铜还具有毒性，能破坏水体正常的生态系统，因此要慎重使用并与增氧措施相结合。

(5)微生物菌除藻　将自状态活性污泥中的有益菌种进行菌群筛选并分离出来，喷雾干燥后获得高密度菌粉，再通过工厂化大规模生产并附着到填料上，形成高效处理系统。

(6)高强磁灭藻　有人发现在磁场强度为 3 700 Gs 的高强磁水处理器作用下，蓝藻可基本消除，水体质量明显改善。缺陷是成本高，不能对大范围蓝藻进行处理。

(7)工程疏浚法　引入活水，利用大水量将蓝藻连同发臭湖水冲进海洋。能够对大面积蓝藻进行治理，但只是将污染转移到别处，没有根治，不宜大规模提倡。

上述治理方法都是末端治理，是治标不治本的下策。滇池污染治理初期效果不理想，说明人工治理措施非常局限。尽管采取以邻为壑的做法，引长江水将太湖或巢湖的污染物一冲了之，得到暂时的缓解，但仅是将污染转移到近海，由蓝藻变成褐藻，由水华变成赤潮，污染反而愈演愈烈。科学的治理措施是，下大决心，采取强有力措施，切断工业生活污水、农田氮磷等污染源，使水体流动起来。待污染源中断后，尊重自然的选择，实行生态自我修复，仅辅以必要的人工治理措施。

21.5.4 浒苔

浒苔属于绿藻类，常生长在潮间带岩石和泥沙滩的石砾上，有时也可附生在大型海藻的藻体上。浒苔虽然无毒，但大规模暴发也会带来危害。和赤潮一样，大量繁殖的浒苔能遮蔽阳光，影响海底藻类的生长；死亡浒苔也会消耗海水中的氧气。有研究表明，浒苔分泌的化学物质很可能还会对其他海洋生物造成不利影响。浒苔暴发会严重影响景观，干扰旅游观光和水上运动进行。浒苔还直接威胁沿海水产养殖，特别是扇贝和鲍鱼。

现在国外已把浒苔一类大型绿藻暴发称为“绿潮”，视作和赤潮一样的海洋灾害。普遍认为由于人类向海洋排放大量含氮和磷的污染物而造成海水富营养化，不仅是许多赤潮发生的重要原因，也是许多绿潮暴发的重要原因。另外一种原因是黄海中南部沿海滩涂近年来大规模海水养殖使海水氨氮量增加，造成海水富营养化，在春夏合适的光照和温度条件下形成大规模漂浮浒苔。

据观测资料，黄海最早于2007年出现浒苔，2008和2009年更是连续暴发。如2008年大规模暴发覆盖海面，导致大量养殖鲍鱼缺氧死亡。2009年3月24日首次在江苏省吕泗以东海域发现零星漂浮浒苔，6月4日在江苏省盐城以东约100 km海域处发现漂浮浒苔，分布面积约6 550 km^2，覆盖面积约42 km^2。随着浒苔的漂移和生长，7月初分布面积达最大约58 000 km^2，实际覆盖约2 100 km^2，分别比2008年增加132%和223%，主要影响山东省南部近岸海域。进入8月以后黄海浒苔逐渐减少，8月下旬山东近岸海域浒苔消失。此次黄海浒苔灾害暴发面积大，持续时间长，对渔业，水产养殖，海洋环境、景观和生态服务功能产生严重影响，山东省直接经济损失为6.41亿元。

浒苔暴发的治理相对比较容易，只要持续不断打捞，等到水中的营养元素消耗殆尽，便会自然消退，但需要耗费大量人工，在实际工作中往往不可行，要彻底根治还是需要控制海水的富营养化。

（杨柏松）

参考文献

[1] 郭书田. 神农之魂，大地长歌——中国工业化进程中的当代农业(1949—2009). 北京：金盾出版社，2009：513-535.

[2] 中华人民共和国农业部. 新中国农业60年统计资料. 北京：中国农业出版社，2009：38-40，619-635.

[3] 农业部渔业局. 中国渔业年鉴2003. 北京：中国农业出版社，2003.

[4] 中央电视台《经济半小时》. 专家：中国每年自然灾害致渔业损失达160亿元. 北京：中国日报网，2010-10-25[2010-10-25]. http://www.chinadaily.com.cn/micro-reading/china/2010-10-25/content_1068371_2.html.

[5] 杨柏松，危万虎. 春季鱼苗人工繁殖的气象危害指标鉴定及适宜繁殖期分析. 湖北气象，1984(4)：4-8.

[6] 农业部渔业局. 2010年渔业年鉴. 北京：中国农业出版社，2010.

[7] 于仁成，吴树功，薛波，等. 扇贝养殖的气象水文条件及气象服务指标研究. 气象科技，1998(3)：54-59.

[8] 罗森波. 淡水养殖与气象服务. 广东气象，1995(1)：18-20.

[9] 李洪根. 干旱对洪泽湖渔业和航运的影响. 中国气象，1986(4)：29-31.

[10] 鄱阳湖遭遇50年来罕见持续干旱. 信息日报，2007-01-24[2012-08-25]. http://www.jxnews.com.cn/xxrb/system/2007/01/24/002417251.shtml.

[11] 杨志强，郑稻根. 古雷湾扇贝养殖品暴发性死亡的气象问题初探. 福建气象，1998(5)：23-24.

[12] 国家科委全国重大自然灾害综合研究组. 中国重大自然灾害及减灾对策. 北京：科学出版社，1993：361-364.

[13] 吴思强. 山东积极应对海冰灾害. 中国渔业报，2012-02-20(5).

[14] 本报记者刘红杰. 海冰灾情致青岛渔业损失逾 1.3 亿. 北京:水母网,2010-01-31. 中工网-工人日报. http://www.shm.com.cn/newscenter/2010-01/29/content_2824766_2.htm.
[15] 记者杨志望. 粮农组织说印度洋海啸造成直接渔业损失 5 亿多美元. 北京:新华网,2005-02-18. http://news.qq.com/a/20050218/000123.htm.
[16] 邱兆祉. 鱼类的寄生虫和寄生虫病. 生物学通报,2000,35(11):12-14,50.

第 5 篇

农业区域减灾技术

第22章

农业区域减灾概论

22.1　农业灾害的区域性

22.1.1　农业区域与区域农业的概念

农业灾害的区域性与农业的区域性密切相关。人类由游牧到定居，由摘食野果到驯化农耕，沿着河流平川不断迁徙，逐渐形成了一个个生活的聚居区，在其周围自然而然也产生了相应的农业带。这一区域是以该区域农业生产特征为代表的农业区域，人类在该区域的农业生产活动也就是区域农业。

农业区域是农业生产与地域结合而形成的相对统一的空间，是农业生产在地域空间上的表现。从生态经济的观点看，农业区域是一个农业生态经济系统，是客观存在的农业分布的实体，是认识农业地域分异现象的基础，既是农业区划的出发点，又是农业区划的归宿。农业区域的性质和特点随着社会生产方式和生产条件的改变而发展变化。当社会生产力水平比较低下时，其性质主要属自然经济形态的生态适应区域；随着社会生产力水平的提高和商品生产的发展，这种性质的农业区域已被劳动地域分工和具有不同程度专业化的农业生态经济区域所取代。

区域农业(regional agriculture)泛指一定区域范围内的农业活动，多数情况下指特定地区的专业化现代农业生产。区域现代农业是一定地域范围内自然经济要素相互作用形成的、具有特定结构与功能的开放经济系统，它具有生态依赖性、市场竞争性、生命周期性和发展外部性等基本特征[1]。影响区域农业发展的因素可以归结为自然资源禀赋、社会经济条件、农业政策和科技发展等方面。这些因素在地域空间上的组合差异，决定了区域农业的优势产业与发展潜力[2]。

总之，农业的区域性由区域生态条件、生产条件所决定，并随社会生产方式的变化而变化，对农业生产具有极强影响力的灾害的发生和危害也与上述农业的区域性特点相吻合。区域的自然资源禀赋和社会经济条件决定了该区域农业的发展模式和方向，农业灾害的减灾战略也应与区域农业的规划和发展相适应。

22.1.2 农业灾害的区域性特点

由于农业区域性气候、生态环境、生产条件、经济水平、社会状况不同，因此不同区域的农业灾害也具有十分明显的区域性特点。全球气候变化造成各地区气温、降水等气象环境条件的年际间变化很大，极端气候事件如干旱、洪涝、低温冷害、霜冻、冰雹、高温等气象灾害频繁发生。这些灾害的发生不同程度上具有明显的区域性特点，地域性分布比较明显，譬如在我国发生的主要农业气象灾害就具有这样的特点，我国农业气象灾害的区域分布特征比较明显，北方春旱严重，长江流域和江南地区伏旱较多，低温灾害主要发生在东北、华北和华南地区（表4.2）。此外，农业生产中的自然灾害还有滑坡、崩塌、泥石流、土地荒漠化、盐碱化、水土流失等地质灾害，植物病虫草鼠害和动物疫病等生物灾害，这些灾害也都具有明显的区域性特征。森林火灾与草原火灾既有人为原因，也有自然原因，分别发生在林区和牧区，同样具有明显的区域性与季节性。

农业生产受气候和地理条件的影响，地域性差异非常显著，农业灾害主要由气候因素和与其密切相关的非气候因素引起，因此农业灾害与农业适应性相关的气候多样性及敏感性的非气候因素也就密切相关。不同区域地理、气候特征及气候变化对农业的影响，使得各区域受气候变化影响的农业灾害关键因子不尽相同。一些区域受气候变化的影响的结果可能会利大于弊，而另一些区域受气候变化影响的结果可能弊大于利，另外气候变化也会对不同区域的生物多样性产生明显影响，这种影响甚至会直接或间接地波及和影响到其他地区。

中国农业的地域性差异非常显著，刘巽浩等在对中国农作制度的研究中，将中国分为十个区域[3]。中国的种植制度和种植模式比较复杂，定量评估未来气候变化对种植制度的影响难度较大；而且存在很多不确定性，因为一个地区实际的种植制度不仅仅取决于气候资源，同时还受土壤条件、作物品种特性、生产水平、经济环境、市场需求、劳动力资源及技术水平等因素综合影响[4]。

我国主要农业气象灾害的地区分布及危害形式参见表4.2和刘玲等的论文[5]。

22.2 生态环境与灾害的区域性

22.2.1 生态环境与灾害的关系

环境是指以人类为主体的外部世界，包括自然环境和社会环境。前者主要指地球表面与人类发生相互作用的自然要素及其总体。它是人类生存和发展的基本物质条件，更是可持续发展的最基础条件[6]。生态环境主要是指人类生存的自然外部环境，它随着人类的活动而发生改变，改变的生态环境可能有利于人类的生存和繁衍，也有可能由于人类活动的破坏使区域气候、土壤等环境条件恶化，从而对农业产生不利影响即发生农业灾害，可以说生态环境的好坏与灾害息息相关。

生态环境与灾害的发生有着直接的关系和内在联系。不同地区所处的生态环境不一样，人类在各自活动过程中对生态环境的改变(包括保护和破坏)程度不同，造成自然灾害的种类和发生频率、危害程度也不一样。中国所处的地理位置比较特殊，是世界上农业灾害比较频繁和严重的国家：①中国位于环太平洋和北半球中纬度两大灾害带的交叉部；②中国由西向东的地势倾斜度和气压梯度都很大，导致物质迁移的强度大，水蚀与风蚀强度都很大；③大陆性季风气候的特征之一是降水与温度的季节与年际变化都很大；④中国人均水土资源贫乏，对气候资源的利用强度大，因而对其亏缺也更加敏感，农事活动对农时的要求极严格；⑤人口众多，生态破坏长期积累[7]。

因此，区域生态环境特点是灾害区域发生的客观决定因素，而人为生态环境的优劣则决定了自然灾害发生的频率和强度。欧美由于在工业化进程中对生态环境造成了极大的破坏，因此自然灾害在相当一段时期内频繁发生，经过不断的生态修复和保护，如今生态环境大大改善，自然灾害的发生频次也大大减少。而目前一些发展中国家包括中国，在经济高速发展过程中对环境保护不够，由于滥垦过牧破坏植被、大量排放污染物和温室气体，对生态环境造成了很大破坏，与近一二十年来自然灾害频繁发生和生态环境的改变有很大关系。近十多年来一些地区以退耕还林和退牧还草为主要手段的保护措施，已经在防止水土流失、防风固沙和蓄水抗旱方面初见成效。因此，生态保护和生态治理是避免自然灾害威胁和减轻自然灾害造成损失的有效和必要措施。

22.2.2 区域生态环境与灾害的关系

区域生态环境的改变直接反映在气候变化上。IPCC 报告指出，气候变化影响的程度及其危害的大小是由适应和减缓的共同作用所决定的[8]。人类活动对区域生态环境的影响直接影响灾害发生的频次和危害程度，中国几千年的历史已经证明了这一点。自汉代至明清，随着人口的增长，大一统国家征收赋税欲望增强，黄河流域、海河流域、长江中下游等地区，都发生了人争水地的社会经济行为，造成了大江大河多次决口，威胁农业生产和百姓安危。“吾无容水之地，而非水据吾之地”、“非河犯人，人自犯之” 两句话，揭示了河患的社会性成因[9]。

我国三北地区干旱、沙尘暴的频繁危害，主要是由几千年人类在该区域的剧烈活动，造成该区域生态环境的不断恶化而引起，该区域生态环境的恶化是导致多种灾害发生的直接原因。1998 年长江流域发生的特大洪水，就是因为垸田侵占了行水通道，大大小小的湖泊被填埋围垦，加上 100 年间长江上游的原始森林被砍伐了 80%，造成了长江流域区域生态环境的恶化，泥沙淤积使河床不断抬高，湖泊不断萎缩甚至消失，直接导致洪灾来临之时拦蓄水能力大大削弱。只有治理好整个长江流域的水土流失，才是减轻长江洪灾危害的根本性措施。

生态环境作为区域内各种自然因子组成的综合系统，是区域内人和生物有机体的载体，是物质和能量的供应者，是人类生存和社会发展的基础，维护生态环境良性循环是区域可持续发展的核心[10]。因此，区域生态环境的好坏直接决定灾害的发生与否和危害轻重，维护良好的区域生态环境是避免和减轻区域灾害发生和危害的核心。

22.2.3 生态治理与区域减灾

自然灾害的区域性表现在自然灾害的地域分布规律、区域差异、灾害的区域联系以及不同的区域具有不同特点等方面。就拿中国来说，在空间分布上，自西向东，大体以贺兰山—六盘山—龙门山—哀牢山和大兴安岭—太行山—武陵山—雪峰山为界，分为三个大区：西区为高原山地，海拔高，切割深度大，自然灾害以沙漠化、地震、水土流失、冻融、泥石流等为主；中部为高原向平原的过渡地带，地形陡峻，切割剧烈，主要发育地震、崩塌、滑坡、泥石流、水土流失、土地沙化、黄土湿陷等地质灾害；东区为平原及海岸带和大陆架，地形起伏小，气候潮湿，且降雨量丰富，主要灾害为洪涝、台风、风暴潮、海岸灾害、地震、地面变形等[11]。干旱在我国大部分地区都经常发生，在北方表现为资源型缺水，以春旱和春夏旱为主；在南方表现为季节性干旱，如长江流域的伏旱和西南、华南的冬春旱。

脆弱生态是灾害之源，生态治理是减灾之本。应一手抓生态综合治理，创造可持续发展的环境条件，一手抓特色优势资源开发与生计开拓，增强可持续发展的物质基础，力争实现生态、经济双赢[12]。生态脆弱地区应注重研究选择针对主要灾害和生态障碍，既有生态效益，又能增产增收的关键技术为突破口。生态脆弱地区往往是经济欠发达的贫困地区，在这些地区实施生态治理，一定程度上要影响到区域经济的发展和人民的生活水平。因此，在这些区域进行生态治理，一定要结合当地的经济和社会发展状况，科学分析和设计，选择可持续发展的路子，在生态治理和区域减灾的同时，促进当地经济发展和社会富裕，不能因为治理生态环境造成区域贫困的发生。

灾害的发生往往是由于承灾体受到破坏变得脆弱，因此，通过降低灾害系统压力，减轻承灾体脆弱性，来减轻自然灾害的努力还体现在我国的生态治理和恢复方面。国家在三北地区实施的“再造西部秀美山川”、退耕还林、退耕还草的浩大生态工程，不仅是生态环境恢复观念的突破，也是防灾、减灾向降低系统脆弱性发展的一个标志[13]。同样，在我国南方地区，可以通过还湖还草，实现大江大河流域的生态修复和恢复，减少洪涝灾害和水沙等灾害的影响。在农林、农牧交错带减少农作措施对土壤耕层的破坏，也可以减缓区域水土流失和风沙灾害的发生和危害。上述措施均是使承灾体由脆弱变得稳定，生态性能得到恢复，增强对区域灾害的防御能力。

因此，区域尺度的生态治理和恢复同样是区域减灾的根本和有效措施。

22.3　经济发展与灾害的区域性

22.3.1　经济发展与灾害的关系

自然灾害的发生和危害，既有自然因素，也有社会因素，与人类活动和经济发展息息相关。自然灾害是导致人类生命财产损失或资源与环境破坏的自然事件，是自然界与人类社会、经济系统相互作用的产物，它与人类社会相伴而生[13]。从 20 世纪 70 年代起人们就认识到气候变化异常是由大气、海洋、冰雪、陆地等相互作用而引起，与生物圈及人类活动也有很大关系[14-15]。

自然灾害总是与贫困紧密相连，世界银行在 20 世纪 90 年代的研究中发现，80%以上的穷人并不是总是穷(always poor)，而是有时穷(sometimes poor)，原因是他们面临各种自然灾害袭击时难以抵挡，从而陷入贫困或返回贫困的境地。王国敏从定性的角度首次对农业自然灾害与农村贫困之间的关系进行了研究，认为自然灾害总是与贫困相伴随，且成正相关关系[16]。张晓[17]认为农村贫困只与农民家庭平均每人纯收入和水旱灾害受灾或成灾面积占播种面积的比例两个因素有关，所以建立了简单的双对数线性二元回归模型，把农民家庭平均每人纯收入和水旱灾害受灾或成灾面积占播种面积的比例两个变量作为解释变量，即：

$$\lg(\mathrm{PKL}) = \beta_0 + \beta_1 \lg I + \beta_2 \lg(\mathrm{ZR})$$

式中：PKL为农村贫困发生率，%；I为农民家庭平均每人纯收入，元；ZR为水旱灾害受灾或成灾面积占播种面积的比例，%。

区域经济不发达，农民对自然灾害的防御能力较差，灾害发生后减灾自救的能力也不高。因此，提高区域抗灾能力，发展经济也是重要的一个方面，经济发展了，抵御自然灾害和灾后自救的能力也自然更强。从政策和技术对策上讲，国家和地方政府应加大对农业自然灾害的救助力度，尤其应加强对贫困地区和贫困农户的救助力度，因为农业自然灾害的发生对收入低的农户影响和危害更大，既要遵循根据成灾多少确定救济额度的原则，又要向收入相对较低的贫困地区和贫困农户倾斜。

同时，自然灾害对区域经济的发展影响巨大。自然灾害是人类经济社会和未来发展所面临的最大威胁，是实施可持续发展战略最严重的阻碍。《中国21世纪议程》第17章中明确指出："经济发展、人口增长和生态恶化，尤其是灾害高风险区内人口、资产密度迅速提高，使自然灾害的发生频率、影响范围与危害程度均在增长，成为一些地区长期难以摆脱贫困的重要制约因素"。[18]

22.3.2 区域经济发展与区域灾害防控

全球气候变化、重大工程建设及人类活动等显著地改变了河流水文、水动力过程和河流形态，不可避免地对河流环境健康造成影响，并可诱发严重水灾害，对公共安全和社会经济可持续发展构成潜在威胁[19]。当前处于人与自然的矛盾相对尖锐的社会经济发展阶段[7]。农业成灾机理非常复杂，灾害性气候和天气是农业成灾的基本条件。在这种灾害条件下，农业灾害的形成还取决于农业生产系统对灾害性环境胁迫的响应与作用[20]。

王国敏[16]研究认为，农村贫困是与自然灾害所带来的风险紧密相连的，从根源上解决农村贫困，需要改变过去那种只注重结果的治理，而忽视源头的治理；只关注脱贫，而忽视返贫；只注重"输血"和"造血"，而忽视风险保障体系建设的单一的农村扶贫措施。因而，当前应找到一个新的切入点，重构我国现阶段农村扶贫模式。将发达地区的技术、资金、人才、先进经验引进来，把贫困地区的开发与发达地区的发展结合起来，城市通过一体化来带动农村经济社会的发展，工业通过产业化来带动农业的发展，使农业的外部利润内部化。通过发展经济、解决贫困进而改变区域灾害的防御能力弱、灾后自救能力差的现实局面。

严立冬[21]认为，要根据我国农业自然灾害的特点与农村经济可持续发展的需要，制订农村减灾防灾总目标。首先，要建立适合国情并与经济社会相适应的农业自然灾害综合防治体系，综合运用农业工程技术与法律、行政、经济、管理、教育等手段，提高农村减灾能力，为农村社会安定与经济可持续发展提供可靠的安全保障；其次，要加强农业灾害科学研究，提高对各种农业自然灾害发生发展规律性的认识，促进农业现代化技术在农业防灾体系建设中的应用，因地制宜实施农村减灾对策和协调自然灾害对农业发展的约束；第三，在重大农业自然灾害发生的情况下，努力减轻自然灾害造成的损失，防止灾情扩展，避免因不合理的开发行为导致的灾难性后果，保护有限而脆弱的农业生存条件，增强农业承受自然灾害的能力。

22.4 全球变化与灾害的区域性

22.4.1 全球气候变化对农业生产的影响

以气候变暖为主要特征的全球气候变化，对当今世界经济、生态和社会系统产生了重大影响，并通过农业生产及其相关产业威胁到国家和全球粮食安全[22]。全球气候变暖导致极端气候事件增多，极端气候事件的增多又加剧了农业生产的波动性，甚至带来严重的农业灾害。农作物产量受气候条件、作物品种、农业技术与管理等要素的综合影响，气候要素既为作物生长提供物质、能量，又是农业技术有效实施的限制因素之一，因此，气候变化对农业生产的影响已成为全球关注的热点问题之一[23]。

作为一个特殊的生态系统，农业系统的生产力对气候变化高度敏感，而且该系统生产力的变化是增加还是减少皆有可能。从作物光合作用机理以及农业生态系统生产过程来看，CO_2浓度的增加必将使大多数植物生态系统的净初级生产力和净生态系统生产力增加，也就是学术上说的CO_2施肥效应，使得碳在植被和土壤中累积逐渐增加。当然，气候变化有可能使CO_2对生产力的直接效应增加，也可能使其直接效应减弱，这与作物类型、区域环境生态以及气候变化的实际情景有关。气候变化将改变农业生产空间布局，比如降低小麦、玉米、水稻等主要作物的产量，减弱区域粮食供给能力，致使农业生产的脆弱性更趋严重[24]。气候变暖使农业单位面积用水量增加，生产成本提高。近些年来，气温升高和降水量明显下降加剧了我国华北地区的农业用水紧张度。由于光呼吸生化机制的差异，未来气候暖干化将有利于大多数C3类田间杂草丛生，而C4类粮食作物很有可能因竞争不到正常生长所需的水分和养分而使产量下降[25]。小麦生长季节内温度每升高1℃，产量将降低3％～10％。在过去20年中，温度升高使小麦产量下降4.5％[26]。

气候变化是否对农业系统造成灾难性的后果，不仅取决于气候胁迫的程度，更取决于农业系统对气候变化的适应程度，采取适应措施具有趋利避害的巨大潜力。

22.4.2 全球气候变化对农业灾害的区域性影响

就区域而言，全球气候变化对不同季节、不同地区（如传统农区、农牧交错区、生态脆弱区等）的影响程度完全不同。全球气候变化对农业生产能力影响主要取决于温度的升高程度、降水格局及作物对CO_2浓度升高的生理反应。气候变暖引发的季节变化、作物适宜种植区迁移、作物病虫害的演替等将影响到农业生产[27]。

温度升高可延长全年生长期，有益于多年生作物及热量不足的地区；温度升高将加快生长期短的栽培作物的发育速度，缩短生育期，单产将下降[28]。在我国，南方水稻产量随温度升高而下降，且下降幅度随温度升高加快而增大[29]。在黄淮海平原区，暖冬将加快小麦生育进程，使之提前进入拔节期，增加遭遇倒春寒天气而发生冻害的概率[30]；在提高 CO_2 施肥效应的情景下，我国东部的水稻、菜籽油、玉米、土豆和冬小麦的潜在生产能力提高，在不考虑 CO_2 施肥效应时，生产潜力将下降 2.5%～12%[31]。

气候变化对不同地区的农业生产的影响也不一样。

东北地区 20 世纪 90 年代以来气候增暖明显，表现为春季提前，生长季延长，生长季内总积温增加，>10℃积温带北移[32]，这些变化为东北农业发展带来了机遇，使农作物复种有了可能。

气候变化使黄淮海平原和北部高原温度明显升高，降水下降趋势明显[33]，呈现暖干化的特征，极端气候事件增多。水资源不足是本区农业生产的关键限制因子，而气候变暖又在很大程度上加剧了该地区的水资源紧张。北部高原以阴山、长城为界，以北属蒙古高原，以南为黄土高原。本区由北向南基本上可区划为纯牧区、农牧交错区、农区三部分，其生态更加脆弱，水蚀、风蚀严重，其中黄土高原是中国水土流失最严重的地区[34]。

长江中下游及沿海平原丘陵、江南丘陵和华南地区在气候变化背景下，降水量呈增加趋势[35]，增暖趋势明显[36]，各季节温度变化趋势是冬季趋于变暖，夏季趋于变凉[37]。冬季气温升高，害虫越冬率提高，对作物危害增加。本区光热水条件优越，气候变化对农业生产影响较小，热带、亚热带经济作物的越冬条件将得到改善，但极端天气事件发生频率升高，有害高温、低温和暴雨洪涝增加的影响亦不可忽视。气候变暖对西北干旱区农业影响有利有弊，降水量增加、极端气候事件减少对农业生产有利。气候变暖有利于提高复种指数和冬种面积的扩大，以冬小麦为例，气候变暖使其生育期提早，利于避开干热风、雷雨等气象灾害的影响，但返青期提前也容易在突来的寒潮中受冻害，而生育期变短使作物品质下降[34]。

22.4.3 应对全球气候变化对农业灾害影响的区域性技术对策

全球气候变化影响的区域性十分明显，全球气候变化的结果对一些区域的影响可能是正面有利的，对另外一些区域的影响可能是负面不利的。就区域而言，应对全球气候变化对农业灾害的影响在空间尺度上是全球性的，在时间尺度上是长期性的。研究全球大气-海洋-陆地系统的演变与重大气候灾害之间的相互关系，是制定区域性技术对策的必要前提。中国气候灾害的发生主要是由于东亚气候系统变化所引起，包括 3 个方面：①大气圈中的东亚季风（冬夏季风）、西太平洋副热带高压、中纬度扰动。②海洋圈中的热带太平洋“厄尔尼诺”与“南方涛动”循环、热带西太平洋暖池热力状态和印度洋热力状态。③陆面与岩石圈的青藏高原动力热力作用、北冰洋海冰、欧亚积雪以及陆面过程特别是热力状态和半干旱区的陆面过程[38]。

应对全球气候变化对农业灾害的影响应采取区域性技术对策。针对气候变化对不同区域的不同影响，以区域性自然灾害危害为依据进行合理划分，结合不同区域和不同灾害的发生规律和危害机理，研究、创新区域性针对性的技术进行应对。由于农业气候资源与农业气象灾害有其相对性，在农作制度、作物种类和品种以及栽培技术不适应气候时，可以酿成灾害；但如选择适应气候条件的农作制度、作物种类和品种以及栽培措施，就有可能减轻气候变化带来的负面影响，甚至化不利因素为有利因素[12]。在我国三北地区主要以抗旱、抗风沙、抗水土流失和抗低温为主进行技术创新和集成，在华北集约粮食主产区以干旱和低温冷（冻）害、高温、干热风等灾害为主进行防御，在南方则主要以水涝和高温为主进行区域技术创新和应对，形成针对不同区域农业灾害在全球气候变化背景下的变化和新特征的区域性减灾技术对策,实现区域性防灾减灾和全域防灾减灾的有机结合。

22.5 农业自然灾害区划方案

22.5.1 农业区划和农业气候区划

农业区划(agricultural zoning,agricultural regionalization)从一般概念来说,是依据客观的自然规律、经济规律和地域分异规律,依据各地的自然、经济和社会条件所进行的地域划分,具有科学性、综合性和空间性等主要特征。农业区划的综合性特征有别于其他学科,诸如土壤学、地质学、气候学、经济学、社会学等。农业区划是把各有关学科的理论及其资源、条件整合起来,运用、研究、分析、评价,以确定某一空间的发展战略。农业区划的空间性,不同于非农的工业区、商业区、生活区,它是对以农业为主的空间内的农业资源与条件进行综合评价,确定其发展方向、产业结构及其配置、布局措施的[39]。

农业气候区划(agro-climate zoning)是反映农业生产与气候关系的专业性气候区划[40]。农业气候区划的意义就是充分利用气候资源,发挥区域气候优势,以达到趋利避害的目的。做好农业气候区划不但能揭示不同地区农业气候的区域分异规律,阐明各个农业气候区的制约因素、现状特点、变化趋势和发展潜力,而且还可根据农业气候相似理论和地域分布规律,为合理配置农业生产、改进耕作制度以及引入和推广新品种等提供气候依据。既可根据长期农业实践和经验直接选取合适的区划指标,也可以通过农业气候资源分析,用气候资料与农作物产量、面积、灾情等数据运用统计学、生物学等方法,结合田间试验确定农作物生长发育的气候条件作为农业区划指标。在确定好区划指标后,农业气候区划的下一步工作就是遵循农业气候相似原理,采用一定的方法,划分出各个相同的和不同的农业气候区或区域单元[41]。

农业区划是对不同农业类型的综合区划,而农业气候区划是根据农业气候特征进行的专业区划。农业区划的内容包括农业气候方面的因素,农业气候区划可以为农业区划提供重要参考和依据,农业气候区划也要在农业区划的大框架内合理科学的进行。农业生产的特点决定了农业极易遭受严重自然灾害的影响,具有巨灾易发性的特点,这就给农业保险等农业灾害风险管理工具的持续发展带来严重冲击,一次巨灾的发生就可能导致农业保险公司破产,因此,进行农业区划和农业气候区划的同时,对农业巨灾风险的大小评估和区划对于农业灾害风险管理具有十分重要的意义[42]。

22.5.2 农业自然灾害区划设计

农业自然灾害的发生具有明显的地域特点,同一种自然灾害在不同区域的危害程度也不一样,因此,需要根据不同的地理、气候、生产条件和社会经济状况,结合不同灾害的发生机理和危害特征进行农业自然灾害区划(agricultural zoning of natural disasters)。不仅要按农业生产的特征进行农业区域的划分,还要结合自然灾害的发生规律进行农业自然灾害的区划,使农业自然灾害区划作为一项重要参考指标融于农业区划之中,充分考虑到农业自然灾害的区域性风险以及对区域农业的影响,最终更有效地避免和减轻自然灾害对区域农业生产的不利影响。

首先要考虑到区域农业自然灾害的风险评估,农业自然灾害风险评估与区划结果的准确性直接决定着农业灾害风险管理的效果和科学性。张峭等[42]为分析我国农作物自然灾害风险的空间分布特征,利用GIS软件进行了区划。从结果看,我国旱灾主要集中于内蒙古、吉林、辽宁、河北、山西、陕西、宁夏和甘肃等北方8省,洪涝高风险区为重庆、湖南、湖北、安徽和江西,冷害集中于我国西北部和海南省,风雹高风险区为我国北部,台风损失集中于华南沿海。因此,国家应对这些省份重点关注,在农业自然灾害区划中重点考虑这些省份,科学合理地划入不同区域,以便采取针对性措施进行灾害风险管理。

农业自然灾害区划也要结合当地农作制度进行,因为我国地域差异大,农作物品种及种植制度多样,气候变化的影响具有明显的季节性和区域差异性[43],因此农业自然灾害的区划应根据气候资源、生态环境、生产条件、社会经济状况等进行科学设计。要实现符合现代农业需求和全球气候变化的农业自然灾害的区划,必须科学选取将气候变化、农业灾害和作物生物机理相结合的区划指标体系,借助以"3S"技术为代表的遥感技术和信息技术,结合先进的数值区划方法,构建农业自然灾害的区划平台,使农业自然灾害的区划由平面向立体,从静态到动态发展,使其更具有可靠性和可操作性。同时自然灾害区划也要与区域农业规划和农业气候规划紧密结合,向综合规划的方向发展,以便提高规划的科学性和防灾减灾的时效性。

22.6 农业区域减灾的基本思路

气候因素并不是单独起作用的,而是与非气候因素相互作用,从而影响技术的适用性。一些研究者认为,气候变化农业适应性与当前的管理决策有很大关系[44-45]。作为自然界演化过程的一部分,要完全防止致灾事件的发生几乎是不可能的,但人类可以在不断认识自然灾害特征的基础上,对灾害做出反应,抗御灾害或调整自身行为去适应灾害、与灾害共处,从而把可能造成的伤亡或损失减少到最低程度[13]。

22.6.1 坚持农业灾害可持续治理的科学发展观,从根本上扭转区域性灾害加剧的趋势

防灾减灾是农业生产中的长期任务,应坚持"以防为主,防抗结合,可持续治理和综合治理"的方针,变被动抗灾为主动防灾。首先迫切需要改善区域生态环境。加强生态林业建设,可调节气候,稳定气温变幅,减少霜冻和冰雹的发生,而且能涵养水源,保持水土,缓解干旱,同时还能防风固沙,减轻风沙灾害等。继续推进退耕还林还湖还草,有效防御洪涝灾害,改善区域气候,实现区域生态环境保护和区域性气象灾害的针对性防御。对工业"三废"(废气、废水、废渣)要严格排放标准,完善监测体系,减少温室气体排放量和对大气环境的影响,在全球气候变化背景下最大可能地降低温室气体排放对区域气候环境的破坏。

另外,还要加强调整灾害多发地区的农业种植结构和品种布局,建立防灾型农作制度和生产体系。这已经被专家认为是主动而有效的防灾措施。西北地区要调减耗水量大的作物品

种，扩大节水型、耐旱型作物生产；南方一些干旱危害严重，同时水利设施较差、抗旱水源不足的省区，要立足节水和避灾，大力推行水改旱和双季稻改为水旱轮作的种植模式，逐步建立节水型农作制度。对东北玉米带的主栽品种，综合品种的熟性、抗霜性和地区热量条件变化规律，确立适宜的种植北界和播期，既要充分利用热量资源，提高单产，又要解决早霜危害导致的"水玉米"问题。南方地区要通过合理安排作物播种，搞好品种熟期搭配区划，避开干热风和寒露风的危害。

选择区域减灾技术必须充分考虑区域差异性和适应性，因地制宜地选择适应性技术措施，研究区域范围减灾技术的适应性技术是实现未来灾害可持续治理的研究重点。在选择减灾技术时，气候因素并不是唯一考虑的因子，一些非气候因素包括经济、社会、生产条件和参与人群等相互作用，从而影响技术的应用和效果。因此，要想从根本上实现区域防灾减灾要综合考虑和利用气候与非气候因素的共同作用。

22.6.2 应用综合技术体系提高区域农业灾害防控能力

农业气象灾害的防御手段主要有生物、物理和化学等技术，针对不同的灾种需要采取不同的防御技术或几种防御技术组合使用才能达到防御的目的[5]。

22.6.2.1 加大力度开展区域农业基础设施建设和气象保障能力

在水利条件好的地方，旱涝灾害基本能得到控制，做到旱能灌、涝能排。但在不少地方，水利基础薄弱仍是影响抗御水旱灾害的主要障碍。所以应当针对地区特征，制定适宜的规划，加大投入进行水利工程建设[46]。

对我国农业持续稳定发展具有重要影响的农业生态环境的气象保障和调控问题，有必要组织各方面力量联合攻关，并从区域至全国逐步形成气象保障和调控的工程体系。以气象信息服务与保障、气象灾害防御与调控、人工增雨作业与调控等作为工作对象，通过综合集成，为区域级农业生态环境提供气象保障和调控，使我国农业生态环境的气象保障和调控水平步入国际先进行列。

22.6.2.2 进一步加强区域农业减灾科学技术的研究与应用

要结合农业增长方式的转变，把农业防灾抗灾减灾工作转移到依靠科技进步和技术创新上来。加强农业灾变规律研究，进而根据灾变规律，指导安排生产和农作制度。加强灾害对作物影响机理的研究，为抗灾减灾技术的研发奠定基础，提供依据。利用"3S"等高技术手段，开展灾害预警技术的研究，提高灾害预测预报的准确率。同时要利用电视、网络等现代信息传输手段，及时将气象灾害发生情况和防治技术传授给农民。加强现代生物技术在增强抗灾能力方面的应用研究。加强农业灾害风险分析和评估标准的研究，以正确指导救灾工作。要在易旱、易涝、易冻地区建立一批试验示范点，加大旱作节水技术、避洪农业技术、冻害防御技术等减灾技术的推广普及力度。

面对我国北方水资源日益紧缺，干旱危害不断加重的局面，发展节水农业是一项战略措施，而节水灌溉又是节水农业的重要措施之一。目前我国农业灌溉用水浪费仍很严重。搞好节水灌溉既要从水利工程的引水、提水、输水、配水等过程中减少水的损失，又要从改进灌溉制度、灌溉方法、用水管理和农艺措施等方面力争节水，以少的灌溉水量确保农作物正常生长，并尽可能提高农作物产量，保证农业稳定增长。在灌溉水源较差的干旱地区，综合运用农艺、生物、化学、农机和工程措施，着力发展旱作节水农业。

22.6.3 逐步建立农业灾害保险、风险转移与补贴机制

在建设农业基础设施和大力推广减灾技术的同时，还要加强农业灾害监测预警网络体系、救灾物资储备制度、抗灾救灾支持保障体系等建设，建立科学的灾害防御体系，增强农业抗灾减灾应变能力[13]。

占全国人口不到2%的美国农民，不仅养活了近3亿美国人，而且还使美国成为全球最大的农产品出口国。美国农民之所以有这样大的“本事”，除了与美国农业体制、科技进步等因素有关外，一个非常重要的因素就是美国政府长期以来实施的农业补贴政策。美国的联邦农作物保险公司为商业保险机构提供再保险，降低商业保险机构参与农业保险的风险，调动其积极性。政府还对投保的农场主给予相当于保费50%～80%的补贴，使农场主只需支付很少的保费就能参加农业保险[47]。西欧一些国家如法国、瑞典、西班牙等国家，农业保险体系不仅多样化，有政府保险机构、合股保险公司、大小型互助合作组织等，政府还对农民所交保险费补贴50%～80%。在推动农业保险业发展的同时，这些发达国家的政府还十分重视对农业给予灾害补贴。美国通过“灾害援助计划”对因遭受自然灾害而造成收入损失的农户进行补贴，以帮助受灾对象稳定收入以及恢复生产。法国、日本等国家向农户发放长期低息贷款，政府负责补贴利息差额。为吸引商业银行增加对农业的信贷投入，日本政府还为一部分贷款提供担保。

我国经济已经进入新的发展阶段，应该借鉴发达国家的经验，探讨适合国情的农业保险与补贴的新模式，建立由政府补贴扶持的农业保险政策，从而转移农业灾害风险，实现国家、地方政府和农户联动的救灾减灾机制。

（王道龙）

参考文献

[1] 罗其友. 区域农业基础理论探讨. 中国农业资源与区划，2006，27(5)：11-15.

[2] 区域农业发展战略研究课题组. 区域农业发展战略研究. 中国农业资源与区划，2007，28(3)：4-10.

[3] 刘巽浩，陈阜. 中国农作制. 北京：中国农业出版社，2005：46-161.

[4] 杨晓光，刘志娟，陈阜. 全球气候变暖对中国种植制度可能影响：Ⅵ. 未来气候变化对中国种植制度北界的可能影响. 中国农业科学，2011，44(8)：1562-1570.

[5] 刘玲，沙奕卓，白月明. 中国主要农业气象灾害区域分布与减灾对策. 自然灾害学报，2003，12(2)：92-97.

[6] 李义天，邓金运，孙昭华. 长江流域自然生态环境破坏与水沙灾害的关系. 水土保持学报，2002，16(6)：31-35.

[7] 郑大玮，张波. 农业灾害学. 北京：中国农业出版社，2000.
[8] IPCC. Climate change 2001 - impacts，adaptation，and vulnerability. UK：Cambridge University Press，2001.
[9] 王培华. 自然灾害成因的多重性与人类家园的安全性——以中国生态环境史为中心的思考. 学术研究，2008(12)：91-96.
[10] 付在毅，许学工. 区域生态风险评价. 地球科学进展，2001，16(2)：267-271.
[11] 盛海洋. 我国自然灾害特征及其减灾对策. 水土保持研究，2003，10(4)：269-271.
[12] 郑大玮. 创建中国的农业减灾科技体系. 自然灾害学报，2006，15(6)：221-226.
[13] 商彦蕊. 我国自然灾害研究进展与减灾思路调整. 地域研究与开发，2005，24(2)：6-10.
[14] 黄荣辉，周连童. 我国重大气候灾害特征、形成机理和预测研究. 自然灾害学报，2002，11(1)：1-9.
[15] 黄荣辉，陈际龙，周连童，等. 关于中国重大气候灾害与东亚气候系统之间关系的研究. 大气科学，2003，27(4)：770-787.
[16] 王国敏. 农业自然灾害与农村贫困问题研究. 经济学家，2005(3)：55-61.
[17] 张晓. 水旱灾害与中国农村贫困. 中国农村经济，1999(11)：12-18.
[18] 中国国务院(1994 年 3 月 25 日国务院第十六次常务会议审议通过). 中国 21 世纪议程——中国 21 世纪人口、环境与发展白皮书. 北京：中国环境科学出版社，1994.
[19] 曹志先. 河流环境保护与灾害防御. 科学导报，2007，25(14)：3-15.
[20] 覃志豪，徐斌，李茂松，等. 我国主要农业气象灾害机理与监测研究进展. 自然灾害学报，2005，14(2)：61-69.
[21] 严立冬. 可持续发展战略与农业自然灾害防治. 农业经济问题，1998(7)：34-36.
[22] 唐海峰，樊万选. 农业应对气候变暖　创新开发理念　加快技术研发. 创新科技，2009(3)：17-19.
[23] 蔡运龙. 全球气候变化下中国农业的脆弱性与适应对策. 地理学报，1996，51(3)：202-212.
[24] 刘彦随，刘玉，郭丽英. 气候变化对中国农业生产的影响及应对策略. 中国生态农业学报，2010，18(4)：905-910.
[25] 王馥棠，赵宗慈，王石立，等. 气候变化对农业生态的影响. 北京：气象出版社，2003.
[26] You L Z，Rosegrant M W，Wood S，et al. Impact of growing season temperature on wheat productivity in China. Agricultural and Forest Meteorology，2009，149(6/7)：1009-1014.
[27] Miraglia M，Marvin H J P，Kleter G A. Climate change and food safety：an emerging issue with special focus on Europe. Food and Chemical Toxicology，2009，47(5)：1009-1021.
[28] 周平. 全球气候变化对我国农业生产的可能影响与对策. 云南农业大学学报，2001，16(1)：1-4.
[29] 姚凤梅，张佳华，孙白妮，等. 气候变化对中国南方稻区水稻产量影响的模拟和分析. 气候与环境研究，2007，12(5)：659-666.
[30] 高懋芳，邱建军，刘三超，等. 我国低温冷冻害的发生规律分析. 中国生态农业学报，2008，16(5)：1167-1172.

[31] Chavas D R, Izaurralde R C, Thomson A M. Long-term climate change impacts on agricultural productivity in Eastern China. Agricultural and Forest Meteorology, 2009, 149 (6/7): 1118-1128.

[32] 王春乙,娄秀荣,庄立伟,等. 气候变暖对东北地区作物种植的影响. 气象科技,2001,29(增):11-13.

[33] 秦大河. 中国西部环境演变评估:第三卷. 北京:科学出版社,2002:16-17.

[34] 王雅琼,马世铭. 中国区域农业适应气候变化技术选择. 中国农业气象,2009,30(增1):51-56.

[35] 气候变化国家评估报告编写委员会. 气候变化国家评估报告. 北京:科学出版社,2007:18-201,253,283-289.

[36] 徐影,丁一汇,赵宗慈. 长江中下游地区21世纪气候变化情景预测. 自然灾害学报,2004,13(1):26-31.

[37] 侯伟芬,王谦谦. 江南地区近50年地面气温的变化特征. 高原气象,2004,23(3):400-406.

[38] 黄荣辉,李崇银,王绍武,等. 我国旱涝重大气候灾害及其形成机理研究//我国重大气候和天气灾害形成机理和预测理论的研究:第一部分"我国重大气候灾害的形成机理和预测研究"项目论文集(一). 北京:气象出版社,2003:483.

[39] 张仲威. 农业区划空间发展战略研究. 中国农业资源与区划,2008,29(6):46-48.

[40] 余华盛,南成虎,田良才. 中国普通小麦生态区划及生态分类:Ⅰ. 中国普通小麦生态区划. 华北农学报,1995,10(4):3-6.

[41] 王连喜,陈怀亮,李琪,等. 农业气候区划方法研究进展. 中国农业气象,2010,31(2):277-281.

[42] 张峭,王克. 我国农业自然灾害风险评估与区划. 中国农业资源与区划,2011,32(3):32-36.

[43] Liu H, Li X B, Fischer G. Study on the impacts of climate change on China's agriculture. Climatic Change, 2004, 65(1/2): 125-148.

[44] Fankhauser S. Climate change costs - recent advancements in the economic assessment. Energy Policy, 1996, 24(7): 665-673.

[45] Dolan A H, Smit B, Skinner M W, et al. Adaptation to climate change in agriculture: evaluation of options. University of Guelph, Department of Geography, 2001, Occasional Paper 26: 51.

[46] 李世奎. 中国农业灾害风险评价与对策. 北京:气象出版社,1999.

[47] 王萍. 农业保险的海外实践与借鉴. 浙江金融,2005(4):46-48.

第 23 章

东北地区农业减灾技术

本章所论及的东北地区包括黑龙江、吉林、辽宁三省的全部和内蒙古自治区的东部四个盟(市)(呼伦贝尔市、兴安盟、通辽市、赤峰市),是我国最大的商品粮基地,尤其黑龙江省南部、吉林省中部和辽宁省北部的 20 多个市县是国家重点产粮大县。目前东北区域粮食和油料作物面积 2 000 多万 hm^2,以玉米、水稻、小麦、大豆、马铃薯等作物为主,正常年景年产粮食约 1 亿 t,约占全国的 20%,其中玉米 6 500 多万 t,占全国的 13%。该区域粮食生产以外向型为主,粮食商品率达到 70%,是当地主要创汇产业。粮食和大豆本地加工转化比例也较大。东北区域的粮食生产在保障国家粮食安全,支撑老工业基地复兴和区域经济发展中发挥着十分重要的作用。

东北地区玉米、水稻、大豆等主要粮食作物生长季节处于 5—9 月的日平均气温大于 10℃期间,年大于 10℃积温 2 000~3 500℃ · d,其间降水量 350~700 mm。常年积温和降水条件可以满足主要粮食作物一年一熟的需求。但是,东北地区积温和降水条件时空变化较大,西部降水少的地区常发生干旱,东、北部低温冷凉地区经常发生低温冷害和霜冻害。由于夏季强对流天气频繁,经常发生局地洪涝和内涝。同时,受气候变化影响,以作物病虫害为主的农业生物灾害和以土地沙化、碱化和退化为主的农业地质灾害也日趋严重。因此,防御和减轻农业灾害是东北地区农业可持续发展的重要保障措施。

本章概述东北地区制约农业生产的主要气象、生物、地质灾害及其防御技术。

23.1 东北地区的农业气象灾害与减灾技术

23.1.1 东北地区低温冷害及减灾技术

23.1.1.1 低温冷害及其对农业的影响

东北地区作物延迟型冷害主要危害玉米和水稻,障碍型冷害主要危害水稻。通常全生育期积温较常年少 100℃ · d 左右，或 5—9 月平均气温之和的距平在 −2～−3℃左右，发生延迟型冷害；水稻孕穗期平均气温连续 2 d 低于 17℃，或抽穗开花期间连续 2 d 低于 18.5℃，发生水稻障碍型冷害[1]。

20 世纪 60 年代以来，东北各地冷害发生频率都比较高。一般冷害年(减产 5%～15%)出现频率，辽宁省大部为 15%以下，吉林省中西部和黑龙江省西南部为 15%～25%，黑龙江省北部及吉林省东部多为 25%～35%。严重冷害（减产 15%以上）的发生频率，辽宁省大部及吉林省西南部在 5%以下，吉林省中部及黑龙江省南部为 5%～10%，吉林省半山区及黑龙江省中部为 10%～15%，黑龙江省北部及吉林省东部山区为 15%～25%。也就是说，东北粮食主产区每隔 3～5 年有一次一般性低温冷害，每隔 5～10 年有一次严重冷害。水稻障碍型冷害发生频率，辽宁省大部在 15%～20%之间，东北地区中部多为 25%～40%，吉林省东部山区较高海拔地带及黑龙江省北部在 40%～60%左右，即：东北地区大部每隔 2～3 年就有一次较明显障碍型冷害，减产 20%以上。40 多年来，东北地区曾发生 8 个严重冷害年，其中 1969、1972 和 1976 年的冷害减产率达 20%。

20 世纪 80 年代以来由于气候变暖，北方地区作物延迟型冷害的发生程度和频率有所下降，但由于气候异常事件增多，作物生长季温度波动幅度加大，障碍型低温冷害有加重趋势。例如，受鄂霍茨克冷空气频繁活动的影响，1993—2010 年间，东北地区东部每隔两三年就发生一次严重的水稻障碍型冷害，多数县市每次减产 40%左右。还应指出，随着各地种植制度的改革、复种指数增加和晚熟高产品种的推广应用，北方冷凉地区喜温作物偏晚熟品种种植比例不断上升，对热量资源要求更加严格，处于紧平衡状态，如遇低温年冷害问题将更加突出。

23.1.1.2 东北地区低温冷害风险分区

1. 玉米低温冷害气候风险分区

将热量资源及其变异系数、冷害发生频率、风险概率和风险指数等气候风险要素进行归一化处理，再用等权重平均建立综合风险指数，将东北地区划分成 5 个玉米冷害气候风险区域[2]（表 23.1 和图 23.1）。

表 23.1 东北地区玉米低温冷害气候风险分区

区号	风险度分区名称	气候风险综合指标	地理区域
Ⅰ	高风险区	>0.7	黑龙江省北部呼中、呼玛、孙吴、抚远等县市，吉林省东部的长白、抚松等县市
Ⅱ	较高风险区	0.6～0.7	黑龙江省中北部和东部的嫩江、海伦、伊春、佳木斯和鸡西等多数县市，吉林东部的敦化、蛟河、靖宇县
Ⅲ	中等风险区	0.4～0.6	黑龙江省中南部齐齐哈尔、大庆、哈尔滨、牡丹江、伊兰，吉林省镇赉、扶余、榆树、吉林、通化、辽源市
Ⅳ	较低风险区	0.2～0.4	吉林省白城南部、四平大部，辽宁省铁岭、丹东和抚顺大部分县市
Ⅴ	低风险区	<0.2	辽宁省中南部和西部，包括沈阳、鞍山、朝阳、大连、营口、锦州和本溪、阜新大部

2. 水稻冷害气候-经济脆弱度分区

在气候风险分析的基础上，再考虑水稻冷害经济损失程度，分析东北各地水稻生产的热量资源、延迟型冷害发生概率、障碍型冷害发生频率、冷害风险指数，以及各县市水稻单产变化、面积比例和总产量，建立水稻冷害气候-经济脆弱度分区模型，将东北地区划分成水稻经济对冷害反应高度脆弱区、脆弱区、较低脆弱区和不脆弱区 4 个区(图 23.2)[3]。

图 23.1　东北地区玉米低温冷害气候风险分区

Ⅰ. 高风险区　Ⅱ. 较高风险区　Ⅲ. 中等风险区

Ⅳ. 较低风险区　Ⅴ. 低风险区

图 23.2　东北地区水稻冷害气候-经济脆弱度等级分区

Ⅰ. 水稻冷害经济高度脆弱区　Ⅱ. 水稻冷害经济脆弱区

Ⅲ. 水稻冷害经济较低脆弱区　Ⅳ. 水稻冷害经济不脆弱区

23.1.1.3　低温冷害减灾技术

作物低温冷害防御技术分为两类：第一类是在作物播种前的防御技术，也称主动防御技术或战略防御技术；第二类是在作物生长过程中，已经监测到作物将发生低温冷害或霜冻害时采用的应急防御技术。

1. 主动防御技术

(1)作物和品种优化布局。作物结构配置和品种布局主要受气候条件的制约，实质上是根据地区热量资源对各类作物品种所需热量的保证程度，确定主栽品种及搭配品种，而后确定不同品种的种植比例，做到既充分利用当地气候资源，又避免发生低温冷害。衡量地区气候条件对各主要作物的适宜程度，既要比较地区间的差异，又要作同一地区不同作物之间的对比，应本着相对择优的原则，确定每一地区的主栽作物或每个作物的主栽区，而后确定主要作物的种植比例。

(2)地膜覆盖技术。地膜覆盖栽培是通过改善农田土壤生态环境条件来防御低温冷害和霜冻害的战略性措施之一，是有效的防灾减灾、增产增收农业工程技术。田间试验结果表明，东北地区玉米地膜覆盖可使耕作层土壤温度平均提高 3～4℃，相当于增加生长季积温 250℃・d 左右，玉米提早成熟半个月左右，采用偏晚熟品种可增产 40%左右，经济效益提高 35%左右[4]。采用地膜覆盖栽培技术应考虑增产效果的地域变化。在东北地区北部和东部积温不足地区，玉米地膜覆盖增产 35%～55%；东北地区中部多数市县增产 20%左右，而东北地区南部在10%以下；就一熟制而言，辽宁省大部分市县由于热量资源充分，无增产效果。

(3)种子处理和适时早种。种子处理包括种子包衣和浸种等，可以提高对低温和水分胁迫的承受力，提高出苗率，加快出苗速度，形成齐苗和壮苗，为作物后期生长提供良好基础。在土壤水分基本适宜的条件下，适时早播有利于抢积温，可以使出苗提前，有利于作物早熟。

(4)加强田间管理，促进作物早熟。加强田间管理可以改善农田生态环境，提高抗逆性，促进生长发育，较快通过各个生育期。据测定，幼苗期深松深耥能提高地温1℃左右，促进发根生长。对于水田要注意控制水层深度，合理排灌，力求做到以水调温，促进生育，提早抽穗和成熟。此外，要增施农家肥，培肥土壤。试验表明，同一玉米品种在不同肥力水平地块上的生育日数和所需积温不同，高肥力地块玉米生育日数和所需积温要偏少。

2. 应急防御技术

(1)冷害的化学防控技术　如作物已经发生或很可能发生低温冷害，可以施用化学药剂促进生长，增强抗低温能力，使作物正常成熟，减轻灾害损失，无灾害也能促进生长和增产。该类化学药剂可显著提高功能叶片的叶绿素含量，调节作物生长阶段的生化过程，协调与周围环境的关系，提高光合速率，促进并加速能量传递和干物质积累，改善产量结构性状。

(2)应急田间管理方法　如已发现生长发育延迟或贪青晚熟，必须加强后期管理，采取应急措施。对于玉米等高秆作物可采用抽雄期隔行去雄，秋季打掉底部叶片和去顶，蜡熟时果穗扒皮晾晒等措施，可减少养分和能量消耗，改善农田小气候，促进成熟。如发现水稻抽穗期偏晚，后期要少施氮肥，多施磷钾肥，以防止贪青晚熟。

23.1.2　东北地区农业干旱及减灾技术

23.1.2.1　东北地区的干旱及影响

东北地区粮食生产以雨养为主，水浇地比例很小，干旱是否发生直接取决于大气降水的多少。东北地区大部作物生长期间降水量为500 mm左右，与玉米等主要农作物的需水量相近，但西部少东南多，春季少夏季多，且年际变化大，丰雨年和少雨年相差1倍左右，常常发生农田干旱。

东北地区主要旱田作物是玉米、大豆和春小麦，水分敏感期是播种至出苗期、抽雄至开花授粉和灌浆期，春旱、夏旱和秋旱都容易发生。春旱是播种出苗期间降水偏少，造成出苗率下降和出苗期推迟。夏旱是7—8月玉米抽雄开花授粉、大豆结荚前后1个月左右降水偏少，导致结实率明显下降。秋旱是玉米灌浆或大豆鼓粒期的作物生长后期干旱，导致灌浆期缩短，灌浆不充分，粒重下降。东北地区中西部主要产粮区发生中度春旱、夏旱或秋旱，粮食产量损失5%～15%，严重干旱年减产达15%以上，一旦发生春夏连旱或夏秋连旱，损失可达20%以上。据统计，东北地区西部春旱频率为80%，夏旱为30%左右，中部春旱与夏秋旱频率分别为35%和15%左右。在全球气候变暖的背景下，东北地区异常气候事件明显增多，气候暖干化趋势比较明显，干旱有频繁加重趋势。例如吉林省1999年以来的12年，有9年出现比较严重的干旱，受灾县市减产都在20%以上。

23.1.2.2 东北地区旱田作物干旱指标

作物干旱指标可以用大气降水量、农田水分盈亏额、土壤湿度或水分亏缺指数表示。我们把玉米干旱分为轻度干旱、中度干旱和严重干旱三级，对应减产幅度大致为5%～10%、10%～15%和15%以上。总结20世纪90年代以来20年相关农业气象研究成果和农业生产服务经验，根据作物敏感期和降水量分布，考虑到近年来东北地区农业气候变化和作物水分特征，确定东北地区中西部玉米主产区干旱指标，如表23.2所示。其他旱田作物干旱指标可参考这一指标。

表23.2 东北地区玉米主产区玉米干旱气象指标

指标	春旱(4月下旬至6月上旬)	夏旱(6月中旬至8月中旬)	秋旱(8月下旬至9月中旬)
降雨量指标	**轻旱**:连续2旬雨量少于6 mm **中旱**:连续3旬雨量少于6 mm **重旱**:连续3旬雨量之和少于12 mm	**轻旱**:连续2旬雨量少于13 mm **中旱**:连续3旬雨量少于15 mm **重旱**:连续3旬以上雨量少于10 mm	**轻旱**:连续2旬雨量少于7 mm **中旱**:连续3旬雨量少于7 mm **重旱**:连续3旬以上雨量少于5 mm
水分盈亏指标	**轻旱**:连续2旬雨量比同期需水量少55%～70% **中旱**:连续2旬雨量比同期需水量少70%以上 **重旱**:连续3旬雨量比同期需水量少70%以上	**轻旱**:连续2旬雨量比同期需水量少45%～55% **中旱**:连续2旬雨量比同期需水量少55%以上 **重旱**:连续3旬雨量比同期需水量少55%以上	**轻旱**:连续2旬雨量比需水量少40%～50% **中旱**:连续2旬雨量比需水量少50%～60% **重旱**:连续2旬雨量比需水量少60%以上
土壤湿度指标	**轻旱**:连续2旬以上土壤相对湿度在60%～70%之间，或有1旬土壤相对湿度在50%以下 **中旱**:连续2旬以上土壤相对湿度在50%～60%之间，或有1旬土壤相对湿度在40%以下 **重旱**:连续2旬以上土壤相对湿度在50%以下，或有1旬土壤相对湿度在30%以下	**轻旱**:连续2旬土壤相对湿度在55%～65%之间，或有1旬土壤相对湿度在40%以下 **中旱**:连续3旬以上土壤相对湿度在50%～55%之间，或连续2旬土壤相对湿度在40%～50%之间 **重旱**:连续3旬以上土壤相对湿度在50%以下，或连续2旬土壤相对湿度在40%以下	**轻旱**:连续2旬土壤相对湿度在55%～65%之间，或有1旬土壤相对湿度在55%以下 **中旱**:连续2旬土壤相对湿度在45%～55%之间，或有1旬土壤相对湿度在45%以下 **重旱**:连续2旬以上土壤相对湿度在45%以下，或有1旬土壤相对湿度在40%以下

23.1.2.3 东北地区农业干旱的时空变化特征

1. *作物生长季节气候干燥度的变化特征*

干燥度是作物潜在蒸散量与同期降水量的比值。计算东北地区1960—2008年作物生长季干燥度[5]，结果显示，1962—1975年东北地区较为湿润，1976—1982年较为干燥，1983—1996年较为湿润，1997年以后较为干燥。总体上1960—2008年东北地区生长季干燥度波动增加趋势明显，变化速率为 0.056/10 年。1960—2008 年的均值，东北地区生长季降水量与潜在蒸散量相当，干燥度为 1.02；东北南部生长季略干，干燥度为 1.06，而东北北部总体较为湿润，降水量明显大于潜在蒸散量，干燥度为 0.78，降水量比潜在蒸散量多近 30%。1960—2008 年间，东北地区生长季干燥度变化存在明显的一致性，但具有南北反向变化的特点。无论是东北全区，还是南部、北部，以干燥度为表征的生长季干旱均呈显著增强趋势，与实际干旱成灾面积、绝收面积占不包括水稻在内的作物播种面积比例的显著增加趋势相一致。

2. 玉米干旱频率的地域变化特征

利用 1961—2007 年东北地区 124 个气象站日气象数据，采用彭曼-蒙特斯方程计算参考蒸散量、作物需水量及玉米水分亏缺指数，按玉米生长不同发育期确定不同干旱等级和玉米水分亏缺干旱指标，并计算干旱频率，分析时空分布及其年际变化特征[6]。东北地区玉米生长季内干旱呈现明显的季节性和区域性，干旱发生频率较高时段主要在苗期，其次是灌浆成熟期。玉米苗期、拔节期、抽雄开花期、灌浆成熟期的干旱频率都呈东北向西南逐渐增加的分布趋势。辽宁西部和南部、吉林西部和黑龙江西南部干旱发生频率较高，是干旱的主发区，玉米苗期、拔节期、抽雄开花期、灌浆成熟期干旱发生频率分别为 60%～96%、30%～58%、20%～40%和 30%～52%，其他地区干旱频率明显偏低，较少发生。

3. 玉米干旱的时间变化

从年代际变化看，20 世纪 60—80 年代玉米干旱较缓和，从 90 年代初开始干旱频率呈增加趋势，90 年代中期以后更加明显，特别是 2000 年以来一直维持较高水平。

东北三省玉米苗期干旱的年代际变化，20 世纪 60 年代初到 70 年代初干旱较轻，80 年代维持中等水平，到 90 年代初干旱频率开始上升，2001—2007 年干旱频率上升趋势明显，干旱呈加重趋势。

玉米拔节孕穗期干旱类似，从 20 世纪 60 年代初到 80 年代末干旱频率呈下降趋势，90 年代初出现转折，呈持续上升趋势，干旱加重，1999—2004 年维持在较高水平。

玉米抽雄吐丝期干旱与前两个发育期不同，呈波动性变化。20 世纪 60—80 年代变化趋势不明显，80 年代中期以后呈上升趋势，90 年代中期干旱加重趋势明显。

4. 干旱与气候变暖

1951—2000 年大气干旱指数和农业生产季节土壤湿度资料分析表明[7]，50 年来整个东北地区都是向干旱发展的，1990 年来最为明显。如 2000—2011 年期间东北地区主要产区发生春旱、夏旱或秋旱有 9 年之多，除西部易旱区外，中部和东部也常常发生干旱。

无论是大气干旱还是农业干旱，东北地区都有加重和频繁的趋势，这与全球气候变化有密切关系，气温升高和降水减少必然导致气候干燥。东北地区在 20 世纪的 100 年中气温上升明显。多数市县年平均气温 20 世纪 80 年代比 20 世纪 50—70 年代上升 0.6℃，到 20 世纪 90 年代上升 0.8～0.9℃。冬季和春季变暖比夏季和秋季明显。作物生长季 5—9 月平均气温也有上升趋势，20 世纪 90 年代上升了 0.6℃左右。

23.1.2.4 东北地区农业干旱风险分区

综合作物生长季降水量、气候干燥度和各季节干旱频率等指标，进行东北地区旱田作物干旱风险区划，将东北地区划分成 4 个干旱风险区域(图 23.3)。

Ⅰ级区:作物干旱高风险区。作物生长季节多年平均降水量350 mm左右,多年平均干燥度1.2以上,干旱频率高,损失严重。

Ⅱ级区:作物干旱较高风险区。作物生长季节多年平均降水量430 mm左右,干燥度1.0～1.2,干旱频率较高,损失较重。

Ⅲ级区:作物干旱较低风险区。作物生长季节多年平均降水量540 mm左右,干燥度0.9～1.0,干旱频率较低,干旱年损失也不严重。

Ⅳ级区:作物干旱低风险区。作物生长季节多年平均降水量650 mm左右,干燥度0.9以下,干旱频率低,干旱年损失也较轻。

图23.3 东北地区作物干旱风险分区

Ⅰ.高风险区 Ⅱ.较高风险区

Ⅲ.较低风险区 Ⅳ.低风险区

23.1.2.5 干旱的防御和减灾技术

东北地区农业干旱防御技术可分为工程基础设施建设、农田灌溉技术、农艺抗旱技术和抗旱保障服务技术4类。

1. 加强抗旱工程基础设施建设

东北地区耕地多,但水利基础设施普遍薄弱,同时水资源总量有限,西部地区还属于贫水区,要提高抗旱减灾能力,必须在加强抗旱水源工程建设的同时,加大节水灌溉工作力度。要实现这两大目标,在目前国家财政投入规模远达不到需求的情况下,必须按照市场经济的运行模式,拓宽资金渠道,尽快实现抗旱基础设施建设的制度创新和体制创新。对现存的抗旱基础设施通过产权制度改革,使之重新焕发生机和活力。

2. 农田灌溉技术

目前在东北地区使用的农田灌溉技术有喷灌、滴灌、沟灌、座水种等多种。

喷灌和滴灌是先进的节水灌溉技术,但成本较高。黑龙江省甘南县近年发展喷灌面积7.47万hm^2,年节水1亿m^3,5年总增收4亿元,是投入资金的3倍。依安县使用节水灌溉技术推广纸筒育苗移栽甜菜,每公顷产量达75 t,比未灌溉增产3 t,增加的收入与灌溉水费比为16∶1,极大提高了农民灌溉投入的积极性。滴灌节水效果更好,可实现灌溉用水零浪费。近两年东北地区西部半干旱区效仿新疆灌区开展膜下滴灌和暗灌,可以明显减少蒸发,节水灌溉效果更佳。

座水种也是一种节水灌溉技术,成本低,效果好,目前东北地区西部半干旱区已普遍推广玉米座水种技术。用水车装水,拖拉机机械播种时,播种、灌水、埋土、镇压等工序一次完成,可在播后半个月无雨情况下保证出苗。使用注水播种机,水箱直接安装在播种机上,可省去从水车向播种机装水的一道工序。

沟灌不节水,目前已不提倡。东北地区旱田水利工程较少,严重干旱时农民用水泵从水源(河、湖或田内抗旱井)泵水,通过垄沟灌溉,不但费水,灌溉面积也有限。

3. 农艺抗旱技术

一是在易旱区采用抗旱作物和抗旱品种。二是调整播期以错过干旱季节,如吉林省西部农民以往采用晚熟或中晚熟玉米品种,近几年改用中熟品种在5月初播种,距第一场透雨的时间缩短了，躲开4月至5月初的干旱时期，可以保证出苗，大大降低春旱风险。对于缺少灌溉水源的西部重旱地区，改粮食作物为生育期短的经济作物，如葵花、小豆等，可以在5月中旬第一场透雨到来后播种，以躲避春旱季节。三是耕作抗旱措施，如深耕和多使用农家肥，增加土壤保水能力，或地膜覆盖抑制蒸发。四是使用抗旱剂、保水剂等抗旱保水制剂，主要是种子处理和叶面喷洒。

4. 抗旱保障服务体系

东北地区抗旱基础设施整体薄弱，应充分调动农民的积极性，增强农业应急抗灾能力，走社会化抗旱之路。目前农业生产还是以农户为主要经营单位，在城镇化不断加快，农村劳动力加速向城市转移的情况下，单个农户抗灾自救能力不断减弱，要通过市场机制，以产权关系为纽带，加强和完善抗旱社会化服务体系，充分发挥县级抗旱服务组织的作用。一方面通过在广大乡村组建抗旱协会、开展股份制抗旱工程建设，把广大农民的力量凝聚起来，提高应急抗旱和自救能力；另一方面，抗旱服务组织要强化内部管理和加强队伍建设。

近些年，东北地区气象抗旱服务体系逐步健全。一是加强农业干旱的气象监测和预测，及时发布干旱预警信息，建立气象、政府和农民三位一体的干旱防御联动体系；二是开展人工增雨作业。

23.1.3 东北地区农业涝灾及减灾技术

23.1.3.1 农业涝灾及其影响

农业涝灾分洪涝、内涝和渍涝。洪涝指过多的降水引发江河洪水泛滥，冲毁流域内农田和作物的自然灾害，也称为水灾。内涝指过多的降水导致低洼农田积水且不能及时排除，使作物窒息；渍涝指持续降水导致农田土壤持续处于水分饱和状态，影响作物生长发育。由于内涝和渍涝较难区分，因此在以下的统计分析中，内涝包含渍涝。

东北地区7—8月降水比较集中，特别是中部平原和东部山区汛期强降水过程比较频繁，经常发生洪涝灾害，还很容易引发泥石流和山体滑坡等地质灾害。如吉林省东南部通化、白山和辽源等地及辽宁省丹东市各县洪涝灾害比较频繁，每年都有不同程度的发生。东北地区东部山区洪涝灾害频繁，因河水上涨和小水库决堤，沿河农田被淹，或因小流域山洪暴发，山区沟谷农田被冲毁。1960、1985、1986和2010年，东部和东南部的吉林、通化、白山、延边、丹东、本溪等地都曾发生较严重的洪涝灾害。

由于水利建设逐年加强，加之上游地区对水资源的利用加大，以及气候暖干化等原因，近些年来东北地区洪涝灾害明显减轻，对农业影响较大的主要是内涝。东北平原中部主要产粮区和三江平原部分年份汛期雨水较多，且由于低洼地比例较大，农田排水比较困难，易发生渍涝或内涝，损失较大，如2010年洼地多数农田土壤湿度达到饱和的时间持续近1个月，导致严重减产，不少低洼农田积水期1周以上，导致绝收。西部地区因汛期降水不多，很少发生洪涝灾害，且一般是汛期降水多的年份产量高。但个别年份如1998年，嫩江上游降水特多，导致中下游沿河农田被淹。少数年份东北地区春季融雪或雨水偏多，导致低洼农田积水或土壤湿度过大，产生春季内涝灾害。

据吉林省统计，“十五”期间全省洪涝受灾面积为128.37万 hm^2，成灾面积84.42万 hm^2，绝收面积15.89万hm^2，受灾人口近36万人。粗略估计损失粮食221.23万t，经济损失为28.76亿元，其中近3年洪涝灾害经济损失约为15.56亿元。

由于大暴雨或持续暴雨一般都是局地性或区域性的，且涝灾一般仅发生在流域内和低洼地带，因此不论是洪涝还是内涝一般是局地，受灾区域往往是一两个县的少数乡镇，因此洪涝灾害给东北地区农业造成的损失一般不大。

23.1.3.2 东北地区夏季农田涝灾气象指标

洪涝和内涝都主要是由于降水过多和地形引起的。其中洪涝主要发生在河流堤内地块或山区小流域，影响面积较小，致灾因素复杂，很难确定客观的灾害指标。内涝影响范围较大，较容易确定指标。农田内涝指标可以用大气降水量、农田水分盈亏额和土壤湿度等表示，也可以用水分亏缺指数等指标表示。例如，根据多年灾害监测资料和试验数据确定的东北中部玉米主产区玉米夏季农田涝灾指标如表23.3所示。

表23.3 东北地区中部玉米田夏涝灾害指标(夏涝:7月中旬至8月中旬)

指标	轻涝	中涝	重涝
降雨量指标	7月中旬至8月中旬连续3旬雨量之和200～250 mm，或连续2旬雨量之和160～200 mm，发生轻度夏涝	7月中旬至8月中旬连续3旬雨量之和250～300 mm，或连续2旬雨量之和200～250 mm，发生中度夏涝	7月中旬至8月中旬连续3旬雨量之和在300 mm以上，或连续2旬雨量之和在250 mm以上，发生严重夏涝
土壤湿度指标	7月中旬至8月中旬连续3旬土壤相对湿度85%～90%，或连续2旬土壤相对湿度90%～95%，或农田积水2～3 d，发生轻度夏涝	7月中旬至8月中旬连续3旬土壤相对湿度90%～95%，或连续2旬土壤相对湿度95%～100%，或农田积水4～5 d，发生中度夏涝	7月中旬至8月中旬连续3旬土壤相对湿度在95%以上，或连续2旬土壤相对湿度在100%以上，或农田积水6 d以上，发生严重夏涝
水分盈亏指标	7月中旬至8月中旬连续3旬雨量比需水量多40%～50%，或连续2旬雨量比同期需水量多50%～60%，发生轻度夏涝	7月中旬至8月中旬连续3旬雨量比需水量多50%～60%，或连续2旬雨量比同期需水量多60%～70%，发生中度夏涝	7月中旬至8月中旬连续3旬雨量比需水量多60%以上，或连续2旬雨量比同期需水量多70%以上，发生严重夏涝

23.1.3.3 东北地区涝灾的时空变化

东北地区涝灾的时空变化较大。就中度涝灾而言，西部齐齐哈尔、白城和朝阳一带，夏季涝灾发生频率大致为10%以内，较少发生；哈尔滨、长春至沈阳等中部平原地带和辽宁南部一般为20%左右；东部长白山区和东北部三江平原区一般为25%～30%，即3～4年发生一次。由于东北地区春秋季雨水少，较少出现春涝和秋涝。东北地区西部很少发生春、秋季涝灾，仅个别年份低洼农田发生短期内涝；东部山区和北部地区发生频率也不高。

根据涝灾等级划分标准对东北地区过去60年间(1951—2010)发生的洪涝灾害进行统计分析[8]，发现东北大部轻度涝灾平均每3年发生一次，中度涝灾平均每4年左右发生一次，严重洪涝灾害平均每5～7年发生一次。东北地区1954—1964和1981—1990年两个阶段是洪涝灾害多发期;1991 年以来发生频率下降。东北地区涝灾最严重的是在 20 世纪 80 年代,其次是 50 年代,60—70 年代及近年受灾较轻,发生次数较少。

东北地区各级洪涝灾害出现的频次,总的趋势是东南部多,西北部少。辽河中下游、鸭绿江下游沿河沿海地区相对偏多,这是因为该地区西、北、东三面环山,且地势逐渐抬升,有利于经过的气旋发展和加深,形成多雨区,也容易汇集上游来水。特别是当地由于经常处于副高边缘,海洋暖湿气流补给充分,容易形成大暴雨造成洪涝灾害。

东北地区农田内涝易发生区域与洪涝灾害的地区差异较大,出现频次黑龙江省最多,辽宁省和吉林省居中,内蒙古东四盟(市) 最少。受灾面积与东北区播种面积的分布基本一致。由涝灾引起的粮食减产量以黑龙江省最多,其次是吉林省、辽宁省,内蒙古东四盟(市) 最少。

农田涝灾面积和农业损失分布与东北区易涝耕地的分布也基本一致。东北地区易涝耕地集中在辽河平原、松嫩平原和三江平原,受灾面积占东北区总涝灾面积的 74.9%[8],其中松嫩平原约占 34.1%。黑龙江省含有三江平原和松嫩平原的大部分,易涝耕地面积和受灾面积最多;吉林省含松嫩平原一部分,辽宁省包含辽河平原大部。涝灾直接经济损失也以黑龙江省最多,吉林、辽宁省次之,然后为辽宁省和内蒙古东四盟(市)。

23.1.3.4 东北地区防洪减灾技术

(1)提高防灾意识和灾害风险管理能力。政府管理部门要加强涝灾风险管理,制定政策法规,编制和发布各地洪涝灾害风险图。面向社会广泛开展防洪减灾宣传,提高社会和公众的防减灾意识。

(2)加强防洪抗涝水利工程建设。加强对江河流域的治理,兴修水库和江河堤坝,防止江河泛滥,减少洪涝灾害;兴修农田给排水工程,扩大旱涝保收田面积,减免内涝灾害影响。

(3)农业生产技术。改良土壤,提高土壤保蓄水分能力;选种耐涝作物,调整作物布局和种植期,调节作物生长与自然条件的关系,避开洪涝灾害发生期。

(4)建立涝灾预警体系。气象部门加强对暴雨和持续降水的预测预报,水文部门加强水情监测和预测,气象和水文水资源部门建立信息共享机制,提高降雨量、河川径流量和农田土壤水分的监测预测能力,提升洪涝灾害预报水平和预警能力。现已建立涝灾监测、预报和预警发布体系,还需建立和完善暴雨和洪涝防御条例和应急预案,以各级防汛抗旱指挥部为中心,建立政府主导、气象和水文水资源部门牵头、各界群众参与的全社会洪涝灾害抗御体系。

23.1.4 东北地区作物霜冻害及减灾技术

23.1.4.1 东北地区作物霜冻害及其影响

东北地区作物霜冻害主要发生在春秋两季,春霜冻主要发生在喜温作物的苗期和果树开花期,秋霜冻主要发生在秋收作物灌浆成熟期。

植物霜冻害是否发生及发生程度直接取决于植物的日最低体温或叶温,植物叶面最低温度一般比日最低气温低 1～4℃左右。由于测量植物体温或叶温较困难,一般根据不同时期作物最低体温与最低气温的关系,采用日最低气温作为霜冻害的指标。在气象分析和气象服务中，东北地区把百叶箱日最低气温降到2℃或2℃以下的日期定为霜冻日。

霜冻害是东北地区主要农业气象灾害之一。由于气温偏低，热量条件不足，遭受霜冻危害的几率较大，如黑龙江省、吉林省、辽宁西部和内蒙古东部经常遭受早霜冻危害。受害作物除了玉米、水稻等粮食作物外，果树、秋菜和园艺植物也经常遭受霜冻害。

霜冻害对农业的危害十分严重，严重的霜冻害作物减产率可达30%左右，甚至绝收。由于北方地区作物播种和收获期大多出现在冷暖季节交替时期，霜冻灾害也多发生在苗期和成熟期。例如1970年9月14—19日，东北大部发生大范围霜冻害，玉米等作物受冻枯死，受灾面积1.7万 hm^2，减产约20%。1974年5月20—24日，黑龙江省大部和吉林省、内蒙古自治区北部发生春霜冻，已出苗玉米、大豆等受到伤害，仅黑龙江省遭受冻害的面积就达600万 hm^2。1997年辽宁西部地区由于春季干旱播种期明显延迟，导致大面积作物生长发育延后，玉米和高粱发生不同程度的秋霜冻，直接经济损失高达4.5亿元[9]。2010和2011年东北地区大部初霜日提前1周左右，出现霜冻害，对玉米等作物灌浆成熟造成明显影响，洼地作物受害严重。

值得注意的是，20世纪80年代以来的全球变暖并不意味着霜冻害明显减弱。原因之一是随着气候变暖，种植制度、作物布局和品种类型都有明显改变，如东北地区玉米、水稻等喜温作物北移，各地都改用了生育期更长的品种，作物对热量条件的需求仍处于紧平衡状况。二是气候变暖的同时，气候异常和气候变率增加，初终霜日的年际变化加大。三是近几年东北地区气候变暖趋于缓和，初霜日又有提前趋势。

23.1.4.2 霜冻害等级及其气象指标

植物遭受霜冻害的受害症状表现往往滞后于降温过程，受冻一两天后症状表现明显。在《农业气象观测规范》和马树庆等起草的《作物霜冻害等级》[10]标准中，作物不同部位主要受害症状如下。

叶片：叶片受冻后细胞失水，叶片呈水浸状，叶子凋萎，先变浓绿，再变白变褐，而后干枯。

茎秆：受霜冻的植物茎秆呈水浸状、软化；茎和枝叶变黑；上部枝叶干枯。

花穗：植物受霜冻后，穗、花凋萎，变褐色，脱落。

果实：霜冻后，未成熟果实、棉铃变黑或呈水泡状；玉米苞叶失去绿色并变干，籽粒表面失去弹性；小麦籽粒不变黄、干秕、有皱纹；果树花、叶萎蔫或落花落果。

植株：特别严重的霜冻害发生时，整个植株死亡。

《作物霜冻害等级》标准中，根据日最低气温下降的幅度及植物遭到霜冻害后受害、减产的程度，将霜冻害分为三级，即轻霜冻害、中霜冻害和重霜冻害。

轻霜冻害：气温下降比较明显，日最低气温比较低；植株顶部、叶尖或少部分叶片受冻，部分受冻部位可以恢复；作物受害株率小于30%；粮食作物减产幅度在5%以内。

中霜冻害：气温下降很明显，日最低气温很低；植株上半部叶片大部分受冻，且不能恢复；幼苗部分被冻死；作物受害株率在30%～70%；粮食作物减产幅度在5%～15%。

重霜冻害：气温下降特别明显，日最低气温特别低；植株冠层大部叶片受冻死亡或作物幼苗大部分被冻死；作物受害株率大于70%；粮食作物减产幅度在15%以上。

东北地区主要作物霜冻害分级气象指标如表23.4所示[9]。

表 23.4 主要粮食作物霜冻害温度指标(日最低气温) ℃

作物名称	轻霜冻			中霜冻			重霜冻		
	苗期	开花期	乳熟期	苗期	开花期	乳熟期	苗期	开花期	乳熟期
玉米	−1.0～−2.0	0.0～−1.0	−1.0～−2.0	−2.0～−3.0	−1.0～−2.0	−2.0～−3.0	−3.0～−4.0	−2.0～−3.0	−3.0～−4.0
高粱	−1.0～−2.0	0.0～−1.0	−1.0～−3.0	−2.0～−3.0	−1.0～−2.0	−2.0～−3.0	−3.0～−4.0	−2.0～−3.0	−3.0～−4.0
春小麦	−3.0～−4.5	−1.0～−2.0	−2.0～−3.0	−4.5～−5.5	−2.0～−3.0	−3.0～−4.0	−5.5～−6.5	−3.0～−4.0	−4.0～−5.0
水稻	0.0～−0.5	0.0～−0.5	0.0～−0.5	−0.5～−1.0	−0.5～−1.0	−0.5～−1.0	−1.0～−2.0	−1.0～−2.0	−1.0～−2.0
马铃薯	−1.0～−2.0	−0.5～−1.0		−2.0～−3.0	−1.0～−2.0		−3.0～−4.0	−2.0～−3.0	
大豆	−1.0～−2.0	0.0～−1.0	0.0～−0.5	−2.0～−3.0	−1.0～−2.0	0.0～−1.0	−3.0～−4.0	−2.0～−3.0	−1.0～−2.0

23.1.4.3 初终霜日和无霜期的时空变化

1. 霜日的地理变化

作为天气现象的结霜是指地面物体表面或地面温度降低到 0℃以下时,近地面空气中的水汽在物体表面凝结成白色冰晶的现象。有时虽然近地面物体表面温度已经降到 0℃以下,由于空气中水汽不足,并没有形成白色冰晶,但仍然能对农作物造成伤害(由于地面温度不稳定和近地面物体表面温度不易测定,仍以最低气温为霜冻指标)。由于最低气温与地面最低温度一般相差 4～5℃,考虑到大多数作物的实际受害指标,东北地区以秋季日最低气温首次降到 2℃日期为初霜日,春季日最低气温大于或等于 2℃的终日为终霜日,终霜到初霜的间隔日数就是无霜期。采用 1961—2005 年逐日最低气温资料,分析各地初霜日、终霜日和无霜期的多年平均状况及阶段变化。

初霜日:东北地区平均霜冻初日的地理分布特征明显,纬度越高、海拔越高,初霜日越早;反之越迟。从多年平均看,黑龙江省北部和吉林省东部长白山等高海拔地带初霜日在 9 月初,东北平原中部在 9 月中下旬,辽宁省大部在 10 月上中旬。

终霜日:年平均终霜日地理分布与初霜日相反。初霜来得最晚的地方,终霜结束最早。东北地区的大兴安岭北部 6 月上旬才结束霜冻,中北部和东部终霜日在 5 月上旬,中南部和西部出现在 4 月中旬,辽宁中南部为 4 月初。

无霜期:表示一个地区喜温作物有效生长期的长短,是选择作物品种和确定播种期的重要依据。黑龙江省东北部平均无霜期 75 d 左右,黑龙江省中北部和吉林省东部长白山区高海拔地带 120 d 左右。东北地区中部多数地区平均 140～160 d,其中东北地区中部主要产粮区平均无霜期 150 d 左右。辽宁省南部平均 170 d 左右。

上述指标大体反映轻霜冻的发生初终日。为反映较重霜冻发生情况，东北地区气象部门把一年中最低气温低于 0℃的初日、终日和间隔日数视为作物霜冻害发生的初日、终日和无霜冻期。霜冻初日、终日和无霜冻期的地理分布分别与初霜日、终霜日和无霜期的地理分布特征大体上相同。

2. 霜日的年代际变化

通过计算 1961—1980 和 1981—2005 年两个阶段的平均无霜冻日数可以看出，进入 20 世纪 80 年代以来，由于气候变暖，近 25 年各地无霜冻日数明显延长。东北绝大多数地区平均无霜冻日数延长了 10 d 左右，可以使晚熟作物品种面积比例增加，农业气候带向北和向高海拔地区推移，总的来说对农业生产有利。近 20 多年来黑龙江省粮食产量快速增长，主要得益于气候变暖后中北部地区无霜期延长，大豆和小麦等生育期短的低产作物面积被生育期较长的玉米和水稻等高产作物取代，单产和总产都大幅度增长。

值得注意的是，霜冻害的发生除与寒潮天气直接相关外，还取决于种植制度、作物品种布局和生长发育节律，因而未来气候变暖并不一定使各地霜冻害明显减轻。此外，气候变暖有不确定性，近几年出现冷冬，初霜日也有提前的趋势。

23.1.4.4 东北地区作物霜冻害的防御技术

1. 避霜技术

一是选择适宜的作物品种熟型，不要越区种植；二是地膜覆盖和育苗移栽；三是加强田间管理，促进作物发育和成熟；四是选择适宜播种期和调控作物生长发育期。作物不同发育期对低温的敏感性不同，有的时期（大多数作物在苗期）抗低温能力强，有的发育期（大多数作物在开花与生殖生长期）抗低温能力较弱，通过调节作物发育期也可以有效躲避霜冻危害。

2. 应急防霜冻技术

(1)烟雾防霜技术　寒潮天气即将来临，霜冻害即将发生前，在农田上风侧点燃柴草或秸秆生烟发热，在近地层形成一层烟雾，有较好的防霜效果。一方面在近地层形成的烟幕可有效阻挡地面长波辐射，另一方面，烟雾颗粒起到凝结核作用，使大气中的水汽凝结释放热量，从而延缓近地面气温的下降。

(2)灌溉喷雾防霜技术　在霜冻来临前对农田灌溉，由于水的比热和热容量大，白天吸收的热量在夜间释放出来，可以明显提高农田温度；微喷雾化喷灌也可以使农田获得水汽凝结释放的热量。

(3)化学调控防霜技术　植物生长调节剂渗入植物体内，对植物生长发育有一定调节作用，不仅能在促进早熟，提高抗逆性，改善品质，增加产量，节水抗旱，防治病虫，延长农产品储藏期和保鲜期等方面发挥重要作用，而且具有打破休眠，促进发芽，促进细胞伸长和分裂，促进植物生根、开花和结果等多种功效，有的调节剂还可用于防御霜冻。植物生长调节剂按国内外公认的分类可分为生长素、赤霉素(GA)、细胞分裂素(CTK)、脱落酸(ABA)、乙烯(ET)五类。总体上仍处于研究试验阶段，在东北地区实际应用并不多见。

23.2 东北地区的主要生物灾害与减灾对策

23.2.1 东北地区主要农业生物灾害及其影响

东北地区粮食总产约1亿t，但丰歉年波动幅度达200万t左右，除气象灾害影响外，农业生物灾害特别是病虫害发生也是主要原因。东北农作物主要病虫害有玉米螟、黏虫、稻瘟病、稻纹枯病等，平均每年发生面积900多万hm^2，造成50多亿kg粮食和上百亿元的经济损失，成为限制粮食高产稳产的主要因素，不仅产量下降，而且使粮食品质变差，从而影响农业经济效益。

23.2.2 东北地区农作物病虫害的气象预测

23.2.2.1 东北地区农作物主要病虫害与气象条件的一般关系

东北地区农作物病虫害的发生发展与气象条件有直接关系[11]。各种病虫害的发生发展必须同时具备三个条件：一是可供有害生物滋生和取食的寄主植物；二是有害生物本身处于对作物有危害能力的发育阶段；三是具有有害生物生长发育及发展蔓延的适宜气象环境条件。其中主要是寄主植物和环境条件，前者是维持有害生物生命的前提条件，后者影响有害生物生命活动的全过程，是发生发展的关键因子。由于气候条件的地域差异和年际变化，使病虫害的种类和发生时间、面积、程度都有明显的地域和年际变化。在病虫害发育和危害时期遇到适宜气候条件，则病原和害虫繁殖量增加，死亡率下降，导致大发生，对作物危害严重；反之，则繁殖速度慢，死亡率上升，病虫害轻发生或不发生。在东北地区，蚜虫喜欢高温少雨的气象条件，玉米螟喜欢高湿和高温，而稻瘟病在低温阴雨条件下易大发生。但不同地区因气象要素的差异常出现一些特殊现象，如吉林省玉米螟在中部地区以一代为主，而在相对干燥少雨的西部却常出现二代，危害更重。

23.2.2.2 东北地区农作物病虫害气象预测方法

东北地区病虫害预报方法有两类：一是植保部门经常使用的生物量外推法，即以病虫原基数监测数据为基础，依照病虫种群繁殖消长的一般规律外推发生时期、发生程度和发生区域。二是气象预报方法，即以病虫害发生发展与气象条件的关系为基础，以前期气象条件和病虫原基数为主要指示因子，参考后期天气预报，建立预报模式，预报发生程度及面积大小。

1. 东北地区黏虫发生期及发生程度的预报[11]

(1)牡丹江地区一代成虫迁入期预报　一代黏虫成虫迁入期决定二代黏虫幼虫的发生期，准确预报一代成虫迁入期对于黏虫测报和防治有重大意义。因黏虫属远距离迁飞性害虫，该方法充分考虑了迁飞原地的情况及高空气流条件，预报方程为：

$$Y = 23.1804 - 1.6987X_1 + 6.6333X_2 - 6.4689X_3 - 3.6897X_4 + 0.9947X_5$$

式中：Y 为一代成虫迁入牡丹江地区日期序号；X_1 为济南 5 月 21—24 日 190°～209°风向频次数；X_2 为郑州 5 月 25—31 日 230°～249°风向频次数；X_3 为北京 5 月 21—24 日 130°～149°风向频次数；X_4 为徐州 5 月 25—31 日 190°～209°风向频次数（上述风向均指 1 500 m 高空风）；X_5 为徐州地区一代幼虫发生程度。

该方程复相关系数为 0.93，F 检验值 18.5，达到极显著水平，试用效果较好。

（2）东北一代黏虫发生程度的预报　迁飞原地气象条件决定原地成虫数量，从而决定东北成虫迁入量和幼虫发生量，预报方程为：

$$Y = 2.069\,0 + 0.043\,7X_1 - 0.363\,X_2 - 0.280\,3X_3$$

式中：Y 为东北地区黏虫幼虫发生程度级别；X_1 为上海 3 月中旬降水量；X_2 为徐州 5 月中旬降水量；X_3 为合肥 5 月中旬最高气温≥30℃的日数。

该方程复相关系数为 0.88，历史拟合率为 90%。

（3）吉林省黏虫发生程度预报　编制者着重考虑了当地气象条件和成虫迁入量，预报方程为：

$$Y = 2.224 + 0.245\,4X_1 - 0.027\,3\,X_2 + 0.007X_3 - 0.211\,1X_4 + 0.051X_5$$

式中：Y 为当地黏虫发生级别（1～5 分别为轻、中偏轻、中、中偏重和大发生）；X_1 为当地 4 月中旬平均气温；X_2 为 4 月中旬降水量；X_3 为 6 月上旬降水量；X_4 为 4 月平均气温；X_5 为成虫迁入量（连续 5 d 单点最多量）。

该方程复相关系数为 0.89。

2. 东北地区玉米螟、稻瘟病和蚜虫发生程度的预报

（1）吉林省玉米螟发生程度预报　考虑到玉米螟越冬条件和春季化蛹、羽化、产卵期间的气象条件，预报方程为：

$$Y = 2.111 + 0.187\,7X_1 - 0.144\,1X_2 + 0.064\,6X_3 + 0.047X_4$$

式中：Y 为玉米螟发生级别；X_1 为当地 6 月下旬平均气温；X_2 为 1 月上旬降水量；X_3 为 3 月中旬降水量；X_4 为 2 月降水量。

该方程复相关系数为 0.81，回代率 90%。

（2）吉林省稻瘟病发生程度预报　预报方程为：

$$Y = 1.289 + 0.151\,2X_1 + 0.092\,3\,X_2 + 0.030\,2X_3 + 0.029\,5X_4$$

式中：Y 为水稻叶瘟病发生级别；X_1 为当地 3 月上旬平均气温；X_2 为 3 月上旬降水量；X_3 为 4 月下旬降水量；X_4 为 6 月上旬降水量。

该方程复相关系数为 0.90，回代率达 95%。

（3）大豆蚜虫发生量预报　吉林省中南部大豆蚜虫发生量试验预报方程为：

$$Y = 91\,509.34 - 2\,296.82X_1 - 3\,750.9\,X_2 - 246.4X_3 + 64.5X_4$$

式中：Y 为当地大豆蚜 7 月平均百株蚜量（每百株 6 000～10 000 头为中度发生，≥10 000 头为重发生，<6 000 头为轻发生）；X_1 为当地 6 月中旬平均气温；X_2 为 5 月平均最低气温；X_3 为 4 月降水量；X_4 为上一年 7 月降水量。

该方程除考虑蚜虫发生前期气象条件外，还考虑了与虫源基数有关的上一年气象条件。相关极显著，试用效果较好。

3. 用水热系数判别吉林省病虫害发生程度

病虫害发生状况与病虫初发期水热配合条件有关。用水热系数(降水量/同期平均气温)表示水热配合状况,应用多种相关分析方法,确定判别指标,预报病虫盛发期发生程度,其判别指标如表23.5所示,历史概括率均达到75%左右。

表23.5 主要病虫害水热系数判别指标

大豆蚜发生程度	大发生	中偏重	中等	中偏轻	轻发生
6月下旬至7月上旬水热系数	≤2.5	2.6～3.0	3.1～5.5	5.6～7.9	≥8.0
玉米螟发生程度	大发生	中偏重	中等	中偏轻	轻发生
7月中旬水热系数	≥5.1	3.5～5.0	1.3～3.4	0.5～1.2	≤0.4
稻瘟病发生程度	大发生	中偏重	中等	中偏轻	轻发生
7月上旬水热系数	≥5.1	2.9～5.0	1.3～2.9	0.9～1.3	<0.9

23.2.3 东北地区主要生物灾害防控及气象服务技术

23.2.3.1 主要生物灾害的防控技术

东北地区农业生物灾害种类繁多,防治方法多样,这里仅介绍与气象关系密切的三大作物的三种病虫害和农牧区鼠害的防控技术。

1. 稻瘟病防控技术

(1)品种及布局　因地制宜选用抗病品种,合理布局品种,避免单一化种植。

(2)种子消毒　稻种预浸12 h后,用300～400倍强氯精液50 kg,浸种30 kg 48～60 h。

(3)药剂防治　每亩用20%三环唑粉剂100 g或40%富士1号乳油60～70 mL加水50～60 kg喷雾。重病需喷2次,间隔期为7～10 d。

2. 玉米螟防控技术

(1)白僵菌封垛　4—5月玉米螟越冬幼虫化蛹羽化前10 d左右将50亿～100亿个/g白僵菌粉剂或Bt粉剂分层喷洒在寄主秸秆垛内,每立方米喷100 g。

(2)田间释放赤眼蜂　在田间一代卵始盛期和盛期各放蜂一次。每亩放3点,在点上选择健壮玉米植株,在中部一个叶面上沿主脉撕成两半,取其中一半放上蜂卡,沿茎秆方向轻卷成筒状,然后用线订牢。

(3)营养生长期药剂防治　采用1.5%辛硫磷颗粒剂或呋喃丹颗粒剂,直接丢放于喇叭口内,可收到较好防治效果。

3. 大豆蚜防控技术

(1)农业防治　及时铲除田边、沟边、塘边杂草,减少虫源;用银灰色膜避蚜,利用蚜虫对黄色的趋性采用黄板诱杀。

(2)生物防治　利用瓢虫、草蛉、食蚜蝇、小花蝽、烟蚜茧蜂、菜蚜茧蜂、蚜小蜂、蚜霉菌等控制蚜虫。

(3)药物防治　蚜虫发生量大,有蚜株率达10%或平均每株有虫3～5头时即应药剂防治。可选用1%苦参碱2号可溶性液剂1 200倍液或5%天然除虫菊素乳油1 000倍液、2.5%鱼藤酮乳油500～600倍液、10%吡虫啉可湿性粉剂2 000倍液等。

4. 农牧区鼠害防控技术

东北地区灭鼠主要采用毒饵和捕鼠器。毒饵法采用溴敌隆、敌鼠钠盐、杀鼠醚等抗凝血杀鼠剂配制成毒饵，统一投放。用竹子、PVC管等材料制作毒饵站，投入毒饵30～50 g，灭害效果更好。或在密度较高农田春播或插秧前用铁丝网围成围栏，在周边设置一定数量的筒状捕鼠器或鼠夹，引诱捕杀害鼠。

23.2.3.2 农业生物灾害防控气象服务

病虫害防治工作能否顺利进行和取得良好效果，很大程度上取决于气象条件。因此，弄清楚病虫害发生、发展与气象条件的关系和规律是病虫害气象预报的基础，也是有效防治病虫害的前提。

目前东北地区农业病虫害防治主要手段是田间施用化学药剂，作业期天气条件直接影响防治效果。因此，东北地区病虫害田间防治气象服务的重点是做好病虫害防治适期气象要素预报，以指导生产者在适宜条件下开展田间防治，提高防治效果，降低生产成本。适宜防治的气象条件如下：

(1)化学药剂喷施防治　影响化学药剂喷施防治质量和效果的主要气象因子是降水量。适宜喷药天气是连续2～3 d无降水；当日降水量≥0.5～1.0 mm时药效开始受影响；日降水量≥5.0 mm时药效很差[12]。

(2)化学粉剂撒施防治　影响化学粉剂撒施防治质量和效果的主要气象因子是降水量和风速。适宜撒药天气是风速维持在3～4级，风向稳定，施药后有1～3 mm降水或夜间有较浓露水；当日降水量≥15 mm时药粉受雨水冲刷而降低药效，日降水量≥30 mm时药粉受冲刷严重，药效极差。因此，撒药作业应注意利用短时小雨天气过程，或下午到傍晚前后进行。

(3)旱地作物化学除草　影响旱地作物化学除草质量和效果的主要气象因子是土壤湿度、降水量、日照和温度。适宜化学除草的天气是：外界气温较低时，宜选晴天温度较高时段，温度过低(＜8～10℃)除草效果不佳；外界气温较高时，宜选阴天或短时小雨天气。土壤湿度≥25%～35%可防止灼伤作物茎叶，提高除草效果；当出现≥3 d连晴天气，土壤板结，药剂会因蒸发而影响除草效果；当日降水量≥15 mm和有径流时除草效果降低；连晴10 d以上或日降水量≥30 mm时除草效果不大。

上述气象服务在现代农业气象业务中称为病虫害防控农用天气预报服务，即在作物生长发育过程中，根据病虫害发生情况和未来几天的天气预报，分析天气条件对病虫害防控作业的适宜程度及对防控效果的影响，选择最佳的防控时机。

23.3 全球环境变化与东北地区的农业减灾

23.3.1 全球变化背景下的东北地区农业气候变化

20世纪80年代以来，东北地区气候变暖，热量资源增加。多数市县20世纪80年代年平均气温比20世纪50—70年代上升0.6℃,到20世纪90年代上升0.8～0.9℃。冬季和春季变暖比夏季和秋季明显。作物生长季5—9月平均气温也有上升趋势,20世纪90年代上升了0.6℃左右。近百年东北年气温有13～16、22～25及35～40年的周期,目前处于一个长暖周期的后部。

日平均气温稳定≥10℃的积温,东北大部20世纪80年代比20世纪50—70年代增加了30～70℃·d,到20世纪90年代增加了70～100℃·d以上,积温等温线向北、向东部山区推移40～60 km左右。东部山区和北部20世纪90年代积温>2 700℃·d的市县是20世纪50—70年代的2.5～3.0倍,而积温在2 600℃·d以下的市县减少到原来的一半左右。多数市县20世纪90年代日平均气温稳定≥10℃的日数和无霜期分别延长7～10 d。如果按照目前速度排放CO_2,40年后全球CO_2浓度将倍增,东北大部年平均气温将在20世纪80年代的基础上再上升1.8℃。到2030年,≥2 600℃·d的第一积温带向北推移2.5个纬距,覆盖1980年前划分的第1、2、3积温带,积温平均提高200～400℃·d,西部提高较多,东部提高较少。21世纪50年代原第一积温带(≥2 600℃·d)将移至大兴安岭北部新林、塔河以北,覆盖第5积温带北部,其余4个积温带将基本消失。齐齐哈尔和泰来为积温最高区,增加积温900～1 000℃·d,增加较少的三江平原中部增温100～300℃·d。2050年积温带几乎向北推移5个纬距,对黑龙江省和松花江流域农业将产生重大影响。

23.3.2 全球变化背景下的东北地区农业资源与环境问题

23.3.2.1 东北平原西部地区土地荒漠化严重

人类活动对东北平原西部地区的强烈影响始于20世纪30年代的农业开发,尤其是20世纪80年代初期的大规模农业开垦进一步改变了草原景观,使得植被破坏严重。东北平原西部地区的土地荒漠化主要表现为土地沙漠化和土地盐碱化。据调查研究[13],该区土地沙漠化面积为5 000多km^2,占土地总面积的22.2%。自20世纪50年代至80年代末,土地沙漠化面积迅速扩大,平均以每年1.5%～3.7%的速度递增;自20世纪90年代以来,沙漠化呈现逆转趋势,但总体而言,沙漠化发展仍然大于逆转。该区土地盐碱化面积33 850.8 km^2,占土地总面积的10.44%,每年以1.4%～2.5%的速度发展。尤以吉林省最为严重,据统计,目前全省水土流失面积已达315万hm^2,占全省面积的16.5%;西部草原面积136万hm^2,其中盐碱化面积47.2万hm^2,占36.7%,沙化面积15.8万hm^2,占11.6%。

23.3.2.2 黑土区水土流失严重,质量退化

东北地区的黑土主要位于松嫩平原中部,面积约1 100万hm^2,占东北地区土地总面积的8.9%。其中,黑土耕地约815万hm^2,占全区耕地面积的32.5%。近半个世纪以来由于过度开垦,黑土地区大约2/3的耕地存在严重的水土流失,肥力下降,有机质含量由开垦初期的70～100 t/hm^2下降到20～50 t/hm^2,严重退化。据统计[13],目前东北黑土区每年流失黑土约1亿～2亿t,流失掉土壤中的N、P、K元素折合成标准化肥达400万～500万t,流失的土壤养分价值可达5亿～10亿元。据有关实测资料分析,黑土区土壤有机质含量水平平均由12%下降到1%～2%,土壤总空隙度由67.9%下降到52.2%,田间持水量由57.7%下降到26.6%,

水稳性团粒由58%下降到35.8%，土壤容重由0.39 g/cm^3 增加到1.26 g/cm^3。

23.3.2.3 水质污染严重

松花江、辽河等流域河流水质超标率枯水期为87.5%，平水期为68.8%，丰水期为75.0%。2004年在评价总河长中Ⅳ类以上水质占63%。吉林省2004年监测数据也显示，主要江河的63个水质断面中，好于Ⅲ类水体的占33.4%，Ⅳ类水体占20.6%，其余为Ⅴ类和劣Ⅴ类水体。

23.3.3 全球(气候)变化与东北地区农业灾害

20世纪80年代以来，受全球气候变化的影响，东北地区气候变化比较明显，主要表现：一是气温升高，热量资源增加；二是降水量减少；三是气候变干。气候变暖对农业的影响有利有弊。有利的方面是二氧化碳浓度上升将促进作物生长发育；积温增加有利于改善种植业结构，提高产量；暖冬有利于发展冬季设施农业生产。气候变化的不利方面也很明显，将导致相关灾害加重或频繁。

23.3.3.1 气候暖干化导致农业干旱加重

有关研究表明，东北地区气温上升很有可能伴随降水减少，近20年暖干年份非常频繁。即使平均降水量基本不变，温度升高会使农田过度蒸发，土壤水分入不敷出，农业干旱将变得严重和频繁。作物产量形成期间气候干燥会使灌浆时期明显缩短，降低灌浆速度，使粒重明显下降。试验结果表明，东北地区中西部农业气候干燥度每上升0.1个百分点，玉米产量将减少800多 kg/hm^2，减产幅度大于气温升高1℃的增产幅度[14]。这表明，未来气候的暖干化如果没有充足的农田水分供应，玉米产量不一定会增加，甚至会因干旱而减产。据统计，东北地区西部春旱频率为80%，夏旱为30%左右，中部春旱与夏秋旱频率分别为35%和15%左右[5-6]。随着气候变暖及气候异常事件的增加，东北地区出现旱灾频率增加和程度加重的趋势。1999年以来的9年中，中西部主要产粮区有7年出现比较严重的干旱，受灾县市减产都在20%以上[15]。同时，气候变暖使蒸发量增加，地表和地下水资源减少，导致农业灌溉用水短缺。此外，气候暖干化对农业生态环境的影响也比较大，土地沙化、碱化和退化速度可能加快，因此，未来农业更要加强农业生态环境的保护。

23.3.3.2 气候变暖加重农业病虫害损失

温度条件是影响作物病虫害发生的主要环境条件。多数病原菌要求在比较高的温度条件下存活和繁衍。害虫是变温动物，体温随着环境温度的变化而改变，环境温度高，则生理代谢快。对多数害虫来说，冬季气温适当偏高有利于提高虫卵、蛹和越冬幼虫的存活率，因此，气候暖化将导致多数虫害加重。积温增加将引发害虫代性变化，如玉米螟、黏虫等，原来的一代区可能变成二代区，二代区可能变成三代区，新的害虫也可能进入东北地区。

气候变化将使病虫害发生面积加大，程度加重，损失上升。还应指出，大面积防御病虫害将导致农药使用量加大，农产品污染和土壤农药残留量上升，环境污染加重。

23.3.3.3 人类活动对土壤及耕地造成的负面影响

近年来东北地区耕地和土壤质量下降，对农业生产具有现实和潜在的影响，与全球变化和人类活动有关。20 世纪 80 年代初期的大规模农业开垦进一步改变了草原景观，使得植被破坏严重。自 20 世纪 90 年代以来，沙漠化呈现逆转趋势，但总体而言，沙漠化、盐碱化的发展仍然大于逆转。近半个世纪以来由于过度开垦，黑土地区大约 2/3 的耕地存在严重的水土流失，肥力下降，有机质含量明显下降[12]。此外，降水减少和需水量加大导致农业用水不足和农业用水污染也日趋严重。

23.3.4 东北地区适应全球气候变化的农业对策

应对气候变暖的农业对策：一是趋利，即在水分条件基本得到满足的前提下，调整玉米品种布局，适当扩大晚熟、中晚熟品种比例，提高单位面积产量；调整种植结构，北部和东部冷凉地区玉米等喜温作物比例可适当增加，目前的东北玉米带可适当向北部和东部拓展。水源有保证地区水稻可适当扩种。春小麦和大豆种植区域向北扩展。二是避害，即防御和减轻灾害。为适应未来气候的暖干化趋势，防御农业干旱，在推广中晚熟和晚熟品种的同时，须大力培育抗旱品种，研发抗旱节水栽培技术，大力兴建农田水利，扩大旱田水浇地面积。三是应加强农业生态环境建设和病虫害防治工作。

23.3.4.1 进一步调整作物结构和品种布局

气候变暖对北方农业生产利大于弊。随着气候变暖，农业生产所需积温进一步增加，无霜期进一步延长，农业气候带向北部和东部山区移动。为进一步提高粮食产量和生产效益，未来 10～20 年东北地区松花江流域作物种植结构将进一步调整，玉米、水稻等高产作物面积比例进一步增加，小麦、大豆、甜菜、马铃薯的面积进一步减少，种植区域将进一步向北部和东部延伸。

23.3.4.2 加强农业生态环境保护和恢复工作

气候变暖和变干对流域农业生态环境的影响不可低估。为实施生态省建设和农业生态发展战略，使农业环境实现良性循环，资源合理配置永续利用，实现农业可持续发展，减少和降低极端灾害天气事件造成的危害，必须加强农业环境治理。

(1)山区半山区　要以水源涵养、水土保持为目的，加强森林资源培育保护。≥25°陡坡耕地要退耕还林，严禁乱砍滥伐，加强江河源头造林，提高森林覆被率。

(2)丘陵区　水土流失严重、荒漠化进程较快地区是环境重点治理区。应加强防护林、水保林建设；加大小流域治理，控制污染源对土地环境污染。

(3)流域平原区　是粮食主要产区，土地生态环境恶化，自然灾害严重多发地区，要大力发展农田防护林，实现农田林网化；加强农田基本建设，重点治理水土流失；加大治理“三废”对土壤和水质污染。

(4)湿地区　湿地面积已经缩小，要加强湿地保护。

23.3.4.3 加强气象灾害防御

首先是防御农业干旱。有关研究表明，东北地区气候的暖干化，加之作物生长季的延长将需要更多的水分，使农田水分胁迫加剧，干旱将趋于频繁和严重。如果农田水利建设上不去，玉米单产和水稻面积将明显下降。因此，未来10～30年要更加注意农业抗旱，大力培育抗旱品种，研发节水栽培技术，大力兴建农田水利，扩大水浇地面积，保障粮食安全。

23.3.4.4 加强灾害性天气和极端天气气候监测

研究灾害发生规律和预测技术，加强水利、气象、环保、林业、农业等部门防御气象灾害的合作，制定灾害防御规划，建立防灾减灾预案。

23.3.4.5 加强农业气象灾害防御和病虫害防治技术的推广应用

经过长期的农业生产经验积累和科研开发，无论旱涝灾害、低温冷害、霜冻害，还是作物病虫害，目前都有一些行之有效的防御技术和措施。例如，防御病虫害可以采用药剂和生物防治技术，防御农田干旱可采用灌水，防御低温冷害可采用地膜覆盖，霜冻害来临之际可采用灌水、熏烟、化学保护等技术。要将战略防御措施和应急防御技术相结合，主动防御和被动防御相结合，推广综合防御技术，以在较大程度上避免或减轻灾害损失。

23.3.4.6 加强农业节能减排

减少农业源二氧化碳、甲烷等温室气体排放，开发太阳能、风能、水电能和沼气能，减少农业生产和农村生活中的秸秆焚烧量。

23.4 东北地区农业减灾系统工程

23.4.1 东北地区的农业灾害链

东北地区农业灾害主要有旱、涝、冷害、霜冻、大风、冰雹、病虫害、草害和鼠害等，这些灾害都有各自的孕灾环境、致灾因子、承灾体和经济影响，同时又相互联系，一种灾害可以是其他灾害的成因和结果，形成灾害链系统，例如：

干旱灾害链：少雨干旱—农田干旱（草原干旱）—虫灾等生物灾害—森林草原火灾。

涝灾灾害链：暴雨洪水—农田内涝（风雹、滑坡、泥石流）—水土流失—作物病害。

低温灾害链：低温—作物冷害—霜冻害。

大风灾害链：大风—风灾—土地风蚀—农田沙化—草原退化。

认识到东北农业灾害链或灾害系统的客观存在，就可以从系统的观点出发，从源头开始，采取标本兼治的战略和技术措施，防御和减轻灾害。东北地区气象、民政、国土资源和农业等灾害监测预测和防灾救灾等部门在防御一种灾害的同时，也应关注相关灾害发生的可能性及防灾减灾措施，避免灾害连锁性发生。如当气象部门预报山区有暴雨洪水灾害时，气象部门应会同国土部门预估产生山体滑坡或泥石流等地质灾害的可能性，并发出预警信息。目前东北地区已建立灾害防御体系，各省市政府都建立了政府主导、部门联动、社会公众参与的灾害防御联动机制。

23.4.2　灾害风险管理系统工程

灾害风险管理是灾害防御系统的重要组成部分。把农业灾害看成是一类风险，从灾害系统风险管理的角度，把灾害的战略防御和应急减灾相结合。东北地区农业灾害风险管理工程包含以下子工程：

23.4.2.1　规避风险子工程

将农业生产系统与灾害源隔离是最安全的减灾途径[12]。最常见的是按照农业气候区划进行作物种植区布局，调整播种或移栽期。如近几年东北地区推广玉米、水稻中熟品种，可以晚几天播种，提前几天成熟，从而在一定范围内躲避播种期春旱和避免冷害及霜冻害。

23.4.2.2　削弱风险源子工程

大范围的农业气象灾害一般不可能消除其灾害源，但局地发生的某些灾害有可能做到，如东北地区农田防护林体系比较健全，可减轻大风等灾害，还有人工消雹和熏烟防霜等。

23.4.2.3　增强农业承受能力子工程

一是选育良种、提高农业生物的抗灾能力，这是成本低和效果持久的灾害防御措施。二是通过栽培措施提高农业生物个体的抗逆性，如玉米苗期蹲苗，播前用抗旱剂、抗寒剂等拌种，叶面喷洒抗旱剂等，以提高后期抗旱、抗低温与抗倒伏能力。从农业生态系统的角度，营建防护林、治理水土流失、平整土地和培肥土壤、农业水资源的开源节流、保护生物多样性等都具有一定的减灾效果。

23.4.2.4　转移和分散风险子工程

对于不可抗拒或减灾成本过高的灾害风险，通常采取投保措施以转移和分散灾害风险，以达到减灾目的。农业灾害保险由于风险被转移和分散，一旦发生灾害可以很快得到补偿，大大降低了承灾人的经济损失。全国农业政策性保险总公司总部设在吉林长春，近几年东北地区大部分农户参与了农业灾害政策保险。

23.4.3　农业灾害防御和减灾系统工程

农业灾害防御和减灾救灾是个系统工程[15-16]，其中包括改善孕灾环境，调控致灾因子，规避和分散灾害风险，增强承灾体的抗灾能力，增强灾害监测预警能力，增强减灾救灾能力等子系统工程。其中，改善孕灾环境主要是通过农业基础建设来改良土壤，改善气候，改善水利水文环境；规避和分散灾害风险主要是建立农业灾害风险管理和政策性保险体系；增强承灾体的抗灾能力主要是培育高抗性品种，如培育和引进抗旱、抗低温、抗病虫、抗盐碱等作物和品种。东北地区灾害防御和减灾救灾系统工程包括以下几个子系统：

23.4.3.1 灾害预测子系统

目前气象、农业、民政等部门都建立了农业灾害预测预警体系。气象部门利用气象预测预报系统开展各种气象灾害的预测，农业、林业会同气象部门开展农业病虫害和林业病虫害的预测，国土部门会同气象部门开展暴雨引发泥石流、山体滑坡等地质灾害的预测，水文部门会同气象部门开展洪涝、水库安全的预测。预测有重大灾害时，根据相关条例和规定将灾害预警信息多渠道发至政府和各界群众，并启动相关预案，提前做好灾害防御。

23.4.3.2 灾害监测和评估子系统

气象、农业、国土等部门都建立了灾害监测评估体系。气象部门利用由地面监测网、航空监测网和卫星监测系统构成的立体监测体系开展各种气象灾害的监测和影响、损失评估，农、林部门开展农、林业生物灾害的监测和评估，国土部门开展地质灾害的监测和评估，水文部门开展洪涝和水库灾害的监测和安全评估。民政部门会同相关部门开展灾害损失和救灾投入的评估，为灾害防御和救灾提供科学依据。

23.4.3.3 防灾子系统

主要是加强防灾的工程和非工程性措施，有针对性地提高防灾标准，提高全社会防灾意识和能力，进行防灾新技术、新设施、新产品研制，建立综合防灾体系，增加防灾投入。

23.4.3.4 抗灾子系统

主要是加强水利工程建设，开展农作物灾害防治、人工防雹和增雨抗旱，建立社会化的灾害综合管理系统。

23.4.3.5 救灾子系统

遵照政府主导、部门联动、社会参与的原则，建立社会化的军警、气象、民政、医疗和社会救灾体系，提高全民救灾能力和自救、互救意识。

23.4.3.6 灾后重建子系统

重大灾害发生后，及时编制灾区重建规划并实施。

23.4.3.7 保险和救援子系统

开展农业灾害损失的政策性保险工作，做好灾后灾情调查、核灾和理赔工作；加强国内外救援，建立灾害基金和社会救援体系。

23.4.3.8 立法和教育子系统

建立灾害预警规范、预警发布制度和防灾预案，制定灾害防御和救灾的地方性法规和实施条例，加强相关法规的宣传和教育。

（马树庆）

参考文献

[1] 王绍武,马树庆,陈莉,等.低温冷害.北京:气象出版社,2009:35-37.

[2] 马树庆,王琪,王春乙,等.东北地区玉米低温冷害气候和经济损失风险分区.地理研究,2008,27(5):1169-1177.

[3] 马树庆,王琪,王春乙.东北地区水稻冷害气候风险度和经济脆弱度及其分区研究.地理研究,2011,30(5):931-938.

[4] 马树庆,王琪,郭建平,等.地膜覆盖栽培防御东北玉米冷害和霜冻试验.自然资源学报,2004,13(3):133-137.

[5] 陈莉,方丽娟,李帅.东北地区近50年农作物生长季干旱趋势研究.灾害学,2010,25(4):6-9.

[6] 张淑杰,张玉书,纪瑞鹏,等.东北地区玉米干旱时空特征分析.干旱地区农业研究,2011,29(1):231-237.

[7] 谢安,孙永罡,白人海.中国东北近50年干旱发展及对全球变暖的响应.地理学报,2003,58(增):75-82.

[8] 张继权,张会,韩俊山.东北地区建国以来洪涝灾害时空分布规律研究.北师大学报:自然科学版,2006,38(1):126-130.

[9] 马树庆,李锋,王琪,等.寒潮与霜冻.北京:气象出版社,2009:89-100.

[10] QX/T 88—2008 作物霜冻害等级.

[11] 马树庆,郭春明,袁福香.吉林省主要农作物病虫害气象预报方法研究.大气科学研究与应用,2008,13(2):95-102.

[12] 霍治国,王石立,等.农业和生物气象灾害.北京:气象出版社,2009.

[13] 刘文新,张平宇,马延吉.东北地区生态环境态势及其可持续发展对策.生态环境,2007,16(2):709-713.

[14] 马树庆,王琪,罗新兰.基于分期播种的气候变化对东北地区玉米生长发育和产量的影响.生态学报,2008,28(5):2131-2139.

[15] 高庆华,苏桂武,张业成,等.中国自然灾害与全球变化.北京:气象出版社,2003:136-138.

[16] 郑大玮,郑大琼,刘虎城.农业减灾实用技术手册.杭州:浙江科学技术出版社,2005:283-289.

第24章

黄淮海地区农业减灾技术

24.1 黄淮海平原的主要气象灾害与减灾对策

24.1.1 黄淮海平原农业与灾害的历史概况

24.1.1.1 黄淮海平原的自然条件与农业概况

黄淮海平原区包括北京、天津、河北、山东、河南等省市的平原地区以及江苏、安徽两省淮河以北地区。黄淮海地区平原辽阔，耕地集中，是我国最大的小麦、玉米产区，同时也是我国最大的棉花、花生、瓜菜、水果及肉蛋奶产区，是保障我国食物安全尤其是粮食安全的举足轻重的地区。以占全国18.5%的耕地(2004)生产了占全国61.2%的小麦、30.2%的玉米、40.9%的棉花和33.0%的油料(2005)。[1]

该区农业资源环境的优势是：平原辽阔，农田水利化水平较高；区位条件优越，科技实力雄厚；农耕历史悠久，农业机械化水平较高；农业产业化发展较快，农业外向型经济强劲。

长城以南、淮河以北大部地区属于暖温带半湿润大陆性季风气候，气候特点是，大部地区冬季干冷，夏季炎热多雨，春秋温凉少雨。旱、涝是主要的气象灾害，冻害、霜冻、干热风等对农业生产的危害也较常见。

该区域农业生产面临的主要问题有：水资源短缺，农业发展深受水资源的约束；降水变率大，旱涝对农业的威胁严重；耕地面积和可灌溉用水不断减少。

24.1.1.2 黄淮海平原农业灾害的历史概况

黄淮海平原在历史上就是我国农业的多灾地区，据近500年资料，各地旱涝灾害成灾率在25%～39%之间，最高达50%～60%(表24.1)。此外，还有盐碱、风沙、干热风、低温、冰雹、病虫害等多种灾害。[2]

表24.1 近500年黄淮海平原旱涝灾害统计

地区		灾害	统计年代	统计年数	成灾次数	成灾率/%
河北省		旱	1479—1948	481	187	38.9
		涝	1368—1948	581	383	65.9
山东省	鲁北	旱	1470—1976	507	187	36.9
		涝	1470—1976	507	165	32.5
	鲁西	旱	1472—1974	503	126	25.0
		涝	1472—1974	503	174	34.6
河南省	豫北	旱	1501—1910	410	158	38.5
		涝	1501—1910	410	153	37.3
	豫东	旱	1501—1910	410	149	36.3
		涝	1501—1910	410	211	51.2
江苏省	淮北	旱	1368—1949	582	107	18.4
		涝	1368—1949	582	135	23.2
	滨海	旱	1368—1949	582	183	31.1
		涝	1368—1949	582	139	23.9
安徽省		旱	1471—1949	478	127	25.6
		涝	1471—1949	478	197	41.2

黄淮海平原多灾与灾重是在特定环境条件下自然与人为的多种因素作用下形成的。[2]

1. 气候因素

黄淮海地区处于我国南北气候的过渡地带，季风的强弱与进退的季节与年际变化都很大。在单一气团长期控制下易形成干旱，尤其是冬春降水稀少，十年九旱。有的年份延续到夏季和秋季，旱情就特别严重。冷暖空气强烈交绥时如遇地形阻挡易形成特大暴雨，并在下游和低洼地区形成严重的洪涝。如1963年8月海河流域的特大洪水，是由于西南低涡，又不断受到来自西北的冷空气侵袭，在太行山东麓形成特大暴雨，海河各大支流的径流都汇集到黑龙港地区和天津。又如1975年河南中部的特大洪水，是由于第3号台风深入内陆，在伏牛山一带受阻停留，形成特大暴雨并导致水库垮坝所致。

2. 水文因素

本地区有黄河、淮河和海河三大水系，水资源总量偏少，且降水时空分布不均，河川径流受降水影响，年际变化很大。上游的黄土高原因长期开垦，水土流失严重，使黄河河床不断淤积，成为一条地上悬河。1944年以前有记载的决口泛滥就达1 500余次。淮河在12世纪以前洪涝灾害较轻。自宋代以后黄河多次决口改道夺淮，大量泥沙使淮河河床不断抬高，水系紊乱，排泄不畅，内涝明显加重。海河流域的降水量虽然少于黄河中下游和淮河流域，经常发生旱情，但北运河、永定河、大清河、子牙河、南运河等五大支流呈扇形分别从北、西、南汇合到天津形成海河干流入海，一旦发生全流域较大降水，下游低洼地区极易成涝。

3. 土壤因素

黄淮海平原大部分土壤为黄潮土，有机质含量较低。海河流域的低洼地区地下水位较高，但又是相对少雨地区，土壤容易盐碱化。淮北平原砂姜黑土分布较广，蓄水能力差，易涝易渍，也易旱。

4. 人为因素

黄淮海平原人口与经济密集，由于水资源不足，长期超采地下水，已形成多个地下水漏斗区，尤其是海河流域，几乎所有支流的河床都常年干涸，大量湖泊萎缩甚至消失，中下游地区的干旱缺水日益严重，不少地区出现地面下沉和土地裂缝。环渤海地区由于长期超采地下水，导致多处海水入侵。

24.1.2 干旱

24.1.2.1 黄淮海平原干旱的特点

干旱是对本区农业生产最大的威胁。由于地处半湿润易旱区，全区受季风控制，降水量比南方少，且主要集中在夏季。降水量的年际变化很大，多年来干旱发生频繁，是全国受旱范围最大、程度最重、时间最长的地区。据统计，近 500 年中，华北地区有 154 年发生干旱，频率达 30.8%，最高可达 40%，约 3 年一遇或更高，其中重旱年平均发生频率为 9.4%，约 10 年一遇。[3]少雨干旱是这一地区发展农业生产最主要的问题。一年四季均可出现旱象，经常发生春旱或春夏连旱，夏旱或夏秋连旱也频繁发生，少数年份甚至春夏秋连旱。其中以春旱或春夏连旱居多。大旱年大多为春夏连旱。干旱不但次数多，而且持续时间长。冬季虽然降水更加稀少，但因越冬作物处于休眠或半休眠状态，耗水不多，实际旱情不如春夏严重。该区域干旱特征主要表现在：

(1)天然水资源短缺引发的系统性深度供需矛盾。[4]统计资料表明，1993 年海河流域、淮河流域、黄河流域缺水量分别为 72 亿、50 亿和 25 亿 m^3，黄淮海区域总缺水量占全国的 65.3%。10 多年来由于需水量持续增长，水资源供需缺口仍不断加大，黄淮海区域的城市(生活、工业)用水和生态环境用水始终处于极为紧张的状态。自 20 世纪 50 年代开始，我国在黄淮海流域的上游陆续兴建了一批大中型水利工程。但是，由于北方地区各主要水系均发源和流经贫水地区，加之人口增长、城市化进程加快，现有水利工程的供水量远远不能满足急剧上升的生活用水、工农业用水需求。自 2000 年以来，华北地区出现了持续干旱，目前该地区因严重超采地下水，出现了世界上面积最大的复合漏斗区，且漏斗区面积仍在继续扩大。过量超采地下水使这一地区地面下沉、土地裂缝和塌陷现象严重，直接导致部分地面建筑物下沉倒塌、海水倒灌、地下水枯竭以及地下水环境遭到毁坏。

(2)晴热少雨气候加剧这种矛盾而产生的持续干旱灾害。研究资料表明[4]，1997 年以来的水文和气象干旱指标显示海河流域持续干旱，并有迹象显示干旱向黄河流域发展且多个流域连旱。海河流域 1950 年以来的水文资料记载中，有 23 年的降水量低于平均值，有 1/4 的时间为枯水年或偏枯水年；黄河流域和淮河流域近 20 年处于偏枯水年。1998 年 9 月至 1999 年 3 月，华北大部和黄淮大部累计降水仅 40～80 mm，比常年同期减少 40%～90%。华北大部平均气温为 1949 年以来同期最高，出现了 1986 年以来最明显的第 13 个暖冬。2004 年 3 月开始的全国旱情致使干旱灾害先后波及全国 20 多个省(自治区、直辖市)，但 5 月下旬以后，西南地区和汉水流域旱情逐步缓解，而北方大部分地区仍然晴热少雨，部分地区持续出现 37～40℃的高温天气，超过历史同期最高气温，旱情日趋严重。此后，以黄淮海为主的大部分地区在6月下旬和7月下旬又相继出现两次罕见的高温酷热天气，与历年汛期相比，大部分地区河流来水明显偏少，海河流域大部分河道断流，淮河干流来水减少70%～90%，出现了1949年以来的第六次断流。华北和黄淮夏秋继续干旱，此时正值秋作物生长关键时期，严重的旱情造成大面积绝收。土壤失墒加快，江河来水偏枯，水利工程蓄水和地下水位大幅度下降，使得这一地区原本突出的水资源供需矛盾变得更为严峻。

24.1.2.2 黄淮海平原干旱日益加重的发展态势

自20世纪70年代以来，黄河下游频频出现断流。1972—1997年的26年中共有20年发生断流，特别是20世纪90年代曾连续7年断流，且断流历时不断增加，断流河段不断延长。1995年断流河段长达680 km之多，1996年断流天数长达136 d。1997年以后，由于严格按流域统一分配水资源，削减了上游供水量，才勉强维持一定的入海径流作为最低限度的生态用水。

干旱是造成缺水的主要因素，山东较为典型。[5]自1996年以来，山东全省就开始遭遇旱灾之苦，每年受灾面积均超过2×10^6 hm^2。连年旱情使土地墒情一直得不到缓解。2001年山东省遭遇85年来最严重的干旱，入春以来的3个月内，全省平均降雨20～30 mm。受旱面积3×10^6 hm^2，重旱8×10^5 hm^2，干枯9.3×10^4 hm^2，57个县以上城市供水不足，200万人饮水困难，一些工厂停工。2002年的旱情有加剧之势。有报道称：自6月1日以来，山东省尚未发生过一次全省性大到暴雨天气过程。据山东省水文水资源局统计，8月1—20日，全省平均降雨量仅29 mm，比常年同期偏少70%。从山东省防汛抗旱指挥部汇总的全省信息看，该年山东省遭遇新中国成立以来最严重的夏秋连旱，全省80%以上的农作物受到影响，366万人和104万头大牲畜出现临时性饮水困难，80多万人只能靠送水、买水来解决吃水问题。该省大中型水库蓄水量仅有28.3×10^8 m^3，比常年同期偏少1.2×10^8 m^3。全省水利工程蓄水较常年同期偏少50%左右。

其他地区也同样存在严重的旱情。自20世纪90年代末以来，河北出现大范围缺水现象，有的地方生活用水和人畜饮水越来越困难，山区缺水人数由28万人增加到100万人，缺水大牲畜由4万多头增加到25万多头。地下水位不断下降，全省50多万眼配套机井每年有5%左右因抽不上水而报废，1/3机井的机泵被迫更新，提水费用急剧增高。河北省2001年1—5月平均降雨仅37 mm，大部地区已是三年连续干旱。农田受旱面积达2×10^6 hm^2，地下浅层水位比上年下降330 mm。

由于人口迅速增长，2011年北京人均占有水资源仅100 m^3，只有国际警戒线的1/10。[6] 1999—2001年的连续三年严重干旱，年降水量只有400 mm多一点，导致水库蓄水减少，河道断流，地下水位急剧下降。2000年密云水库的主要来水河道潮河出现断流，连续三年密云和官厅两大水库出现入库水量低于出库水量的局面。截至2001年5月，北京市主要水源之一密云水库的蓄水量只有13×10^8 m^3，而北京市一年的总用水就要40×10^8 m^3。过度开采已使上年地下水储存量减少约15×10^8 m^3，地下水位下降了2～3 m。有的地方20世纪50年代地下水位为5～6 m，现在下挖30 m还难见水的踪影。[5]

河南年降水量也呈明显的减少趋势。20世纪50年代全省平均降水量803 mm，60年代799 mm，70年代774 mm，80年代769 mm，至90年代仅728 mm，气候变干趋势明显。尤其是进入20世纪90年代以后，干旱少雨更为突出，是近50年来降水最少的一个时期。20世纪

60 年代中期以来，因气候干旱，地表径流衰减尤为突出。1990—1994 年全省平均降水量 712 mm，是多年均值的 90.7%；年均水资源 304×10^8 m^3，仅是多年均值的 73.5%，与 80 年代相比，90 年代降水减少 11.8%，径流量减少 48%。70 年代初期，河南平原区地下水埋深小于 4 m 的面积占平原总面积 83%以上，超过 6.4 万 km^2。随着降水量的减少和地下水开采量的增加，不少地区出现浅层地下水漏斗区。到 1982 年，全省平原区地下水埋深小于 4 m 的面积减小到 3.7 万 km^2，仅占平原区面积的 44%，埋深大于 8 m 的漏斗区由不足 700 km^2 增加到近 1 万 km^2。进入 90 年代，地下水开采逐年增加，地下水位进一步下降，特别是淮河平原。截至 1997 年，地下水位普遍降至 4 m 以下，埋深 4～6 和 6～8 m 的面积分别比 1982 年增加 58%和 48%。[5]

24.1.2.3 黄淮海平原农业干旱的减灾对策

总体上以“预防为主、防抗结合”为指导方针，多种技术方法综合应用，包括生物抗旱、农艺抗旱、工程抗旱和管理抗旱等。

(1)生物抗旱　针对本地几种主栽作物生长期间易遇到的干旱气候条件，选育相应的强抗旱性品种，是抵抗干旱、使农作物高产稳产的重要措施。

(2)农艺抗旱　优化农业产业结构和种植结构，因地制宜地调整区域农业产业结构及种植结构，坚持“宜农则农、宜牧则牧、宜林则林、宜草则草”原则，建立和发展与区域自然环境相协调的农业产业结构，将人为因素造成的旱灾损失降至最低。通过耕作、育种、栽培、施肥、喷施抗旱化学制剂等农艺措施，不断提高旱作农业的抗旱减灾能力。

(3)工程抗旱　发展节水农业，提高农业水资源的利用效益。实现农业全面节水，要坚持走工程措施、管理措施和农业技术有机结合的道路，运用法律、行政、经济、科技等综合手段，推动节水事业的发展。目前，发展高效节水农业的工程措施包括节水灌溉、非充分灌溉、非常规水资源利用(雨水收集利用、城市污水代替清水灌溉、微咸水开发利用和海水淡化等)。

(4)管理抗旱　改革现行的灌区用水管理制度，真正实现灌溉农业高效用水目标。要建立以水权理论为法律基础的水资源分配制度，明晰水资源产权，对大、中、小型灌区的管理和经营模式进行分类改革；依据合理的水价理论和农业灌溉特征建立科学的农业水价体系，既有利于通过市场交换来实现水资源的最优分配，又能逐步实现农业用水按成本计价；全面实行灌溉供水计量收费，对超标准用水加倍收取水费，将灌溉用水纳入市场经济管理轨道。

24.1.3 干热风

24.1.3.1 干热风形成的大气环流背景

干热风是一种较短时间尺度的天气灾害，基本特征是高温低湿并伴有一定风力的天气现象，也是一种农业气象灾害，一般出现在 5—6 月，主要发生在北方冬小麦产区，危害灌浆和籽粒产量形成。干热风形成的直接和最重要的原因是大气环流异常，高层受暖高压脊控制，低层不断有暖平流输送，在干旱季节更有利于干热风的发生发展和加重危害。全球气候变暖使干热风发生的频率增多，趋势变强，危害加重。

我国北方麦区地域辽阔，地形复杂，地势相差悬殊，小麦开花灌浆期差异较大，因而，发生干热风的时间与环流主要特征及影响系统也不尽相同。

黄淮海平原干热风区大致北自长城以南，西至黄土高原，南至秦岭、淮河以北，东至海滨，是我国冬小麦干热风集中发生区。境内以太行山、伏牛山纵贯南北，东侧是华北平原，西侧为关中平原和汾河盆地。由于地形、山脉的抬升使空气增温，加之低洼盐碱地的影响，使冀、鲁、豫成为干热风危害严重地区，由此向沿海和淮河流域逐渐减轻；黄淮平原西部多于东部；苏北、皖北一带，干热风的危害也比较频繁。

本区是我国冬小麦的主要产区。冬小麦生育后期容易遭受干热风危害。干热风一般在5月上旬就有出现，5月中旬增多，但主要集中在5月下旬至6月上旬。此时期黄淮海地区经常处在高空槽后脊前的西北气流控制中，低空和地面处在两条锋带之间的反气旋区内，天气晴朗，气温高，空气干燥，构成干热风天气的环流背景。黄淮海地区干热风天气高空系统有西北气流型、高压脊型、高压后部型3种，干热风的地面系统有北低南高型、高压后部型2种类型。出现时间南部早，北部和西北部迟。每次干热风持续时间长短不一，平均三四天，长的可达八九天甚至十多天。30年中有28年出现程度不同的干热风天气。各地均可出现，但次数最多、危害最重的是河北中南部、山东西部、河南中部和北部、山西南部等地。[7]

24.1.3.2 干热风的减灾对策

综合技术防御干热风的措施归纳为“躲”、“抗”、“防”、“改”。“躲”是指合理的作物和品种布局，通过调整作物播种期躲避干热风的危害；“抗”是指选育抗干热风的优良品种，并采取相应的农技措施增强小麦抗御干热风的能力；“防”是指干热风来临前采取灌水、施肥、喷药等农艺措施；“改”是指通过植树造林、改革种植方式和调整播种量以改变麦田小气候，改土治水以改善小麦发育的环境条件。

营造防护林、实行林粮间作是防御干热风的重要生物措施之一。防御干热风最重要的常用农业技术措施有：选育抗干热风能力强的小麦品种；适时适量灌溉；耕作改制中合理调整作物或品种布局、掌握小麦适宜播种期、采取适当的间作套种形式，改善土壤理化性状，合理施肥等。在干热风化学防御方面，采用氯化钙、复方阿司匹林闷种或浸种；以黄腐酸为主要成分的抗旱剂、石油助长剂、磷酸二氢钾、草木灰等化学药剂进行叶面喷洒。

24.1.4 低温灾害

黄淮海平原冬小麦低温灾害包括越冬与早春冻害、春季霜冻害和冷害等三类。

24.1.4.1 冻害

1. 小麦冻害的危害特征

小麦冻害是植株器官对外界低温环境的一种不适应性反应，发生频繁、面积大、危害重，已成为影响我国小麦生产的主要气象灾害之一。冻害是一种累积型气象灾害，小麦在越冬休眠或缓慢生长时期，经过较长时间以低温为主的一系列不利越冬条件的综合作用才能造成植株的严重伤害和死亡。

小麦冻害主要表现为叶片损伤和死蘖死苗。在黄淮麦区主要表现为由于冬前积温偏高，幼苗旺长，造成叶龄大，叶片徒长，生长过旺，糖分积累少，植株偏高，幼穗分化提前，抗寒能力降低。通常以主茎死亡为主，严重时甚至整株死亡，导致穗数不足而减产甚至绝收。研究发现[8]，不同部位叶片遭受冻害的顺序和程度为低龄叶＞高龄叶＞心叶，分蘖受冻顺序和程度一般为主茎＞低位蘖＞高位蘖。区域试验田间调查中，根据受冻后的小麦表现可将冻害分为5级，其中：1级为小麦生长正常、叶色正常、无冻害；2级为小麦生长正常，但叶片叶尖受冻发黄；3级为小麦叶片面积的1/2发黄、枯萎、冻死；4级为小麦叶片面积的大部分或全部发黄、枯干；5级为主茎和大分蘖冻死，出现死苗。在北部冬麦区，麦苗在冬季处于休眠状态，地上部叶片叶鞘大部冻枯，冻害分级的标准与黄淮麦区不同。轻度冻害为地上部叶片叶鞘严重冻枯，植株基部轻度皱缩，死茎率低于5%；中度冻害为植株基部明显皱缩，死茎率5%～15%；较重冻害为植株基部干缩，死茎率15%～30%；严重冻害死茎率30%以上。早播旺苗以主茎和大蘖死亡为主但死株率不很高，晚播麦以弱蘖死亡为主且死株率较高。

2. 小麦冻害的类型

根据发生时期和特点，小麦冻害可分为初冬冻害、冬季冻害、早春冻害（倒春寒）等3种类型。初冬冻害是由于入冬降温幅度过大，麦苗缺乏抗寒锻炼而受冻；冬季冻害由持续严寒和极端低温导致；早春冻害则是由于反常回暖后麦苗抗寒性逐渐丧失，再遇强冷空气袭击所致。1980年以来随着气候变暖，暖冬年份不断增加，冬季严寒型冻害发生频率逐渐减少，而初冬和早春冻害频率却在逐渐升高。但2010—2012年连续出现冷冬，冬季冻害发生较重。

小麦越冬冻害主要类型有初冬温度骤降型、冬季严寒型、越冬交替冻融型和旱冻交加型等。

(1)初冬温度骤降型　指在小麦越冬初期（11月下旬至12月中旬）气温骤降而产生的小麦冻害。由于麦苗未经抗寒锻炼或很不充分，突遇日平均气温骤降10℃以上且最低气温低于－10℃的天气时，叶片迅速青枯，早播旺苗甚至可冻伤幼穗生长锥。

(2)冬季严寒型　指冬季麦田分蘖节（一般为1～3 cm）地温降到小麦品种的临界致死温度以下时发生的冻害。通常弱冬性品种在分蘖节最低温度－8～－10℃，冬性品种在－10～－13℃，强冬性品种在－13～－18℃都有可能受冻死亡。春性品种如已在冬前拔节则越冬必定死亡。

(3)旱冻交加型　冬季土壤表层风多雪少和气温起伏变化较大年份，土壤经反复冻融和大风吹袭严重失墒，形成较厚的干土层，小麦植株和主要根系都处于干土层中，旱冻交加导致植株严重脱水干缩，部分分蘖甚至全株枯死的现象。

(4)越冬交替冻融型　小麦进入越冬期后虽有较强抗寒能力，但一旦出现反常回暖天气使土壤解冻，幼苗重新萌动甚至开始缓慢生长，将使抗寒性显著减弱，再遇大幅降温，就会发生较严重的冻害。

(5)早春冻害（倒春寒）　指小麦返青以后由于抗寒锻炼逐步解除和幼穗明显分化，抗寒能力显著降低，再遇强冷空气袭击，即使最低气温远不及冬季低，也会使植株受冻甚至死亡。北部冬麦区一般发生在2月中下旬到3月上中旬，黄淮麦区大多发生在2月到3月上旬。

24.1.4.2　霜冻

与冻害不同，霜冻是小麦在温暖季节和活跃生长时期经受短时间接近0℃的零下低温所受到的伤害，属突发型灾害。北部冬麦区一般发生在4月上旬到5月上旬，黄淮冬麦区发生在3月下旬到5月初。由于发育较早，黄淮冬麦区的霜冻灾害要比北部冬麦区更加严重。由于太行山和燕山的阻挡，山前平原的霜冻较轻，黄淮海平原东部的低洼地带往往温度更低，霜冻灾害较重。

小麦起身以后幼穗进入小花分化期，冬前锻炼形成的抗寒能力已基本丧失，抗寒性迅速降低。轻度的霜冻使小麦叶尖和向上弯曲部呈水浸状，经太阳照射后便逐渐干枯；较重的霜冻可危害叶鞘、茎节和幼穗，包在茎顶端幼穗的分生细胞对低温反应更加敏感。根据发育进程，幼穗受冻程度有所不同。主茎进入雌雄蕊原基分化期（拔节初期）受冻后幼穗萎缩变形，最后干枯，而分蘖大多仍处在二棱期（起身期），幼穗受冻后仍是透明晶体状，一般不易冻死。这就是麦田中往往出现主茎被冻死而分蘖存活，以及晚播麦比早播麦冻害轻的原因。小麦在孕穗期对低温极其敏感，一旦受冻后果十分严重。按幼穗受害严重程度依次表现为：①“哑巴穗”，整个幼穗受冻干死在旗叶叶鞘内，灌浆成熟期仅见旗叶没有麦穗。②半截穗，即抽出麦穗只有半截穗能结实，剩下半截穗只有穗轴，没有籽粒。③白穗，部分小穗冻死，一个麦穗的上部或下部有几排小穗发白干枯，造成麦穗籽粒缺位。此类霜冻害往往会使主茎或大分蘖的幼穗受冻，而且弥补空间较小，一旦发生，对产量的影响甚至超过冬季冻害。

发生霜冻时，最低温度通常出现在叶片最密集的层次，称为作用层，大致在植株平均高度的 2/3 处。这就是麦穗往往在某个部位受冻而其他部位完好的原因。

24.1.4.3 冷害

冷害指 0℃以上的相对低温造成的危害。虽然小麦属耐寒作物，但在孕穗期对低温仍十分敏感，尤其是花粉母细胞四分体形成期，遭遇 1℃以下的穗部低温就可能造成花粉败育。孕穗期冷害往往与霜冻伴随发生，其中穗部最低温度降到 0℃以下可认为是霜冻，0℃以上则仍属冷害。孕穗期冷害从植株外部看不出任何受害症状，抽穗开花后，正常授粉的小花开始灌浆充实，花粉败育小花的颖壳张开等待外部花粉，对着阳光明显比结实小花透亮。冷害严重发生时一个麦穗上结实籽粒显著减少。

24.1.4.4 影响小麦低温灾害的因素

1. 品种因素

小麦不同品种的抗寒性差异很大，一般冬性越强耐寒性越好，春性越强耐寒性越差，冻害重轻顺序为春性品种＞半冬性品种＞冬性品种＞强冬性品种。但强冬性品种如未经锻炼，抗寒性也不强。小麦在春季幼穗明显分化后抗寒性会显著下降，不同类型品种在拔节以后抗寒性的差异较小。

2. 环境因素

影响越冬冻害的环境因素包括越冬气象条件，如极端最低温度、低温持续时间和冷暖骤变程度、土壤干旱程度及土壤结构等。①小麦遇极端低温，外部表现为主茎、大蘖的幼穗及心叶冻死，叶片、叶尖先呈水烫样，后青枯或呈蓝绿色。②随着低温持续时间延长，植株受冻和叶片枯萎程度逐渐加重。③结构不良或板结的土壤反复冻融，易在冻层与非冻层交界处将麦苗根系和分蘖节扯断形成“凌截”或“根拔”，造成死苗。④冬季和初春气温骤变会加剧小麦冻害。⑤缺水干旱导致黄淮麦区小麦幼苗光合速率下降，有机物积累减缓，进而加剧冻害危害。北部冬麦区如表层干土层厚，会加剧植株脱水，受冻后难以恢复。⑥不同土质的冻害程度顺序为：沙土＞黑土＞淤土＞两合土。沙土透水透气性好，但导热率高，保肥保水能力差，冻害较为严重。两合土是由半沙半泥的河流淤积物形成，具有中上等肥力，透水通气，导热率低，冻害相对较轻。⑦冬季下雪对小麦有保护作用，但如雪量过大或时机不宜，也会加重冻害。如 2009 年 11 月上中旬河北省中南部降特大暴雪，麦苗被雪掩盖 20 多天，未能进行抗寒锻炼，导致冬季严重的冻害死苗；而历来低产的黑龙港地区积雪时间仅 7 d，融雪后气温回升，经受了比较充分的抗寒锻炼，冻害较轻。早春返青后如形成积雪，因地温已经较高，麦苗容易捂黄，再遇强烈低温也易受冻。

对霜冻程度影响最大的是发育进程和低温强度。研究认为[8]，小麦拔节后 8 d，叶面温度 −6℃（最低气温约 −2℃）时一般不至受害；叶面温度降至 −8℃时，有 3%～15%的叶尖轻微受冻；孕穗期（拔节后 14 d）叶面温度降至 −4～−5℃时，有 5%～14%的穗部受冻，不孕、不抽穗或抽出空穗；扬花期最低气温 1.9℃，叶面温度降到 −0.7℃时，有 13%的穗部受冻害不能结实。特别是在 3 月，黄淮麦区大部分小麦已拔节，抗寒性大为降低，若遇 0℃以下低温，主茎或大分蘖就会冻死。

3. 栽培措施不当

小麦冻害的发生与播种质量差有很大关系。

(1)整地质量　推广秸秆还田后，旋耕耙作业容易造成虚土层较厚，达不到上虚下实的要求。地不平，机播深浅难以把握。板结土壤结构不良，裂缝处的麦苗容易受冻和被风袭而枯死。另外，部分麦田秸秆粉碎不完全，掩埋不彻底，造成小麦幼苗被架空，越冬点片或大片发黄、生长迟缓，麦苗纤弱，抗寒性差，也容易受冻。

(2)播期　目前，农民为尽早忙完田间劳作进城打工，往往抢墒早播，造成小麦旺长，甚至冬前拔节，即使冬季没有受冻死亡也容易在早春受霜冻危害。半冬性和春性品种冬前容易开始穗分化，早播的冻害严重。研究发现，黄淮麦区 10 月 11 日适时播种比 9 月 25 日过早播种的小麦，收获时青穗减少 23.2%，产量增加 1 953 kg/hm^2；10 月 18 日前播种的弱春性品种和 10 月 8 日前播种的半冬性品种都不同程度遭受了冻害。[8]

(3)播量　"有钱买种，无钱买苗"的思维导致小麦生产中播量盲目偏大，易造成麦苗拥挤，"竖向"生长，植株偏高、叶片细长、单株分蘖少，根系弱，抗寒能力大大降低。

(4)播种深度　播种过深，出苗较晚，苗情较弱，分蘖推迟或不能分蘖，养分积累少，冻伤后易在冬末早春衰亡。播种过浅，分蘖节接近地表，更容易遇到极端低温和干旱，越冬时往往首先冻死。

(5)品种选择　盲目引进外地不抗寒品种是许多地方冻害严重的重要原因。冬性弱的品种或过早播种，春季提前拔节，容易遇到霜冻。

(6)施肥　追施氮肥过多而磷钾肥不足，导致麦苗贪青，发生霜冻时受害更重。

24.1.4.5　小麦低温灾害的减灾对策

(1)合理选择品种，兼顾抗寒性与丰产性。北部冬麦区应选用强冬性品种，其南部在晚播时可少量使用冬性品种。黄淮冬麦区应搭配选用冬性和半冬性品种，早播可使用冬性品种，晚播可使用半冬性品种。春性品种只适合淮河以南地区，在黄淮麦区种植发生冻害与霜冻的风险极大。

(2)提高整地质量是保证苗齐、苗匀和培育冬前壮苗的关键。播前必须精细整地和调整播种器，以确保播种深浅一致。秸秆还田后应把残茬耕翻下去，旋耕后必须镇压。强调适时播种，如黄淮南片麦区半冬性品种适宜播期为10月5—15日，弱春性品种为10月15—25日，北部冬麦区强冬性品种则在9月下旬到10月上旬播种，即农谚所说"秋分种麦正当时"。应掌握"在适宜播期内自北往南播期逐渐推迟"原则。播量要根据播期、土壤肥力、品种特性和发芽率掌握，早播的播量不宜大，晚播应适当增加播量；肥力水平高的麦田可适当降低播量。播种深度以3～5 cm为宜。

(3)加强田间管理。为防御越冬冻害，播后应及时查苗，疏密补稀。播量过大的应在三叶期前疏苗，缺苗断垄的及时移栽或补种。黄淮冬麦区冬前要及时中耕控制旺长。如冬季麦田有坷垃和裂缝，或出现较厚干土层，应选择白天表土化冻时镇压保墒。黄淮麦区返青后划锄具有松土、保墒、增温、除草和增强麦苗御寒能力的作用，一般划锄后7～10 d 5 cm土层白天平均地温可提高0.5～1.0℃，对促进根系发育和养分转化十分有利。

控制徒长是防御小麦霜冻的关键措施。有徒长趋势的冬前旺苗应在冬前适度镇压，如仍不能控旺，则在小麦返青后到拔节前选择晴天再次镇压，既可抑制过快生长避免过早拔节，又可粉碎坷垃弥合裂缝，使麦根与土壤密接，防止冷空气侵入而伤害麦苗。镇压还具有提墒和增大土壤热容量、导温性的作用，有利于缓和低温与干旱的危害。但镇压要看天、看地，一般早晨不压中午压，雨天不压晴天压，地湿不压地干压，以防伤麦和土壤板结。如上述方法仍不能有效控制旺长，可喷施植物生长调节剂进行化学控制，最佳时间是返青至起身期，应在无风或微风天气喷施。拔节中后期慎重使用，以免影响抽穗。具体做法是用15%多效唑可湿性粉剂750～900 g/hm^2(越冬前)或1.275～1.350 kg/hm^2(主茎5～6叶龄)兑水喷施；起身期用苗壮素水剂225～300 mL/hm^{2}兑水600 kg稀释后喷施；拔节期连续用0.3%矮壮素溶液喷洒2～3次，每次喷药750 kg/hm^{2}左右，每次喷药间隔8～10 d。此外，也可通过在麦田熏烟来减少辐射降温，使地面气温升高，从而有效减轻霜冻。

(4)科学施肥。根据不同地块土壤养分检测结果，采用配方施肥技术，控制氮肥过量使用，施足磷肥和钾肥，配合使用微肥，以培育壮苗和防止冬前徒长，提高抗寒性。进入越冬期后，行间适量撒施麦糠、碎麦秸等，有保墒防冻作用，还可以作为有机肥改良土质。遭受冻害的麦田要根据苗情，结合中耕、浇水，追施氮肥和速效磷钾肥，以促进存活茎的恢复，提高成穗率。

(5)适时冬灌。既可平抑地温，又能沉实土壤、破除坷垃，还可消灭越冬害虫。冬灌一般从日平均气温下降到7～8℃时开始，到5℃左右时结束，以"昼消夜冻"之际为好。冬灌过早，气温较高，蒸发量大，入冬后表层土壤仍然干燥；冬灌过晚，水分不能及时下渗，如地面积水结冰，麦苗在冰层下容易窒息死亡，或形成冰凌，拉断麦根，吊死麦苗。冬灌顺序，一般先灌渗水性差的黏土地和低洼地，后灌渗水性强的沙土地；先灌底墒不足或表墒较差的二、三类麦苗且水量要大，后灌墒情较好、播种较早，并有旺长趋势的麦田，且水量要小。二合土含水量超过18%的可以不浇冻水。

24.1.5 洪涝灾害

24.1.5.1 夏玉米洪涝的危害

黄淮海地区除黑龙港地区和丘陵地种植春玉米外，平原地区基本上都实行冬小麦—夏玉米平作两熟制。夏玉米由于在雨季种植，容易发生洪涝灾害。河北省在1963年8月上旬，河南中部在1975年8月上旬，淮河流域在1991、2003和2007等年，都发生过大范围的洪涝灾害，造成巨大损失。

玉米需水量虽然很大却不耐涝。涝害对玉米的危害表现为：水分过多使玉米生长缓慢，植株软弱，叶片变黄，茎秆变红，根系发黑并腐烂。

24.1.5.2 影响洪涝灾害程度的因素

不同发育阶段受涝后的影响相差很大。玉米的苗期抗涝能力弱，尤其是发芽到三叶期以前。七叶期以前土壤含水量达到田间持水量的90%开始受害，处于饱和状态时根系生长停止，时间过长全株死亡。拔节后抗涝能力逐渐增强，尤其吐丝期的抗涝能力很强，但成熟期根系衰老，抗涝能力减弱。[9-10]

玉米播种到三叶期的涝害俗称“芽涝”或“奶涝”，对玉米生长发育和产量形成的危害最大。陈国平等系统研究了芽涝对夏玉米的危害特点。[11]种子吸水膨胀和胚根开始伸长阶段对涝害反应最为敏感，如以对照出苗率为100%，则淹水2 d可使出苗率降低到43.1%和46.0%，淹4 d降为15.8%和15.2%。干籽状态和胚芽伸长时淹水受害程度次之，而芽鞘出土时淹水的不利影响最轻，出苗率只降低10%左右。萌芽期涝害除造成严重缺苗外，对幸存的幼苗生长也有明显的影响，表现为生长缓慢，根叶发育不良和干重下降。出苗至四叶一心阶段的不同时期淹水5 d，虽未造成死苗现象，但对根系和叶片的生长都有明显的不利影响。根系是受害最早最重的器官。主胚根和次生根生长受抑制，平均根长显著缩短，根系体积缩小39.5%～46.2%，地下部干重下降28.4%～30.3%。

发生洪涝时的气温对于受害程度有很大影响。不论何期淹水，时间多长，高温都显著降低了受涝玉米的出苗率，温度从20.5℃提高到26.8℃时，各淹水处理平均出苗率约下降了2/3。1963年海河流域特大洪水使处于吐丝期的玉米普遍受涝，但由于气温偏低，对最终产量未造成显著影响。

积水深度的影响甚至要超过被淹时间。同样淹3 d，三叶期淹没株高1/2者单株干重只下降8.5%，而叶片露尖和全淹没者分别下降25.9%和46.0%。全淹1 d的受害也较重，淹没2 d的部分植株死亡，淹没3 d的全部死亡。但如只有少数叶尖露出，淹水3 d排水后仍可继续生长。

24.1.5.3 夏玉米洪涝的防御措施

(1)选用抗涝品种。抗涝玉米品种通常根系具有较发达气腔，受涝时叶片枯黄较轻。

(2)合理布局。夏玉米不宜在地势低洼、土质黏重和地下水位较高的地区种植。如在低洼地区种植，应起垄栽培。

(3)适时早播。黄淮海地区由南往北6月下旬到7月中旬陆续进入雨季，麦收后尽量早播，力争在雨季到来前达到较大的苗龄，可以显著增强抗涝能力。

(4)及时排水。低洼地要挖好排水沟并在雨季前疏浚。

(5)水退后地面稍干时中耕撤墒，促进恢复生长。

(6)增施速效肥。玉米受涝后土壤养分流失较多，叶黄秆红，光合作用减弱，迟迟不发苗。追施速效氮肥可促进恢复生长。

(7)防治病虫。玉米受涝后长势衰弱，易受病虫害侵袭，要及时防治。

(8)促进早熟。玉米苗期受涝后,发育明显延迟。可采取隔行去雄、打底叶、浅锄、乳熟后扒开苞叶等措施,或喷施乙烯利等催熟剂。[8]

24.2 黄淮海平原的主要生物灾害与减灾对策

近年来,随着农业生产水平的提高、种植结构的调整、耕作栽培制度的改变,种植密度增加,肥水条件改善,免耕、少耕和秸秆、地膜覆盖技术的推广,小麦和玉米病虫害呈加重趋势。加上气候变暖,连续出现暖冬以及年度间降雨不平衡,致使黄淮海平原的病虫害发生出现一些新的特点。

24.2.1 冬小麦病虫害及其防治

24.2.1.1 小麦病害

小麦病害以条锈病(wheat stripe rust)、纹枯病(wheat sharp eyespot)、白粉病(powdery mildew of wheat)和赤霉病(wheat scab)最为重要。条锈病分布在我国西北地区(越冬越夏区)、西南的四川、长江中游(湖北北部)、黄河以南的山东和河南南部,冬小麦生长期间可以扩散蔓延到整个北方冬小麦产区,发生程度随早春气候适宜程度而不同。20 世纪 60 年代后期随着一批抗锈品种的推广,受害明显减轻。但近年来由于病原菌生理小种的变化,部分品种的抗锈性丧失,存在着大面积流行的危险。此外,南北主要产麦区的纹枯病及白粉病也呈加重为害的趋势。赤霉病仍然是长江中下游麦区的主要威胁,并随着气候变暖向北推移到黄河以南。此外,局部地区的病毒病也有加重趋势。

24.2.1.2 小麦虫害

主要是穗期蚜虫(aphid)发生普遍,其次在小麦返青拔节后的生长中期,特别是干旱年份,小麦吸浆虫、麦蜘蛛、麦叶蜂等在黄淮海麦区也需要防治。北方个别地区蝼蛄等地下害虫和土蝗为害也较重。

24.2.1.3 小麦病虫害的新特点及危害

20 世纪 50 年代以来,农作物主要病虫害发生面积不断上升。河北省是我国小麦主产区之一。随着种植结构调整和种植技术提高以及气候变暖,麦田病虫害发生呈现一些新特点:一是对小麦产量影响较大的小麦条锈病、黑穗病、丛矮病、线虫病、地下害虫等发生程度和范围有所下降,已构不成严重威胁;二是小麦蚜虫发生仍严重,白粉病成为常发病害,每年都造成一些地区的减产;三是近年来小麦纹枯病、小麦吸浆虫呈上升趋势,成为主要病虫害,小麦赤霉病在局部地区也趋重流行;四是小麦红蜘蛛、麦叶蜂等一些次要害虫连续偏重发生。此外,小麦全蚀病在局部地区呈上升趋势,早春若遇低温,土传病害小麦根腐病还会偏重流行。

24.2.1.4 小麦病虫害防治对策[12-13]

1. 农业措施

(1)推广抗耐病虫品种。在病虫害常发区和重发区建立小麦品种抗病虫变异观察圃，筛选农艺性状好、高产、较抗耐病虫的品种在生产上推广并合理布局，防止大面积种植单一品种。重病区压缩感病品种面积。推广抗耐品种要因地制宜，如冀中南以冀麦36、冀麦37、71-3等品种发病晚，较耐白粉病和纹枯病，产量较高。

(2)加强田间管理。底肥多施有机腐熟肥、复合肥和小麦专用肥，防止偏施氮肥，做到氮、磷、钾均衡；浇足底墒水，精细耕翻耙耢；采用精量或半精量播种，培育壮苗，防止群体过大，增大通透性，创造不利于喜湿性病虫害发生的环境。

(3)调整作物布局，搞好轮作倒茬，适期晚播，以降低病虫基数，推迟病菌侵入，可减轻秋苗发病，减少土蝗、蟋蟀、灰飞虱的发生数量。

(4)搞好冬前和早春化学除草，通过减少传毒昆虫蚜虫和灰飞虱的栖息和繁殖场所，可减轻丛矮病和黄矮病等病毒病的发生；适当推迟春季浇第一水时间，创造不利病虫害发生的农田生态环境。

2. 搞好病虫害预警和监测

冬前进行一次病虫情调查，根据发生基数和小麦品种布局，结合气候特点，做出次年小麦病虫害发生预测。小麦返青后开展大面积普查和定点调查，结合气象预测，发布病虫发生程度和范围的预报。3—5月开展系统监测，掌握发生动态，及时发布防治适期预报，指导大面积防治。

3. 关键时期抓关键防治技术

(1)药剂拌种　可降低土传、种传病害的秋苗发病率，减少菌源积累，进而推迟早春发病15～20 d。重病区采用杀菌谱广的高效长效杀菌剂，如20%三唑酮(即粉锈宁)乳油按种子重量的0.15%，或33%多菌灵·三唑酮(纹霉净)可湿性粉剂、2%立克锈干拌种剂等按种子重量的0.2%处理种子，药效期80～90 d，对小麦白粉病、纹枯病、锈病、黑穗病、根腐病等均有良好效果；用卫福40%悬浮剂，或适乐时2.5%悬浮种衣剂，按种子重量的0.1%～0.2%包衣，可预防腥黑穗病、秆黑粉病、根腐病等土传病害和纹枯病、赤霉病、全蚀病、叶斑病、锈病病菌的侵染。

(2)春季防治　华北返青前后常伴有低温阴雨天气，是小麦根腐病、纹枯病、白粉病等早期混合发生时期，抓住关键期防治对控制中后期病情发展有重要意义。一般每亩用20%粉锈宁乳油50 mL，或12.5%禾果利可湿性粉剂2 500～3 000倍液，也可用33%纹霉净可湿性粉剂200 g、25%敌力脱乳油33 g兑水40～50 kg，向小麦根茎部喷洒，重病田隔5～7 d再喷1次，对小麦白粉病、根腐病、锈病、叶斑病、纹枯病均有效。

(3)穗期蚜虫防治　可喷洒50%抗蚜威可湿性粉剂或10%吡虫啉可湿性粉剂等，以减少伤害天敌。

(4)小麦吸浆虫防治　防治关键期是中蛹期，每亩用50%辛硫磷乳油或50%敌敌畏乳油150 mL兑水2～3 kg，喷洒细土20～25 kg搅拌均匀(以用手握成团，撒地即散为宜)，顺麦垄撒施。成虫期扫残，在小麦抽穗后，70%植株扬花时用菊酯类、敌敌畏等农药喷洒防治。

(5)小麦全蚀病防治　重病田除轮作倒茬外，可用15%粉锈宁乳油2 kg，或甲基托布津

70%可湿性粉剂每亩2～3 kg加细土20～30 kg于播种时沟施预防；小麦返青期用15%粉锈宁乳油150 g，或甲基托布津70%可湿性粉剂100 g兑水100 kg，用去掉喷头的喷雾器喷浇小麦茎基部。轻病田用粉锈宁等拌种，再加上返青期喷浇，防效较好。

(6)小麦红蜘蛛防治　小麦红蜘蛛一般在干旱和无浇水条件的丘陵、山区或旱薄地麦田发生较重，可用1.6%阿维菌素的6 000～8 000倍液喷雾防治。

(7)麦叶蜂防治　麦叶蜂在高水肥或低洼麦田发生较重，可用20%氰戊菊酯乳油、25%辛·氰乳油(快杀灵)的2 500～3 000倍液防治。

(8)土蝗、蟋蟀防治　沟边、地沿等特殊环境发生重时对邻近小麦构成威胁，严重时可造成缺苗断垄。可用50%辛硫磷乳油、50%敌敌畏乳油等，每亩施150 mL兑水2 kg，喷拌5 kg炒香的麦麸、豆饼、谷秕子，于上午10时前或下午4时后在土蝗、蟋蟀取食高峰前撒于麦田，密度高时隔天再撒1次，或用氰戊菊酯、敌敌畏等常规喷雾5～10 m的保护带以控制为害。

24.2.2　玉米病虫害及其防治

黄淮海夏玉米区包括河北中南部、安徽和江苏北部以及山东和河南全省，年种植面积600万 hm^2 以上，是我国第二大玉米产区。由于跨越地域大，种植结构复杂，历年病虫害种类较多，严重影响产量和品质。近几年普遍推广免耕和秸秆还田技术，甜、糯和青贮等特用玉米面积增加和品种更换，引起该地区玉米病虫害发生新的变化。

24.2.2.1　常见重要玉米病虫害发生趋势

1. 玉米小斑病

玉米小斑病(*Bipolaris maydis*)是黄淮海地区主要病害之一，一直是玉米病害防治重点。由于近年来充分利用抗病品种，未造成大的危害。2003和2004年调查发现安徽、河南、山东、河北南部小斑病普遍发生，部分地区和品种发生较重。2003年河北省邯郸试验站内许多品种和2004年安徽萧山、山东枣庄、河南浚县试验田部分品种病情达到7级以上。2年调查均发现，同一品种的病斑类型和抗性在不同地区有明显差异，有时可见2种类型病斑混合发生，说明生产上玉米小斑病的病原菌出现变化。室内回接试验表明，新菌系致病性更强。随着近年来国外玉米新种质资源大量引进推广，黄淮海地区玉米小斑病有加重发生趋势。

2. 玉米大斑病

玉米大斑病(*Exerohilum turcicum*)曾是该区主要病害，随着春播玉米面积减少和抗病品种大面积推广已得到有效控制。2003年调查发现，玉米大斑病的病斑类型在部分地区出现变化，病斑明显增大，某些品种上单个病斑可占整个叶面积的1/3；2004年京津唐地区玉米大斑病在部分品种上发生较重，有些在病虫害鉴定中对大斑病0号小种的抗性为抗病或中抗的审定品种在田间表现感病或高感。应密切监测玉米大斑病菌生理小种的变化，防止大斑病1号小种从东北玉米区向黄淮海地区蔓延。一般年份大斑病在陕西发生较普遍，山东沿海地区也有发生，其他省份仅零星发生。

3. 玉米矮花叶病

玉米矮花叶病(sugarcane mosaic virus，SCMV)曾在黄淮海部分地区暴发为害。随着玉米育种含高抗矮花叶病毒基因的黄改系自交系大量种植，已得到有效控制，近年来发生较少。

4. 亚洲玉米螟

20世纪80年代以来，黄淮海夏玉米区玉米螟（*Ostrinia furnacalis*）春播寄主作物大面积减少，玉米心叶期螟害发生较轻，但穗期中等以上危害程度明显增加。2004年2、3代亚洲玉米螟在黄淮海地区为中等偏重发生。对河北、河南、山东、安徽、江苏5省10县、市调查，玉米雌穗被害率40%以上，蛀茎率30%以上，如郑单958平均蛀茎率37.78%，有些品种雌穗被害率60%，蛀茎率50%以上，为近年少有。即使在玉米心叶期防治一次，穗期螟害仍十分严重，除直接造成产量损失外，还加重了玉米穗腐病的发生。目前生产上主推品种均为感螟品种，在虫源充足条件下，一旦环境条件适合将会大发生。

24.2.2.2 新的或有加重趋势的玉米病虫害发生趋势

1. 玉米褐斑病

玉米褐斑病（*Physoderma maydis*）多发生在叶鞘上，原来仅零星发生，只有在叶片上才能造成危害，一般不造成产量损失。近年来在黄淮海夏玉米区发生呈加重趋势。2003年山东省济南、菏泽和河南省开封等市部分地区发生严重；2004年在黄淮海地区各省均大面积流行，在六叶一心期至大喇叭口期发病，叶片密布病斑，逐渐干枯，后期引起鞘腐，产量损失10%～30%。玉米褐斑病主要在含黄改系亲缘的玉米杂交种上为害，尤其是黄淮海区主栽品种郑单958病情较为严重，其亲本之一含黄改系亲缘。后继品种中有相当部分也是含有黄改系亲缘的杂交种，随着这些感病品种在生产上的推广以及秸秆还田和免耕技术的应用，导致田间菌量增加，玉米褐斑病在近期内还会继续发生，并有可能造成更大的流行。

2. 玉米茎腐病

病原菌主要为腐霉菌（*Pythium* sp.）和禾谷镰刀菌（*Fusarium graminearum*），调查发现在安徽、河南、河北、山东、陕西普遍发生，且由镰刀菌引起的茎腐病呈上升趋势。茎腐病以土传为主，目前主推品种抗性较差，加上推广秸秆还田，增加了田间病原菌数量，是该病害上升的主要原因。此外，随着免耕年份增加，病害有加重趋势。

3. 玉米南方锈病

玉米南方锈病（*Puccinia polysora*）原来主要在南部沿海春玉米区发生，近年来在黄淮海地区频频发生。1998年曾暴发流行，造成严重损失。2004年为大发生年，安徽、山东、河南普遍较重，大多数品种表现为感病或高感，产量损失严重。品种间抗感差异显著，但目前生产上高产抗病资源较少。近年来长江流域玉米种植面积扩大，为南方锈病病原菌随气流向黄淮海夏玉米区传播提供了大量菌源，加之玉米育种大量引进携带感病基因的热带亲缘品种，玉米南方锈病近期内还会继续流行，并有可能逐渐向北扩展，应引起育种部门的高度重视。

4. 玉米细菌性茎腐病

河南、江苏局部地区玉米细菌性茎腐病（*Erwinia carotovora* f. sp. zeae Sabet）发生严重。从苗期到抽雄期均可发生，病原菌一般从叶鞘侵入，茎基节或茎秆中部为黄褐色到褐色，水渍状，发软或呈黏稠状溃烂，病部有特殊臭味，常造成植株倒伏。病菌也可通过叶鞘侵染果穗。该病害有进一步扩大趋势。2004年在河南周口地区发现的成株期玉米细菌性茎腐病，症状和其他地区发生的同类病害存在差异，髓部腐烂有明显界限，无特殊臭味。

5. 玉米细菌性叶斑病

本区多地发现多种细菌性叶斑病危害，其中山东、河北、河南均有加重趋势，但目前还未见造成明显产量损失。

6. 玉米鞘腐病

2003年山东省首次发现，由多种病原菌引起。2004年发生面积进一步扩大，主要分布在山东、河北。病害从根部叶鞘开始发生，叶片逐片青枯，可上到穗部苞叶，病斑只发生在叶鞘，茎秆上没有。感病植株在黄熟期整株枯死。黄淮海地区主推品种郑单958抗性较差。

7. 玉米穗腐病

在黄淮海地区普遍发生，病原菌以串珠镰刀菌(*Fusarium moniliforme*)为优势致病菌，禾谷镰刀菌为次优势致病菌。近年来由禾谷镰刀菌引起的穗腐发生较前几年重，并有进一步加重趋势，可能和小麦—玉米两熟免耕及秸秆还田造成的田间菌量增加有一定关系。穗腐病的发生还与穗期害虫危害成显著正相关。黄淮海地区近年玉米穗期害虫种类和数量发生明显变化，由原来的玉米螟为害变为玉米螟、棉铃虫和桃蛀螟多种害虫共同为害，加重了穗腐病的发生。特别是在吐丝到灌浆期如雨水多湿度大，发病率可高达50%以上。2004年对河北、河南、山东、安徽、江苏5个省10个县、市的调查表明，玉米雌穗平均被害率61.1%，穗腐病平均发病率42.9%。如郑单958雌穗被害率50.77%，穗腐病率54.62%；农大108雌穗被害率45.63%，穗腐病率29.38%；浚单20雌穗被害率49.17%，穗腐病率42.5%。

8. 桃蛀螟

桃蛀螟(*Dichocrocis punctiferalis*)原来只零星发生，近年来发生普遍，尤其在安徽、山东发生较重。2004年调查，桃蛀螟一般占危害雌穗害虫的10%～46%，主要危害玉米穗，取食玉米粒，造成产量损失，并引起严重穗腐，同时可蛀茎，造成茎秆倒折。在雌穗上多群聚为害，一穗有多头螟虫。国内外对其在玉米上的发生为害研究较少。桃蛀螟为杂食性害虫，主要寄主为果树和向日葵等，寄主植物多，发生世代复杂，近几年有可能成为黄淮海地区玉米主要虫害之一。

9. 棉铃虫

自20世纪80年代后期以来，黄淮海夏玉米区棉铃虫(*Helicoverpa armigera*)在玉米穗期危害十分严重，4代棉铃虫大多在雌穗上取食为害，造成直接产量损失，更重要的是加重了玉米穗腐病的发生程度。棉铃虫大发生年对玉米穗期的危害甚至超过玉米螟。玉米穗期棉铃虫发生程度受棉田3代棉铃虫种群数量的影响。近几年黄淮海地区转基因抗虫棉的大面积种植，有效控制了3代棉铃虫种群数量，玉米穗期棉铃虫危害减轻。

10. 玉米蚜

近几年玉米蚜(*Rhopalosiphum maidis*)危害呈上升趋势，特别是在抽雄散粉期，蚜虫虫口密度大，严重危害时造成雌穗发育不良，引起煤污病，影响光合作用和籽粒灌浆，造成产量损失。玉米蚜大发生受品种抗性及气候影响较大，品种间抗性差异明显。高温、干旱有利于玉米蚜生长发育和繁殖，目前黄淮海地区主推品种郑单958是感蚜品种。

11. 玉米蓟马

据文献记载，我国危害玉米的蓟马有9种，黄淮海地区以禾蓟马(*Frankliniella tenuicornis*)为主，自20世纪90年代后期以来危害加重，成虫与若虫都能危害，轻者造成叶片畸形扭曲呈牛尾状破裂，重者枯死或不抽穗，已成为河北、河南和山东等省部分地区夏玉米苗期的重要害虫。

12. 玉米耕葵粉蚧

20 世纪 80 年代末河北省赵县、满城等地发现玉米耕葵粉蚧（*Trionymus agrestis*）危害玉米，现河北省保定、衡水、石家庄、邢台、邯郸、廊坊和唐山等地市均有发生危害，常年发生面积 60 万 hm^2 以上，一般受害株率 10％，严重的达 80％以上，受害严重的减产 50％～60％。近几年山东聊城、济南、淄博和河南安阳等地也有发生。由于玉米耕葵粉蚧危害小麦和玉米等禾本科作物，小麦—玉米两熟制有利于该虫的发生蔓延，应引起足够重视。

13. 双斑萤叶甲

双斑萤叶甲（*Monolepta hieroglyphica*）是蔬菜和油料作物害虫，很少危害玉米，但近年在我国北方春玉米区的河北张家口、承德，以及黄淮海夏玉米区和陕西局部地区发生较重。该虫对玉米品种没有选择性，苗期取食叶片造成破损；穗期咬食花丝和花粉影响授粉，对产量影响较大。

24.2.2.3 玉米病害的防治[14-15]

1. 玉米大斑病

玉米大斑病在高温高湿条件下较易发病，叶面上露水持续时间长也易发病，过度密植、低洼渍水和连作地块发病较重。玉米大斑病病原菌以菌丝或分生孢子附着在病残组织内越冬，成为翌年侵染源。另外，种子也能携带少量病菌。田间病菌入侵玉米植株，经 10～14 d 病斑上产生分生孢子，借气流传播侵染。

防治方法：①选用抗病品种。目前我国生产上使用的普通玉米品种大多为高抗类型，如郑单 93-1、郑单 958、郑单 136、郑单 22、蠡玉 16 等。②消灭初侵染源。收获后及时翻耕，将遗留田间的病株残体翻入土中，加速腐烂分解；秸秆充分发酵腐熟后才可用作肥料。③改进栽培技术。实行轮作、间作，增施肥料，适时播种，合理密植，掌握适宜灌水量及次数，保持田间通风透光，干湿度适宜。④药剂防治。发病初期喷洒 50％多菌灵可湿性粉剂 500 倍液，或 50％甲基硫菌灵可湿性粉剂 600 倍液、75％百菌清可湿性粉剂 800 倍液、25％苯菌灵乳油 800 倍液、40％克瘟散乳油 800～1 000 倍液，每隔 8～9 d 喷洒 1 次，连续防治 2～3 次可收到良好效果。

2. 玉米小斑病

发病适宜温度 26～29℃，产生孢子最适温度 23～25℃。孢子在 24℃下 1 h 即能萌发。遇充足水分或高温条件病情迅速扩展。玉米孕穗、抽穗期降水多、湿度高，容易造成小斑病的流行。低洼地、过于密植的荫蔽地和连作田发病较重。小斑病主要以休眠菌丝体和分生孢子在病残体上越冬，成为翌年发病的初侵染源。分生孢子借风雨、气流传播侵染，在病株上产生分生孢子进行再侵染。

防治方法：①因地制宜选择抗病品种。常用品种有郑单 958、鲁单 981、豫单 101、农大 60、农大 3138、农单 5 号、华玉 2 号、蠡玉 16 等。②加强农业防治。清洁田园，深翻土地，控制菌源；摘除下部老叶、病叶，减少再侵染菌源；降低田间湿度；增施磷钾肥，加强田间管理，增强植株抗病力。③药剂防治。发病初期喷洒 75％百菌清可湿性粉剂 800 倍液，或 70％甲基硫菌灵可湿性粉剂 600 倍液、25％苯菌灵乳油 800 倍液、50％多菌灵可湿性粉剂 600 倍液，间隔 7～10 d 喷 1 次，连防 2～3 次。

3. 玉米弯孢霉叶斑病

该病主要危害叶片，也可危害叶鞘和苞叶。叶部病斑初为水浸状褪绿半透明小点，后扩大为圆形、椭圆形、梭形或长条形，1～2 mm 大小，中间枯白或黄褐色，边缘暗褐色，四周有浅黄色晕圈。空气湿度大时病部正反两面均可产生灰黑色霉层。病斑中心灰白色，边缘黄褐或红褐色，外围有淡黄色晕圈，并具有黄褐相间的断续环纹。潮湿条件下病斑正反两面均可产生灰黑色图纸状物，即病原菌的分生孢子。感病品种叶片密布病斑，病斑结合后叶片枯死。玉米弯孢霉叶斑病在高温、高湿、多雨的气候条件下发生流行，涝洼地、连作日发病较重。该病病原为弯孢霉菌，病菌以分生孢子和菌丝体在土壤、植株病残体和病秸秆上越冬。第二年分生孢子在适宜条件下传到玉米植株上，侵入体内引起初侵染；发病后病部产生的大量分生孢子经风雨、气流传播又可引起多次再侵染。

防治方法：①选用抗病品种。如浚单 20、浚单 18、济单 7 号、中科 4 号、鲁单 981 等。②加强栽培管理。玉米与豆类、蔬菜等作物轮作倒茬，适当早播，收获后及时处理病残体，合理追肥，增施磷钾肥，都能使玉米发育健壮，增强植株抗病能力。③药剂防治。发病初期可用 40% 福星乳油 8 000 倍液，或 50% 速克灵可湿性粉剂 2 000 倍液，或 12.5% 烯唑酮可湿性粉剂 3 000 倍液，或 25% 敌力脱乳油 1 000 倍液，或 80% 大生可湿性粉剂 1 000 倍液等喷雾防治，每隔 8 d 左右喷 1 次，连续喷雾 2～3 次。

24.2.2.4 玉米虫害的防治

玉米害虫主要有地老虎、黏虫、玉米螟及蚜虫，有的年份还会出现红蜘蛛。

1. 地老虎

地老虎又叫地蚕、土蚕、切根虫。地老虎的种类很多，常发生危害的有小地老虎和黄地老虎。主要危害幼苗，尤以冬闲田、油菜地、绿肥地及蔬菜地较为严重。地老虎各龄幼虫的生活和危害习性不同。1～2 龄幼虫昼夜活动，啃食幼叶或嫩叶；3 龄后白天躲在土壤中，夜出活动危害，咬断幼苗基部嫩茎造成缺苗；4 龄后幼虫抗药性大大增强，因此，药剂防治应把幼虫消灭在 3 龄以前。

防治方法：①利用黑光灯和糖醋液诱杀成虫，减少第一代幼虫数量。②在玉米出苗前彻底铲除杂草，并及时移出田外作为饲料或沤肥，勿乱丢乱扔，以有效压低虫口基数。③药剂防治。选用包衣种或用药剂拌种，可用呋喃丹种衣剂按玉米种子重量的 1% 拌种，也可用 50% 辛硫磷乳剂 0.5 kg 加水 30～50 kg 拌种子 350～500 kg。施毒土，3% 呋喃丹颗粒剂每亩用 1.5 kg，或 50% 甲胺磷乳剂每亩用 0.5 kg，加细土 40 kg 混匀撒施。④毒饵诱杀。对 4 龄以上幼虫用毒饵诱杀效果较好。将 0.5 kg 90% 敌百虫用热水化开，加清水 5 kg 左右，喷在炒香的油渣上（也可用棉籽皮代替）搅拌均匀即成，每亩用毒饵 4～5 kg 于傍晚撒施。

2. 黏虫

玉米黏虫俗称绵虫蝗，是一种暴发性毁灭性害虫。蚕食叶片造成缺刻，严重发生时可吃光全部叶片仅剩光秆，造成严重减产甚至绝收。1～2 龄幼虫隐藏在心叶或叶鞘中昼夜取食，啃食叶肉残留表皮，造成半透明小条斑。5～6 龄幼虫为暴食阶段，蚕食叶片，啃食穗轴。

防治方法：①诱杀成虫。成蛾数量开始上升时用发酵有甜酸味食物（糖醋液）配成诱杀剂，盛在宽口容器内，每 0.33～0.67 hm^2 放 1 盆，盆要保证高出作物 33.33 cm，诱杀剂保证 3.33 cm 深。每天早晨取出蛾子，白天将盆盖好，傍晚开盖。每 5～7 d 换诱杀剂 1 次，连续 16～20 d。

也可用杨枝把诱杀成虫。②诱蛾采卵。从产卵初期始直到盛末期止，在田间插设小谷草把，每亩用 10 把。采卵间隔时间第 1 代以 5 d 左右，第 2～3 代以 3 d 左右为宜。把谷草把上卵块带出田外销毁，并更换新谷草把。③化学农药防治。每亩用 2.5%敌百虫粉 2～2.5 kg，或用 90%敌百虫 1 000～2 000 倍液、80%的敌敌畏 2 000～3 000 倍液喷雾。

3. 玉米螟

玉米螟又叫玉米钻心虫，是世界性玉米大害虫。心叶期被幼虫蛀穿后，展开的玉米叶出现整齐的一排排小孔，造成“花叶”。雄穗抽出后，玉米螟幼虫钻入雄花危害，造成雄花基部折断。雌穗出现后幼虫转移到雌穗取食花丝和嫩苞叶，蛀入穗轴或食害幼嫩籽粒。部分幼虫还由茎秆和叶鞘间蛀入茎部取食髓部，使茎秆易被大风吹折。受害植株籽粒不饱满，青枯早衰，有些穗甚至籽粒被蛀食殆尽，造成严重减产。

防治方法：①选用抗玉米螟品种，如沈单 1 号玉米对 1 代玉米螟高抗，丹玉 13 号品种对 1 代 玉米螟具有中等抗性。②处理越冬寄主，压低虫口基数。因地制宜利用烧、沤、轧、封、剥、铲等方法，把秸秆内躲藏的越冬幼虫数量压低到很少程度。③生物防治。6 月中下旬在玉米螟产卵期释放赤眼蜂，隔 5～7 d 再放一次，两次放蜂总量 2 万～3 万头/亩，可设 4～5 个放蜂点。还可以用白僵菌防治。取 1 g 含 50 亿～100 亿孢子的菌粉 1 份，混入细沙 10～20 份，撒施于玉米心叶中。用菌粉封垛，每立方米秸秆用菌粉 100 g，5 月玉米螟复苏前用喷雾器向垛上喷洒。④药剂防治。每亩用 50%辛硫磷 100 g，兑水 5 kg，拌成 50 kg 毒土，撒施于玉米心叶中；毙杀 2000 每亩用 75～100 g，兑水 30 kg，着重喷施于玉米心叶。

24.3 全球环境变化与黄淮海平原的农业减灾

24.3.1 气候变化与黄淮海平原农业灾害的新特点

24.3.1.1 旱涝灾害时空分布格局改变

气候变化对黄淮海平原的农业气象灾害带来一定影响。不同地区不同程度旱涝灾害的发生频率变化不同。北部旱灾发生频率明显增加；中部发生偏涝、大旱和重旱的频率都有增加，尤其是重旱，但重涝和偏旱发生频率减少；南部大涝、大旱发生频率增幅最大；西部内陆大旱发生频率减少，重涝、大涝、重旱和偏旱发生频率增加，以偏旱增加幅度最大；东部沿海地区除大涝、偏涝和大旱发生频率有所增加外，其他等级旱涝发生频率都减少，且灾害程度减轻。总的来看，气候变暖使得华北内陆旱涝灾害的发生频率和强度增加，东部沿海旱涝灾害的发生频率和强度减少。未来气候变化将进一步加剧河南的干旱，从近年统计资料看河南的旱灾有加剧的趋势。[16]1991 年受旱面积达到 312.8 万 hm^2，2000 年受旱 296.0 万 hm^2，超过全部受灾面积的 80%。

24.3.1.2 低温灾害总体减轻但霜冻有所加重

气候变暖使河南的低温冷害有所减轻，无霜冻期延长，但霜冻是一种时间尺度很短的农业气象灾害，具体年份的发生可以与时间尺度很长的气候变化趋势相反。事实上，随着生育期长的高产品种引进和春季发育提前，作物本身抗冻性降低，尽管低温强度有所减弱，但霜冻危害程度有可能加剧。从河南1991—1999年统计资料看，霜冻害有上升趋势。尤其是1998年竟达72.4万hm^2，约占全部受灾面积的20%。[16]

冬麦区在20世纪50年代、60年代和70年代初，几乎年年都有不同程度的冻害发生。80年代以来由于冬季温度升高明显，冻害次数减少，强度减轻。进入21世纪以来，冻害依然出现且影响较大。2004—2005年黄淮海地区出现大范围冬小麦冻害。[17] 河北省2004—2006和2009—2010年，受天气气候、品种和管理的共同作用，出现了明显的冬小麦冻害。其中，受2009年11月的急剧降温与大暴雪以及2010年1月的持续强低温的共同影响，石家庄等地出现了较为严重的冬小麦冻害。[18-19]

20世纪70年代华北小麦—玉米复种两熟地区经常发生冷害，造成夏玉米不能在小麦播种适期之前正常成熟或被迫砍青造成玉米减产，或小麦迟播形成冬前弱苗。自80年代以后，冷害明显减轻，但个别农户使用生育期过长的玉米品种导致成熟不充分也时有发生。

24.3.1.3 高温灾害加重

与低温危害总体减轻相反，高温危害不断加剧。温度升高使作物生育期缩短，并加剧干旱，开花授粉期的高温危害更大。

气候变化使河北、京津地区、山东中东部以及河南西部、南部的小部分地区高温频率增加，除石家庄外，京津地区增幅最大，河北其他地区次之，山东东南部沿海增加最少，高温天数减少较多的是在三省交界地区。从高温强度变化看，河北、京津地区、山东北部和山东半岛强度增加，山东中部、三省交界地区及以南高温强度降低。虽然年平均气温发生变暖突变，但高温发生频率和强度的增加或减少具有明显的地域差异，尤其是高温强度在气候变暖后与气候变暖前差值的正负南北格局十分明显。[20]

24.3.1.4 干热风危害减轻

随着全球环境变化，特别是在气候变暖的大背景下，黄淮海地区的干热风发生频率、时段和空间分布发生了变化。据有关研究，河南省30个站(1967—1996年)的干热风发生日数出现减少趋势，并且具有准6年和准3年的周期。[21]

安徽省20世纪60年代干热风日数出现最多，70年代和80年代出现下降趋势，以80年代出现次数最少，但90年代又比80年代略升，特别是重度干热风增加明显。不同程度干热风的分区趋势基本相同。干热风持续期自南向北有递增趋势，以持续1～2 d的干热风发生较为普遍。[22]

河北省近30多年(1971—2005)干热风的发生也出现了明显变化。其中，轻度干热风发生年总日数年代际变化不很突出，20世纪70年代初、80年代初、90年代初和2000年前后均明显偏多，70年代后期、80年代后期和90年代后期发生总日数均有一个明显偏少阶段，而到2000年以后又有增加趋势，但没有发生突变。轻度干热风变化的主要周期是10年，次要周期是4年。重度干热风发生年总日数具有明显年代际变化，其中70年代初、80年代初和2000年前后均明显偏多，而在70年代后期、80年代后期和90年代明显偏少，并在80年代发生突变。重度干热风变化的主要周期是10年，次要周期是16年。[23] 如2001年5月中旬到6月中旬，河北省中部廊坊、保定、沧州和唐山等地出现大范围干热风天气，致使小麦减产。2009年5月18—19日和5月30日至6月5日，河北省中南部大部地区出现轻度或重度干热风，使小麦成熟期提前。

24.3.1.5 农业生物灾害复杂化

20世纪末以来，受全球气候变化和中国农业结构调整等因素的影响，农作物病虫害的发生与致灾趋于复杂化。重大农业病虫等生物灾害和非生物的气候灾害一样也具有长期性、普遍性、突发性、非均衡性、积累性和交替并发性等特点。开展农作物病虫害预报是有效防御生物灾害的基础，长期以来，由于对病虫害的基础研究重视不够，特别是对病虫害孕灾环境、致灾因子、成灾规律、灾变机理等认识不足，导致对农作物病虫害的测报准确率不高，始料未及的突发病虫害常常造成防治工作的被动和巨大经济损失。为此，亟待加强病虫害预报的应用研究，增强农业生物灾害的可预见性，全面提高防御农业灾害的整体技术水平，对于保障农业健康、持续发展具有重大作用。

24.3.2 气候变化背景下的农业减灾对策

气候变化对农业生产的影响十分复杂，需要研究相应的适应对策，最大限度利用气候变化带来的正效应，避免其不良影响，保持农业的可持续发展。

(1)控制和减少农业温室气体排放量。如秸秆还田、秸秆养畜可避免直接燃烧释放CO_2；采取少耕、免耕技术可减少过度耕作带来的土壤碳素释放；开发利用太阳能、水力能、风能、沼气等可再生能源以替代化石能源，可减少农业生产和农村生活的CO_2排放；通过水肥管理、微生物措施和新品种使用可减少稻田和饲养草食动物的CH_4排放。

(2)通过种植制度与农业结构调整，充分发挥黄淮海平原的光、热、水等农业气候资源优势。研究适合黄淮海不同地区的多种类型高效种植模式，遏制部分地区为追求短期经济利益而出现的土地抛荒和复种指数下降局面。

(3)顺应气候变暖趋势，调整作物播种期和收获期。随着平均气温的明显上升，冬小麦、油菜若按常规播期，易出现年前拔节或抽薹而增加越冬冻害和春季霜冻害的危险，故应适当推迟播种期。对于玉米等秋熟作物，应利用生长季延长，秋季降温偏迟，光热充足等有利条件，选用生育期较长的品种，适当延迟收获。

(4)针对主栽作物生长期间易遇到的不良气候条件与灾害，选育抗逆品种。由于小麦育种中，大穗型高产品种的冬性和抗寒性往往较差，随着气候变暖，在生产上往往会自发选用抗寒性更差的高产品种。需要开展小麦品种抗寒性鉴定，推广品种抗寒性的下降不应超过冬季变暖程度，尤其早播小麦必须使用冬性较强的品种。

(5)加强短期气候预测预报及其对农业影响的风险评估，变被动防御为主动防御，将灾害损失减少到最低程度。

(6)研究气候变化背景下农业有害生物的发生规律，加强对新发生病虫害与外来有害生物入侵的监测和预警，研发生物防治新技术。

24.4　黄淮海平原的区域减灾战略与系统工程

24.4.1　黄淮海平原农业减灾的战略措施

针对黄淮海平原农业灾害的特点，必须抓住干旱缺水这个主要矛盾，制订综合治理和生态建设的长期规划，分阶段分步骤实施。

24.4.1.1　大力开展以节水为中心的农田水利建设

黄淮海地区是我国政治、经济和文化中心，但人口、经济发展、城市化与水资源不足的矛盾十分尖锐。每公顷耕地占有水资源量 20 m^3，仅为世界平均的 1/10。人均水资源 335 m^3，其中北京、天津只有 100 m^3 左右。目前冀鲁豫三省灌溉面积居全国前三位，占到全国有效灌溉面积的 1/4，但该地区的水资源状况不能保证充分灌溉。黄淮海大部分地区为半湿润气候，年均总降水量为可控水资源量的 3 倍，降水正常年份，可以实行半旱地农业。小麦、玉米只要分别在关键期灌溉一次(每亩 40～60 m^3)，就能够实现稳产。[24]目前河北省已普遍推广管灌和渠道衬砌，其他省市节水灌溉面积也推广了各种节水灌溉方式，但仍有很大潜力可挖。目前黄淮海地区的大型蓄水工程基本饱和，水利建设的重点应转移到农田节水工程上来，进一步扩大滴灌、微喷等高效节水灌溉方式的面积，通过精细平整土地，培肥土壤，推广农艺节水技术，努力提高作物水分利用效率。

24.4.1.2　充分利用实施跨流域调水工程的有利时机调整优化水资源配置

长期以来的行政分割管理体制导致流域上中下游争水矛盾突出，往往是上游山区拼命拦蓄水资源低效利用，山前平原拼命抽取地下水成为高产区，中游超量开采地下水形成大漏斗，下游地表水与地下水均枯竭，干旱缺水日益严重。应充分利用南水北调，实施跨流域调水工程的有利时机，实行按流域统一分配水资源，实现区域水资源的优化配置和高效利用。虽然南水只提供城市用水，但至少可以置换出一定水量。应利用预计回灌地下水，恢复部分湿地，补给海河各大支流的入海径流，逐步恢复本地区水生态平衡。

24.4.1.3　加强生态建设

包括京津风沙源的综合治理、太行山与燕山山地的水土保持、平原的农田防护林网和过量使用化肥、农药、地膜残留和畜禽粪便等农业污染源的综合治理。

24.4.1.4　改良土壤

黄淮海平原仍有相当大面积的盐碱地、黄泛区风沙土、淮北砂姜黑土等需要改良，应通过秸秆还田、农牧结合和推广适合区情的保护性耕作技术加以改良，以提高土壤保蓄水分的能力。

24.4.1.5　适应性结构调整与构建应变栽培技术体系

为适应本地区干旱缺水的现状，应压缩黑龙港流域和丘陵区等水源不足地区的水稻、小麦等高耗水作物，扩大杂交谷子、棉花、向日葵、甘薯等相对耐旱作物的面积。蔬菜生产尽量采取保护地栽培，减少露地栽培。养殖场改水冲为干出粪，以减少畜牧业耗水和减轻畜禽粪便对环境的污染。

针对农业灾害种类多和时空分布变化大的特点，要编制主要作物针对不同自然灾害的预案，逐步构建适合本地区的应变栽培技术体系。根据本地区气候变化的情况，调整作物品种的熟性和播期以趋利避害。根据气候变化背景下有害生物活动规律的变化，调整植物保护的对策与技术。

24.4.1.6 统筹城乡发展，夯实农业减灾的物质基础

黄淮海平原的环渤海地区是我国三大都市发展圈之一，要充分利用农村人口加速城市化的有利契机，促进土地流转，扩大经营规模，提高农业机械化和产业化水平。要统筹城乡发展，加大城市支援农业的力度，增加农业减灾投资，加强农业基础设施建设，夯实区域农业减灾的物质基础，提高农业减灾综合能力。

24.4.2 黄淮海平原抗旱节水系统工程

24.4.2.1 抗旱节水技术集成的依据

针对黄淮海平原日益严重的农业干旱威胁，人们从不同角度研发了一些节水农业技术，但仍存在抗旱技术单一和缺乏应变性的问题，往往达不到预期效果。其原因是不同生育阶段的生物量累积对水分亏缺反应的敏感性与后效性不同。只有综合运用农田节水保水技术、适水种植的作物布局与耕作技术以及“四水”(降水、地表水、地下水和土壤水)优化调度与科学管理技术，才能提高区域水资源的整体利用效率和经济效益。黄淮海平原各地干旱缺水的情况不同，每年出现时间和强度也不同。因此，不能采取单一或一成不变的措施，必须选用针对本地区特点的抗旱技术组装集成。

通过 1996—1998 年在河南、河北、山东和内蒙古等地的小区试验[25]，证明确保冬小麦播前达到最佳底墒、土壤深松 30 cm、秸秆翻压还田、冬前停止生长时秸秆覆盖、返青期和拔节期有限水分胁迫、抽穗期和灌浆期喷施防旱剂等项技术的综合，是抗御干旱、夺取小麦高产的有效措施(图 24.1)。上述技术措施只是针对目前冬小麦大面积生产上防旱抗旱所重点采用的，绝不表明冬小麦防旱抗旱技术仅仅是底墒效应利用技术、土壤深松技术、秸秆覆盖技术、有限水分胁迫效应利用技术、喷施多功能防旱剂五项，比如在中低产田培肥土壤、采用不同节水灌溉方式促进根系发育也都是重要的防旱抗旱技术措施。

24.4.2.2 冬小麦干旱综合防御集成技术的优点

与单项技术相比，集成技术在防旱抗旱机理、功能发挥方面有以下显著优越性：

(1)干旱防御的时间尺度和针对性。集成技术覆盖冬小麦全生育期，并结合不同生育阶段的生理、气候特点和各抗旱技术的性能，每个阶段都有相应的针对性抗旱措施，前期措施不仅有利于当时的抗旱，更重要的是为后期提高作物抗旱能力奠定基础，这是任何一个单项技术不能替代也无法实现的。

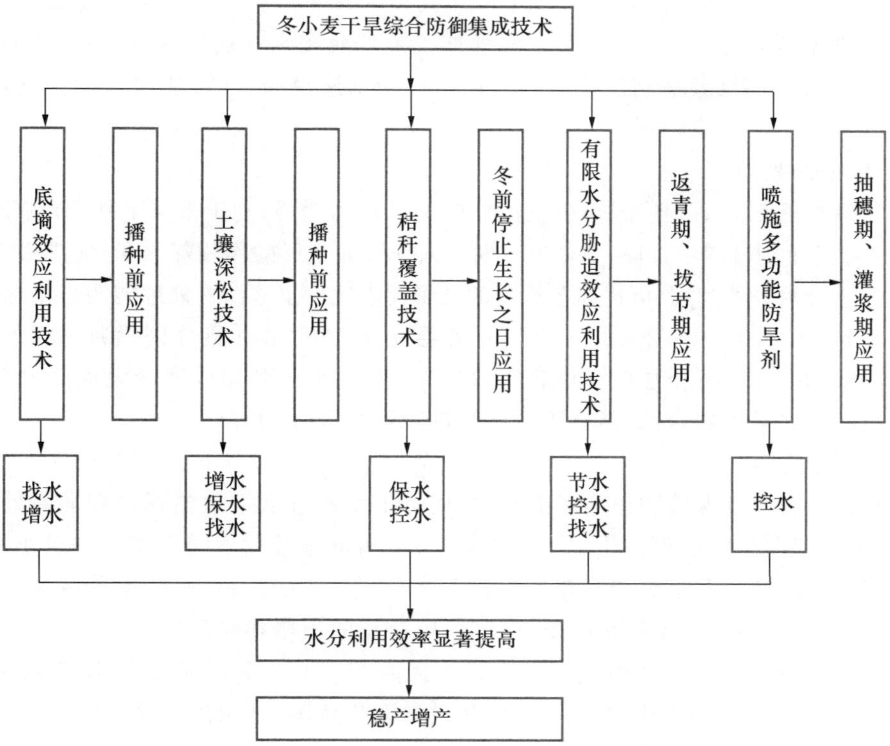

图 24.1 冬小麦干旱综合防御集成技术和优化水分利用机制框图

(2)干旱防御效能。集成技术既治标又治本,可实现土壤水分的持续利用,减少春季土壤水分的无效蒸发,改善土壤理化性状和田间小气候,减少需水关键期的耗水量。

在治标方面,通过最佳底墒弥补秋季和春季的降水不足;通过返青期和拔节期的有限水分胁迫减少春季土壤水分无效蒸发;通过喷施防旱剂抑制植株叶片的过度蒸腾,减少小麦需水关键期的耗水量。在治本方面,通过土壤深耕、秸秆粉碎还田增加麦田土壤的疏松度和有机质含量,改善土壤理化性状。通过秸秆覆盖改善田间小气候,减少前期蒸发,利于保蓄土壤水分供作物后期吸收利用,促进土壤水分从无效消耗过程向有效消耗过程转化,从物理过程向生物过程转化。标本兼治,防旱与抗旱紧密结合。

(3)通过调动环境、作物、土壤在防旱抗旱方面的作用,诱发了土壤、小气候、作物本身在防御干旱中的积极功能。通过最佳底墒诱发土壤水库的调控功能,通过深耕诱发土壤保墒功能;通过有限水分胁迫诱发作物抗旱功能;通过秸秆覆盖改善麦田小气候环境,诱发土壤水分从无效消耗过程向有效消耗过程的转化。

24.4.2.3 集成技术有效利用水分的机理及应用量化指标

1. 底墒效应利用技术

冬小麦播前灌溉要求达到最佳底墒,即 0～1 m 土层土壤相对湿度达到 87.8%,0～2 m 土层达到 82%。这有利于冬小麦产量构成因子之间关系的优化,有利于产量和水分利用效率的提高。0～2 m 土层有效底墒为 270～320 mm,能满足小麦全生育期近 50%的需求,最大供水率为72%,0～50 cm为90%,50 cm以下为66%～70%。底墒供水最长时限为灌浆后期,播种—拔节期各层供水率均大于拔节—成熟期。最佳底墒水+底肥深施20～30 cm,冬小麦产量可增加20%。底墒效应利用技术的应用条件为土层深厚、保墒能力强的土壤,沙土地底墒水不宜过大。

2. 土壤深松技术

冬小麦播前深松30 cm使土壤通透性增加,根系活力增强,利于根系下扎,有利于根、茎、叶的生长发育和总生物量累积,可减少全生育期0～100 cm土层的作物耗水量,促进根系对100～200 cm土层土壤水分的利用,可提高冬小麦的产量耗水比。土壤深松处理能明显增加0～30 cm土层的含水量,0～10、10～20、20～30 cm各层土壤湿度比对照分别增加4.7%、8.2%和10.1%,可降低0～50 cm土层的土壤容重,增产7.7%,水分利用效率最大提高8.5%。土壤深松技术最适于黏重土壤,特别是有障碍层时,但不适于沙性土。

3. 秸秆覆盖技术

是一种行之有效的保墒肥田增产措施,能促进土壤水分从无效消耗过程向有效消耗过程转化,从物理过程向生物过程转化。不同覆盖期、不同覆盖量和不同土壤水分对小麦干物质、叶面积、蒸腾强度、产量和水分利用效率有着显著不同的影响。覆盖期、覆盖量和土壤水分含量的最佳结合点为:冬前小麦停止生长日、55%～70%的土壤相对湿度、4 500～6 000 kg/hm^2覆盖量,产量可增加18.5%,水分利用效率最大提高22.1%。秸秆覆盖技术在应用中应注意充分切碎,以防止小麦种子播后悬空使麦苗受旱受冻和被遮光影响光合作用。

4. 有限水分胁迫效应利用技术

控制冬小麦返青期和拔节期0～1 m土层土壤含水量占田间持水量分别在50%和55%以上,并分别持续10 d。华北地区冬小麦在足墒播种情况下可以不浇越冬水和返青水,有利于高产高效,可增产0.9%～10.7%,水分利用效率最大提高10.5%。中轻度水分胁迫下,冬小麦增产节水作用机制主要是通过水分胁迫效应诱发增强而实现:①冬小麦根系的找水功能。根系对1～2 m土层土壤水分的利用率显著提高。②产量构成因子的优化。千粒重、穗粒数增加,不孕小穗数、退化小穗数减少。③植株叶片气孔阻力增大,蒸腾速率降低,光合速率提高。④复水后,冬小麦根、茎、叶及总生物量显著增长;生育后期总生物量干重增重最大期的日增重量提高;阶段平均根数增加,平均黄叶干重降低。该技术不适于弱苗及保水保肥性差的土壤,特别是沙土地不宜早春过度控水。

5. 喷施多功能防旱剂

抽穗期和灌浆期喷施多功能防旱剂Ⅰ号、Ⅱ号,能增大叶片气孔阻力,减少蒸腾与耗水量,延缓叶片衰老,延长灌浆时间。试验表明,叶片离体失水速率变小,保水能力增强,穗粒重分别比对照增加0.108和0.129 g,分别提高8.2%和9.8%;千粒重分别增加1.2和0.6 g,分别提高3.3%和1.6%;产量分别增加463.3和372.5 kg/hm^2,增幅分别为8.4%和6.7%;水分利用效率分别为1.04和1.113 kg/m^3,分别提高2.8%和10.0%。

冬小麦干旱综合防御集成技术的示范推广应用已取得显著效果,但有些技术还需进一步完善和配套,与其他先进节水技术和栽培技术相结合将会发挥更大作用。

(杨晓光　刘荣花　李春强)

参考文献

[1] 吴凯，卢布. 黄淮海平原农业结构的系统分析及其优化展望. 中国农业资源与区划，2007，28(4)：22-25.
[2] 王文楷. 黄淮海平原农业区域开发中的减灾增产对策研究. 地域研究与开发，1991，10(3)：22-26.
[3] 南纪琴，肖俊夫，刘战东. 黄淮海夏玉米高产栽培技术研究. 中国农学通报，2010，26(21)：106-110.
[4] 方红远，甘升伟，余莹莹. 我国区域干旱特征及干旱灾害应对措施分析. 水利水电科技进展，2005，25(5)：16-19.
[5] 金光振，金光明. 华北干旱缺水的现状与成因探索. 安全与环境工程，2003，10(2)：20-23.
[6] 北京人均水资源量降至 100 立方米. 北京：新华网，2011-05-15[2011-05-15]. http：//news. xinhuanet. com/2011-05/15/c_121417803. htm.
[7] 邓振镛，徐金芳，黄蕾诺，等. 我国北方小麦干热风危害特征研究. 安徽农业科学，2009，37(20)：9575-9577.
[8] 李爱国，宋晓霞，吴春西，等. 小麦冻害类型及预防补救措施. 现代农业科技，2011(7)：188-190.
[9] 程延年. 玉米涝害及其防御. 致富之友，1999(9)：23.
[10] 郑大玮，郑大琼，刘虎城. 农业减灾实用技术手册. 杭州：浙江科学技术出版社，2005：115-116.
[11] 陈国平，赵仕孝，杨洪友，等. 玉米洪涝及其防御措施的研究：Ⅰ. 芽涝对玉米出苗及苗期生长的影响. 华北农学报，1988，3(2)：12-17.
[12] 刘纪书，郭向东. 华北地区冬小麦主要病虫害防治对策. 植保技术与推广，2001，21(9)：37-38.
[13] 刘松林. 冬小麦主要病虫害防治技术. 农民科技培训，2002(1)：17-18.
[14] 钱蕾. 夏玉米常见病虫害及防治技术. 河南农业，2011(13)：28-29.
[15] 石洁，王振营，何康来. 黄淮海地区夏玉米病虫害发生趋势与原因分析. 植物保护，2005，31(5)：63-65.
[16] 刘国锋，胡细涓. 河南气候变化对农业气象灾害的影响. 当代经理人，2005(4)：218-219.
[17] 李茂松，王道龙，张强，等. 2004—2005 年黄淮海地区冬小麦冻害成因分析. 自然灾害学报，2005(4)：51-55.
[18] 李春强，魏瑞江，姚树然，等. 河北省 2004—2006 年冬小麦冻害分析//李茂松，王道龙，吉田久. 农业低温灾害研究新进展. 北京：中国农业科学技术出版社，2006：91-94.
[19] 代立芹，李春强，姚树然，等. 气候变暖背景下河北省冬小麦冻害变化分析. 中国农业气象，2010，31(3)：467-471.
[20] 谭方颖，王建林，宋迎波. 华北平原气候变暖对气象灾害发生趋势的影响. 自然灾害学报，2010，19(5)：125-131.

[21] 陈怀亮,邹春辉,付祥建,等,河南省小麦干热风发生规律分析.自然资源学报,2001,16(1):59-64.

[22] 袁学所,周礼清.安徽省小麦干热风灾害预评估流程.安徽农学通报,2006,1(7):197-198.

[23] 尤凤春,郝立生,史印山,等.河北省冬麦区干热风成因分析.气象,2007,33(3):95-100.

[24] 周吉,张正斌,柴守玺,等.我国黄淮海地区节水农业发展态势分析.作物杂志,2009(3):5-7.

[25] 霍治国,李世奎,安顺清,等.干旱综合防御集成技术机制及在华北冬麦区的示范应用研究.自然资源学报,2002,17(5):556-563.

第25章

北方草原与农牧交错带农业减灾技术

25.1 北方草原与农牧交错带的主要气象灾害与减灾对策

25.1.1 北方草原与农牧交错带的概况

25.1.1.1 北方草原概况

中国草地面积有4亿hm^2,天然放牧草地主要分布在内蒙古、新疆、青海、西藏、甘肃、宁夏、四川等省区,主要饲养放牧羊、牛、马、骡、驴、骆驼等大牲畜,是中国食物生产安全的重要补充。中国北方草原的主体分布在内蒙古自治区,东北平原西部、黄土高原北部和西北干旱地区也有分布,总面积约占中国陆地国土面积的10%。北方草原的北部是蒙古族为主体的草原牧区,东部和南部是多民族聚居的农牧交错带。

中国北方草原属温带草原,面积约1.67亿hm^2,是我国西北部的天然绿色生态屏障和野生动物栖息地,也是我国传统畜牧业的生产基地。自东北向西南,随着降水量的逐步减少,草地植被依次按照森林草原、草甸草原、干草原(典型草原)、荒漠草原、草原化荒漠、荒漠的顺序逐步过渡。虽然由于长期的滥垦和超载过牧,草原植被严重退化,草地畜牧业在全国畜牧业生产中的比重已经不大,牧区人口也不足全国的1%,但北方草原的草地畜牧业在皮革、毛绒等畜产品生产和草食动物繁殖等方面在整个畜牧业生产中仍然占有优势,草原作物北方生态屏障和生物多样性宝库的巨大生态功能更是无法估量。

25.1.1.2 北方农牧交错带概况

农牧交错带是指以种植业与舍饲畜牧业为主到以放牧业为主的过渡地带,也称半农半牧区,跨越12个省(自治区),包括226个县(旗、市),其中内蒙古52个,四川46个,西藏38个,甘肃28个,黑龙江15个,吉林11个,青海13个,辽宁7个,河北6个,陕西6个,宁夏3个,山西1个。其中北方农牧交错带地处干旱半干旱地区,从内蒙古高原东部,经辽西、冀北、晋北、陕北和宁夏东南部,进入甘青高原,总体上呈东北—西南走向。此外,从甘青交界处转为南北走向,经川西北进入青藏高原东南缘的狭长地带为青藏高原到中部丘陵、盆地的过渡,属南方农牧交错带,因气候、地貌、植被、农林牧业经济特点与北方农牧交错带有很大不同,不在本章讨论范围。

根据《中国县(市)社会经济统计年鉴2003》[1],我国农牧交错带土地面积129.68万km^2,占全国总面积的13.50%;人口5 930.31万人,占全国总人口的4.68%;农村人口4 042.78万人,占全国农村人口的5.01%,占农牧交错带总人口的68.17%;粮食总产量3 611.87万t,占全国粮食总产量的7.98%;肉类总产量363.74万t,占全国肉类总产量的5.75%(表25.1)[2]。

表25.1 农牧交错带土地面积、人口和生产情况

类型	数量/个	土地面积/万km^2	总人口/万人	农村人口/万人	粮食总产量/万t	肉类总产量/万t
农业县	76	24.09	2 445.71	1 458.04	857.36	107.91
半农半牧县	119	73.31	2 927.70	2 170.04	2 009.89	213.88
牧业县	31	32.28	556.90	414.70	744.61	41.95
合计	226	129.68	5 930.31	4 042.78	3 611.87	363.74

25.1.1.3 北方草原与农牧交错带的气候与灾害特点

北方草原与农牧交错带位于半干旱气候区,原始植被为天然草地,自然条件表现出明显的过渡性特点,各地年平均气温2~8℃,年降水量250~500 mm,大部分地区在350~450 mm之间。按照地形与气候特征,可把北方草原与农牧交错带大致分为三个类型区:

(1)南部丘陵区 该区域多丘陵,年降水量400~500 mm,土层较为深厚,土地利用以农为主,风蚀较轻,但水蚀较重。

(2)中部波状高原区 年降水量300~400 mm,农牧兼营,风蚀较重,水蚀较轻。

(3)北部草原区 年降水量在300 mm以下,土地利用以牧为主,风蚀严重,草场退化明显。

北方草原与农牧交错带深居内陆,气候的大陆性很强,气温和降水的季节与年际变化都很大。在东亚季风环流系统中位于西伯利亚—蒙古寒潮入侵中国的前沿,又是东南季风影响的边缘地带,干旱、低温、风沙等灾害频繁严重,农牧业生物灾害也多种多样。由于地处上风上水,不仅对本地区农牧业生产造成严重危害,而且是影响内地多种自然灾害的源地。

各类自然灾害以气象灾害为主。本地区地质构造比较稳定,地质灾害主要表现为风蚀导致的土地荒漠化与干旱造成的土地盐碱化。由于气温低和空气干燥,在各种生物灾害中,植物病虫害总体上要轻于内地,但动物疫病、蝗虫和鼠害十分猖獗。

草原地区的自然灾害主要危害畜牧业生产。由于是以放牧为主,近年来虽然实行冬春舍饲,但畜舍简陋,承灾体的暴露性强,草地畜牧业对于自然灾害十分脆弱。农牧交错带的自然灾害既危害畜牧业,也危害种植业,与内地相比,减灾能力也更加薄弱。

25.1.2 北方草原与农牧交错带的主要气象灾害

25.1.2.1 干旱

干旱是北方草原与农牧交错带最显著的气候特征和最主要的气象灾害。历史上关于旱灾的记载较多，尤其是特大旱灾，至今仍触目惊心。新中国成立后对抗旱防涝极为重视，大兴水利和农田基本建设，减少了干旱威胁。但是引起干旱的自然因素依然存在，几乎年年都有干旱发生，给农牧业生产和人民生活造成不同程度的损失。较严重的如1960、1965、1972三个旱年，全国年受灾面积都超过2 700万hm^2，本地区都是重灾区。20世纪80年代以来，本地区干旱有加重趋势，如1981年春季，甘肃定西地区从1980年7月5日至1981年5月底只降水170 mm，相当于多年降水量的41%，全区粮食总量比1980年减产60%以上，39 353 hm^2油料作物仅出苗1/2。2007年内蒙古中东部和东北西部发生春夏连旱。2011年春夏以来内蒙古出现历史上少有的严重旱情，主要分布在阿拉善盟大部、鄂尔多斯市中部、锡林浩特市西部、乌兰察布市北部、呼和浩特市北部和南部、呼伦贝尔市西北部等地，农牧业生产受灾严重，人畜饮水面临困难。截至2011年6月底，全区农作物受旱面积194.3万hm^2，牧区32万km^2可利用草场受旱，76万人、469万头牲畜因旱饮水困难，牲畜死亡3.9万头(只)[3]。由此可见，干旱是本区农牧业产量低而不稳的重要因素[4]。

干旱的成因比较复杂，涉及气象、地理、社会等多种因素，但就较大范围的干旱而言，降水量持续偏少或降水不适时是直接原因。不良地理环境及人为盲目垦伐植被造成生态环境恶化，也是干旱发生的重要原因。

本区以春旱和冬春旱发生机会最多，程度最重，持续时间也最长。干旱频率在40%以上。大旱频率为15%左右，大旱年基本上都是冬春连旱。本区春季降水少，气温高，风多，蒸发量大，致使土壤大量失墒而干旱。春旱几乎年年发生。北部和西部春旱常常影响作物播种出苗及小麦拔节抽穗。牧区春旱往往使牧草返青推迟和生长不良。夏旱发生的机会也不少，包括初夏旱和伏旱。从旬降水分布看，有两个明显的相对少雨时段。一个在初夏(6月上中旬)，即初夏旱；另一个在盛夏后期(7月下旬至8月上中旬)，即伏旱。初夏少雨时段范围广，涉及北方大部分省(自治区)；伏旱少雨时段范围小，涉及陕西中部和陇东南等地。由于夏季是作物需水的关键季节，对作物的危害远比冬春旱严重。如果冬春旱与初夏旱相连，则危害更大。初夏旱影响春小麦抽穗开花和豆类作物开花结荚。在牧区夏旱常使牧草萎蔫青干，产草量降低。伏旱时期正值大秋作物旺盛生长，对农业生产危害很大。夏旱发生的频率也相当高，陕西发生的年份占60%，甘肃占50%。本区春夏连旱也较频繁，个别年份有春夏秋连旱。该区秋旱出现几率较少。

25.1.2.2 洪涝

本区降水相对较少，但降水分布在年内和年际很不均匀，变化较大，降水多集中在7—9月，常出现暴雨，使低平地区形成雨涝或洪涝，淹没农田村舍，冲毁河堤库坝，造成严重的经济和财产损失。

北方农牧交错带洪涝发生具有明显的季节性特征，集中降水或暴雨多出现在6—9月，特殊年份可提前到4—5月，最晚可延至10月。不同年份不同地区的集中降雨及暴雨分布时期年际变化较大，这受控于北方乃至国际大区域气候背景、气候周期、各种异常天气系统及气候特征的不稳定性。

25.1.2.3 冰雹

冰雹是本区常见的一种急性灾害天气。一场雹灾可以在几分钟或十几分钟以内将作物砸烂，造成严重减产或绝收，甚至会造成人畜伤亡。陕西每年因冰雹受灾面积占各种灾害受灾面积的7%，约有66 700 hm^2。以1970年灾情最重，全省有50余县近300个乡遭受冰雹袭击，农田成灾面积达133 400 hm^2。

25.1.2.4 风沙、沙尘暴与土地沙漠化

1. 风沙的类型

风沙是大风造成的一种恶劣的天气现象，风沙所到之处，飞沙走石，大量尘土、沙粒被大风卷入空中，然后随高空风飘移，日光昏暗，能见度急剧变低。根据气象观测规定，风沙是空中带有大量被风从地面卷起的尘、沙、干土粒，致使空气相当浑浊的现象。风沙又分为扬沙和沙尘暴。沙尘暴是由于强风将地面大量尘、沙吹起，使空气很浑浊，水平能见度小于1 km。扬沙是由于大风将地面尘、沙吹起，使空气相当浑浊，水平能见度在1～10 km。浮尘是尘土、细沙均匀地浮游在空中。广义的风沙把浮尘包括在内，是指由于刮风引起的大量尘、沙卷入空中，使空气十分浑浊，水平能见度大为降低的天气现象，即扬沙、沙尘暴和浮尘三者的总称。这种天气对农业生产、航空和交通运输等都有严重影响[5]。

2. 沙尘暴的变化

沙尘暴是近些年受到公众和各级政府领导极为关注的气候与环境变化问题之一，严重的沙尘暴直接影响了农业生产、交通和人民的生活与健康。

根据近50年的观测资料，我国西北地区的沙尘暴频数有减少的趋势。以西北地区10个代表站的观测计算，可以看到，在20世纪50年代为156次，90年代只有55次。计算还表明，我国西北地区强沙尘暴频数却有增加趋势，20世纪50年代只有5次，90年代则上升到21次(表25.2)[6-7]。

沙尘暴的多少与其源地气温、降水、干燥度、风等气象要素有关，同时也与陆面裸露状况以及沙化和荒漠化等有关。虽然绝大多数沙尘暴起源于沙漠地区，但退化草地和农牧交错带冬春裸露农田的尘土却是沙尘暴移动中重要的加强源。观测表明，近50年沙化土地明显扩展(表25.2)。

表25.2 20世纪近50年中国西北地区和全国气温距平、沙尘暴次数与土地沙化情况

项　目	50年代	60年代	70年代	80年代	90年代
中国西北气温距平/℃	−0.29	−0.09	−0.01	0.15	0.56
中国气温距平/℃	−0.10	−0.13	−0.04	0.17	0.59
沙尘暴频数/次	156	105	119	93	55
强沙尘暴频数/次	5	8	13	14	21
沙化土地扩展速率/(km^2/年)	1 560		2 100		2 400

3. 沙漠化

沙漠化是干旱、半干旱及部分半湿润地区由于人地关系不相协调所造成的以风沙活动为主要标志的土地退化[8]。

我国北方草原与农牧交错带地区处于半干旱地带，气候干旱多风，地表组成物质中深厚疏松的沙质层是这个地区易发生沙漠化的基本的潜在自然因素；加上长期以来，人类强度活动，土地利用不合理，造成这一地区的沙漠化发生最为突出。农牧交错带是我国沙漠化发生的主要地区，科尔沁沙地、浑善达克沙地、毛乌素沙地、腾格尔沙漠、巴丹吉林沙漠均分布在北方草原和农牧交错带的附近和边缘，每年有数千公顷良田被吞食。如河北坝上地区沙化土地达36％，已有68％的农田受到沙漠化的危害。

我国土地沙漠化发展速率不断加快，20 世纪 50—70 年代为 1 560 km^2/年，80 年代为 2 100 km^2/年，90 年代达到 2 400 km^2/年。沙漠化给生态环境和社会经济带来极大危害：一是破坏生态平衡，使环境恶化和土地生产力严重衰退，危及当地人民的生存发展，加重了贫困程度，有的地方已经出现了成批的生态难民；二是导致大面积可利用土地资源的丧失，缩小了中华民族的生存空间，每年因沙漠化的扩展导致损失一个中等县的土地面积；三是严重威胁村镇、交通、水利、工矿设施及国防基地的安全，影响工农业生产，每年因沙漠化造成的直接经济损失上百亿元，严重制约着区域的可持续发展，成为全国性的重大生态环境和社会经济问题[9]。

沙漠化发展和逆转的过程都是人类活动与自然环境和资源相互影响和协调的结果[10]。通过野外调查及遥感技术的应用，从土地利用的角度分析发现：由于过度农垦而导致土地退化的占沙漠化土地面积的 25.4％，由于过度放牧的占 28.3％，由于过度樵采的占 31.8％，水资源利用不当及工矿建设破坏植被所引起的占 9％，而单纯由风力作用的沙丘前移所形成的沙漠化土地仅占 5.5％。由此可见，人为因素应当是沙漠化过程中最为活跃和主要的因素。以土壤风蚀为例，通过试验发现，人类活动对沙漠化土地发展的加速度可以是自然条件下的 4～10 倍；而且，随着沙漠化程度的加剧，所产生的在土壤养分、生物多样性和生物产量等方面退化的加速度也与自然条件下的情况相差 3～10 倍以上。沙漠化实际上就是由于人类不合理的经济活动破坏了干旱、半干旱及半湿润地区人地系统的平衡，又无法通过内部的自我组织和反馈机制使系统迅速得到恢复，从而导致了系统内诸自然环境要素的退化，使得原有的疏林沙质草原地理景观演替为以风沙活动为主要形式的沙漠景观。因此，可以说沙漠化的整个发展过程就是干旱、半干旱和半湿润区的人地系统内部各要素之间以及各要素同外部环境之间通过物质、能量、信息的流动而使其结构和功能发生变化的动态演化过程。因此，要防治沙漠化，只有通过人类主动地调节自身活动及自我适应性，建立一个互为调适、协同进化的人地关系，优化区内人地系统的结构和功能，系统才能在新的条件下达到新的平衡，并且向良好方向发展。所以，在讨论沙漠化防治的战略时，要充分考虑到人地关系的相互作用及其协调。总体而言，应该根据我国北方沙漠化地区自然环境与资源、社会经济特点及沙漠化发展趋势、开发利用中存在的问题和治理的典型经验，使沙漠化土地防治本着生态效益、经济效益和社会效益统一的目标来进行。

在沙漠化的防治中，既要充分考虑减轻人类对生态环境的压力，又要符合其自然发展规律和提高资源的生产潜力，注重必要的财力和物力投入以提高单位面积土地的承载力，在防治过程中逐步改善人与自然的关系，使之逐步融洽和协调。在这方面，经过政府部门、科研人员和地方干部与农牧民多年的实践和摸索，针对不同地带的自然环境与资源、社会经济等实际情况，已经总结出主要的基本途径，主要有：①调整土地利用结构，坚持以林牧为主，多种经营；②增加投入，积极推动退耕还林还草工程，使沙漠化土地得以休养生息，提高土地的生产力；③有效地控制人口增长，减少对沙漠化区域环境和资源的压力；④依靠科技进步，推进沙漠化防治实践的科学性和有效性；⑤采取切实有力的保证措施，确保沙漠化防治的顺利进行，主要包括：深入宣传发动，提高环境认识；固定土地使用权，实行生产与环境保护双承包；贯彻《防沙治沙法》，真正将沙漠化防治纳入法制化轨道。

1999 年以来在北方草原和农牧交错带实施了退耕还林还草、退牧还草、京津风沙源治理等一系列防沙治沙生态工程。2009 年 6 月，国家林业局局长贾治邦宣布，我国防沙治沙出现了历史性转折——荒漠化土地面积首次实现净减少，由 20 世纪末年均扩展近 1 万 km^2 转变为现在年均缩减 7 585 km^2，其中沙化土地由年均扩展 3 436 km^2 转变为年均缩减 1 717 km^2，生态恶化的趋势得到初步遏制。[11]

25. 1. 2. 5　白灾

白灾是草原放牧业的一种冬春季雪害，主要是指依靠天然草场放牧的畜牧业地区，冬半年由于降雪量过多和积雪过厚，雪层维持时间长，积雪掩埋牧场，影响家畜放牧采食或不能采食，因饿冻而掉膘或染病，甚至发生大量死亡。

综合中国牧区历年白灾发生年份的有关调查和研究结果，白灾形成与冬春降雪量多少、不同类型草场积雪深度和持续时间、积雪密度和草层高度以及各种家畜破雪采食能力等有密切关系，而积雪掩埋草场程度即积雪厚度是衡量雪灾的重要标志。

白灾的防御：建立草料库是抗御白灾的主要措施。入冬前要备足草料，加强棚圈建设。水热条件较好地区，夏秋牧草生长繁茂，可增加打草量，建立人工饲草基地，种植饲料作物和优良牧草，储备充足的草料，以解决白灾期间的饲料问题。气候干燥少雨的荒漠草原地区，天然草场以小禾草、灌木及半灌木为主，牧草低矮稀疏，缺乏大面积打草场，贮草条件差，这些地区在积极解决草料的前提下，可通过调整畜群结构来减轻白灾的危害。白灾发生时机械破雪也是行之有效的措施。

25. 1. 2. 6　黑灾

牧区冬半年依靠积雪解决牲畜饮水的牧场，当积雪过少或无积雪使牲畜缺乏饮水而遭受损失时，称为黑灾。

我国大部分牧区气候干旱水源不足，分布有大量无水或缺水草场，牧草生长季内此类草场因无水供人畜饮用而不能利用，往往要等到冬季形成适量稳定积雪后才能成为可利用的冬牧场。在无积雪或少积雪年份的冬季放牧，牲畜吃不上雪，常常造成牲畜掉膘或染病，形成黑灾。

黑灾的发生不仅与冬季积雪状况有关，也与封冻迟早以及供水条件有关。黑灾指标具有一定区域性。内蒙古把日平均气温 0～－10℃期间作为黑灾可能发生期。黑灾是否发生及灾情程度主要取决于连续无积雪日数。黑灾发生区域一般仅限于缺水草场，“冬季羊追雪”的无水草场是黑灾危害的主要地带。

防御黑灾的主要措施：建立饮水补饲点，在各牧业点打井，建贮水窖，在无水草场寻找地下水源打机井；注意天气预报，及时转移牧场，在转场途中设立饲料补给点和供水站；有条件的地方选择有利地形进行人工积雪;调整畜群结构,有计划扩大抗灾力强的牲畜的比重,以提高畜群抗灾能力。

25.1.3 农牧业气象灾害的减灾对策

气象灾害不仅造成巨大经济损失,而且严重威胁农业生产和生态健康,诱发和派生许多其他自然灾害,如地质灾害、水资源短缺、病虫害发生、土地荒漠化及疫情,对国民经济和人民生活各个方面产生广泛深远的影响。例如,持续干旱可强化地表岩石的物理风化,加速土地沙漠化进程,直接影响区域水资源形成、流动及转化,诱发人类超强度开采水资源,对地表水环境及生态系统造成不良影响,导致集中开采区及都市的地面沉降、供水水源短缺及水质恶化等。暴雨及洪涝灾害可诱发大规模山体滑坡、泥石流,对农田和建筑物造成毁灭性破坏和人民生命财产的巨大损失。

气象灾害的发生及危害程度也受到人为因素的影响,人类不合理开发自然资源和无节制排放废物在很大程度上破坏了自然环境和生态平衡,使大气环境恶化,气象灾害发生频率增加,危害程度加重,如气候干旱化和土地荒漠化就是这种不良影响的严重后果。

气象灾害防治要依据区域气候特征及灾害性天气的形成及影响因素,有针对性地做好防灾减灾工作。在北方草原和农牧交错带,由于气候干旱和水资源不足,首先应合理开发利用区域气候资源,因地制宜优化区域重点产业,调整农牧业结构和种植业结构,提高复种指数,建设高产优质高效立体生态旱作农业,兴利除弊。同时,也应科学管理和利用有限的水资源,发展节水型农业,在各种农业生产活动中注意保护水源,防止水体污染,大力开展植树造林,保持水土,防止土地退化,遏制荒漠化进程,涵养水源,维持生态平衡,达到调节气候,防止气候干旱化趋势,减少极端天气发生的防灾减灾目的。还应该进一步加强气象灾害的预测和及时诊断,增强防御灾害的综合能力,使灾害损失降到最低程度[4]。

25.2 北方草原与农牧交错带的主要生物灾害与减灾对策

北方草原与农牧交错带的农业生物灾害有多种类型,包括植物病害、虫害、草害、鼠害和动物疫病等,危害对象和引起灾害的形式也不同,但共同特点都是引起作物或牧草生长不良,影响动物健康,严重时造成农作物、牧草或动物死亡,导致产量降低和农牧业产品品质下降。

25.2.1 农牧交错带作物病虫草害防治

农牧交错带由于气候干旱冷凉,总体上作物细菌类、真菌类病害和草害较轻,但病毒类病害、虫害和鼠害较重。

25.2.1.1 作物病害

农牧交错带的主要大田作物有玉米、马铃薯、春小麦、甜菜、向日葵、春油菜、莜麦等。常见的植物病害有玉米大斑病、小麦锈病、小麦病毒病、马铃薯晚疫病等。

1. 玉米大斑病

盛夏多雨年份容易发生,在叶片上形成病斑,严重时使植株提早枯死。

防治措施:选用抗病玉米品种;对田间感病残株要彻底清理,或集中烧毁,或深翻埋压;抽雄期喷洒50%多菌灵可湿性粉剂500倍液或其他杀菌剂1～2次;培育壮苗,提高植株抗病能力。

2. 小麦锈病

俗称"黄疸病",包括条锈病、秆锈病和叶锈病三种,是气流传播大区流行病害。小麦条锈病孢子在甘肃天水、陇南及四川西北部海拔1 300 m以上山区越夏,秋季随季风向东传播到关中、陕南和江汉并越冬,春季向北传播,条件适宜时可造成全国条锈病大发生。小麦秆锈病孢子在华南越冬,春季随气团推动逐步北上,传至长江流域、华北平原,到达东北、西北、内蒙古春麦区危害[12]。

综合防治措施:以品种合理布局为主,兼顾药剂防治,同时加强病害监测,及时发布预报,以决定防治对策和措施,目前我国已发布小麦锈病预测预报规范的国家标准。[12]

3. 小麦病毒病

包括小麦黄矮病、小麦梭条斑花叶病、小麦类菌原体蓝矮病、小麦丛矮病、小麦黄叶病、小麦线条花叶病、小麦条纹花叶病等,由蚜虫、灰飞虱等传播,以小麦黄矮病发生较为普遍,以陕西、甘肃、宁夏、山西和内蒙古等省(自治区)发生较重,1966、1968、1970、1973、1978、1980、1987、1999年曾发生跨省区大面积流行。

防治措施:选用耐病品种;及时防治蚜虫,可用甲拌磷原液100～150 g加3～4 kg水拌麦种50 kg,40%乐果乳油1 000～1 500倍液或50%灭蚜松乳油1 000～1 500倍液喷洒;及时消灭田间及附近杂草;春小麦适当早播,确定合理密度,加强肥水管理,提高植株抗病力。

4. 马铃薯晚疫病

马铃薯晚疫病是一种毁灭性病害,高湿凉爽天气易发生,以带菌种薯为主要初侵染源,发生于叶、叶柄、茎及块茎上,严重时造成叶片萎蔫,薯块腐烂。

防治措施:选用抗病品种;培育脱毒种薯,建立无病留种地;加强病情测报;田间出现中心病株立即拔出就地深埋,或喷1%硫酸铜或45%代森铵杀死中心病株,同时全田喷药,可用25%甲霉灵可湿性粉剂500倍液、58%甲霜灵锰锌500～600倍液、波尔多液1∶1∶200倍液等,间隔7～10 d喷药一次,共2～3次。

25.2.1.2 作物虫害

1. 玉米螟

以老熟幼虫在寄主秸秆、穗轴、根茬及杂草里越冬,春季化蛹、羽化,夏季产卵、孵化。幼虫潜入心叶内蛀食,以后陆续危害苞叶、雄穗、茎秆和雌穗。

防治措施:机械灭茬,烧除玉米秸秆或用白僵菌封垛以压低虫源;初夏利用玉米螟成虫夜间活动和趋光性强的特点,设杀虫灯等诱杀;利用赤眼蜂卵寄生玉米螟卵内;自制颗粒剂投撒心叶内杀死玉米螟幼虫(心叶中期用白僵菌粉0.5 kg拌过筛的细沙5 kg制成颗粒剂投撒心叶内;心叶末期用50%辛硫磷乳油1 kg拌50～75 kg过筛细沙制成颗粒剂投撒于心叶内,用量1.5～2 kg/hm^2)。

2. 小地老虎

农牧交错带地下害虫以蝼蛄、蛴螬、金针虫、地老虎等为主，食性复杂，危害粮食、油料、蔬菜、烟草、麻类、中药材、花卉、牧草等。其中小地老虎是农牧交错带主要地下害虫，暖冬年越冬基数高和土壤潮湿时发生较多，以玉米、谷子、高粱、马铃薯、甜菜、亚麻及蔬菜等受害最为严重。如2008年以小地老虎为主的地下害虫在内蒙古局部地区造成危害，截至5月23日发生面积15.1万hm^2。2010年兴安盟6.7万hm^2发生小地老虎危害，部分农田虫口密度达3～5头/m^2，个别地块出现绝苗。

防治措施：卵未孵化和低龄期先打药后除草以消灭卵及幼虫；在有萎蔫苗、枯心苗的植株周围泥土挖出幼虫处死；用50%辛硫磷乳油1 500倍液，或2.5%溴氰菊酯1 000倍液喷施植株下部或灌根防治；将麦麸炒香，使用40%毒死蜱乳油按药∶水∶麸皮＝1∶20∶100比例制成毒麸，傍晚在田间每隔一定距离堆施。

25.2.2 草地畜牧业生物灾害防治

25.2.2.1 草原虫害

1. 蝗虫

蝗虫分布广泛，从公元前707年有蝗虫危害记载至1935年的2 642年间，我国共发生蝗灾796次，其中1931—1949年间几乎年年发生。大发生时飞蝗蔽空遮日，人马难行，所落沟坎尽平，食禾一空。蝗虫对草地和农区作物都有极大危害。1949年以后，我国政府投入很大力量，基本控制了蝗虫成灾现象。但20世纪90年代以来由于气候暖干化，蝗虫危害又有所上升。如2009年进入6月以来随着气温升高，内蒙古部分草原蝗虫孵化出土，危害面积236.49万hm^2，其中严重危害113.73万hm^2。[13]

防治措施：蝗区改造，兴修水利，疏通河道，稳定水位，及时排灌，防止土壤盐渍化，开垦荒地，精耕细作，提高植被覆盖度，以消除蝗虫越冬栖息地。要有专职人员监测蝗虫动态和预测预报，虫量达到防治指标时及时进行药剂防治。有的地区曾试行在草原上牧鸡治蝗，在点上取得显著效益，但在大面积生产实际上不可行。中国农业大学使用绿僵菌防治草原蝗虫，取得了较好效果[14]。

2. 草地螟

草地螟是农牧交错带常见害虫，具有迁移性和暴发性，幼虫食叶成缺刻，常常是吃光一块地，集体迁移至另一块地。2008年截至8月14日，内蒙古发生面积966.7万hm^2，仅呼伦贝尔市一代成虫发生面积就达333.3万m^2。[15]

防治措施：成虫产卵前锄净田间及田边杂草以减少产卵。化学防治指标为胡麻15～20头/m^2，向日葵300～500头/100株，马铃薯30～60头/m^2。用2.5%敌百虫粉剂或用0.04%除虫精粉剂，22.5～30 kg/hm^2喷粉，或喷洒50%敌敌畏乳油500～600倍液或用50%辛硫磷750 mL/hm^2，或2.5%敌杀死乳油、或20%杀灭菊酯225～300 mL/hm^2。

25.2.2.2 草原鼠害

鼠害指发生在农田、森林、草地或仓库中的啮齿动物危害农作物、草场、林木或成品，给生产造成损失的现象。分布在我国草原的鼠类有 90 多种，能够造成危害的有 20 多种。草甸草原由于环境湿润，草裙高大，不易形成鼠害。典型草原由于草地退化，草裙低矮，天敌减少，为害鼠提供了适宜的生存环境，成为鼠害最严重的草地类型。荒漠草原生存着一些耐旱鼠类，但种群数量波动很大。高寒草地的鼠害也较严重。

鼠类食性很杂，可危害多种作物和牧草。据研究，一只老鼠一年可食粮食 9 kg。1997 年甘、陕、青、宁、新、冀、蒙等省区草地鼠害发生面积 2 360.87 万 hm^2，损失牧草 676.7 万 t，仅甘肃、青海两省的草地鼠害面积就达 1 406.5 万 hm^2，损失牧草 568.8 万 t。

由于害鼠对环境有一定的适应能力，而且影响害鼠种群动态的生态因素很复杂，所以要做到长期持续地控制鼠害，必须结合各地实际情况，因地制宜地采取各种综合措施。注意合理使用杀鼠剂，保护和利用农牧区现有的天敌资源，以期收到综合防治的效果。

25.2.2.3 草地毒草

毒草不仅与优良牧草争夺生境，抑制牧草生长发育，造成优良牧草比例下降，草地植被呈逆向演替，生态系统呈恶性循环，同时引起牲畜中毒死亡，年经济损失约 280 多万元[16]。我国 4 亿 hm^2 天然草地上分布着 1 300 多种有毒植物，其中对草地畜牧业造成严重危害的有 60 多种，大部分分布在我国西部草原区。目前能够形成灾害的有毒植物有 20 多种，危害面积 2 000 万hm^2。[17] 以青海为例，天然草地常见毒草有 6 科 15 属 65 种，危害最严重的是黄花棘豆和小花棘豆，其次是狼毒、变异黄芪（又名醉马草）、橐吾、乌头和唐松草。2005 年 4 月以来，内蒙古阿拉善左旗草原发生大面积毒草灾害，致使 20 多万头牲畜受到威胁，1 000 多头牲畜死亡。这些毒草主要是变异黄芪和小花棘豆，牲畜食后出现摇头摆尾、行走困难、成瘾等症状，因不能采食而消瘦直至死亡。

防治措施：首先要加强草原管理，防止超载过牧，促进植被恢复，降低毒草比例。在毒草发生地区人工种植能抑制毒草生长的牧草或灌木。选择适宜的除草剂喷洒消灭毒草。有些毒草还可以进行酸化处理变为可利用饲草[17]。

25.2.2.4 动物疫病

我国每年畜禽养殖业因疫病死亡造成的直接经济损失数百亿元，间接损失数千亿元。有些人畜共患病还直接威胁人体健康，如 1999 年以来内蒙古奶牛结核病和布鲁氏菌病的人间血检阳性率呈逐年上升趋势。严重的疫情还经常造成社会恐慌和影响畜产品出口。[18] 目前我国动物疫病的发生形势严峻，急需加大投入，建立各级应急防疫物资储备库，设立应急防疫储备金，主要用于突发重大动物疫情确认、疫区封锁、扑杀、消毒、无害化处理、紧急免疫、疫情追踪与监测等疫情处理工作及强制扑杀补助。要进一步加强基层防疫机构基础设施建设投入力度。对外地引进动物要加强监管，经隔离观察无疫病后方可饲养。一旦发生重大疫情要迅速封锁疫区，扑杀感病畜禽并对养殖场所彻底消毒。

25.2.3 北方草原和农牧交错带生物灾害的综合防治对策

(1)加强预测预报，提高测报准确率。生物灾害防治工作具有很强的时效性，预测预报是防治工作的基础和前提。只有做到预测预报准确及时，才能实现防治工作的经济、高效、有力、科学、主动。要健全和完善生物灾害网络监测平台，做到短、中、长期预报相结合；健全宏观管理系统，规范抽样调查与统计分析，提高预测预报技术水平和防治决策水平[19]。

(2)积极开展综合治理。生物灾害治理实际上是一个集生物学、生态学、经济学和社会学的综合问题，需要各学科密切配合。以生态系统整体观念为基础，合理运用化学、物理、生物和生态及有效行政手段，如防止滥垦、过牧，实行围栏轮牧、补播、浅耕翻及保护天敌等措施，从而促进生态系统良性循环。

(3)加强组织领导，改变观念，提高认识。应正确认识生物灾害防治的长期性、复杂性和艰巨性，克服重治轻防、临时突击的被动局面。对于草地，应加强管理，树立草地生态整体效益观，改变目前牧业生产短期行为，实行以草定畜、划区轮牧和禁牧、休牧制度，坚持草地生态、经济及社会效益相统一的原则。

(4)加大科技培训力度，不断提高专业人员和农牧民素质。适时开展对专业人员和农牧民的科技培训，提高应用新技术的技能，进一步夯实和提高技术层面上应对生物灾害的能力。

(5)加快生物灾害管理信息系统研制步伐，应用GIS管理系统将生物灾害发生、危害区域的地形图、土壤类型图、植被类型图、水系分布图等建成空间数据库，把发生量、危害程度、各种气象因子等建成属性数据库，进行处理分析，从而产生灾害暴发、危害等信息，进而制定相应的管理决策措施。

(6)制定和完善生物灾害应急预案，加强物资储备和资金储备。积极开展新技术试验、示范推广应用。建立健全防治专业队伍，做到训练有素，应急有力[16]。

(7)推广病虫害绿色防控。绿色防控是指用生物、物理以及农业方式进行农作物病虫害防控，从而减少化学药物的使用量。目前，内蒙古开展的农作物病虫害绿色防控工作走在全国前列。通过几年的连续防控，全区农作物病虫害防控工作取得阶段性成果。如在通辽市，以2004年为防控分界时间，玉米螟百秆活虫数由防控前的160.6下降到2010年的18，产量损失率由防控前的17.5%降为2.24%，化学农药使用量减少30%以上，农药残留控制在允许范围内。

25.3 全球环境变化和北方草原与农牧交错带的农业减灾

25.3.1 北方草原与农牧交错带已经发生的气候变化

北方草原与农牧交错带地处干旱半干旱地区，对气候变化非常敏感。这里是中国北方江河的主要发源地及上游地段，具有防风固沙、涵养水源、净化江河、防止水土流失等特殊生态功能。近百年来因人口密度增加和土地不合理开发，使得该区受到水土流失、沙漠化、草场退化等问题的困扰。农牧交错带作为我国的生态脆弱带和重要的生态屏障，其对气候变化响应的敏感性一直受到学者的重视。一些研究指出，农牧交错带的位置及其生产潜力受温度和降水变化的影响，气候变化对交错带农业的可持续发展不利，对牧业可持续发展有利有弊。因此，应进一步加大退耕还草力度，加强生态环境保护和治理，以免农牧交错带界限因气候变化不断南移。范锦龙等指出该区近55年来呈明显增温趋势，20世纪90年代以来降水量为增加趋势[20]。陈海等根据气候变化趋势将该区分为暖湿型、暖干型、冷湿型和冷干型4种类型[21]。梁泽学等分析了近40年来北方地区干旱半干旱化趋势[22]。龚道溢等的研究指出，严重干燥事件及异常高温事件的强烈增加可能是造成近来北方干旱频繁发生的重要原因，但季节、年降水量变化更加复杂[23]。特别是20世纪90年代以来，在全球变化研究的背景下，该地区生态环境的演变以及可持续发展方式成为当前另一个研究主题。

近几十年来，该区域气候发生了显著变化。闫冠华等利用1951—2006年中国台站日平均观测资料对北方农牧交错带过去56年气候变化特征进行了分析，指出年降水量具有明显的年际和年代际变化特征，近10年来呈明显下降趋势；年平均气温在20世纪90年代前期变化幅度较小，1987年之后持续偏暖，与全球及中国温度变化趋势一致；降水和温度变化具有明显的季节和区域差异[24]。

(1)历史降水变化特征　分析北方农牧交错带年降水量距平百分率的演变趋势可发现，年降水量总体上呈微弱的减少趋势，在近几年减少较明显。该区降水量变化大致分4个阶段。20世纪70年代之前降水年际变化显著，呈准2年周期振荡形势；70年代降水基本正常，没有明显变化；80年代以后表现出明显的年代际变化特征，80年代至90年代后期降水年际变化也较明显，以增加为主；90年代末至今降水持续减少，减幅达20%。从降水量季节变化看，夏季降水与年降水量变化趋势一致，主要是由于全年降水主要集中在夏季，其他季节主要表现为年际波动且变幅较小[25]。

从降水空间分布看，年降水量基本保持在300～500 mm，农牧区北部边缘偏少。从季节变化情况看，春季内蒙古高原地区和西宁、兰州等地降水较少；夏季东北地区东部为降水高值区，内蒙古东部降水偏少，交错带南部边缘地区降水偏多；秋季降水变化的区域差异不明显，降水量普遍不足100 mm，河套南部区域降水略偏多；本地区冬季北方降水量非常稀少[26]。

(2)历史温度变化特征　1951—2006年该区年平均温度呈明显上升趋势。1951年以来平均温度变化可分为3个主要阶段：1956—1972年为相对冷期；1973—1986年期间温度呈现明显年际变化，但变化幅度较小；1987年开始年平均温度持续偏高，2006年平均升温幅度为近几十年之最，与全球与全国平均温度变化趋势一致。2000年以来北方农牧交错带升温幅度可达1℃，大于全国同期平均水平，更加说明该区对全球变化响应的敏感程度。该区平均最高、最低气温在20世纪50年代经历由暖到冷的转变后，60年代表现为正常略偏冷，温度日较差有所增大；70年代中期至80年代初期最高、最低气温趋于正常，变化幅度较小；80年代后期以后，年平均最高气温和最低气温与日平均变化特征一致，均呈持续上升趋势，且最低气温上升幅度明显高于最高气温，温度日较差呈减小趋势，对于延长作物生长期和减少低温冷害有利，但干旱与病虫害加重。

25.3.2　未来气候变化趋势的预估

在气候特征分析基础上，闫冠华等利用全球海气耦合模式嵌套区域气候模式在SRES A2排放情景下对2001—2030年的气候变化进行了预估，对照30年模式气候场(1961—1990年)，分析了2001—2030年北方农牧交错带降水和温度变化的可能趋势，结果表明：未来该区平均气温持续升高，升温幅度达0.13℃，温度日较差将明显减小；年降水量呈增加趋势，但增幅较小，且降水变化具有明显的季节和地域差异；未来黄河上游地区干旱威胁仍十分严峻[24]。

闫冠华指出，从空间变化来看，2001—2030 年预估降水量除黄河上游地区外均有增加趋势，但增幅不明显。春夏降水增加区域主要位于河套及其东北部，对该区生态系统恢复较有利。2001—2030 年预估平均气温将在所研究区域普遍呈增暖趋势，平均升温幅度可达 0.3℃，东北部升温幅度较大，河套及华北地区升温幅度略小，夏季升温较其他季节明显，冬季内蒙古东北部有一明显增温区。黄河上游地区降水没有明显增加，但气温持续上升，因此，该区未来仍可能受到干旱威胁。[24]许吟隆指出，未来在北方地区，由于地面气温升高的同时也加大蒸发量，降水量增加很可能抵消不了地面水分的蒸发而使中国北方地区的干旱更加严重。2001—2030 年预估我国北方农牧交错带区域平均气温、最高气温、最低气温的变化趋势基本一致，均表现为夏季（主要是 7—8 月）升温幅度较大，秋冬季较小。此外，最高温度升温幅度较最低温度偏小，因此，未来平均温度日较差将明显减小。值得注意的是，此处模拟的该区未来 30 年平均气温夏季升温幅度大于冬季，与大多数全球模式的预估结果不一致[27]。

2020 年降水量几乎在整个区域都表现为增加趋势，夏季河套地区降水量增加明显，春秋季河套地区降水表现为弱减少趋势。年平均温度除河套地区变化不明显外，其他地区都呈升温趋势，内蒙古东北部及东北地区东部升温幅度较大；冬春季升温幅度较大；秋季除内蒙古东北部及东北地区东部为升温外，其他地区温度略有下降趋势。

2030 年降水量主要表现为增加趋势但增幅较小；春夏季降水增加区域主要在东北地区东部与河套地区，局地降水增幅较大；秋季除东经 105°以东的黄河流域地区降水有所增加外，其他地区以减少为主。年平均温度整个区域表现为一致性的升温，内蒙古东北部及黄河上游升温幅度较大；冬、夏季升温幅度较其他季节明显；秋季除内蒙古东北部及黄河上游表现升温趋势外，其他地区无明显变化。

由此可见，未来一段时期内，由于大气温室气体浓度增加，该区平均气温将继续升高，年降水量可能增加但增幅较小，气候条件没有明显改善迹象。

25.3.3 北方草原和农牧交错带对于气候变化的适应对策

IPCC 第四次评估报告指出，随着全球气候变暖，未来极端高温、干旱等事件发生频率可能增加[28]。因此，北方农牧交错带生态环境保护仍十分艰巨，应尽量减少人为破坏，合理调配农牧业生产，增强当地应对气候变化的能力。

25.3.3.1 草地畜牧业的适应对策

气候暖干化使得北方草原加速退化，应加强草地保护，严格掌握草畜平衡，以草定畜，防止超载。根据草地退化程度的不同，分别采取退牧还草、围栏封育、季节性禁牧与放牧、划区轮牧、夏秋打草冬春舍饲等措施，促进草原植被的恢复。随着气候变暖，干旱、黑灾和草地虫害、鼠害可能加剧，要加强放牧草地饮水点、棚圈、饲草储存库等牧区基础设施建设。随着气候变暖，可适当引进耐旱耐热的高产牧草品种。随着经济市场化和全球化趋势，动物疫病和外来有害生物入侵日益加剧，需要加强动物疫病的检疫工作。气候暖干化对农牧交错带和邻近农区水土条件较好地区的农业生产有利，应推广牧区与农区的合作易地育肥，通过牧区与农区的资源优化配置,提高草地畜牧业的经济效益和生态效益,实现农区与牧区的共同富裕和经济同步发展。

25.3.3.2 农牧交错带旱地农业的适应对策

气候暖干化使得农牧交错带的干旱日益频繁,水资源更加紧缺,要大力推广节水灌溉和节水栽培技术,坚决制止目前有些地区依靠超采地下水盲目扩大灌溉面积的短期行为。要借鉴黄土高原发展集雨补灌的成功经验,在农牧交错带的旱地推广各种形式的就地集雨耕作方式。严格控制新的垦荒,原有耕地中水土条件差和风蚀严重的低产田逐步退耕还林还草,变广种薄收为精种高产。随着热量条件的改善和风沙灾害的减轻,可以使用生育期更长和产量潜力更大的品种,适当扩大玉米和马铃薯等高产作物的面积。要逐步扭转农牧交错带种植业比例过大,畜牧业比重过小的现状,将以粮食作物为主的种植结构调整为饲、经济、粮三元结构,突出为养而种、为卖而种;逐步推广农用土地轮种轮牧,并通过与牧区合作发展易地育肥和季节性放牧与舍饲相结合扩大草食动物的饲养规模,实现农牧业的可持续发展。

25.3.3.3 草地与农牧交错带生态环境建设的适应对策

农牧交错带的退耕还林还草要坚持适地适树适草的方针,反对只在路边种植盲目引进高耗水树种,做表面文章的短期行为。在年降水量 400 mm 以下地区造林成活率极低,退耕后应以还草为主,也可种植有一定利用价值的灌木。由于退耕地都是风蚀沙化严重的贫瘠土地,退耕初期不应种植耗水需肥的高产牧草,应选用适应本地生态条件的耐旱草种,随着局地生境的逐步改善,遵循生态演替规律,再引进后续草种,逐步提高饲用价值。虽然农牧交错带的人口承载已明显超过联合国确定的 20 人/km^2 的阈值,农牧交错带总体上生态条件较差,但仍有一些滩地和土层较厚农田可以种植,具有一定人口承载能力,要求农牧交错带全部移民的主张是不符合国情的。

中国北方草原是世界上三大温带草原之一,目前以恢复为主,未来应保护与利用相结合。有人主张北方草原应以 10%改造成灌溉人工草地,其余全部退牧作为野生动物栖息地,这是不符合中国国情的。事实上,世界上没有哪个国家的草地完全不放牧。已有研究表明,草地适度放牧,由于有动物的适度啃食和踩踏,能刺激牧草分蘖和分枝,牲畜粪便还能为牧草提供养分,有利于牧草生长。完全不放牧的草地,由于枯枝落叶的遮蔽不利于光合作用,加上缺乏刺激和养分回归,反而生长不良,土壤侵蚀也比适度放牧的还要严重[29]。

25.4 北方草原与农牧交错带的区域减灾战略与系统工程

为了减轻日益增长的自然灾害损失,保障经济社会安全和可持续发展,结合北方草原与农牧交错带的特点,重点提出以下减灾战略与系统工程。

25.4.1 合理开发利用气候资源

本区光能资源丰富,日照充足,夏季日太阳总辐射值多在 1 256 J/cm^2 以上,有利于作物的积极生长;热量资源也比较充裕,温差大,气候干燥。因此,在有灌溉的地区作物产量高,品质优良,如小麦蛋白质含量比我国南方高约2%~6%。但水资源比较缺乏,是限制经济发展的重要因素。不同生态气候条件下形成的草场资源也有利于发展畜牧业。可是,目前由于农业技术水平不高,耕作制度不够合理,以及作物所需水分缺乏等原因,光能利用率尚不足1%,大大限制了农牧业的发展。合理开发利用气候资源是促进北方草原与农牧交错带农牧业发展的重要途径。

在制定农业发展规划时,要充分认识本区气候资源的地域差异性和周期波动的特点,注意气候资源的保证率。在开发利用气候资源时,要保护生态环境,使气候逐渐向良性循环发展,防止片面追求短期的经济效益而忽视生态效益和社会效益。为了提高作物的产量和质量,必须因地制宜,逐步实行区域化和专业化生产,建立高产优质的商品性生产基地。例如,在内蒙古河套和西辽河流域建立稳固的商品粮生产基地,在内蒙古东部建设肉牛基地和在中部建设奶牛基地。

要根据气候的有利和不利条件,趋利避害。分析不同地区气象灾害的种类、危害程度、发生时期,因地制宜地调整产业结构,多种经营。同时应积极推进保护地栽培,采用人工改良气候措施,如推广地膜、秸秆覆盖、塑料大棚和温室等,以提高本地区气候资源的利用水平。

25.4.2 综合治理,改善农业生态环境

(1)防治水土流失和培肥土壤。北方草原和农牧交错带以栗钙土为主,水土流失平地以风蚀为主,丘陵则兼有水蚀和风蚀。丘陵通过实行等高耕种、修筑梯田和等高田、营建生物篱等,可有效控制水蚀。平地则应利用本地区多地产煤的有利条件,实行秸秆还田和农牧结合过腹还田,增加土壤有机质。风蚀严重地区推广带状留茬间作轮作和以向日葵和草木樨等高牧草作为农田生物篱。农牧交错带的中北部地区的土壤腐殖质层只有20~40 cm厚,耕翻不宜过深,有条件的可实行深松耕。

(2)植树造林和种草。源自北方草原和农牧交错带,影响本地农牧业生产和内地大气质量的沙尘主要来自裸露土壤,恢复和增加植被覆盖是最重要的保护措施。据测定,森林涵养水分能力为裸地的7倍,还有拦截风沙和调节农田小气候的作用。但北方草原和农牧交错带地区的气候干旱,大多不是造林适宜地区。可利用路旁、村边、田头、沟边等有利地形植树,但密度不宜过大,应选用耐旱耐寒树种。年降水量少于400 mm地区的非耕地和退耕地原则上以种草和种植灌木为主,也应选用耐旱耐寒物种。

25.4.3 实施科学的栽培管理,提高植物的抗逆性

作物抗御灾害的能力与栽培管理有很大的关系。

(1)适时播种。这是提高作物抗逆性的重要措施。在农牧交错带的旱地如播种过早,会因低温导致烂种和缺苗;播种过迟,会因土壤失墒而无法出苗,无霜期短的地方还有可能不能在秋霜冻前正常成熟。

(2)发展集雨补灌和旱作节水农业技术。针对农牧交错带干旱日益严重的趋势,要大力推广旱作节水农业技术,如注水播种可确保春旱年玉米全苗,播前看土壤墒情决定底肥种类与数

量，蹲苗促根，推广耐旱作物和品种。推广沟植垄盖就地集雨栽培技术，丘陵地大力推广集雨水窖和关键期补灌技术。

(3)合理施肥。通常磷钾肥有提高作物抗逆性的作用。氮素过多或不足都会减弱作物的抗逆性。目前对于农牧交错带的优势作物马铃薯尤其需要增加钾肥用量。在微量元素中，硼与铜有增强作物抗灾能力的作用。施肥要注意各种肥料的合理配合，保持营养元素的平衡。

25.4.4 调整土地利用结构，合理配置农林牧生产比例

农业是一项系统工程，它的内部结构决定了其功能。根据气象条件的利弊调整农业系统结构，可以利用有利气象条件，减轻气象灾害的影响。

长期以来，农牧交错带滥垦和超载过牧严重。由于大量开垦草地，使得牧区向更北的贫瘠草地退缩，农区和牧区完全分割。农田在冬春季节由于没有植被覆盖保护，风蚀沙化日益严重，作物产量低而不稳，草地质量也越来越差。究其原因，主要是农业结构不合理，农林牧用地比例不当，生产增值过程简单，导致农、林、草、畜相互矛盾和制约，综合生产力水平低下，经济和生态效益难以发挥。因此，调整土地利用结构，合理配置农林牧生产比例，提高系统各要素生产水平，不仅是发展生产的需要，更是预防自然灾害的需要。其基本途径是：

(1)调整农林牧用地。农牧交错带种植业以旱作为主。在年均降水量低于 350 mm 且大风频繁的地区不适于发展旱作农业或风险极大。由于历史的原因，旱作农业甚至已扩展到年降水量低于 300 mm 的地区，而且从土质较好的川地、洼地、甸子地、黏土地扩散到陡坡地、固定沙地和沙坨地。随着耕地的扩展和沙漠化土地的蔓延，林草面积越来越少，农林牧用地比例严重失调，而草地又严重退化，林地因干旱大面积死树，严重影响了林草对耕地和环境的保护作用。因此，大面积退耕还林还草，合理配置农林牧生产用地，已成为农牧交错带生态环境保护与建设的重要前提。调整农林牧用地比例主要是减少低产旱作农田的面积，增加林草用地比例。首先要把大于 25°的陡坡地和沙坨地完全退下来，用于种植牧草和灌木。其次要拿出部分农田用于防风固沙林网建设和村镇防护林建设，改善生产、生活和生态条件。第三要拿出部分土地建设人工饲草基地以发展畜牧业。不同地区的气候、土壤和地形差异很大，很难提出统一模式，应根据当地自然与社会经济条件确定合理的比例。

(2)调整物种和品种结构。北方农牧交错带是我国种植业的边缘地带，农耕技术水平低，无论作物、动物和林木的品种都过于单一。如绝大部分地区目前主要造林树种为单一的杨树，不仅普遍生长不良，而且近几年由于受天牛虫害损失惨重；河北坝上高原，普遍种植荞麦、莜麦和燕麦，不仅产量很低，而且消耗地力；黄土高原栽培牧草绝大部分是紫花苜蓿，前些年大面积推广种植沙打旺，因耗水量大而未能持久。这种单一结构既不能适应农牧交错带多变的气候，也难以满足生产、生活需要和发挥其生态效益。在农业中，种植结构调整要适当加大饲料作物与经济作物的比重，如玉米、薯类、药材、蔬菜、油料等，热量较充足地区要扩大杂交谷子的种植，以充分利用水热同季的优势。人工草地除紫花苜蓿外，紫云英、无芒雀麦、饲用玉米、苏丹草都可在本区种植。林地应逐步减少杨树比重，在目前尚无较好速生节水树种的情况下，应多种植榆树、杏树、樟子松、落叶松和锦鸡儿等乡土树种。

(3)调整产业结构。首先要选择对环境压力小而经济效益大的项目，利用资源优势，通过发展规模生产和拳头产品，带动产业结构调整；其次是以商贸为龙头，扶持和培育专业农牧市

场或工业市场(奶牛、肉类等),建立以促销带动生产的可持续发展经济体系;三是搞好农林牧产品的综合利用和深加工,进行多层次开发,变初级产品为高级产品,以获得更大经济效益;四是搞好生产全过程的管理和产前、产中、产后服务,保证生产的正常运行;五是建立以加工业为主体的小集镇市场经济,发展农村二三产业,转移农村剩余劳动力,最终把资源优势转化为经济优势。

25.4.5 加强植被的保护、恢复与重建

(1)控制家畜数量,减轻草地压力。草地植被是一种可再生的资源,只要利用合理,它会给人类源源不断提供畜产品。但如长期超载过牧,草地植被会因茎叶被大量啃食,导致光合作用下降,再生能力逐步衰退甚至消亡。因此,要想使农牧交错带草地植被得以恢复,首先要扭转目前的严重超载,控制家畜数量,减轻草场压力。要按照产草量确定草地载畜量,超载部分通过淘汰老弱病残畜和加快人工草地建设,使之恢复平衡。其次,对植被破坏比较严重而农业比重较大地区,全面推行植被封禁,家畜全部舍饲或在冬春舍饲,夏秋放牧。第三,要通过提高畜群适龄母畜比例来提高总增率,控制净增率,充分利用农牧交错带作物秸秆资源较为丰富的优势发展季节畜牧业,在每年冬季到来之前使之出栏,减少对冬季草场的压力。第四,进行畜种改良,淘汰对草场破坏性大的山羊和马匹及个体小的品种,发展个体大、繁殖率高的畜种,如西门达尔牛和小尾寒羊等,以提高饲料报酬。

(2)对严重退化草地进行全面封育,禁止放牧和樵采利用。封育是使退化植被得以恢复的最简单经济的方法,成本低,效益好。经测算,单位面积的综合成本仅为人工种草的1/10。据试验研究,科尔沁地区沙漠化草地经2年封育后植被明显好转,沙地固定程度由11%提高到73%,植被平均盖度提高1倍,地表起伏度平均下降1 m,单位面积产草量提高了91.1%。

(3)加强草地病虫鼠害防治。农牧交错带由于气候干燥冷凉植物病害较少,如白粉病和黑斑病的发生面积都较小,但草地虫鼠害较为严重,以蝗虫和鼢鼠对草地危害最为严重。蝗虫主要啃食植物地上部分,害鼠不仅啃食地上部分,还啃食根茎,并在地下筑巢把大量土壤推出地面,在地表形成大小不一的土丘,冬春在风力作用下造成土地沙漠化。目前草地虫鼠害防治方法有人工捕捉法、生物防治法和药剂防治法。其中人工捕捉只适合面积小、密度高的虫鼠危害草地,由于速度慢、效率低,采用较少。生物捕捉是经济有效且无任何污染的方法,通过加强对鼠类天敌的保护甚至放养猫头鹰来防治鼠害。但目前大面积还是以化学药物灭除为主,即用飞机或人工喷洒化学农药灭虫灭鼠。虽对环境有一定污染和常常对虫鼠天敌也造成危害,但单位成本低,使用方便,灭杀效果好,今后一段时间内仍需采用。

(4)加强退化植被培育改良和人工植被建设。草地培育改良与植被更新复壮包括施肥、灌溉、轻耙、补播和适度刈割,灌溉和轻耙通常只适用于人工草地。在草原区能够大面积使用的措施是补播和施肥,沙地退化植被则主要通过补播和适当刈割促其恢复。施肥是简单有效的草地复壮方法,当年植被盖度和产草量可增加50%~100%,连续施肥2~3年,退化植被一般就可完全恢复,但费用较高,每公顷施化肥75~150 kg需120~240元。补播是草地植被改良与更新复壮最好的方法,草地或沙地植被盖度在20%~30%时,最好采用补播方法进行植被恢复与改良。农牧交错带草地补播物种主要有老芒麦、披碱草等,沙地补播可使用油蒿、差巴嘎蒿、沙打旺、锦鸡儿等,补播时间一般在雨季来临前1周。适度刈割主要适用于沙地植被中

的一些灌木，如黄柳、紫穗槐等，通过刈割促其更新复壮。对于流动沙地或裸地也包括弃耕地，由于原有植被完全破坏，应采取人工方法重建其植被。由于这类土地自然条件差异很大，其植被重建方法也应因地而异。例如，水热条件相对较好的弃耕地可种植沙打旺、紫花苜蓿、披碱草、老芒麦等人工牧草，大面积流动沙地可进行飞播造林种草，也可人工种植差不嘎蒿、黄柳、油蒿、草木樨、山竹子等。风沙活动强烈的地段建立人工植被较为困难，应采取生物措施与工程措施相结合，事先建立一些麦草或玉米秸秆沙障减轻风沙活动强度后，再播种或栽植植物以提高成活率和治沙效果。

25.4.6　控制人口增长，减轻人口对资源环境的压力

人口压力不断增长和资源生产潜力持续下降导致农牧交错带生态平衡失调，使沙漠化迅速发展。要对农牧交错带的沙漠化土地进行治理，首先应控制人口的快速增长，减轻人口对资源的巨大压力。改革开放后，在党和国家把计划生育、控制人口增长、提高人口素质作为一项基本国策后，我国人口自然增长率明显下降。但北方农牧交错带是多民族居住区，国家对少数民族的人口政策较为宽松，加之生育观念和地方经济比较落后等原因，人口自然增长率远高于全国平均水平。因此，在实施西部大开发生态环境建设先行战略中，农牧交错带应把控制人口快速增长，减轻人口对资源环境的压力作为生态环境建设的一项重要内容，通过减轻人口压力平衡人地矛盾，为生态环境建设打好基础。控制人口增长的基本途径：一是根据当地自然条件与经济发展水平，分析不同地区资源环境的现实和潜在承载力，确定当前和未来 10、20 和 50 年各地区适宜的人口容量，制定相应的人口发展规划，使人口有计划增长，适应社会经济和环境发展的需要。二是制定较为严格的计划生育政策和实施条例并确保层层落实。三是对沙漠化极为严重，已不适于居住的村镇，要有计划地逐步移民，搬迁到附近或其他适宜居住的地方，彻底解决一些地区的人口压力问题。例如宁夏盐池县随着中部扬水新灌区的逐步建成，盐池县将考虑把北部和中部半数以上人口有计划迁移到新灌区，使北部和中部沙漠化严重地区变成牧业区。四是输出劳务，减少直接依赖于土地的农业人口，既可减少人口对土地的压力，又可给当地带来经济收益，更能促进经营观念改变和生产技术发展。输出劳务的途径，一是大力发展乡镇企业，开辟第三产业，就地消化剩余劳力；二是与内地有关部门联系，有计划地组织农民外出打工。

25.4.7　输入先进科学技术，提高劳动者素质和农业生产水平

根据典型区调查，农牧交错带人口的文化程度普遍较低，6 岁以上人口有 70%～80%为文盲半文盲和小学文化程度，初中文化程度占 15%～20%，高中以上文化程度的人口比例很低。劳动者文化水平低是农牧交错带长期贫困落后和生态环境受到破坏与沙漠化发展的重要因素。另外，目前农牧交错带的农业生产水平也很低，部分地区粮食亩产不到 100 kg，每 100 hm^2 草地只能养 75～150 个羊单位家畜。如在退耕还林还草和压缩家畜数量的同时不能提高单位产量，农牧业再生产和农牧民生活将难以维持。要提高农业生产水平和生态环境治理成效就需要输入先进科学技术，提高农牧民的科学素质，依靠科技进步促进生产力发展。需要各级科技人员实地深入旱区和沙区，组织科技下乡、科技承包、科技扶贫，开展多种多样的培

训班、知识讲座和现场培训，解决防沙治沙和生态环境建设中存在的问题，推广科研成果和实用技术，加速成果的转化利用，扩大科技的覆盖面。

（潘志华）

参考文献

[1] 国家统计局农村社会经济调查总队. 中国县(市)社会经济统计年鉴——2003. 北京：中国统计出版社，2003.

[2] 韩建国，孙启忠，马春晖. 农牧交错带农牧业可持续发展技术. 北京：化学工业出版社，2004：11-12.

[3] 张丽娜. 内蒙古部分地区旱情严重，人畜饮水成问题. 北京：新华网，2011-07-12[2011-07-13]. http://finance.stockstar.com/SS2011071300004811.shtml.

[4] 李生秀. 中国旱地农业. 北京：中国农业出版社，2004：74-79.

[5] 张养才，何维勋，李世奎. 中国农业气象灾害概论. 北京：气象出版社，1991：414-415.

[6] 任国玉，陆均天，邹旭凯，等. 我国西北地区的气候特征与气候灾害//丁一汇，王守荣. 中国西北地区气候与生态环境概论. 北京：气象出版社，2001.

[7] 王绍武，龚道溢，翟盘茂. 气候变化//秦大河. 中国西部环境演变评估：第 1 卷. 北京：科学出版社，2002.

[8] 王涛，朱震达. 我国沙漠化研究的若干问题：1. 沙漠化的概念及其内涵. 中国沙漠，2003，23(3)：209-215.

[9] 王涛. 我国沙漠化研究的若干问题：2. 沙漠化的研究内容. 中国沙漠，2003，23(5)：477-483.

[10] 王涛，朱震达，赵哈林. 我国沙漠化研究的若干问题：4. 沙漠化的防治战略与途径. 中国沙漠，2004，24(2)：115-124.

[11] 贾治邦. 加强荒漠化防治，促进发展方式转变——写在第十七个"世界防治荒漠化与干旱日". 人民日报，2011-06-17(13).

[12] 李振岐. 麦类病害. 北京：中国农业出版社，1994.

[13] 内蒙古草原蝗虫危害面积达 3 540 多万亩. 北京：新华社，2009-06-12[2009-06-12]. http://news.xinhuanet.com/video/2009-06/12/content_11532724.htm.

[14] 张付旭，白音，王利民，等. 内蒙古农牧交错区草地蝗虫防治对策与技术的研究初报. 华东昆虫学报，2007，16(2)：113-118.

[15] 内蒙古：草地螟发生面积 1.45 亿亩. 北京：中华油脂网，2008-08-18[2008-08-18]. http://youzhi.cngrain.com/html/Articles/20080818/16510.html.

[16] 徐秀霞. 青海省草地生物灾害现状及应对措施. 草地保护，2006(8)：36-38.

[17] 周淑清，黄祖杰，赵磊，等. 内蒙古西部区草原主要毒草灾害现状与防灾减灾策略. 内蒙古草业，2008，20(2)：3-6.

[18] 许燕辉. 关于内蒙古自治区动物疫病防治体系建设问题的思考. 动物保健，2004(1)：5-6，9.

[19] 石岩生，柴雅莲，许毅洪. 草地生物灾害防治中存在的问题及对策，草业科学，2003，20(4)：37-39.
[20] 范锦龙，张艳，李贵才. 北方农牧交错带中部区域气候变化特征. 气候变化研究进展，2007，3(2)：91-94.
[21] 陈海，梁小英，李立新. 近40年中国北方农牧交错带气候时空分布特征. 西北大学学报：自然科学版，2007，37(4)：653-656.
[22] 梁泽学，江静. 中国北方地区1961—2000年干旱半干旱化趋势. 气象科学，2005，25(1)：9-17.
[23] 龚道溢，韩晖. 华北农牧交错带夏季极端气候的趋势分析. 地理学报，2004，59(2)：230-238.
[24] 闫冠华，李巧萍，吕冬红. 中国北方农牧交错带气候变化特征及未来趋势. 南京气象学院学报，2008，31(5)：671-678.
[25] 潘志华，安萍莉，刘亚玲，等. 北方农牧交错带生态系统自然环境变化研究——以武川县为例. 中国农业资源与区划，2003，23(5)：37-41.
[26] 李栋梁，吕兰芝. 中国农牧交错带的气候特征与演变. 中国沙漠，2002，22(5)：483-488.
[27] 许吟隆. 中国21世纪气候变化的情景模拟分析. 南京气象学院学报，2005，28(3)：323-329.
[28] IPCC. Climate change 2007：the physical science basis：summary for policymakers. Cambridge：Cambridge University Press，2007.
[29] 陈佐忠，汪诗平. 典型草原草地畜牧业优化生产模式研究. 北京：气象出版社，1998.
[30]《中国农业年鉴》编辑委员会. 中国农业年鉴1998. 北京：中国农业出版社，1998.

第26章

黄土高原地区农业减灾技术

黄土高原地区位于我国第二级地形阶梯，东起太行山西坡，西至乌鞘岭—日月山东坡，南达秦岭北坡，北抵长城，其地理位置为北纬 33°43′～41°16′，东经 100°54′～114°33′之间，是世界上黄土地貌发育最典型和类别最齐全的地区，海拔 500～3 000 m 左右，年降雨量为 133.8～917.3 mm，年均气温 0.6～14.5℃[1]，东西长约 1 300 km，南北宽约 800 km。根据地貌形成过程和特点，黄土高原分为陇中高原、陇东和陕北高原、山西高原三大部分，在行政疆域上包括山西和宁夏全部，陕西中部和北部，甘肃中东部，青海省东北部，内蒙古河套平原和鄂尔多斯高原，河南西部丘陵地带 7 省（区），含 287 个县（旗、市、区），总面积 62.8 万 km^2，约占全国土地总面积的 1/15。

黄土高原地区生态环境脆弱，对各种自然灾害极为敏感，西部和北部临近大陆干旱气候区，受到沙漠化的严重威胁，高原的其他地区农田较多，但植被缺乏、山坡地多，水土流失极为严重。本区农业生产力落后，小农户的个体经营居多，抵御自然灾害能力薄弱，多半耕地尚处于靠天吃饭的状态，农民收入的多少与自然灾害的发生有很大关系。特别是受全球气候变化影响，黄土高原地区升温趋势明显，年降水量和作物生育期降水量均呈下降趋势，极端天气事件的量级和频率逐步升高，这些变化将直接或间接地影响整个农业生态系统和作物生长，农作物受灾和成灾面积逐年增加。总之，黄土高原地区发展长期存在水资源严重缺乏、生态环境极度脆弱、旱灾频繁发生等先天条件不足，农业主动防灾技术缺乏等后天营养不良的严重缺陷，如何克服诸多不利环境因素影响，制定出减灾对策，对黄土高原农业可持续发展具有十分重要的意义。

26.1 黄土高原地区的主要气象灾害与减灾对策

黄土高原地区属大陆性季风气候，冬春季受极地干冷气团影响，寒冷干燥多风沙；夏秋季受西太平洋副热带高压和印度洋低压影响，炎热多暴雨。降雨量总的趋势是从东南向西北递减，东南部 600～700 mm，中部 300～400 mm，西北部 100～200 mm。以 400 mm 降雨量等值线为界，西北部为干旱区，中部为半干旱区，东南部为半湿润区。干旱、洪涝、风雹和低温四大类主要气象灾害已成为限制我国粮食增产的主要障碍，我国每年因自然灾害造成的粮食损失高达 500 亿 kg 左右，为粮食总产的 10%。[2] 黄土高原主要气象灾害有干旱、沙尘暴、冰雹、暴雨(雪)、霜冻等[2]，以甘肃省为例，气象灾害占自然灾害的 88.5%，高出全国平均水平 18.5 个百分点，是全国气象灾害最严重的省份之一。据有关资料，位于黄土高原的甘肃省平均每年因气象灾害造成的经济损失占全省 GDP 的 4%～5%，每年气象灾害造成农业受灾 113 多万 hm^2，约占播种面积的 1/3，成灾面积 80 多万 hm^2，约占播种面积的 1/4，在气象灾害中，干旱灾害占气象灾害受灾面积的 56%，居首位。特别是近年来，受全球气候变暖等因素的影响，黄土高原突发性、致灾性天气明显增多，气象灾害呈现出发生频率高、多灾并发、突发性强、范围广、持续时间长和危害重的特点，给农业生产和经济社会发展造成了严重影响。本节重点论述危害黄土高原农业生产的干旱和低温冷害等气象灾害的发生特点及减灾对策，旨在增强防灾抗灾意识，提高防灾减灾能力。

26.1.1 干旱及减灾对策

26.1.1.1 干旱发生特征

干旱灾害是黄土高原影响最大的自然灾害之一，大旱尤其是特大干旱其损失之大、时间之长、范围之广是其他自然灾害无法比拟的。黄土高原除了一些裸岩的高山以外，基本上构成了连续的黄土盖层，堆积了 60～200 m 厚的黄土，是一种细腻、均匀的土质；黄土高原地形破碎，到处都是一条条深深的沟谷和土山，以雨养农业为主，属于干旱半干旱地区；对于干旱半干旱地区水资源是脆弱的，黄土高原地区容易发生严重干旱，其干旱发生具有明显的区域特征[3]。

1. 干旱的时间特征

从整个陕西黄土高原区域干旱指数的年代变化趋势来看，自 20 世纪 70 年代以来，干旱呈现逐年递增的趋势发展，1971—1975 年为干旱阶段，1976—1986 年为湿润阶段，1986 年至今为干旱阶段，并在 2003 年后干旱呈现递增趋势。

2. 干旱的季节特征

Palmer 干旱指数是反映水分亏缺程度的指标，负值越低，干旱越严重。自 20 世纪 60 年代以来，黄土高原地区的年和夏、秋、冬干旱指数总体都呈下降趋势，表明存在气候干旱化趋势。1986 年以前春季有微弱湿润化趋势。1986 年以后春季也开始趋于干旱化，并在 2004 年后干旱再次增强。夏季干旱化趋势比春季更强。秋季和冬季干旱发生频率也在不断增加，但冬季降水量的变化更为复杂。

以甘肃省为例，20 世纪 60 年代干旱主要以冬春旱和春末夏初旱为主要类型；70 年代则以冬春连旱和伏秋连旱为主；80 年代除冬春旱和伏秋连旱外，还表现为春末夏初旱；90 年代在冬春旱和伏秋连旱的基础上，在旱灾最为严重的 1995 年还呈现秋冬春夏连旱的极端干旱气候现象。2000—2007 年的干旱依然呈现多样化发生的趋势，尤其在 2001 年表现为春、夏、秋、冬均旱的严重干旱旱灾。旱灾向多样化类型的发生，不仅增加了农业生产的干旱风险，而且对抗旱技术的要求逐步提高。

因此，黄土高原干旱的总体特征是向干旱化发展，尤其是春季、夏季、秋季这三个季节干旱化趋势比较明显，在这三个季节中最为突出的是春季，其次是夏季和秋季。春旱中的大旱频率大大增加，夏旱频率也有上升，大旱几率增大。季节性干旱的地域分布明显。春旱主要发生在黄土高原的西部、北部和东部，中南部较少，春季大旱出现最多的是陕北与晋中。夏旱主要分布于晋南、关中、陇中及宁夏。由于降水量的分配不均和降水变率较大，导致旱灾发生频率增大，黄土高原平均三年两小旱，七年一大旱，常因缺水受旱而出现农业减产，减产幅度一般在30%～50%，大旱年份甚至绝产绝收。

3. 气候干旱加剧土壤干旱

气象部门的监测数据显示，20 世纪 50 年代以来，气候变暖使黄土高原 0～200 cm 土壤总贮水量呈减少趋势，土壤干旱趋于加重。其中，0～100 cm 土壤贮水量减少更为明显，这部分土壤贮水量占 0～200 cm 土壤总贮水量的比例减少了 6～8 个百分点。如果按照季节而言，随着气候变暖，黄土高原旱作农业区的土壤水分以春、秋季节减少较多，夏、冬季节减少较少。1991—2003 年与 20 世纪 80 年代相比，秋季土壤总贮水量减少了 40～90 mm，而夏季只减少了 8～36 mm。20 世纪 80 年代以来，黄土高原雨养旱作农业区 0～200 cm 土壤贮水量适宜农作物生长的时段减少了 2～3 个月，水分亏缺从浅层向深层逐步扩展，时段上也有所延长，干旱程度在 7—9 月最重。

总体来看，随着气候干旱化的发展，黄土高原土壤干旱逐渐加重，但强度、位相等存在南北、东西差异，高原中部和四周之间的差异，土壤干旱最容易在夏季到秋季(6—10 月)之间发展到最严重。

26.1.1.2　干旱造成的影响

我国每年因旱灾损失粮食占气象灾害损失粮食的 57%，居所有自然灾害的之首。干旱对黄土高原粮食生产的影响更大，主要表现在以下三个方面。

1. 干旱受灾面积大，成灾率高

1949—1985 年黄土高原旱灾面积年均 733 万 hm^2，1950—1995 年年均 2 130 hm^2，占该区耕地面积的 22%。位于黄土高原的陕西和甘肃两省，年均受旱面积分别为 105.5 万、60.7 万 hm^2，分别占总受灾面积的 63.7%、60.8%，年旱灾成灾面积分别为 51.84 万、34.6 万 hm^2，分别占总成灾面积的 61.8%、60.0%，干旱成灾率 48%～52%(高于全国 40%的平均水平)。1985—2008 年的 24 年来甘肃省自然灾害成灾率达 28.7%，旱灾成灾率为 16.4%，随着年份的增加，旱灾面积每年以 1.31 万 hm^2 的速度增加。

2. 干旱受灾粮食减产程度逐渐增大

干旱发生的频度呈现加快的趋势。1950—2007 年间，甘肃省共发生干旱成灾面积超过 100 万 hm^2 的严重干旱年 13 次，而 20 世纪 90 年代以来就出现了 6 次。特别是 1995 和 2000 年最为严重，成灾面积为 50 年来最大。严重的春末初夏伏秋连旱，造成夏粮严重减产。甘肃省旱灾除受灾面积逐渐增大外，灾害程度也日趋变强。1950—2007 年间，旱灾造成粮食减产 1 224 万 t，而且减产量呈明显的增加趋势，仅 20 世纪 90 年代就减产粮食 387 万 t，占总量的 31.6%，灾害程度为 50 年来最重。2007 和 2011 年较为严重的春旱连初夏旱导致春播作物萎蔫、枯死，夏粮减产。

从甘肃省灾害造成的产量损失来看，20 世纪 50 年代年平均损失粮食 0.85 万 t，占粮食总产的 0.3%，80 年代上升到 12.19 万 t，占粮食总产的 2.3%，90 年代增加到 22.95 万 t，占粮食总产的 3.1%。特别是严重干旱的 1995 年，因旱灾减产的粮食占当年粮食总产的 23.2%，1997 年为 14.5%，2000 年为 18.9%，2001 年为 7.6%，2008 年为 10.6%。

26.1.1.3 区域防旱减灾技术对策

黄土高原地区 65%以上的耕地为山坡旱地，粮食产量低而不稳，脆弱的生态条件和频繁发生的旱灾增加了传统农业的生产成本，采取合理的农业减灾模式成为该区农业可持续发展必须解决的问题。

1. 集雨补灌减灾技术模式

干旱缺水一直是困扰和阻滞黄土高原农业经济发展的重要因素。从近年来黄土高原地区土壤水分含量来看，横跨陕、甘、宁的黄土高原地表水和地下水资源十分匮乏。在年内降雨的季节分配上，60%～80%的降雨集中在 6—9 月，而春季 3—5 月仅占 10%～18%，此时正是夏收作物旺盛生长和秋收作物成苗的需水关键期，春旱成灾概率颇高。但是该区域年均降雨 443 mm，总量达 2 757 亿 m^3，是其当前地下水地表水资源量的 9.2 倍。通过利用非耕地自然集水面和人工集水面与水窖结合，加之补灌设施与节水技术，高效利用春夏两季降水进行抗旱减灾意义重大。

集雨补灌技术模式主要是利用屋面、庭院场地收集雨水，再将雨水直接连通到经营的大棚菜地，或将雨水存贮在贮水容器，在植物需水或家畜饮水时取用。还有人工汇集雨水技术补充灌溉利用，主要将道路、荒坡上产生的径流，经净化处理后导入水窖中蓄存，以补充浇灌作物。据有关资料统计，黄土高原所在的陕西、甘肃、宁夏、山西、内蒙古等五省区都在开展雨水集蓄利用，甘肃“121 工程”和“集雨补灌工程”、宁夏“窑窖工程”和陕西“甘露工程”已新增水窖 150 万口，发展雨水集蓄补充灌溉面积达 120 多万 hm^2，建成各类水窖、水池和微型蓄水工程 560 万个，初步形成具有黄土高原地域特色的雨养农业工程减灾模式，主要包括以下技术内容：

(1)小流域雨水资源网络化利用　根据黄土高原的景观结构与生态功能特点，从防止水土流失和集蓄径流抗旱角度考虑，应从以下方面利用雨水资源：一是发展远山荒坡径流富集植被恢复水土保持经济林带；二是发展降水就地入渗基本农田带，重点为坡耕地改造和集水基础设施建设，应用先进的旱作农艺节水技术；三是发展村庄、道路径流收集水分高效转化经济带，方向是发展庭院经济林果、设施蔬菜、人畜饮水；四是发展沟道和川坝地高效经济带，水沙资源的自然相对富集区，充分利用水沙资源发展坝系高效农业。这四个方面雨水资源的网络化利用实质上是对雨水资源在不同利用层次上的干预，以提高区域抗旱减灾能力。

(2)非耕地集雨补灌高效农业减灾模式　黄土高原集雨工程主要集中在庭院和道路等非耕地集水区，由于集水面积和集水数量的有限性及水窖布局远离农田的客观现实，应重点发展特色农业产业及产品，尤其是发展具有黄土高原地域特色的干鲜果及特产，组建雨水资源富集型精细特色农业产业。主要高效农业减灾模式有峁顶光头式水窖配置生态保护型干果产业，路旁葡萄串式水窖配置果品产业，场、院、凹地单点式水窖配置园艺产业，温室棚面集雨设施蔬菜，集雨补灌种苗生产，作物需水关键期或严重干旱期集雨补灌或抗旱保苗等。

2. 地膜覆盖集雨抗旱减灾种植模式

黄土高原广大地区虽然降水少,但传统雨养旱作减灾技术只利用了这少量降水中的一部分,而大部分流失或蒸发掉了。过去"蓄住天上水、保住地中墒"的"一块地对一块天"式的传统蓄水保墒技术,其大面积农田降水利用率和夏休闲期降雨保蓄率30%～40%,减灾功效有限。20世纪90年代以来,我国抗旱减灾研究取得了密植作物地膜覆盖和非耕地集雨补灌两大技术突破,应对这两项成果耦合创新,以覆盖集水保墒为核心,从"集水—保水—节水"三个方面入手,通过以起垄覆膜和改变垄沟比为主的农田土壤水库建设工程与技术,可使作物生育期微效降雨就地资源化利用,使休闲期的雨季集中性降雨储存于土壤水库,大幅度增加土壤有效贮水库容,对旱地农田这是一个实质性的增水抗旱防灾过程。国家镇原旱农课题,历经三个五年计划的实施,研究提出的全膜双垄沟覆盖集雨种植、秋覆膜保墒春播、膜侧种植、顶凌覆膜为核心的农田集水保墒防灾关键技术,解决了玉米播种出苗难的技术难关,秋覆膜玉米播前1 m土壤多贮水25 mm左右,全膜双垄种植提高了<10 mm降水的有效性和利用率,一次5～10 mm降水田间收集效果80%～92%,<5 mm达到65%～80%,地膜玉米增产20%～30%;研究提出夏休闲期农田覆膜蓄水保墒、生物覆盖蓄水保墒和全膜覆盖穴播等小麦覆盖保墒抗旱减灾技术,夏休闲期覆膜小麦播前2 m土壤多贮水61.9 mm,发挥了深层土壤贮水在旱地小麦抗逆减灾中的主导作用;研究示范的果园垄膜覆盖微集雨保墒技术,有效解决了苹果需水和降水高峰期深层土壤水库水分的恢复问题,降水保蓄率达到80%以上,为旱地果园多提供100 mm以上的有效水分,增强了果园抗旱性。

3. 抗旱防灾作物及品种

筛选抗旱防灾品种是农业应对干旱胁迫的关键,核心是发挥生物及品种主动抗旱、适应干旱和避旱的特性。一是引进筛选抗旱性强和高水分利用效率的冬(春)小麦、玉米、马铃薯、杂粮、油葵等新品种,发挥生物及品种抗旱防灾潜力;二是引进筛选抗寒抗旱强的覆盖作物及品种(如油菜、绿肥作物等),增加地面覆盖,减少秋冬休闲期风沙侵蚀;三是筛选应用需水关键期躲避伏旱、后期生长发育快的玉米品种。

4. 旱作农田保护性耕作技术

重点集成示范小麦机械化高留茬少耕与秸秆翻压还田、玉米留茬越冬少耕、地膜覆盖一膜两年用等技术,改善土壤质量,提高土壤保水能力。

5. 防灾型农作制度与生产体系

依据区域自然降水特征、作物需水规律及市场需求,挖掘抗旱救灾特色作物,培育其产业化发展规模,重点是调整农业结构与品种布局,调减高耗水量作物及品种,高耗水作物与低耗水作物搭配,扩大节水型、耐旱型作物生产,增加作物种群的多样性,建立适水性和节水型农作制,实现结构抗旱减灾。一是建立抗旱防灾适水产业结构和种植结构。年降水350～450 mm的地区以牧为主,农林为副,扩大耐旱和适水高产作物如马铃薯、杂粮杂豆、胡麻等品种,因地制宜地引进糜谷、豌豆、扁豆等应急救灾作物,增加农田系统作物的多样性,提高其抵御干旱灾害的能力,降低干旱对农业生产的潜在威胁;年降水450～550 mm的地区农林牧比例协调发展,扩大抗旱节水和秋收高产作物面积,积极发展地膜玉米、马铃薯、苹果、冬小麦、特色油料等作物,秋作物比例应大于夏收作物;年降水550 mm以上地区,以农业为主,秋粮作物与夏粮作物比例要协调,稳定小麦面积,扩大玉米、蔬菜、果树等作物的面积。二是建立防灾减灾轮作体系。半干旱地区建立玉米/油葵—蚕豆—马铃薯、春小麦—豌豆—胡麻、春小麦—马铃薯—马铃薯、杂粮杂豆—春小麦—马铃薯等体系，半湿润偏旱区采用冬小麦＋复种—春玉米、油菜—冬小麦—冬小麦、玉米—玉米的防灾减灾五年轮作复种模式。

6. 发展生态治理减灾模式

一是合理实施退耕还林。由于黄土高原生态脆弱，进行农业生产存在一些限制因素，农业效益不高。水土条件较好的草地可以因地制宜适度开发，但不能大面积开垦。因为环境脆弱区实行退耕还林要比农业生产产生的生态效果更加明显，为此15°以上坡地应实行退耕还林。二是加大坡地改梯田治理。在治理坡面的前提下，治河造地，发展农业。在丘陵沟壑区，采用坡、沟、谷综合治理，在峁边线以上以建设梯田为主，发展雨养农业和经济林果；在峁边线以下发展水土保持林，沟里打坝蓄水、淤地，充分利用小水发展水浇地，提高单位面积产量。三是通过兴修条田、坝地，建设雨水集流工程，有效拦截、保蓄当地天然降雨，使有限降水在雨养农业生产中更好地发挥作用。

26.1.2 低温灾害及减灾对策

26.1.2.1 低温灾害发生特征

黄土高原地区低温灾害主要包括霜冻、冻害、冰雪灾害等类型，受灾对象从粮食作物、经济作物，到果树蔬菜甚至畜禽业等。黄土高原大部分地区每年都有不同程度的低温冷害出现，通常受灾面积较大。

1. 低温霜冻

霜冻是黄土高原低温冷害的主要灾害类型之一，其特点是农作物、果树、林木生长季节里地面温度突然降到0℃以下，植株体内水分发生冻结而受害。根据发生的季节不同，霜冻害可分为春霜冻(晚霜冻：由寒冷季节向温暖季节过渡时发生的霜冻)、秋霜冻(早霜冻：由温暖季节向寒冷季节过渡时发生的霜冻)两种。黄土高原春播作物春小麦和玉米苗期、果树花期、冬小麦和冬油菜等越冬作物返青后往往发生春霜冻。随着温度的升高，春霜冻发生的频率逐渐降低，强度也减弱。但是，发生得越晚，对作物的危害也就越大。玉米、马铃薯等秋收作物尚未成熟，露地蔬菜还未收获时经常发生秋霜冻。随着季节推移，秋霜冻发生的频率逐渐提高，强度也加大。纬度和海拔越高春霜冻结束越迟，秋霜冻开始越早。

根据统计分析，位于黄土高原的山西省北部、甘肃陇东地区、宁夏大部及陕西中北部是霜冻害常发生地带，一般2～3年发生一次程度不同的冻害。从发生的季节上看，4—5月山西南部、陕西关中及甘肃陇东一带多发生晚霜冻；9月的初霜冻主要危害北方的偏北地区。

2. 低温冻害

冻害是黄土高原地区经常发生的低温灾害之一，主要指冬作物和果树林木在越冬期间因遇到0℃以下(甚至在－20℃以下)低温或剧烈变温引起植株体冰冻或丧失一切生理活力，造成植株死亡或部分死亡的现象。主要发生在以陇东、陕北及晋中为中心的黄土高原冬小麦种植区域，主要类型有：

(1)入冬剧烈降温型　指麦苗停止生长前后因气温骤然大幅度下降而发生的冻害。如果小麦播种过早，或前期气温偏高，生长过旺，再遇冷空气时更易使冬小麦受害。

(2)冬季严寒型　当冬季有2个月以上平均气温比常年同期偏低2℃以上，最低气温有时出现－20℃以下，会发生根、全株及分蘖节受冻死亡现象。冬前积温偏少，麦苗弱或秋冬土壤干旱的年份则受害更重。

(3)早春融冻型　早春回暖解冻，麦苗开始萌动，由于抗寒力下降，如遇较强冷空气可使麦苗受害。如甘肃陇东1971—2000年来发生较大面积越冬死亡的有11次，平均3年一遇；陕北、晋中和渭北等地冻害相对较轻。

(4)果树冻害　果树冻害也是黄土高原主要的低温灾害，对果树生长和果品产量影响很大。从黄土高原苹果产区看，1月的持续低温和大雪，气温在－10℃以下，一些未正常进入休眠期的幼旺苹果树，还有一些处在低洼区域的果园可能发生轻微冻害，气温降到－20℃以下，果树就会发生一定程度的冻害，大大削弱树势，从而导致苹果树腐烂病、粗皮病、干腐病的严重发生。一般4—5月果树花期也会受到不同程度的低温危害，当气温低于临界温度时将发生霜冻害，通常是在果树花蕾期和花期受冻，由于雌蕊耐寒性差，霜冻发生轻时雌蕊和花托被冻死，花瓣可以正常开放，但只开花不坐果，冻害发生重时雌蕊柱头枯黄、萎蔫，花柄由绿变黄脱落。

3. 冰雪灾害

冰雪灾害主要发生在黄土高原的一些牧区和宁夏六盘山、甘肃的陇中西北部等区域，经常由于冬春季降雪量过多，积雪过厚，雪层维持时间长，造成家畜不能采食、饿冻或因而染病，甚至发生大量死亡，同时也使温室设施蔬菜遭受冻害，严重时压塌温室建筑物，造成的经济损失大。

26.1.2.2　低温冷害的影响及存在问题

黄土高原地区的初霜冻，使大部分地区地面温度达－2～－3℃。这些地区的秋作物正处于灌浆、乳熟阶段，危害严重。早霜冻主要危害棉花、水稻、玉米、高粱、谷子、糜子、荞麦等作物的正常灌浆和成熟。晚霜冻也可造成严重的产量和经济损失，如2004年甘肃省62个县(市、区)遭受不同程度的晚霜冻灾害，全省农作物受灾面积98.94万hm^2，重灾达39.8万hm^2，造成经济损失达13.37亿元。晚霜冻主要危害小麦的拔节，油菜、棉花、玉米、甜菜、胡麻、蔬菜、豆类等作物的幼苗，果树的花芽及幼果[4]。

在市场经济大背景下，黄土高原地区种植者对种植品种选择更多受眼前经济利益的驱动，盲目跟风，防灾减灾意识相对单薄，对突发型低温灾害估计不足甚至束手无策；目前农区还是一家一户的小农经济，不仅难以及时获得准确的灾害预警预报信息，而且从经济和技术实力上，也难以采取有效的应对措施。另外，在部门的引导或经济利益的驱动影响下，片面强调生产的规模化、产业化，结果会造成种植品种的单一化、种植管理的简单化、栽培措施的粗放化，导致生物遗传多样性下降、生物抗逆性下降、病虫害流行。从应对低温灾害的角度来看，品种单一化最致命的问题可能是，所有作物处于相同物候期和敏感期，一旦出现严重低温，很容易造成“全军覆灭”的后果。这也是目前在低温灾害防御过程中不可忽视的问题。

同时，长期以来温室园艺生产中的低温灾害一直未引起足够重视，特别是随着设施园艺栽培面积的不断扩大，低温灾害潜在危害有不断扩大的趋势。设施园艺产出效益远远高于传统农业，一般是露地生产的3～5倍，甚至数十倍。目前黄土高原地区设施农业栽培面积迅速扩大，但绝大部分设备简陋，缺乏调控设备，遭遇异常天气(主要是连续阴天雨雪导致低温寡照)

则束手无策，造成严重减产，甚至绝收。

26.1.2.3 低温灾害减灾策略

农业生产中的低温现象是不可抗拒的自然规律，防御的根本策略是增强作物适应性，通常采用的通用性措施有以下几个方面。

1. 掌握低温气候规律，优化农作物适宜种植区布局，合理搭配作物品种

根据黄土高原地区热量资源特点、低温出现规律、作物生物学特性等因子，确定适宜种植区。根据多年气候资料，进行相关分析。例如对于霜冻来说，应着重分析计算当地终初霜日多年平均值、无霜期长短、霜冻发生频率、生长季节温度时空变化与分布等；冷害要分析多年发生的频率、发生时段和强度等。作物属性分析包括作物抗低温特点、受低温影响的敏感期、受害指标等。另外，根据多年经验和气候资料，确定种植区北界、海拔高度上限。根据品种的抗寒性和不同熟性，确定适宜栽培品种。作物在不同的生长发育阶段对低温的敏感度相差较大，选择适宜品种、播期，采用适当调控措施，尽量错过低温发生时段，是非常有效的方法。应用生物技术和转基因技术，加快耐寒性品种的选育，是抗御低温灾害的重要途径。实践证明，不同品种之间的抗寒性是有很大差异的，不仅表现在作物对温度的总体反应不同，如喜温作物和耐寒作物，也表现在作物不同发育时期对低温的敏感性不一样，例如大多数作物在苗期抗寒性强，而在后期则较弱。

2. 通过低温炼苗，提高抗寒能力

苗期的低温锻炼很重要，在种子催芽时，温度先稍低后逐渐提高到作物种子发芽的适宜温度，到种子萌芽后再降温。这样幼芽既粗壮又得到了锻炼，具有一定的抗寒能力。

3. 严格掌握栽播时期

为了促进栽播后的作物及时缓苗、出苗，冬春季节要及时根据当地的天气预报，选择冷尾暖头天气栽播作物，以利栽播后缓苗、出苗迅速，提高抗逆性，从而达到防御冷害的目的。

4. 改善和利用小气候生态环境，增强抗御低温的能力

通过人为影响改变近地层气象条件，防止出现低温。目前各地使用较普遍且取得明显效应的措施如：①加强覆盖保温物，如在棚舍内再扣小拱棚，覆盖地膜；②人工临时性加温，堵塞棚舍各处的缝隙；③有条件的还可以喷洒化学保温剂等。

5. 应用冻害防御措施

广泛应用物理方法，如烟熏防霜，霜冻来临前果树灌水推迟开花期，树干涂白，冬前修剪培养花期不同的果枝类型，秋季控制灌溉等；化学方法，喷施各种防霜剂、抗霜剂等；农业技术措施，如选用耐寒品种、适当调整作物播期等；各种形式的覆盖，如葡萄埋土、果树主干包草以及经济作物覆盖塑料薄膜等。

26.1.3 冰雹及减灾对策

冰雹，俗称“冷子”、“雹子”，是黄土高原的一种主要气象灾害，年年都发生，对农业生产危害很大。

26.1.3.1 冰雹灾害发生特点及影响

1. 冰雹的危害

黄土高原地形复杂，下垫面植被稀少，气温差异大，局部地区容易形成强烈上升气流，是我国多雹地区之一。冰雹是由强对流天气系统引起的一种剧烈的气象灾害，一般出现于 4—10 月，少数地方 3 月见初雹。山区及丘陵地区，地形复杂，天气多变，冰雹多，受害重，除陕西、甘肃南部一些地区外，大部分地区属于夏雹区，以 5—9 月雹日最多[5]。比较严重的雹灾区有甘肃南部、陇东地区、阴山山脉和太行山区地区。冰雹直径大小不一，常见的约为 5～50 mm，7 mm 以上的雹块就有破坏性。多数地区的雹粒如黄豆到蚕豆大小，少数地区雹粒有鸡蛋大，罕见的有碗口大。每年降雹季节，正值夏秋农作物成熟或旺盛生长时期，往往造成毁灭性灾害，轻则农作物减产，重则颗粒无收，甚至毁坏林木草原，砸损房舍，危及人畜生命。陕西省每年因冰雹而受灾面积，占各种灾害成灾面积的 7%，约 6.67 万 hm^2 良田受害[6]，甘肃每年有 10 万～13.3 万 hm^2 农田遭受雹灾。

2. 冰雹灾害的特点

总的说来，黄土高原冰雹发生有以下几个特点：

(1)局地性强，出现范围较小。每次冰雹的影响范围一般宽约几十米到数千米，长约数百米到十多千米，通常称“雹打一条线”。

(2)历时短。一次狂风暴雨或降雹时间一般只有 2～10 min，少数在 30 min 以上。

(3)受地形影响显著。地形越复杂，冰雹越易发生。

(4)年际变化大。在同一地区，有的年份连续发生多次，有的年份发生次数很少，甚至不发生。

(5)来势猛、强度大，并常伴有狂风、强降水、急剧降温等阵发性灾害性天气过程。

(6)季节性强。降雹时间每年出现在 3—10 月，4—8 月为多发时段，而成灾大都在 6—8 月。

(7)损失大。虽然降雹是局限性的，但对农业、水利、生态环境造成毁灭性打击，几年都难以恢复。若遇强雹，可在短时间内造成大量农田颗粒无收，草木枯死，树木掉头，沟壑延伸，泥石流冲毁粮田道路。

26.1.3.2 冰雹灾害防御对策

1. 加强预报工作，提高预测冰雹准确率

20 世纪 80 年代以来，随着天气雷达、卫星云图接收、计算机和通信传输等先进技术设备在气象业务中大量使用，大大提高了对冰雹活动的跟踪监测能力。要将现代化的气象科学技术与长期积累的预报经验相结合，建立人工影响天气业务技术平台，综合预报冰雹的发生、发展、强度、范围及危害，提高预报准确率，发挥人影高炮科学防雹能力，将灾害损失降到最低。

2. 提高防雹技术装备能力

一是普及和应用火箭发射防雹工作，提高技术装备能力，由粗放型向规模型发展；二是加强农业防雹设施建设，特别是增加果树、蔬菜等高值经济作物的防雹网建设，主动减少局地雹灾的危害。

3. 调整农业结构,普及灾后恢复重建技术

掌握冰雹发生特点,在多雹地带,种植牧草和树木,增加森林面积,改善地貌环境,破坏雹云条件,达到减少雹灾的目的。受灾后,要及时加强田间管理,追肥松土,提高地温和透气性,促进生长;受灾严重的作物,应根据农时翻耕改种。

26.1.4 暴雨及减灾对策

26.1.4.1 暴雨的特点

通常 24 h 降雨量达到 50 mm 以上为暴雨,100 mm 以上为大暴雨,200 mm 以上为特大暴雨。黄土高原暴雨主要集中于夏季风盛行时期,出现时间一般为 4—10 月,集中于 6—9 月,尤其 7—8 月最多。自东向西、自南向北,暴雨季节逐渐缩短,山区多于平坦地区,东部山区多于西部山区,迎风面多于背风面[5]。黄土高原降水的特征是年降水量少而集中,汛期降雨量占年降水量的 70%～80%,且以暴雨形式为主,往往来势凶猛,历时短暂,强度极大,突发性强,降雨强度 1.60～11.82 mm/min,远远超出黄土的稳渗速率 0.6 mm/min,必然导致径流形成。由于黄土高原土壤结构比较疏松,地面缺乏植被保护,黄土裸露,因此,暴雨会造成严重的水土流失,使土壤肥力降低、农田破坏加重。区内共有水土流失面积 47.2 万 km^2,占该区总面积的 70%以上,年均输入黄河的泥沙达 16 亿 t[7]。另外黄土高原地形错综复杂、沟壑交错、起伏不平、排洪渠道少,暴雨往往引起山洪暴发,河水猛涨,河流泥沙剧增,甚至冲毁农田、交通和水利设施,危及人民生命、财产的安全。

26.1.4.2 暴雨灾害的减灾对策

(1)提高暴雨监测预测水平。

(2)建立健全田间排水系统。

(3)农作物出现内涝积水时,应设法尽量排水,使作物叶片迅速露出水面。

(4)加强田间管理,及时追施肥料、中耕、松土、防治病虫害等。

(5)对受灾严重导致绝收的田块,要针对不同作物,抓住季节,及时播种。

26.1.5 冻旱及减灾对策

26.1.5.1 冻旱的危害

冻旱是黄土高原地区越冬作物和林果生产上经常发生的复合气象灾害。干旱可加剧冬小麦、冬油菜等越冬作物的冻害,使得冻伤苗在受冻脱水时细胞间隙结冰的水分不能被细胞质所吸收,迟迟不能返青,甚至因水分急剧蒸腾呼吸消耗而迅速衰亡。如 1979—1980 年晋中地区小麦死亡面积达 20%,主要是当年为秋旱年,秋末降温剧烈,冬季旱冻交加造成的。冻旱在林果生产上主要表现为抽条。早春冻土未化通时,树木或果树的根系吸水能力差。初春气温突然回升,并多风干燥,幼树主干或幼嫩枝条的蒸腾加大,产生生理干旱,使幼嫩枝条自上而下枯死,严重时幼树可从主干基部开始全部枯死。秋季抗寒锻炼差、早春大风多和气温不稳定时,

抽条尤为严重。据测定，苹果枝条含水量降到34%～40%，梨降到40%，核桃降到35%就会形成抽条[8]。

26.1.5.2 冻旱的减灾对策

(1)选育和采用抗寒和抗生理干旱的品种。

(2)后冬早春在果树幼嫩枝条上涂抹凡士林或喷抑制蒸发剂等。

(3)林木苗圃应选择背风和土层深厚处，冬前适时浇足冻水，入冬后培土或对幼树基部包扎。

(4)秋季控制枝条旺长，如多次摘心、控制肥水等。

(5)早春顶凌耙地保墒。

(6)作物品种合理布局，培育壮苗，提高作物的越冬性。

26.2 黄土高原地区的主要生物灾害与减灾对策

农业生物灾害是农业灾害的重要组成部分，农作物的病虫草鼠害是除了旱涝风雹之外危害农业生产的重要灾害。联合国粮农组织估计，全世界农作物生物灾害损失达35%，其中发达国家为21.34%，发展中国家为37.18%，而亚洲高达43%。目前，对我国农业生产造成严重危害的生物灾害有1 600多种，病虫害所致的粮食损失为15%，每年损失粮食400多亿kg，草害损失粮食50多亿kg，鼠害损失粮食40亿～50亿kg，常年造成的经济损失达100多亿元。黄土高原农业生物灾害是比较严重的，造成粮食减产10%～15%[6,9]。因此，加强病虫草鼠害的综合防治，对保障粮食安全具有重要的意义。

26.2.1 主要生物灾害

26.2.1.1 主要生物灾害的类型

农业生物灾害分为农作物病害、虫害、草害和鼠害四大类，黄土高原农业有害生物众多，常发的农业病虫有100多种，综合产业重要性，植物病虫害流行性、迁飞性、暴发性等特点，黄土高原重大农业生物灾害有以下主要类型。

1. 小麦锈病和病毒病

小麦是黄土高原的主栽粮食作物之一，是城乡居民主要口粮，产量和安全品质直接关系到粮食安全和经济社会稳定发展。小麦条锈病是影响黄土高原小麦生产的重要生物灾害，发生普遍而且为害非常严重，俗称“黄疸病”，轻者造成籽粒干瘪，重者植株枯死。位于黄土高原的甘肃陇南、天水是全国锈病的策源地，锈病生理小种变异快，突发性强、流行速度快、危害损失重，对我国黄淮海麦区和全国粮食安全影响很大。小麦条锈病菌不耐高温，夏季需要在甘肃天水、陇南及四川西北部地区海拔1 300 m以上的山区越夏。秋季，越夏的条锈病菌，随着季候风向东传播，可传至陕西的关中、汉中，湖北的西北部，在那里越冬后，春季又逐渐向河南、河北、山东等地传播，条件适宜时，造成全国条锈病的大发生。在病害流行的年份受害小麦可减产 30%以上，甚至绝收，如 1985 年，甘肃庆阳地区小麦减产高达 48%，宁夏小麦减产 1.35 亿 kg，2002 年青海省小麦减产达 50%以上，宁夏损失小麦 4 500 万 kg[10]。1950、1960、1985、1990 和 2002 年有五次全国性的大发生，分别造成 60 亿、30 亿、8.5 亿、25 亿和 10 亿 kg 的损失[6]。小麦秆锈病的危害性仅次于条锈病，可使小麦减产最高达 75%，新型秆锈菌生理小种 Ug99 造成其传播区域内小麦最高减产 80%[11]。

地处黄土高原的陕西、甘肃和宁夏等省(自治区)是小麦病毒病的常发区，主要包括黄矮病和丛矮病。宁夏回族自治区 1987 和 1999 年小麦病毒病发生面积分别占小麦种植面积的 79.27%和 53.83%。1999 年小麦病毒病大流行中，陕西和甘肃两省的发病面积也达到了小麦播种面积的 18.74%和 24.27%，给小麦高产和稳产带来了巨大的威胁。其中，小麦黄矮病流行年份可造成小麦减产 20%～30%，严重时达 50%以上。20 世纪 50 年代初，在甘肃陇南、陇东和陕西北部等黄河中下游干旱麦区相继发生，造成小麦矮缩坏死现象。1987 年陕西、甘肃和宁夏因该病减产 6.4 亿多 kg，1996 年甘肃省河西走廊地区黄矮病造成小麦减产达 36.8%。小麦丛矮病轻病田减产 10%～20%，重病田减产 50%以上甚至绝收[12]。

2. 玉米大斑病等

玉米大斑病和小斑病也是 20 世纪 60 年代后期和 70 年代以后逐渐严重发生的病害。黄土高原玉米产区以玉米大斑病为主。甘肃玉米大斑病 1991 年大流行，仅平凉地区发生面积就达 5.1 万 hm^2，减产 2 250 万 kg 以上[13]。1999 年玉米大斑病在宁夏银南地区大面积流行，发病株率 64.96%，减产率达 24%～52%[10]。2002 年至今，玉米大斑病发生呈明显加重趋势。2011 年，国家玉米产业技术体系植物保护研究室在陕西、宁夏、甘肃调查表明，鞘腐病、大斑病、茎腐病和瘤黑粉病较重，特别是鞘腐病扩展迅速并已普遍发生，一些品种感病较重，侵染部位甚至上升到穗部。

3. 马铃薯晚疫病等

马铃薯是西北黄土高原地区的主栽作物之一，常年播种面积 333 万多 hm^2，随着农业结构的调整马铃薯越来越成为农民增收的主要渠道。但随着种植面积的增加，连作障碍比较严重，马铃薯晚疫病、早疫病、环腐病、病毒病、黑茎病和贮藏期病害等逐渐加重。晚疫病是全国各地普遍发生的危害较重的病害。不抗病的品种在晚疫病流行时，田间产量损失可达 20%～50%，窖藏损失轻者在 5%～10%，重者在 30%以上。病毒病也在各地普遍发生，发病轻时减产 10%左右，重病可减产 50%以上。

4. 设施蔬菜病虫害

黄土高原以设施蔬菜为主的设施农业快速发展，成为农民增收和解决城乡居民菜篮子的主要渠道。设施农业具有高投入、高产出和高风险等特征，一旦病虫害发生流行，不仅影响农民增收，对农产品市场也将产生不可估量的影响。黄土高原设施蔬菜病虫害种类很多，具有流行性、暴发性的主要是病毒病、烟粉虱等。近几年，病毒病在日光温室设施蔬菜上十分常见，一般造成产量损失 30%～40%，甚至绝产。烟粉虱可危害 74 科 500 多种植物，是近几年设施蔬菜暴发的主要害虫及传毒媒介，对蔬菜、花卉等威胁很大。几乎所有蔬菜上都发现烟粉虱，尤以甘蓝、花椰菜、番茄、茄子、西葫芦、黄瓜、甜瓜及豆类受害最重，严重时产量损失可达 70%。

霜霉病、病毒病、软腐病一直是黄土高原十字花科蔬菜的主要病害，近年来黑斑病在一些地区也危害严重，造成一定的损失。

5. 果树病害

黄土高原的果树以苹果和梨为主，腐烂病是其最主要的病害。管理水平高的果园，病株率多在10%～20%，中等管理水平的果园病株率在30%～40%，重者50%以上，个别果园已被毁掉。对渭北苹果基地县长武县8个乡镇200个果园调查表明，果园发病率100%，发病株率15%～45%，严重果园85%的树患有腐烂病，呈较重发生[14]。对陕西省吴堡县约2 000株20年生山地果园苹果树调查表明，发病株率达62.5%，其中整株死亡率达24.2%[15]。近年来苹果根腐病、梨树黑星病在一些地方发生较重，严重影响苹果树、梨树的生长发育和生产能力。

6. 主要虫害

农作物虫害各地每年发生，危害程度不尽相同。蚜虫是黄土高原首要灾害性害虫，并常年发生。危害小麦的主要有麦二叉蚜、麦长管蚜、麦无网长管蚜、禾谷缢管蚜等。蚜虫是小麦黄矮病病毒的传播介体，麦二叉蚜的传毒效率可高达92.5%。小麦在三叶期感病一般减产90%以上，植株显著矮化，一般不能抽穗。拔节期至孕穗期感病一般减产25%～50%。抽穗以后感病，一般减产15%左右。红蜘蛛在黄土高原从偶发性生物灾害逐渐演变为常发性生物灾害，在粮食作物和果树上均有发生，并呈上升趋势。一般年份玉米产量损失率在15%左右，严重年份的损失率在50%以上[16]。果树上的红蜘蛛可危害叶片、幼芽、幼果，大发生年份致使果树落叶，甚至造成第二次开花。2007年苹果红蜘蛛在甘肃庄浪县暴发成灾，其发生数量和受害程度多年罕见[17]。玉米螟是危害杂谷作物的主要害虫之一，一般年份将减产玉米10%左右，大发生年份损失30%以上。黏虫一般年份零星发生，产量损失不大，大发生年份减产10%～35%，严重地块绝收。

地下害虫食性杂，危害粮食、油料、蔬菜、烟草、麻类、中药材、花卉、牧草、瓜类以及林木苗圃等。黄土高原发生的地下害虫以蝼蛄、蛴螬、金针虫、地老虎等为主要类群。各地每年都有发生，为害程度不尽相同。随着耕作制度(尤其是免耕技术)和产业结构的调整，蛴螬的发生和为害有明显上升趋势。金针虫常危害小麦、玉米等多种作物的幼芽和幼苗，能咬断刚出土的幼苗，也可钻入较大的玉米苗根茎部取食为害。1998年陕西洛川县小麦金针虫危害达0.8万hm^2，占总面积的60%[18]。地老虎种类较多，其中数量较大、为害较重的有小地老虎、黄地老虎等。

7. 主要农田草害和鼠害

黄土高原不同地区农田杂草的主要种类和分布不尽相同。甘肃省调查到的农田杂草有637种，其中常见杂草108种。陇东黄土高原主要恶性杂草优势种有播娘蒿、雀麦、离子草和狗尾草等，中部黄土丘陵旱作农业区有猪殃殃、卷茎蓼、苣荬菜和日本天剑等[19]。野燕麦在各种农作物田中均可发生，主要危害小麦、青稞、大麦。甘肃省的受害面积达86.7万hm^2，占小麦播种面积的60%，每年造成减产2亿kg左右[6]。

20世纪90年代以来，由于耕作栽培制度的改变，黄土高原农业生态环境的变化及异常气候的影响，鼠害逐年加重。广泛分布于黄土高原的鼠种有草兔及岩松鼠、花鼠、达乌尔黄鼠、大仓鼠、长尾仓鼠、黑线仓鼠、中华鼢鼠、子午沙鼠、小家鼠、褐家鼠等。据调查，陕北黄土高原鼠害发生面积达200万hm^2，每年因鼠害减产的粮食及收获后储藏不当损失的粮食达5 000万kg，占该地区粮食总产量的10%左右；还有大量的树苗被咬死，造成黄土高原年年造林不见林的局面，对植被建设产生了很大的负面影响。此外，20%～30%的草场遭到破坏，每年损失牧草数百万吨[20]。宁夏农田鼠害特别严重，全区发生面积年均33.33万hm^2以上，水稻、小麦、玉米、豆类等作物受害一般减产8%左右，重者减产15%～20%，局部地区高达50%以上，有的田块甚至造成毁种或绝收，每年造成至少5 000万kg以上的粮食损失[10]。

26.2.1.2 主要农业生物灾害的特征

农业生物灾害的特点很多，结合黄土高原农业生物灾害现状，它的基本特征有以下几个方面。

1. 种类多，发生广，影响大

黄土高原农作物病虫草鼠鸟兽害种类很多，其中可以导致重大经济损失的就有100余种，常年发生面积达数亿亩次，经济损失几十亿元。农业生物灾害已是黄土高原各省区农业发展的一个重要的自然-技术-经济-社会问题。

2. 逆转速度加快，危害性加强

如河南省主要农业生物灾害发生面积由20世纪六七十年代的1 000万公顷次扩大到3 400万公顷次，以年均12%的速度递增。小麦白粉病过去在河南仅零星发生，危害不大，而1981—1992年的11年中，发生面积在66.7万hm^2以上的就有7年。原来已被控制的病虫如棉铃虫从80年代后期相继回升，危害加重。

3. 链式特征突出

农业生物灾害由过去对经济社会影响的点式发展为链式，显现出明显的链式特征，如病虫害—污染灾害(作物污染和环境污染)—人畜中毒—生态平衡。也就是说随着经济技术和社会的发展，农业生物灾害变成了农业生物灾害链，往往形成一灾连发或众灾群(连)发，这种情况必然加重灾害的危害性。

4. 农业生物灾害的人为性

从根本上说，农业生物灾害是一种自然灾害，但它的发生、影响过程、危害程度又在很大程度上受人为因素的影响。像农产品调运时可以把多种病虫草(种子、卵、幼虫等)调到其他地区，也就是说，灾源受人类活动影响很大。农业耕作栽培管理措施与农业生物灾害发生和影响的轻重程度也有着非常密切的关系。

5. 农业生物灾害发生具有传染性

这种传染性表现为三个方面：首先是有害生物可以从一地传到另一地，如苹果蠹蛾、黏虫、小麦条锈病菌等随气流在黄土高原传播。其次，有害生物可以借助地面流水、介体昆虫、风雨、田间耕作管理等从这一块地传到另一块地，从病株传到健株。再次，有害生物经过越冬可以从今年传到来年，即跨时传染(潜伏)。

26.2.2 农业生物灾害的综合防御对策

防御农业生物灾害的目的是实现农业高产、优质和保持社会与环境的良好状态。防御农业生物灾害应贯彻“预防为主，综合防治”方针，加强病虫害监测预报，以农业防治和生物防治为主，结合植物检疫和物理与机械措施防治，将灾害降低到经济允许范围之内。

1. 转变观念，提高认识

一是转变对生物灾害的认识。农业生物灾害既是自然灾害，又是人为灾害，它实际是人地关系不协调的产物。防御农业生物灾害必须认识到人的行为对诱发灾害和影响成灾程度的重大作用。有了这种认识，才能把农业生物灾害的发生与影响同人的农业生产活动联系起来，通过改变人的农业生产活动，就可以在一定程度和范围内控制农业生物灾害的发生和影响。如加强植物检疫、实行轮作、选用抗病品种、合理搭配品种、清除田间病残体、配方施肥、合理灌溉等，这些工作做好了就有助于控制农业生物灾害的发生。因此，充分认识到农业生物灾害的人为性是做好减轻农业生物灾害工作的有效环节。二是转变对生物灾害防治的认识。防治生物灾害的直接目的是保产，从而减轻损失和减少危害，而不是全部消灭有害生物。有害生物是农田生态系统的组成部分，有害生物与其天敌之间存在相生相克的依存关系。如果全部消灭了农田中的有害生物，则破坏了农田生态系统，倒不利于农业生产的发展。因此，防御有害生物灾害必须有这样一种认识，即只有当有害生物可能造成明显损失时才防治，这样才有效，否则就不需要防治。

2. 推行综合防治和绿色植保策略，努力提高防治效益

从农业的整体效益、农业生态系统的整体观念出发，加强重大病虫害的监测，提高预警水平，以预防为主，创造不利于生物灾害发生而有利于农作物生长发育和有益生物生存繁殖的条件；大力推广农业防治技术，运用各种农业措施，压低有害生物的数量，提高植物抗性，创造有利于作物生长发育而不利于有害生物发生的农田生态环境，直接或间接地阻止或抑制有害生物的发生与危害，把防治措施和调控农田生态环境贯彻到农业生产各个环节，如选用抗病虫的作物品种、使用无病虫害的繁殖材料、建立合理的种植制度、科学施肥等；大力推行生物防治技术，如利用捕食性天敌昆虫、寄生性天敌昆虫、性外激素等；应用各种物理防治和机械防治，作为有害生物的预防和防治的辅助措施，如温度处理、光波利用、捕杀法、诱杀法、阻隔法等。

3. 合理使用化学防治，提高安全水平

利用化学农药控制为害农作物有害生物种群数量，快速高效，使用方法简单且多样化，不受地域条件限制，易于机械化操作，在保证农作物增产方面起着重大的作用。但是化学防治也有局限性，能够引起有害生物产生抗药性，杀害非靶标生物、破坏生态平衡，污染环境以及影响人类健康。对于化学防治，既不要盲目地认为化学农药万能，单纯依靠，也不要只看问题而认为农药无用，不去发挥其防治病虫的重大作用。在生产实践中，应采用综合防治的方法，使化学防治与其他防治方法有机结合起来，最大限度地克服其本身缺点。

26.3 黄土高原地区的水土流失与减灾对策

26.3.1 黄土高原地区水土流失与生态灾害现状

26.3.1.1 黄土高原地区水土流失和多灾贫困的原因

黄土高原地区虽然全年降水量不很多，但65%集中在夏季，而且降水强度大，往往一次暴雨的雨量就占到全年降水量的30%，甚至更多。黄土高原覆盖着深厚的黄土层，颗粒细，土质松软，抗蚀性差。加上长期以来的滥垦滥伐，草地过牧和开矿、修路等工程中的不合理行为，原有植被受到破坏，使黄土高原成为世界上水土流失最严重的地区。导致黄土高原水土流失的原因有自然因素和人文因素。自然原因是由地貌、气候、土壤（地面组成物质）、植被等因素造

成的，人为原因主要指引起地表土壤加速破坏和移动的不合理的生产建设活动，以及其他人为活动，如战乱等。引发水土流失的生产建设活动主要有陡坡开荒，不合理的林木采伐，草原过度放牧，开矿、修路、采石，垦荒面积不断增加，导致土壤侵蚀增多，使黄土高原本已不多的植被仍被砍伐作为薪柴，不合理的土地利用方式导致水土流失加剧。黄土高原降水集中在7、8、9三个月。高原上沟壑纵横，植被稀疏，有利于夏季热力对流，降水多为暴雨、冰雹。降水过于集中和多暴雨导致水土流失加剧。雨水和径流以及风力直接侵蚀黄土地面，除造成严重的水土流失外，水旱灾害也日益频繁，农业生产陷入恶性循环。

黄土高原地区土地以丘陵山地为主，约占整个地区的80%，而河谷平川只占土地总面积的20%，这种起伏的地貌构造不适合农耕，加之该地区贫穷落后，人口增长速度快，农业单一经营、广种薄收、粗放耕作等，同时，乱垦滥挖现象十分严重，形成"越垦越穷，越穷越垦"的恶性循环。

26.3.1.2 黄土高原地区水土流失与生态灾害的现状

黄土高原地区总面积62.8万km^2，水土流失面积达45万km^2，占总面积的71.9%，其中年侵蚀模数大于5 000 t/km^2的强度水蚀面积为14.65万km^2，年侵蚀模数大于15 000 t/km^2的剧烈水蚀面积为3.67万km^2。严重的水土流失，形成了黄土高原千沟万壑、光山秃岭的景象。黄土高原输入黄河下游的泥沙多年平均为16亿t，其中有4亿t淤积在黄河下游的河道上，平均每年淤高10 cm，造成下游河床高出两岸地面3～10 cm，最高处达15 cm，成为举世闻名的"地上悬河"，使1亿多人口受到洪水的严重威胁。每年流失的16亿t泥沙所含氮磷钾养分大约4 000万t，这就使黄土地生产能力大大降低，甚至失去生产能力，从而导致和加剧贫困。黄土高原285个县中，低产县占47.4%，中产县占41.0%。黄土高原地区水土流失破坏了地面的完整，降低了土壤肥力，影响农业生产，威胁城镇安全，加剧干旱与风沙，导致贫困加剧，生产条件恶化，阻碍区域社会经济发展，对当地和下游的生态环境、生产、生活和社会经济可持续发展都造成极大危害[21]。

由于水土流失的加剧，致使黄土高原沟壑发展速度十分惊人，其沟壑密度一般在2～5 km/km^2及以上，有些地方可达6～8 km/km^2及以上，切割深度可达100～200 m以上，地面裂度多在20%～50%，最高可达65%以上，沟壑面积越来越大，农田面积被肢解得越来越小，农田破坏越来越严重。水土流失还导致黄土高原地区的滑坡、崩塌、泥石流等地质灾害频繁发生。如陕西省的礼泉、彬县、长武、旬邑、延安、榆林、子长、铜川都是滑坡灾区。崩塌则以延安和榆林两市为最严重。1981年以后有发展加重的趋势[22]。陕北黄土高原的地质灾害以崩塌为最严重，滑坡次之，泥石流较少发生。陕西铜川是第一高发区，其次是耀县和子长县，陕北中部发生也较频繁，北部和东南部相对少发。降水集中的7—9月也是地质灾害的发生高峰期。暴雨和大雨诱发的地质灾害在当日或次日发生，中雨诱发地质灾害的可在降水后10 d内发生。地质灾害一般需要3 d以上的降水，过程雨量大于50 mm时滑坡次数显著增加，大于10 mm就可出现较多崩塌[23]。

26.3.2 黄土高原地区水土流失的综合治理

26.3.2.1 黄土高原地区水土流失综合治理的形势

新中国成立60多年来，黄土高原的综合治理取得了显著成效，从20世纪60年代起，就提出要全面规划，综合治理。80 年代坚持以小流域为单元，山水田林路统一规划，提出工程措施、耕作措施与生物措施相结合，兼顾经济效益、生态效益和社会效益，以经济效益为主。1991 年颁布实施《水土保持法》以来，突出预防为主，贯彻依法防治，把水土保持纳入生态建设的重要内容，形成了集中规模治理的格局。截至 2004 年底，黄土高原累计初步治理水土流失面积达 19 万 km^2。但仍存在一些问题：重点治理区和典型流域绩效明显，面上治理程度差；人口密度过大，人地矛盾突出；单纯的政府行为和无偿投资方式不利于综合治理水平的提高，未能变成当地群众的自觉行动[21]。

26.3.2.2 黄土高原地区水土流失综合治理的措施[21]

(1)加强宏观调控，因地制宜制定和实施治理规划，将治理任务落实到地块，充分利用人为适度干预下的自然恢复作用。

(2)坚持以小流域为单元的综合治理，提高治理规模、质量和效益，统筹安排工程、生物、耕作措施，集中连片治理，发挥整体功能和综合效益。

(3)以修建水平梯田和淤地坝为突破口，建设高标准基本农田，推广集雨补灌和节水灌溉，改造中低产田，调整优化农业结构，促进林果业和畜牧业的发展，确保农民解决温饱和增加收入。

(4)有计划地退耕还林还草，恢复植被覆盖，改善生态环境。

(5)控制人口增长，多渠道解决农村劳动力的非农就业和人口城镇化，减轻黄土高原的人口超载负担。开展多种形式的实用技术培训，提高人口素质，减少和逐步消除不合理的资源开发与破坏环境的活动。

26.3.3 纸坊沟水土保持试验区的小流域综合治理实践

26.3.3.1 纸坊沟小流域综合治理的过程

纸坊沟小流域位于陕西北部的安塞县，水土流失与洪旱灾害都很严重。1954 年起黄河水利委员会成立了纸坊沟流域治理试验站，探索自然环境和人为活动对水土资源的影响，运用新思维、新理论、新技术和新工艺，因地制宜因害设防，经长期试验研究与示范推广，水土流失及所引发的洪旱灾害得到有效遏制。

纸坊沟小流域水土流失综合治理经历了 4 个阶段[24]：

第一阶段：小型水保工程措施和荒坡造林措施。20 世纪 50 年代，纸坊沟被列为黄河流域小流域治理重点，设置了专门治理机构。60 年代初展开了以小型水土保持工程措施和荒坡造林为主的综合治理，大力兴建地埂、软堰、水簸箕、土谷坊或植柳谷坊、涝池和小型水库，同时采用水平沟、鱼鳞坑大面积人工造林，初步奠定了水土保持综合治理的基础。

第二阶段：坡改梯治理与坡面拦蓄体系措施。60 年代后期转入坡耕地改造治理，70 年代初机械化和人力相结合将大部坡耕地改造成水平梯田，形成坡面拦蓄体系。

第三阶段：沟道治理及全面调控体系措施。经历丰水期洪灾后，70 年代后期在继续进行坡面治理的同时开展了大范围沟道治理，集中在中下游沟壑区采用水坠法和碾压法筑起 4～16 m 高的淤地坝 14 座，建成一组见峡设坝、裁弯取直、小多成群、大坝保小坝、沟沟拦水、节节拦泥、坝坝种地的拦、蓄、种治沟体系，同时修建了 3.2 km 的沟道护堤，防洪减灾、拦泥淤地功能大大增强，水土资源调控体系全面形成。淤坝地基本农田极大提高了整个小流域的农业抗旱能力。

第四阶段：退耕还林还草和综合开发体系措施。在 80 年代后期梯田重修和义务植树种草基础上，90 年代后期开始退耕还林还草，同时开展以生态博览为主题的综合开发，走出新的治理开发路子，增强了水土资源调控与开发利用功能。

26.3.3.2 纸坊沟小流域综合治理的减灾效益与生态、经济效益

1. 形成了较完整的水土保持体系

从坡面到沟道既有植物措施又有工程措施，总体形成 3 个体系：

(1)植物保护体系　山坡人工造林 280.6 hm^2、“四旁”植树 6.2 万株，人工种草 175.1 hm^2，加上天然林草，植被总面积达 673.1 hm^2，植被覆盖率达 35.5%，成为调蓄流域水土资源的第一道防线。

(2)坡面工程调控体系　修筑梯条田 718.8 hm^2，挖筑水平沟、鱼鳞坑、水簸箕等 74 807 个。坡面工程能有效拦蓄沟坡径流，蓄水保墒，减少冲刷，不仅使沟坡地从跑土、跑水、跑肥的“三跑田”变成了保土、保水、保肥的“三保田”，而且成为调控流域水土资源的第二道防线。

(3)沟道工程拦蓄体系　修建沟道谷坊、截水堰等 255 座，小型水库 3 座，淤地坝 14 座，淤坝地 56.28 hm^2，能拦蓄泥沙、调节洪峰、控制水土流失，构成了流域水土资源拦蓄保护体系的第三道防线。

2. 有效遏制了流域水土流失

到 2005 年，已治理水土流失面积 12.21 km^2，治理程度达到 81.4%，比 50 年前提高 64.3 个百分点。年拦泥量由 0 提高到 5.21 万 t，年侵蚀模数由 12 660 t/km^2 下降到了 8 829 t/km^2，相当于每年减少土壤冲刷 1.2 mm。梯田由 0 增加到了 508.8 hm^2，沟坝地由 0 增加到 56.28 hm^2。库坝滞洪库容由 0 增加到 263.3 万 m^3，能够保证在 500 年一遇洪水时只向下游河道泄洪 30 m^3/s，使城区防洪压力大大减轻，同时使小流域水资源状况明显改善，抗旱能力显著增强。

3. 改善了小流域生态环境

比 20 世纪 50 年代后期新增林地 280.6 hm^2、草地 175.1 hm^2，植被覆盖率提高 24 个百分点；3 座小型水库和 14 座淤地坝累计蓄水 660 万 m^3，增加水域 152.7 hm^2，年均增加水面蒸发 3.66 万 m^3，还增加了地下水补给，旱灾风险明显减轻。

4. 经济效益显著

20 世纪 50 年代后期以来，小流域综合治理模式和单项技术成果在杏子河与延河流域 6 500 km^2 推广，经济效益 20 亿元以上，粮食单产增加 4 倍以上，2004 年的人均年纯收入2 000 多元，明显高出当地平均水平。

26.4 全球环境变化与黄土高原地区的农业减灾

黄土高原既是气候变化敏感区，又是生态环境脆弱带，农牧业生产和生态环境对气候条件

的依赖性极强。1952—2001年间，黄土高原地区200、400、600 mm降水量等值线不断南移，800 mm降水量等值线不断南移并趋于消失[25]。受全球气候变暖影响，黄土高原极端气象灾害可能出现多发、频发、重发趋势，农业生产将出现大幅波动，粮食和主要农产品供给的不稳定性会增大。气候变化将对该区农业产生巨大威胁，应对气候变化则是一项现实、紧迫的任务。

26.4.1 黄土高原气候变化趋于暖干化

在全球气候变暖的背景下，黄土高原绝大部分地区气温普遍显著升高，降水量减少且变率增大，干旱事件频繁发生。以甘肃省为例，近50年来全省平均年降水量总体呈减少趋势，年降水量随时间的变化为显著的负相关，全省年平均降水量下降了28 mm，其中河东平均下降了51 mm。降水的季节特征表现为冬季降水量和雨日大范围增加，春季降水量减少但雨日却在增加，表明春季降水强度在减弱，秋季表现出降水量和雨日大范围减少趋势，夏季降水量和雨日数表现为大范围的减少趋势；年平均气温和干燥度随时间的变化为显著的正相关，气候趋向干旱化的速度在加快，年平均气温升高了1.1℃，其中河东平均升高了0.9℃。气候暖干化导致干旱灾害频繁发生，是农业受旱灾面积扩大、粮食减产的主要原因。

在全球气候变暖的背景下，黄土高原干旱、大风、沙尘暴、暴雨、冰雹、霜冻等气象灾害有加重趋势，尤其是大旱发生的次数更加频繁、极端天气与气候事件增多。一是夏季反常高温。如2002年、2005年6、7月关中地区出现35℃以上的持续高温天气，多数县最高气温≥40℃，突破历史极值。2006年6月关中地区局部出现40℃以上的高温天气，西安市最高气温达42.9℃。二是旱灾频繁。近50年来，陕北、关中、陕南旱灾的重现期分别为1.1、1.2、1.6年。三是洪涝灾害加重。1998—2005年间多次出现大范围区域性暴雨、大暴雨和持续降雨过程。

26.4.2 气候变化对农业生产的影响

26.4.2.1 气候变暖使越冬作物北界向北扩展

冬季气温升高，负积温减少，不仅对黄土高原冬小麦、冬油菜安全越冬有利，而且为冬小麦、冬油菜北界北移提供了有利的气候条件。甘肃省冬小麦适宜种植区范围明显扩大至靖远、景泰一带，向北扩展50～100 km，海拔高度的上界上升了100～400 m，已扩种到海拔2 000 m左右的地方[8]。甘肃全膜双垄沟播玉米技术的推广，扩大了玉米的种植区域，并使玉米的适种海拔提高200 m左右，使原来不能种植玉米的地区可以种植玉米，一些中晚熟品种在海拔2 000 m的地区能够正常成熟。气候总体趋于暖干化导致秋播作物播种期推迟、春播作物的播种期提前，小麦、玉米、油菜等有限生长习性的作物生长期缩短，棉花、马铃薯、胡麻等无限生长习性的作物生长期延长。受此影响，黄土高原苹果叶芽开放、展叶、开花等各物候期，陇东提前了14 d左右，陇西提前了6～7 d，这一方面相对提高了苹果树对光照等气候资源的利用程度，但另一方面，花芽提早开放，增加了遭受春季低温、倒春寒天气危害的机会，对苹果生产不利[26]。

26.4.2.2 气候变暖使喜温作物种植面积扩大，多熟制向北推移

＞10℃积温增加100℃·d以上，农耕期热量资源和喜温作物生长期热量资源明显增加。

春播期提前，生长期延长，品种的熟性由早熟向中晚熟发展，单产增加；多熟制向北推移，复种指数增加。如甘肃陇中地区玉米能在海拔 2 200 m 地区种植成熟。

26.4.2.3 气候变暖使降水量减少，对农业生产的负面影响增大

温度增加，降水减少，干旱大面积频繁发生，抑制了热量资源增加所发挥的作用，负面影响大于正面影响。20 世纪 50 年代以来，随着温度升高、降水减少等气候因子的变化，甘肃黄土高原土壤含水有了比较显著的变化，0～200 cm 土层土壤总贮水量春、秋季减少了 40～90 mm，夏季减少了 20～36 mm，土壤水分亏缺范围从层次和时段上有所扩大[27]。甘肃黄土高原旱作区高产农田 1～3 m 的土层已出现干燥层，果园和人工草地形成 10 m 以上的干土层，使得土壤水库丧失调控能力，加剧了旱灾的威胁。

同时受气候变暖和暖冬的影响，作物病虫害发生和生存的条件变优，病虫害发生界限北移，发生范围、危害程度呈扩大加重趋势，增加了冬季病菌的生长和存活率，农作物病虫害发生频率上升。如小麦锈病孢子越冬的范围扩大，防治病虫害的难度加大，农药、除草剂使用量和资金投入增加。

未来气候变化对黄土高原农业的不利影响有：一是极端干旱、洪涝会增加种植业生产的不确定性，如不采取适应性措施，农作物将会减产。二是增加了病菌的生长和存活率，使得农作物的病虫害发生频率上升。三是土壤的有机质分解加快。土壤温度升高和降雨量的变化使土壤微生物活动发生改变，必然引起土壤养分发生变化。气候变暖，将导致微生物对土壤有机质的分解加快，化肥释放周期缩短，从而加速了土壤养分的变化，可能造成土壤肥力下降。

26.4.3 气候变化背景下的防灾减灾策略

为了积极应对气候变化和日益严重的灾害威胁，特别是暖干化趋势，需要提高应对气候变化和农业灾害的防御能力与科技水平，按照“条件防灾、生物抗灾、结构避灾、技术减灾、制度救灾”思路，不断提高作物品种抗逆能力，构建防灾、抗灾、减灾型耕作制度模式与配套高产稳产技术体系；有效提高重大生物灾害的监测预警技术水平，建立基于现代高新技术支撑的作物有害生物综合防治技术体系。

26.4.3.1 提高农业领域的总体抗灾能力

减少气候变化对农业的不利影响，必须不断提高农业生态系统对气候变化的应变能力和抗灾减灾水平。一是转变发展思路，确立防灾避灾农业理念。应积极调整抗旱思路，不断转变抗旱理念，变被动抗旱为主动抗旱，加快发展避灾农业，变对抗性为适应性种植。二是实施中低产田改造工程，抓好农田水利工程建设。加快实施以节水改造为中心的大中型灌区续建配套工程，着力搞好田间工程建设，完善灌排体系，加快以黄土高原地力培育、水土流失区干旱瘠薄地培肥和梯田改造为主的中低产田建设。三是加强气候变暖导致的冬种作物病虫害的流行研究，努力降低气候变化对农业的影响。

26.4.3.2 构筑具有区域特色的农业防灾减灾生产体系

一是按照市场规律和经济规律进一步完善农业产业规划，从区域布局上避灾，调整完善优

势特色产业区划布局，进行适地规模种植，从地域上避开旱灾等自然灾害，探索和完善符合黄土高原特点和有鲜明区域特色的、多元化农业防灾之路，将蔬菜、棉花等作物优先安排在灌区，把马铃薯、玉米、小麦、果品作为未来雨养区经济的支柱产业。二是按照自然规律调整夏秋结构，扩大需水与降水规律相一致的马铃薯、玉米、杂粮等秋收作物面积。三是合理安排种植茬口，根据光、温、水资源状况，发展救灾复种制，从生产季节上避灾。四是有计划地培育和选育抗旱、抗高温和低温等抗逆品种，引进推广抗逆性强的作物类型及抗旱品种，从品种结构上避灾。

26.4.3.3 大力发展农业装备技术，提高减灾能力

一是发展蔬菜设施农业装备技术，重点设计建造适宜黄土高原不同类型区抗寒和低温冷害的日光温室，包括设施蔬菜生产关键环节装备技术，设施环境调控自动化装备技术，精准生产装备技术，设施栽培介质消毒装备技术，设施植物生理生态信息获取装备技术。二是发展现代畜牧业设施养殖小区。三是大力发展地膜覆盖和集雨节灌工程，建造果树设施防雹网。

26.4.3.4 建立防灾减灾信息监测及科技支撑体系

一是建立黄土高原农业灾害信息监测网，建立预警机制。参考农业部现代农业产业技术体系工作方法，建议设立公益类专项，动员科技人员到生产一线调查灾情，组建灾情监测与上下及时反馈机制，为政府提供决策依据。二是建立旱寒灾害防控科技示范区。三是建立灾后恢复重建科技应对支撑体系。

26.4.3.5 研究适应气候变化的农业发展战略问题

加强我国气候变化后土壤承载力、作物生产力、粮食生产前景及水资源调配利用等研究，以确定农业发展的重点与农业技术的政策与导向。

26.5 黄土高原地区的区域减灾战略与系统工程

黄土高原自然灾害种类多，发生频率高，造成损失大。特别是近几年来，自然灾害造成的经济损失呈上升趋势，已经成为影响经济发展的重要因素。提高综合防灾减灾能力，最大限度地减少人民群众生命和财产损失，是保障本区经济社会全面协调可持续发展的重要途径。

26.5.1 黄土高原地区的农业减灾战略

合理规划和确定黄土高原农业重点产业，统筹考虑黄土高原各类自然灾害和灾害过程各个阶段，始终坚持防灾减灾与经济社会发展相协调、坚持防灾减灾与应对气候变化相适应的原则，依靠科技创新，大力推广防灾减灾先进实用技术，突出抓好旱作节水农业技术集成与应用，促进农业结构的战略性调整。发挥各级政府在防灾减灾工作中的主导作用，努力依靠健全法制、依靠全社会力量，着力提高全民防灾减灾意识，全面加强各级综合防灾减灾能力建设，切实改善民生和维护人民群众生命财产安全，有力保障黄土高原地区经济社会全面协调可持续发展。

26.5.1.1 以防为主,防减并重

未雨绸缪,防患于未然,灾前有效预防比灾后救助更重要、更廉价。加强黄土高原自然灾害监测预警预报、风险调查、工程防御等预防工作,重视应用新技术和新成果。坚持防灾、抗灾和救灾相结合,优化防灾减灾工作运行机制,努力提高防灾减灾监测预警和综合防治水平,促进防灾减灾事业健康发展。

26.5.1.2 政府主导,群防群治

防灾减灾是一个复杂的系统工程,涉及多个部门。坚持各级政府在防灾减灾工作中的主导作用,统一指挥调度,合理配置各种减灾资源,加强各部门之间的协同配合,积极组织动员社会各界力量参与防灾减灾。

26.5.1.3 统筹兼顾,突出重点

从战略高度统筹规划防灾减灾各个方面工作,着眼长远推进防灾减灾能力建设,优先解决防灾减灾领域的关键问题和突出问题。旱灾为黄土高原突出的灾种,虫害、暴雨、洪水、冰雹亦是本地区的主要灾害种类,应引起高度重视。

26.5.1.4 以人为本,科学减灾

关注民生,尊重自然规律,以保护人民群众的生命财产安全为防灾减灾的根本,以保障受灾群众的基本生活为工作重点,以现代科学技术为依托,树立科学技术减灾的战略观念,把依靠科学技术作为减灾的根本途径。全面提高防灾减灾科学与灾害风险科学理论与技术支撑水平,规范有序地开展综合防灾减灾各项工作。

26.5.1.5 加强宣传教育,提高全民减灾意识

黄土高原地区绝大多数是自然地理条件很差的贫困地区,人口文化素质低。但自然灾害危及千家万户,是一个社会性极强的问题。因此,应开展防、抗、救灾和环境保护及其法制方面的宣传与科普教育,从而强化全民对保护生态环境的责任感,增强民众的减灾意识和自救能力。

26.5.2 黄土高原地区的农业减灾系统工程

减灾,顾名思义是减轻灾害损失,进一步说是减轻自然灾害系统的损失。根据自然灾害系统的构成,为了减轻自然灾害损失与影响,必须从三个方面入手:一是消灭或削弱灾害源;二是削弱、限制、分流、疏导灾害载体,切断灾变链与灾害链;三是保护受灾体。这三个方面的减灾与行动是一项系统工程(减灾系统工程)[28],主要由灾害的监测系统、预防系统和救援系统等部分组成[29]。

26.5.2.1 农业灾害的监测系统

实现灾害的准确、及时监测预报,是把握跟踪灾害,减少灾害损失、减轻灾害对社会和农业

经济影响的最有效办法，是实现全方位减灾的第一步。因此，建立健全农业灾害的预测预报系统是完善整个减灾大系统的重要步骤。

黄土高原地区除健全现有的气象、病虫、疫情测报系统外，还应在不同生态区域建立减灾综合试验区，探索在灾害测、报、防、抗、救、援等方面的总体经验和技术与灾害理论的提高，总结科学合理的灾情评估办法，为减灾系统实施打下坚实的基础。建立黄土高原自然灾害数据库和高效能的信息处理与传递系统，形成完善高效的农业自然灾害监测预警系统。

26.5.2.2 农业灾害的预防系统

灾害预防是人类与灾害作斗争的一个重要方面。从被动地承受灾害到主动地预防灾害，从消极地减灾到积极地减灾，是人类进步和文明的表现。预防灾害需要投入大量的技术和资金，需要广泛的社会协作。大量的事实证明，灾害预防除了具有巨大的经济效益外，还具有重要的社会效益和良好的生态效益。做好灾害预防工作，可以大大地减少灾害发生的频度和强度，避免许多不必要的损失。这对于黄土高原这样一个多灾的地区来说，无论是社会的稳定、农业的增产、经济的繁荣都是一个必不可少的条件。

黄土高原地区农业灾害的预防系统应由两方面内容组成。一是工程性预防手段，如水利工程、营林工程、治土工程、环境工程等。二是非工程性预防手段，如行政手段、宣传手段、法律手段、经济手段、技术手段等。只有工程性措施和非工程性措施紧密结合，才能充分发挥防灾系统的防灾水平。

26.5.2.3 农业减灾的救援系统

人类对灾害预测预报并不能完全准确，防灾的水平也有一定的限度，所以灾害是不可避免的，一旦灾害发生，特别是重大灾害发生以后，如何迅速组织各方面力量救灾，减少人员的伤亡和财产的损失，帮助灾区人民安排生活、恢复生产，是减灾工作中的一个重要环节。

成灾地区特别是重灾地区灾后面临的中心工作是农业生产的恢复和发展问题。黄土高原地区灾害种类多，种植作物杂，由于不同的灾害种类、不同的灾害发生时间以及作物不同生育阶段，受灾的严重程度不同，所以应具体问题具体分析，因时、因地、因作物、因受灾程度制订相应的救灾方案，有针对性地采取多种措施，如农田的整治，土壤肥力的恢复，农作物的种植安排和田间管理等。

灾后的农业生产恢复工作面广、量大、时效性强，要积极组织广大灾民全身心地投入，并充分发挥政府的主导作用，多方面协同配合。

（樊廷录　李尚中　郑大玮）

参考文献

[1] 李锐，杨文治，李壁成. 中国黄土高原研究与展望. 北京：科学出版社，2008.
[2] 王道龙，钟秀丽，李茂松，等. 20 世纪 90 年代以来主要气象灾害对我国粮食生产的影响与

减灾对策. 灾害学,2006,21(1):18-22.
[3] 王静爱,史培军,王平. 黄土高原地区自然灾害时空分异综合研究. 北京师范大学学报:自然科学版,1995,31(4):536-541.
[4] 王毅荣. 中国黄土高原地区干旱特征. 干旱区地理,2008,31(1):23-28.
[5] 白虎志,刘德祥. 甘肃气候影响评估(1951—2004). 北京:气象出版社,2005.
[6] 钱林青. 黄土高原气候. 北京:气象出版社,1991.
[7] 李生秀. 中国旱地农业. 北京:中国农业出版社,2004.
[8] 高志强,王闰平. 黄土高原农业可持续发展研究. 北京:气象出版社,2001.
[9] 霍治国,王石立,等. 农业和生物气象灾害. 北京:气象出版社,2009.
[10] 戴小枫,郭予元,倪汉祥,等. 我国农作物病虫草鼠害成灾特点与对策分析. 科技导报,1997(1):41-45.
[11] 郭秉晨,杨明进. 宁夏自然灾害防灾减灾重大问题研究:农牧业生物灾害卷. 银川:宁夏人民出版社,2005.
[12] 王广金,赵远玲,王永斌. 小麦秆锈病的危害与防治研究综述. 黑龙江农业科学,2010(12):169-171.
[13] 王建林,林日暖. 中国西部农业气象灾害:1961—2000. 北京:气象出版社,2003.
[14] 陈雨天,郭满库,马丽君,等. 甘肃省玉米大斑病菌生理小种鉴定结果初报. 甘肃农业科技,1993(12):35-36.
[15] 杨建新. 苹果树腐烂病发生流行规律与防治技术. 果农之友,2011(5):29.
[16] 张晓红. 苹果树腐烂病的发生与防治. 种业导刊,2011(4):16-17.
[17]《甘肃农作物病虫害》编辑委员会. 甘肃农作物病虫害. 兰州:甘肃人民出版社,1984.
[18] 罗秀文,卢凡香. 庄浪县苹果红蜘蛛发生严重的原因与防治对策. 甘肃农业,2009,272(3):85-86.
[19] 贺荣,贺永宏. 地膜小麦田金针虫的发生特点及防治措施. 陕西农业科学:自然科学版,2001(7):40-41.
[20] 陈琳,刁绍东,顾明洁. 甘肃农田常见杂草种类与群落组成. 西北农业大学学报,1997,25(5):55-58.
[21] 刘娟妮,赵鹏祥,韩崇选,等. 基于"3S"的黄土高原植被鼠害监测预报系统设计. 西北林学院学报,2008,23(4):141-144.
[22] 张喜荣,蔡艳蓉,赵晶,等. 黄土高原水土流失造成的危害及其综合治理措施. 安徽农业科学,2010,38(28):15776-15781.
[23] 史兴民,陈玲侠,张瑞. 陕西省近 50 年地貌灾害的时空分布. 干旱区研究,2011,28(2):349-353.
[24] 李明,杜继伟,高维英. 陕北黄土高原区地质灾害与降水关系. 干旱区研究,2009,26(4):599-606.
[25] 毛泽秦. 纸坊沟小流域综合治理成效及水土资源高效开发利用模式. 中国水土保持,2008(6):47-48.
[26] 段建军,王小利,高照良. 黄土高原地区 50 年降水时空动态与趋势分析. 水土保持学报,2009,23(5):143-146.

[27] 蒲金涌，姚小英，姚晓红. 气候变暖对甘肃黄土高原苹果物候期及生长的影响. 中国农业气象，2008，29(2)：181-183.
[28] 蒲金涌，姚小英，邓振镛，等. 气候变化对甘肃黄土高原土壤贮水量的影响. 土壤通报，2006，37(6)：1086-1090.
[29] 高庆华，李志强，刘惠敏，等. 自然灾害系统与减灾系统工程. 北京：气象出版社，2008.
[30] 蒋琳. 农业灾害经济. 南京：江苏人民出版社，1993.

第27章

长江中下游地区农业减灾技术

长江中下游地区包括湖北、湖南、安徽、江西、浙江、江苏和上海七省市，面积约 89 万 km^2，占全国陆地总面积的 9.3%。本区自然条件优越，资源丰富，农业生产水平较高，经济发达。长江沿岸处于我国经济网络的中心位置，在全国具有举足轻重的地位[1]。

长江中下游地区地势西高东低，低山丘陵与平原相间，主要包括淮北平原、淮阳山地、长江中下游平原、江南丘陵、南岭山地和西部边缘山地。淮北平原主要包括江苏和安徽北部的部分地区，地势低平，海拔 40～10 m，坡度 1/6 000～1/8 000，从西北向东南倾斜。淮阳山地包括大洪山、桐柏山、大别山及其东延的江淮丘陵，地层古老，经长期剥蚀，山势较低，除大别山地势较高，可达 1 000 m 左右(个别山峰超过 1 500 m)外，大洪山和桐柏山海拔高度仅为 500～800 m，东部更降为 200～300 m 的低丘。长江中下游平原由江汉平原、洞庭湖平原、鄂东沿江冲积平原、鄱阳湖平原、巢湖平原、皖江沿江平原及长江三角洲等组成，东西延伸 1 800 km，总面积约 16 万 km^2，地势低平，海拔大多在 50 m 以下，河道港汊交织，湖泊沼泽散布，具有典型"水乡"景观，其间散布一些低山丘陵。江南丘陵包括长江以南、雪峰山以东、南岭以北的广大低山丘陵，平均海拔 500～1 000 m，少数山峰可超过 1 000～1 500 m，山地与平原面积较小，丘陵比重很大。南岭山地高度一般在 1 000 m 上下，高峰可达 1 600～2 200 m，为长江水系和珠江水系的分水岭，在一定程度上阻挡北方来的寒冷气流；岭北为中亚热带，岭南则为南亚热带。西部边缘山地海拔高度大多在 1 000～1 500 m 左右，大神农架最高点达 3 053 m，这些山地位于中国地势第二阶梯的东缘，是一个地形过渡带。

地带性土壤仅见于低丘缓冈，主要是黄棕壤或黄褐土。江南南缘为红壤，平原大部为水稻土。

农业发达，土地垦殖指数高(上海 62.1%，江苏 45.6%)，是重要的粮、棉、油生产基地，盛产稻米、小麦、棉花、油菜、桑蚕、苎麻、黄麻等。河汊纵横交错，湖荡星罗棋布，湖泊面积 2 万 km^2，相当于平原面积的 10%。两湖平原较大湖泊有 1 300 多个，加上小湖泊共计 1 万多个，面积 1.2 万 km^2，占两湖平原面积的 20%以上，是中国湖泊最多的地方。本地区有鄱阳湖、洞庭湖、太湖、洪泽湖、巢湖等大淡水湖，与长江相通，具有调节水量、削减洪峰的天然水库作用，盛产鱼、虾、蟹、莲、菱、苇，还有中华鲟、扬子鳄、白鳍豚等世界珍品，水产在中国占重要地位，素称“鱼米之乡”。

长江中下游地区处于季风气候区，气象灾害和生物灾害频发，在全球气候变化的背景下，灾害有加重趋势，对农业造成极大危害，农业减灾技术应用在经济发展和农业生产中发挥着举足轻重的作用。

27.1 长江中下游地区的主要气象灾害与减灾对策

本区位于北纬25°～35°之间，属亚热带季风气候，主要特点是冬温夏热，四季分明，降水丰沛。年平均气温介于13～20℃之间，≥10℃积温为4 000～6 500℃·d。1月平均气温在0℃以上，长江以北0～2℃，长江以南2～10℃，南岭一带10～12℃。绝对最低气温－10～－20℃，最热月均温27～28℃，无霜期210～270 d。农业一年两熟或三熟，年降水量1 000～1 400 mm，集中于春、夏两季。农业气候资源丰富，但气象灾害种类多，危害大，主要有干旱、暴雨洪涝、高温热害、霜冻和低温冷害。

27.1.1 长江中下游地区的主要气象灾害

27.1.1.1 干旱

1. 干旱的季节和年际变化

长江中下游虽处湿润区，但由于季风影响，降水季节分配不均和年际变化较大，降水特多时易形成洪涝，降水偏少时又易形成干旱，对农业生产和人民生活威胁很大[2]。

长江中下游地区的干旱类型：

(1)夏旱　发生在5—7月，正值春末夏初，副热带高压脊线由北纬20°左右向北纬25°左右跳跃，一般年份本区处在梅雨季节，江南降水很多，但如副热带高压脊线北跳到北纬30°，则本区易出现夏旱。

(2)伏旱　发生在7—8月。副热带高压脊线由北纬25°跳到北纬30°时开始进入盛夏。前期本区仍处在梅雨季节，当副热带高压脊线稳定在北纬30°时本区梅雨结束。如梅雨不明显或出现空梅则形成伏旱。

(3)秋旱　发生在8—10月。前期正值盛夏，除副热带高压进退时可有地方性雷阵雨和台风影响时有明显降水外，其他时段高温少雨。后期除台风和冷锋降水外，秋高气爽，雨水较少，易发生秋旱。

(4)夏伏连旱　既无迎梅雨，梅雨又不明显，发生在5—8月。

(5)伏秋连旱　既出现空梅，秋季又持续少雨，发生在7—10月。

(6)夏秋连旱　既无迎梅雨，空梅后秋季又持续少雨，发生在5—10月。

1981—2010年的近30年资料统计分析，以伏旱和伏秋连旱出现机会最多，夏秋连旱出现最少，夏伏连旱、秋旱和夏旱介于中间。由此可知，伏旱和伏秋连旱是本地区干旱的主要类型。

干旱的年际变化具有振动性和延续性。从近30年资料分析，各地干旱振动频率不同，振动较快的有长沙、衡阳、南昌、汉口、宜昌和合肥等地，一般旱年尾首间隔1～5年后又出现旱年；振动较平稳的有恩施、武进和上海等地，一般旱年尾首间隔3～10年；振动较平稳而有时不够集中的有襄阳、赣州、南京、蚌埠、杭州和温州等地，一般旱年尾首间隔1～7年。持续干旱在历史上经常发生，近30年来，衡阳、杭州、襄阳曾发生持续干旱4年，汉口、南京等地连旱3年。

2. 干旱的空间分布

长江中下游地区主要包括江南丘陵、江淮和江汉平原、洞庭与鄱阳两湖盆地和长江三角洲四种地貌类型。从30年资料看，以江南丘陵出现干旱最多，江淮、江汉平原次多，洞庭、鄱阳湖盆地和长江三角洲最少。

长江中下游地区在历史上也是有名的干旱区，地方志书频频记载旱象，不仅溪涧断流，河湖枯竭，就连碧波千顷的太湖也时有干涸。据徐近之研究，近2 000年太湖先后干涸十多次，其中在明朝嘉靖廿四年至万历十七年的44年中，太湖两度干涸。

以1978年的大旱为例，主要发生在江汉、江淮平原和长江三角洲；始于南通—芜湖一带，后扩展到上海，向西延伸到九江，继而扩展到洞庭、鄱阳湖盆地、汉口、浙西和安徽。该年自春到秋普遍少雨，形成“春少雨，夏空梅，伏似火，秋如伏”的严重干旱，是新中国成立以后长江中下游地区最严重的大旱年，持续时间之长、范围之广、强度之大、危害之重，均属历史罕见。

3. 干旱分区

长江中下游地区按照干旱轻重程度分为5个大区，即轻旱区、次轻旱区、一般旱区、次重旱区和重旱区；又根据所处位置不同分为15个副区，即鄂西南、湘西山区轻旱区，浙南山地沿海轻旱区，大别山次轻旱区，湘赣山地次轻旱区，浙赣皖山区次轻旱区，江汉平原一般旱区，杭嘉湖及沿江南岸平原一般旱区，鄂北丘陵次重旱区，江淮平原次重旱区，湘南盆地次重旱区，赣南盆地次重旱区，淮北及沿海平原重旱区，鄂东北岗地、沿江平原重旱区，湘中低丘岗地重旱区，浙赣走廊、吉泰盆地重旱区等。有些副区之间还有过渡带。

(1)鄂西南、湘西山区轻旱区　包括湖北恩施地区、宜昌地区西部及北部，湖南龙家山—吉首—黔阳—通道一带，地势高峻，夏季处在副高边缘，降水较多，秋雨绵绵，基本无特大干旱。旱期一般在40 d以下，30年中大旱只出现1～2次，中旱平均4～8年一遇。

(2)浙南山地沿海轻旱区　包括温州地区所属各县山区及沿海。本区东临海洋，地处山区，夏秋多台风影响，山地降水多，旱期不长，均小于20 d，基本无大旱。

(3)大别山次轻旱区　包括皖西鄂东一带的大别山区，夏秋多地形雨，干旱较轻，30年中只出现5个旱年，约5～6年一遇。

(4)湘赣山地次轻旱区　包括江西的修水、铜鼓、万载、莲花、宁冈、井冈山、上犹、崇义等县市及湖南的平江、浏阳、攸县、桂东、汝城等县的丘陵山区。区内有幕阜山、万洋山和诸广山等，夏秋多地形雨，迎风坡受地形影响，夏秋多雨，干旱较轻，旱年约5～6年一遇。

(5)浙赣皖山区次轻旱区　包括浙江的昌化、吴兴、安吉，江西的婺源、景德镇和安徽的屯溪、祁门一带。区内有天目山、怀玉山与黄山等，夏秋多雷阵雨，干旱较轻，30年中只出现6个旱年，约4～5年一遇。

(6)江汉平原一般旱区　包括湖北荆州市中南部和宜昌市东南部。全区地势平坦，夏末初秋多雨，盛夏在副高控制下伏旱明显，平均旱期40～55 d，旱年约4～5年一遇。

(7)杭嘉湖及沿江南岸平原一般旱区　包括富春江中下游、杭嘉湖平原及长江下游南岸广大平原地区。水网纵横，水体辽阔，但夏季处于副高控制下，平均旱期1.5～2个月，旱年约

4 年一遇。

(8)鄂北丘陵次重旱区　包括湖北的襄阳、郧阳地区，多丘陵岗地，因直接受夏季风影响较小，加上山脉阻挡和气流下沉作用，干旱较为频繁，平均旱期有 2 个多月，旱年 2 年左右一遇。

(9)江淮平原次重旱区　包括安徽、江苏两省大部及上海市的相对高亢地区，地势平坦，夏季在副高控制下气温较高，平均旱期接近 2 个月，旱年约 3～4 年一遇。

(10)湘南盆地次重旱区　包括湖南南部衡阳、郴州等市，夏季受副高控制，很少得到台风雨泽，秋季又受变性冷高压控制，干旱较为明显，高温期长，平均旱期约 2 个月，旱年约 3 年一遇。

(11)赣南盆地次重旱区　包括江西赣州地区北部各县，水土流失严重，雨季结束后受副高控制晴热少雨，平均旱期约 2 个月，旱年约 4 年一遇。

(12)淮北及沿海平原重旱区　包括淮河以北及苏北沿海平原。除有夏旱、伏秋旱外，还有明显的春旱，平均旱期 2 个月以上，旱年平均 2～3 年一遇。

(13)鄂东北岗地、沿江平原重旱区　包括湖北孝感、黄冈、荆州地区北部及鄂东中部沿江一带，易涝易旱，特别是盛夏在副高控制下晴热少雨，平均旱期 2 个月以上，旱年平均约 2 年一遇。

(14)湘中低丘岗地重旱区　包括长沙—衡阳一带，红壤低丘岗地多，夏季受副高控制，又很少受台风影响，晴热少雨，伏秋干旱十分明显，平均旱期 2 个月以上，旱年平均约 2 年一遇。

(15)浙赣走廊、吉泰盆地重旱区　包括浙西金华、江西浙赣沿线以及吉泰盆地的红壤丘陵低岗地区，雨季结束后受副高稳定控制晴热少雨，与湘中重旱区相似，伏旱秋旱均十分明显，平均旱期在 2 个月以上，旱年平均约 3 年一遇。

27.1.1.2　暴雨和洪涝

暴雨造成的洪涝是本区常见的灾害性天气，尤其是特大暴雨或连续的大雨、暴雨往往造成山洪暴发，江河泛滥，冲毁堤坝，淹没城乡，严重影响农业生产，危害人民生命、财产安全。

1. 暴雨的地理分布

长江中下游年暴雨日数地理分布具有南多、北少，沿海多、内陆少，山地多、平原少和迎风坡多、背风坡少等特点。暴雨日数的地理分布复杂，呈块状交错，表明各地年暴雨日数多少与地理位置和地形特征有密切关系。年暴雨日数 2～6 d。大暴雨日数平均 0.1～1.8 d，少的地方平均十年一遇，多的地方平均三年两遇。

2. 形成暴雨的天气系统

发生暴雨的天气系统主要是切变线、低涡、低槽等，前两种系统(包括涡切变)居显著地位，约占 55%～92%，台风及其他热带系统只占 4%～22%。台风暴雨的百分率自东向西有规律减少，如江苏为 22%，安徽为 16%，湖北为 4%，与距海远近有关。

江淮切变线和西南涡是长江中下游梅雨期产生暴雨的主要天气系统。

3. 雨涝的时空分布

较大范围的雨涝一般发生在夏半年，主要集中在 5—7 月，但各地有一定差异。淮河以南大部雨涝最早出现在 4 月，5 月受涝频数显著增加。6—7 月是梅雨时节，雨量集中，暴雨多，发生雨涝的机会最多，约占全年的一半。8—9 月进入少雨阶段，湘、赣诸省及鄂东、皖南雨涝相继结束，但东部沿海受台风影响或台风与冷空气结合仍可能发生洪涝。鄂西因秋雨较多也可出现秋涝。到 10 月浙南台涝和汉水流域秋涝也趋于结束。

除季节性外，洪涝还因地形、水文、河道等因素的影响而显示出地域性。20 世纪 80 年代以来，本区雨涝表现出如下特点：东部、中部多，西部少；平原多，山地少。全区有三个明显的多涝区，即赣北及两湖盆地、江浙沿海及淮河流域，平均 2～3 年出现一次。多涝区除与多暴雨区分布密切相关外，还有其他因素的影响，如淮河因河床坡度小、支流多，流域地势低，虽然不是多暴雨中心，但如流域降雨集中客水来量大，容易发生河水漫溢和洼地积水造成涝灾。此外，湘南、赣南、皖南、鄂北等多山地区下暴雨时常暴发山洪，洪涝频数也较多，约 3～5 年一遇。

27.1.1.3 高温热害

1. 高温对水稻的危害

随着全球气候变暖，夏季高温热害近年来有加重之势。高温对水稻危害的最敏感期为抽穗扬花—灌浆期，水稻不受精开始出现的温度是 30℃，明显的高温障碍是 35℃；水稻开花期最适温度为 25～30℃，此时若遇日平均气温 32℃以上或日最高气温 35℃以上，开花授粉将受阻。日均相对湿度≤70％并出现日平均气温≥30℃、日最高气温≥35℃持续 5 d，对开花结实有明显伤害，结实率下降、空壳率增多。灌浆期遇高温则秕谷率增多，糙米率增加，精米率下降。长江中下游地区 6—9 月是一季稻和双季早稻的抽穗扬花—灌浆期，也是高温的敏感期。

2. 水稻高温热害的出现频率

全区以不同指标衡量，不同等级的水稻高温热害出现频率如表 27.1 所示。

表 27.1　长江中下游地区不同等级高温热害的出现频率　　％

高温热害等级	日平均气温≥30℃	日最高气温≥35℃	日平均气温≥30℃且日平均相对湿度≤70％	日最高气温≥35℃且日平均相对湿度≤70％
轻度	65.67	70.04	38.19	39.26
中度	33.04	36.81	15.93	16.26
重度	34.07	32.96	14.07	12.67

从表 27.1 可以看出，全区单独出现由于高温引起的热害频率明显高于由于高温和低湿双重条件导致的高温热害，两者发生年次数相差近 1 倍。从单独的温度指标来看，平均每 10 年中大概有 6～7 年会发生轻度高温热害、3～4 年发生中度和重度高温热害；从温度和湿度组合指标看，平均每 10 年有近 4 年发生轻度高温热害、1.6 年发生中度高温热害、1.3 年发生重度高温热害。从发生高温热害的等级上看，发生轻度高温热害的频率明显高于中度和重度，达到或超过中度和重度的 2 倍，而中度和重度高温热害发生年次数基本相当。总体上看，本地区发生高温热害以轻度为主，中度和重度发生频率相对较低。中度高温热害发生频率略高于重度高温热害，两者最大相差数均不超过 5％。

3. 水稻高温热害的区域分布

计算长江中下游 6 省 56 个气象站点 45 年(1961—2005)水稻主要生长季节的逐日平均气温≥30℃、逐日最高气温≥35℃、逐日平均气温≥30℃且逐日相对湿度≤70％和逐日最高气温≥35℃且逐日平均相对湿度≤70％的发生日数等的平均值，分析高温热害的空间分布规律。

水稻主要生长季节1961—2005年逐日平均气温≥30℃平均日数和最高气温≥35℃平均日数，以湖北、湖南、江西和浙江四省最多，安徽次之，江苏最少，基本低于全区45年平均值。但在江西、湖南两省南部发生气象高温的平均日数又有所降低。长期看来，气象高温发生区域主要集中在长江中下游的中部地区[1]。

4. 水稻高温热害的典型年份

2003年高温不仅范围广，涉及整个长江中下游地区，而且强度大，持续时间长，很多地区出现有史以来最强高温。如江苏部分市县最高气温达40℃，极端最高气温达40.1℃（无锡、南京、金坛），创历史纪录。7月21日至8月17日，18 d内金坛高温日数达17 d，苏南大部在10 d以上。该年高温热害使长江中下游水稻秕谷率、空壳率明显增加，产量下降。江苏是历年高温热害较轻地区，但2003年受影响也较大，如徐州水稻比多年平均减产38.7%，比2002年减产38.2%；日平均气温≥30℃日数比2002年多2.2倍，比多年平均多1.16倍。安徽寿县水稻单产2 981.2 kg/hm^2，比多年平均减少51.8%，比2002年减少57.9%，日平均气温≥30℃天数增加30%以上。湖南南县水稻单产3 068.3 kg/hm^2，比多年平均减少36.9%，高温日数增加52%。浙江龙泉县水稻减产幅度达65%，高温日数增加6倍之多。长江中下游全区2003年水稻平均减产8.6%，减产最多为安徽，达36.3%，全省日平均气温≥30℃天数比多年平均增加66.2%。

5. 高温热害的防御对策

高温热害是目前长江中下游地区对水稻危害较严重的农业气象灾害。在全球变暖的气候背景下，高温热害呈增强趋势，尤其进入21世纪以来增强趋势明显。在目前的生产技术条件下还无法避免高温热害的发生，但在认识其发生机理和时空分布规律的基础上，采取适当技术措施是可以降低危害程度的。

(1)科学合理利用气候资源，趋利避害。通过调控品种结构，合理安排播种期、移栽期，尽量避开花期高温。

(2)培育耐高温、抗高温品种。不同品种的耐高温性有明显差异，如湖北Ⅱ优838、鄂香一号、浙门汕优系组合等都是抗高温性较强的品种。

(3)提高高温热害监测、预测、预警系统的服务能力，提高准确性、增强时效性，为有效采取生产技术措施提供服务。

(4)加强稻田基本建设，提供良好的水利保障，合理施肥，提供良好的土壤肥力。

(5)科学的田间管理技术是减轻高温热害直接有效的措施。

水层管理：扬花期浅水勤灌、日灌夜排、适时落干；高温时白天加深水层、喷灌。

施肥管理：除施足底肥外，高温来临前根据植株长势兑水喷施尿素、过磷酸钙等为主的叶面肥，可提高结实率和千粒重。

化学措施：喷洒化学药剂，通常每公顷用硫酸锌1 500 g、食盐3 000 g或磷酸二氢钾3 000 g，兑水喷施叶面，或喷50 mg/kg维生素C或3%过磷酸钙溶液等。

27.1.1.4 霜冻

本区纬度较低，只有当寒潮或较强冷空气南下，才能使本区气温显著降低。一般年份除苏北、皖北和鄂北等少数偏北地区易受霜害外，其他地区影响不大。但个别年份因冬半年经向环流强盛，寒潮或强冷空气频频南下，使长江中下游初霜冻比往年提早或春季的终霜冻终止较晚，前者影响甘薯、晚稻及秋杂作物，后者影响麦、豆、油菜以及早稻播种育秧。重霜冻对茶树、柑橘、竹子以及其他亚热带作物安全越冬造成极大威胁。

霜冻日数的地理分布：明显呈现自北向南逐渐减少。皖北、苏北平均每年 70～80 d，最多年达 90～100 d，最少年也有 50～60 d。鄂北、鄂中、皖中、苏中和苏南及沿海一带平均每年 40～60 d，最多年 60～80 d，其中上海及鄂北局部最多年 85～90 d，最少年 20～30 d，局部 30～40 d。鄂南、湘北、江西大部、皖南、苏南局部以及浙江大部平均每年 20～40 d，最多年一般比常年平均多 10～20 d，甚至更多，最少年比常年平均少十多天。湘西和湘南、赣西南一带平均每年 20～30 d，个别地区 40 d，但最少年只有几天，不少地方只 2～3 d。此外，浙江沿海也是霜日最少地区，常年平均不足 10 d，个别年度十多天，局部地区有的年份不见霜迹。

27.1.1.5 春秋季低温冷害

长江中下游地区是我国水稻主产区之一。每年双季早稻早春播栽期低温阴雨引起大面积烂秧死苗，不仅损失谷种，减少种植面积，而且推迟了农事季节，打乱作物布局，影响全年产量。双季晚稻抽穗扬花期往往遇秋季低温而不能安全齐穗和正常授粉受精，增加空秕率，甚至出现"翘穗"现象，导致严重减产。近年来我国水稻生产受春秋季冷害造成减产成为十分突出的问题。

1. 春季低温

春季正值早稻育秧、棉花育苗、茄瓜类幼苗定植关键期，遇春寒天气易遭冷害，同时还影响夏熟作物的生育进度。对农业生产影响较大的春寒天气有两类：一是温度持续偏低的春寒天气；二是短时期的低温或晚霜冻。

水稻、棉花等喜温作物一般在 10～12℃时开始生长，早稻播种出苗期间遇 3～5 个日均气温在 10℃以上、最低气温大于 5℃的晴好天气，有利于齐苗壮秧。反之，如遇连续 3 d 以上日均气温 10℃以下的低温阴雨，可能造成严重烂秧。

本地区春季冷害西部较东部轻，平原较丘陵山地轻。各地区冷害出现最晚日期的年际变率大，如上海出现日期的早晚可相差 44 d。

2. 秋季低温

秋季低温在长江中游某些地区称为"社风"，长江下游称为"翘稻头"，江南称"寒露风"。其危害指标一般以温度来衡量，但本区地形复杂，品种有异，各地所用温度指标也不一致。一般以日均气温低于 20℃≥3 d 为秋季低温标准。晚稻抽穗开花如遇冷空气南侵易遭受低温冷害，使结实率降低，严重危害时甚至可失收。灌浆前期如遇明显低温也会延缓或停止灌浆，造成秕粒。例如江西省 1971 年 9 月中旬到下旬初连续 7 d 偏北风，9 月 20—21 日吉安、赣州等地日平均气温曾降到 16.2～16.5℃，最低气温只有 15℃左右，许多地区晚稻空壳率高达 30%～50%，严重的在 70%以上甚至绝收。

双季晚稻抽穗开花期冷害的时空分布：以日平均气温连续≥3 d 内<20℃和<22℃作为粳稻和籼稻、杂交稻抽穗开花期冷害指标，南北地区相差 35 d，纬度每增加 1°，出现日期平均提早 4 d，等日期线在南岭以北大体呈东北—西南走向，在江西省境内呈舌状向北突出；<22℃初日平均日期，苏、皖中南和湘、鄂大部及赣西山地在 9 月中旬，上海、闽北、江西大部及湘南在 9 月下旬，赣南和两广大部在 10 月上中旬；丘陵山区冷害随高度升高提早出现。

27.1.2 长江中下游地区气象灾害的减灾对策

27.1.2.1 建立气象灾害综合监测预报与管理网络系统

利用气象卫星、地面观测网等，建立全天候实时遥感监测系统，实现对干旱、洪涝等气象灾害的监测预报。制定防灾预案，坚持"以防为主，防抗结合，综合治理"的防灾减灾方针，包括气象灾害监测与预警、防灾抗灾布局、物资技术准备、抗灾救灾组织及灾后恢复生产等。防灾预案制定得越合理、越具体、越切合实际、可操作性越强，减灾效益就越大。

27.1.2.2 积极保护环境，维持生态平衡

事实证明，许多自然灾害是由于人类肆意开发资源，破坏环境所造成。保护环境，维持生态平衡是抗御自然灾害的基本条件。减少灾害发生必须从保护环境入手，严禁砍伐森林、破坏植被、围湖造田、开垦河床、污染水与大气。大力提倡植树造林，加强水土保持。农业要以改善生态环境，转变生产方式，保证粮食生产为目标，发展安全、高效、生态农业，建立良性农业生态系统，实现经济和生态、人与自然和谐发展。

27.1.2.3 健全储备制度，做到有备无患

储备救灾物资在应对灾害和恢复生产中发挥着重要作用。但当前储备规模普遍较小且结构单一，难以满足需要。因此，要进一步健全救灾物资储备制度，扩大救灾种子储备规模和范围，除扩大粮食作物救灾种子储备量外，还应增加经济作物种子、消毒药剂、柴油、化肥、农药等农业救灾物资储备。同时设立农业救灾专项资金。

27.1.2.4 建立保险机制，化解农业风险

近年来，随着农民经济收入的显著提高，长江中下游地区多数农民已具备参加农业救灾保险的承受能力，并有要求建立共同防御灾害风险机制的强烈愿望。开展农业救灾合作保险有利于克服救灾救济单纯依靠国家的弊病；有利于拓宽资金渠道，增强救灾实力；有利于化解农业生产风险；有利于救灾工作更加科学；是救灾体制改革的根本出路。要按照"低保障起步、保大灾为主"的要求，以洪水、干旱等大灾为主要保险责任，合理确定保险费率，原则上保障程度以补偿承保对象物化成本和恢复生产为标准。参保对象为列入保险范围，具一定规模的种养专业大户。同时鼓励农业龙头企业自建基地或与农户紧密联结的生产基地实行统一投保，鼓励各类农业专业合作组织为其成员统一投保，鼓励特色农产品生产基地以村为单位联户投保。

27.1.2.5 增加投入，加强农田水利建设

农田水利建设在防汛抗旱上发挥着重要作用。但长江中下游地区小型农田水利基础设施建设的投入严重不足，尤其近年来一些农田灌溉设施年久失修损毁严重，难以真正发挥抵御自然灾害的功能。防灾、减灾的当务之急是加大小型农田水利基础设施建设投入，不断改善农田基础条件，提高农业综合生产能力。

27.1.2.6 趋利避害,合理安排作物布局

自然灾害与任何事物一样具有双重性,既有有害的一面,又有有利的一面。农业防灾、减灾必须趋利避害,合理安排作物布局,搞好适应性种植。一是因地制宜调整作物品种布局。如浙江省河谷平原与低丘盆地热量较优,适宜实行以连作稻为主体的三熟制;浙北平原和东北部沿海岛屿光、热、水条件较优,适宜发展啤酒大麦;春雨偏多的浙中、浙南地区可多种耐湿的油菜,适当压缩小麦面积;缺水易旱的金衢盆地和丽水等地可发展旱作农业。二是针对当地常发气象灾害,选育抗逆性强的良种。三是根据作物种类和品种特性适当调节播栽期,避开不利气候,以获得高产稳产[1]。

27.2 长江中下游地区的主要生物灾害与减灾对策

27.2.1 长江中下游地区的主要生物灾害

受气候变化、农业耕作制度改革、水肥条件改善等原因的影响,长江中下游地区农作物主要生物灾害发生面积和频率显著增加,发生种类不断更迭。20 世纪 50 年代以来,特别是 70 年代初期以来,病虫害发生面积和大发生频率逐年增长;90 年代以来农作物病、虫、草、鼠害进入高发期。50 年代水稻病虫以螟虫和稻瘟病为主,小麦以吸浆虫、黏虫、锈病为主,棉花以棉蚜、红铃虫、黄矮病为主。60 年代水稻螟虫为害减弱,稻纵卷叶螟上升为主要害虫,纹枯病成为重要病害;小麦吸浆虫得到有效控制,前期黏虫减弱,后期回升,锈病得到一定控制;棉花棉蚜趋减,红铃虫得到控制,黄枯萎病为害加重。70 年代水稻螟虫回升,稻纵卷叶螟进一步猖獗,稻飞虱由次要害虫上升为主要害虫,白叶枯病成为重要病害;小麦黏虫大发生频率上升,麦类赤霉病成为重要病害,锈病再度频频流行;棉铃虫连续 3 年发生较重,棉蚜为害加重,黄枯萎病流行。80 年代水稻稻飞虱时常大发生,纹枯病逐年加重;小麦黏虫大发生趋势减弱,麦蚜成为重要虫害,吸浆虫回升,红蜘蛛猖獗,麦类赤霉病、锈病、丛矮病成为三大主要病害;棉铃虫、棉蚜、红铃虫、红蜘蛛四大害虫严重威胁棉花生产;已于 60 年代有效控制的东亚飞蝗再度猖獗。90 年代以来,稻飞虱、稻纵卷叶螟、稻纹枯病、稻瘟病、小麦吸浆虫、麦蚜、麦红蜘蛛、蝗虫、麦类赤霉病、锈病、白粉病、玉米螟、棉铃虫、棉蚜等成为严重影响农业生产的重大病虫害。

水稻是长江中下游地区的主要粮食作物,近十多年来,由于两系稻杂交优质水稻、超级稻的推广面积不断增加,水稻病虫害种类、规律等都发生了变化,主要病虫害也由原来的三虫两病(螟虫、稻纵卷叶螟、稻飞虱、纹枯病、稻瘟病)演变为三虫四病(增加了稻曲病和南方水稻黑条矮缩病)。近几年水稻病虫害发生整体偏轻,二化螟、稻纵卷叶螟、稻飞虱已连续 3 年中等偏轻发生,但纹枯病发生严重,稻曲病零星发生,稻瘟病局部偏重发生,南方水稻黑条矮缩病呈上升趋势。随着国家对农产品安全生产的重视,水稻生产商原来使用的一些化学农药被禁用或由于抗药性原因使用量减少,如有机磷类化合物、氨基甲酸酯类化合物及沙蚕毒类化合物的使用量明显减少,新的化学农药制剂如酰胺类化合物、三唑类化合物等广泛应用,对水稻农药使

用造成长远影响。土地集约化程度不断提高，水稻病虫害专业化统防统治面积不断扩大，将实行统一处方、统一采购、统一施药的“三统一”模式，从而使水稻病虫害防治方法发生根本性改变，确保病虫害防治技术准确、及时、到位，将为水稻稳产高产提供有效的病虫害防治技术保障。

27.2.2 长江中下游地区主要生物灾害的减灾对策

27.2.2.1 加强预测预警

准确的灾情监测和预报是实现科学防治的基础和前提。开展农作物重大病虫草鼠害发生的遥感监测、自动识别系统、气象预警预报技术系统等动态监测预报，研究触发农作物重大病虫害发展成灾的气候背景及其耦合机制和中长期气象预测模型，提高病虫灾情预报的准确性，建立宏观与微观相结合的病虫害灾情动态、防治决策等信息传输网络，通过电视、广播、计算机终端显示等多种方式，实现直接指导农民进行病虫害防治，是农作物病虫害防治技术研究和应用发展的一个重要方面。

27.2.2.2 推广综合防治

以作物为中心，以重大病虫草害为主攻对象，强化源头控制和暴发流行区的分区治理，因地制宜运用农业、物理、生物、化学等综合防治措施。大力推广应用生物、物理防治和科学用药技术，减轻对化学农药的依赖性，有效控制化学农药对生态环境及农产品污染，努力实现节本增效和可持续控制。

更加广泛应用生物防治，包括进一步研究保护利用自然天敌控害的技术措施，研究开发天敌昆虫饲养、工厂化生产、田间释放等技术，研制、开发生物类农药(植物源、微生物类、低聚糖类等)，以取代高毒高残留化学农药，利用昆虫信息素干扰雌雄交配，降低害虫种群的繁殖力。随着科学的发展和技术的不断改进，物理辐射或化学不育技术也是将来害虫防治技术发展的一个重要方面。此外，物理防治包括选择不同波长的激光处理某种害虫，使其代谢紊乱死亡，灯光、颜色诱杀，温度、气体处理等，也将在病虫害无公害防治技术的发展中得到广泛的应用。

27.2.2.3 利用生态调控技术实现病虫害区域治理

迄今为止，国内农作物病虫害防治技术的研究和应用，几乎都是以作物种类为对象进行的。由于在任何一个生态区域内，同一时间种植的作物不止一种，不同种类作物间病虫危害在很多情况下都会或多或少发生交叉，特别是天敌、作物间相互影响的现象非常普遍；前后茬作物之间、病虫害及天敌的影响也十分突出。因此，以作物为单元的病虫害防治技术已不能满足以生态农业为主要特征的现代农业发展的要求，必须实现区域治理，即采用系统工程的原理和方法，把整个生态区作为一个整体来考虑，在研究某种作物的病虫危害和防治对策时，还要考虑周围其他作物、生物以及栽培技术等多种因素的影响，最大限度利用当季和前后茬作物或不同种类作物品种的自然抗性、栽培及肥水管理、生物多样性技术，如品种间或品种内的间套作、稻田养鱼养鸭、非作物生境中自然天敌等生态调控技术，在整个区域内把农药用量降低到最低限度[4]。

27.2.2.4 选育转基因抗病虫品种

培育转基因抗病虫品种仍然是今后农作物病虫害防治必不可少的关键途径，特别是随着科技的发展，抗病虫转基因作物研究应用将成为今后病虫害防治新技术发展的一个极其重要的方向。

27.3 全球环境变化与长江中下游地区的农业减灾

以变暖为主要标志的全球气候变化一方面导致各气象要素平均状况的改变，如年平均气温上升，年降水量趋势性变化等；另一方面导致极端天气气候事件发生频次、持续时间、覆盖范围、变异程度等的变化。基于两者的叠加效应，农业气象灾害和农业病虫害发生的时空规律及程度会随之变化，有一定适应能力的农业系统对气候变化的响应也会出现一些新特征。据预测，我国未来气候变暖趋势将进一步加剧，与 2000 年相比，2020 年我国年平均气温将升高 0.5～0.7℃，2050 年将升高 1.2～2.0℃，2070 年将升高 2.2～3.0℃。未来 100 年内我国极端天气气候事件发生概率增大，将面临更明显的大旱、大冷、大暖的气候变化，旱、涝等灾害出现频率和危害程度增加，并加剧水资源的供需矛盾。

27.3.1 气候变化与长江流域洪涝和干旱

长江全长 6 300 km，流域面积 180 万 km^2，干流宜昌以上为上游，控制流域面积 100 万 km^2；宜昌至湖口为中游，区间流域面积 68 万 km，湖口以下为下游，流域面积 12 万 km^2。

长江流域降水丰沛，属湿润地带，水资源总量丰富。但由于流域覆盖面积大，季风气候的时空变异引起雨带位置在南北和东西方向移动多变，降水量的空间分布存在较大差异，季节分配也不均。一些地区降水超量造成洪涝灾害时，另外一些地区因缺乏降水而经历干旱。即便在同一地区，洪涝灾害发生的间隙时段也常发生干旱。因此，长江流域水资源的丰枯主要是降水时空分布的极不均匀性造成的，突出表现为气候的干旱和洪涝的时空交替[5]。

27.3.1.1 气候变化对长江洪水的影响

1840—2000 年，长江出现了 32 次大洪水，洪水演变的气候变化背景分析表明：

(1)19 世纪冷期与 20 世纪暖期比较，暖期大洪水出现频率 2.4 次/10 年，高于冷期的 1.9 次/10 年，但极值大洪水 1870 年宜昌洪峰流量 1.05 万 m^3/s 出现在冷期而非暖期。20 世纪的两个变暖时段中，前一个暖时段(20—40 年代)发生的大洪水有 9 次，后一个变暖时段(80—90 年代)发生的大洪水有 8 次，但实测记录 1954 年最大洪水发生在前一暖时段结束转入降温时段的过程中。

(2)20 世纪 90 年代是中国和全球近百年最暖的年代，CO_2 等温室气体增加已被多数学者认为是全球强烈变暖的主要驱动力。水循环加快，特别是东南季风作用下的长江中下游地区夏季降水量为近百年第一位，大暴雨频率为较多记录的 40 年来第一位，表明全球变暖的显著影响和年代际 30—40 年的周期震荡，但也和季风环流减弱有关。

20 世纪 70 年代以来，长江、淮河流域降水明显增多，洪涝加剧。长江流域作为我国粮食主产区之一，725 个县中有近 1/3 属洪涝高脆弱性地区。20 世纪 90 年代成为继 50 年代后洪涝灾害高发的 10 年。其中 1991、1995、1996、1998 和 1999 年是 5 个洪水严重年份，每次洪水都伴有严重的极端降水事件。例如，1998 年夏季长江继 1954 年之后出现一次全流域大洪水，不少地区出现异常频繁、特别集中的强降水事件，湖北黄石 7 月 22 日日降水量 360.4 mm，武汉 7 月 21 日日降水量 285.7 mm，湖南桑植 7 月 22 日日降水量 291.7 mm，降水强度之大都超过或接近历史最高纪录。

在全球变暖的背景下，长江流域、淮河流域发生 100 年和 20 年一遇洪水的可能性增大，甚至有可能发生超过上述频率的特大洪水。我国现有易涝耕地 333.3 万 hm^2，部分大江大河只能防 20 年一遇洪水，中小河流的防洪标准更低，严重影响了我国农业的稳产和增产。

27.3.1.2 气候变化与长江流域的干旱

20 世纪 90 年代以后，汉水流域中上游地区趋于干旱，与丰水期 80 年代相比，雨量偏少 1.8 成，与历史最枯的 70 年代相比还偏少 0.7 成。特别是 1997 年，汉水中上游干旱范围之广、旱情之重为近 44 年来所少见，全年总降水量 599.1 mm，较多年平均 894.4 mm 少 3.3 成，从丹江口水库流域有水文气象资料以来极为罕见。20 世纪 90 年代的 10 年里出现了 6 种干旱类型，即春夏秋连旱、夏秋连旱、春秋旱、春旱、秋旱、春夏秋稍旱。其中秋旱占 40%，春秋旱占 20%，其余各占 10%。2001 年汉水流域出现持续干旱少雨天气，不但造成流域性严重干旱，而且范围广，旱情重。丹江口水库以上流域年累计降水 666.4 mm，较多年平均值 901 mm 偏少 2.6 成。5—10 月丹江口水库流域总降水量 549.3 mm，较多年均值 718.3 mm 偏少 2.4 成，仅次于 1997 年的 423.7 mm 和 1959 年的 528.0 mm，是有水文气象记录以来的第三个特枯年。全年未发生一场入库大于 5 000 m^3/s 的洪水，年入库水量仅为 207.588×10^8 m^3，较多年平均值 379×10^8 m^3 偏少 4.5 成。2001 年汉水流域由于久旱无雨，水库在冬季和次年春季水位急剧下降，兴利库容减少。

气候变化导致我国农业旱灾加重。20 世纪 50 年代以来，我国农作物干旱受灾、成灾面积呈增加趋势。除北方持续干旱外，南方的季节性干旱也日益突出。2007 年湖南、江西部分地区发生严重夏旱。这表明随着全球气候变暖背景下极端天气气候事件的增多增强，旱灾危害程度和范围呈加重扩大态势。气候变化模式预测，未来长江中下游为陆地区降水量可能减少或微增，但温度升高无疑将加剧区域性干旱。

27.3.2 气候变化与长江中下游地区高温和低温灾害

气候变暖导致农业生产上高温灾害加剧，但同时低温灾害也由于气候波动和作物的脆弱性加大而损失加重。低温冷害、寒害、霜冻、冻害以及高温热害对水稻、小麦、玉米生产的影响显著，其中以低温冷害和高温热害对水稻生产的影响最大。我国每年因冷害损失稻谷约

30 亿～50 亿 kg；热害在江苏、浙江、湖北、湖南、江西均有发生，一般减产稻谷 10%～18%。水稻冷害的危害重于热害，杂交稻抽穗开花期从适温（24～27℃）向高温升高 1℃，空壳率约增加 1.37%～6.94%；从适温向低温下降 1℃，空壳率约增加 2.5%～8.58%；灌浆结实期当日平均气温小于界限温度 20℃时，常规稻的空壳率由适温时的 9.9%～19.9%增大至 22.8%～32.3%，杂交稻空壳率由适温时的 11.8%～21.3%增大至 37.2%～59.9%。在全球气候持续变暖的大背景下，我国农业低温灾害的发生频率依灾种和区域不同有减有增，但强度反而不断加大，导致农业损失显著增加。

长江中下游和华南地区 20 世纪 90 年代以来发生了 5 次严重冬季寒害，占 20 世纪 50 年代以来严重寒害次数的 62.5%。2008 年 1 月中旬到 2 月初，南方地区突发连续性大范围的低温雨雪冰冻灾害，据不完全统计，农作物受灾面积达 1 433 万 hm^2，绝收 197 万 hm^2，农业直接经济损失高达数百亿元[6]。

预估表明，未来我国日最高气温明显升高，显著增加区基本位于长江中下游和华南地区。夏季最高气温的升高将使高温日数增多，农业高温热害将进一步加重。

27.3.3 气候变化与长江中下游地区农业病虫草害

27.3.3.1 气候变化对作物病虫害的影响事实

（1）受气候变暖的影响，作物病虫生存和发育的温度条件变优，病虫害发生界限北移，发生范围、危害程度呈扩大加重趋势。研究表明，20 世纪 70 年代以前，小麦白粉病一般年份仅在西南的滇、黔、川等省一些山区发生较重，发生程度及范围都较小；70 年代末 80 年初扩展到湖北、江苏、安徽及浙江等省的山区或沿江河地区，一度重发成灾；80 年代中期以后进一步向北扩展，上升为我国黄淮麦区小麦生产上的主要病害。

（2）暖冬造成作物病虫越冬基数增加、越冬死亡率降低，显著增加冬后有效病虫源基数。暖冬可使病菌进入越冬阶段推迟，延长病菌冬前发展时间，有利于其侵染繁殖，增加越冬菌量。暖冬可导致小麦赤霉病田间稻桩带菌量大增，1999 年 3 月底，浙江、上海空中孢子捕捉量是常年的 2 倍多。暖冬使灰飞虱、蚜虫等害虫越冬死亡率降低。据江苏省洪泽县近年 2—3 月对稻套麦田越冬代灰飞虱调查结果，每公顷虫量 2001—2003 年一般田块为 21 万～40.5 万头，部分田块为 90 万～120 万头，个别田块达 300 万～450 万头；2004—2005 年一般田块为 120 万～180 万头，个别田块在 600 万头左右。

（3）暖冬造成作物病虫害发生和迁入期提前，为害期延长，发生面积扩大，为害程度加重。受暖冬影响，越南等境外和我国越冬区稻飞虱迁入期提前，为害期延长。1991 年南至两广、北至江淮，稻飞虱迁入期普遍提早 10～20 d；2006 年 4 月 20 日稻飞虱迁入湖北省赤壁市，早于常年同期，6 月 2 日调查早稻田最高百蔸虫量 1 980 头，为历年同期少见。

（4）暖冬造成作物病虫害越冬界线北移，冬季繁殖量或残存数量增加。受暖冬影响，1987 年 2 月中旬江西赣州、1991 年 3 月福建南部许多县都能查到少量稻飞虱，比常年越冬北界向北扩展 1～2 个纬度；1987 年 2 月 10 日广东海丰查到短翅型褐飞虱成虫平均 2.6 头/m^2；由于冬季繁殖数量增加，1987 年海南琼海、陵水等地早稻 4 月下旬局部田块百丛密度 1 000～4 500 头，高的 1.5 万头，并有相当多的田块出现“穿顶”。

(5)降水异常对作物病虫害的影响。降水异常有利于一些作物病虫害的区域灾变。我国小麦白粉病的流行程度与降水及温度异常密切相关；厄尔尼诺事件对其为害流行具有前兆性气候背景指示。长江中下游稻飞虱大发生年，夏季6—8月为多雨带，低温凉夏有利于稻飞虱的迁入和繁殖。气候干旱则有利于棉铃虫的发生。

27.3.3.2　气候变化对作物病虫草害发生趋势的影响

(1)气候变暖将导致我国作物害虫安全过冬、发生界限北移。气侯变暖后，1月0℃等温线将向北移动，冬季低于0℃的日数减少。黏虫的越冬北界将北移约1～2个纬度。稻飞虱安全越冬北界将由当前的北纬22°推向23°～24°附近。稻纵卷叶螟的越冬北界将北移1～2个纬度。棉红铃虫发生界限将北移。

(2)气候变暖有利于害虫的生长发育和繁殖，使害虫的种群增长率加快，发生世代数可能增加。气候变暖后，当一地的年增有效积温总值超过685℃·d时，黏虫有可能多发生1代；水稻飞虱在各气候带内均可多繁殖1代，即全年繁殖气候带年可繁殖10～12代，在越冬气候带年可发生7～9代，在迁入气候带年可发生3～7代。在温度增加(3±1.5)℃的条件下，稻纵卷叶螟的发生世代数将增加1～2个。气候变暖将使浙江北部地区水稻二化螟的繁殖代数比常年增加0.5～1代。

春秋温度升高将延长害虫和病菌可生育时期，有利于病虫害春季早发，冬季休眠推迟，危害期延长。

(3)气候变暖将使害虫北迁时间提前、南迁时间推迟，迁飞范围可能扩大。气候变暖后，南北纬向温差减少，从而减弱了经向环流和四季温差，夏季风较现在将更为强盛。因此，害虫春季迁出的时间将会提前，秋季因冷空气出现迟，害虫向南回迁的时间将推迟，使农田多次受害的几率增加。气候变暖有利于黏虫、稻飞虱、稻纵卷叶螟等迁飞性害虫的迁飞；黏虫春季迁飞的时间因夏季风的强盛，可能提早到2月中下旬至3月，秋季黏虫向南回迁的时间也将推迟到9月至10月上旬。

(4)气候变暖有利于作物病害的发生、繁殖和越冬，发生地理范围扩大，并使原来不严重的温凉气候区为害加重。气候变暖后，暖湿气候条件出现的几率增加，有利于小麦白粉病、赤霉病、水稻纹枯病、稻瘟病等病害的发生、发展和流行，为害的地理范围扩大、程度加重。冬季升温幅度大于夏季升温，将有利于小麦锈病菌的越冬、越夏和流行，并有南下发展的趋势。

(5)高温干旱时段增多，可部分抑制喜湿性病虫害的流行，也可促使喜干性病虫害的发生和蔓延，从而发生病虫害种类的演替更迭。

(6)空气中二氧化碳浓度增大，植株中含碳量增高，含氮量下降，致使害虫的采食量增大，以满足其对蛋白质的生理需求，导致对农作物的危害加重。

(7)对农田草害的影响。C3类植物与C4类植物具有不同的光呼吸生化机制，对大气中CO_2浓度增加的反应不同，在CO_2含量不断增加的情况下，C3类植物的光合同化率将大大提高，而C4类植物光合同化率却提高较少，失去其在当前CO_2浓度下光合同化率高的优势。因此，未来变暖并相对变干的气候变化将有利于大多数C3类田间杂草丛生，生命力更强，繁殖更快，与农作物激烈争夺土壤有限水分养分，尤其是对C4类作物生长发育造成不利影响[7]。

27.3.4 全球环境变化背景下的农业减灾对策

(1)改变遗传基因。育种是最基本和廉价的适应措施。在全球变暖的气候背景下，作物育种目标要相应改变。针对未来气候变化对农业的可能影响，分析光、温、水资源重新分配和农业气象灾害的新格局，有计划培育选用抗病、抗旱、抗涝、抗高温和低温等抗逆性强及光合生产率高的新品种。

(2)调整作物生育期。随着气候变暖，需要将春播期或移栽期提早，将秋季收获期或播期延迟，或为躲避干旱、高温等不利时期而调整作物播种期。

(3)调整轮作或间套作方式。气候变暖使作物生育进程和土壤养分循环加快，从而需要调整轮作或间套作方式，以充分利用增加的热量等。

(4)兴修水利，综合治理江湖水系，提高抗御旱涝灾害的能力。长江中下游地区由于过度围垦湖滨，使原有湖泊面积大大缩小。应修建新的水库拦洪蓄水。除三峡水库外，各大江河上游还应兴建一系列水库，以部分取代中下游已逐渐失效的湖泊的调蓄功能。

(5)加强设施农业水平，如畜舍夏季的遮阴和降温，冬季温室大棚的广泛合理使用，农田实行节水灌溉等。

(6)利用山区气候资源。夏季高温是南方形成夏秋蔬菜淡季的主要气候成因，在气候变暖和夏季降水增加的条件下，山区海拔较高地区利用相对冷凉的地形气候建立淡季蔬菜生产基地，是山区农民脱贫的有效途径。

(7)以自然控制、生态控制为特色的病虫害可持续控制技术的研究与应用。采用抗性品种、运用生物防治，利用生物多样性、农业措施、遗传防治、物理防治等综合措施来综合防治可能加重的农业病虫害。

(8)趋利避害，因地制宜布局农业生产。长江中下游秋季低温冷害突出地区不能勉强实行三熟制，应以稻麦两熟制为主，以避开低温。为防御水稻冷害还应合理搭配品种，掌握能安全抽穗的播栽期。利用水源充足的有利条件，稻田秋季实行白天浅水晒田增温，夜间深水保温的水层管理，有良好的保苗效果。伏秋旱严重地区还可以改双季稻为稻豆复种。

(9)调整作物种植结构。气候变化有可能使原来适应某地区的作物变得不再适应或使某种生物的适应范围改变。因此，为有效利用新的气候资源和规避胁迫，需要调整种植结构和优化区域布局。例如20世纪80年代以来，长江中下游部分地区夏季高温热害有所加重，有针对性地适当改早稻、晚稻双季稻为小麦、中稻两熟制，避开了早稻常见的抽穗期和灌浆期高温危害和晚稻灌浆期的冷害，水旱轮作还有利于提高土壤肥力和减少 CH_4 排放。热量较丰富地区还可充分利用秋季热量扩大中稻收获后再生稻生产。20世纪80年代以来，春季降水增加，洪涝和湿害严重，影响了小麦产量和品质，可适当压缩小麦，增加相对耐湿的油菜面积。

27.4 长江中下游地区的区域减灾战略与减灾系统

27.4.1 完善气象灾害监测预警系统

(1)全面提升气象灾害监测能力,建立由气象卫星、天气雷达、自动气象站等构成的气象监测网络。

(2)逐步建立完善以数值预报为基础的气象预报预测业务,稳步提高灾害预报准确率。掌握主要气象灾害的形成、发展规律,进一步提高预测预报水平。

(3)不断提升气象灾害的公共服务能力,建立气象预警信息发布系统和气象灾害紧急响应系统。

(4)提高气象防灾减灾科技支撑与保障能力,提升气象防灾工程的设计施工技术。

(5)形成以政府救助为主的气象灾害救助体系,明显提高受灾群众恢复重建能力。

(6)将经济手段和市场机制纳入气象防灾减灾体系,引入气象灾害保险机制,以分散风险,提高受灾者恢复重建能力[8]。

27.4.2 工程措施与生物措施相结合的减灾战略

长江中下游的众多自然灾害,以洪涝水害为其心腹大患。该地区防洪从古代到近代全赖堤防,但防洪标准不高,质量亦差,以致水灾连年不断。新中国成立后,在长江中下游平原从防洪排涝开始进行了大规模的水利工程设施建设。首先,加高加固堤防,现在中下游已有干堤长 3 570 km,支堤 3 万余 km,初步形成了完整的堤防体系。其次,修建分蓄工程,开辟了一批蓄洪区。中下游平原洼地内的荆江分洪区、汉江杜家台分洪工程、洪湖隔堤工程等,总分洪容量达 700 多亿 m^3,为处理超标洪水创造了条件。根据“江湖两利”的原则,还在湖区有计划开辟了一批蓄洪垦殖区。兴建蓄洪垦殖工程、建闸分隔江湖,既可控制汇水入湖,使湖滨洲滩在多数年份能垦殖耕种,又可在长江发生特大洪水需要分洪时蓄纳洪水。第三,兴建水库,拦蓄洪水。截至 1990 年,长江流域已兴建大、中型水库 1 042 座,总库容 1 112.30 亿 m^3。这些分布在大小支流上的水库,多兼有防洪、灌溉、发电、航运、水产养殖等综合效益。例如丹江口水库,初期规模总库容就有 208 亿 m^3,历年来与杜家台分洪闸配合运用使汉江中下游不再决口。但由于长江中下游洪水常来自上游,而已建成水库主要在中下游支流,因此还需在长江上游干流和大支流上修建一批控制性大水库,尤其是三峡水利枢纽工程更有突出意义。第四,大兴农田水利,建设排灌工程。洞庭湖区、鄱阳湖区和太湖区等圩垸地区已初步形成全面的防洪和灌排系统。其中农田排灌方式包括机电排灌、河道引水、水轮泵排灌、井灌、泉灌等,还需要修建配套的塘堰沟渠。

现有工程虽已发挥巨大作用,但仍不能满足减灾的需要,更不能遏制日益增长的灾害损失。在人类科技水平发展的现阶段,利用工程技术手段所能控制的自然灾害和环境污染是有限的。而且,目前一般工程技术手段还难以直接治理已经造成的大面积水体、空气及土壤污染,也不足以全面保护人类生命财产免受恶劣环境的伤害。因此,除继续加强减灾工程建设并提高其质量外，还应重视非工程减灾措施，诸如增强减灾意识，加强灾害监测、预报和预警，完善灾害管理体制，制定与减灾对策相适应的人口、资源、环境政策等。

众所周知，森林是绿色屏障，既净化环境，又防灾减灾，具有保持水土，涵养水源，减避灾害，防风防沙、保障农业，调节、改善气候，净化空气、净化污水，消减污染，绿化、美化环境等多种功能。针对长江流域水土流失日趋加剧、湖泊淤塞严重、水旱灾害频频的状况，国家早在“七五”计划中就提出要积极营造长江中下游水源涵养林和水土保持林，《长江中上游防护林体系建设一期工程总体规划》计划用30～40年的时间，在保护好现有森林植被的同时，增加森林面积2 000万hm^2。工程建设分两期完成，第一期工程到2000年，增加森林面积666万hm^2；第二期工程再用20～30年，造林1 334万hm^2。目前已取得良好进展，使自然生态环境得到一定程度改善。

1998年洪灾发生后，国务院提出灾后重建的“三十二字”方针，即“封山植树，退耕还林，退田还湖，平垸行洪，以工代赈，移民建镇，加固干堤，疏浚河道”，其中将“封山植树，退耕还林”放在首位。现在四川、云南等地的原始森林区已全面停止砍伐，并启动了天然林保护工程，不仅养护了长江上游生态环境，而且对长江中下游地区的防灾减灾具有重大作用。

此外，还有一些具体的生物措施需加重视，例如：①在沿江地带普遍发展防浪林，种好岸草；②保护好高大山区以及河流两岸陡坡上的水源涵养林，防止水土流失，遏制滑坡、泥石流等灾害的发生；③对已遭砍伐的光秃山丘地区（特别是红壤丘陵），应根据当地地形和土壤情况，有计划、有步骤地通过试点，建立人工植被系统；④利用现代生物科技成果，培育一批抗性强的作物品种，推动水稻和其他作物抗病虫害的水平；⑤加强生态农业建设，调整农业结构，增强农业生产抗灾能力[9]。

27.4.3 以科技为依托，建立减灾系统

完善“预防为主，防、避、救相结合”的减灾战略，建立健全防御气象灾害的工作体系。减轻自然灾害要在顺乎自然规律的前提下，综合运用技术、经济、法律、行政、教育手段，削弱或回避灾害源，调节、控制或疏导灾害载体，保护、转移受灾体，或提高受灾体的承灾能力，这些目标的实现需要以现代科技为依托，健全灾害管理体制，建立统一的自然灾害信息系统，协调全社会的行动。

27.4.3.1 建立综合性的防灾减灾机构

建立运转自如的防灾减灾机构是搞好减灾管理的组织保障，从国外经验来看，大凡减灾活动比较成功的国家或地区，都有一些常设的专门司职减灾研究和管理的部门。而长江中下游各省的减灾机构虽不少，但往往分兵把守，迄今尚无权威的综合性防灾减灾机构。如今随着自然、社会状况的变化，灾害越来越以综合的形式出现，一灾多果、多灾一果、多灾多果的现象日益增多。因此，必须顺应自然灾害相关性规律，从灾害综合管理的角度，加强组织机构建设，增强协调职能，健全政府管理部门的执法和监督职能；制定提高行政领导灾害管理水平的培训计划；健全灾害调查、评估和统计的组织管理体系；在灾害来临时领导民众抗灾救灾；平时加强宣传、教育，做到警钟长鸣。

27.4.3.2 建立统一的灾害信息系统

灾害信息是反映灾害国情或区情极为重要的基础数据，当前长江中下游灾害信息过于分散，没有适当的集中，也没有统一的评估标准，不利于制定区域统一的整体减灾对策。为贯彻“预防为主，防救结合，综合减灾，协调发展”的方针，应加强自然灾害信息处理技术研究，既要充分发挥已建各有关部门的单类灾情信息系统的作用，又要逐步联合和部分改造现有灾情信息系统，以形成适应区域减灾管理体系需要的综合灾情信息系统。该系统主要由 4 个部分组成，即各类灾害监测网，分类灾害分析预报中心和专业数据中心，各类监测、通信卫星系统，综合灾情数据中心。

减灾既是一项复杂的系统工程，又是一个适应人类生产文明发展的巨大科学技术领域，必须以建立一个统一的信息研究中心为基础。有了统一的灾害信息系统，就可以及时向领导及各部门传递自然灾害的综合信息，利于有关部门迅速反应，正确决策，不失时机地采取减灾应急措施。

27.4.4 高效利用资源，积极抗御自然灾害

长江中下游地区人口众多，经济发达，同时又是自然灾害易发、多发地区，资源、环境与人口的矛盾日益突出，自然灾害也呈增加趋势。因此，在强调建立节约型国民经济体系的过程中，还必须十分重视防灾减灾。特别是在农业上要坚持依靠科技进步，走高效利用资源、积极抗御灾害的持续发展之路[10]。因地制宜，适度开发，合理利用，是提高自然资源利用效益的关键。

以山区气候资源为例，首先要确定作物安全栽培地带及分布上限，因为地形对光热水资源有再分配作用，在不同山地及同一山地的不同坡度、坡向及山体部位，气候资源有较大差异。据研究，长江流域所处亚热带山区，特别是向阳坡，适于杉木、马尾松、油桐、油茶、茶叶、柑橘等经济林果的种植与分布，其优势生长高度一般北坡低于南坡。我国适合柑橘生产的海拔高度大致是南高北低和西高东低。本区柑橘种植海拔高度上限，浙江淳安为 400 m，湖北枝城聂家河为 500 m，秭归为 600 m，往上游可超过 1 000 m。

其次，选择和利用有利的地形条件。①在作物种植上限和安全种植区域内，可根据光、温、水资源的组合状况及热量资源保证率、气象灾害程度等，选择确定最佳种植地域或地段。例如，山地平原交界带由于热量条件优于同纬度平原区，是山区主要粮油以及亚热带经济作物生产基地。山腰的某一层次往往是种植一些耐寒性弱而又不耐高温，适应耐阴、喜温、弱风环境的亚热带经济林木（如茶树、柑橘等）的气候最佳地域。②选择防寒避冻地形。通常选择背向冷空气来向，坡面向阳的“马蹄形”地形，使冷空气难进易出，复合型霜冻较轻，可形成相对避风避寒的环境，对种植柑橘等亚热带作物十分有利，长江三峡两岸即属此类型。

再次，利用山地逆温层。长江中下游丘陵山地的地形复杂，起伏不平。在气温垂直递减趋势下，某些特定地形的一定高度，温度随高度上升而递增，形成所谓逆温层，冬季尤为明显。合理利用山地逆温可以在一定程度上改善某些作物的冬季温度条件，对柑橘等多年生亚热带经济作物的安全越冬十分有利[11]。

27.4.5 把环境保护融于自然资源开发利用之中

环境是资源生成的动力，保护好环境就是保护资源生产力，破坏环境就会导致灾害发生，影响资源生产力。以往长江流域不少地区因滥用资源、恶化环境，加重了自然灾害。例如在陡坡砍伐森林，开垦耕作，造成严重的水土流失；在坡脚采石或挖掘土体，破坏了坡地稳定性，致使崩塌滑坡发生；在平原湖区盲目围湖造田，使水面急剧减少，既破坏了鱼虾繁衍栖息场所，又大大削弱了蓄洪能力，加重了大水年的洪涝灾害。因此，今后必须坚持自然资源开发与资源环境保护并重，建立以合理利用自然资源为核心的环境保护体系，把环境保护融于自然资源开发利用中，使两者融为一体，持续发展。

（程备久　蒋跃林）

参考文献

[1] 高素华，王培娟. 长江中下游高温热害及对水稻的影响. 北京：气象出版社，2009：2-38.

[2] 蒋德隆. 长江中下游气候. 北京：气象出版社，1991：151-272.

[3] 王雪岚. 浙江省农业气象灾害发生特点、规律及防灾、减灾措施. 中国减灾，2006(5)：18-20.

[4] 刘占山，刘爱中，肖启明，等. 我国水稻病虫害综合防治技术研究现状及发展建议. 中国种业，2009(2)：13-15.

[5] 翟盘茂，李茂松，高学杰，等. 气候变化与灾害. 北京：气象出版社，2009：57-102.

[6] 霍治国，王石立，等. 农业和生物气象灾害. 北京：气象出版社，2009：267-280.

[7] 姜会飞，郑大玮. 世界气候与农业. 北京：气象出版社，2008：299-330.

[8] 王雪臣，冷春香，郭志武，等. 气象灾害防御中保险机制应用的探讨. 自然灾害学报，2009，18(2)：44-50.

[9] 邓崎. 长江中下游防治自然灾害的若干对策. 华中师范大学学报：自然科学版，2005，39(3)：409-415.

[10] 程纯枢. 中国的气候和农业. 北京：气象出版社，1991：577-582.

[11] 中国农业科学院. 中国农业气象学. 北京：中国农业出版社，1999：280-336.

第28章

西南地区农业减灾技术

西南地区包括四川、贵州、云南、广西壮族自治区和重庆市，辖地级行政区61个、县级行政区549个，位于东经91°21′～112°04′、北纬20°54′～34°19′之间，地域面积136.4万km^2，人口占全国18.9%，生产总值占全国的10.7%；耕地面积约1 850万hm^2，其中农田有效灌溉面积651.5万hm^2，分别占全国的15.2%和11.2%；粮食总产占全国的16.4%，是我国重要的粮油和特色经济作物产区，但该区域干旱、洪涝、阴雨、低温冷害等气象灾害多发频发，农业病害、虫害、鼠害、草害等生物灾害种类繁多、危害严重[1-4]，给区域农业持续稳定发展造成巨大影响，加强农业减灾迫在眉睫且意义重大。

28.1 西南地区的主要气象灾害与减灾对策

西南地区由于降雨时空分布不均，季节性干旱是其最突出的特点。具体说就是指在农作物生长季节里因降水量、前期土壤含水量等不能满足作物需水要求而造成作物缺水，出现季节性干旱的特性。历史资料统计分析表明，西南地区季节性干旱类型主要是春旱、夏旱和秋旱，其中贵州干旱类型主要是夏旱，其次是春旱和秋旱；云南干旱类型主要是春旱，其次是夏旱、秋旱、冬旱和春夏连旱；广西干旱类型主要是春旱和秋旱，夏旱较少；四川干旱类型主要是春旱和夏旱；重庆干旱类型主要为夏旱和夏秋连旱。

28.1.1 干旱与农业减灾对策

干旱是西南地区最主要的气象灾害，发生频率高，影响范围大，四季都可能有干旱发生。西南地区近年来连续发生了2006—2007和2009—2010年两次特大干旱，大面积的旱灾给本区域工农业生产造成了巨大损失，同时也给城乡居民生活用水带来了极大困难。2006—2007年发生在四川、重庆的旱灾，受灾人口突破6 800万人，因旱造成1 537万人、1 632万头大牲畜饮水困难，农作物受灾面积 400 多万 hm^2，成灾面积超过 233 万 hm^2。2009—2010 年，西南部分地区相继发生了秋、冬、春连旱，尤以贵州、云南和广西部分地区更为严重，干旱持续时间之长、涉及范围之广、影响程度之深，均为历史罕见。据不完全统计，受灾人口 5 100 万人，因旱造成 2 148 万人、2 773 万头大牲畜出现饮水困难，农作物因旱受灾面积 625 万 hm^2。

在所有干旱类型中，对农业危害严重的主要是春旱（出现于 3—4 月）、夏旱（5—6 月）、伏旱（7—8 月）。形成春旱的原因，除内陆冬季风的影响外，南支西风的作用更重要，因此，春旱的出现频率以云南、川西山地最大，自西往东减少，到黔东基本无春旱。伏旱是太平洋副热带高压控制下的产物，出现频率自东往西减小，以四川盆地东部和黔东伏旱最多，东经 105°以西地区很少。春夏之交是冬夏环流转换季节，海洋暖湿气流的影响自南往北逐渐增强，本区西南和东南缘降水量明显增多，故初夏的干旱常出现在中部和北部，以四川盆地西部和中部最多见[2]。

据四川省 1951—2008 年统计资料，除 1954、1956、2008 年三年基本无干旱外，其余年份均有不同程度的干旱发生。全省春旱、夏旱、伏旱频率分别为 58%、76%、67%，四川盆地农区的发生频率则分别高达 89%、92%、62%，而且表现出较高的连旱趋势，春夏连旱频率为 45%，夏伏连旱频率为 48%，春夏伏三旱相连的频率高达 35%。2000 年以来，旱情波动大，除 2004 年外，其余年份受旱面积都在 120 万 hm^2 以上，粮食损失 100 万 t 以上。

28.1.1.1 西南地区季节性干旱成因

1. 全球气候变暖

西南地区的连续干旱事件并不是孤立的，而是全球气候变暖大背景下极端气候事件增多、增强的具体体现。自 1850 年以来，全球平均气温呈上升趋势，1901—2005 年全球气温上升 (0.65 ± 0.2)℃，而我国地表温度升高约 0.5～0.8℃。西南地区年平均气温、年平均日最高气温、年平均日最低气温自 20 世纪 80 年代中期以来也呈升温态势。气候变暖导致极端气候事件频发，有的地方不停下雨，有的地方滴水不进，造成季节性干旱频繁发生。而且气温升高本身又加剧了地表水分蒸发。

2. 降雨时空分布不均匀

由于气候环境与地形特点的影响，西南地区降雨时空分布极为不均，有 70%以上的降雨集中在 6—9 月，作物生长旺盛的春夏季节常有持续干旱少雨现象，而春夏季节，大气温度高，农田水分蒸散量大，极易发生干旱而影响农业生产。

3. 土壤抗旱能力差

西南地区耕地 60%以上是旱坡地，土壤水库库容小，难以抵御长时间的干旱。而且土壤黏重，有效水库容小，更容易发生干旱。另外，西南丘陵旱地土壤非饱和导水率低，水分沿毛管运行补充土壤水分蒸发能力弱，致使旱季因蒸发作用，表层 0～20 cm 土层土壤水分降至凋萎含水量以下，但底土层的含水量无法运行至表层 20 cm 土层内供作物根系吸收利用，这也进一步加剧了土壤干旱。土壤干旱是西南季节性干旱最主要的特征。

4. 水利工程年久失修，配套性差

旱灾是渐变性质的灾害，从出现旱象到形成旱灾有一个渐变发展的过程，在此期间，如果有完善的水利工程设施和充足的水资源，可以大大减轻干旱造成的损失。由于种种原因，西南广大地区水利设施不足，缺少骨干水利工程，已建的水利工程标准低，年久失修、老化破损、泥沙淤积，调蓄水资源的能力不足，从而导致西南广大地区的抗旱能力较差，在很大程度上加重了干旱造成的损失。

28.1.1.2 西南地区季节性干旱防控对策

防控西南地区季节性干旱灾害从根本上要充分利用丰富的降水资源，大力发挥“土壤水库”的调蓄作用，大力推广应用集雨补灌、防蚀保墒耕作、避旱栽培、抗旱品种，同时加强水利工程和生态环境建设[5-8]。

1. 大力发挥土壤水库作用，提高土壤水分调蓄能力

坡耕地降雨就地入渗拦蓄是提高土壤水分蓄持能力的首要任务。

(1)等高种植　将坡地改造为等高梯田或进行等高沟垄种植，40～80 cm 土层可形成极为明显的土体“富水土层”。少雨季节，1 hm^2 等高垄作种植坡地 1.0 m 土体的土壤贮水量要比顺坡种植的高出 647.0～855.0 m^3，相当于 3～4 次的有效灌溉水量，使土壤抗旱能力增加 12～16 d，能延缓季节性干旱的产生。

(2)增加地表入渗　西南地区土壤黏重，水力传导度低，降雨发生时非常容易产生超渗产流。通过耕地振动深松、地表打孔等技术措施，可有效提高土壤入渗能力。

(3)增施有机肥　土壤有机质可改善土壤结构，增加土壤团聚体，提高土壤活性孔隙度，有利于土壤水库扩蓄增容。西南地区进入旱季以后，一般 7～10 d 左右 0～20 cm 土层含水量降至凋萎含水量以下，但 20 cm 以下土层含水量较高。施用有机肥以后，土壤结构得到改善，活性孔隙增加，非饱和导水率提高，毛管导水性状改善，有利于 20 cm 以下土层中的水分源源不断地供耕作层作物根系吸收，减缓了季节性干旱对作物的影响。

2. 充分利用降雨资源，推广应用集雨补灌技术

西南地区降雨总量充沛，理论上可以满足该区域作物生长，但是由于降雨时空分布不均，有一大部分天然降雨以径流的形式损失，导致干旱时无以抵抗。如果能在提高土壤水库蓄水能力的基础上，合理规划建设小型集雨设施，对天然降雨富集叠加利用，干旱来临时进行农田补充灌溉，将是提高农田抗旱能力的重要技术措施。西南多坡地，自然坡度明显，如果能将集雨设施以大型坡面为单元系统化、联合化，利用自然高程差实现自流补灌，无疑是既省工又省力的抗旱措施。

3. 加强覆盖抑蒸保墒耕作技术的集成应用

覆盖措施不仅能抑制土壤水分蒸发，不同的覆盖措施，在减少地表径流，增温保温，保护土壤表层，改善土壤物理性状，培肥地力，抑制杂草和病虫害，提高水分利用率，促进作物生长发育等一些方面都有一定促进作用[9-14]。

(1)地膜覆盖　塑料地膜覆盖条件下，一般覆膜层下 40 cm 土层的土壤含水量可提高 1.6%～2.6%，地温可提高 2～4℃[9,12]。地膜覆盖的方式因当地自然条件、生产季节、栽培习惯及作物种类而不同。根据播种与覆盖程序划分：①先覆膜后播种，即先覆盖地膜，再打孔播种。②先播种后覆膜，即在播种之后覆盖地膜，出苗后择机放苗。根据覆盖位置划分：①行间覆盖，即把地膜覆盖在作物行间；②根区覆盖，即把地膜覆盖在作物根系分布的地方。根据栽培方式，地膜覆盖还可分为畦作覆盖、垄作覆盖、平作覆盖、沟作覆盖等。

(2)秸秆覆盖栽培技术　秸秆覆盖就是利用作物秸秆、干草、残茬、树叶等枯死的植物覆盖在土壤表面上。秸秆覆盖能有效地抑制土壤水分蒸发，使地表免遭雨滴的直接冲击，防止地表

板结，改善耕层土壤物理性状，促进微生物活动。同时，覆盖层能减缓或防止地表径流，增加雨水入渗时间，缓解径流与水分入渗的矛盾。秸秆覆盖也是增加土壤有机物投入的方式之一，多年连续秸秆覆盖还田能够增加土壤有机质，有利于培肥土壤[12,15]。

4. 加强抗旱节水栽培技术的应用推广

(1)合理轮作　西南旱地作物在目前尚无真正的抗高温干旱良种的情况下，可以采用避旱轮作方式。考虑到该地区一般在7月上中旬进入旱季，可以通过冬闲腾茬、育苗移栽、套种等方式将夏作生育期提早15～20 d。生产上可推广冬闲—玉米(移栽)、冬闲—大豆、冬闲—花生和油菜—玉米、油菜—大豆—芝麻(或甘薯)、油菜—花生等轮作方式，以便使对干旱最为敏感的产量器官分化形成期和花期避开严重干旱期，减少干旱对作物造成的不良影响[12]。

(2)适雨播种　在研究总结当地干旱规律的基础上，规范化改制，通过调整优势农作物播期，使作物的需水临界期避过干旱高峰，也可以达到节水抗旱增产的目的。

(3)化学防控　目前生化产品农业应用多在提高土壤蓄保水能力、提高作物自身抗旱能力、抑制作物蒸腾等方面。四川省在这方面有较好的研究基础，开发了一批效果显著的农用生化产品，如土壤保水方面的“生物高分子保水剂”，调节植物自身抗旱能力方面的“S-诱抗素”，抑制植物蒸腾方面的“成膜反光抗旱剂”等。

5. 加强农田水利工程与生态环境建设

农田水利工程主要是指蓄、引、提、排、灌等水利工程。在现有的经济状况下，大规模兴建坡地的灌溉设施，彻底解决坡地农业生产用水需求矛盾是不现实的。因地制宜利用沟谷、低洼农田等兴建山塘、水库、蓄水池等小型水利工程，如坡面以蓄水池为主的蓄水系统，效果十分理想。同时，要恢复、完善并配套现有水利工程设施，充分发挥它们的调蓄作用，争取实现在中等干旱年份有旱无灾[15-16]。

28.1.2　洪涝与农业减灾对策

西南地区降雨总量充沛，在季节性干旱频繁发生的同时，洪涝灾害亦频繁发生，对农业生产形成巨大危害。洪涝和湿害对农业生产的危害包括物理性破坏、生理性损伤和生态性危害等。

28.1.2.1　洪涝灾害的农业危害

1. 物理性破坏

主要指洪水泛滥引起的机械破坏。洪水毁坏水利设施，冲毁农田，撕破作物叶片，折断作物茎秆以至冲毁作物等。这种物理性破坏一般是毁灭性的，当季很难恢复。

2. 生理性损伤

淹水的土壤首先对根系产生伤害，随后才向着植株地上部分扩展，根系受害的关键在于氧亏缺。淹水时土壤与大气的气体交换受到极大抑制，土壤水中的溶氧量(约1.9 L/m^3)，仅够植物几个小时到几天的消耗，土温愈高维持时限愈短，大致当土壤的氧分压降至125～205 hPa时植物开始显示氧衰竭征象，表现为干物质增长的急剧下降，当氧分压降至30～50 hPa时乙烯产物开始在体内积累与危害。土壤受淹后植株水分吸收、气孔孔径和蒸腾发生改变，促进气孔关闭，根渗透压减低，“生理干旱”问题凸显。

3. 生态性危害

一是长期在阴雨湿涝环境条件下，极易引起病虫害发生和流行。二是洪水冲毁农田及水利设施后，使农业生产环境受到破坏，引起土壤条件、植被条件等变化，从而在洪涝灾害后的较长时间对作物布局和作物品种调整等产生影响。三是对农事活动的影响，使得播种、施肥、喷药、中耕等作业难以进行。

4. 其他危害

洪涝、湿害主要由暴雨引起，可导致山洪暴发，河水泛滥，淹没农田园林，毁坏农舍和农业设施等；多雨寡照，土壤水分长期处于饱和状态，造成作物根系或土壤耕作层缺氧，作物烂根死苗，或花果霉烂，籽粒发芽、发霉，导致减产。此外，暴雨影响谷类作物抽穗开花、灌浆结实和蔬菜的正常生产，洪涝、湿害诱发农业生物的各种病虫害致灾等等。

28.1.2.2 洪涝灾害的防御对策

1. 提高防洪意识，加强监测预警

防御洪涝灾害是一项系统工程，必须要强化全社会的防灾减灾意识，提高防灾减灾知识和技能，加强防灾减灾的组织管理。要密切关注暴雨、洪涝等天气预报，把暴雨、洪涝的监测、预警、防御和灾害评估纳入防灾减灾系统中；建立全区域性的防灾网络，接通防灾信息终端，保证暴雨、洪涝预报、预警信息畅通，生产部门要及时掌握和应用暴雨、洪涝等气象信息，及早做好防灾减灾工作。

2. 加强生态环境建设

从生态环境角度考虑，重视种草种树，减少地表径流和水土流失，防止或减轻暴雨造成的灾害。兴修水利、治理河流、开渠道，增强暴雨时的排泄能力。修筑水库能拦蓄河水、减少流量，有效防止暴雨引发的洪涝灾害。合理开沟，降低地下水位，使多余的地表水、潜层水和地下水能及时迅速地排泄出去。根据暴雨发生的规律，确定适当的种植制度，选择耐雨、耐涝作物。调整播植期，避免关键生育期出现在暴雨高峰期。在暴雨中心地区，调整种植业与养殖业、旱作与水生作物的比例，以减轻暴雨危害。此外，还有以下防御洪涝的措施，加强暴雨的预报研究，提高预报准确率和加强预报服务工作[19-20]。

3. 调整种植结构

科学搭配作物种植品种，使作物产量形成期避过雨涝盛期，以促进稳产高产；在暴雨季节前做好防汛准备，检查堤围、水坝，备足防汛器材。加强农作物的水肥管理，搞好稳产高产和作物健身栽培，掌握施肥和控肥、灌水和控水的方法，提高作物抗涝能力。夏秋期间，出现暴雨前，往往出现高温潮湿闷热天气，农作物病虫害容易滋生发展，应及时抓紧晴好天气施药喷杀。农作物出现内涝积水时应设法尽量排水，使作物叶片露出水面，以利进行光合作用积累养分。暴雨水涝发生后要利用退水清洗植株，减少沉积在作物表面的泥沙，扶正植株，让其正常进行各种生理活动，尽快恢复生长。如大部分植株已经死亡，应及时补种其他作物。及时修复被洪涝毁坏的堤围，疏通排灌渠道，排涝去渍。旱地作物要实行深沟、高田畦耕作，可迅速排除畦面积水，降低地下水位，使水涝发生时雨水及时流走。暴雨洪涝发生前，如作物已经成熟，应组织力量及时抢收。旱地怕涝作物要连片种植，做到排灌分家，避免水曰旱田用水相互矛盾。结合深耕，施有机肥，改良土壤的结构和通气性。

28.1.3 连阴雨(秋绵雨)与农业减灾对策

28.1.3.1 连阴雨的概念

连阴雨是指连续几天到几十天阴雨的天气过程。不同地区、不同时期连阴雨标准不同。例如,四川盆地秋季连阴雨标准为:9 月 1—20 日,连续 5 d 或以上,无日照、白天(08—20 时)雨量≥0.1 mm,则定为一段连阴雨天气。

28.1.3.2 连阴雨的类型

根据连阴雨发生时期可以分为春季连阴雨、初夏连阴雨、秋季连阴雨和冬季连阴雨(雪)。

1. 春季连阴雨

春季连阴雨主要出现在长江流域及其以南地区,往往与低温相伴,所以很多地方又叫春季低温连阴雨。由于春季连阴雨持续时间长,影响的面积大,长时间的阴雨天气影响春播和夏收作物生长发育,不仅使农作物的水分过剩造成阴湿害、渍害,甚至造成涝灾,又发生在夏熟作物生长的关键期,极易对作物造成致命的影响。例如,2000 年 2—3 月长江流域大部分地区多雨寡照,2 月江南大部阴雨日数达 10～19 d,四川东南部和贵州大部多达 14～23 d,3 月上中旬江南大部阴雨日数达 10～17 d,平均每天日照不足 2 h,棉花播种及冬小麦、冬油菜生长均受到影响。

2. 初夏连阴雨

主要出现在黄淮地区、江淮地区和长江流域,许多地方又叫"烂场雨"。由于正值小麦成熟收获时期,往往造成很大损失,轻者减产 1～2 成,重则减产 3～5 成。黄淮地区小麦烂场雨多发生在 5 月下旬至 6 月上旬,过程降水量 50 mm 以上,0.1 mm 以上雨日 5 d 以上的连阴雨一般 5 年一遇。长江流域夏收期一般年份多处于梅雨期到来之前的相对少雨期,小麦收获基本能正常进行。但此期气候年际间差异大,遇到副热带高压偏强、梅汛期偏早年份,使收获期与早梅雨相遇,也会导致"烂场雨"的发生。江淮地区"烂场雨"出现的几率平均约 10 年两遇,但 20 世纪 90 年代有加重趋势,1991、1994、1996 和 1998 年均出现过"烂麦场",最严重的是 1991 年,整个小麦收获期与连续阴雨基本同步,导致夏熟作物严重减产,且品质下降[21-22]。

3. 秋季连阴雨

主要出现在西北地区东部、长江中下游和西南地区。每年 9—10 月,频繁南下的冷空气与停滞在我国西部地区的暖湿空气相遇,使锋面活动加剧,从而产生较长时间的阴雨,形成我国西部地区特有的华西秋雨天气现象。华西秋雨影响的主要区域为甘肃东部和南部,陕西关中和陕南,重庆、四川和贵州大部,湖北和湖南西部,云南东北部,其中出现几率最大的地区为四川盆地和贵州大部。华西秋雨的特点是以绵绵细雨为主,雨日虽多,但雨量却不大。华西秋雨的年际变化较大,有的年份不明显,有的年份则阴雨连绵,持续时间长达 1 个月之久,对秋收作物成熟及秋收秋种等农事活动影响较大,尤其对中稻、玉米、再生稻等作物成熟收获影响较大,使作物收后无法晾晒,致使籽粒发芽、霉变,造成丰产不丰收的局面。

4. 冬季连阴雨(雪)

主要出现在长江中下游冬麦、冬油菜产区,由于阴雨连绵,日照时数不足,田间湿度大,地温低，土壤含水量长期处于饱和状态，作物根系缺氧，呼吸受抑，活力衰退，吸收水、肥能力下降，且土壤中有机物质在厌氧条件下产生还原性有毒物质毒害根系，导致根系生长不良，根量减少，也使植株体内的氮素代谢下降，功能叶叶片内氮素含量明显减少，造成植株苗小叶黄或僵苗。

28.1.3.3 连阴雨的划分指标和等级

不同地区、不同时期连阴雨的划分指标相差很大，限于篇幅，这旦按照作物受害程度将连阴雨分为轻、中、重三级，具体划分指标见表 28.1。

表 28.1 连阴雨分级指标

分级	指标
轻	短期内影响播种、收割和晾晒
中	影响播种、开花、授粉、灌浆，结实率及千粒重下降，不能及时收割晾晒，部分发芽霉烂
重	影响播种，延迟成熟或不能成熟，籽粒不饱满，严重减产。播种、收割、晾晒难以进行，发芽霉烂严重

28.1.3.4 连阴雨的防御措施

一是确定适宜水稻播种期，抓住“冷尾暖头”天气，抢在回暖前夕播种。

二是根据双季晚稻安全齐穗期，合理搭配早、晚稻品种，同时积极引进抗逆性强、丰产性能好的新品种组合。

三是加强水肥管理，合理调控水位，改善田间小气候，增强抗御低温的能力。

四是喷施叶面肥和根外追肥。

28.1.4 低温冷害与农业减灾对策

28.1.4.1 冷害的类型

从低温冷害形成机理角度出发，西南地区的低温冷害与全国一样，主要有以下 3 种类型，即延迟型冷害、障碍型冷害和混合型冷害。在整个作物生长季的每个阶段都有可能发生，不同时期低温冷害的影响和损失又有较大区别。根据冷害发生时期分类，还可以把低温冷害分为前期冷害、中期冷害、后期冷害。

前期冷害：指作物营养生长期遇低温，导致作物生长缓慢，生长量降低，发育期推迟，引起减产。

中期冷害：指从幼穗形成到抽穗开花期的冷害。其特点是幼穗生育缓慢，出穗期延迟，甚至低温直接危害生殖器官，造成籽粒不实，空秕率增多。

后期冷害：在作物灌浆至成熟阶段出现低温过程，引起干物质积累速度减慢，灌浆期延长，籽粒不能充分成熟，秕粒多，粒重降低。

28.1.4.2 冷害的划分指标和等级

按照作物生长期间的温度指标以及作物的受害表现将冷害划分为轻、中、重三级，具体划分指标见表 28.2。

表 28.2 作物冷害分级及受害症状

分级	作物受害症状
轻	对植株正常生育有一定的影响，造成千粒重轻度下降
中	低温持续时间较长，作物生育期明显延长，影响正常开花、授粉、灌浆，结实率低，千粒重下降
重	作物因长时间低温不能成熟，严重影响产量和质量

不同作物以及同一种作物不同生育期的温度指标及其受害症状可能相差很大，因此也有按照作物生育期的温度指标确定低温冷害是否发生的，如水稻（表 28.3）。

表 28.3 水稻低温冷害标准

生长期	低温冷害标准
育秧期	日平均气温＜10～12℃，最低气温＜2～5℃，空气相对湿度在 70%左右，且连续 3 d 以上
返青期	保温旱育秧返青的临界最低气温为 13.5℃，水育秧为 15.5℃，小苗带土移栽的为 12℃
分蘖期	在分蘖期前后 10 d 左右，气温在 12～13℃，分蘖期推迟，有效分蘖减少
孕穗期	耐冷性强的品种为 15～17℃，耐冷性弱的品种为 17～19℃
抽穗到开花期	当气温＜15℃时不能正常开花，气温＜16～17℃时不能完成受精过程
灌浆成熟期	灌浆期日平均气温＜20℃的低温，将降低灌浆速度，持续低温将延长灌浆期

28.1.4.3 低温冷害的防御对策和措施

一是掌握低温气候规律，合理安排品种搭配和播插期。二是加强低温冷害的预报。长期预报有利于调整作物布局和品种搭配，中短期预报可为及时采取应急防御措施提供可靠依据。三是改善和利用小气候生态环境，增强抵御低温的能力。如采用地膜覆盖、以水增温和喷洒化学保温剂，都可以达到减轻低温危害的目的。四是选择耐寒的高产品种，促苗早发，合理施肥促进早熟[22-23]。

28.2 西南地区的主要生物灾害与减灾对策

西南地区病虫草害种类复杂，发生频繁，给农业生产带来重大损失，加强综合防控对该区域粮食生产和社会经济发展具有重要意义。减灾的基本方针是“预防为主，综合防治”。抗性品种是关键，监测预警是基础，控害栽培技术是保障。

28.2.1 主要农作物病害与减灾对策

28.2.1.1 水稻主要病害发生、危害与减灾对策

西南地区是我国水稻主产区之一。四川省常年种植水稻 200 万 hm^2 左右，贵州省常年种植面积 73.33 万 hm^2。西南地区水稻主要病害有稻瘟病、纹枯病、稻曲病、白叶枯病等。稻瘟病在西南地区普遍发生，一般被害田发病率达 30%左右，严重度 2～3 级左右，大流行可造成

大面积减产，甚至颗粒无收。纹枯病分布广泛，一般发病率达40%左右，病情指数为20%左右。稻曲病近年来为害加重，一般发病率8%左右，严重度1～2级。水稻白叶枯病分布广泛，局部地区为害严重，一般受害田发病率为5%～10%，严重度为1～2级。

水稻病害防治宜以预防为主，要抓住发病初期、发病中心打药，以封锁发病中心和发病株，防止扩散、蔓延，或在关键时期一到防治指标就打药防治。为确保水稻的超高产并兼顾稻米品质安全，应采取综合防治的方法，以生物防治为主，根据预测预报及时施用低毒、低残留的农药防治。其中，稻瘟病要在秧田揭膜后喷药预防，大田病叶率达3%或出现急性型病斑就需施药，防治穗颈瘟掌握在稻株破口前3 d施药，可用75%三环唑可湿性粉剂300～375 g/hm^{2}或30%稻瘟灵乳油1 500 mL/hm^{2}或75%苯醚甲环唑·咪鲜胺盐可湿性粉剂337.5～562.5 g/hm^{2}喷雾防治2次；稻曲病在水稻破口前5～10 d用2.5%枯草芽孢杆菌·井冈霉素(纹曲宁)水剂4 500～6 000 mL/hm^{2}喷雾防治；纹枯病应在发病初期，一般在分蘖盛期稻穴发病率达5%，或拔节至孕穗期稻穴发病率达10%以上的田块，需用药防治，每公顷5%井冈霉素水剂1 500 mL或25%井冈霉素粉剂375 g或5%己唑醇悬浮剂900～1 012.5 g/hm^2，加1 125 kg清水喷雾。

28.2.1.2 玉米主要病害发生、危害与减灾对策

西南地区是我国三大玉米主产区之一，种植面积和总产量分别占全国玉米总面积、总产量的30%左右。而玉米又是该地区的第二大粮食作物。四川省是我国玉米主产省份之一，玉米常年种植面积120万hm^2，约占西南地区的1/3，总产600万t。西南地区由于地势复杂，气候特殊，生态多样，玉米病害种类以混合发生为主。四川玉米产区以纹枯病、叶斑病、茎腐病、锈病、穗腐病为主，云南以锈病和灰斑病为主要病害，贵州东北部以大、小斑病为主要病害，而中部则以纹枯病为主要病害。

玉米纹枯病由于免耕和秸秆还田等原因有加重趋势，现已上升为西南地区的常发主要病害，一般年份发病率在10%～30%，重病年及重病区发病率达到50%以上，当气温稳定在26～31℃时，相对湿度达80%以上，则发病最为迅速。玉米叶斑病(以大、小斑病为主)造成的产量损失一般在10%～20%，流行年可达20%～50%，当日平均气温大斑病在20～25℃、小斑病在25～28℃时，相对湿度达60%以上，可迅速蔓延。玉米茎腐病又称青枯病，有逐年加重的趋势，一般损失30%，严重的达50%，病原菌主要有腐霉菌、镰刀菌，可借风雨、灌溉、机械和昆虫等携带传播，若温度为20～26℃，相对湿度达80%以上，则发病率最高。玉米灰斑病2003年开始在云南西南部发生，并有逐年加重的趋势，一般减产达10%～40%。

玉米纹枯病的防治应在发病初期，可用30%己唑醇悬浮剂3 000倍液或每公顷用15%井冈霉素水溶性粉剂900～1 200 g兑水675 kg，或50%多菌灵可湿性粉剂600倍液。喷药重点为玉米基部，注意保护叶鞘。玉米大、小斑病的防治应在玉米抽穗期前后或发病初期及时喷药防治，常用药剂有：50%多菌灵可湿性粉剂500倍液，或30%己唑醇悬浮剂3 000倍液，或70%甲基托布津可湿性粉剂500倍液，隔7～10 d喷药一次，连续2～3次。玉米茎腐病的防治应在玉米授粉后25 d，用80%三乙膦酸铝可湿性粉剂600倍液，或50%福美双可湿性粉剂500倍液灌根。玉米灰斑病的防治应在发病初期及时进行喷药预防，药剂选用50%丙环唑乳油3 000～5 000倍液、10%苯醚甲环唑(世高)水分散剂1 500倍液、70%百菌清可湿性粉剂500倍液，以上药物任选一种，用量为每公顷1 500 mL。也可用50%多菌灵可湿性粉剂500倍液

喷雾。应间隔 7～10 d 喷一次，连续喷 2～3 次。几种药剂交替使用效果较好。

28.2.1.3 小麦主要病害发生、危害与减灾对策

西南地区是我国重要的小麦主产区。四川盆地小麦播种面积近年稳定在 3 000 万 hm^2 左右，贵州省小麦播种面积维持在 38 万 hm^2 左右。西南地区小麦的主要病害有条锈病、白粉病、赤霉病。小麦条锈病是四川小麦生产中最严重的病害，每年发病面积都超过 18.97 万 hm^2。贵州省 2009 年全省小麦条锈病发生面积 8 万 hm^2，占小麦播种面积的 21%。赤霉病是典型的气候性病害，病害发生受菌源数量和气候影响很大，通常田间菌源量十分充足，且在小麦扬花期遇上连续 3 d 以上的阴雨，就可导致病害的流行。四川省小麦赤霉病常年发病面积 29.2 万 hm^2，损失小麦 2.5 万 t。贵州是小麦白粉病发生和流行的病窝区，小麦白粉病发生普遍而严重。

小麦条锈病、白粉病的防治可在发病初期用 20%粉锈宁可湿性粉剂 300～500 倍液或 50%丙环唑乳油 3 000～5 000 倍液或 40%腈菌唑可湿性粉剂 4 000 倍液均匀喷雾。赤霉病在小麦齐穗到扬花盛期喷药 1～2 次，视天气条件而定，第一次喷药在始花期前后，病害大流行年份在第一次喷药后 7 d 再喷一次。可用 25%多菌灵 500 倍液、70%甲基托布津 1 000 倍液、40%灭菌丹可湿性粉剂 250 倍液等药剂喷雾防治。

28.2.1.4 油菜主要病害发生、危害与减灾对策

西南地区是我国油菜主产区，常年播种面积 180 万 hm^2，总产量 300 万 t，均占全国的 25%左右。其中，四川省常年油菜种植面积 80 万～100 万 hm^2，总产 180 万～220 万 t，均仅次于湖北和安徽；贵州省常年油菜种植面积 46.7 万～50 万 hm^2；云南省常年油菜种植面积 30 万 hm^2；重庆市常年油菜种植面积 20 万 hm^2。

西南地区油菜主要病害有菌核病、根肿病、病毒病、霜霉病。菌核病一般发病率为10%～30%，严重的达到 80%以上。根肿病主要危害根部，染病后植株地上部萎蔫，叶片变黄，使根部生长不良，拔出后可见根部出现肿大的瘤状物，纺锤形或不规则状；病原菌在土壤中越冬，肥料、农具或种子传播，土壤偏酸、低洼、过量施入化肥发病重。病毒病又叫油菜花叶病，是影响油菜生产的严重病害之一，一般病田减产 10%左右，重病田减产可达 20%～30%，油菜发病愈早，损失愈重。

油菜菌核病的防治一般施药 2 次，第一次是在油菜盛花初期(第一分枝开花 90%～100%)，第二次在第一次施药 7～10 d 后进行。每亩可选用 50%多菌灵 100 g、40%菌核净 80～100 g 等兑水喷雾。根肿病的防治，要选用抗病品种，实行 7 年以上轮作，整地时施入石灰改良土壤酸碱度，选择无病地育苗，移栽或定植时要剔除病苗，可用 20%甲基立枯磷乳油 1 000 倍液、95%敌磺钠可湿性粉剂 1 000 倍液等灌淋根部，每株用药液 200～250 mL，收获前 7 d 停止用药。病毒病的预防主要是防治好油菜蚜虫。霜霉病的防治可在苗期、初花期当病叶率达 10%时进行第一次防治，隔 5～7 d 再防治一次；常用药剂有 50%甲霜灵可湿性粉剂 800～1 000 倍液、75%百菌清可湿性粉剂 600 倍液。

28.2.1.5 马铃薯主要病害发生、危害与减灾对策

西南地区是我国马铃薯的重要产区和种薯基地。四川省马铃薯 2010 年种植面积达 80 万 hm^2 左右，贵州马铃薯 2006 年全省种植面积 60 万 hm^2 左右。西南地区马铃薯主要病害有晚疫病、病毒

病。晚疫病是世界马铃薯生产的一种毁灭性病害。马铃薯病毒病造成的产量损失为30%～50%,严重时达90%。

马铃薯晚疫病在发生初期或始花期施药,每隔7～10 d喷1次,连续喷2～3次,可选用687.5 g/L氟吡菌胺·霜霉威悬浮剂(银法利)800～1 000倍液或58%甲霜灵锰锌500～600倍液等。病毒病防治选用脱毒种薯和抗病毒品种。此外,蚜虫是传播病毒导致发生马铃薯病毒病的主要媒介,因此,应做好大田蚜虫发生情况的监测和预报工作,根据传毒蚜虫发生规律,施用杀虫剂,控制蚜虫传播。

28.2.1.6 蔬菜主要病害发生、危害与减灾对策

四川蔬菜常年种植面积稳定在100万hm^2左右,贵州仅夏秋反季节蔬菜规模就有50万hm^2左右。西南地区蔬菜种类多,病害种类多,发生危害严重,一般损失达15%～20%,高的达50%以上,给菜农造成巨大的经济损失。病害主要有霜霉病、叶斑病、炭疽病、病毒病、疫病、细菌性病害等。

蔬菜霜霉病、叶斑病的防治应在初见叶片上有水浸状斑点时,立即全面喷施化学药剂。可选用的药剂有75%百菌清可湿性粉剂500倍液、58%甲霜灵锰锌可湿性粉剂500倍液、72%丙森锌·烯酰吗啉可湿性粉剂600倍液、70%丙森锌(安泰生)可湿性粉剂600倍液等。蔬菜炭疽病在发病初期用50%多菌灵或代森锌可湿性粉剂600～800倍液,或25%嘧菌酯悬浮剂1 500倍液喷洒叶面,7 d喷1次,连喷2～3次。蔬菜病毒病可用2%宁南霉素水剂200倍液或20%盐酸吗啉胍酮可湿性粉剂2 150 g/hm^2兑水喷洒植株,7 d喷1次,连喷2～3次。蔬菜疫病在发病初期用40%氟啶胺悬浮剂210～240 mL/hm^2或687.5 g/L氟吡菌胺·霜霉威悬浮剂900～1 125 mL/hm^2或70%代森锰锌3 000 g/hm^2兑水喷洒植株,7 d喷1次,连喷2～3次。细菌性病害用铜制剂或农用链霉素800倍液喷雾。

28.2.1.7 水果主要病害发生、危害与减灾对策

西南地区果树资源丰富,种类繁多,主要有柑橘、葡萄、梨等,其中以柑橘为主导。柑橘主要病害有疮痂病、炭疽病、溃疡病等;葡萄主要病害有灰霉病、白粉病、炭疽病、霜霉病等;梨主要病害有炭疽病、黑星病、锈病等。果树病害的防治最好是在发病初期或发病前施用保护性杀菌剂,或发病后施用治疗性杀菌剂补救。

28.2.2 主要农作物虫害与减灾对策

28.2.2.1 水稻主要虫害发生、危害与减灾对策

西南地区水稻主要虫害有稻飞虱(褐飞虱、白背飞虱)、稻纵卷叶螟、螟虫(二化螟、三化螟)。稻飞虱以褐飞虱和白背飞虱为主,属迁飞性害虫,可以随风雨远距离迁飞繁殖为害,具有暴发性和突发性,一般造成水稻损失10%左右,严重者甚至颗粒无收。稻螟一般枯心率为15%左右,白穗率为10%左右,严重者甚至颗粒无收。对于水稻害虫的防治要抓关键生育时期施药,如飞虱要在若虫3龄高峰期前打药,螟虫(二化螟、三化螟)、稻纵卷叶螟要在卵盛孵期(1～2龄幼虫)施药。稻飞虱的防治应在孕穗期或齐穗、灌浆期达防治指标时,用噻嗪酮或吡虫啉或烯啶虫胺均匀喷雾到稻株中下部。螟虫防治可在水稻移栽后,每2～3 hm^2配置1～2

盏高压频振灯诱杀，直至水稻黄熟；若危害严重，也可用生物农药 Bt 乳剂，或用 20%氯虫苯甲酰胺悬浮剂进行防治。

28.2.2.2 玉米主要虫害发生、危害与减灾对策

西南地区玉米主要虫害有玉米螟、蚜虫及蜡、地下害虫、红蜘蛛等。2008 年西南地区玉米螟发生面积 86.7 万 hm^2。小地老虎等地下害虫在各地均普遍发生。

玉米螟的生物防治：用 0.5 kg 孢子含量 100 亿/g 的 Bt 菌粉，拌于 5 kg 煤渣颗粒上，于玉米心叶期撒入心叶内，可有效地防治玉米螟、高粱条螟等钻心虫。

玉米螟的药剂防治：①在玉米螟卵盛孵期、玉米喇叭口期用药，每公顷用 40%氯虫苯甲酰胺·噻虫嗪水分散粒剂(福戈)8 g 或 20%氯虫苯甲酰胺悬浮剂(康宽)150 g，加入 30 kg 细沙拌匀，施入心叶中。也可用 90%杀螟丹水溶性粉剂 450～600 g，拌细土 75 kg，配成毒土撒施或喷雾。②穗期防治，在玉米雌穗授粉结束后，剪去花丝带出田外，每公顷用 40%氯虫苯甲酰胺·噻虫嗪水分散粒剂(福戈)120 g 喷在穗顶上，可有效防治玉米螟及其他穗虫。

玉米蚜虫及蜡的药剂防治：在玉米大喇叭口期，可用 70%吡虫啉水分散粒剂 10 000 倍液或 3%啶虫脒乳油 500～800 倍液喷雾防治。

玉米地下害虫可在玉米播种时用 50%辛硫磷乳剂 0.5 kg 加水 30～50 kg 拌种子 350～500 kg；在玉米苗期用毒死蜱＋氯氰菊酯、氰氯氰菊酯等药剂防治。

玉米红蜘蛛大发生情况下，可用 20%哒螨灵可湿性粉剂 1 500 倍液，或 1.8%阿维菌素乳油 1 000 倍液喷雾防治。

28.2.2.3 小麦主要虫害发生、危害与减灾对策

西南地区小麦主要虫害有麦蚜、麦蜘蛛等。麦蚜以卵在麦茬、杂草上越冬，繁殖能力强，可吸食小麦液汁，携带黄矮病毒，影响麦株光合作用和呼吸作用，造成小麦产量和品质下降。灌浆期是麦蚜为害最严重的阶段，也是防治的关键时期。春季气温偏高，雨量适宜，麦蚜发生较重。据资料记载，危害四川省小麦的蚜虫主要有 6 种，20 世纪五六十年代麦长管蚜是四川盆地的优势种，70 年代以后逐渐被禾谷缢管蚜取代。麦蚜当百株蚜量超过 500 头时，应及时防治，可选用 10%吡虫啉或 50%抗蚜威可湿性粉剂 150～225 g/hm^2，兑水 750 kg 喷雾防治。防治麦蜘蛛可用 1.6%阿维菌素 6 000～8 000 倍液喷洒。

28.2.2.4 油菜主要虫害发生、危害与减灾对策

西南地区油菜主要虫害为蚜虫和菜青虫。蚜虫是病毒病的主要传播媒介，及时喷药杀灭蚜虫能有效控制病情。蚜虫是油菜生产中普遍发生的虫害，干旱年份发生尤为严重。油菜抽薹开花结荚后，蚜虫多在花序、嫩荚等部位危害，使受害油菜开花减少、落花增多、荚角发育不良、籽粒干瘪，严重时花不开，颗粒无收。菜青虫多在油菜苗期危害。防治油菜蚜虫，除及早铲除油菜田及周边杂草，干旱时及时抗旱等措施外，重点采取药剂防治，在蚜虫卷叶株达 15%或百株蚜量达 500 头时，及时选用吡虫啉类药剂兑水喷雾，施药时应喷匀喷透，多喷叶片背面。菜青虫应抓住 1～3 龄期用药，苗期 6～8 叶期百株 15 头，6 叶期以前百株 5 头均应用药防治，可用 2.5%联苯菊酯乳油或 2.5%高效氯氟氰菊酯乳油 3 000～4 000 倍液进行防治。

28.2.2.5 马铃薯主要虫害发生、危害与减灾对策

西南地区马铃薯主要虫害有蚜虫、块茎蛾。蚜虫不仅直接为害，还是传播病毒导致发生马铃薯病毒病的主要媒介。马铃薯块茎蛾在西南地区发生较为普遍，其在田间的危害可使产量减少20%～30%，而在4个月左右的马铃薯储藏期中为害率可达100%。应做好大田蚜虫发生情况的监测和预报工作，根据传毒蚜虫发生规律，用黄板诱杀；施用吡虫啉等杀虫剂，控制蚜虫传播。块茎蛾防治可施用Bt粉剂1 000倍液。

28.2.2.6 蔬菜主要虫害发生、危害与减灾对策

西南地区蔬菜虫害主要有蚜虫、菜青虫、小菜蛾、夜蛾类、蓟马等。蔬菜虫害防治应以生物防治、物理防治为主，化学杀虫剂应选用高效、低毒、低残留的农药。

28.2.2.7 水果主要虫害发生、危害与减灾对策

西南地区果树虫害种类繁多。柑橘主要虫害有红蜘蛛、介壳虫、潜叶蛾等；葡萄主要虫害有蚜虫、介壳虫、蓟马、叶蝉等；梨主要虫害有蚜虫、梨木虱等。红蜘蛛的防治可用螺螨酯、哒螨灵、阿维菌素等喷雾。介壳虫据虫情观察，在若虫大量孵化期防治，效果较理想，每隔10～15 d喷1次，连续喷2～3次，药剂可用吡虫啉、杀扑磷。蚜虫、蓟马、叶蝉、梨木虱可用噻虫嗪加以防治。

28.2.3 农田杂草与减灾对策

农田杂草一般对作物减产10%～15%，严重的可达30%～50%，甚至绝收。杂草的防除也要运用各种方法进行综合治理，特别是化学除草剂应根据实际情况合理使用。

28.2.3.1 旱地主要杂草危害与减灾对策

西南地区大春作物旱地主要杂草有马唐、牛筋草、狗尾草、空心莲子草、辣子草、凹头苋、碎米莎草、铁苋菜、香附子、反枝苋、光头稗、马齿苋、藜、刺儿菜、打碗花、胜红蓟等。西南地区小春作物旱地主要杂草有猪殃殃、看麦娘、棒头草、繁缕、大巢菜、扬子毛茛、碎米荠、早熟禾、野油菜等。川西高原及滇藏高原麦区及春油菜区以野燕麦、猪殃殃、藜、刺儿菜、密花香薷、萹蓄、野油菜等为主。

玉米田杂草防除宜选用的除草剂有二甲戊灵、乙草胺、烟嘧磺隆、氯氟吡氧乙酸、苯唑草酮、唑嘧磺草胺、二甲四氯、莠去津、甲基磺草酮、灭草松等。

麦田杂草防除宜选用的除草剂有精噁唑禾草灵、苯磺隆、氯氟吡氧乙酸、唑嘧磺草胺、二甲四氯、甲基二磺隆、绿麦隆、异丙隆。

油菜田杂草防除宜选用的除草剂有高效氟吡甲禾灵、精喹禾灵、异丙甲草胺、烯草酮、吡喃草酮、草除灵、二氯吡啶酸等。

马铃薯田杂草防除宜选用的除草剂有二甲戊灵、乙草胺、砜嘧磺隆、高效氟吡甲禾灵、精喹禾灵、异丙甲草胺、烯草酮、嗪草酮等。

蔬菜田杂草防除宜选用的除草剂有二甲戊灵、乙草胺、高效氟吡甲禾灵、精喹禾灵、异丙甲草胺、烯草酮等。

28.2.3.2 稻田主要杂草危害与减灾对策

西南地区水稻田分为水稻旱育秧田、水稻水育秧田、水稻移栽田、水稻抛秧田、免耕水稻移栽(抛秧)田、翻耕水稻直播田,杂草主要有稗草、千金子、鸭舌草、野慈姑、碎米莎草、牛毛毡、异型莎草、陌上菜、醴肠、空心莲子草、草龙、矮慈姑、荸荠、节节菜、马唐、牛筋草、铁苋菜、香附子、反枝苋、光头稗等,但各省的优势种群又有所差异。常用的除草剂有乙草胺、丙草胺、丁草胺、二甲戊灵、恶草灵、二氯喹啉酸、氰氟草酯、苄嘧磺隆、吡嘧磺隆、五氟磺草胺、灭草松、氯氟吡氧乙酸以及一些复配剂等。

28.2.3.3 园地主要杂草危害与减灾对策

西南地区果园主要杂草有马唐、空心莲子草、辣子草、凹头苋、碎米莎草、铁苋菜、香附子、反枝苋、光头稗、白茅、牛筋草、狗尾草、藜、刺儿菜、剪刀草、胜红蓟、猪殃殃、看麦娘、棒头草、繁缕、蒲公英等。果园杂草常用的除草剂有草甘膦、百草枯、草铵膦等。

28.2.4 其他农业灾害及防控对策

28.2.4.1 农田鼠害

农田鼠害为害一般减产3%~10%,个别地区高达20%,局部地区高达30%以上,有的田块甚至造成毁种或绝收。重要的鼠种有黑线姬鼠、大仓鼠、黄毛鼠、中华鼢鼠、褐家鼠和小家鼠等。可持续控制鼠害需要采取的对策:①完善鼠情监测系统;②推行社区统一灭鼠;③发展生态控制和生物防治技术;④推广抗凝血杀鼠剂全面取代急性杀鼠剂;⑤加强对基层技术推广人员及农户的培训。

28.2.4.2 产地环境与土壤重金属污染

西南地区是矿产资源丰富的地区,很多伴生矿和矿渣的不合理利用,导致重金属随水土迁移富集,农田重金属污染呈上升加剧态势,应当在加强管理的同时,开展重金属生物富集植物的筛选利用,控制重金属污染。

28.2.4.3 外来生物入侵

西南地区物种丰富,气候生态适宜,很容易导致外来生物入侵,四川、云南和贵州的紫茎泽兰危害就是最典型的例证,应在加强植物检验检疫的同时,开展生物防治技术的研究应用。

28.3 西南岩溶地区的石漠化与综合治理

28.3.1 岩溶地区石漠化的现状

石漠化是指在热带、亚热带湿润气候条件和碳酸盐岩发育的喀斯特脆弱生态环境下,由于不合理的人为活动，造成植被退化乃至丧失，土壤严重流失，土地生产力下降，基岩大面积裸露或砾石堆积的土地退化过程，是岩溶地区土地退化的极端形式。石漠化严重的地方到处是裸露的石头，只在石缝中能见到小片土壤，有的地方甚至寸草不生。石漠化地区虽然年降水量较多，但极易沿着石灰岩的孔隙流失，而且由于土层薄、田高水低和植被破坏，季节性干旱十分频繁和严重。由于土壤贫瘠，有效耕地面积不足，作物产量低而不稳，有些地方甚至基本丧失了生存条件。[24]

西南岩溶地貌包括以云贵高原为中心的8省(市、自治区)——贵州、云南、湖北、湖南、广西、广东、四川、重庆，现有石漠化面积12.96万km^2，潜在石漠化面积12.38万km^2。根据国土资源部2012年4月26日发布的数据，石漠化现象正以2%的速度吞噬着宝贵的土地，导致我国每年损失耕地2万hm^2，如不及时治理，再过30年，这个数字将有可能翻一番[25]。

石漠化以惊人的速度在西南大地上蔓延，仅1987—1998年的12年就净增了2.2万km^2，相当于我国22个普通县的面积[26]。

28.3.2 石漠化的成因和类型

28.3.2.1 石漠化的成因

石漠化的形成是自然因素和人为因素长期影响共同作用的结果。自然因素包括岩性、地貌、气候、地下水、植被等，是石漠化形成的物质基础。岩溶地区以碳酸盐基岩为主，极易被淋溶和风化，山高坡陡和雨季降水集中，又为石漠化提供了侵蚀动力条件。但人为因素是加剧石漠化发展的主要原因，主要表现在陡坡开荒、耕作粗放、过度樵采和超载放牧等对土地资源的掠夺式开发。尤其植被被破坏后，原有的拦蓄雨水、固土防蚀和促进成土母质风化等作用基本丧失，使水土流失日益严重，土层越来越薄，土壤越来越贫瘠，植被越来越稀疏，旱涝灾害越来越严重，农作物产量越来越低。贫困的农民为争取温饱，又继续毁林开荒，形成了恶性循环。随着时间的推移，石漠化的程度和面积不断加深和发展。西南的石山地区一旦出现轻度石漠化，一般只需十几年就可演变为重度石漠化。[24]我国岩溶地区人口密度最高可达每平方千米208人，相当于全国平均人口密度的153.3%，是岩溶地区适宜人口承载量的2倍。在喀斯特山地条件下，当每平方千米超过100人时，就会出现不合理垦殖和严重水土流失，而当每平方千米人数超过150人时，就极有可能发生石漠化。据测算，一头山羊在一年内可以将3～5年生的10亩石山植被吃光，而且被山羊吃后的植被恢复起来极为困难。[26]

28.3.2.2 石漠化的类型

石漠化也称为“石化”、“石山化”、“岩漠化”，根据区域和岩性可划分为广义石漠化和狭义石漠化[27]。

1. *广义石漠化*

广义石漠化指以流水侵蚀作用为主，包括多种地表物质组成，类似荒漠化景观的土地退化过程。由于地质条件、气候因素以及社会环境的差异，石漠化有着不同的成因和形成过程，包括花岗岩风化壳地区的白沙岗和红沙岗、丘陵碳酸盐岩地区的石山荒漠化、紫色砂页岩地区的石质坡地、红壤和第四纪红色岩系地区的红色荒漠化、陡坡峡谷经常发生滑坡和泥石流地区的砾质荒漠化等类型。

2. 狭义石漠化

狭义的石漠化特指喀斯特地区的石漠化。从地表形态上，根据基岩裸露、植被、坡度、土被、土层厚度等可将石漠化强度分为无明显石漠化、潜在石漠化、轻度石漠化、中度石漠化、强度石漠化、极强度石漠化等不同等级。

28.3.3 石漠化对农业的危害[28]

28.3.3.1 对土壤和水资源的影响

石漠化使可利用耕地减少。如广西砚山县红甸乡和莲花乡2000年耕地面积比1975年减少了10%。广西中西部岩溶区耕地面积每年递减3%～6%，约818～1 637 km^2。贵州省普定县现有人均耕地仅0.04 hm^2，而每年新增严重石漠化面积就达500 hm^2，主要发生在陡坡耕作区，全县人均耕地面积以平均每年4%的速率减少。

石漠化使得土地质量变差，肥力降低；土壤颗粒及其吸附的营养元素和农药转移到水体，污染水质，并使生态系统的种群数量下降，结构单一化，生态功能下降，生态环境恶化。石漠化还使环境对降雨的调蓄能力严重降低，可利用水资源逐渐枯竭。如滇东南已调查的106个大泉暗河中有40%流量出现30%～50%的明显减小，5%枯季断流。石漠化使森林植被对气候的调节功能减弱，小气候恶化。

28.3.3.2 加剧水土流失和自然灾害

石漠化加剧了岩溶地区的水土流失和旱涝灾害。20世纪50年代西南地区长江流域水土流失面积为30万 km^2，目前已经发展到近40万 km^2。贵州省水土流失面积20世纪50年代占全省土地面积的14.2%，60年代占19.9%，80年代占28.4%，90年代占43.5%。乌江每年泥沙流失量1.4亿t，其中进入三峡库区的达1.1亿t。石漠化严重的广西，平均每年受旱涝灾害农作物面积11.5万 km^2，造成粮食减收10多亿kg，经济损失4亿多元。1999年黔、桂、滇三省区200个县中，由于石漠化而遭受严重旱涝灾害，农作物受灾433万 hm^2，损坏耕地6万 hm^2，因灾减产粮食300多万t，直接经济损失约120亿元。从2009年秋到2012年春，云南省已经连续3年干旱，旱情最严重的地区就是云南中部的岩溶山区。水土流失不仅加剧了岩溶地区的石漠化和贫困，而且由于大部分泥沙进入长江和珠江并在中下游淤积，导致河道淤浅变窄，湖泊面积及容量逐年缩小，蓄泄洪水能力下降，威胁中下游地区的生态安全和国家"西电东送"大型水利枢纽工程。

西南地区丘陵山地面积大，泥石流滑坡等地质灾害常有发生，尤其是在严重石漠化地区，不仅对人民生命财产造成严重威胁，对农业生产发展的危害也十分严重，应当着力构建生态保护型农业发展模式，工程措施与生物措施相结合，提高综合防控能力。

28.3.4 岩溶地区石漠化综合治理的探索与实践[25]

28.3.4.1 综合治理的初步成效

国务院2008年2月批复了《岩溶地区石漠化综合治理规划大纲(2008—2015年)》(简称“规划大纲”),明确了石漠化综合治理工程建设的目标、任务和保障措施,确定了“以点带面、点面结合、滚动前进”的工作思路。2008—2010年国家安排了专项资金,在100个石漠化县开展工程试点,已取得显著成效。经过3年的奋斗,这100个试点县综合治理面积达到1.6万km^2,规划区的451个县也已完成3.03万km^2的治理任务,大大延缓了石漠化的拓展速度,其中贵州省已初步遏制了石漠化拓展势头。到2010年底,试点工程区累计完成林草植被建设41万hm^2,坡改梯6 667 hm^2,棚圈建设57万m^2,青贮窖16万m^2,排灌沟渠1.9万km,蓄水池1.2万口。根据在100个县的监测,试点工程区林草植被盖度2010年比2007年提高了16个百分点,生物量比治理前净增115万t,水土流失总量从治理前的511万t减少到170万t,减少了67%。规划区451个县的植被盖度提高3.8个百分点,土壤侵蚀量减少近6 000万t。2007—2010年规划区人均地区生产总值年均增长12.9%,农民人均纯收入年均增长10.1%,大量劳动力转移到城镇和非农产业,经济林、用材林、竹林、林下种植和养殖业等业陆续取得了显著的效益。

28.3.4.2 工程建设的基本经验

3年来试点工程建设积累了丰富的经验。

1. 坚持因地制宜,综合治理

尊重自然规律和经济规律,针对各地实际情况,总结归纳出生态农业导向型、封山育林与生态修复主导型、人工造林与林产业导向型、草地建设与生态畜牧业主导型、坡耕地与水土保持建设主导型、喀斯特水资源开发与灌溉农业主导型、资源利用与生态旅游开发型七大类91种治理模式。

2. 坚持技术创新,科学治理

充分发挥科技的引领和支撑作用,参与试点工程的科技人员解决了一系列难题,在恢复植被时引进了适宜的先锋树种和草种,推广了生根粉、保水剂、地膜、营养袋育苗等先进技术,建立石漠化监测体系,解决蓄水和用水难的问题,推进科技下乡,广泛开展技术培训。

3. 坚持长短结合,转变方式

不仅要解决当前突出的生态问题,更要注重从根本上改变试点区的生产和生活方式,调整和优化产业结构和种植结构,促进剩余劳动力有序转移,拓宽生计与收入来源,坚持生态改善与经济发展、社会进步相结合。

4. 坚持资金统筹,加大投入

在国家加大投入的同时,各地也加大了资金整合力度。

5. 坚持加强管理,确保质量

国务院相关部门和各省(区、市)建立了岩溶地区石漠化综合治理省部联席会议机制,各地也成立了领导小组,制定了工程建设管理办法、实施方案编制指南和一系列技术规程,规定了各相关部门的职责，建立了检查、监督与考核制度，落实了责任制。

28.3.4.3 继续推进石漠化综合治理

岩溶石漠化综合治理工程区位于长江、珠江和澜沧江的上游，是国家重点生态功能区。现有人口占到全国的16.5%，面积占国土面积的11%。又是多民族聚居和贫困人口多的地区。"十二五"期间将继续按照《规划大纲》的要求，扩大重点治理范围。从2011年起再增100个试点县并改成综合治理重点县。2013年在全部451个县开展综合治理工程建设。将继续探索有效的治理模式，加强科技支撑，进一步增加投入，加强项目和资金管理。

28.4 西南地区农业环境与气候变化及农业减灾对策

28.4.1 西南地区农业环境特点

1. 地形地貌复杂

西南地区地质构造复杂，地貌类型多样，地势高差大，是世界上地形最复杂的区域之一，境内高原、山地、丘陵、平原、江河、湖泊纵横交错[29]。青藏高原、云贵高原、横断山区和四川盆地等构成了该区域大陆地貌的主要特征，较为显著地分为三个地形单元：一是四川盆地及其周边山地。主要包括重庆市大部，四川省的中东部和东南部。二是云贵高原中高山山地丘陵区。主要包括贵州省全境，云南省的南部和中东部。三是青藏高原高山山地区。主要包括西藏全境，四川省北部、西部、西南部和云南省的西北部。区内大面积土地高低差参，纵横起伏，相对高差达7 000 m以上[30]，耕地以坡、台旱地为主，"地无三尺平"是西南多数地区的耕地现状，对农业生产集约化、机械化经营造成重大影响。

2. 气候类型多样

与地形特点相对应，西南地区的气候也主要分为三类：一是四川盆地湿润北亚热带季风气候。气候比较柔和，湿度较大，多云雾，加上地势较为平缓，是农业集中发展的区域，人口也较为集中。二是云贵高原低纬高原中南亚热带季风气候。低纬高原是生产四季如春气候的绝佳条件，山地适合发展林牧业，坝区适宜发展农业、花卉、烟草等产业。三是高山寒带气候与立体气候分布区。是主要的牧业区。此外，本区南端还分布有少部分热带雨林气候区，干湿季分明。代表地区西双版纳多产橡胶、热带水果等[31-32]。

3. 生物种类多样

独特的地理位置、复杂的地形地貌和多样化的气候类型，产生了异常复杂的多样化的生境类型，孕育出极其丰富的生物资源。

西南地区是我国野生物种最丰富的地区之一，不仅种类多，而且特有性高，是全球生物多样性保护的热点地区，也是我国生物多样性保护优先区域和重要的生态屏障，同时又是生态脆弱地区[33-34]。据统计，仅四川省脊椎动物就有1 247种，占全国所产总数的40%左右，其中鸟类和兽类约占全国的一半[35]。西南地区是世界稻谷等很多重要农作物的起源地之一，也是中国乃至世界农业生物多样性最为丰富的地区[36]。但是，滥采、滥挖、滥捕及栖息地的破坏已经导致不少珍稀濒危物种的分布区域变窄，生存环境变差甚至濒临灭绝。四川省20世纪50年代森林覆盖率 30%～40%，80 年代降至 16.9%，90 年代虽有上升，仍只有 24.23%；云南省 20 世纪 50 年代森林覆盖率 50%，90 年代降至 25%。同期，四川省和云南省的生物物种分别灭绝了 5 个和 22 个。

4. 自然灾害种类多，发生频繁，损失大

独特的地理位置和复杂的地形地貌孕育出极其丰富的自然资源，区域内气候、土壤、生物等资源丰富多样，适宜多种类型的农林牧业和农村经济发展。但由于局地因子的影响较大，西南地区又是一个典型的灾害多发区。干旱、暴雨、洪涝、大风、冰雹、高温热浪、低温冷害、地震、滑坡、泥石流、农林有害生物、森林草原火灾等灾害类型多，强度大，频率高，损失重，其中季节性干旱是影响西南地区农业可持续发展最主要的自然灾害[37-38]。以四川为例：新中国成立以来，四川旱灾几乎年年发生，具有分布范围广、持续时间长、季节差异大、危害严重等特点[39]。据 1949 年以后近 50 年来的气象资料统计，一般干旱年四川受旱面积 35 万～70 万 hm^2，粮食减产 5 亿～10 亿 kg；中等干旱年受旱面积 100 万～200 万 hm^2，粮食减产 25 亿～30 亿 kg；严重干旱年受旱面积 330 万 hm^2 以上，粮食减产 30 亿～50 亿 kg[40]。

5. 农业生态条件差，农业环境支持系统脆弱

西南地区自然条件的特点是三多一少，即降水多，山、坡地多，石灰岩地多，人均耕地少。同时滥垦、乱伐、粗放经营耕作方式使农业生态环境支持系统十分脆弱[41-42]（表 28.4）。长江上中游地区的生态环境复杂多样，水资源充沛但保水保土能力较差，多高山峡谷，少平坝，人均耕地少，且旱地坡耕地多。长期以来由于不合理的耕作、草地过牧和大量采伐森林，水土流失日益严重。滇、黔等石质山区降雨量大，滑坡、泥石流灾害频繁，不少地区因土地“石化”导致贫困。

表 28.4 西南地区生态水平

地区	区域生态水平构成因素			区域生态水平	区域生态水平全国排序
	地理脆弱指数	气候变异指数	土地侵蚀指数		
重庆	2.51	60.69	77.33	46.84	24
四川	2.51	78.23	76.91	52.55	20
贵州	27.73	82.54	80.66	63.31	13
云南	1.92	78.77	83.18	54.62	19

28.4.2 西南地区气候变化趋势与特征

28.4.2.1 热量资源的变化特征

1. 西南地区气温变化特征分析

对西南地区年平均及春、夏、秋、冬四季多年平均气温线性趋势进行分析，结果见图 28.1。

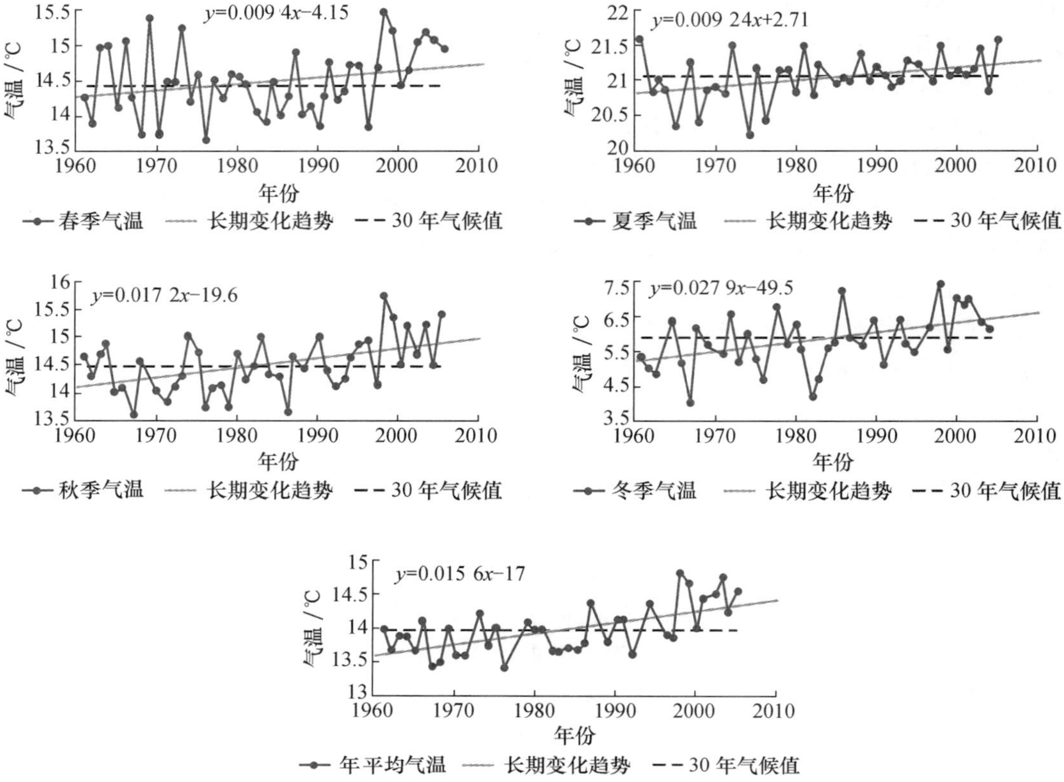

图 28.1　西南地区气温变化

（y 为气温，℃；x 为年序）

西南地区年平均及四季气温长期变化均呈上升趋势，但均低于 1961—2010 年全国增温速率，增温速率的大小依次为冬季、秋季、春季和夏季，这与全国的平均情况有所不同[38]，且均表现出秋冬季增温趋势明显大于春夏季节的特性，这与全国大部地区冬季增温显著的结果较为一致[39]。1961—2005 年平均气温线性拟合方程为 $y=0.015\,6x-17$（y 为气温，℃；x 为年序），说明年平均气温以每年 0.015 6℃的速率上升，并通过了 $\alpha=0.001$ 的显著性检验。冬季年平均气温上升趋势较为明显，45 年冬季平均气温线性拟合方程表明，西南地区冬季平均气温以每年 0.027 9℃的速率上升，通过 $\alpha=0.001$ 的显著性检验。秋季平均气温上升速度为 0.017 2℃/年，通过 $\alpha=0.01$ 的显著性检验。而春、夏两季虽然呈现出上升趋势，但相对较为缓慢，上升速率分别为 0.009 4℃/年和 0.009 24℃/年，分别通过 $\alpha=0.1$ 和 $\alpha=0.01$ 的显著性检验，表明冬、秋两季的升温对年平均气温的升高起主要作用。

代妹玮[40]等的研究表明：西南地区年平均气温的气候倾向率总体呈明显的经向带状分布，西部高于东部，南北差异不大，这与我国其他区域气温增幅北高南低的分布特征不同，主要与该区西高东低的地形分布有关。有研究认为，四川盆地东部和云贵高原北部为降温区，但 1961—2007 年间该区的降温趋势有所减弱，仅巴中、盐源、越西、盘县和屏边 5 个站点的年平均气温呈降低趋势，年平均气温气候倾向率低值区（≤0.15℃/10 年）主要分布在贵州和重庆两省（市）的大部地区以及四川和云南两省的东部地区，最低值出现在四川省巴中；高值区（≥0.30℃/10 年）主要分布在四川省西南部和云南省部分地区，最高值出现在四川省木里。

2. 西南地区积温变化特征分析

代妹玮等进一步研究了西南地区≥10℃、≥15℃的积温变化，结果表明：≥10℃的积温气候倾向率在−61～289℃/10年，平均增速为55.3℃·d/10年。研究期间，除云南省的屏边、沾益、昭通和贵州省的盘县、桐梓以及四川省的盐源、巴中和红原站点外，研究区约85%的站点≥10℃积温呈增加趋势。≥10℃积温气候倾向率的低值区（≤40℃·d/10年）主要分布在贵州省北部、云南省东部、重庆市的西部和南部以及四川省的东部和西北部地区，最低值出现在四川省盐源；高值区（≥90℃·d/10年）主要分布在云南省的大部地区（德钦、思茅、昆明、保山、楚雄、江城、腾冲和瑞丽等）和四川省的少数地区（木里、雷波和广元等），最高值出现在四川省木里。云贵高原稻区对≥10℃积温的热量需求为3 500～4 500℃·d。1961—2007年，西南地区≥10℃积温<3 500℃·d的区域向西推移约0.04°，面积减少约1.3万km^2；3 500～4 500℃·d积温带的区域面积减少约0.3万km^2。≥10℃积温的增加为种植对热量要求较高的作物品种提供了有利条件，并使晚熟作物品种的种植界限北移，在相同栽培管理条件下可提高作物产量。

研究期间，西南地区≥15℃积温的气候倾向率在−131～357℃·d/10年，平均37℃·d/10年。积温呈减少趋势的站点主要有四川省的盐源、巴中、会理、南充、越西、内江、泸州、阆中、遂宁、昭觉和云南省的泸西、屏边以及贵州省的盘县、桐梓、安顺、兴义。积温增速高于区域平均水平的地区主要分布在云南省的瑞丽、临沧、思茅、勐腊一带以及四川省的木里、雷波附近，最大增速出现在四川省木里。云南省西南部≥15℃积温的增加，有利于甘蔗、烟草等热带经济作物的发展。

西南地区≥10℃和≥15℃积温均呈增加趋势，与年平均气温升高的趋势基本一致，且与≥10℃、≥15℃持续日数的变化有关。

3. 西南地区日照资源的变化特征

西南地区年日照时数呈明显的经向带状分布，且由西向东逐渐减少。年日照时数丰富的地区主要集中在四川省西部和云南省西北部，贵州省和重庆市的年日照时数相对较少。研究期间，西南地区年日照时数的减速为36 h/10年，除云南省的会泽、勐腊、澜沧、保山、瑞丽、思茅、屏边以及四川省的理塘、若尔盖、会理、昭觉、道孚、峨眉山、盐源、九龙和贵州省的盘县、重庆市的梁平站点的年日照时数有所增加外，研究区域内81%的站点年日照时数呈减少趋势。年日照时数的最大上升幅度为63 h/10年，最大的下降幅度为161 h/10年，降幅比升幅大得多。年日照时数减幅超过60 h/10年的地区主要分布在四川省东部（阆中、遂宁和宜宾附近）、云南省中部的部分地区（楚雄、沾益和昆明附近）和贵州省部分地区（黔西和罗甸附近），减幅最大值出现在云南省楚雄。四川省的泸州、内江、宜宾、都江堰、绵阳、遂宁、南充和贵州省的榕江、毕节、独山、黔西以及重庆市沙坪站点既是年日照时数的低值区（<1 400 h），又是减幅的高值区（>60 h/10年），日照资源尤其缺乏。年日照时数增加的地区主要集中在云南省的会泽、勐腊、澜沧、保山和瑞丽以及四川省的理塘、若尔盖和会理站点附近，增幅最大值出现在云南省会泽。四川省的理塘、若尔盖、会理和盐源站点既是年日照时数的高值区（≥2 200 h），也是日照时数增加的区域，其日照资源尤其丰富。

28.4.2.2　降水变化分布不均，但总体呈下降趋势

对西南地区年平均及春、夏、秋、冬四季多年平均降水量线性趋势进行分析，结果见

图 28.2。

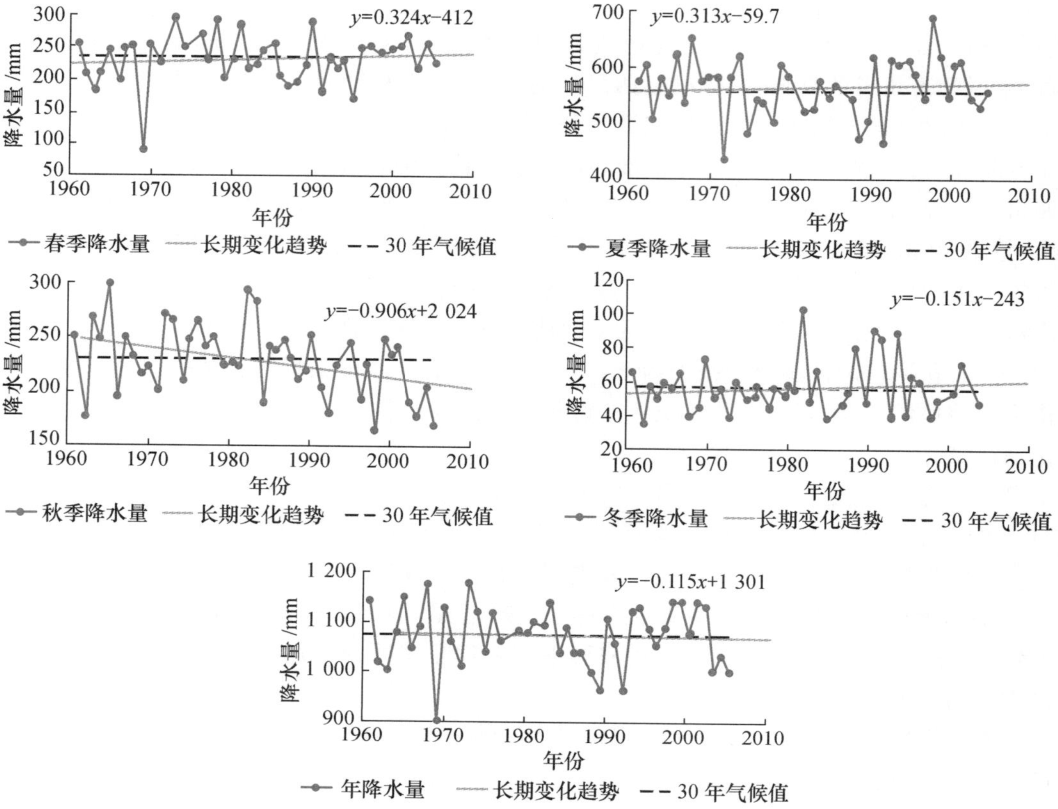

图 28.2 西南地区降水量变化

（y 为气温，℃；x 为年序）

西南地区年平均降水量长期变化呈弱的下降趋势，这与 1961—2007 年全国平均年降水量呈现小幅增加趋势[43]的结论相反。线性拟合方程为 $y=-0.115x+1\,301$（y 为气温(℃)；x 为年序），说明年均降水量以每年 0.115 mm 的速度下降，但未通过显著性检验。

从线性趋势的空间分布来看，1961—2007 年，西南地区东部年降水量基本上表现为下降趋势，而西部基本为上升趋势。具体为四川东部、重庆、贵州、云南东部和南部表现为下降趋势，中心位于四川东南部及云南东部，而西藏、四川西部、云南西部等高海拔地区及广西西部表现为上升趋势，中心位于西藏及四川西部。不同季节年降水量变化也基本表现为西高东低的趋势，特别是西部高海拔地区均表现为增加的趋势，而四川东部、云南东部、重庆、贵州大部分季节均表现为减少趋势或弱的增长趋势。

1961—2007 年，西南地区年降水量气候倾向率为 −76～43 mm/10 年，平均为 −10 mm/10 年，整体呈减少趋势，但减幅小于华北平原同期的变化趋势，与华南沿海 1958—1999 年降水量增加以及长江中下游地区 1951—2001 年降水量微弱增加的趋势相反。西南地区年降水量气候倾向率的空间分布特征明显，以马尔康、小金、越西、雷波、西昌、会理、楚雄和元江一带为分界，界线以西的地区（包括四川省西部和云南省西北部）年降水量呈增加趋势，最大增幅出现在四川省理塘，界线以东的大部分地区年降水量呈减少趋势，以西南地区中部的减幅最大，东部次之，最大减幅出现在四川省峨眉山。研究区 51% 的站点年降水量减幅在 0～40 mm/10 年，减幅≥40 mm/10 年的站点主要有四川省的峨眉山、宜宾、乐山、都江堰、广元、绵阳、雅安、泸州和贵州省的威宁以及云南省的沾益。1961—2007 年，四川盆地的年降水量呈减少趋势，这与王英等[44]的研究结果一致。云南省西北部和四川省西部为年降水量的低值区，同时也是气候倾向率的正值区，年降水量呈增加趋势，这与杨建平等[45]的研究结果相同，至于该趋势是否有利于当地的农业生产，还需要考虑降水的有效性及其年内分布特征。四川省的理塘、稻城和雷波以及云南省的德钦、维西、保山、楚雄和瑞丽站点的年降水量呈增加趋势，且年平均气温增幅均超过 0.30℃/10 年，说明该区气候变化呈暖湿化趋势。

四季当中，秋季降水量长期变化呈较明显的下降趋势，每年下降 0.906 mm，且通过了 $\alpha=0.02$ 的显著性检验，表明秋季降水量的减少是对年降水量减少的主要贡献。其他季节呈现出弱的上升趋势，也未通过显著性检验。从年代际变化来看，四季及年平均降水量的年代际变化正负交替出现，未出现显著的增减特征和趋势。

28.4.2.3 极端天气气候事件呈上升趋势

与全球变化一致，1961—2010 年西南地区极端天气事件特别是干旱、强降雨、高温热浪等呈现不断增多增强的趋势，预计今后这种极端事件的出现将更加频繁。全球气候变暖是极端天气气候事件频发的大背景。从气象学原理上来说，全球变暖使得地表气温升高，较高的温度引起水面蒸发加大、水循环速率加快，这将使风暴的能量更强，更多降水将在更短时间内完成，这可能增加大暴雨和极端降水事件以及局部洪涝出现的频率；个别地区龙卷风、强雷暴以及狂风和冰雹等强对流天气也会增多；另外，由于从植物、土壤、湖泊和水库的蒸发加快，水分损耗增加，再加上气温升高，一些地区将遭受更频繁、更持久或更严重的干旱。在全球气候变化背景下，西南地区农业季节性干旱呈加剧发展之势。2006 年川、渝地区出现百年难遇的伏旱，2007 年川、渝地区严重的冬春干旱连夏旱，2010 年西南地区的特大春夏干旱及 2011 年西南地区的特大伏旱都表明南方季节性干旱呈发展趋势。大气水分的增多，也可能使一些较寒冷地区暴风雪的强度和频率增加。

28.4.2.4 地质灾害等增加

西南地区地势起伏大，山区面积广，地质环境脆弱，加之降水集中，多暴雨，地质灾害种类多、发生频繁、范围广、危害重，是中国最严重的区域。由于活动断裂发育，新构造运动强烈，地震频发，岩石破碎，山体松软，加之气候变暖导致极端天气气候事件呈上升趋势，以及人类对植被的严重破坏等原因，西南地区的地质灾害将呈增加趋势，从而对农业，尤其是丘陵、山区农业生产造成危害。

28.4.2.5 高原积雪、冰川减少

西南地区的冰川多为海洋型冰川，而海洋型冰川对气候变暖极为敏感。研究表明，进入本世纪，海螺沟冰川Ⅰ正以每年 15～20 m 的速度向后消退。自 1990 年在海螺沟设立定点观察以来，海螺沟冰川已退后 274 m。由于冰川的退缩，径流量增加。如果持续升温，融水由增加转为衰减的临界状态，可能在 21 世纪中期出现，那时海螺沟冰川面积必将大为缩小。预计海洋型冰川面积到 2030 年减少 4 075 km^2，到 2050 年减少 6 924 km^2，极为可观。增加的冰川融

水量对河川径流有一定影响，前期对干旱河谷引水灌溉有利，但气候持续变暖，冰川面积减少到极限后，又面临着无冰雪可融、干旱河谷区无水可灌的悲惨局面。另外，气温骤然升高，冰川强烈消融的极值事件增多，结合暴雨，在山势陡峻条件配合下，洪水、泥石流大量发生，不利于农业生产的发展。

28.4.2.6 蒸散、蒸发量上升

1961—2007 年，西南地区年参考作物蒸散量的空间分布特征明显，由西南向东北逐渐减少，高值区（≥1 100 mm）主要集中在云南省的大部地区，低值区（<900 mm）主要集中在四川省东部、重庆市大部以及贵州省北部。1961—2007 年，西南地区年参考作物蒸散量气候倾向率在－149～25 mm/10 年，平均值为－6 mm/10 年，减幅小于年降水量的变化趋势。除云南省西部的澜沧、会泽、勐腊和保山以及四川省西南部的木里、若尔盖、九龙和峨眉山站点的年参考作物蒸散量呈增加趋势外，研究区 69％的站点呈减少趋势。重庆市大部、四川省东部以及西北部高海拔地区、云南省中部和贵州省中部部分地区年参考作物蒸散量的减幅较大，均在 10 mm/10 年以上，减幅小于 10 mm/10 年的区域占研究区总面积的 56％。

28.4.3 环境与气候变化对西南地区农业生产的影响

28.4.3.1 作物种植界线北移，产量可能提高

如年平均气温升高 0.4～1.0℃，将可使谷类作物种植界线向北推进 150～200 km，种植高度上升 80～167 m，喜温作物如水稻、玉米＞10℃积温增加 5％左右。据张家诚研究[45]，年平均气温升高 1℃或年降水量增多 100 mm，将使粮食单产和总产增加 10％。

28.4.3.2 对作物复种的影响

西南地区农业生产是多熟种植，复种指数高达 200％以上。当气候变暖后，日平均气温＞0℃或 10℃的活动积温相应增多、生长季节延长，可将现有的一年一熟改为两熟、两熟改为三熟，从而提高复种指数。例如，四川盆地东南部稻区，过去的热量条件是三熟不足，二熟有余，若年平均气温升高 1.0℃，则全年＞0℃积温可达 6 365～7 065℃ · d，完全可以满足三熟制的热量要求，麦—稻—稻、油—稻—稻或麦（油）稻—再生稻均可推广，从而扩大复种面积。

28.4.3.3 低温冷害将呈现减轻的趋势

西南山地立体气候显著，海拔高度对气候的影响超过了纬度，山麓河谷为热带或亚热带气候区，山腰为温带，山顶则为寒带。特别是云南山地素有“天然植物王国”之称，水稻资源十分丰富。栽培稻渐次由喜温品种过渡到喜凉、耐寒品种，在立体气候条件下，水稻亦形成了立体栽培。由于气候变暖，各个种植高度上的作物，低温冷害影响将减轻，并可充分利用立体气候资源，扩大多种经营范围，使喜热、喜温凉作物、亚热带和温带果树、经济价值高的林木、药材等按适宜的气候环境种植，充分发挥立体农业的优越性。在大、中城市，由于低温冷害和高温干旱的影响，冬夏蔬菜供应偏紧。气候变暖后，冬春蔬菜供应可望获得改善，而夏季问题则更加突出，部分不耐高温的蔬菜基地，势将向适宜的高海拔地带发展，以减轻其危害程度[3-4]。

28.4.3.4 旱涝高温灾害发生几率增大

气温升高后，季风性、大陆性气候将会进一步增强，降水时空分布的不均匀性也会更加明显。干旱、洪涝和高温危害几率亦将增大，但这些灾害的时空分布格局仍与原来类似，即仍发生在农作物旺盛生长的温暖季节，而川东南地区的高温伏旱更加突出，川西北地区洪涝灾害更加频繁，黔东南的高温危害有所加重，昆明的8月低温虽有缓解，但春旱更加严重。

28.4.3.5 病虫危害更加猖獗

气候变暖，特别是冬季变暖，害虫及病原物容易越冬，使虫源基数增大；病虫发育起点提前，休眠越冬期推迟，一年中害虫世代增加和重叠，农田多次受害几率增高；复种指数增大及高产品种的进一步推广，造成遗传物质基础狭窄，种间和种内异质性减少，同时，由于空气中CO_2浓度增大，植株中含碳量提高，含氮量下降，引起害虫采食量增大，使农作物更易受到病虫危害。

28.4.4 环境与气候变化背景下西南地区农业减灾举措

28.4.4.1 提高认识和全民意识，加强农业减灾的组织领导

提高农业减灾能力是农业高产、稳产、高效、优质的需要，是实施农业可持续发展战略的需要，是充分合理利用光、热、水、土地等自然资源和劳动力、科技、资金等社会资源的需要，是促进农民增产增收，保持社会稳定，构建和谐社会的需要，是坚持科学发展观的具体体现。提高农业减灾能力，涉及自然、社会诸多领域、多种业务服务技术的综合集成，涉及农业、水利、林业、农机、气象、航空等诸多部门，涉及跨区域的各种组织协调工作，既要考虑当前实际，更要兼顾未来发展。各级政府理所当然地成为提高减灾能力的组织者和重要的投资者；有关单位必须在政府统一领导下相互配合、相互支持，采用法律、行政、经济、科技、宣传等多种手段、综合措施，在政府组织协调下，动员全社会的力量，实施社会防灾减灾行动，减轻灾害损失，保证社会经济持续健康地发展。

从组织管理的角度，还应加强以下工作：一是建立健全农业减灾的各级管理机构。由于农业灾害的特殊性，其他业务部门的减灾业务并不能代替农业部门自身的减灾管理。农业部门主要应加强农业生产过程的减灾管理，包括产前预防、产中抗灾和产后补救。二是建立健全农业减灾的科研、业务、专家咨询机构以及大专院校中的专业设置等。农业减灾是一项专业性极强的系统工程，必须要有相应的科研业务机构和专家队伍，这是科学减灾的前提之一。三是各地应针对当地主要农业灾害逐级逐项编制应急预案。现有国家和省级应急预案是针对全社会的，在农业生产中还需要有针对性和可操作性更强的应急预案，这一点在农业生产个性化特征很强的西南地区尤为重要。四是加强环境教育，提高气候、环境意识。全球气候变暖，既是自然气候变化的结果，又是人类大量消耗石油、天然气、煤和其他一些矿物燃料和大规模地砍伐森林、破坏植被的结果。所以，应加强环境教育，提高气候意识，形成社会舆论。

28.4.4.2 加强灾害监测、预测和分析评估工作，夯实科学减灾基础

灾害监测、预测和分析评估是科学减灾的前提条件和基础工作。长期以来，政府在领导人

民和灾害作斗争中取得的胜利和抗灾主动权，依赖的决策依据主要是气象、农业、水文部门提供的日照、气温、降水、风速、风向、土壤水分、病、虫、草、鼠以及江、河、塘、库水位动态跟踪监测信息。由于时代的局限，许多信息站点稀少，连续性、准确性较差，自动化程度低，获取手段单一，获取难度大，预测和分析评估工作十分薄弱。近年来气象卫星遥感、计算机及网络、生物环境数据采集自动化等高新技术迅猛发展，为大面积灾害监测、预测提供了多种更为科学有效的途径。各级政府和有关部门应当抓紧时间，抓住机遇，加大投入，建设统一、规范、自动化水平比较高的灾害监测系统，对气象、生物、地质等灾害进行全方位的加密、连续、自动跟踪监测，加快建立农田远程灾害监测系统，同时要建立农业部门与气象、水利、地质、民政等部门的灾害信息共享与防灾减灾协调、联动机制，以加强农业灾害的监测和预警工作；组织相关部门或单位的专家联合攻关，对灾害标准与成因，灾害预测预报和服务进行系统深入的分析研究，对提高农业减灾能力的对策进行更加深入系统的研究，开发灾害预测预报服务系统。

28.4.4.3 加强农田水利与生态环境建设

根据西南地区地形地貌、自然降水特点和农田水利现状，结合中央解决“三农”问题的思路、政策及其发展趋势，以及正在实施或即将组织实施的重大工程项目，我们认为应在以下几个方面加大项目争取和建设力度：一是论证兴建重大水利工程，包括选择合适的地方修建水库及其配套渠堰。二是继续深入开展中低产田改造，改田改土增强土壤保水保肥能力。20 世纪 90 年代在国家改造中低产田项目支持下，经 20 年努力，通过减缓坡度，增厚土层，培肥土壤，对减少水土流失、增加土壤蓄水保水能力具有明显效果。有研究表明：25°的陡坡地改为 5°以下梯田后，年径流量由每公顷 1 800 t 减少到 1 080 t，年土壤流失量由 81 t 减少到 21 t[46-48]；坡改梯后土层增厚 20 cm 以上，每公顷增有效水 450 t 左右，增产粮食 2 250 kg 左右[12]。坚持集中成片、综合治理的原则采用工程、生物、科技、农耕农艺等措施将坡耕地改造成为平、厚、壤、固、肥的水平梯地，变跑土、跑水、跑肥的“三跑土”为保土、保水、保肥的“三保土”，提高坡耕地的抗灾综合能力。三是创新体制、机制，建设众多小、微型水利工程。上述措施的科学有效执行，可以组成独具山丘区特色的农田水利网。

28.4.4.4 发展机电提灌事业，切实解决水源进田入土

西南地区地形复杂，沟壑纵横，水低田高，仅靠江、河、塘、库、堰的自流灌溉根本不可能改变“靠天吃饭”的局面，加之全区相对高差大，降雨量分布不均，年年有旱，多数塘、库、堰天然集雨量少，因此必须高度重视机电提灌事业，坚持“蓄、引、提、节”紧密结合，配套建设。各级党政和有关部门应按照“统筹城乡发展、统筹区域发展、统筹经济社会发展、统筹人与自然和谐发展、统筹国内发展和对外开放”和“多予、少取、放活”的基本原则，加大投入，科学规划，分步实施，并逐步建立健全投资体制和长效管理体制，狠抓机电提灌设施的维修和改造，狠抓旱片死角人畜饮用水问题，特别是要研制和推广一大批减灾专用设备和器具。

28.4.4.5 大力开发空中云水资源

开发水资源不仅要合理开发地表水和地下水资源，也应重视合理开发空中云水资源。

西南地区空中云水资源十分丰富，是得天独厚的气候资源。以四川为例，四川的多云中心常年存在，降水性层状云平均厚度大约是北方地区的 3 倍多。有专家研究表明：输入四川上空

的水汽只有约 1/7 降到地面。如果通过催化，使输入水汽量多转化 1%～2%，就可增加年降水量约 70～150 mm。

实践证明，在干旱季节，通过实施人工增雨抗旱作业，不但可以大大缓解或解除旱区缺水问题，而且可以增加江河径流、水库蓄水量，改善生态环境，人工增雨抗旱费省效宏，广大农民非常欢迎。各级党政应该进一步加强对人工影响天气工作的组织领导，进一步加大投入力度；气象等相关部门应该对人工影响天气工作进行更加深入系统的研究和规划，适时更新、增添具有高科技含量的现代化设施设备，进一步加大人才培养力度，积极开展空中云水资源监测评估工作，积极开展人工影响天气效益的客观评估工作，千方百计提高人工影响天气的社会经济效益。

28.4.4.6 加强水资源的保护利用

社会经济的发展要考虑水资源的承载能力，把保护、改善生态环境和改善生产、生活条件结合起来，实现可持续发展。加强水资源的保护，首先应该加强水资源的统一管理，建立统一、高效、有序的水管理体制。通过全面综合规划，对水资源进行合理配置，实现数量与质量、城市和农村、工业和农业、供水和排水、用水与节水、治污与循环使用、收费与建设的一体化管理，促进水资源的高效利用。其次，要因地制宜，区别对待不同性质的矛盾。在农业结构调整中，要根据水资源紧缺的情况压缩高耗水、低价值作物的种植面积；充分发挥现有水利设施的作用，在水利工程覆盖不到的地区根据当地的水利、气象情况，考虑农业遭遇干旱等灾害的风险，因地制宜地推广低耗水、耐旱的种植方式和优良品种。第三，加强水资源的监管。水质方面重点监管造纸、化工、印染、食品等行业；对新建企业，严格按照 2002 年颁布的《中华人民共和国环境影响评价法》的规定，建好污水处理系统，鼓励循环使用；增强城市污水处理能力，尤其要增强江河沿岸大城镇的污水处理能力。加强执法力度，对擅自取水、乱取水、乱排污、偷排污的企业和行为依法予以重处，决不手软。第四，加强宣传，推动全民参与水资源的保护工作。通过各种媒体、多种方式在城乡广泛宣传，确立人与自然和谐共存的发展观，增强节水意识、水资源危机意识和水资源保护意识。

28.4.4.7 加强农业灾害风险管理

一要加强农业灾害风险分析及区划。二要加强农业备灾，除民政部门储备的救灾物资外，农业部门应建立种子、饲草、化肥、农药、柴油、水泵等抗灾物资储备制度。种子储备除当地主栽品种外，还要储备一些绝收后改种能成熟的救灾作物种子。三要积极推进农业灾害保险，加大投入，尤其在主要商品粮基地应该全面普及农业灾害保险制度，确保粮食安全。

28.5 西南地区农业的区域减灾战略与系统工程

农业生产是一种地域性、季节性很强的生产活动，农业发展受自然环境、人为因素等多种因素的影响与制约。综观西南 20 世纪 70 年代以来的农业发展，凡是农业上产生大的徘徊，无一不是受到自然或人为造成的灾害所引起的。西南地区独特的地理位置和复杂多变的自然地理地质环境使得本区的农业自然灾害种类繁多、分布广泛、发生频繁，加之自然的和历史的原因，农业灾害已成为西南广大农区脱贫的枷锁、致富的桎梏、农业可持续发展的障碍。因此，灾害问题已成为西南农业经济发展中不仅不能忽略而且必须予以高度重视的重大问题。研究西南地区的农业灾害，探索其发生发展特征与趋势，构建西南地区农业防灾减灾技术框架与模式体系，是西南地区农业可持续发展的重要组成内容。

28.5.1 西南地区农业灾害发生发展特点与灾变趋势

28.5.1.1 灾害种类的多样性与集中性

制约农业生产的灾害种类繁多，但不同灾种的损害对象与危害程度却存在着巨大差异。具体到西南而言，由气候异常产生的干旱、洪涝、冰雹、低温、干热风等气象灾害与病虫害对农牧业生产的危害最为严重，旱灾、水害尤甚；水土流失、荒漠化等生态灾害对农业可持续发展的潜在威胁最大；由工业、农业污染带来的环境灾害正逐渐成为农业生产的主要灾种。

28.5.1.2 灾害分布的广泛性和区域性

农业灾害经济有别于其他产业灾害经济的一个重要特点是农业灾害的大范围性和大面积性，从而使农业经济损失具有普遍性。农业灾害是自然灾害系统与农业经济系统交互作用的结果，西南地区地域辽阔，地理环境复杂，不同地区由于其灾害类型和农业对象、农业生产布局及生产条件的差异就形成了西南农业灾害经济区域分异。如低温、冰雹主要发生在贵州及云南高原区；干热风主要发生在金沙江河谷；沙漠化主要发生于农牧交错地带的半农半牧区；灾害性水土流失主要产生在江源山地毁林垦殖的陡坡耕地上。

西南山区受印度洋季风气候的影响，随着印度洋季风越来越变得反复无常，西南地区季节性干旱风险也越来越大，已经成为西南地区最严重的农业灾害。局部干旱和区域性干旱是西南季节性干旱的重要特征，这是由西南多山及气候的复杂性所决定的。西南地区局部干旱的表现是干旱呈点状或片状分布，往往发生在一个较小的地理范围，例如一个小流域。区域性干旱是指干旱覆盖一个省的半数以上县的情况。西南地区春夏两季发生季节性干旱的概率达80%以上，秋季发生季节性干旱的概率则达到了30%，伏秋旱形成区域性干旱的发生概率也达到了25%以上。

28.5.1.3 灾害发生的季节性和周期性

同一地区的农业灾害在时间分布上存在不均衡性，即有周期性和非周期性现象。从年内分布来看，农业灾害具有显著的季节性，如季节性干旱冬春时节发生频率较高，夏秋之交多暴雨、洪涝，低温阴雨在春秋季发生严重。因农业生产具有强烈的季节性，当灾害出现在农作物生长期时，对农业危害最为严重。

28.5.2 西南地区农业减灾的总体思路与技术框架

28.5.2.1 将农业减灾纳入经济和社会发展战略规划

农业减灾是一个涉及社会经济方方面面的复杂系统工程，从总体上进行长远的、系统的考虑是必要的。应把减灾工作作为推进社会经济发展的一件大事,纳入各级政府的重要议事日程和国民经济发展的总体战略规划。

28.5.2.2 树立"大协调"减灾观念,设计减灾系统工程

减灾需要协调。减灾的真正含义是指人们运用现代科学技术来增强抵御自然灾害的能力,从而减轻因灾造成的损失。减灾能力的增强依赖于人口、资源、经济和环境各子系统的协调,而不仅仅依赖于防灾工程能力,而传统的单目标、单部门的抗灾、救灾观念,那种只重工程能力,轻非工程措施;偏抗灾、救灾,忽视减灾、防灾;重单一部门防灾、救灾,轻社会公共政策协调等,实践证明使我们蒙受了众多本不应该出现的灾害损失。失败和教训告诫人们,造成这种状况的更深层原因在于没有明确地树立人口、经济、环境协调发展的观念,缺乏通盘考虑密切相关的各因素。因此,要牢固确立政府在减灾过程中的领导作用,树立"大协调"的减灾观念,依托科技进步将研究成果同政府决策和职能以及社会公众行为结合起来,实现社会的统一行动。组建包括监测、预测预报、防灾、抗灾、救灾、灾后恢复、社会救助行动、决策指令等的综合减灾管理系统,各子系统间应相互衔接、有效协调,打破目前灾害管理中的分头管,条块分割,以致信息交流不畅,规划实施不力,出现问题责任不清的被动抗灾局面。同时"大协调"减灾观念还必须进行根本性的改变——由重救灾、轻防灾,向防救并重转变,树立预防为主,防救结合,综合减灾的观念;由单纯重视"投入"型经济的增长向"投入"增长和"减灾"经济增长同步进行转变;由单一灾种减轻向综合减灾转变,从人口、资源、经济、环境的高度综合考虑减灾系统工程;由部门分头减灾管理向综合管理转变;由单纯依靠行政命令和精神感召约束人们的减灾行为向以行政、经济、法律及精神号召等多种方式引导社会减灾行动转变。

28.5.2.3 依靠科技进步和人才队伍建设提高农业减灾能力

灾害科学研究的进步已发展到依靠科技特别是高科技的力量,发挥人的主观能动性,完全有可能把灾害消除在未发生之前,因此关于灾害发生、发展、危害特点规律的研究以及对灾害监测、预测预报保障体系的建设便显得十分迫切和必要。西南地区灾害监测、预报服务体系初具规模,但由于比较分散,监测信息质量不高,尚未形成综合性信息加工的能力,很难实现信息资源的共享,离减灾工作的实际需求相距甚远。建议政府统一规划气象、水文、防汛、病虫等监测预警服务体系信息工程建设,尽快实现信息资源在防灾减灾决策中的关键作用[23-27]。

28.5.2.4 建立高效合理的防灾减灾管理体制

防灾减灾管理是保证科学减灾技术实施,贯彻政府科学减灾决策,以及公众减灾行为有序运作的关键。政府应该在科学的指导思想下建立一个高效的、综合的防灾减灾管理体制。建立防灾减灾综合法规,用法律约束与监督减灾资金落实、相关部门的职责与权力、部门与地区之间的协作以及灾后社会保障措施的落实等。同时推进保险业参与抵御自然灾害的社会责任中来,尽快将过去由国家统包的单一救济方式转向社会自我保险为主、国家适当补贴的多渠道救济。

28.5.3 西南地区农业减灾关键技术与模式

受地理位置和地形地势的影响,西南地区自然灾害种类多、频率高、危害重、损失大。在不

能完全控制自然灾害发生的前提下，采取“避、防、抗”的减灾原则尤为重要。以“避”为主，适应气候，调整种植结构，既利用气候资源，又可有效规避气象灾害；以“防”为主，建立自然灾害综合监测预报与网络通信体系，加强灾害监测预报，提高区域内整体防范功能。

28.5.3.1 季节性旱灾减灾技术措施

1. 大力发展节水型农业

根据西南地区的自然气候、水资源、农业生产和社会经济发展的特点，因地制宜地发展节水型农业。从水资源开发利用、输水配水、田间灌水技术、灌溉制度、农业栽培、选育抗旱品种等各个环节探讨节水潜力，从而建立一整套节水型农业技术体系，进一步推动节水型农业向深层次、综合化、体系化方向发展。

(1)调整农业结构和种植制度。调整农业结构就是针对未来气候变化对农业的可能影响，改进作物、品种布局，采用防灾抗灾、稳产增产的技术措施及预防可能加重的农业病虫害。同时，应改变传统的种植制度，选择耐旱性强的作物种类进行复种、间套作和轮作。

(2)发展生物技术，选育适应气候变化的新品种。加强光合作用、生物固氮、生物技术、抗御逆境、设施农业和精确农业等方面的技术开发和研究，强化农技推广体系，提高科研成果转化率。选育优良品种是最根本的适应性对策之一。对同一类型作物来说，不同品种间的耐旱力有较大差异，耐旱品种的丰产性能也不同，因此，应选用适合当地条件的耐旱、抗病、丰产的品种。

(3)发展节水灌溉工程。根据农作物的类型、发育期、需水关键期和需水量等在作物生长关键时期进行灌溉，以获得最佳产量或品质。同时，还应根据地块墒情安排灌溉时间和灌溉量，做到既节约用水又不降低产量。运用现代节水灌溉技术，尽量减少水浪费，改过去的面灌为喷灌、滴灌、渗灌等。推广先进的灌溉技术，可显著提高水资源的利用效率，也可提高作物产量。

2. 人工增雨抗御干旱

据试验统计，在有利于降雨的天气条件下，人工增雨可平均增加 20%～25%的降雨量。空中水资源的开发增加了陆地水分循环，提高了水的利用效率。西南地区要拉大“空中水库”的闸门，实现一个转变和四个延伸，即把人工增雨从抗旱应急手段转变到水资源开发的战略高度，从增雨抗旱向增雨蓄水延伸，从夏季增雨向冬季增雨延伸，从白天增雨向全天候增雨延伸，从稳定性天气增雨向不稳定性天气增雨延伸，以获得更大的效益。

3. 抓好以水利为重点的农田基础设施建设

坚持全面规划、统筹兼顾、标本兼治、综合治理的原则，趋利避害，开源与节流并重，防洪与抗旱并举；从实际出发，采取相应措施，兴修水利，在丘陵山区修水库、塘坝，把多余的雨水收集起来，供少雨季节灌溉使用；根据当地水源情况，制定发展水利的科学规划，并有步骤地加以实施，从而发挥更大的抗旱作用。

28.5.3.2 洪涝减灾技术措施

1. 植树造林，加强生态环境建设

森林是农业最重要的生态屏障，因此发展森林是防御洪涝的重要措施。据统计，在植被好的林区，约有 20%～30%的降雨被树叶阻挡，15%的降雨被枯枝落叶所吸收，其余的渗入地下。由于地表径流显著减少，因此，植树造林能有效防止山洪和泥石流暴发。

2. 基于生态系统加强防洪工程建设

在主要河流上游，修建以防洪为主的堤坝；中游设置蓄洪区，疏通河道，改善引洪能力；下游要加强堤坝，在重要地段修筑围堤，完善排洪措施，以达到防洪救灾的目的。

3. 优化调整农业结构和种植制度

宜农则农，宜林则林，宜牧则牧，可有效减轻洪涝灾害；选择抗涝品种，并根据气候规律，调整播期，可起到抗洪涝的作用；加强短期气候预测，构筑完善的天气监测体系；依据气候条件，科学引种。

4. 构建农业防灾减灾信息系统

应提高短期气候预测水平尤其是提高转折性天气预报的准确率，以最大限度地预警洪涝灾害。目前，气象部门已与水利部门合作，互通雨情信息，这样双方都可及时掌握各大水库、主要河段、重要区域的雨情和水情，并在第一时间内准确地为防汛部门提供决策依据。另外，应建立包括汛情、灾情和预报信息在内的防汛指挥通信系统，并保证信息畅通，以减轻洪涝灾害损失。

28.5.3.3 生物灾害防控技术措施

农业重大生物灾害防控事关农业生产安全、生态安全和社会稳定，涉及灾变规律、成灾机制、预测预警和综合防控等多个方面，西南地区需要加强生物灾害防灾减灾体系、物资储备制度、科技支撑能力和应急应对机制建设。

1. 构建农业重大生物灾害防灾减灾体系

在省市县农业部门整合相关资源，建立健全农业重大生物灾害防控机构，建成以县级以上机构为主导，乡镇人员为纽带，多元化、专业化服务组织为基础的重大生物灾害防灾减灾体系。县级以上机构主要开展重大有害生物监测预报、检疫、风险评估，以及社会化专业防治的组织、管理、监督等工作，切实履行公共管理和服务职能。通过完善基础设施，配备先进设备，形成规范统一的监测、预警、报告等工作机制，健全信息交流和传输网络，提高监测预警的时效性和准确性。积极发展由政府扶持主导、各类服务组织参与、农民自愿参加的重大有害生物统一防控专业服务队，提高防控的组织化、专业化和机械化水平。

2. 建立重大有害生物应急管理制度

针对当前农业生物灾害发生频繁、危害加重的趋势，各级政府对灾变规律和危害性应有充分认识。一是要建立以政府为主导的快速反应机制。重大生物灾害难以非常准确地预测，也不能完全迅速控制。鉴于灾害的严重性和负面影响，一旦发生，需要政府在第一时间、第一现场采取果断措施，及时控制灾害局势，稳定社会秩序。要逐级建立政府领导牵头、有关部门参与的重大有害生物应急防控指挥机构，建立健全集中领导、统一指挥、反应灵敏、运转高效的工作机制，提高应急防控能力。二要建立透明的信息披露制度。灾害发生后，信息封锁、信息不明或传播失真，易加剧人们的恐慌，极有可能导致社会失稳。因此，必须及时向公众披露信息，化解公众的疑虑情绪。三要建立重大生物灾害防控物资储备制度．建立重大生物灾害防控物资储备库，如加强高效低毒农药储备等。

3. 强化重大生物灾害防控科技支撑

依托省级农业科研单位，针对预警、监测和控制三大科学问题，深入系统地开展理论基础、控制模式与评估体系、遗传分化与变异、寄主互作与系统抵御等方面的研究，揭示外来生物入侵发展机制、高致害变异生物的成灾致灾机制，建立早期预警、风险评估、信息集成、快速检测、野外监测、应急预案、物资储备、生态调控技术等组成的预警防控技术体系，为农业重大生物灾害防控提供有力的技术支撑。

（刘定辉　王明田　李　卓　周晓刚　郑大玮）

参考文献

[1] 张玉芳，王明田，王素艳. 四川盆地冬小麦干旱监测预警技术研究及应用. 安徽农业科学，2010，38(19)：10154-10155，10329.

[2] 刘庆，毛军需，彭国照. 四川盆地夏旱多因素综合评估方法探讨. 干旱地区农业研究，2007，25(3)：82-85.

[3] 彭国照，田宏，郭海燕. 四川凉山州水稻盛夏低温危害及对策. 西南农业大学学报：自然科学版，2005，27(4)：799-803.

[4] 卿清涛，侯美亭，张顺谦. 基于NOAA/AVHRR资料的四川省干旱监测方法初探. 中国农业气象，2008，29(3)：217-220.

[5] 张顺谦，卿清涛，侯美亭，等. 基于温度植被干旱指数的四川伏旱遥感监测与影响评估. 农业工程学报，2007，23(2)：141-146.

[6] 张顺谦，侯美亭，王素艳. 基于信息扩散和模糊评价方法的四川盆地气候干旱综合评价. 自然资源学报，2008，23(3)：713-723.

[7] 刘定辉，蒲波，朱钟麟，等. 四川季节性干旱综合防控技术研究. 西南农业学报，2009，22(5)：32-35.

[8] 刘定辉，庞良玉，陈尚洪，等. 覆盖与底墒对丘陵旱地小麦产量与水分利用的影响. 西南农业学报，2010，23(3)：641-643.

[9] 刘定辉，陈尚洪，舒丽，等. 四川盆地丘陵区秸秆还田少免耕对土壤水分特征的影响. 干旱地区农业研究，2009，27(6)：119-122.

[10] 刘定辉，赵燮京，曹均城，等. 紫色丘陵区蓑草植物篱的减流减沙效应及机理. 西南农业学报，2007，20(3)：439-442.

[11] 刘定辉，赵燮京，庞良玉，等. 川中丘陵旱区小麦覆盖栽培技术研究. 西南农业学报，2002，15(4)：44-47.

[12] 赵燮京，刘定辉. 四川紫色土丘陵区旱作农业的土壤管理与水土保持. 水土保持学报，2002，16(5)：34-38.

[13] 朱钟麟，赵燮京，王昌桃，等. 西南地区干旱规律与节水农业发展问题. 生态环境，2006，15(4)：876-880.

[14] 朱钟麟，卿明福，刘定辉. 蓑草根系特征及蓑草经济植物埂的水土保持功能. 土壤学报，2006，43(1)：164-167.

[15] Pan K W，Zhang Y M，Yin K P，et al. TAPPSC：an effective method of soil and water

conservation during the process of reforestation//Jiao J R, et al. Proceedings of 12th international soil conservation organization conference: Vol III. Beijing: Tsinghua University Press, 2002: 81-84.

[16] Pan K W, Zhang Y M, Yin K P, et al. Restoration and rehabilitation of degraded forest ecosystem on the eastern Qinghai-Tibetan Plateau, China//Garadiner E S, Breland L J. Proceedings of the IUFRO conference on restoration of boreal and temperate forest, documenting forest research knowledge and practices in boreal and temperate ecosystems. Danish Center for Forest, Landscape and Planning, 2002: 165-166.

[17] 潘开文，张咏梅，印开蒲．长江上游植被防洪生态功能研究//李文华，欧阳志云，赵景柱．生态系统服务功能研究．北京：气象出版社，2002：140-156.

[18] 潘开文，刘照光．保留带与造林带的土壤养分和水分再分配的比较研究．应用与环境生物学报，1999，4(6)：6-10.

[19] 王德炉，朱守谦，黄宝龙．石漠化的概念及其内涵．南京林业大学学报：自然科学版，2004，28(6)：87-90.

[20] 杜鹰．岩溶地区石漠化综合治理的探索与实践．中国产业，2011(7)：16-19.

[21] "地球癌症"石漠化致我国每年损失耕地 30 万亩．北京：中国广播网，2012-05-09. http://www.weather.com.cn/climate/qhbhyw/05/1633259.shtml.

[22] 成永生．关于喀斯特石漠化类型划分问题的探讨．中国地质灾害与防治学报，2009，20(3)：126-131.

[23] 潘学标，郑大玮．农业地质灾害与减灾技术．北京：化学工业出版社，2011.

[24] 池忠志，姜心禄，郑家国．杂交籼稻结实率的高温响应研究初报．西南农业学报，2008，21(1)：235-238.

[25] 钱妙芬，汤永禄，吴承富．优质春播小麦 99-5 产量与气象影响因子回归分析．资源开发与市场，2004，20(4)：276-279.

[26] 汤永禄，黄钢．免耕露播稻草覆盖栽培小麦的生物学效应分析．西南农业学报，2003，16(2)：37-41.

[27] 刘永红，何文铸，杨勤，等．花期干旱对玉米籽粒发育的影响．核农学报，2007，21(2)：181-185.

[28] 刘永红，杨勤，杨文钰，等．花期干湿交替对玉米干物质积累与再分配的影响．作物学报，2006，32(11)：1723-1727.

[29] 吴兆娟，王晓东，丁声源．西南地区不同地貌类型土地整理特征比较．国土资源科技管理，2008，25(2)：50-53.

[30] 胡可东．四川省地图册．成都：成都地图出版社，2009.

[31] 陈淑全．四川气候．北京：气象出版社，1985.

[32] 徐裕华．西南气候．北京：气象出版社，1991：5-14.

[33] 国家环境保护总局．环发〔2007〕163 号．全国生物物种资源保护与利用规划纲要．2007-10-24.

[34] 四川省环境保护厅，四川省林业厅．四川省生物多样性保护战略与行动计划(2011—2020年)．2011-12-14.

[35] 刘维华,李梅,罗国容.四川省森林生态旅游发展探讨.安徽农业科学,2005(5):886-887.
[36] 薛金义,荆宇,华玉凡.略论我国旱稻的生产及发展.中国稻米,2002(4):5-7.
[37] 詹兆渝.中国气象灾害大典:四川卷.北京:气象出版社,2006:1-3.
[38] 熊志强,熊道钜,朱鹏飞,等.四川农业灾害与减灾对策.成都:四川科学技术出版社,1999.
[39] 邓绍辉,罗晓彬.建国以来四川旱灾特点及其防治.四川师范大学学报:社会科学版,2005,32(3):125-132.
[40] 四川省人民政府救灾办公室.四川救灾年鉴(1998).成都:四川科学技术出版社,1998.
[41] 中国科学院综考会.中国自然资源手册.北京:科学出版社,2001.
[42] 中国科学院可持续发展战略研究组.中国可持续发展战略报告.北京:科学出版社,2001.
[43] 丁一汇,任国玉.中国气候变化科学概论.北京:气象出版社,2008.
[44] 张明庆,刘桂莲.我国近40年气温变化地域类型的研究.气象,1999,25(4):10-14.
[45] 代姝玮,杨晓光,赵孟,等.气候变化背景下中国农业气候资源变化域.西南地区农业气候资源时空变化特征.应用生态学报,2011,22(2):442-452.
[46] 王英,曹明奎,陶波,等.全球气候变化背景下中国降水量空间格局的变化特征.地理研究,2006,25(6):1031-1040.
[47] 张家诚.气候变化对中国农业生产的影响初探.地理研究,1982(2):23-25.
[48] 张士义,于希臣,刘娜,等.辽宁省旱作节水农业的技术措施.现代农业科技,2008(5):176-178.

第29章

华南地区农业减灾技术

29.1 华南地区的主要气象灾害与减灾对策

29.1.1 华南地区的主要气象灾害

华南地区地处低纬，濒临海洋，山脉交错，海-陆-气交互作用强烈，受低纬度热带天气系统和中高纬度天气系统的交替影响，天气气候复杂多变，台风、暴雨、低温、干旱频繁发生，灾种多、频率高、危害重。

29.1.1.1 热带气旋

登陆华南的热带气旋数量多，强度大，灾期长，突发性强。平均每年登陆华南的热带气旋有 6.61 个，占全国登陆数的 56.4%，其中登陆华南的台风年均 1.4 个。如第 9509 号台风在广东汕尾登陆时中心附近最大风速达 59.7 m/s；第 9615 号台风在粤西吴川登陆时中心附近最大风速达 61 m/s；第 8007 号台风使粤西南渡站暴潮增水 5.9 m，是全国最高纪录，居世界第三位。登陆华南的台风，多发生在 6—10 月，占全年的 93%，7—9 月为其盛期，占全年的 72%。台风能量巨大，摧毁力极强，直接的和衍生的灾害种类最多，对农业生产的影响十分严重。以广东为例，2001 年以来，每年因台风造成的全省农作物受灾面积平均为 30 多万 hm^2，农业直接经济损失近 20 亿元。2006 年，受台风“珍珠”、“派比安”、“格美”和强热带风暴“碧利斯”的影响，广东全省农田受灾面积 70 多万 hm^2，农业经济损失 90 多亿元。

29.1.1.2 暴雨

华南暴雨的季节之长，强度之大，皆居全国前列。以广东为例，全省一年四季均可能出现暴雨，但主要出现在前汛期(4—6 月)和后汛期(7—9 月)。前汛期暴雨多由西风带天气系统所造成，后汛期暴雨主要是受热带气旋的影响。全省年平均暴雨日数 4～10 d，有降水记录以来，全省 24 h 雨量超过 700 mm 的特大暴雨就多达 13 场。1985 年 8 月 25 日增城金坑水库最大 10 min 暴雨量 84.8 mm，是迄今为止我国（除台湾省）实测暴雨强度的最高纪录；1979 年 6 月 11 日粤东沿海东溪口站最大 60 min 暴雨量 245.1 mm，位居目前我国（除台湾省）实测记录的第二位。近 10 年来，每年因暴雨洪涝造成的全省农作物受灾面积平均近 40 万 hm^2，农业直接经济损失 18 亿多元。2005 年 6 月超百年一遇的特大暴雨，使西江、北江遭受大洪水袭击，全省 20 多万 hm^2 农作物受灾，农业直接经济损失 19 亿多元。2008 年 5 月下旬至 6 月中旬，广东出现新中国成立以来最严重的“龙舟水”，全省平均雨量 626 mm，较常年同期多 1 倍，为历史同期最多，全省农作物受灾面积 40 多万 hm^2，减产粮食近 10 万 t，农业经济损失 10 亿多元。

29.1.1.3 低温灾害

受季风气候影响，华南地区冬半年常会出现寒害、低温阴雨、寒露风等低温灾害，对农作物、果树、花卉、蔬菜、水产养殖等造成毁灭性打击。以广东为例，粤中、粤北地区，十年有八年出现寒潮。20 世纪 90 年代的四次寒害，给广东果树、水产养殖等造成的直接经济损失超过 213 亿元，特别是 1999 年 12 月中下旬的寒害，造成全省受灾果树 34.3 万 hm^2、蔬菜 20.8 万 hm^2、旱粮 19.1 万 hm^2，冻死畜禽 123 万头和大批鱼虾，农业直接经济损失 108.5 亿元；春季低温阴雨平均每年出现 1～3 次，常造成早稻大面积烂秧死苗，如 1988 年 2 月至 4 月上旬，长期的低温阴雨使全省烂秧占总播量的 21%以上；秋季寒露风年均出现 2～3 次，其中 1981 年 10 月的寒露风严重影响晚稻抽穗开花和灌浆结实，使全省晚稻减产 12 多亿 kg。

29.1.1.4 干旱

华南虽然年降水比较充沛，但时间、空间分布极不均匀，年际之间变化大，加上太阳辐射强，气温高，土壤蒸发和作物蒸腾强烈，因此区域性、季节性干旱十分突出。以广东为例，全省有春旱、夏旱、秋旱、冬旱以及季节连旱等，一年四季均可发生，但以春旱和秋旱居多。其中，春旱主要发生于粤西南，发生几率约为 10 年 5～7 遇，秋旱主要发生于粤北内陆地区，发生几率约为 10 年 5 遇。广东的干旱持续时间长，受灾面积大。粤西南年均春旱天数 19～26 d，最长春旱天数 192 d，粤北内陆年均秋旱天数 25 d，最长秋旱天数达 76 d。全省每年受旱面积一般在十几万至几十万公顷，2002—2004 年间，广东遭遇 50 年来罕见的连年干旱，造成全省近 200 万 hm^2农作物受灾，因旱减产粮食 10 多亿 kg，115 万多头大牲畜出现饮水困难，农业直接经济损失 30 多亿元。

29.1.1.5 高温热害

据统计，华南地区日最高气温≥35℃的高温日数近 17 d。高温酷热可降低光合酶的活性，影响光合作用，加剧呼吸作用和蒸腾蒸发作用，对华南地区早稻的抽穗扬花、春种夏收玉米的抽雄灌浆、夏种秋收玉米前中期的生长造成严重危害。早稻抽穗扬花期≥35℃的高温，会使水稻灌浆期缩短，千粒重下降，秕粒率增加，形成高温逼熟。在抽穗期，日最高温度大于 35℃的天数达 6 d 以上时，水稻的结实率比正常气温条件下降低 15%左右。灌浆期如遇高温，会导致稻米碾磨品质下降，表现为糙米率、精米率下降 1～3 个百分点，整精米率下降 3～10 个百分点。玉米生育后期遇到 35℃以上的高温时，会使灌浆缓慢，空穗或结实率不高。玉米生育前中期遇到 35℃以上的高温，会使生长严重受阻。

29.1.1.6 强对流天气

受暖湿气流、海陆交互、地形等的影响，华南经常出现飑线、冰雹和龙卷风等强对流天气。以广东为例，飑线主要出现于春夏季节的 4—8 月，占全年的 80%以上，年平均发生可达近百个站次，最多的一年甚至达 238 站次，以中南部居多；全省年平均降雹 9.4 次，主要集中于 3—4 月，占全年的 76%，以山区、内陆和西部地区为多；龙卷风全省年平均出现 3 次以上，多出现在 6—8 月，占全年的 84%，在地区分布上，从遂溪到海康一带，中山、海丰和揭阳等地发生频率较大。强对流天气突发性强，破坏性大，平均每年造成的直接经济损失 1.5 亿元以上。1992 年 4 月上旬，茂名市出现罕见的冰雹和飑线天气，最大冰雹 20 多 kg，降雹时间长达 40 min，受灾人口近 300 万人，受损房屋 40 多万间，受灾农作物 5.8 万多 hm^2，全市直接经济损失 3.79 亿元。2003 年 4 月 20 日，一场罕见的龙卷风袭击雷州市调风镇，造成 793 间房屋被毁，29 人受伤，一批香蕉、甘蔗、菠萝等农作物和通信、供电设施严重受损，直接经济损失达 2 836 万元。

29.1.2 华南地区气象防灾减灾对策

29.1.2.1 加强综合气象观测系统建设

建设广州气象卫星地面站 B 站工程和新一代极轨卫星珠三角区域资料接收系统，强化以卫星为观测平台的天基遥感探测系统；加强以飞机为观测平台的空基遥感探测系统；加强由天气雷达、地面和高空气象站网、自动站网组成的以地球表面为观测平台的地基探测系统；推动《南海海洋气象业务发展专项规划》的实施，加强大风、大浪、海雾和风暴潮等海洋气象灾害监测；加强农业、交通、电力等高影响行业特种气象观测；加强山区、水域、城市、偏远村镇、灾害脆弱区和易发频发区气象监测，建设气象多灾种综合监测平台，充分发挥综合观测网的效益。

29.1.2.2 提高气象预报预测水平

加快建设珠江三角洲中小尺度气象灾害监测预警中心，综合运用多种观测资料，建立先进的资料同化系统；加强数值天气预报及其解释应用；优化临近预报、短时预报、中期预报、短期气候预测业务系统；强化延伸期预报和区域气候模式的本地化应用工作；建立强对流天气中小尺度综合分析系统；努力实现“定时、定点、定量”的精细气象灾害预报，进一步提高灾害性、关键性、转折性重大天气的预报水平，加强高敏感、高影响行业气象灾害预测预报，实现对多种灾害预警防御的统一协调、指挥和调度，提高防御重大气象灾害的前瞻性、针对性和科学性。

29.1.2.3 完善公共气象服务体系

加强决策气象服务系统建设，突出增强为各级党政领导防灾减灾服务的针对性、主动性、及时性和准确性；丰富公众服务产品，提高精细化服务水平，加快自然灾害和突发公共事件预警信息发布系统建设，充分利用各种媒体渠道，做到第一时间、第一发布，扩大服务的覆盖面，实现气象服务“进社区、进农村、进企事业、进学校”，进一步提高气象服务的覆盖面。完善气象灾害应急预案，建立以气象预警信息为先导的各部门综合应急联动机制。建立高敏感、高影响行业气象灾害服务平台，提高为各行业、各领域、重大社会活动、重大社会事件、重大工程的气象服务能力，建立气象灾害灾情监测、采集、评估系统，提高专业专项气象服务水平。

29.1.2.4 完善人工增雨减灾作业体系

完善各级人工增雨作业指挥系统，提高作业的科学性和有效性；科学监测、分析和掌握华南地区空中云水资源的时空分布，实现人工增雨作业点合理布局，提高作业的机动性，最大限度发挥人工增雨的作用；加快建设飞机人工增雨基地，与高炮、新型火箭等多种作业手段共同形成作业催化系统；加强人工增雨作业应用技术研究，不断提高人工增雨作业能力；建立华南地区江河流域人工增雨基地和重点区域人工增雨作业示范区；加快各省人工影响天气试验中心建设。在此基础上，做到抗旱救急作业和资源性降水作业相结合，充分发挥人工增雨在抗御干旱、缓解水资源短缺和保护生态环境中的作用。

29.1.2.5 推进气象科技扶贫

从专业气象指标试验研究入手，强化专业气象实用技术研究；充分利用广播、电视、电话、报纸、网站等媒体，通过建立气象科普专栏、专家讲座、电话查询、专家热线等形式加大气象科技宣传；开展专业气象适用技术培训班、科普知识讲座、印发科普宣传手册、深入农村释疑解惑等多种方式相结合的气象科技下乡活动，让公众真正懂得利用气象科技趋利避害；充分运用天气预报、农业气象气候资源利用、人工影响天气、卫星遥感监测等高新技术，转变扶贫方式，拓宽扶贫领域，丰富扶贫内容，改进扶贫手段，提高扶贫效果，促进社会稳定和经济繁荣。

29.2 华南地区的主要生物灾害与减灾对策

29.2.1 华南地区农业生物灾害的特点

农业生物灾害是指由于人类的生产生活不当、破坏生物链或在自然条件下某种生物的过多过快繁殖(生长)而引起的对农业生物造成的危害，包括由农业病原微生物、有害昆虫、有害植物和兽害引起的威胁或危害农业生产、农业生态环境和人类生命财产的各类事件。[1] 据统计，20 世纪 60 年代以前，我国农业病虫害的损失占农业总产值的 25%～30%；60 年代以后，随着化学农药的发展和防治技术的进步，损失降低到占 20%～25%。[2]

华南地区的地形复杂，有河流冲积平原与三角洲、滨海低地、山区、丘陵、海岛与近海，农业生物包括粮食作物、蔬菜、果树、热带或亚热带经济作物、森林、水生植物、饲养动物、水产养殖动物等，由于第 19 章已介绍了热带亚热带经济作物的生物灾害防治，本章只介绍华南地区的大田作物与森林病虫害及其防治对策。

华南地区包括南亚热带和热带，全年气候暖和，无霜期长，对有害生物的滋生繁殖有利，加上植物种类多和地形复杂，形成病虫种类多，世代多且重叠，为害发生期早，发生量大，为害期长，为害严重的特点。华南又是我国对外开放最早的前沿地区，频繁和大规模的对外贸易和人员交流，在促进区域经济发展的同时，也极大增加了外来有害生物入侵的危险。高温高湿的热带地区既是生物资源的宝库,也是中国最容易遭受外来物种侵入、定居、扩散和蔓延的敏感区域。如20世纪90年代传入我国的美洲斑潜蝇,现已从海南等热带地区蔓延至几乎全国各地,对果蔬种植业影响巨大;近年传入海南的椰心叶甲对热带地区的棕榈产业的威胁将是灾难性的。据不完全统计,中国存在的400多种外来入侵生物中,海南就有160多种。尤其近年来,海南外来有害生物入侵更呈现出频率加快、危害加大的趋势。福寿螺、红火蚁等大多数外来有害生物多是首先从华南侵入我国的。

华南对于常年迁飞性害虫也是首当其冲,如2008年虽然由于冬季寒冷多雪不利于本地害虫越冬,但由于南海季风暴发时间比常年提早10 d左右,华南提前进入主汛期,到5月中旬就已经有大量稻纵卷叶螟和稻飞虱的成虫迁入为害,比常年显著提前。

29.2.2 广东省主要病虫害的综合分析

以广东省水稻为例,介绍华南农业生物灾害的发生与损失概况。

广东省水稻发生的重要虫害有三化螟、台湾稻螟、稻纵卷叶螟、褐飞虱、灰飞虱、稻蓟马、稻叶蝉、稻螟蛉、稻瘿蚊、黏虫、叶夜蛾、稻苞虫、稻象甲、负泥虫、铁甲虫、稻黑蝽象、稻绿蝽象、稻蝗等20余种;重要病害有稻瘟病、纹枯病、白叶枯病、细菌性条斑病、秆腐病、稻曲病、胡麻叶斑病、徒长病、黄矮病、普矮病、云形病、绵腐病、凋萎型白叶病、齿叶矮缩病、瘤矮病、赤枯病等10余种。

由于耕作制度的改革,复种指数的提高,品种的更迭以及防治活动等因素的综合影响,广东水稻病虫发生大体经历了三个时期:一是20世纪50年代由于双季连作稻、间作稻和单季稻并存的耕作制度和大量种植农家高秆品种,"桥梁田"增多,导致三化螟和部分地区的稻瘟病、稻苞虫、稻瘿蚊、铁甲虫等病虫的发生为害,这一时期广东省每年水稻病虫发生面积少的26.7多万 hm^2,一般100万～173.3万 hm^2,高的达226.7万 hm^2;二是60—70年代随着高秆品种改为矮秆品种,两熟制改为三熟制的变化,水稻病虫除三化螟上升外,过去局部地区间歇性发生的稻纵卷叶螟、稻飞虱、稻蓟马、纹枯病、白叶枯病等有明显加重趋势;三是80年代随着杂交水稻和常规稻高产良种及其高产栽培技术的推广和气候条件的变化,水稻主要病虫尤其是迁飞性害虫和流行性病害发生较为突出,发生频率增加,发生为害加重,在全省部分地区发生有害生物——福寿螺的为害。上述时期水稻病虫发生演变有如下几种情况:一是为害明显下降的水稻病虫有稻苞虫、铁甲虫、稻蓟马、叶夜蛾、稻食根金花虫、干尖线虫病、徒长病、胡麻叶斑病等。二是明显上升的水稻病虫有稻纵卷叶螟、稻飞虱(褐飞虱、白背飞虱)、稻瘿蚊、稻象甲、稻蝽象、稻蝗、台湾稻螟、纹枯病、稻瘟病、细菌性条斑病、稻曲病等。三是间歇性发生成灾的水稻病虫有三化螟、负泥虫、稻叶蝉、黏虫、白叶枯病、秆腐病等。四是新发生的水稻病害有黄矮病、齿叶矮缩病、凋萎型白叶枯病、瘤矮病等。总的趋势是病虫为害加重,尤其是迁飞性害虫和流行性病害发生流行频率增加,发生面积不断扩大,为害损失加重。

29.2.2.1 广东省主要水稻病虫害

1. 三化螟

广东省常发间歇性成灾的主要害虫。每年发生4～6代,其中北部地区4代,东部、中部和西部地区4～5代,雷州半岛5～6代。该虫一般在春旱之年发生成灾,为害较重。自20世纪

80 年代以来，重发生频率有所下降。广东省在 1980—1989 年中有 6 年偏重发生，年均发生面积达 168 万 hm^2，损失稻谷高达 53 514 t，其余年份为偏轻或中等发生。该虫在广东常年晚稻发生的程度，以北部和东北部地区为中等偏重发生，部分严重；西南部地区发生中等偏轻，局部较重；其余地区为中等发生，局部偏重。

2. 稻飞虱（褐飞虱、白背飞虱）

全省每年发生 6～10 代，其中北部地区 6～7 代，中部地区 8～9 代，西南部地区 9～10 代。20 世纪 70 年代前以褐飞虱为主要种群，80 年代以来，由于推广了抗褐飞虱品种，致使褐飞虱种群明显下降，白背飞虱逐步上升为优势种群。在水稻不同生育期，两种飞虱种群比例有所差异，一般在水稻生长前中期，以白背飞虱为主要种群，水稻生育后期褐飞虱比例有所上升，有时成为优势种群。该虫在广东早晚稻均有发生，且重发频率增高。1975—1990 年有 2 年大发生，8 年偏重发生，每年发生面积 72 万～159 万 hm^2。如 1983 年大发生，全省发生 159 万 hm^2，损失稻谷达 139 926 t。其中番禺市发生 5.47 万 hm^2，穿顶面积 0.06 万 hm^2，损失稻谷达 320 t。该虫在广东常年早稻发生程度及分布，以北部的韶关、清远市和中部的肇庆市偏北地区发生中等偏重，局部严重；东部偏东地区和雷州半岛发生中等偏轻，局部中等；其余大部分地区发生中等，局部中等偏重。广东在暖冬年西南部和中部、东部部分地区有少量越冬虫体，但早稻主要虫源来自外地。

3. 稻纵卷叶螟

广东省每年发生 6～9 代，其中北部地区 6 代，东部、中部地区 7～8 代，西南部地区 8～9 代，多危害晚稻。20 世纪 80 年代中期以来，该虫发生逐年加重，尤其是 70 年代以来已成为常发性主要害虫之一，重发频率增高，为害加重。1970—1990 年中有 9 年大发生，4 年偏重发生，每年发生面积 100 万～166 万 hm^2。如 1982 年大发生，全省发生 166.8 万 hm^2，损失稻谷达 650 412 t，其中湛江市发生 29.8 万 hm^2，损失稻谷 8 750 t。该虫在广东省常年晚稻发生程度，以东部和西南部地区发生中等偏重至大发生；中南部地区发生中等，局部偏重；北部和西北部地区发生偏轻，部分地区较重。该虫在暖冬年广东中部、东部和西南部地区有少量越冬虫体，但早稻主要虫源来自外地。

4. 白叶枯病

广东是历史病区，早晚稻均有发生，以晚稻为重。一般早稻 5 月底至 6 月上旬水稻抽穗期，晚稻 8 月下旬至 9 月上旬水稻拔节至孕穗期，在台风雨的影响下容易发生流行。广东一般以台风雨多的沿海、沿江低洼受浸和内涝地区发生较重，早晚稻均有发生，以晚稻为重。该病自 20 世纪 80 年代以来重发频率明显下降，但时有偏重发生，仍是广东主要流行性病害之一。在 1975—1985 年中，有 3 年大发生，6 年偏重发生，每年发生面积 20.6 万～30.7 万 hm^2。如 1981 年大发生，全省发生 27.1 万 hm^2，损失稻谷达 50 990 t，其中佛山市发生 1.67 万 hm^2，损失稻谷 2 840 t。该病在台风雨多的沿海和受浸、内涝、低洼积水地区常年发生中等，局部中等偏重；其余大部分地区常年发生中等偏轻，局部中等偏重。本省白叶枯病菌以Ⅴ型为优势致病型。

5. 纹枯病

纹枯病是广东省普遍发生的主要病害之一。早晚稻均有发生，晚稻重于早稻，一般以平原密植高产地区发生为害最重，平均每年发生 133.3 万 hm^2 以上。该病在 20 世纪 60 年代前发生较轻，70 年代以来上升为常发性严重病害，且重发频率高，为害不断加重。在 1975—1990

年中，有8年大发生，6年偏重发生，每年发生面积达111万～169万hm^2。如1983年大发生，全省发生面积达169万hm^2，损失稻谷达114 035 t。其中中山市发生2.1万hm^2，损失稻谷5 800 t。该病在广东常年早稻普遍发生，以潮汕平原和梅州市偏西地区常年大发生，韶关和清远市偏北地区常年发生中等，其余大部分地区常年发生中等偏重，局部严重。

6. 稻瘟病

稻瘟病是广东常发性病害之一，早晚稻均有发生，早稻重于晚稻，一般山区、半山区重于丘陵、平原区。20世纪70年代前该病在本省部分山区严重发生，80年代以来，重发频率增高，为害趋重，成为常发性的严重流行性病害。在1980—1990年中，有2年大发生，5年偏重发生，每年发生面积40.5万～71万hm^2。如1981年大发生，全省发生面积达56万hm^2，损失稻谷达185 940 t，其中佛山市发生7.3万hm^2，损失稻谷达12 335 t。该病在广东省早稻发生程度及其分布，以北部和东北部地区常年发生中等偏重，常年早稻的病穗率达20.1%～25%；中部偏北、西南偏北和东部偏西南地区常年发生中等，常年早稻的病穗率达15.1%～20%；东南部、中部偏南、西部偏南和西南部常年发生中等偏轻，局部中等，常年早稻的病穗率达12.1%～15%。

29.2.2.2 广东省水稻病虫害综合分区

1. 粤北病虫发生区

本区以双季籼稻为主，品种类型兼有杂交稻和常规稻高产良种，水稻发生的主要病虫有三化螟、稻纵卷叶螟、稻飞虱（褐飞虱、白背飞虱）、稻瘟病、纹枯病、细菌性条斑病和田鼠等“三虫三病一鼠害”。以三化螟、稻瘟病为最重。三化螟属广东省4代区，早晚稻均有发生，以晚稻为重，尤其是自20世纪80年代以来，该地区由于大面积种植杂交稻，导致晚稻三化螟重发频率增大，为害加重，三、四代均为多发型，常年晚稻发生中等偏重或大发生。该区常年三化螟发生16.7万hm^2左右，成为该区晚稻生产的突出问题。稻瘟病属历史病区，早晚稻均有发生，以早稻为重，常年早稻发生中等偏重，局部大发生，发生面积达6.7万hm^2左右。稻纵卷叶螟、稻飞虱岭南6～8代发生区，重发频率较高，常年早晚稻发生中等程度以上。纹枯病发生普遍，局部较重，其发生为害程度比其他区轻。细菌性条斑病发生普遍而较重，每年都有不同程度发生为害。此外，稻瘿蚊、负泥虫、黏虫、赤枯病和个别地区的普矮病等也有不同程度发生为害。

2. 粤东北病虫发生区

本区耕地面积为25.744万hm^2。水稻种植以双季籼稻为主，个别地方有少量单、双季稻混栽，年水稻播种面积约21.87万hm^2。

水稻发生的主要病虫有三化螟、稻纵卷叶螟、稻飞虱、稻瘟病、纹枯病、细菌性条斑病和田鼠等“三虫三病一鼠害”。以稻瘟病、三化螟为重。稻瘟病属历史病区，重发生频率高，早、晚稻均有发生，以早稻为重，常年早稻发生中等偏重，局部大发生，常年发生2.7万～3.3万hm^2左右。三化螟常年发生中等至中等偏重，每年发生5.3万～6.7万hm^2左右。稻飞虱常年发生中等至中等偏重。稻纵卷叶螟发生中等。纹枯病发生普遍，部分地区严重。细菌性条斑病发生普遍，局部严重。此外，白叶枯病、稻瘿蚊、稻象甲、负泥虫、黏虫、稻蓟马等也有不同程度发生为害。

3. 粤东南病虫发生区

本区耕地面积为32万hm^2，耕作细致，是耕作水平高和复种指数高的水稻高产区。水稻种植双季籼稻，品种类型以常规稻高产良种和杂交稻为主，年水稻播种面积约 22.19 万 hm^2。

水稻发生的主要病虫有稻纵卷叶螟、稻飞虱、三化螟、纹枯病、白叶枯病、细菌性条斑病和田鼠"三虫三病一鼠害"。以稻飞虱、稻纵卷叶螟和纹枯病为重。稻飞虱在潮汕平原常年发生中等偏重，尤其是晚稻重发频率高，年平均发生面积在 11.3 万 hm^2 左右，而海陆惠博滨海台地一带，常年发生中等，局部严重。稻纵卷叶螟常年发生中等，局部严重，一般以晚稻为重，年平均发生 12 万 hm^2 左右。纹枯病平原区普遍严重，台地发生普遍，局部严重，年平均发生 26.7 万 hm^2 左右。三化螟台地地区常年发生中等偏重，局部严重，而平原地区发生轻。细菌性条斑病平原地区发生普遍而较重，台地地区发生较轻。白叶枯病以沿海受台风雨影响多的地区时有偏重发生。局部如海丰县福寿螺发生偏重。

4. 粤中病虫发生区

本区由珠江三角洲和西江丘陵山地组成，耕地面积为 82.35 万 hm^2。水稻种植以双季籼稻为主，早晚稻年播种面积 110.6 万 hm^2。

水稻发生的主要病虫有三化螟、稻纵卷叶螟、稻飞虱、纹枯病、稻瘟病、白叶枯病和田鼠等"三虫三病一鼠害"。以稻纵卷叶螟、稻飞虱重发生频率较高，常年中等，部分地区严重。纹枯病发生普遍而严重。丘陵山地稻瘟病常年早稻发生中等偏重，平原区发生较轻，局部严重。白叶枯病受台风雨影响和受浸、内涝地区时有偏重发生。三化螟常年中等。

5. 粤西病虫发生区

本区种植双季籼稻，一年三熟，稻—稻—薯、稻—稻—菜、稻—稻—旱粮等，年水稻播种面积约 63.2 万 hm^2。本区为稻纵卷叶螟、稻飞虱等迁飞性害虫少量越冬区。

水稻发生的主要病虫有三化螟、稻纵卷叶螟、稻飞虱、纹枯病、稻瘟病、白叶枯病、细菌性条斑病和田鼠等"三虫四病一鼠害"。以水稻病害和迁飞性害虫发生重。纹枯病发生普遍而严重，常年发生 23.3 万 hm^2 左右。此外，稻瘿蚊、稻蟀象、稻曲病等也有不同程度发生为害，而瘤矮病为本区特有的新病害，以茂名各县为重。

29.2.2.3 广东省森林病虫害情况

广东省森林病虫种类多、繁殖快、危害严重，据 1983 年普查，林木害虫有 914 种，病害有 274 种，常见的病虫害 100 多种。其中灾害性病虫害主要是马尾松毛虫、松突圆蚧、松材线虫病、湿地松粉蚧、竹子害虫。马尾松毛虫是分布最广、发生历史最长的大害虫，在清朝即有文献记载，1988 年发生面积 58.6 万 hm^2；松突圆蚧、松材线虫病、湿地松粉蚧是分别于 1982、1986、1990 年传入的危险性病虫害，扩散蔓延迅速，灾情严重。竹子害虫主要是竹蝗、竹象鼻虫，20 世纪 50 年代发生严重，近年仍常有大灾，1992 年竹蝗发生面积为 0.6 万 hm^2，竹象鼻虫发生面积为 4.7 万 hm^2。新中国成立以来到 1987 年，因病虫危害造成木材损失达 1 530.8 万 m^3，直接经济损失约 53.6 亿元。

29.2.2.4 白蚁的危害

白蚁广泛分布于热带和亚热带地区，以木材或纤维素为食。世界已知白蚁有 3 000 余种，中国有 479 种，其中危害房屋建筑的白蚁有 70 余种。白蚁有极强的适应、生存能力和繁殖能力，一只成年蚁后一昼夜可产卵万粒，一生产卵 5 亿多粒，白蚁群体发展速度惊人。

白蚁对房屋建筑，特别是对砖木结构和木结构建筑的破坏尤为严重，往往造成房屋突然倒塌。白蚁分泌的蚁酸还能腐蚀混凝土和金属结构。

华南地区气候温暖，雨量充沛，适宜白蚁生长，是白蚁危害的高发区。估计白蚁对房屋的危害率高达80%～90%。黑翅土白蚁和黄翅大白蚁还能危害土质堤坝，在堤坝内2～3 m甚至更深处修筑直径达1 m以上的巢。发生洪水时，造成管涌、滑坡、垮坝。据水利部1976年调查，我国堤坝白蚁危害率达53%～90%。白蚁对甘蔗、木薯、花生、桑、茶、玉米、小麦、水稻等农作物和杨梅、山核桃、杉木、樟树、桉树、刺槐、垂柳、悬铃木、白杨、重阳木、拐枣等林木的危害也十分严重。在南方丘陵地区，杉木林基地的蚁害率一般达40%～60%。广州市郊区公路两旁的桉树蚁害率达90%以上。埋地塑料电缆和通信设备也常遭白蚁蛀食。在广东，白蚁造成的通信电缆故障占总故障率的80%。电缆被白蚁咬穿护层后，还易引起短路，导致电力传送中断，甚至酿成火灾。白蚁还危害火车车厢、桥梁、枕木、轮船等交通工具和图书、档案、纸张、布匹、丝绸等纤维物质，同样造成难以估量的损失。[3]

29.2.3 华南地区农业生物灾害的减灾对策

29.2.3.1 农业生物灾害防治的一般对策

落实农业部《农作物病虫害专业化统防统治管理办法》等法律法规，从大生态系统整体出发，根据有害生物与环境之间的相互联系和人类对社会经济生产及发展的具体要求，充分发挥自然控制因素的抑害减灾作用，因地制宜协调运用必要的防治措施，将有害生物控制在经济受害允许水平之下，避免或减轻灾变，以获得综合的生态效益。农业生物灾害减灾对策[4]主要包括：

(1)选育推广抗病品种，发掘利用农业生物自身的抗耐害及补偿能力，抑制和减轻各种有害生物的危害。

(2)保护和利用自然界的有益生物，特别是有害生物的天敌，应用生物防治技术控制有害生物。

(3)推广多因素综合协调管理的保健栽培和饲养技术，创造有利于农业生物生长发育、不利于有害生物滋生繁殖的生态条件，以达到控制灾害、增产增收的目的。

(4)发展高效、低毒、低残留的安全农药和兽药新品种剂型，推广高效喷施或注射器具，合理使用农药和兽药。

29.2.3.2 华南地区农业生物灾害防治要点

华南地区位于我国的最南部，许多农业有害生物春季向北迁移和蔓延，北方的有害生物秋季又向南迁移在华南越冬，做好华南的农业生物灾害防治，对于全国的植物保护具有重要意义。针对华南地区农业生物灾害的特点，除加强上述全国具有普遍性的防治措施外，还应特别注意以下几点：

(1)加强对外来有害生物的入境检疫，尽可能将其拒于国门之外。

(2)在南海岛屿建立若干迁飞性害虫的监测点，力争早期发现稻纵卷叶螟和稻飞虱("两迁"害虫)等迁飞性的发生动态，为内地开展有效防治争取时间。

(3)华南是我国生物多样性最丰富的地区，要大力保护和充分利用华南的这一资源优势，通过保护和改善生态环境，保护和繁殖有害生物的天敌，遏制农业病虫害加剧发展的势头。

(4)针对华南农业生产上栽培植物的多样性，在病虫害防治中既要具有广谱性，又要防止对其他作物产生负效应。华南又是我国农村人口迅速城镇化的经济相对发达地区，对化学农药的污染危害更加敏感。

29.2.3.3 白蚁的防治对策

(1)在每年4—7月的有翅成虫分飞繁殖季节，利用其趋光性，设置灯光诱杀白蚁成虫，防止新群体的产生。

(2)保护和利用白蚁的天敌。啄木鸟和画眉鸟等食虫鸟都非常喜欢啄食白蚁并能在空中捕捉白蚁，蚂蚁、蚂蚱、青蛙、壁虎也常以白蚁为饵料。

(3)清除园林枯树、死根、伐桩和残枝，对树木和木制器具的创口涂刷防蚁药剂后再涂水柏油等，以防止白蚁蛀蚀侵入。树木、家具、梁柱和土堤大的孔洞要用水泥、碎石或水泥砂浆填补。

(4)药剂防治仍然是比较高效的方法。白蚁灭杀药物主要有白蚁灵、迫醚死、氯氰菊酯、联苯菊酯等，通常制成粉剂，俗称白蚁粉。使用白蚁粉要注意少量多点，尽可能多开几个点，把白蚁粉喷在白蚁身上，每个地方只喷少许，以不阻碍白蚁自由活动为佳。白蚁粉主要成分是五氧化二砷，毒性很大，喷撒时要特别注意安全，必须使用专门的粉球或类似工具，避免药粉出口过大而明显飘散；喷粉时不可逆风，应戴上口罩作业，如有药粉撒在皮肤或身体其他部位马上用清水冲洗。

(5)装修新居前应请专业单位对装饰材料、墙体、地基等进行药物预防处理。在白蚁分飞季节，居民一旦发现分飞白蚁要及时关灯熄火，门窗紧闭，防止飞进为害。一旦居室发现有白蚁踪迹，应立即向白蚁防治专业机构求助，由专业技术人员上门处理。

(6)加强对木材、苗木、木制家具等的检疫。

29.3 全球环境变化与华南地区的农业减灾

在全球气候变暖背景下，华南地区的气候也发生了明显变化。农业是对气候变化最敏感和最脆弱的领域。气候变化已经并将继续对华南地区的农业生产造成严重影响，应当把全球气候变化背景下的农业风险管理和防范放在重要和优先的位置。

29.3.1 华南地区气候变化的观测事实和未来趋势

联合国政府间气候变化专门委员会(IPCC)第四次评估报告指出：近百年全球平均地表温度上升了0.74℃，海平面上升约17 cm。台风和飓风强度呈现增大趋势。在热带和亚热带，自20世纪70年代以来观测到了强度更强、持续更长的干旱。[5]

在全球气候变暖背景下，华南地区的气候也发生了明显变化。华南年平均气温自20世纪80年代后期开始振荡上升，20世纪90年代后期以来，升温更加显著。1956—2005年华南平均气温的增温速率为0.16℃/10年。从地域分布看，香港、澳门、广东是主要增温区域，增温速率在 0.3℃/10 年以上，海南 0.27℃/10 年，而广西和广东北部地区增温速率较小，在 0.14℃/10 年以下。从季节分布看，冬季平均气温的上升趋势最为明显，增温速率达 0.27℃/10 年，秋季次之，增温速率为 0.18℃/10 年，春夏季最小，增温速率分别为 0.12℃/10 年和 0.10℃/10 年。近 50 年来，华南年平均、前汛期、后汛期降水均没有明显增加或减少的趋势。[6-8]

21 世纪华南气候变暖的趋势可能进一步加剧。根据中国地区气候变化预估数据集合平均的 20 多个全球气候模式结果，在全球气候变化的 SRES B2 情景下，与 1961—1990 年的 30 年平均相比，到 2020 年全区年平均地表气温可能增暖 0.8℃，2050 年可能增暖 1.7℃，2100 年可能增暖 3.0℃。相应地，2020、2050、2100 年全区年平均降水量可能增加 3%、5%和 8%，而降水量的时空差异将变得更大。[9]

29.3.2 气候变化对华南农业的影响

29.3.2.1 对作物产量的影响

CO_2 是作物光合作用的原料，对作物生长至关重要。在一定的范围内，CO_2 浓度升高，作物生长加快，所以有人认为大气中 CO_2 浓度升高，将会大幅度提高作物的生产力。但也有实验表明，许多作物在高 CO_2 浓度下有一段加速生长，之后生长缓慢，甚至停止生长。[10]这可能与作物的不同光合代谢途径有关。C3 作物（如水稻、豆类等）在进行光合作用的同时，不可避免地要进行光呼吸，而 C4 作物（如玉米、甘蔗等）一般没有光呼吸现象，因此在当前 CO_2 浓度下，C4 作物光合效率一般要比 C3 作物高。在 C3 作物的光呼吸中，外界空气中的 CO_2 和 O_2 的浓度比例决定着 CO_2 固定和被还原的关系。当 CO_2 浓度增加时，由于 CO_2/O_2 变大，光呼吸受到抑制，因此 C3 作物的净光合增加。C4 作物在进行光合作用时，首先是从叶片内捕获 CO_2，然后再将其集中到叶肉细胞中，不如 C3 作物固定和同化 CO_2 的途径直接简捷。因此 C4 作物对 CO_2 浓度增加的反应不如 C3 作物明显。在高 CO_2 浓度下，C4 作物在与 C3 杂草的竞争中，将显得特别脆弱。

温度升高可延长全年生长期，对无限生长习性或多年生作物有利，而对生育期短的栽培作物来说又会产生不利的影响，因为温度高使作物的发育速度加快，生育期缩短，单产下降。据研究，作物生育期气温每升高 1℃，水稻生育期日数平均缩短 7～8 d，从而减少了光合作用积累干物质的时间。[11]虽然 CO_2 倍增时，较高的 CO_2 浓度可以在一定程度上补偿高温带来的减产效应，但如不采用新的改良品种，热带地区的水稻产量将会下降。[12]根据几个全球环流模式输出的 CO_2 倍增下的气候变化，输入 CERES 作物生长模式，得到中国南方各地未来水稻产量都有下降的趋势，平均减产率在 21.1%～31.4%之间。[13]

29.3.2.2 对气候带北移的影响

在全球气候变暖背景下，华南地区气候带向北移动的趋向明显。以广东为例，与 1975—1980 年相比，2001—2006 年广东省的年平均气温 22℃等值线已由西南部向北移到了中部地区。按照目前全球变暖趋势推算，到 2050 年，广东气候带将由以南亚热带、中亚热带为主变为以北热带、南亚热带为主。全省热量资源平均增加 16%，粤北增加 22%以上。届时，粤北地区水稻两季可种植中（迟）熟品种，高海拔山区将有可能种植双季稻，粤中和南部地区水稻两造将可种植典型迟熟品种。荔枝、龙眼等热区水果的种植北界向北移动，粤北有可能成为荔枝、龙眼、香蕉、芒果的优势产区。广东是一个“七山一水二分田”的多山之省，随着全球气候的变暖，双季稻、果树等的种植高度将普遍提高，这对于山区经济的发展十分有利。但是，在全球气候变暖背景下，冬季温度的升高，将不利于荔枝、龙眼的花芽分化，个别年份出现的强低温灾害也会导致作物、果树损失率加大，同时，由于气候变暖导致土壤水分的蒸散量加大，一些作物可利用水资源量将减少，这种热量资源增加的有利因素可能会由于水资源的匮乏而无法得到充分利用。[14]

29.3.2.3 病虫草害加剧

气候变暖，病虫草害将进一步加剧。由于温度升高，害虫发育的起点时间有可能提前，一年中害虫繁殖代数也因此而增加，在新的有利环境条件下，某些害虫的虫口将呈指数增加，造成农田多次受害的几率增高。气候变暖后，在北纬 18°～27°黏虫冬季繁殖气候带内，黏虫繁殖将由 6～8 代增加到 7～9 代，而且使黏虫冬季繁殖区的范围向北扩大 1～2 个纬度。在北纬 18°30′～21°地区，是常年稻飞虱适宜繁殖气候区，气候变暖后将变为最适繁殖气候区，年发生代数将由 9～11 代增加到 10～11 代；在北纬 21°～23°，将由常年稻飞虱越冬气候区变为适宜繁殖气候区，发生代数将由 7～8 代增加为 8～11 代。[15]冬季温度的升高，还有利于病虫安全越冬，使虫源和病源数量增大。按照气候变化的数值模拟结果，气候变暖的幅度将随纬度增加，这将导致南北温差减小，使夏季风较当前相对加强，秋季副热带高压减弱东撤的速度将相对缓慢。大气环流的改变也会影响害虫的迁飞和风播病原的扩散。气候变暖还会改变作物和畜禽病原体的地理分布，目前局限在热带的病原和寄生虫将会蔓延到亚热带甚至温带地区。双季稻种植区北移后，易造成稻瘟病北上，有利于稻瘟病的发生和加重。在温度高伴有降雨或在湿度大的情况下，水稻纹枯病有可能发展成为发病最广、危害最大的病害。植物杂草对二氧化碳浓度和温度的升高比作物更为敏感，二氧化碳浓度和温度的升高将使农田杂草生长更茂盛。病、虫、草害的泛滥、蔓延，意味着我们将不得不施用大量的农药和除草剂，这不仅使农业成本和投资大幅度增加，而且还造成环境的进一步恶化。

29.3.2.4 对农业气象灾害的影响

气候变暖将使农业气象灾害趋多趋强。登陆华南的热带气旋个数虽然减少，但强度增大，登陆时间偏早，移动路径复杂。1949—2006 年，登陆华南的热带气旋个数有显著减少的趋势，但中心气压呈下降、平均风力呈增加趋势。[16]2008 年 4 月 19 日登陆广东的台风“浣熊”，比常年热带气旋初次登陆时间提早了 60 多天。2006 年 5 月 18 日登陆广东的台风“珍珠”，在南海呈历史罕见的 90°大拐弯，路径奇特。观测数据显示，华南地区平均年降水量没有显著增加或减少的趋势，但降水日数显著减少，极端强降水出现概率增加。20 世纪 90 年代以来广东共发生 5 次严重冬季寒害，占 50 年代以来严重寒害次数的 62.5%。2008 年 1 月中旬到 2 月初，广东遭遇了严重的低温雨雪冰冻灾害，持续时间之长、平均气温之低、影响范围之广均为历史罕见。低温造成树木折断，鱼类死亡，电力中断，交通受阻，全省直接经济损失达 166 多亿元；此时又恰逢春运高峰期，大量返乡旅客滞留广东境内，社会反响巨大。1956—2005 年来，华南地区日最高气温≥35℃的高温日数呈现出显著的上升趋势，上升幅度为 2.7 d/10 年。高温日数在 70 年代平均每年少于 10 d，1998 年以后平均每年达到 20 d 以上。近年来，华南地区高投入、高产值的农业比重越来越大，对气象灾害的敏感性增加，气象灾害的损失显著增加。

未来气候变化的总趋势是变暖，但气候变化是不稳定的，不能消除意外变化。随着气候变暖，未来各种天气系统的活动可能更强烈、更频繁，高温、洪涝、干旱、台风、寒害等极端天气事件发生的频率有可能增加。[5,17]气候变暖对台风生成数目和登陆个数的影响尚有很大不确定性，但全球气候变暖，海温升高，水分蒸发增加，水蒸气凝结放出的热量给台风提供了更多的能量，因此导致台风强度增强。数值模拟也表明，气候变暖会使台风最大风速增加，破坏性更强，移动路径异常，风暴潮等次生灾害可能更加严重，防御难度加大。温度升高，高温热害将更加严重，目前对华南农业生产的影响已十分突出。高温胁迫的热害已经限制了玉米、大豆等的种植和产量，水稻的生育也受到强烈抑制。温度升高在不同的生长季节有不同的效果，其影响程度视作物种类、地区和种植水平而异。在温室效应影响下高温热害加剧，将是影响华南农业生产的严重问题。迄今，许多研究者基本上是以年(月)的平均气温为主要指标来讨论气候的“变暖”或“变冷”。然而，平均值往往掩盖特殊情况，特别是对农业而言，作物生长发育关键时段关键因子的影响更为重要，而平均值往往无法揭示这种影响的本质。在 20 世纪 90 年代广东发生的 4 次寒害中，[2]广州除 1 次的年平均气温比常年偏低 0.4℃外，其余 3 次分别比常年高 0.8、0.2 和 0.5℃；而极端最低气温都比较低，尤其是其中的 1999 年到 0℃，创下了新中国成立以来的最低纪录。这表明在全球气候变暖的大趋势下，并不意味着冬季没有剧烈的短时降温，需要特别警惕这类极端气候事件的出现。

29.3.2.5 海平面升高对农业的影响

气候变暖引起的海水体积膨胀和冰川融化将使海平面逐渐升高。海平面升高将为狂风巨浪提供较高的水面基础，使风暴、海潮、海岸侵蚀、海浪等灾害加剧。据估计，海平面升高 1 m 就足以使 15 年一遇的风暴造成的损失相当于正常情况下百年一遇的风暴所带来的危害。海平面升高，沿海岸线一些地势低洼的耕地和养殖场可能会被淹没，华南濒临南海，受海平面升高的威胁也最严重。有人作过估计，如果海平面升高 1 m，又不加任何防范措施，珠江三角洲有 3 500 km^2 将被淹没。[18]海平面上升还将造成海水倒灌，海湾和三角洲大片土地的盐渍化。为了防止海水侵袭，人们必须兴建海堤、海闸和大型的排洪泄洪系统，这意味着将耗费巨额资金。

29.3.3 防范和适应气候变化的农业对策

全球气候变化及其对农业的影响是对中国科学界和决策者的严峻挑战。虽然尚存许多不确定性，但对全球气候变暖的前景已有了广泛认同。全球气候变暖是缓慢的、渐进的，但对华南农业生产的重大影响日益显现；全球变暖引发的极端气候事件是突发的、剧烈的，对华南农业生产的影响是巨大的和现实的。21 世纪正是全球气候变化不稳定性加剧的世纪，气候变化引发的极端灾害对华南农业生产的影响将更加突出。因此，在农业面临高投入、高产出、高风险的发展中，妥善应对气候变化，事关华南地区农业增效，农民致富，农村繁荣。

29.3.3.1 推进农业经济发展

经济发展是应对气候变化、规避气候变化风险的基础和保证。在全面、协调、可持续发展框架下，通过经济发展来加强适应能力建设，通过振兴经济来解决气候变化问题。在经济发展中，坚持科学合理地利用资源、保护生态环境，改变不可持续的生产模式和生活方式，坚持走资源节约型、环境友好型的可持续发展之路，统筹兼顾生态环境保护与经济及农业发展的关系。

29.3.3.2 调整农业结构和种植制度

针对未来气候变化对农业的可能影响，分析未来光、温、水资源重新分配和农业气象灾害的新格局，改进作物品种布局，调整种植制度，发展多熟制，提高复种指数。强化优势农产品的规模化种植带，突出高产、稳产，扩大经济作物和饲料作物的种植，促进种植业结构向粮食作物-饲料作物-经济作物三元结构的转变。

29.3.3.3 加强农业基础设施建设

加强农业基础设施和农田基本建设，改善农业生态环境，建设高产稳产农田，不断提高对气候变化的应变能力和抗灾减灾水平；开发节水灌溉技术与高效用水技术，扩大灌溉面积；强化综合防治自然灾害的工程设施建设，提高农业防御灾害的能力。

29.3.3.4 选育抗逆品种

加强包括生物技术在内的新技术的研究和开发，力求在光合作用、生物固氮、生物技术、抗御逆境、设施农业和精准农业等方面取得重大进展和突破，有计划地培育和选用抗旱、抗涝、抗高温和低温、抗病虫等抗逆品种和产量潜力高、品质优良、综合抗性突出、适应性广的优良动植物新品种。

29.3.3.5 完善预警预报

提高极端天气气候事件预警预报能力，建立应急方案，有效应对极端天气事件的后果。加强人工影响天气的能力和应急反应能力建设，特别对突发的台风、暴雨等天气事件能够及时处理。加强气候预测及其对农业影响的评估研究，加强农业病虫害预报预测。

29.3.3.6 加强应用示范

应对气候变化需要不断提高对气候变化科学问题的认识，不断总结阶段性成果和经验并加以大力推广，在国家商品粮重点生产地区适时建立示范区，通过技术集成与示范推广，建立起适应未来气候变化的农业生产技术体系与生产模式，以实现经济、社会与环境综合效益的全面提高，并确保粮食高产稳产和粮食安全。

29.4 华南地区的区域减灾战略与系统工程

根据《国家综合防灾减灾规划(2011—2015)》、《国家气象灾害防御规划(2009—2020 年)》《“十二五”气象科技发展规划》、《广东省气象防灾减灾“十二五”规划》、《珠三角发展纲要》等，提出以下区域减灾战略与系统工程的基本思路(仅介绍广东、广西、海南，未介绍香港、澳门)。

29.4.1 广东省区域防灾减灾战略规划与系统工程

广东省实施十项民心工程，包括全省城乡水利防灾减灾工程建设、城乡气象防灾减灾工程建设等。

把解决"三农"问题作为加快转型升级、建设幸福广东的重要基础,协调推进工业化、城镇化和农业农村现代化,建设现代农业强省,不断增加农民收入,建设优美富足的幸福新农村。

积极发展现代农业。发挥资源优势,突出地方特色,提高农业现代化水平,保障主要农产品供应,走高效、生态、安全的发展道路,确保"米袋子"、"菜篮子"安全。

推进生态建设。坚持保护优先,加大生态保护和建设力度,加快建设高水平旅游集聚区,促进生态环境的持续改善。构建生态安全屏障,逐步提高生态公益林补偿标准,加大生态公益林建设和保护力度,综合治理水土流失,构建"两屏、一带、一网"("两屏"即广东北部环形生态屏障和珠三角外围生态屏障,"一带"即蓝色海岸带,"一网"即以西江、北江、东江、韩江、鉴江以及绿道网为主体的生态廊道网络)的生态安全战略格局。加强重点饮用水源地、生物敏感区、湿地的治理保护,加快建设沿江沿海防护林及水源涵养林等带状生态工程,推进林相改造和林种结构调整。加强森林抚育与管理,扩大森林面积,提高森林质量,增加森林碳汇。加强森林生态监测。扩大岩溶地区石漠化综合治理范围,加大矿山地质环境恢复治理力度。全面推进生态文明万村绿行动,建设城市景观林、公共绿地和城(镇)郊围城防护绿化带,维护农田保护区、农田林网等绿色开敞空间。以珠三角绿道网为依托,逐步构建全省互联互通的绿道网,使之成为推进生态文明建设的标志性工程。开展全国生态文明试点和林业生态县建设,加快建设林业生态省和现代林业强省。

全面维护生物多样性。坚持以物种就地保护为主,加强自然保护区、湿地和森林公园建设和监管,重点保护南亚热带季风常绿阔叶林、河口沿海红树林等生态系统,以及珠江口中华白海豚分布区、惠东港口海龟分布区等海洋海岸生物多样性保护区域。大规模启动南岭生物多样性建设与物种保护工程,加快粤北生态修复。加大物种迁地保护力度,加强生物物种资源保护和管理,建设林木种质资源库和树种基因库,加强野生动物资源保护,建立濒危动物繁育中心。强化生物多样性监测、评估和预警,有效防范物种资源丧失和流失。加强生物安全管理,积极防止外来物种入侵,确保转基因生物在环境释放时的安全。

完善民生水利基础体系。加快水利基础设施建设,强化水资源管理,构建城乡防洪治涝安全保障体系、水资源供给保障体系和水环境保护体系。

提高城乡水利防灾减灾能力。完善主要江河防洪体系,加快乐昌峡水利枢纽等防洪控制性枢纽工程建设,继续推进汕头大围、榕江大围等堤围达标加固建设,实施病险水库水闸除险加固、重要城镇防洪排涝工程、大型泵站更新改造工作。重点推进"千里海堤加固达标工程"和"千宗治洪治涝保安工程"建设,抓好中小流域综合治理和小型水利设施排查整修,积极开展西江大湾等流域防洪和水资源配置重大工程前期工作。到2015年,地级以上城市防洪潮标准达到100年一遇以上,县级城市达到50年一遇,主要乡镇基本达到20~30年一遇。

29.4.2 广西壮族自治区区域防灾减灾战略规划与系统工程

29.4.2.1 加强生态建设

坚持保护优先和自然修复为主,加强重要生态功能区的保护和管理,增强涵养水源、保持水土、防洪防潮能力,构建以桂西生态屏障、北部湾沿海生态屏障、桂东北生态功能区、桂西南生态功能区、桂中生态功能区、十万大山生态保护区、西江千里绿色走廊的“两屏四区一走廊”为主骨架，以点状分布的自然保护区为重要组成部分的生态安全格局。全面实施“绿满八桂”造林绿化工程和生态修复工程，大力推进山区生态林、珠江防护林、沿海防护林、自然保护区、湿地生态系统建设，巩固天然林保护、退耕还林等成果。采取恢复自然植被、封山育林育草、小流域水土保持等措施，全面推进石漠化综合治理。加强生物物种资源保护和安全管理，防止境外有害物种对生态系统的侵害，保护生物多样性。加强矿山生态环境整治和生态修复。促进森林增长，提高森林覆盖率，增加森林蓄积量和森林生态服务价值，增强固碳能力。加快建立生态补偿机制，积极探索市场化生态补偿机制。支持生态严重退化区域实施生态移民。

29.4.2.2 加强防灾减灾体系建设

以中小河流治理和山洪地质灾害防治为重点，增强城乡防洪能力。提升沿海防台风、风暴潮、海啸能力。加快建立山洪地质灾害调查评价体系、监测预警体系、防治体系、应急体系。对地质灾害易发的城镇、村屯、重点工程建设区、交通要道和石山地区等区域开展重点防治。采取工程措施治理重大地质灾害隐患点，突出抓好梧州地质灾害整治。对治理难度大的危险隐患点采取搬迁避让。加强地震和气象灾害预测预警、灾害防御和应急救援能力，以及适应气候变化特别是应对极端气候事件能力的建设。推行自然灾害风险评估，强化地质灾害抢险救灾措施，制订应急预案，普及防灾知识，增强群众防灾减灾意识，加强救援队伍建设，提高物资保障水平。

29.4.2.3 “十二五”规划实施的生态建设和防灾减灾重要工程

(1)“绿满八桂”造林绿化工程。

(2)退耕还林工程，造林面积 23.3 万 hm^2，其中退耕还林 5.3 万 hm^2，荒山荒地造林 10 万 hm^2，封山育林 8 万 hm^2。

(3)珠江防护林工程，造林面积 32.7 万 hm^2。

(4)沿海防护林工程，造林面积 5.3 万 hm^2。

(5)石漠化综合治理工程，封山育林面积 132 万 hm^2，宜林荒山造林 24 万 hm^2。

(6)湿地保护恢复与湿地公园建设工程，退养还滩、退耕还湖 4 000 hm^2，红树林恢复 2 100 hm^2，营造红树林 9 230 hm^2，新建国家级湿地公园 10 处。

(7)重点野生动植物保护及自然保护区建设工程，新建自然保护区 7 处，建立猫儿山等 9 个示范保护区。

(8)地质灾害治理工程，重点治理重大地质灾害隐患点 1 200 处。

29.4.3 海南省区域防灾减灾战略规划与系统工程

29.4.3.1 升级发展热带特色现代农业和建设新农村

始终坚持把解决好“三农”问题作为全省工作重中之重的战略思想，推进热带特色农业现代化建设。围绕建设国家热带特色现代农业基地的战略定位，促进农业生产经营专业化、标准化、规模化、集约化，加大强农惠农力度，加快农民增收致富，提高农民生活水平。统筹城乡发展，加快社会主义新农村建设。

大力发展现代农业。“十二五”期间要重点建设好“五基地一区”，即国家冬季瓜菜生产基地、天然橡胶基地、南繁育制种基地、热带水果和花卉基地、水产养殖与海洋捕捞基地、无规定动物疫病区。着力提升农业综合生产和加工能力、抗风险能力、市场竞争能力。加快发展设施农业和农产品加工流通业，推进农业现代化，把海南建成国家重要的蔬菜水果生产基地。

29.4.3.2 加强生态保护和防灾减灾体系建设

坚持生态立省、环境优先，积极探索和谐绿色发展之路。始终保持海南的森林覆盖率居于全国领先地位，把海南真正建成全国人民的四季花园。加强国家和省级自然保护区、风景名胜区、森林公园、重要水源地、重要海域的建设、保护和管理，新建一批国家级、省级湿地公园、森林公园和自然保护区。继续推进海防林建设和保护工程、天然林保护工程、重点生态功能区生态修复工程、三边（路边、城边、水边）防护林工程、生物多样性保护工程。对沙化土地、水土流失地、西部荒漠化土地、25°以上的山坡地等重点生态区域实施造林绿化和还林，使全省天然林覆盖率稳定在18%左右，森林覆盖率稳定在60%以上，并不断提高森林质量和增加森林碳汇。同时做好城乡园林化建设，扩大花梨木等热带名贵树木的种植。实施生态移民工程，继续完善生态补偿机制，逐步提高补偿标准。加大生态保护基础设施投入。建立灾害易发区调查评价体系、监测预警体系、防治体系、应急体系。

29.4.3.3 加强自然资源保护

坚持保护优先、开发有序，加强对水源、土地、森林、矿产、海洋等自然资源的保护。合理确定各类生态资源的功能定位，集约、限额建设征占林地、湿地、绿地资源。加强对热带海洋生物多样性保护和渔业资源开发保护。合理划分功能区、集约利用开发海岸线，保护沿海防护林带、红树林、海滨湿地和珊瑚礁等海洋、海岸带生态系统，规范海域使用秩序。

（王春林　杜尧东）

参考文献

[1] 霍治国，王石立，等. 农业和生物气象灾害. 北京：气象出版社，2009.

[2] 潘嘉念，涂悦贤，李载忠. 广东省农业气象灾害及其防灾减灾对策. 北京：气象出版社，2000：325-343.

[3] 林奕群. 千里之堤毁于蚁穴　汕头防治白蚁危害刻不容缓. 汕头：汕头日报，2006-08-18. http://www.southcn.com/news/dishi/shantou/shizheng/200608180860.htm.

[4] 郑大玮，郑大琼，刘虎城. 农业减灾实用技术手册. 杭州：浙江科学技术出版社，2005.

[5] IPCC. Climate change 2007: the physical science basis: contribution of working group I to the Fourth Assessment Report of the Intergovernmental Panel on Climate Change. Cambridge: Cambridge University Press, 2007.

[6] 广东省气候变化评估报告编制课题组. 广东气候变化评估报告. 广东气象，2007，23(9)：

1-6.
[7] 陈小丽,吴慧.海南岛近42年气候变化特征.气象,2004,30(8):27-30.
[8] 黄雪松,周惠文,黄梅丽,等.广西近50年来气温、降水气候变化.广西气象,2005,26(4):9-11.
[9] 国家气候中心.气候变化预估业务产品.http://ncc.cma.gov.cn/cn/2009.
[10] 匡廷云,白克智,林伟宏.大气二氧化碳的升高对植物生理的影响//全球变化与生态系统.上海:上海科学技术出版社,1994:32-35.
[11] 王修兰.二氧化碳、气候变化与农业.北京:中国统计出版社,1998:1-61.
[12] 郭玉杰."气候变化与水稻"国际研讨会.世界农业,1994(7):54-55.
[13] 金之庆,葛道阔.全球气候变化对我国南方水稻生产的影响及其适应性对策.南京林业大学学报:生态专辑,1991,15(10):17-28.
[14] 杜尧东,宋丽莉,毛慧琴,等.广东地区的气候变暖及其对农业的影响与对策.热带气象学报,2004,20(3):302-310.
[15] 李淑华.气候变化与害虫的生长繁殖、越冬和迁飞.华北农学报,1994,9(2):110-114.
[16] 胡娅敏,宋丽莉,刘爱君.登陆我国不同区域热带气旋气候特征的对比.大气科学研究与应用.北京:气象出版社,2008:1-8.
[17] Gao X J, Zhao Z C, Giorgi F. Changes of extreme events in regional climate simulations over East Asia. Adv Atmos Sci, 2002, 19(5): 927-942.
[18] Han M K. Sea level rise on China's coastal plains. Tiempo: Global Warming and the Third World, 1992(6):17-21.

第30章

西北干旱地区农业减灾技术

30.1 西北干旱地区的主要气象灾害与减灾对策

我国西北地区指陕、甘、青、宁、新5省区，总面积303万 km^2，占国土面积的31.6%；耕地面积0.11亿 hm^2，占全国耕地面积的12%；2011年末统计人口9 723.1万人，其中农业人口5 268.7万人，分别相当于全国的7.2%和7.9%。除此之外，西北地区还有相当于现有耕地面积的宜农荒地可供利用。西北是我国重要的畜牧业生产基地，可利用草原达1.1亿 hm^2，占全国的33%。西北尽管地域辽阔，但难以利用的戈壁、沙漠、秃山就占了50%的面积[1-2]。

西北地区地域辽阔、自然资源丰富，人口密度相对较低，具备开发生产、发展经济、促进社会全面进步的基本条件。但经历了汉唐时期的极度繁荣之后，随着国家经济重心的进一步南移，西北地区社会经济发展渐趋缓慢。西北地区是自然灾害高发地区，各种气象灾害、地质灾害、生物灾害屡屡发生，不仅使人民生命财产蒙受严重损失，而且对农业生产和社会经济发展造成了严重的影响。西北地区是中国主要的干旱区，全年降水少，主要农业灾害包括干旱、夏季水灾、沙尘暴、霜冻等[3]。

由于本书第26章已介绍了黄土高原地区的农业灾害和减灾对策，本章将重点介绍西北地区西部干旱气候区的农业灾害和减灾对策。

30.1.1 干旱

干旱是西北地区主要的农业灾害之一。绿洲农业区的干旱不仅取决于降水多少，还与高山融雪的数量有关。春夏低温年份融雪慢，形成径流少，河流的流量和地下水补给量都较少，容易出现干旱缺水，而春夏升温迅速年份可利用水资源较为丰富。

新疆的吐鲁番地区年自然降水量15.6 mm，年蒸发量为2 700多mm，年日照时数近3 000 h。可见蒸发量是降水量的近180倍，干燥程度“属永久性干旱”[4]。土壤干旱是在大气干旱情况下，灌溉得不到保证，导致土壤缺水，农作物需水得不到保证，使作物萎蔫，甚至枯死。吐鲁番灌溉用水因季节分配不均衡，致使土壤出现季节性干旱，一般主要出现在4—6月。乌鲁木齐县1960—2009年，旱年16年，发生频率32.0%，2006年乌鲁木齐市区从7月8日至8月16日，连续39 d无明显降水，从7月下旬至8月上旬连续19 d气温在30℃以上，7月31日最高气温40.6℃，是近30年来的最高值，持续多日晴热少雨，加大了蒸发，使各地不同程度出现了干旱[5]。乌鲁木齐县萨尔达坂乡马家庄村44.67 hm^2 玉米和苜蓿颗粒无收，萨尔达坂村马铃薯减产30%，大麦减产20%；水西沟镇1 200 hm^2 大麦减产12%，山区20%牧草提前进入枯黄期，从5月下旬至8月底31 402.2 hm^2 农作物出现不同程度的旱情，其中成灾面积7 070.2 hm^2，直接经济损失600万元；牧草减产1万t，直接经济损失500万元。根据对1950—2000年甘肃旱灾受灾和成灾面积统计资料分析，全省多年平均干旱受灾面积约为63.1万 hm^2，约占播种总面积的18%，其中多年平均干旱成灾面积约为50.5万 hm^2，约占播种总面积的14%。

防治措施：

(1)搞好农田基本建设，改善农业生产条件，推广节水灌溉。西北地区干燥多风，多数地区喷灌效果不好。对于地势较平的西北地区，可以推广滴灌、细流沟灌等节水农业；农业用水要控制大水漫灌，减少无效蒸发、渗漏损失，不断提高单方水的生产效率。西北有大片盐碱地，需要在适当时期大水压碱，但也要注意减少流失。

(2)推广抗旱综合技术，发展旱地农业，实施以土蓄水、以肥调水、蓄水保墒、粮草轮作战略。旱地栽培要规范化提高配方施肥、绿肥压青、农田覆盖和水平沟、垄沟种植等技术，推广地膜覆盖、立体种植等旱地保墒增粮技术，提高复种指数，开展基因工程研究，培育高产耐旱作物新品种。

(3)加强水利设施建设，加大对水利的投入，充分挖掘现有水利工程的潜力，提高蓄水能力，整治山区防洪工程，提高抗洪标准，兴修小水利。随着气候变暖，西北干旱地区降水和融雪都有增加趋势，要充分利用这一有利条件，修建拦蓄工程，在推广节水灌溉与农艺的基础上，适度扩大绿洲的灌溉面积。西北干旱地区的河流大多是内陆河，上、中、下游争水矛盾突出。近十多年来先后在塔里木河、黑河、石羊河等流域实行水资源统一管理与分配，缓解了下游的干旱与沙漠化。今后应对所有河流一律实行按流域统一管理和优化配置水资源，实现高效与可持续利用。

(4)开源节流并举，合理开采地下水。开源即实施跨流域调水，节流即建设节水型社会。开源必须在节流的前提下进行，在节流的基础上开源是水资源调配的基本原则。地下水的超量开采是造成西北地区生态环境恶化的一个关键因素，所以在开源与节流并重的同时还应该控制地下水的开采量，将其控制在合理的范围内。

(5)加快弃耕地、盐碱地还林步伐，涵养水源。森林植被和高山草场是水源涵养区。应有计划地对弃耕地、盐碱地进行改良，通过植树造林等手段再造水源涵养地，恢复西北地区生态环境[6-8]。

(6)推广膜下滴灌技术，提升西北农业抗旱能力。膜下滴灌是覆膜种植与滴灌相结合的一种灌水技术，也是地膜栽培抗旱技术的延伸与深化。它根据作物生长发育的需要，将水通过滴灌系统一滴一滴均匀地向作物根系范围内的土壤进行局部灌溉，同时还可根据需要将化肥和农药等随水滴入作物根区。作为一种新型的节水灌溉技术，与地表灌溉、喷灌等技术相比，有着其无可比拟的优点，是目前最节水、节能的灌溉方式。此项技术既不破坏土壤团粒结构，又避免水的深层渗漏和地表径流，可大大减少作物水分蒸发，使作物对水、肥的利用更直接、有效，便于田间管理和精确控制灌水量，达到高效农业节水的目的。

30.1.2 暴雨洪涝灾害

暴雨洪涝灾害是我国西北地区常见的自然灾害。随着气候变暖，新疆的融雪性洪水明显加重。如 2012 年 3 月因气温快速回升和连日降水，新疆伊犁州伊宁县、新源县、尼勒克县等地发生融雪性洪水，部分农业设施和基础设施不同程度损毁。截至 21 日 9 时统计，已有 1 800 余人受灾，农作物受灾面积 400 余 hm^2，房屋倒损 200 余间，共有 506 户群众院落进水，死亡牲畜 689 头，冲毁道路 9.5 km、防洪堤 180 m、桥涵 5 座，紧急转移 76 户 290 人，无人员伤亡，直接经济损失 1 112 万元。[9] 2010 年 3 月新疆北部升温与雨雪天气反复交错，导致伊犁、阿勒泰、塔城等地融雪性洪水频发，伊犁河谷有 31 万人受灾，1 万多座温室大棚、2 万多座房屋倒塌，4 万多头牲畜死亡。[10]

据甘肃省统计，新中国成立至 1990 年 41 年间，全省水灾面积 270.11 万 hm^2，受灾人口 1 740 万，死亡人口 7 020 人，倒塌房屋 65.3 万间，直接经济损失 37.5 亿元。局部暴雨洪水灾害是甘肃洪涝灾害的主要类型之一，41 年间共发生 237 次，平均每年 5.8 次，累计经济损失约 6 亿元，占全省全部水灾经济损失的 26%，死亡 2 996 人，占总数的 42.7%。[11-12]

防治措施：

根据洪涝灾害的形成特点和原因，洪涝灾害的类型，减灾措施可概括为两大类——工程措施和非工程措施。

1. 工程措施

(1)水库工程　水库对调蓄洪水、削减洪峰、减少水库下游防洪压力和洪水灾害起着重要作用。加固处理病险库至关重要，同时要提高拟建水库的防洪标准，保证建筑质量，为洪水留路。过去新疆多为平原水库，拦蓄功能有限。随着融雪性洪水的加剧，计划在山口修建一批山区水库以增强拦蓄功能。

(2)堤防工程　堤防工程是防洪的主体工程，保护着洪涝区特别是大中城市的人民生命财产安全。西北干旱地区由于地广人稀，多数河流缺乏堤防，今后应加强重点城市和绿洲附近河流的堤防建设。

(3)河道工程　疏浚河道，清除泄洪障碍物，裁弯取直。

(4)治坡治沟工程　治坡工程主要有梯田工程和林草整地工程。林草整地工程是先整地再种树种草，以拦蓄洪水，固土保水，增加绿色植被。治沟要从沟头的主沟、支沟到支毛沟，通过削、垫、筑、淤等工程方法将沟内的洪水及泥沙节节拦截，分段拦蓄。治沟工程与治坡工程和生物工程一起成为抗旱防洪、防止水土流失的根本方法，同时应注重洪水排导，以提高防洪能力。

(5)农林工程　农业工程措施主要有陡坡退耕还林还草，坡地梯田化，平整土地，水渠防渗等。林业工程措施主要有封山育林，恢复植被，营造水源涵养林，营造围堤护岸防冲林，种植薪炭林、经济林等。近年以种植苜蓿为主草产业的发展，对甘肃退耕还林还草，建设一批水土保持生态环境县的巨大工程，将产生重大影响[13-14]。

2. 非工程措施

(1)加强全流域的洪水调度。加强水库、水闸与灌区管理,合理运用调度,做到兴利和防洪相结合,局部利益与全局利益相结合。

(2)采取合理的灌溉方式,防止大水漫灌和过量灌溉。

(3)调整作物布局,低洼地改种水稻或其他耐湿作物。

(4)培育壮苗,提高植株耐涝能力。

(5)受涝后及时排水扶苗,追肥促进恢复生长。

30.1.3 沙尘暴

从全球范围来看,沙尘暴天气多发生在内陆沙漠地区,我国西北地区由于独特的地理环境,也是沙尘暴频繁发生的地区,主要源地有古尔班通古特沙漠、塔克拉玛干沙漠、巴丹吉林沙漠、腾格里沙漠、乌兰布和沙漠和毛乌素沙漠等。

自 20 世纪 50 年代以来,我国沙尘暴的发生次数虽然呈波动减少趋势,但所造成的损失仍不可低估。其中,1993 年 5 月 5 日强风沙尘暴席卷中国西北大部分地区,是我国有史以来罕见的一场强风沙尘暴(农民称“黑风暴”),涉及范围 110 万 km^2,覆盖了 4 个省(区)18 个地市(盟)72 个县(旗)、100 多个绿洲和 1 200 万人口,严重区达 40 万 km^2。1998 年 4 月 5 日,内蒙古的中西部、宁夏的西南部、甘肃的河西走廊一带遭受了强沙尘暴的袭击,影响范围很广,波及北京、济南、南京、杭州等地。4 月 19 日,新疆北部和东部吐鄯托盆地遭瞬间风力达 12 级的大风袭击,部分地区同时伴有沙尘。这次特大风灾造成大量财产损失,有 6 人死亡、44 人失踪、256 人受伤。1999 年 4 月 3—4 日,呼和浩特地区接连两天发生持续大风及沙尘暴天气,这次沙尘暴的范围从内蒙古自治区的西部地区一直到东部的通辽市南部,瞬时风速为 16 m/s。2000 年 3 月 22—23 日,内蒙古自治区出现大面积沙尘暴天气,部分沙尘被大风携至北京上空,加重了扬沙的程度。

2002 年 3 月 18—20 日,沙尘暴借助最高达 8 级的大风,自西向东席卷我国西北、华北、东北地区以及黄淮西北部,横扫我国半壁江山,是几十年以来最大的一次沙尘暴,影响人口达 1.3 亿。尤其在甘肃西部、宁夏北部、内蒙古中西部和东南部地区,出现了强沙尘暴,能见度不足 500 m,其中甘肃局部出现了“黑风暴”,能见度为 0 m。

2010 年 3 月 12 日,新疆和田地区当年首次发生强沙尘暴,部分县市出现黑风,一些当地群众称最严重时能见度几乎为零。截至 19 时,和田市区还是昏黄一片。18 时,强沙尘暴已至策勒县,预计 21 时许到达民丰县,覆盖范围达 500 多千米。

2010 年 3 月 19 日 18 时,新疆南疆盆地北部和东部、青海中北部局地、甘肃中部、宁夏北部、陕西北部、内蒙古中西部、河北西北部出现扬沙或沙尘暴天气,其中内蒙古额济纳旗、海力素、临河、乌拉特中旗及青海冷湖出现能见度不足 500 m 的强沙尘暴。

2010 年 4 月 24 日,甘肃遭遇当年第三次区域性的沙尘暴天气过程。敦煌、酒泉、张掖、民勤等 13 个地区出现沙尘暴、强沙尘暴和特强沙尘暴,其中民勤县在当天傍晚时分的能见度接近 0 m。资料显示,这次大风特强沙尘暴是民勤县有气象记录以来最强的一次。由于当地气象部门预报准确及时,灾害天气未造成民勤县人员伤亡,因强风引起的 13 处明火亦被及时扑灭[15-18]。

防治措施：

1. 建立现代化的监测及预警系统

在现有气象台(站)基础上增加雷达、卫星遥感等现代化手段，改进气象灾害联防通信网络，提高预测预报水平。

(1)利用科技手段治沙防暴。西北地区气候干旱，降水稀少，属典型的生态脆弱区，生态环境一旦遭到破坏，很难恢复。几百年来由于人们不合理地开发和乱砍滥伐，导致西北地区生态环境破坏，土地沙漠化面积不断扩大，这为沙尘暴的产生和发展提供了条件。因此，首先应以工程措施为先导、生物措施为根本，适时适地封沙育草，保护天然植被，避免因盲目垦殖而加速沙丘移动或形成新的沙源地。在草原地带和沙漠边缘的绿洲，总是残存一些天然的乔木植被和灌丛植被等天然植物，利用这些地方较好的水土条件，通过自然下种或根蘖进行繁殖，经过3～5年之后，封育的植被可以降低风速，固定流沙，阻截近地面沙尘和增强地表抗风蚀能力。其次，大力营造防沙林带，以防止流沙入侵绿洲农田。绿洲的防护林网不仅可以防止或减轻沙尘暴对农田的危害，而且可以改善田间小气候，提高农业产量[19-20]。

(2)统一规划，齐抓共管，治理西北地区沙尘危害。改善西北地区生态环境，仅靠一个部门或地区是难以完成好这项艰巨任务的，必须在中央政府领导下，统一科学规划，统筹部署，避免一刀切或头痛医头、脚痛医脚的被动局面。各级行政管理部门要通过法律手段，科学、合理地选择好治沙路径，遵循宜林则林、宜草则草的原则，实施退耕还林还草工程。此外，根据我国西北地区水资源少，时空分布不均匀等特点，应加强对地表水和地下水的统一利用管理，合理分配用水比例，完善以水为中心的区域性总体产业布局规划，建立高效、稳定的流域人工生态系统。

2. 建立荒漠绿洲防护体系

西北地区的农业，多集中在灌溉绿洲里，或在沙漠、戈壁、小山丘附近。绿洲边缘和内部分布着一些流动和固定、半固定沙丘。正因为如此，强风沙尘暴过境的时候，地表风蚀强烈，对农业危害严重。实践证明，如果沙漠在耕地之外，耕地遭受沙埋压和风沙的袭击，在治理上主要是保护和封育那里的天然沙生植被，营造防风固沙阻沙林带，必要时采取临时工程技术措施。如果耕地本身受风蚀而就地起沙，则在治理上主要营造护田林网，以削弱近地面风力，无论护田网形成与否，特别是开垦的绿洲和新开垦的沙土地，合理种植抗蚀植物，作物留茬，或种植秸梗覆盖，轮作等均非常重要[21-22]。

(1)封沙育草，保护和封育天然植被。封育天然植被可以降低风速、固定流沙和阻截近地面沙尘。如果植被盖度为30%～50%，可使近地面风速削弱50%。同时能阻截沙尘，形成结皮，提高抗蚀能力。封沙育草宽度以500～1 000 m为限。为尽快恢复天然植被，应结合沙边防沙林的营造和管理，适当利用农田余水灌沙，促进沙生植物滋生和蔓延，防止或延缓沙生灌木衰老退化和死亡。西北地区绿洲周围、河谷、低洼地和山前洪水过境地段以及一些巨大盆地中的河流两岸，如新疆塔里木盆地、准噶尔盆地和青海柴达木盆地，残存有天然的乔木植被和灌丛植被，这里水土条件较好，天然植被可自然下种，一经封育管护，经3～5年之后植被盖度可恢复到40%～50%以上。

(2)营造防沙林带，保护绿洲。西北地区治沙，首先应在沙漠、戈壁与绿洲接壤地带，营造防沙林带，以防止流沙侵入绿洲。

(3)营造护田林网，防止耕地风蚀。护田林网不仅可以防止或减轻沙尘暴对农田的危害，而且还能改善农田小气候。据观测，在旷野近地面风速 17 m/s 以上的 8 级大风下，第一条林带网格使风速平均下降 37.3%，第二条网格下降 39.1%，第三网格下降 41.5%。

(4)工程技术与生物措施相结合固定流沙。

(5)农牧业技术措施。推广免耕法，最大限度减少土壤翻耕，利用作物残茬固土防蚀，能有效减少大风引起的沙尘颗粒运动。采取飞播种草、围栏封育、补种牧草等方法，恢复草原植被。建立人工饲草饲料基地，实行划区围栏放牧，改善水利条件，增施化肥等，建立起集约化的草原生产体系，根除超载过牧。积极推行冬麦北移，利用冬小麦保护土壤的作用，既增产粮食，又保护生态。

30.1.4 冰雹

冰雹是我国西北地区常见的气象灾害之一。冰雹主要出现在 5—6 月的春夏之交，常伴随局部性强风暴，来势凶猛，历时短，破坏性大，对即将成熟收获的夏收作物危害最大。陕西省冰雹主要发生在陕北高原和关中平原。2006 年 6 月下旬，陕西省遭受大风、冰雹袭击，并伴随强雷雨天气；渭南市大部分地区出现 7～8 级大风，大荔县出现最大风速 32.5 m/s 的 11 级狂风，突破历史极值；大荔、富平等 7 县(市)43 个乡镇遭受强雷雨、大风、冰雹灾害，降雹时间持续 10～40 min，最大雹径为 3 cm。此次灾害造成农作物受灾面积达 2.53 万 hm^2，成灾面积约为 80%，其中 1.40 万 hm^2 绝收，设施农业受灾面积为 1.5 万棚。受灾作物主要有棉花、西瓜、大枣、苹果等经济作物，直接经济损失达 1.8 亿元。据甘肃省统计，2003 年 8 月 17 日天祝县遭受严重冰雹暴雨袭击，致使 1 206 户 4 913 人受灾。农作物受灾总面积 392.5 hm^2，成灾面积 317.3 hm^2，损毁乡村道路 13 700 m、灌溉水渠 900 m、简易桥涵 3 座。造成直接经济损失 139.96 万元[23]。新疆与河西走廊等地由于气候干燥降水少，冰雹发生相对较少，但一些高山也经常发生。随着气候变化，新疆冰雹呈增加趋势。2011 年新疆共 74 县次遭受冰雹灾害，遍及 10 地州 19 县市，在历年纪录中出现频次最高、直接经济损失最重。最晚冰雹出现在 10 月 9 日阿克苏地区的沙雅县。历史上很少出现冰雹的南疆喀什伽师县也在 8 月 11 日遭受罕见冰雹袭击。粒径大，积雹厚，持续时间最长达 25 min，造成当地棉花、红枣等多种农作物大面积绝收。[24]

防雹减灾措施：

(1)建立防雹作业指挥体系，提高监测预测综合能力。利用 EOS/MODIS、NOAA、FY-1 系列卫星提供的冰雹多发区高分辨率实时下垫面土壤及植被等情况，结合闪电定位仪资料、探空资料、雷达网系统的监测资料等，找出雷达监测、判识雹云的综合动态参数。建立用移动式车载测雨雷达现场雹云识别、作业指挥、效果评估为一体的人工防雹作业指挥体系，根据当地产生冰雹的天气形势及发生发展、出现时间、地理分布与移动路径等降雹主要规律，提供定时、定点、定位的冰雹监测、预警、信息传递服务，以便各级领导正确决策和有关部门很好地组织群众进行防御抗灾斗争，有效地防御和减轻冰雹灾害对农业生产的危害。

(2)采用先进的防雹技术，减轻冰雹危害。在冰雹活动路径上合理设置一定数量炮点和防雹火箭作业系统是人工防雹的基础，用三七高炮发射炮弹进行人工防雹作业是我国目前广泛采用的手段，而流动式发射火箭弹进行防雹作业即将成为主流，雷达是实时指挥人工高炮防雹作业最理想的工具。以联合防雹体系代替孤立防雹方式，在联防区建立雷达探测网、高炮火力网、电台通信网、天气预报网等“四网一体化”的联合防雹作业体系，采用联防区统一指挥、统一布局、统一规划、统一行动的原则，指挥人工防雹作业，达到节约资源、提高防雹减灾效果的目的。

(3)根据作物受灾程度，采取不同补救措施。摸清受灾作物品种、面积、灾情轻重程度，根据不同作物在不同生育期抵抗雹灾的能力采用不同办法。

(4)强化田间管理，增强作物恢复生长能力。降雹后及时排除田间积水，清除残枝落叶，抖掉枝叶泥土，扶正植株，并借墒追施速效化肥，追肥数量应大于正常用量。对倒伏严重、茎叶断损严重的作物，应根据不同作物、不同生育期决定是否帮扶；要做好病虫害防治，遇旱及时浇水、修剪，积极搞好果园的清理工作，受灾后及时修剪被损坏的果枝，截短已折断或损伤过重的枝条，并对果园中的枝、叶、果进行集中处理，以防病菌的滋生蔓延。

30.1.5 霜冻灾害

西北地区纬度较高，加上气候的大陆性强，霜冻灾害发生频繁。如乌鲁木齐县 1960—2009 年发生霜冻 5 次，发生频率 10.0%，其中有 3 次春霜冻，2 次秋霜冻。2004 年 9 月 28—29 日乌鲁木齐县出现降温天气，29 日清晨出现霜冻，五一农场 1 333.33 hm^2、三坪农场 2 333.33 hm^2、头屯河农场 133.33 hm^2 番茄全部冻成了水泡果，直接经济损失 960 万元。1960—2009 年乌鲁木齐县发生寒潮 9 次。1997 年 4 月 21—24 日寒潮天气，乌鲁木齐县各乡草莓、蔬菜等受害面积逾 400 hm^2；三坪农场合计 793.4 hm^2 油葵、玉米绝收，番茄、棉花合计 33.33 hm^2 受冻；头屯河农场葡萄、果树、草莓、蔬菜全部绝收，全县直接经济损失 640 万元[25-26]。

防治对策：

(1)因时因地制宜，合理安排农作物布局。农作物布局必须依据当地作物气候区划热量条件和无霜期长短，因时因地制宜，合理安排农作物种类和品种布局，以减少作物受霜冻的风险，减轻霜冻灾害损失，保证作物正常生长发育成熟。

(2)适时早播，延长农作物生长期。掌握适时早播可以充分利用前期光热水资源，促进作物生长发育期提前，使作物提前成熟以躲避早霜冻灾害，能提高作物产量和品质。以春播玉米为例：适时早播玉米要比迟播的提早 10～15 d 出苗，可利用前期积温 150～200℃ · d，玉米灌浆成熟期提前 7～10 d，从而躲避和减少了早霜低温冻害，适时早播玉米要比迟播的每亩增产 48～150 kg，增产率为 12%～34%。

(3)推广应用地膜覆盖栽培技术。地膜覆盖栽培技术具有增温，保湿，补偿热量，提高土温，调节水分，促进土壤熟化，抗旱防霜冻的气象效应，是一项保证作物适时早播，促进作物生长发育提前的最有效的防御霜冻灾害措施，增产效益极为显著。

(4)改善农田小气候环境。采用不同的农业技术措施，可以改善农田小气候环境，提高植株表面温度，减轻霜冻危害。如采用麦草、泥盆、泥罐、瓦片、纸帽等各种覆盖物进行覆盖能提高温度 2～6℃，可有效地防御和减轻霜冻灾害。同样，采用芦苇、稻草、树枝等做成风障挡风也能有效地减缓植株表面和体温的下降，减轻霜冻对作物的危害。

防护林网可以阻止寒潮冷空气的直接入侵，减缓霜冻低温的下降幅度，有效地防御和减轻霜冻危害。在有灌溉条件的地区实行灌水或喷灌、喷雾，均可阻止地面辐射冷却和温度的下降，防御霜冻危害。试验灌水地要比不灌水的地表温度高 1～3℃，可以减缓植株表面和体温的下降。

(5)培育推广抗寒品种,增强作物抗霜冻能力。

(6)采用细菌和抗生素防御霜冻。采用细菌和抗生素防御霜冻是一项新技术,研究表明,植物表面附生的某些细菌具有结冰活性,由于它们的存在使得有些作物在霜冻低温的外界环境胁迫下,在植物体温降到-2～-5℃以下时发生结冰而受害。现已研究出一些噬菌体和拮抗菌,如无冰核活性的草生欧文氏菌就能抑制这类冰核活性细菌,将它们的数量控制在某一水平以下,使之不能有效地发挥冰核作用,即使植物体温降到-2～-5℃,也可因缺乏冰核而使植物细胞组织仍处于过冷却状态,而不发生结冰,这样细胞也就不受危害,从而达到防御霜冻的作用[27]。

30.2 西北干旱地区的主要生物灾害与减灾对策

30.2.1 农作物病虫害

作物病虫害是我国的主要农业灾害之一,它具有种类多、影响大并时常暴发成灾的特点,其发生范围和严重程度对我国国民经济特别是农业生产常造成重大损失。我国西北部地区也是作物病虫害的高发区域,由于空气干燥,细菌类和真菌类病害总体上轻于其他地区,病毒类病害和多数虫害重于内地。随着降水增加和气候变暖,棉铃虫等虫害有加重的趋势。

以乌鲁木齐县为例,1960—2009年,病虫害发生12次,发生频率24.0%,其中发生8次蝗虫灾害,2次蔬菜病害,2次动物疫情。1980年,乌鲁木齐县约22.47万 hm^2 草场(含农田)发生蝗虫,21.47万 hm^2 草场受灾。1981年,乌鲁木齐县蚜虫受灾面积7.33万 hm^2,重灾4.67万 hm^2。1989年5月达坂城东沟乡、王家庄等地蝗虫发生面积1 000 hm^2,严重发生面积266.67 hm^2,蚕豆蚜虫发生面积200 hm^2,严重发生面积20 hm^2。1989年7月水西沟乡部分油菜和小麦被蝗虫啃噬的只剩下光秆,颗粒无收,造成绝产。1995年乌鲁木齐县森林病虫害3 320 hm^2,其中虫害3 253.33 hm^2。1997年,由于春季气温高、干旱,进入5月之后,南郊板房沟、水西沟、托里牧场及东山区芦草沟乡相继发生了严重的蝗虫灾害,发生面积达1.67万 hm^2 以上。1998年5月以后,乌鲁木齐县发生1.33万 hm^2 蝗虫灾害。2002年,乌鲁木齐县发生1.33万 hm^2 病虫害,主要是黄瓜霜霉病、茄子黄萎病、番茄及辣椒疫病、棉花棉铃虫、美洲斑潜蝇等,蝗虫发生面积8 000 hm^2。2006年,受4—5月降水偏多的影响,乌鲁木齐县萨尔达坂乡萨尔达坂村200.1 hm^2 的油菜发生叶甲虫病,吞噬66.7 hm^2 的草场[28-29]。

30.2.2 防护措施

1. 农业防治法

农业防治法是通过调整栽培技术等一系列措施以减少或防治病虫害的方法。大多为预防性的,主要包括以下几方面:

(1)合理轮作和间作。合理轮作和间作无论对病虫害防治或土壤肥力充分利用都十分重要。如种过党参的地块短期内不能再种,否则病害严重会造成大量死亡甚至全田毁灭。轮作期长短一般根据病原生物在土壤中存活期限而定，如白术根腐病和地黄枯萎病轮作期均为3～5年。合理选择轮作和间作对象也至关重要，一般同科属植物或病虫寄主植物不能选为下茬或间作。

(2)深耕不仅能促进根系发育，增强抗病能力，还能破坏蛰伏土内休眠的害虫巢穴和病菌越冬场所。耕翻晾晒数遍可改善土壤物理性状，减少土壤致病菌数量。

(3)除草、修剪及清除田间杂草。作物收获后，病虫危害残体和掉落田间的枯枝落叶往往是病虫隐蔽及越冬场所，是翌年的病虫源。病虫残体和枯枝落叶及时烧毁或深埋处理可大大减轻翌年病虫为害程度。

(4)调节播种期。某些病虫害常和作物某个发育阶段密切相关，通过调整播期使作物的敏感期错过病虫大量侵染为害的危险期，也可达到防治目的。

(5)合理施肥。能促进植物生长发育，增强抵抗力和病虫为害后的恢复能力。例如白术施足有机肥，适当增施磷钾肥，可减轻花叶病。但厩肥或堆肥一定要腐熟，以杀灭残存病菌及虫卵[28-29]。

(6)选育和利用抗病虫品种。如抗虫棉可避免棉铃虫的危害；有刺型红花比无刺型红花抗炭疽病和红花实蝇。

2. 生物防治法

(1)利用寄生性或捕食性昆虫以虫治虫。人工繁殖寄生性昆虫并适时释放到田间以控制害虫的虫口密度。捕食性昆虫主要有螳螂、蚜狮、步行虫等，多以捕食害虫为主。

(2)微生物防治。利用真菌、细菌、病毒等寄生于害虫体内使之生病、死亡或抑制其对植物的为害。

(3)动物防治。利用益鸟、蛙类、鸡、鸭等消灭害虫。

(4)不孕技术的应用。通过辐射或化学物质处理使害虫丧失生育能力。

3. 物理、机械防治法

如利用趋光性采用灯光诱杀害虫；根据有病虫害种子重量比健康种子轻，采用风选、水选淘汰有病虫种子，使用温水浸种，辐射灭虫等。

4. 化学防治法

应用化学农药防治的主要优点是作用快，效果好，使用方便，能在短期内消灭或控制大量发生的病虫害，不受地区和季节限制，仍是目前防治病虫害的重要手段，为其他防治方法所不能完全代替。化学农药有杀虫剂、杀菌剂、杀线虫剂等。杀虫剂根据其杀虫功能又可分为胃毒剂、触杀剂、内吸剂、熏蒸剂等。杀菌剂有保护剂、治疗剂等。使用农药的方法很多，有喷雾、喷粉、喷种、浸种、熏蒸、土壤处理等。

昆虫的体壁由表皮层、皮细胞层和基底膜三层构成，表皮层由内向外又依次分为内表皮、外表皮和上表皮。上表皮是表皮最外层，也是最薄的一层，其内含有蜡质或类似物质，这一层对防止体内水分蒸发及药剂的进入都起着十分重要的作用。一般来讲，昆虫随虫龄的增长，体壁对药剂的抵抗力也不断增强。因此，在杀虫药剂中常加入对脂肪和蜡质有溶解作用的溶剂，如乳剂由于含有溶解性强的油类，一般比可湿性粉剂的毒效高。药剂进入害虫身体，主要是通过口器、表皮和气孔三个途径。所以针对昆虫体壁构造，选用适当药剂，对于提高防治效果有着重要意义。如对咀嚼式口器害虫玉米螟、凤蝶幼虫、菜青虫等应使用胃毒剂敌百虫等，而对刺吸式口器害虫则应使用内吸剂。另外，要掌握病虫发生规律，抓住防治有利时机，及时用药。

还要注意农药合理混用、交替使用、安全使用，避免药害和人畜中毒。

由于近年化学农药的使用量很大，大量农药投入到环境中，但大量农药投入到环境中会加剧污染并增强害虫的抗药性，形成恶性循环。应与其他防治手段相结合实行综合防治，并逐步过渡到以生物防治为主。西北干旱地区由于干燥多风和夏季温度高，施用农药应利用早晚和避开大风天气。

30.3 全球环境变化对西北干旱地区的气候及其农业生产的影响

以变暖为主要特征的全球气候变化是人类迄今面临的最大的环境问题，同样给西北干旱地区的农业带来了巨大挑战。气候变化可能使厄尔尼诺、干旱、洪涝、雷暴、冰雹、风暴、高温和沙尘暴等极端天气气候事件的出现频率与强度增加，造成更大的损失。如干旱发生频率和强度的增加使全球荒漠化、沙漠化的土地面积扩大，台风、飓风造成的生命和财产损失也越来越大[30-33]。气候变化加剧了气象灾害的发生和危害，对农业生产带来了很大影响，合理的农业结构调整和优化配置是应对西北地区气候变化必须要考虑的问题[34-36]。

30.3.1 温度的变化

受全球变暖的影响，近 40 年来西北地区气候也存在着明显变暖的趋势，而 20 世纪 90 年代也是西北地区近 40 年中最暖的时期。西北地区地域辽阔，地形复杂，各地的变暖程度并不完全一致。新疆北部、青海北部、河西走廊和宁夏北部等地的偏高幅度大都在 0.8℃以上。新疆北部是变暖最为明显的地区，其中富蕴的偏高幅度达到 1.7℃。20 世纪后期，全国年平均增温幅度为 0.35℃，可以看出西北地区的增温幅度明显高于全国平均水平。气温升高最明显地区在北疆西北部、准噶尔盆地、柴达木盆地，这些地方年平均气温升高了 1.0～1.3℃[37]；其次是西北地区东部和青海高原其余地方，升高 0.6～1.0℃；塔里木盆地和天山西段是升高幅度最小的地方，大都升高 0.2～0.6℃。

西北地区的气候变暖具有明显的季节性差异，与其他季节相比，冬季的增温最为显著，几乎所有地区的气温都在升高。例如，20 世纪 90 年代与多年平均值相比，北疆地区冬季平均气温偏高了 1.6℃，南疆地区偏高了 1.2℃，天山山区偏高了 0.9℃，而其他季节气温偏高幅度则远不如冬季。

西北地区日平均气温≥0℃积温 1987—2003 年比 1961—1986 年的平均值增加了 112℃·d，大部分地方农耕期的热量资源是显著增加的，81％和 60％的站点增加幅度分别为 50～720 和 100～720℃·d，只有小部(13％)地方是减少的。新疆大部分地方热量资源增加了 100～250℃·d，少部地方减少了 50～100℃·d；青海增加了 100～150℃·d；甘肃、宁夏增加了 100～200℃·d。

西北地区日平均气温≥10℃积温 1987—2003 年比 1961—1986 年的平均值增加了 107℃·d，74％和 64％的站点分别增加 50～710 和 100～710℃·d，15％地方减少了 70～180℃·d。新疆大部地方增加了 70～150℃·d，而天山和南疆的小部分地方减少了 70～150℃·d；除陕西东南部和青海东部的小部分地方分别减少了 70～180 和 70℃·d 左右外，西北东部大部地方增加了70～180℃·d。日平均气温<0℃期间负积温是评价作物越冬条件的热量指标。由于气候变暖，西北地区1987—2003年的平均负积温的绝对值比1961—1986年减少137℃·d，其中89%和79%的站点分别减少50～340和100～340℃·d，只有甘肃的陇南和陕西的南部减少不足50℃·d。西北地区<0℃负积温的绝对值呈逐年代持续减少趋势，20世纪60年代负积温平均为－874℃·d，70年代为－823℃·d，80年代为－776℃·d，90年代为－723℃·d，每个年代的绝对值平均减少了50℃·d，90年代比60年代减少了151℃·d[38-42]。

30.3.2 降水的变化

20世纪80年代和90年代全球中高纬度大陆大部分地区降水量明显增加，亚洲干旱半干旱区范围缩小；西北地区西部，包括新疆大部、祁连山区、河西走廊，降水量明显增加。其中新疆和河西走廊自70年代中期开始增加，祁连山自80年代中期开始增加。北疆地区年降水量平均偏多了22%，南疆地区增加了33%，天山山区增加了12%，祁连山区、河西走廊以及青海高原的部分地区增加幅度在10%～20%之间。上述地区自1961—2000年降水量的增加趋势非常明显[43-44]。但西北地区东部，包括甘肃河东、青海东部、宁夏和陕西的季风边缘区，自20世纪80年代中期开始降水持续偏少，90年代降水量减少最为明显，干旱频繁发生。天水本属于湿润半湿润地区，多年平均降水量540 mm，60年代年平均降水量达600 mm以上，进入90年代已下降到不足400 mm。

自20世纪70年代以来，西北西部（主要是新疆）的气候明显变湿，而西北东部则呈现变干的趋势。研究发现，西北西部降水量偏多主要表现在冬季和夏季，但秋季降水是偏少的。90年代与多年平均相比，北疆地区降水偏多主要是在冬季和夏季，分别偏多了30%和22%，春季只偏多4%，而秋季则偏少4%；南疆地区降水偏多主要表现在冬季、春季和夏季，分别偏多45%、33%和28%，秋季偏少3%；天山山区冬季降水偏多的幅度最大，为24%，其次是夏季偏多16%，春季只偏多不到2%，而秋季偏少11%[38]。

30.3.3 气候变化对农业生产的影响

1. 沙尘暴日数呈明显减少趋势

1964—1998年北方多年平均的年沙尘暴（包括弱沙尘暴在内）日数，和田、伊克乌素、拐子湖和朱日和分别为26、17、29、9 d，且河西走廊、南疆盆地南缘及内蒙古巴音毛道—吉兰泰—伊克乌素一线的年平均沙尘暴日数都在10 d以上。西北地区随着气候由暖干向暖湿转型，年沙尘暴也迅速减少。从60年代和90年代平均年沙尘暴日数相对多年平均距平看出，60年代西北地区大部分地方（除青海南部外）年沙尘暴日数偏多，主要偏多中心在南疆西部、河套西部，比多年平均偏多10 d以上，即偏多30%；90年代西北大部分地方（除青海东南部外）年沙尘暴日数偏少，主要偏少中心与60年代偏多的位置相吻合，偏少也在10 d以上，即偏少30%。两个年代相20 d，占多年平均日数的60%。西北地区年沙尘暴日数的年际变化与中国北方的演变趋势基本一致。

2. 气候变暖对农业生产的影响

(1)冬季气候变暖，越冬作物种植区北界向北扩展。

西北地区 1987—2003 年冬季(12 月至翌年 1 月)各月平均气温比 1961—1986 年平均升高 1.4、1.0、1.7℃,尤其是最冷月(1 月)48%的站点气温升高 1.0～2.6℃,84%的站点气温升高 0.6～2.6℃。日平均气温<0℃期间负积温平均减少 137℃·d,89%的站点减少 50～340℃·d,79%的站点减少 100～340℃·d。

据有关研究,最冷月平均气温等于－8℃的等温线构成了我国冬小麦种植北界的海拔高度的上界,按照这一标准,西北地区冬小麦种植北界,20 世纪 90 年代比 60 年代向北扩展 100 km,海拔高度的上界上升 100～400 m。20 世纪 60 年代南疆盆地仅在东经 76°～83°和北纬 35°～40°的范围内≥－8℃;而西北地区东部的北界在陕西吴旗(－7.8℃)、甘肃环县(－7.5℃)和宁夏中宁(－7.5℃)一带的南部(北纬 37°)地区,西界(东经 103°)在甘肃兰州(－7.2℃)以东,青海东部的黄河沿岸,如贵德和共和也小于－8℃。而 90 年代南疆盆地扩展到东经 76°～87°,北纬 41°～42°的范围内;西北地区东部北界(北纬 38°)向北扩展到陕西横山(－8.0℃)和宁夏银川(－7.9℃)一带,西界(东经 102°)扩展到甘肃凉州(－7.7℃),青海的贵德、西宁、班玛、囊谦、门源、玉树等地小于－8℃。另有研究认为越冬期负积温为－500℃·d 等温线构成了冬小麦种植北界和海拔高度的上界。按照这一标准,20 世纪 90 年代比 60 年代向北扩展 50～200 km。20 世纪 60 年代南疆盆地－500℃·d 等温线与最冷月－8℃等温线的位置一致;西北地区东部北界在陕西延安(－483℃·d),甘肃庆阳(－458℃·d)、庄浪(－446℃·d)、陇西(－448℃·d)一带。而 90 年代南疆盆地－500℃·d 等温线与最冷月－8℃等温线的位置仍然一致;西北地区东部的北界向北扩展到陕西绥德(－418℃·d)、宁夏中宁(－429℃·d)、甘肃景泰(－445℃·d)一带。这两种指标的共同特点是越冬作物种植北界都向北扩展了。以甘肃省陇中为例,过去冬小麦种植区北界位于通渭县,近年来种植区域在逐年扩大,而且在海拔 2 000 m 左右的地方扩种冬小麦。但是冬小麦北移界限只代表平均状况,一个区域种植制度和种植方式不仅取决于气候条件,还要考虑土壤、品种、技术水平,在冬、春小麦交界区扩大冬小麦,要根据当地具体情况,科学评价北移的利弊。[43-47]

(2)气候变暖,喜温作物面积扩大,多熟制向北推移。

西北地区 1987—2003 年日平均气温≥0℃积温比 1961—1986 年平均增加 112℃·d,有 81%和 60%的站点增加 50～720 和 100～720℃·d,农耕期的热量资源显著增加。日平均气温≥10℃积温平均增加 107℃·d,有 74%和 64%的站点分别增加 50～710 和 100～710℃·d,喜温作物生长期热量资源也显著增加。气候变暖使作物生长期延长,由于春播期也较过去提前,种植制度在发生变化。作物品种的熟性由早熟向中晚熟发展,单产增加;多熟制向北推移,复种指数提高。就甘肃陇中而言,进入 20 世纪 90 年代后喜温作物面积扩大,过去玉米只在一些暖川区热量资源比较丰富的很小区域种植,现在除了个别高寒山区外,海拔 2 200 m 以下地区几乎都在种植并取得成功;过去糜子和谷子往往难以成熟,这几年气候变暖以后,糜子和谷子可以成熟,种植面积都逐年扩大,产量既高且稳。复种、间作套种等种植技术广泛应用,一熟制正向多熟制发展的地区扩大。

(3)西北地区东部气候呈暖干趋势,负面影响大于正面影响。

西北地区气候变暖虽然有利于越冬作物种植北界向北扩展,多熟制向北推移,喜温作物面积扩大,复种指数提高,但西北地区东部降水持续偏少,干旱大面积频繁发生,抑制了热量资源增加所发挥的作用,负面影响大于正面影响。冬季气候变暖,冬温偏高,增加了冬季农田土壤水分蒸发,还使越冬病虫卵蛹死亡率降低,病虫群数量上升,易造成病虫害,增大了病虫害防治难度。气候变化与农业生产、生态环境、社会发展、经济建设关系十分密切，其利弊并存。因此，要掌握、遵循、充分利用气候变化规律，提高人们对气候变化的应对能力，研究防御对策趋利避害，使农业生产获取最佳效益。[48-50]

(4)西北地区雨养农业区降水量减少，对农业生产的负影响增大。

西北地区雨养农业的大部分地区是半湿润或半干旱气候，降水变率大。1987—2003 年的平均年降水量与 1961—1986 年相比，大多数地方年降水量减少 5～180 mm，除 1、2、6 月增加外，4、5、8—11 月都是减少的。冬季降水量是增加的，对土壤保墒有利。但在作物生长季(4—9 月)只有 6 月降水量增多，其余月份都在减少，导致农作物生长期中土壤水分亏缺加大，对农作物和牧草的生长、成熟都十分不利。特别是 1993 年以来雨养农业区降水量呈持续减少趋势，每年干旱大面积发生，有些地区粮食大幅度减产。还加剧了天然草场的退化，使产草量减少，载畜能力下降。如甘肃省 9 个纯牧业县之一的天祝县，全县草场退化面积已达 13.46 万 hm^2，占全县草场总面积的 26.7%，由于草原草场海拔高度低于草甸草场，受增温降水减少影响更大，草原草场产草量减少程度大于草甸草场。[51]

30.4 西北干旱地区的区域减灾战略与系统工程

减灾农业主要是指运用现代科技手段，加强对各种危害农用动植物、破坏农业生产环境的灾害事件的监测预报，在灾害发生之前或发生时采取有力的技术措施，增强农业的防灾抗灾能力，减少灾害的发生，从而减少灾害带来的损失。由于西北地区区域广袤，农业发展水平很不平衡，在生态脆弱、水资源匮乏和干旱长期胁迫下，实施哪些生态治理措施避免农业环境恶化，选择何种技术方式发展减灾农业就显得尤为重要。

30.4.1 西北干旱地区的区域减灾特点

30.4.1.1 发展减灾农业要以抗旱防灾为主

对于西北地区而言，农业发展受自然灾害影响十分明显，由于农业本身的弱质特性，易受自然界各种因素的干扰，特别是受旱涝、冰雹、雨雪、虫类等侵扰，极易成灾，严重时导致粮食减产乃至绝产。因此，发展减灾农业的首要目的就是利用技术措施保持粮食稳产或者促进粮食增产。

西北地区的灾害具有明显的季节性特征[52]。如雨雪冰冻灾害出现在冬春时节，春夏之交多暴雨、洪涝灾害。尤其是旱灾，季节性最为明显的是西北地区春旱。此外，春夏连旱、夏秋连旱、秋冬以及冬春连旱也经常发生。由于农业生产具有强烈的季节性，灾害出现在农作物生长期对农业危害严重不言而喻。如 2008 年秋至 2009 年初，甘肃 110 d 无有效降水，对小麦越冬形成了极大威胁。因此，西北地区发展减灾农业必须把抗旱防灾作为重点，如在干旱的雨养农业区通过发展旱作农业技术，调整农业种植结构，增施有机肥，采用秸秆、薄膜覆盖，耕作保墒等旱作农业技术，把天然降水蓄好、用好，使有限的水资源得到合理利用，有效减轻干旱少雨对农业造成的危害[53]。

30.4.1.2 发展减灾农业要因地制宜

西北地区干旱灾害的危害普遍性很强，但是区域性、小流域性干旱的特点也很突出。农业灾害是自然灾害系统与农业经济系统交互作用的结果，由于西北区域广袤，存在诸多如平原、高原、山地、绿洲、沙漠、草地等不同环境类型，受气候、水资源、地理、经济、民族、社会等因素影响，决定了西北地区的农业发展必然不平衡，存在着区域特征差别和生产方式多样化，因此西北地区农业技术发展类型必然存在区域化、多样化和不平衡的特点。不同区域由于灾害类型和农业对象、农业生产布局及生产条件的差异，形成了西部农业灾害经济区域分异[54-55]。如雨雪冰冻灾害主要发生在新疆、甘肃、青海的高原旱区；干热风主要发生在河套平原、河西走廊及新疆绿洲地区；沙漠化主要发生于农牧交错地带的半农半牧区；灾害性水土流失主要产生在山地丘陵和陡坡耕地上以及黄土高原丘陵沟壑区。因此，开展农业减灾既要突出重点，抗旱防灾，也要因地制宜，兼顾防止其他农业灾害的发生。

30.4.1.3 发展减灾农业要突出区域模式

从农业技术类型来分，西北地区可分为雨养农业区域、绿洲农业区域、高寒山地农业区域、灌溉农业区域。这四大块区域农业发展面临的共性问题就是生态恶化加剧，干旱威胁不断，水资源短缺严重。近现代以来，由于人口的激增，土地承载力低，加上资本短缺和农业技术落后，有些地区仍然在农业开发上急功近利，采取粗放耕作的经营方式。不计成本的农业开发后果就是导致生态环境加剧恶化，诱发各种自然灾害。因此，在各区域发展农业要因地制宜，在生态环境可持续的前提下，采取发展减灾农业和生态治理相结合的现代减灾模式，改变传统旱作农业受制于天的经营方式。既要打破农业干旱的难控性和常住性，又要增强农业的抗旱能力和提高农业的减灾能力，改变以往的被动受灾后再去减灾的模式，变被动为主动。在灾害环境之下，以采取主动抗旱为目标，最终实现农业的稳产乃至增产，达到减灾的目的。

以水资源缺乏的雨养农业区域为例，要改变以往靠天吃饭的旧习，就要主动发展集水农业。集水农业主要立足于自然降水规律，通过工程措施、生物措施以及农业措施和设施农业技术相结合的原理，就地拦截并蓄存通常以径流形式流失的雨水，在作物需水关键期或严重干旱时输入农田，供给作物生长。集水农业的减灾功效就是不用改变原有背景环境，无须修建大型水利设施，主要利用拦截雨水或者是收集雨水来发展农业[56]。在陕北黄土高原和甘肃的一些丘陵地带通过开凿水窖，收集夏秋季节的雨水，不但能有效减轻春旱带来的威胁，还解决了干旱引发的人畜饮水难题。在生态脆弱的黄土高原地区实施集水农业具有明显的抗旱减灾效果。此外，该区域通过坡地改梯田，不但能有效收集雨水，还能有效缓解水土流失，对改善和修复农业生态环境起到积极作用。同样，水源相对充足的灌溉区域，由于近年来干旱不断，地表径流急剧减少，地下水位急剧下降，农业灌溉需水受到很大影响。因此，此区域发展减灾农业应主要通过发展节水农业来实现[57]。例如，关中平原灌区，在干旱时期通过实施节水农业收到了明显的抗灾效果。节水农业主要是采取水利、农业、生物、经营管理等多种措施进行科学的组合，形成一个综合的节水技术体系，主要是利用渠道防渗、管道输水以及喷滴灌、薄露灌溉等先进的灌溉技术，节水减灾作用十分显著。事实证明，通过渠道防渗可减少渠道漏水损失50%～90%；井灌区采用低压管道输水可以节水20%～30%；喷灌和滴灌比地面常规灌溉可节水40%～50%；采用地膜覆盖进行膜上灌可节水50%以上。通过节水农业技术措施的实施，不但能有效避免水资源不足带来的威胁，并且在有旱之年，对于粮食稳产或者增产起到重要的支撑作用，具有明显的抗旱保收功效。

30.4.2 西北干旱地区的区域减灾战略

减灾工作包括防灾、抗灾和救灾三个方面，而以防灾为主，防灾的核心是预报，准确预报各种自然灾害在时间上和空间上的分布、强度和危害程度，从而制定切实可行的对策，防患于未然，对不可避免的灾害，也要有避灾、救灾方案，以减少损失。遥感、地理信息系统等现代化科学技术则对突发性自然灾害的监测可以起到很大作用。根据西北干旱地区的区域减灾特点，应该做到以下几点：

30.4.2.1 对西北干旱地区合理规划，因地制宜

减灾工作首先需要进行全面规划，做到因地制宜，因害设防。西北干旱地区可以划分为四个减灾区，各有其特殊的减灾战略措施：

(1)大流沙、大戈壁中心地区(例如塔克拉玛干沙漠、巴丹吉林沙漠、新疆甘肃毗邻地区大戈壁等)，以自然保护和科学试验研究为主。这里的自然条件极为严峻，但由于人烟稀少，危害程度轻微，可以暂不采取各类防灾、抗灾措施。当然，塔克拉玛干沙漠油田大规模开发之后，有必要对油井本身及其交通网进行防沙固沙措施，并预防环境污染。

(2)植被较好的固定沙漠和戈壁地区(例如古尔班通古特沙漠、腾格里沙漠、浑善达克沙地以及许多山前戈壁地区)，以保护天然植被，适度进行牧业利用为主[21]。

(3)各类沙漠、戈壁周沿的广大干旱区是西北地区减灾工作的重点。局部自然和经济条件较好地方，可以发展绿洲农业，同时控制荒漠化过程。主要具体措施是：①开发和合理利用灌溉水源，建立优良的排灌系统。②以水定地，扩大耕地数量并提高其质量。③建立农田防护林系统，并采取一系列农业措施，以抗御风沙灾害。④在建立排水系统的基础上，采取一系列农业措施，以防止盐碱灾害。⑤精耕细作，农林牧合理利用土地，建立高产稳产农田。绿洲以外的广大土地，则以自然保护为主。

(4)自然条件较好，但自然灾害严重的半干旱地区是西北地区的另一个减灾工作重点，今后应以农牧合理利用土地为主，在农牧交错地带应改变土地利用结构，坡耕地还草还林，耕地集中谷地，提倡精耕细作，特别是扩大补充灌溉和增施肥料，广大牧区则应加强自然保护，建立饲料基地，发展现代化畜牧业。

30.4.2.2 思想是行动的先导，树立防灾思想

由于生态环境整体性的脆弱，西北地区还将面临农业灾害高发、灾情加重的严峻态势。灾害频发已经成为西北地区农业发展的严重障碍。因此，防止各种灾害频繁发生及其危害成为实施西北农业可持续发展战略中的一项紧迫任务。换言之，灾害对我国农业的影响不仅过去、现在存在，在不能摆脱生态环境对农业束缚地位的未来几十年甚至上百年内，由于承灾、防灾、抗灾、救灾能力较低等多种不利因素，灾害对农业可持续发展的影响必将长期存在。因此，要大力宣传农业所面临的严峻灾害形势，使人们对农业减灾的重要性迫切性达成共识，产生强烈

的危机感，把发展减灾农业当作一项长期坚持的任务来抓。

各级政府和农业相关部门以及广大农民群众应该改变过去那种重生产、轻防治的思想，牢固树立防灾减灾的思想，要认识到减灾实际上就等同于增加收入；要充分利用电视、广播、报刊、网络等信息传播媒介进行灾害信息的传播工作，做好农业灾害防治的科学普及工作，广大农户也可以成立农业合作组织，学习农业防灾知识，树立防灾思想；政府要增加对各级气象、水文、病虫害等测报部门的资金、人员和先进科学仪器设备的投入，大力发展信息技术，加强对各种农业自然灾害的预测预报工作，特别是对于干旱、暴雨、冰雹、霜冻等危害面广、危害性大的自然灾害，更要加强科学研究和预报工作，从而减轻农业灾害造成的损失。

30.4.2.3 建立农业资源高效利用的技术体系

(1)合理开发利用水资源，开源、节流、保护并举，发展节水型灌溉农业。其主要措施包括：①采用经济灌溉定额确定的灌溉制度；②灌溉区推广渠道防渗；③井渠结合，实现地面水与地下水联合运用；④推广喷灌、滴灌和微喷技术；⑤采用节水的耕作栽培技术[14]。

(2)集约高效利用农业土地资源：①对旱地、沙地、渍盐地、渍涝地等中低产田进行集约改造，对宜荒地进行有节制开发，控制在边远的有雨区或不适宜的土地上发展农业生产和放牧的趋势，尽力避免和杜绝低水平、掠夺式开发；②严格执行基本农田保护制度；③注意用养地结合，合理调整施肥结构，抓好秸秆还田和绿肥种植，合理轮作，降低土壤养分消耗，促进养分平衡和积累；④严格控制城建用地，优化重点基础建设项目用地，提高城建用地利用率；⑤推广应用先进的栽培技术，充分利用光热资源。

30.4.2.4 加大科技减灾研究

依靠科技，减轻农业灾害带来的损失是大有可为的。经过多年努力，我国农业科技人员研发了一批针对性强、效果显著的农业减灾实用技术。如采用洪水再生稻技术，可减少洪涝灾害当季40%以上损失；采用膜侧抗逆栽培技术，防御季节性干旱，能够减少损失10%以上；通过适时早播避灾技术，使其安全度过伏旱，能保证丘陵山区玉米生产的可持续发展；采用人工消雹技术，可减少雹灾损失80%以上；喷施抗低温助长剂可有效减轻低温冷害。因此，农业减灾的基本对策应以科学技术为根本，将科学技术的研究、开发和运用贯穿于减灾防灾的全过程中，将科技减灾特别是培育抗灾品种(耐旱、耐低温、抗病、高产、节水、防虫)作为减灾的根本手段[9]。西北地区发展农业减灾，必须以科技创新为主，进一步加大集水农业、节水农业和生态农业相关科研的投入，加快农业科研减灾成果的转化速度，加大科技减灾农业成果的推广力度，把西北地区防旱减灾的科技含量提高到一个新水平。

30.4.2.5 加强减灾系统建设，完善减灾管理体制

在西北地区干旱灾害持续威胁下，加强减灾系统建设，首先应加快旱情监测预报系统建设的步伐。利用先进的科学技术和手段，开展形式多样的农业灾害气象预警预报工作。加强对重要性、灾害性、转折性天气的监测预报，及时掌握旱情，预报旱情的发展趋势，为政府决策指挥提供信息和参考。其次，要构建系统抗旱减灾服务体系，提供优质的抗旱服务。一是增强服务功能，拓宽服务领域。及时维护各种抗旱设备，保证抗旱急需。无水源条件的地方，可发挥

自身优势，积极采取与水土保持相结合的农业措施，如深翻、松土保墒、农膜覆盖、耐旱作物及抗旱科技的推广等抗旱服务。二是强化服务网络，壮大服务规模。要逐步形成以县级抗旱服务队为主体，乡、村抗旱服务组织为基础，横向联合，纵向指导，延伸扩大的社会化抗旱服务网络体系。同时，开展信息提供和宣传服务，不断进行节水灌溉新技术、雨水集流新技术、旱作农业技术、墒情测报技术及各种抗旱设备经销、技术咨询、人员培训等方面的技术服务，帮助农民解决抗旱减灾过程中的难题。

开展农业减灾，不仅要健全减灾系统工程建设，也包括减灾管理部门的有效配合[16]。减灾管理是一项决策性社会系统工程。例如水利部门要充分发挥水利工程作用，优化水量调度，使有限的水源发挥最大抗旱效益；气象部门密切监视天气变化，及时做出气象预测、预报；财政部门及时安排抗旱资金，保证各项抗旱措施的顺利实施；电力部门为抗旱用电提供保障。各部门密切协作配合成为抗旱减灾的重要保障。针对西北地区干旱的常发性和旱灾危害的严重性，各级政府管理部门在密切配合的同时，也要重视旱灾发生时应急措施的制订和抗旱预案的编写。这些应急措施应在非旱时期，在抗旱减灾主管部门协同有关部门及社会团体积极参与下，预先制订一个地区出现潜在的及超历史的干旱时，政府部门在资源配置和减轻灾害不利后果方面的应急计划，与干旱发生时的抗灾措施和临时反应相比，这是一项更周密有效的防旱减灾管理措施。各级抗旱预案的编写，可以增加农业减灾的明确性和实效性，确保减灾农业能够有条不紊地顺利开展。

（吕 新 王海江）

参考文献

[1] 彭珂珊. 西北地区的生态环境灾害. 中国统计，1994(3)：24-26.

[2] 罗哲贤. 西北干旱研究的若干问题. 干旱气象，2003，21(4)：55-58.

[3] 王向辉. 西北地区历史自然灾害与农业技术选择研究：硕士论文. 杨凌：西北农林科技大学，2008：1-96.

[4] 刘引鸽. 西北干旱灾害影响因子分析. 灾害学，2003，16(2)：18-22.

[5] 贺晋云，张明军，王鹏，等. 新疆气候变化研究进展. 干旱区研究，2011，28(3)：499-508.

[6] 梁旭，尚永生，张智，等. 我国西北五省旱灾历史变化规律分析. 干旱区资源与环境，1999，13(1)：28-33.

[7] 吕桂军，袁巧丽，林万光. 西北干旱区气候变化分析及治理措施探讨. 人民黄河，2009，31(8)：25-26.

[8] 王晓青. 我国西北地区沙尘暴灾害及防治对策. 中国人口·资源与环境，2001，11(52)：42-43.

[9] 中国新闻社张亮. 新疆伊犁多县发生融雪性洪水 损失超千万元. 中国新闻网，2012-03-21. http://www.sina.com.cn.

[10] 记者戴岚. 新疆北部发生融雪性洪水 部分农田道路被冲毁. 人民网，2010-05-04 [2010-05-04] http://www.cnr.cn/allnews/201005/t20100504_506372719.html.

[11] 成自勇,杨具瑞. 甘肃农业洪涝灾害成因及减灾措施研究. 中国减灾,2002(2): 31-33.
[12] 韩永翔,姚辉,姚志华,等. 近 25 年甘肃旱涝的气候背景及旱涝趋势研究. 甘肃气象,2000,18(3): 17-20.
[13] 何爱平. 我国西部农业灾害的特点及减灾对策研究. 经济地理,2001,21(1): 20-21,46.
[14] 彭珂珊. 西北地区的生态环境灾害问题与防治措施. 广西民族学院学报:自然科学版,1994(1):73-80.
[15] 冯俊学. 试谈西北地区沙尘暴灾害性天气. 青海环境,2002,12(3):128,130.
[16] 赵首彩,张松林. 甘肃省沙尘暴的形成原因与治理初探. 地质灾害与环境保护,2004,15(4):23-25,51.
[17] 夏训诚,杨根生. 关于西北地区风沙尘暴的几个问题. 中科院院刊,1994(4): 346-350.
[18] 张立功,薛万孝,许霞. 西北沙尘暴的成因探讨和防治对策. 资源与环境发展,2007(1): 14-17,23.
[19] 闫述乾,衡伏喜. 西北地区农业重大灾害区域差异的实证分析——以甘肃省为例. 甘肃社会科学,2011(1):241-243.
[20] 王向辉,卜风贤. 西北地区发展减灾农业的问题与对策. 生态经济,2011(1): 99-103.
[21] 白玉洁,段海花,侯学源. 我国主要气象灾害对农业生产的影响及应对策略. 安徽农业科学,2011,39(16):9931-9935.
[22] 贾彬良,侯立功,张颖. 自然灾害对我国农业生产的影响及防控对策分析. 农业生产展望,2011(2):43-49.
[23] 孙旭映,俞亚勋,闫敬泽,等. 甘肃冰雹灾害对农业的影响及其防御对策研究. 中国农业气象,2004,25(3):33-36.
[24] 2011 年新疆冰雹灾害刷新历史纪录. 新华网,2011-12-30. http://www.weather.com.cn/news/1579805.shtml.
[25] 刘盛梅. 1951—2009 年乌鲁木齐市气候变化特征分析. 现代农业科技,2010(23): 291-296.
[26] 刘盛梅. 气候变化对乌鲁木齐市农业气象灾害的影响及对策. 现代农业科技,2011(3): 301-302.
[27] 刘生梅,李海玲,王云,等. 森林生态系统现状及其病虫害综合防治措施. 现代农业科技,2011(9):182.
[28] 李树正. 农业病虫害综合防治的新领域与无公害农药的开发. 农业环境科学学报,1985(3):32-33.
[29] 王威威. 浅谈森林病虫害的综合治理. 黑龙江科技信息,2010(34):265.
[30] 李栋梁,魏丽,蔡英,等. 中国西北现代气候变化事实与未来趋势展望. 冰川冻土,2003,25(2):135-142.
[31] 谢金南. 中国西北干旱气候变化与预测研究:1～3 卷. 北京:气象出版社,2000.
[32] 陈邦柱,秦大河. 气候变化与生态环境研讨会文集. 北京:气象出版社,2004:13-20.
[33] 孟宪群. 浅谈中国的农业气象灾害. 北京农业,2010(3):51-53.
[34] 邓振镛,张强,刘德祥,等. 气候变暖对甘肃种植业结构和农作物生长的影响. 中国沙漠,

2007,27(4): 627-632.

[35] 邓振镛,王鹤龄,王润元,等. 气候变化对祁连山北坡农林牧业结构的影响与对策研究. 中国沙漠,2008,28(2): 381-387.

[36] 胡利平,许彦平,秘晓东,等. 天水种植业结构优化配置研究. 干旱地区农业研究,2006,24(4):143-159.

[37] 宋连春. 西北干旱气候变化及其对全球变暖的响应研究:博士论文. 南京:南京信息工程大学,2005:1-114.

[38] 罗岩,王新辉,沈永平,等. 新疆内陆干旱区水资源的可持续利用. 冰川冻土,2006,28(2): 283-287.

[39] 施雅风,沈永平,李栋梁,等. 中国西北气候由暖干向暖湿转型的特征和趋势探讨. 第四纪研究,2003,23(2):152-164.

[40] 施雅风,沈永平,胡汝骥. 西北气候由暖干向暖湿转型的信号、影响和前景初步探讨. 冰川冻土,2002,24(3):219-226.

[41] 王润元. 中国西北主要农作物对气候变化的响应:博士论文. 兰州:兰州大学,2010: 1-88.

[42] 张存杰,高学杰,赵红岩. 全球气候变暖对西北地区秋季降水的影响. 冰川冻土,2003,25(2):157-164.

[43] 张书余. 干旱气象学. 北京:气象出版社,2008:1-292.

[44] 宋连春,邓振镛,董安祥. 干旱. 北京:气象出版社,2002:36-42.

[45] 叶笃正,符宗斌,董文杰,等. 全球变化领域的若干研究进展. 大气科学,2003,27(4): 435-450.

[46] 邓振镛,张强,辛吉武,等. 干旱生态环境及水资源对全球气候变暖响应的研究进展. 冰川冻土,2008,30(1):57-63.

[47] 邓振镛,张强,徐金芳,等. 西北地区农林牧业生产及农业结构调整对全球气候变暖响应的研究进展. 冰川冻土,2008,30(5):835-842.

[48] 孙秉强,张强,董安祥,等. 甘肃黄土高原土壤水分气候特征. 地球科学进展,2005,20(9): 1041-1046.

[49] 邓振镛,张强,韩永翔,等. 甘肃省农业种植结构影响因素及调整原则探讨. 干旱地区农业研究,2006,24(3):126-129.

[50] 韩永翔,万信,邓振镛,等. 加入 WTO 后甘肃省农业种植结构的战略调整研究. 中国农业气象,2003,24(2):43-45.

[51] 邓振镛,张强,万信,等. 甘肃省农业种植结构性调整的发展战略与优化方案. 地球科学进展,2005,20(增刊):108-112.

[52] 林而达,杨修. 气候变化对农业的影响评价及适应对策//气候变化与生态环境研讨会文集. 北京:气象出版社,2004:72-77.

[53] 王馥棠,赵宗慈,王石立,等. 气候变化对农业生态的影响. 北京:气象出版社,2003: 96-126.

[54] 刘德祥,董安祥,陆登荣. 中国西北地区近 43 年气候变化及其对农业生产的影响. 干旱地区农业研究,2005,23(2):195-201.

[55] 王志伟.西北地区农作物生长对气候变化的响应:硕士论文.杨凌:西北农林科技大学,2008:1-41.
[56] 宋连春,张存杰.20世纪西北地区降水量变化特征.冰川冻土,2003,25(2):143-148.
[57] 翟禄新.近50年来中国西北气候变化及其水文响应分析:博士论文.兰州:兰州大学,2008:1-133.

第31章

青藏高原地区农业减灾技术

31.1 青藏高原的主要气象灾害与减灾对策

青藏高原地区包括青海、西藏两省区的全部和新疆南部边缘、甘肃西南部、四川西部和云南西北部，不考虑延伸到邻国的部分，我国境内面积为 240 万 km^2，平均海拔 4 000～5 000 m，有“世界屋脊”之称。地形复杂多样，气候差异大，气象灾害种类多、频率高、强度大、影响面广，主要有干旱、暴雨和洪涝、霜冻、冰雹、大风、雷暴等[1-2]。20 世纪 80 年代以来，先后出现多次严重极端气候事件，即 1983—1984 年秋季青海南部地区严重雪灾、1997—1998 年冬季藏北地区严重雪灾、1983 年西藏地区夏季重旱、1990—1991 年夏秋冬春青海地区四季连续重旱、2000 年青海环湖地区夏季重旱、1998 年盛夏年楚河至雅鲁藏布江中游地区重涝以及 2008 年 10 月底山南、日喀则和林芝地区大范围、强度最大的暴雪天气过程。这些气象灾害给农牧业生产和人民生命造成了严重的危害[3-5]。

31.1.1 干旱

青藏高原大部分地区属于干旱半干旱地区，降水量年际变化大，干旱出现较为频繁[6]。旱灾是青藏高原地区重要的气象灾害之一，一年四季都会发生，而且持续时间长、涉及范围广、潜在危害大[7-8]。严重的旱灾不仅对农业生产影响大，而且直接影响社会经济发展，恶化人类生存条件；干旱除造成农业歉收，还造成水资源匮乏，导致工业生产和生活用水不足，给工业生产和居民生活带来严重影响；干旱还会导致火灾多发等；干旱发生时还因降水不足，土地墒情下降，致使土地沙化、盐碱化。

青藏高原最为严重的干旱灾害是青海地区的春旱和西藏地区的盛夏伏旱，不仅影响当年作物生长和产量，而且影响次年甚至影响牧区多年的草场[9]。干旱灾害可通过节约用水，保护环境，减少水资源污染，兴修水利，保持水土等方法进行防御。在农业生产上可以采取以下措施：

(1)采用节水灌溉技术措施，兴修水利灌溉设施，当出现干旱后及时灌溉，减少干旱灾害造成的损失。

(2)选用抗旱品种进行种植生产。

(3)采用地膜覆盖、沟植垄盖等农业保水措施。

(4)适当调整农业种植结构和播种期，避开干旱易发时段。

31.1.2 暴雨和洪涝

暴雨的危害有三种，即洪水灾害、涝灾、渍灾，其中洪涝灾往往很难区分。洪涝灾害的形成与降水量，地形地貌，土壤结构，河道的宽窄和曲度、植被，季节，农作物的生育期，防洪防涝设施等都有密切的关系。但大多数情况下都是由于该地当时降水量过大造成的。严重的、大范围的洪涝灾害都是由暴雨、特大暴雨或持续大范围暴雨天气造成的。洪涝灾害还易引起山洪暴发或河水泛滥，冲毁农田、淹没作物，同时易引发泥石流、山体滑坡等地质灾害。青藏高原的暴雨和洪涝灾害发生时间在6—9月，主要在8月，7月次之。青海地区分布，主要集中在西宁和东部农业区，年均7.5次；玉树、果洛、黄南以及海南南部等青南地区年均3次，是青海暴雨和洪涝灾害出现的次多区；天峻、茶卡、海晏、共和、刚察等环湖地区年均1.3次；而德令哈、格尔木所处的柴达木盆地是全省暴雨最少的地区。西藏地区的暴雨和洪涝灾害主要发生在林芝地区南部、昌都地区的江达、那曲地区的申扎和日喀则地区西北部。那曲地区中部及东北部、日喀则地区的拉孜及山南地区南部发生洪涝灾害的频次最低[10-11]。

暴雨和洪涝灾害主要减灾对策：

(1)暴雨发生前要及时疏通排水道，防止积水成灾。地势低洼的积水农田可使用抽水泵排水。

(2)暴雨易引发山洪和泥石流，沟谷居民和游人遇暴雨不要向低洼的山谷和险峻的山坡下躲避，发现泥石流、山洪来时，不要顺着山沟往下跑，要向垂直方向的两面山坡爬，离开沟道、河谷地带等。

(3)河流的上游通过植树造林和修建水库拦蓄洪水，中下游加固堤岸。

(4)洪水过后及时清洗和扶起倒伏作物，松土提温，适当施肥，促进恢复生长。

31.1.3 雪灾

雪灾是青藏高原牧区的主要自然灾害之一，每年10月中下旬至次年5月上中旬这一时段，青南牧区玉树、果洛、黄南南部、海南南部，西藏地区聂拉木、嘉黎等地区极易出现局地或区域的强降雪天气过程，加之气温较低，积雪难以融化，时常造成大雪封山，冻死、饿死牲畜，使牧区人民生命财产遭受巨大损失[12]。一般用实测积雪深度和积雪持续时间来确定雪灾的严重程度。通常情况下将每年10月15日至12月31日发生的雪灾称为前冬雪灾，翌年1—2月发生的雪灾称为后冬雪灾，翌年3月至5月15日发生的雪灾称为春季雪灾[13]。

分析1961—2000年青南牧区历史积雪资料得出，前冬(10月中下旬至12月底)1961、1965、1967、1968、1972、1973、1974、1981、1982、1984、1985、1987、1996、1997年出现了区域性

雪灾，1960、1980、1991、1992、1995 年没有出现雪灾，其他年份仅出现局部雪灾，前冬雪灾（指区域和局部雪灾）发生的几率为 87.5%。后冬（1—2 月）青南牧区 1971、1972、1977、1984、1985、1989、1990、1993、1994、1995 年出现了区域性雪灾，1961、1963、1965、1966、1967、1968、1969、1970、1974、1976、1979、1983、1987、1997、1999 年没有出现雪灾，其他年份仅出现局部雪灾，后冬雪灾（指区域和局部雪灾）发生的几率为 62.5%。春季（3 月初至 5 月上中旬）青南牧区 1982、1983、1988、1989、1990、1991、1993、1995 年出现了区域性雪灾，1965、1966、1967、1969、1971、1972、1976、1981、1992、1998、1999、2000 年没有出现雪灾，其他年份仅出现局部雪灾，春季雪灾（指区域和局部雪灾）发生的几率为 70%。

从分析得出，1961—2000 年青南牧区前冬、后冬和春季出现区域性雪灾的几率分别为 35%、25%、20%，即前冬出现雪灾的几率相对较大。

西藏地区雪灾主要发生在 11 月至次年 3 月，从发生频率来看，大部分地区以轻、中度雪灾为主，占总雪灾年份的 60%～100%。那曲地区中东部、昌都地区西北部、日喀则地区南部、阿里地区西南部雪灾频数在 20%以上。沿江一线河谷农区、林芝地区无雪灾。西藏大部分地区以轻、中度雪灾为主，其中聂拉木、嘉黎出现重雪灾的频数最高。

雪灾的减灾对策：

(1)夏秋打草，建立越冬饲草储备库，改良畜舍，减轻寒风对牲畜的侵袭。

(2)坚持草畜平衡，防止超载过牧，促进草原恢复，确保冬前膘情以增强牲畜对低温的抵抗力。

(3)改善牧区交通条件，加强雪灾预警，一旦发生后及时采取救援措施。

31.1.4 霜冻

青藏高原霜冻主要出现在春季（3—5 月）和夏末秋初（8—11 月）作物生长季节，其中：青海初霜冻最早出现在玉树、果洛、海南南部、黄南南部和祁连山地区，平均在 8 月出现；海西、海南北部以及东部农业区的互助、大通、化隆、湟中、湟源等地稍晚，平均在 9 月出现；湟水、黄河河谷农业区最晚，平均在 10 月。初霜冻出现最早和最晚的平均日期全省相差 2 个半月左右[14]。西藏主要农区平均初霜日林芝地区出现在 10 月下旬至 11 月上旬，最早可提前到 10 月中旬，这时冬小麦处于苗期；沿江东段河谷农区、日喀则、昌都都出现在 10 月下旬，最早可提前到 10 月上旬，但此时这些地方冬小麦正处于苗期，对其生长影响不大；而在江孜出现在 10 月上旬，最早可提前到 8 月下旬，此时仍有部分青稞处于籽粒灌浆期，如遇低于－2℃及以下的低温，将使籽粒灌浆受阻，影响千粒重和品质，造成严重减产[15]。

终霜冻终止日期的早迟正好与初霜冻的情况相反，即初霜冻出现得越晚的地区，终霜冻终止的越早；反之，初霜冻出现得越早的地区，终霜冻终止得越晚。

青藏高原霜冻灾害防御对策：

(1)根据作物种类选择适宜的种植地点和播期，以避开霜冻害。

(2)灵活应用栽培措施，预防霜冻：①灌水防霜，即在霜冻发生前灌溉以减慢降温速度，可推迟或阻止霜冻发生。②喷水防霜，当作物体温降到接近受害温度时开始喷洒细小水滴，水冻结成冰时可释放大量潜热，使植物体温不至于降到受害的程度。③熏烟防霜，霜冻即将出现时点燃发烟物，使烟堆放热，烟雾成幕，有减慢降温的作用。④覆盖防霜，如预报当夜有霜冻时，可用土壤、草帘、席子、草灰、作物秸秆、纸张等覆盖，可使地面热量不易散失。

31.1.5 冰雹

1. 冰雹的危害

多冰雹是青藏高原天气的特点之一，且夏季冰雹出现频繁，雹日居全国之首。冰雹对农业生产的危害仅次于干旱和霜冻。冰雹形成的灾害是局部和短时的，但后果是严重的。降雹会砸坏农作物、果园、房屋和其他设施、设备，致人畜伤亡。冰雹对作物的危害，一方面是使作物遭受机械损伤，破坏作物正常的生活机能；另一方面，直接打落作物的穗粒，造成减产，严重的甚至颗粒无收。冰雹对作物危害的轻重，决定于冰雹的大小、降雹时间、降雹密度以及作物所处的发育期和恢复能力等。

2. 青藏高原冰雹灾害的分布

受地形影响，青藏高原冰雹主要出现在大小山脉及河流地带，并与山脉河流走向一致。青海每站年平均降雹日数 9.9 d，从各地年平均雹日看，青海冰雹的地区分布具有高原多于盆地、山区多于河谷、阳坡多于阴坡的特点。青海大部地区的冰雹出现在 4—10 月，11 月至次年3 月各地均未出现过，茶卡、都兰、沱沱河、天峻、清水河、达日等地出现在 5—10 月；柴达木盆地的大部地区出现在 5—9 月。冰雹的日变化非常明显，降雹主要发生在 12—20 时，占降雹总数的 87%；尤其是集中在 14—18 时，占降雹总次数的 52%。青海省降雹的主要路径有三条：达板山山区冰雹路径、拉脊山山区冰雹路径、湟水河谷冰雹路径。本省主要有两个多雹区。一是青藏高原多雹区，这是全国，也是世界上最大一片最多雹的地区，主体大部分年雹日在10～20 d 或更多，最多年份达 20～30 d 以上。二是祁连山多雹区，祁连山多雹区与青藏高原多雹区相连，但偏于东侧，山的下风方雹日达 10 d，个别地点可达 20 d[16]。西藏最多年冰雹日数出现在那曲地区，大部分县的雹日在 18 d 以上，其中申扎、班戈、安多、那曲至索县一带达25 d 以上，多雹中心的那曲可达 34 d 以上，这是到目前为止世界上罕有的多雹区。次多雹区在浪卡子、定日、隆子等藏南山原湖盆一带。林芝地区、昌都地区的怒江中游、普兰至帕里一带、沿雅鲁藏布江南岸冰雹较少，年冰雹日数不到 5 d，其中察隅、八宿等地近 30 年来未出现冰雹。依据冰雹灾情资料分析发现，西藏雹灾多发区并非冰雹天气出现的最多区域，成灾率较高的地方位于西藏的东北部、雅鲁藏布江流域[17]。

3. 青藏高原冰雹的防御措施

(1)人工消雹作业　①用火箭、高炮或飞机直接把碘化银、碘化铅、干冰等催化剂送到云里去。②在地面上把碘化银、碘化铅、干冰等催化剂在积雨云形成以前送到自由大气里，让这些物质在雹云里起雹胚作用，使雹胚增多，冰雹变小。③在地面上向雹云放火箭打高炮，或在飞机上对雹云放火箭、投炸弹，以破坏对雹云的水分输送。④用火箭、高炮向暖云部分撒凝结核，使云形成降水，以减少云中的水分；在冷云部分撒冰核，以抑制雹胚增长。

(2)农牧业防雹对策　①在多雹地带种植牧草和树木，增加森林面积，改善地貌环境，破坏雹云条件，达到减少雹灾目的。②增种抗雹和恢复能力强的农作物；成熟的作物及时抢收；对果蔬等作物采取一定的措施。③多雹灾地区降雹季节，下地随身携带防雹工具，如竹篮、柳条筐等，以减少人身伤亡。④得知有关冰雹的天气预报，将家禽、牲畜转移到安全地带。

31.1.6 大风

青藏高原大风的地理分布呈明显的地域性：一是高海拔地区的年大风日数明显高于低海拔地区，二是峡谷效应明显，三是盆地少于高原，四是湖区年大风日数多。青藏高原年大风日数远比同纬度其他地区多。青海全省 50 个气象台站平均年大风日数为 42.5 d，上半年(1—6 月)出现频繁，达 25.8 d，占全年大风日数的 61%，主要发生在 2—4 月，共有 16.3 d，占全年大风日数的 38%；最少在 8—10 月，共有 5.3 d，仅占全年大风日数的 12%[18]。而西藏自治区年大风日数远比同纬度其他地区多，年大风日数各地在 0.4～135 d 之间，北部和西部多，东部少，全区平均 43.4 d。主要分布在阿里地区、那曲地区和昌都地区西北部。安多是此区大风出现最多的县，有些年份甚至可达 283 d(1976 年)。那曲地区东部、拉萨市北部、阿里地区中西部、昌都地区西北部、日喀则西南部和山南地区南部为次高发区，林芝地区大部、山南地区东南部不足 10 d，而林芝地区的东南边缘地区大风日数更少，甚至未出现过。

青藏高原农牧业生产大风灾害防御措施：

(1)大风地带应选用抗风力强的矮秆品种，掌握适宜密度。

(2)营造农田防护林，在畜舍北侧营建防护林。

(3)作物苗期适当蹲苗，以控制基部节间伸长和促进根系发育。

(4)大风天避免浇水。外出放牧遇大风要看住头畜，驱赶畜群到背风地段暂避。

31.1.7 沙尘暴

沙尘暴天气可造成房屋倒塌、交通供电受阻或中断、火灾、人畜伤亡等，还会污染自然环境，破坏作物生长，给国民经济建设和人民生命财产安全造成严重的损失和极大的危害。

1. 青藏高原沙尘暴天气的分布

青海省沙尘暴天气出现次数有两个明显的高值区，即以刚察为中心的环青海湖地区和青南高原的唐古拉及可可西里地区，其中刚察是全省沙尘暴天气出现次数最多的地区，每年平均出现 13.8 次。全省沙尘暴天气出现次数的分布，正是以这两个高值区为中心向四周逐步递减。青南高原西部的唐古拉和可可西里地区以本地区为源点，向东北方向呈梯形递减，而环青海湖高值区以刚察为中心向周围地区扩散。因此，青海省沙尘暴次数发生的低值区相应地出现在南部、北部及东部的边缘地区[19]。西藏年平均沙尘日数分布为西多东少，西部的日土、仲巴，北部的申扎，中部的昂仁及南部的定日、拉孜、定结的沙尘天数超过 18 d，为西藏沙尘出现最多的区域。阿里西部、那曲的西北部以及日喀则中部和拉萨河谷一带为沙尘发生的次高发区。阿里南部、那曲中东部、拉萨除河谷一带、林芝和昌都(类乌齐除外)为西藏沙尘天气出现最少的区域，其中林芝和昌都无沙尘天气出现[20-21]。

2. 沙尘暴的危害

主要表现在以下几方面：

(1)生态环境恶化。出现沙尘暴天气时狂风裹着沙石、浮尘到处弥漫，沙尘天气经过地区空气浑浊，呛鼻迷眼，呼吸道等疾病患病人数增加。

(2)生产生活受影响。沙尘暴天气携带的大量沙尘蔽日遮光，天气阴沉，造成太阳辐射减少，几小时到十几小时恶劣的能见度，容易使人心情沉闷，工作学习效率降低。轻者可使大量牲畜感染呼吸道及肠胃疾病，严重时将导致大量“春乏”牲畜死亡，同时还会刮走农田沃土、种子和幼苗。

(3)沙尘暴还会使地表面土壤风蚀，沙漠化加剧，覆盖在植物叶面上厚厚的沙尘，影响正常的光合作用，造成作物减产。

(4)沙尘暴天气经常影响交通安全，造成飞机不能正常起飞和降落，使汽车、火车车厢玻璃破损、停运或脱轨。严重的沙尘暴还会造成严重的人员伤亡。

3. 沙尘暴的防御对策

(1)制止滥垦草地和超载过牧等破坏生态的行为，保护三江源森林和高原草地植被。

(2)高原河谷农业推广留茬免耕等保护性耕作技术，以减少本地沙尘源和减轻土壤风蚀沙化。沙尘暴过后及时清理农田、灌渠和道路上的积沙。

(3)基本农田周围营建防护林网，灌区和公路两旁营建防护林带，对邻近的沙地和沙丘利用有利天气栽植固沙植物。

(4)加强沙尘暴监测预警，预报有沙尘暴袭击时不要出牧，在外放牧的要马上归牧，路途遥远的要利用周围背风地形躲避。附近没有有利地形的要看住头畜，防止炸群乱跑，设法使畜群就地卧倒。

31.1.8 雷暴

1. 雷暴的危害

主要有以下几种：①直接雷击。是雷暴直接击中人、畜或建筑物产生热的或机械的破坏，造成人畜伤亡、建筑物劈裂和引起火灾等的危害事故。②感应雷击。当附近地区发生雷击时，由电磁场作用而引起静电感应和电磁感应，这两种感应雷的破坏作用虽次于直接雷击，但仍会造成火灾和伤亡事故。③由架空线传来的危险电压。各种电力、照明、电讯等使用的架空线都可能把高压引入室内，这些高电压或由于感应而产生或由于附近有落雷而引起[22]。

2. 青藏高原雷暴的分布

青藏高原雷暴一般出现在4—10月，出现最多的是夏季6—8月，占雷暴总日数的71%，其次是5月和9月，分别占雷暴总日数的13.6%和12.6%，10月最少，占雷暴总日数的2.8%。为分析雷暴活动的日变化，将一天分为20—2、2—8、8—14、14—20时四个时段，分别代表前半夜、后半夜、上午、下午，下午雷暴出现的次数最多，频次最高达57.0%～69.6%，上午出现的次数次之，频次为10.6%～27.1%之间，前半夜频次为8.5%～19.3%，后半夜最少，只占1.5%～4.8%，说明下午雷暴的发生发展是最活跃的。雷暴的开始方向和终止方向各方位出现的频率相差，以偏西方向居多。青海雷暴较多的地区在达板山山区、拉脊山山区、湟水河谷地区，年雷暴日数在60 d以上。西藏各地每年都有雷暴天气发生，年雷暴日数为10～87 d，呈中部多、东西部少的分布规律。沿江一线大部、那曲地区是青藏高原上雷暴最多的地区，在60 d以上，属于强雷暴区。在雷暴多发区有两个高值中心：一个是索县，年雷暴日数达到87 d；另一个在贡嘎，年雷暴日数为82 d。阿里地区西南部、林芝地区、昌都地区中部、南部边缘地区年雷暴日数相对较少，在24 d以下，属于少雷暴区，其中波密全年雷暴日数仅9.5 d，为全区最少[23]。

3. 青藏高原雷暴防御措施

(1)建筑物防雷 建设时应采取防雷设计,定期请有资质的专业防雷检测机构检测,确保防雷设施的安全运行。

(2)室内防雷 打雷时要切断家用电器的电源,拔掉天线插头,尽量不使用电器设备,不接听、拨打电话或手机。

(3)室外防雷 ①立即寻找庇护所,如装有避雷针的钢架或钢筋混凝土建筑,具有完整金属车厢的车辆也可利用。找不到合适避雷场所时应尽量降低重心,减少人体与地面接触面积,可蹲下,双脚并拢,手放膝上,身向前屈,千万不要躺在地上、壕沟或土坑里,如披上雨衣防雷效果更好。②在野外不要站在空旷高地和大树下避雨,不要待在开阔水域和小船上,不要站在高树林边缘、电线和旗杆周围及干草堆、帐篷等无避雷设备的高大物体附近,不要靠近铁轨、长金属栏杆和其他金属物体。野外人群应拉开几米距离,不要挤在一起,不要赤脚行走。③不宜进入旷野孤立的棚屋避雨。不要在水边、海塘及岸边、山坡与田野交界处停留或生产作业。④不宜在旷野撑带金属把的雨伞,扛金属制器具在雨中行走。

31.2 青藏高原的主要生物灾害与减灾对策

31.2.1 青藏高原的作物病虫害

青藏高原危害农作物和蔬菜的主要病虫害有 37 种,其中麦类作物有小麦条锈病、小麦黑穗病、病毒病(冬小麦黄矮病)、小麦白秆病、赤霉病、青稞条纹病、青稞云纹病、麦茎蜂、麦蚜、吸浆虫、西藏飞蝗等 11 种;油菜病虫害有油菜菌核病、油菜黄条跳甲、油菜茎象甲、油菜露尾甲、油菜角野螟、小菜蛾等 6 种;马铃薯病虫害主要有马铃薯环腐病、马铃薯晚疫病、马铃薯早疫病、马铃薯地下害虫等 4 种;蔬菜主要病害有疫病、霜霉病、白粉病、灰霉病、黑腐病、角斑病、溃疡病等 7 种;蔬菜虫害主要有南美斑潜蝇、菜蚜、白粉虱、红蜘蛛、菜青虫、甘蓝夜蛾、小地老虎、小菜蛾等 8 种[24]。

由于青藏高原作物、蔬菜的种类繁多,川水、浅山、半浅山、脑山地区的气象条件差异较大,农田管理水平参差不齐,以上大多数病虫害普遍发生。其中青稞条纹病是青藏各地青稞最重要的病害,常年发病率在 7%～10%左右,个别在 50%以上。小麦白秆病为高原特有病害,曾在 20 世纪 70 年代大流行,造成大幅度减产。仅 2009 年全年,青海省农作物病虫草鼠害发生面积 119.86 万公顷次,防治面积 90.69 万公顷次,挽回损失 17 287.73 万 kg,实际损失 10 068.31 万 kg,其中:麦类作物病虫害发生面积 30.67 万公顷次,防治面积 14.18 万公顷次,挽回损失 4 779.2 万 kg,实际损失 2 671.78 万 kg。油菜病虫害发生面积 31.23 万公顷次,防治面积 28.9 万公顷次,挽回损失 4 029.15 万 kg,实际损失 1 289.44 万 kg。马铃薯发生面积 11.8 万公顷次,防治面积 12.12 万公顷次,挽回损失(折粮、不含蔬菜)493.9 万 kg,实际损失(折粮、不含蔬菜)715.41 万 kg。蔬菜病虫害发生面积 4.9 万公顷次,防治面积 9.57 万公顷次;蔬菜病虫害产量损失 2 210.7 万 kg,防治后挽回损失 368 450 万 kg。

青藏高原作物病虫害的防治对策:

(1)关注当地农业和气象部门发布的病虫害发生趋势预报,对预报将要发生的病虫害提前做好技术、农药等方面的准备，根据病虫害的发展趋势随时进行防治。

(2)对于当地容易发生、经常发生的病虫害及时进行防治。

(3)倒茬种植。在麦类作物、经济类作物、根茎类作物、蔬菜作物之间年度间经常倒茬种植，可有效防止病虫害的危害。

(4)倒换品种种植。气候条件相同、田间管理相似的地区，可以倒换品种种植，如马铃薯县乡之间的品种倒换种植，可有效防止病虫害的危害。

(5)加强田间管理，增强作物抗病虫害能力。如及时灌溉、追肥、除草等措施可起到壮苗作用，增强植物的生长发育能力，从而提高农作物抗病虫害的能力。

31.2.2 青藏高原的鼠害

青藏高原的农田鼠类主要有大足鼠、拟家鼠、小家鼠、藏仓鼠和松田鼠。常见的啮齿类食草鼠类主要有高原鼠兔和草原田鼠[25]。据统计，每 52 只高原鼠兔的食草量相当于一只绵羊的量。在鼠害最严重的藏北，鼠兔的数量已达到了 7.5 亿～11 亿只，一年的食草量可以养活 1 500 万～2 000 万只羊。鼠兔的过量繁殖不仅和牧民的牛羊争草吃，而且在草地打洞之后，啃食草根，破坏草地生长，使草地沙化。在鼠害最严重青南地区，严重的鼠害造成了大面积的“黑土滩”，草场产草量不断下降，生态环境不断恶化，使得国家投入大量的资金，进行生态环境的保护与治理工程[26-27]。

鼠害减灾对策：在不破坏大自然平衡的条件下，限制鼠兔数量，将草场的损失减轻到一定范围之中是草原经济可持续发展的最佳选择。在此前提下，天敌灭鼠法无疑是最为合理的方法。在青藏高原鼠类的天敌很多，如鹰、草狐、沙狐、黄鼬等，它们都是灭鼠的能手。因此，确立药物治理和草原生物链治理相结合的工作思路，在使用传统药物防治的同时，还需在鼠害严重的地区培养和投放一批鼠兔的天敌。如引进安装招鹰架，吸引鼠兔的天敌——鹰前来落脚，从而杀灭附近的老鼠。

31.2.3 青藏高原的农田杂草

野燕麦、白茅、赖草、冰草、披碱草、兔儿菜、苦菊菜等生物是青藏高原农区最常见的农田杂草，其再生能力很强，农作物受害严重，在高海拔脑山农区和半农半牧区每年约有5%～15%的耕地被迫休耕或进行淹灌灭草。

农田杂草防治对策：

(1)药物防治，针对不同的生物杂草，采用不同的药物进行灭治。

(2)倒茬种植。在麦类作物、经济类作物、根茎类作物、蔬菜之间年度间经常倒茬种植。

(3)倒换品种种植。气候条件相同、田间管理相似的地区，可以倒换品种种植，如马铃薯县乡之间的品种倒换种植。

(4)加强农作物田间管理，可增强作物抗杂草能力。如及时灌溉、追肥、除草等措施可起到壮苗作用，增强植物的生长发育能力，从而提高农作物抗杂草的能力。

31.3 全球环境变化与青藏高原的农业减灾

31.3.1 青藏高原的气候变化特征

青藏高原是世界上最高大的高原，号称世界第三极，对全球气候，特别是东亚和南亚季风环流有着重要影响，也是对气候变化十分敏感的地区。韩国军等利用青藏高原 47 个测站 1961—2010 年的气候资料分析研究，表明 20 世纪 70 年代到 80 年代初高原年平均气温呈下降趋势，80 年代中期到 21 世纪初明显升高。1961—2007 年的年平均气温升温速率为 0.37℃/10 年，其中最低气温 0.44℃/10 年，明显大于最高气温的 0.33℃/10 年。以西藏中部拉萨、那曲和青海西北部格尔木等地升温最快，为 0.5～0.9℃/10 年。藏东南地区增温最少，速率小于 0.3℃/10 年。

1961—2010 年期间青藏高原大部地区年降水量增加，总的倾向率是 0.87 mm/年。其中 50—90 年代初降水减少，主要减在夏季。之后明显增加，仅青海东部和西藏西南部略有减少。年日照时数 70 和 80 年代偏多，60 和 90 年代以后偏少。[28]

31.3.2 青藏高原气候变化对农业的影响

有利影响：随着青藏高原气候的变暖，日平均气温≥0℃和≥10℃的初日提前，终日推迟，持续日数延长，积温增加。冬季变暖有利于冬小麦增加分蘖和安全越冬。农耕期延长有利于低海拔地区适度提高复种指数，高海拔地区可选用生育期更长的较高产品种。作物种植界限可以向更高海拔推进。20 世纪 90 年代以后青藏高原大部降水量增加，也有利于增加水资源量，减轻干旱的威胁，扩大灌溉面积。由于纬度较低，海拔较高，西藏河谷地区的冬季气温并不太低，大多数喜凉作物都能安全越冬；而夏季气温偏低，气候凉爽，基本不存在内地常见的光合作用“午睡”现象，加上气温日较差大和辐射强烈，有利于作物高产。气候变暖将使青藏高原的作物生产潜力有较大提高。高原南侧的南亚和东南亚在每年的热季几乎不能从事农业生产，将来如交通条件显著改善，青藏高原有可能成为面向这些地区的蔬菜淡季生产基地。

不利影响：气温升高后，冬小麦在冬前容易发生旺长，植株的抗寒性也有所减弱，病虫害越冬基数增加。青海东部降水减少加剧了区域干旱。20 世纪 90 年代以后沿江地区偏涝。大部地区的草地有退化趋势，牧区的雪灾普遍加重。[28]

31.3.3 气候变化情景下的农业减灾对策

31.3.3.1 水利与水土保持工程

1. 修建防洪堤

气候变化条件下，春季融雪性洪水和夏秋季极端降水事件增加，在农业沟道两侧修建防洪堤，有利于保护沟道两侧的耕地、林地、村道和渠道免受洪水灾害，减少水土流失，增加土壤有机质含量，提高蓄水能力，减少风蚀、水蚀，适应气候变化。

2. 沟道修筑谷坊

气候变化条件下，夏秋季极端降水时间增加，易发生洪水灾害。根据农业区地形实际情况，修建浆砌石谷坊，有利于固定沟床，保持水土，改善沟床植物生长条件，有利于农、林业生产；分段拦蓄泥沙，减小沟道纵坡下切；缓解山洪、泥石流危害。

3. 修建涝池

青藏高原农业浅山地区(海拔 2 600～3 200 m)多年平均降水量少，约为 320 mm，时空分布不均，主要集中在 7—9 月，占 75%，导致该区季节性缺水多有发生，农业生产率低，群众生活贫困，缺乏蓄水工程的调节。应修建涝池、引水渠及渠系建筑物，使农作物生产灌溉得到有效保障。

4. 坡面治理

气候变化条件下，农业区 7—9 月极端降水事件增加，导致河道易发生洪水灾害，水土流失严重，植被破坏现象突出。可以在坡面建设混凝土拦洪堤，种植灌木林和杨树，防止水土流失。

5. 田间渠道防渗

在具备灌溉条件的地区推广。气温升高，土壤保水性差，将土水渠改造成混凝土渠道，可减少渠道渗漏，防止渠道塌方，提高渠系利用系数，达到节水的目的。

6. 喷灌

高原农业区由于水利条件的限制，灌溉多为大水漫灌，水资源利用率低。在灌区开展节水喷灌技术，有利于节约灌溉用水量，提高单位用水的作物产量，是主要的适应气候变化的节水措施。

7. 节水滴灌

在具备灌溉条件的地区推广。常规漫灌用水量大，采用滴灌和膜下滴灌技术，种植特色蔬菜瓜果，提高水资源利用效率，减少病虫害，有利于应对气候变化和增加当地农民收入。

31.3.3.2 生态环境建设与草地畜牧业

1. 旱地荒坡种草

主要在青藏高原干旱农业区推广。气候变化使当地干旱灾害加剧，种植苜蓿可以补充牛羊饲料，减少牛羊放牧对植被的破坏，另外可有效减轻雨水对地表的溅蚀作用，固结土壤；其枯枝落叶和老化的根系腐烂后可有效改善土壤的物理性状，增加土壤孔隙度，提高渗透速率，从而提高土壤的蓄水保水能力，有效保持水土。

2. 造林

在青藏高原湿润半湿润地区推广。在坡面和沟道种植灌木和乔木林，减少水土流失，防风固沙，增加土壤蓄水抗旱能力，改善生态环境，减轻洪涝灾害的损失。适当种植抗旱树种，如花椒，提高经济效益，促进当地经济的可持续发展，适应气候变化。

3. 复种饲草

气候变暖，利用冬小麦收获后的生长季节，种植饲草并青贮，补充牛羊饲料，减少牛羊放牧对植被的破坏，增加收入，提高土壤的蓄水保水能力，有效保持水土。

4. 种植抗旱薄皮核桃

主要在热量条件较好，能够种植果树的地区种植，以往种植的果树主要有苹果、梨和杏树等，灌溉次数多，种植抗旱薄皮核桃能够减少灌溉次数，节约灌溉用水量，是既能适应气候干旱的变化,又能增加农民收入的有效措施。

31.3.3.3 农业结构调整与农艺措施

1. 保护性耕作

主要在较为平坦的农业区进行。使用机械收割,有利于秸秆还日和留高茬等保护性措施的实施,保护生态环境,增加农田有机肥的投入,改良土壤,提高耕地质量,增加土壤固碳能力。

2. 测土配方施肥和土壤改良工程

测土配方施肥和土壤改良工程将提高土壤生产力和减少化肥使用量,改善农作物品质,适应气候变化,同时减少农田氧化亚氮排放,是减缓气候变化的重要措施。

3. 引进适应气候变化的作物品种

针对气候变化引起的干旱加剧,引进产量高、品质优良的抗旱、抗高温、抗病虫害等抗逆品种,提高农产品科技含量,增强适应气候变化能力,增加农民收入。

4. 冬小麦扩种

从 20 世纪 90 年代开始,在雅鲁藏布江和黄河上游的低海拔、具有灌溉条件的川水地区推广,推广的主要品种有京农 411 号、蓝天 15 号、冬麦 20 号等,其面粉较春小麦营养成分高、适口性强,每公顷比春小麦均增产约 300 kg。

5. 冬小麦茬地移栽早熟玉米

在冬小麦种植区推广。除收割冬小麦外还增收一茬早熟玉米,本地区的高产纪录,小麦单产 6 922.5 kg/hm^2,玉米单产 462.3 kg/hm^2,总产 923.8 kg/hm^2。一方面充分利用了当地良好的气候资源,改一年一熟为一年两熟,是青海高原耕作技术的革新,为实现高产、优质、高效农业创造了条件,对青海省河湟谷地农业深度开发进行了有益的尝试;另一方面,农牧结合,复种玉米既增加了粮食,秸秆又是一种优质饲料,为农区发展畜牧业闯出一条新路。

6. 冬小麦茬地复种蔬菜

在冬小麦种植区推广。在冬小麦乳熟期复种包心白菜、青头萝卜、胡萝卜、箭筈豌豆等,除收割一茬冬小麦外,增收一茬蔬菜和饲料,经测定,复种包心白菜,每颗净菜重 2.3~2.7 kg,高产纪录是每公顷产净菜 11 610 kg。按照市场批发价 0.30 元/kg 计算,每公顷总产值一般可达 20 000~36 000 元,扣除各项费用,在收获一茬冬小麦后,仍增加纯收入 22 500~30 000 元。该措施充分利用了冬小麦收割后剩余的热量资源,提高经济收入的同时,在丰富农民群众的菜篮子、提高农民的生活水平方面闯出一条新路。

7. 地膜马铃薯种植

主要在高海拔脑山和半农半牧地区推广。经测定,高海拔脑山地区平均单产 44 400 kg/hm^2,比裸地提高 29 640 kg/hm^2,增产率 200%,投入产出比为 1∶11,极大地提高了高海拔脑山地区农民的收入和农业生产水平。

8. 种子包衣技术

主要在农业区干旱的浅山地区推广。充分利用包衣的保水性能,较大地提高了土壤水分的利用率,使得种子的出苗率高,幼苗长势旺盛,平均单产提高 5%~8%。

9. 温室 CO_2 施肥

主要在节能温室等现代设施农业生产区内推广。喷施 CO_2,增加蔬菜的光合能力和光合时间,从而提高温室蔬菜的产量,平均单产提高 10%~30%。

10. 新品种的选育和引进

新品种引进，冬小麦主要有京农 411 号、蓝天 15 号、冬麦 20 号等，春小麦有超大穗品种，马铃薯有大西洋、费尔瑞它等。新品种选育主要是油菜，近几年选育成功并推广的有青杂 1 号、青杂 2 号、青杂 3 号、青杂 5 号等。冬小麦新品种产量提高 300～600 kg/hm^2，春小麦提高 450 kg/hm^2，油菜提高 375～450 kg/hm^2，马铃薯提高 1 500～7 500 kg/hm^2。

11. 耕作方式改进技术

耕作方式改进技术在整个农业区推广，有沟植（小麦）垄盖（蚕豆）、小麦座水播种、带状田种植结构调整、小麦穴播技术、冬小麦套种玉米、燕麦套种苜蓿、免耕种植等，可充分利用种植区的降水和光能，提高其利用率，增加产量，平均单产量提高 10%～30%。

12. 万亩高产栽培技术

主要在地势平坦的农业区推广。通过万亩连片高产创建活动，实现冬小麦、春小麦、马铃薯、大油菜万亩连片种植，统一灌溉、统一施肥，集中防治病虫害，由于措施得力，产量逐年稳步提高，产量较零散种植田提高 75～150 kg/hm^2。

31.3.3.4 新能源与节能

1. 太阳能利用

青藏高原是我国太阳能资源最为丰富的地区，农业区 50%的农民生活烧柴和牛粪。配发家用太阳能烧水灶，可提高农业区秸秆还田率，减少温室气体排放，在生活能源方面达到节约能源、减少温室气体排放、增加土壤生产力和保护生态的目的。

2. 沼气

在气候条件较好的地区推广。修建沼气池，处理废弃物，增加沼渣还田，改善土壤生产力。减少对环境的污染，使示范区在生活能源方面达到节能减排的目的，突出应对气候变化的示范作用。

3. 太阳能棚圈养羊

是近年来青藏高原畜牧业设施农业推广的主要适用技术之一，冬春季太阳能棚圈养羊比裸天养羊平均减少体重损失 5～10 kg，羔羊成活率提高到 98%以上。

4. 节能日光温室

节能日光温室可以利用变暖的气候和高原充足的太阳辐射。在农业区修建日光温室，需要完善膜下滴灌等节水灌溉措施。由于高海拔地区紫外辐射强，使用转光薄膜可以将部分紫外线转化为可见光，增强温室内作物的光合作用，增产效果显著。

31.4 青藏高原的区域减灾战略与系统工程

31.4.1 青藏高原的区域减灾战略

31.4.1.1 加强适应气候变化基础能力建设

加强气象、生态、水文等气候变化相关领域观测系统建设，调整完善原有观测布局，加密原有地面气象观测站网，利用积雪层、湖泊淤积层、黄土风积层和树木年轮等的取样化验分析，拓展历史代用资料库，突出卫星监测技术的研究、推广与应用，形成对气候变化及其影响指标的天、空、地基立体监测能力。加强气候变化的检测与监测，动态监测气候变化过程及其影响，确定不同历史时期气候变化的主要影响因子及其演变规律，预估各种温室气体排放情景下未来青藏高原气候变化情景及其影响，开发青藏地区气候变化影响定量评估模型，进行气候变化影响评估。

31.4.1.2 加强生态环境保护与建设

以恢复林草植被、遏制生态环境退化为重点，进一步加大、深化青藏地区生态环境保护力度。严格以草定畜、切实控制牲畜头数，开展围栏封育、划区轮牧，实施人工增雨措施，有效控制草地退化，促进草地生态系统恢复。特别加强三江源、藏北高原、"一江两河"（雅鲁藏布江、拉萨河、年楚河）和青藏铁路沿线等重点地区的生态保护与建设工作，大力保护湿地，加大退牧还草生态移民力度。加快发展人工草地，加强草地配套建设，优化放牧方式，建设生态移民新村农牧耦合型畜牧业发展新范式，建立和运行生态补偿机制，调和经济发展与生态保护矛盾问题。建立三江源退牧还草、生态恢复及生态畜牧业综合实验示范区，推广和建立高原生态畜牧业发展的循环经济模式，实现减畜增收，引导和调动群众生态良性发展意识与参与积极性。

31.4.1.3 加强水资源管理

以流域为单元实行水资源统一规划、统一调度、统一管理。对于生态系统脆弱、退化严重的高原湖泊、河流、沼泽区，采取积极措施予以修复和保护。加大水资源配置、综合节水、优化配置与人工增雨技术的研发与推广。加强水利基础设施规划与建设，实施并开工建设一些区域性调水和蓄水工程。水资源调配与管理不仅要考虑满足当地生态需水，也应统筹规划中下游水资源需求和水生态安全，实现全局性水资源优化配置格局。

31.4.1.4 加强产业结构调整

1. 大力发展低碳排放和循环经济产业

努力推广和发展生态畜牧业、农牧耦合循环经济，提高农作物秸秆加工利用水平，优化饲养管理技术，增强草原畜牧业生产水平和抗灾能力，减少对生态系统退化的压力。进一步发展旅游业，充分利用气候变化延长全年的旅游时间、旅游气候条件改善的机遇，加强旅游规划和配套管理与基础设施建设，加快发展具有高原特色的生态旅游、文化旅游和健康旅游。

2. 改善能源结构

发挥水电、太阳能、风能资源优势，加快水电建设力度，梯级滚动开发逐步实现水电资源最大利用。示范推广太阳能、风能开发利用技术，大力推进太阳能产业化建设，继续推广使用太阳能热水器、太阳房、太阳灶，逐步实施太阳能建筑一体化示范与改造。

31.4.1.5 加强防灾减灾体系建设及重大工程安全保障

加强防灾减灾服务体系建设，提高气象灾害预警信息的发布水平，建立各部门和地区之间共同参与的防灾减灾协调体系，提高灾害预警及信息服务的时效性与有效性，努力提高灾害应急处置水平，全面提升青藏地区气象防灾减灾能力，最大限度地减轻灾害所带来的损失。

针对青藏地区高海拔、多冻土、生态环境脆弱等特殊地理环境特点对重大工程所产生的影响，加强重大工程与该地区环境效应的关系研究，强制执行重大工程气候可行性论证程序。规划青藏地区特殊地理环境条件下的重大工程建设、维护策略，从资金、科研、工程等方面对重大工程建设与维护做出保障性规划预案与要求指标。

31.4.1.6 加强农牧业良性发展

针对区域气候变化特点，突出有利因素，抓住机遇，调整种植制度，大力发展特色农牧业、反季节蔬菜和水果产品。按照高产、优质、高效、生态、安全的要求，进行农牧业区域布局，促进种植业结构向粮食作物、饲料作物和经济作物三元结构转变。选育耐旱、耐高温、抗病虫害的高产和优良品种，增加粮食产量；通过牦牛复壮、良种羊繁育中心等项目，培育品质优良、抗逆性强的动物新品种。加强草原、农田基本建设，加快设施和精准农牧业建设，增设和改善农田灌溉设施，加强耕地质量建设。

31.4.1.7 加强气候变化宣传、教育、科普与公众意识

大力开展气候变化科学知识与现实意义的宣传，针对青藏牧区实际，走访与集会宣传相结合，重点以生态畜牧示范、经济良性发展与生态协调关系实例讲解的方式，引导广大群众气候变化意识的提高，以及自觉参与的主动性与积极性。举办各种专题培训班，就有关气候变化的各种问题，针对不同培训对象开展专题培训活动，组织有关气候变化的科普学术研讨会。

31.4.1.8 加强政策法规与管理体系的建设与调整

制定和发布应对气候变化的相关政策和法规，建立适合青藏地区应对气候变化工作特点的协调管理体系，明确各个部门的工作任务、职责，确保应对气候变化工作的持续、高效、稳定进行。

加强“中国应对气候变化国家方案”、“青海省应对气候变化地方方案”的贯彻落实工作，编制“西藏自治区应对气候变化方案”，制定可操作性强的部门和区域应对气候变化行动计划，确保方案各项工作的落实。

31.4.2 青藏高原的区域减灾系统工程

随着全球气候变暖，冰川、雪山逐年萎缩，干旱缺水状况直接影响高原湖泊和湿地的水源补给，众多的湖泊、湿地面积不断缩小甚至干涸，沼泽消失，泥炭地干燥并裸露，沼泽低湿草甸植被逐渐向中旱生高原植被演变，生态环境已十分脆弱。人口的增加和人类无限度的生产经营活动，又大大加速了这一地区生态环境恶化的程度。特别是草地大面积退化与沙化，野生动物栖息环境质量衰退和栖息地破碎化，使生物多样性降低。源区植被与湿地生态系统破坏，水源涵养能力急剧下降，不仅严重制约了当地经济的可持续发展和人民群众生活水平的提高，而且也直接威胁到了我国三江流域乃至东南亚诸国的生态安全。

31.4.2.1 青海省“三江源地区生态保护和建设”系统工程

2005年1月26日经国务院常务会议批准实施青海省“三江源地区生态保护和建设”系统工程，从2005年开始到2010年，国家投资约75亿元人民币用于国家级自然保护区的保护和建设，整个规划将青海省玉树、果洛、海南、黄南4个藏族自治州的16个县和格尔木市的唐古拉山乡纳入了重点保护与建设范围，总面积达15.23 km^2，占青海省总面积的21%，占三江源地区总面积的42%。规划从生态环境保护建设、保证群众生产生活和促进地区经济发展三个方面统筹考虑，实施以退牧还草、退耕还林、恶化退化草场治理、森林草原防火、草地鼠害治理、水土保持等为主要内容的生态环境保护与建设项目，以禁牧搬迁、小城镇建设、草地保护配套工程和人畜饮水等为主要内容的农牧民生产生活基础设施建设项目，以人工增雨、生态监测、科技支撑为主要内容的生态保护支撑项目，项目总投资达76亿元。要求实现山川秀美、经济发展、人民富裕、民族团结的总目标[29]。

到2012年，已实施7年的三江源生态保护工程成效明显。青海省建立了生态考核机制，取消了对三江源区GDP的考核。全面落实责任，注重制度建设，加强项目管理，开展生态补偿，推广科研成果。据2010年中国科学院地理资源所的实地评估，三江源湿地面积逐步扩大，主要湖泊净增245 km^2；2005—2010年，植被平均覆盖度提高3.08个百分点，草地平均产草量(干重)44.3 kg/亩，比实施前的1988—2004年平均提高了24.65%；森林面积比2005年净增150 km^2；水土保持能力提升，各河流控制站平均含沙量与多年平均值相比减少11.4%～60.3%；野生动物种群数量增多，栖息活动范围扩大。目前已将“青海三江源生态保护和建设二期工程规划”上报，拟将实施范围扩大到39.5万 km^2，建设内容包括生态保护和建设、生态保护支撑配套工程两大类共26项工程，规划期限为2013年至2020年。

31.4.2.2 青海省“青海湖流域生态环境保护与综合治理规划”系统工程

2007年12月，国务院审议批准了“青海湖流域生态环境保护与综合治理规划”。“青海湖流域生态环境保护与综合治理规划”的建设内容分为5个工程类别22个专项。一是湿地保护与环境治理工程，内含人工增雨、湿地保护、环境保护与污染治理3个专项；二是退化土地保护与治理工程，内含退牧还草、退化草地治理、沙漠化土地治理、生态林建设、水土保持、河道整治等6个专项；三是生物多样性保护工程，内含陆生生物多样性保护、青海湖裸鲤保护与恢复和青海湖国家级自然保护区建设3个专项；四是农牧民生产生活条件改善工程，内含生态畜牧业建设、后续产业发展、小城镇建设、农村饮水安全、水利工程维修与改造、能源建设等专项；五是技术支撑与管理工程，内含技术推广与培训、生态监测体系建设和管理服务体系建设3个专项[30]。

31.4.2.3 西藏生态安全屏障保护与建设系统工程

2009年2月18日，国务院常务会议审议并原则通过了“西藏生态安全屏障保护与建设规划(2008—2030年)”，提出用近5个五年规划，投资155亿元，实施10项生态保护与建设工程，基本建成西藏生态安全屏障。规划指出，要突出保护优先的原则，努力实施天然草地保护工程，在全区44个县实施退牧还草1 322.6万 hm^2，到2030年使全区天然草地治理面积占中度退化草地面积的60%。实施人工种草工程，基本满足游牧民定居后的饲草料需求。实施森林防火及有害生物防治工程，建设森林防火及有害生物防治体系，使草原鼠害面积的43%得到有效治理。实施野生动植物保护工程，使西藏特有的野生动植物物种得到有效保护。实施保护区建设工程，促进15个自治区级以上自然保护区得到规范化建设。实施重要湿地保护工程，使本区重要湿地得到有效保护。实施农牧区传统能源替代工程，基本实现农村传统能源被现代能源所替代。实施防护林建设工程。实施防沙治沙和水土流失治理工程，使重点区域可治理沙化土地面积的80%得到治理，使水土侵蚀面积的40%得到治理。实施生态安全屏障监测工程，在三大生态安全屏障区的10个生态安全屏障亚区各建立1个生态综合监测站和10个观测点，共建设10个地面生态监测站和100个地面生态观测点，同时建立健全生态安全屏障监测网络，加强生态监管能力建设和人员培训[31]。

（张国胜　颜亮东　胡　军）

参考文献

[1] 戴加洗，周陆生. 青藏高原气候. 北京：气象出版社，1990.

[2] 王健林，林日暖. 中国西部农业气象灾害(1961—2000). 北京：气象出版社，2003.

[3] 杨志刚，杜军，刘玲. 西藏自治区气象灾害气候图集(1961—2008). 北京：气象出版社，2010.

[4] 假拉，杜军，边巴次仁. 西藏气象灾害区划研究. 北京：气象出版社，2008.

[5] 王江山，李锡福. 青海天气气候. 北京：气象出版社，2004.

[6] 青海省气象局项目组. 青海省干旱、雪灾监测和预测、评估服务系统研究(一). 干旱课题技术报告. 2001.

[7] 太华杰，姚克敏，刘文泽，等. 中国农业气象情报概论. 北京：气象出版社，1994.

[8] 周陆生，汪青春. 青海湖流域全新世以来气候变化的初步探讨//孙国武. 中国西北干旱气候研究. 北京：气象出版社，1997.

[9] 李亚春，王志华. 我国干旱热红外遥感监测方法的研究进展. 干旱地区农业研究，1999，17(2)：98-102.

[10] 秦大河. 中国西部环境演变评估. 北京：科学出版社，2002.

[11] 孙建，刘燕辉，毛恒青，等. 气象信息员工作手册. 北京：气象出版社，2009.

[12] 刘玉洁，王丽波，张里阳，等. 利用卫星遥感信息监测与分析雪灾. 青海气象，1996(4)：14-18.

[13] 柏延臣，冯学智. 积雪遥感动态研究的现状及展望. 遥感技术与应用，1997，12(2)：59-65.

[14] 王龙明. 青海草地资源. 西宁：青海省人民出版社，1998：81-102.

[15] 李生辰，王江山，王希娟. 青海南部地区寒潮天气. 青海气象，1997(2)：22-23.

[16] 赵仕雄，李正贵，党积明，等. 青海高原冰雹的研究. 北京：气象出版社，1991.

[17] 程纯枢，冯秀藻，刘明孝，等. 中国农业百科全书：农业气象卷. 北京：农业出版社，1984.

[18] 王江山，秦宁生. 青海省寒潮气候特征. 青海气象，1992(2)：10-11.

[19] 王涛，朱震达. 中国北方沙漠化的若干问题. 第四纪研究，2001，21(1)：56-65.

[20] 王涛,王熙章,吴薇. 中国沙漠化灾害区划//王劲峰. 中国自然灾害区划. 北京:中国科学技术出版社,1995.
[21] 李林,赵强. 青海沙尘暴天气研究. 气象科技,2002(4):218-211.
[22] QX/T 103—2009 雷电灾害调查技术规范.
[23] QX/T 85—2007 雷电灾害风险评估技术规范.
[24] 文涛. 西藏首次用太阳能防治林业病虫害:山南太阳能灭虫. 新华网,2011-04-14. http://www.chinadaily.com.cn/dfpd/xizang_hjbh/2011-04-14/content_2306697.html.
[25] 西藏农业病虫草鼠害主要种类及其生态特性. 百度文库,2010-09-27. http://wenku.baidu.com/view/954 d7c66f5335a8102 d22067.html.
[26] 熊裕华. 西藏自治区治理草原鼠害工作纪实:守护绿色草原. 西藏日报,2011-09-12. http://www.chinadaily.com.cn/dfpd/xizang_hjbh/2011-09-02/content_3673313_2.html.
[27] DB/T 372—2001 气象灾害标准. 3-12.
[28] 韩国军,王玉兰,房世波. 近50年青藏高原气候变化及其对农牧业的影响. 资源科学,2011(10):151-157.
[29] 国务院. 青海三江源自然保护区生态保护和建设总体规划. 2005.
[30] 国务院. 青海湖流域生态保护和建设总体规划. 2007.
[31] 国务院. 西藏生态安全屏障保护与建设规划. 2009.

第 6 篇

农业减灾管理

第32章

农业灾害风险管理

32.1 农业灾害风险源辨析

我国位于欧亚大陆东南部，地域辽阔，横跨纬度约50°，经度约60°，面积约960万km^2。境内山脉纵横，丘陵起伏，高原、山地占全国总面积的2/3，平原、盆地约占1/3。地势西高东低，地形复杂。气候多样，季风气候特点显著，水热时空分布既有长期的趋势变动，又有不同周期的波动变化，常出现旱、涝、风、冻、雹、热害、低温冷冻等气象灾害，不仅直接危害农业生产，还诱发多种病虫害，例如干旱可引起蝗虫的大发生[1]。我国农业自然灾害具有种类多、范围广、频率高、群发性和诱发其他灾害等特征，造成的危害十分严重，通常每年受灾面积6亿～7亿亩，减产三成以上的成灾面积约3亿亩，直接经济损失超百亿元。如何对农业灾害风险源进行辨析，更有针对性地预防和治理自然灾害和人为灾害，减少农业损失，是实现农业可持续发展的重要课题。农业灾害风险源分为自然源和人为源两大类[2]，以下分别进行辨析。

32.1.1 自然灾害风险源

农业灾害的自然灾害源包括气象水文类、地质土壤类、有害生物类、海洋类、天文类等，其中气象灾害往往是许多其他灾害的原生灾害，种类最多，危害最大，通常占全部农业自然灾害损失的70%以上。农业灾害的自然风险源分类见图32.1。

32.1.1.1 农业气象灾害风险源

气象灾害是农业生产中最常见和发生最为频繁的一大类自然灾害。水分、温度、光照、气流等气象要素只要明显偏离正常值就可能形成灾害。

1. 水分因素

旱涝是农业生产中最为频繁和严重的气象灾害。水分要素的异常是形成旱涝的根本原

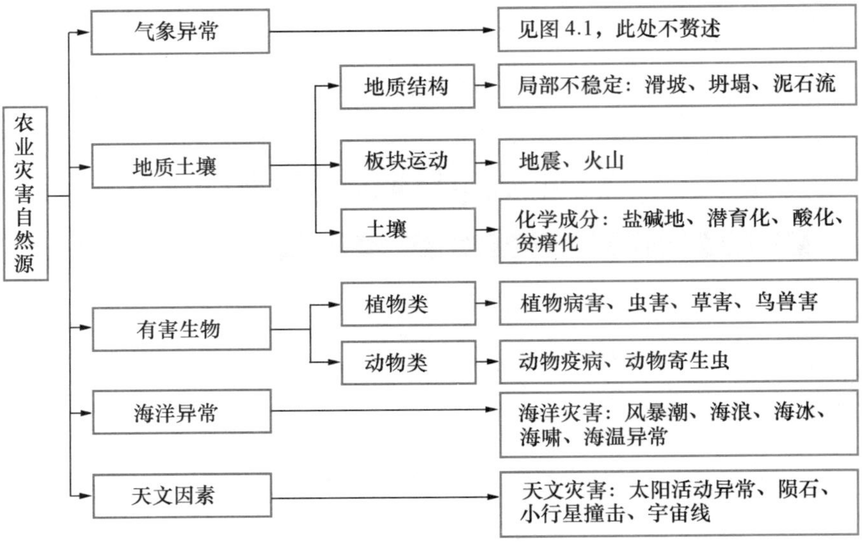

图 32.1　农业灾害的自然源[2]

因，降水过多或大量客水都可形成洪涝，降水持续偏少或水体水量减少都可形成干旱。

干旱是造成大面积农作物减产或绝收的最主要灾害，还经常导致人畜饮水困难，甚至丧失生存条件。降水持续稀少、蒸发强烈、风沙、土壤保水能力差、水土流失等都可加剧干旱，上游超量取水会加剧中下游的水资源紧缺与干旱，超量开采地下水会导致水位持续下降乃至枯竭。洪涝除造成农作物减产甚至绝收外，还经常冲毁房屋和各种农业设施，是对农民生命财产威胁最大的灾害。形成洪涝的风险源有暴雨、山洪、河流溃堤、水库垮坝、冬春凌汛和持续阴雨积水内涝等，地势低洼、排水不畅、村庄选址不当(处于洼地或河边)、缺乏防洪设施或年久失修都可能增加受涝风险。

除此之外，还有水分相变引起的冻雨、冰雹、雪灾等气象灾害，发生越来越频繁，造成的影响不容忽视。雪灾亦称白灾，是因长时间大量降雪造成大范围积雪而成灾，在牧区经常发生，积雪掩盖草场且超过一定深度，有的积雪虽不深，但密度较大或雪面覆冰，牲畜难以扒开雪层吃草造成饥饿，冰壳还易划破羊和马的蹄腕造成冻伤，致使牲畜瘦弱，造成牧畜流产，仔畜成活率低，老弱幼畜饥寒交迫，死亡增多，同时还严重影响交通、通信、输电线路等生命线工程，对牧民生命安全和生活造成威胁。雪灾主要发生在稳定积雪地区和不稳定积雪山区，偶尔出现在瞬时积雪地区。中国牧区雪灾主要发生在内蒙古草原、西北和青藏高原部分地区。冻雨又称雨凇，发生在初冬或冬末春初，由过冷水滴组成，与温度低于 0℃的物体碰撞立即冻结成外表光滑而透明的冰层。严重的雨凇会压断树木、电线杆，使通信、供电中止，妨碍公路和铁路交通，威胁飞机的飞行安全。冰雹是大气中的一种固体降水，直径一般在 5 mm 以上，可砸伤人畜，砸坏门窗和大棚，造成作物倒折、落花落果。

2. 温度因素

低温和高温也是农业常见的灾害，异常低温和高温或温度剧烈波动能给农作物、畜禽和村民健康带来危害。

植物低温灾害有冷害、冻害、霜冻和寒害之分。冷害与寒害属于零上低温。冷害可造成作物生长发育延迟甚至不能在秋霜冻之前正常成熟,也可造成水稻等作物不能正常授粉;寒害则特指热带和亚热带作物在10℃或5℃以下的零上低温,由于植株体内饱和脂肪酸凝固而造成的生理障碍。霜冻与冻害均属零下低温危害。霜冻指植物活跃生长期间遭受接近0℃的低温危害,使叶片或植株枯萎,具有突发性;冻害则指越冬前后,处于休眠或缓慢生长状态的农作物因强烈零下低温或剧烈变温而受到的危害,受害程度与植株抗寒锻炼或锻炼解除程度密切相关。对于人类和动物,低温危害形式是受冷致病或冻伤,与低温强度、降温速率及身体抵抗力有关。此外,低温冰雪还给农民的生产和生活带来极大困难。如2008年初南方十余省区的低温冰雪造成大量高压输电线塔和通信线塔倒塌,供电和通信大面积中断;路面积冰使公路、铁路和机场封闭或阻断,交通陷于瘫痪;积雪还造成部分民房和大棚倒塌,供排水管冻裂使灾民处于困境,有的山区甚至断水断粮发生生存危机;雨雪冰冻和多雾造成交通事故频繁,跌打损伤不计其数。

高温对植物生长和发育所造成的危害统称为热害,长江中下游的早、中稻和华南早稻在开花灌浆期常受高温影响,产量明显下降。高温还会使人畜中暑或诱发其他疾病,并增加火灾和贮藏物霉变的风险。

3. 光照因素

寡照会使植物的光合速率降低,植物生长关键期光照不足可影响产量,不但阻碍植物生长,还会影响动物与人类的健康。但光照过强也会引起植物的灼伤导致日烧病。紫外线能消毒杀菌,但在高海拔地区紫外线过强易引起灼伤和诱发皮肤癌。

4. 气流因素

气流过强可导致大风、龙卷风等灾害。大风可损坏甚至摧毁房屋和大棚、畜舍,使树木和电线杆倒折,作物倒伏。冬季常见的是寒潮大风,夏季则以雷雨大风为常见。龙卷风是在极不稳定天气下由空气强烈对流运动产生的伴随着高速旋转漏斗状云柱的强风涡旋,其中心附近风速可达100～200 m/s,最大300 m/s,比台风近中心最大风速大好几倍。龙卷风的破坏性极强,经过的地方常拔起大树,掀翻车辆,摧毁建筑物。气流过弱形成静风,指距地面10 m高处平均风速小于0.5 m/s,不利于光合作用和授粉。

5. 大气成分

大气污染指人类活动或自然过程引起某些物质进入大气中,呈现出足够的浓度,达到足够时间,并因此危害人体健康或污染环境的现象。凡是能使空气质量变差的物质都可称为大气污染物。对农业生产影响较大的主要是酸雨和沙尘。酸雨可直接影响植物正常生长,又可渗入土壤及进入水体,引起土壤和水体酸化,有毒成分溶出,从而对动植物和水生生物产生毒害。严重的酸雨会使森林衰亡和鱼类绝迹。沙尘伴有大风造成的风蚀、沙埋也会对西北地区的农业造成很大影响。

6. 复合灾害

有些灾害是由几种风险源共同作用导致的,比如台风、干热风、暴风雪、沙尘暴等。

台风既有大风,又有暴雨,在海上还能掀起巨浪和形成风暴潮,是世界上危害最大的自然灾害之一。

干热风是一种高温、低湿并伴有一定风力的农业灾害性天气。我国北方地区冬、春小麦在产量形成期受危害严重,南方作物受影响较小。

沙尘暴是西北地区和华北北部地区经常出现的强灾害性天气,可造成房屋倒塌、交通供电受阻或中断、人畜伤亡，污染环境，造成作物的机械损伤。

7. 大气物理

位于高地或大树旁的房屋和孤立山梁上的行人在雷雨天易受雷击，还易引发火灾。

32.1.1.2 农业地质灾害风险源

地质灾害指地质体或地质环境异常变化给人类造成的危害，常见的地质灾害有滑坡、泥石流、崩塌、地面沉降或塌陷、地裂、水土流失、海水入侵、土壤冻融、地方病等。

1. 地质结构

崩塌、滑坡、泥石流统称山地灾害，是山区对人民生命财产、交通和农林业危害最大的自然灾害。一般发生在地质不稳定的山坡，特别是基岩为光板状且坡面风化物大量堆积时，一旦有地震或暴雨等外力施加，就可触发崩塌、滑坡或泥石流。山坡上不合理的工程活动也可能加剧山地灾害。位于滑坡体或泥石流沟附近，一旦发生灾害往往陷于灭顶之灾。各种农业地质灾害的发生主要取决于地质环境，但有些突发性地质灾害需要一定的触发条件，不合理的人类活动也可以诱发或加重局部的地质灾害。

水土流失的主要类型是水蚀与风蚀(前者由暴雨冲刷引起，主要发生在季风气候的雨季，以黄土高原和西南石灰岩山区为最严重；后者由强风吹蚀引起，主要发生在干旱、半干旱地区)，此外还有冻蚀和化学侵蚀。超量开采地下水是造成地面沉降与沿海陆地海水入侵的主要原因。煤矿无序开采经常造成周围地基不稳甚至发生地裂缝，采空区突然塌陷是一种人为地质灾害，常严重威胁井下矿工和附近村舍居民的生命财产。

2. 板块运动

地震是对人类生命财产威胁最大并带有毁灭性的严重自然灾害，有构造地震、火山地震、塌陷地震和人工地震等不同类型。我国活火山不多且活动微弱，很少发生火山地震。矿山和溶洞的塌陷地震偶有发生，但规模不大，震级很低，只能影响周边很小范围。人工地震通常出于地质勘探或军事目的，由于有严密控制，一般不会产生明显危害。对我国农业危害最大的还是构造地震，即由于地质构造运动引发的地震。地震多发和强烈的地区大多是板块运动的交接地带，发生地震时又以地质断裂带的地貌变形和地面破坏最为严重。地震的震级越大，震源越浅，地表烈度就越大。同等烈度的地震，受灾程度又与承载体的脆弱性有关。地基稳固，结构合理，建材轻质并具有弹性的房屋破坏较轻。灾情轻重和损失大小还与备灾是否充分、灾民安全素质及救援是否及时高效有关。日本是世界上地震最频繁的国家之一，但伤亡人数很少，而同样等级的地震发生在发展中国家，房屋倒塌和居民死伤就相当严重。虽然我国制定了不同地区的防震建筑标准，但往往只在城市执行。广大农村的住宅修建由农民自己设计施工，绝大多数没有考虑地震设防，砖木结构、石板房和土房的抗震能力都很差，这是2008年汶川地震造成惨重伤亡的一个重要原因。在地质不稳定地区修建水库也有诱发地震的先例，但没有超过6级的。

岩浆活动穿过地壳到达地面或伴有水汽和灰渣喷出地表，形成特殊结构和锥状形态的山体，叫作火山。火山爆发喷出的大量火山灰和暴雨结合形成泥石流能冲毁道路、桥梁，淹没附近乡村和城市，泥土、岩石碎屑形成的泥浆可像洪水一般淹没整座城市，造成大量伤亡和财产损失，火山喷发的热辐射和火山灰都能对人体和植物形成灼伤。

3. 土壤

土壤中可溶性盐类随水向表层移动并积累下来，使可溶性盐含量超过0.1%或0.2%的过程叫土壤盐碱化。土壤盐分的主要来源是风化产物和含盐地下水。灌溉水含盐和施用生理碱性肥料也可使土壤盐分增加。土壤盐碱化后，土壤溶液的渗透压增大，土体通气性、透水性变差，养分有效性降低，植物不能正常生长。我国盐碱土主要有两种形成原因。一是蒸发量远远大于降水量，导致含盐地下水上升，蒸发后盐分留在土壤表面，长期累积使土壤含盐量大大增加，就形成了盐碱土。二是海滨土壤，由于受到海水侵蚀使土壤逐渐盐碱化。

土壤潜育化是指土壤长期滞水，严重缺氧，产生较多还原物质，使高价铁、锰化合物转化为低价状态，使土壤变成蓝灰色或青灰色。广泛分布于江湖沿岸平原，如鄱阳湖平原、珠江三角洲平原、太湖流域、洪泽湖地区，江南丘陵的山间构造盆地及古海湾地区。潜育化土壤与非潜育化土壤比较，还原性有害物质较多，土性冷，土壤生物活动较弱，有机物矿化作用受抑制，易导致稻田僵苗不发，迟熟低产。

酸化是土壤风化成土过程中由于酸性物质积累导致 pH 降低，形成酸性土壤，影响土壤生物的活性，改变土壤养分形态，降低养分有效性，促使游离锰、铝离子溶入土壤溶液，对作物产生毒害作用。

32.1.1.3 农业生物灾害风险源

生物灾害指有害生物对植物、畜禽、设施及人类健康造成的危害。

1. 植物类生物灾害

植物类生物灾害主要包括植物病害、虫害、草害、鸟兽害等。

植物的病害种类很多，非侵染性病害由非生物引起，例如营养元素缺乏，水分不足或过量，低温冻害和高温灼伤，肥料、农药使用不合理，或废水、废气造成的药害、毒害等，不属于生物灾害。由有害生物引起的侵染性病害属生物灾害，具有传染性，病原体有多种，如真菌、细菌、病毒、线虫或寄生性种子植物等。病状主要表现为变色、坏死、腐烂、萎蔫、畸形等。

危害植物的动物种类也很多，主要是昆虫，另外还有螨类、蜗牛、鸟兽类等。昆虫中虽有很多属于害虫，但也有益虫，对益虫应加以保护、繁殖和利用。鸟类消灭害虫对植物的保护作用远大于有些鸟类啄食对于植物的伤害。兽类中对植物危害最大的是鼠类。

2. 动物类生物灾害

动物疫病是指动物传染病和寄生虫病。按照对养殖业和人体健康的危害程度分为三类。一类疫病是指对人与动物危害严重，需要采取紧急、严厉的强制预防、控制、扑灭等措施的；二类疫病是指可能造成重大经济损失，需要采取严格控制、扑灭等措施，防止扩散的；三类疫病是指常见多发、可能造成重大经济损失，需要控制和净化的。

32.1.1.4 农业海洋灾害风险源

风暴潮是由于强风和气压骤变等剧烈的大气扰动导致的海水异常升降，使受其影响海区的潮位大大超过平常潮位的现象。通常分为温带风暴潮和台风风暴潮两大类。前者由温带气旋引起，多发生于春秋季节，夏季也时有发生；其特点是增水过程比较平缓，增水高度较低；主要发生在中纬度沿海地区，以欧洲北海沿岸、美国东海岸以及我国北方海区沿岸为多。后者由台风引起，多见于夏秋季节；其特点是来势猛，速度快，强度大，破坏力强；凡有台风影响的沿海地区均有发生。风暴潮能否成灾很大程度取决于其最大潮位是否与天文高潮相叠，尤其是天文大潮期，同时也决定于受灾地区的地理位置、海岸形状、岸上及海底地形，以及滨海地区的社会及经济(承灾体)情况。

海冰是海水冻结而成的咸水冰,也包括流入海洋的河冰和冰山等。海冰灾害是指海洋中出现的严重冰封对海上交通运输、生产作业、海上设施及海岸工程等所造成的灾害。我国近年冬季,辽东湾与黄海北部多次发生,对海上交通和生产作业产生很大影响。

海浪是海洋中由风产生的波浪,包括风浪及其演变而成的涌浪。海浪灾害是指因海浪引起的船只损坏和沉没、航道淤积、海洋石油生产设施和海岸工程损毁、海水养殖业受损等经济损失和人员伤亡。

32.1.1.5 农业天文灾害风险源

太阳活动与地球上气候变化的关系也比较明显,据统计,地面降水量变化也有 11 年、22 年等周期,地球高层大气的变化也与太阳活动相关。地震、水文、气象等多方面的研究都说明了太阳活动对地球有着重要影响。天文灾害还包括陨石或小行星撞击等。

32.1.2 人为农业灾害风险源

农业自然灾害发生的直接起因是地球各圈层的异常变化,但不合理的人类活动对生态环境的破坏也可以加剧农业自然灾害的发生和危害,特别是全球气候变化及极端天气气候事件的增强就是主要由于人类活动释放大量的二氧化碳、甲烷、氧化亚氮等微量气体的温室效应所造成的。人类活动对植被和地面形态的破坏和对生态形态的干扰、大量生产和使用人造化学物质造成的环境污染等也都带来了许多农业灾害的风险源(图 32.2)。

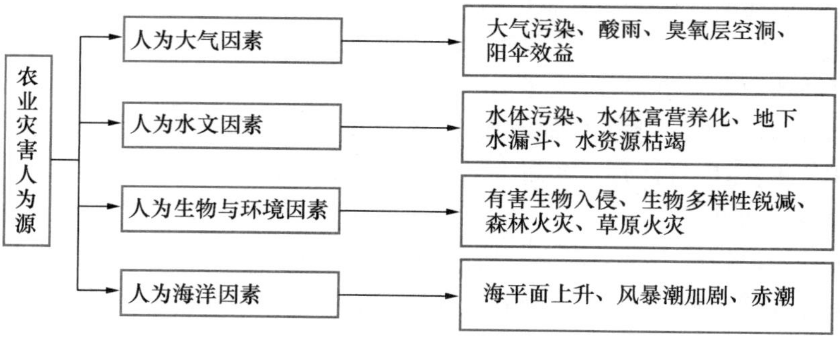

图 32.2 农业灾害的人为源[3]

32.1.2.1 人为气象灾害风险源

人为气象灾害风险源主要包括大气污染、酸雨、臭氧层空洞、阳伞效应等。由于工业化、城市化进程加快,经济发展过程中释放的大气污染物越来越多,而环境保护措施往往跟不上发展速度。人类对植被的破坏也是造成部分地区气象灾害加重的一个原因。

32.1.2.2 人为水文灾害风险源

人为水文灾害风险源包括水体污染、水体富营养化、不合理的开发活动导致的地下水漏斗和水资源枯竭等。

水体污染是指排入水体的污染物在数量上超过了该物质在水体中的本底含量和自净能水(即水体的环境容量),破坏了水生态系统、水体功能及其在人类生活和生产中的作用,降低了水体的使用价值和功能的现象。水体污染的最主要的原因是工业废水的大量排放。20 世纪 70 年代以后,随着全球工业的发展和社会经济的繁荣,大量工业废水和城市生活废水未经过处理直接排放,使水体污染日益严重。过量施用化肥、农药及城市地面污染物被水冲刷进入水体,随大气扩散的有毒物质通过重力沉降或降水过程而进入水体也是水体污染的重要原因。据对 15 个省的不完全统计,1993 年发生渔业污染事故近 500 起,造成渔业经济损失 4.2 亿元。全国沿海因污染诱发对虾养殖相继暴发大面积传染性流行病,病害面积约 11.2 万 hm^2,减产对虾 12 万 t,直接经济损失 35 亿元。污水流进农田,侵入厂矿,也给工农业生产带来惨重损失。据统计,目前全国污水灌溉污染农田面积已达 400 万 hm^2,造成大量农作物减产乃至绝收。

水体富营养化是指在人类活动影响下,氮、磷等营养物质大量进入湖泊、河口、海湾等缓流水体,引起藻类及其他浮游生物迅速繁殖,水体溶解氧量下降,水质恶化,鱼类及其他生物大量死亡的现象。在河流与湖泊中常表现为水华,在海洋中常出现赤潮。近年来,随着太湖周边地区排污量的增加,水体富营养化日趋严重,夏季水华频繁发生,严重时绿藻覆盖整个水体,水乡居民一时抢购瓶装水成风。

许多城市和工矿区因地表水源枯竭而打井抽取地下水。随着人口增长和生产发展,长期超采地下水,形成地下水位以城市和工矿区为中心,中间深,四周浅的大漏斗。早年井水离地面不过两三米的地方,如今井深 60 m 也不见水。更严重的是,超采还造成地面沉降,导致建筑物开裂或倾斜,影响安全。目前,华北平原在 14 万多 km^2 的区域上已形成 7 万 km^2 的大漏斗。

水利工程运行管理不当、施工不合理或年久失修也是水文灾害的重大风险源。严重淤积的水库会丧失拦蓄洪水和灌溉抗旱的功能,水库垮坝的洪水要比一般洪水更加凶猛。上游地区过度拦截用水会加剧中下游的干旱,上游大量泄洪也会加剧中下游的洪涝灾害。

32.1.2.3 人为地质灾害风险源

不合理的人类活动是土地退化、水土流失、荒漠化、地面下沉等地质灾害的主要成因。在人类社会发展过程中,通过各种途径改善土地质量是主流,但土地退化现象亦屡见不鲜,如沙漠外侵及不当滥垦造成的荒漠化,过牧或不适当打草导致的草场退化,水土流失造成的沟壑化或石漠化,施肥不足导致的土壤肥力下降,不合理灌溉引起的土壤盐渍化,以及污染造成的土地退化等。此外,不合理的采矿或施工可诱发地面塌陷或地裂缝,山坡上不合理的灌溉可诱发滑坡,地质构造不稳定地区修建水库可能诱发地震。

32.1.2.4 人为生物与环境灾害风险源

人为生物与环境灾害风险源主要包括有害生物入侵、生物多样性锐减、森林火灾和草原火灾等。

有害生物入侵是指某种生物从外地自然传入或人为引种后成为野生状态,并对本地生态系统造成一定危害的现象。这些生物被叫作外来物种,是指那些出现在其过去或现在的自然分布范围及扩散潜力以外的物种、亚种或以下的分类单元,包括其所有可能存活、继而繁殖的部分、配子或繁殖体。外来入侵物种具有生态适应能力强,繁殖能力强,传播能力强等特点;被入侵生态系统具有足够的可利用资源,缺乏自然控制机制,人类进入频率高等特点。"外来"是以生态系统定义的。目前在中国几乎随处可见外来生物入侵者制造的麻烦，是遭受外来物种入侵最严重的国家之一。2001—2003 年，原国家环保总局组织开展了全国外来入侵物种调查，共有 283 种外来入侵物种，每年对经济和环境造成约 1 200 亿元损失，估计现在已高达 2 000 亿元，更为严重的是外来物种入侵还会加速现有物种的灭绝，破坏生态环境。

生物多样性是指一定范围内多种多样活的有机体（动物、植物、微生物）有规律地结合构成稳定的生态综合体。然而，人类现在却面对生物多样性锐减的事实。究其原因，主要有人口迅猛增加、生境的破碎化、环境污染、外来物种入侵等。生物多样性减少的程度取决于生态系统的结构或过程受干扰的程度，例如人类对植物获取资源过程的干扰（如过度灌溉影响植物的水分循环，超量施肥影响生物地球化学循环）比对生产者或消费者的直接干扰产生的负效应要大。

森林火灾，是指失去人为控制，在林地内自由蔓延和扩展，对森林生态系统和人类带来一定危害和损失的林火。森林火灾是一种突发性强、破坏性大、处置救助较为困难的自然灾害，90％以上由人为因素引发。草原火灾，是指因自然或人为原因，在草原或草山、草地起火燃烧所造成的灾害。草原火灾除造成人民生命财产损失外，主要是烧毁草地，破坏草原生态环境，降低畜牧承载能力，并促使草原退化。

32.1.2.5 人为海洋灾害风险源

人为海洋灾害主要包括海平面上升、风暴潮频发和赤潮。海平面上升是由全球气候变暖、极地冰川融化、上层海水变热膨胀等原因引起的。研究表明，近百年来全球海平面已上升了 10～20 cm，未来还要加速上升。海平面上升对沿海地区社会经济、自然环境及生态系统等有着重大影响。首先，海平面的上升可淹没一些低洼的沿海地区，加强了的海洋动力因素向海滩推进，侵蚀海岸，从而变“桑田”为“沧海”；其次，海平面上升会使风暴潮强度加剧，频次增多，不仅危及沿海地区人民生命财产，而且还会使土地盐碱化。海水内侵造成农业减产，破坏生态环境。在中国，受海平面上升影响严重的地区主要是渤海湾、长江三角洲和珠江三角洲。

赤潮是在特定的环境条件下，海水中某些浮游植物、原生动物或细菌暴发性增殖或高度聚集而引起水体变色的一种有害生态现象。赤潮发生后，除海水变成红色或其他颜色外，同时海水的 pH 也会升高，黏稠度增加，非赤潮藻类的浮游生物会死亡、衰减，赤潮藻也因暴发性增殖、过度聚集而大量死亡。

人为农业灾害还包括农业生产事故、农业经济灾害、农业技术灾害等，这些人为因素具有很大的随机性和不可预测性，就不再一一分析了。

32.2 农业灾害风险分析方法

农业灾害风险是指通过风险分析的手段或观察外表法，对尚未发生的农业灾害致灾因子强度和受灾程度进行评定和判断[4]。评定是根据致灾因子强度和承载体脆弱性推断出受灾程度。估计是不确定意义下的判断，也称农业灾害风险评估，包括危险辨识、频率分析和后果风险评估的全过程。按照风险对象，农业灾害风险可分为种植业风险和养殖业风险。按照农业自然风险来源，农业灾害风险可分为农业气象灾害风险、农业生物灾害风险、农业地质灾害风险和农业环境灾害风险等。从风险管理角度而言，农业风险具有风险单位大，区域性、伴生性、风险事故与风险损失的非一致性，农业灾害发生频率高且损失规模较大等突出特点[5]。

分析风险的目的是为评估风险和处置风险提供信息。分析风险是在风险识别的基础上，对可能出现的任何事件所带来后果的分析，以确定该事件发生的概率与可能影响的潜在相关后果[5]。农业风险评价对决策方向影响甚大，其过程涉及到多方面内容，如何正确选择和运用各种评价方法，做出科学的分析和判断，对整个决策过程具有重要意义。风险分析的出发点是揭示所观察到风险的原因、影响和程度并提出和考察备选方案。目前农业灾害风险分析主要有两种方式：一是利用历史灾害资料对农业灾害风险进行量化，计算出风险的大小，即给出自然灾害事件在某一区域的发生概率及产生的后果；二是根据自然灾害的致灾机理对影响农业灾害风险的各个因子进行分析，计算出农业灾害风险指数大小。本节主要介绍农业灾害概率风险和农业灾害综合指数分析方法。

32.2.1 农业灾害风险概率统计评价方法

自然灾害风险分析的基本数学手段是概率统计分析。基于概率统计方法推断出来的风险结论均称为概率风险[6]。灾害的概率风险评价又称为狭义风险评价。一般概率有客观概率和主观概率之分。客观概率的计算方法有两种：一种是根据大量试验用统计方法进行计算；另一种是根据概率的古典定义，将事件集分解成基本事件，用分析方法进行计算。但在实际工作中我们经常不可能获得足够多的信息，因为通常我们所遇到的风险事件都不可能作大量试验，又因事件是未来发生的，所以不能做出准确的分析，也就很难计算出客观概率，这时只能由决策者或专家对事件出现的可能性做出估计，这就是主观概率。主观概率是用较少信息量做出估计的一种方法，也就是根据事件是否发生的个人观点用一个 0～1 之间的数值来描述事件发生的可能性。换句话说，就是利用专家的长期经验对事件所做出的直觉判断。直觉判断出偏差的可能性是很大的，近些年来科学家们正在从各个方面探讨减少这些偏差的程序和方法，如德尔菲法实质上就是利用大量直觉判断来解决个别人直觉判断容易出现的偏差问题，专家系统及人工智能系统等则是利用计算机辅助决策以提高直觉判断的效率和准确性，实现向客观实际的逼近。

常见的农业气象灾害研究主要是运用产量数据，在产量数据基础上确定减产率。产量资料处理方法最常见的是作物产量-气候分析方法，常用于研究作物产量波动与气候条件之间的关系。由于作物单产主要受气候、耕作技术、物质投入和总体管理水平的影响，而耕作技术、物质投入与管理水平是不断提高的，气候又总是波动的，因此，依据要素的特点和时间尺度，将作物单产分解为两部分，即时间趋势产量（主要受长期要素，如耕作技术、物质投入和管理水平影响）和气候产量（主要受短期要素如气候因子的影响）[7-8]，可以用式(32.1)表达：

$$\mathrm{AY}_i = \mathrm{TY}_i + \mathrm{CY}_i \tag{32.1}$$

式中：AY_i 为单位面积作物的实际产量；TY_i 为产量的时间趋势项（趋势产量）；CY_i 为产量的波动项（气候产量）；i 为年份。

在此基础上减产率或增产率(f_i)按照下式计算[4]：

$$f_i = (\mathrm{TY}_i - \mathrm{CY}_i)/\mathrm{TY}_i \times 100\% \tag{32.2}$$

此外，运用农业灾害影响范围的比例以及持续时间长短比例来表征灾害影响也很常见。常用受灾面积比例（产量损失一成以上面积）、绝收面积（农作物产量损失八成含八成以上的面积）、农业

灾害发生频率等指标来表征农业灾害情况。在此基础上,农业灾害风险概率(Risk)表达式为[8]:

$$\text{Risk} = \{ < S_i, \text{Po}(\text{Pr}(S_i)), \text{Po}(x_i) > \}_c \tag{32.3}$$

式中:S_i 为第 i 种致灾因子;$\text{Pr}(S_i)$为第 i 种致灾因子发生的概率(probability);$\text{Po}(\text{Pr}(S_i))$为 $\text{Pr}(S_i)$的可能性分布(possibility);x_i 为第 i 种致灾因子造成的损失;$\text{Po}(x_i)$为第 i 种灾害造成损失的可能性分布;下标 c 表示这个集合是一个完备集。

这类模型将灾害发生视为随机过程,以理论上较成熟的概率统计为数学工具,如 Petak 曾系统地研究了美国九种自然灾害的特征,依据历史资料的统计分析,得到以概率形式表示的灾害风险[9]。常见的是经验频率的方法和超越概率的方法。

频率具有抽象的数学意义,如果某事件的发生与否事先无法预知,只有通过大量的实测资料,用数理统计方法估算出现概率,这种概率称为经验频率,其计算公式为[10]:

$$p = \frac{m}{n+1}$$

$$\sigma = \frac{m}{n+1}\sqrt{\frac{n-m+1}{m(n+2)}} \tag{32.4}$$

式中:p 为农业灾害经验频率;σ 为均方差;n 为影响要素,如年降水量的资料系列长度(年);m 为将 n 年资料从大到小顺序排列的排序号,即 m 从 1 顺序增至 n。

周寅康采用经验频率公式,结合自然灾害强度和发生频率之间的关系,综合评估区域自然灾害的风险度[10]。王静爱等收集了 1990—2003 年的旱灾信息,确定中国各区域旱灾频次,对中国旱灾致灾因子高风险区进行风险评估[11]。

超越概率早先是针对地震烈度而言,是在一定时期内工程场地可能遭遇大于或等于给定的地震烈度值或地震动参数值的概率。通俗地说,就是要求的值超出给定值的概率。现已将这个概念扩展到农业超越概率,进一步提高了概率统计方法的合理性。

设 $U=\{x_1, x_2, \cdots, x_n\}$为论域,概率风险就是当随机抽样次数趋于无穷时,事件出现频率的一个极限值。如果用 L 表示自然灾害指标,则 $L=\{l_1, l_2, \cdots, l_n\}$,又设灾害损失超越 l_i 的概率为 $P_i(i=1,2,\cdots,n)$,则概率分布 $P=\{P_1, P_2, \cdots, P_n\}$称为灾害风险,即

$$P_T = \{P(l) \mid l \in L\} \tag{32.5}$$

式中:P_T 为 T 年内关于 L 的灾害概率风险函数; $P(l)$为灾害概率风险[12]。

概率统计评估方法是目前较常用的风险评估方法,应用起来较为简便,但是科学实验事实证明,大多数人的估计都不可能超出他们所经历的和认识到的,这是由于经验的有限性及认识过程的局限性所导致的[13]。同时评价结果精度大小依赖于数据的数目(样本的完备性);评价对象多侧重风险的某一因素如危险性等;农业灾害概率风险是一个工程概念,它强调"显示",存在不同于显示[4]。而概率风险评价阶段多为结果或事后的评价,缺乏预测性和前瞻性;应用上缺乏形成机制或系统分析,评价结果实用性不强。

32.2.2 农业灾害风险评价指数法

32.2.2.1 农业灾害风险分析理论依据

自然灾害系指自然变异超过一定的程度,对人类和社会经济造成损失的事件。自然灾害

风险指未来若干年内可能达到的灾害程度及其发生的可能性。根据目前比较公认的自然灾害风险形成机制，一定区域自然灾害风险是由自然灾害危险性（hazard）、暴露性（exposure）或承灾体、承灾体的脆弱性或易损性（vulnerability）三个因素相互综合作用而形成的[14-15]。除此之外，防灾减灾能力（emergency response & recovery capability）也是制约和影响自然灾害风险的因素（图 32.3）。

农业灾害属于自然灾害的一种，基于以上认识，以干旱为例，可以得出农业干旱灾害风险的数学计算公式为：

$$农业干旱灾害风险 = 危险性 \times 暴露性 \times 脆弱性 / 抗旱减灾能力$$

农业灾害危险性，是指造成灾害的自然变异的程度，主要是由灾变活动规模（强度）和活动频次（概率）决定的。一般灾变强度越大，频次越高，灾害所造成的破坏损失越严重，灾害的风险也越大。

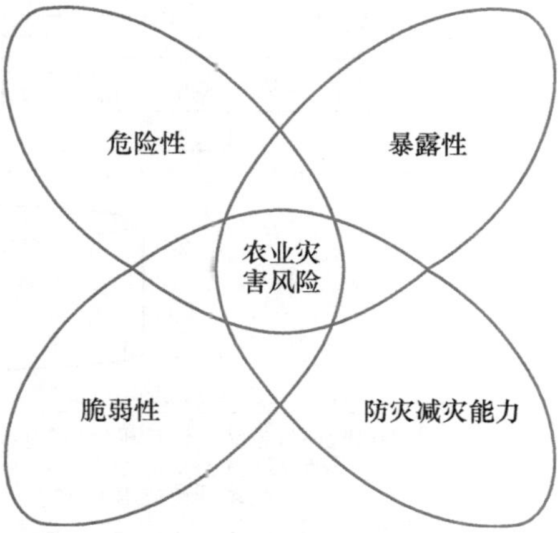

图 32.3 农业灾害风险四要素示意图

暴露性或承灾体，是指可能受到危险因素威胁的所有人和财产，如人员、牲畜、房屋、农作物、生命线等。一个地区暴露于各种危险因素的人和财产越多即受灾财产价值密度越高，可能遭受的潜在损失就越大，灾害风险越大。

承灾体的脆弱性或易损性，是指在给定危险地区存在的所有任何财产由于潜在的危险因素而造成的伤害或损失程度，综合反映了自然灾害的损失程度。一般承灾体的脆弱性或易损性愈低，灾害损失愈小，灾害风险也愈小，反之则反。承灾体的脆弱性或易损性的大小，既与其物质成分、结构有关，也与防灾力度有关。

防灾减灾能力表示受灾区在长期和短期内能够从灾害中恢复的程度，包括应急管理能力、减灾投入、资源准备等。防灾减灾能力越高，可能遭受的潜在损失就越小，灾害风险越小。

综上所述，区域农业灾害风险是危险性、暴露性、脆弱性和防灾减灾能力四个因素相互综合作用的产物。通过考虑灾害的主要原因、灾害风险的条件和承灾体的脆弱性等和与灾害风险及其管理密切相关的关键问题，全面综合地概括灾害管理过程的各个环节，并且弥补其缺欠或薄弱环节，采取全面的（comprehensive）、统一的（holistic）和整合的（integrated）的减灾行动和管理模式是非常必要和有效的。

32.2.2.2 农业灾害综合风险分析基本流程

根据农业灾害风险分析的基本原理，运用多元数据，通过多种分析方法，并运用 GIS 等技术，完成区域农业灾害综合风险分析，其基本流程如图 32.4 所示。

32.2.2.3 构建模型分析

根据农业灾害综合风险四要素的理论，结合承灾体受灾特点和灾害形成的机理，构建灾害风险评价模型，开展风险评价。干旱风险主要由危险性、暴露性、脆弱性和防灾减灾能力四个

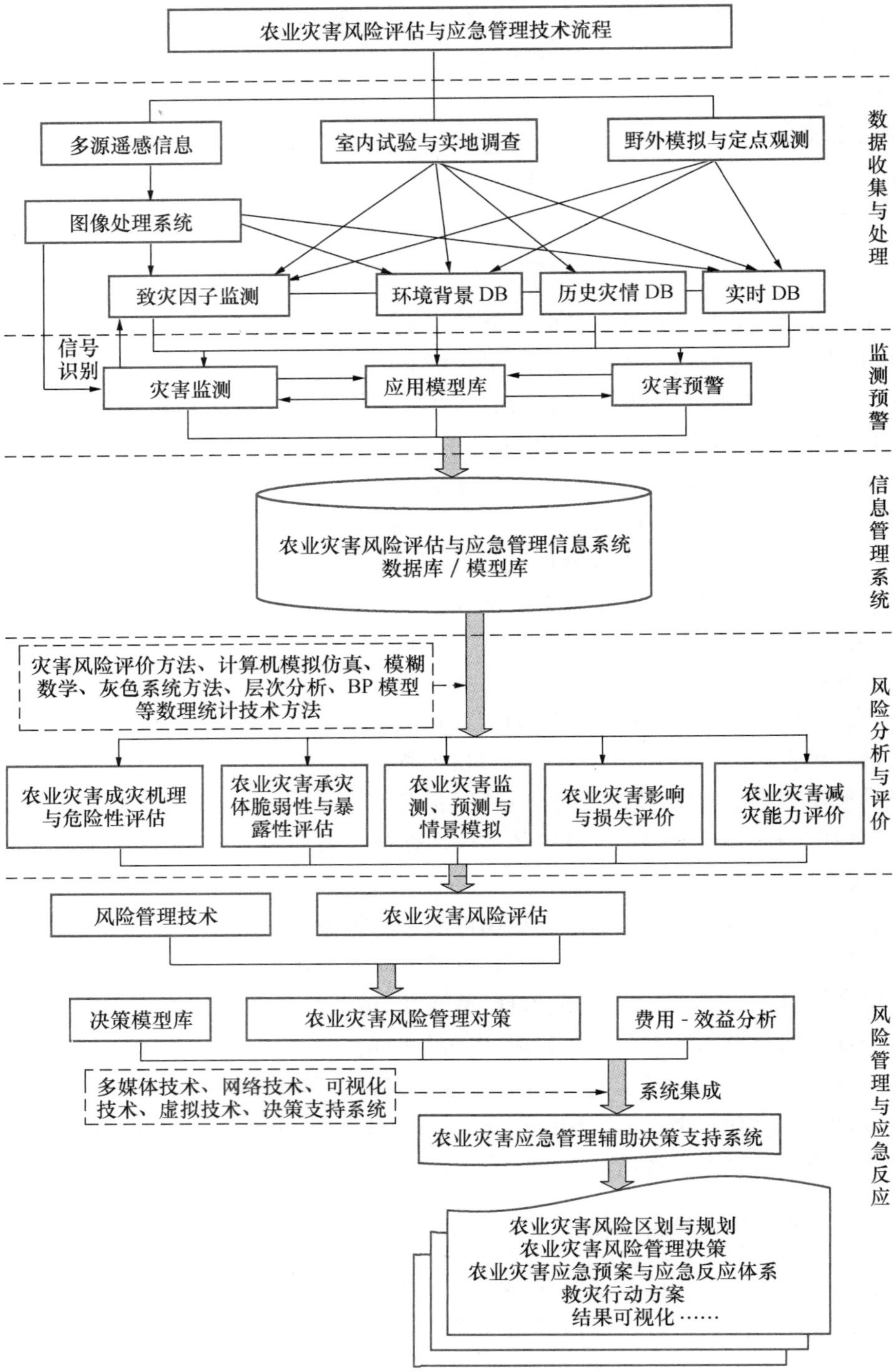

图 32.4 农业灾害风险分析基本流程

（DB，数据库）

因子构成，其中危险性主要包括气象、水文、地形、土壤等各个方面的影响，而暴露性主要包括社会经济暴露和农作物自身的暴露；脆弱性同样也是社会经济和农作物二者的脆弱性，同时必须考虑人类在应对灾害方面的能力，即防灾减灾能力，包括抗灾投入、资源准备、抗灾能力和教育水平等。灾害风险评价必须考虑到这四个因子(图 32.5)。

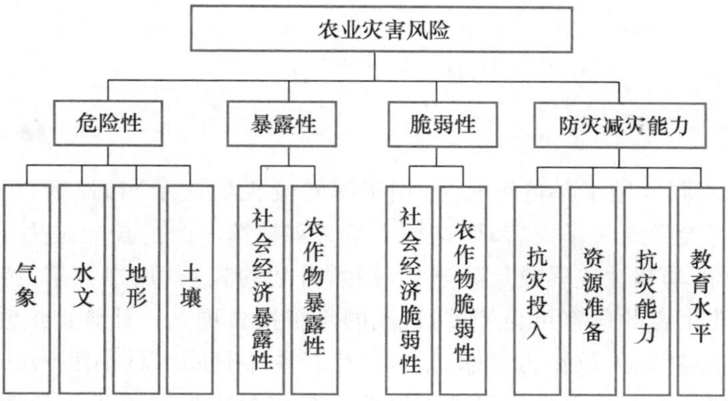

图 32.5 农业灾害风险评价指标框架

以玉米干旱为例，玉米干旱灾害风险是指干旱灾害对玉米生产的潜在威胁和直接危害的可能性大小。由于干旱灾害的发生不仅与区域降水、气温和干燥度等气象因子有关，而且与地形、土壤类型、土地利用结构、经济发展水平、灾害管理水平、抗旱减灾能力等因素有关，干旱灾害的风险水平主要受干旱发生频率、干旱持续时间、强度、干旱造成的空间破坏强度(如受灾面积)和区域玉米生产水平等因素的影响[16-18]。根据人类生存环境风险评价法，选取干旱灾害时间频率(TF_j)、干旱灾害范围频率(SF_j)、干旱灾害强度频率(IF_j)、干旱灾害持续时间和强度(CI_j)以及受灾区区域经济发展水平(PL_j)作为评价玉米干旱灾害风险的指标。

(1)TF_j　表示干旱发生的可能性和几率。如前所述，干旱是干旱灾害发生的最基本的先决条件，所以 TF_j 可以用以下公式表达：

$$TF_j = \frac{DN_j}{n} \tag{32.6}$$

式中：TF_j 为研究区区域 j 干旱灾害时间频率；DN_j 为研究区区域 j 干旱发生次数；n 为总年份。

干旱灾害时间频率越大，则干旱灾害发生可能性越大。

(2)SF_j　表示干旱灾害经常影响的范围，是描述干旱灾害对玉米生产影响程度的一个变量。SF_j 用式(32.7)描述的干旱受灾率表示。

$$PDAA_j = \frac{1}{n}\sum_{i=1}^{n}\left(\frac{DAA_{ij}}{MSA_{ij}} \times 100\%\right) \tag{32.7}$$

式中：$PDAA_j$ 为研究区区域 j 的干旱受灾面积的百分率；DAA_{ij} 为研究区区域 j 第 i 年的干旱受灾面积；MSA_{ij} 为研究区区域 j 第 i 年的玉米种植面积；n 为研究时间段内干旱年数。$PDAA_j$ 越大，SF_j 越大，表示干旱灾害对玉米生产的危害程度越大，受灾区受灾程度越严重。

(3)IF_j　正如前面所提到的，干旱灾害的形成是多因素综合作用的结果，除气候条件外，还有土壤性质、地貌类型、地下水状况、耕作制度、作物品种、农田水利和农业技术措施、区域经济水平、干旱灾害管理水平、作物抗旱减灾能力等人为因素，但对于大田生产，最重要的因素还是降水量的多少。因此，在计算 IF_j 时，取玉米生长季节降水量与同期玉米需水量之比作为表示干旱灾害发生强度的一个指标，记为 IF_i，其中 i 为年份，研究区不同区域 j 的 IF_j 可以用以下公式计算：

$$IF_j = \frac{1}{n}\sum_{i=1}^{n} IF_i \tag{32.8}$$

式中：n 为总年份。

(4)CI_j 表示不同区域干旱持续时间(用干旱持续天数表示)和强度(用降水累积不足表示)的影响。干旱可能导致干旱灾害，而这种干旱灾害持续时间的长短是决定干旱灾害程度的一个重要因素。无论季节性连旱或年际连旱，持续时间均较长，加之大旱、特大旱灾多出现于其中，故连旱对农业生产的危害更为严重，造成的经济损失更大。计算连续性干旱对农业生产的危害程度时取干旱持续天数作为指标，指玉米生长季中日降水量小于 5 mm 的持续日数[19]。因此，干旱持续天数是表示干旱灾害损失强度的一个重要指标。玉米生长季干旱持续时间越长，干旱灾害就越严重，由干旱导致的玉米产量损失就越大，经济损失也越大。具体计算时用如下式所示的干旱持续天数与玉米生长期之比来表示不同区域连续性干旱的强度频率。

$$CI_j = \frac{\overline{CD_j}}{\overline{ND_j}} \tag{32.9}$$

式中：CI_j 为研究区区域 j 的干旱灾害持续强度；$\overline{CD_j}$ 为研究区区域 j 玉米生长季日降水量小于 5 mm 的平均持续天数；$\overline{ND_j}$ 为研究区区域 j 的玉米生长期。

(5)PL_j 是衡量一个区域经济发展水平的重要指标，虽然衡量区域经济水平的指标有多种，但对于农业特别是种植业生产，大多数地区可以粮食单产作为区域种植业生产水平和农业经济发展水平的基本标志。区域经济水平较高的区域因灾造成的粮食减产数量同区域经济水平较低区域因灾减产数量相比，因灾造成的损失前者要高于后者。对于东北地区取玉米生产水平作为区域农业经济水平 PL_j[20]，计算公式如下：

$$PL_j = \frac{1}{n}\sum_{i=1}^{n}\left(\frac{Y_i}{SY_i}\right) \tag{32.10}$$

式中：PL_j 为研究区区域 j 玉米作物生产水平；Y_i 为每一区域第 i 年单产；SY_i 为每一区域第 i 年的总单位面积产量；n 为年份。

农业干旱灾害风险表示农业干旱灾害对玉米生产的潜在威胁和直接危害。利用人类生存环境风险评价法和上述指标建立农业干旱灾害风险评价模型，用公式表示为：

$$DDRI_j = TF_j \times SF_j \times IF_j \times CI_j \times (1 - PL_j) \tag{32.11}$$

式中：$DDRI_j$ 为研究区区域 j 干旱灾害风险指数。在计算过程中，TF_j、SF_j、IF_j、CI_j、PL_j 都以百分率表示，所以 $DDRI_j \in [0,1]$，$DDRI_j$ 值越大，则农业干旱灾害风险越大。

通过农业灾害风险评价指数方法构建农业灾害风险评价模型，此方法使评估更具有针对性[21]。该方法是从灾害发生的本质原因出发，结合气象学与气候学、地学、环境学、农业气象学、灾害经济学和自然灾害学理论，充分体现自然地理的整体性。同时该方法的实现要借助

GIS技术、各种数学方法、作物-气候分析等方法，使得方法更具有科学性和实用性，可以为区域农业灾害的预防、预测及风险管理等提供依据。

32.3 农业灾害风险评估

农业灾害有多种，但风险评估的方法具有相似性。这里以干旱灾害为例，以世界著名温带玉米产区的主要组成部分松辽平原中的辽西北地区为研究示范区，以玉米为研究对象，探讨农业干旱灾害风险评估的理论与技术方法。

32.3.1 辽西北地区概况

辽西北地区位于辽宁省西北部(图32.6)，主要包括朝阳市、阜新市、锦州市、葫芦岛市和铁岭市五个地级市以及沈阳市的康平县、法库县、辽中县和新民市。

图32.6 辽西北地区行政图

依据其自然地理、行政区划、社会经济发展基础，辽西北可分为辽西走廊沿海平原区、辽西低山丘陵区和辽北平原低山区等3个单元。辽西北土地面积7.7万km^2，约占全省的48%，区域内农村居民 344.5 万户，农村人口 1 211 万人，占全省农村人口的 70%。辽西北地区处于亚干旱气候区，属典型的温带大陆性季风气候，主要气候特点是春季干旱多风，夏季炎热多雨，冬季寒冷干燥，年平均气温 7.2～8.3℃，≥10℃积温 3 321～3 532℃·d，无霜期 144～200 d，年日照时数 2 823～2 944 h，年太阳辐射量 5 719～6 050 MJ/m^2，多年平均降水量 450～700 mm，由于季风气候的影响，降水中的 60%～65%集中在夏季。整个区域除了南部葫芦岛和东部铁岭较为湿润外，其他大部分地区都很干燥。

32.3.2 研究方法与数据来源

32.3.2.1 研究方法

1. 作物产量-气候分析法

作物产量-气候分析法用于研究作物产量波动与气候条件之间的关系。由于作物单产主要受气候、耕作技术、物质投入和总体管理水平的影响，而耕作技术、物质投入与管理水平是不断提高的，气候又总是波动的，因此，依据要素特点和时间尺度，将作物单产分解为时间趋势产量（主要受长期要素，如耕作技术、物质投入和管理水平影响）和气候产量（主要受短期要素如气候因子影响）两部分[7-8]，以式(32.1)表达。

2. 层次分析法

层次分析法（AHP）是一种对指标进行定性定量分析的方法。它是对指标进行一对一的比较，可以连续进行并随时改进，比较方便有效具体的计算方法。其基本思路是：将每个因子的各个组成指标成对进行简单比较、判断和计算，即把各指标按照相对重要程度进行九分位打分，利用专家判断值构造判断矩阵并进行一致性检验，得到各指标的权重，从而确定不同指标对同一因子的相对重要性。应用专门的层次分析软件进行方法的实施处理，具体原理是将评价系统的各种要素分解成目标、准则、方案等层次，在此基础上进行定性和定量分析的决策。

3. 加权综合评价法

加权综合评价法（WCA）[22]是依据评价指标对评价总目标影响的重要程度不同，预先分配一个相应的权重系数，然后再与相应的被评价对象各指标的量化值相乘后再相加。其表达公式为：

$$P = \sum_{i=1}^{n} A_i W_i \tag{32.12}$$

式中：P 为某评价因子的总值；A_i 为某系统中第 i 项指标的量化值（$0 \leqslant A_i \leqslant 1$）；$W_i$ 为某系统中第 i 项指标相对应的权重系数（$W_i > 0, \sum_{i=1}^{n} W_i = 1$）；$n$ 为某系统的评价指标个数。

该方法综合考虑了各个指标对总体对象的影响程度，是把各个具体的指标的优劣综合起来，用一个数量化指标加以集中，表示整个评价对象的优劣。

4. 最优分割法

最优分割法是费歇尔（Fisher）在 1958 年首先提出的，是在有序样本不被破坏的前提下，使其分割的级内离差平方和为最小而级间离差平方和为极大的一种聚类分级方法，可用来对有序样本或可变为有序的样本进行分级[23-24]。首先必须把数据按从小到大排序，然后逐步进行分割（分级）。具体分割方法包括最优二分割、最优三分割和最优 M 分割。

5. GIS 与网格化分析方法

随着人类研究程度的加深和研究精度的提高，网格地理信息系统（GIS）产生并发展起来。GIS 与网格技术的有机结合是 GIS 在网格环境下的一种应用。网格 GIS 以网格为单位，改变了以往以行政区尺度为单位来采集数据并进行分析的较低精度固定模式。具体操作步骤为：运用 GIS 软件先将相关地图进行数字化，搜集相关数据并进行标准化；用 GIS 技术根据具体研究内容来确定网格大小并生成网格；根据所用指标或数据的相关关系，运用一定的数学模型将各种属性数据进行网格化，并与网格相对应建立空间数据库；进而运用 GIS 技术将基于网格的各种统计数据进行空间分析和可视化表达。

32.3.2.2 技术路线

基于 GIS 技术，根据自然灾害风险形成原理及农业干旱灾害致灾原因，建立辽西北地区农业干旱灾害风险评价与风险区划技术路线图（图 32.7）。总体来讲，辽西北地区农业干旱灾害风险评价与风险区划可分为以下四步：①数据收集与整理；②构建农业干旱灾害风险信息管理系统；③农业干旱灾害风险识别与评价；④构建农业干旱灾害风险区划图及模型验证。

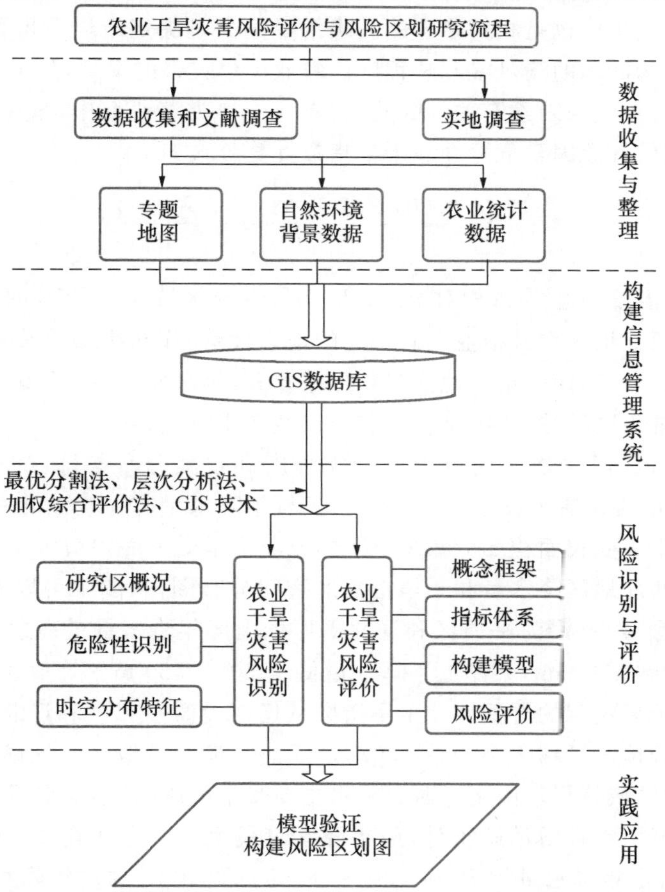

图 32.7 辽西北地区农业干旱灾害风险评价与风险区划技术路线图

32.3.2.3 数据来源

所用数据有属性数据和空间数据，属性数据包括辽西北六个市的气候、水资源、土壤特征、玉米特征、水利工程与灌溉设施、农业统计等数据；空间数据包括研究区行政区划图、地形图（DEM）、土地利用图、土壤类型图、河流水库分布图。数据资料主要来自《辽宁省水资源》、《2006年辽西北地区特大伏旱》、《辽宁省统计年鉴2003—2006》、《辽宁省水旱灾害》、《辽宁省社会经济统计资料汇编——农村经济部分1996—2005》以及中国气象科学数据共享服务网。

32.3.3 辽西北地区农业干旱灾害风险识别

32.3.3.1 气象因素

农业干旱是指由外界环境因素造成作物体内水分失去平衡，发生水分亏缺，影响作物正常生长发育，进而导致减产或失收现象。农业干旱是各类干旱中最复杂的一类，其根本原因源于气象干旱，特别是降水的异常短缺，对于某一地区来说，多年平均降水量是比较确定的，根据常年的降水量安排农业生产也是相对稳定的。降水量偏少是决定干旱严重程度的主要因子，由此决定水分对于作物需水的满足或亏缺程度。农业干旱灾害的发生，除了与降水因素有关外，还与温度、相对湿度等气象因素有关。因此，在农业干旱灾害研究中，采用降水量和干旱指数识别农业干旱灾害的气象因素危险性。干旱指数计算公式如下：

$$\frac{1}{12}\sum_{m=1}^{12}\frac{0.001\,8(T_m+25)^2(1-H_m)}{P_m} \tag{32.13}$$

式中：T_m 为月平均温度；H_m 为月相对湿度；P_m 为月总降水量；m 为相应月份。[25]

总体上讲，辽西北地区在种植业上有很大的地理优势，作物生长季节和无霜期较长，有充足的热量资源和阳光。然而降雨的地区与年际差异大，年内分配很不均匀，促使辽西北农业干旱灾害频繁，并呈现出区域性、年际交替性和季节性变化特点。

统计分析表明，辽西北地区农业干旱受灾程度和空间分布与降水量有密切关系，从图32.8中可以发现，辽西北地区农业干旱受灾面积与年降水量有一定的相关关系（$r>0.5$），即降水量越多，农业干旱受灾面积相应减少；反之，农业干旱受灾面积增多。

图32.9为辽西北地区降水量和干旱指数的空间分布图，从图中可以看出，年降水量由东向西，由南向北逐渐减少，沿海平原区和辽北平原低山区年降水量最高达600 mm以上，到西北部朝阳地区减少到450 mm，大体上年降水量低于600～550 mm等值线地区为辽宁省干旱地区，可见辽西北干旱灾害的严重性。干旱指数从辽西沿海平原区和辽北平原低山区向中部逐渐增大，其中朝阳地区平均干旱指数0.07，是辽西北最干旱地区。气候干旱的区域特征也奠定了农业干旱的区域特征。由于辽西北降水主要受季风影响，不仅空间分布不均，年际和季节变化也都很大，据历年各雨量站统计，历年降水量最大最小之比在2～3左右，且正常年份6—9月降雨量约占全年降水量的70%～80%，7—8月更集中，约占年降水量的50%～60%，农作物播种关键季节的4—5月降水量只占全年的13%～16%，30%～40%的年份不能满足

农作物出苗、育苗需要，导致春旱经常发生。

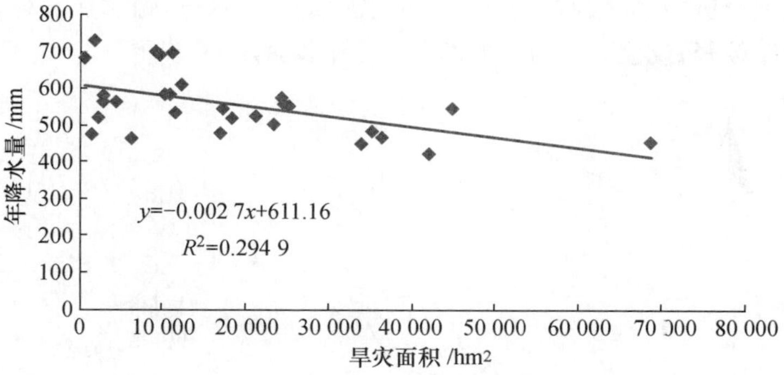

图 32.8 辽西北地区年降水量与干旱受灾面积之间的相关关系

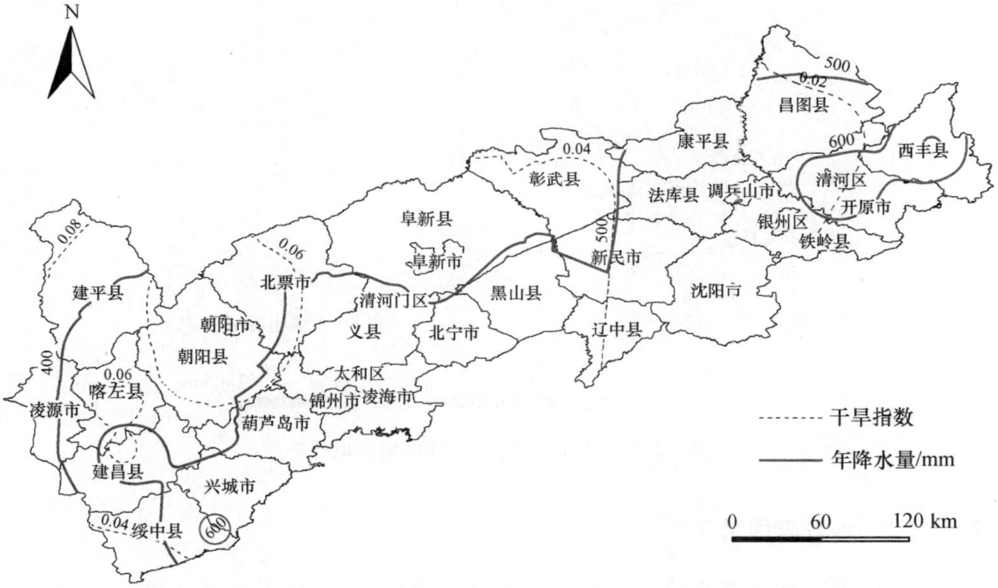

图 32.9 辽西北地区年降水量(1980—2000 年)和干旱指数空间分布

32.3.3.2 土壤因素

农业干旱的发生与下垫面条件如土壤类型、性质、墒情有密切关系。辽西北地区土壤主要为沙壤土和壤土，土壤田间最大持水率为 21%～24%，毛管破裂含水率为 10%～12%，凋萎含水率为 8%～10%。土壤墒情对农作物的生长发育至关重要，土壤缺水，作物吸收不到足够的水分去补偿蒸腾的支出，就会发生干旱。土壤湿度低于某一数值，植物吸收不到足够的水分而受旱。不同质地的土壤，植物受旱的土壤湿度不同，一般是砂性土壤的值较小，黏性土壤的值较高，而且砂粒越粗值越小，越细值越大。

从图 32.10 可以发现，土壤相对湿度从东南向西北逐渐降低，大体趋势与降雨量空间分布相一致。这是由于辽西北地区降雨空间分布的不均，土壤物理性质的差异直接导致了土壤墒情的空间差异。另一方面，土层厚度、土壤结构等也是重要的因素。土层深厚，土壤疏松，既能使降水顺利渗透到土壤中，大大减少径流，又可以贮藏大量水分，像水库一样蓄住水分，这样的土壤结构干旱就比较轻；反之，土层浅薄、板结，则蓄水少，干旱较重。

图 32.10 辽西北地区土壤墒情空间分布

32.3.3.3 水资源因素

水资源条件的变化对农业的影响在干旱区尤为明显，并以地下水或天然径流量变化对农作物产生影响。辽西北地区水资源总量约占辽宁省的 20%，农田水分利用率为 40%左右，地表径流量占全省总量的 13.8%，不及全省人均的 1/3，辽西沿海南部年径流深 250 mm 向北减少到 100 mm 左右。径流在年内分布也很不均匀，夏季(6—9 月)约占 70%～80%，冬季四个月的径流量仅占年径流量的 4%～8%，春季只占 10%，春季正是播种季节，水源不足，常常发生春旱。从图 32.11 中可以发现，单位耕地面积的水资源总量(包括天然径流量、山丘区地下水总排泄量、山丘区河川基流量、平原区降雨入渗补给量、平原区降雨入渗补给形成的河道排泄量)从西北向东南逐渐减少，其中葫芦岛的建昌、兴城、绥中以及铁岭大部分地区水资源量较多，不仅和水资源总量有关，区域耕地面积的多少也影响了水资源的供需程度。

32.3.3.4 地貌因素

地形直接或间接影响着旱情。根据自然地理学理论和实地调查可以发现，农业干旱灾害在不同地貌类型上发生的概率不同。一般来讲，同一降水量，山丘区土壤水分少于平原区。土

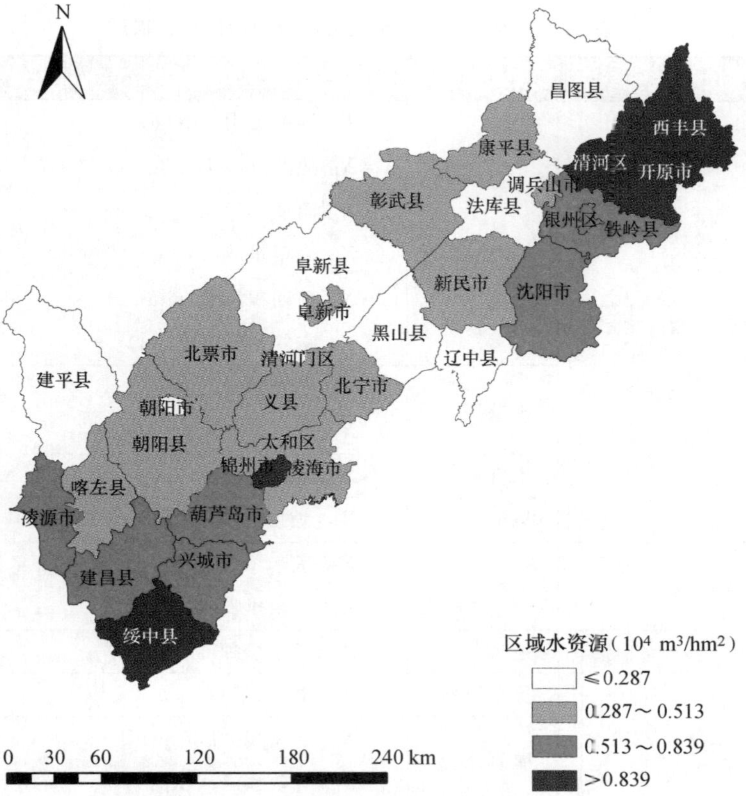

图 32.11 辽西北地区水资源空间分布

地平整，以径流形式的雨水就较少，渗到土壤中的水量比较多，贮藏在土壤中的水分比较多，干旱就比较轻；反之，土地不平整，坡度大，一遇稍大的降水，容易形成径流，大量雨水流失，只有少量渗入土壤，供植物利用，干旱就严重。因此，干旱灾害容易发生在低山丘陵区。辽西北地区地貌类型多样，分布有努鲁儿虎山、黑山、松岭及医巫闾山，大凌河从中间穿出，海拔 400～700 m，山地、丘陵、平原三种地貌类型均有，其比例大体为 27：49：24，总体属低山丘陵区，自然环境恶劣，加重了旱灾的严重程度。

32.3.4 辽西北地区农业干旱灾害风险指标与模型

32.3.4.1 农业干旱灾害风险评价指标体系建立

选择农业干旱灾害风险评价指标是进行风险评价的前提和关键。根据农业干旱灾害风险评价概念框架，综合考虑指标体系确定的目的性、系统性、科学性、可比性和可操作性原则，结合辽西北各农业县区的实际情况和资料获取难易程度选取指标。通过分析影响农业干旱灾害的危险性、暴露性、脆弱性和抗旱减灾能力四个影响因子建立农业干旱灾害风险评价指标体系（表 32.1），整个指标体系分为因子层、副因子层和指标层，并用层次分析法计算出因子层和指标层的权重。

表 32.1　农业干旱灾害风险评价指标体系及权重

因子层	副因子层	指标层	权重
危险性(H)(0.479)	气象	X_{H1}连续无雨日数(d)	0.208
		X_{H2}风速(m/s)	0.029
		X_{H3}温度(℃)	0.033
		X_{H4}降雨量(mm)	0.292
		X_{H5}前期积雪量(mm)	0.050
		X_{H6}空气相对湿度(%)	0.049
	土壤	X_{H7}土壤相对湿度(%)	0.159
		X_{H8}土壤类型	0.035
	水资源	X_{H9}河流缓冲区(km)	0.090
	地形	X_{H10}坡度(°)	0.056
脆弱性(V)(0.196)	玉米	X_{V11}玉米单位面积产量(kg/hm^2)	0.250
		X_{V12}玉米供需水比(%)	0.750
暴露性(E)(0.108)	玉米	X_{E13}玉米播种面积(hm^2)	1.000
抗旱减灾能力(R)(0.217)	抗旱设备	X_{R14}电井(眼)	0.226
	灌溉能力	X_{R15}水库缓冲区(km)	0.101
		X_{R16}有效灌溉面积比(%)	0.674

32.3.4.2　农业干旱灾害风险评价模型建立

根据农业干旱灾害风险定量计算公式，利用加权综合评价法和层次分析法，建立如下农业干旱灾害风险评价模型：

$$\text{ADRI} = W_H H \cap W_E E \cap W_V V \cap W_R R \tag{32.14}$$

$$H = \sum_{i=1}^{n=10} X_{Hi} W_{Hi} \tag{32.14a}$$

$$E = \sum_{i=1}^{n=1} X_{Ei} W_{Ei} \tag{32.14b}$$

$$V = \sum_{i=1}^{n=2} X_{Vi} W_{Vi} \tag{32.14c}$$

$$R = \sum_{i=1}^{n=3} X_{Ri} W_{Ri} \tag{32.14d}$$

式中：ADRI 为农业干旱灾害风险指数，用于表示农业干旱灾害风险程度，其值越大，则农业干旱灾害风险程度越大；H、E、V、R 分别为危险性、暴露性、脆弱性和抗旱减灾能力因子指数；W_H、W_E、W_V、W_R 分别为危险性、暴露性、脆弱性和抗旱减灾能力的权重；X 为各评价指标的量化值，W 为各评价指标的权重系数，表示各指标对形成农业干旱灾害风险的主要因子的相对重要性，Hi、Ei、Vi、Ri 分别表示危险性、暴露性、脆弱性和抗旱减灾能力的 i 个指标。

32.3.4.3 农业干旱灾害风险评价模型的检验

利用玉米干旱灾害风险评价模型，以 2006 年为典型干旱案例年，对辽西北地区六个市（朝阳市、阜新市、锦州市、葫芦岛市、铁岭市和沈阳市）进行了玉米干旱灾害风险评价，为验证所用模型的适用性及干旱灾害风险评价结果的可靠性，选取 2006 年玉米减产状况与玉米各阶段干旱灾害动态风险评价结果进行检验。图 32.12 给出了辽西北地区 2006 年玉米因旱受灾率、成灾率、绝收率的空间分布，由图可知，整体看辽西北六个市内玉米受灾、成灾、绝收较严重的地区为朝阳市、阜新市大部地区，锦州西南部、葫芦岛市东北部受灾也较重。根据图 32.12 的玉米减产空间分布对比基于格网及基于行政区的玉米干旱灾害动态风险评价结果，受旱影响严重的地区基本一致，虽然个别地区有所差异，但是基本符合实情，证明所用玉米干旱灾害风险评价模型及格网化方法具有一定可靠性，比较合理。

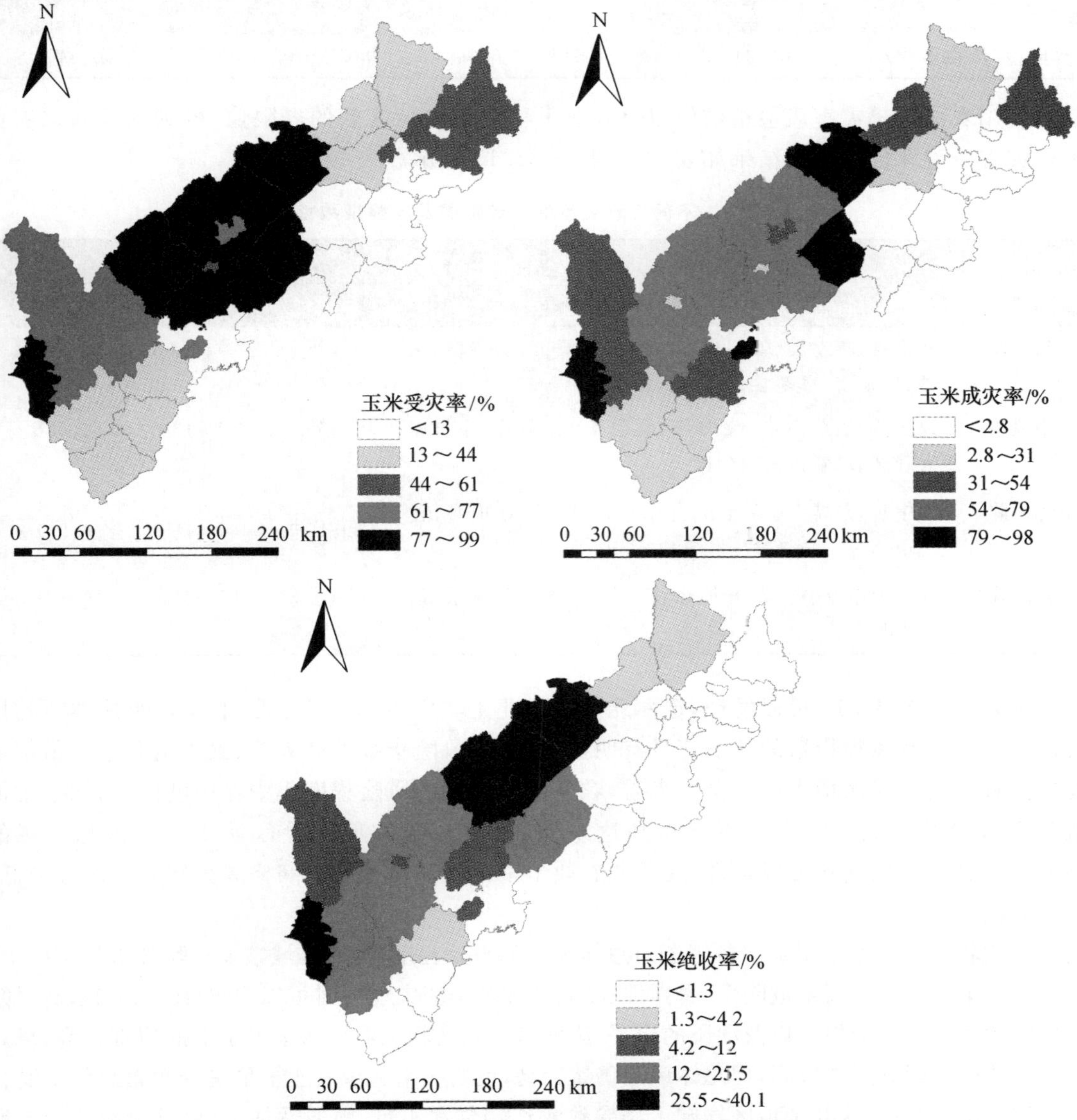

图 32.12 辽西北地区 2006 年玉米减产情况空间分布图

32.3.5 辽西北地区农业干旱灾害风险分析

32.3.5.1 基于行政区单元的农业干旱灾害风险评价

根据农业干旱灾害风险评价模型式(32.14a),计算辽西北的农业干旱灾害风险指数,利用GIS技术的分区功能对区域内的农业干旱灾害风险进行分区。首先根据研究区域农业干旱灾害的实际状态,并考虑农业干旱灾害风险指数的最大值和最小值,对辽西北农业干旱灾害风险度进行了4级评价,其结果如表32.2所示。

表32.2 辽西北地区农业干旱灾害风险区划界限值

类型	高风险	中风险	低风险	轻风险
界限值(风险指数)	≥0.613	0.513～0.613	0.440～0.513	≤0.440

利用农业干旱灾害风险指数值以及农业干旱灾害风险区划的界限值,得到的辽西北农业干旱灾害风险评价及区划结果如表32.3和图32.13所示。

表32.3 不同风险类型的区域范围及风险指数特征

风险类型	风险区域范围	ADRI		
		最大值	最小值	平均值
高风险	建平县、喀左县、朝阳市、朝阳县、凌源市、北票市、义县、阜新市、阜新县、彰武县、康平县	0.727 7	0.613 8	0.667 8
中风险	建昌县、葫芦岛市、凌海市、黑山县、法库县、锦州市太和区、阜新市清河门区	0.608 1	0.513 0	0.558 4
低风险	绥中县、兴城市、锦州市、北宁市、昌图县、辽中县、新民市	0.512 9	0.476 3	0.501 3
轻风险	调兵山市、铁岭市、开原市清河区、铁岭县、开原市、西丰县	0.440 5	0.334 7	0.371 5

综合分析图32.13可以发现,辽西北地区农业干旱灾害风险轻、低、中和高四种类型的风险区域范围以及风险指数的特征值具有明显的差异,风险指数的最大值、最小值和平均值都随着风险程度的加强而增大。从全区来看,农业干旱灾害的风险程度集中在中度以上,属于中风险和高风险的区域18个,所占比重高达56%,而轻风险和低风险区域14个,占总区域的44%。结合风险区划图可以发现,辽西北农业干旱灾害风险水平空间格局大致是东南方向低,西北方向高。

为比较说明农业干旱灾害各因子对总体风险的贡献程度,在对区域整体风险分析的基础上,每次只集中分析单一因子危险性、暴露性、脆弱性和抗旱减灾能力时可以看出(图32.14),高风险区域内的朝阳和阜新地区以及沈阳的康平、法库在危险性和脆弱性两个因子上的值都很高,阜新地区虽然抗旱减灾能力较高,但总体风险仍然较高,说明一个区域农业干旱是否频繁总体上受自然地理环境的制约,这几个地区气候干旱导致农作物供水不足,脆弱性加大,而抗旱减灾能力所

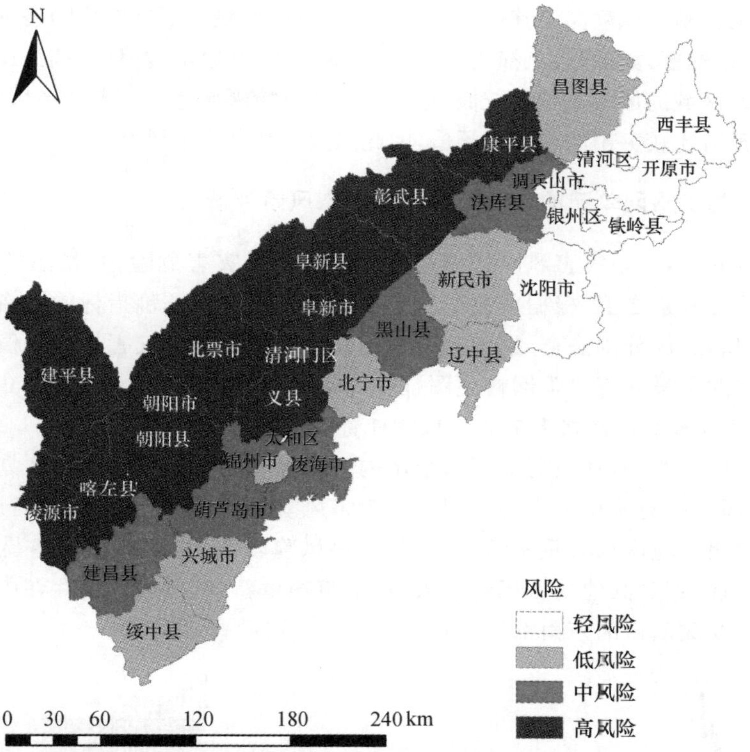

图 32.13 辽西北地区农业干旱灾害风险区划图

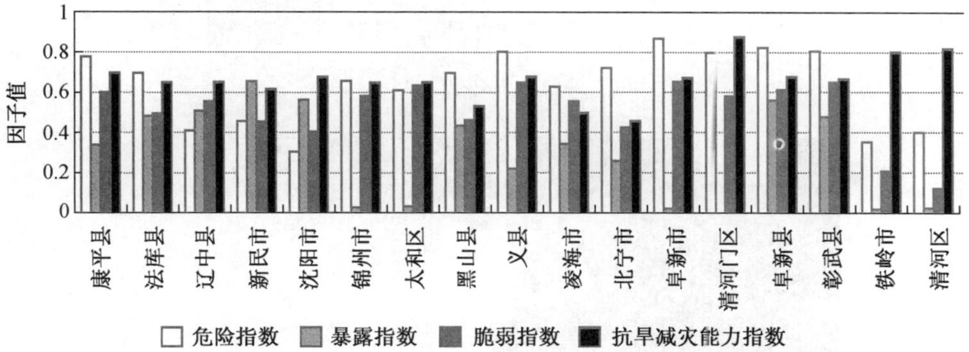

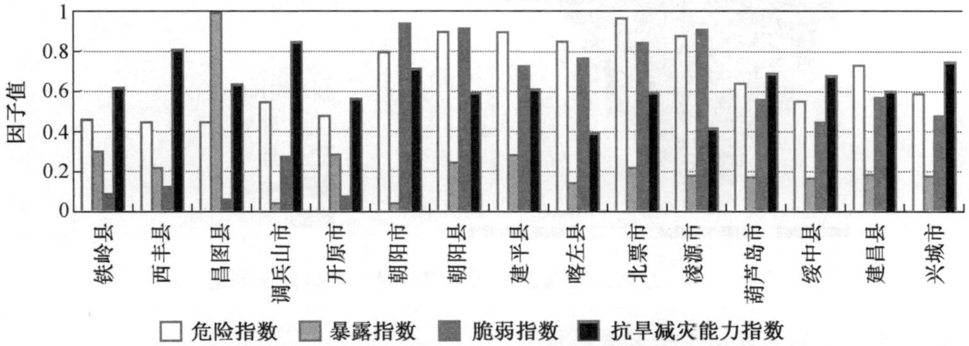

图 32.14 辽西北地区各县(市、区)农业干旱灾害风险因子比较

起的作用较弱，因此整体风险高于其他地区。暴露性低的区域主要是农作物播种面积小，抗旱减灾能力高的一些市辖区，如锦州市、锦州市太和区、铁岭市、开原市清河区、调兵山市以及朝阳市，除朝阳市外，这些区域的风险水平都较低，总体处于低风险区域范围。剩余区域的四个因子值均处于中间地位，没有比较突出的单一因子值，因此风险水平属于中风险。

32.3.5.2 基于格网单元的农业干旱灾害动态风险评价

对于一个研究区，干旱灾害风险区划是建立在对干旱灾害危险性、暴露性、脆弱性以及抗旱减灾能力的综合分析之上，根据前述玉米干旱灾害动态风险评价指标的网格化结果，利用动态风险评价模型和最优分割法，分别确定玉米不同生育期的干旱灾害风险阈值，得到研究区内玉米不同生育期的干旱灾害风险网格化图(图 32.15 至图 32.19)。

1. 基于格网的玉米播种期干旱灾害风险评价

从图 32.15 可以看出，辽西北地区六个市内玉米播种期干旱灾害风险区划中，在研究区范围内来说，西南部分相对来说玉米播种期干旱灾害风险较大，东北部地区相对风险较小。具体来讲，朝阳市、锦州市境内均有重旱情况出现，干旱风险较大，葫芦岛市的建昌县、兴城市等地也有中旱情况出现，相对其他地方风险较大，阜新市的阜新县、彰武县也存在中等干旱风险，相对来说铁岭市以及沈阳市的东南部风险较轻。

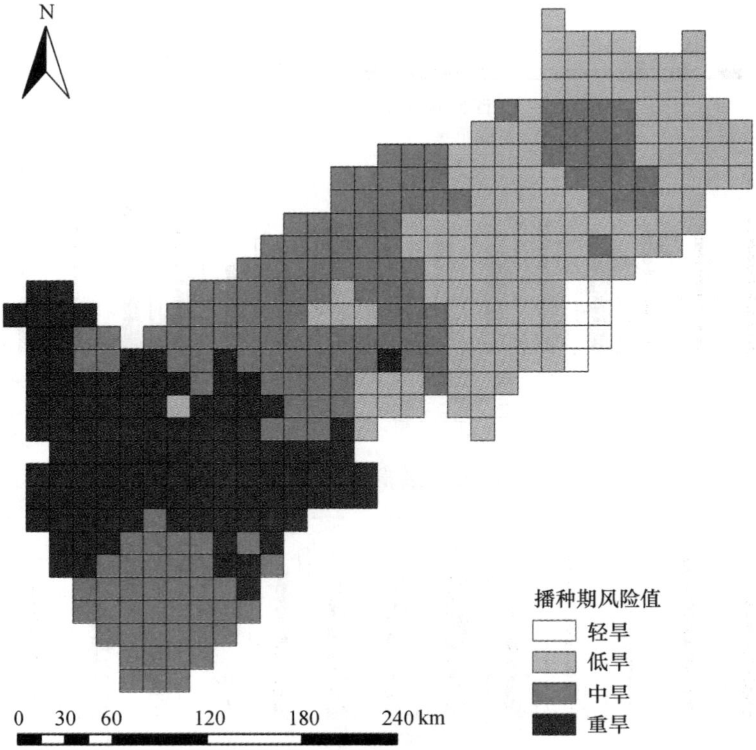

图 32.15 辽西北地区玉米播种期干旱灾害风险区划图

2. 基于格网的玉米苗期干旱灾害风险评价

从图 32.16 中可知，研究区内西部玉米苗期出现重旱风险，有些地区出现中旱、轻旱风险，

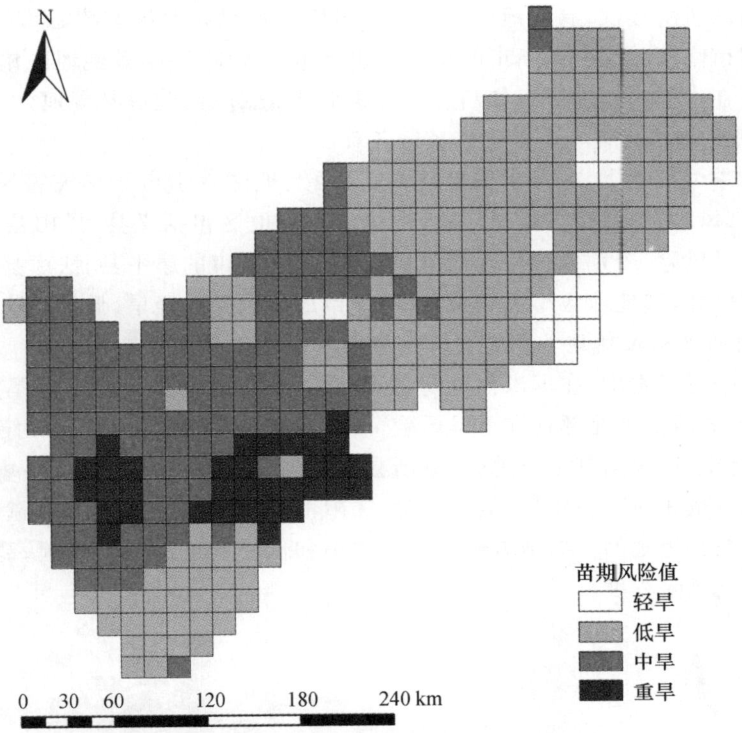

图 32.16 辽西北地区玉米苗期干旱灾害风险区划图

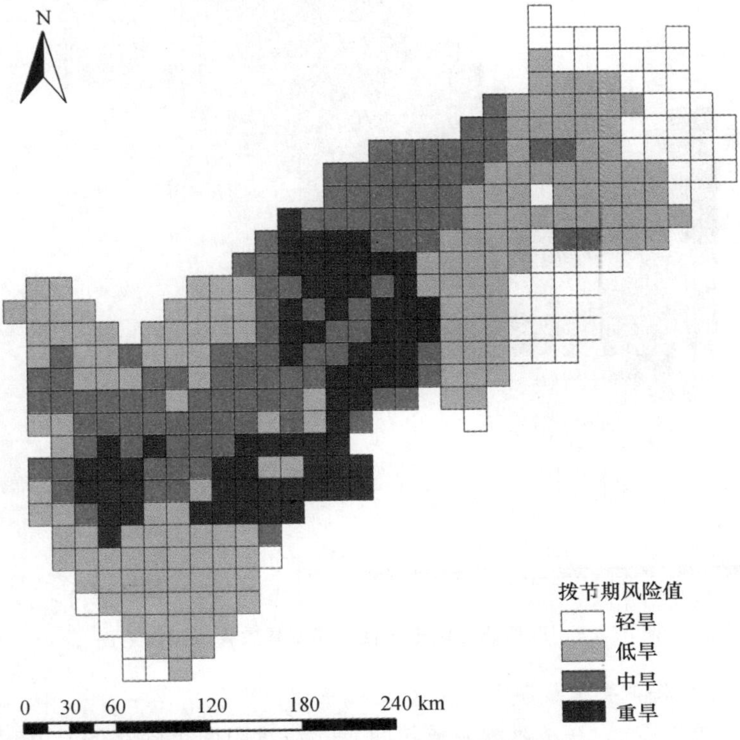

图 32.17 辽西北地区玉米拔节期干旱灾害风险区划图

而研究区的东南部风险较低，有些地区存在轻旱风险。重旱风险区有凌源市、建平县、朝阳县东南部以及锦州市南部、义县，阜新市的阜新县也有重旱风险存在，其他地区相对风险较小，但也有一些地区存在中旱、轻旱风险，如葫芦岛的康平县、法库县、建昌县等地。

3. 基于格网的玉米拔节期干旱灾害风险评价

从图 32.17 中可以看出，在玉米拔节期内，辽西北地区六个市干旱灾害风险程度差别较大，朝阳市东南部风险很高，存在重旱风险，锦州市大部地区包括义县、黑山县等地及阜新县、彰武县均存在重旱风险，个别地区也存在中旱风险，如沈阳市的康平县、法库县等地，而铁岭市除西南部发生中旱外，其他地区旱灾风险较低，葫芦岛市也存在轻旱、低旱风险。

4. 基于格网的玉米抽穗期干旱灾害风险评价

从图 32.18 中可以看出，在玉米抽穗期，辽西北六个市内同样存在不同旱灾风险程度，整体来说，在研究区的西部和北部存在重旱风险，而东南部风险较低。朝阳市的建平县、喀左县，锦州市的义县、北宁市、黑山县部分地区、阜新县、彰武县等地存在重旱风险；朝阳市、锦州市、阜新市的其他地方也相应存在中旱、低旱风险；沈阳市、铁岭市的东南部分风险较低，两市的康平县、法库县、昌图县等地的一些地方却存在着中旱和低旱程度的旱灾风险；葫芦岛市的大部分地区处于低旱灾风险程度。

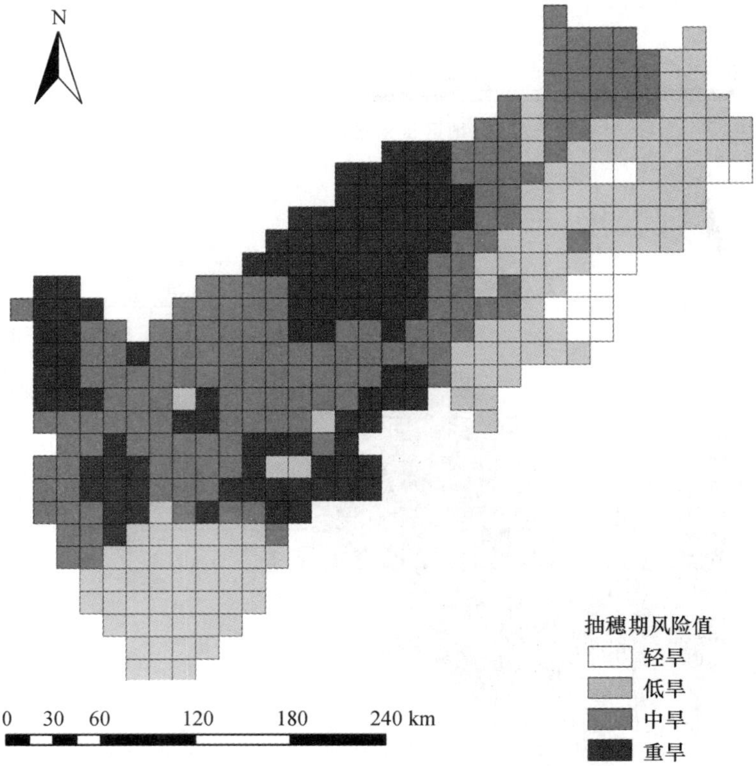

图 32.18 辽西北地区玉米抽穗期干旱灾害风险区划图

5. 基于格网的玉米灌浆成熟期干旱灾害风险评价

从图 32.19 中可以看出，在玉米灌浆成熟期，铁岭、沈阳两市除昌图县、康平县、法库县部分地区存在中旱风险，其他地区处于低风险和较轻风险程度，而阜新市的阜新县、彰武县在玉米灌浆成熟期相对其他地区存在重旱风险，锦州市的黑山县、北宁市等地亦有重旱风险存在，葫芦岛市除建昌县北部出现重旱、中旱风险，其他地区处于低旱风险，朝阳市的建平县、喀左县、朝阳县和北票市的部分地区均存在重旱风险，整体来说，在玉米灌浆成熟期，辽西北地区的东南部旱灾风险较低，而西部是重风险区。

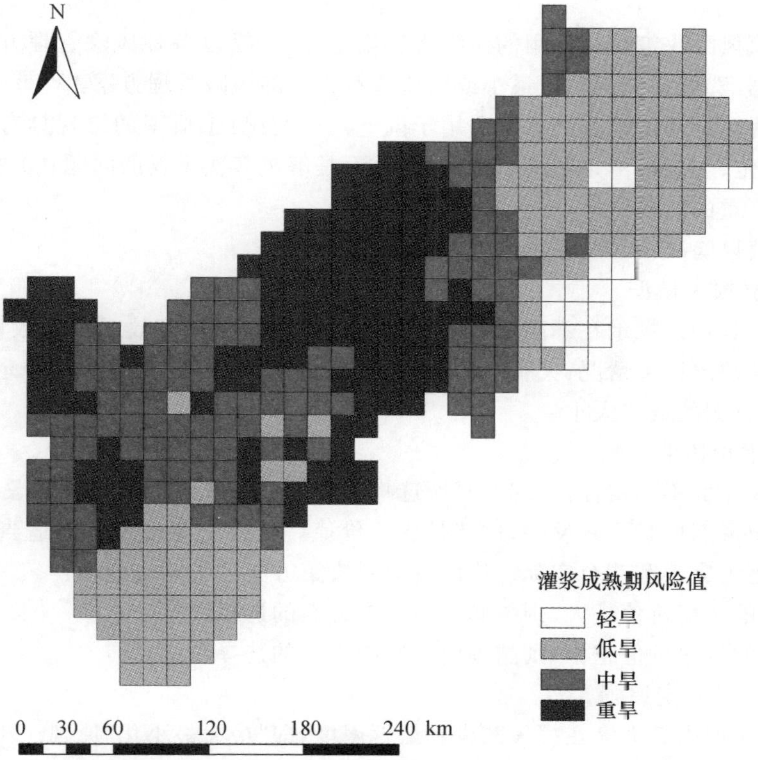

图 32.19 辽西北地区玉米灌浆成熟期干旱灾害风险区划图

32.4 农业灾害风险决策

农业灾害风险决策是在分析计算各种农业生产方案下可能发生的农业灾害风险度之后选取合理的风险决策方法，并选择最合理的生产方案付诸实施的过程。通过选择最优生产方案对农业进行灾害风险区划，为管理者提供重要的决策依据，是稳定和提高农业参量的重要途径。农业灾害的风险决策可以概括为两大类——控制型决策和财务型决策。农业灾害控制型决策是指在农业灾害损失发生之前实施各种对策以减轻农业灾害损失，力求消除各种隐患，削弱引起农业灾害风险的因素，防患于未然，如及时的人工降雨和灌溉以减轻旱情。财务型决策是通过农业灾害发生后造成的损失给予补偿的各种手段，包括风险自留和转移，如各种农业保险。可见，农业灾害风险控制型决策可以减少灾害损失，降低风险水平，而财务型决策只能改变风险分布，不能降低损失。两种决策方法的侧重点不同，在农业灾害风险管理中可以将两种决策方法结合起来，取得最优的效果。

农业灾害风险决策常用的方法有损失期望值风险决策法、基于效用理论的风险决策法、贝叶斯风险决策法[26]、马尔科夫(Markov)风险动态决策法等。

32.4.1 损失期望值风险决策法

损失期望值风险决策法是常用的风险管理模型之一，是以各种风险管理方案的损失期望值作为决策依据，选取损失期望值最小或期望收益最大的风险管理方案。

以期望值为标准的决策方法一般适用于以下几种情况：①概率的出现具有明显的客观性质，而且比较稳定；②决策不是解决一次性问题，而是解决多次重复的问题；③决策的结果不会对决策者带来严重的后果。

损失期望值风险决策法的基本步骤如下[27]：

步骤1：建立损失模型。

损失模型就是用来揭示在不同方案下，损失额、费用额与决策效果之间数量关系的模型。损失模型应该反映出以下情况：灾害发生概率及损失后果的大小，针对灾害拟定的措施和行动方案，以及不同方案的成本大小。

步骤2：忧虑价值的影响。

由于灾害发生的不确定性，管理者对所选择方案总存在着某种担心和忧虑，这种忧虑在损失模型中以价值形态即货币额反映，这就是忧虑价值。在损失模型中考虑适当的忧虑价值可以使决策方案更为完善和符合实际。忧虑价值对决策方案的影响表现在：

(1)决策者的忧虑价值越大，则越倾向于保守方案的选择。

(2)决策者的忧虑价值越小，则越倾向于冒险方案的选择。

步骤3：方案的确定原则。

(1)将一定时期内最大潜在损失减少到最低限度，即“最大最小化”原则。比较各种方案在最坏的情况下可能出现的最大损失额，以损失额最小者为优。

(2)将一定时期内最小潜在损失减少到最低程度，即“最小最小化”原则。在灾害不发生的情况下，选择成本最低的方案为最优。

在损失概率能够确定时，决策原则是将一定时期内预期的损失额较少到最低限度。

32.4.2 基于效用理论的风险决策法

效用理论(utility theory)是由金融经济学的效用观念和心理学的主观概率而形成的一种定性分析理论[28]。

所谓效用是指决策人对待特定风险事件的期望收益和期望损失所持有的独特兴趣、感觉或取舍反应。效用在风险管理决策中代表着决策人对特定风险事件的态度，也是决策人胆略的一种反映。“效用”一般可用效用值(utility value)指标表示其定量值，效用值采用0～1之间的界定方法，即0≤效用值≤1。

效用函数(utility function)是指决策人在某种条件下对不同期望值所具有的不同效用值。设$u(x)$表示效用函数，$E(u(x))$表示效用函数的期望效用，则可对各种决策方案进行不同期望值下的效用描述，并进行最优方案的选择。

效用概率决策方法是以期望效用值(expected utility value,EUV)作为决策标准的一种决策方法。

效用理论考虑了人们对待风险的态度,通过比较不同方案的效用值大小,选择方案的原则是期望效用值最大。

基于效用理论的风险决策法的基本步骤如下:

步骤1:选择决策的最优结果和最差结果作为两个参考点。

因为效用表示的是一个相对值而不是一个绝对值,因此可以随意确定这两个点的效用值,只是要求随收益的增大效用值也增大,为简便起见,分别把这两个点的效用值定为1和0。

步骤2:确定介于这两种极端收益之间的其他收益对应的效用值。这时,效用值的确定基于等效点(无区别点)的概念。

步骤3:进一步计算不同决策者对不同方案的期望效用值,进行最后的决策。

不同方案的期望效用值按以下公式计算,即

$$\mathrm{EUV}(i)=\sum P(j)\times \mathrm{EUV}(ij) \tag{32.15}$$

式中:$\mathrm{EUV}(i)$为某方案i的期望效用值;$\mathrm{EUV}(ij)$为某方案i中某收益j对应的效用值;$P(j)$为收益j情况下的概率。

32.4.3 贝叶斯风险决策法

1. 贝叶斯定理

贝叶斯(Tomas Bayes)是18世纪的英国数学家,他发明了一个在概率运算和风险决策中广泛适用的定理,即逆概计算公式,被命名为贝叶斯定理[29]。

贝叶斯全概率公式的含义为:若有n个互斥事件$A_i(i=1,2,\cdots,n)$,它们组成事件完备组,而另有事件B,它只能与任一A_i发生时同时发生。设已知A_i的发生概率为$P(A_i)$,事件B在A_i发生条件下出现的概率为$P(B|A_i)$,则事件B发生的概率$P(B)$为:

$$P(B)=\sum_{i=1}^{n}P(A_iB)=\sum_{i=1}^{n}P(A_i)P(B|A\ ) \tag{32.16}$$

由乘法公式:

$$P(A_iB)=P(BA_i) \tag{32.17}$$

$$P(A_i)P(B|A_i)=P(B)P(A_i|B) \tag{32.18}$$

则:

$$P(A_i|B)=\frac{P(A_i)P(B|A_i)}{P(B)} \tag{32.19}$$

$$P(A_i|B)=\frac{P(A_i)P(B|A_i)}{\sum_{i=1}^{n}P(A_i)P(B|A_i)} \tag{32.20}$$

这个公式告诉我们,在已知$P(A_i)$和$P(B|A_i)$的条件下,可以计算出$P(A_i|B)$。这就是逆概

公式，即贝叶斯定理。

贝叶斯定理是概率论中的基本定理之一，它揭示了概率之间的关系。运用贝叶斯定理能解决计算后验概率的问题。在式(32.16)至式(32.20)中，$P(A_i)$称为先验概率分布，$P(B|A_i)$为条件概率，即通过调查获取的新的信息，$P(A_i|B)$即为后验概率分布。贝叶斯定理的意义在于，能在出现一个新的补充事件的条件下，重新修正对原有事件 A_i 概率的估计，即计算出后验概率分布 $P(A_i|B)$。

2. 贝叶斯决策法简介

贝叶斯决策法就是根据各种事件发生的先验概率求得后验概率并进行决策，一般具有较大的风险，减少这种风险的办法是通过科学实验、调查、统计分析等方法获得较为准确的情报信息，以修正先验概率。

利用贝叶斯定理进行决策分析，关键的问题是要计算后验概率，即根据已获取的补充信息，重新修正对原有事件概率的估计。简而言之，就是修正先验概率。计算后验概率有公式计算法和概率树计算法两种方法。

方法 1：公式计算法。它是指按逆概基本公式来计算后验概率的方法。

方法 2：概率树计算法。这种方法是在形如树状的图形上标示各种概率，并按照一定的顺序进行计算。这种方法要求画两个概率树，一个是实际概率树，另一个是信息概率树。

首先绘制实际概率树。各先验概率标于第一段树枝上，各条件概率标在第二段树枝上。

画好实际概率树后，便可根据已知的先验概率和条件概率计算各个联合概率，并将计算结果写在对应树枝的末端位置。

计算得到联合概率后，接着可画信息概率树。信息概率树的形状和结构与实际概率树相似，只是树枝上的概率值不同。在信息概率树上，第一段的树枝表示各个非条件概率，第二段的树枝表示后验概率。

画好信息概率树后，首先确定树枝末端的联合概率值。各联合概率值已在实际概率树中求出，将各联合概率值填入信息概率树末端的正确位置。然后，便可计算各非条件概率。第一段每一条树枝上的非条件概率等于各自后面分枝末端的联合概率之和。第二段上的各后验概率，可用其树枝同一路径上的非条件概率和联合概率求得。计算公式为：

$$\text{后验概率} = \frac{\text{联合概率}}{\text{非条件概率}} \tag{32.21}$$

概率树方法的最大优点就是不需死记后验概率计算公式。只要能正确地画出两个概率树，就可十分容易地计算各个后验概率。运用这一方法的关键在于先在实际概率树上计算联合概率，而后在信息概率树上便可算出后验概率。这种方法计算简捷，不容易出差错，是一种实用性很强的方法。

3. 贝叶斯决策的优点

(1)一般的决策方法大多用的是不完备的信息或主观概率，而贝叶斯决策能对信息的价值或是否需要采集新的信息做出科学的判断。

(2)它能对调查结果的可能性加以数量化的评价，而不是像一般的决策方法那样，对调查结果或者是完全相信，或者是完全不相信。

(3)如果说任何调查结果都不可能完全准确，先验知识或主观概率也不是完全可以相信的，那么贝叶斯决策则巧妙地将这两种信息有机地结合起来了。

(4)它可以在决策过程中根据具体情况不断地使用，使决策逐步完善和更加科学。

4. 贝叶斯决策的局限性

(1)它需要的数据多，分析计算比较复杂，特别在解决复杂问题时，这个矛盾就更为突出。

(2)有些数据必须使用主观概率，有些人不太相信，这也妨碍了贝叶斯决策方法的推广使用。

5. 贝叶斯决策法的基本步骤

步骤1：进行预后验分析，决定是否值得搜集补充资料以及从补充资料可能得到的结果和如何决定最优对策。

步骤2：搜集补充资料，取得条件概率，包括历史概率和逻辑概率，对历史概率要加以检验，辨明其是否适合计算后验概率。

步骤3：用概率的乘法定理计算联合概率，用概率的加法定理计算边际概率，用贝叶斯定理计算后验概率。

步骤4：用后验概率进行决策分析。

32.4.4 马尔科夫风险动态决策法

1. 马尔科夫风险动态决策法的特点

大多数的决策方法都隐含有这样一个假设，即认为状态变量在各个时期都是固定不变的，而在实际问题中，状态变量却是随着时间而变化的，而且其变化往往是不以人的主观意志为转移的随机过程。可见要提高决策的可靠性，在决策过程中就应该把状态变量变化的随机过程考虑进去，用一定的方式加以描述。马尔科夫决策法就是一种通过对决策对象的不同状态初始概率与状态之间转移概率的研究确定状态变量的变化趋势的一种决策方法[30]。

用马尔科夫决策方法进行决策的特点：

(1)转移概率矩阵中的元素是根据近期市场或顾客的保留与得失流向资料确定的。

(2)下一期的概率只与上一期的预测结果有关，不取决于更早期的概率。

(3)利用转移概率矩阵进行决策，其最后结果取决于转移矩阵的组成，不取决于原始条件，即最初占有率。

2. 马尔科夫风险动态决策的步骤

步骤1：分析决策问题，确定被选方案。

步骤2：确定决策对象可能有的状态。

步骤3：确定转移概率和转移概率矩阵，研究对象可能有 $E_1, E_2, \cdots, E_n$ 共 n 种状态，而且每次只能处于某一种状态，每一种状态都有 n 个转移方向，即 $E_i \rightarrow E_1, E_i \rightarrow E_2, \cdots, E_i \rightarrow E_n$。这种转移的可能性用概率描述，就是状态转移概率，将决策对象的各个状态的转移概率依次排列就得到了一个转移概率矩阵。

步骤4：根据稳态概率计算公式，求出稳态概率向量。马尔科夫过程在一定条件下经过 k 步(k 足够大)转移后，就会达到稳定状态，而且与初始状态无关，达到稳定状态的状态概率就是稳定状态概率，简称稳态概率，可以用稳态概率向量来描述。

设处于稳态的概率向量为$(x_1,x_2,\cdots,x_n)$，则稳态概率 p 可以通过式(32.22)计算：

$$\begin{cases}(x_1,x_2,\cdots,x_n)=(x_1,x_2,\cdots,x_n)p \\ \sum_{i=1}^{n}x_i=1\end{cases} \tag{32.22}$$

步骤 5:利用稳态概率向量，计算各方案的期望损益值。

步骤 6:按期望值进行选优，期望收益值大或者期望损失值小者为优。

32.4.5 群决策特征根法

为了克服由于个人偏好影响造成的单人决策的不足，采用群决策特征根法(group eigenvalue method)确定灾害(如干旱)预警等级。

设有 m 个决策者 $D=\{D_1,D_2,\cdots,D_m\}$，组成专家群组决策系统 G，评价 n 个对象 $A=\{A_1,A_2,\cdots,A_n\}$，第 i 个决策者 D_i 对第 j 个方案 A_j 的评价值为 x_{ij}，$i=1,2,\cdots,m$，$j=1,2,\cdots,n$。x_{ij} 的值越大，表明决策者 D_i 认为评价对象 A_j 越优。将 D 对 A 的评价列成矩阵 $\boldsymbol{x}$，则：

$$\boldsymbol{x}=(x_1,x_2,\cdots,x_m)^{\mathrm{T}}=\begin{bmatrix}x_{11} & x_{12} & \cdots & x_{1n} \\ x_{21} & x_{22} & \cdots & x_{2n} \\ \vdots & \vdots & & \vdots \\ x_{m1} & x_{m2} & \cdots & x_{mn}\end{bmatrix} \tag{32.23}$$

它们是决策者在一次决策过程中所做的结论。

决策者的决策水平不仅取决于他的专业水平、经验、知识面和综合能力，而且与决策者的精神状态、情绪和偏好密切相关。我们假设一个评分最准、最公正即决策水平最高的专家为理想(最优)决策者 D^*，他的评分向量为 $\boldsymbol{x}^*=(x_1^*,x_2^*,\cdots,x_n^*)^{\mathrm{T}}$。

由于人们总是聘请水平较高的决策者参与，故我们现实地定义理想决策者为:对被评物的认识与专家群体 G 有最高一致性的决策者，即 D^* 的结论与 D 的完全一致，与决策者个体间的差异最小。

我们把具有评分向量与群体中决策者评分向量夹角之和最小的决策者，称为该群体的理想(最优)决策者。根据这个定义，假设 $\boldsymbol{x}^*$ 是满足函数 f

$$f=\sum_{i=1}^{m}(\boldsymbol{B}^{\mathrm{T}}x_i)^2 \tag{32.24}$$

取最大值时的向量，式中 $\boldsymbol{B}=(b_1,b_2,\cdots,b_n)^{\mathrm{T}}$，且不失一般性，$\|\boldsymbol{B}\|_2=1$，即：

$$\max_{\|\boldsymbol{B}\|_2=1}\sum_{i=1}^{m}(\boldsymbol{B}^{\mathrm{T}}x_i)^2=\sum_{i=1}^{m}(\boldsymbol{x}^{*\mathrm{T}}x_i)^2 \tag{32.25}$$

可用下述定理求解 x^*。

定理　对于 $\forall\boldsymbol{B}\in E^n$

$$\max_{\|\boldsymbol{B}\|_2=1}\sum_{i=1}^{m}(\boldsymbol{B}^{\mathrm{T}}x_i)^2=\sum_{i=1}^{m}(\boldsymbol{x}^{*\mathrm{T}}x_i)^2=\rho_{\max} \tag{32.26}$$

式中：ρ_{max}为矩阵 $\boldsymbol{F}=\boldsymbol{x}^{T}\boldsymbol{x}$ 的最大正特征根，$\boldsymbol{x}^{*}$ 为 ρ_{max}对应于 $\boldsymbol{F}$ 的正特征向量，且$\|\boldsymbol{x}^{*}\|=1$。

可以借助 Matlab 中的 eig(F)函数求解式(32.26)中的最大特征根，对于 ρ_{max}和 $\boldsymbol{x}^{*}$，也可使用数值代数中的幂法求解。

32.5 农业灾害风险分担与转移

农业灾害风险分担与转移是农业灾害风险管理策略的重要内容。农业灾害风险的分担与转移措施通常可分为事后的和事前的分担转移策略，事后的如救济、救助等，事前的如保险、再保险等。从转移风险的机制上来说可分为财政、社会和市场转移机制以及财政和市场结合的农业灾害风险转移分担机制。

从历史发展过程来看，在国家不是完全市场经济且经济发展水平较低时，往往多采用被动的灾后应对损失措施，即在灾害发生后，风险无法自留的情况下，国家会通过启动大灾基金，甚至重新分配财政预算、调整税收等开展救济。一些社会组织、慈善机构会组织物资、资金、劳务的社会捐助、救助，另外还会通过获取国际援助等方式来获得灾后重建所需要的物资、资金等。经济发达的国家通常采用事前灾害分担与转移策略。随着经济发展水平的提高，包括不少发展中国家在内，越来越多的国家会逐渐采用积极主动的事前应对农业灾害风险的措施，通过保险、再保险、发行巨灾债券等措施建立灾前融资机制，将农业灾害风险转移到保险市场和资本市场。

32.5.1 农业灾害风险的财政分担机制

农业灾害风险的财政分担机制是指一个国家的各级政府通过启用大灾基金、调整财政预算、调整税收[31]或调动政府机构的人力、物力等，在大农业灾害发生后，发放救灾、灾后恢复生产和灾后重建的资金补贴，以及投入种子、化肥、农机具、劳力等。

目前，中国灾害应急管理的主要工作由民政、地震、防汛抗旱等政府部门承担。灾后救助和救济的任务基本上由国家财政承担。由于国家经济实力的日渐增强，近几年来，中国在几次重大救灾和灾后恢复重建中，中央和各级政府投入了极大的财政支持。如 2003 年淮河流域大洪水，中央政府对蓄洪区农田每亩补偿 680 元用于补助农民生活和开展灾后恢复生产；2010—2011 年中央财政投入 40 亿元补贴北方冬麦区抗旱等。由于对灾害发生的预测水平较低，对农业灾害损失的估计不足，受到机制和财力等因素的限制，国家所设立的大灾基金对灾后补偿和恢复重建的满足存在很大的不确定性，而临时调整财政预算和税收，也是非常被动的方式，在资金额度上也不确定。

32.5.2 农业灾害风险的社会分担机制

农业灾害风险的社会分担机制是指有组织、有管理、有发动的以救灾为目的而开展的社会公益和慈善活动。通常以非政府组织机构和慈善机构的救灾捐助和捐赠为主。世界各地曾因严重的洪涝、大范围的干旱和飓风等灾害而导致的巨大的农业损失，来自国内和国际的非政府组织和慈善机构会根据灾情，开展公益性的救助和捐赠。这些组织和机构如联合国救灾署、世界粮食计划署、国际红十字会等。国际机构也会发放低息贷款支援某些国家的灾后重建工作，这也是一种常见的农业灾害风险社会盈利性分担形式。实际上普通社会大众也会自发地参与或组织救灾捐赠活动，在农业灾害损失分担中起到了非常重要的作用。

32.5.3 农业灾害风险的市场转移机制

农业灾害风险的市场转移机制主要包括农业保险、再保险、风险证券化、损失后融资等。

32.5.3.1 农业保险

农业保险是指农业生产者以支付保险费为代价，把农业生产过程中由于不利气候条件、病虫害等因素导致的生产风险转移给保险人的一种制度安排。简单地讲，农业保险就是对动植物进行承保的一种保险[32]，和其他保险一样，农业保险本质上也是一种通过集合众多风险单位而分散风险的一种风险管理工具。

32.5.3.2 再保险

再保险是两家保险公司之间的交易，其中一家保险公司为自己承保的一部分风险向另一家保险公司购买保险。我们称最初承保保险的公司为原保险人或再保险分出人，称原保险人向其购买保险的公司为再保险人。再保险人同意按照再保险合同的规定，赔偿原保险人的损失。再保险人购买再保险时，我们称为转分保。

目前保险实务中巨灾风险的传统解决方案是巨灾再保险。巨灾再保险是一种超额损失再保险协议，它的特征是在巨灾保险人开始负责之前，原保险人和其他再保险人的自留额以及保单限额都非常高，再保险公司承担介于自留额下限和限额上限之间的损失，最初分出保险公司承担低于自留额和高于限额的损失。比如一个国家或地区遭受严重的旱灾，由于干旱发生空间范围广，损失巨大，往往需要通过国际再保险公司的再保险业务把巨大的干旱灾害损失转移到国际市场上，起到灾害风险在更大范围的分散。

32.5.3.3 风险证券化

风险证券化是通过发行基于保险风险的证券，用资本市场上的投资者代替传统风险承担者。如再保险公司将保险风险转移到资本市场，是保险公司负债证券化的一种表现形式。但在巨灾频频发生的情况下，如果仅仅凭借各保险公司作为用户参加再保险业务，仍将对国际再保险公司的经营和财务状况造成沉重的压力。为了缓解再保险压力，业内人士将目光转向资金实力雄厚的资本市场，以期寻找到传统再保险的替代品或补充方式，达到扩大保险资金来源、转移和分散巨灾风险的目的。巨灾风险证券化起步较晚，但发展势头迅猛，为保险业开辟了全新的筹资渠道。随着全球经济一体化的发展，保险市场和资本市场的进一步融合，巨灾风险证券化的潜能将被进一步释放。

风险证券化有以下几种形式：

1. 巨灾保险期货

巨灾保险期货和商品期货的运作机制基本相同。如果保险公司预测到巨灾损失会发生，它就会购买巨灾保险期货,如果该损失未发生,或低于某一界限,那么保险公司将在期货市场上受到损失,但由于保险损失较小,保险人可用保险方面获得的收益弥补其期货方面的损失,这样就可以使保险业免受巨灾带来的巨大损失。

巨灾保险期货作为一种全新的风险转移方式,无论在巨灾风险证券化理论上还是实践上的重要意义都是不可替代的。后来由于缺乏基本的现货市场、流动资金不足、指数的准确性不高、严重的道德风险以及其他的因素,该项交易夭折了。

2. 巨灾债券

巨灾债券是一种场外交易的债券衍生物,是保险公司或再保险公司通过直接发行公司债券,利用债券市场来分散风险,用高收益的债券将巨灾风险证券化的一种形式。这样承保巨灾损失的保险公司和再保险公司就将自身的巨灾损失风险转移给了市场投资者,投资者的收益完全取决于巨灾损失是否发生。在巨灾风险证券化的几种工具中,巨灾债券发行的数额是最大的。最早出现的巨灾债券是日本发行的可赎回地震债券。

保险公司或再保险公司将其承保的巨灾风险以不同的方式进行组合归类,通过特殊目的再保险人发行巨灾债券,投资者通过购买债券来获得风险收益。对于投资者来说,如果在债券约定的时间内没有发生巨灾损失或损失小于一个确定数额,投资人收回其本金并收取连续支付之息票,用以补偿对其资金之使用及其提供资金的风险;反之,如果在约定的时间内发生巨灾损失且超过一个确定的数额,投资人将损失利息、本金或全部,这些资金将被发行人转给再保险公司来兑现再保险合同。

3. 巨灾期权

在总结巨灾保险期货失败的基础上,美国芝加哥商品交易所推出了巨灾保险期权交易,并获得了市场的认可。

巨灾指数期权合约的运作流程是交易者在买入一个指数期权合约的同时,再卖出一个执行价格比前者高的合约,二者到期日相同。指数期权的优势是:首先,它是标准化合约,保险人在需要融资时,不用每次都向投资者提供关于风险的信息,因此交易成本较低。其次,市场信息对称,避免了道德风险。投资者和保险人都可以很容易地获得历史上巨灾保险期权的交易记录及历史上巨灾指数的表现。因此,对投资者来说,就不用承担个别公司利用信息不对称的优势谋取私利的风险。再次,分散了投资组合的风险,提高了收益率。因为投资者投资指数期权的收益完全取决于巨灾损失是否发生,而与经济状况的好坏无关,这与股票、债券等与经济状况好坏关系紧密不同。

4. 巨灾互换

巨灾互换是用一系列事先确定的固定付款来交换一系列保险事件发生的浮动付款。再保险公司直接或通过金融中介机构与交易对手进行互换。巨灾互换操作方便,所需固定费用低。巨灾互换与巨灾债券相比,一般不需要担保,因此存在信用风险。其流动性较可交易证券低,其实际成本经常超过较低的实付费用。

32.5.3.4 损失后融资

损失后融资是一种基于某特定条件的融资契约。当巨灾事件发生时,保险人可在一定时期内,依据契约规定的条件,执行其权利,募集股本或负债融资。资本提供者不承担巨灾事件发生的风险,而只是在事件发生并造成损失后提供用于弥补损失的资金。损失后融资有三种工具，分别为或有资本票据、巨灾权益卖权、巨灾风险信用融资。

1. 或有资本票据

或有资本票据一般是指由保险公司与财务中介机构签订的契约。保险人签订契约之后，须向中介机构支付权利金。当契约所载巨灾损失发生后，保险人可向投资银行发行资本票据，以取得现金或其他流动性资产，作为公司灾后融资之资金。

2. 巨灾权益卖权

巨灾权益卖权是指以权益为交易标的物的期权。买卖双方制订契约内容，由保险人支付卖权权利金，向投资者购买卖权。约定当契约所载巨灾损失发生时，保险人即可执行卖权，以约定发行价格将公司股份卖给投资者，取得资金作为融资之用。

3. 巨灾风险信用融资

巨灾风险信用融资是巨灾损失发生后最简单的融资方式。保险人为获得资金，与银行签订信贷额度，即可执行此项融资工具。若公司使用这个信贷额度，此笔资金即成为公司负债，公司的财务杠杆亦会因此而上升。

32.5.3.5 行业损失担保

行业损失担保通常是赔偿保险合同或再保险合同，对指定的保险损失提供保障。行业损失合同的第一个特点是包含一个与行业损失度量相关的赔偿条件。第一个条件再保险公司的实际保险损失的门槛值设定得非常低，以至于一旦行业损失被触发，第一个条件肯定被触发。同样的行业损失担保的价格是根据与行业损失或指数相关的风险确定的。行业损失担保的第二个特点是保单承保的责任限额是由全球性的商业银行的信用证来支持的。这使得那些未被评级的公司一般是一些中小型再保险公司能够向风险保护买方提供有吸引力的破产保护。而且行业损失担保也存在基差风险，对于一些从事多元化业务的公司来说是具有很大吸引力的[33]。

32.5.4 财政与市场结合的农业灾害风险转移分担机制

农业保险通常归属于市场机制的农业灾害风险转移方式。农业保险发展已有100多年的历史，但是从世界各国发展过程来看，到目前为止，还没有一个国家真正实现完全的市场化运行机制，即使世界上市场经济最发达的国家，也主要依靠政府直接或间接提供农业保险。农业保险的特殊性构成了农业保险市场化运行机制难以逾越的障碍[34]。

包括美国在内，一些发达国家的一切险农业保险都有来自联邦政府的高比例保费补贴。我国2006年开始试点的政策性农业保险保费补贴在有些省份，来自中央政府财政的补贴达到35%，部分省份达到40%，加上地方财政的补贴，总的保费补贴达到80%或以上。因此可以说，大多数农业保险作为一种准公共产品是财政与市场结合的农业灾害风险转移分担机制。

农业再保险在有些国家和地区也属于财政与市场结合的农业灾害风险转移分担机制。当发生重大的农业自然灾害时，开展政策性保险或一切险的直保保险公司发生超赔，超出一定范围部分由政府动用大灾基金或紧急调整财政预算提供超赔部分的赔偿，或者政府财政预算中会有一笔资金用于投资再保险，以便在更大区域分散灾害风险。

32.6 中国农业保险的试点工作经验与发展策略

32.6.1 中国农业保险回顾与新一轮试点工作经验

我国农业保险已有80多年的历史，从20世纪三四十年代的乌江耕牛保险会到现在的农业保险试点高潮，中间经历了20世纪50年代农业保险的兴起和停办、80年代到90年代中期的恢复试办期、90年代中后期到21世纪初的持续萎缩期，经历了从无到有、跌宕起伏的发展历程[32]。

2003年，党的十六届三中全会通过的《中共中央关于完善社会主义市场经济体制若干问题的决定》明确提出"探索建立政策性农业保险制度"，标志着我国农业保险新一轮试验的开始。我国政策性农业保险试点工作从2004年开始，开展试点业务是2006年，时间不长，发展却很迅速。

政策性农业保险市场在不断扩大，到2010年政策性种植业保险覆盖了全国的22个省份。目前种植养殖业保险的险种达160多个[35]。

政策性农业保险的经营主体也向多元化发展，有股份制商业保险公司，专业保险公司，农业保险合作组织，政策性农业保险公司，外资或合资农业保险公司。政策性农业保险的功能作用逐步体现。

各级政府对政策性农业保险的补贴力度逐步加大，从2007年开始，中央财政对政策性农业保险进行补贴，到2010年补贴力度已经达到103.2亿元。

补贴力度的加大，促进政策性农业保费收入有了显著增加，2007年保费收入是2006年的6倍，2008—2010年每年则是2007年保费收入的2～3倍，2004—2010年农业保险平均赔付率为70%。

自2007年中央财政提供补贴之后，我国的农业保险承保数量、承保范围、参保农户、次数以及农业保险保费收入不断增长，农业保险市场出现了欣欣向荣的景象。

2009年，中国第一例天气指数农业保险产品成功销售[36]，标志着无须政府补贴的完全市场化经营的农业保险产品诞生并开始试点。

从2004年开始的中国农业保险新一轮试点的工作经验可以主要概括为以下几点：①由政府补贴的政策性农业保险受到了保险相关利益方的普遍欢迎，保险公司、政府、农户都积极投入或参与到保险业务中。②差异化的保费补贴更能区分保护风险不同、地方财政实力不同地区的利益。③多样化的经营模式和经营主体更有利于探索有中国特色的政策性农业保险机制，拓展市场。④政府的干预与支持在政策性农业保险的展业方面起着决定性的作用。⑤在执行政策性农业保险的过程中，各地出现的一些问题反映出农业保险的立法进程应该加快。⑥完全市场化的农业保险模式或许可以成为政策性农业保险模式的必要补充。

32.6.2 中国农业保险的发展策略

尽管我国的农业保险市场在不断扩大，但目前我国农业保险在分散气象灾害风险方面还未起到应有的作用。政策性农业保险存在着保费率高、承保品种少、承保范围有限等问题。巨灾风险分散体系和农业再保险机制也严重缺失，缺乏法律法规及相应政策予以扶持等。[37]未来亟待完善的工作有：

(1)尽快建立健全中国农业保险的法律法规。以法律的形式将农业保险模式，政府补贴方式，保险金额确定，保险费率厘定，有关单位和人员的职能、权利和义务等确定下来，在农业保险的运行过程中，农户、保险公司、政府机关做到有据可查、有法可依。

(2)加强我国不同地区、不同种养殖业、不同自然灾害的风险分布、风险区划的研究，为制定合理的保险费率提供依据，研发科学的农业保险产品，促使农民、政府、保险公司的利益和效益平衡发展。

(3)进一步加强对农业保险的宣传教育、保障合理稳定的保费补贴，提高农业保险的参与率。

(4)提高保险公司核灾定损的技术水平和理赔效率，为农民提供满意的灾害补偿。

(5)积极探索创新的农业保险产品模式，以弥补高补贴政策性农业保险模式所带来的道德风险、逆选择、财政负担等不足。

(6)尽快建立健全农业巨灾风险转移机制，重点探索科学的农业再保险方案，以便科学合理地管理农业巨灾风险。

(7)基于中国的国情和农业保险的特点，应坚持政府财政和市场化机制结合的政策性农业保险模式为主，其他完全商业模式辅助，多种形式和模式构建中国农业灾害风险转移体系。

（张继权　刘布春　刘兴朋）

参考文献

[1] 霍治国，王石立，等．农业和生物气象灾害．北京：气象出版社，2009.

[2] 郑大玮，张波．农业灾害学．北京：中国农业出版社，2000：10.

[3] 郑大玮．灾害链概念的扩展及其在农业减灾中的应用//2008 中国可持续发展论坛．北京：中国可持续发展研究会，2008：653-657.

[4] 李世奎．中国农业灾害风险评价与对策．北京：气象出版社，1999.

[5] 胡志全．农业自然风险分析及支持政策研究．北京：中国农业科学技术出版社，1999.

[6] 黄崇福．自然灾害风险评价理论与实践．北京：科学出版社，2005.

[7] 于沪宁，李伟光．农业气候资源分析利用．北京：气象出版社，1985：199-204.

[8] Rao V K, Steven M B, Robin M P, et al. Risk assessment and management handbook. NewYork: McGraw-Hill, Inc, 1996.

[9] Petak W J, Atkisson A A. Natural hazard risk assessment and public policy: anticipating the unexpected. New York: Springer-Verlag, Inc, 1982.
[10] 周寅康. 自然灾害风险评价初步研究. 自然灾害学报,1995,4(1):6-11.
[11] 王静爱,商彦蕊,苏筠. 中国农业旱灾承灾体脆弱性诊断与区域可持续发展. 北京师范大学学报:社会科学版,2005,3:130-137.
[12] 白海玲,黄崇福. 自然灾害的模糊风险. 自然灾害学报,2000,9(1):47-53.
[13] 赵文双,商彦蕊,黄定华,等. 农业旱灾风险分析研究进展. 水科学与工程技术,2007(6):1-5.
[14] 多々納裕一. 災害リスクの特徴とそのマネジメント戦略. 社会技術研究論文集, 2003(1): 141-148
[15] Zhang J Q, Hori T, Tatano H, et al. GIS and flood inundation model-based flood risk assessment in urbanized floodplain//Chen, et al. GIS & RS in hydrology, water resources and environment: Volume 1. Guangzhou: Sun Yat-Sen University Press, 2003.
[16] 张继权. 吉林省梨树县玉米干旱、低温、涝灾危险度综合评价与分区. //许越先. 地理学与农业持续发展. 北京:气象出版社,1993: 235-238.
[17] Zhang J Q, Hayakawa S J. A study on the relationship between the fluctuation of maize yield and meteorological disasters in Lishu county of Jilin province, China. J Agric Meteorol, 1997, 52(5): 935-938.
[18] 赵永江,姚松岭. 河南省农业干旱程度研究. 地域研究与开发,1992,11(4):47-49.
[19] Gu W, Hayakawa S J, Suzuki Y N. Regional division of agricultural meteorological disasters using fuzzy cluster analysis. J Agric Meteorol, 1993, 48: 339-347.
[20] 王石立,娄秀荣. 华北地区冬小麦干旱风险评估的初步研究. 自然灾害学报,1997,6(3):63-68.
[21] 王春乙. 重大农业气象灾害研究进展. 北京:气象出版社,2007.
[22] 张继权,魏民. 加权综合评分法在区域玉米生产水平综合评价与等级分区中的应用. 经济地理,1994,14(5):19-21.
[23] 王淯,谌利民. 用最优分割法对小型兽类进行群落分类的探讨. 四川师范学院学报:自然科学版,1997,18(2):90-95.
[24] 丁士晟. 多元分析方法及其应用. 长春:吉林人民出版社,1981:409-415.
[25] Zhang J Q. Risk assessment of drought disaster in the maize-growing region of Songliao Plain, China. Agriculture, Ecosystems & Environment, 2004, 102(2): 133-153.
[26] 张继权,李宁. 主要气象灾害风险评价与管理的数量化方法及其应用. 北京: 北京师范大学出版社,2007:109-120.
[27] 田玉敏. 风险管理技术在火灾风险管理中的应用. 消防科学与技术,2000(1):17-18.
[28] 杨梅英. 风险管理与保险原理. 北京: 北京航空航天大学出版社,1999:98-100.
[29] 严武,程振源,李海东. 风险统计与决策分析. 北京: 经济管理出版社,1999:4-294.
[30] 巩艳芬,任伟宏. 设备更新的最优策略及马尔可夫决策. 统计与决策,2004(12):34-35.
[31] 王雪梅. 巨灾风险及其分散机制研究:硕士论文. 成都:西南财经大学,2002.
[32] 庹国柱,李军. 农业保险. 北京:中国人民大学出版社,2004.

[33] 谢欢.巨灾损失分担机制:理论研究与国际经验:硕士论文.济南:山东大学,2007.
[34] 袁明.我国农业巨灾风险管理机制创新研究:硕士论文.成都:西南大学,2009.
[35] 王德宝.我国政策性农业保险的现状、问题及对策建议.海南金融,2009(8),46-52.
[36] 刘布春,梅旭荣.农业保险理论与实践.北京:科学出版社,2010.
[37] 王丹丹,张妮娜.我国的灾害风险转移分担现状分析.中国减灾,2010(23):32-33.

第33章

农业减灾管理

33.1 减灾管理的基本原理

33.1.1 减灾管理的实质

减灾指减轻或限制致灾因子和相关灾害的不利影响。[1]减灾管理(management of disaster reduction)指通过科学规划和有序的人类活动,制约各种灾害的发生、发展和降低其危害程度的过程。减灾管理的指导思想是遵循生态规律与经济规律,正确处理社会经济发展与环境的关系。[2]

减灾管理包括对人和对物的管理,要正确处理好人与物的关系。要把对人的行为的管理放在首位。对物的管理包括对作为灾害源的物和作为承灾体的物,对于不可抗拒的重大自然灾害,重点是加强对承灾体的管理;对于初始能量很小的自然灾害,如火灾、病虫害以及绝大多数人为灾害,重点是加强对灾害源的管理。

郑功成提出防灾减灾的六大基本原则:发展与减灾紧密结合的原则,防灾优先与抗救结合的原则,责任共担与风险分摊原则,工程措施与非工程措施相结合原则,综合治理与重点应对相结合原则,应急管理与构建长效机制相结合原则。[3]

减灾管理手段包括经济、法律、技术、行政、教育等。国务院自2003年下半年起,在总结"非典"(SARS)应急管理经验基础上,指导各地加强突发公共事件应急管理,狠抓"三制一案",即减灾体制、机制、法制建设与应急预案编制,取得了重大成效,把中国减灾管理提高到一个新水平,发生同等规模和强度的灾害事故时,人员伤亡和经济损失显著减少。

33.1.2 处理好减灾工程措施与非工程措施的关系

减灾行动包括工程措施和非工程措施。工程措施是减灾行动的硬件,是减轻灾害损失的主要物质基础，减灾的大部分资金和物质材料主要投入到骨干减灾工程势在必行。中国政府一向重视工程减灾措施，60多年来在防汛、抗旱、防震等防灾减灾工程上投入巨大，取得了显著的减灾效益。但灾害经济损失仍在增加，有些减灾工程的效益没有充分发挥，有些设计标准和施工质量偏低的工程年久失修已经失效，少数设计不合理的工程甚至本身成为诱发灾害事故的危险源。我国还是一个发展中国家，由于资金和物力有限，防灾减灾工程不可能在短期内全部建成。即使是在建工程，由于工程设计、施工、配套设施建成完善与安全运行需要一个过程，也不可能很快实现预期减灾目标。防灾减灾工程完工后，也还有可能发生超过工程设计标准的灾害。因此，在减灾实践中还需要运用非工程措施管好用好现有工程，同时要充分发挥非工程措施的作用，以弥补工程措施的不足。

非工程措施是减灾的软件，主要是通过政策、规划、管理、经济、法律、教育等手段，削弱、消灭或回避灾害源，削弱、限制或疏导灾害载体，保护或转移受灾体；保护工程设施或充分发挥工程措施的作用，减轻次生灾害与衍生灾害，以最大限度减轻灾害损失。[4]与工程措施相比，非工程措施的重点在于提高人的减灾意识和素质，规范人的行为，所需投资较少，见效较快，同样能够获得巨大的减灾效益。但是对于破坏力巨大的灾害，如果没有必要的工程措施，单纯依靠非工程措施就成了缺乏物质基础的空中楼阁。两类减灾措施必须有机结合，才能以最小的成本，获得最大的减灾效益。

33.1.3 减灾管理的阶段性

从减灾全过程看，减灾活动包括灾前的备灾、监测、预测、预警、防灾工程、减灾知识科普教育、减灾技能培训与演练等，灾中的抗灾抢险和紧急救援，灾后的补救、恢复和重建等三个主要阶段，简称“防、抗、救”，三个环节相辅相成，缺一不可，但对于不同灾类和不同情况，侧重点应有所区别。一般情况下，重点应放在防灾上，力争做到有备无患。做好了灾前预防，就有可能以较小的代价取得较大的减灾效益。但是，对于某些难以预测的突发型灾害，很难做好有针对性的预防，减灾关键在于正确的应急处置。灾后的补救、恢复和重建是阻止和切断灾害链延伸扩展、防止灾害损失扩大的关键。目前很多地方的减灾工作，救灾投入很大，公众关注最大，占用资源最多，但防灾投入不足，这是一种本末倒置的短期行为，有人形象地比喻为“有钱买棺材，没钱买药”。

从人类社会发展的过程看，减灾管理经历了盲目减灾、被动减灾、单灾种减灾、综合减灾、减灾风险管理等几个发展阶段。

33.1.3.1 盲目减灾管理阶段

古代社会由于生产力水平低下和对大自然缺乏科学认识，把自然灾害看成是神对人类的惩罚，把对上天的祈祷作为主要减灾活动。

33.1.3.2 被动减灾管理阶段

中国封建社会中后期，统治者日益重视减灾。但由于缺乏对灾害的预测和预防，主要是针对已经出现的紧急和重大灾害进行赈灾和救灾活动，具有很大的被动性，灾民往往以迁徙方式躲避灾害。[5]虽然也有少量水利工程，但规模不大，除都江堰等少数工程外，大多缺乏科学的设计。

33.1.3.3 单灾种减灾管理阶段

从“中华民国”到新中国成立初期，陆续建立了气象、水利、消防、地震、地质、海洋、植保、防疫等专业部门，除发生特大灾害由中央组成领导小组或临时机构应急救灾外，平时都由各专业部门分兵把守各自为战，以纵向联系为主，减灾管理的技术含量与效率明显提高，但横向联系不足，在信息、技术、资源和减灾成果共享以及行为配合方面存在缺陷，不利于大型减灾规划实施和跨行业减灾项目的开展。[6]在涉及多部门的特大灾害、多种灾害并发或发生复杂次生灾害与衍生灾害时，缺乏部门间的配合与联动，容易导致职能重复、责任不清和减灾资源浪费。中央或地方在发生重大灾害时成立的临时救灾机构虽能起到一定统筹协调作用，但往往是在灾害已经十分严重时才成立，为时已晚，比较被动，而且在灾情缓解后就往往解散。灾后总结大多限于表彰先进和惩办责任人，缺乏科学总结与数据积累，无助于减灾管理和科技水平的提高。

33.1.3.4 综合减灾管理阶段

发达国家自20世纪60年代起，中国从20世纪90年代到21世纪初，逐步进入了综合减灾管理阶段，其标志是制定综合减灾法律和建立国家、地方各级专门的减灾管理机构。尤其是1990—2000年联合国开展的“国际减灾十年”活动，在推动各国减轻自然灾害采取一致行动和强化防灾减灾意识上，发挥了难以估量的积极作用。世界上大多数国家都成立了国家级减灾管理机构和相应的地方减灾机构，加强了社区减灾管理，初步形成政府主导和统筹协调，专业部门分工负责，社会公众广泛参与的减灾格局，减灾效益日益显著，减灾能力有很大提高。中国也于1989年成立了中国国际减灾十年委员会，1999年改名为国家减灾委员会。

33.1.3.5 减灾风险管理阶段

随着全球气候变化和人类对资源的掠夺与对环境的破坏不断加剧，自然灾害与事故灾难造成的损失不断增大，现有综合减灾管理仍不能充分满足社会经济可持续发展的要求。为此，联合国大会1999年12月通过决议开展“国际减灾战略”活动，作为“国际减灾十年”活动的延续，并成立国际减灾战略秘书处，以协调联合国机构和区域机构的减灾活动与社会经济及人道主义救灾活动。[7]与“国际减灾十年”活动相比，“国际减灾战略”更加强调通过合乎伦理道德的预防措施来减少灾害风险。要求通过系统的努力来全面分析和减少致灾因素，减少承灾体的暴露性和脆弱性，并通过良好的土地和环境管理，改进备灾来降低灾害风险，指出减少灾害风险是可持续发展的组成部分，也是每个人的事业。很明显，与原有的减灾管理模式相比，减灾风险管理更加强调预防和主动减灾。2011年5月8—13日在日内瓦召开的减少灾害风险全球平台第三届会议确定该平台为全球一级减少灾害风险战略咨询协调和发展伙伴关系的主要论坛。[8]

全球减灾管理由综合减灾管理转变为减灾风险管理，客观背景是全球气候变化、全球经济一体化和科技迅猛发展，使得自然灾害与人为事故灾难的风险增多和更加复杂化。在灾害发生和演变的不确定性增加的情况下，必须加强风险分析和管理才能争取到减灾的主动。[8] 2001

年发生在美国的“9·11”恐怖袭击事件和2003年早春中国的SRAS等突发事件都极大地推动了风险管理的发展。中国国务院全面组织各部门和各地开展“三制一案”工作，标志着中国的减灾管理进入了风险管理阶段。

33.1.4 农业减灾管理的特点

农业生产和农业灾害的特点决定了农业减灾管理具有与其他领域的减灾管理不同的若干特点。

1. 复杂性

农业灾害无论是灾害还是承灾体的类型都很多，作为主要承灾体的农业生物既有较大的脆弱性，又具有一定的适应能力，大多数农业灾害的周期较长，孕灾环境与致灾因素都在不断地变化，导致农业减灾管理要比其他产业的减灾管理更加复杂。

2. 多部门协调

农业自然灾害包括气象灾害、生物灾害、地质灾害和环境灾害，除农业生物灾害由农业部门直接管理外，其他灾害还涉及多个部门。虽然气象灾害占农业灾害损失的比重最大，但气象部门主要负责气象要素的监测和预报，农业减灾工程主要由水利、林业、农业等部门负责。农业救灾与补偿还涉及民政部门和保险公司，但生产恢复所需农业生产资料由商业部门掌握。虽然理论上农业减灾由农业部门管理，但实际工作中，农业部门主要是对生产过程中的减灾农业措施和灾前灾后的有些减灾活动给予指导，大多数减灾工程、减灾资金与物资都超出农业部门的权限，需要通过地方政府统筹协调。

3. 预防优先

由于各类农业灾害中累积型灾害的危害往往大于突发型灾害，农业减灾更需强调预防优先原则。以抗旱为例，灾前预防和早期抗旱事半功倍，甚至可利用充足的阳光和较大的温差实现常年难以达到的高产；旱情十分严重时应急抗旱则往往事倍功半收效不大。

4. 补救余地较大

由于农业生产的周期较长，农业灾害又以累积型灾害为主，灾害发生之后农业生物还有一定适应能力，与其他领域的灾害相比，大多数农业灾害的补救余地较大。如禾本科作物主茎死伤，分蘖可以弥补；双子叶植物主枝枯死，可由侧枝弥补；穗数减少，有可能通过粒数和粒重的增加补偿；上茬作物减产，往往给下茬作物留出更多时间和土壤养分，通过下茬增产得以补偿；种植业损失后腾出的时间有可能通过开展副业和外出打工来弥补等。

5. 顺应自然规律是农业减灾管理的基本原则

农业自然灾害的发生是由于农业生产活动与农业生物和自然环境的不协调。由于农业生产主要在露天条件下进行，而自然条件难以改变或改变的成本极高，要缓解农业生产与自然环境的矛盾，达到减灾的目的，管理的重点应放在通过调整农业结构和系统内部关系，充分利用农业生物的多样性和适应性，以提高承灾体的承受和减灾能力上。

33.2 农业减灾体制与机制建设

33.2.1 减灾体制与机制

33.2.1.1 体制与机制

体制(system of organization)是国家机关、企事业单位的机构设置、隶属关系和权利划分等方面的具体体系和组织制度的总称。体制是管理机构和管理规范的结合体或统一体,不同的管理机构和不同的管理规范相结合形成不同的体制。

管理体制是指管理系统的结构和组成方式,核心是管理机构的设置、各管理机构职权的分配以及各机构间的相互协调。管理体制的强弱直接影响到管理的效率和效能。

机制(mechanism)原指机器的构造和工作原理,后被延伸到有机体的构造、功能及其相互关系,现已广泛应用于自然现象和社会现象,指系统内部组织和运行变化的规律。任何系统中,机制都起着基础性和根本性作用。有了良好的机制,系统具有良好的自适应功能,在环境发生不确定变化时能自动迅速做出反应和调整,实现预定目标。通过建立适当的体制和制度可以形成相应的机制。机制构建是一项复杂的系统工程和长期培育的过程,既需要改善系统外部环境,也需要改进系统内部的体制与制度。

管理机制是管理系统的内在结构、功能及运行方式,是决定管理成效的核心。不同的系统或领域,有着不同的管理机制。

33.2.1.2 中国的减灾管理体制

中国实行政府统一领导,部门分工负责,灾害分级管理,属地管理为主的减灾救灾领导体制。在国务院统一领导下,中央层面设立国家减灾委员会、国家防汛抗旱总指挥部、国务院抗震救灾指挥部、国家森林防火指挥部和全国抗灾救灾综合协调办公室等机构,负责减灾救灾的协调和组织工作。各级地方政府成立职能相近的减灾救灾协调机构。在减灾救灾过程中,注重发挥中国人民解放军、武警部队、民兵组织和公安民警的主力军和突击队作用,注重发挥人民团体、社会组织及志愿者的作用(图 33.1)。[7]

上述中央层面的减灾机构均为部级协调机构,由国务院领导成员牵头,有关部委和机构参加。其中国务院抗震救灾指挥部、国家防汛抗旱总指挥部和国家森林防火指挥部带有一定的专业性,分别挂靠在中国地震局、水利部和国家林业局。国家减灾委员会(China National Committee for Disaster Reduction,CNCDR)是具有综合协调性质,并与联合国国际减灾战略办公室对口的国家机构,主要任务是研究制定国家减灾工作的方针、政策和规划,协调开展重大减灾活动,指导地方开展减灾工作,推进减灾国际交流与合作。国家减灾委员会的具体工作由民政部承担。国家减灾委员会的机构组成参见附录五。

国家级减灾机构的建立,极大提高了中国的减灾管理水平,取得了显著的减灾效益。但各中央层面减灾机构之间的功能还有一定的重叠和职能交叉,在实际工作中有时仍存在部门间的扯皮和利益冲突,部分减灾信息尚未做到充分共享。上述问题有待国务院大部制体制改革

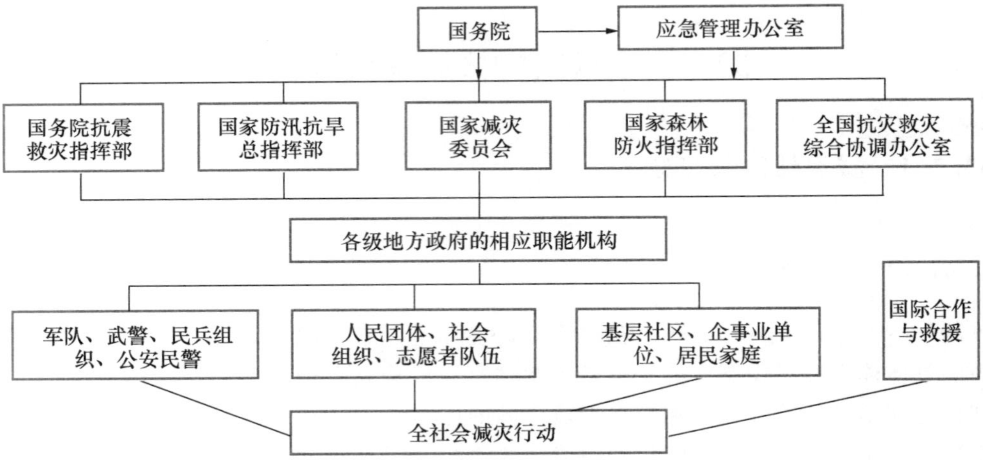

图 33.1 中国现行减灾体制框图

的进一步推进来解决。地方政府和部门之间的减灾体制建设也很不平衡。目前有些基层社区和企事业单位初步建立了减灾体制,但大多数基层单位的减灾体制很不健全。

33.2.1.3 中国减灾机制建设的进展

在长期的减灾实践中,中国建立了符合国情、具有中国特色的减灾工作机制。中央政府构建了灾害应急响应机制、灾害信息发布机制、救灾应急物资储备机制、灾情预警会商和信息共享机制、重大灾害抢险救灾联动协调机制和灾害应急社会动员机制。各级地方政府建立了相应的减灾工作机制。[6]

1. 灾害应急响应机制

中央政府应对突发性自然灾害预案体系分为三个层次,即国家总体应急预案、国家专项应急预案和部门应急预案。政府各部门根据自然灾害专项应急预案和部门职责,制定更具操作性的预案实施办法和应急工作规程。重大自然灾害发生后,在国务院统一领导下,相关部门各司其职,密切配合,及时启动应急预案,按照预案做好各项抗灾救灾工作。灾区各级政府在第一时间启动应急响应,成立由当地政府负责人担任指挥、有关部门作为成员的灾害应急指挥机构,负责统一制定灾害应对策略和措施,组织开展现场应急处置工作,及时向上级政府和有关部门报告灾情和抗灾救灾工作情况。

2. 灾害信息发布机制

按照及时准确、公开透明的原则,中央和地方各级政府认真做好自然灾害等各类突发事件的应急管理信息发布工作,采取授权发布、发布新闻稿、组织记者采访、举办新闻发布会等多种方式,及时向公众发布灾害发生发展情况、应对处置工作进展和防灾避险知识等相关信息,保障公众知情权和监督权。

3. 救灾应急物资储备机制

已经建立以物资储备仓库为依托的救灾物资储备网络,国家应急物资储备体系逐步完善。目前,全国设立了 10 个中央级生活类救灾物资储备仓库,并不断建设完善中央级救灾物资、防汛物资、森林防火物资等物资储备库。部分省、市、县建立了地方救灾物资储备仓库,抗灾救灾物资储备体系初步形成。通过与生产厂家签订救灾物资紧急购销协议、建立救灾物资生产厂家名录等方式,进一步完善应急救灾物资保障机制。

4. 灾情预警会商和信息共享机制

建立由民政、国土资源、水利、农业、林业、统计、地震、海洋、气象等主要涉灾部门参加的灾情预警会商和信息共享机制,开展灾害信息数据库建设,启动国家地理信息公共服务平台,建立灾情信息共享与发布系统,建设国家综合减灾和风险管理信息平台,及时为中央和地方各部门灾害应急决策提供有效支持。

5. 重大灾害抢险救灾联动协调机制

重大灾害发生后,各有关部门发挥职能作用,及时向灾区派出由相关部委组成的工作组,了解灾情和指导抗灾救灾工作,并根据国务院要求,及时协调有关部门提出救灾意见,帮助灾区开展救助工作,防范次生、衍生灾害的发生。

6. 灾害应急社会动员机制

国家已初步建立以抢险动员、搜救动员、救护动员、救助动员、救灾捐赠动员为主要内容的社会应急动员机制。注重发挥人民团体、红十字会等民间组织、基层自治组织和志愿者在灾害防御、紧急救援、救灾捐赠、医疗救助、卫生防疫、恢复重建、灾后心理支持等方面的作用。

但与发达国家相比,中国减灾的全社会参与机制仍较薄弱,市场机制发挥得很不充分,灾害保险赔付仅占灾害经济损失的极小部分,参与减灾活动的非政府组织数量不够多、活力不足,尤其是慈善机构很不发达。国家已经把加强区域和城乡基层防灾减灾能力建设和加强防灾减灾社会动员能力建设列入综合防灾减灾"十二五"规划的主要任务。

33.2.2 农业减灾体制建设

33.2.2.1 中国农业减灾机构现状

与其他部门的减灾体制建设相比,由于农业灾害与减灾管理的复杂性,农业减灾体制建设相对滞后。近年来农业部采取一系列措施推进了农业减灾体制的建设。

国务院批准的《农业部主要职责、内设机构和人员编制规定》[国发(2008)76 号文件]中主要职责的第 8 项针对农业非生物灾害的管理规定:"承担农业防灾减灾的责任。监测、发布农业灾情,组织种子、化肥等救灾物资储备和调拨,提出生产救灾资金安排建议,指导紧急救灾和灾后生产恢复。"在第 7 项职责中对生物灾害的管理做出如下规定:"负责农作物重大病虫害防治。起草动植物防疫和检疫的法律法规草案,签署政府间协议、协定。会同有关部门制定动植物防疫检疫政策并指导实施,指导动植物防疫和检疫体系建设。组织、监督对国内动植物的防疫检疫工作,发布疫情并组织扑灭。组织植物检疫性有害生物普查。承担境外引进农作物种子(种苗)检疫审批工作。组织兽医医政、兽药药政药检工作。负责执业兽医的管理。承担有关国际公约的履约工作。"各内设机构的具体职责中也有与减灾有关的具体分工(图 33.2)。[9]

33.2.2.2 农业减灾体制的改进意见

虽然目前农业部已初步建立农业减灾管理体系,但仍不够完善,地方的农业减灾体制就更不健全,有的省甚至有名无实或连名称都没有。有的地区农业部门认为已有气象、水利、地震、地质、消防等专业部门,农业部门不必再设立减灾机构。实践证明,农业减灾工作必须由农业

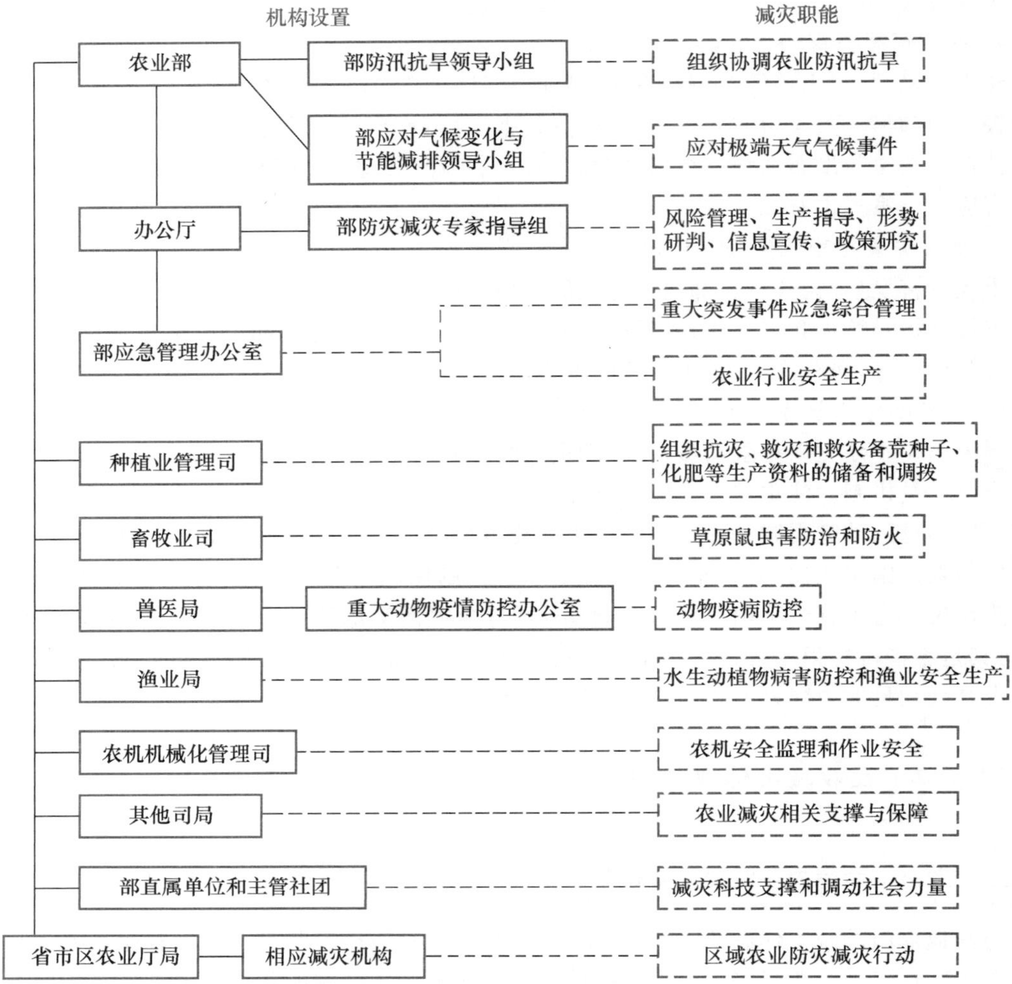

图 33.2　农业部门减灾机构与职能

部门全面负责。各有关专业部门虽各有其专长和优势，但这些机构要面向全社会的减灾。发生某种灾害时农业生产上是否成灾，不仅取决于灾害的规模和强度，还取决于农业承灾体的状态和减灾措施。其他专业部门由于对农业生产实际和农业生物缺乏了解，往往只凭环境胁迫程度做出判断，不一定符合农业生产实际。例如 2009 年和 2011 年初，北方大部分冬小麦产区发生了严重气象干旱，但由于黄淮麦区伏雨足底墒好，华北冬小麦普遍在冬前浇了冻水，大部分麦田基本不存在农业干旱或旱情较轻。有的地方不看苗情、墒情，仅根据冬季降水偏少就要求组织农民浇水抗旱，不但是无的放矢，而且在隆冬盲目浇水还有可能加重冻害。[10]所有的减灾措施归根到底都必须由农业部门来确定和掌握，其他部门代替不了农业部门的分析判断与减灾行动。至于农业生物灾害，即植物病虫草鼠害、动物疫病和鱼病的防控，更是农业部门分内的职责。随着全球气候变化和资源、环境约束的日益突出，农业灾害还有发展的趋势，建立健全各级农业减灾管理体制是势在必行的紧迫任务。

设想在国家层面上，可在农业部内建立跨厅局的农业减灾委员会，进一步明确有关厅局的农业减灾管理分工与职能，建立和改进与气象、水利、环保、林业、地震、地质、海洋等专业部门的合作关系。应把现有减灾专家组从种植业非生物灾害领域扩大到所有农业自然灾害和人为灾害事故领域，按非生物灾害、生物灾害和种植业、畜牧业、渔业、生产安全等划分为若干专业组分别开展活动。还应设立一个总体组，着重分析判断农业灾害事故的整体形势，研究和提出农业减灾和安全生产的政策建议。由于长期以来农业减灾的科研基础薄弱，可在中国农科院成立跨所的农业减灾研究中心和国家或部级农业减灾实验室，在全国各大区成立农业减灾研究的分中心，同时在中国农业大学和各大区重点高等农业院校成立农业减灾专业，成为国家农业减灾的技术支撑。各省、市、自治区也应在农业厅（局）内成立专门的农业减灾管理机构和相应的研究机构。

33.2.3 农业减灾机制建设

33.2.3.1 农业灾害应急响应机制

2010年以来农业部部署了国家级和省级农业减灾预案的编制工作，目前有些省已基本完成并公布。各地在所编制的预案中都规定，要根据农业自然灾害的发生范围、强度和受灾面积，分为四级响应。农业重大自然灾害发生后，各级农业重大自然灾害应急领导小组将启动预案中相应等级的应急响应。有的省（自治区、市）还制定了更具操作性的预案实施办法和应急工作规程，在灾害发生时，统一制定应对策略和措施，组织开展现场应急处置，及时向上级政府和有关部门报告农业灾情和抗灾救灾工作情况。

目前已经和正在编制的农业减灾预案都是针对所有灾害和各类农业生物的总体性应急预案，由于不同类型农业灾害可采取的预防和应急措施千差万别，特别是抗旱与防涝的技术措施绝大部分是相反的，使得总体预案的可操作性不强。因此，还需要针对不同区域、不同的生产对象和不同灾种分别编制系列预案，才能建立科学、高效的响应机制。由于农业自然灾害有相当大部分是累积型灾害，除应急响应机制外，更多的是要建立长效性的预防响应机制。

33.2.3.2 农业灾害信息发布机制

农业部在种植业管理司设有农情处，各省农业厅也设有农情科，负责收集和发布农情，农业灾情是农情的一项重要内容，苗情、墒情也是与灾情密切相关的农情。为进一步拓宽农情信息渠道，农业部在2011年成立了“农业部重点市县农情咨询组”，由部分产粮大市县分管种植业的领导干部组成，主要职责是及时反映包括灾情在内的各地种植业生产和农村实际情况，提出有针对性的政策措施建议，为领导决策提供参谋咨询服务。农业部在同年成立的“农业部防灾减灾专家指导组”，负有生产指导与形势研判的责任。两个专家组的成立，使得农业部门能够更加准确地掌握和发布农业灾害与灾情信息，做出科学减灾的决策，采取正确的减灾措施。各地农业部门不断完善信息采集报送和分析研判机制，充分发挥农情调度、专家指导组和产业体系专家等多支队伍的作用，深入调查土壤墒情、作物苗情和病虫情，及时发现灾害苗头，掌握灾情发展动态，为适时启动应急响应、争取政策支持提供了决策依据。[11]农业部和各级农业部门还加强了与气象、水利、民政等部门的联系和沟通，充分利用已建立的农业灾情监测调度系统，及时准确调查、收集、整理和反映灾情、牲畜疫情、草原火情等。每年主汛期和重大病虫害、疫病、草原火灾等防治关键时期，各级农业部门都安排人员值班，定期报告农业灾情动态，处理紧急事件，为农业防灾抗灾减灾提供可靠依据和保障。

33.2.3.3 救灾应急物资储备机制

目前全国已建成一批中央级生活类救灾物资和防汛、森林防火、防震等救灾物资的储备仓库，部分省、市、县还建立了地方救灾物资储备仓库，抗灾救灾物资储备体系初步形成，其中有些物资储备与农业灾害的救灾有关，但绝大部分是救灾的生活物资。农业救灾应急物资储备机制还很不完善。2011 年农业部提出："要搞好救灾备荒种子储备，确保储备的种子数量充足、品种对路。加强救灾种子、化肥、畜禽水产种苗、饲草料等救灾物资调剂调运，满足灾区恢复生产需要。充分发挥农机在抗灾救灾中的作用，扶持发展抗灾专业服务组织，加强农机投入，提高救灾效率。"[11]

针对寒潮冰雪灾害对草地畜牧业的危害，农业部在 2010 年发出通知，要求扎实做好草原牧区越冬牲畜的饲草料储备。

33.2.3.4 灾情预警会商和信息共享机制

农业部与气象、水利等部门建立了紧密的信息共享机制，始终密切关注天气变化，第一时间获取灾害性天气信息，及时分析会商灾害影响，适时发布预警信息，提前落实防御措施，牢牢把握了农业防灾抗灾的主动权。[11]由于气象条件是许多植物病虫害发生发展的主要诱因，2009 年 5 月 22 日，农业部和中国气象局签署了合作协议，联合制作和发布农作物有害生物预报预警信息，进一步加强有害生物灾害防控工作。根据协议，农业部和中国气象局联合开展了稻飞虱、稻纵卷叶螟、草地螟、蝗虫、小麦条锈病、农区鼠害等重大农作物有害生物预报预警信息的制作与发布工作，并联合开展农作物有害生物及其危害的实地调查。农业部全国农业技术推广服务中心向国家气象中心提供农作物有害生物发生、发展和防控等信息。国家气象中心负责农作物有害生物预报预警产品制作。中国气象局华风气象影视信息集团负责农作物有害生物预报预警信息影视节目的制作与播出。部局双方还将建立信息交换和共享机制。将根据合作需要，积极交换共享农作物有害生物和气象信息的资料。国家减灾委员会也建立了重大灾害监测、预测的会商制度和信息交流机制，但是，目前国内各减灾专业部门之间还没有实现减灾信息的充分共享。

33.2.3.5 重大灾害抢险救灾联动协调机制

重大农业灾害发生后，农业部及时组织工作组和专家组，并会同其他部门共同到灾区现场考察，了解灾情和指导抗灾救灾工作。根据减灾和救援的需要，报请国务院和国家减灾委员会协调有关部门提出救灾措施，特别是涉及到水资源配置、生产资料调拨和救灾物资紧急调运等，都是超出农业部门权限范围，需要上级政府和相关部门协助和支援的内容。

为了减轻农业生物灾害的损失，农业部建立了重大农业生物灾害的指挥协调机制、灾情值班报告制度以及部门间、区域间、国际间合作机制，成立了突发重大动物疫情应急指挥中心、蝗灾防治指挥部、草原防火指挥部等机构，统一协调禽流感等重大动物疫病防控、全国农田和草原等区域的蝗虫防治、草原防火行动；各地也建立了相应指挥协调机构或领导小组，组织指挥病虫害防治、动物疫病防控、草原防火等。每年主汛期和重大病虫害、疫病、草原火灾、渔业灾害等防控关键时期，各级农业部门执行二十四小时值班制度和定期报告制度，一般灾情每周或半月一报,重大灾情随时报送。农业部与卫生部、商务部、国家林业局、国家质检总局等有关部门建立了突发重大动植物疫情应急协调机制,与港澳建立了三地突发重大动植物疫情信息沟通机制,与卫生部建立了高致病性禽流感、猪链球菌等人畜共患疾病联防联控协调工作机制,初步形成了部门配合、协同应对突发重大动植物疫情的部门协调机制。针对境外蝗虫侵入问题,农业部和哈萨克斯坦农业部签订了联合治蝗协议,并加强了中、越、韩以及联合国粮农组织的植保防灾合作。[12]

33.2.3.6 灾害应急社会动员机制

国家已初步建立以抢险动员、搜救动员、救护动员、救助动员、救灾捐赠动员为主要内容的社会应急动员机制。农业救灾的重点是挽回农作物和养殖动物的经济损失及对受灾农民生活的安排与救助。农业部门的救援工作主要是农业生产的补救,一方面要发动灾区农民生产自救,同时还要组织非灾区对灾区救助。重大农业灾害发生后,有些灾区农民往往不是主动减灾救灾,而是"等、靠、要"。国际减灾战略十分重视灾害风险利益相关者的参与和社区减灾能力建设。[13]目前需要加强农村合作经济组织的创办与建设,改变一家一户小农经济抗灾与恢复能力薄弱的状况,发挥合作组织集体的力量与农户之间相互帮助的作用。严重受灾地区的自我恢复能力有限,农业部门要依靠同级政府统筹协调,并主动协助有关部门调动社会力量对灾区开展救援。

33.2.3.7 逐步培育农业减灾的市场机制

发达国家的农业灾害损失相当大部分可以通过农业灾害保险而获得补偿,有助于农业生产的迅速恢复和避免农户的破产。我国由于农业保险发展缓慢,覆盖面还不大,受灾经济损失主要靠农户自己逐渐消化,国家和社会虽然能给予一些救济,但主要是维持基本生存的需求。目前因灾返贫的现象仍相当普遍。随着国家经济实力的增强,应积极探索适合国情的农业保险模式,逐步扩大农业灾害保险的范围与覆盖面,逐步建立农业减灾的市场机制,以弥补政府与社会救助的不足。[14]

33.2.4 农业减灾的应急管理

33.2.4.1 突发事件的概念与分类

突发公共事件简称突发事件(emergency),是指突然发生,造成或者可能造成重大人员伤亡、财产损失、生态环境破坏和严重社会危害,危及公共安全的紧急事件。

我国根据突发公共事件的发生过程、性质和机理,主要将其分为以下四类。

1. 自然灾害

主要包括水旱灾害、气象灾害、地震灾害、地质灾害、海洋灾害、生物灾害和森林草原火灾等。

2. 事故灾难

主要包括工矿商贸等企业的各类安全事故,交通运输事故,公共设施和设备事故,环境污染和生态破坏事件等。

3. 公共卫生事件

主要包括传染病疫情，群体性不明原因疾病，食品安全和职业危害，动物疫情，以及其他严重影响公众健康和生命安全的事件。

4. 社会安全事件

主要包括恐怖袭击事件、经济安全事件和涉外突发事件等。

各类突发公共事件按照其性质、严重程度、可控性和影响范围等因素，一般分为四级——Ⅰ级(特别重大)、Ⅱ级(重大)、Ⅲ级(较大)和Ⅳ级(一般)。

33.2.4.2 突发事件的应急管理

应急管理指政府及其他公共机构在突发事件的事前预防、事发应对、事中处置和善后管理过程中，通过建立必要的应对机制，采取一系列必要措施，保障公众生命财产安全，促进社会和谐健康发展的有关活动。

应急管理包括预防、预备、响应和恢复四个阶段，各个阶段之间不是截然分开的，如进入预备阶段后，还要对灾害可能蔓延、扩展或可能发生的次生灾害或衍生灾害做好预防；进入响应阶段后，局部轻灾地区可能会率先进入恢复阶段；进入恢复阶段后，如又发生新的灾害或次生灾害，可能还要重新启动响应。但总的看，应急管理的每一个阶段都有其特定的预期目标。在20世纪，我国的减灾管理以单灾种管理为主，90年代起开始加强减灾管理的综合协调。2003年的"非典"事件推动了应急管理理论与实践的发展，中央提出要建立健全各种预警和应急机制，提高政府应对突发事件和风险的能力。经过21世纪初期几次特大自然灾害与突发事件的考验，逐步形成了具有中国特色的突发事件应急管理的理论。

突发事件应急管理是一项复杂的系统工程，基本内容概括言之就是"三制一案"。"三制"是指应急工作的管理体制、运行机制和法制，"一案"是指应急预案。

1. 建立健全和完善应急预案体系

就是要建立"纵向到底，横向到边"的预案体系。所谓"纵"，就是按垂直管理的要求，从国家到省到市、县、乡镇各级政府和基层单位都要制订应急预案，不可断层；所谓"横"，就是所有种类的突发公共事件都要有部门管，都要制订专项预案和部门预案，不可或缺。相关预案之间要做到互相衔接，逐级细化。预案的层级越低，各项规定就要越明确、越具体，避免出现"上下一般粗"现象，防止照搬照套。

2. 建立健全和完善应急管理体制

主要建立健全集中统一、坚强有力的组织指挥机构，发挥我们国家的政治优势和组织优势，形成强大的社会动员体系。建立健全以事发地党委、政府为主，有关部门和相关地区协调配合的领导责任制，建立健全应急处置的专业队伍、专家队伍。必须充分发挥人民解放军、武警和预备役民兵的重要作用。

3. 建立健全和完善应急运行机制

主要是建立健全监测预警机制、信息报告机制、应急决策和协调机制、分级负责和响应机制、公众的沟通与动员机制、资源的配置与征用机制、奖惩机制和城乡社区管理机制等。

4. 建立健全和完善应急法制

主要是加强应急管理的法制化建设，把整个应急管理工作建设纳入法制和制度的轨道，按照有关的法律法规来建立健全预案，依法行政，依法实施应急处置工作，要把法治精神贯穿于应急管理工作的全过程。

33.2.4.3 应急管理的工作原则

关于应急管理，国家突发公共事件总体应急预案提出了六项工作原则[15]。

1. 以人为本，减少危害

切实履行政府的社会管理和公共服务职能，把保障公众健康和生命财产安全作为首要任务，最大程度地减少突发公共事件及其造成的人员伤亡和危害。

2. 居安思危，预防为主

高度重视公共安全工作，常抓不懈，防患于未然。增强忧患意识，坚持预防与应急相结合，常态与非常态相结合，做好应对突发公共事件的各项准备工作。

3. 统一领导，分级负责

在党中央、国务院的统一领导下，建立健全分类管理、分级负责，条块结合、属地管理为主的应急管理体制，在各级党委领导下，实行行政领导责任制，充分发挥专业应急指挥机构的作用。

4. 依法规范，加强管理

依据有关法律和行政法规，加强应急管理，维护公众的合法权益，使应对突发公共事件的工作规范化、制度化、法制化。

5. 快速反应，协同应对

加强以属地管理为主的应急处置队伍建设，建立联动协调制度，充分动员和发挥乡镇、社区、企事业单位、社会团体和志愿者队伍的作用，依靠公众力量，形成统一指挥、反应灵敏、功能齐全、协调有序、运转高效的应急管理机制。

6. 依靠科技，提高素质

加强公共安全科学研究和技术开发，采用先进的监测、预测、预警、预防和应急处置技术及设施，充分发挥专家队伍和专业人员的作用，提高应对突发公共事件的科技水平和指挥能力，避免发生次生、衍生事件；加强宣传和培训教育工作，提高公众自救、互救和应对各类突发公共事件的综合素质。

33.2.4.4 农业灾害的应急管理

上述国家对于突发事件应急管理的内涵与原则，同样适合农业减灾领域。但农业灾害与一般的突发事件又有所不同，应急管理的某些内容也有所不同。

1. 农业减灾要处理好直接承灾体与间接承灾体的关系

农业灾害以农业系统为直接承灾体，其核心是农业生物，人类是间接承灾体，两者是密切相关的。农业减灾措施的直接效果是保护农业系统或减轻其受灾损失，但农业减灾管理同样也要贯彻以人为本的原则。虽然不直接体现在救死扶伤上，但在减轻农业灾害损失的过程中一定要从农民利益出发，如防灾减灾工程建设不要过分加重农民负担；采取减灾措施要考虑农民的承受能力，成本不应过高；采取灾前防灾和灾后补救措施要从实际出发，具有可行性与可操作性等。

2. 累积型农业灾害不能简单应急处置

农业自然灾害有突发型与累积型两大类。对于突发型灾害必须制定应急管理预案，建立应急机制，增强应急能力，以应急处置为主。但农业生产上累积型灾害的损失往往超过突发型灾害，有的人以为就不需要应急了。实际在累积型灾害严重发展阶段往往出现某种紧急事态，如旱情发展到人畜饮水困难和庄稼可能绝收，低温可能导致作物死亡，病虫害可能大规模蔓延或迁徙，水体污染物暴发性增长等，同样需要采取应急措施。某些缓变特征明显的累积型灾害，如土地荒漠化、盐碱化、土地退化、气候干旱化、生物多样性减少等，很难出现紧急事态，不能简单照搬突发事件应急管理的做法，减灾工作主要是长期坚持不懈地进行农田基本建设、培肥土壤、兴修水利工程、农业生态建设等，做好灾害预防与综合治理。对于前述可能出现紧急事态的累积型灾害，也应以预防为主，应急处置为辅。

3. *农业灾害复杂多变，要注意防止误判*

由于累积型农业灾害的演化复杂多变和农业生产的周期较长，稍不注意就可能发生对灾害程度的错误判断。如由于对 2011 年初的北方冬小麦干旱估计过重，导致国内外小麦期货市场的减产预期，实际情况是大多数麦田的长势仍然良好，再次获得丰收。而对于 2009 年辽宁西部与内蒙古东部的玉米夏旱，由于一直沉浸在前期长势超历史的印象中，对根系发育不好的隐患和干旱的迅猛发展估计不足，许多人直到发现大面积枯死绝产才大吃一惊。这就需要更加强调对农业灾害形势的正确分析与科学判断，加强农业减灾的动态管理。

33.2.5 农业减灾的宣传报道管理

发生农业灾害后，正确的宣传报道可以起到稳定人心和动员社会力量抗灾救灾的作用，而不恰当和不科学的宣传报道会误导公众，甚至造成思想混乱和社会不稳定。在灾害发生期间，必须对媒体的宣传报道加强引导和管理，坚持以下原则：

33.2.5.1 正面宣传报道

发生重大农业灾害时，一方面要如实报道灾情和相关信息，引起社会舆论和公众的关心，同时要全面报道党中央、国务院和地方政府抗灾救灾的决策部署，大力宣传灾区广大军民奋力抗灾救灾的感人事迹，充分反映社会各界的无私支援和国内外对抗灾救灾工作的积极反响，以便动员和组织社会力量投入和支援抗灾工作。灾害的损失和灾民的困难也要如实报道，以引起社会的关心和帮助，但要掌握适当的分寸，不要过分夸大和渲染。

33.2.5.2 及时公开报道

在传统的社会管理体制下，发生重大自然灾害后，为防止社会恐慌，政府在采取救灾措施的同时，往往在一段时间内封锁灾情信息，控制灾区人口流动以防止疫情外传。但在当今信息社会和市场经济体制下，灾情信息是封锁不住的。真实的灾情信息如未能公开及时发布，夸大和扭曲的信息甚至谣言就会满天飞，导致公众的恐慌和社会动荡。如 1976 年夏季有些地区的农田发生草荒，就与地震谣传泛滥造成恐慌，田间管理不到位有关。重大灾害发生后，尽可能在第一时间公开如实报道，就能起到制止谣言流传和稳定人心的作用。坚持及时公开的原则并不是什么事情都要报道，如涉及国家安全的机密信息绝对不允许泄漏。尚不确定的灾害信息也不能轻易报道。如疑似动物疫病在发生症状但尚未确定是何种疫病时如轻率报道，将严重影响畜牧业生产和畜产品贸易，如果是人畜共患病还会引起巨大的社会恐慌。应该等到专业部门做出权威的鉴定，确诊疫情之后再发布。

33.2.5.3 科学准确报道

在减灾工作中媒体有责任宣传科学防灾、抗灾和救灾，介绍实用的减灾技术，反对伪科学和封建迷信。这就要求新闻工作者尊重科学，尽可能懂得一些科学知识，不要自以为是，根据道听途说或主管想象轻易下结论。如前些年有的记者了解到南瓜含糖高，就轻率写文章说"吃南瓜能治糖尿病"是误导公众，造成南瓜食品的销路一度下滑。其实南瓜所含糖分是不同于普通糖分的五碳糖，糖尿病人能够消化和吸收。2008 年到 2009 年冬北方冬小麦产区发生严重的气象干旱，有的记者不了解气象干旱与农业干旱的区别，把少数因播种质量差导致受旱较重的麦田当作全局宣传报道，一度引起国内外期货市场的悲观估计，导致小麦价格上扬。其实这一年绝大部分麦田因伏秋雨水充足，底墒良好，黄河以北的麦田又普遍浇灌了冻水，实际土壤墒情并不差，绝大部分麦苗长势良好，仍然获得丰收。[10] 2011 年初有的媒体把小麦叶片青枯，能搓成粉末点燃说成是干旱引起的，殊不知青枯是冻害的典型症状，冬季的干旱是不可能造成青枯的。遇到复杂的灾情，应向有经验的科技工作者和老农请教，对灾情形势的分析判断最好不要自己做，要请有关专业部门和权威专家发布，防止宣传报道产生负面效应。[16]

33.3 农业备灾与农村防灾避险

33.3.1 农业减灾的物资储备

33.3.1.1 备灾的意义

备灾(preparedness)指由政府、专业灾害响应和恢复机构、社区和个人运用所具有的知识和能力，对可能和即将或已经发生的危险事件或条件，以及它们的影响进行有效的预见、应对和恢复[1]，也就是平时为应对灾害所做的各种准备工作，主要包括救灾物资、资金和技术的储备，广义的备灾还包括减灾应急管理体系建设、预案编制、灾害预测和预警、救灾技能培训、志愿者队伍建设、开展灾害保险等。

重大灾害发生时，灾民急需逃生工具，避险和临时安置期间需要提供帐篷、食物和清洁饮水，伤员急需药品和急救器材，还需要拥有应急备用发电和通信设备，以防供电和通信系统因灾中断。救灾是时效性很强的工作，只有在最短时间内将急需物资发放至灾民手中才能将损害降至最低程度。救灾人员必须在第一时间到达灾区并将救灾物资送到灾民手中。抗灾抢险还需要大量物资与装备。这些物资、器材与装备在平时一般不属于生产资料，不能产生直接的经济效益，但在抗灾救灾的关键时期，却具有巨大的减灾效益。我国是自然灾害频繁发生的国家，抗灾救灾所需物资和资金的数量庞大，不可能在灾害发生时再临时筹集，必须克服短期行为，不断增强备灾观念，做好救灾准备工作，在平时逐年积累，建立完善的救灾物资与资金的储备制度。如 1972 年华北地区春夏连旱，直到 7 月 19 日，大部地区才下透雨。由于缺乏救灾作物种子储备，受灾地区缺乏灾后抢种所需要的特早熟作物和品种的种子，雨后抢种的常规品种都未能成熟。

为此，国家在综合防灾减灾"十二五"规划中提出要"加强救灾应急装备建设，研究制定各级救灾应急技术装备配备标准，全面加强生命探测、通信广播、救援搜救以及救灾专用车辆、直升机、船舶、机械设备等装备建设。优先加强西部欠发达、灾害易发地区应急装备配备"。"加强救灾物资应急保障能力建设，制定物资储备规划，扩大储备库覆盖范围，丰富物资储备种类，提高物资调配效率。充分发挥各类资源在应急救灾物资保障中的作用，提高重要救灾物资应急生产能力，利用国家战略物资储备、国防交通物资储备和企业储备等，建立健全政府储备为主、社会储备为补充，军民兼容、平战结合的救灾物资应急保障机制"。并且提出要实施"国家救灾物资储备工程"，"以统筹规划、合理分布和资源整合为原则，综合利用国家和社会现有储备仓库，新建或改扩建一批中央生活类救灾物资储备库。多灾易灾地区的省、市、县各级人民政府按照实际需要建设本级生活类救灾物资储备库，形成分级管理、反应迅速、布局合理、种类齐全、规模适度、功能完备、保障有力、符合我国国情的中央—省—市—县四级救灾物资储备网络"。"完善受灾群众生活救助、医疗卫生防疫、交通应急保障、森林防火等方面的物资储备，特别加强中西部救灾物资储备和信息管理能力，优化救灾物资管理与使用。逐步建立运力集结、资源补给、车辆维修的全国救灾物资交通运输网络，提高物资投送能力。"要求做到"自然灾害发生 12 小时之内，受灾群众基本生活得到初步救助"[17]。

目前已在各地建成一批国家级救灾物资储备库，许多省市还建立了地方的备灾中心和救灾物资储备库。中国红十字会总会在全国建立了 6 个区域性备灾救灾中心，并在北京建立了首个国家级备灾救灾中心，在上海建立了中国红十字会援外物资供应站。现有的备灾救灾中心，大多具有接收募捐、仓储、转运和培训等功能，平时是物资募集、储备和培训基地，灾害发生时则是进行灾害救助的枢纽。

33.3.1.2 农业减灾与农村救灾的物资储备

农业灾害以农业系统为承灾体，农业救灾物资储备的要求与常规救灾有所不同。需要储备的物资包括种子、化肥、农膜、柴油、农药、兽药、饲草等生产资料，农业部门虽然已建立了若干种子库，但还需要建立专门的救灾作物种子库，主要包括特早熟品种、耐涝作物、耐旱作物和速生蔬菜的种子。由于这些作物或品种在正常条件下的产量不高，一般农户与基层农业部门不会去专门储备。但一旦发生严重灾害使得当季作物绝收，适宜救灾的作物种子奇缺甚至无处可寻。

农业救灾物资储备要建立严格的管理制度，平时不得挪用，确保必要的保存数量。出入库要有严格的登记手续，易变质物资要规定明确的保存期并定期更新。如湖南省专门制定了救灾备荒种子储备管理办法，规定救灾备荒种子储备是指为应对农业遭遇特、重大自然灾害及市场供应出现短缺时进行的种子储备，主要用于调控种子市场、平抑种子价格、搞好农业灾后生产自救。种子储备必须遵循定额储备、分级负责、公开透明、保障急需的原则。储备品种应通过国家或省农业厅审定，适宜在本省域种植，抗逆性强、适应性广。根据当地自然灾害频率及历年救灾、应急补缺等情况确定合适的种子储备规模。承储单位应具有种子生产许可证和种子经营许可证，具备能够保障储备任务和种子质量的仓储设施，具有健全的仓储防护措施和管理制度。各级农业行政主管部门应与具有资质的中标承储单位签订种子储备合同，载明储备种子的作物、品种、数量、质量、期限、补贴费用等，明确双方的权、责、利。

牧区救灾物资储备最重要的是越冬饲草。通常夏秋牧草生长旺盛不存在超载问题，应适时打草。选择合适的收割时间，尽量减少翻动和搬运，减轻损失。将收割后的牧草运到高燥处自然晾晒，多雨地区可放在架子上晾晒。选择土质坚硬，地势高燥，地下水位低的地方建好青贮窖。“夏长、秋肥、冬瘦、春乏”是牧区的老问题，暴风雪和白灾是牧区的主要自然灾害，严重发生时常造成大量死畜。只要储备了充足的饲草，就能够安全越冬，还能避免春季过早放牧对草原的破坏。

农业灾害以村民和农村设施为承灾体，救灾物资储备与常规救灾的需求大体相同，民政部提出“多灾易灾地区每年都应储备一定数量的帐篷、棉衣、棉被、食品、饮水、照明和取暖设备等救灾应急物资，并建立物资储备更新、轮换的财政补偿和核销制度。”[18]但与城市居民受灾比较，农村搭建临时居所可以就地取材或利用受损房屋的材料，取水也比城市容易，有些未收获农作物可用作食物，短期生存要比城市容易解决。但通往灾区农村的交通不便，通信手段也不及城市，救援器材、人员、药物等到达灾区所花费时间要更长。因此，农村救灾物资储备要突出备用通信器材、饮用水清洁剂、急救药物、疏通道路的工具等。[19]

33.3.2 农业减灾的技术储备

33.3.2.1 农业减灾技术储备的作用

技术储备是备灾的重要内容之一。救灾物资即使充足，不懂得如何正确使用也起不了作用。缺乏必要的救灾技能，即使满腔热情也发挥不了作用。2008 年汶川地震期间，有不少热血青年前往灾区参加救援做出了重要贡献。但也有一些人未掌握任何救灾技术，反而给灾区增加了负担。20 世纪 80 年代中期，为支援黄土高原植树造林控制水土流失，组织全国各地青少年采集了大量树种草种运往西北，结果绝大多数不适应那里的土壤和气候，造成严重的资源和人力、物力浪费，而适宜当地的树种草种缺口仍很大。

由于农业灾害的复杂性和大多数累积型农业灾害的补救余地较大，农业减灾的技术储备尤为重要。如近年来我国西南地区的季节性干旱有发展加重趋势，四川省充沛的农业抗旱科技储备及丰富的农业节水示范经验，在科学抗旱减灾中发挥了重要作用，现已形成坡面集雨技术体系、旱育秧、地膜覆盖等一批节水型栽培技术，研发了一批适合丘陵区田间耕作的节水机具设备等新产品。[20]

由于长期以来农业减灾科技投入不多，研究基础薄弱，现有农业救灾技术大多依靠过去为数不多的研究成果和前人经验的积累。2008 年南方低温冰雪灾害期间，科技部汇总已有成果组织编写了《南方地区雨雪冰冻灾后重建实用技术手册》(一)和(二)两批材料在网上发布，湖南省科技厅救灾减灾协调领导小组编制了《湖南省科技救灾减灾实用技术手册》，其他省区也编印了类似的科普材料。虽然对指导当时的应急救灾发挥了积极作用，但缺乏系统性，少数技术的针对性与可行性不足。1991 年江淮洪涝之后，中央提出有什么补救措施，多数农业科技工作者一时难以回答。经过最近十多年的积累，目前初步掌握了一些洪涝灾后补救技术，但有关作物洪涝灾害规律和适应机理的深层次研究仍很薄弱。

33.3.2.2 加强农业减灾技术研究与储备

长期以来对于农业减灾技术的研究不足，立项较少，一个重要原因是农业减灾技术研究不像高产技术研究那样容易立竿见影，显示性强。灾害的发生又具有一定的随机性与偶然性，研究计划期间有可能没有发生所要研究的灾害，或实际发生的是其他灾害，使得这类研究能否取得预期成果带有相当大的不确定性。人为模拟胁迫环境的减灾技术研究成本较高，而且模拟灾害环境与农田真实环境还有较大差异。为此，需要增加农业灾害机理与减灾技术研究的投入，应将农业减灾研究作为一种基础性研究长期坚持下去，允许科技工作者根据实际灾情灵活调整研究计划，特别充分利用当时正在发生的灾害取得第一手调查和观测资料，试验和检验各种减灾措施的效果。我国农民在长期生产实践中积累了许多经验，如能系统提炼总结，再有重点地设计安排试验研究，可能缩短农业减灾研究获得成果的周期。

农业灾害与农业生产都具有很强的区域性，需要按照不同区划，收集、整理和归纳现有减灾技术，提出初步的技术清单。在此基础上制定研究规划，针对薄弱环节和关键技术重点深入研究，逐步形成主要农区重大灾害的减灾救灾技术储备和数据库。

33.3.2.3 建立区域性减灾技术与人才库

经验丰富的农业科技工作者是农业减灾技术的载体。重大农业灾害发生时，往往在不同作物、不同品种、不同田块之间，作物长势和实际灾情大不相同，不能简单照搬同样的减灾措施。现有的书本知识往往不能满足因地制宜科学减灾的需要，必须组织有经验的农业科技人员深入田间现场诊断分析。由于农业生产的复杂性与多样性，目前还没有哪个人能熟悉全国各地所有农业产业和所有作物、所有灾种的减灾技术。需要按照农业区划，建立不同产业和主要领域的农业减灾专家库。在发生重大灾害时，组织减灾技术人才实地考察会诊，才能提出符合实际的减灾与补救技术。

33.3.3 农村重大灾害的避险

农村在发生地震、洪水、滑坡、泥石流、森林或草原火灾等危及生命安全的重大灾害时，存在逃生与应急避险的问题。国家综合防灾减灾"十二五"规划提出要"在农村灾害易发区，结合乡村布局、人口分布和灾害隐患分布情况，依托现有学校、体育场等公共场所，新建或改扩建乡村应急避难场所"。[17]不同的灾种，对于防灾避险场所选址和建设的要求也各不相同。国家减灾委员会在《关于加强城乡社区综合减灾工作的指导意见》中提出："避难场所应具备供水、供电、公厕等基本生活保障功能。要明确避难场所位置、可安置人数、管理人员等信息，标明救助、安置和医疗等功能分区，在避难场所、关键路口等位置设置醒目的安全应急标志或指示牌，引导社区居民在紧急时能够快速到达社区灾害应急避难场所。"[21]

发生地震时，城市居民通常利用公园、体育场馆和影剧院作为临时地震避难场所，北京等大城市已建成一批地下的地震避险场所，具有完善的设施。但农村的情况不同，一方面，没有城市里高楼倒塌的危险；另一方面，农村的房屋往往缺乏抗震设计容易受损。日本的农村和山区，中小学校是地震发生时周围居民的主要避难场所。虽然学校的建筑并不豪华，但很结实，建筑质量是农村公共建筑中最高的，而且都经过严格的抗震设计。由于一般农村中小学校的楼层较低，教室比较宽敞，承重也不多，在较强烈的地震中不会垮塌。我国汶川地震中中小学校的建筑倒塌较多，是由于当地属于贫困地区，学校建筑未经防震设计和抗震加固，有的甚至是"豆腐渣工程"。2008 年 12 月 27 日国务院公布修订后的防震减灾法明确规定，"对学校、医院等人员密集场所的建设工程，应当按照高于当地房屋建筑的抗震设防要求进行设计和施工”。今后随着国家逐年增加教育经费投入和地方政府和群众对教育的日益重视，这种情况会逐步扭转。[22]农村还可以选择没有倒塌危险，承重量不大的单层仓库和厂房作为临时避难场所。农户也可利用塑料大棚及畜舍临时避险，或在地势比较平坦开阔的地方搭建简易房或防震棚。总之，在农村寻找或搭建临时的地震避难场所要比城市更容易解决。但在农村需要注意避开可能发生洪涝、滑坡、泥石流的地方。在没有适宜临时避难场所的情况下，国家民政部门会紧急调运救灾帐篷临时安置灾民。

农村地震避难场所的规模应能满足全村居民在强烈地震发生时临时避难的需要。短期避难场所可以村或村民小组为单位集体修建，也可鼓励农户按照家庭人口多少和短期生活需要利用自家材料修建，但不得影响集体和他人。避难场所布局要考虑救灾物资的输送和分配。北京市在规划和建设应急避难场所时已经和周边或相关的商业机构和医疗卫生部门签订了应急供应和服务协议，还建有专门的食品、工具等救援物资的储备仓库。农村地区的地震避难场所布局也要考虑与本地区商业、物资、粮食和医疗机构的联系。[23]

滑坡、泥石流等地质灾害多发的山区，首先要进行实地勘察，位于潜在滑坡体下方或泥石流沟口等险区的农舍与村庄都应搬离。如暂时不能搬迁或搬迁后仍有风险，也需要加强避险场所的建设。一旦发生暴雨或地震可能引发地质灾害，要迅速组织村民到避险场所临时躲避，直到险情消退才能搬回。临时避险场所应选择离村庄不太远，容易到达，又远离潜在滑坡体或泥石流沟口的坡地建临时用房或选择较稳固和宽阔的山洞。还应储备一些粮食、饮用水和被褥等，以备短期生活使用。[24]

居住在低洼地、蓄滞洪区和江河沿岸的村庄需要建立防御洪水的避险场所。如预期洪水不会太大，可在村内相对高处修建地基较高又坚实牢固的避洪楼，附近有高地的也可在那里修建避洪场所。地势低平，本地无处可建避险场所的村庄，如暂时不能搬迁，要制定撤离的预案，事先准备好车辆，疏通道路，一旦收到洪水袭击的预警信号，立即组织村民按照制定路线撤退到安全地带的临时避难所。

林区和草原的居民还有一个躲避森林火灾或草原火灾的问题。由于森林或草原一旦形成大火会很快大范围席卷，很难在短时间内扑灭，临时避险场所最好设置在地下，事先清除周围的一切可燃物，并将地面浇湿。避险场所内要储备足够的水和消防器材，还要储备一些食物、毛巾和药品，有条件的应配备一些防毒面罩。

利用邻近非灾区临时安置也是避险的有效措施。《自然灾害救助条例》规定：“受灾地区人民政府应当在确保安全的前提下，采取就地安置与异地安置、政府安置与自行安置相结合的方式，对受灾人员进行过渡性安置。”“就地安置应当选择在交通便利、便于恢复生产和生活的地点，并避开可能发生次生自然灾害的区域，尽量不占用或者少占用耕地。”[24]

33.4 农业防灾工程与应急抢险

33.4.1 农业防灾工程的类型与作用

防灾是指全面防止致灾因子和相关灾害的不利影响[1]。工程指按照某种预定目标，应用有关科学知识和技术手段，通过有组织的人类活动将某个或某些自然或人造实体转化为具有预期使用价值的产品的过程。

减灾工程(disaster mitigation engineering)是为达到减灾目的而实施的一系列工程活动的总称，其中在灾前实施、具有预防作用的工程称为防灾工程(disaster prevention engineering)，农业防灾工程是以预防农业灾害为目的的防灾工程。

农业防灾工程是农业减灾行动的硬件，按照工程所防御灾害的不同，可分为农业水利工程、农田基本建设、农业生态工程、农业设施防护工程等类型。

农业水利工程用于防御水旱灾害，包括防洪工程与抗旱节水工程；农业生态工程用于防御各种农业生态灾害，包括水土保持工程、防沙治沙工程、农业污染治理工程等；农业设施防护工程用于各种农业基础设施的防护与加固；农田基本建设则兼有预防水旱灾害、地质灾害和生态灾害的作用。

33.4.2 农业水利防灾工程

33.4.2.1 防洪工程

防洪减灾工程措施包括修筑堤防、整治河道、修建水库、修建分洪区和抢险工程等。

堤防是中国目前最主要的防洪工程措施之一，分为江河堤防、圩垸围堤和海堤三类，现已有各类堤防 29.4 万 km，保护着全国 1/3 以上的耕地。此外还有不少临时性的生产堤。堤防的作用是限制洪水泛滥，保护居民安全和工农业生产，提高河道的泄洪排沙能力，防止风暴和海潮的袭击。依靠大堤的保护，黄河近 60 多年来未再决口。但是目前我国堤防普遍存在防洪标准偏低、一些堤防质量不高、存在险段等情况，对堤防的人为破坏和自然破坏都很严重，有的地区在河床内建房植树，带来大量隐患。对堤防设计也急需制定全国性的规范。

整治河道主要是清淤清障、裁弯取直、拓宽河槽和增辟入海河道，目的是提高河道的宣泄能力。

水库的防洪作用是拦蓄上游洪水。截至 2008 年，全国已建成各类水库 8.7 万座，总库容为5 386 亿 m^3。中国大多数河流的洪水是由一次或几次集中暴雨形成，上游山区与平原交界地带的控制性水库常常对下游平原的防洪起着决定性的作用，其防洪作用大小与水库位置、库容、下游安全泄洪量及调度运用方式有关。在“大跃进”时期修建的许多水库未经勘探设计，有的选址不当，地质基础不好，有的施工质量有问题，有的则库容偏小。据调查有相当数量的水库为病险库，几十年来因垮坝决堤造成的严重洪灾已发生多起，应抓紧对全国的病险库进行加固处理，制定水库安全标准，新建水库一律严格执行。修建水库需要对全流域统一规划，合理布局，兼顾发电、灌溉与防洪。北方水库的泥沙淤积也是一个大问题，应注意上游的水土保持和对水库的合理调度，蓄清排浑。

对于超过工程能力的特大洪水应建立妥善的分洪滞洪方案，牺牲分滞洪区的局部利益，确保大局，最大限度地减轻洪涝灾害。在 1963 和 1996 年的两次海河流域洪水中，分洪区都发挥了关键作用，保护了下游的天津市。经过 1991 年以后 20 年来的治理，中国各大江大河的防洪能力有了较大提高，但中小河流仍仅能防小于 20 年一遇的洪水，平原的许多大中城市在发生特大洪水时要依靠上游的临时分蓄洪。各地的分滞洪区在平年是农业生产基地，生产与分蓄洪的矛盾突出，应妥善处理。首先应通过法律形式明确分滞洪区的作用和范围，建立明确的运作方案；其次应严格控制人口，合理利用土地，设计安全的行洪疏散路线；完善分蓄洪区的安全设施和通信、警报系统，建立强有力的管理指挥机构；对分蓄洪区内的各种建设要制订标准和规范。

河道堤防抢险要掌握"守岸护滩，固基防冲，控制河势，稳定全局"的原则，及时堵漏堵决口，加高加固防漫溢，埽工技术也是堤防抢险的重要手段，即将柳枝、柴草、土石分层平铺地面，再用绳索捆成圆柱状，当洪水冲击出现险情时放在险段外水中，比单用块石的效果好得多。

河道防洪关系到两岸人民的生命财产，必须建立强有力的统一指挥系统，坚决反对见死不救，以邻为壑，不顾大局，损人利己的本位主义行为。中国南方几十年来的过度围湖垦田已使湖泊蓄洪量大大减少，洪涝灾害日趋严重，今后应予严禁。[25]

33.4.2.2 抗旱水利工程

抗旱工程以水利工程为主，包括水源工程、水资源调配工程、灌区工程和节水工程四大类。此外，农田基本建设和土壤改良工程也兼具抗旱功能。1949—2008 年中国共投资 10 034.6 亿元，水利工程规模和数量跃居世界前列并形成较完整体系，先后战胜较大的严重干旱 17 次。1949 年全国农田灌溉面积只有标准很低的 1 600 万 hm^2。60 年来扩大到 5 847 万 hm^2，占全国耕地面积的 48.0%，占世界 1/5，居世界首位。60 年来中国累计解决了 2.72 亿农村人口的饮水困难，到 2004 年底基本结束了农村严重缺乏饮用水的历史。[26]

1. 水源工程

水源工程包括拦蓄工程、引水工程、提水工程和集雨工程等。

拦蓄工程包括 8.7 万座大中小型水库、无数塘坝和各类水闸 43 829 座。

提水工程包括机电井和扬水站。到 2008 年全国累计建成各类机电井 522.6 万眼，其中配套机电井 474.1 万眼，装机容量 4 657 万 kW。固定机电抽水泵站 51.8 万处，装机容量 4 437 万 kW，形成雨季利用天然降水回灌地下水，旱季利用地下水弥补降水不足的格局。但目前各地雨季回灌地下水的设施尚不健全，急需加强技术改造。[26]

在地表水源和地下水源都很缺乏的黄土高原坡梁地、华北土石山区、西南石灰岩山区等地，大力推广雨水集蓄利用小型水源工程。据不完全统计，到 1999 年底全国共修建各类水窖、水池等微型雨水集蓄工程 464 万个，总蓄水量 13.5 亿 m^3，发展灌溉面积 151 万 hm^2 以上。2000 年以后各地又修建了数百万眼水窖，估计可新增集雨灌溉面积 400 万～666.7 万 hm^2。[27]

2. 跨流域水资源调配工程

为缓解不同地区之间水资源分布与供需失衡的问题，20 世纪 60 年代以来先后修建了引江济淮、引滦济津、引黄济青等跨流域调水工程。为解决黄淮海流域的严重干旱缺水，从长江流域引水补给的南水北调工程正在分步实施。其中东线工程主要解决天津市、山东省与河北省东部的缺水，中线工程主要解决河南省、河北省中南部和北京市的缺水，西线工程主要解决黄河上中游及邻近地区的缺水。目前东线工程进入扫尾并已发挥显著效益。中线工程正在紧张施工，数年后可全线贯通。西线工程在论证中。该项宏伟工程全面完成后将极大缓解北方水资源紧缺对经济发展的严重制约，提高抗旱减灾能力，改善北方生态环境。

3. 灌区工程

中国古代就已形成多个传统灌区。新中国成立以来对老灌区进行了改造，提高了灌溉保证率，还兴建了一大批新灌区。截至 2008 年，全国设计 667 hm^2 以上灌区有 6 414 处，有效灌溉面积 2 944 万 hm^2，占全国一半。但随着经济迅速发展，全社会用水总量不断增加并挤占农业用水，灌区抗旱由过去不断扩大灌溉面积，增加灌溉水量转变为“以内涵为主，适当外延”的方针，重点放在现有灌溉工程修复改造上，努力提高现有灌区和现有设备的效益。[28]

4. 节水工程

节水是中国的一项基本国策，也是一项抗旱工程措施。农业是用水大户，国家鼓励农民投资节水，主要节水灌溉方式有渠道衬砌、管道输水、喷灌、滴灌、膜下灌、微灌等。2008 年当年完成投资 90.8 亿元，新增节水灌溉面积 165.1 万 hm^2。目前，全国已确立国家和省级节水型社会建设试点 100 多个。2003—2006 年全国万元 GDP 用水量从 448 m^3 下降到 272 m^3，灌溉水有效利用系数从 0.44 左右提高到 0.46。[26]

33.4.3 农田基本建设与中低产田改造工程

农田基本建设(field construction)指为发展农业生产，在土地上采取工程措施和生物措施，兴建能长期发挥效益的设施，对农田进行改造和建设所采取措施的总称，目的在于改变农业生产基本条件，提高抗灾能力，挖掘土地生产潜力，扩大稳产高产农田面积，为农业生产机械化、园田化和集约化创造条件。

农田基本建设的内容，在平原地区主要包括平整土地和土地整理，在丘陵和山区主要是水土保持和修筑梯田，此外，不同地区都有改良土壤、营造农田防护林等措施，广义的农田基本建设还包括农田水利工程。

33.4.3.1 平整土地

平整土地是平原地区农田基本建设的主要形式。过去，华北平原的农田是“大平小不平”，虽有灌溉条件，但浇水后高处仍然干旱，低处积水成涝，作物生长很不整齐。20 世纪 70 年代进行了大规模的土地平整，有效提高了灌溉效益和抗旱能力。

33.4.3.2 土地整理

土地整理(land consolidation)是指在一定区域内，依据土地利用整体规划，采取行政、经济、法律和技术手段，对土地利用状况进行综合整治，增加有效耕地面积，提高土地质量和利用效率，改善生产、生活条件和生态环境的活动。[28]广义的土地整理还包括土地开发与土地复垦。土地复垦是指采用工程、生物等措施，对在生产建设过程中因挖损、塌陷、压占造成破坏、废弃的土地和自然灾害造成破坏、废弃的土地进行整治，恢复利用的活动。土地开发是指在保护和改善生态环境、防止水土流失和土地荒漠化的前提下，采用工程、生物等措施，将未利用土地资源开发成宜农地的活动。近年来由于农村人口加速城镇化，大量良田被占用，矿山开发也使许多农田受到破坏。结合社会主义新农村建设开展土地整理，农民集中居住后，可以腾出不少宅地，可将小块农田合并成大片农田统一规划。

33.4.3.3 水土保持和修筑梯田

中国雨养农田占50%以上，其中60%是坡耕地，水土流失严重，对于干旱十分脆弱。1949—2008年，中国累计治理101.6万km^2，占全部水土流失面积的28.5%。建设基本农田1 300万hm^2，营造水土保持林4 633万hm^2，建成淤地坝、塘坝、蓄水池、谷坊等小型水利水保工程680多万座。全国植被覆盖率提高了11.46个百分点，全国年均减少土壤侵蚀15亿t。水土流失地区建设基本农田的主要方式，在坡耕地上是修筑梯田或营造生物篱，在沟谷是修建淤坝地。

黄土高原是中国古代文明的摇篮。由于长期开垦破坏植被，土壤侵蚀严重，是世界水土流失最严重的地区之一。综合治理方针是以水土保持为中心，改土与治水相结合，治坡与治沟相结合，工程措施与生物措施相结合，实行农林牧综合发展。长期坚持植树造林种草，增加植被覆盖，压缩农业用地，将坡耕地改为水平梯田，推广节水增产技术；修建水库、打坝淤地；以小流域为单元，统筹规划，综合运用工程技术、农业技术和生物技术，改进经营管理。截至2002年底，水土流失初步综合治理面积累计18万km^2，建成淤地坝11.35万座，小型蓄水保土工程400多万处，兴修基本农田646.7万hm^2，20世纪70年代以来，年均减少入黄泥沙3亿t左右，平均每年可增产粮食50多亿kg。[29]

33.4.3.4 改良土壤

黄淮海平原是历史上旱灾最严重的地区。20世纪60—80年代，开展了大规模的治水改土，逐步形成了治理旱涝灾害和改良低产土壤的技术体系，统一规划，分区治理；治水与用水并重，灌溉与排水并重，有条件的地区适当蓄水；开源节流，推广节水型农业；引黄灌区推广井渠结合灌溉；改土培肥，防止土壤盐碱化。经过20多年的综合治理，昔日低产贫困多灾缺粮的黄淮海平原得到了有效治理，从1983年起每年能提供100亿kg以上的商品粮。[30]

南方丘陵平原地区实行了以提高土壤肥力和中小河流综合治理为中心的农田基本建设。对各地的瘠薄地、盐碱地、渍涝地、风沙地、潜育化稻田等各地主要低产土壤也进行了综合治理，都取得了良好效果。其中瘠薄地广泛分布各地，占全国耕地面积的24.65%，土层薄，肥力低，主要措施是培肥改土，加深耕层。盐碱地分布在西北、华北和沿海，占全国耕地面积的5.39%，可通过洗盐排碱改种水稻，井灌井排，深挖排水沟降低地下水位，种植耐盐绿肥作物等措施改造。渍涝地占全国耕地面积的5.32%，分布在平原低洼地，需开沟排水，打破犁底层，降低地下水位。风沙地占全国耕地面积的4.72%，主要分布在长城以北，土壤风蚀沙化，肥力很低，应综合治理风沙，包括工程固沙，营造防风林草带，留茬覆盖，扩大灌溉等。潜育化稻田主要分布在江汉平原、鄱阳湖平原和四川盆地，占全国耕地面积的6.39%。因地下水位高，土壤通透性差，地温低，有机质分解慢，还原物质积累多，严重限制水稻产量的提高，应降低地下水位，水旱轮作，增施有机肥。[31]

33.4.4 农业生态防灾工程

农业生态防灾工程旨在改良农业生产的生态结构与环境条件，创造有利于农业生物的局部生境，以达到减灾增产的目的。

1. 狭义的农业生态工程

指有效运用生态系统中生物群落共生原理，多种生物成分之间相互协调和促进的原理，以及物质和能量多层次多途径利用和转化的原理，建立能合理利用自然资源，保持生态稳定和持续高效功能的农业生产体系，多为微观尺度，主要包括以下两种类型：

(1)农林复合生态工程　生产实践中已证明有效的有黄淮平原的桐麦间作、枣粮间作，南方的桑菜间作，东北的林参间作，南方山区竹林下栽培食用菌等。

(2)立体种养生态工程　如华南的桑基鱼塘、蔗基鱼塘、草基鱼塘、稻田养鱼等，以及目前在全国各地推广的畜禽舍与蔬菜大棚及沼气池一体化的设施农业生态工程。

这些复合生态系统通常要比单一生物种群的生态系统更加稳定，抗干扰和抗灾能力更强。农业生态工程必须因地制宜，寻找合理和互补的生物组合，讲求实效，一地的农业生态工程模式不能简单照搬到不同的生态区，必须经过试验、示范。

2. 广义的农业生态工程

包括水土保持工程、植树造林工程、防沙治沙工程等，多为宏观尺度，其中植树造林工程，有些是与水土保持工程和防沙治沙工程相结合，有些则与农田基本建设工程相结合。

(1)水土保持工程　是防止水土流失，保护水土资源，维持和提高土地生产力，建立良好生态环境，最大限度发挥水土资源的社会经济效益的综合性工程技术的总称，是山区发展生产的基础和国土整治的重要内容。水土保持工程具有保水、保土、保肥和缓洪拦沙的作用，可减轻干旱、山洪、泥石流、滑坡等灾害，是根治山区自然灾害的根本措施。水土保持的工程措施包括以梯田、水平沟、鱼鳞坑为主的治坡工程和以谷坊坝、拦沙坝为主的治沟工程。与工程措施相配合的还有耕作措施和生物措施，前者包括等高耕作、带状间作、沟垄种植、覆盖、合理轮作、免耕少耕、培肥土壤等，后者包括营造水土保持林、水源涵养林、封山育林、种植灌木和牧草等。

(2)防沙治沙工程　中国是世界上荒漠化威胁最严重的国家之一，防沙治沙是防治荒漠化的主要工程之一，包括工程措施和生物措施。工程措施包括表面铺设沥青、黏土等固沙物质，建设挡沙墙，用干草埋设草格子，引水拉沙和修筑灌渠等；生物措施包括种植防风固沙林，荒漠化土地退耕还牧，引种沙生灌木和草本植物等。从沙漠穿越的包兰铁路由于采取了固沙措施，已安全运行数十年，堪称世界奇迹。治沙效果显著的陕北榆林地区已出现沙退人进的可喜景象。

60 年来，中国在东北、华北和西北沿沙漠外围兴建了延伸数千千米的三北防护林带，在华北平原大面积营建农田防护林网，在沿海营造防风林，有效减轻了干旱、干热风和风暴潮的危害。

33.4.5　农业设施防灾工程

广义的农业设施包括水利、电力等生产性基础设施，教育、医疗、广播电视等服务性基础设施，技术推广、信息服务、病虫害监测与防控等社会性基础设施，农产品市场、交通等流通性基础设施。[32]狭义的农业设施指农业生产过程中使用的各种建筑设备和器材，主要包括日光温室、塑料大棚、畜舍、防虫网、遮阳网、水产养殖网、蔬菜育苗盘、水稻育秧盘、种子库、农产品储藏库和冷藏库、饲草料储藏库等。设施农业是利用人工建造的设施，使传统农业逐步摆脱自然的束缚，走向现代工厂化农业、环境安全型农业生产和无公害农业，同时也是打破传统农业的季节性，实现农产品的反季节上市，进一步满足多元化、多层次消费需求的有效方法。

通过兴建农业设施达到防灾和增产增收目的的农业工程称农业设施防灾工程。如日光温室和塑料大棚能在很大程度上克服低温的影响，使作物种植季延长，甚至生产反季节农产品，同时还能减轻干旱、暴雨、大风、冰雹等多种灾害的影响。北方加盖塑料薄膜的暖圈能有效提高畜舍内温度，减轻低温造成的越冬掉膘和死亡。南方菜田使用遮阳网后，能有效减轻高温的危害，使果菜类能安全越夏。防虫网能防止害虫入侵。牧区储备饲草料能有效减轻草原白灾的危害，确保牲畜安全越冬。储备救灾种子，可供发生灾害前茬绝收后迅速抢种补种。鲜活农产品冷藏库和冷藏车可以避免储藏和运输途中的霉烂损失。

这些农业设施虽然具有显著的防灾作用，但本身也有一定的脆弱性。如 2009 年 11 月 10—12 日席卷河北省大部地区的暴雪压垮了数万大棚，北京郊区也损失了 7 000 多个大棚。地震、洪水、大风、冰雹也经常对温室和畜舍造成损毁。因此，需要对农业设施经常进行检修、加固和定期更新。

目前我国农业设施建设严重滞后，现有农业设施建造标准不高，抗灾能力弱。如 2009 年 11 月 10—12 日河北省被暴雪摧毁的大棚，大多是竹木结构，而北京郊区的钢筋混凝土结构日光温室在暴雪中损坏就很轻。还有一些农业设施的建造和设计不科学，如北京市在 20 世纪 80 年代中期引进的工厂化养猪成套设备照搬华南的设计，猪舍高大并开设许多地窗，粪便采用水冲。虽然夏季通风良好，但冬季保温性能很差，不得不增建仔猪红外线暖房和在猪舍内加盖隔热帘。由于北京严重缺水，大量用水冲洗猪粪不但加剧了水资源的紧缺，而且导致对地下水和地表径流的严重污染。21 世纪初期起北京地区的工厂化养猪改水冲为干出粪，通过铺垫碎秸秆和利用微生物技术，有效解决了原有猪舍保温性差、高耗水和高污染的问题。

33.5 农业减灾法制建设

33.5.1 法制建设在减灾中的作用

法制(legal system)是法律和制度的总称。灾害管理法是国家制定或认可并强制实施的有关灾害管理的法律规范的总称，对现代国家的灾害管理起着调整、保障、规范和监督的作用，是灾害管理的有力手段。

灾害管理法的作用：规范政府及官员灾害管理的行为，保障灾害管理的顺利进行；指导和规范减灾技术的管理；规范公民在防灾减灾中的行为，鼓励在减灾工作中取得成绩的单位和个人，惩处和制裁在灾害管理中失职的行为，打击破坏灾害管理的犯罪行为。

灾害管理法既具有很强的技术性和专门性，又具有广泛的综合性，涉及人民生活、社会经济和政府管理的各个方面，不仅表现为许多单项灾害的管理技术法规，还体现在宪法、民法、刑法、行政法、劳动法、经济法、诉讼法及许多部门法律和法规的有关内容中。

中国的减灾立法包括以下层次：国家与减灾有关的基本法律白全国人民代表大会法制委员会审议，由全国人民代表大会通过；单项减灾的法规由主管部门起草，报国务院审定颁布；各业务主管部门制定技术性法规；省市区的人大及政府制定颁布地方性法规、实施细则和补充规定。违反灾害管理法律、法规的单位和个人要承担相应的法律责任，并区别行政责任和刑事责任等不同情况分别接受行政或刑事处罚。

自开展"国际减灾十年"活动以来，经过20多年的工作，中国灾害管理立法已取得一些成效，在地震、气象、环境保护、土地利用、农业生物灾害等方面的立法工作有很大进展，已初步建立起灾害管理法律体系的雏形。但部门灾害管理法、配套法规制定和实施细则的制定任务还十分繁重。2003年的"非典"疫情和2008年的汶川地震极大促进了国家减灾法制建设。到2012年1月为止，根据中央政府门户网站的公布，除2007年8月30日第十届全国人民代表大会常务委员会第二十九次会议通过的《中华人民共和国突发事件应对法》外，已公布的国家级应急管理法律有102部，其中自然灾害类17部，事故灾难类39部，公共卫生事件类10部，社会安全事故类36部，均由全国人民代表大会常务委员会通过。条例有61部，均由国务院常务会议通过。此外还有实施细则、规定、办法等，由国务院公布。各省、市、自治区也制定了一系列国家减灾相关法律的实施细则和地方性减灾法规。

虽然我国已出台《中华人民共和国突发事件应对法》，但该法律包括四类突发事件，针对性不强。从世界各国的减灾立法事件看，有必要专门建立一部专门针对自然灾害减灾的综合性法律。现有的《自然灾害救助条例》虽有所突破，但要解决全局性问题还有许多局限。[33]

33.5.2 农业减灾法制建设的进展与不足

改革开放以后，特别是2003年以后，农业减灾法制建设明显加快。国务院已公布与农业减灾有关的法律有水法、防沙治沙法、森林法、大气污染防治法、水污染防治法、固体废物污染环境防治法、海洋环境保护法、进出境动植物检疫法、动物防疫法、保险法、农业法、种子法等12部，条例有防汛条例、抗旱条例、水库大坝安全管理条例、蓄滞洪区运用补偿暂行办法、人工影响天气管理条例、森林防火条例、森林病虫害防治条例、森林法实施条例、草原防火条例、渔业船舶检验条例、农业转基因生物安全管理条例、重大动物疫情应急条例、植物检疫条例、粮食流通管理条例、中央储备粮管理条例、农药管理条例、兽药管理条例、饲料和饲料添加剂管理条例、基本农田保护条例等19部。农业部还制定了病原微生物实验室生物安全管理条例、动物防疫条件审核管理办法、动物检疫管理办法、动物免疫标识管理办法、国家动物疫情测报体系管理规范、兽医实验室生物安全管理规范等部门管理法规。各级农业部门坚持依法防灾减灾，加大执法力度，使农业防灾减灾工作逐步进入法制化轨道。[12]

但是，与其他部门及与农业灾害的形势相比，农业减灾法制建设仍显薄弱。由于农业灾害与减灾工作的复杂性，需要专门制定针对农业灾害的法律和法规，以规范农业部门和农业生产者的行为，实现科学、高效的减灾。

世界很多国家和地区对于对农业灾害救助都有具体明确的法律规定，虽然我国大陆也有一些自然灾害发生后对农民进行救助的政策，但在国家公布的相关法律、法规和预案中对于农业灾后救助的内容很少，难以实施和落实。如国家自然灾害救助应急预案中仅有2条涉及到自然灾害发生后对农民的救助，而且现有救助规定都只是对灾民生活上的救助，远不能满足灾后农业生产恢复的需要。我国现有农业保险的灾种范围也较窄，试点范围不大。现有《农业法》对于农业保险和灾后救助只有原则性的一两句话，没有具可操作性的硬性规定，也没有应急贷款制度的规定。构建农业灾害救助法律制度已是一项紧迫任务。[34]

2003年以后，虽然我国的突发事件应急能力与管理水平有了很大提高，但应急管理主要是灾害事故发生之后的政府减灾行政，基本上属于“治标”，只能解决局部应急环节，难有治本之策。相对于危机管理，更重要的是常态建设。加强应急管理不能代替防灾救灾体制、机制和法制的完善。[35]尤其是对于农业生产上的累积型灾害，加强灾害的风险管理和防灾备灾，可以事半功倍，而单纯依靠应急管理则往往事倍功半。

实施农业标准化是用工业理念管理农业的重要内容，也是保护生态环境、实现减灾防灾和农业持续健康发展的必要条件。农业标准化包含农产品生产环境、生产过程和工艺以及农产品的标准化等三个方面。实施农业标准化，有利于推动科学防灾，增加产量，提高产品质量；有利于合理利用资源，保护环境，防灾减灾，提高社会经济效益；有利于趋利避害，发展地方名、特、优产品生产；有利于促进农业产业化、经济合作和增强防灾减灾能力。目前我国农业标准化工作还比较薄弱，体系不健全，执行不严格，标准化与防灾减灾缺乏统一规划。必须按照农业标准化的要求科学制定防灾减灾对策，切实抓好农业生产环境、生产投入品、生产过程等环节的工作，实现由事后检查把关为主，向预防为主、综合治理、全程管理上转变。农业生态环境直接影响农业防灾减灾能力，必须按照农业标准化的要求，实施退耕还湖、退耕还林、退耕还草，封山绿化，资源保护与开发利用有机结合，从源头上排除和控制污染。[36]

33.5.3 提高依法减灾的自觉性

依法就是要遵循法律法规，依法减灾是依法治国的重要组成部分。依法减灾包括政府部门的减灾行政工作、司法部门对违法行为的惩处、公民的减灾守法和履行义务等。

各类减灾法律法规对发生灾害时政府部门应采取的减灾措施有明确的规定，各级政府有责任加强防灾减灾工作，公民有权利督促政府部门采取减灾措施，也有义务参与政府部门组织的减灾行动。同样，对于减灾中的违法行为，公民有劝阻和举报的权利，政府部门有依法处置的权力。目前在减灾法制建设中存在的问题，一方面是减灾法制还不够健全，更严重的是有法不依，执法不严。如根据《防洪法》的规定，“禁止围湖造地。已经围垦的，应当按照国家规定的防洪标准进行治理，有计划地退地还湖”，“护堤护岸林木，不得任意砍伐。”《抗旱条例》规定“禁止非法引水、截水和侵占、破坏、污染水源。禁止破坏、侵占、毁损抗旱设施”。但在各地农村中，为追求短期经济利益，盲目围垦、非法截水、侵占河道、污染水源的行为仍经常发生。因此，一方面要继续完善减灾法制建设，对已经出台的减灾法律法规，地方政府要结合本地情况制定实施细则，以规范执法行为；另一方面，要加大宣传力度，政府部门的公务人员要严格依法行政，企业和公民也要严格守法和自觉依法办事。

33.6 农业减灾预案的编制与实施

33.6.1 减灾预案的作用

减灾预案(pre-plan of disaster reduction)是政府、有关部门和企事业单位在发生重大灾害事故时应采取的一整套管理办法、技术措施和减灾行动的指导性方案。编制减灾预案可以使政府在发生重大灾害时能有计划有准备地应付突发事件，提高抗灾救灾组织指挥效率和整体救灾功能，使各基层单位能根据实际情况实施紧急抢救行动，防止次生灾害和衍生灾害，控制灾情发展蔓延，使决策者和救灾人员心中有底，减轻心理压力，做到有章可循，有条不紊，临危不惧，防止消极被动。

自 2003 年下半年以来，国务院组织编制了一系列应急预案，已经取得了显著的减灾效益。过去在发生重大灾害时，由中央或地方政府组成临时性的抗灾救灾领导小组，虽然起到一定的统筹协调作用，但由于匆忙组建，缺乏思想、物质和技术准备，减灾效果不够理想，有时还会贻误时机。如 1976 年的唐山地震发生后，中央立即调动军队和医护人员连夜赶往灾区，但由于缺乏安全的挖掘机械和灵敏的生命探测仪器，埋在废墟下的数以万计的灾民未能救出。制定和实施了一系列应急预案后，发生同等强度和规模的重大灾害和事故时，能够做到科学应对，死伤人数和经济损失都有明显的下降。

目前我国已初步建立起比较完整的突发事件应急预案体系，国家突发公共事件预案体系包括国家总体应急预案、国家专项应急预案和部门应急预案，到 2007 年为止已发布 107 件。各地各级地方政府也编制了许多突发事件应急预案。上述预案由各级政府和有关部门按照统一领导、分级负责的原则分别制定。据研究，发生特别重大突发事件时，如果逐级等待上级指示再行动，与每一级按照应急预案立即自行启动，效率要相差 300 多倍，而第一时间处置的好坏往往决定了伤亡大小和处置成本的高低。国家应急预案体系的不断完善，必将提高全社会应对突发公共事件的能力。[37]

由于农业系统的弱质性与脆弱性，编制农业减灾预案尤为重要。发生农业灾害时，有无准备，有无预案，后果大不相同。1972 年华北平原北部春夏连旱，直到 7 月 19 日才下了透雨。由于生长期不够，雨后抢种的作物绝大多数未能成熟。只有特早熟谷子品种和绿豆、红豆、荞麦等能够成熟，但当时没有足够的种子储备。许多牧区在发生白灾，牲畜大量死亡，才后悔没有在夏秋多割打和贮藏饲草。2009 年 11 月中旬河北中南部的特大暴雪造成几万个大棚倒塌，如果有预案，在下雪前采取加固措施，边下雪边清扫棚顶积雪，后果也许不会那么严重。

33.6.2 农业减灾预案的编制

33.6.2.1 省级总体应急预案的编制框架

灾害应急预案的编制通常要求具有若干基本要素[38]，包括灾害应急指挥系统、灾害情报体系、救灾抢险体系、急救医疗体系、应急避难体系、应急救灾交通管理体系等六项组成了城市灾害应急预案的基本要素。国务院 2003 年在《省（区、市）人民政府突发公共事件总体应急预案框架指南》[39]中给出的应急预案框架如下：

1. 总则

1.1 目的　1.2 工作原则　1.3 编制依据　1.4 现状　1.5 适用范围

2. 组织机构与职责

2.1 应急组织机构与职责　2.2 组织体系框架描述　2.3 应急联动机制

3. 预测、预警

3.1 信息监测与报告　3.2 预警　3.3 预测预警支持系统　3.4 预警级别及发布

4. 应急响应

4.1 分级响应 4.2 信息共享和处理 4.3 基本响应程序 4.4 指挥与协调 4.5 新闻报道 4.6 应急结束

5. 后期处置

5.1 善后处置 5.2 社会救助 5.3 保险 5.4 调查和总结

6. 保障措施

6.1 通信与信息保障 6.2 现场救援和工程抢险装备保障 6.3 应急队伍保障 6.4 交通运输保障 6.5 医疗卫生保障 6.6 治安保障 6.7 物资保障 6.8 经费保障 6.9 社会动员保障 6.10 紧急避难场所保障 6.11 技术储备与保障 6.12 其他保障

7. 宣传、培训和演习

7.1 公众宣传教育 7.2 培训 7.3 演习

8. 附则

8.1 名词术语、缩写语和编码的定义与说明

33.6.2.2 农业自然灾害应急预案的编制框架

由于农业灾害以农业系统为承灾体，农业减灾预案的编制有所不同。如某地农业自然灾害应急预案的框架如下：

1 总则

1.1 编制目的 1.2 指导思想 1.3 工作原则 1.4 编制依据 1.5 适用范围

2 组织机构与职责

2.1 组织机构 2.2 应急领导小组职责 2.3 应急领导小组办公室职责 2.4 应急领导小组成员职责

3 监测和预警

3.1 预警信息 3.2 信息采集 3.3 预警级别 3.4 预警发布和解除 3.5 预警信息报送 3.6 灾情信息报告 3.7 灾情发布 3.8 预防控制和应急准备

4 应急响应

4.1 Ⅰ级应急响应 4.2 Ⅱ级应急响应 4.3 Ⅲ级应急响应 4.4 Ⅳ级应急响应 4.5 应急结束

5 后期处置

5.1 善后处理 5.2 协调救助

6 应急保障

6.1 资金保障 6.2 信息保障 6.3 物资保障 6.4 应急队伍保障 6.5 宣传保障

7 附则

7.1 名词术语 7.2 预案管理 7.3 预案的衔接 7.4 预案解释 7.5 预案生效

33.6.2.3 农业自然灾害应急预案的编制程序

首先应由地方政府提出编制任务与预期目标，然后组织编写人员班子，对本地区历史上农业灾害的灾情、减灾措施、相关机构情况等进行调研，参考国家和各地已经公布的减灾预案，拟定预案的框架结构，然后组织农业减灾技术人员与农业政策研究人员起草编写。形成初稿后，邀请农业减灾相关机构的管理干部和专家征求意见，经反复修改后形成送审稿，在地方政府减

灾管理部门审定后，经过一定的行政程序通过、发布和实施。

33.6.3 农业减灾专项预案的编制

33.6.3.1 农业减灾预案的性质与基本要素

上述总体预案只是规定了发生重大农业灾害时农业部门的减灾职责和行动原则，由于并不针对具体的灾害，很难提出明确的减灾措施，缺乏可操作性，实用效果不大。为适应农业减灾工作的需要，还必须针对各类农业灾害和农业产业，编制农业减灾的专项预案。

农业减灾预案（pre-plan of agricultural disasters reduction）是专门针对农业灾害编制的预案。由于农业生产中累积型灾害的危害往往甚于突发型灾害，对于干旱、渍涝等累积型灾害，农业减灾预案不一定都使用“应急”的提法。但累积型灾害严重发展时也可能会出现某种紧急事态，如干旱发展到人畜饮水困难或作物濒临枯死，在预案中也会制定一些应急措施。

与行政机构的减灾总体预案不同，针对具体对象和特定灾种的减灾预案应突出技术性与可操作性。科学的农业减灾预案应具备情景、主体、客体、措施、目标五个要素。农业灾害情景的设计应从当地历史灾情资料出发，选择对当地农业生产影响较大的主要灾害及主要类型，设计可能发生的灾害情景，包括灾害发生时间、范围、强度等，作为制定减灾预案的出发点。主体指预案的实施者。客体指预案所要保护的对象，如某种作物、饲养动物或农业设施。措施包括灾前的防灾与备灾、灾中的抢险抗灾、灾后的补救与生产恢复，主要包括技术措施与管理措施两大类。目标指实施预案所要达到的目的。

33.6.3.2 农业减灾预案的内容

农业自然灾害减灾预案的主要内容应包括：

（1）明确预案针对的灾种及需要保护的对象。

（2）明确农业防灾减灾组织机构的职能，减灾人员的数量、配置、调动和减灾相关部门之间的协调。

（3）根据灾害损失的预评估确定响应等级。预测估算在不同强度和规模的灾害情景下如不采取防抗措施可能遭受的经济损失，在此基础上确定采取减灾行动的响应等级。

（4）明确灾害监测预报措施和灾情会商、报告、预警发布制度。

（5）确定不同响应等级的减灾、救灾具体技术措施及其承担者。

（6）确定灾后补救与生产恢复措施。

（7）确定救灾物资、人员、资金、信息等保障措施。

（8）说明预案的启动与结束程序、解释权、生效日期与修订办法等。

33.6.3.3 农业减灾预案的制定程序

（1）明确减灾预案的主体与客体。

（2）识别灾害问题，确定编制减灾预案的原则和基本框架。

（3）收集整理历史灾情资料，分析、预测可能的灾害情景，确定响应等级。

（4）分析典型减灾案例，确定不同响应等级的减灾措施，建立预案的范本。

(5)全面编制减灾预案。

(6)组织专家对预案进行全面论证和必要的修改补充。

(7)县级以上预案应通过一定的法律或行政审批程序予以确认,使之在相应的范围内具有法规性。基层单位的预案则应通过村民或职工代表大会审议通过,使之在本单位的生产活动中具有约束性。

33.7 灾后救助与生产恢复

33.7.1 农业灾害的救助途径

农业灾害救助包括国家财政救助、灾害保险救助、社会救助、受灾单位和灾民自救四个途径。但我国农村仍不富裕,农民的物资储备和货币储蓄数量都很少,受灾之后自救能力很差,必须从外部给予救援。

33.7.1.1 政府财政救助

由国家财政来对自然灾害损失进行补偿,其基本思路就是以税收作为再分配工具来实现社会保障,是西方各国普遍公认的原则。政府通过税收把自然灾害对政府投资项目的风险分散给每一个纳税人,达到风险转移目的。还可以根据自然灾害损失标的不同,将自然灾害风险细分为基础设施风险、政府投资项目风险、人员失业和贫困人口生活风险等,有针对性地采取不同方式规避风险。[40]发展中国家由于市场机制尚不完善,灾害保险发育迟缓,政府财政应当在灾害救助中发挥主导作用。我国目前农业自然灾害的财政救助投入仍然偏少,如发生两大巨灾的2008年,财政救助资金仅为356.92亿元,只占当年GDP的0.11%和灾害损失的2%～3%,受灾单位和个人承担了主要损失。各级政府财政投入责任不明确。对于不同级别的农业自然灾害,中央和地方财政的投入比例没有明确的规定。根据国际经验,在工业化中后期阶段,政府财政救助资金至少应占GDP的1.5%。[41]2011年制定了国家综合防灾减灾"十二五"规划,提出要加强救灾物资应急保障能力建设和受灾群众生活保障能力建设,灾害救助财政投入将有明显增加。[17]

33.7.1.2 农业灾害的保险救助

灾害保险是发达国家农业灾后救助的主要途径,通过转移和分散风险,通常可以获得灾害直接损失50%以上的赔付。但发展中国家的市场机制还不完善,农业保险覆盖面窄,需要探索适合国情的农业保险模式。本书第32章对此已作具体阐述。

33.7.1.3 农业灾害的社会救助

要积极鼓励农业自然灾害救助的社会参与。国家综合防灾减灾"十二五"规划提出要完善鼓励企事业单位、社会组织、志愿者等参与防灾减灾的政策措施,建立自然灾害救援救助征用补偿机制,形成全社会积极参与的良好氛围。充分发挥公益慈善机构在防灾减灾中的作用,完善自然灾害社会捐赠管理机制,加强捐赠款物的管理、使用和监督。2008年汶川地震以来,我国对灾区的社会救助有明显增加，但与发达国家相比，社会救助的规模和普遍程度还很小，特别是慈善机构的数量和规模都不大。国家应该出台奖励政策条例甚至法规，如授予终身荣誉等，以积极鼓励国内外组织和个人对农业自然灾害的救助捐赠，同时严格管理捐赠资金，让捐赠者的爱心真正洒落在受灾农民的心田。[42]

33.7.1.4 农村和农民的自救

目前我国在发生重大农业自然灾害之后，经济损失仍然主要由农民自己承担，不少已经脱贫的农村，因灾返贫现象十分普遍。要促使灾区农业生产迅速恢复，除国家、地方政府和社会的救助外，加强农民的自救能力也是重要的一环。

农民的灾后自救能力包括恢复家园和农业生产资金与物资的筹集及技术能力。有些相对富裕的农民可以利用存款，对于没有存款或存款很少的农户可采取发放小额贷款的方式。恢复生产所需种子、肥料、农具等生产资料，地方政府应组织有关部门紧急提供，以优惠价格销售或允许赊销。同时尽量利用农户现有库存资源，提倡农户之间相互调剂余缺。灾后有些农民救灾心切，往往盲目播种常规作物，效果适得其反。因此，要提倡农户储备一些生育期短的救灾备荒作物种子。农业技术推广部门要总结当地主要灾害的补救技术经验，加强对多灾地区农民的培训，使当地农民在灾后能够科学救灾和降低减灾成本。

33.7.2 农业生产的灾后恢复

农业生产的灾后恢复是复杂的系统工程，要综合考虑灾害造成的损失、对农业生产条件和设施的破坏、灾后可种植期的长度、本地劳动力和生产资料的状况以及农业技术支撑条件、地方政府与社会救助能力等因素，制定可行的生产恢复方案与技术措施。对于不同的地区、不同类型的灾害、灾害发生的不同时期与程度，所需要采取的恢复措施是不同的，应实行分类指导。以四川省 2010 年 8 月的洪涝和泥石流灾害为例，由于各地领导及农业部门高度重视，灾后农业生产恢复工作得到了有序推进，主要措施是[39]：

积极抢收已成熟和成熟度达 90%以上出现倒伏的水稻、玉米和蔬菜，做到应收尽收。

对尚未成熟、因灾倒伏的水稻、玉米和经济作物进行扶苗洗苗，尽力减少灾害损失。

对因灾绝收田块，发动群众抢种、改种和增种晚秋作物，组织调运和调剂马铃薯、玉米、大豆、蔬菜等种子。

加快修复基础设施，包括修复蔬菜大棚。通过开沟清淤、清理土面、修筑田埂，使轻度损坏农田得到初步修复。组织技术人员排查沼气安全隐患，制定水毁沼气池修复方案，填埋已毁坏沼气池。

严密把住病虫防控关。对稻飞虱、稻曲病、稻瘟病、二代螟虫等当地主要病虫害密切跟踪，对突发病虫灾害统一开展专业化统防统治。

积极搞好核灾理赔。督促、配合保险公司，深入投保乡镇的田间、地头、农户核查灾情，按保险条款做好宣传和协商理赔事宜。

集中建立生产恢复示范片。各县重点抓好 1～2 片增种、补种晚秋作物示范片，做到种子(种苗)、肥料、技术培训、病虫防治“四统一”。通过现场示范，以点带面，强力推动大面积生产自救工作。

此外，上茬丢了下茬补，农业丢了副业补，农闲季节组织农村劳力外出打工等，都是灾后增加农民收入和促进生产恢复的有效措施。

33.7.3 农村灾后恢复与重建

发生地震、洪水、滑坡、泥石流等重大灾害后，农村的房屋、道路、农田、基础设施和生产设施往往遭受严重破坏。自然灾害危险消除后，受灾地区人民政府应当统筹研究制订居民住房恢复重建规划和优惠政策，组织重建或者修缮因灾损毁的居民住房和农业设施，对恢复重建确有困难的家庭予以重点帮扶。受灾地区人民政府民政等部门应当向经审核确认的居民住房恢复重建补助对象发放补助资金和物资，住房城乡建设等部门应当为受灾人员重建或者修缮因灾损毁的居民住房提供必要的技术支持。

做好灾后恢复重建工作，首先要因地制宜，科学规划。在认真查清灾情的基础上，科学编制农村灾后重建规划和实施方案，制定相关扶持政策和措施，分步实施，整体推进。农村房屋建设要因地制宜，集中安置与分散安置相结合，现代文明与田园风光相结合。要区别不同的经济条件和地域条件，充分尊重群众意愿，分类指导，量力而行。要吸取灾害的经验教训，在新建房屋与农业设施的地基选择、楼层控制、建筑房质量等方面严格把关，力求节约、安全、实用、美观。灾后恢复重建规划在实施时既要解决当前困难，又要着眼社会主义新农村建设的长远发展，防止只顾眼前的盲目建设。重建方案和规划设计都要广泛征求群众意见，接受群众的监督。一方面要积极动员灾区群众自力更生，充分利用现有资源开展生产自救，同时要整合政府扶持资金，积极争取外援，广泛动员社会各方力量参与，加快重建步伐。

（郑大玮）

参考文献

[1] United Nations International Strategy for Disaster Reduction. Terminology on disaster risk reduction. Geneva：UNISDR，2009.

[2] 李树刚. 灾害学. 北京：煤炭工业出版社，2008：243-244.

[3] 郑功成. 国家综合防灾减灾的战略选择与基本思路. 群言，2011(12)：19-22.

[4] 高文学，高庆华. 要强化减灾的非工程措施. 灾害学，1992，7(1)：80-84.

[5] 姚清林. 浅谈中国古今减灾管理的特色. 地质科技管理，1999(5)：55-58.

[6] 中华人民共和国国务院新闻办公室. 中国的减灾行动. 北京：新华网，2009-05-11[2009-05-11] http：//news. xinhuanet. com/newscenter/2009-05/11/content_11351082. htm.

[7] 联合国国际减灾战略第六十六届会议大会决议：66/199. 国际减少灾害战略. [2012-02-28]. http：//www. un. org/zh/ga/66/res/all2. shtml.

[8] Florescu G C，Florescu V C. Strategic elements for an evaluation of extreme events risks. AES Bioflux，2011，3(2)：224-228.

[9] 国务院办公厅. 关于印发农业部主要职责内设机构和人员编制规定的通知(国办发〔2008〕

76 号). 北京:汇法网,2008-07-10[2008-07-10]. http://www.lawxp.com/statute/s509115.html.
[10] 郑大玮. 论科学抗旱——以 2009 年的抗旱保麦为例. 灾害学,2010,25(1):7-12.
[11] 危朝安. 努力探索农业防灾减灾机制 全力推进今年农业抗灾夺丰收. 农民日报,2011-05-17.
[12] 危朝安. 农业防灾减灾成效. 自然灾害学报,2007,16(增刊):28-31.
[13] Schmidt-Thome P,Schmidt-Thome K. Natural hazards and climate change: stakeholder communication and decision-making processes: an analysis of the outcomes of the 2006 Davos Conference on Disaster Reduction. Management of Environmental Quality,2007,18(3):329-339.
[14] 刘布春,梅旭荣. 农业保险的理论与实践. 北京:科学出版社,2010:158-162.
[15] 国务院办公厅. 国家突发公共事件总体应急预案. 北京:中国政府网,2005-08-07[2012-03-10]. http://www.gov.cn/yjgl/2005-08/07/content_21048.htm.
[16] 何奇. 注意农业灾害报道的负面效应. 新闻爱好者,2009(13):63.
[17] 国务院办公厅. 国家综合防灾减灾"十二五"规划(国办发[2011]55 号). 北京:民政部紧急救援促进中心网站,2011-12-08[2012-03-10]. http://www.chinajjjy.gov.cn/html/shishixinwen/bumenxinwen/2011/1208/3081.html.
[18] 民政部救灾救济司. 民政部关于进一步加强救灾应急物资储备工作的通知(民函[2008]118 号) 北京:国家综合防灾减灾与可持续发展论坛,2008-05-07[2010-02-23]. http://www.jianzai.gov.cn:9000/portal _ space/articleDetailView.view? articleId=4028815d26f501ba0126f94dede8014b&moduleId=4028815d286771ef01286ce5e00e029a&moduleType=2&siteId=4028815d286771ef01286ce0ed740283.
[19] 林宏年,長谷川修一,野々村敦子. Selection method of temporary shelter for landslide disaster in a mountainous area [in Japanese]. Journal of Japan Society for Natural Disaster Science,2010,29(1):73-81.
[20] 盛利. 四川科技储备"智润"农业抗旱减灾. 科技日报,2010-04-01.
[21] 国家减灾委员会. 关于加强城乡社区综合减灾工作的指导意见(国减发〔2011〕3 号). 北京:民政部救灾司网站,2011-06-15[2012-03-11]. http://jzs.mca.gov.cn/article/zjz/zcwj/201106/20110600163964.shtml.
[22] 中华人民共和国防震减灾法. 北京:中国政府网,2005-09-27[2012-03-10]. http://www.gov.cn/ziliao/flfg/2005-09/27/content_70628.htm.
[23] 郑大玮,姜会飞. 农业生活安全及减灾技术. 北京:化学工业出版社,2009:133-134.
[24] 国务院. 自然灾害救助条例. 北京:人民出版社,2010.
[25] 郑大玮,郑大琼,刘虎城. 农业减灾实用技术手册. 杭州:浙江科学技术出版社,2005:278-284.
[26] 中华人民共和国水利部. 中国水资源公报 2009. 北京:中国水利水电出版社,2010.
[27] 刘文政. 黄淮海平原旱涝盐沙薄的综合治理及其农业发展. 土壤,1989(3):120-124.
[28] 张占录,张正峰. 土地利用规划学. 北京:中国人民大学出版社,2006.

[29] 孙俊杰,冯浩,杨万鹏. 黄土高原水土流失综合治理与开发的途径与前景. 水土保持通报,1998,18(6):58-62.
[30] 吴普特,黄占斌,高建恩,等. 人工汇集雨水利用技术研究. 郑州:黄河水利出版社,2002:1-3.
[31] 熊毅. 农田基本建设的水土问题. 农业经济问题,1982(5):V3-V9.
[32] 彭敬东,汪金敖. 夯实农业基础设施,推进现代农业建设. 农业现代化研究,2000,30(1):38-42.
[33] 金晓霞. 减灾法制和体制建设走上快车道. 中国减灾,2011(9):12-14.
[34] 李明辉. 论我国农业灾害救助法律制度的构建. 安徽农业科学,2008,36(33):14751-14752.
[35] 关贤军,徐波,尤建新. 完善我国防灾救灾体制、机制和法制. 灾害学,2006,21(3):72-75.
[36] 陈洪俭. 实施农业标准化与农业防灾减灾. 中国农学通报,2004,20(6):392-394,410.
[37] 闪淳昌. 加强应急预案体系建设 提高应对突发事件和风险的能力. 现代职业安全,2007(6):72-75.
[38] 滕五晓. 城市灾害应急预案基本要素探讨. 城市综合减灾,2006,13(1):11-17.
[39] 四川省农业厅. 四川灾后农业生产恢复有序推进. 四川农业科技,2010(10):59.
[40] 包学雄,黎雄辉. 农业自然灾害救助的研究综述. 安徽农业科学,2011,39(16):9666-9668,9671.
[41] 尧水根. 略论中国农业自然灾害救助机制构建. 农业考古,2010(6):213-214.
[42] 国务院. 省(区、市)人民政府突发公共事件总体应急预案框架指南. 北京:中国政府门户网站,2004-05-22[2005-08-26]. http://www.gov.cn/zwgk/2005-08/26/content_26152.htm.

第34章

农业与农村减灾能力建设

农业是国民经济的基础，农业生产系统的开放性决定了其在灾害风险中的暴露性，农业生产对象具有生命性决定了其忍耐环境条件变化幅度的脆弱性，农业生产过程的不可逆性决定了其遭受灾害的不可再生性。我国是世界上遭受农业自然灾害最为严重的国家之一，主要农业气象灾害有旱灾、洪涝、低温、风雹、台风、干热风、寒露风、沙尘暴、酸雨等，草原和森林火灾，农林病虫害，地震、滑坡、泥石流等地质灾害，水土流失，石漠化等也对农业生产和农村居民的生命财产安全带来严重威胁。灾害多发频发重发已经对我国粮食安全、农业生态安全以及农业可持续发展带来严重威胁，随着气候的异常和生态环境的不断恶化，农业自然灾害呈现出发生频率不断加快、致灾程度不断加重、影响范围不断扩大、因灾损失不断增加的趋势。农业是最脆弱的行业，农民是最弱势的人群，农村是最薄弱的区域。因此，农业防灾减灾对于保障国家粮食安全、农业生态安全和农村人民群众的财产和生命安全，巩固党对农村工作的领导地位，促进社会主义新农村建设的早日实现具有重要现实意义和深远的历史意义，而加强农业和农村防灾减灾，归根到底必须落实到农业和农村的减灾能力建设(capacity building on disaster reduction in agriculture and rural areas)。

关于综合减灾能力建设，《国家综合防灾减灾"十二五"规划》在指导思想中提出要"全面加强综合防灾减灾能力建设，切实维护人民群众生命财产安全，有力保障经济社会全面协调可持续发展"，并且提出了十项能力建设作为"十二五"规划的主要任务：加强自然灾害监测预警能力建设，加强防灾减灾信息管理与服务能力建设，加强自然灾害风险管理能力建设，加强自然灾害工程防御能力建设，加强区域和城乡基层防灾减灾能力建设，加强自然灾害应急处置与恢复重建能力建设，加强防灾减灾科技支撑能力建设，加强防灾减灾社会动员能力建设，加强防灾减灾人才和专业队伍建设，加强防灾减灾文化建设。[1]这些任务也涵盖了农业与农村防灾减灾能力建设的全部任务。但是，农业与农村防灾减灾还具有与城市不同的若干特点，本章将结合我国农业与农村的实际，具体阐述农业与农村防灾减灾能力建设的重要性、主要任务、建设途径与重点工程等。

34.1 农业与农村防灾减灾能力建设的意义和任务

34.1.1 加强农业与农村防灾减灾能力建设的重要性和紧迫性[2]

党的十七届三中全会通过的《中共中央关于推进农村改革发展若干重大问题的决定》[3]（以下简称《决定》），把加强农村防灾减灾能力建设作为推进农村改革的重要内容，这在党的历次中央全会文献中是第一次，具有很强的时代性、指导性、针对性，充分体现了全党对农村防灾减灾工作的高度重视，也体现了农村防灾减灾工作在农村经济社会发展乃至国家现代化建设全局中的特殊重要性，对于做好城乡防灾减灾工作具有重大的指导意义。

农村防灾减灾能力建设事关几亿农民的切身利益和生命财产安全，事关农业现代化与国家粮食安全和生态安全，事关社会主义新农村建设和全面建成小康社会的大局。随着全球气候变暖和自然灾害风险加剧，全面加强农村防灾减灾能力建设，已成为关系我国经济社会发展全局的一项重大而紧迫的任务。

首先，加强农村防灾减灾能力建设，是深入贯彻落实科学发展观的客观需要。科学发展观，第一要义是发展，核心是以人为本，基本要求是全面协调可持续，根本方法是统筹兼顾。深入贯彻落实科学发展观，必须始终实现好、维护好、发展好最广大人民的根本利益。农民是我们党在农村的依靠力量，也是我们国家政权最广泛、最深厚的群众基础。全面加强农村防灾减灾能力建设，对于保障农民群众的生命财产安全具有重要意义。

我国农村每年都有多种灾害发生，且点多面广。1990—2008 年 19 年间，平均每年因各类自然灾害造成约 3 亿人次受灾，倒塌房屋 300 多万间，紧急转移安置人口 900 多万人次，直接经济损失 2 000 多亿元人民币。特别是 1998 年发生在长江、松花江和嫩江流域的特大洪涝，2006 年发生在四川、重庆的特大干旱，2007 年发生在淮河流域的特大洪涝，2008 年发生在中国南方地区的特大低温雨雪冰冻灾害，以及 2008 年 5 月 12 日发生在四川、甘肃、陕西等地的汶川特大地震灾害等，均造成重大损失。[2,4]

当前和今后一个时期，在全球气候变化背景下，极端天气气候事件发生的几率进一步增大，降水分布不均衡、气温异常变化等因素导致的洪涝、干旱、高温热浪、低温雨雪冰冻、森林草原火灾、农林病虫害等灾害可能增多，出现超强台风、强台风以及风暴潮等灾害的可能性加大，局部强降雨引发的山洪、滑坡和泥石流等地质灾害防范任务更加繁重。随着地壳运动的变化，地震灾害的风险有所增加。

农村防灾减灾能力不断增强，农民群众生命财产的安全就有保障，加强农村防灾减灾能力建设，是维护广大农民群众根本利益的重要举措，也是深入贯彻落实科学发展观的重要体现。加强农村防灾减灾能力建设，是应对自然灾害风险加剧，确保我国经济社会又好又快发展的迫切需要。我国位于欧亚、太平洋及印度洋三大板块交汇地带，是欧亚地震带、喜马拉雅地震带及环太平洋地震带的重要分布区，地震灾害多发；受季风影响十分强烈，空气干湿变幅较大，气象灾害频繁，降雨区域与年度严重不均衡，70%的中小河流经常发生山洪灾害，2/3 国土面积不同程度地受到洪水威胁；地形条件复杂，地质灾害易发，国土面积的 69%属于山地和高原，29 个省（区、市）、1 836 个县级行政区、约 7 400 万人不同程度受到山洪、泥石流、滑坡灾害的直接威胁。20 世纪 90 年代以来，我国自然灾害已呈现极端气候事件频次增加、损失加剧、灾害连锁反应、多灾并发等特点，年均灾害损失比 20 世纪 80 年代高出 40%。更为严重的是，随着全球变暖，我们将面临更多自然灾害的挑战和考验。已有的研究表明，全球气候变暖对我国灾害风险分布和发生规律的影响将是全方位、多层次的：强台风将更加活跃，暴雨洪涝灾害增多，发生流域性大洪水的可能性加大；局部强降雨引发的山洪、滑坡和泥石流等地质灾害将增多；北方地区出现极端低温、特大雪灾的可能性加大；降雨季节性分布将更不均衡，北方持续干旱程度加重，南方出现高温热浪和重大旱灾的可能性加大；森林草原火灾发生几率增加；北方地区沙漠化趋势可能加剧；农林病虫害范围可能扩大；风暴潮、赤潮等海洋灾害发生的可能性加大。因全球变暖而带来的自然灾害风险增加，使我国广大农村地区首当其冲，加强农村防灾减灾能力建设，全面提高农村抗击自然风险的能力，对于确保农村经济社会健康发展进而确保全国经济社会又好又快发展具有重大意义[3,5]。

《决定》指出的农村“防灾抗灾力量弱”，是对农村防灾减灾能力建设状况的真实反映。农村“防灾抗灾力量弱”主要体现在：一是许多农村防灾抗灾基础设施建设有待加强。据调查，我国流域面积在 1 000 km^2 以下的中小河流约 5 万条，普遍缺乏整治，80%的中小河流堤防防御洪水标准为 5～10 年一遇，部分在 5 年一遇以下甚至不设防。二是不少农村灾害监测预警预报体系不健全，灾害应急指挥和救援体系不健全。三是广大农民群众灾害自救、互救常识普及不够，公众防灾减灾宣传教育亟待加强。四是农村地区的许多公路、铁路、桥梁、电力、通信等基础设施和机关、学校、医院、供水、供气等公共设施，以及绝大多数民房建筑质量标准不高，缺少应急避险场所，抵御自然灾害的能力有限。五是我国病险水库以及小煤矿、小金属和非金属矿山、小化工、小烟花爆竹等高危小企业几乎全部在农村，灾害隐患多。日益复杂严峻的灾害形势，不容乐观的农村防灾减灾工作状况，迫切要求我们加强农村防灾减灾能力建设。在各级党委和政府的正确领导下，经过多年的努力，我国农村防灾减灾工作取得了显著进展，已经具备了抵御各种自然灾害的一定能力，但与经济社会发展的总要求仍然很不适应。总之，加强农村防灾减灾能力建设，事关科学发展观的深入贯彻落实，事关经济社会又好又快发展的全局，事关农民群众的切身利益，我们必须居安思危，把思想认识统一到《决定》精神上来，进一步增强农村防灾减灾的能力，为农村改革发展创造良好环境。

34.1.2 加强农业与农村防灾减灾能力建设的主要任务

《决定》站在实现全面建设小康社会奋斗目标新要求和建设社会主义新农村总要求的高度，在坚持农村防灾减灾工作成功经验的基础上，对加强农村防灾减灾能力建设进行了全面部署，主要体现在以下五个方面。

34.1.2.1 加强农村基础设施和生活设施抗灾保障能力建设

农村基础设施和生活设施建设是防灾减灾工作中的重要基础。基础设施和生活设施基础牢、质量好、抗击灾害的标准高，就能较有力地抵御自然灾害，群众生命财产损失就会少些。2008 年初，我国南方遭遇低温雨雪冰冻灾害的一个重要教训，就是许多道路、供电、供水、通信、广电设施抗灾保障能力不高。2008 年“5・12”四川汶川特大地震之所以人员伤亡惨重、经济损失巨大，一个重要原因就是灾区的许多校舍、医院、厂房和公共机构办公用房普遍陈旧，农村民房绝大多数处于不设防状态，从而引发四川、甘肃、陕西、重庆等地上千万间房屋倒塌，给人民群众生命财产造成惨重损失。在总结经验教训的基础上，《决定》突出强调要加强农村基础设施和生活设施建设：一是要加强防洪排涝抗旱设施和监测预警能力建设，确保大江、大河、湖泊、水坝的建筑质量，特别是要做好病险水库的除险加固和各种防洪排涝抗旱设施的监测预警工作；二是要加快农村危房改造，科学选择居住地点，提高农民住房抵御地震、洪涝等自然灾害的能力；三是要提高农村道路、供电、供水、通信设施抗灾保障能力；四是要落实安全标准和责任，提高农村学校、医院等公共设施建筑质量。这是对我国自然灾害综合防范防御能力建设经验的丰富和发展，必将有力保障农民群众的生命财产安全。

34.1.2.2 加强灾害监测预警能力建设

对自然灾害的监测预警，是做好防灾减灾工作的重要前提，也是最经济最主动地防灾减灾的途径。准确、及时、畅通地监测预警预报各种自然灾害，能够为政府科学决策提供依据，能够为群众转移避险、减少灾害损失赢得宝贵时间。在这方面，我国虽然已经取得了不小的进步，但与防灾减灾工作的需求相比，仍然还有许多有待加强和完善的地方。2008 年 6 月 23 日，胡锦涛同志在中国科学院第十四次院士大会和中国工程院第九次院士大会上的讲话中关于防灾减灾工作的六条重要意见，其中有四条是强调灾害监测预警能力建设的，他指出："一是要加强对自然灾害孕育、发生、发展、演变、时空分布规律和致灾机理的研究，为科学预测和预防自然灾害提供理论依据。二是要加强自然灾害监测和预警能力建设，在完善现有气象、水文、地震、地质、海洋、环境等监测站网的基础上，增加监测密度，提升监测水平，构建自然灾害立体监测体系，建立灾害监测-研究-预警预报网络体系。三是要深入研究各种自然灾害之间、灾害和生态环境、灾害和经济社会发展的关系，开展全国自然灾害风险综合评估，加强防灾减灾关键技术研发，强化应对各类自然灾害预案的编制。四是要加快遥感、地理信息系统、全球定位系统、网络通信技术的运用，以及防灾减灾高技术成果转化和综合集成，建立国家综合减灾和风险管理信息共享平台，完善国家和地理灾情监测、预警、评估、应急救助指挥体系。"[4,6]根据胡锦涛同志这一重要思想，《决定》明确提出，要"加强灾害性气候、地质灾害、地震监测预警，提高监测水平"，同时，还要求加强防灾减灾领域科技创新，推进气象预测预报和灾害预警等技术，从而进一步明确了农村灾害监测预警的重点领域和技术支撑，为提高农村灾害监测预警能力指明了方向。

34.1.2.3 加强灾害处置能力和应急救援能力建设

灾害发生后的处置能力和应急救援能力，是检验防灾减灾能力强弱的重要标准。处置能力强、应急响应快、救援工作迅速，就能抢救更多的生命财产，就能尽快恢复灾区经济社会秩序。为此，《决定》明确要求，要"完善处置预案，加强专业力量建设，提高应急救援能力"，"提高灾害处置能力"，"建立健全农村应急管理体制，提高危机处置能力"。这就要求我们深入贯彻落实《国家综合减灾"十二五"规划》，加快国家自然灾害应急救援指挥体系建设，形成统一指挥、分级管理、反应灵敏、协调有序、运转高效的管理体制和运行机制。加强中央和地方救灾物资储备建设、减灾救灾装备建设，提高救灾手段的现代化水平；加强各种救助队伍建设，形成一支以民政减灾救灾工作人员、军队、武警、公安消防、专业救援人员等为骨干，以社会团体和人民群众广泛参与为基础的宏大的防灾减灾队伍；加强自然灾害救助的应急预案编制和修订工作，形成纵向到底、横向到边，层级分明、相互衔接的预案体系，确保灾害发生 24 h 之内，灾民能够得到食物、饮用水、衣物、医疗卫生、临时住所等方面的及时救助。

34.1.2.4 加强农民避灾自救能力建设

农民避灾自救能力，是农村防灾减灾能力建设的重要内容。在农村防灾减灾中，农民既是救助、救护的对象，也是自救、救人的主体。当农村灾害事件发生，处在第一时间、第一现场的灾民，能否保持较好的心理状态，掌握应对不同灾害的安全知识和自救、救人的技能，将直接关系到能否最大限度地减少灾害所造成的危害和损失。农民避灾自救能力越强，农村防灾减灾能力就越强。有关资料显示，我国每年因自然灾害、事故灾难、公共卫生和社会安全等突发事件造成非正常死亡的人数超过 20 万人，伤残超过 200 万人。灾害后果如此严重，与民众防灾减灾意识不强有很大关系。据有关调查，我国有 46%的民众对突发事件的应急措施了解十分有限，有 26.6%的人甚至对这方面的知识根本不了解，在农村这一比例更高。为增强公众的防灾意识，胡锦涛同志在“两院院士”大会的讲话中强调，要“将灾害预防等科技知识纳入国民教育，纳入文化、科技、卫生‘三下乡’活动，纳入全社会科普活动，提高全民防灾意识、知识水平和避险自救能力”。《决定》提出的“宣传普及防灾减灾知识”、提高“农民避灾自救能力”的要求，就是贯彻胡锦涛同志重要指示精神的具体体现，抓住了农村防灾减灾能力建设的一个极为关键的问题，具有很强的现实意义。

34.1.2.5 全力做好灾区农村恢复重建工作

农村灾后恢复重建能力，是农村防灾减灾能力建设的重要方面。恢复重建越科学、越快捷，灾民走出灾害阴影的时间就越短，灾区经济社会发展就能越早步入正常轨道。2008 年“5·12”四川汶川特大地震后，在初步完成地震灾害应急处置和灾害救助工作的同时，中央就开始精心谋划灾后恢复重建工作。2008 年 6 月 4 日，国务院常务会议讨论通过了《汶川地震灾后恢复重建条例》，中央制定了《汶川地震灾后恢复重建对口支援方案》，国务院先后下发了《关于地震灾区恢复生产的指导意见》、《关于支持汶川地震灾后恢复重建政策措施的意见》、《关于做好汶川地震灾后恢复重建工作的指导意见》，民政部、发展改革委、财政部、国土资源部、地震局还组织各方面专家对汶川地震灾害范围进行了评估，确定四川、甘肃、陕西的 51 个县(市、区)为极度重灾区和重灾区，目前，地震灾区的恢复重建正在有条不紊地科学推进。《决定》提出的“全力做好汶川地震灾区农村恢复重建工作，加大投入，对口支援，发动群众，加快受灾农户住房重建，搞好农业生产设施重建，尽早恢复农业生产和农村经济。采取综合措施，促进灾区生态环境尽快修复并不断改善”这一要求，简明扼要地提出了灾后恢复重建的重点、基本要求、方式方法，传承了党中央、国务院已有工作部署的精神，进一步为汶川地震灾区的恢复重建指明了方向，对我国其他地震灾区和受洪灾、旱灾等灾害影响地区的恢复重建，也具有普遍的指导意义。

34.1.3 加强农业与农村防灾减灾能力建设要处理好几个关系[2]

加强农村防灾减灾能力建设是一项复杂的系统工程和繁重的历史任务，要使这项工作卓有成效地长期进行，需要深入贯彻落实科学发展观，统筹处理好一些重大关系。

34.1.3.1 处理好农村防灾减灾和经济社会发展的关系

只有经济社会发展了，农村防灾减灾能力建设才有坚实的物质基础。因此，农村防灾减灾工作的各项部署，都要紧密结合保护农民生命财产和农村社会生产力来进行，通过灾害监测预警、防灾备灾、应急处置、灾害救助、恢复重建等能力建设，通过防灾减灾重点工程和重点项目的规划安排，为农民生产生活和农村经济社会发展创造良好条件。同时，也要切实将农村防灾减灾纳入国民经济和社会发展规划，纳入各地新农村建设规划，通过农村经济建设各类项目充分考虑防灾减灾因素，通过农村经济社会活动充分体现防灾减灾的要求，使防灾减灾工作落实到农村经济社会的各个领域、各个环节，形成经济社会建设和农村防灾减灾能力建设同步推进的良好局面。处理好农村防灾减灾和经济社会发展的关系，实现农村防灾减灾与经济社会协调发展，是全面加强农村防灾减灾能力建设的重要原则，必须长期坚持。

34.1.3.2 处理好防灾与救灾的关系

过去，我们对灾害发生后的应急救援、现场处置、善后处理等方面给予了应有的关注和努力，这是应该的，今后还必须适应自然灾害发展变化的新趋势，完善灾害应急预案体系、应急物资储备体系和应急组织指挥体系，加强防灾减灾队伍建设，努力提高灾后应急处置和救援能力，同时要更加注重防灾工作，切实贯彻落实“以防为主，防、抗、救相结合”的方针，进一步强化灾害监测预警、防灾备灾工作。要加强对各类灾害风险隐患的调查摸底、分析评估，建立健全综合灾害风险数据库、自然灾情统计体系、灾害信息共享及发布平台。要加强减灾骨干工程建设，加大对中小河流、病险水库和滑坡、泥石流多发地区的综合治理力度，做好地震、台风、洪涝多发地带防灾减灾设施建设，有效提高大中型工业基地、交通干线、通信枢纽和生命线工程的防灾抗灾能力。要做好农村学校、医院、民房等设施的科学选址，在建筑设施的规划、设计、建设、监理、监管等各个环节全面体现防灾减灾要求，为农村群众撑起一片安全的天空。处理好防灾与救灾的关系，防患于未然，并使灾害监测预警、防灾备灾、灾害应急、恢复重建等各个阶段有序衔接和综合协调，这是全面加强农村防灾减灾能力建设的重要方针，必须长期坚持。

34.1.3.3 处理好政府力量和社会力量的关系

各级政府是农村防灾减灾的组织者、指挥者、实施者，也是农村防灾减灾能力建设的主导者。要健全农村防灾减灾综合协调机制，完善国家灾情监测、预警、评估和应急救助指挥体系。中央和地方各级政府要根据农村防灾减灾工作需要和财力可能，加大对防灾减灾事业的投入。各地区各部门应各司其职，分解目标、明确任务、细化责任，确保行政领导责任制落到实处。同时，要积极组织农村社区居民群众参与减灾活动和预案演练，支持农村群众团体、民间组织和基层自治组织开展防灾避险知识宣传，充分发挥它们在灾害防御、紧急救援、医疗救助、卫生防疫、恢复重建、灾后心理支持等方面的作用，广泛动员社会力量，加强社会捐助，多渠道筹集防灾减灾资金。驻在农村的机关、企事业单位，应当根据有关规定，制定防灾减灾教育培训计划，开展有关教育培训，提高安全防范意识和能力。农村各类学校应当将防灾减灾知识教育纳入教学内容，培养学生的安全意识和自救、互救能力。处理好政府力量和社会力量的关系，统筹整合各方面资源，统筹运用各种手段，在农村防灾减灾领域形成政府行政功能和社会自治功能互补、政府管理力量和社会调节力量互动的合力机制，这是全面加强农村防灾减灾能力建设的不竭源泉，必须长期坚持。

34.1.3.4 处理好体制机制建设和基层基础工作的关系

体制机制建设和基层基础工作，是推进农村防灾减灾能力建设相辅相成、不可或缺的两个重要方面。一方面，要强化国家减灾委员会的综合协调职能，建立健全省、市、县三级综合减灾协调机构，建立健全指挥协调、部门联动、信息共享、社会动员、资金保障等机制，努力形成政府统一领导、各部门协调配合、全社会共同参与、功能齐全、科学高效、覆盖城乡的国家防灾减灾体系。另一方面，要把农村防灾减灾的重心放在基层。要发挥乡镇党委政府的领导作用，依托农村党组织和村民自治组织，组织动员农民群众广泛参与，建立健全村级灾害信息员制度，畅通灾害发现报告渠道；开展农村基层自然灾害风险和减灾能力普查与评估，明确基层应急救助和防灾减灾的重点；完善农村基层灾害应急预案，组织农民群众参与预案演练；不断完善农村社区防灾减灾基础设施，全面开展农民减灾安居工程建设；开展农村"减灾示范社区"创建活动，提高农民防灾减灾意识。处理好体制机制和基层基础工作的关系，通过不断健全体制机制，夯实防灾减灾的基层基础，通过基层基础工作的加强，最大限度地发挥防灾减灾体制机制的效用，这是全面加强农村防灾减灾能力建设的重要方法，必须长期坚持。

34.2 农业与农村综合防灾减灾能力的内涵与建设途径[7]

我国是一个多灾的农业大国，频繁发生的农村灾害成为农业增产、农民增收和农村社会稳定发展的极大障碍，而农业农村综合防灾减灾能力的强弱直接影响灾害给农村带来的损失，是决定我国农村经济社会能否快速发展及新农村建设能否顺利进行的重要因素，是当今社会对新农村建设提出的一个需要迫切解决的、极具挑战性的课题。

综合防灾减灾能力既包括防灾减灾的体制、机制和法制建设，也包括防灾减灾的基础设施建设和减灾的综合防控能力建设，涉及到健全组织体系、运行机制、保障制度、社会参与等多个方面，是一项复杂而艰巨的系统工程。综合防灾减灾涉及社会的方方面面，需要调动各种资源、运用多种手段来开展，更需要全社会的支持和共同参与。

进行农村综合防灾减灾能力评价的目的在于为增强农村的综合防灾减灾能力服务，为地方政府进行农村灾害的监测、预防，灾害发生时的救援以及灾后重建工作提供科学依据。但到目前为止，我国对农村灾害的研究还停留在单一灾种的防治和农村灾害系统的研究层面，关于农村综合防灾减灾能力评价指标体系建立的研究还很少见，因此对农村的综合防灾减灾能力进行研究，建立完善的农村综合防灾减灾能力评价指标体系，是目前进行农村防灾减灾能力建设的当务之急。

34.2.1 农业与农村综合防灾减灾能力的内涵与指标体系构建基本原则

34.2.1.1 农业与农村综合防灾减灾能力的内涵

农业与农村综合防灾减灾能力是指统筹考虑各种灾害及其发展阶段的不同特点，积极采取行政、法律、科技、市场等多种手段，综合运用各地区、各部门、各行业防灾减灾资源，广泛动员农民群众积极参与，协调配套灾害监测、预警预报、风险评估、防御救助等各个环节，把灾害造成的损失降到最低程度的本领。从灾害的成因、发生的地点以及灾害造成的后果来看，农村灾害往往具有危害性、意外性、区域性、延滞性、可预见性和可预防性等特点；从防灾减灾活动的环节来看，农业农村防灾减灾的范围包括灾前监测和预警、防灾避灾，灾中减灾与抗灾、救援与控制，灾后的生产自救与恢复重建。

34.2.1.2 构建指标体系的基本原则

(1)科学性原则　科学性原则是任何评价指标体系构建的先决条件，是指所选取的指标要能够有效反映各地区农业农村防灾减灾能力的真实情况。

(2)系统性原则　农业农村综合防灾减灾能力评价是一个系统工程，所选取的指标应尽可能反映该系统的特征，既相互独立，又相互联系和补充，形成一个有机整体。

(3)可行性原则　构建农业农村综合防灾减灾能力评价指标体系的最终目的是进行农业农村综合防灾减灾能力的评价，为我国在进行农业农村防灾减灾能力建设过程中的决策提供一定的依据，因此所选取的指标要能够通过一定的方法进行量化并且便于采集和获得。

(4)层次性原则　农业农村综合防灾减灾能力评价要通过对众多相关指标的测定、计算、分析才能完成。为正确判定各相关指标的作用，必须按重要性对相关指标划分层级，并对整个指标体系进行分层设计。

(5)动态性原则　提高农业农村综合防灾减灾能力既是目标又是过程，因此指标体系的设计不但应考虑我国各地区农业农村综合防灾减灾能力的现状，还应考虑其发展趋势，为决策过程提供依据。

34.2.2 农业与农村综合防灾减灾能力评价指标体系

根据以上农村综合防灾减灾能力评价指标的选取原则和农村灾害的特点，以农村防灾减灾的各个环节为依据，选取以下5个能够比较全面反映农村综合防灾减灾能力的一级指标和多个二级指标作为评价依据，具体的指标体系见表34.1。

34.2.2.1 灾情监测预警能力

对农业农村自然灾害进行有效的监测和预警，是积极应对农村灾害、增强农村防灾减灾能力的重要保障。我国各种自然灾害打击的对象主要是农村，近几年来发生的重大农村灾害导致的严重损失逐渐暴露出我国农村“靠天吃饭”现象的存在以及监测预警设施的薄弱。农村灾害的监测和预警必须要具备针对性、及时性、准确性和多样性等特点，农业气象观测业务站点的数量和地震宏观观测点的数量是反映农村灾害监测密度的指标。另外，目前我国农村灾害信息的接收途径大多为电视机，每百户拥有的电视机数量在一定程度上反映了灾害信息的传播能力。

表 34.1　农业与农村综合防灾减灾能力评价指标体系

目标层	一级指标	二级指标
农业与农村综合防灾减灾能力	灾情监测预警能力	气象观测台站点(含自动气象站、自动雨量站、乡村气象信息服务站等)数量与分布 农业生物灾害测报站点数量与分布 地质灾害、地震观测点 预测预报预警信息平台与指挥体系 每百人拥有手机数量 每百户电视机拥有量 预警信息大喇叭数量
	备灾、防灾、避灾能力	备灾物资(种子、肥料、农药、柴油、帐篷、食品、药品)储备数量与分布 旱涝保收农田数量与分布 万亩机井、水渠数量与分布 人工影响天气作业点数量与分布 供水、供电、供气、道路、通信等生命线工程应急保障水平
	减灾抗灾与防御救援能力	每千农村人口乡村医生和卫生员数量 农业防灾减灾科技创新与成果推广转化和普及能力 应急抗旱机具拥有量、抗旱水源分布与储量 排涝除渍机具数量 手持式喷雾机具、机动喷雾器、喷药飞机拥有量 百万亩耕地农业防灾减灾专家数量 抗灾减灾新技术、新材料、新产品、新品种、新模式数量 农村人均住宅投资
	灾后恢复与重建能力	农民人均纯收入 农民人均非经营性收入 参加新型农村合作医疗保险的农村居民数量 农业人口比例 农业保险投保额
	政府防灾减灾综合组织动员能力	每万亩耕地、每万农村人口农业农村防灾减灾政府财政预算与财政支出 农业农村防灾减灾预警信息平台与指挥系统 农业农村防灾减灾机构设置与作用发挥 政府预警信息发布 农业防灾减灾与灾害保险政府补贴投入的数量 农业防灾减灾重大工程、基本建设项目、基础设施、野外台站、重大科学装置投入情况

34.2.2.2　备灾、防灾、避灾能力

衡量农业与农村的备灾、防灾、避灾能力的指标主要包括：①种子、肥料、农药、柴油、帐篷、食品、药品等备灾物资的储备数量与分布；②旱涝保收农田的数量及分布；③每万亩农田的机

井和水渠数量与分布;④人工影响天气作业设施和队伍的数量与分布;⑤供水、供电、供气、道路、通信等生命线工程的应急保障水平。

34.2.2.3 农业与农村减灾抗灾与防御救援能力

农业农村灾害的防御与救援能力,即灾害来临时农户及政府对农村灾害的抵御能力。本书参照农村灾害的特点、种类将农村灾害的防御与救援能力指标设置如下:①每千农村人口乡村医生和卫生员数量,决定灾害发生时农民能够获得的医疗救助水平;②农业防灾减灾技术推广普及程度,决定农民在生产过程中的减灾技能;③抗旱排涝机具数量和抗旱水源状况,体现当地抗旱防涝的基本物质条件;④喷药机具拥有数量,体现当地防控有害生物的物质条件;⑤每百万亩耕地农业防灾减灾专家数量,在制定农业防灾减灾正确决策中具有关键作用;⑥抗灾减灾新技术、新材料、新产品、新品种和新模式数量,标志当地未来农业减灾的潜力;⑦农村人均住宅投资,反映农村民居抗御地震、洪水等灾害的能力。

此外,一个地区的成灾面积与受灾面积之比即成灾率,也可以看成间接衡量农村减灾能力的重要指标。通常在遭受同等强度的农业灾害,受灾面积相同的情况下,防御与救援能力强的农村,成灾面积较小;而能力差的农村成灾率较高。

34.2.2.4 灾后恢复与重建能力

(1)农民人均纯收入。农户是各种农村灾害的直接承灾体,2000 年,周武光等对湖南省洞庭湖区农户经济与洪涝灾害关系展开了野外调查,进行了农户经济行为与土地经济行为的分析,结果表明,农户对灾害的抵御能力主要受其经济能力的制约,农民人均纯收入反映了农户对灾害的抵御能力。[8]

(2)农民的人均非家庭经营收入是一定时期内农民人均收入中来源于其他产业的部分,该部分收入受农业灾害的影响较小,是衡量农户灾害防御能力的重要指标。

(3)农业人口比例是指某个地区直接从事农业生产活动的人口的比例,该比例与当地农村防灾减灾能力成反比关系。

(4)参加新型农村合作医疗保险的农村居民的数量。

(5)农业保险投保额。农业保险赔偿资金是农村灾后重建资金来源的一个重要方面,因此农业保险的投保额是衡量农村灾后重建能力的一个重要指标。

34.2.2.5 政府防灾减灾综合组织动员能力

各级政府用于环保的财政支出、农林牧渔业的固定资产投资、农林水事务的地方财政支出表明了当地政府用于农村防灾减灾能力建设的经济实力,农业各税则表明了政府可用于救灾储备的资金总数。

34.3 我国农业防灾减灾能力建设的形势[1]

34.3.1 农业防灾减灾能力建设取得的成效

“十一五”是新中国成立以来自然灾害最为严重的时期之一,南方低温雨雪冰冻、汶川特大地震、玉树强烈地震、舟曲特大山洪泥石流等特大灾害接连发生，严重洪涝、干旱和地质灾害以及台风、风雹、高温热浪、海冰、雪灾、森林火灾等灾害多发并发，给经济社会发展带来严重影响。面对严峻灾害形势，有关各方密切配合，高效有序开展抗灾救灾工作，大力加强防灾减灾能力建设，取得了显著成效。主要体现在：

一是防灾减灾管理体制、机制和法制不断完善。27个省、自治区、直辖市成立了减灾委员会或减灾救灾综合协调机构，防灾减灾综合协调职能得到充分发挥。修订、公布了《中华人民共和国防震减灾法》、《中华人民共和国突发事件应对法》、《自然灾害救助条例》、《气象灾害防御条例》、《中华人民共和国抗旱条例》等法律法规。

二是自然灾害监测预警体系基本形成。气象、水文、地震、地质、农业、林业、海洋、环境等各类自然灾害监测站网和预警预报系统进一步完善，天气和自动气象观测系统建设初具规模，山洪、地质灾害群测群防体系进一步完善，台风早期预警水平得到提高，农林病虫害和森林草原火灾的监测预警能力进一步加强。环境与灾害监测预报小卫星星座A、B星和风云三号A星、风云二号E星成功发射，卫星减灾应用业务系统初步建立。

三是自然灾害工程防御能力稳步提升。实施了防汛抗旱、危房改造、饮水安全、公路灾害防治等重大工程，大江大河防洪能力进一步提高，重点防洪保护区基本达到规定的防洪标准，人口密集区、大中城市及国家重大工程建设区的地质灾害隐患点得到初步治理，中小学危房改造工程、校舍安全工程全面实施，农村困难群众危房改造工程扎实推进。

四是重特大自然灾害应对能力大幅提升。以应急指挥、抢险救援、灾害救助、恢复重建等为主要内容的救灾应急体系初步建立。应急救援、运输保障、生活救助、医疗救助、卫生防疫等应急能力大大增强，有效应对了地震、干旱、泥石流等一系列重特大自然灾害，最大程度减轻了灾害损失，维护了社会和谐稳定。

五是科学技术的支撑作用明显增强。对自然灾害发生、发展机理和演变规律的研究进一步深入，灾害监测预警、风险评估、应急处置等技术水平不断提高，遥感、卫星导航与通信广播等技术在重特大自然灾害应对过程中发挥了重要作用，有关防灾减灾科研机构相继成立，科技支撑平台逐步形成。

六是防灾减灾人才和专业队伍逐步壮大。防灾减灾人才队伍建设被纳入《国家中长期人才发展规划纲要(2010—2020年)》，专兼结合的防灾减灾人才队伍初步形成，人民解放军、武警部队、公安民警、民兵预备役在防灾减灾中发挥了骨干作用，防汛抗旱、抗震救灾、森林防火等专业队伍不断壮大，建立了50余万人的灾害信息员队伍，防灾减灾救灾队伍建设全面推进。

七是防灾减灾社会参与程度显著提高。防灾减灾社会动员能力和社会资源整合能力明显增强。在重特大自然灾害面前，社会各界踊跃奉献爱心，积极投身抢险救援、生活救助、生命救治和恢复重建，海内外和衷共济，形成了合力防灾减灾的良好氛围。国家将5月12日设立为“防灾减灾日”，防灾减灾宣传教育活动逐步推广，公众防灾减灾意识明显提升。

八是防灾减灾国际合作与交流不断深化。我国与国际组织、机构以及有关国家政府在防灾减灾领域的合作不断深化。在上海合作组织、东南亚国家联盟、中非合作论坛和中日韩区域合作等框架下，建立了防灾减灾合作机制和行动计划。我国政府积极援助遭受重特大自然灾害的国家，履行了防灾减灾国际义务，在防灾减灾领域的国际影响得到进一步提高。

34.3.2 新时期农业防灾减灾能力建设面临的形势、挑战和机遇

“十二五”时期和未来相当长的一段时期，在全球气候变化背景下，自然灾害风险进一步加大，农业农村防灾减灾工作形势严峻。干旱、洪涝、台风、低温、冰雪、高温热浪、沙尘暴、病虫害等灾害风险增加，崩塌、滑坡、泥石流、山洪等灾害仍呈高发态势。自然灾害时空分布、损失程度和影响深度广度出现新变化，各类灾害的突发性、异常性、难以预见性日显突出。同时，随着我国工业化和城镇化进程明显加快，城镇人口密度增加，基础设施承载负荷不断加大，自然灾害对城市的影响日趋严重；广大农村尤其是中西部地区，经济社会发展相对滞后，设防水平偏低，农村居民抵御灾害的能力较弱。自然灾害引发次生、衍生灾害的风险仍然很大。

未来农业农村防灾减灾工作面临诸多挑战：一是自然灾害监测站网密度、预警预报精度以及信息传播水平和时效性需进一步提高。二是部分城乡基础设施设防标准偏低，避难场所建设滞后，农业农村防灾减灾能力仍相对薄弱。三是应急救灾物资储备种类、数量难以满足救灾需要，救灾应急装备、技术手段、通信和应急广播设施等比较落后，农业农村防灾减灾科技支撑能力有待进一步提高。四是农业农村防灾减灾人才队伍建设滞后，部门之间、区域之间协作机制尚需进一步完善，农业农村防灾减灾宣传教育和培训体系亟待完善，公众防灾减灾意识和能力需进一步提高。

面对严峻的灾害形势和挑战，党中央、国务院将防灾减灾工作作为政府社会管理和公共服务的重要组成部分并纳入经济社会发展规划，将减轻灾害风险列为政府工作的优先事项，防灾减灾的地位和作用更加凸显。同时，我国经济保持平稳较快发展，综合国力显著增强，为防灾减灾奠定了坚实的物质基础；社会各界积极主动参与防灾减灾，为开展综合减灾工作创造了良好社会氛围。未来我国农业农村防灾减灾工作需要立足国民经济和社会发展全局，统筹规划综合防灾减灾事业发展，加速推进各项能力建设，不断完善综合农业农村防灾减灾体系，切实保障人民群众生命和财产安全[9]。

34.4 农业与农村防灾减灾能力建设的重点[10-13]

34.4.1 加强自然灾害监测预警能力建设

加快农业自然灾害监测预警体系建设，完善农业自然灾害监测网络，依托气象、水文、地震、地质、农业、林业、海洋等相关涉灾部门已有的监测网络体系，结合农业农村防灾减灾的工作需求，建立和完善农业自然灾害监测系统，强化部门间信息共享，避免重复建设。完善自然灾害灾情上报与统计核查系统，尤其重视县级以下灾害监测基础设施建设，增加各类自然灾害监测站网密度，优化功能布局，提高监测水平。健全自然灾害预报预警和信息发布机制，加强自然灾害早期预警能力建设。

加强国家农业农村防灾减灾空间信息基础设施建设，加快农业灾害卫星遥感和地面实时可视化监测体系建设的步伐，加强静止轨道灾害监测预警凝视卫星建设，提高自然灾害综合观测能力、高分辨率观测能力和应急观测能力。加强与相关规划的衔接，整合各类卫星应用需

求，统筹规划卫星、卫星应用及相关基础设施的发展，提高卫星的复合观测能力和地面系统的综合应用能力。充分利用国内外各类民用、军用对地观测手段和无线传感器网络，提高自然灾害的大范围、全天候、全天时、多要素、高密度、集成化的立体监测能力和业务运行水平。

34.4.2 加强农业农村防灾减灾信息管理与服务能力建设

提高农业农村防灾减灾信息管理水平，科学规划并有效利用各级各类信息资源，拓展信息获取渠道和手段，提高信息处理与分析水平，完善灾情信息采集、传输、处理和存储等方面的标准和规范。建立国家农业综合防灾减灾数据库，完善灾害信息动态更新机制，提高信息系统的安全防护标准，保障防灾减灾信息安全。

加强农业防灾减灾信息共享能力，论证建设国家农业综合减灾与风险管理信息平台，提高农业防灾减灾信息集成、智能处理和服务水平，加强各级相关部门农业防灾减灾信息互联互通、交换共享与协同服务。充分利用卫星通信、广播电视、互联网、导航定位等技术和移动信息终端等装备，提高信息获取、远程会商、公众服务和应急保障能力，推进“数字减灾”工程建设。

34.4.3 加强农业自然灾害风险管理能力建设[14]

加强国家农业自然灾害综合风险管理，完善减轻农业自然灾害风险的措施，建立农业自然灾害风险转移分担机制，加快建立农业灾害调查评价体系。以县级为调查单位，开展全国农业自然灾害风险与减灾能力调查，摸清底数，建立完善数据库，提高灾情数据显示和更新能力。建立国家、区域综合灾害风险评价指标体系和评估制度，研究自然灾害综合风险评估方法和临界致灾条件，开展综合风险评估试点和示范工作。

建立健全国家自然灾害评估体系，不断提高风险评估、应急评估、损失评估、社会影响评估和绩效评估水平，完善重特大农业自然灾害综合评估机制，提高灾害评估的科学化、标准化和规范化水平。结合重大工程、生产建设和区域开发等项目的可行性研究，开展自然灾害风险评价试点工作，合理利用自然资源，注重生态保护。研究建立减少人为因素引发自然灾害的预防机制。

34.4.4 加强农业自然灾害工程防御能力建设[15]

加强防汛抗旱、防震抗震、防寒抗冻、防风抗潮、防沙治沙、森林草原防火、病虫害防治、野生动物疫病疫源防控等防灾减灾骨干工程建设，提高重特大农业自然灾害的工程防御能力。提高农村建筑物设防标准，特别是农村人员密集场所、重大建设工程和生命线工程的灾害防御性能，推广农村安全校舍和安全医院等工程建设。

加强中小河流治理和病险水库除险加固、山洪地质灾害防治、易灾地区生态环境综合治理，加大农村危房改造、农田水利设施、抗旱应急水源、农村饮水安全等工程及农机防灾减灾作业的投入力度。加快实施自然灾害隐患点重点治理和居民搬迁避让。

34.4.5 加强区域和农村基层防灾减灾能力建设

统筹协调区域农业防灾减灾能力建设，将农业防灾减灾与区域发展规划、主体功能区建设、产业结构优化升级、生态环境改善紧密结合起来。提高农村建筑和公共设施的设防标准，加强城乡交通、通信、广播电视、电力、供气、给排水、学校、医院等基础设施的抗灾能力建设。大力推进农村防灾减灾能力建设，有效利用学校现有场所，建设或改造乡村应急避难场所，建立城乡综合防灾减灾新模式。

加强乡村基层防灾减灾能力建设，健全基层防灾减灾体制机制，完善乡镇农业农村自然灾害应急预案并适时组织演练，加强预警信息发布能力建设。继续开展“全国综合减灾示范社区”创建活动，加强乡村基层社区和农民家庭防灾减灾准备工作。结合社会主义新农村建设，着力提高农村防灾减灾能力。

34.4.6 加强农业自然灾害应急处置与恢复重建能力建设

加强国家农业自然灾害抢险救援指挥体系建设。建立健全统一指挥、综合协调、分类管理、分级负责、属地管理为主的农业灾害应急管理体制和协调有序、运转高效的运行机制。坚持政府主导和社会参与相结合，建立健全抢险救灾协同联动机制。

加强农业救灾应急装备建设。研究制定各级农业救灾应急技术装备配备标准，全面加强生命线工程、应急抗旱、应急防洪设备和装备配备。

加强救灾物资应急保障能力建设。制定物资储备规划，扩大储备库覆盖范围，丰富物资储备种类，提高物资调配效率。充分发挥各类资源在应急救灾物资保障中的作用，提高重要救灾物资应急生产能力，利用国家战略物资储备、国防交通物资储备和企业储备等，建立健全政府储备为主、社会储备为补充、军民兼容、平战结合的救灾物资应急保障机制。

加强受灾群众生活保障能力建设。推进与经济社会发展水平和受灾群众实际生活需求相适应的救助资金长效保障机制建设，完善自然灾害救助政策，充实自然灾害救助项目，适时提高自然灾害救助资金补助标准，提高受灾群众救助质量和生活保障水平。加强重特大自然灾害伤病人员集中收治能力建设。

加强灾后恢复农业生产和重建家园能力建设。建立健全恢复重建评估制度和重大项目听证制度，做好恢复重建需求评估、规划选址、工程实施、技术保障等工作，加强受灾群众的心理援助，提高城乡住房、基础设施、公共服务设施、产业、生态环境、组织系统、社会关系等方面的恢复重建能力，提高恢复重建监管水平。

34.4.7 加强农业防灾减灾科技支撑能力建设

加强农业防灾减灾科学研究，开展农业自然灾害致灾机理和演化规律研究，重点加强农业自然灾害早期预警、重特大自然灾害链、农业自然灾害与社会经济环境相互作用、全球气候变化背景下农业自然灾害风险管理等科学研究。编制国家农业防灾减灾科技规划，注重农业防灾减灾跨领域、多专业的交叉科学研究。

加强遥感、地理信息系统、导航定位、三网(电信网、广播电视网和互联网)融合、物联网和数字地球等关键技术在农业防灾减灾领域的应用研究,推进农业防灾减灾科技成果的集成转化与应用示范。开展农业防灾减灾新材料、新产品和新装备研发。建设农业防灾减灾技术标准体系,提高农业防灾减灾的标准化水平。

加强农业防灾减灾科学交流与技术合作,引进和吸收国际先进的农业防灾减灾技术,推动农业防灾减灾领域国家重点实验室、工程技术研究中心等建设。推进农业防灾减灾产业发展,完善产业发展政策,加强国家战略性新兴产业在农业防灾减灾领域的支撑作用。

34.4.8 加强农业防灾减灾社会动员能力建设[16]

完善农业防灾减灾社会动员机制,建立畅通的农业防灾减灾社会参与渠道,完善鼓励企事业单位、社会组织、志愿者等参与农业防灾减灾的政策措施,建立农业自然灾害救援救助征用补偿机制,形成全社会积极参与的良好氛围。充分发挥公益慈善机构在农业防灾减灾中的作用,完善农业自然灾害社会捐赠管理机制,加强捐赠款物的管理、使用和监督。

充分发挥社会组织、基层自治组织和公众在农业灾害防御、紧急救援、救灾捐赠、医疗救助、卫生防疫、恢复重建、灾后心理干预等方面的作用。研究制定加强农业防灾减灾志愿服务的指导意见,扶持基层社区建立防灾减灾志愿者队伍。提高志愿者的防灾减灾知识和技能,促进防灾减灾志愿者队伍的发展壮大。

建立健全农业灾害保险制度,充分发挥保险在农业灾害风险转移中的作用,拓宽农业灾害风险转移渠道,推动建立规范合理的灾害风险分担机制。

34.4.9 加强农业防灾减灾人才和专业队伍建设

全面推进农业防灾减灾人才战略实施,整体性开发农业防灾减灾人才资源,扩充队伍总量,优化队伍结构,完善队伍管理,提高队伍素质,形成以农业防灾减灾管理和专业人才队伍为骨干力量,以各类灾害应急救援队伍为突击力量,以农业防灾减灾社会工作者和志愿者队伍为辅助力量的防灾减灾队伍。

加强农业防灾减灾科学研究、工程技术、救灾抢险和行政管理等方面的人才培养,结合救灾抢险工作特点,加强救灾抢险队伍建设,定期开展针对性训练和技能培训,培育和发展“一队多用、专兼结合、军民结合、平战结合”的救灾抢险专业队伍。充分发挥人民解放军、武警部队、公安民警、医疗卫生、矿山救援、民兵预备役、国防动员等相关专业保障队伍、红十字会和社会志愿力量等在救灾工作中的作用。加强基层灾害信息员队伍建设,推进防灾减灾社会工作人才队伍建设。

加强高等教育自然灾害及风险管理相关学科建设,扩大相关专业研究生和本科生规模,注重专业技术人才和急需紧缺型人才培养。加强各级农业减灾专家队伍的建设,充分发挥专家在农业防灾减灾工作中的参谋咨询作用。

34.4.10 加强农业防灾减灾文化建设

将农业防灾减灾文化建设作为加强社会主义文化建设的重要内容，将农业防灾减灾文化服务作为国家公共文化服务体系的重要组成部分，提高农业综合防灾减灾软实力。强化各级人民政府的农业防灾减灾责任意识，提高各级领导干部的农业灾害风险管理和应急管理水平，完善政府部门、社会组织和新闻媒体等合作开展农业防灾减灾宣传教育的工作机制。

提升社会各界的农业防灾减灾意识和文化素养。结合全国“防灾减灾日”和“国际减灾日”等，组织开展多种形式的农业防灾减灾宣传教育活动。把农业防灾减灾教育纳入国民教育体系，将农业防灾减灾知识和技术普及纳入文化、科技、卫生“三下乡”活动。经常性开展疏散逃生和自救互救演练，提高公众应对农业自然灾害的能力。

创新农业防灾减灾知识和技能的宣传教育形式，强化农业防灾减灾文化场所建设，充分发挥各级公共文化场所的重要作用，推进农业防灾减灾宣传教育基地和国家农业防灾减灾宣传教育网络平台建设，发挥重特大农业自然灾害遗址和有关纪念馆的宣传教育和警示作用。

34.5 农业防灾减灾能力建设的重点工程

34.5.1 全国农业自然灾害综合风险调查工程

在充分利用已有各类灾害调查成果的基础上，制定农业灾害综合风险和减灾能力调查指标体系，开展全国农业自然灾害综合风险和减灾能力调查，建立数据库、模型库、方法库和国家农业自然灾害综合风险调查评估技术系统；开展典型灾种灾害风险评价、多灾种和灾害链综合风险评价以及区域减灾能力评价等工作，建立国家农业自然灾害综合风险制图标准规范体系和技术体系。

编制全国、省、市及农业灾害频发易发区县级行政单元农业自然灾害风险图和自然灾害综合区划图，建立风险信息更新、分析评估和产品服务机制。编制全国(1∶100万)、省级(1∶25万)、地市及农业灾害频发易发区县级(1∶5万)农业自然灾害风险图，为中央和地方各级政府制定区域发展规划、农业自然灾害防治、应急抢险救灾、重大工程项目建设等提供科学依据。

34.5.2 国家农业综合减灾与风险管理信息化建设工程

依托国家统一的电子政务网络，以及人口信息库、法人单位信息库、空间地理信息库等基础信息资源，通过信息化手段的建设和完善，实现相关部门涉灾业务的协同与资源共享，提升中央、省两级的农业灾害风险信息与搜救信息的获取、分析、研判能力，以及救灾、减灾的会商和决策能力，有效支撑国家相关部门防灾减灾协作。

34.5.3 国家农业自然灾害应急救助指挥系统建设工程

建设灾害应急救助指挥系统，实现灾情、决策、指挥、救灾物资调运等各类信息的及时发送与传递。构建灾害损失评估、预案推演信息系统，为灾害应急救助提供科学决策信息。大幅提升灾害应急救助即时信息高效处理、互联互通与指令信息的快速传达能力。

34.5.4 国家农业救灾物资储备工程

以统筹规划、合理分布和资源整合为原则，综合利用国家和社会现有储备仓库，新建或改扩建一批中央农业生产救灾物资储备库，多灾易灾地区的省、市、县各级人民政府按照实际需要建设本级农业生产救灾物资储备库，形成分级管理、反应迅速、布局合理、种类齐全、规模适度、功能完备、保障有力、符合我国国情的中央—省—市—县四级农业救灾物资储备网络。

完善受灾群众生活救助、医疗卫生防疫、交通应急保障、森林防火等方面的物资储备，特别加强中西部救灾物资储备和信息管理能力，优化农业救灾物资管理与使用。逐步建立运力集结、资源补给、车辆维修的全国农业救灾物资交通运输网络，提高救灾物资投送能力。

34.5.5 农业减灾卫星建设工程

加强农业自然灾害信息获取立体监测能力和农业防灾减灾空间信息基础设施建设，逐步完善灾害监测预报卫星，加强“天、地、现场”一体化技术指标体系论证，推动 4 颗光学卫星和 4 颗雷达卫星组网构成的“4＋4”减灾卫星星座建设，形成机动灵活、高密度、高精度、宽覆盖、多手段组合观测能力，实现 12 h 灾害重访观测，确保卫星在轨运行的连续性和地面应用系统建设与发展的持续稳定性。加强科研试验卫星和减灾业务卫星的有机衔接，充分利用国内外多星资源，提高灾害综合观测、高分辨率观测和应急观测能力。完善灾害遥感应用模型、方法和标准规范，提升业务系统处理、分析与服务水平，完善灾害监测预警、灾害评估、应急响应和恢复重建等业务体系和产品体系，论证建立综合防灾减灾空间信息服务平台。

加强卫星减灾应用技术的示范与推广，提高应用能力和水平。统筹利用国家遥感校验场、目标检测场和综合实验场资源，提高灾害定量化应用水平。完善重大自然灾害卫星和航空遥感应急监测合作机制，推动区域和省级减灾应用能力建设，完善现有区域和省级卫星减灾应用中心，提高卫星减灾应用水平。

34.5.6 国家重大农业自然灾害科技创新平台建设工程

围绕农业重大自然灾害开展灾害发生发展机理、致灾阈值、灾损标准、情景分析、应急处置等方面的实验模拟研究。重点针对干旱、洪涝、低温、干热风、寒露风等主要农业自然灾害，建立致灾环境的实验模拟和计算机模拟仿真系统，实现发生发展全程动态模拟与监测，为重特大自然灾害影响评估、指挥决策提供条件平台和科技支撑。同时，根据现有条件，建立国家农业防灾减灾国家重点实验室和国家农业防灾减灾工程技术中心，在不同区域建立长期定位农业灾害野外观测台站。

34.5.7 农业综合减灾示范社区和避难场所建设工程

按照全国综合减灾示范社区标准，创建 5 000 个全国综合减灾示范社区。城乡社区建设居民就近紧急疏散和临时安置的避难场所，配置应急物资，设置应急逃生指示标识和应急广播设施，配备家庭防灾减灾器材和救生工具，编制城乡社区应急预案和灾害风险图，开展社区救灾演练，建立社区志愿者队伍等。

结合区域和城市建设发展规划，在京津冀、长三角、珠三角地区以及中西部新兴发展区域等城市群或典型城市，根据人口分布和城市布局，充分利用城市中心区或人员密集区的学校、大型公共服务设施和城市大型绿地等场所，建设具备应急指挥、应急避难、医疗救治等功能的应急避难场所。在农村灾害易发区，结合乡村布局、人口分布和灾害隐患分布情况，依托现有学校、体育场等公共场所，新建或改扩建乡村应急避难场所。

34.5.8 农业防灾减灾宣传教育和科普工程

利用现有设施，在每个省份至少新建或改扩建一个农业防灾减灾文化宣传教育基地，重点扶持中西部灾害多发地区，配置防灾减灾相关专业器材及多媒体设备，为公众免费提供体验式、参与式的防灾减灾知识文化服务。开发国家农业防灾减灾宣传教育网络平台，建立资源数据库和专家库，建设国家农业防灾减灾数字图书馆，实现资源共享、在线交流、远程教育等功能。

开发农业防灾减灾系列科普读物、挂图和音像制品，编制适合不同群体的防灾减灾教育培训教材，组织形式多样的农业防灾减灾知识宣传活动和专业性教育培训，开展各类农业自然灾害的应急演练，加强各级领导干部农业防灾减灾教育培训，增强公众农业防灾减灾意识，提高自救互救技能。

（李茂松）

参考文献

[1] 国家综合防灾减灾规划(2011—2015 年). 2012-01-09[2012-02-09] http://www.jianzai.gov.cn/aticles/2c92018234c18b130134c1aa62e10093.html.

[2] 李学举. 加强农村防灾减灾能力建设. 中国减灾，2008(11)：25-28.

[3] 中共中央关于推进农村改革发展若干重大问题的决定. 北京：中央政府门户网站. 2008-10-19 [2008-10-19]. http://www.gov.cn/jrzg/2008-10/19/content_1125094.htm.

[4] 程红. 提高减灾防灾能力　推进社会主义新农村建设. 厦门特区党校学报，2007(1)：72-75.

[5] 秦大河. 以民为本　以农为重　加快建立和完善农村防灾减灾体系. 2006-03-08. http://

www.china.com.cn/chinese/zhuanti/2006lh/1147431.htm.
[6] 胡锦涛. 在中国科学院第十四次院士大会和中国工程院第九次院士大会上的讲话. 北京：人民出版社，2008.
[7] 曹国昭，阎俊爱. 农村综合防灾减灾能力评价指标体系研究. 科技情报开发与经济，2010，20(1)：156-160.
[8] 周武光，史培军，方伟华，等. 家户、土地对洪涝灾害的经济响应研究——湖南省洞庭湖区案例分析. 自然灾害学报，2000，9(1)：13-18.
[9] 阎俊爱，曹国昭. 农村防灾减灾能力建设中资金投入的进化博弈分析. 数学的实践与认识，2010(4)：90-95.
[10] United Nations International Strategy for Disaster Reduction. Climate and disaster resilience initiative capacity-building program. UNISDR，2010：12-13.
[11] United Nations International Strategy for Disaster Reduction Secretariat-Africa. Hydro climatic disasters in water resources managementitraining manual. UNISDR，AF，2009.3：21.
[12] United Nations International Strategy for Disaster Reduction. Local governments and disaster risk reduction：good practices and lessons learned. UNISDR，2010：29-33.
[13] Food and Agriculture Organization of the United Nations. Disaster risk management systems analysis：a guide book. FAO，2008：13-19.
[14] 冯俏彬. 加强制度建设 提升财政支持防灾减灾能力. 中国财政，2011(19)：41-43.
[15] 张辉. 我国综合防灾减灾能力建设. 防灾博览，2009(2)：25-31.
[16] 靳培杰. 探析中国地方政府防灾减灾体系的构建. 经济研究导刊，2011(21)：200-201.

附　录

附录一　中国农业和自然灾害大事件

1. 洪涝灾害

1950 年 7 月，淮河大水淹没土地 226.7 万 hm^2，灾民 1 300 万人，淮北受灾为百年罕见。

1954 年 7 月，长江中下游、淮河流域降水量普遍比常年同期偏多一倍以上，淹没农田 317 万 hm^2，1 888 万人受灾，3.3 万人死亡，经济损失 200 亿元以上。

1963 年 8 月，海河大水。8 月上旬河北省连续 7 d 下 5 场暴雨，过程最大降水量在内丘县獐狐公社，达 2 050 mm，过程总雨量 1 000 mm 以上面积 5 560 km^2，共淹没 104 个县市 440 万 hm^2 耕地，直接经济损失 60 亿元。

1975 年 8 月 5—7 日，受第 3 号台风影响，河南中南部发生特大暴雨，暴雨中心林庄 6 h 降雨 830 mm，创世界纪录，造成淮河流域特大洪涝。板桥和石漫滩两大水库、两滞洪区、两座中型水库和 58 座小型水库溃坝，河堤决口 2 180 处，河南省 29 个县、市的 1 100 万人、113.3 万 hm^2 耕地受灾，死亡 2.5 万人，死伤牲畜 44 万头，直接经济损失 100 亿元。

1980 年，安徽、江苏、浙江等地洪涝，稻谷产量减少近 40 亿 kg。

1983 年，长江中下游地区洪水使 267 万多 hm^2 耕地被淹，经济损失达 200 亿元。

1985 年 8 月，辽河大水。三次台风相继袭击，东北地区连降大雨，中小河流决口 4 000 多处，400 多万 hm^2 农田遭受特大洪水，死亡 230 人，直接经济损失 47 亿元，辽宁、吉林、黑龙江三省共减产粮食 50 亿 kg。

1986 年 6—8 月，东北地区连降暴雨。7 月 30 日东辽河发生百年一遇的特大洪水，多处漫堤或决口。黑龙江、吉林、辽宁、内蒙古共有 400 多万 hm^2 农田被淹，其中 127 万多 hm^2 绝产，直接经济损失达 66.9 亿元。

1987 年 5 月 19—23 日，广东省大范围特大暴雨为历史所未有，受淹农田 29.8 万 hm^2，直接经济损失近 6 亿元。

1987年6月下旬至7月下旬，四川盆地5次暴雨使122县次受灾，农作物受灾72万多hm^2，36万hm^2绝收，直接经济损失1.97亿元。

1988年5月19—22日，湖南、江西、福建3省60余县降暴雨山洪暴发。40多万hm^2农田受灾，直接经济损失3.6亿元。

1988年6月下旬，江西、浙江、福建3省部分地区出现大到暴雨，造成33万hm^2农田受灾。

1988年6月23日，四川绵阳、宜宾、广元、乐山、德阳、自贡、重庆、雅安等市36个县520个乡接连发生洪涝、风、雹灾，死亡牲畜1 341头，14.5万hm^2农作物被毁，经济损失2.8亿元。

1988年8月下旬至9月上中旬，洞庭湖水系发生4次较大洪水，受灾农田127万hm^2，直接经济损失达32亿元。

1989年6月16日，江苏省历时14 d的暴雨成灾，12.1万hm^2农田绝收，伤亡百余人，仅农业直接经济损失就达10亿元以上。

1989年7月7—11日，四川东部暴雨引起山洪、泥石流和山体滑坡，南充地区溪口镇还发生山岩大崩塌。全省有86.6万多hm^2农田受灾。

1989年7月16—23日，河北中南部、山西中部、山东西北部连降暴雨和大暴雨，造成泥石流和洪涝。河北受灾农田26.6万多hm^2。

1989年7月17—18日辽宁局部地区洪涝，26.6万多hm^2农田受灾，万余间房屋倒塌，60多人死亡，京哈铁路一度中断。

1990年6月6日至7月2日，湖南连续出现5次暴雨，发生严重洪涝，133.3万hm^2农田受灾，18.6万多hm^2绝收。

1990年7月中下旬，苏北、皖北暴雨引发较重洪涝。68.4万hm^2农作物受淹。

1991年，江苏、安徽、湖北、湖南、上海、浙江、四川等20多个省(区、市)发生不同程度的洪涝灾害，是近40年来洪涝灾害最重的一年。全国农田受灾面积2 640万hm^2，成灾1 460万hm^2，农作物绝产320多万hm^2，经济损失686亿元。

1991年6月27—29日，黑龙江大兴安岭地区出现120～160 mm的暴雨，造成特大山洪，经济损失42.7亿元。

1991年6月29—30日，四川省71个县市遭暴雨袭击，27个县市雨量超过100 mm，邻水县达302 mm，全省受灾面积133万hm^2，死亡323人，经济损失20多亿元。

1992年6月下旬，川西部分地区连降大雨，致使大渡河、岷江流域发生特大洪水，部分公路交通和邮电通信中断，一些城镇进水。

1992年7月下旬，江南、华南部分地区大雨、暴雨，闽江发生50年一遇的特大洪水，赣江、信江、兰江、漓江也出现10年一遇较大洪水。江西、福建、浙江有107万hm^2农作物受灾。

1992年8月中旬，陕西汉水、渭河、泾水、洛河同时暴发洪水，全省19个县20多万hm^2农田受灾。

1993年8月上旬，江苏大部、鲁南、鲁西南及晋、冀、陕、豫四省遭暴雨袭击，沂、沭、泗河流域发生较大洪水和严重内涝，造成260万hm^2农田受灾。

1994年6月12—17日，广西河池、柳州、玉林等地降大暴雨，局部特大暴雨。西江、桂江、柳江出现大洪水和特大洪水，各类直接经济损失147.5亿元。

1995 年 6 月下旬到 7 月初，湖南大部连降暴雨，共 387 人死亡，直接损失 142 亿多元。

1995 年 7 月下旬，吉林中南部 20 个县市区遭受暴雨和特大暴雨袭击，发生洪涝灾害，全省平均降雨量 150 mm，最大 300 mm 以上。18 座县城进水，水深 2～3 m，农作物受灾 64 万 hm^2，成灾 36.4 万 hm^2，绝收 22 万 hm^2，直接经济损失 262 亿元。

1995 年 7 月 25—26 日和 8 月 28—30 日，辽宁普降大暴雨，发生洪涝灾害，有 10 个市 39 个县市区 320 万人受灾，农作物成灾 33.33 万 hm^2，绝收 20 万 hm^2，减产粮食约 35 亿 kg，死亡牲畜 123 万头，直接经济损失 200 多亿元。

1996 年 6 月底至 7 月中旬长江流域和 7 月下旬至 9 月底河北、新疆等北方地区发生洪涝，全年全国成灾 1 985 万 hm^2，绝收 361 万 hm^2。

1996 年 8 月 2—5 日，河北中南部大暴雨和特大暴雨，农作物受灾 120 万多 hm^2，成灾 92 万 hm^2，绝收 40 万 hm^2，造成直接经济损失 456.3 亿元。

1997 年 7 月上旬，江西、浙江中北部普降大到特大暴雨，共 1 872.1 万人受灾，农作物受灾 99.3 万 hm^2，绝收 25.4 万 hm^2，97.96 万人饮水困难，直接经济损失 125 亿元。

1998 年 5 月中下旬，南方持续大范围强降雨，赣江、抚河、闽江、西江、北江先后出现超警戒或超历史最高水位，到 6 月 3 日止，农田受灾 806.7 万 hm^2，直接经济损失 396 亿元。

1998 年自入汛以后，长江出现继 1954 年以来又一次全流域性洪水，嫩江、松花江流域出现超历史记录的特大洪水。全国 29 个省(市、区)2.3 亿人次不同程度受到水灾影响，农作物受灾 2 229 万 hm^2，成灾 1 313 万 hm^2，直接经济损失 2 550.9 亿元。

1999 年 6 月下旬起，太湖流域降雨量为常年的 3 倍，20 d 内上涨达到百年一遇的水位，7 月 7 日已超过历史最高水位 29 cm。6 月下旬到 7 月初太湖和长江流域发生 1949 年以来仅次于 1998 年的高水位。

1999 年截至 8 月 5 日，新疆有 56 个县市 283 个乡镇 187.6 万人受到历史罕见的洪涝灾害影响，受灾农田 17.6 万 hm^2，成灾 11.5 万 hm^2，绝收 6.8 万 hm^2，直接经济损失 36.2 亿元。

2000 年 6—7 月，陕西省安康市发生 5 次洪涝，死亡 305 人。

2001 年 6 月 8—10 日陕西全省 30 多县 300 多乡镇 16.7 万 hm^2 农田受洪灾，倒塌房屋 8 万间，共死亡 251 人。

2003 年 5 月，湖南湘江流域发生约 10 年一遇的较大洪水。

2003 年春末夏初南方洪涝，截至 6 月底受灾农田 198.2 万 hm^2，成灾 135.6 万 hm^2，绝收 21.9 万 hm^2，损失 59.6 亿元。

2003 年 6 月下旬至 7 月中旬，淮河流域持续多雨，发生超过 1991 年的特大洪涝，干流部分河段超过历史最高水位。到 7 月 10 日淮河流域和江南共有 955 万 hm^2 农田受涝，成灾 691.98 万 hm^2，绝收 14.5 万 hm^2，直接经济损失 400 亿元。

2003 年 8 月下旬到 10 月上旬，陕西省遭受了历史上空前的洪水灾害，全省 842 万人受灾，15 万 hm^2 农作物绝收。

2003 年 9 月 5 日 20 时 30 分内蒙古乌拉特前旗黄河大河湾段 245 km 处堤防决口宽四五十米，北岸 30 km^2 内村庄、田地和房屋被洪水吞没，2 个乡镇 13 个自然村被淹，5 150 多人受灾。

2003 年全国洪涝灾害造成农作物受灾面积 2 033 万 hm^2，成灾面积 1 300 万 hm^2，绝收面积 433 万 hm^2，受灾人口 2.26 亿人次，因灾死亡 1 551 人，直接经济损失 1 300.51 亿元。

2004 年 9 月 3—6 日，四川东部、重庆等地出现暴雨、大暴雨天气过程，为四川东北部有气象记录以来最强，也是重庆市 1982 年以来最强的一次区域性降水过程。

2004 年 9 月 7—10 日，福建中南部沿海出现暴雨天气，其中福建平潭过程总雨量达 420.1 mm，24 h 雨量达 250.8 mm，打破 1951 年以来当月日最大降水量纪录，造成局部洪涝和山体滑坡等灾害。

2004 年 11 月 9 日，浙江台州、温州等地出现深秋罕见的大暴雨天气，其中温岭 24 h 雨量达 253.1 mm，打破全省 11 月历史最大日雨量纪录。

2004 年全国农作物因洪涝受灾 731.4 万 hm^2，其中成灾 374.7 万 hm^2，绝收 100.1 万 hm^2，受灾、成灾、绝收面积均低于近 20 年的平均值。

2005 年，全国 31 个省、自治区、直辖市和新疆生产建设兵团均不同程度遭受洪涝灾害，农作物受灾面积 1 496.7 万 hm^2，成灾 821.7 万 hm^2，受灾人口 20 026 万人，死亡 1 660 人，倒塌房屋 153 万间，直接经济损失 1 662 亿元。

2005 年 7 月上中旬，淮河流域、汉水流域及川、渝大部出现大范围降水天气。由于降雨强度大、雨量多，使得淮河流域王家坝站继 2003 年后又出现超警戒水位，造成川、皖、鄂、豫、陕、渝 6 省(市)2 700 多万人受灾，死亡 93 人，失踪 23 人，农作物受灾面积 481 万 hm^2，直接经济损失 75 亿元。

2005 年 9 月下旬至 10 月上旬，西北地区东南部和黄淮等地出现了大面积秋雨天气，导致渭河发生 1981 年以来最大洪水，汉江发生 1983 年以来最大洪水。持续阴雨及洪水，给陕西、湖北、四川、甘肃等省部分地区造成严重灾害。陕西省 52 个县(市、区)、390 万人受灾，因灾死亡 14 人，失踪 4 人；倒塌房屋 5.2 万间，损坏房屋 15.6 万间；农作物受灾面积 30.1 万 hm^2，绝收面积 7.3 万 hm^2；直接经济损失 12.2 亿元。湖北省 16 个县(市、区)、139.7 万人受灾；倒塌房屋 1.58 万间，损坏房屋 2.36 万间；农作物受灾面积 9.5 万 hm^2；直接经济损失 12.3 亿元。

2006 年上半年以来，截至 9 月 30 日，广东省遭遇近年来罕见的强汛期，造成多处洪涝灾害，4—9 月全省因气象灾害造成多达 221 人死亡，直接经济损失 294 亿元以上。

2006 年 3 月 19—31 日，江西、广东、福建等省部分地区遭受暴雨洪涝灾害，导致农作物 1 万多 hm^2 受灾，直接经济损失 2 000 多万元。

2006 年 5 月 2—13 日，淮河及秦岭以南大部地区暴雨，造成 800 多万人受灾，农作物受灾面积 38 万多 hm^2，绝收 2.7 万多 hm^2，直接经济损失 16 亿元。

2006 年 7 月，全国 31 个省(市、区)暴雨洪涝造成 2 000 万人受灾，农作物受灾面积达 800 万 hm^2，直接经济损失 61.5 亿元。

2006 年 10 月 5—13 日，云南省红河、思茅、临沧、西双版纳、丽江和楚雄等市，遭受暴雨洪涝灾害，59.7 万人受灾，农作物受灾面积 4.7 万 hm^2，其中绝收 1.8 万 hm^2，直接经济损失 3.9 亿元。

2006 年，我国因洪涝灾害共造成农作物受灾面积 1 006.7 万 hm^2，受灾人口 1.45 亿人，因灾死亡 1 841 人，失踪 475 人，倒塌房屋 87.6 万间，直接经济损失 1 273 亿元。

2007 年 7 月，淮河流域出现持续性强降水，淮河流域平均降水量达 315.0 mm，农作物受灾面积 319.67 万 hm^2，其中绝收面积 71.17 万 hm^2，因灾直接经济损失达 195.9 亿元。

2007 年 7 月 16 日，重庆市沙坪坝、璧山、铜梁、合川、北碚等 22 个区县出现暴雨至特大暴雨天气，其中沙坪坝区降雨量达到 266.6 mm，突破 1892 年有气象观测记录以来的历史最大降雨量。共造成农作物受灾面积 23.093 万 hm^2，直接经济损失 29.78 亿元。

2007 年 7 月 18 日，济南遭遇有气象记录以来最大暴雨袭击，导致济南、青岛、淄博、烟台、滨州、莱芜、潍坊、泰安 8 市、25 个县(市、区)遭遇暴雨袭击，农作物受灾面积 4.55 万 hm^2，其中绝收 0.85 万 hm^2，直接经济损失逾 15 亿元。

2008 年 6 月 6 日以来，浙江、安徽、江西、湖北、湖南、广东、广西、贵州、云南等南方 9 省(自治区)遭受暴雨洪涝灾害。截至 6 月 14 日 21 时统计，共造成 1 787.4 万人受灾；农作物受灾面积 86.05 万 hm^2，绝收面积 9.02 万 hm^2；直接经济损失 106.1 亿元。

2008 年进入汛期到 8 月 15 日以来，全国因洪涝灾害造成农作物受灾 662.7 万 hm^2，成灾 358.4 万 hm^2，直接经济损失 721 亿元。

2008 年 7 月 20—23 日，湖北遭受暴雨洪涝灾害，其中襄樊 24 h 降水量达 293.9 mm，为近 50 年一遇，造成湖北省部分县市农作物被水浸泡和水打沙压，农作物受灾 25.136 1 万 hm^2，其中绝收 3.172 4 万 hm^2，直接经济损失 13.26 亿元。

2009 年 8 月 3 日，重庆暴雨洪灾造成全市 15 个区县、90.18 万人受灾，因灾死亡 4 人、失踪 5 人，农作物受灾面积 3.96 万 hm^2，因灾直接经济损失 4.5 亿元。

2010 年 7 月，河南遭受强降雨，截至 7 月 25 日 11 时，河南全省农作物受灾面积达 24.513 万 hm^2，其中成灾面积 12.529 万 hm^2，绝收面积 2.483 万 hm^2，洪灾还造成直接经济损失 24.06 亿元人民币，其中农业直接经济损失 10.32 亿元。

2010 年 7 月 23 日晚，湖北省宜昌市夷陵区、秭归县两地遭受百年一遇的特大暴雨袭击，共有 6 个乡镇的 2.5 万人受灾，农作物受灾面积达 1 130 hm^2，此次灾害给宜昌市带来直接经济损失 1.41 亿元。

2010 年 7 月 17 日，四川万源特大洪灾，30 h 内万源城区、白沙、固军、八台、茶垭等 5 个监测点降雨量达 450 mm 以上，城区过程累计降水量 462.2 mm，八台降雨量达 510.1 mm，总降雨量成为全国罕见、全省降水之最。截至 7 月 23 日，全市农作物受灾 2.17 万 hm^2，成灾 1.59 万 hm^2，绝收 0.28 万 hm^2，粮食减产 2 万 t，冲毁耕地 1 000 hm^2，死亡大牲畜 3 350 头，损失水产品 100 t，水毁林地 3 000 hm^2，直接经济损失达 28.13 亿元。

2010 年 7 月 20 日，吉林省中部出现区域性强降雨。截至 21 日 5 时，四平、辽源、长春和吉林地区有 65 个乡镇出现大暴雨，174 个乡镇降暴雨，农作物受灾面积 2.76 万 hm^2，农作物成灾面积 0.76 万 hm^2，绝收面积 1 100 hm^2，直接经济损失 1.335 亿元。

2010 年，截至 7 月 27 日，全国 28 个省(区、市)遭受洪涝灾害，受灾人口 1.24 亿人，累计农作物受灾 787.4 万 hm^2，直接经济损失 1 541 亿元。

2011 年 6 月 3 日以来，中国南方部分地区相继出现 4 次强降雨天气过程，导致长江中下游、西南及华南地区部分省份多次遭受洪涝、滑坡、泥石流灾害。截至 6 月 20 日 16 时，6 月 3 日以来的南方暴雨洪涝灾害共造成江苏、浙江、安徽、福建、江西、湖北、湖南、广东、广西、重庆、四川、贵州、云南 13 省(自治区、直辖市)86 个市(州)510 个县(市、区)3 657 万人次受灾，175 人死亡，86 人失踪，紧急转移安置 164.2 万人次，直接经济损失 350.2 亿元。

2011 年 8 月 14—24 日，山东出现持续强降雨天气，鲁东、鲁中和鲁南、半岛部分地区降暴雨。聊城市冠县、泰安市泰山区等地平均降雨量超过 150 mm。暴雨和大风造成棉花、玉米等农作物大面积被淹、倒伏，农作物受灾面积 15 万 hm^2，其中 2.2 万 hm^2 绝收，暴雨洪涝灾害造成直接经济损失 7.34 亿元，其中农业经济损失 7.14 亿元。

2011 年 6 月 9 日 20 时至 10 日 8 时，湖北咸宁市普降大到暴雨，赤壁、通城、崇阳等县市为特大暴雨，陆水支流穿通城县城关而过的隽水河上游左港雨量 309 mm，创历史极值，超百年一遇，洪峰流量 2 258 m^3/s，为历史纪录第一位。通城、赤壁、崇阳 3 县市的 58 个乡镇受灾，受灾农田 4.36 万 hm^2，直接经济损失 6.1 亿元。

2011 年，全国 31 个省（区、市）均不同程度遭受洪涝灾害，洪涝灾害直接经济总损失约 1 301 亿元。农作物受灾 719.1 万 hm^2，成灾 339.3 万 hm^2，绝收 86.1 万 hm^2，因灾减产粮食 1 133 万 t，经济作物损失 160 亿元，死亡大牲畜 192 万头。

2. 旱灾

1900 年夏、秋，陕西凤翔大旱，死亡 2.2 万余人。

1900 年，山西绛县大旱饥荒，死亡人数以万计。

1920 年，山东、河南、山西、陕西、河北等省大旱，为 40 多年不遇，灾民 2 000 万人，死亡 50 万人。

1921 年，湖南大旱，饿死 3 万人。

1925 年，湖南零陵干旱，死亡 2.5 万人。

1928 年，甘肃武山、甘谷干旱饥荒，死亡 1 万人。

1928—1930 年，陕西大旱。三年不雨，六料未收，全省 940 万人，受灾而死者 250 万人，逃荒者 40 余万人，被卖妇女竟达 30 万人之多。

1942—1943 年，河南干旱饥荒，死亡 300 万人。

1943 年，广东大旱。台山县年初直至谷雨无水下秧，全县饥民死亡 15 万人。普宁、潮阳粮荒严重，死亡 2 万余人。惠来滨海渔民尤甚，往往一村人口损失过半。潮阳灾情以海门最为严重，各善堂收埋尸体于莲花峰下红沙窟达 11 000 余具。

1959—1961 年，全国干旱面积广，持续长，农业生产大幅度下降，连续三年未完成国家计划，市场供应十分紧张，人民生活困难，人口非正常死亡数较大。

1972 年，北方大部春夏连旱，华北大部和东北西部年降水量比常年偏少 2～4 成，长江中游夏季低温干旱，6—8 月降雨偏少五成以上，8 月下旬武汉长江水位达到历史最低点。该年全国粮食减产 6.5%，为 1960 年以来减产幅度最大年。

1978—1983 年，我国北方连续大旱。1978 年全国干旱，受灾 4 020 万 hm^2，成灾 1 793 万 hm^2；1979 年秋冬干旱范围大；1980 年夏季华北、东北大部和西北部分地区出现较严重伏旱，全国受旱 2 613 万 hm^2，成灾 1 247 万 hm^2；1981 年春季北方冬小麦区雨水少 5～7 成，全国受旱 2 567 万 hm^2，成灾 1 213 万 hm^2；1982 年全国受旱 2 073 万 hm^2，成灾 1 000 万 hm^2；1983 年全国受旱 1 607 万 hm^2，成灾 960 万 hm^2。

1986 年，华北平原中部、黄土高原南部、内蒙古中西部等地特别是豫、鲁、晋、冀、陕等省旱情尤重，降水较常年偏少 4～7 成。一些中小水库和河流干涸，黄河下游出现 35 年来最低流量，地下水位严重下降，数十万 hm^2 农田干枯绝收，人畜饮水和工业用水困难。仅河南受灾面积就达 400 多万 hm^2，山西 200 多万 hm^2，占秋粮总播种面积的 77%。

1986 年，南方伏秋连旱，8 月湖南中南部、江西大部、浙江中南部及福建大部旱情严重，其中长沙、衢县、永安等地月雨量为 35 年以来同期最少。时值晚稻分蘖期，许多地区塘坝干涸，山溪断流，晚稻无水插秧。仅浙江就有 1.3 万 hm^2 被迫改种其他旱地作物。据统计，湖南受旱面积 93 万 hm^2，江西受旱面积 100 万 hm^2，广东受旱面积 90 多万 hm^2，广西受旱面积 50 多万 hm²。

1987 年，我国南方冬春连旱严重，川北旱区小麦高不盈尺就抽穗，穗小粒少。重庆市小春粮油作物受旱 33 万 hm²，粮食减产约 4 000 万 kg。贵州安顺地区因旱夏粮减产 20%～25%。时至 10 月，贵州有 6.5 万 hm² 稻田因无水而改种旱作。

1987 年，北方大面积伏旱，其中内蒙古伏旱是近十多年中最严重的一年。据统计，内蒙古、河北、山东、河南、山西、辽宁等省区受旱面积共 1 167 万 hm²。河南有 2 万多 hm² 大秋作物旱死，山西无灌溉条件地区玉米大面积死亡。

1988 年，夏季伏旱发展迅速、范围广，黄淮地区旱情严重。据有关部门统计，全国受旱面积达 2 067 万 hm²，使春播作物生长受到威胁，夏播作物播种出苗困难。

1988 年 10—11 月，全国秋旱以北方冬麦区和长江中下游为严重。持续少雨干旱使小麦、蚕豆等越冬作物的播种、出苗和油菜移栽等受到严重影响。

1989 年 8 月，辽宁和山东发生 40 年来最严重干旱。大连市 200 多条河流干涸，13 座大中型水库蓄水只占正常库容的 17%，渤海沿岸 4 000 眼水井海水倒灌，2 000 眼饮水井枯竭；山东部分地区人畜饮水一度困难。干旱使大秋作物减产，辽宁省减产 3～8 成的农田有 47 万多 hm²，绝收 27 万多 hm²。吉林白城地区也发生较重干旱，减产 5 成以上的有 17 万多 hm²，绝收 7 万多 hm²。

1990 年，我国南方伏旱与伏秋连旱灾情严重。江西、浙江、江苏、安徽、湖南等地受旱 1 260 万 hm²。川东受旱 287 万 hm²，成灾 200 多万 hm²，有 20 万 hm² 绝收。湖北省 200 多万 hm² 受旱，14.9 万多 hm² 绝收。

1992 年，北方地区冬旱严重，河南、河北、山西、陕西、甘肃等省秋冬连旱，旱期长、灾情重，受旱范围 270 多万 km²。越冬作物受害 733 万 hm²，白地缺墒 1 200 万 hm²。甘肃、宁夏、青海等省 1 000 万 hm² 草原受旱。

1992 年 7 月中旬，江淮、江南、华南及西南伏旱受灾 1 133 万 hm²，以湘、鄂、桂、黔及川东旱情较重。

1993 年春，东北和内蒙古大部、京津地区、河北等 17 个省、市、自治区 1 933 万多 hm² 农田受旱。

1994 年，安徽省从春旱、伏旱到秋旱持续 5 个月，各类直接经济损失 117 亿元。

从 1994 年 7 月中旬至 1995 年 7 月甘肃河东连续 11 个月总降雨量仅 10 余 mm。陕西和甘肃中东部大部台站雨量创新中国成立以来同期最低值，共受旱 433.3 万 hm²。

1995 年 1 月至 7 月 10 日，山西平均降水 73 mm，比常年同期少 84 mm，全省 260 万 hm² 春播农作物受旱 187.3 万 hm²，其中重旱 90 万 hm²，数十万头牲畜饮水困难。

1995 年 10 月下旬至 1996 年 2 月中旬，河南省 110 多天基本无雨雪，不少地方干土层厚达 10 cm 以上。受旱 330 多万 hm²，其中重旱 130 多万 hm²。

1996 年冬至 1997 年春，我国北方冬麦区大部降水量较常年减少 2～5 成，局部地区偏少 6～9 成，气温偏高 1～4℃。到 1997 年 6 月 30 日止，全国受旱面积 2 000 多万 hm²，912 万头大牲畜饮水困难。

1997 年春夏，北方大范围持续高温少雨，东北西部、内蒙古东部和黄土高原大部地区秋粮减产。夏秋北方旱情持续发展，山东大部、河北东南部和东北大部降雨不足 15 mm 或无雨。8 月以后长江中上游持续高温少雨。9 月以后北方冬麦区降水量比常年同期少 2～5 成，气温较常年偏高 4～5℃，冬麦受旱 666.7 万 hm^2。

1998 年秋到 1999 年春，北方大部地区出现严重的冬春连旱，黄土高原地区许多早播小麦枯黄甚至旱死，部分地区人畜饮水困难。

从 1998 年 9 月以来，华北北部、黄淮海平原、东北西南部、西北东部、西南东部、湖北北部、江苏北部冬暖，夏季晴热，有 20 多省受旱，受灾 3 016 万 hm^2，成灾 1 661 万 hm^2，绝收 392.5 万 hm^2，有 2 173.4 万人、1 876.5 万头牲畜饮水困难。因旱灾造成直接经济损失 796 亿元。

2000 年，干旱为 20 年来最严重，超过 1978、1988 和 1997 等年，为重灾年。全国受旱面积 4 054 万 hm^2，成灾 2 678 万 hm^2，绝收 800.6 万 hm^2，有 2 770 万农村人口和 1 700 多万头大牲畜饮水困难。城镇缺水受影响人口 2 635 万人。

2001 年，为我国继 1999 年以后的连续第三个干旱年，也是 1949 年以来的第三个大旱年，仅次于 1978 和 2000 年。受旱面积波及 22 个省市区，以内蒙古、辽宁、黑龙江、山西、四川为最严重，受灾 3 800 万 hm^2，成灾 2 373 万 hm^2，绝收 640 万 hm^2，有 3 700 万人、2 300 万头牲畜饮水困难，直接经济损失近千亿元，全国粮食单产比常年下降 5%。

2002 年 1—3 月，北方降水偏少 4～6 成，全国春旱面积一度达 2 100 万 hm^2。7 月上中旬中东部出现伏旱。8 月到秋末北方秋旱严重，黄淮北部和华北东南部为夏秋连旱。

2003 年，春旱面积一度达 1 666.7 万 hm^2，1 200 万人饮水困难。上半年黄河仅 82 亿 m^3 水量，为 1949 年以来最低径流量，比需水量 167 亿 m^3 至少要缺 80 亿 m^3。长江创 16 年来最低水位。

2003 年春夏，辽、吉、黑三省的西部和内蒙古东部的干旱持续时间长，旱情严重。据 2003 年 5 月 30 日统计，东北四省区因旱不能春播 193 万 hm^2，占全国因旱不能春播面积的 75%，比上年同期增加 176.7 万 hm^2；因旱未出苗 302.7 万 hm^2，占全国的 96%，同比增加 300 万 hm^2；缺苗断垄 277 万 hm^2，占全国的 90%，同比增加 261 万 hm^2，黑龙江省因春旱造成 103 万 hm^2 毁补种，最多的地块毁种 3 次，农作物生育期推迟 10～15 d，严重的推迟 1 个月。

2003 年全国农作物受旱面积 2 485.2 万 hm^2，比上年增加 264.5 万 hm^2。其中成灾 1 447.0 万 hm^2，增加 122.3 万 hm^2，绝收 298.0 万 hm^2，增加 41.2 万 hm^2，与 20 世纪 90 年代以来平均值相比，受灾、成灾、绝收面积分别减少 282.7 万、14.4 万和 11.9 万 hm^2，因旱损失粮食 2 450 多万 t，比上年增加 600 万 t，与 20 世纪 90 年代的平均值相当，因旱农业经济损失 420 多亿元。

2004 年 1 月至 6 月中旬中期，内蒙古东部、吉林西部、辽宁西北部、黑龙江西南部降水持续偏少，总量不足 100 mm，较常年同期偏少 5～8 成，其区域平均降水量为 1951 年以来历史同期最小值。加之气温偏高，导致干旱加剧、蔓延，发生百年一遇的严重干旱，农作物受旱面积达 880 多万 hm^2，其中绝收 210 多万 hm^2。

2004 年 9—10 月，南方大部降水持续偏少，其中广东、广西、海南、湖南、江西、安徽、江苏 7 省(区)9—10 月平均降水量仅有 98 mm，为 1951 年以来历史同期最小值。11 月初，旱区已扩展至几乎整个华南和长江中下游地区，农作物受旱面积达 510 多万 hm^2，成灾面积 90 多万 hm^2，绝收面积约 30 万 hm^2，受灾人口 4 000 多万人，900 多万人饮水困难，直接经济损失达 60 多亿元。

2004 年全国农作物受旱面积 1 725 万 hm^2，其中成灾 1 085 万 hm^2，绝收 168 万 hm^2，2004 年因旱损失粮食 231 亿 kg，比上年减少 77 亿 kg，因旱造成直接经济损失 348.2 亿元。旱灾造成了农业、林业、牧业、水产养殖业直接经济损失 54 亿元。

2005 年 6—10 月，湖南省受降雨偏少和持续晴热高温的影响，旱情日益加重。全省 244.08 万人、166 万头牲畜发生了临时饮水困难。作物受旱 132.05 万 hm^2，因旱少种面积 21.385 万 hm^2，绝收面积达 19.502 万 hm^2，粮食损失 110.20 万 t，因旱灾损失经济作物 1.224 亿元，直接经济损失达 28 亿元。

2005 年 10 月至 2006 年 2 月中旬，广西大部地区出现了中到重度干旱，特别是南部地区旱情严重。据统计，全区有 29 个县市 482.3 万人受灾，150.4 万人饮水困难，农作物受灾面积 30.5 万 hm^2，成灾 10.8 万 hm^2，绝收 0.7 万 hm^2。广东清远市有 91 座水库干枯，部分河流断流；2006 年 1 月，北江流域日平均入库流量维持在 200 m^3/s 左右，低于多年平均水平，清远河段水位大幅度下降，浅滩航段增多，致使北江下游近 300 艘船只堵塞，作物受灾面积达 6.2 万 hm^2，因旱造成 18.7 万人饮水困难。徐闻县部分乡镇连续 8 个月无"透雨"，旱情严重。

2006 年，到 4 月末呼和浩特有近 2 万 hm^2 的耕地因缺墒无法播种，大青山前坡和冲击扇区旱情严重，受旱面积达 1 万 hm^2。

2006 年 1—4 月，甘肃全省因春旱造成 9.8 万人和 14.3 万头牲畜饮水困难，农作物受灾面积达 11.8 万 hm^2。宁夏、甘肃、云南以及华北地区也遭受明显春旱。

2006 年 6—8 月，四川、重庆等地区持续高温少雨，盛夏平均气温创 1951 年以来同期之最，伏旱迅速发展加重，其中重庆为百年一遇，四川为 1951 年以来最严重。截至 8 月底，重庆全市因旱农作物受灾面积 132.7 万 hm^2，绝收 37.5 万 hm^2，直接经济损失达 90.7 亿元；四川全省农作物受旱 206.7 万 hm^2，成灾 116.6 万 hm^2，绝收 31.1 万 hm^2，损失粮食 481.4 万 t，造成直接经济损失 125.7 亿元。

2006 年湖北 6 月中旬至 7 月上旬干旱最为严重。共造成 893.2 万人受灾，134.1 万人饮水困难；农作物受灾面积 108.9 万 hm^2，绝收 57.3 万 hm^2；直接经济损失 34.2 亿元。

2007 年 6—8 月，东北大部地区气温明显偏高，降水偏少。持续高温少雨造成内蒙古中东部、辽宁、吉林和黑龙江大部地区遭受夏旱连伏旱。据统计，内蒙古农作物受灾面积 318.36 万 hm^2，其中绝收 79.8 万 hm^2；旱灾涉及 866.9 万人，受旱草场 3 603.0 万 hm^2；因旱造成 112.4 万人、1 056 万头(只)牲畜饮水困难，直接经济损失 127.2 亿元。

2007 年因持续干旱少雨，湖南省中南部出现大面积伏旱，大片水田干裂、山塘干涸，许多地方晚稻无法下种。受灾面积 12 万 km^2，占全省一半以上，共有 859 座水库、23 万多处山塘干涸，1 800 多条溪流断流，120 多万人、70 多万头大牲畜出现饮水困难。

2007 年自 3 月以来，由于未出现有效降雨、气温较往年偏高，宁夏固原市境内 5.93 万 hm^2 冬小麦受旱，其中重旱 3.47 万 hm^2，干枯 2 000 hm^2，同时部分地区出现人畜饮水困难。

2008 年 7 月，新疆干旱，干旱造成的经济损失达 10 亿元以上，其中北疆发生的春夏秋连旱，旱情仅次于 1974 年，是历史上第二个干旱严重年，造成 1 866.7 万 hm^2 天然草场受旱干枯，绝收小麦达 4.67 万 hm^2，林业有害生物发生面积 110.42 万 hm^2。

2008 年 10 月 24 日至 2009 年 2 月初，河南省连续 100 多天无有效降雨，为 1956 年以来同期降水量第三个最少年份，同期全省气温较常年偏高 2℃左右。受旱面积达到 63.1%，遭受自 1951 年以来的特大旱情，全省小麦受旱面积 276.7 万 hm^2，其中严重受旱 46.7 万 hm^2，有 3.33 万 hm^2 出现麦苗枯死现象。

2008 年 9 月至 2009 年 1 月 31 日，安徽沿淮淮北地区降水量仅为 82 mm，比常年同期偏少 129 mm。安徽沿淮淮北和江淮之间东部，都出现了中到重等气象干旱，而发生干旱极端气候事件的大部分市县，都属于小麦主产区的阜阳、淮北、亳州、宿州和蚌埠市。

2008 年入冬以来，山西降水量持续偏少，据相关部门统计，全省受旱面积 218.29 万 hm^2，其中农作物受旱面积 5.43 万 hm^2，占冬小麦播种面积的 78%，严重受旱面积 15.3 万 hm^2。河北省自 11 月以来平均降水量不足 2 mm，比历史同期偏少 90%，受旱农田达到 233.3 万 hm^2，其中冬小麦 62.67 万 hm^2。

2009 年 2 月，云南干旱，造成云南省 16 个州市 2 512 万人受灾。全省共有 62.67 万 hm^2 农田缺水缺墒，大春作物因灾减产 50%左右，夏粮因灾减产 50%左右，农业直接经济损失超过 200 亿元。

2009 年 6 月下旬以来全国有 9 省区发生旱情，其中东北西南部和华北北部为 50～100 年一遇。辽宁与内蒙古灾区 6—8 月降水偏少 1/3，为 1951 年以来最少。截至 8 月 17 日，全国受旱面积 1 273.3 万 hm^2，较历年同期多 326.7 万 hm^2，重旱 481.4 万 hm^2，干枯 134.6 万 hm^2，422 万人、445 万头大牲畜饮水困难。辽宁遭遇 60 年不遇的严重伏旱，截至 9 月 3 日受灾人口占到农业人口的 56%，全省 141.31 万人饮水困难，受灾 230.87 万 hm^2，成灾率达 80%，绝收率 27%。

2010 年西南秋冬春连旱，截至 4 月 8 日，云南、贵州、广西、重庆、四川 5 省区市耕地受旱面积 673.3 万 hm^2，占全国受旱面积的 84%，作物受旱 527.1 万 hm^2，待播耕地缺水缺墒 146.47 万 hm^2；有 2 088 万人、1 368 万头大牲畜因旱饮水困难，分别占全国的 80%和 74%。

2011 年干旱肆虐我国上亿亩耕地，截至 5 月 29 日，全国耕地受旱面积 696 万 hm^2。长江中下游地区湖北、湖南、江西、安徽、江苏 5 省旱情较为严重。湖北、湖南、江西、安徽、江苏 5 省耕地受旱面积为 322.3 万 hm^2，占全国受旱面积的 46.3%。5 省有 329 万人、95 万头大牲畜因旱饮水困难，分别占全国的 50.6%和 24%。

2011 年 7 月，湖南娄底市遭受严重干旱，30 d 没有下雨，降雨比往年同期少 58%，平均降雨量仅 3.3 mm。全市近 90%的稻田遭受不同程度的干旱。

2010 年 11 月至 2011 年 5 月底，湖北武汉遭遇 60 年来最大旱情，降水只有历年平均水平的 30%左右，种植业受灾面积 10.53 万 hm^2，占在田作物面积的 52.3%，造成直接经济损失 2.83 亿元。

3. 低温冷害、冻害

1953 年 4 月 10—12 日，晋、冀、鲁、豫、陕等省大部和苏北、皖北严重霜冻，冬小麦死苗 10%～30%，仅皖北就受灾 200 万多 hm^2，山东有 133.3 万 hm^2 减产两成以上，河南损失 5 000 多万 kg。

1954 年 4 月 20 日，山西、河北、山东三省南部和豫北、苏北、皖北再度遭受严重霜冻危害，山西和山东两省受灾面积都在 66.7 万 hm^2 以上。

1969 年 1 月中旬，新疆遭受一次特大寒潮，造成 240 万头牲畜死亡。

1976 年至 1977 年冬，我国大部地区出现新中国成立以来罕见的持续严寒，小麦受冻害死苗面积超过 333.3 万 hm^2，导致夏粮减产。北方果树和江南的柑橘也受冻严重。

1979 年 11 月中旬，气温突降，京津等地大白菜受冻损失惨重，北京市烂菜 3 亿 kg。

1979—1980 年，北方小麦受冻害死苗面积达 200 万 hm^2，以黄土高原地区灾情最重。北方的果树和越冬菠菜也受冻严重。

1987—1988 年冬，北方持续旱冻交加，小麦死苗超过 66.7 万 hm^2，减产数十亿千克。

1989 年 7 月 27 日，河北省张家口在盛夏发生罕见的霜冻，局部地区受害严重，芸豆基本冻死，马铃薯叶片冻枯 1/3 以上。

1991 年 12 月至 1992 年 1 月，严寒天气形成的冻害使南方大部地区冬作物及果树受冻，江西中部雪后出现－15℃破纪录的低温，使经营数百年的柑橘园毁于一旦。四川、广西、广东等省区 27 万 hm^2 小麦、8 万 hm^2 油菜、7 万 hm^2 果树和竹林受冻，1 000 余头耕牛被冻死，部分农作物遭冻害，其中黑龙江省受灾严重，有近 40 万 hm^2 作物遭受不同程度的冷害和冻害。

1993 年 11 月中旬到 12 月上旬，强烈降温使华北小麦在 1994 年早春遭受严重冻害，死苗 1～3 成，导致当年减产。

1995 年 9 月中下旬，华北北部、东北大部、陕北和宁夏出现严重早霜冻，加上前期低温阴雨导致秋粮不熟，减产数十亿千克，以承德、吕梁、赤峰和辽西地区灾情最重。

1996 年 2 月中下旬，南方部分地区出现长达 15 d 的持续低温雨雪，使湖南、广东、福建、海南等省越冬作物和热带水果及蔬菜遭受严重损失，四省统计受灾 70 万 hm^2，死亡牲畜 2.46 万头，直接经济损失 8 亿元。

1999 年 12 月下旬至 2000 年 1 月，广东、广西、云南发生严重冻害。其中广西为 1975 年以来最严重，受灾农田 133 万 hm^2，成灾 46.8 万 hm^2，绝收 28.7 万 hm^2，冻死大牲畜 1 406 头，直接经济损失达 110 亿元，尤其是糖业，受灾面积占 79%，减产 80 万 t。广东有 28 个县受灾，受灾农田 115.1 万 hm^2，成灾 83.7 万 hm^2，绝收 25.3 万 hm^2，死亡牲畜 8 000 头，直接经济损失 101.6 亿元，其中农业占 72.1 亿元。云南有 42 个县 412 万人口受灾，受灾农田 33.4 万 hm^2，成灾 13.5 万 hm^2，绝收 4.3 万 hm^2，直接经济损失 6.5 亿元。

2000 年入冬以来，内蒙古东部 5 盟市 34 县旗雪灾，受灾 203 万人、2 000 万头牲畜，成灾 92 万人，死亡 31 人、40 万头牲畜，直接经济损失 3.5 亿元。新疆 7 个地州 32 县市 97 万人受雪灾，成灾 71 万人，死亡 31 人，1 000 多万头牲畜受灾，死亡 10 万多头，直接经济损失 2.3 亿元。

2002 年 4 月中旬到 5 月，长江中下游低温阴雨影响夏收作物。4 月 24—25 日山东中部和胶东最低气温达－5℃，对正开花的苹果、桃、小麦、花生和甘薯造成毁灭性影响。8 月中下旬贵州秋风低温阴雨使水稻比上年减产 22.5%。

2003 年全国农作物因低温冻害受灾面积 448.3 万 hm^2，比上年增加 27.1 万 hm^2。其中成灾 211.0 万 hm^2，比上年减少 18.3 万 hm^2；绝收 37.9 万 hm^2，比上年减少 15.6 万 hm^2。受灾和绝收面积分别比 20 世纪 90 年代以来平均值增加 69.1 万～43.1 万和 4.6 万 hm^2。

2003 年 7—9 月，北方大部地区频繁出现阶段性低温、阴雨、寡照天气，使东北地区农作物发育期推迟。

2004 年，全国低温冻害偏重发生。农作物因低温冻害受灾 371.1 万 hm^2，比上年减少 77.2 万 hm^2，其中成灾 166.5 万 hm^2，比 2003 年减少 44.5 万 hm^2，绝收 53.0 万 hm^2，比 2003 年增加 15.1 万 hm^2。

2005 年 1 月上中旬，福建、广东等地出现较为严重的冰(霜)冻灾害。据统计，福建省遭冰(霜)冻危害的经济林和农作物面积超过 6 万 hm^2，直接经济损失达 14 亿元；广东近 22 万 hm^2 农作物受灾，直接经济损失超过 3 亿元。

2005 年 2 月上中旬，湖南、湖北和贵州等地出现了严重的冰冻灾害，造成了重大损失，其中湖南省电网遭遇了1954年以来最严重的破坏。此次冻害共造成三省1 155万人受灾，农作物受灾面积60万 hm^2，倒塌房屋1.1万间，损坏房屋6.4万间，倒塌电线杆9 600根，直接经济损失14.3亿元。

2006年，全国因低温冻害和雪灾造成农作物受灾面积近500万 hm^2，与常年相比，受灾面积偏大，损失偏重。

2006年2月下旬，湖北省恩施、十堰、黄冈、宜昌等地发生雪灾，受灾人口425.5万人，农作物受灾面积26.58万 hm^2，直接经济损失3.2亿元。

2006年2月下旬，四川达州市7个县(市、区)遭受雪灾，受灾人口16.8万人，农作物受灾面积6.47万 hm^2，其中绝收4 800 hm^2，直接经济损失2.2亿元。

2006年3月11—12日，江西宜春、新余和九江等地遭受寒潮和雨雪灾害，造成156万人受灾，农作物受灾面积11.9万 hm^2，绝收面积0.8万 hm^2，直接经济损失1.4亿元。

2006年4月11—13日，陕西、山西和河南部分地区出现大风强降温天气，造成1 100多万人受灾，农作物受灾面积115万 hm^2，直接经济损失75.6亿元。

2006年5月8—15日，青海省北部和甘肃省西部地区出现极端最低气温0～－5℃，农作物遭受低温冷冻害，受灾面积6.23万 hm^2，直接经济损失9 800多万元。

2006年5月11—16日，云南昭通、曲靖及贵州毕节、水城、盘县等地遭受低温冷冻害，农作物受灾面积6.75万 hm^2，绝收面积1万多 hm^2，直接经济损失1.5亿元。

2006年9月7—10日，内蒙古中东部出现严重的早霜冻害，造成农作物受灾面积186.3万 hm^2，死亡牲畜近2万头，直接经济损失15.5亿元。

2007年3月2—6日，东部地区遭受历史同期罕见的大范围暴风雪、寒潮天气，导致辽宁、山东、河北、黑龙江、吉林、内蒙古、北京、天津等8省市区遭受雪灾和风暴潮灾害，据统计，此次雪灾、风暴潮灾害共造成上述8省市区600.1万人受灾，死亡14人，紧急转移安置4.1万人；农作物受灾65.75万 hm^2；倒塌房屋0.9万间，损坏房屋2.4万间；直接经济损失129.6亿元。

2008年1月中旬到2月上旬全国19个省、市、自治区发生程度不同的低温冰雪灾害，造成南方大面积电力中断，交通瘫痪，能源供应不足，大量人员滞留在车站、机场或被困在路上。以湖南、湖北、贵州、广西、江西、安徽六省区灾情最为严重。截至2月23日，因灾死亡129人，失踪4人，紧急转移安置166万人；农作物受灾1 186.7万 hm^2；倒塌房屋48.5万间；包括农业、林业和其他产业的因灾直接经济损失1 516.5亿元。截至2月19日，林业损失达573亿元。

2009年3月中旬，贵州黔西南州出现1976年以来损失最大的一次霜冻灾害，造成全州农作物受灾面积4.574万 hm^2，成灾面积2.37万 hm^2，绝收面积1.00万 hm^2，直接经济损失12 470.22万元。

2010年2月，新疆北部出现60年一遇持续严寒暴雪天气，造成新疆154万人次受灾，死亡21人，10万头(只)大小畜死亡，直接经济损失达6.5亿元。南方5省遭受寒潮冰雪灾害，383.3万人受灾。

2011年1月1日开始，江西、湖南、重庆、贵州等地自北向南出现持续雨雪天气，大部分地区气温骤降，部分县市遭受寒潮冰雪灾害。截至1月4日17时统计，灾害共造成江西、湖南、重庆、四川、贵州5省市383.3万人受灾，因灾死亡1人，紧急转移安置5.8万人；农作物受灾面积14.24万 hm^2，其中绝收面积1.18万 hm^2；倒塌房屋1 200余间，损坏房屋6 600余间；直接经济损失 13.5 亿元。

4. 大风冰雹

1969 年 8 月 29 日，北京市 10 个区县降雹 10～30 min。海淀区 4 000 hm^2 蔬菜毁坏，延庆县重灾 667 hm^2。

1972 年 5 月 3 日，贵阳冰雹直径平均 3～4 cm，最大 20 cm。

1986 年 4 月 9—11 日，湖南、江西、浙江 3 省先后有 130 多个县市出现大风、冰雹、暴雨，26.67 万 hm^2 农田受灾，损失上亿元。

1986 年 4 月 6 日，陕、甘、晋、豫、皖、鄂等省约 70 个县市出现大风冰雹，风力 7～8 级，阵风 10 级以上。河南周口地区农田受灾绝收达 5 万 hm^2，为历史上所罕见。

1987 年 3 月 6—9 日，苏、沪、皖、浙、鄂、赣等省 75 个县降雹，受灾农田 34 万多 hm^2。该年全国共 2 000 多县次受雹灾，累计受灾面积 512.21 万 hm^2，直接经济损失超过 11 亿元。

1988 年 3 月 13—17 日，苏、皖、浙、沪、鄂、湘、赣、川、闽等省市区 140 多个县自北向南先后出现大风、冰雹，受灾农田 20 多万 hm^2。

1988 年 5 月 2—6 日，风、雹袭击苏、皖、豫、晋、陕 5 省 70 多个县市，受灾农田 113 万多 hm^2。

1989 年 4 月 19—21 日，四川盆地南部连遭 2 次冰雹，造成 113 万多 hm^2 农田受灾。

1989 年 5 月 8 日，山东青岛、烟台等地出现大范围冰雹天气，涉及 32 个县市，使小麦倒伏，春作物、瓜菜、果树损坏严重。倒折树木 12 万多株，农田受灾 30 多万 hm^2。

1989 年 7 月 14—15 日，江苏省 20 多县市出现暴雨、冰雹、龙卷风天气，2 万 hm^2 农田受灾。

1990 年 6 月 21—22 日，大风冰雹袭击河北省张家口、承德、唐山、廊房、沧州、衡水、保定、石家庄等 8 地市 36 县区。沧州地区 9 级以上大风持续 15～30 min，12 级以上大风持续5 min，受灾作物近 11 万 hm^2。

1991 年 3 月 7—8 日，湖南 27 个县遭受罕见风雹灾害。农作物受灾 50 万 hm^2，直接损失 2 亿元左右。

1991 年 6 月 21 日，山东 47 个县市遭风雹灾，最大雹径 50 mm，并伴 7～8 级大风。17 万 hm^2 农作物受灾，经济损失 1.6 亿元。

1991 年 7 月 8—9 日，河北 41 县遭风雹袭击，降雹持续 3～35 min，雹径 10～90 mm，个别达 100 mm，2.7 万 hm^2 秋作物受灾。

1992 年 4 月 20—21 日，湖南出现罕见的大范围风雹和暴雨天气，全省 48 个县市遭灾，最大雹直径 50 mm。23 万 hm^2 农作物受损，交通通信设施遭到破坏，直接经济损失达 5 亿多元。

1993 年 5 月 24—28 日，长江中下游以北地区出现大范围的雷雨大风和冰雹天气。小麦倒伏 13 万 hm^2，油菜倒伏 1.3 万 hm^2，棉花 0.5 万 hm^2 绝收，直接经济损失 8 亿元。

1993 年 6 月 15 日，河北怀来、涿州、安平等 17 个县市遭受大风冰雹袭击，最大风力 11 级，冰雹最大直径 3 cm，损失严重。

1994 年，全国有 9 个省市区 300 多个县市遭受大风冰雹或龙卷风袭击，农作物受灾 373 万 hm^2。

1996 年 9 月 15 日，辽宁省鞍山、丹东等四市遭受多年罕见风雹，11 个县（市、区）87 万人受灾，受灾农田 10.5 万 hm^2，绝收 9 375 hm^2，刮倒树木 3 万多株，直接经济损失 4.5 亿元。

1997 年 5 月上旬，贵州息烽等地因风雹、洪涝、滑坡等灾害死亡 46 人，农田受灾 17.4 万 hm^2，绝收 5 万 hm^2，直接经济损失 4.8 亿元。

1997 年 4 月，贵州毕节地区 46 个县(市区)遭受风雹袭击，339 万人受灾，受灾农田 32 万 hm^2，绝收 6.3 万 hm^2，直接经济损失 4.1 亿元。

2001 年 3 月 24 日和 4 月 2 日浙江部分地区最大风力达 26 m/s，最大雹径超过 4 cm，有 18 个县市 100 万人受灾，受灾农田 3.27 万 hm^2，成灾 1.89 万 hm^2，绝收 0.65 万 hm^2。

2001 年 3 月 31 日到 4 月 1 日，贵州东南部 6 县受雹灾 11.4 万人，受灾农田 2 200 hm^2，成灾 1 780 hm^2，绝收 1 086 hm^2。

2001 年 8 月 4 日，北京通州冰雹大风，最大雹径 6 cm，受灾面积 16.3 万 hm^2，绝收 3 万 hm^2。林果花卉受灾 4 万 hm^2，蔬菜受灾 3 万 hm^2，张家湾镇的 1 000 hm^2 葡萄遭受灭顶之灾。

2002 年 7 月 17—19 日，河南大风冰雹死亡 29 人。

2003 年 4 月 16 日下午，受强寒潮袭击，新疆百里风区风速达 40～50 m/s，从二十里店到达坂城老镇 15 km 范围内大部汽车挡风玻璃被砂石打碎，312 国道全面禁行，阿克苏机场和伊宁机场被关闭，乌鲁木齐所有到发列车全部停运。

2003 年，大风、冰雹等强对流天气出现较多，灾害损失较重；6 个登陆台风给华南南部部分地区造成较重损失。全国 27 个省(区、市)不同程度发生风雹灾害，农作物因风雹受灾 596.3 万 hm^2，比上年减少 235.9 万 hm^2，其中成灾 364.7 万 hm^2，减少 65.8 万 hm^2；绝收 89.9 万 hm^2，减少 30.6 万 hm^2。受灾、成灾和绝收面积分别比 20 世纪 90 年代以来平均值增加 45.8 万～3.9 万和 20 万 hm^2。

2004 年，全国农作物因风雹受灾 648.8 万 hm^2，比上年增加 52.5 万 hm^2。其中成灾 240.4 万 hm^2，绝收 83.5 万 hm^2，分别比上年减少 124.3 万 hm^2 和 6.4 万 hm^2。

2005 年 4 月 8 日，四川东部、重庆、湖北西部、云南东北部出现大范围强对流天气，最大风力达 8～9 级。受灾 549.6 万人，死亡 24 人，倒塌房屋 2.2 万间，农作物受灾面积 21.4 万 hm^2，直接经济损失 10 亿元。

2005 年 4 月 19—25 日，江苏、安徽、福建、重庆、贵州、云南、湖北、广东及山东 9 个省(市)相继遭受冰雹、龙卷风和暴雨袭击，受灾 224.8 万人，死亡 36 人，农作物受灾面积 5.7 万 hm^2，倒塌房屋 1.1 万间，直接经济损失 19.3 亿元。

2005 年 6 月 18—21 日，山东省济宁、枣庄、泰安、滨州、潍坊、淄博等市的部分地区先后遭受风雹袭击。受灾 82.4 万人，死亡 4 人，农作物受灾面积 7.2 万 hm^2，直接经济损失 7.2 亿元。

2005 年 7 月 11—15 日，江西部分地区遭受风雹灾害。16 人死亡，农作物受灾面积 6 000 多 hm^2，绝收 280 hm^2。

2006 年 4 月 11—12 日，江西省大部分县(市)遭受强风雹袭击。27 个县(市)出现 8～11 级雷雨大风和冰雹，全省 399 万人受灾，死亡 11 人，农作物受灾面积 14.3 万 hm^2，直接经济损失 9.8 亿元。

2006 年 4 月 11—12 日，湖北省和湖南省出现风雹和降温天气，46 个县(市、区)受灾，受灾人口 1 200 多万人，农作物受灾面积 44 万 hm^2，直接经济损失 22.5 亿元。

2006 年 4 月 26—28 日，山东菏泽、临沂、枣庄、济宁、聊城等地先后遭受冰雹、大风，受灾人口 218 万人，农作物受灾面积 15.6 万 hm^2，直接经济损失 24.76 亿元。

2006 年 4 月 21—22 日，陕西渭南、延安、汉中、铜川等市部分地区遭受风雹袭击，33.9 万人受灾，农作物受灾面积 4.8 万 hm^2，其中绝收 1 600 hm^2，直接经济损失 1.7 亿元。

2006 年 6 月 10 日，浙江遭受大风、冰雹袭击，农作物受灾面积 2.12 万 hm^2，其中绝收 4 700 hm^2，直接经济损失 5.5 亿元。

2006 年 6 月 20—21 日，吉林省双辽、农安、公主岭、辉南、敦厚等县市遭受风雹袭击，农作物受灾面积 5.4 万 hm^2，其中绝收 8 200 hm^2，直接经济损失 1.9 亿元。

2006 年 6 月 24—29 日，山西省大同市的灵丘、浑源和阳高的局部洪涝和冰雹灾害使这几个县 8 667 hm^2 农田受灾，其中 2 867 hm^2 农田绝收，直接经济损失 4 400 万元。

2007 年 4 月 1 日，重庆市开县、云阳等区县遭受大风冰雹和暴雨袭击。截至 4 月 2 日，受灾人口 129 万人，农作物受灾 9.3 万 hm^2；灾害造成直接经济损失 19 628 万元。

2007 年 4 月 21 日，贵州北部、中部和南部部分地区先后遭受大风、冰雹袭击。风雹天气共造成 109.2 万人受灾，3 人死亡；农作物受灾面积达 4.8 万 hm^2，其中绝收面积 1.42 万 hm^2；灾害造成直接经济损失 1.28 亿元，其中农业直接经济损失 1.24 亿元。

2007 年 4 月 14 日 21—23 时，四川省眉山、成都、泸州等 10 个市出现了一次强对流天气过程，10 市境内普降大到暴雨，并伴有 4～6 级阵性大风，局部地方达到 9～10 级，发生严重的风雹灾害，冰雹最大直径达 5 cm，造成 10 个市、27 个县、128 个乡镇近 176 万人受灾，直接经济损失 3.8 亿元，其中农业经济损失 3.2 亿元。

2007 年 6 月 25 日傍晚，西安市紫阳县瓦庙镇遭受大风、冰雹和大雨袭击，造成该镇 15 间房屋受灾，1 000 hm^2 玉米受损，341.3 hm^2 玉米绝收，直接经济损失达到 100 余万元。

2008 年 9 月 17 日，吉林省永吉县岔路河镇和万昌镇遭受狂风和冰雹的双重打击，旱田(主要是玉米)受灾面积 2 003.5 hm^2，直接损失 1 080 万元；水稻受灾面积 2 175.3 hm^2，直接经济损失 2 365.4 万元，其中水稻绝收面积达到 361 hm^2。

2008 年 6 月 3 日 14 时 41 分至 17 时 40 分，河南省郑州、新乡、商丘、漯河、周口、许昌、驻马店、信阳、开封、焦作等 10 个省辖市的 29 个县(市、区)相继遭受大风、冰雹袭击。截至 6 月 5 日，全省受灾人口 94.46 万人，因灾死亡 20 人，农作物受灾面积 8.91 万 hm^2，造成直接经济损失 3.22 亿元，其中农业直接经济损失 2.63 亿元。

2010 年 5 月 29 日 23 时，新疆喀什地区英吉沙县乌恰乡遭遇 50 年不遇的特大冰雹袭击，乌恰乡 11 个村农作物大面积受损，据初步统计，英吉沙县乌恰乡 666.7 hm^2 小麦、55.7 hm^2 棉花、45.3 hm^2 玉米、143 座温室大棚受损，直接经济损失 1 100 多万元。

2011 年 7 月 20 日，甘肃部分地区出现阵雨或雷阵雨，局地出现暴雨，还伴有雷雨冰雹大风等强对流天气。风雹灾害共造成 7 乡镇 47 村 228 社 10 696 户 49 719 人受灾，农作物受灾面积 3 099.7 hm^2，造成直接经济损失 1 372.9 万元。

2011 年 4 月 29 日 22 时 45 分，山东省聊城市阳谷县受到冰雹侵袭，并伴有大风，冰雹直径平均 1 cm 左右，最大 2～3 cm，降雹持续时间 5 min 左右，过程总降水量 13.1 mm。农作物受灾面积约 3 866.7 hm^2，受灾人口 4 万余人，经济损失达 600 余万元。

2011 年 5 月 17 日 16 时 59 分至 18 时 56 分，受强对流天气影响，山东省临清市出现大风、雷雨天气，城区瞬时极大风速 24.7 m/s，折合风力 10 级，降水量 19.6 mm。造成直接经济损失 3 890.8 万元，农业直接经济损失 3 731.4 万元。其中 9 227 hm^2 小麦受灾，成灾面积 7 076 hm^2，倒折树木 14 796 棵。

2011 年 7 月 23 日 01—02 时，四川省冕宁县冰雹大风灾害造成 2 万人受灾，经济总损失3 297.2 万元。此次灾害造成烤烟 186.2 hm^2 绝收、157.39 hm^2 重灾、45.07 hm^2 轻灾，粮食作物 553.03 hm^2 绝收、1 013.67 hm^2 成灾，34 493 株核桃、4 530.6 株花椒、4 hm^2 桑树绝收，22 hm^2 水果、13.11 hm^2 苗木成灾，37.13 hm^2 蔬菜绝收、0.33 hm^2 大棚蔬菜成灾，直接经济损失 107.6 万元。

5. 台风

1905 年 9 月 1 日，江苏、上海地区海溢，崇明死亡 1.7 万余人，川沙死亡 0.54 万人，金山死亡 0.25 万余人。

1911 年，浙江省瑞安地区飓风淹没居民数万人之多。

1922 年 8 月 2 日，广东省汕头地区因飓风死亡者有户口可查的达 4 万余人(流动人口及船民未统计在内)。

1931 年，长江三角洲北部遭受洪水和风暴潮侵袭，海堤溃决，1 400 万人受灾，7 万人死亡。

1939 年，河北天津飓风死亡 12.3 万人。

1956 年，第 12 号台风在浙江登陆，75 个县市受灾，其中象山县纵深 10 km 一片汪洋，淹农田 7 000 多 hm^2，毁房 7 万间，死亡 4 000 余人。

1972 年 7 月 26 日，第 3 号台风进入渤海，使中外轮船严重受损，台风在塘沽登陆后直扑北京，造成京北山区特大暴雨和山洪、泥石流暴发，死亡 40 多人。

1980 年，第 7 号台风在广东省登陆，造成特大风暴潮，死亡 414 人，毁房 12 万间，412 km 海堤被冲垮 93%，船只被打沉打烂失踪的达 3 000 多条，湛江港一艘 23 号吨级外轮被抛到防护坝上，经济损失达 4 亿元。

1986 年，第 7 号台风风强雨猛，在粤东闽南地区造成很大影响，山洪暴发，河水暴涨淹没了一些村镇，有 66 万 hm^2 早稻被淹，倒损房屋 30 多万间，220 人死亡，直接损失 10 亿多元。

1986 年，第 9 号台风登陆后使广西合浦石埠潮位高出海堤 1.5 m，潮水漫堤，毁堤涌向内陆，沿海一片汪洋。左江流域出现新中国成立以来最大洪水，5 个县城被淹。农作物受淹 30 多万 hm^2，房屋倒塌 11 万多间，死亡 73 人，造成经济损失 10 亿多元。

1987 年 7 月 27 日，第 7 号台风在台湾北部登陆，福建沿海、浙江大部、江苏东部、上海、山东半岛普降暴雨和大暴雨，并伴有 8 级以上大风。浙江有 43 个县市 470 多万人受灾，27 万 hm^2 农田被淹，损坏房屋 2.9 万间，沿海沉船 400 多只，死亡 90 多人，温州输电线路多处损坏，全省经济损失约 5 亿元；江苏受灾农田 40 万 hm^2；山东烟台损失水果 319 万 kg，海产品 21 万 kg。

1987 年 9 月 10 日，第 12 号台风在福建晋江登陆，大风、暴雨加上大潮使闽浙两省受灾严重，共有 60 多万 hm^2 农田受灾，死亡 138 人，损坏房屋 3.2 万间，直接经济损失约 8.5 亿元。

1988 年 7 月 19 日，第 5 号台风在广东惠来登陆，全省 30 多万 hm^2 农田受淹，伤 100 多人，倒塌房屋 1 万余间，经济损失 10 亿元以上。

1988 年 8 月 7 日，第 7 号台风在浙江象山县登陆。浙江省受灾农田 20 多万 hm^2，死亡 160 人，伤 1 000 多人，倒塌房屋 6 万多间，直接损失 10 亿多元。杭州市 2 万棵树被刮倒，3 万多根电力、广播、通信线杆被吹倒或压断，造成全市停电、停水、工厂停工、交通中断，西湖风景区的景观也遭到严重破坏。

1989 年 10 月 2—13 日，海南省连续遭受三次台风袭击，农作物受灾 27.2 万 hm^2，倒塌房屋 3.3 万间，损坏 28.5 万间，死亡 65 人、伤 712 人，大风刮倒折断橡胶树 2 894 万多株，交通、水利、通信等设施损坏均很严重，经济损失 19.05 亿元。

1990 年 8 月 19 日，第 12 号台风在台湾省基隆附近登陆后，又三次在福建登陆，福建、浙江南部、广东东部普降暴雨成灾，长乐、文成等地水深数米。东南数省，900 多万人受灾，30 多万 hm^2 农田受淹，267 人死亡，900 多座大小桥梁被冲毁，2 万多处水利设施被毁坏。

1990 年 8 月 31 日，第 15 号台风在浙江省椒江市登陆，最大风力达 12 级。时值大潮期，台、雨、潮齐袭，是浙江、江苏 40 年来最严重的台风灾害。有 2 000 多万人受灾，200 万 hm^2 农田被淹，800 多座桥梁、30 000 多座水利设施、24 万多间房屋被毁，122 人丧生，900 多人受伤。

1991 年 7 月 13 日，第 6 号台风在海南省万宁县沿海登陆，海南岛、雷州半岛、广西沿海出现暴雨和大暴雨。不少地方山洪暴发，又值大潮，风、雨、潮齐袭，灾情严重。21 万多 hm^2 农田受灾，83 人受伤，34 人死亡，倒塌房屋 105 万间，毁坏船只 347 条，直接损失 66 亿元以上。

1991 年 7 月 19 日，第 7 号台风在广东汕头登陆，广东、广西、福建南部降大到暴雨。据不完全统计，广东、福建两省 29 万多 hm^2 农田受灾，倒损房屋 51.4 万间，毁坏船只 433 条，死亡 101 人，受伤 5 239 人，直接经济损失 26 亿元。

1991 年 7 月 24 日，第 8 号台风在广东珠海西部沿海登陆，大风、暴雨与海水涨潮，两广部分地区损失严重。17 万多 hm^2 农田受灾，倒损房屋 4 万多间，死 71 人，伤 263 人，直接损失 5.9 亿元。

1991 年 8 月 16 日，第 11 号台风在广东省徐闻县沿海登陆。广东、海南 38 县受灾，受灾农田 38 万多 hm^2，倒塌房屋 105 万多间，10 人死亡，130 多人受伤，直接经济损失 11.1 亿元。另南海油田一艘大型铺管船被狂风恶浪击沉，195 名工作人员遇险，其中 14 人死亡，3 人失踪。

1992 年 8 月 30 日下午，第 16 号台风在台湾省花莲附近沿海登陆，在大风、暴雨及天文大潮的共同影响下，浙江、福建、江苏、山东受灾严重。死亡 208 人，失踪 98 人。直接经济损失 90 多亿元，仅浙江一省就达 50 多亿元。

1992 年 9 月 23 日晨，第 19 号台风两次在浙江平阳县登陆，浙江 9 个地、市和 52 个县发生洪涝灾害，2.5 万间房屋倒塌，近 6 万间房屋损坏，124 人死亡，全省 46 万多 hm^2 农田受灾，直接经济损失 22 亿多元。

1993 年 6 月 27 日，第 2 号台风在广东台山、阳江登陆，在广东、广西两省区造成 64 万多 hm^2 农田受灾，倒塌、损坏房屋 36 万多间，死亡 40 多人，直接经济损失 19.6 亿元。

1993 年 8 月 21 日，第 9 号台风在广东阳西登陆，海南、广西两省区近 600 万人受灾，死亡 24 人，受伤 100 余人，34 万间房屋受损，45 万多 hm^2 农田受灾，直接经济损失 24 亿多元。

1993 年 9 月 14 日，第 15 号台风在广东惠州、潮阳登陆，使 27 万多 hm^2 农田和 670 万人受灾，死亡 11 人，伤 528 人，倒损房屋 18.1 万间，直接经济损失 13.89 亿元。

1994 年 7 月，受北上的第 3 号台风影响，东北和内蒙古降大到暴雨，四省区受灾人口 1 272 万人，死亡 128 人，倒塌房屋 52.4 万间，农作物受灾 307.3 万 hm^2，成灾 230.5 万 hm^2，绝收 104.7 万 hm^2，直接经济损失 81 亿元。

1994 年 8 月 21 日，第 17 号台风在浙江瑞安登陆，正遇天文大潮，大风、强降雨、高潮位，东清码头最大日降雨量 620 mm。造成 1 000 多人死亡，倒塌房屋 20 多万间，农作物受灾 30 余万 hm^2，直接经济损失 170 亿元。

1995 年 8 月 31 日，第 9 号台风在广东海丰与惠东之间登陆，中心风力超过 12 级。11 个市45个县区遭受台风暴雨袭击。941万人受灾，被洪水围困17万人，紧急转移20.5万人，因灾死亡50人，倒塌房屋5.7万多间，损坏29.2万多间，农作物受灾32.4万hm^2，直接经济损失36.5亿元。

1996年8月1日凌晨，浙江沿海及中西部受8号台风影响，平均雨量180 mm以上，“风、暴、潮”三碰头，山洪暴发，涉及温州、台州、丽水等7个地市46个县市541个乡镇。716万人受灾，成灾328万人；有784个村庄73万多人被洪水围困，紧急转移安置36万多人；1 765人无家可归，因灾死亡76人，伤病83人；倒塌房屋2.4万间，损坏16万间；农作物受灾17万多hm^2，成灾8万多hm^2，绝收1万hm^2；直接经济损失24亿元。

1996年9月9日，第15号台风在广东吴川地区登陆，中心风力12级并伴有暴雨和大暴雨，使23个县930万人受灾，因灾死亡208人，伤病6 145人，倒损房屋143.2万间，直接经济损失170亿元。

1997年，第11号台风于8月18日在浙江温岭市登陆，影响浙江、江苏、山东、安徽、福建等省，仅山东省死亡54人，伤1 858人，倒损房屋66.45万间，刮走渔船451条，农田受灾214.54万hm^2，水电交通等设施损失严重，直接经济损失135亿元。

1999年6月8日，第3号台风在粤东揭阳、惠来等五市登陆，倒塌房屋3 275间，4人死亡，直接经济损失就达11.78亿元。

1999年9月3日，第9号台风袭击浙江省温州、台州、丽水等3市18县，发生特大暴雨，受灾400多万hm^2，成灾180万hm^2，死亡153人，水淹县城7座，受困村庄900多个，受灾人口60多万人，紧急转移安置50多万人，受灾农田10万hm^2，成灾5万hm^2。

2002年，台风“森拉克”侵袭浙江大部，北部大暴雨，死亡32人，倒塌房屋6万间，转移安置60多万人。

2004年，第14号台风“云娜”于8月12日在浙江省温岭市登陆，登陆时中心气压为95 kPa，中心附近最大风速达45 m/s(风力超过12级)，是1956年以来登陆浙江最强的台风，也是1996年以来登陆我国大陆最强的台风。受其影响，浙江、福建、江西、安徽、湖北等地出现了暴雨或大暴雨，浙江部分地区出现特大暴雨。共造成1 800多万人受灾，169人死亡，农作物受灾面积70多万hm^2，直接经济损失202亿元，仅浙江直接经济损失超过180亿元，灾情极为严重。

2004年，“海马”热带风暴于9月13日在浙江省温州市永强镇登陆。浙江省沿海普遍出现了30～70 cm的风暴潮，乍浦最大增水70 cm。温州、台州、丽水等地，受灾人口5.3万人，潮水淹没农田7 800 hm^2，直接经济损失5 330万元。

2005年，台风共造成农作物受灾面积466.06万hm^2，死亡429人，直接经济损失814.7亿元，属台风灾害偏重年份。

2006年7月中旬，强热带风暴“碧利斯”和7月下旬台风“格美”登陆福建省，其移动过程中给广东省带来强降水，其中，“碧利斯”造成北江流域两日降水量达百年一遇，东江流域两日降水量达60年一遇，致使广东遭受近年来最严重的一次洪涝灾害，因灾死亡114人，失踪210人，直接经济损失348.3亿元。

2007年8月中旬，超台风“圣帕”肆虐湖南、江西、浙江、福建、广东、广西、湖北七省，受灾人口1 334万人，死亡52人，失踪11人，紧急转移204.47万人；倒塌房屋3.6万间，损坏房屋7.7万间；农作物受灾面积54.92万hm^2，其中绝收面积9.54万hm^2；直接经济损失86.47

亿元。

2009 年 8 月，台风“天鹅”造成海南省农作物受灾面积 6.774 万 hm^2，其中绝收面积 1.286 万 hm^2，倒塌房屋 575 间，损坏房屋 2 311 间，直接经济损失 1.89 亿元。

2009 年 7 月，台风“莫拉菲”。截止到 7 月 20 日，造成广东省 75.84 万人受灾，直接经济损失 3.73 亿元。给广西西部和南部带来强降雨，造成南宁、梧州、贵港、玉林、崇左 5 个市 13 个县遭受洪涝灾害，造成广西直接经济损失 3 691 万元，其中农业损失 1 965 万元，农作物受灾面积 0.775 万 hm^2。同时还使云南西部出现强降雨天气。

2009 年 6 月，台风“莲花”登陆。广东省梅州、揭阳、潮州受灾，其中梅州受灾严重，农作物受灾面积 0.28 万 hm^2，直接经济损失 3.33 亿元。福建全省有 3 市 15 县 20.75 万人受灾，3.2 万 hm^2 农作物受灾，失踪 1 人，紧急转移海上人员 13.0 万人，直接经济损失 3.36 亿元。

2010 年 9 月 8 日，台风“莫兰蒂”正面登陆福建，致使沿海部分市县受灾。截至 10 日 24 时统计，福建全省共有 4 个设区市 24 个县(市、区)105.56 万人受灾，农作物受灾面积 3.287 万 hm^2，造成直接经济总损失 8.003 亿元。

2010 年 9 月 15 日，台风“凡亚比”登陆台湾，造成农作物估计损失 27.998 4 亿元新台币，农作物受灾面积 4.319 2 万 hm^2，受灾程度 25%，换算无收获面积 1.634 万 hm^2。受损作物以香蕉被害 5 939 hm^2 最为严重，其次为莲雾、木瓜、柿、番石榴、二期水稻及椪柑等作物。

2010 年 9 月 2 日，台风“狮子山”带来的强降雨，共造成广东梅州、潮州、河源、揭阳等市 15 个县(市、区)140 个乡镇 30.52 万人受灾，倒塌房屋 1 385 间，受灾农作物面积 1.678 万 hm^2，直接经济损失 4.41 亿元。

2010 年 7 月 22 日，台风“灿都”进入广西玉林市博白县境内，截至 23 日 10 时，全县受灾人口 2.186 万人，农作物受灾面积 2 576 hm^2，绝收 869 hm^2。

2011 年 9 月 30 日，台风 “纳沙”带来的大风强降雨天气影响，造成广西 182.09 万人受灾。截至 10 月 1 日 17 时 50 分，广西受灾人口达 182.09 万人，农作物受灾面积 21.738 万 hm^2，其中成灾 11.235 万 hm^2，绝收 0.587 万 hm^2。

2011 年 8 月 31 日，台风“南玛都”2 时 20 分前后在福建晋江沿海登陆，截至 31 日 17 时初步统计，福建 6 个设区市 41 个县(市、区)363 个乡镇的 56.76 万人受灾，农作物受灾 1.269 万 hm^2，直接经济损失 5.32 亿元人民币。

6. 龙卷风个例

1956 年 9 月 24 日，强龙卷风袭击上海，一所中专学校的三层宿舍楼被吹塌半栋。共计死亡 68 人，1 人失踪，490 人受伤。龙卷风竟将有 5 人作业、重 11 t 的空储油桶吸到 15 m 高，抛到 120 m 远才摔下来。

1986 年 7 月 11 日下午，上海南汇、川沙、奉贤等县遭强龙卷风袭击，24 人死亡，摧毁 4 800 多间房屋、500 余根电线杆，直接损失 1 840 万元。

1987 年 7 月 3 日，黑龙江呼兰、肇东、肇州及吉林农安等地受强龙卷风袭击。呼兰县内一二层楼房被刮倒，电线杆折断 400 多根，直接损失 1 260 万元。

1987 年 8 月 26 日，河北威县发生强龙卷风，影响范围长 6～7 km，宽 200～300 m，损坏房屋 1 360 间，死亡 10 人，灾情之重为当地历史罕见。

1996 年 7 月 15 日凌晨，江苏省姜堰、泰兴、邗江、大丰、东台、丹阳等县市 38 个乡镇遭受强龙卷风袭击，瞬时最大风力 12 级以上。死亡 29 人，伤 864 人；倒塌房屋 1.2 万间，损坏 1.1

万间；农作物受灾 2.58 万 hm^2；死亡大牲畜 4 256 头，砸死刮走家禽 23 万只；倒断电力和通信线杆 2 000 余根，树木 16.4 万棵；直接经济损失 4.6 亿元。

2000 年 3 月，山西省祁县龙卷风死亡 13 人，重伤 14 人，轻伤 36 人。

7. 近年热浪个例

2000 年 6—7 月，华北北部和东北西部异常高温，辽宁朝阳最高达 43℃，北京极端最高 42.2℃。7 月江西大部平均气温高达 32～34℃，极端最高达 39～40℃，不少地方 1.5 个月无雨，干旱极其严重。

2003 年 6 月初到 8 月上旬，华南到华北南部出现高温。7 月中旬江南北部、长江沿江出现高温，下旬扩展到黄淮、华北南部。浙江南部、福建北部、江西中部达 40～43℃。福建、浙江、江西、湖北东南部、湖南东部、江苏南部、安徽南部、上海、广东北部、广西东部极端最高温度超过历史同期。南方 38℃以上高温日数为 50 年之最，丽水出现 12 d 40℃以上，极端最高气温达 43.2℃。福建、浙江、湖南、江西出现 1971 年以来最严重干旱。民政部 7 月 30 日统计受旱面积 244.1 万 hm^2，成灾 114.8 万 hm^2，绝收 32.1 万 hm^2。受灾人口 513.3 万人，有 151 万大牲畜饮水困难。浙江森林火灾平均每天发生一起。中暑和空调病、肠道病、心脑血管病人骤增，一些老人和病人死亡，许多城市不得不限制用水用电。

2006 年，西北东部和华北及其以南地区、新疆、内蒙古西部等地均出现 35℃以上的高温天气，其中四川东部、重庆、湖北西部、陕西南部等地极端最高气温达 38～45℃，高温日数普遍较常年同期偏多 15～30 d。

8. 沙尘暴

1993 年 5 月 5—6 日，历史上罕见的大风沙尘暴袭击了新疆东部、甘肃河西、宁夏大部及内蒙古西部地区，波及 18 个地市和 72 个县。这次大风沙尘暴天气平均风力 6～7 级，瞬时最大风速 12 级，风沙形成的沙暴墙高 300～400 m，能见度有时不到 100 m，整个过程持续近 16 h。这次大风过后还相继出现了降温、霜冻。有 110 万 hm^2 成灾，37 万 hm^2 农作物受灾，1.6 万 hm^2 果园受害，12 万头牲畜死亡，直接损失达 5 亿元以上。

1995 年 5 月 16 日 15 时，一场瞬时风速达 31 m/s 的沙尘暴席卷宁夏和内蒙古西部，持续 1 h，阵风 10～11 级，能见度不过 10 m。宁夏受灾 1 333.3 hm^2，5 000 座大棚被毁坏；内蒙古 2 000 hm^2 小麦、玉米被打死，2 666.7 hm^2 被流沙掩埋，阿左旗丢失牲畜 10 万多头。5 月 17 日夜至 18 日新疆 11 个县市受沙尘暴袭击，4 万多 hm^2 作物受灾，以棉花受害最重，无防护林的死株达 70%～80%。

1998 年 4 月 18 日，新疆哈密等地区出现能见度为零的黑风暴天气，造成 10 多人失踪，20 余起火灾，2 万头牲畜走失。

2000 年 3—5 月，北方发生 14 次沙尘暴和大风、扬沙，从元旦就开始出现，发生早，次数多，范围广，强度大，均为历年罕见。

2001 年，北方先后发生 12 次沙尘，其中 4 次为强沙尘暴。

2002 年 3 月 18—21 日，沙尘暴波及 18 省市区，为近年来最强和范围最广。20 日中午到达北京时，天空暗红如黄昏。3 月 21 日，沙尘暴到达汉城上空，沙尘密度比平时大 17 倍，周围 7 个机场关闭，取消 70 多个航班，几千学校停课。沙尘暴到日本后还引发了长野县松元附近林火，250 hm^2 林地被毁。

2006 年春季，全国共出现 18 次沙尘天气过程，为 2000 年以来同期最多。其中，沙尘暴和强沙尘暴过程共 11 次，最强的一次强沙尘暴天气过程出现在 4 月 9—11 日，13 个省（区、市）受到影响，造成 9 人死亡。

9. 滑坡、崩塌、泥石流

1943 年，青海省境内龙羊峡发生大滑坡，滑坡体达 2.7 亿 m^3，堵断黄河，造成 213 人死亡，毁耕地约 66 hm^2。

1950 年 8 月 1—4 日，北京市西部山区特大暴雨引发山洪泥石流，死亡 84 人。

1961 年 3 月 6 日 18 时，湖南资水中游的柘溪水库发生巨大滑坡，165 万 m^3 滑坡体以 25 m/s 的速度倾入水库，激起 20 余 m 高的巨浪，漫过坝顶涌向坝下施工现场，死亡 40 多人。

1965 年 11 月 22 日，云南省禄劝县发生滑坡，造成 17 亿 m^3 土石下滑，在山涧堆起 10 多 m 的大坝。滑坡体埋没了 5 个村庄，死亡 444 人，是新中国成立以来我国因滑坡造成的伤亡之最。

1969 年 8 月 10 日，北京市怀柔中部和密云西北部山区发生特大泥石流，造成 147 人死亡。

1969 年 8 月，云南省盈江县南拱河发生泥石流，冲毁 3 个村寨，造成 99 人死亡。

1972 年 7 月 26—28 日，北京市怀柔中部和延庆东部山区受第 3 号台风影响出现特大暴雨，最大降雨 518 mm，引发特大泥石流，死亡 52 人。

1976 年，北京市密云水库以北 3 h 内降暴雨 358 mm，造成 6 个乡发生山洪与泥石流，死亡 104 人。

1980 年 6 月 3 日，湖北省运安盐池河畔发生山崩，强大的冲击波首先将附近磷矿的五层大楼掀倒，岩石块在盐池河上筑起了一座厚达 38 m 的堤坝，造成 307 人死亡。

1981 年夏，四川省盆地北部遭特大暴雨，发生崩塌、滑坡 6.8 万个，毁房 7.4 万间，6 万人无家可归，经济损失 3 亿元。

1982 年 7 月 9 日，四川省甘洛县大渡河支流利子依达沟发生大规模泥石流，持续 1 h，冲出固体物 84 万 m^3，最大石块 1 800 t，造成 275 人死亡，直接经济损失 4 000 万元。

1982 年 7 月 18 日，四川省云阳以东 1 km 长江北岸的鸡扒子滑坡，毁地 46 万 hm^2，毁房 1 730 间，直接经济损失 560 万元。

1982 年 8 月 8 日，辽宁省凤城东北部与岫岩县西北部 20 多个乡镇发生泥石流，200 多人伤亡或失踪，毁坏房屋 5 万多间、耕地 2.4 万 hm^2，冲坏铁路 14 处和各种设施，仅农业以外的直接经济损失就达 1.32 亿元。

1983 年 3 月 7 日，甘肃省东乡县洒勒山发生大滑坡，滑坡体 6 000 万 m^3，滑速 19.8 m/s，仅 3 min 内 166.7 hm^2 农田被毁，压埋牲畜 400 多头，掩埋 3 个村庄，死亡 237 人，重伤 27 人。

1985 年 6 月 12 日，长江三峡新滩滑坡，共 3 000 万 m^3，经济损失 832.4 万元。

1990 年 5 月 30—31 日，四川省凉山彝族自治州普降大雨，会理县益门煤矿附近的炭山沟 31 日 3 时发生山洪泥石流，致使煤矿煤焦厂的 2 个车间及部分职工宿舍受损，死亡 31 人，倒塌房屋 5 124 m^2。

1990 年 8 月 7 日，云南省保山市汶山乡小河村，因降大雨引起山体滑坡，造成 10 人死亡，重伤 8 人。

1991 年 6 月 10 日，北京市北部山区发生特大泥石流，死亡 28 人。

1991 年 9 月 23 日，云南省昭通市盘河乡头寨沟村发生特大山体滑坡，滑坡体长 3.5 km，宽 300 余 m，从山上翻盖下来的土石达 6 370 m^3，造成 261 人死亡，直接经济损失 300 万元左右。

1993 年 9 月 22 日凌晨，甘肃省兰州市西部窑街矿区三矿大门外的居民区发生地陷，房屋突然整体沉入几十米深的地下，造成 12 人死亡。

1994 年 4 月 30 日，四川省武隆县发生总体积为 500 万 m^3 的岩崩，有 30 万 m^3 岩体崩入乌江，使乌江断流。

据有关部门统计：从 1949—1990 年，我国至少发生了 850 次危害或影响重大的崩塌、滑坡和泥石流事件，造成 9 600 多人死亡，经济损失达 20 亿元。

1995 年 7 月 18 日 10 时 40 分，四川省都江堰市龙溪乡发生重大岩崩灾害，约 7.8 万 m^3 山石从 200 多 m 高的山上崩塌下来，因灾死亡 12 人，吞没 10 户农房、0.4 hm^2 耕地，年产水泥 8 万 t 的察官水泥厂被毁，直接经济损失 1 800 万元。

1996 年 5 月 31 日 13 时 55 分，云南省红河州元阳县大坪乡静塘行政村老金山七和金地段发生大山体滑坡灾害，滑坡体宽 80 m，长 250 m，掩埋矿井 13 个，造成 35 人死亡，重伤 6 人，失踪 26 人。

2003 年 7 月 13 日，湖北省秭归县山体滑坡，土石方 2 400 万 m^3，造成 1 200 人受灾，5 人死亡，19 人失踪，直接经济损失 8 000 万元。

2004 年 7 月 4—5 日及 18—19 日 18 时，云南省盈江、陇川、瑞丽、腾冲等县连续两次遭受特大暴雨袭击，引起大面积滑坡、泥石流和山洪灾害。两次灾害共造成 39 人死亡，71 人失踪，直接经济损失达 5.6 亿元。

2010 年 8 月 7 日 22 时，甘肃省甘南藏族自治州舟曲县突降强降雨，县城北面的罗家峪、三眼峪泥石流下泄，由北向南冲向县城，造成沿河房屋被冲毁，泥石流阻断白龙江，形成堰塞湖。截至 8 月 28 日，舟曲“8・8”特大泥石流灾害中遇难 1 463 人，失踪 302 人。

2012 年 7 月 21 日，北京市特大暴雨泥石流灾害，截至 22 日 2 时，全市平均降雨量 164 mm，为 61 年以来最大。截至 22 日 17 时，暴雨洪涝灾害造成房山、通州、石景山等 11 区(县)12.4 万人受灾，造成 79 人遇难，其中房山区占大半，绝大多数死于突发的山洪和泥石流。全市经济损失近百亿元。其中，房山区全区平均降雨量达到 281.1 mm。山区平均降雨量达到 313 mm，最大降雨点为河北镇，达 541 mm，接近 500 年一遇。

附录二　中国农业灾情统计图

(1)1970—2008 年中国各类灾害造成农作物受灾面积

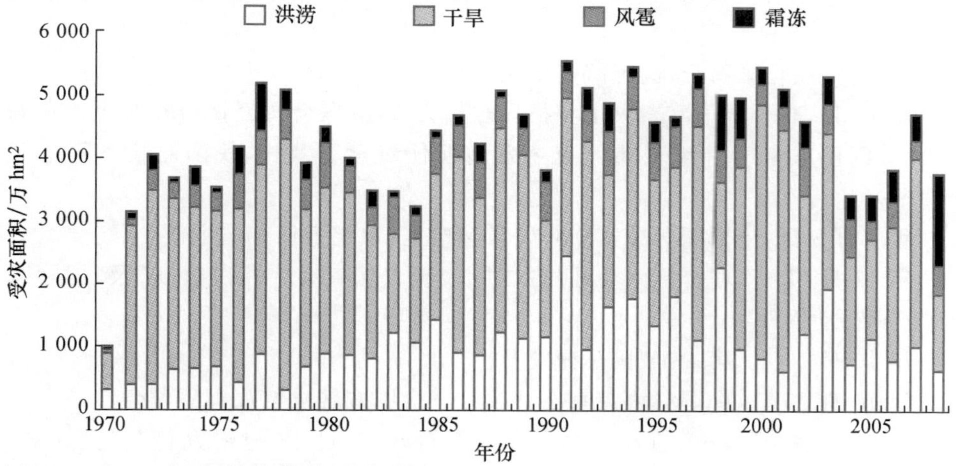

(2)1949—2011 年中国农作物受灾面积

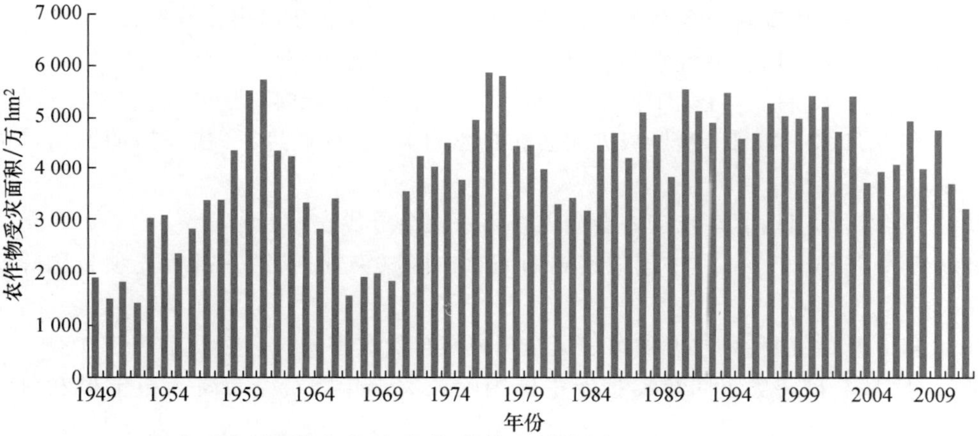

(3)1949—2011 年中国各类灾害造成的直接经济损失

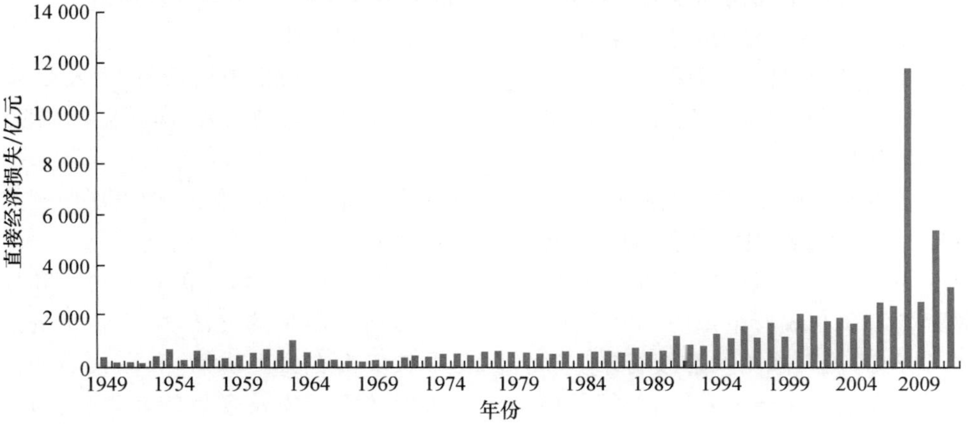

附录三 国际减灾重大事件与活动

1987 年 12 月 11 日，第 42 届联合国大会确定 1990—2000 年为“国际减轻自然灾害十年”(IDNDR)。

1988 年 3 月，联合国召开“国际减灾十年研讨会”。

1988 年 10 月，联合国国际减灾十年指导委员会成立，联合国经济合作总干事詹姆·里佩特任主席，美国国家科学院院长弗兰克·普雷斯任专家组组长，我国谢礼立院士等参加专家组。

1989 年 4 月 3 日，中国国际减灾十年委员会成立，田纪云任首届主任。

1989 年 12 月 22 日，联合国大会通过“国际减轻自然灾害十年决议案”及“国际减轻自然灾害十年国际行动纲领”。

1990 年 10 月 10 日，第一个“国际减灾日”。

1990 年 10 月 25 日，中国科协在京召开第一届全国减轻自然灾害研讨会。

1992 年 6 月，联合国环境与发展大会在巴西召开，通过了“里约宣言”、“世界 21 世纪议程”，签署“气候变化框架公约”、“生物多样性公约”等重要文件。

1992 年 10 月，中国科协主办的第二届全国减轻自然灾害研讨会在青岛召开。

1994 年 3 月 25 日，国务院常务会议通过《中国 21 世纪议程》。

1994 年 4 月 15 日，《中国 21 世纪议程优先项目计划》开始实施。

1994 年 5 月 23—27 日，世界减灾大会在日本召开，会议通过了《横滨声明》、横滨战略和行动计划。

1994 年 12 月 8 日，北京减灾协会成立暨第一次会员代表大会。

1995 年 2 月 16—17 日，《中国减灾规划》和《中国减灾规划》第一批优先项目国际研讨会召开。

1998 年 5 月，中国科协主办的第三届全国减轻自然灾害研讨会在北京召开。

1998 年，联合国将灾害防御奖授予中国国际减灾十年委员会负责人范宝俊和科学家王昂生。

1998 年 10 月，中国国际减灾十年委员会公布《中国减灾规划 1998—2010 年》。

1999 年 1 月，国家计划委员会公布《全国生态建设规划纲要》。

1999 年 3 月 18 日，中国国际减灾十年委员会成立了以王昂生为组长的 12 人专家组和以龚惠兴院士为组长的 12 人卫星减灾组，并聘请陈芳允、陈述彭、马宗晋、谢礼立四位院士和刘燕华等为顾问组。

1999 年 6 月 10—12 日，自然灾害管理国际研讨会在北京召开，有 15 个发展中国家、11 个捐助国和 16 个国际组织的代表参加，江泽民主席向会议发来了贺电。

1999 年 7 月 5—9 日，在日内瓦召开了国际减灾十年活动论坛，90 多个国家和地区、50 多个国际组织和非政府组织的 700 多人参加，全面总结了国际减灾活动 10 年来的成绩，研讨了 21 世纪的减灾战略及后续行动。联合国秘书长安南在会上讲话，我国代表团团长、民政部副部长范宝俊在会上发言，介绍了中国十年来的减灾工作及今后的计划。会议发表了

《日内瓦宣言》。

1999 年 9 月 12 日，“中国重大自然灾害及减灾对策”获国家科技进步二等奖。

1999 年 11 月 24 日，第 54 届联合国大会通过决议同意秘书长提交的关于国际减灾十年后续行动的安排，将国际减灾十年(IDNDR)活动发展为国际减灾战略(ISDR)活动，目标是提高社会对灾害的防御能力，并将原来对灾害的简单防御改变为对风险的综合管理。为实施该项战略，联合国将建立机构间减灾工作委员会和减灾秘书处。

1999 年 11 月，中国灾害防御协会召开第二届代表大会。

2000 年 3 月 1—3 日，全国社会减灾团体减灾十年总结会议在北京召开。

2000 年 10 月 11 日，中国国际减灾十年委员会更名为中国国际减灾委员会。

2000 年 12 月 11—24 日，联合国区域发展中心与上海市政府联合举办城市灾害管理与可持续发展国际研讨班，有 13 个国家和地区的 50 多名政府官员参加。

2000 年 12 月 12 日，中国减灾中心大楼封顶。

2001 年，民政部制定和颁布了国家救灾应急预案，强化了各部委有关部门的救灾责任和综合协调，并要求各地各部门制定相应的预案。

2002 年 11 月 16 日，四川省在合川举行山地灾害抢险救灾演练，这是 50 多年来我国首次组织此类演练。11 月 17 日，在重庆市召开了山地灾害防灾减灾经验交流会。

2009 年起，国务院确定每年 5 月 12 日(汶川地震一周年纪念日)为全国“防灾减灾日”。

2009 年 5 月 7—13 日，国家减灾委员会确定每年防灾减灾日所在周为防灾减灾宣传周。

2011 年 7 月 10 日，“2011 年气象防灾减灾宣传志愿者中国行”活动在中国四川省北川县举行。2 000 余名经过防灾减灾专业培训的志愿者将分成 200 个分队，奔赴中国各地，开展气象防灾减灾科普宣传工作。

2012 年 5 月 7—10 日，第三届中国国际减灾应急技术与设备博览会在北京举办。

附录四 与农业减灾有关的国际活动日

国际减灾日(International Disaster Reduction Day)

1989年12月,第44届联合国大会通过关于“国际减轻自然灾害十年”的236/44号决议,指定每年10月的第二个星期三为“国际减灾日”,目的是敦促各国把减轻自然灾害列入工作计划,以提高防御灾害所必需的公众意识。

历年国际减灾日主题

1991年 减灾,发展,环境——为了一个目标

1992年 减轻自然灾害与持续发展

1993年 减轻自然灾害的损失,要特别注意学校和医院

1994年 确定受灾害威胁的地区和易受灾害损坏的地区——为了更加安全的21世纪

1995年 妇女和儿童——预防的关键

1996年 城市化与灾害

1997年 水,太多,太少,都会形成自然灾害

1998年 防灾与媒体——防灾从信息开始

1999年 减灾的效益——科学技术在灾害防御中保护了生命和财产的安全

2000年 防灾,教育和青年——特别关注森林火灾

2001年 抵御灾害,减轻易损性

2002年 山区的减灾与可持续发展

2003年 2003年:面对灾害,更加关注可持续发展

2004年 减轻未来灾害,核心是如何“学习”

2005年 利用小额信贷和安全网络,提高抗灾能力

2006年 减灾始于学校

2008年 减少灾害风险,确保医院安全:降低灾害风险,保护医院设施,拯救人民生命

2009年 让灾害远离医院

2010年 建设具有抗灾能力的城市:让我们做好准备

2011年 让儿童和青年成为减少灾害风险的合作伙伴

2012年 女性——抵御灾害的无形力量

世界气象日(World Meteorological Day)

又称“国际气象日”,联合国世界气象组织于1950年3月23日成立,为了纪念这一重大事件,世界气象组织宣布每年的3月23日为世界气象日,要求各成员国每年在这一天举行庆祝活动,并广泛宣传气象工作的重要作用。

世界水日(World Water Day)

1993年1月18日,第47届联合国大会根据联合国环境与发展大会在《21世纪议程》中所提出的建议,确定每年的3月22日为“世界水日”,目的是推动对水资源进行综合性统筹规划和管理,加强水资源保护,解决日益严峻的缺水问题。

世界防治荒漠化和干旱日(World Day to Combat Desertification)

1994年12月19日，联合国第49届大会通过了49/115号决议，宣布从1995年起每年的6月17日为世界防治荒漠化和干旱日，旨在进一步提高世界各国人民对防治荒漠化重要性的认识，唤起人们防治荒漠化的责任心和紧迫感。1994年制定的“防治荒漠化公约”文本至今已有100多个国家签署。

世界环境日(World Environment Day)

1972年6月5日联合国人类环境会议在瑞典王国斯德哥尔摩开幕，公布了著名的《人类环境宣言》等一系列世界性文件。这次会议是人类环境保护史上的一个里程碑。同年，第27届联合国大会为纪念这次闻名史册的斯德哥尔摩人类环境会议，把它的开幕日6月5日定为世界环境日。世界环境日在于提醒全世界注意全球环境状况和人类活动对环境的危害。

世界地球日(World Earth Day)

每年4月22日为世界地球日。1969年美国议员盖洛德·纳尔逊支持大学生丹尼斯·海斯组织大规模的环境保护宣传活动。2009年第63届联合国大会决议将每年的4月22日定为“世界地球日”，旨在唤起人类爱护地球、保护家园的意识，促进资源开发与环境保护的协调发展，进而改善地球的整体环境。

世界粮食日(World Food Day)

1979年11月，第20届联合国粮食及农业组织大会确定，从1981年起将每年10月16日定为世界粮食日，并提出了“粮食第一”的口号。联合国粮农组织是在1945年10月16日成立的，其宗旨在于唤起全世界对发展粮食和农业生产的高度重视。

全国土地日

1991年5月24日国务院第83次常务会议决定，为了深入宣传贯彻《土地管理法》，确定每年的6月25日即《土地管理法》颁布日为全国土地日。中国是世界上第一个为保护土地而设立专门纪念日的国家。

附录五　国内主要减灾部门及科研机构

1. 国内主要减灾部门及机构一览

部门机构名称	通信地址
国家减灾委员会	北京东城区东华门外北河沿
中国救灾协会	北京东城区东华门外北河沿
中国科学院减灾委员会	北京德外祁家豁子中国科学院大气物理研究所
中国地质灾害研究会	北京阜内大街 64 号
民政部、教育部、北京师范大学减灾与应急管理研究院	北京市新街口外大街北京师范大学
上海防灾救灾研究中心	上海四平路 1239 号同济大学
南京大学自然灾害研究中心	南京市汉口路 22 号
福建省自然灾害防御委员会	福州市福建省气象局
中国科学院成都山地灾害与环境研究所	成都市人民南路 4 段 9 号
兰州大学防灾研究所	兰州市天水路 216 号兰州大学
中国灾害防御协会北京培训中心	北京东燕郊
中国灾害防御协会西安培训中心	陕西省西安市陕西师范大学教学 4 楼二层
水利部减灾研究中心	北京复兴路甲 1 号
四川广元市减灾协会	四川广元市
天津市灾害防御协会	天津市友谊路 19 号(河西区)
上海市灾害防御协会	上海市兰溪路 87 号
黑龙江省灾害防御协会	黑龙江省哈尔滨市南岗红军街 43 号
哈尔滨市灾害防御协会	黑龙江省哈尔滨市科学宫
河北省灾害防御协会	河北省石家庄市体育大街槐中路 31 号
浙江省灾害防御协会	浙江省杭州市天目山路 45 号
安徽省灾害防御协会	安徽省合肥市蜀山路 106 号
湖北省灾害防御协会	湖北省武汉市小洪山 70 号
陕西省灾害防御协会	陕西省西安市边家村水文巷 4 号
重庆市灾害防御协会	四川重庆市沙坪坝重庆大学西南开发研究所转
甘肃省灾害防御协会	甘肃省兰州市东岗西路 200 号
青海省灾害防御协会	青海省西宁市胜利路 2 号
云南省灾害防御协会	云南省昆明市东华小区知春街
新疆灾害防御协会	乌鲁木齐市北京南路 42 号
铁道灾害防御协会	北京西直门外大柳树北站铁道科学院转

续表

部门机构名称	通信地址
中国灾害防御协会火山分会	黑龙江省哈尔滨市南岗红军街 43 号
北京减灾协会	北京海淀区紫竹院路 44 号
河南省灾害防御协会	河南省郑州市福寿街 8 号
山东省灾害防御协会	山东省济南市文化东路 20 号
山西省灾害防御协会	山西太原市新建路 10 号
辽宁省灾害防御协会	沈阳市皇姑区北陵大街 45-9
江西省减灾协会	江西省南昌市内江西省气象局
黑龙江省农业减灾研究会	黑龙江省哈尔滨市黑龙江省气象局

2. 国内主要减灾期刊及其主办单位

期刊	主办单位
中国减灾	民政部国家减灾中心
自然灾害学报	中国灾害防御协会
中国地震报	国家地震局
中国气象报	中国气象局
中国环境报	国家环保局
中国水利报	水利部
城市与减灾	北京市地震局
灾害学	陕西省地震局
暴雨灾害	中国气象局武汉暴雨研究所
灾害与防治工程	三峡大学;湖北省水力发电工程学会三峡分会
气象与减灾研究	江西省气象学会
防灾减灾工程学报	江苏省地震局;中国灾害防御协会
防灾减灾学报	辽宁省地震局
中国农业气象	中国农业科学院农业环境与可持续发展研究所
防灾科技学院学报	中国灾害防御协会;防灾科技学院

3. 国家减灾委员会机构组成

中国国际减灾十年委员会于 1989 年成立。1998 年九届全国人民代表大会根据国务院机构调整情况改称中国国际减灾委员会，2005 年改名国家减灾委员会。主要任务是：研究制定国家减灾工作的方针、政策和规划，协调开展重大减灾活动，指导地方开展减灾工作，推进减灾国际交流与合作。国家减灾委员会的具体工作由民政部承担。2013 年国务院机构改革后新一届国家减灾委主任是国务委员王勇，副主任是民政部部长李立国、解放军副总参谋长章沁生、国务院副秘书长丁学东，成员单位见以下框图。

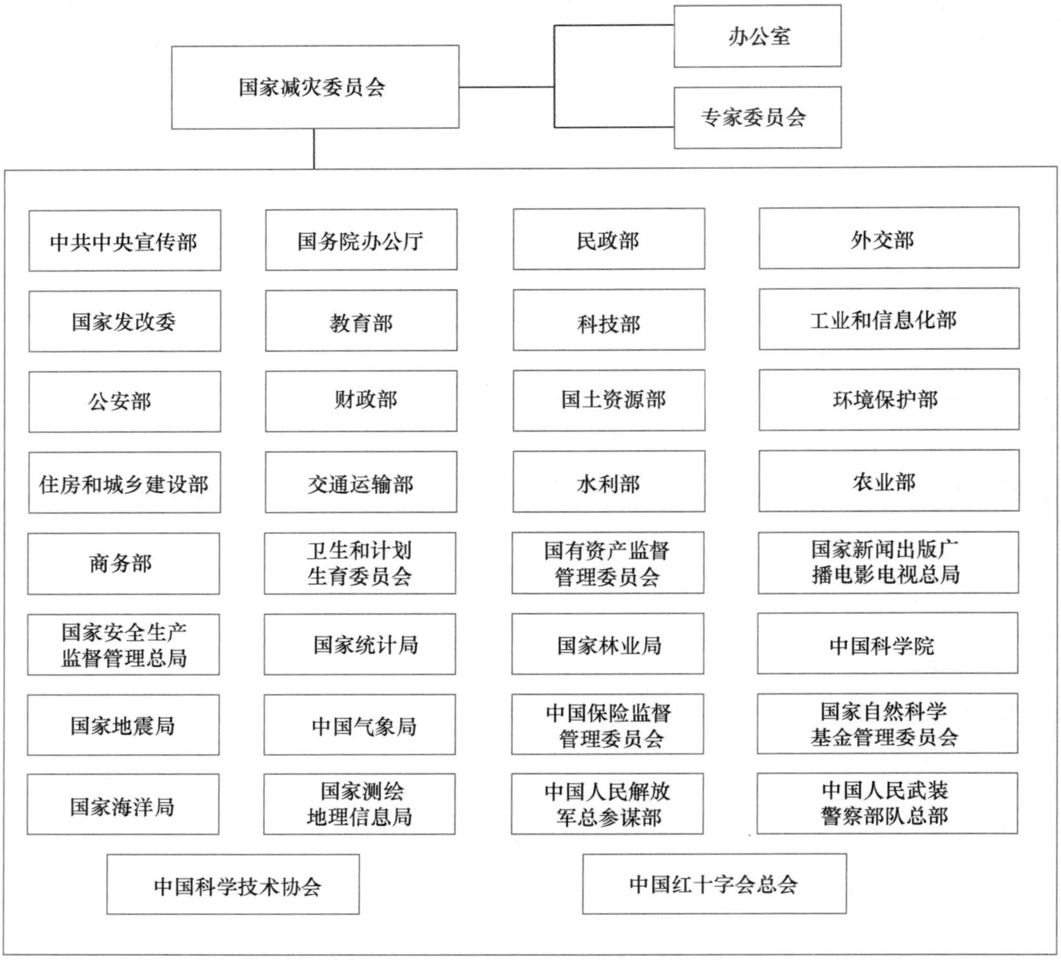

4. 中国主要减灾教育机构

层次	学科	学　校
本科	应用气象学	中国农业大学、沈阳农业大学、南京气象学院、(以上为农业气象方向)中山大学、广西大学、兰州大学、成都信息工程大学
	水土保持与荒漠化防治	北京林业大学、山西农业大学、内蒙古农业大学、黑龙江大学、沈阳农业大学、吉林农业大学、福建农林大学、山东农业大学、华北水利水电学院、西南农业大学、西北农林科技大学、甘肃农业大学
	植物保护、动物医学	全国所有农业院校
	火灾勘测	公安、武警类院校
	消防工程	公安、武警类院校
	安全工程、安全防范工程、灾害防治工程	许多工科院校
	地震	防灾科技学院(包括地震科学、防灾工程、防灾仪器、灾害信息工程等系)

续表

层次	学科		学校
硕士或博士	气象学		北京大学、中国农业大学、中国科学院大气物理研究所、中国科学院地理科学与资源研究所、中国科学院地球科学学院、中国农业科学院资源区划所、中国农业科学院农业环境与可持续发展研究所、中国气象科学研究院、国家海洋环境预报研究中心、华东师范大学、南京大学、南京信息工程大学、浙江大学、安徽农业大学、中国海洋大学、中国科学院海洋研究所、华中农业大学、中山大学、云南大学、兰州大学、中国科学院寒区旱区环境与工程研究所、沈阳农业大学、成都信息工程学院
	气候资源与农业减灾		中国农业大学
	水灾害与水安全		河海大学
	人文地理学	括号内为研究方向	中山大学(地貌过程与灾害)、云南大学(灾害经济与灾害管理)、河南大学(灾害风险评估与管理)
	自然地理学		河北师范大学(生态建设与灾害防治)、内蒙古师范大学(自然灾害监测与评估)、哈尔滨师范大学(自然灾害与地表沉积)、浙江师范大学(灾害风险与公共安全)、安徽师范大学(环境演变与自然灾害)、广西师范学院(灾害风险与公共安全)、西南大学(城市地貌与灾害地貌)、重庆师范大学(环境灾害与生态保护)
	地理学		南京信息工程大学(气象灾害及其精细化评估技术)
	地图学与地理信息系统		西安科技大学(自然灾害监测与评价)、中国科学院遥感应用研究所(灾害与环境遥感)、北京师范大学
	遥感技术与应用		四川师范大学(灾害遥感监测)
	防灾减灾工程及防护工程		北京交通大学、北京建筑工程学院、中国矿业大学、北京师范大学、中冶集团建筑研究总院、中国地震局地球物理研究所、天津大学、天津城市建设学院、河北工业大学、河北理工大学、石家庄铁道学院、内蒙古科技大学、大连理工大学、辽宁工程技术大学、沈阳建筑大学、吉林大学、东北电力大学、哈尔滨工程大学、大庆石油学院、中国地震局工程力学研究所、同济大学、上海交通大学、南京航空航天大学、中国矿业大学、南京工业大学、河海大学、江苏大学、苏州科技学院、南京水利科学研究院、扬州大学、解放军理工大学、中国人民解放军徐州空军学院、浙江大学、合肥工业大学、安徽理工大学、厦门大学、华侨大学、福州大学、华东交通大学、江西理工大学、山东大学、中国海洋大学、山东科技大学、山东建筑大学、济南大学、烟台大学、华北水利水电学院、郑州大学、河南理工大学、河南工业大学、武汉大学、华中科技大学、武汉工程大学、武汉理工大学、中国地质大学、长江大学、湖北工业大学、三峡大学、武汉岩土力学研究所、长江科学院、中国地震局地震研究所、长沙理工大学、国防科学技术大学、汕头大学、华南理工大学、深圳大学、广州大学、广西大学、桂林理工大学、重庆交通大学、西南交通大学、中国科学院成都山地灾害与环境研究所、成都理工大学、西南石油大学、云南大学、昆明理工大学、西安理工大学、西安建筑科技大学、西安科技大学、长安大学、兰州大学、兰州理工大学、兰州交通大学、新疆大学

续表

层次	学科	学　　校
硕士或博士	灾后重建与管理学院康复医院双博士	四川大学、香港理工大学
	自然灾害学	北京师范大学减灾与应急管理学院
	保险	中国人民大学、北京航空航天大学、中国农业大学、中央财经大学、对外经济贸易大学、首都经济贸易大学、南开大学、天津财经大学、河北大学、东北财经大学、吉林大学、东北师范大学、复旦大学、郑州大学、河南大学、武汉大学、中南财经政法大学、湖南大学、中南大学、广西大学、西南大学、四川大学、西南财经大学、西南民族大学、(以上有博士点)北京工商大学、河北经贸大学、辽宁大学、南京财经大学、浙江财经学院、安徽财经大学、山东经济学院、山东财政学院、广东商学院、贵州财经学院、云南财经大学、兰州商学院、新疆财经大学、吉林农业大学(农业保险)
	自然灾害学	北京师范大学、陕西师范大学
	水土保持与荒漠化防治	中国农业大学、北京林业大学、北京师范大学、中国林业科学研究院、河北农业大学、山西大学、山西农业大学、内蒙古农业大学、辽宁工程技术大学、沈阳农业大学、东北林业大学、南京林业大学、中国科学院南京土壤研究所、福建农林大学、福建师范大学、江西农业大学、山东农业大学、华北水利水电学院、河南农业大学、华中农业大学、中南林业科技大学、湖南师范大学、西南大学、四川大学、四川农业大学、贵州大学、云南农业大学、西南林学院、西安理工大学、长安大学、西北农林科技大学、陕西师范大学、中国科学院水土保持与生态环境研究中心、兰州交通大学、甘肃农业大学、中国科学院新疆生态与地理研究所

附录六 主要农业减灾著作题录

（按出版时间顺序排列，包括一部分综合减灾书籍）

1. 植物保护基础知识，曾士迈等，农业出版社，1981。
2. 家畜的环境及控制，温书斋，农业出版社，1982。
3. 农作物低温冷害及其防御，潘铁夫等，农业出版社，1983。
4. 冬小麦冻害及其防御，郑大玮等，气象出版社，1985。
5. 中国主要气象灾害分析，冯佩芝等，气象出版社，1985。
6. 农作物的气象病与防治，刘乃壮，江苏科学技术出版社，1987。
7. 粮食作物与气象，龚绍先，北京农业大学出版社，1988。
8. 小麦干热风，北方小麦干热风科研协作组，气象出版社，1988。
9. 灾害与灾害经济，杜一，中国城市经济社会出版社，1988。
10. 生存与发展，中国国情调研组，科学出版社，1989。
11. 蔬菜生产的主要气象病及防御技术，郑大玮等，农业出版社，1989。
12. 减轻灾害和政府的责任，邹其嘉等，学术期刊出版社，1989。
13. 中国减轻自然灾害研究（全国减轻自然灾害研讨会文集），中国科学技术协会，中国科学技术出版社，1990。
14. 自然灾害与减灾600问答，全国重大自然灾害调研组，地震出版社，1990。
15. 农业气象灾害，陈端生等，北京农业大学出版社，1990。
16. 减灾必读，梁鸿光，地震出版社，1990。
17. 灾害论，罗祖德等，浙江教育出版社，1990。
18. 灾害与社会，马宗晋等，地震出版社，1990。
19. 中国农业气象灾害概论，张养才等，气象出版社，1991。
20. 畜牧气象灾害及防御对策，邓子风，气象出版社，1991。
21. 水稻生产的灾害与对策，程梓华等，海洋出版社，1991。
22. 中国水稻病虫害综合防治策略与技术，杜正文，农业出版社，1991。
23. 农业气象预报概论，王馥棠等，农业出版社，1991。
24. 水产气象，杨柏松，农业出版社，1991。
25. 未来灾害学，郭增建等，地震出版社，1992。
26. 中国减轻自然灾害研究（全国减轻自然灾害研讨会文集），中国科学技术协会，气象出版社，1992。
27. 中国自然灾害地图集，中国人民保险公司等，科学出版社，1992。
28. 中国减灾重大问题研究，中国灾害防御协会等，地震出版社，1992。
29. 中国自然灾害灾情分析与减灾对策，中国科学院地学部，湖北科学技术出版社，1992。
30. 小麦抗旱防冻增产技术，郑大玮等，中国农业出版社，1992。
31. 森林害虫预测预报，薛贤清，中国林业出版社，1992。

32. 灾害管理，吕景胜等，地震出版社，1992。

33. 农业灾害与农业保险的国际比较，蔡文远，陕西科学技术出版社，1992。

34. 首都圈自然灾害与减灾对策，北京市科协，气象出版社，1992。

35. 水稻气象生态，高亮之等，农业出版社，1992。

36. 中国重大自然灾害及减灾对策（分论），国家科委全国重大自然灾害综合研究组，科学出版社，1993。

37. 减灾农业，黄青禾等，中国科学技术出版社，1993。

38. 中国灾害地理，韩渊丰等，陕西师范大学出版社，1993。

39. 全球环境问题与对策，毛文永等，中国科学技术出版社，1993。

40. 农业环境质量评价，赵振纪等，中国农业科学技术出版社，1993。

41. 农民技术人员手册，中国科学技术协会普及部等，上海科普出版社，1993。

42. 森林灾害经济评价与对策，孔繁文等，中国林业出版社，1993。

43. 中国森林害虫生态地理分布，方三阳，东北林业大学出版社，1993。

44. 山东农业自然灾害发生规律及防灾抗灾对策，王文兵等，中国经济出版社，1993。

45. 河南东亚飞蝗治理展望，河南植保总站，河南科学技术出版社，1993。

46. 新疆棉花生产与气象，郑维等，新疆科技卫生出版社，1993。

47. 果树蔬菜霜冻与冻害的防御技术，唐广等，农业出版社，1993。

48. 灾害管理手册，W·尼克·卡特，地震出版社，1993。

49. 中国重大自然灾害及减灾对策（总论），国家科委全国重大自然灾害综合研究组，科学出版社，1994。

50. 中国21世纪议程——中国21世纪人口·环境与发展白皮书，1993年3月25日国务院第16次常务会议通过，中国环境科学出版社，1994。

51. 环境与发展，李文华等，科学技术文献出版社，1994。

52. 中国农业环境保护技术政策，郭士勤，中国农业出版社，1994。

53. 农业环境学，买永彬等，中国农业出版社，1994。

54. 植物医生手册，农业部全国植物保护总站，化学工业出版社，1994。

55. 农业灾荒纪年，蒋琳，江苏人民出版社，1994。

56. 山西蝗虫，山西科学技术出版社，1994。

57. 夏玉米栽培，陈国平，农业出版社，1994。

58. 中国农业气象情报概论，太华杰等，气象出版社，1994。

59. 中国农业自然灾害史料集，张波等，陕西科学技术出版社，1994。

60. 人间正道历尽沧桑——影响人类生活的102次灾害，孟昭华，中国青年出版社，1995。

61. 中国2000年农业发展问题探讨（全国2000年农业发展学术研讨会文集），中国科协学会部，中国农业科学技术出版社，1996。

62. 责任重于泰山——减灾科学管理指南，金磊等，气象出版社，1996。

63. 中国森林防火理论与实践（第一集），吴士英，东北林业大学出版社，1996。

64. 霜冻的研究，冯玉香等，气象出版社，1996。

65. 农业减灾指南，任久江等，中国农业出版社，1996。

66. 中华人民共和国减灾规划（1998—2010），中国国际减灾十年委员会，1997。

67. 人类灾难纪典,李本公等,改革出版社,1997。

68. 植物保护21世纪展望,中国植物保护学会青年工作委员会等,中国科学技术出版社,1998。

69. 城市可持续发展与灾害防御,北京减灾协会,气象出版社,1998。

70. 农作物低温冷害综合防御技术研究,王春乙等,气象出版社,1999。

71. 中国东亚飞蝗发生与治理,朱恩林,中国农业出版社,1999。

72. 农业灾害学,张波,陕西科学技术出版社,1999。

73. 中国减灾与新世纪发展战略,中国灾害防御协会等,气象出版社,1999。

74. 中国农业灾害风险评价与对策,李世奎,气象出版社,1999。

75. 农业灾害学,郑大玮等,中国农业出版社,2000。

76. 农业抗灾减灾工程技术,程延年,河南科学技术出版社,2000。

77. 寒潮与热浪,郑大玮,商务印书馆,2001。

78. 农业气象减灾实用技术,程延年等,中国农业科学技术出版社,2001。

79. 棉花灾害及防灾减灾技术,张存信,中国农业科学技术出版社,2001。

80. 作物模型原理,潘学标,气象出版社,2003。

81. 可持续农业概论,王道龙等,气象出版社,2004。

82. 农业减灾实用技术手册,郑大玮等,浙江科学技术出版社,2005。

83. 农用保水剂应用原理与技术,黄占斌等,中国农业科学技术出版社,2005。

84. 农业灾荒论,卜风贤,中国农业出版社,2006。

85. 农业低温灾害研究新进展,李茂松等,中国农业科学技术出版社,2006。

86. 周秦汉晋时期农业灾害和农业减灾方略研究,卜风贤,中国社会科学出版社,2006。

87. 贵州凝冻灾害预警研究,贵州省气象局,气象出版社,2007。

88. 水旱灾害与湖北农业可持续发展,罗小锋,中国农业出版社,2007。

89. 中国减灾报告2007,郭强,中国时代经济出版社,2007。

90. 主要气象灾害风险评价与管理的数量化方法及其应用,张继权等,北京师范大学出版社,2007。

91. 中国农业自然灾害的风险管理与防范体系研究,王国敏等,财经大学出版社,2007。

92. 农作物抗灾减灾知识手册,陈锡文等,石油工业出版社,2008。

93. 吉林省主要气象灾害及防御技术,王云岫,气象出版社,2008。

94. 东北地区低温冷害研究,王春乙,气象出版社,2008。

95. 农业防灾减灾100问,杨霏云等,中国农业出版社,2009。

96. 长江中下游高温热害及对水稻的影响,高素华,气象出版社,2009。

97. 浙江农村气象灾害防御手册,浙江省气象局,2009。

98. 农业和生物气象灾害,霍治国等,气象出版社,2009。

99. 低温冷害,王绍武等,气象出版社,2009。

100. 寒潮和霜冻,马树庆等,气象出版社,2009。

101. 暴雨洪涝,丁一汇,气象出版社,2009。

102. 冰雹灾害,段英,气象出版社,2009。

103. 地质气象灾害,马力,气象出版社,2009。

104. 沙尘暴灾害,王式功,气象出版社,2009。
105. 气候变化与灾害,翟盘茂,气象出版社,2009。
106. 冰雪灾害,沈永平,气象出版社,2009。
107. 生态气象灾害,李文华等,气象出版社,2009。
108. 农业气象防灾减灾手册,杜顺义,山西科学技术出版社,2009。
109. 农村生活安全与减灾技术,郑大玮,化学工业出版社,2009。
110. 农业灾害应急技术,湖北省农业厅等,湖北科学技术出版社,2009。
111. 中国自然灾害综合研究的进展,原国家科委国家计委国家经贸委自然灾害综合研究组,气象出版社,2009。
112. 农村气象灾害避险指南,中国气象局,2009。
113. 干旱,张强等,气象出版社,2009。
114. 中国气候资源与农业,杨晓光等,气象出版社,2009。
115. 气象灾害防御条例,王振江,气象出版社,2010。
116. 农业防灾减灾及农村突发事件应对,张子安等,金盾出版社,2010。
117. 农业生产抗旱减灾指导手册,王龙昌,江苏科学技术出版社,2010。
118. 贵州省气象防灾减灾知识读本,陈忠民,气象出版社,2010。
119. 抗旱减灾指导手册,国家防汛抗旱指挥部办公室,人民出版社,2010。
120. 农业气象灾害及其减灾技术,杨晓光等,化学工业出版社,2010。
121. 农业气象灾害影响评估与风险评价,王春乙等,气象出版社,2010。
122. 气象灾害防御手册,杨林等,福建科学技术出版社,2010。
123. 中国重大农业气象灾害研究,王春乙等,气象出版社,2010。
124. 苹果产业防灾减灾与安全生产综合技术,王金政等,山东科学技术出版社,2010。
125. 灾害预测方法集成,高建国,气象出版社,2010。
126. 主要农作物灾害评估,陶铁男等,中国农业科学技术出版社,2010。
127. 玉米抗逆减灾栽培,李少昆,金盾出版社,2010。
128. 小麦灾害防控问答,耿继光,安徽科学技术出版社,2010。
129. 农业保险的理论与实践,刘布春等,科学出版社,2010。
130. 油料作物高产与减灾实用技术,农业部种植业管理司等,中国农业出版社,2011。
131. 灾害与防灾减灾,李益敏,气象出版社,2011。
132. 地质灾害及其减灾技术,潘学标等,化学工业出版社,2011。
133. 农业防灾减灾及突发事件对策,方伟超等,中国农业科学技术出版社,2011。
134. 农业防灾减灾面对面,杨霏云等,中国农业出版社,2011。
135. 四川季节性干旱与农业防控节水技术研究,刘永红等,科学出版社,2011。
136. 中国自然灾害与防灾减灾知识读本,中国可持续发展研究会,人民邮电出版社,2012。
137. 北方草地及农牧交错区生态:生产功能分析与区划,王道龙等,中国农业科学技术出版社,2012。

（董宛麟　郑大玮）

干旱

2007年湖北水稻伏旱（李茂松）

2009年辽宁朝阳玉米夏秋大旱（郑大玮）

2013年3月云南干旱龟裂农田（李茂松）

2010年2月冬春大旱广西蓄水池干涸（潘学标）

洪涝与渍害

2012年7月玉米暴雨洪涝（北京市气候中心）

2013年春辽宁昌图融雪导致严重春涝（李茂松）

2012年8月呼和浩特市土默特左旗山洪淤埋玉米（郑大玮）

2008年2月安徽菜田渍害（刘布春）

低温灾害

2008年1—2月低温冻雨使湖南柑橘枝叶挂冰（李茂松）

2010年春河南省商丘市小麦旺苗与壮苗受霜冻危害的对比（李茂松）

2006年3月北京郊区抗寒性差的冬小麦品种冻害死苗严重（郑大玮）

2010年新疆库尔勒香梨树严重受冻、树干腐烂（巴特尔）

2008年2月安徽省被大雪压垮的蔬菜大棚（刘布春）

风灾

2006年7月31日北京通州大树被大风刮倒（北京市气候中心）

冰雹

2006年8月冰雹把北京市延庆县的玉米叶片打成细条（北京市气候中心）

干热风

2011年北京郊区干热风危害的小麦提前炸芒枯死（郑大玮）

森林火灾

2010年2月广西冬春干旱引发森林火灾（潘学标）

虫害

2012年8月气候暖湿华北玉米三代黏虫大暴发（北京市气候中心）

沙尘暴

2000年4月内蒙古武川县强沙尘暴（潘学标）

水土流失

内蒙古准噶尔旗黄土高原水土流失形成的沟壑（郑大玮）

广西西部岩溶山区典型石漠化农田（潘学标）

山地灾害

2010年8月甘肃特大泥石流冲击埋没舟曲县城大量建筑（潘学标）

减灾措施

内蒙古武川县带状留茬间作有效减轻农田风蚀沙化（郑大玮）

2011年北京房山小麦播种前镇压提墒（郑大玮）

2010年春广西向人、畜饮水困难的干旱灾区送水（潘学标）

夏季使用遮阳网抗高温花卉育苗（郑大玮）

减灾措施

北京市小麦专家郝义德在田间为农民培训减灾增产技术（郑大玮）

广西山区梯田覆盖地膜有效控制水土流失（潘学标）

贵州坝子经过综合治理后的旱涝保收基本农田（郑大玮）

赣南应用遥感与地理信息系统编制精细区划，选择避寒有利地形种植脐橙（郑大玮）